实战从入门到精通 人邮云课堂

AutoCAD 2019 中文版实战从入门到精通

龙马高新教育 编著

人民邮电出版社
北京

图书在版编目（CIP）数据

AutoCAD 2019中文版实战从入门到精通 / 龙马高新教育编著. -- 北京 : 人民邮电出版社, 2018.12(2022.7重印)
ISBN 978-7-115-49634-8

Ⅰ. ①A… Ⅱ. ①龙… Ⅲ. ①AutoCAD软件 Ⅳ. ①TP391.72

中国版本图书馆CIP数据核字(2018)第229312号

内 容 提 要

本书以服务零基础读者为宗旨，用实例引导读者学习，深入浅出地介绍了 AutoCAD 2019 中文版的相关知识和应用方法。

全书分为 5 篇，共 21 章。第 1 篇【新手入门】主要介绍 AutoCAD 2019 的入门知识和基本设置；第 2 篇【二维绘图】主要介绍图层、图块、绘制基本二维图形、编辑二维图形对象、绘制和编辑复杂二维对象、尺寸标注、智能标注、编辑标注、文字、表格及查询与参数化设置等；第 3 篇【三维绘图】主要介绍三维建模、编辑三维模型及渲染等；第 4 篇【高手秘笈】主要介绍中望 CAD 2017 的使用、AutoCAD 2019 与 Photoshop 的配合使用、3D 打印及其具体案例等；第 5 篇【综合案例】主要介绍机械及建筑设计案例等内容。

本书附赠 33 小时与图书内容同步的视频教程及所有案例的配套素材和结果文件。此外，还赠送了相关内容的视频教程和电子书，便于读者扩展学习。

本书不仅适合 AutoCAD 2019 的初、中级用户学习使用，也可以作为各类院校相关专业学生和辅助设计培训班学员的教材或辅导用书。

◆ 编　　著　龙马高新教育
责任编辑　张　翼
责任印制　马振武

◆ 人民邮电出版社出版发行　　北京市丰台区成寿寺路 11 号
邮编　100164　　电子邮件　315@ptpress.com.cn
网址　http://www.ptpress.com.cn
固安县铭成印刷有限公司印刷

◆ 开本：787×1092　1/16
印张：34.25　　2018 年 12 月第 1 版
字数：850 千字　　2022 年 7 月河北第 16 次印刷

定价：79.80 元

读者服务热线：(010)81055410　印装质量热线：(010)81055316
反盗版热线：(010)81055315
广告经营许可证：京东市监广登字20170147号

计算机是社会进入信息时代的重要标志，掌握丰富的计算机知识、正确熟练地操作计算机已成为信息时代对每个人的要求。为满足广大读者对计算机辅助设计相关知识的学习需要，我们针对不同学习对象的接受能力，总结了多位计算机辅助设计高手、高级设计师及计算机教育专家的经验，精心编写了这套“实战从入门到精通”丛书。

本书特色

零基础、入门级的讲解

无论读者是否从事辅助设计相关行业，是否了解 AutoCAD 2019，都能从本书中找到合适的起点。本书细致的讲解可以帮助读者快速地从新手迈向高手行列。

精选内容，实用至上

全书内容经过精心选取编排，在贴近实际应用的同时，突出重点、难点，帮助读者深化理解所学知识，触类旁通。

实例为主，图文并茂

在讲解过程中，每个知识点均配有实例辅助讲解，每个操作步骤均配有对应的插图以加深认识。这种图文并茂的方法能够使读者在学习过程中直观、清晰地看到操作过程和效果，有利于读者理解和掌握。

高手指导，扩展学习

本书以“疑难解答”的形式为读者提供各种操作难题的解决思路，总结了大量系统且实用的操作方法，以便读者学习到更多内容。

双栏排版，超大容量

本书采用单双栏排版相结合的形式，大大扩充了信息容量，在 500 多页的篇幅中容纳了传统图书 800 多页的内容。从而，在有限的篇幅中为读者奉送更多的知识和实战案例。

视频教程，互动教学

本书配套的视频教程与书中知识紧密结合并相互补充，帮助读者体验实际工作环境，掌握日常所需的知识和技能以及处理各种问题的方法，达到学以致用的目的。

学习资源

33 小时全程同步视频教程

视频教程涵盖本书所有知识点，详细讲解每个实战案例的操作过程和关键要点，帮助读者轻松地掌握书中的知识和技巧。

超多、超值资源大放送

随书奉送 AutoCAD 2019 软件安装视频教程、AutoCAD 2019 常用命令速查手册、AutoCAD

2019 快捷键查询手册、110 套 AutoCAD 行业图纸、100 套 AutoCAD 设计源文件、3 小时 AutoCAD 建筑设计视频教程、6 小时 AutoCAD 机械设计视频教程、7 小时 AutoCAD 室内装潢设计视频教程、7 小时 3ds Max 视频教程、50 套精选 3ds Max 设计源文件、5 小时 Photoshop CC 视频教程等超值资源，以方便读者扩展学习。

视频教程学习方法

为了方便读者学习，本书提供了视频教程的二维码。读者使用手机上的微信、QQ 等聊天工具的“扫一扫”功能扫描二维码，即可通过手机观看视频教程。

扩展学习资源下载方法

读者可以使用微信扫描封底二维码，关注“职场研究社”公众号，发送“49634”后，将获得资源下载链接和提取码。将下载链接复制到任何浏览器中并访问下载页面，即可通过提取码下载本书的扩展学习资源。

创作团队

本书由龙马高新教育编著，参与本书编写、资料整理、多媒体开发及程序调试的人员有孔万里、周奎奎、张任、张田田、尚梦娟、李彩红、尹宗都、王果、陈小杰、左琨、邓艳丽、崔姝怡、侯蕾、左花苹、刘锦源、普宁、王常吉、师鸣若、钟宏伟、陈川、刘子威、徐永俊、朱涛和张允等。

在编写过程中，我们竭尽所能地将优秀的讲解呈现给读者，但也难免有疏漏和不妥之处，敬请广大读者不吝指正。若读者在阅读本书过程中产生疑问，或有任何建议，可发送电子邮件至 zhangyi@ptpress.com.cn。

编著者

2018 年 10 月

目录

第 1 篇 新手入门

第2篇 二维绘图

第4篇 高手秘笈

赠送资源

- 赠送资源 1　AutoCAD 2019 软件安装视频教程
- 赠送资源 2　AutoCAD 2019 常用命令速查手册
- 赠送资源 3　AutoCAD 2019 快捷键查询手册
- 赠送资源 4　110 套 AutoCAD 行业图纸
- 赠送资源 5　100 套 AutoCAD 设计源文件
- 赠送资源 6　3 小时 AutoCAD 建筑设计视频教程
- 赠送资源 7　6 小时 AutoCAD 机械设计视频教程
- 赠送资源 8　7 小时 AutoCAD 室内装潢设计视频教程
- 赠送资源 9　7 小时 3ds Max 视频教程
- 赠送资源 10　50 套精选 3ds Max 设计源文件
- 赠送资源 11　5 小时 Photoshop CC 视频教程

第1篇
新手入门

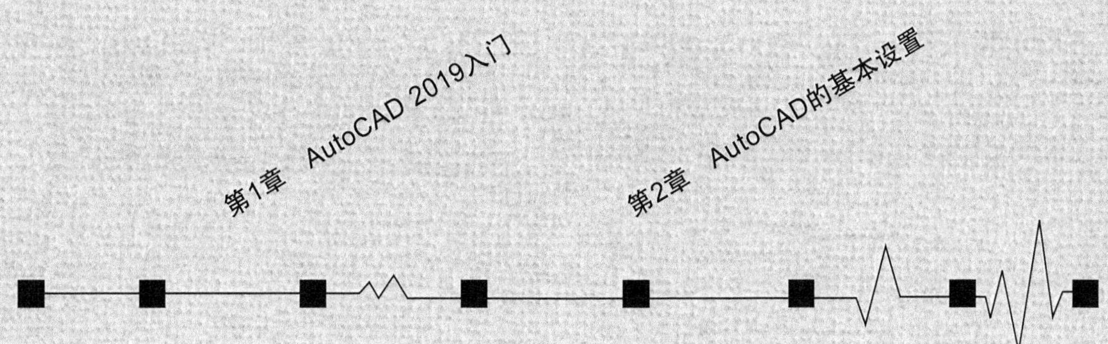

第1章 AutoCAD 2019入门

学习目标

要学好AutoCAD 2019，首先需要对AutoCAD 2019的安装、启动与退出、工作界面、新增功能、文件管理、命令的调用以及坐标的输入等基本知识有充分的了解。

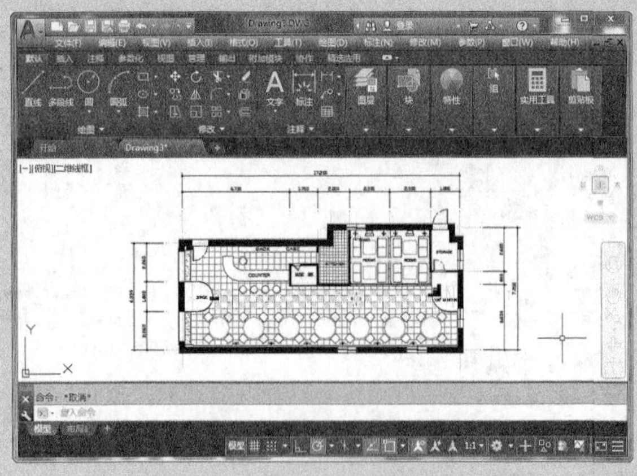

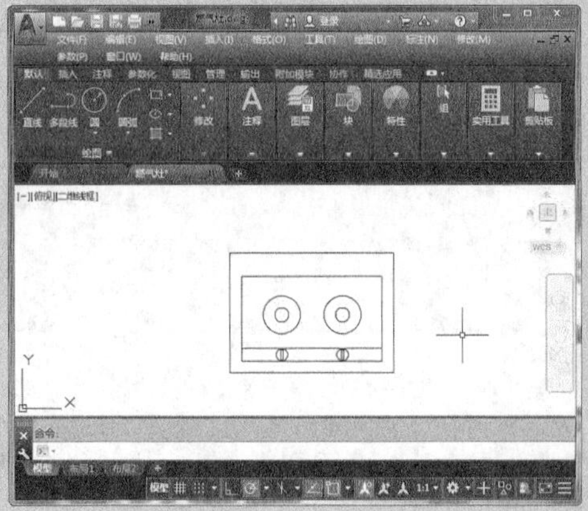

1.1 初识AutoCAD

本节视频教程时间：8 分钟

AutoCAD是Autodesk公司出品的一款自动计算机辅助设计软件，首次开发于1982年，主要功能包括二维绘图、详细绘制、设计文档和基本三维设计等。用户无须懂得编程，即可通过它实现自动制图。AutoCAD应用范围广泛，现已成为国际上广为流行的绘图工具。

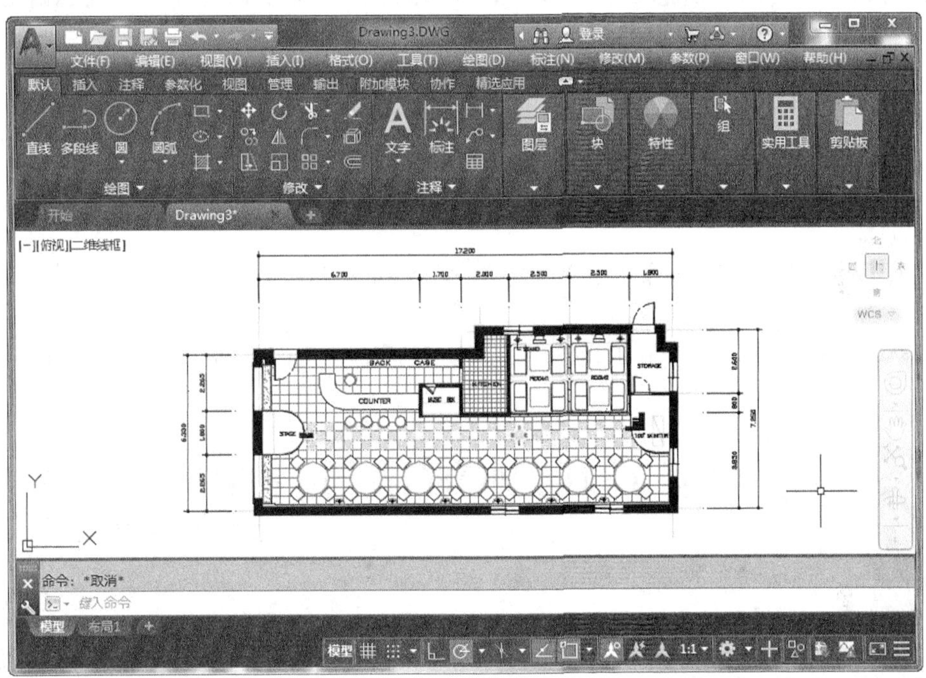

1. AutoCAD的基本特点

- 具有完善的图形绘制功能，可以根据需要绘制平面图、立面图、剖面图、节点图、大样图、地材图、水电图等各种图形。
- 具有强大的图形编辑功能，不但可以对二维和三维图形进行直接编辑操作，从AutoCAD 2013版本之后，还可以将三维图形编辑转换为二维工程图形。
- 可以进行多种图形格式的转换，具有较强的数据交换能力。
- 可以采用多种方式进行二次开发或用户定制。
- 支持多种操作平台（各种操作系统支持的微型计算机和工作站）。
- 支持多种硬件设备。
- 具有通用性和易用性，适合各类用户使用。

2. AutoCAD的基本功能

- 二维图形绘制功能

能够以多种方式创建点、直线、圆、圆弧、椭圆、正多边形、多段线、样条曲线等基本图形对象。AutoCAD提供了对象捕捉及追踪功能，可以让用户很方便地进行特殊点的捕捉以及沿不同方向进行相关点的定位。另外，AutoCAD还提供了正交功能，方便用户进行水平及垂直方向的控制。

- 二维图形编辑功能

AutoCAD具有强大的二维图形对象编辑功能，可以对二维图形对象执行移动、缩放、旋转、打断、拉伸、延伸、阵列、修剪、合并等多种编辑操作。

AutoCAD具有图形管理功能，使同类型的图形对象都位于同一个图层上，每一个图层上的图形对象都具有相同的颜色、线型、线宽等图层特性。

AutoCAD具有文字书写功能，能够轻易地在图形的任何位置创建相关文字对象，并且能够控制文字对象的字体、字号、方向、倾斜角度、宽度缩放比例等相关属性。

AutoCAD具有尺寸标注功能，可以创建多种类型的尺寸标注对象，标注外观可以由用户根据需要自行设定。

- 三维图形绘制及编辑功能

可以创建三维实体及表面模型，并且能够对实体本身进行编辑操作。

- 数据交换功能

AutoCAD提供了多种图形对象数据交换格式及相应命令。

- 网络功能

可以将图形对象在网络上发布，或者通过网络访问AutoCAD资源。

- 二次开发功能

AutoCAD允许用户定制菜单和工具栏，并且能够利用Autolisp、Visual Lisp等内嵌语言进行二次开发。

1.2 AutoCAD的版本演化与行业应用

本节视频教程时间：13 分钟

AutoCAD广泛应用于众多行业，在获得了广大设计从业人士认可的同时，其本身也在不断地完善和强化。每一次版本的更新都代表着原有功能的完善和新增功能的诞生，这也进一步保证了AutoCAD在各大行业中成为广大设计师的首选。

1.2.1 AutoCAD的版本演化

从最早的V1.0版发展到现在的2019版，在经历了数十次的改版之后，现在AutoCAD的功能已经非常强大，界面已经非常美观而且更易于用户的操作。

1. AutoCAD 2004及之前的版本

AutoCAD 2004及之前的版本使用C语言编写，适用于Windows XP系统，其特点是安装包体积小、打开速度快、功能相对比较全面。AutoCAD 2004及之前最经典的界面是R14界面和AutoCAD 2004界面，分别如下左图和右图所示。

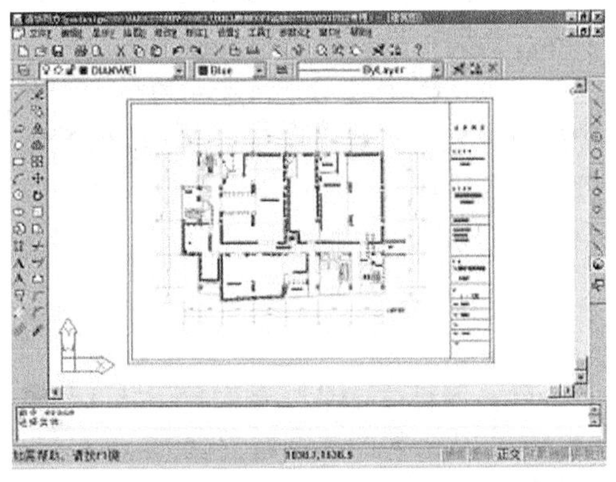

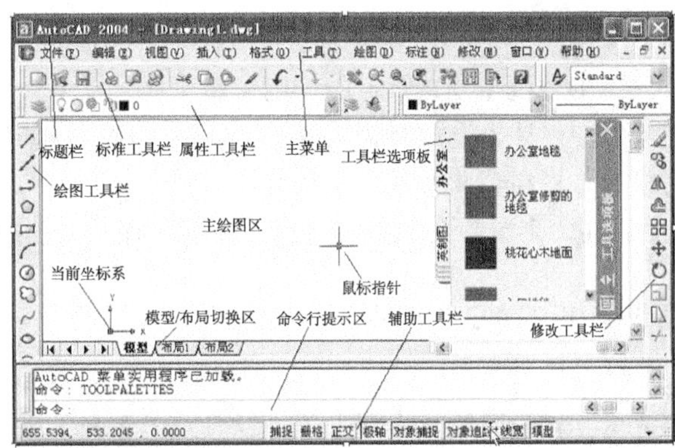

2. AutoCAD 2005~AutoCAD 2009版本

AutoCAD 2005~AutoCAD 2009版本使用C#编写，安装包都要附带.NET运行库，而且是强制安装，安装体积很大。在相同电脑配置的条件下，启动速度比AutoCAD 2004及之前版本慢了很多，其中从AutoCAD 2008开始有64位系统专用版本（但只有英文版）。AutoCAD 2005~AutoCAD 2009增强了三维绘图功能，但二维绘图功能没有什么质的变化。

AutoCAD 2004~AutoCAD 2008版本的界面和之前的界面没有什么本质变化，但Autodesk公司对AutoCAD 2009的界面做了很大改变，原来工具条和菜单栏的结构变成了菜单栏和选项卡的结构，如下左图所示。

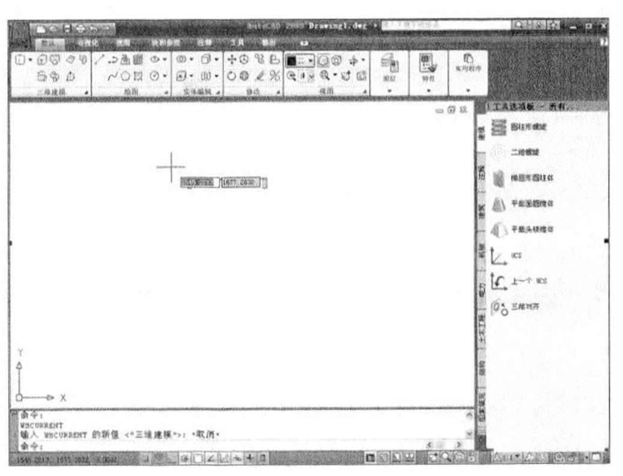

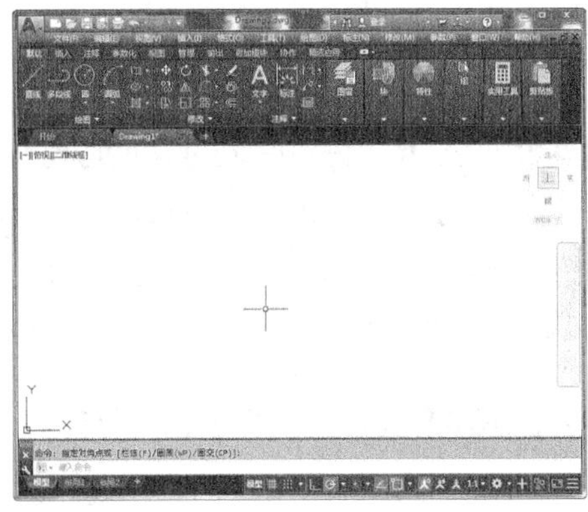

3. AutoCAD 2010~AutoCAD 2019版本

从AutoCAD 2010版开始，AutoCAD加入了参数化功能。AutoCAD 2013版增加了Autodesk 360和BIM360功能，AutoCAD 2014版增加了从三维图转换二维图的功能，AutoCAD 2016版增加了智能标注功能。AutoCAD 2010~AutoCAD 2019版本的界面没有太大变化，和AutoCAD 2009的界面相似。AutoCAD 2019的界面如上右图所示。

1.2.2 AutoCAD的行业应用

随着计算机技术的飞速发展，CAD软件在工程中的应用层次也在不断地提高，一个集成的、智能化的CAD软件系统已经成为当今工程设计工具的首选。AutoCAD使用方便，易于掌握，体系结构开放，因此被广泛应用于机械、建筑、电子、航天、造船、石油化工、土木工程、冶金、地质、气象、纺织、轻工和商业等领域。

1. AutoCAD在机械行业中的应用

CAD在机械制造行业的应用是最早的，也是最为广泛的。采用CAD技术进行产品的设计，不但可以使设计人员放弃繁琐的手工绘制方法，更新传统的设计思想，实现设计自动化，降低产品的成本，提高企业及其产品在市场上的竞争能力，还可以使企业由原来的串行作业转变为并行作业，建立一种全新的设计和生产技术管理体系，缩短产品的开发周期，提高劳动生产率。

2. AutoCAD在建筑行业中的应用

计算机辅助建筑设计（Computer Aided Architecture Design，简称CAAD）是CAD在建筑方面的应用，它为建筑设计带来了一场真正的革命。随着CAAD软件从最初的二维通用绘图软件发展到如今的三维建筑模型软件，CAAD技术现已开始被广为采用。这不但可以提高设计质量，缩短工程周期，而且还可以节约很大一部分建筑投资。

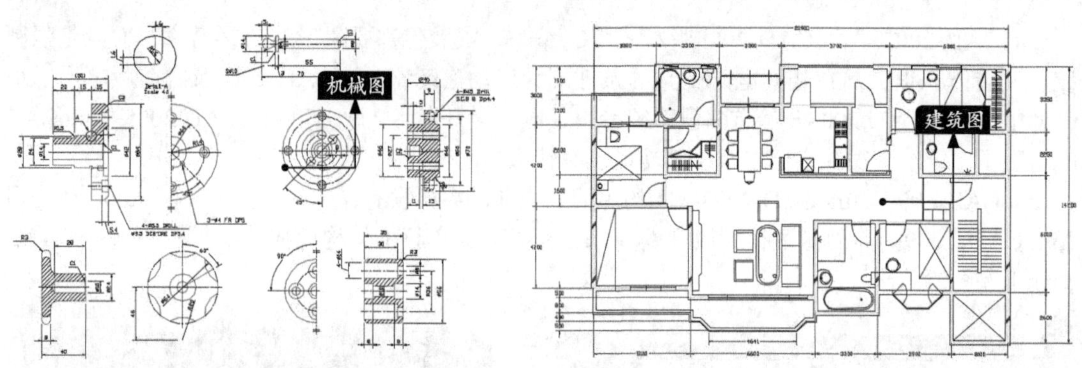

3. AutoCAD在电子电气行业中的应用

CAD在电子电气领域的应用被称为电子电气CAD。它主要包括电气原理图的编辑、电路功能仿真、工作环境模拟及印制板设计（自动布局、自动布线）与检测等。使用电子电气CAD软件还能迅速形成各种各样的报表文件（如元件清单报表），为元件的采购及工程预算和决算等提供了方便。

4. AutoCAD在轻工纺织行业中的应用

以前，我国纺织品及服装的花样设计、图案协调、色彩变化、图案分色、描稿及配色等均由人工完成，速度慢且效率低。而目前国际市场上对纺织品及服装的要求是批量小、花色多、质量高、交货迅速，这使得我国纺织产品在国际市场上的竞争力显得尤为落后。CAD技术的使用，大大加快了我国轻工纺织及服装企业走向国际市场的步伐。

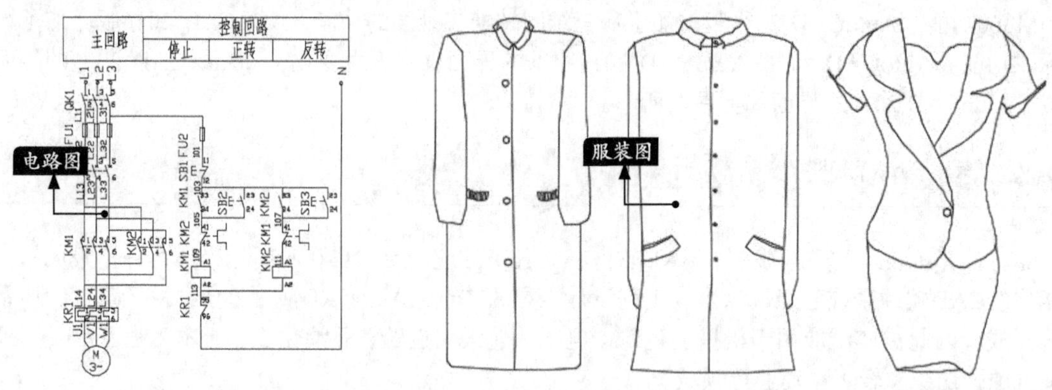

5. CAD在娱乐行业中的应用

时至今日，CAD技术已进入人们日常娱乐的方方面面，在电影、动画和广告等领域中大显身手。例如，电影公司主要借助CAD技术构造布景，利用虚拟现实的手法设计出人工难以实现的景观，这不仅节省了大量的人力、物力，降低电影的拍摄成本，而且还可以给观众营造一种新奇、古怪和难以想象的视觉效果，获得丰厚的票房收入。

影院图

1.3 安装与启动AutoCAD 2019

本节视频教程时间：12 分钟

要在计算机上应用AutoCAD 2019软件，首先就要正确地完成安装工作。本节就来介绍一下如何安装、卸载、启动以及退出AutoCAD 2019。

1.3.1 安装AutoCAD 2019的软、硬件需求

AutoCAD 2019对计算机的软、硬件有一定的需求。对于Windows操作系统的用户来讲，安装AutoCAD 2019的需求如下表所示。

说 明	计算机需求
操作系统	Microsoft Windows 7 SP1 Microsoft Windows 8/8.1（含更新 KB2919355） Microsoft Windows 10
处理器	1 GHz或更高频率的 32 位 (x86) 或 64 位 (x64) 处理器
内存	2 GB RAM（建议使用 4 GB）
显示器分辨率	1360 × 768（建议使用 1600×1050 或更高）真彩色 125% 桌面缩放 (120 DPI) 或更少（建议）
磁盘空间	6.0 GB 安装空间
定点设备	MS-Mouse 兼容设备
浏览器	Windows Internet Explorer 9（或更高版本）
.NET Framework	.NET Framework 版本 4.60
三维建模的其他需求	8 GB RAM 或更大 6 GB 可用硬盘空间（不包括安装需要的空间） 1600×1050 或更高的真彩色视频显示适配器，128 MB VRAM 或更高，Pixel Shader 3.0 或更高版本，支持 Direct3D的工作站级图形卡

小提示

上面列表是针对32位系统的要求，如果要安装64位系统的AutoCAD 2019，内存应为4GB（建议8GB）。

1.3.2 安装AutoCAD 2019

安装AutoCAD 2019的具体操作步骤如下。

步骤01 把安装光盘放入光驱后，系统会自动弹出【安装初始化】进度窗口。如果没有自动弹出，可以双击【我的电脑】中的光盘图标，也可以双击安装光盘内的setup.exe文件。

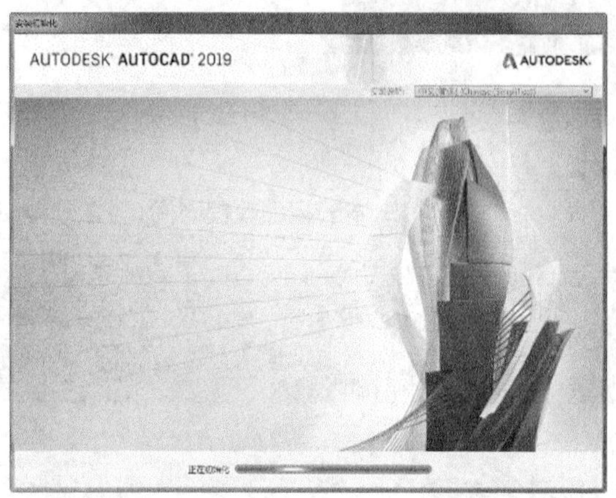

步骤02 安装初始化完成后，系统会弹出安装向导主界面，选择安装语言后单击【安装 在此计算机上安装】选项按钮。

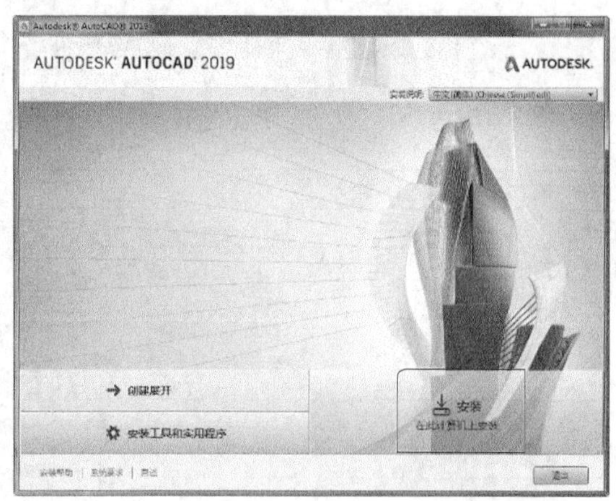

步骤03 确定安装要求后，会弹出【许可协议】界面，选中【我接受】前的单选按钮后，单击【下一步】按钮。

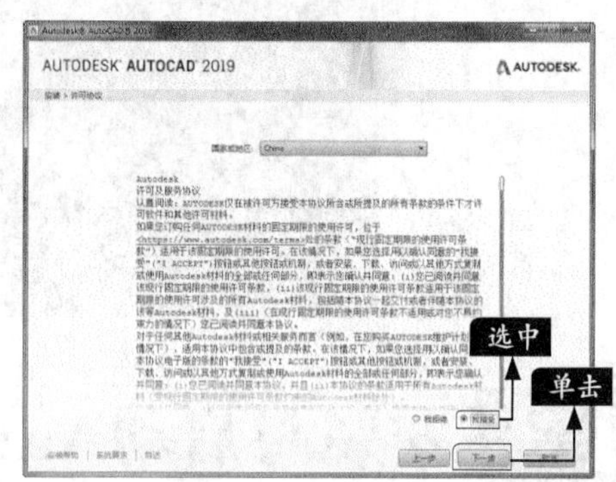

步骤04 在【配置安装】界面中，选择要安装的组件以及软件的安装位置后单击【安装】按钮。

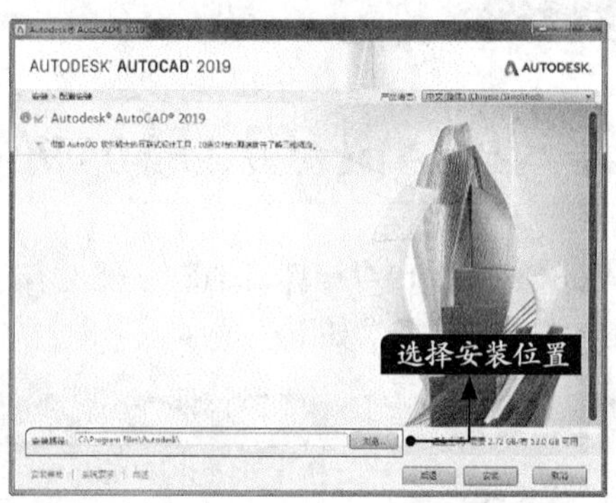

步骤05 在【安装进度】界面中，会显示各个组件的安装进度。

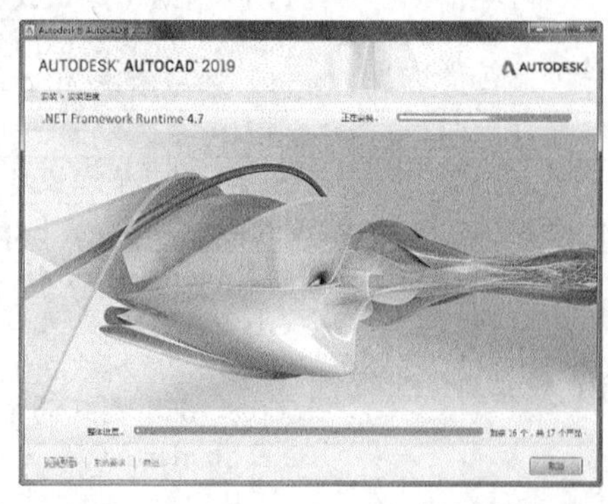

步骤06 AutoCAD 2019安装完成后，在【安装完成】界面中单击【完成】按钮，即可退出安装向导界面。

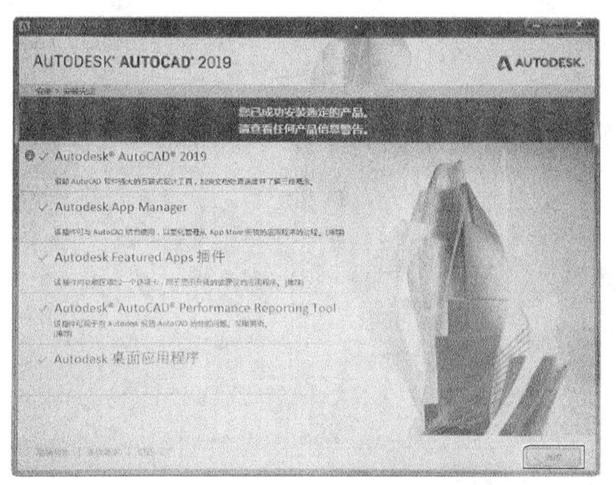

小提示

（1）如果电脑上要同时安装多个版本的AutoCAD，一定要先安装低版本的，再安装高版本的。

（2）在安装过程中，AutoCAD软件会根据用户当前的计算机系统来自行安装相应的组件，该过程会耗时15~30分钟。

（3）成功安装AutoCAD 2019后，还应进行产品注册。

（4）我们这里介绍的是光盘安装，如果读者采用的是硬盘安装，在安装前首先要把压缩程序解压到一个不含中文字符的文件夹中，然后再进行安装，安装过程和光盘安装相同。

（5）AutoCAD 2019的卸载方法与其他软件相同。以Windows 7系统为例，单击【开始】➤【控制面板】，选中AutoCAD 2019后单击【卸载/更改】选项，根据提示操作即可卸载AutoCAD 2019。

1.3.3 启动与退出AutoCAD 2019

AutoCAD 2019的启动方法通常有以下两种。

（1）在【开始】菜单中选择【所有程序】➤【Autodesk】➤【AutoCAD 2019-Simplified Chinese】➤【AutoCAD 2019】命令。

（2）双击桌面上的快捷图标。

步骤01 启动AutoCAD 2019，弹出【新选项卡】界面。如下图所示。

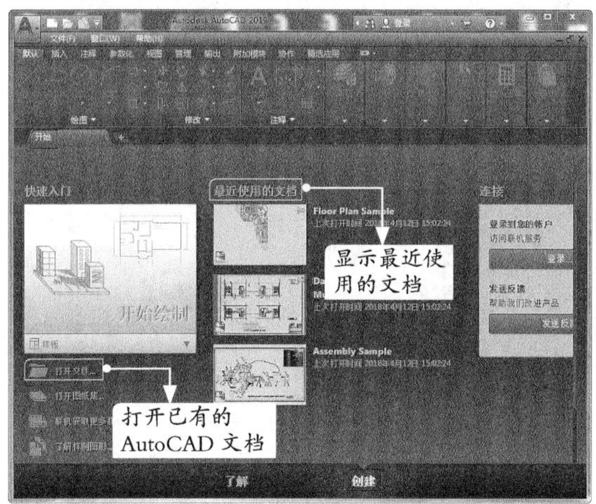

步骤02 单击【了解】按钮，即可观看“新增功能”和“快速入门”等视频，如下图所示。

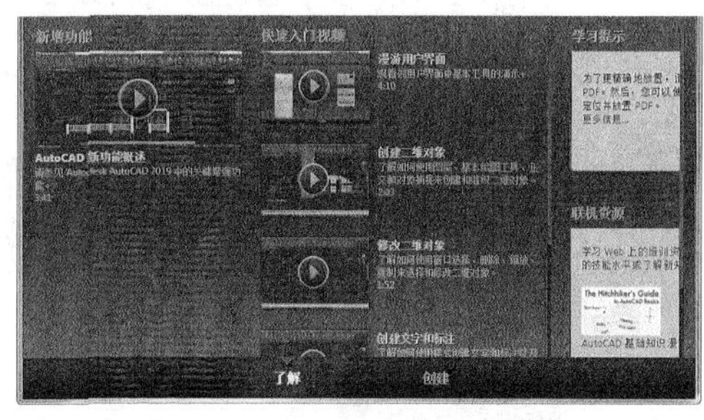

步骤03 单击【创建】按钮，然后单击【快速入门】选项下的“开始绘制”，即可进入AutoCAD 2019工作界面，如下图所示。

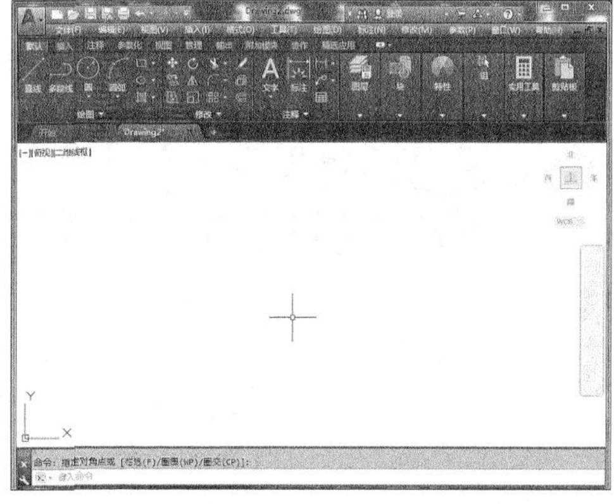

如果需要退出AutoCAD 2019，可以使用以下5种方法。

- 在命令行中输入“QUIT”，按【Enter】键确定。
- 单击标题栏中的【关闭】按钮，或在标题栏空白位置处单击鼠标右键，在弹出的下拉菜单中选择【关闭】选项。
- 使用组合键【Alt+F4】退出。
- 双击【应用程序菜单】按钮。
- 单击【应用程序菜单】按钮，在弹出的菜单中单击【退出Autodesk AutoCAD 2019】按钮退出 Autodesk AutoCAD 2019。

小提示

组合键【Alt+F4】表示同时按下键盘上的【Alt】键和【F4】键，全书在介绍组合键时均如此表示。

小提示

系统参数Startmode控制着是否显示开始选项卡，当Startmode值为1时，显示开始选项卡，当该值为0时，不显示开始选项卡。

1.4 AutoCAD 2019的工作界面

本节视频教程时间：17 分钟

AutoCAD 2019的界面由应用程序菜单、标题栏、快速访问工具栏、菜单栏、功能区、命令窗口、绘图窗口和状态栏等组成，如下图所示。

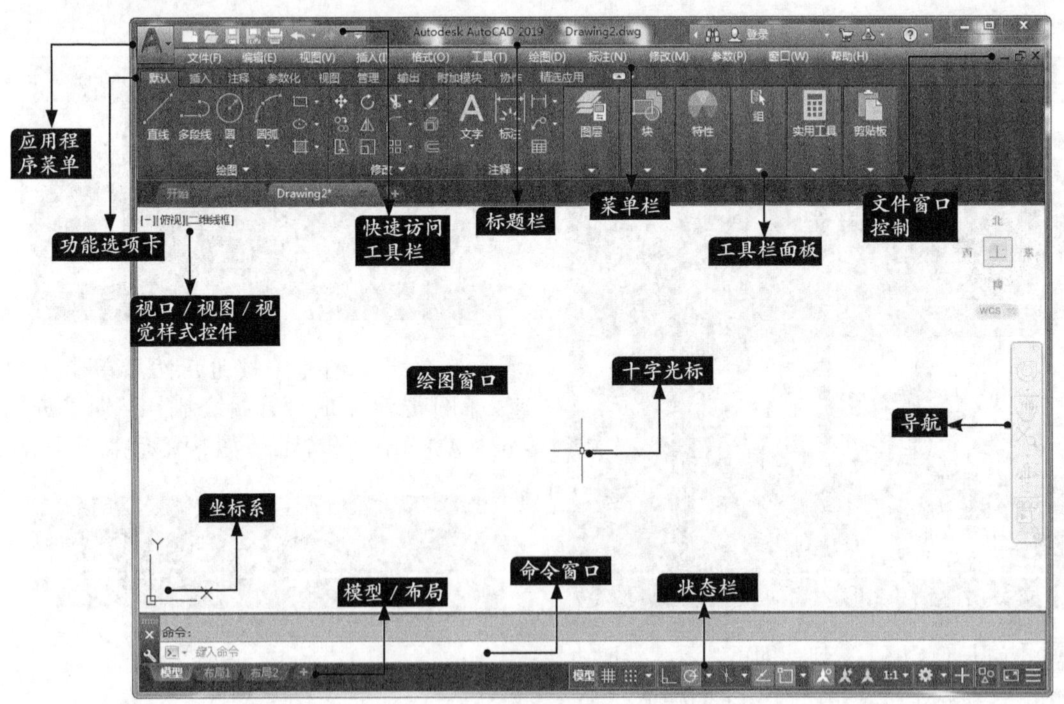

1.4.1 应用程序菜单

在应用程序菜单中，可以搜索命令、访问常用工具并浏览文件。在AutoCAD 2019界面左上方，单击【应用程序菜单】按钮，会弹出应用程序菜单。

用户在应用程序菜单中可以快速创建、打开、保存、核查、修复和清除文件，打印或发布图形，还可以单击右下方的【选项】按钮打开【选项】对话框或退出AutoCAD，如下左图所示。

在应用程序菜单上方的搜索框中，输入搜索字段，按【Enter】键确认，下方将显示搜索到的命令，如下右图所示。

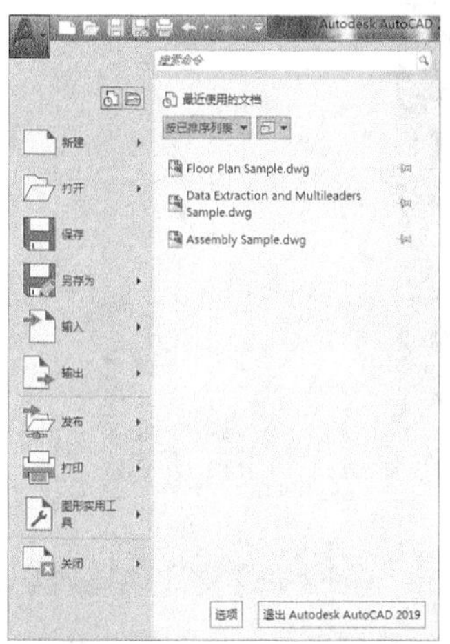

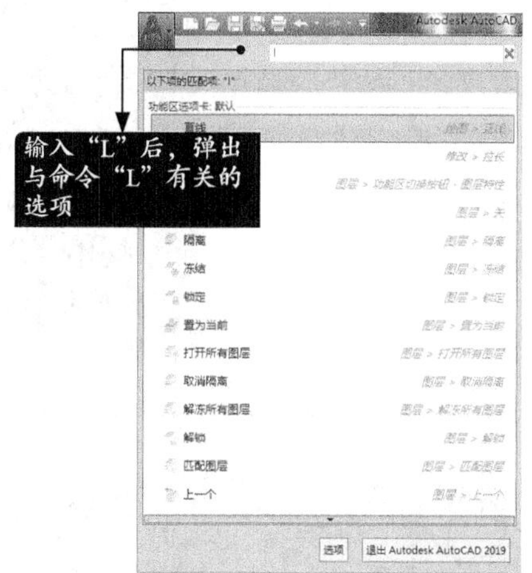

1.4.2 菜单栏

菜单栏显示在绘图区域的顶部，AutoCAD 2019默认有12个菜单选项（部分可能会和用户安装的插件有关，如Express），每个菜单选项下都有各类不同的菜单命令，是AutoCAD中常用的调用命令的方式，如下图所示。

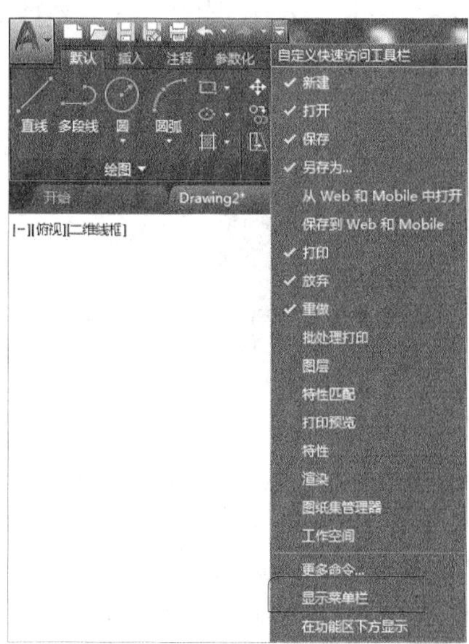

1.4.3 切换工作空间

AutoCAD 2019软件有“草图与注释”“三维基础”和“三维建模”等3种工作空间类型，用户可以根据需要切换工作空间。切换工作空间有以下两种方法。

方法1：启动AutoCAD 2019，然后单击工作界面右下角中的【切换工作空间】⚙按钮，在弹出的菜单中选择需要的工作空间，如下图所示。

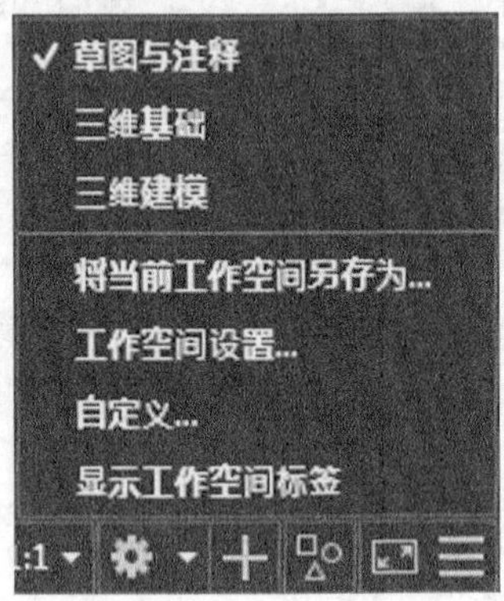

方法2：用户也可以在快速访问工具栏中选择相应的工作空间，如下图所示。

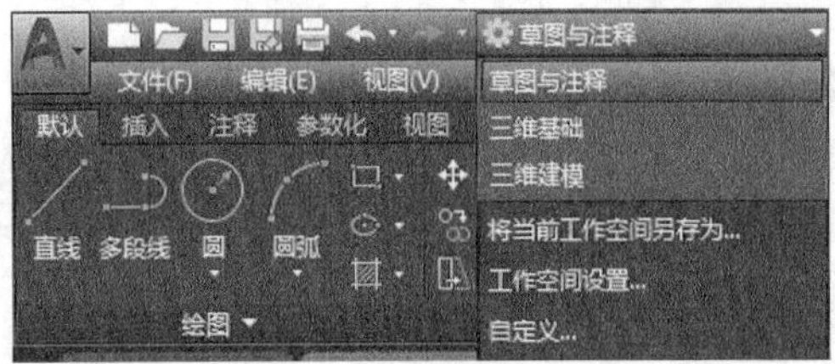

小提示

在切换工作空间后，AutoCAD会默认将菜单栏隐藏。此时，单击快速访问工具栏右侧的下拉按钮，在弹出的下拉列表中选择“显示菜单栏”选项即可显示菜单栏。

1.4.4 选项卡与面板

AutoCAD 2019根据任务标记将许多面板集中到某个选项卡中，面板包含的工具和控件与工具栏和对话框中的相同，如【注释】选项卡中的【文字】面板如下图所示。

1.4.5 绘图窗口

在AutoCAD中，绘图窗口是绘图的工作区域，所有的绘图结果都反映在这个窗口中，如下图所示。可以根据需要关闭其周围和里面的各个工具栏，以增大绘图空间。如果图纸比较大，需要查看未显示部分时，可以单击窗口右边与下边滚动条上的箭头，或拖曳滚动条上的滑块来移动图纸。

在绘图窗口中除了显示当前的绘图结果外，还显示了当前使用的坐标系类型和坐标原点，以及*x*轴、*y*轴、*z*轴的方向等。默认情况下，坐标系为世界坐标系。

绘图窗口的下方有【模型】和【布局】选项卡，单击相应选项卡可以在模型空间或布局空间之间切换。

1.4.6 坐标系

AutoCAD中有两个坐标系，一个是世界坐标系（World Coordinate System，WCS），一个是用户坐标系（User Coordinate System，UCS）。掌握这两种坐标系的使用方法对于精确绘图是十分重要的。为便于讲解，本书在提及两个坐标系时，均使用其英文缩写形式。

1. 世界坐标系

启动AutoCAD 2019后，在绘图区的左下角会看到坐标系，即默认的世界坐标系（WCS），包含*x*轴和*y*轴，如下左图所示。如果是在三维空间中则还有*z*轴，并且沿*x*、*y*、*z*轴的方向规定为正方向，如下右图所示。

通常在二维视图中，世界坐标系（WCS）的*x*轴水平，*y*轴垂直。原点为*x*轴和*y*轴的交点（0，0）。

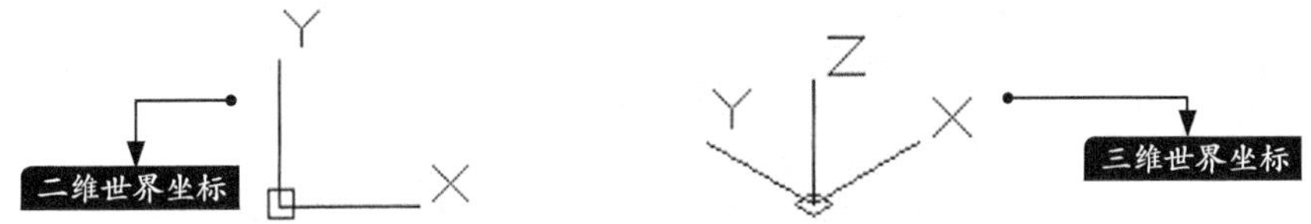

2. 用户坐标系

有时为了更方便地使用AutoCAD进行辅助设计，需要对坐标系的原点和方向进行相关设置和修改，即将世界坐标系更改为用户坐标系。更改为用户坐标系后的*x*、*y*、*z*轴仍然互相垂直，但是其方向和位置可以任意指定，有了很大的灵活性。

单击【工具】➤【新建UCS】➤【三点】。

指定 UCS 的原点或 [面 (F)/ 命名 (NA)/ 对象 (OB)/ 上一个 (P)/ 视图 (V)/ 世界 (W)/X/Y/Z/Z 轴 (ZA)] < 世界 >: _3

指定新原点 <0,0,0>:

- 【指定UCS的原点】：重新指定UCS的原点以确定新的UCS。
- 【面】：将UCS与三维实体的选定面对齐。
- 【命名】：按名称保存、恢复或删除常用的UCS。
- 【对象】：指定一个实体以定义新的坐标系。
- 【上一个】：恢复上一个UCS。
- 【视图】：将新的UCS的*x y*平面设置在与当前视图平行的平面上。
- 【世界】：将当前的UCS设置成WCS。
- 【X/Y/Z】：确定当前的UCS绕*x*、*y*和*z*轴中的某一轴旋转一定的角度以形成新的UCS。
- 【Z轴】：将当前UCS沿*z*轴的正方向移动一定的距离。

1.4.7 命令行与文本窗口

命令行窗口位于绘图窗口的底部，用于接收用户输入的命令，并显示AutoCAD提供的信息。在AutoCAD 2019中，命令行窗口可以拖放为浮动窗口，如下图所示。处于浮动状态的命令行窗口随拖放位置的不同，其标题显示的方向也不同。

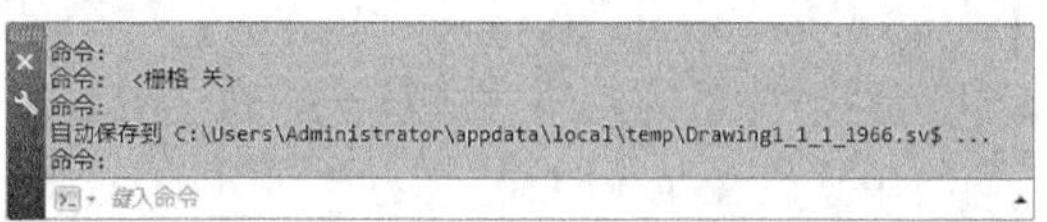

AutoCAD文本窗口是记录AutoCAD命令的窗口，是放大的命令行窗口，它记录了已执行的命令，也可以用来输入新命令。在AutoCAD 2019中，可以通过执行【视图】➤【显示】➤【文本窗口】菜单命令，或在命令行中输入【Textscr】命令或按【F2】键打开AutoCAD文本窗口，如下图所示。

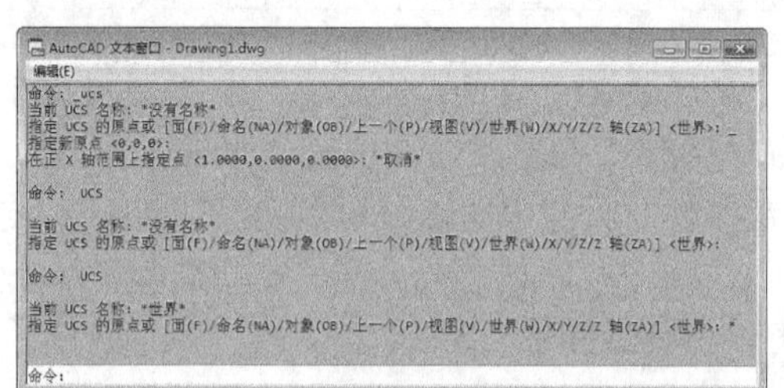

小提示

在AutoCAD 2019中，用户可以根据需要隐藏/打开命令行，隐藏/打开的方法为选择【工具】➤【命令行】命令或按【CTRL+9】组合键，AutoCAD会弹出【命令行–关闭窗口】对话框，如下图所示。

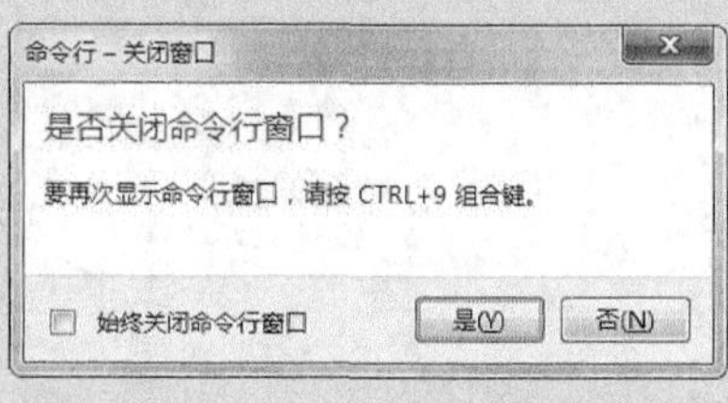

1.4.8 状态栏

状态栏位于AutoCAD界面的底部，用来显示AutoCAD当前的状态，如是否使用栅格、是否使用正交模式、是否显示线宽等，如下图所示。

小提示

单击状态栏最右端的【自定义】按钮☰，在弹出的选项菜单上，可以选择显示或关闭状态栏的选项，如右图所示。

1.4.9 实战演练——自定义用户界面

使用自定义用户界面 (CUI) 编辑器可以创建、编辑或删除命令，还可以将新命令添加到下拉菜单、工具栏和功能区面板，或复制它们以便将其显示在多个位置。自定义用户界面的具体操作步骤如下。

步骤 01 启动AutoCAD 2019并新建一个dwg文件，如下图所示。

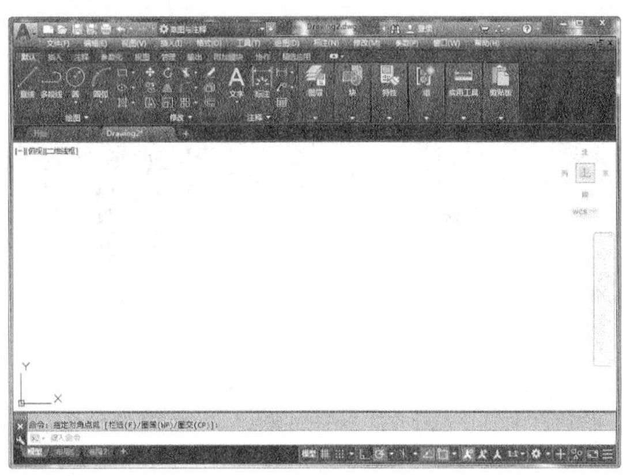

步骤 02 在命令行输入“CUI”并按空格键，弹出【用户自定义界面】对话框。

步骤 03 在左侧窗口选中【工作空间】选项并单击鼠标右键。

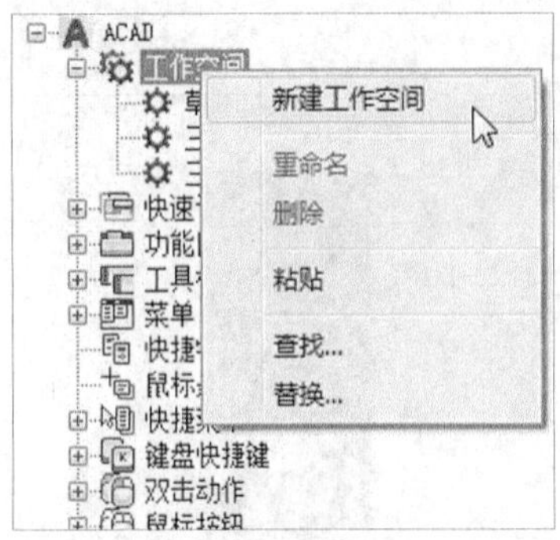

步骤04 在弹出的快捷菜单上选择【新建工作空间】选项，将新建的工作空间命名为“经典界面”，如下图所示。

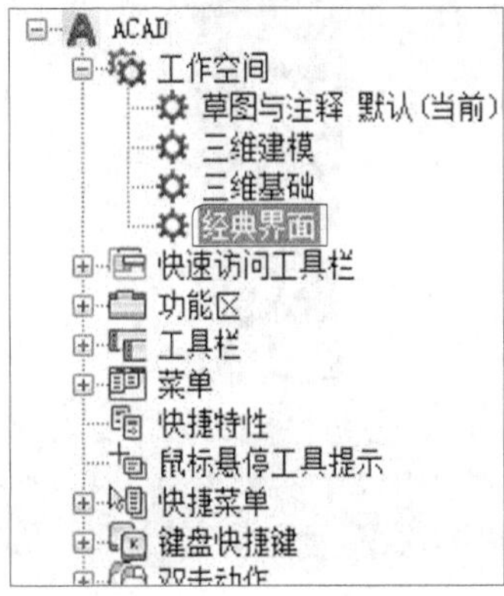

步骤05 单击【确定】按钮关闭【自定义用户界面】对话框，回到CAD绘图界面后，单击状态栏的【切换工作空间】按钮，在弹出的快捷菜单上可以看到多了【经典界面】选项。

步骤06 选择【经典界面】选项，切换到经典界面后如下图所示。

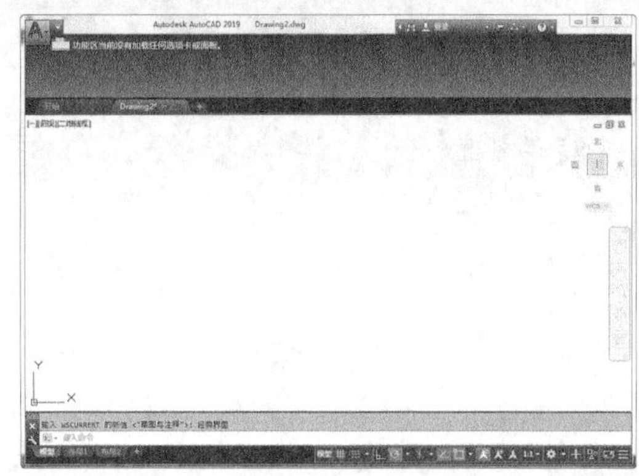

小提示

这里只介绍了自定义用户界面的方法，如果用户想在创建的工作空间中，出现菜单栏、工具栏等，需要继续自定义这些功能才可以。

用户如果对创建的自定义界面不满意，在用户自定义界面选中创建的内容，单击鼠标右键，在弹出的快捷菜单中选择删除或替换即可。

1.5 AutoCAD图形文件管理

本节视频教程时间：18 分钟

在AutoCAD中，图形文件管理一般包括创建新图形文件、打开图形文件、保存图形文件及关闭图形文件等。下面分别介绍各种图形文件管理操作。

1.5.1 新建图形文件

下面将对在AutoCAD 2019中新建图形文件的方法进行介绍。

1. 命令调用方法

在AutoCAD 2019中新建图形文件的方法通常有以下5种。

- 选择【文件】➤【新建】菜单命令。
- 单击【应用程序菜单】按钮，然后选择【新建】➤【图形】菜单命令。
- 命令行输入“NEW”命令并按空格键。
- 单击快速访问工具栏中的【新建】按钮。
- 使用【Ctrl+N】组合键。

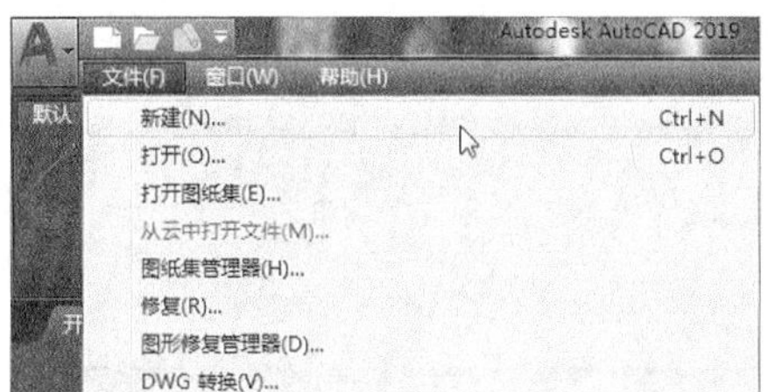
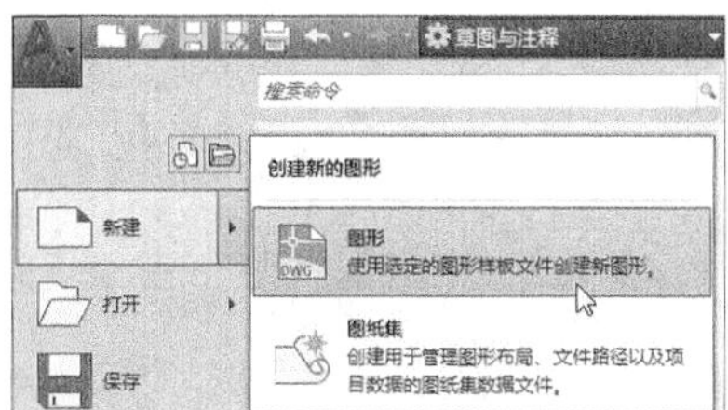
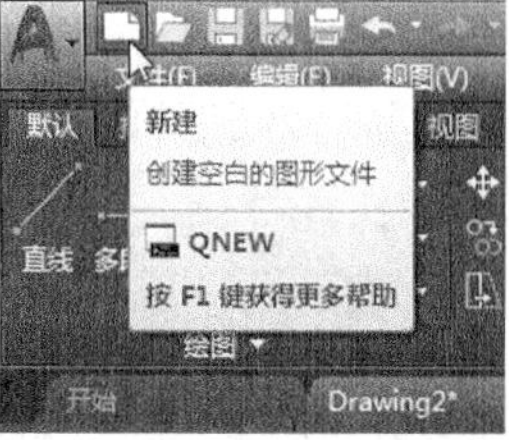

2. 命令提示

调用新建图形命令之后，系统会弹出【选择样板】对话框，如下图所示。

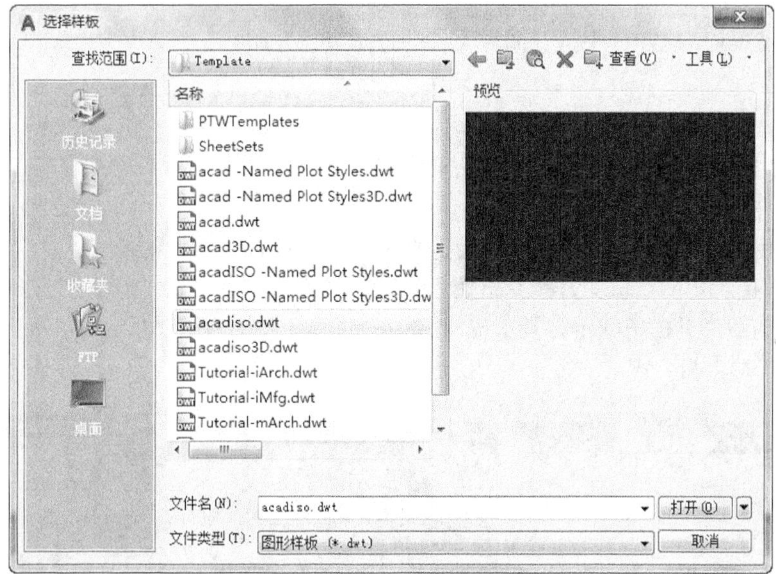

3. 知识点扩展

在【选择样板】对话框中选择对应的样板后（初学者一般选择样板文件acadiso.dwt即可），单击【打开】按钮，就会以对应的样板为模板建立新图形文件。

1.5.2 实战演练——新建一个样板为“acadiso.dwt”的图形文件

下面将创建一个样板为“acadiso.dwt”的图形文件，具体操作步骤如下。

步骤 01 启动AutoCAD 2019，选择【文件】➤【新建】菜单命令，系统弹出【选择样板】对话框，如下图所示。

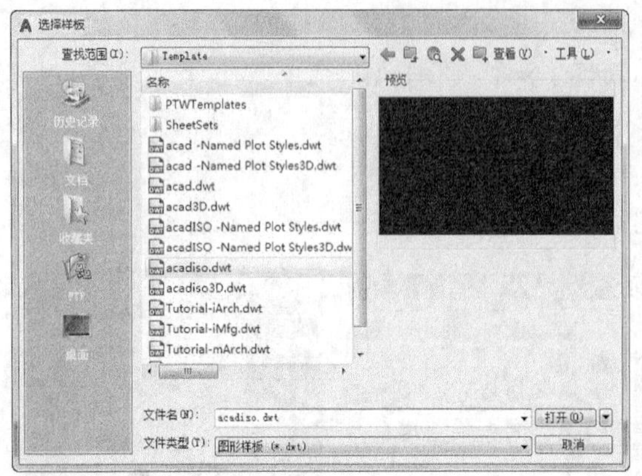

步骤 02 在【选择样板】对话框中选择“acadiso.dwt”样板，然后单击【打开】按钮完成操作，如下图所示。

1.5.3 打开图形文件

下面将对在AutoCAD 2019中打开图形文件的方法进行介绍。

1. 命令调用方法

在AutoCAD 2019中打开图形文件的方法通常有以下5种。

- 选择【文件】➤【打开】菜单命令。
- 单击【应用程序菜单】按钮，然后选择【打开】➤【图形】菜单命令。
- 命令行输入“OPEN”命令并按空格键。
- 单击快速访问工具栏中的【打开】按钮。
- 使用【Ctrl+O】组合键。

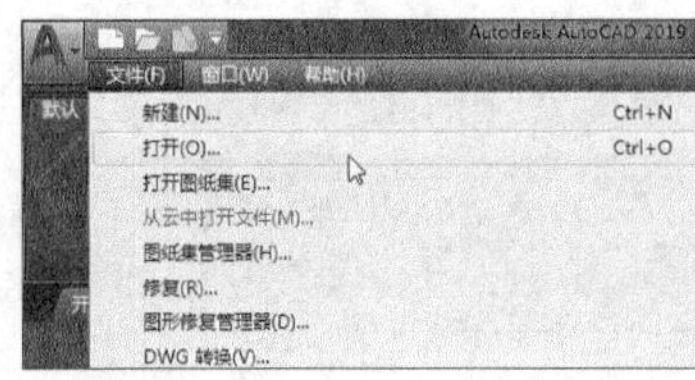

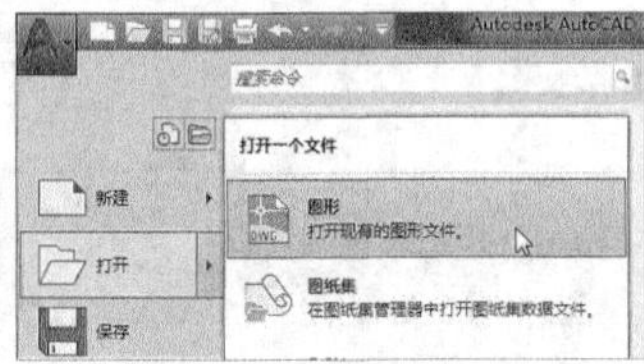

2. 命令提示

调用打开图形命令之后，系统会弹出【选择文件】对话框，如下图所示。

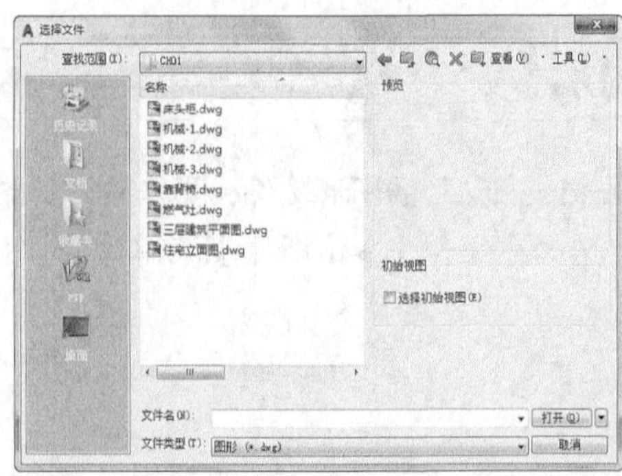

3. 知识点扩展

选择要打开的图形文件，单击【打开】按钮即可打开该图形文件。

另外利用【打开】命令可以打开和加载局部图形，包括特定视图或图层中的几何图形。在【选择文件】对话框中单击【打开】旁边的箭头，可以选择【局部打开】或【以只读方式局部打开】，如下图所示。

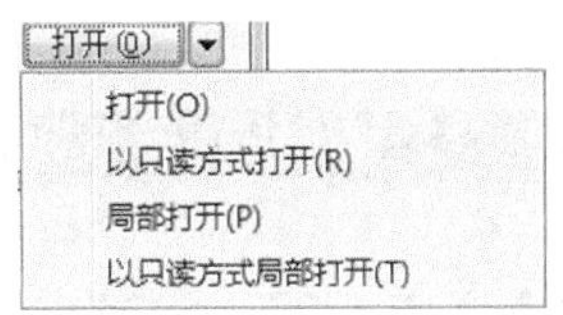

选择【局部打开】选项，将显示【局部打开】对话框，如下图所示。

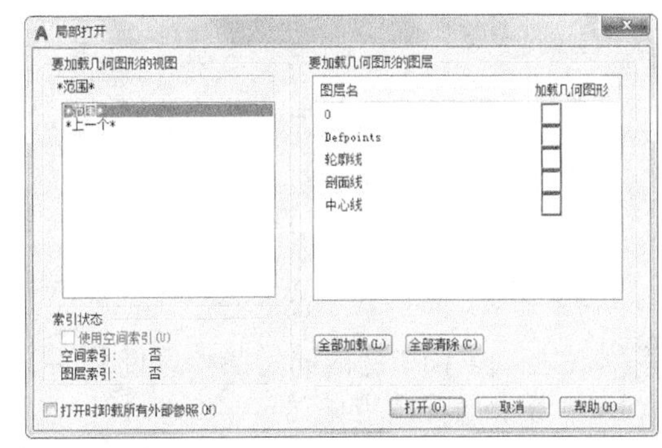

1.5.4 实战演练——打开“燃气灶”图形文件

下面将在AutoCAD 2019中打开“燃气灶”图形文件，具体操作步骤如下。

步骤01 启动AutoCAD 2019，选择【文件】➤【打开】菜单命令，系统弹出【选择文件】对话框，如下图所示。

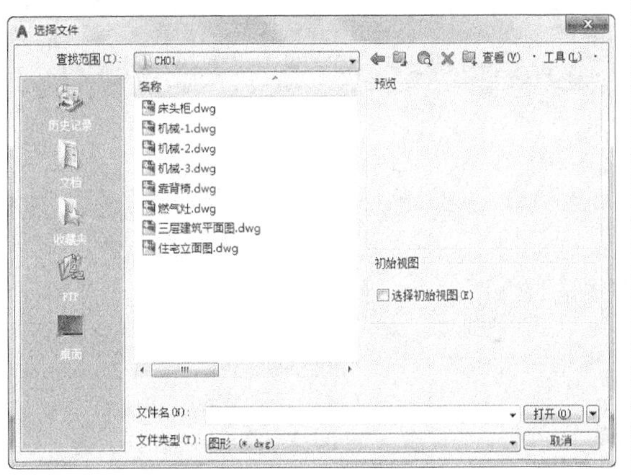

步骤02 在【选择文件】对话框中选择“燃气灶”文件，然后单击【打开】按钮完成操作，如下图所示。

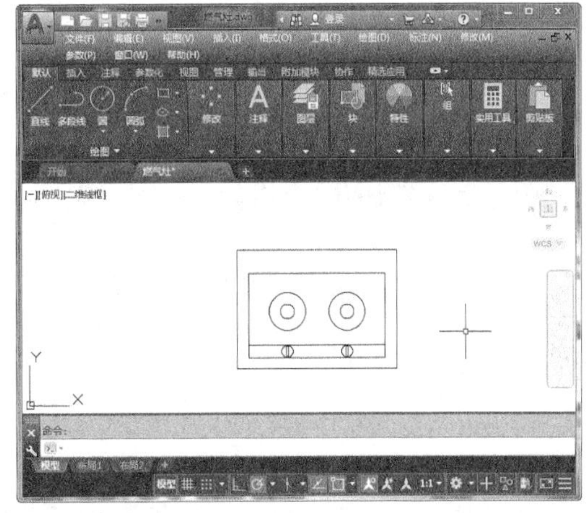

1.5.5 实战演练——打开多个图形文件

下面将在AutoCAD 2019中同时打开多个机械图形文件，具体操作步骤如下。

步骤01 启动AutoCAD 2019，选择【文件】➤【打开】菜单命令，系统弹出【选择文件】对话框，如下图所示。

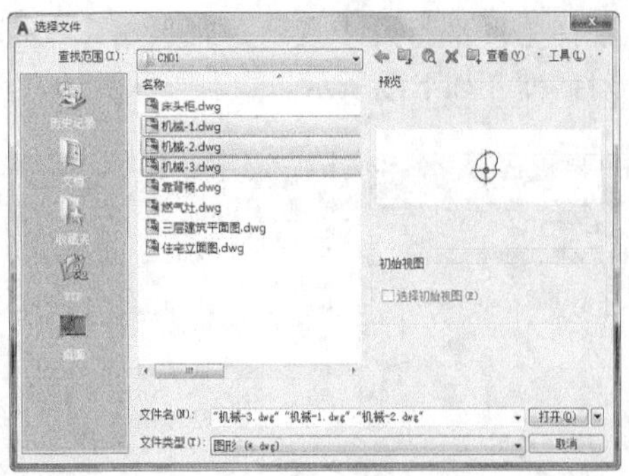

步骤 02 按住【Ctrl】键的同时在【选择文件】对话框中分别选择“机械-1”“机械-2”“机械-3”文件，然后单击【打开】按钮完成操作，如下图所示。

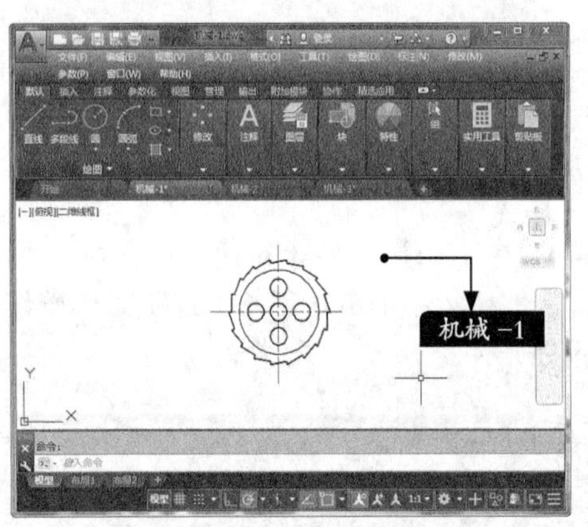

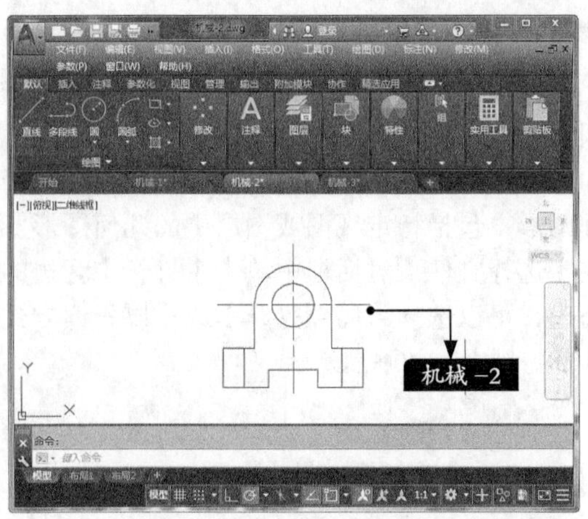

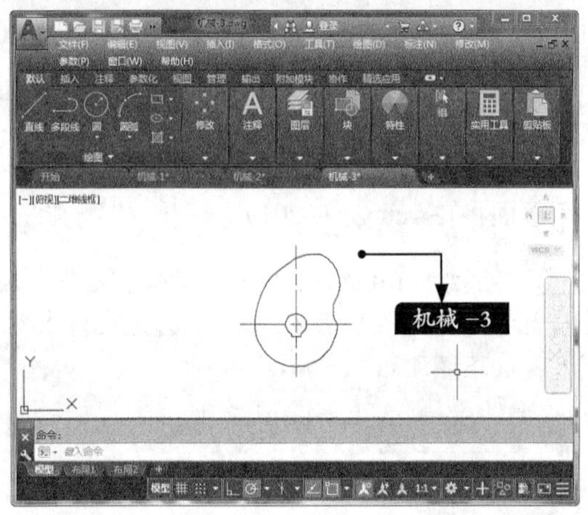

1.5.6 保存图形文件

下面将对在AutoCAD 2019中保存图形文件的方法进行介绍。

1. 命令调用方法

在AutoCAD 2019中保存图形文件的方法通常有以下5种。

- 选择【文件】➤【保存】菜单命令。
- 单击【应用程序菜单】按钮，然后选择【保存】菜单命令。
- 命令行输入“QSAVE”命令并按空格键。
- 单击快速访问工具栏中的【保存】按钮。
- 使用【Ctrl+S】组合键。

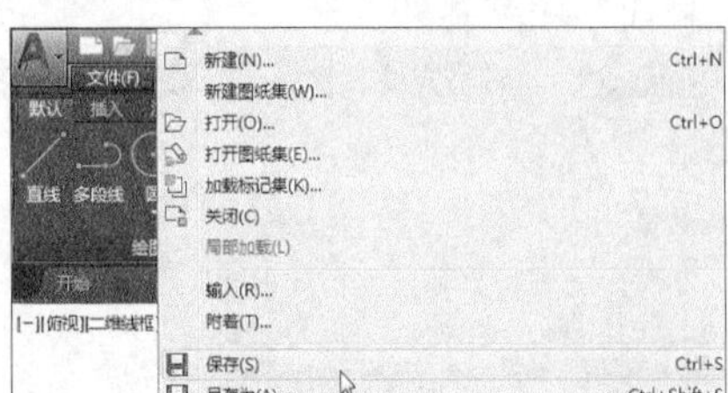

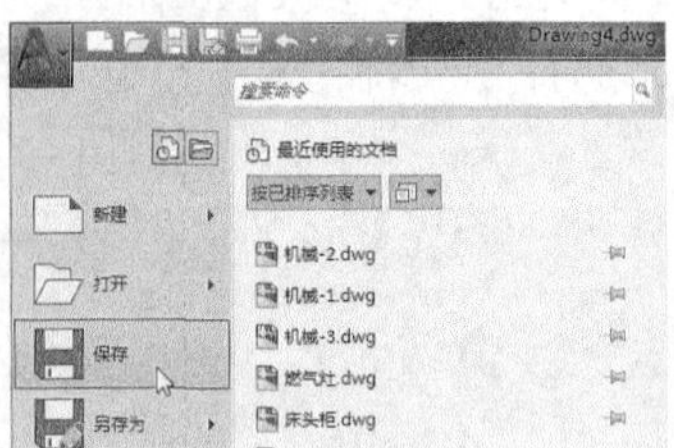

2. 命令提示

在图形第一次被保存时会弹出【图形另存为】对话框，如下图所示，需要用户确定文件的保存位置及文件名。如果图形已经保存过，只是在原有图形基础上重新对图形进行保存，则直接保存而不弹出【图形另存为】对话框。

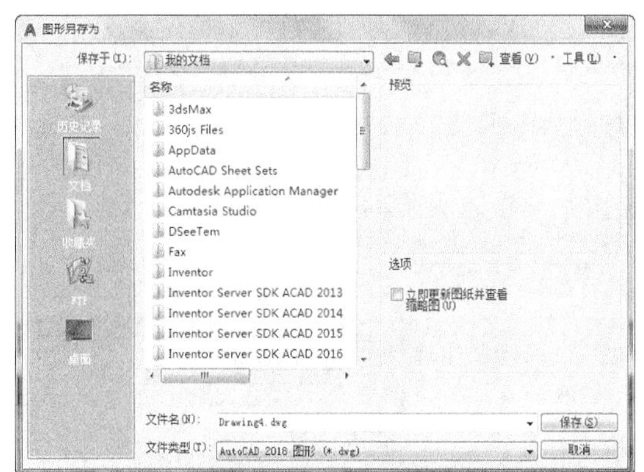

小提示

如果需要将已经命名的图形以新名称进行命名保存时，可以执行【另存为】命令，AutoCAD 2019调用【另存为】命令的方法有以下4种：

- 选择【文件】➤【另存为】菜单命令；
- 单击快速访问工具栏中的【另存为】按钮；
- 在命令行中输入“SAVEAS”命令并按空格键确认；
- 单击【应用程序菜单】按钮，然后选择【另存为】命令。

1.5.7 实战演练——保存“床头柜”图形文件

下面将对“床头柜”图形文件进行保存，具体操作步骤如下。

步骤01 打开“素材\CH01\床头柜.dwg”文件，如下图所示。

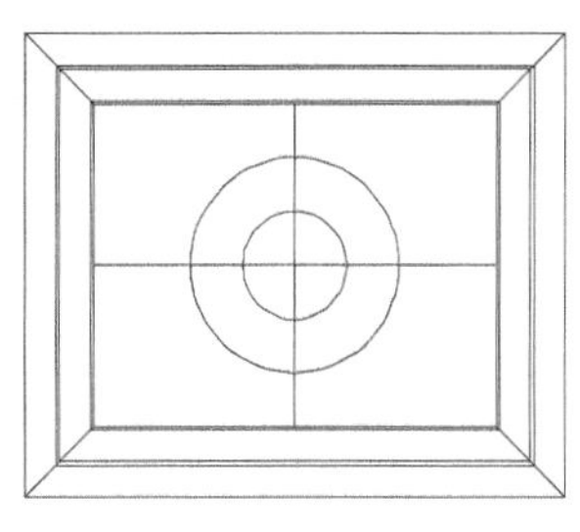

步骤02 在绘图区域中将十字光标移至下图所示的水平直线段上面。

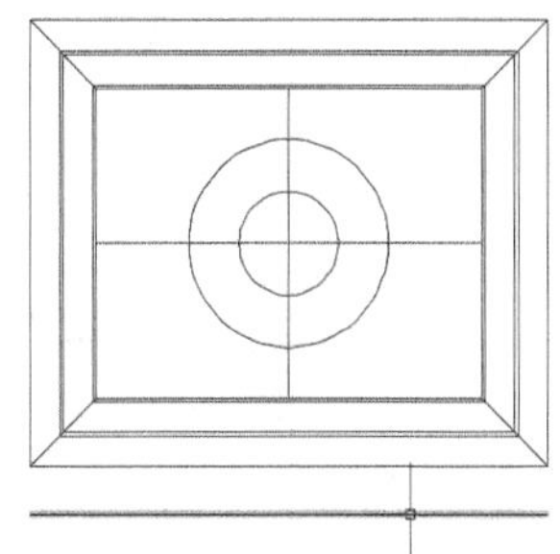

步骤03 单击直线段，将该直线段选中，如下图所示。

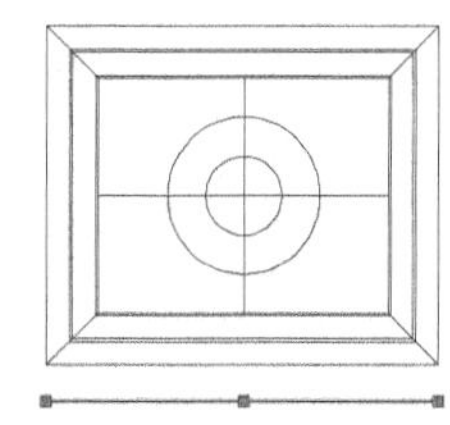

小提示

“选择对象”的方法，将在6.1节中详细介绍。

步骤04 按键盘上的【Delete】键将所选直线段删除，结果如下图所示。

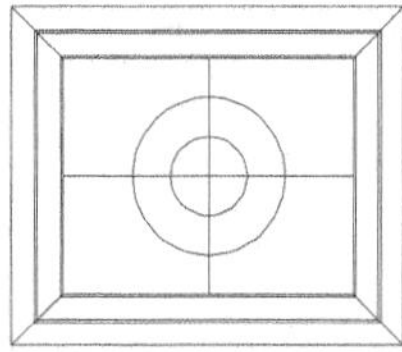

小提示

“删除”命令将在6.5节中详细介绍。

步骤05 选择【文件】➤【保存】菜单命令，完成保存操作。

1.5.8 将文件输出保存为其他格式

AutoCAD 中的文件除了可以保存为“.DWG”文件外，还可以通过【输出】命令保存为其他格式。

1. 命令调用方法

在AutoCAD 2019中调用【输出】命令的方法通常有以下3种。

- 选择【文件】➤【输出】菜单命令。
- 单击【应用程序菜单】按钮，然后单击【输出】，选择其中一种格式。
- 命令行输入“EXPORT”命令并按空格键。

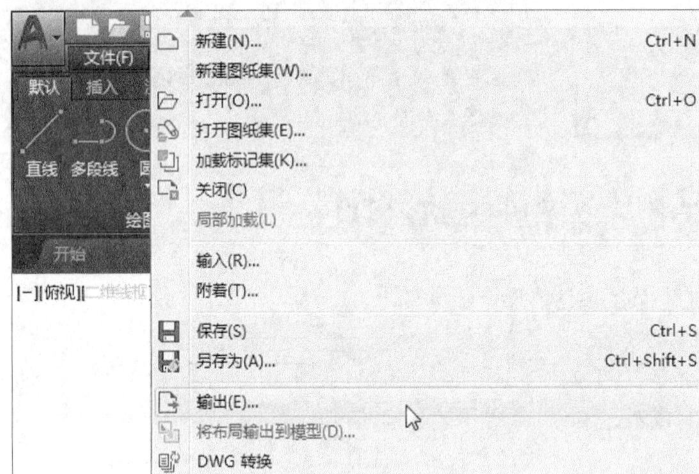

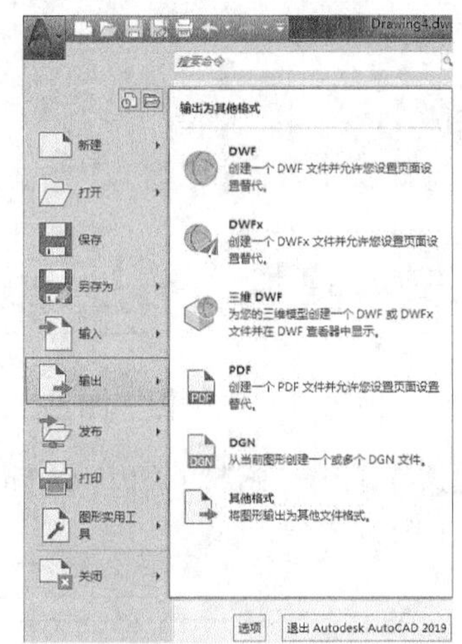

2. 命令提示

单击【应用程序菜单】按钮➤【输出】，选择其中的任意一种输出格式，弹出【另存为】对话框，指定保存路径和文件名即可。

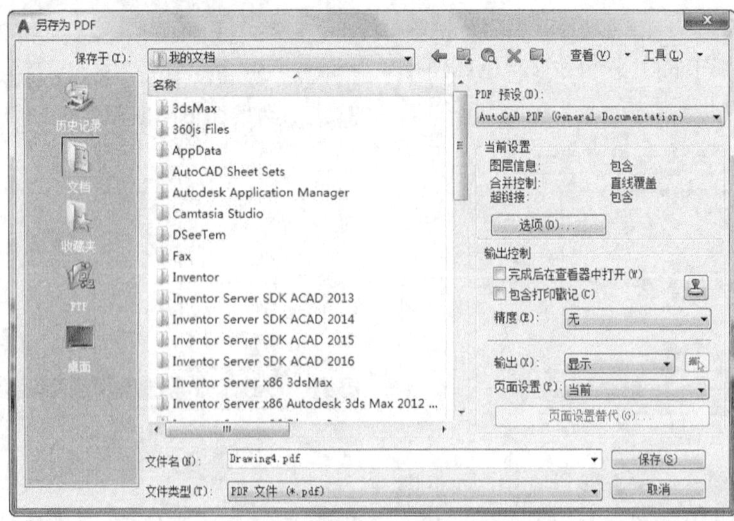

3. 知识点扩展

可以使用的输出类型如下表所示。

格式	说明	相关命令
三维 DWF (*.dwf) 3D DWFx (*.dwfx)	Autodesk Web 图形格式	3DDWF
ACIS (*.sat)	ACIS 实体对象文件	ACISOUT
位图 (*.bmp)	与设备无关的位图文件	BMPOUT
块 (*.dwg)	图形文件	WBLOCK
DXX 提取 (*.dxx)	属性提取 DXF文件	ATTEXT
封装的 PS (*.eps)	封装的 PostScript 文件	PSOUT
IGES (*.iges; *.igs)	IGES 文件	IGESEXPORT
FBX 文件 (*.fbx)	Autodesk FBX 文件	FBXEXPORT
平版印刷 (*.stl)	实体对象光固化快速成型文件	STLOUT
图元文件 (*.wmf)	Microsoft Windows图元文件	WMFOUT
V7 DGN (*.dgn)	MicroStation DGN 文件	DGNEXPORT
V8 DGN (*.dgn)	MicroStation DGN 文件	DGNEXPORT

1.5.9 实战演练——将文件输出保存为PDF格式

下面将“住宅立面图”文件输出保存为PDF格式，具体操作步骤如下。

步骤01 打开“素材\CH01\住宅立面图.dwg”文件，如下图所示。

步骤02 单击【应用程序菜单】按钮，然后选择【输出】➤【PDF】选项，系统弹出【另存为PDF】对话框，如下图所示。

步骤03 指定当前文件的保存路径及名称，然后单击【保存】按钮完成操作。

1.5.10 关闭图形文件

下面将对在AutoCAD 2019中关闭图形文件的方法进行介绍。

1. 命令调用方法

在AutoCAD 2019中调用【关闭】命令的方法通常有以下4种。

- 选择【文件】➤【关闭】菜单命令。
- 单击【应用程序菜单】按钮，然后选择【关闭】➤【当前图形】菜单命令。

- 命令行输入“CLOSE”命令并按空格键。
- 在绘图窗口中单击【关闭】按钮。

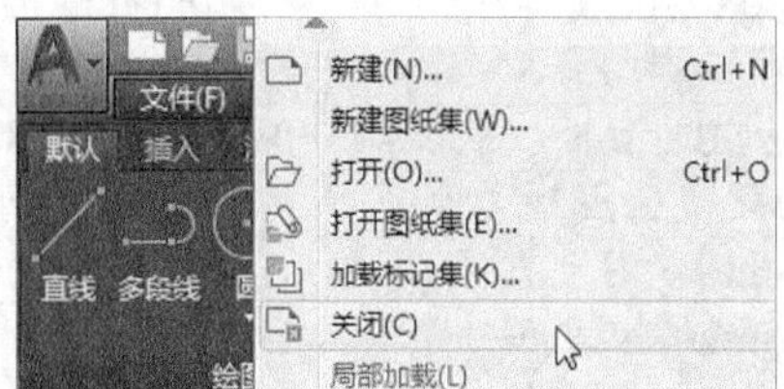

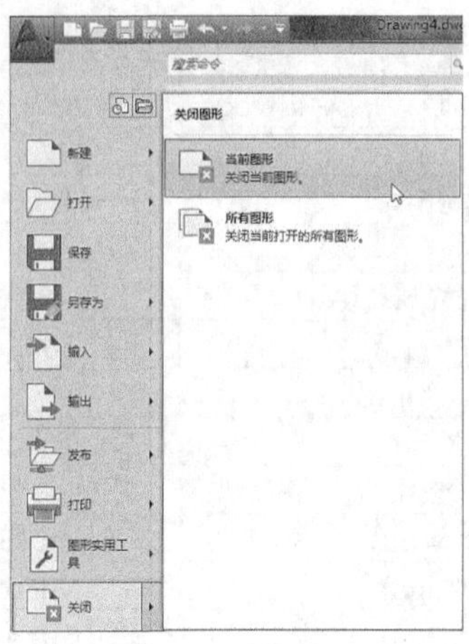

2. 命令提示

在绘图窗口中单击【关闭】按钮，系统弹出【AutoCAD】提示窗口，如下图所示。

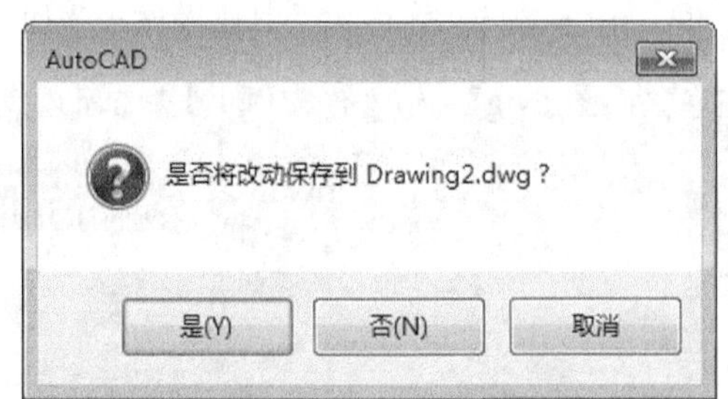

3. 知识点扩展

在【AutoCAD】提示窗口中单击【是】按钮，AutoCAD会保存并关闭该图形文件；单击【否】按钮，将不保存图形文件并关闭该图形文件；单击【取消】按钮，将放弃当前操作。

1.5.11 实战演练——关闭“三层建筑平面图”图形文件

下面将对“三层建筑平面图”进行查看，查看完成后可以将该文件关闭，具体操作步骤如下。

步骤 01 打开“素材\CH01\三层建筑平面图.dwg”文件，如下图所示。

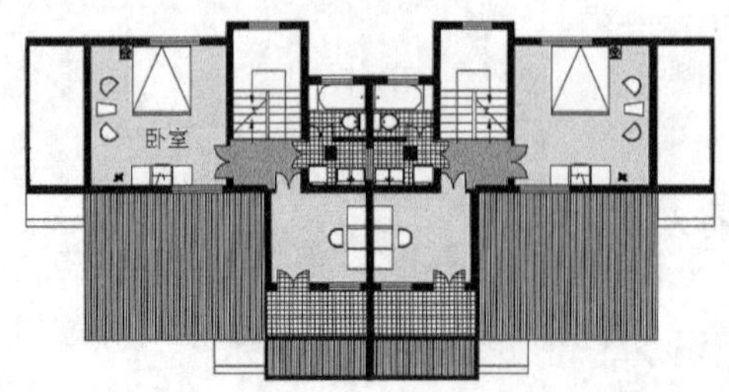

步骤 02 滚动鼠标滚轮，将“卧室”放大查看，如下图所示。

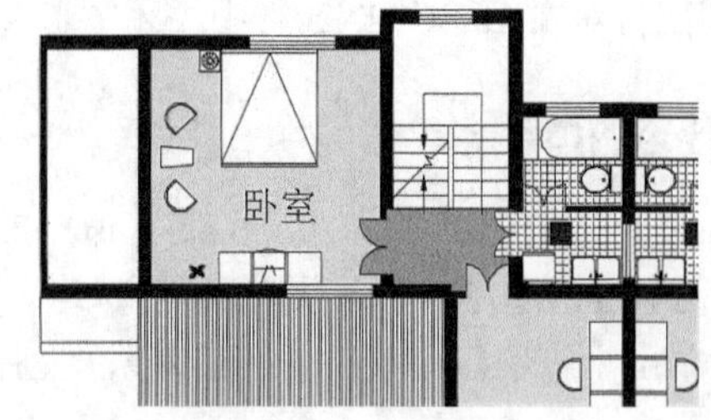

小提示

鼠标滚轮的应用方法将在第2章的疑难解答中详细介绍。

步骤03 在绘图窗口中单击【关闭】按钮，然后在系统弹出的【AutoCAD】提示窗口中单击【否】，完成操作。

1.6 命令的调用方法

本节视频教程时间：7 分钟

通常命令的基本调用方法可分为四种：通过菜单栏调用；通过功能区选项板调用；通过工具栏调用；通过命令行调用。前三种的调用方法基本相同，找到相应按钮或选项后单击即可。而利用命令行调用命令则需要在命令行输入相应指令，并配合空格（或【Enter】）键执行。本节将具体讲解AutoCAD 2019中命令的调用、退出、重复执行以及透明命令的使用方法。

1.6.1 输入命令

在命令行中输入命令即输入相关图形的指令，如直线的指令为“LINE（或L）”，圆弧的指令为“ARC（或A）”等。输入完相应指令后按【Enter】键或空格键即可执行指令。下表提供了部分较为常用的图形指令及其缩写供读者参考。

命令全名	简写	对应操作	命令全名	简写	对应操作
POINT	PO	绘制点	LINE	L	绘制直线
XLINE	XL	绘制构造线	PLINE	PL	绘制多段线
MLINE	ML	绘制多线	SPLINE	SPL	绘制样条曲线
POLYGON	POL	绘制正多边形	RECTANGLE	REC	绘制矩形
CIRCLE	C	绘制圆	ARC	A	绘制圆弧
DONUT	DO	绘制圆环	ELLIPSE	EL	绘制椭圆
REGION	REG	面域	MTEXT	MT/T	多行文本
BLOCK	B	块定义	INSERT	I	插入块
WBLOCK	W	定义块文件	DIVIDE	DIV	定数等分
BHATCH	H	填充	COPY	CO/CP	复制
MIRROR	MI	镜像	ARRAY	AR	阵列
OFFSET	O	偏移	ROTATE	RO	旋转
MOVE	M	移动	EXPLODE	X	分解
TRIM	TR	修剪	EXTEND	EX	延伸
STRETCH	S	拉伸	SCALE	SC	比例缩放
BREAK	BR	打断	CHAMFER	CHA	倒角
PEDIT	PE	编辑多段线	DDEDIT	ED	修改文本
PAN	P	平移	ZOOM	Z	视图缩放

1.6.2 命令行提示

无论采用哪一种方法调用AutoCAD命令，其结果都是相同的。执行指令后，命令行都会自动出现相关提示及选项供用户操作。下面以执行构造线指令为例进行详细介绍。

（1）在命令行输入“xl（构造线）”后按空格键确认，命令行提示如下。

```
命令：XL
XLINE
指定点或 [ 水平 (H)/ 垂直 (V)/ 角度 (A)/ 二等分 (B)/ 偏移 (O)]:
```

（2）命令行提示指定构造线中点，并附有相应选项“水平(H)/垂直(V)/角度(A)/二等分(B)/偏移(O)”。指定相应坐标点即可指定构造线中点。在命令行中输入相应选项代码（如“角度”选项代码“A”）后按【Enter】键确认，即可执行角度设置。

1.6.3 退出命令执行状态

退出命令执行状态通常分为两种情况：一种是命令执行完成后退出，另外一种是调用命令后不执行就退出（即直接退出命令）。第一种情况可通过按空格键、【Enter】键或【Esc】键来完成退出命令操作。第二种情况通常通过按【Esc】键来完成。用户可以根据实际情况选择退出方式。

1.6.4 重复执行命令

如果重复执行的是刚结束的上个命令，直接按【Enter】键或空格键即可完成此操作。

单击鼠标右键，通过【重复】或【最近的输入】选项可以重复执行最近执行的命令，如下左图所示。此外，单击命令行【最近使用命令】的下拉按钮，在弹出的快捷菜单中也可以选择最近执行的命令。

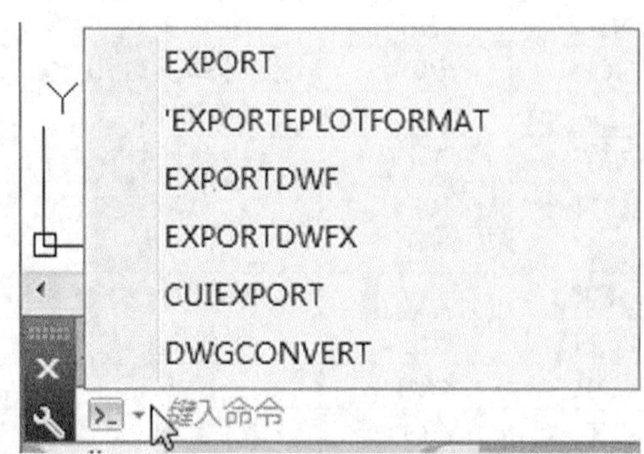

1.6.5 透明命令

透明命令是一类命令的统称，这类命令可以在不中断其他当前正在执行的命令的状态下进行调用。此种命令可以极大地方便用户的操作，尤其在对当前所绘制图形的即时观察方面。

1. 命令调用方法

在AutoCAD 2019中执行透明命令的方法通常有以下3种。

- 选择相应的菜单命令。
- 单击工具栏相应按钮。
- 通过命令行。

2. 知识点扩展

为了便于操作管理，AutoCAD将许多命令都赋予了“透明”的功能，现将部分透明命令提供如下，供读者参考。需要注意的是所有透明命令前面都带有符号“′”。

透明命令	对应操作	透明命令	对应操作	透明命令	对应操作
′Color	设置当前对象颜色	′Dist	查询距离	′Layer	管理图层
′Linetype	设置当前对象线型	′ID	点坐标	′PAN	实时平移
′Lweight	设置当前对象线宽	′Time	时间查询	′Redraw	重画
′Style	文字样式	′Status	状态查询	′Redrawall	全部重画
′Dimstyle	样注样式	′Setvar	设置变量	′Zoom	缩放
′Ddptype	点样式	′Textscr	文本窗口	′Units	单位控制
′Base	基点设置	′Thickness	厚度	′Limits	模型空间界限
′Adcenter	CAD设计中心	′Matchprop	特性匹配	′Help或′?	CAD帮助
′Adcclose	CAD设计中心关闭	′Filter	过滤器	′About	关于CAD
′Script	执行脚本	′Cal	计算器	′Osnap	对象捕捉
′Attdisp	属性显示	′Dsettlngs	草图设置	′Plinewid	多段线变量设置
′Snapang	十字光标角度	′Textsize	文字高度	′Cursorsize	十字光标大小
′Filletrad	倒圆角半径	′Osmode	对象捕捉模式	′Clayer	设置当前层

1.7 AutoCAD 2019的坐标系统

本节视频教程时间：7 分钟

本节将对AutoCAD 2019的坐标系统及坐标值的几种输入方式进行详细介绍。

1.7.1 了解坐标系统

在AutoCAD 2019中，所有对象都是依据坐标系进行准确定位的。为了满足用户的不同需求，坐标系又分为世界坐标系和用户坐标系。无论是世界坐标系还是用户坐标系，其坐标值的输入方式是相同的，都可以采用绝对直角坐标、绝对极坐标、相对直角坐标、相对极坐标中的任意一种方式输入坐标值。另外需要注意，无论采用世界坐标系还是用户坐标系，其坐标值的大小都是依据坐标系的原点确定的，坐标系的原点为（0，0），坐标轴的正方向取正值，反方向取负值。

1.7.2 坐标值的几种输入方式

下面将对AutoCAD 2019中的各种坐标输入方式进行详细介绍。

1. 绝对直角坐标的输入

步骤01 新建一个图形文件，然后在命令行输入“L”并按空格键调用直线命令，在命令行输入“-1500, 900”，命令行提示如下：

```
命令：_line
指定第一个点：-1500,900
```

步骤02 按空格键确认，如下图所示。

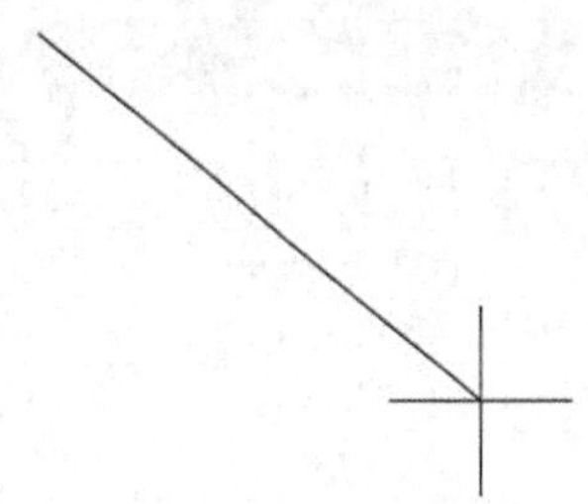

步骤03 在命令行输入“2100,-1500”，命令行提示如下：

```
指定下一点或 [ 放弃 (U)]: 2100,-1500
```

步骤04 连续按两次空格键确认后，结果如下图所示。

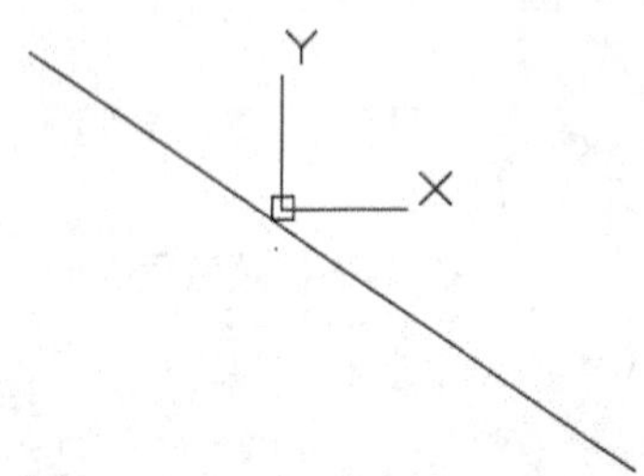

小提示

绝对直角坐标是从原点出发的位移，其表示方式为（x, y），其中x、y分别对应坐标轴上的数值。

“直线”命令将在5.2.1小节中详细介绍。

2. 绝对极坐标的输入

步骤01 新建一个图形文件，在命令行中输入“L”并按空格键调用直线命令，在命令行输入“0,0”，即原点位置。命令行提示如下：

```
命令：_line
指定第一个点：0,0
```

步骤02 按空格键确认，结果如下图所示。

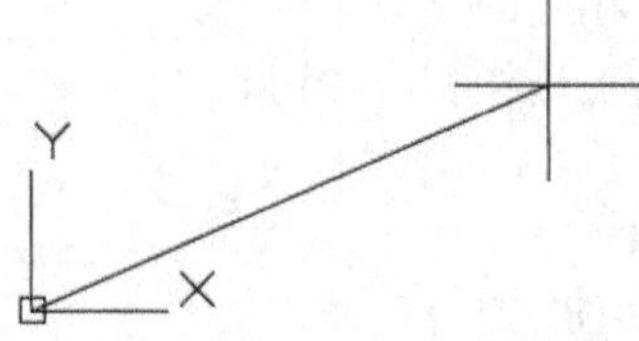

步骤03 在命令行输入“1500<30”，其中1500确定直线的长度，30确定直线和x轴正方向的角度。命令行提示如下：

```
指定下一点或 [ 放弃 (U)]: 1500<30
```

步骤04 连续按两次空格键确认后，结果如下图所示。

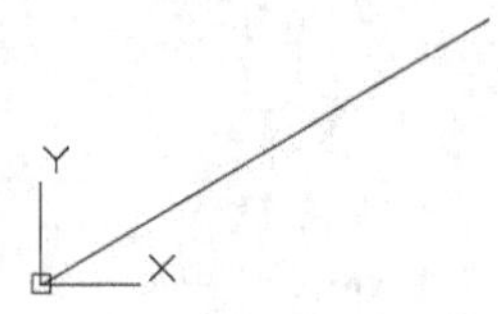

小提示

绝对极坐标也是从原点出发的位移，但绝对极坐标的参数是距离和角度，其中距离和角度之间用“<”分开，角度值是表示距离的线段和x轴正方向之间的夹角。

3. 相对直角坐标的输入

步骤01 新建一个图形文件，在命令行输入“L”并按空格键调用直线命令，并在绘图区域中任意单击一点作为直线的起点，如下图所示。

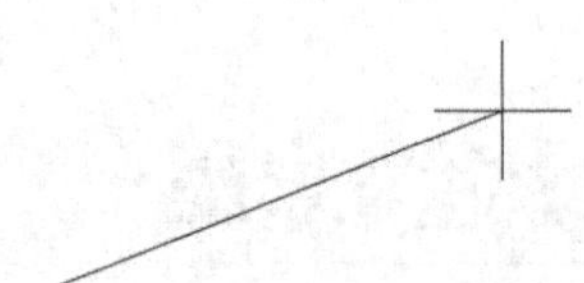

步骤02 在命令行输入“@0,500”，提示如下：

```
指定下一点或 [ 放弃 (U)]: @0,500
```

步骤03 连续按两次空格键确认后，结果如下图所示。

> **小提示**
>
> 相对直角坐标是指相对于某一点的x轴和y轴的距离。具体表示方式是在绝对坐标表达式的前面加上“@”符号。

4. 相对极坐标的输入

步骤 01 新建一个图形文件，在命令行输入“L”并按空格键调用直线命令，并在绘图区域中任意单击一点作为直线的起点，如下图所示。

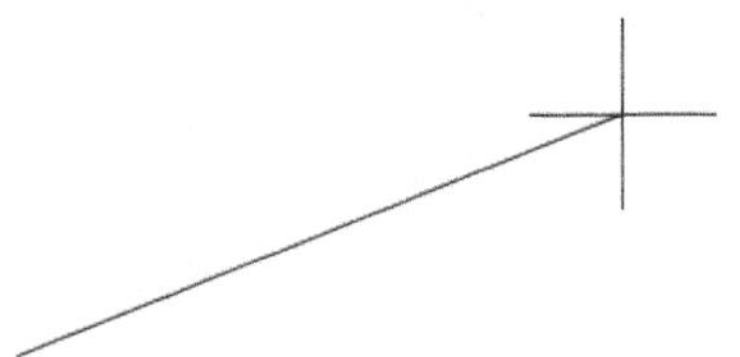

步骤 02 在命令行输入“@500<135”，提示如下：

指定下一点或 [放弃 (U)]: @500<135

步骤 03 连续按两次空格键确认后，结果如下图所示。

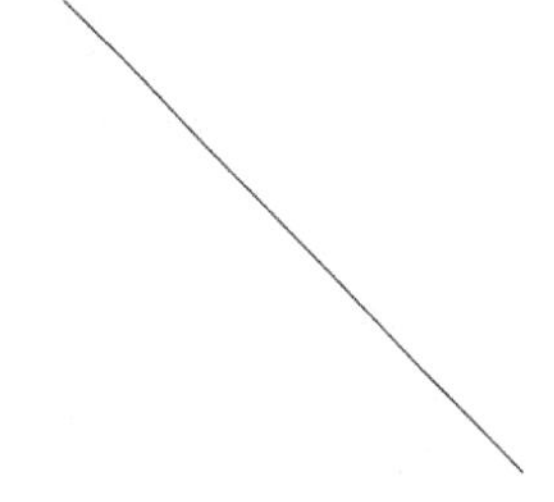

> **小提示**
>
> 相对极坐标是指相对于某一点的距离和角度。具体表示方式是在绝对极坐标表达式的前面加上“@”符号。

1.8 AutoCAD 2019的新增功能

本节视频教程时间：4 分钟

AutoCAD 2019对许多功能进行了改进，例如DWG比较、二维图形增强功能和共享视图增强功能等。

1.8.1 DWG比较

图形比较功能可以重叠两个图形，并突出显示两者的不同之处，以方便查看并了解两个图形之间的差别及相同之处。单击按钮，系统会弹出【DWG比较】对话框，如下图所示。

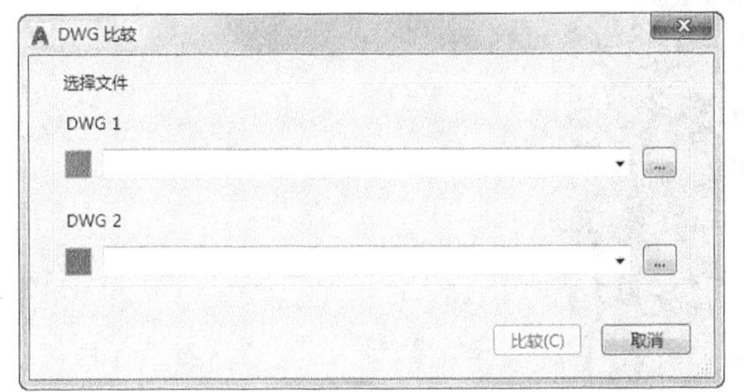

选择需要比较的两个DWG图形之后，系统会在两个图形不同之处的四周自动生成修订云线，方便用户导航至高亮显示的变化处。图形一的不同之处以绿色突出显示，图形二的不同之处以红色突出显示，图形一和图形二的共同之处以灰色显示。具体效果请见视频教程。

1.8.2 二维图形增强功能

AutoCAD 2019可以更快速地缩放、平移以及更改绘图次序和图层特性。用鼠标右键单击状态栏中的按钮，在【图形性能】对话框中即可轻松调整二维图形的性能。

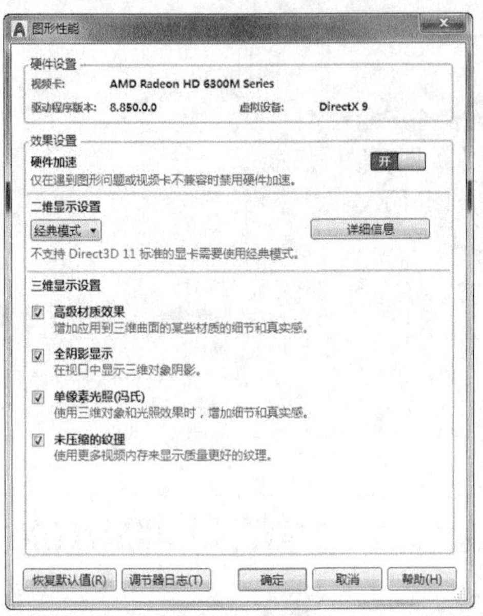

1.8.3 共享视图增强功能

借助“共享视图”功能，订购用户无需共享实际的DWG文件即可发布视图并收集来自客户和利益相关方的反馈，订购用户登录后即可访问共享视图。用户可以控制在视图中共享的内容，视图是利用后台线程在本地生成的，用户在等待生成的过程中也可以继续工作。对于新用户而言，需要创建Autodesk账户并登录，如下图所示。

1.9 使用AutoCAD 2019绘制图形的三个基本原则

本节视频教程时间：4 分钟

AutoCAD是一种通用绘图软件，适用于多种行业。但在使用AutoCAD绘制图形时，众多设计者表现出来的差异却很大。有的设计者可以将图纸信息在极短的时间内表达得很精确，而部分设计者却做不到这一点。造成这种差异的主要因素，在于是否遵循了AutoCAD绘制图形的三个基本原则，只有遵循这三个基本原则，才能在绘制图形时得心应手、游刃有余。

- 原则1：清晰。

图纸信息必须要表达得很清晰。以建筑图纸为例，图纸绘制完成后可以让人很轻松地识别出哪一部分是墙体、哪一部分是门窗、哪一部分是管线、哪一部分是设备等，尺寸标注和文字注释也必须要清楚、互不重叠。另外还要注意，图纸清晰不单纯是指图形信息在显示器上面看起来很清晰，在打印到纸张上面以后同样也要保证图纸信息的清晰。

- 原则2：准确。

绘制的图形要准确，在没有特殊情况的前提下，尽量要按照1:1的比例绘制图形。这样做不仅仅是为了图形的美观，更重要的是便于后期图形的修改。另外按照实际尺寸绘制图形，在图面上还能够直观地反映一部分设计问题，从而避免设计缺陷。

- 原则3：高效。

高效是指提高绘图速度，保证绘图效率。要保证图形绘制的效率，就要熟练运用AutoCAD 2019。在掌握AutoCAD 2019的同时，还要不断寻找绘图技巧，不断提升自我的绘图技能。这样才能够让自己拥有高超的绘图能力，从而保证绘图的高效率。

1.10 AutoCAD 2019学习规划

本节视频教程时间：5 分钟

在学习AutoCAD 2019之前，首先应该做一个全面的规划，这对于以后的学习会起到一个很好的帮助。只有有计划地学习，才能有事半功倍的效果。

1.10.1 本书知识点简介

用户可以结合本书的全部内容对AutoCAD 2019进行学习，本书分为5篇，共计21章，采用循序渐进、易于理解的方式使用户在对AutoCAD 2019产生兴趣的同时，熟练掌握实际操作。

第1篇共分2章，主要介绍AutoCAD 2019的基础知识，便于用户对AutoCAD 2019有一个详细的了解，为后面内容的学习打好基础。第2篇共9章，主要介绍AutoCAD 2019的二维及注释功能，这也是该软件最重要的功能之一，在实际工作中应用颇丰；读者将在这一篇中学会如何创建二维图形对象，并掌握二维图形对象的编辑及注释方法。第3篇共4章，主要介绍AutoCAD 2019的三维及渲染功能，读者将在这一篇中学会如何创建三维对象，并掌握三维模型的编辑及渲染方法，这对于观察模型的整体效果非常重要。第4篇共分4章，主要介绍AutoCAD 2019与其他常用软件的协同配合使用以及3D打印方法，这一部分重点内容是软件的协同配合，而3D打印正是时下非常流行的，有兴趣的读者可以多了解一下。第5篇分为2章，分别为机械行业案例和建筑行业案例，旨在让读者对AutoCAD 2019的综合运用能力有一个提升，最终顺利踏上设计之路，实现自己的设计梦想。

下面为AutoCAD 2019学习规划的简图，供读者进行参考。

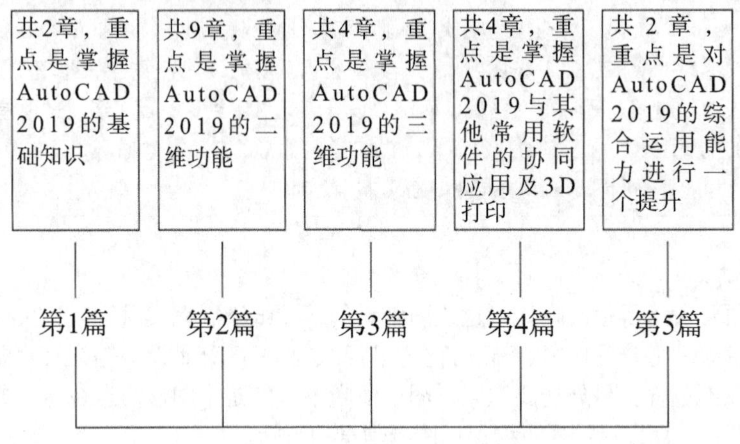

AutoCAD 2019学习规划

1.10.2 AutoCAD 2019重点、难点问题解决方法

AutoCAD 2019是一款用户数量非常庞大的设计软件，在学习的过程中难免会碰到棘手的问题。在这种情况下不要慌，更不要一筹莫展，我们可以借助下面几个方法来尝试解决问题。

（1）总结出问题的重点，详细分析，多运用自己所学到的知识，多动手操作，反复尝试解决问题。

（2）向身边的人请教。正所谓“三人行，必有我师”，一定要本着谦虚的精神多向身边人学习。

（3）利用AutoCAD 2019的帮助功能尝试解决问题。

（4）利用互联网资源查找问题的解决方法。

（5）多参加相关的研讨会，并在研讨会中把自己的问题讲给大家，大家一起讨论。

1.11 综合应用——编辑靠背椅图形并将其输出保存为PDF文件

本节视频教程时间：2 分钟

本节将综合利用AutoCAD 2019的打开、保存、输出、关闭等功能对靠背椅图形进行编辑并输出。

步骤 01 打开“素材\CH01\靠背椅.dwg”文件，如下图所示。

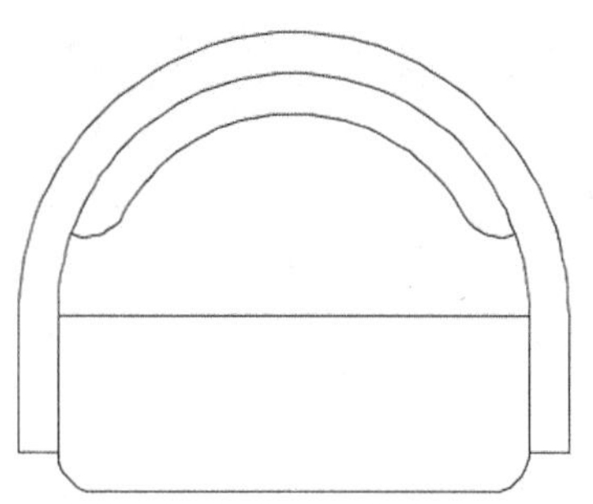

步骤02 在绘图区域中将十字光标移至下图所示的水平直线段上面。

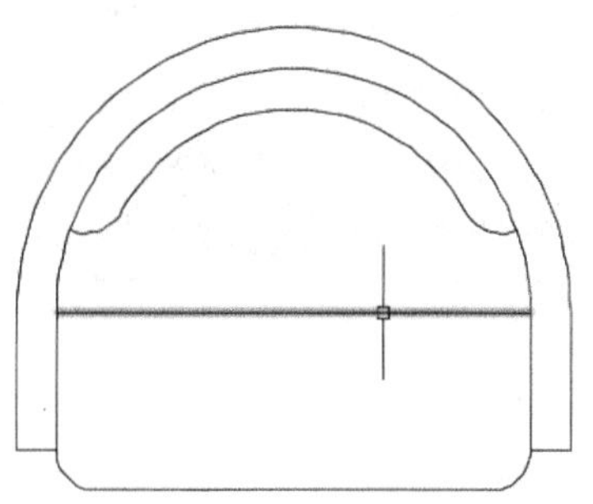

步骤03 单击直线段，将该直线段选中，如下图所示。

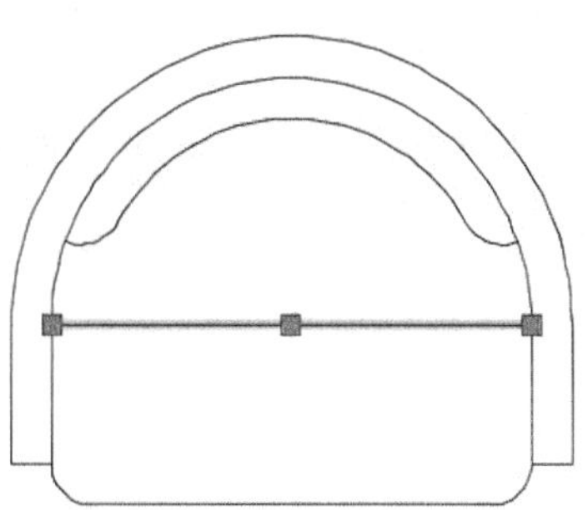

小提示

“选择对象”将在6.1节中详细介绍。

步骤04 按键盘【Del】键将所选直线段删除，结果如下图所示。

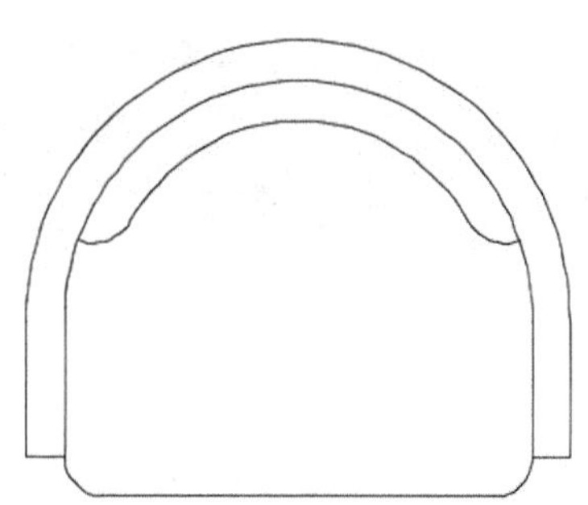

小提示

“删除”命令将在6.5节中详细介绍。

步骤05 单击【应用程序菜单】按钮，然后选择【输出】➤【PDF】选项，系统弹出【另存为PDF】对话框，如下图所示。

步骤06 指定当前文件的保存路径及名称，然后单击【保存】按钮完成输出操作。

步骤07 选择【文件】➤【保存】菜单命令，完成保存操作。然后在绘图窗口中单击【关闭】按钮，关闭该图形文件。

疑难解答

本节视频教程时间：6 分钟

为什么我的命令行不能浮动

AutoCAD的命令行、选项卡、面板是可以浮动的，但当不小心选择了【固定窗口】、【固定工具栏】选项，那么命令行、选项卡、面板将不能浮动。

步骤 01 启动AutoCAD 2019并新建一个dwg文件，如下图所示。

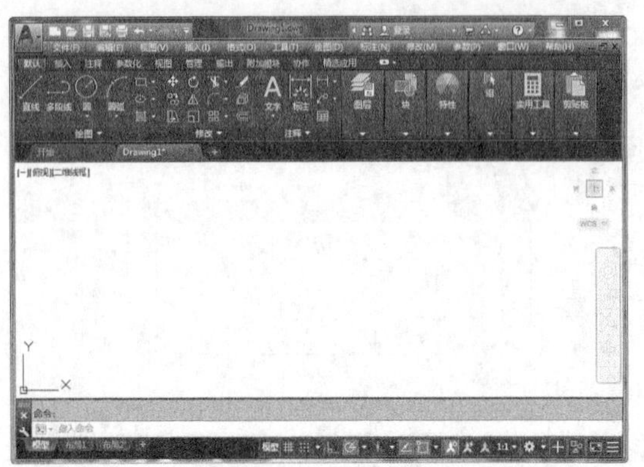

步骤 02 按住鼠标左键拖曳命令窗口，如下图所示。

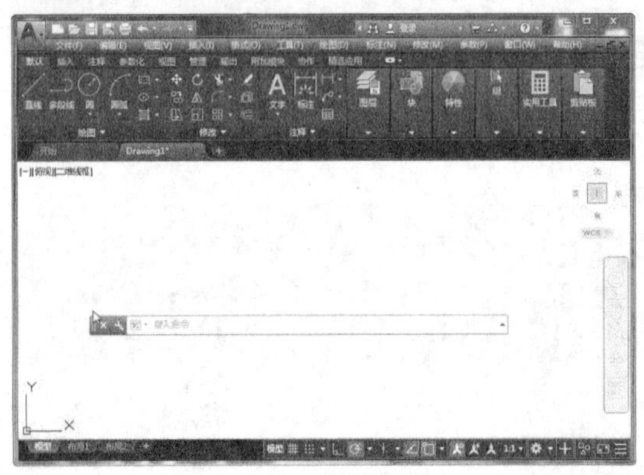

步骤 03 将命令窗口拖曳至合适位置后放开鼠标左键，然后单击【窗口】，在弹出的下拉菜单中选择【锁定位置】➤【全部】➤【锁定】。

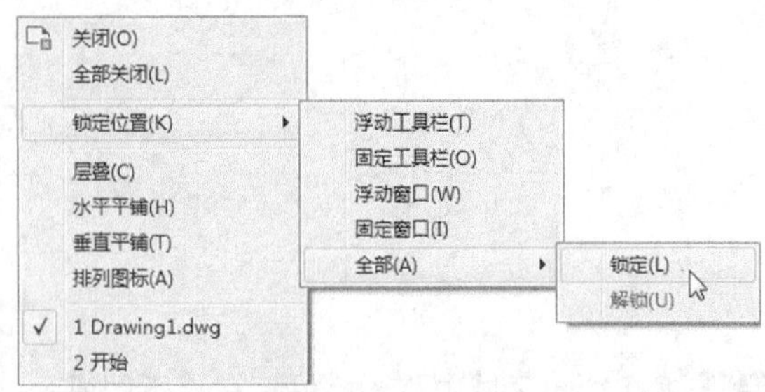

步骤 04 再次按住鼠标左键拖曳命令窗口时，发现鼠标变成了，无法拖曳命令窗口。

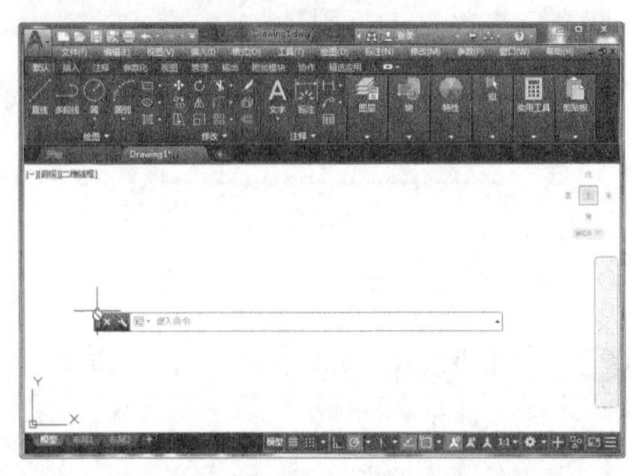

小提示

选择【解锁】后，命令行又可以重新浮动了。

如何打开备份文件和临时文件

AutoCAD中备份文件的后缀为“.bak”，将其改为“.dwg”即可打开备份文件。

AutoCAD中临时文件的后缀为“.ac$”，找到临时文件的位置，将它复制到其他位置，然后将后缀改为“.dwg”即可打开备份文件。

如何控制选项卡和面板的显示

AutoCAD 2019可以根据自己的习惯控制哪些选项卡和面板显示，哪些选项卡和面板不需要显示等。例如设置协作选项卡和应用程序面板为不显示的操作步骤如下。

步骤 01 启动AutoCAD 2019并新建一个dwg文件，如下图所示。

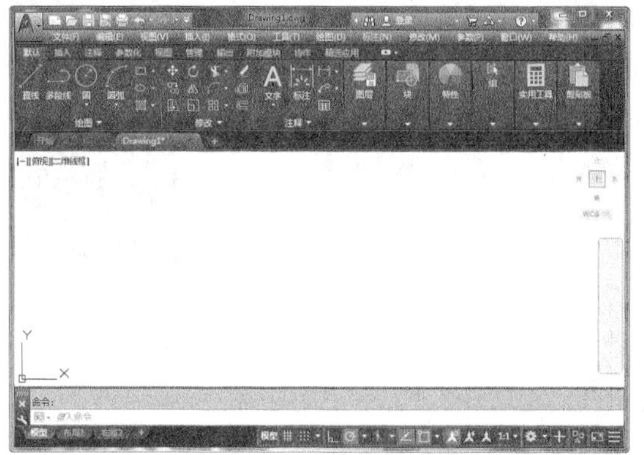

步骤 02 在选项卡或面板的空白处单击右键，在弹出的快捷菜单上选择【显示选项卡】选项并选择【协作】，将其前面的“√”去掉。

步骤 03 【协作】前面的“√”去掉后，选项卡栏将不再显示该选项卡。

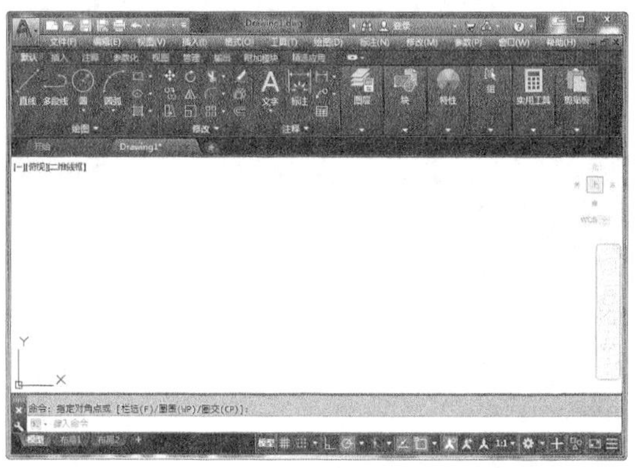

步骤 04 单击【管理】选项卡，显示如下图所示。

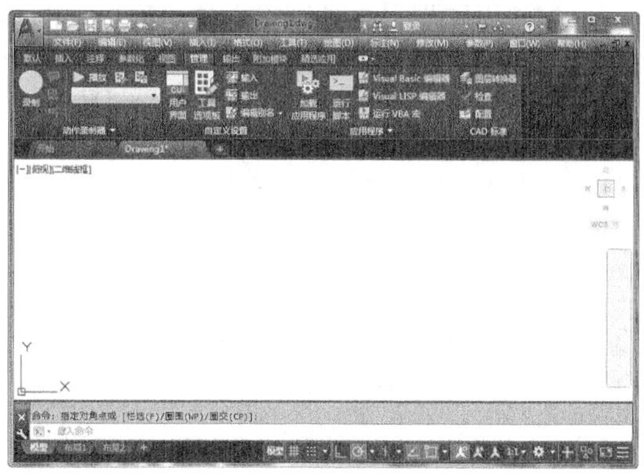

步骤 05 在选项卡或面板的空白处单击右键，在弹出的快捷菜单上选择【显示面板】选项并选择【应用程序】，将其前面的“√”去掉。

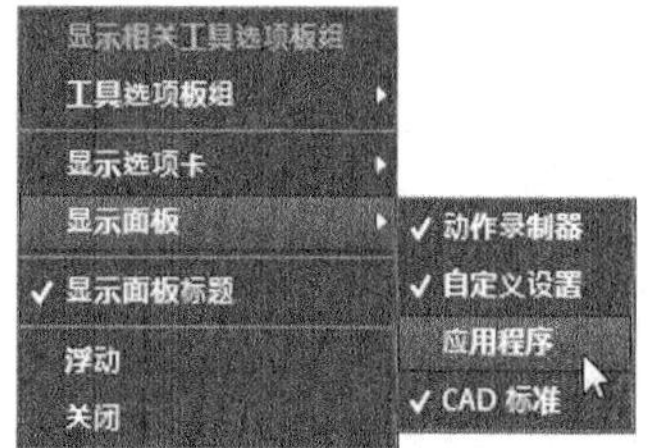

步骤 06 【应用程序】前面的“√”去掉后，【管理】选项卡下将不再显示该面板。

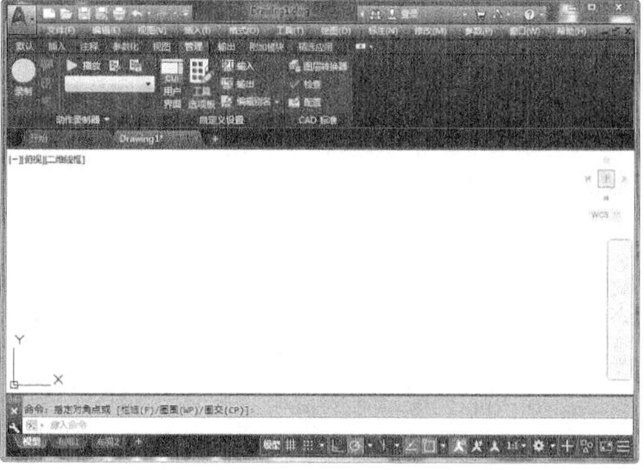

实战练习

绘制以下图形，并计算出图中正五边形的边长。

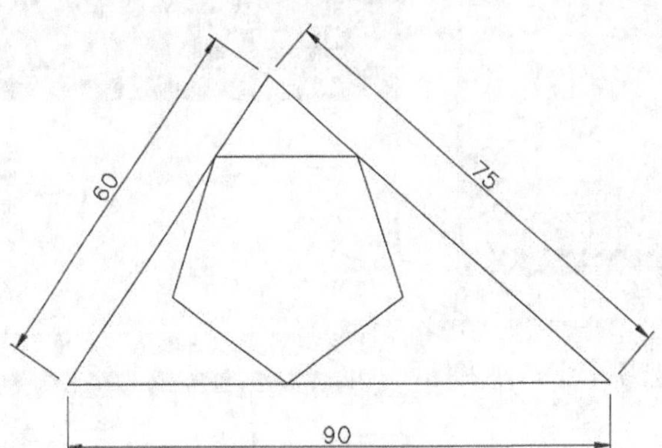

第2章

AutoCAD的基本设置

学习目标

在绘图前，需要充分了解AutoCAD的基本设置。通过这些设置，用户可以精确、方便地绘制图形。AutoCAD中的辅助绘图设置主要包括草图设置、选项设置、打印设置和绘图单位设置等。

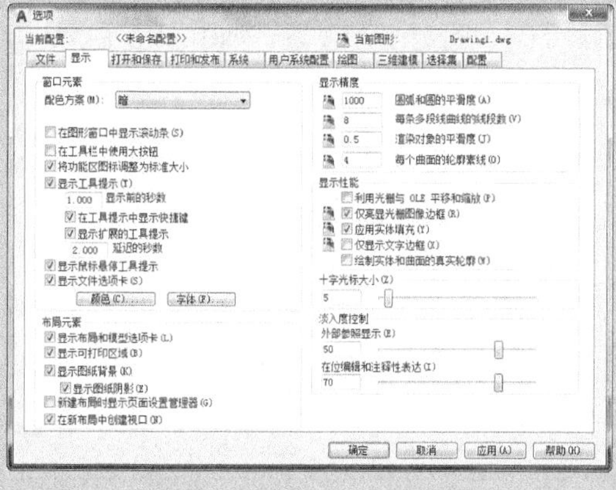

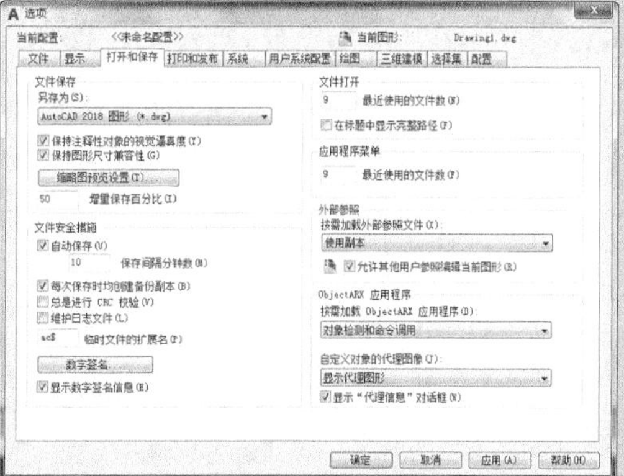

2.1 系统选项设置

本节视频教程时间：29 分钟

系统选项用于对系统进行优化设置，包括文件设置、显示设置、打开和保存设置、打印和发布设置、系统设置、用户系统配置设置、绘图设置、三维建模设置、选择集设置、配置设置和联机等。

1. 命令调用方法

在AutoCAD 2019中调用【选项】对话框的方法通常有以下3种。

- 选择【工具】➤【选项】菜单命令。
- 单击【应用程序菜单】按钮，然后选择【选项】命令。
- 命令行输入“OPTIONS/OP”命令并按空格键。

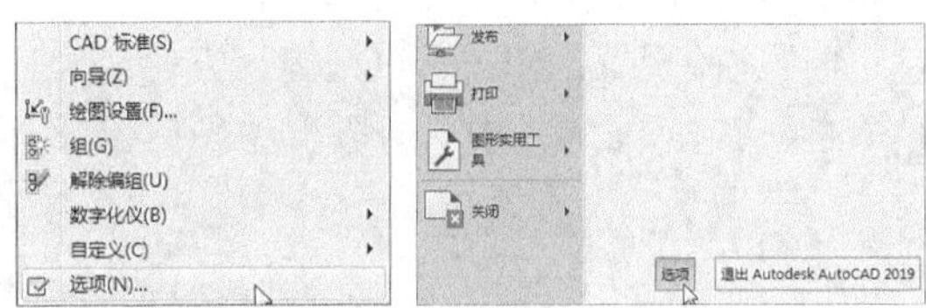

2. 命令提示

调用选项命令之后，系统会弹出【选项】对话框，如下图所示。

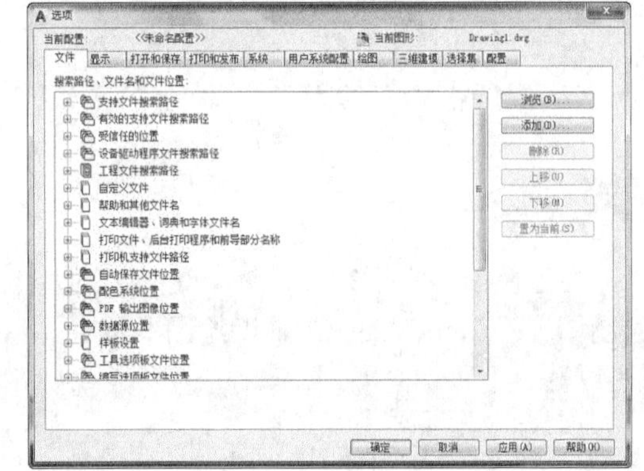

2.1.1 显示设置

1. 命令提示

显示设置用于设置窗口的明暗、背景颜色、字体样式和颜色、显示的精确度、显示性能及十字光标的大小等。在【选项】对话框中的【显示】选项卡下可以进行显示设置，如下图所示。

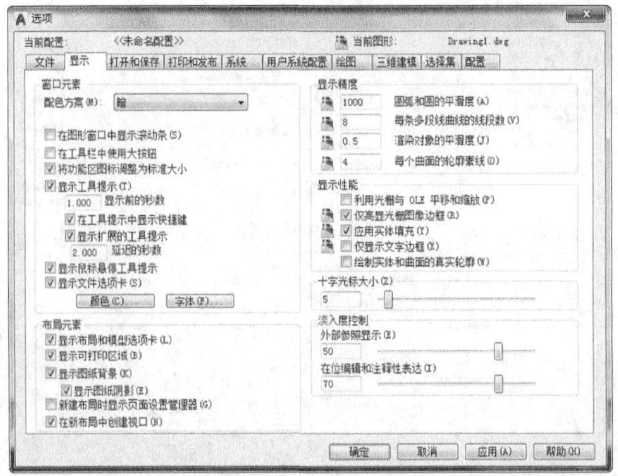

2. 知识点扩展

【窗口元素】选项区域中各项的含义如下。

- 【配色方案】：用于设置窗口（例如状态栏、标题栏、功能区栏和应用程序菜单边框等）的明亮程度，在【显示】选项卡下单击【配色方案】下三角按钮，在下拉列表框中可以设置配色方案为“明”或“暗”。
- 【在图形窗口中显示滚动条】：勾选该复选框，将在绘图区域的底部和右侧显示滚动条，如下图所示。

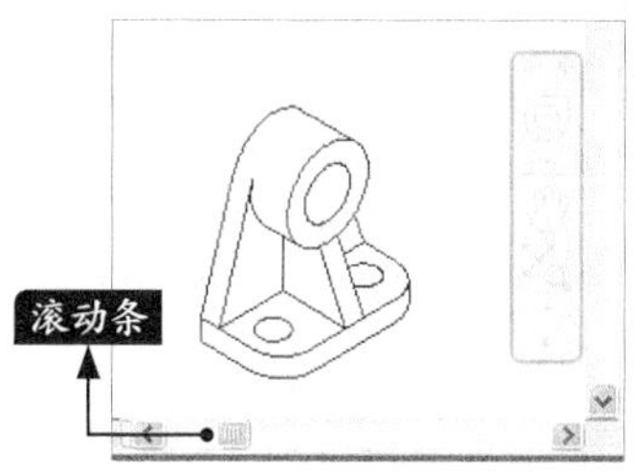

- 【在工具栏中使用大按钮】：该功能在AutoCAD经典工作环境下有效，默认情况下的图标是16像素×16像素显示的，勾选该复选框将以32像素×32像素的更大格式显示按钮。
- 【将功能区图标大小调整为标准大小】：当它们不符合标准图标的大小时，将功能区小图标缩放为16像素×16像素，将功能区大图标缩放为32像素×32像素。
- 【显示工具提示】：勾选该复选框后将指针移动到功能区、菜单栏、功能面板和其他用户界面上，将出现提示信息，如下图所示。

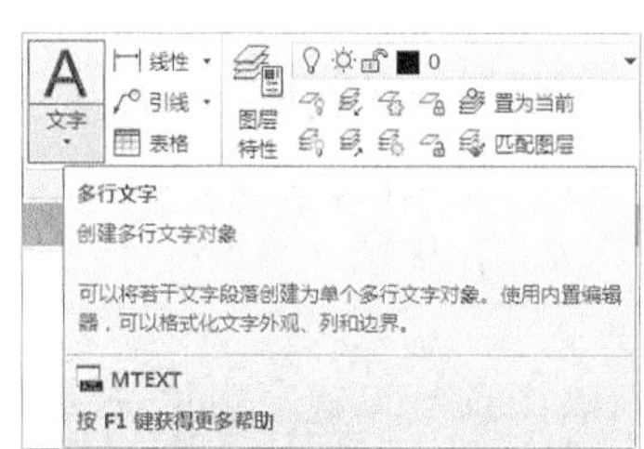

- 【显示前的秒数】：设置工具提示的初始延迟时间。
- 【在工具提示中显示快捷键】：在工具提示中显示快捷键（【Alt】+按键）及（【Ctrl】+按键）。
- 【显示扩展的工具提示】：控制扩展工具提示的显示。
- 【延迟的秒数】：设置显示基本工具提示与显示扩展工具提示之间的延迟时间。
- 【显示鼠标悬停工具提示】：控制当十字光标悬停在对象上时鼠标悬停工具提示的信息，如下图所示。

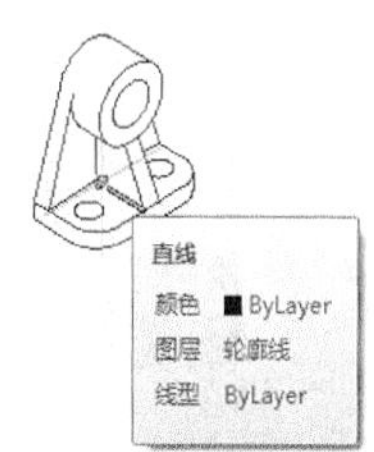

- 【显示文件选项卡】：显示位于绘图区域顶部的【文件】选项卡。清除该选项后，将隐藏【文件】选项卡，勾选该选项和不勾选该选项效果如下图所示。

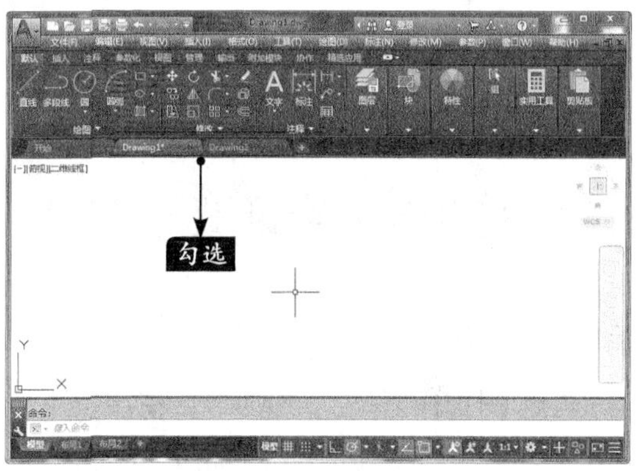

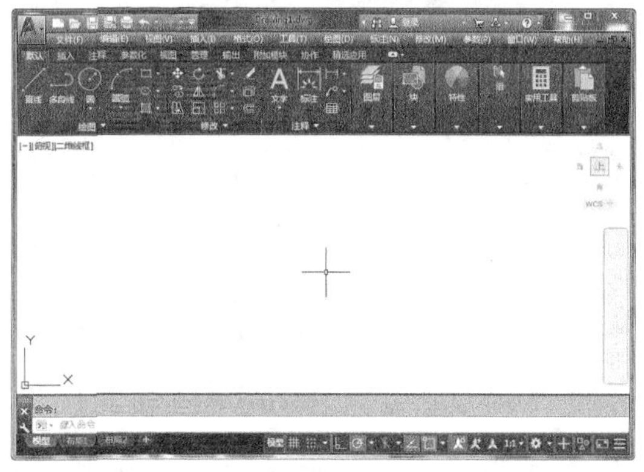

- 【颜色】：单击该按钮，弹出【图形窗口颜色】对话框，在该对话框中可以设置窗口的背景颜色、十字光标颜色、栅格颜色等，如下图将二维模型空间的统一背景色设置为白色。

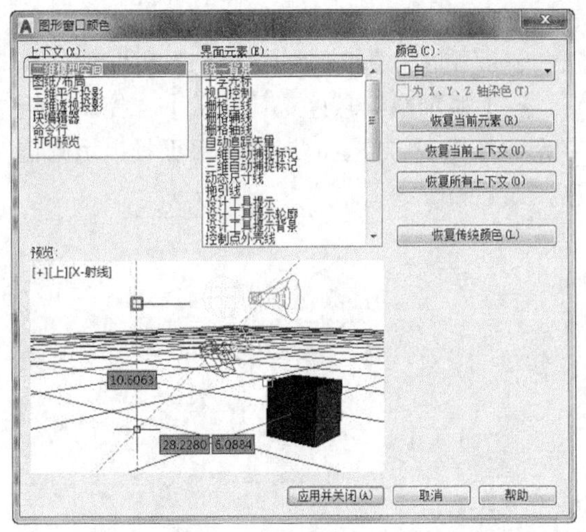

• 【字体】：单击该按钮，弹出【命令行窗口字体】对话框。使用此对话框指定命令行窗口文字字体，如下图所示。

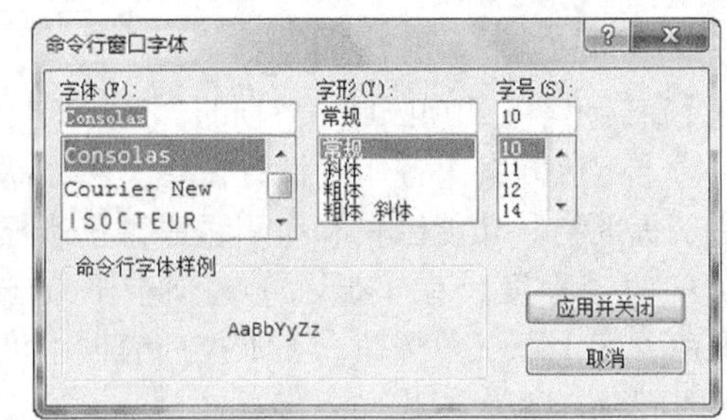

• 【十字光标大小】选项框的设置应用如下。

在【十字光标大小】选项框中可以对十字光标的大小进行设置，如下图是“十字光标”为5%和20%的显示对比。

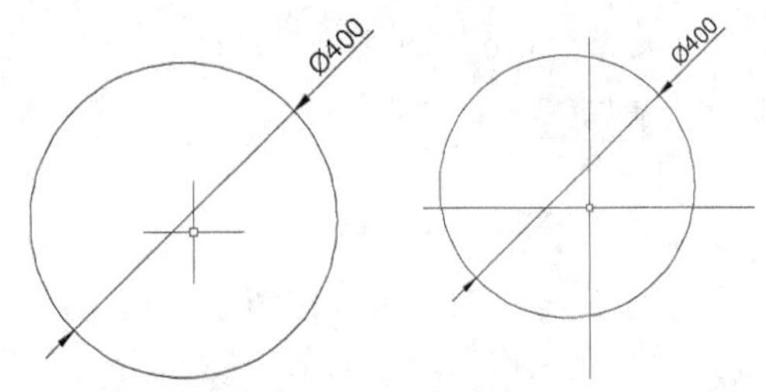

2.1.2 打开与保存设置

1. 命令提示

选择【打开和保存】选项卡，在这里用户可以设置文件另存的格式，如下图所示。

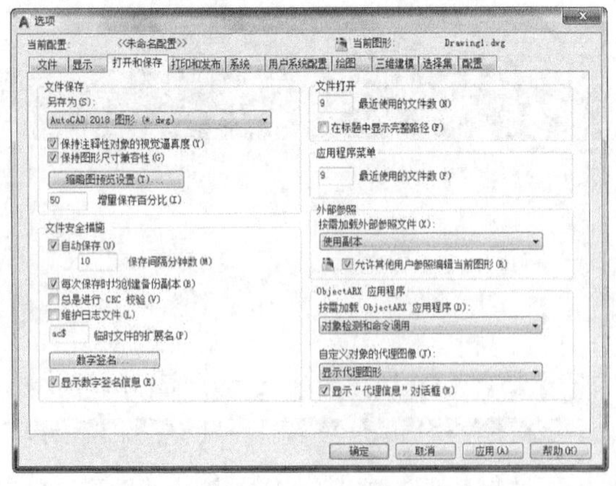

2. 知识点扩展

• 【文件保存】选项框。

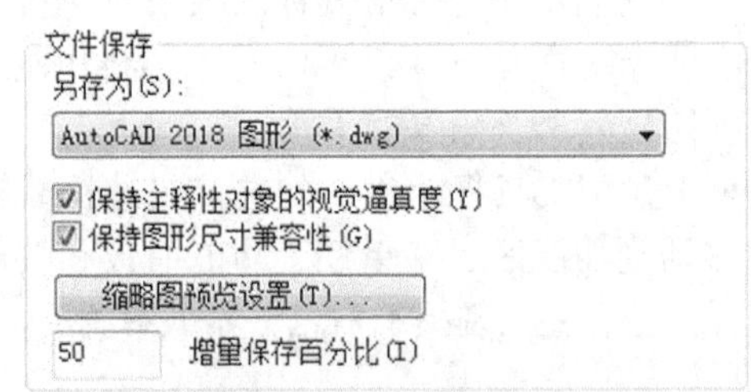

• 【另存为】：该选项可以设置文件保存的格式和版本。这里的另存格式一旦设定，就将被作为默认保存格式一直沿用下去，直到下次修改为止。

• 【缩略图预览设置】：单击该按钮，弹出【缩略图预览设置】对话框，此对话框控制保存图形时是否更新缩略图预览。

• 【增量保存百分比】：设置图形文件中潜在浪费空间的百分比。完全保存将消除浪费的空间。增量保存较快，但会增加图形的大小。如果将【增量保存百分比】设置为 0，则每次保存都是完全保存。要优化性能，可将此值设置为 50。如果硬盘空间不足，可将此值设置为 25。如果将此值设置为 20 或更小，SAVE 和 SAVEAS 命令的执行速度将明显变慢。

- 【文件安全措施】选项框。

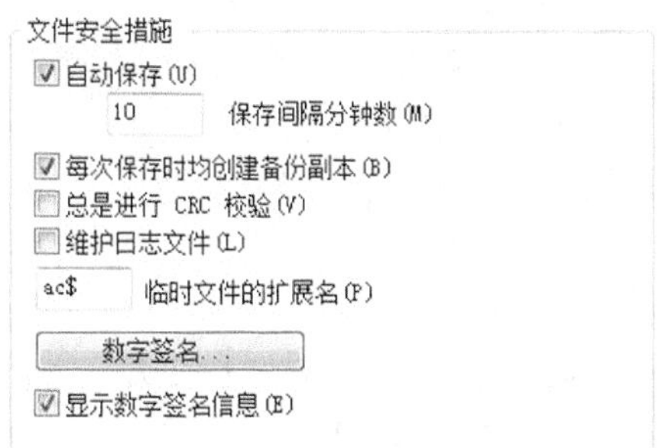

◆【自动保存】：勾选该复选框可以设置保存文件的间隔分钟数，这样可以避免因为意外造成数据丢失。

◆【每次保存时均创建备份副本】：提高增量保存的速度，特别是对于大型图形。当保存的源文件出现错误时，可以通过备份文件来恢复。

◆【数字签名】：保存图形时将提供用于附着数字签名的选项，要添加数字签名，首先需要到AutoDesk官方网站获取数字签名ID。

2.1.3 用户系统配置

1. 命令提示

【用户系统配置】可以设置是否采用Windows标准操作、插入比例、坐标输入的优先级、关联标注、块编辑器设置、线宽设置、默认比例列表等相关设置，如下图所示。

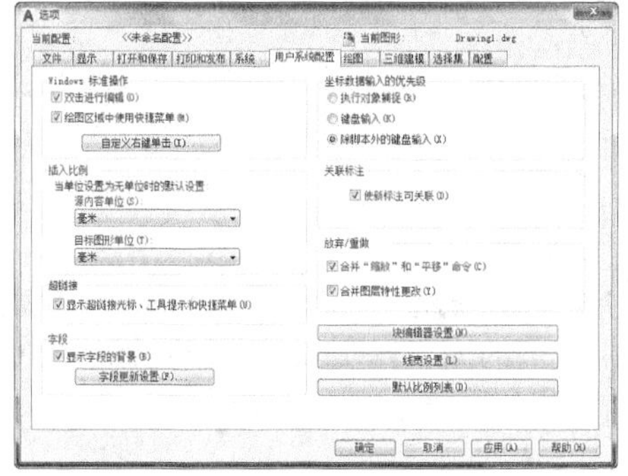

2. 知识点扩展

- 【Windows标准操作】选项框。

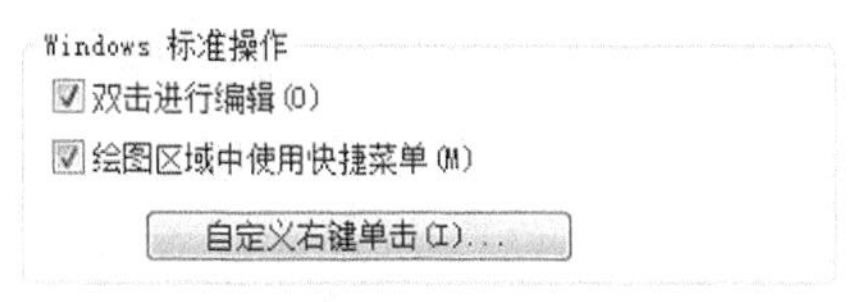

◆【双击进行编辑】：选中该选项后直接双击图形就会弹出相应的图形编辑对话框，即可对图形进行编辑操作，例如文字。

◆【绘图区域中使用快捷菜单】：勾选该选项后在绘图区域单击右键会弹出相应的快捷菜单。如果取消该选项的选择，则下面的【自定义右键单击】按钮将不可用，AutoCAD直接默认单击右键相当于重复上一次命令。

◆【自定义右键单击】：该按钮可控制在绘图区域中单击鼠标右键是显示快捷菜单还是与按【Enter】键的效果相同。单击【自定义右键单击】按钮，弹出【自定义右键单击】对话框，如下图所示。

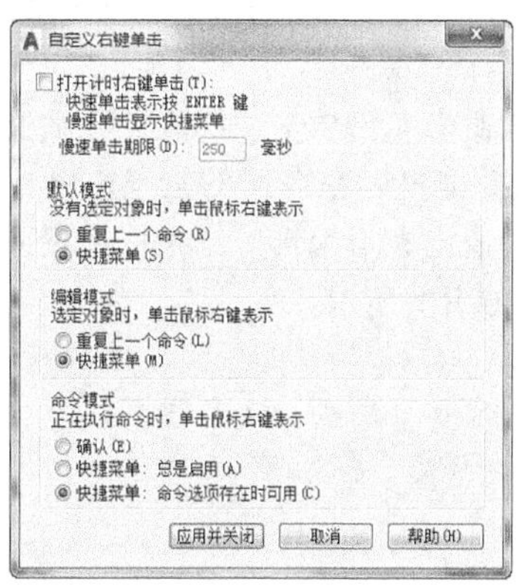

- 【关联标注】选项框。

勾选关联标注后，当图形放生变化时，标注尺寸也随着图形的变化而变化。当取消关联标注后，再进行标注的尺寸，当图形修改后尺寸不再随着图形变化。关联标注选项如下图所示。

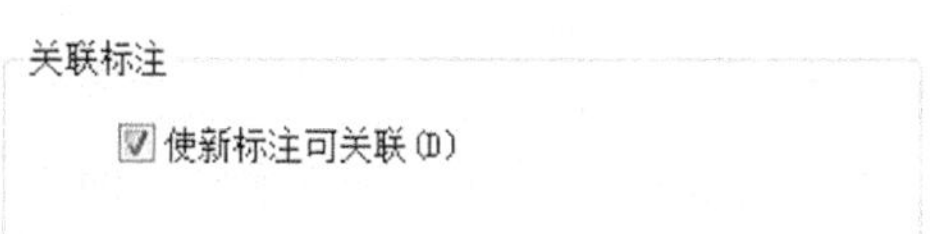

2.1.4 实战演练——关联标注

下面将以实例的形式对关联标注和非关联标注进行比较，具体操作步骤如下。

步骤01 打开“素材\CH02\关联标注.dwg”文件，如下图所示。

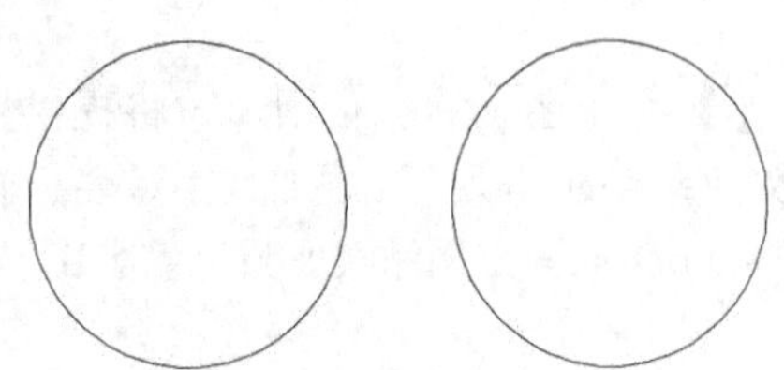

步骤02 选择【默认】选项卡➤【注释】面板➤【直径】按钮，然后选择左边的圆为标注对象，结果如下图所示。

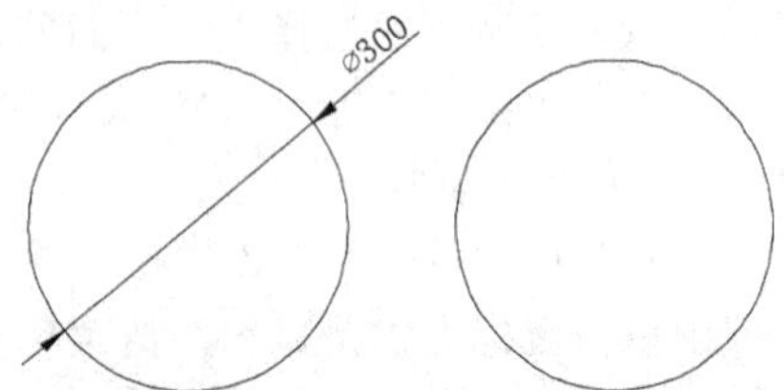

小提示

尺寸标注的方法将在8.3节中详细介绍。

步骤03 用鼠标左键单击选择刚标注的圆，然后按住夹点并拖曳，在合适的位置放开鼠标，按【Esc】键退出夹点编辑，结果标注尺寸也发生了变化，如下图所示。

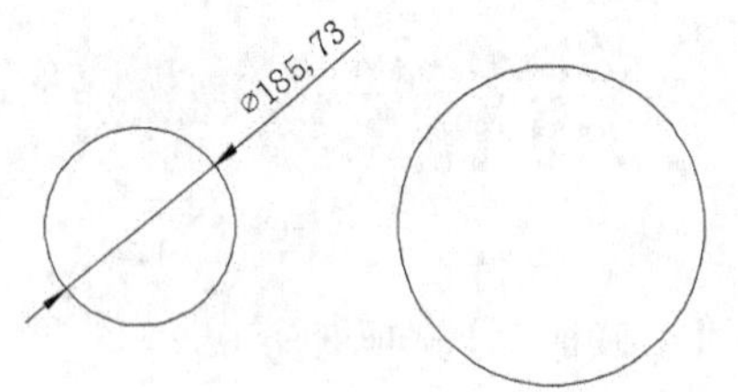

小提示

选择对象的方法将在6.1节中详细介绍。
夹点编辑的方法将在7.6节中详细介绍。

步骤04 在命令行输入“OP”并按空格键，在弹出的【选项】对话框中选择【用户系统配置】选项卡，将【关联标注】选项区的【使新标注可关联】的对勾去掉，如下图所示。

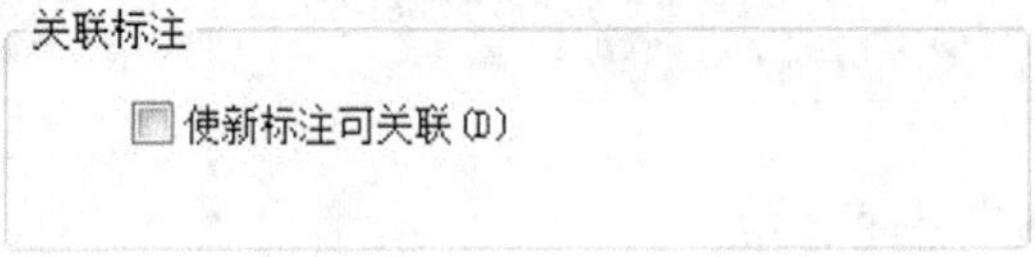

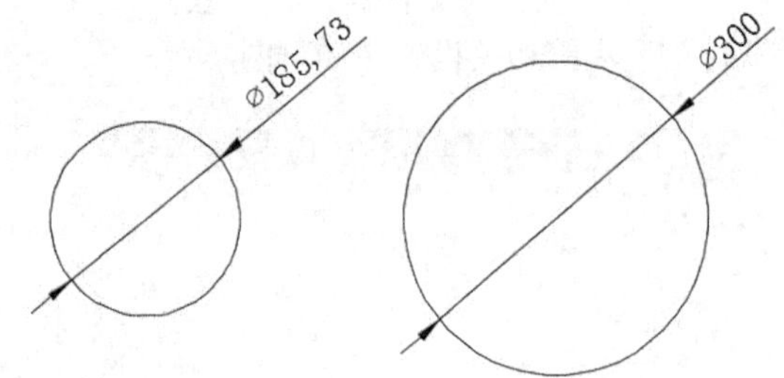

步骤05 重复步骤02 对右侧的圆进行标注，结果如下图所示。

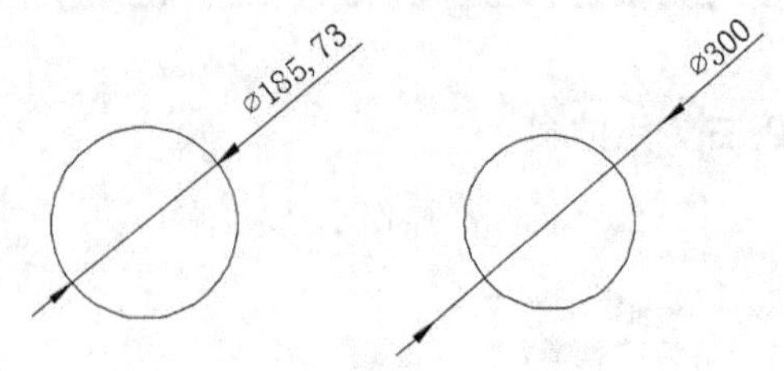

步骤06 重复步骤03 对右侧的圆进行夹点编辑，结果圆的大小发生变化，但是标注尺寸却未发生变化，结果如下图所示。

2.1.5 绘图设置

1. 命令提示

绘图设置可以设置绘制二维图形时的相关参数，包括自动捕捉设置、自动捕捉标记大小、对象捕捉选项以及靶框大小等。选择【绘图】选项卡，如下图所示。

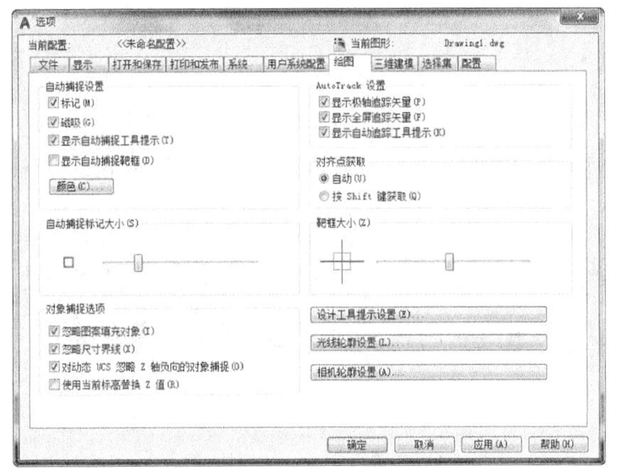

2. 知识点扩展

- 【自动捕捉设置】：可以控制自动捕捉标记、工具提示和磁吸的显示。

勾选【磁吸】复选框后，当十字光标靠近对象时，按【Tab】键可以切换对象所有可用的捕捉点，即使不靠近该点，也可以吸取该点成为直线的一个端点。如下图所示。

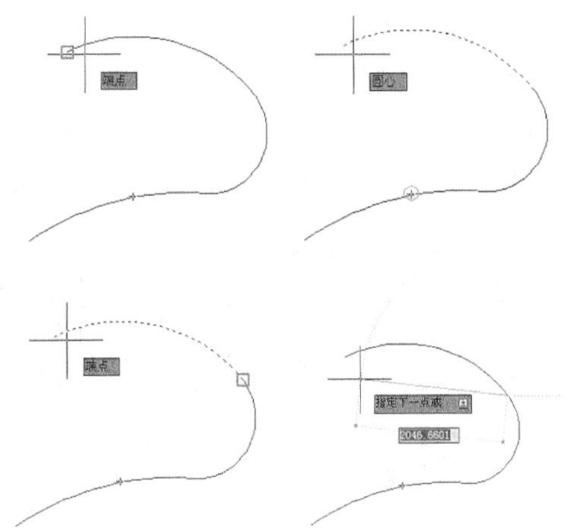

- 【对象捕捉选项】：【忽略图案填充对象】可以在捕捉对象时忽略填充的图案，这样就不会捕捉到填充图案中的点，如下图所示。

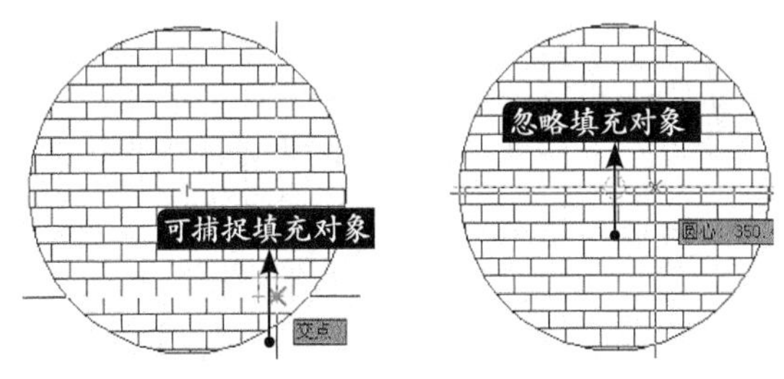

2.1.6 三维建模设置

1. 命令提示

三维建模设置主要用于设置三维绘图时的操作习惯和显示效果，其中较为常用的有视口控件的显示、曲面的素线显示和鼠标滚轮缩放方向。选择【三维建模】选项卡，如下图所示。

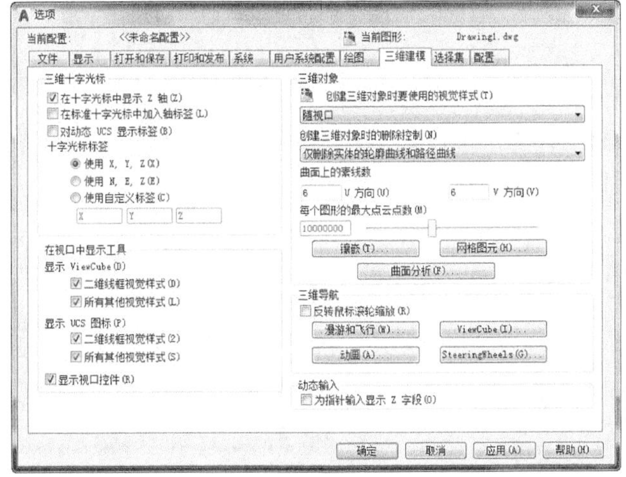

2. 知识点扩展

（1）显示视口控件

可以控制视口控件是否在绘图窗口显示，当勾选该复选框时显示视口控件，取消该复选框则不显示视口控件。下左图为显示视口控件的绘图界面，下右图为不显示视口控件的绘图界面。

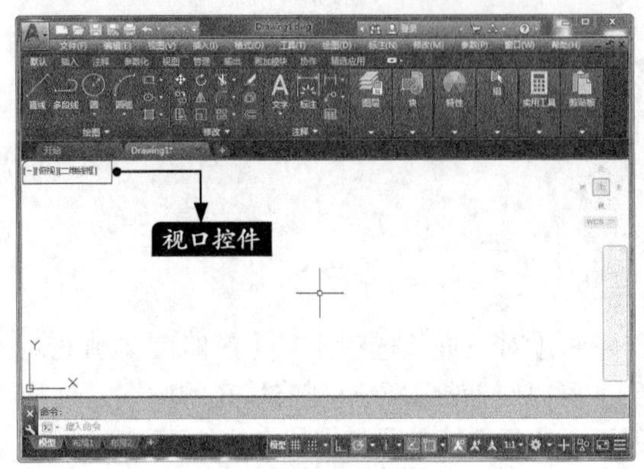

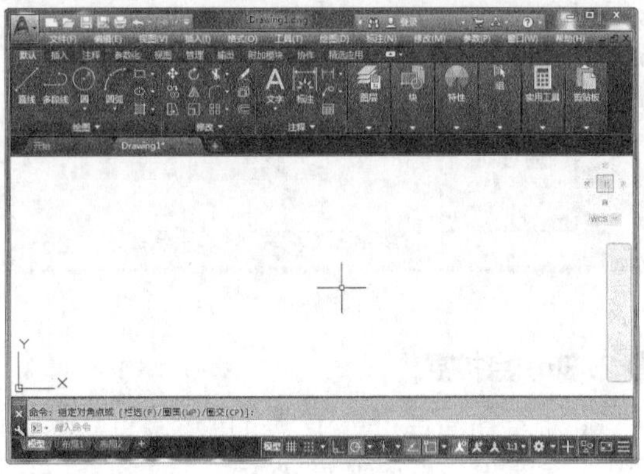

（2）曲面上的素线数

曲面上的素线数主要是控制曲面的*U*方向和*V*方向的线数。下左图的平面曲面*U*方向和*V*方向线数都为6；下右图的平面曲面*U*方向的线数为3，*V*方向上的线数为4。

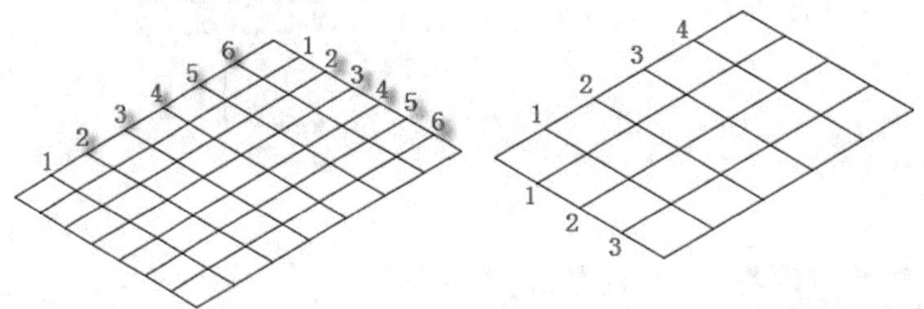

（3）鼠标滚轮缩放设置

AutoCAD默认向上滚动滚轮放大图形，向下滚动滚轮缩小图形，这可能和一些其他三维软件中的设置相反。习惯向上滚动滚轮缩小，向下滚动放大的读者，可以勾选【反转鼠标滚轮缩放】复选框，改变默认设置。

2.1.7 选择集设置

1. 命令提示

选择集设置主要包含选择模式的设置和夹点的设置。选择【选择集】选项卡，如右图所示。

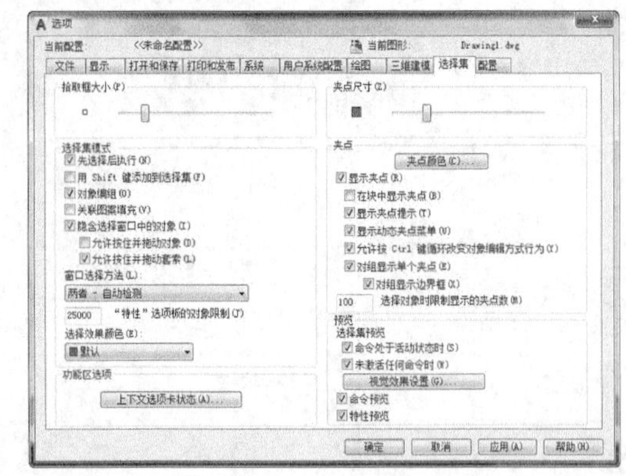

2. 知识点扩展

● 【选择集模式】选项框中各选项的含义如下。

◆【先选择后执行】：选中该复选框后，允许先选择对象（这时选择的对象显示有夹点），然后再调用命令。如果不勾选该命令，则只能先调用命令，然后再选择对象（这时选择的对象没有夹点，一般会以虚线或加亮显示）。

◆【用Shift键添加到选择集】：勾选该选项后只有按住【Shift】键才能进行多项选择。

◆【对象编组】：该选项是针对编组对象的，勾选了该复选框，只要选择编组对象中的任意一个，则整个对象将被选中。利用【GROUP】命令可以创建编组。

◆【隐含选择窗口中的对象】：在对象外选择了一点时，初始化选择对象中的图形。

◆【窗口选择方法】：窗口选择方法有三个选项，即“两次单击”“按住并拖动”和“两者—自动检测”，默认选项为“两者—自动检测”。

● 【夹点】选项框中各选项的含义如下。

◆【夹点颜色】：单击该按钮，弹出【夹点颜色】对话框，在该对话框中可以更改夹点显示的颜色，如下图所示。

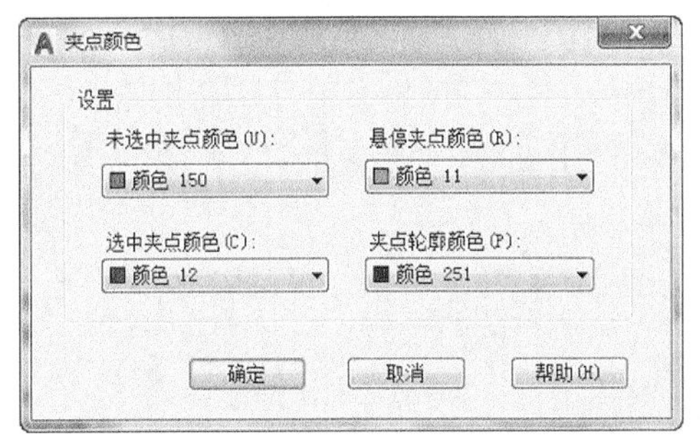

◆【显示夹点】：勾选该选项后在没有任何命令执行的时候选择对象，将在对象上显示夹点，否则将不显示夹点。下图为勾选和不勾选的效果对比。

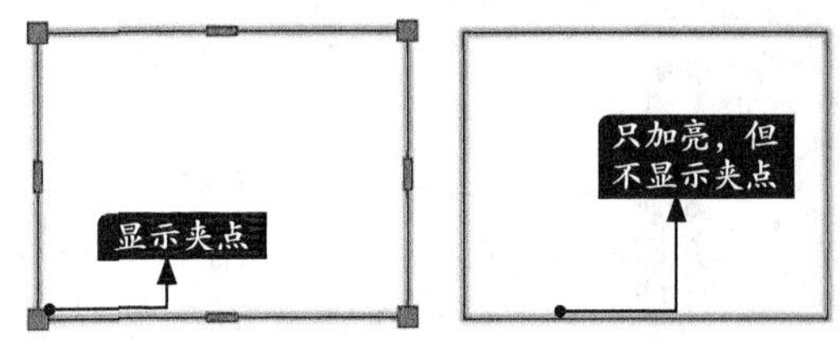

◆【在块中显示夹点】：该选项控制在没有命令执行时选择图块是否显示夹点，勾选该复选框则显示，否则则不显示。两者的对比如下图所示。

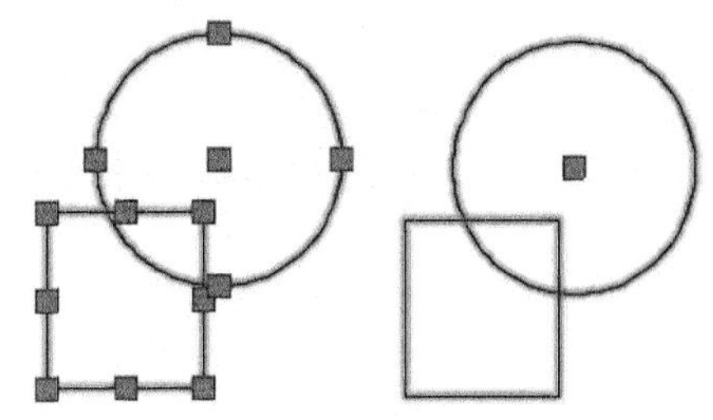

◆【显示夹点提示】：当十字光标悬停在支持夹点提示自定义对象的夹点上时，显示夹点的特定提示。

◆【显示动态夹点菜单】：控制在将十字光标悬停在多功能夹点上时动态菜单显示，如下图所示。

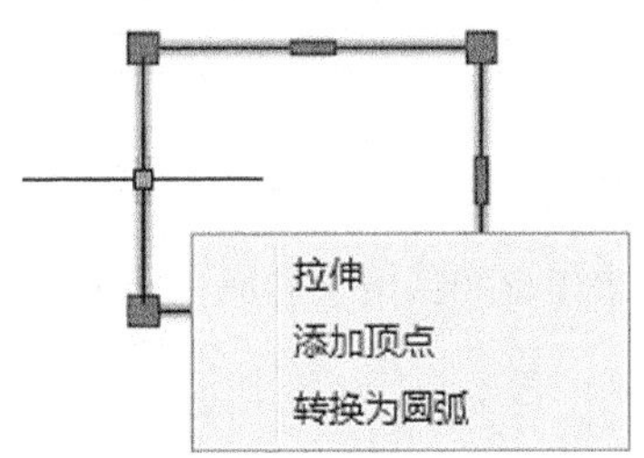

◆【允许按住Ctrl键循环改变对象编辑方式行为】：允许多功能夹点按【Ctrl】键循环改变对象的编辑方式。如上图所示，单击选中该夹点，然后按【Ctrl】键，可以在“拉伸”“添加顶点”和“转换为圆弧”选项之间循环选中执行方式。

2.2 草图设置

本节视频教程时间：31 分钟

在AutoCAD中绘制图形时，可以使用系统提供的极轴追踪、对象捕捉和正交等功能来进行精确定位，使用户在不知道坐标的情况下也可以精确定位和绘制图形。这些设置都是在【草图设置】对话框中进行的。

1. 命令调用方法

在AutoCAD 2019中调用【草图设置】对话框的方法通常有以下2种。

- 选择【工具】➤【绘图设置】菜单命令。
- 命令行输入“DSETTINGS/DS/SE/OS”命令并按空格键。

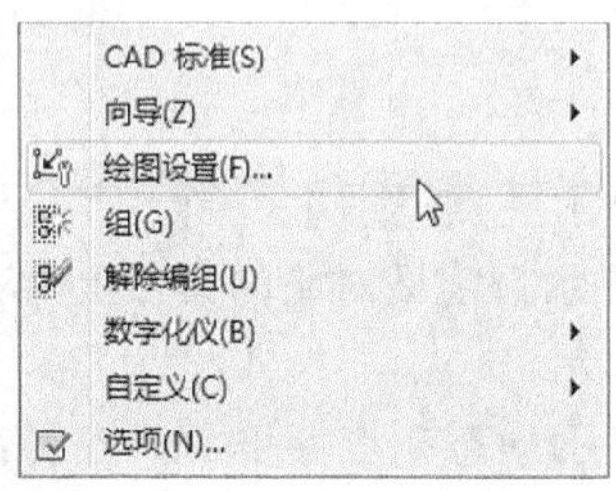

2. 命令提示

调用绘图设置命令之后，系统会弹出【草图设置】对话框，如下图所示。

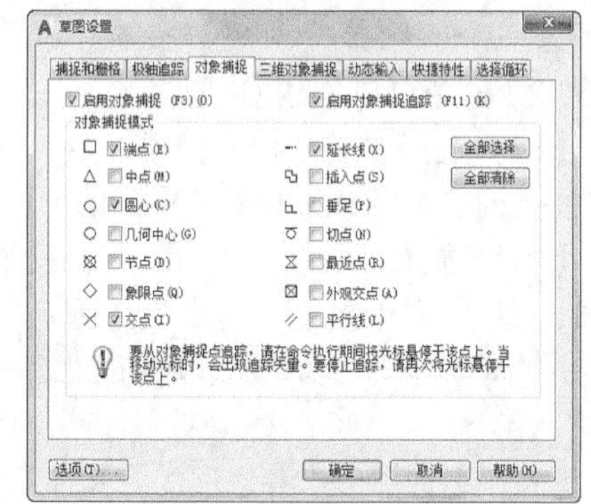

2.2.1 捕捉和栅格设置

1. 命令提示

单击【捕捉和栅格】选项卡，可以设置捕捉模式和栅格模式，如下图所示。

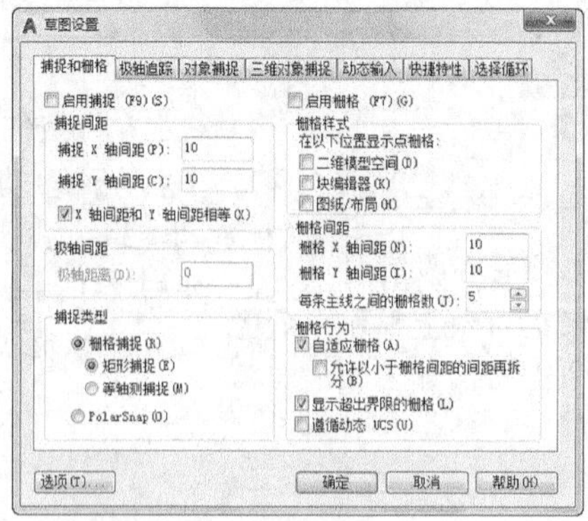

2. 知识点扩展

启用捕捉各选项的含义如下。

- 【启用捕捉】：打开或关闭捕捉模式。也可以通过单击状态栏上的【捕捉】按钮或按【F9】键，来打开或关闭捕捉模式。
- 【捕捉间距】：控制捕捉位置的不可见矩形栅格，以限制十字光标仅在指定的*x*和*y*间隔内移动。
- 【捕捉*x*轴间距】：指定*x*方向的捕捉间距。间距值必须为正实数。
- 【捕捉*y*轴间距】：指定*y*方向的捕捉间距。间距值必须为正实数。
- 【*x*轴间距和*y*轴间距相等】：为捕捉间距和栅格间距强制使用同一*x*和*y*间距值。捕捉间距可以与栅格间距不同。
- 【极轴间距】：控制极轴捕捉增量的距离。
- 【极轴距离】：选定【捕捉类型和样式】下的【PolarSnap】时，设置捕捉增量距离。如果该值为0，则PolarSnap距离采用【捕捉*x*轴间距】的值。【极轴距离】设置与极坐标追踪和（或）对象捕捉追踪结合使用。如果两个追踪功能都未启用，则【极轴距离】设置无效。
- 【矩形捕捉】：将捕捉样式设置为标准“矩形”捕捉模式。当捕捉类型设置为“栅格”并且打开【捕捉】模式时，十字光标将捕捉矩形捕捉栅格。
- 【等轴测捕捉】：将捕捉样式设置为“等轴测”捕捉模式。当捕捉类型设置为“栅格”并且打开【捕捉】模式时，十字光标将捕捉等轴测捕捉栅格。
- 【PolarSnap】：将捕捉类型设置为【PolarSnap】。如果启用了【捕捉】模式并在极轴追踪打开的情况下指定点，十字光标将沿在【极轴追踪】选项卡上相对于极轴追踪起点设置的极轴对齐角度进行捕捉。

启用栅格各选项的含义如下。

- 【启用栅格】：打开或关闭栅格。也可以通过单击状态栏上的【栅格】按钮或按【F7】键，或使用GRIDMODE系统变量，来打开或关闭栅格模式。
- 【二维模型空间】：将二维模型空间的栅格样式设定为点栅格。
- 【块编辑器】：将块编辑器的栅格样式设定为点栅格。
- 【图纸/布局】：将图纸和布局的栅格样式设定为点栅格。
- 【栅格间距】：控制栅格的显示，有助于形象化显示距离。
- 【栅格*x*轴间距】：指定*x*方向上的栅格间距。如果该值为0，则栅格采用【捕捉*x*轴间距】的值。
- 【栅格*y*轴间距】：指定*y*方向上的栅格间距。如果该值为0，则栅格采用【捕捉*y*轴间距】的值。
- 【每条主线之间的栅格数】：指定主栅格线相对于次栅格线的频率。VSCURRENT设置为除二维线框之外的任何视觉样式时，将显示栅格线而不是栅格点。
- 【栅格行为】：控制当VSCURRENT设置为除二维线框之外的任何视觉样式时，所显示栅格线的外观。
- 【自适应栅格】：缩小时，限制栅格密度。允许以小于栅格间距的间距再拆分。放大时，生成更多间距更小的栅格线。主栅格线的频率确定这些栅格线的频率。
- 【显示超出界线的栅格】：显示超出LIMITS命令指定区域的栅格。
- 【遵循动态UCS】：更改栅格平面以跟随动态UCS的*xy*平面。

2.2.2 极轴追踪设置

1. 命令提示

单击【极轴追踪】选项卡，可以设置极轴追踪的角度，如下图所示。

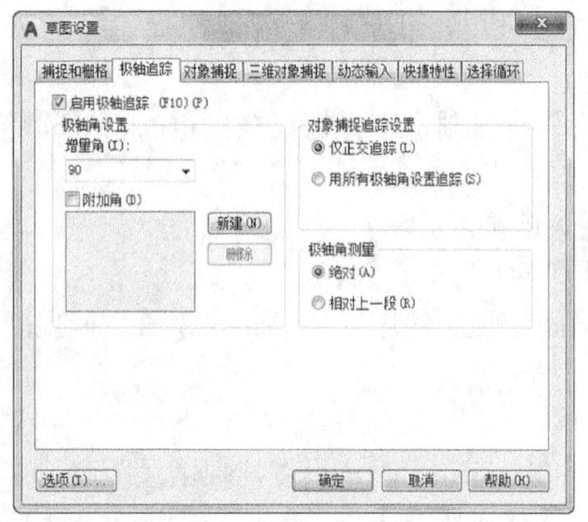

2. 知识点扩展

【极轴追踪】选项卡中各选项的含义如下。

- 【启用极轴追踪】：只有勾选前面的复选框，下面的设置才起作用。除此之外，下面两种方法也可以控制是否启用极轴追踪。
- 【增量角】下拉列表框：用于设置极轴追踪对齐路径的极轴角度增量，可以直接输入角度值，也可以从中选择90、45、30或22.5等常用角度。当启用极轴追踪功能之后，系统将自动追踪该角度整数倍的方向。
- 【附加角】复选框：勾选此复选框，然后单击【新建】按钮，可以在左侧窗口中设置增量角之外的附加角度。附加的角度系统只追踪该角度，不追踪该角度的整数倍的角度。
- 【极轴角测量】选项区域：用于选择极轴追踪对齐角度的测量基准。若选中【绝对】单选按钮，将以当前用户坐标系（UCS）的x轴正向为基准确定极轴追踪的角度；若选中【相对上一段】单选按钮，将根据上一次绘制线段的方向为基准确定极轴追踪的角度。

2.2.3 对象捕捉设置

1. 命令提示

在绘图过程中，经常要指定一些已有对象上的点，例如端点、圆心和两个对象的交点等。对象捕捉功能，可以迅速、准确地捕捉到某些特殊点，从而精确地绘制图形。单击【对象捕捉】选项卡，如下图所示。

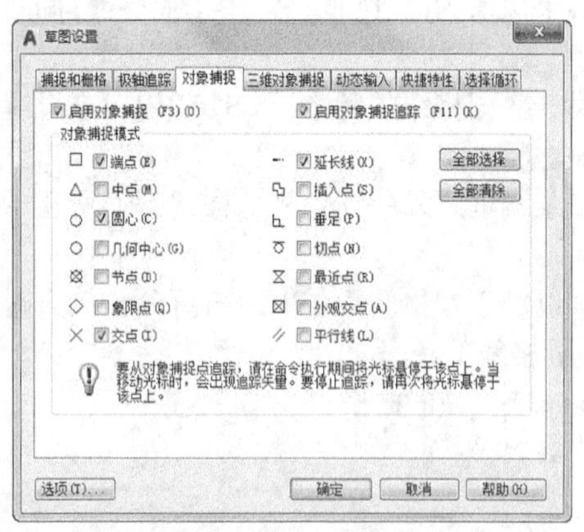

2. 知识点扩展

【对象捕捉】选项卡中各选项的含义如下。

- 【端点】：捕捉到圆弧、椭圆弧、直线、多线、多段线线段、样条曲线等的最近点。
- 【中点】：捕捉到圆弧、椭圆、椭圆弧、直线、多线、多段线线段、面域、实体、样条曲线或参照线的中点。
- 【圆心】：捕捉到圆心。
- 【几何中心点】：捕捉到多段线、二维多段线和二位样条曲线的几何中心点。
- 【节点】：捕捉到点对象、标注定义点或标注文字起点。
- 【象限点】：捕捉到圆弧、圆、椭圆或椭圆弧的象限点。
- 【交点】：捕捉到圆弧、圆、椭圆、椭圆弧、直线、多线、多段线、射线、面域、样条曲线或参照线的交点。
- 【延长线】：当十字光标经过对象的端点时，显示临时延长线或圆弧，以便用户在延长线或圆弧上指定点。
- 【插入点】：捕捉到属性、块、形或文字的插入点。
- 【垂足】：捕捉圆弧、圆、椭圆、椭圆弧、直线、多线、多段线、射线、面域、实体、样条曲线或参照线的垂足。

- 【切点】：捕捉到圆弧、圆、椭圆、椭圆弧或样条曲线的切点。
- 【最近点】：捕捉到圆弧、圆、椭圆、椭圆弧、直线、多线、点、多段线、射线、样条曲线或参照线的最近点。
- 【外观交点】：捕捉到不在同一平面但是可能看起来在当前视图中相交的两个对象的外观交点。
- 【平行线】：将直线段、多段线线段、射线或构造线限制为与其他线性对象平行。

2.2.4 实战演练——结合对象捕捉和对象捕捉追踪功能绘图

下面将综合利用对象捕捉和对象捕捉追踪功能绘制一个不规则图形，具体操作步骤如下。

步骤01 打开“素材\CH02\结合对象捕捉和对象捕捉追踪功能绘图.dwg”文件，如下图所示。

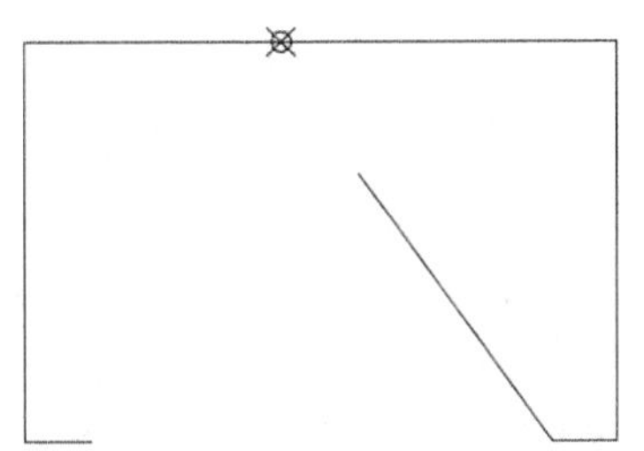

步骤02 选择【绘图】➤【直线】菜单命令，捕捉下图所示端点作为直线起点。

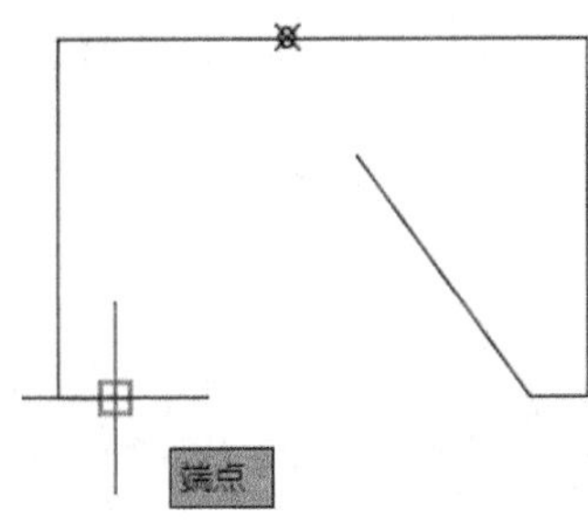

步骤03 拖曳十字光标，捕捉（但不要单击）下图所示节点。

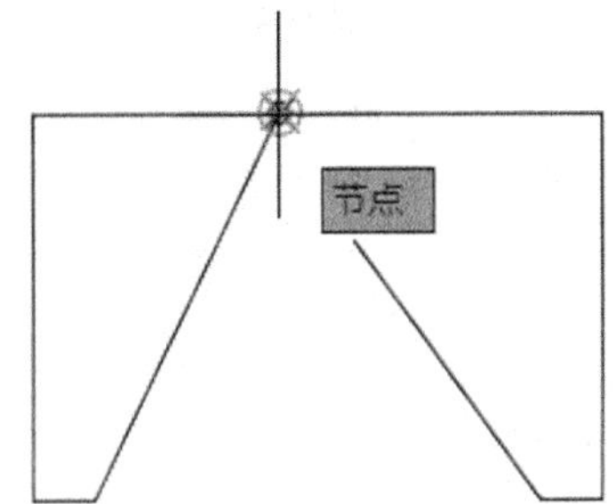

步骤04 拖曳鼠标，捕捉（但不要单击）下图所示端点。

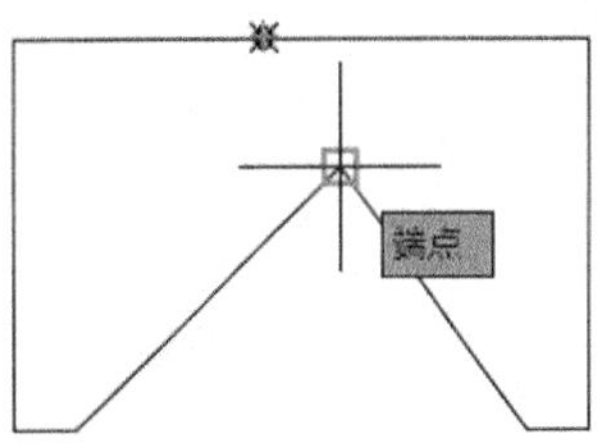

步骤05 拖曳鼠标，捕捉下图所示交点并单击。

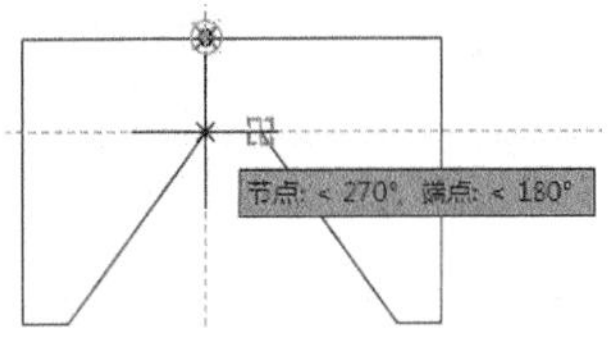

步骤06 拖曳鼠标，捕捉下图所示端点并单击。

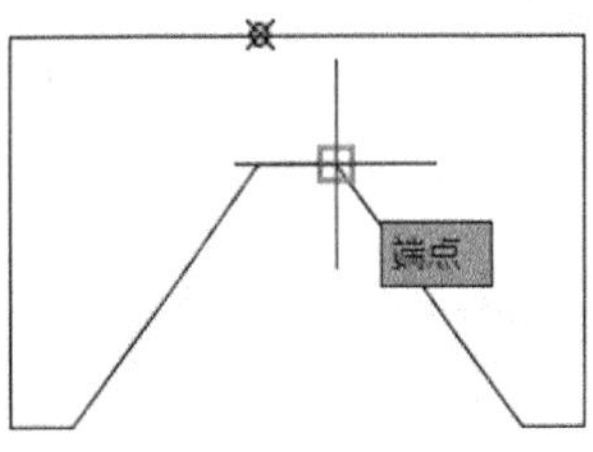

步骤07 按【Enter】键结束直线命令，并将图中节点对象删除，结果如下图所示。

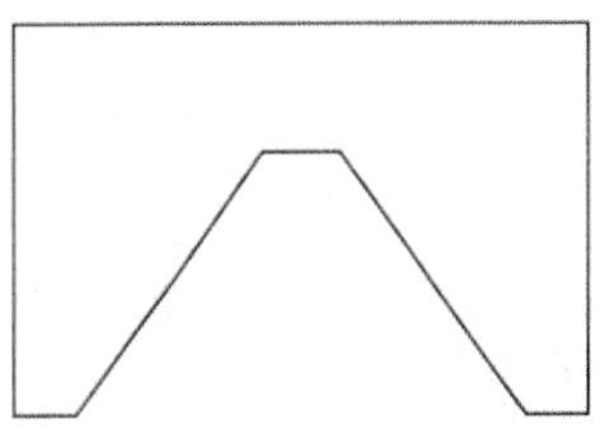

> **小提示**
>
> “直线”命令将在5.2节中详细介绍。
> “删除”命令将在6.5节中详细介绍。

2.2.5 三维对象捕捉

1. 命令提示

使用三维对象捕捉功能可以控制三维对象的对象捕捉设置。使用三维对象捕捉设置，可以在对象上的精确位置指定捕捉点。选择多个选项后，将应用选定的捕捉模式，以返回距离靶框中心最近的点。单击【三维对象捕捉】选项卡，如下图所示。

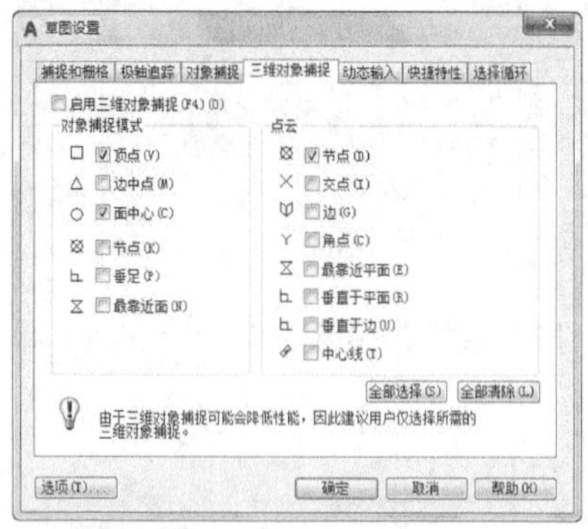

2. 知识点扩展

【三维对象捕捉】选项卡中各选项的含义如下。

- 【顶点】：捕捉到三维对象的最近顶点。
- 【边中心】：捕捉到边的中心。
- 【面中心】：捕捉到面的中心。
- 【节点】：捕捉到样条曲线上的节点。
- 【垂足】：捕捉到垂直于面的点。
- 【最靠近面】：捕捉到最靠近三维对象面的点。
- 【节点】：捕捉到点云中最近的点。
- 【交点】：捕捉到界面线矢量的交点。
- 【边】：捕捉到两个平面的相交线最近的点。
- 【角点】：捕捉到三条线段的交点。
- 【最靠近平面】：捕捉到点云的平面线段上最近的点。
- 【垂直于平面】：捕捉到与点云的平面线段垂直的点。
- 【垂直于边】：捕捉到与两个平面的相交线垂直的点。
- 【中心线】：捕捉到推断圆柱体中心线的最近点。
- 【全部选择】按钮：打开所有三维对象捕捉模式。
- 【全部清除】按钮：关闭所有三维对象捕捉模式。

2.2.6 实战演练——利用三维对象捕捉功能编辑图形对象

下面将利用三维对象捕捉定位点的方式装配减速器箱体模型，具体操作步骤如下。

步骤01 打开“素材\CH02\三维对象捕捉.dwg”文件，如下图所示。

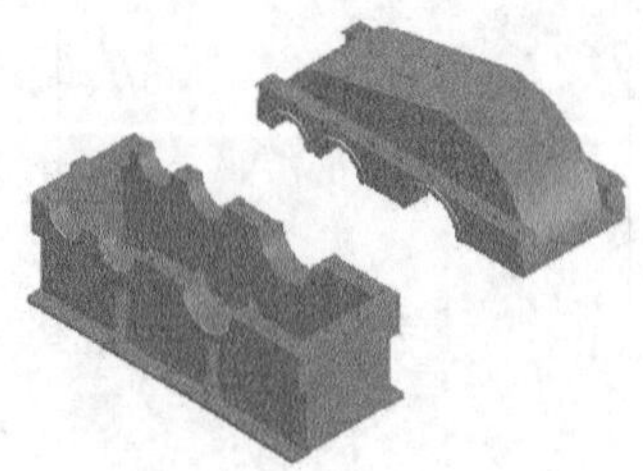

步骤02 选择【工具】➤【绘图设置】菜单命令，在弹出的【草图设置】对话框中选择【三维对象捕捉】选项卡，并勾选【启用三维对象捕捉】复选框和【面中心】选项，然后单击【确定】按钮，如下图所示。

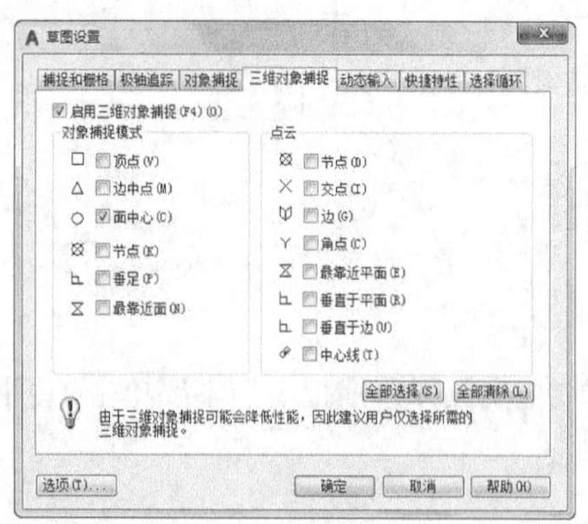

步骤03 选择【修改】➤【移动】菜单命令，并选择下箱体作为需要移动的对象，然后捕捉如下图所示三维中心点作为移动基点。

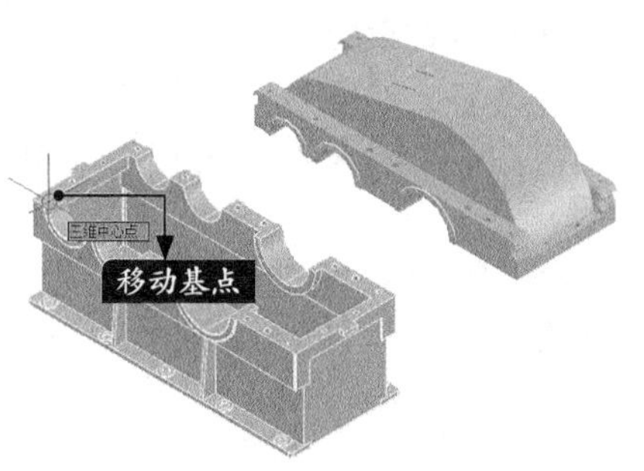

步骤04 选择【视图】➤【动态观察】➤【受约束的动态观察】菜单命令，对视图进行相应旋转，如下图所示。

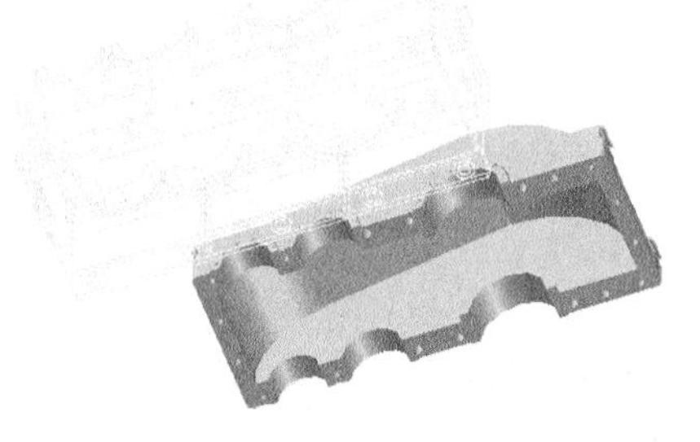

步骤05 按【Esc】键退出动态观察，然后选择下图所示的三维中心点作为位移第二点。

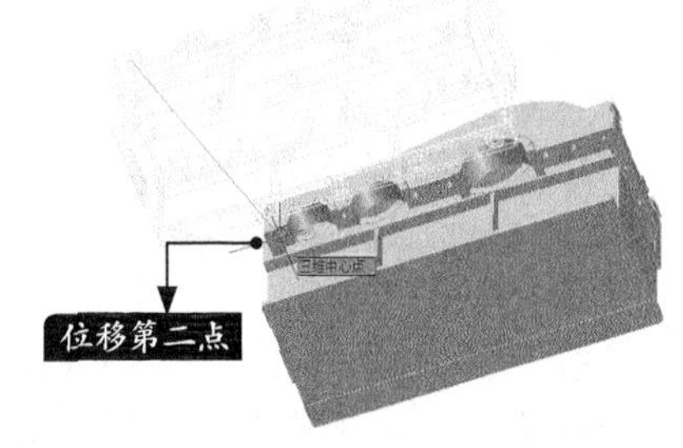

步骤06 选择【视图】➤【三维视图】➤【西南等轴测】菜单命令，结果如下图所示。

2.2.7 动态输入设置

1. 命令提示

在状态栏上的【动态输入】按钮（或按【F12】键）用于打开或关闭动态输入功能。打开动态输入功能，在输入文字时就能看到十字光标附近的动态输入提示框。动态输入适用于输入命令、对提示进行响应以及输入坐标值。单击【动态输入】选项卡，如下图所示。

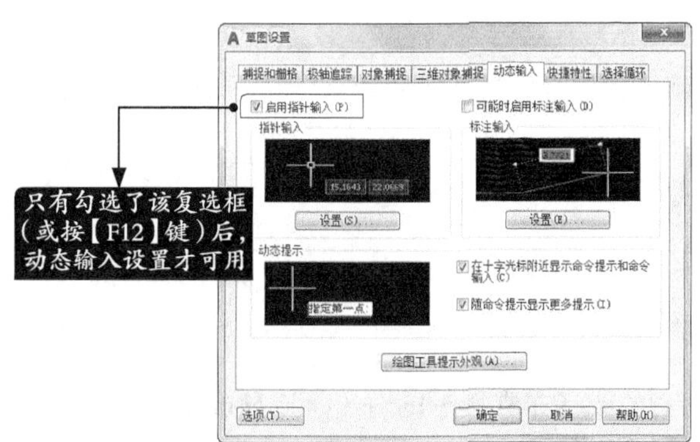

2. 知识点扩展

改变动态输入设置。

默认的动态输入设置能确保把工具栏提示中的输入解释为相对极轴坐标。但是，有时需要为单个坐标改变此设置。在输入时可以在x坐标前加上一个符号来改变此设置。

AutoCAD提供了3种方法来改变此设置。

- 绝对坐标：键入#，可以将默认的相对坐标设置改变为输入绝对坐标。例如输入“#10,10”，那么所指定的就是绝对坐标点（10,10）。
- 相对坐标：键入@，可以将事先设置的绝对坐标改变为相对坐标，例如输入“@4,5”。
- 世界坐标系：如果在创建一个自定义坐标系之后又想输入一个世界坐标系的坐标值时，可以在x轴坐标值之前加入一个“*”。

小提示

在【草图设置】对话框的【动态输入】选项卡中勾选【动态提示】选项区域中的【在十字光标附近显示命令提示和命令输入】复选框，可以在十字光标附近显示命令提示。

对于【标注输入】，在输入字段中输入值并按【Tab】键后，该字段将显示一个锁定图标，并且十字光标会受输入的值的约束。

2.2.8 快捷特性设置

1. 命令提示

【快捷特性】选项卡指定用于显示【快捷特性】选项板的设置。单击【快捷特性】选项卡，如下图所示。

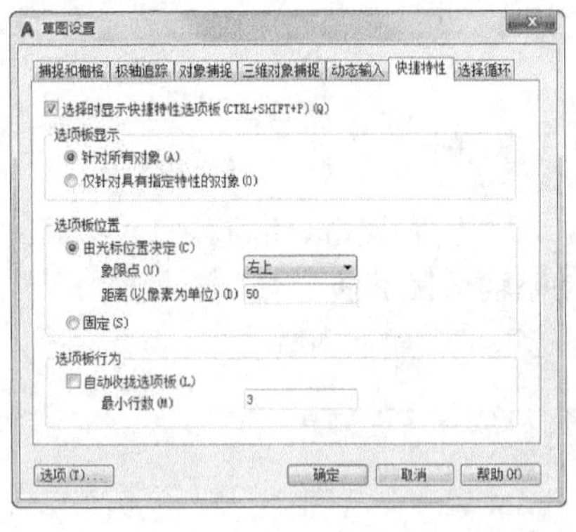

2. 知识点扩展

【选择时显示快捷特性选项板】：在选择对象时显示【快捷特性】选项板，具体取决于对象类型。勾选后选择对象，如下图所示。

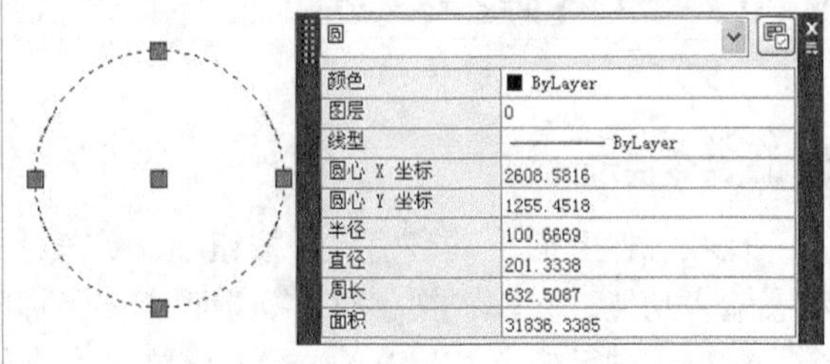

2.2.9 选择循环设置

1. 命令提示

选择循环对于重合的对象或者非常接近的对象难以准确选择其中之一时尤为有用，单击【选择循环】选项卡，如下图所示。

2. 知识点扩展

【显示标题栏】：若要节省屏幕空间，可以关闭标题栏。

2.2.10 实战演练——将相邻的多余对象删除

下面将利用选择循环功能将相邻的多余对象删除，具体操作步骤如下。

步骤01 打开“素材\CH02\删除多余对象.dwg”文件，如下图所示。

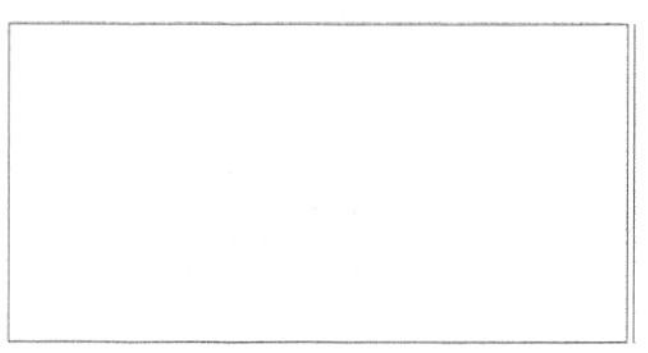

步骤02 选择【工具】➤【绘图设置】菜单命令，在【草图设置】对话框中选择【选择循环】选项卡，并勾选【允许选择循环】复选框，如下图所示。

步骤03 单击【确定】按钮，然后将十字光标移至下图所示位置处单击，并在【选择集】中选择【直线】选项。

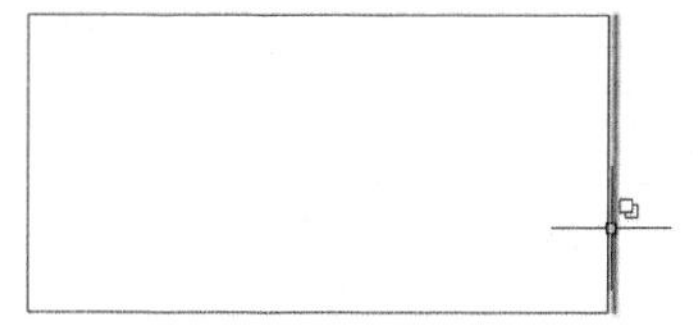

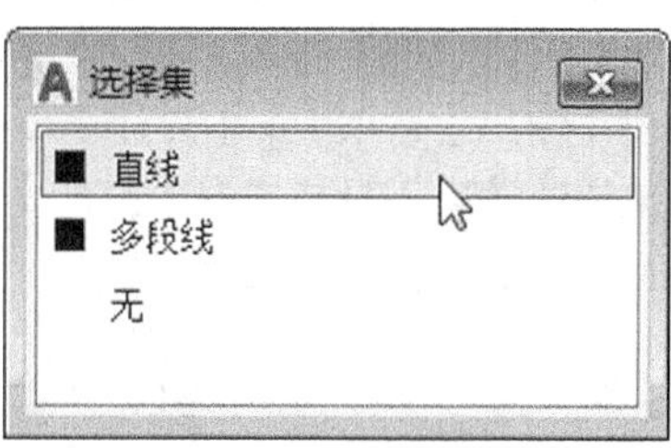

步骤04 直线对象选择结果如下图所示。

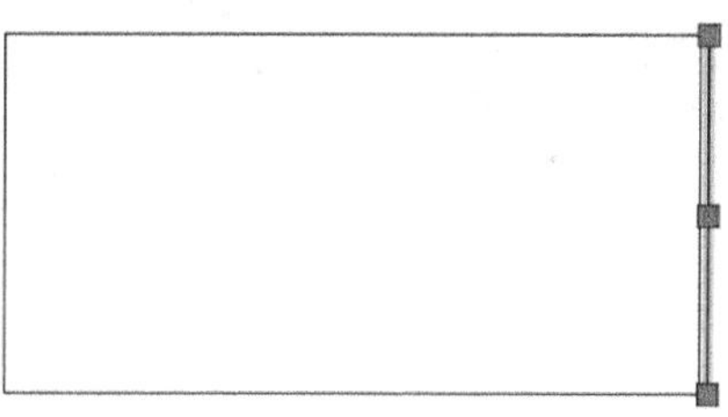

步骤05 按【Del】键将所选直线对象删除，结果如下图所示。

> **小提示**
>
> 关于“删除”命令将在6.5节中详细介绍。

2.3 打印设置

本节视频教程时间：10 分钟

用户在使用AutoCAD创建图形以后，通常要将其打印到图纸上。打印的图形可以是包含图形的单一视图，也可以是更为复杂的视图排列。要根据不同的需要来设置选项，以决定打印的内容和图形在图纸上的布置。

1. 命令调用方法

在AutoCAD 2019中调用【打印 - 模型】对话框的方法通常有以下6种。

- 选择【文件】➤【打印】菜单命令。
- 单击【应用程序菜单】按钮，然后选择【打印】➤【打印】菜单命令。
- 命令行输入“PRINT/PLOT”命令并按空格键。
- 单击【输出】选项卡➤【打印】面板➤【打印】按钮。
- 单击快速访问工具栏中的【打印】按钮。
- 使用【Ctrl+P】组合键。

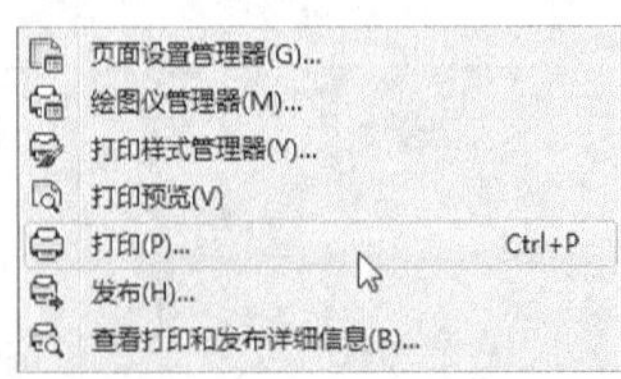

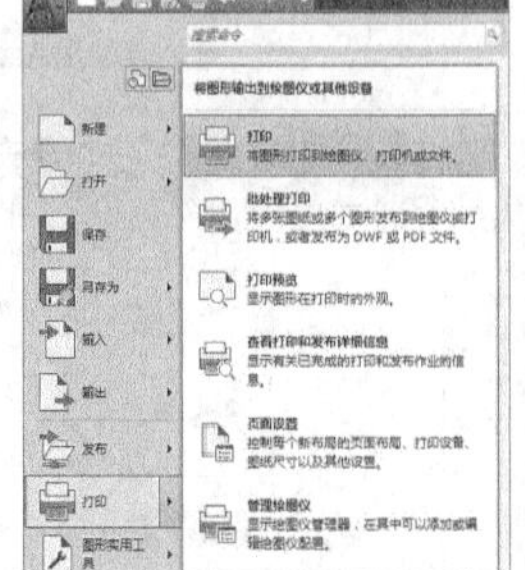

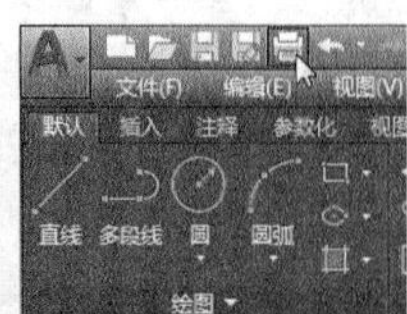

2. 命令提示

调用打印命令之后，系统会弹出【打印 - 模型】对话框，如下图所示。

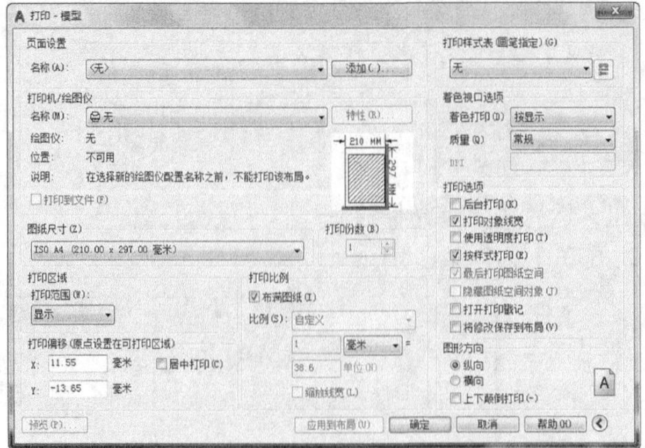

2.3.1 选择打印机

命令提示

在【打印 - 模型】对话框中【打印机/绘图仪】下面的【名称】下拉列表中可以单击选择已安装的打印机，如下图所示。

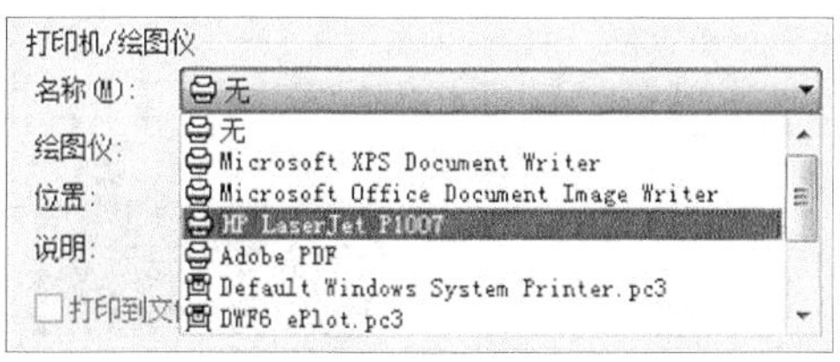

2.3.2 打印区域

1. 命令提示

在【打印 - 模型】对话框中的【打印范围】下拉列表中可以选择打印区域，如下图所示。

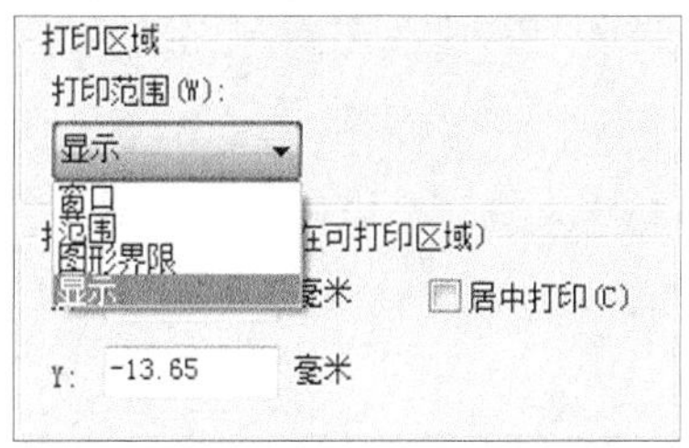

2. 知识点扩展

（1）窗口打印

最常用的打印范围类型为【窗口】，选择【窗口】类型打印时系统会提示指定打印区域的两个对角点，如下图所示。

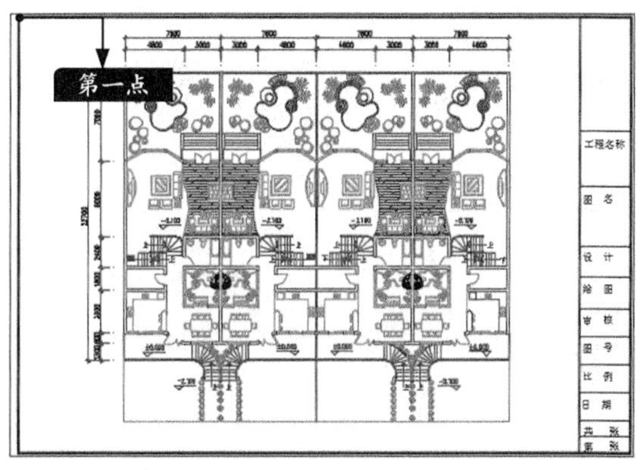

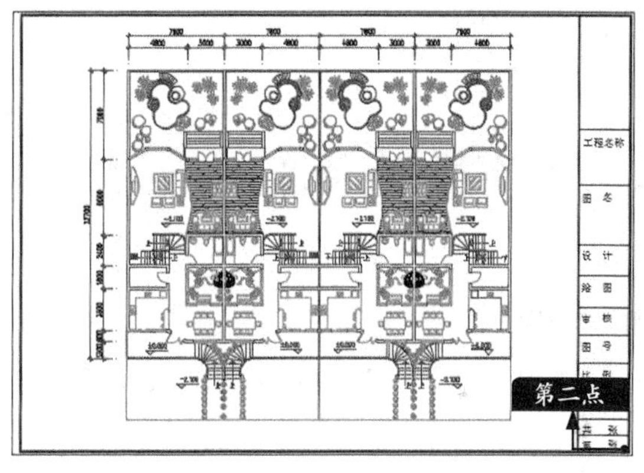

（2）居中打印

在【打印偏移】区域中勾选【居中打印】，可以将图形居中打印，如下图所示。

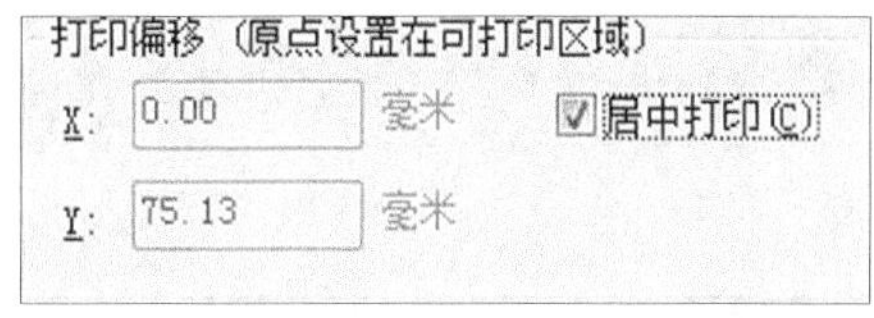

2.3.3 设置图纸尺寸和打印比例

1. 命令提示

在【图纸尺寸】区域中单击下拉按钮，然后可以选择适合打印机所使用的纸张尺寸，如下图所示。

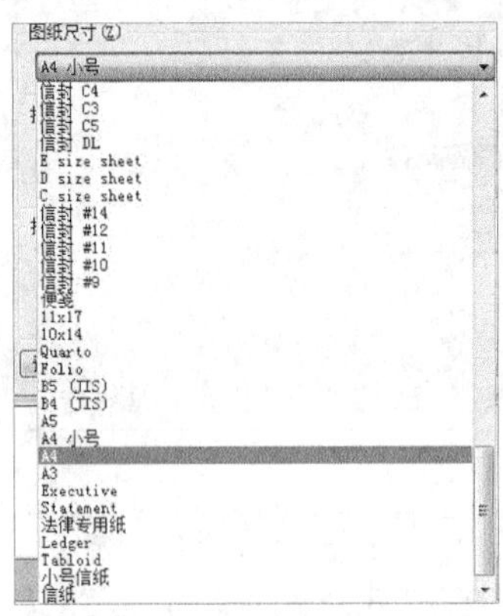

2. 知识点扩展

勾选【打印比例】区域中的【布满图纸】复选框，可以将图形布满图纸打印。

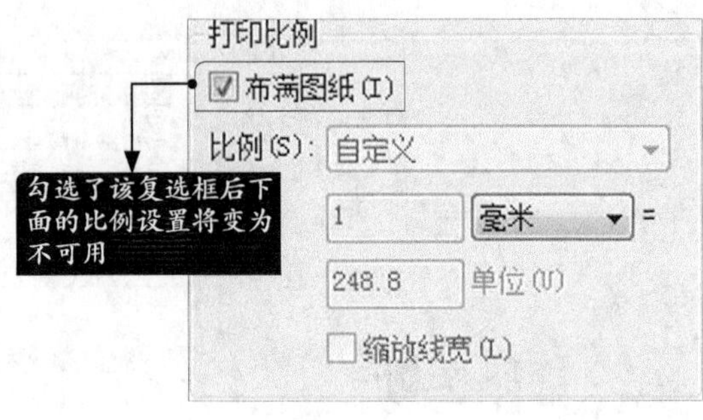

2.3.4 更改图形方向

命令提示

在【图形方向】区域中可以单击选择图形方向，如下图所示。

2.3.5 切换打印样式列表

1.命令提示

在【打印样式列表（画笔指定）】区域中选择需要的打印样式，如下图所示。

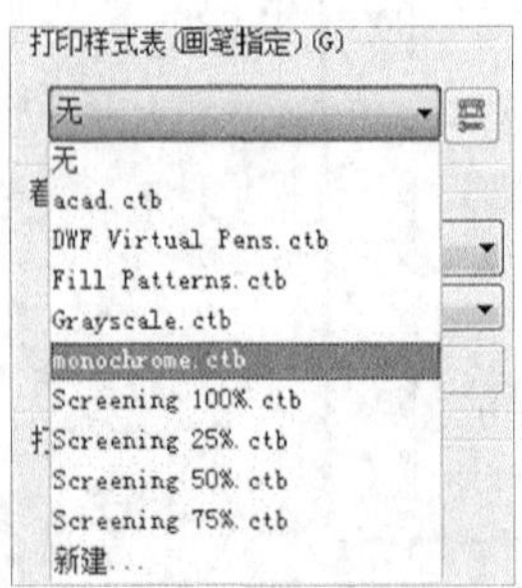

2. 知识点扩展

选择相应的打印样式表后弹出【问题】对话框，如下图所示。

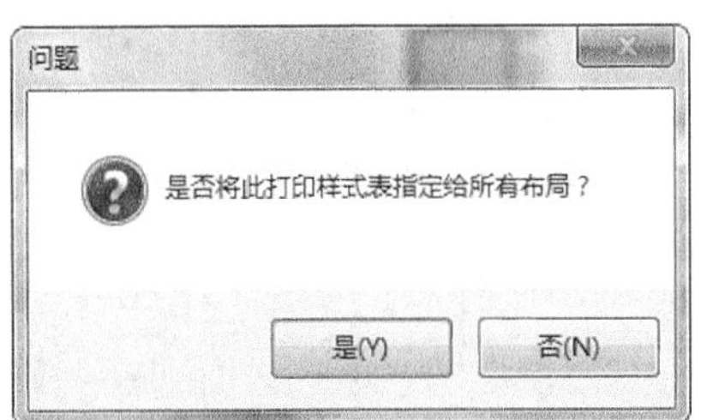

选择打印样式表后，其文本框右侧的【编辑】按钮由原来的不可用状态变为可用状态。单击此按钮，打开【打印样式编辑器】对话框，在对话框中可以编辑打印样式，如下图所示。

小提示

如果是黑白打印机，则选择【monochrome.ctb】，选择之后不需要任何改动。因为AutoCAD默认该打印样式下所有对象的颜色均为黑色。

2.3.6 打印预览

1. 命令提示

打印选项设置完成后，在【打印 - 模型】对话框中单击【预览】按钮可以对打印效果进行预览，如下图所示。

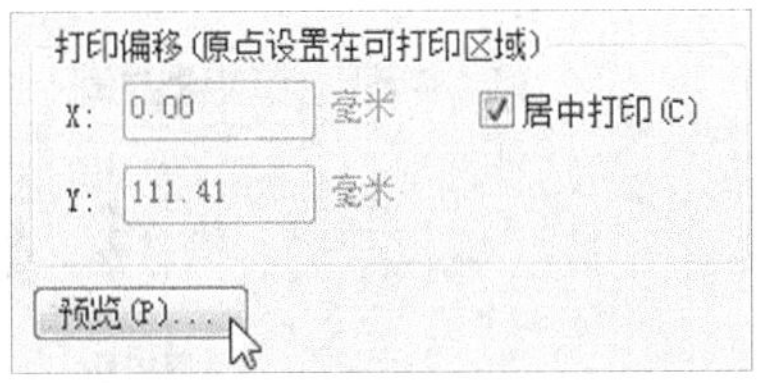

2. 知识点扩展

如果预览后没问题，单击【打印】按钮即可打印，如果对打印设置不满意，则单击【关闭预览】按钮⊗回到【打印 - 模型】对话框重新设置。

小提示

按住鼠标中键，可以拖曳预览图形；上下滚动鼠标中键，可以放大缩小预览图形。

2.3.7 实战演练——打印建筑施工图纸

下面将对建筑施工图纸进行打印，具体操作步骤如下。

步骤01 打开“素材\CH02\建筑施工图.dwg”文件，如下图所示。

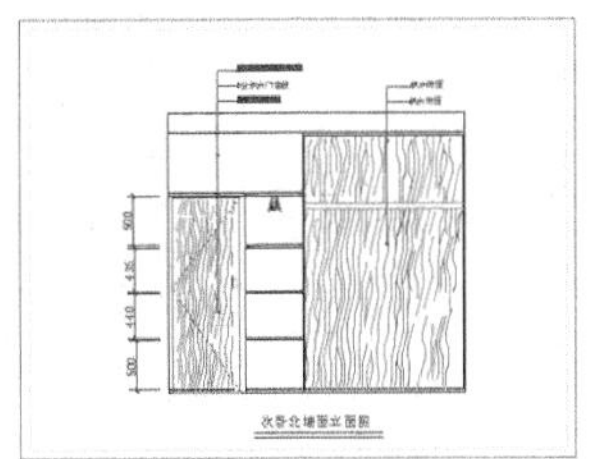

步骤02 选择【文件】➤【打印】菜单命令，在系统弹出的【打印 - 模型】对话框中选择一个适当的打印机，如下图所示。

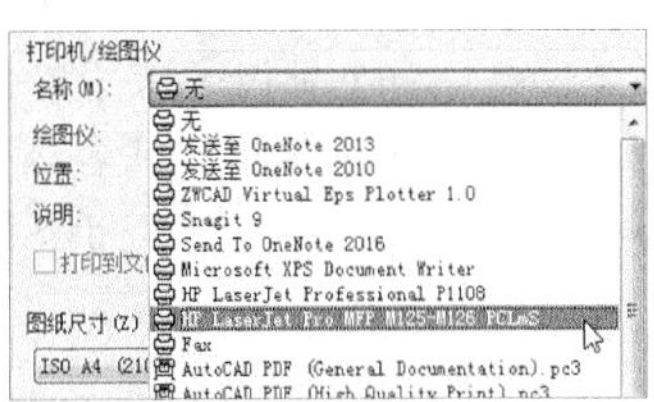

步骤 03 在【打印区域】中【打印范围】选择【窗口】，并在绘图区域中单击指定打印区域第一点，如下图所示。

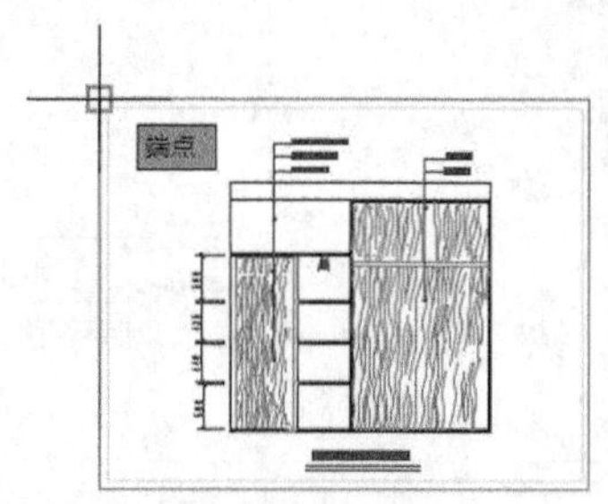

步骤 04 在绘图区域中单击指定打印区域第二点，如下图所示。

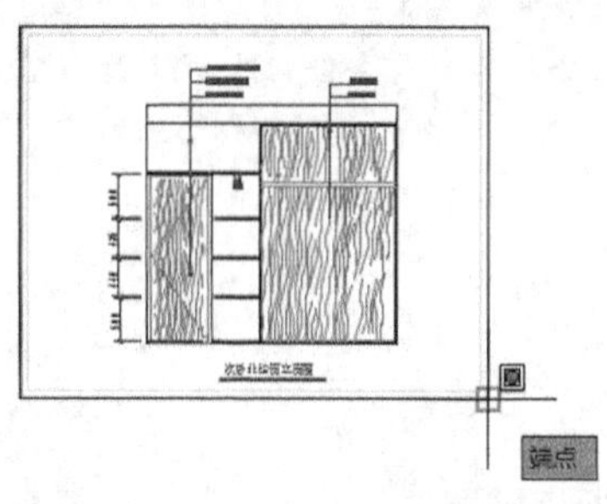

步骤 05 系统返回【打印 - 模型】对话框，在【打印偏移】区域勾选【居中打印】复选框，在【打印比例】区域勾选【布满图纸】复选框，【图形方向】选择【横向】，然后单击【预览】按钮，如下图所示。

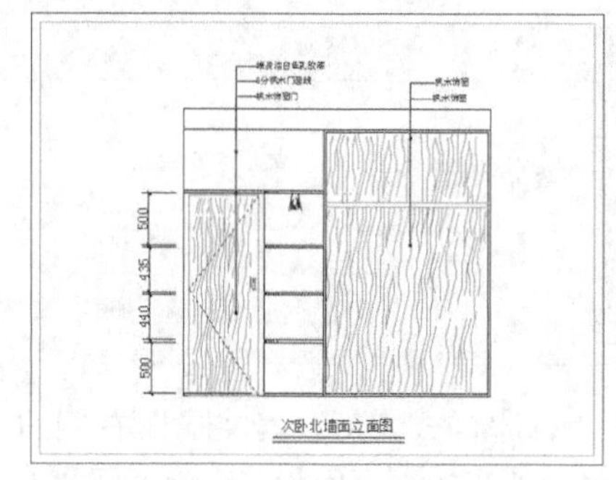

步骤 06 单击鼠标右键，在弹出的快捷菜单中选择【打印】选项完成操作。

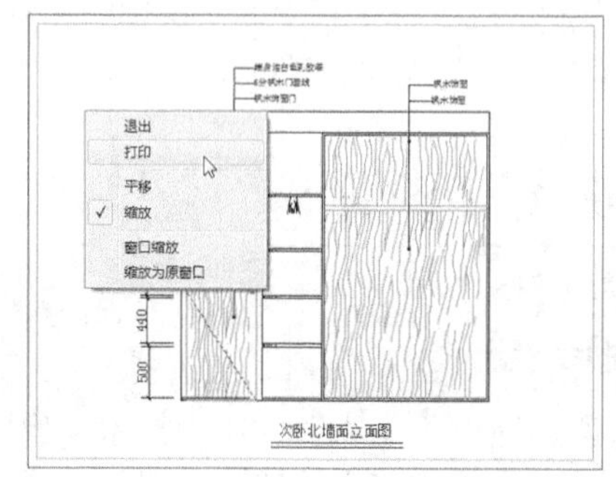

2.4 设置绘图单位

本节视频教程时间：3 分钟

AutoCAD使用笛卡尔坐标系来确定图形中点的位置，两个点之间的距离以绘图单位来度量。所以，在绘图前，首先要确定绘图使用的单位。

用户在绘图时可以将绘图单位视为被绘制对象的实际单位，如毫米（mm）、米（m）和千米（km）等。在国内工程制图中最常用的单位是毫米（mm）。

一般情况下，在AutoCAD 中采用实际的测量单位来绘制图形。等完成图形绘制后，再按一定的缩放比例来输出图形。

1. 命令调用方法

在AutoCAD 2019中设置绘图单位的方法通常有以下3种。

- 选择【格式】➤【单位】菜单命令。
- 单击【应用程序菜单】按钮，然后选择【图形实用工具】➤【单位】菜单命令。
- 命令行输入“UNITS/UN”命令并按空格键。

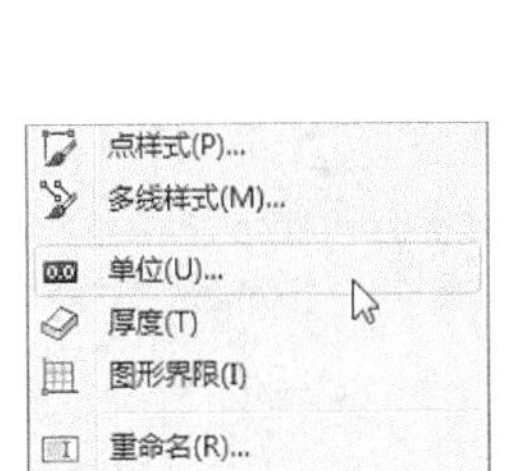

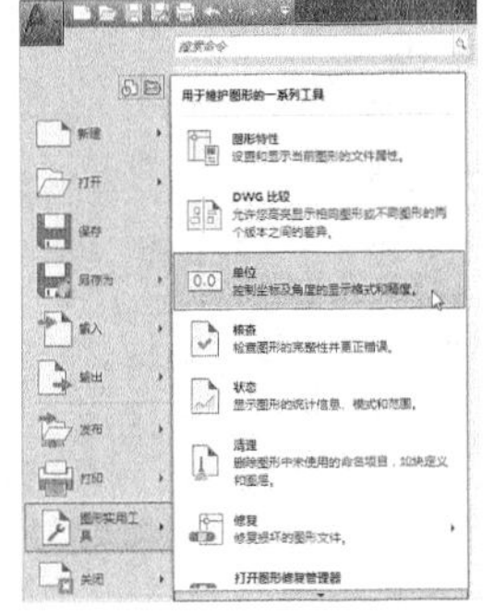

2. 命令提示

调用单位命令之后，系统会弹出【图形单位】对话框，如下图所示。

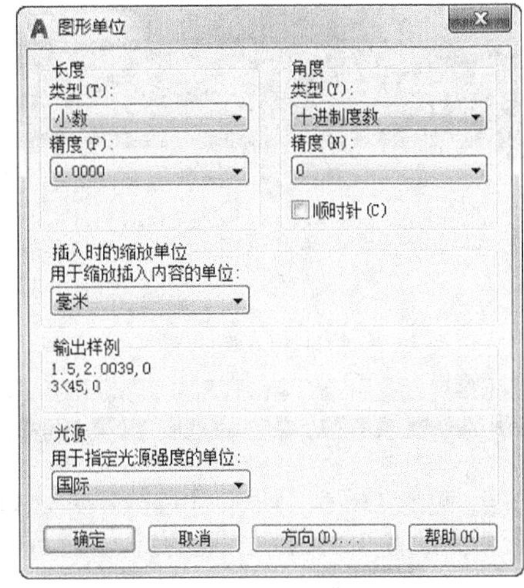

2.5 综合应用——创建样板文件

本节视频教程时间：6 分钟

用户可以根据绘图习惯设置绘图环境，然后将完成设置的文件保存为“.dwt”文件（样板文件的格式），即可创建样板文件。

步骤01 新建一个图形文件，然后在命令行输入【OP】并按空格键，在弹出的【选项】对话框中选择【显示】选项卡，如下图所示。

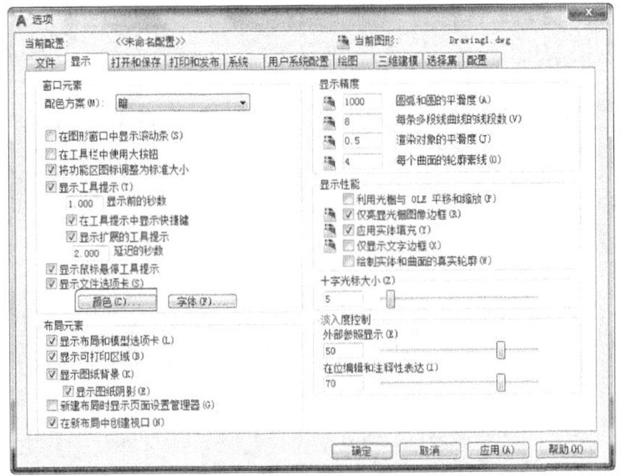

步骤02 单击【颜色】按钮，在弹出的【图形窗口颜色】对话框上，将二维模型空间的统一背景改为白色，如下图所示。

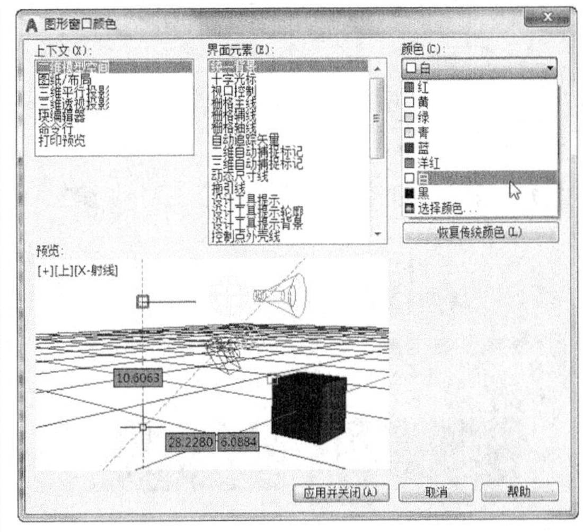

步骤03 单击【应用并关闭】按钮，回到【选项】对话框，单击【确定】按钮，回到绘图界面后，按【F7】键将栅格关闭，结果如下图所示。

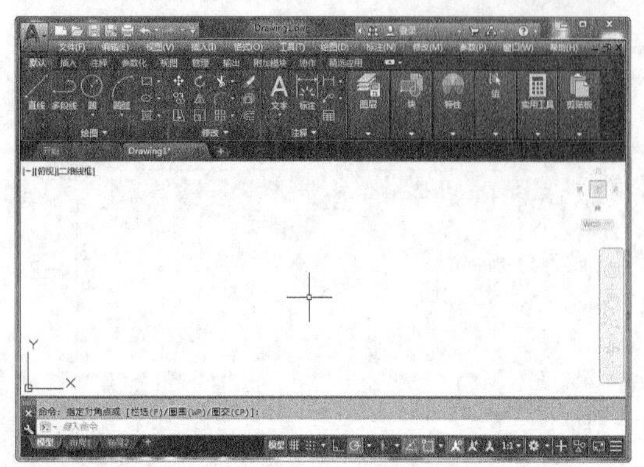

步骤04 在命令行输入“SE”并按空格键，在弹出的【草图设置】对话框上选择【对象捕捉】选项卡，对对象捕捉模式进行如下设置。

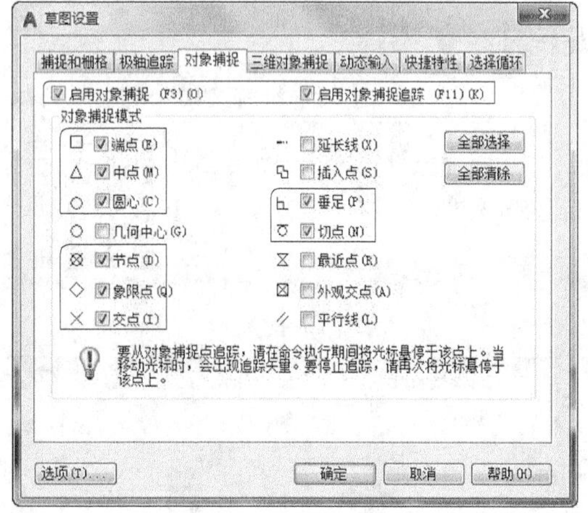

步骤05 单击【动态输入】选项卡，对动态输入进行如下设置。

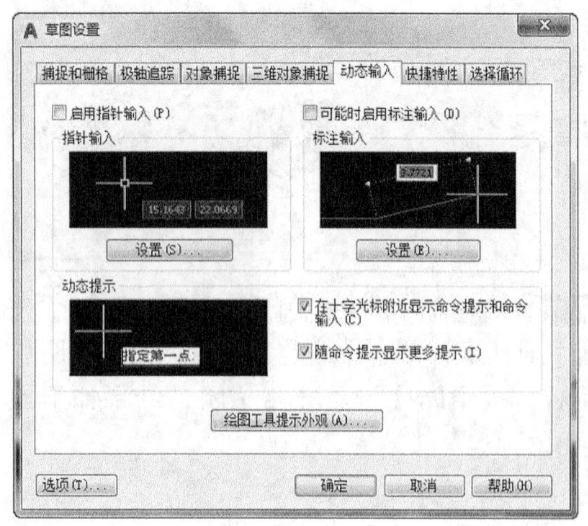

步骤06 单击【确定】按钮，回到绘图界面后选择【文件】➤【打印】菜单命令，在弹出的【打印-模型】对话框中进行如下设置。

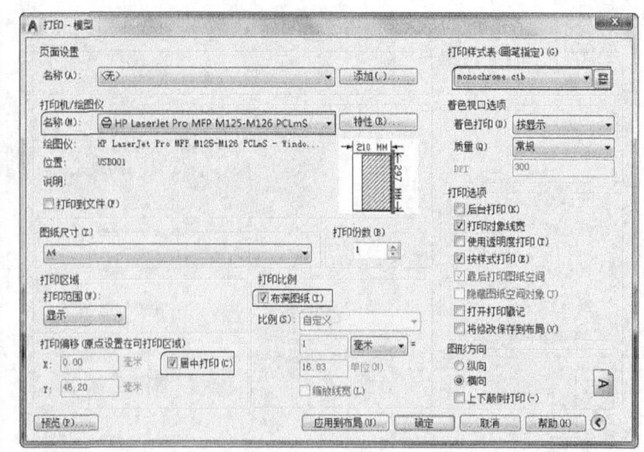

步骤07 单击【应用到布局】按钮，然后单击【确定】按钮，关闭【打印-模型】对话框。按【Ctrl+S】组合键，在弹出的【图形另存为】对话框中选择文件类型【AutoCAD 图形样板（*.dwt）】，然后输入样板的名字，单击【保存】按钮即可创建一个样板文件。

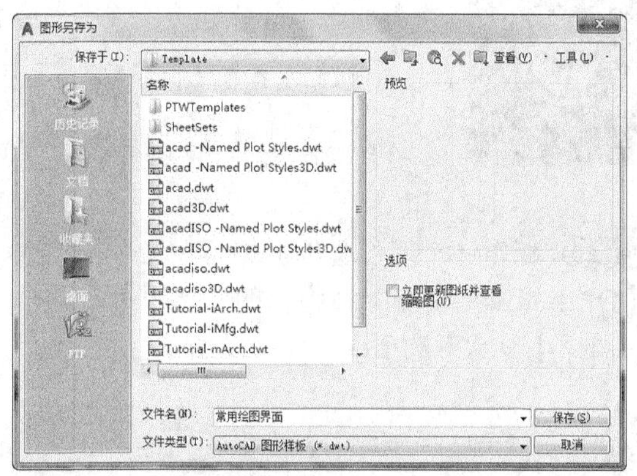

步骤08 单击【保存】按钮，在弹出的【样板选项】对话框设置测量单位，然后单击【确定】按钮。

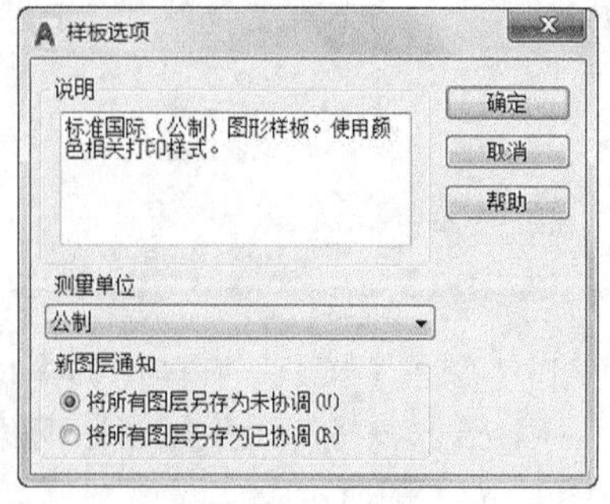

步骤09 创建完成后，再次启动AutoCAD，然后单击【新建】按钮，在弹出的【选择样板】对话框中选择刚创建的样板文件为样板建立一个新的AutoCAD文件。

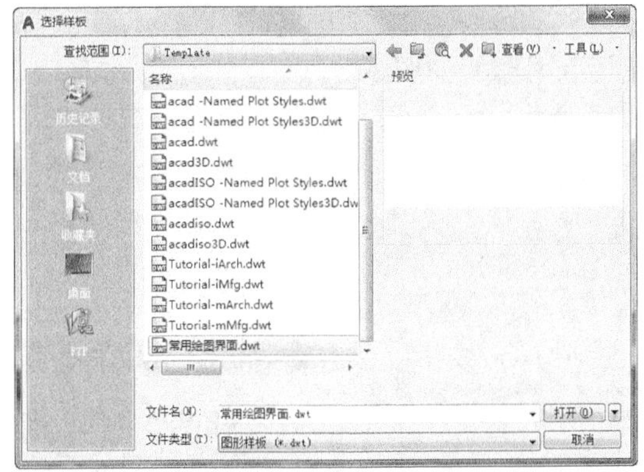

疑难解答

本节视频教程时间：8 分钟

临时捕捉

当需要临时捕捉某点时，可以按下【Shift】键或【Ctrl】键并单击鼠标右键，弹出对象捕捉快捷菜单，如下图所示。从中选择需要的命令，再把十字光标移到要捕捉对象的特征点附近，即可捕捉到相应的对象特征点。

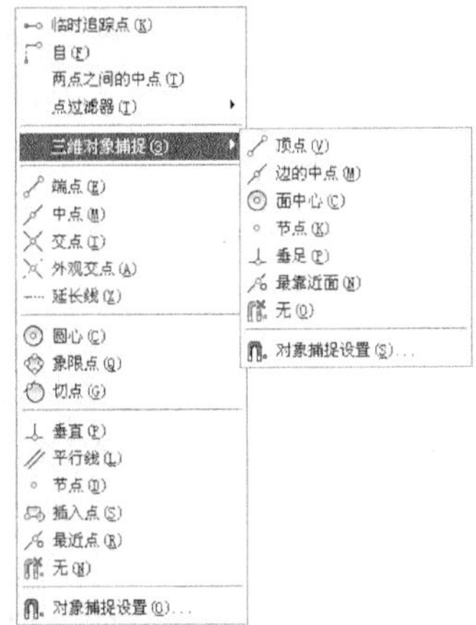

下面对【对象捕捉】的各个选项进行具体介绍。

- 【临时追踪点】：创建对象捕捉所使用的临时点。
- 【自】：从临时参考点偏移。
- 【端点】：捕捉到线段等对象的端点。
- 【中点】：捕捉到线段等对象的中点。
- 【交点】：捕捉到各对象之间的交点。
- 【外观交点】：捕捉两个对象的外观的交点。
- 【延长线】：捕捉到直线或圆弧的延长线上的点。
- 【圆心】：捕捉到圆或圆弧的圆心。
- 【象限点】：捕捉到圆或圆弧的象限点。
- 【捕切点】：捕捉到圆或圆弧的切点。
- 【捕垂足】：捕捉到垂直于线或圆上的点。
- 【平行线】：捕捉到与指定线平行的线上的点。
- 【插入点】：捕捉块、图形、文字或属性的插入点。
- 【节点】：捕捉到节点对象。
- 【最近点】：捕捉离拾取点最近的线段、圆、圆弧等对象上的点。
- 【无】：关闭对象捕捉模式。
- 【对象捕捉设置】：设置自动捕捉模式。

鼠标中键的妙用

- 按住中键可以平移图形，如下图所示。

● 滚动中键可以缩放图形。

● 双击中键，可以全屏显示图形，如图下图所示。

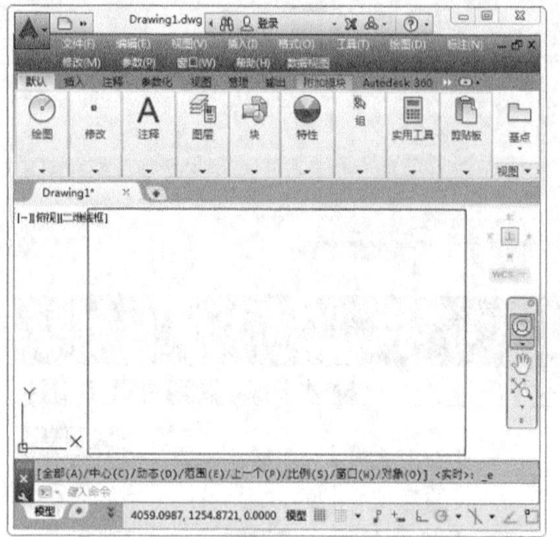

● 【Shift】+中键，可以受约束动态观察图形，如下图所示。

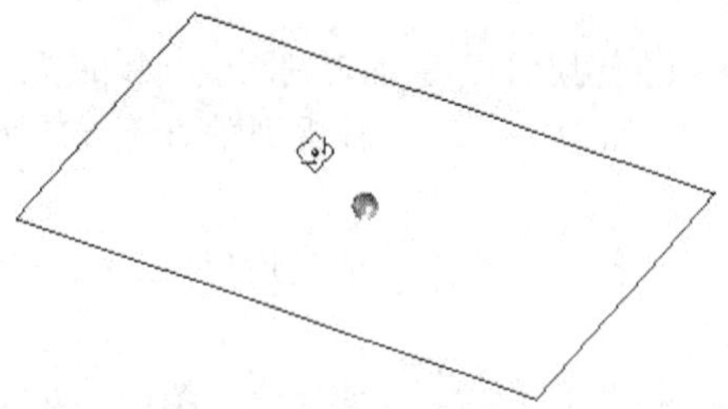

● 【Ctrl】+中键，可以自由动态观察图形，如下图所示。

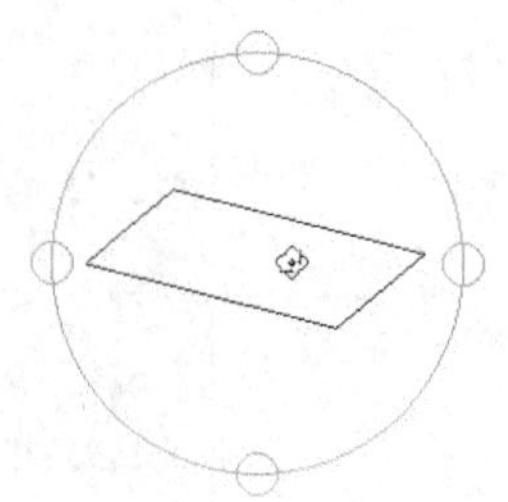

AutoCAD版本与CAD保存格式之间的关系

AutoCAD有多种保存格式，在保存文件时单击文件类型的下拉列表即可看到各种保存格式，如下图所示。

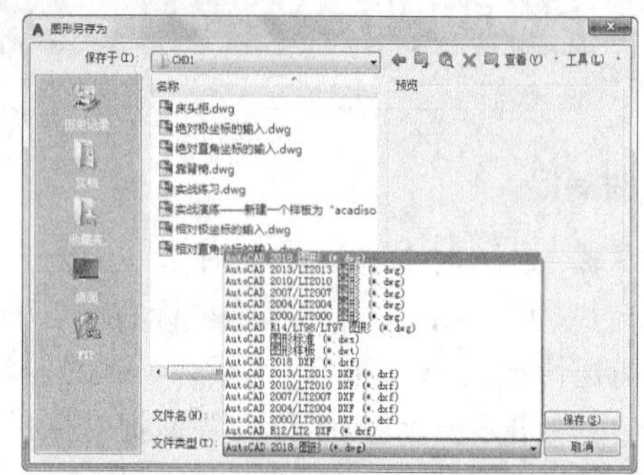

并不是每个版本都对应一个保存格式，AutoCAD保存格式与版本之间的对应关系如下表所示。

保存格式	适用版本
AutoCAD 2000	AutoCAD 2000 ~ 2002
AutoCAD 2004	AutoCAD 2004 ~ 2006
AutoCAD 2007	AutoCAD 2007 ~2009
AutoCAD 2010	AutoCAD 2010 ~ 2012
AutoCAD 2013	AutoCAD 2013 ~ 2017
AutoCAD 2018	AutoCAD 2018 ~ 2019

实战练习

绘制以下图形，并计算出∠A的值以及阴影部分面积。

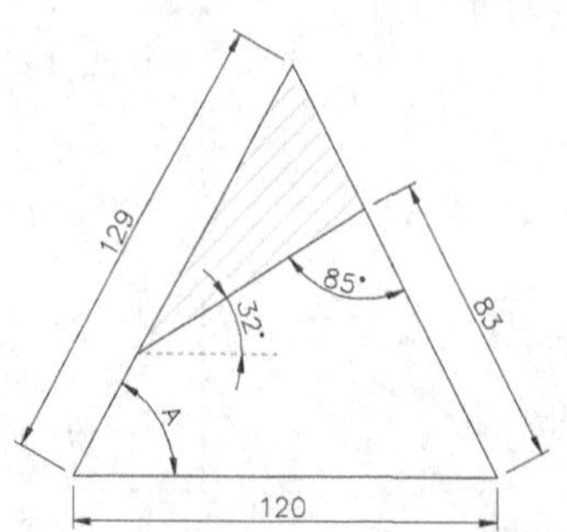

第2篇

二维绘图

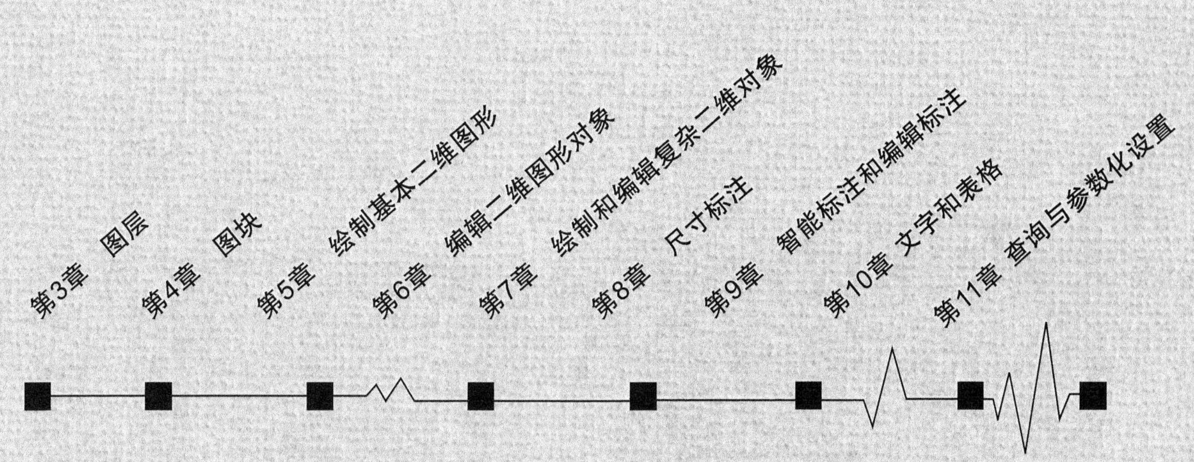

第3章 图层
第4章 图块
第5章 绘制基本二维图形
第6章 编辑二维图形对象
第7章 绘制和编辑复杂二维对象
第8章 尺寸标注
第9章 智能标注和编辑标注
第10章 文字和表格
第11章 查询与参数化设置

第3章

图层

学习目标

图层相当于重叠的透明图纸，每张图纸上面的图形都具备自己的颜色、线宽、线型等特性。将所有图纸上面的图形绘制完成后，可以根据需要对其进行相应的隐藏或显示，从而得到最终的图形需求结果。为方便对AutoCAD对象进行统一管理和修改，用户可以把类型相同或相似的对象指定给同一图层。

学习效果

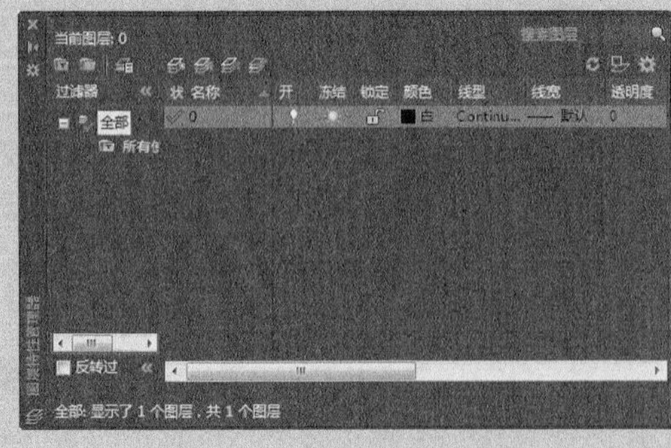

3.1 图层特性管理器

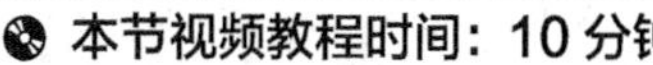

本节视频教程时间：10 分钟

图层特性管理器可以显示图形中的图层列表及其特性，可以添加、删除和重命名图层，还可以更改图层特性、设置布局视口的特性替代或添加说明等。

1. 命令调用方法

在AutoCAD 2019中打开图层特性管理器的方法通常有以下3种。

- 选择【格式】➤【图层】菜单命令。
- 命令行输入“LAYER/LA”命令并按空格键。
- 单击【默认】选项卡➤【图层】面板➤【图层特性】按钮。

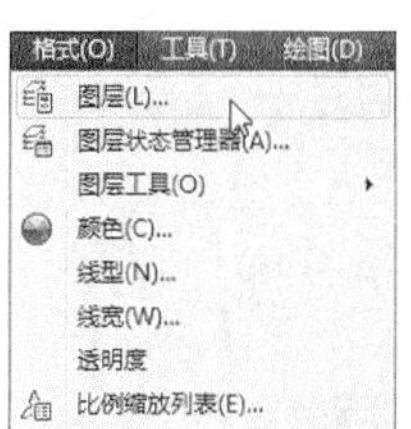

2. 命令提示

调用图层命令之后，系统会弹出【图层特性管理器】对话框，如下图所示。

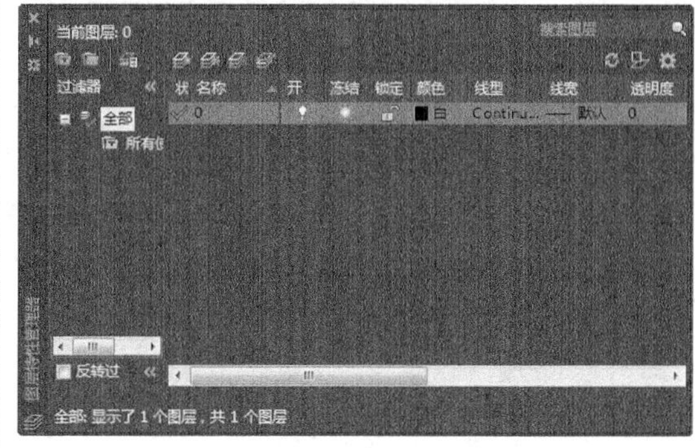

3.1.1 创建新图层

1. 命令调用方法

在【图层特性管理器】对话框中单击【新建图层】按钮，即可创建新图层，如下图所示。

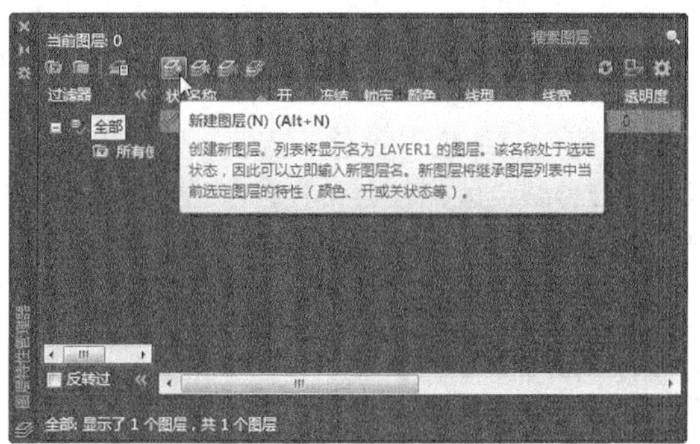

2. 命令提示

在【图层特性管理器】对话框中单击【新建图层】按钮，AutoCAD会自动创建一个名称为“图层1”的图层，如下图所示。

3. 知识点扩展

根据工作需要，可以在一个工程文件中创建多个图层，每个图层都可以控制相同属性的对象。新图层将继承图层列表中当前选定图层的特性，例如颜色或开关状态等。

3.1.2 实战演练——新建一个名称为“粗实线”的图层

下面将创建一个名为“粗实线”的图层，具体操作步骤如下。

步骤01 选择【格式】➤【图层】菜单命令，在弹出的【图层特性管理器】对话框中单击【新建图层】按钮，创建一个默认名称为“图层1”的新图层，如下图所示。

步骤02 将“图层1”的名称更改为“粗实线”，结果如下图所示。

3.1.3 更改图层颜色

1. 命令调用方法

在【图层特性管理器】对话框中单击【颜色】按钮■，即可根据提示更改图层颜色，如下图所示。

2. 命令提示

在【图层特性管理器】对话框中单击【颜色】按钮■，系统会弹出【选择颜色】对话框，如下图所示。

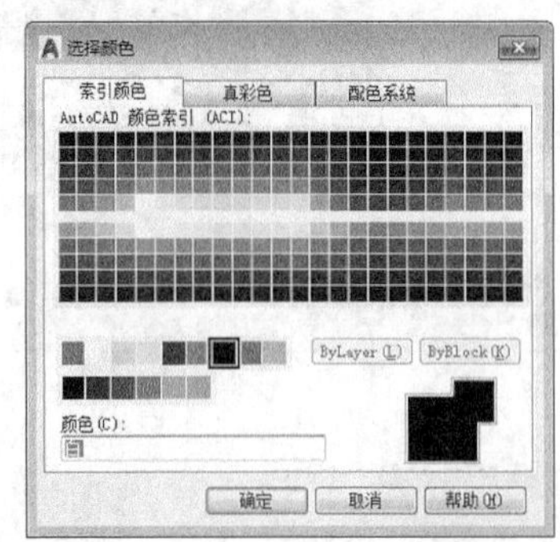

3. 知识点扩展

AutoCAD系统中提供了256种颜色。在设置图层的颜色时，一般会采用7种标准颜色：红色、黄色、绿色、青色、蓝色、紫色以及白色。这7种颜色区别较大又有名称，便于识别和调用。

3.1.4 实战演练——更改“手提包”图层的颜色

下面将对“手提包”图层的颜色进行更改，具体操作步骤如下。

步骤01 打开“素材\CH03\更改图层颜色.dwg”文件，如下图所示。

步骤02 选择【格式】➤【图层】菜单命令，在弹出的【图层特性管理器】对话框中单击“手提包”图层的【颜色】按钮■，并在弹出的【选择颜色】对话框中选择“蓝色”，如下图所示。

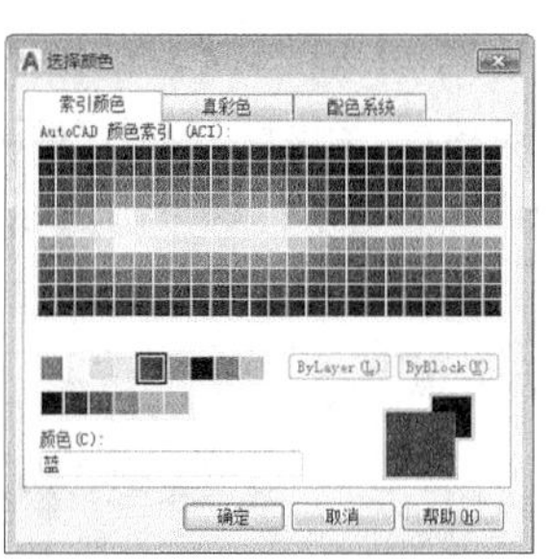

步骤03 在【选择颜色】对话框中单击【确定】按钮，并关闭【图层特性管理器】对话框，手提包颜色变为蓝色，如下图所示。

3.1.5 更改图层线宽

1. 命令调用方法

在【图层特性管理器】对话框中单击【线宽】按钮，即可根据提示更改图层线宽，如下图所示。

2. 命令提示

在【图层特性管理器】对话框中单击【线宽】按钮，系统会弹出【线宽】对话框，如下图所示。

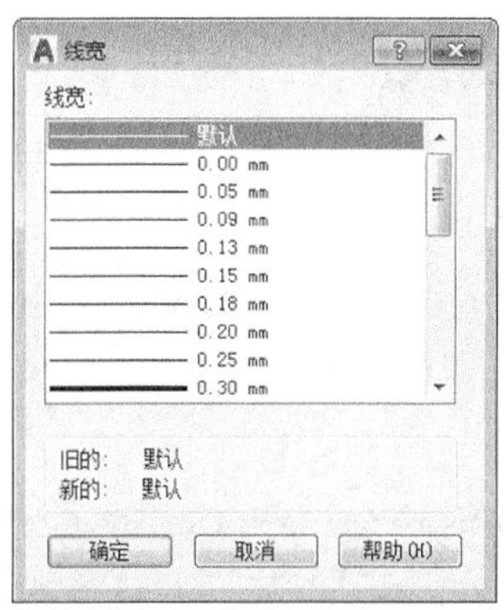

3. 知识点扩展

AutoCAD中有20多种线宽可供选择，其中TrueType 字体、光栅图像、点和实体填充（二维实体）无法显示线宽。

3.1.6 实战演练——更改“手柄”图层的线宽

下面将对“手柄”图层的线宽进行更改，具体操作步骤如下。

步骤01 打开“素材\CH03\更改图层线宽.dwg”文件，如下图所示。

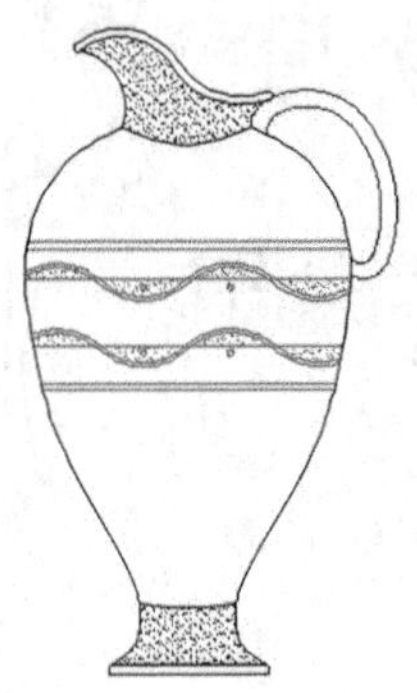

步骤02 选择【格式】➤【图层】菜单命令，在弹出的【图层特性管理器】对话框中单击“手柄”图层的【线宽】按钮，并在弹出的【线宽】对话框中选择“0.50mm”，如下图所示。

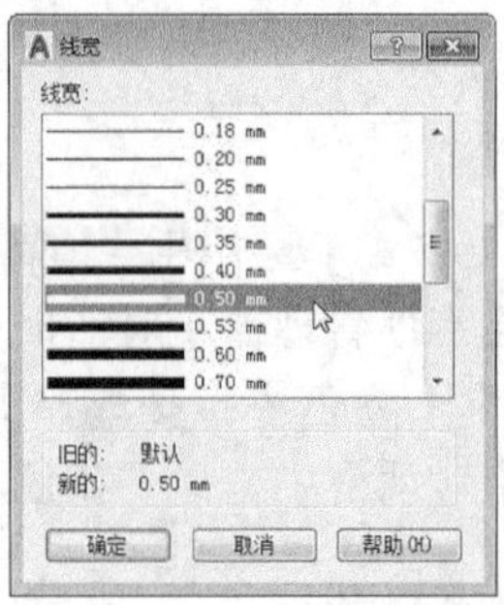

步骤03 在【线宽】对话框中单击【确定】按钮，并关闭【图层特性管理器】对话框，手柄线宽发生了相应的变化，如下图所示。

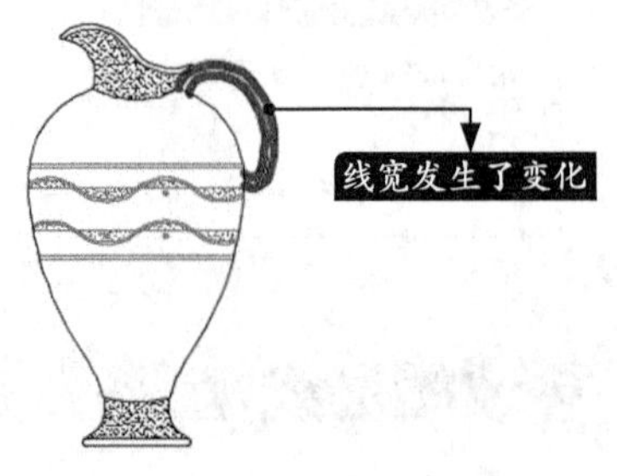

3.1.7 更改图层线型

1. 命令调用方法

在【图层特性管理器】对话框中单击【线型】按钮，即可根据提示更改图层线型，如下图所示。

2. 命令提示

在【图层特性管理器】对话框中单击【线型】按钮，系统会弹出【选择线型】对话框，如下图所示。

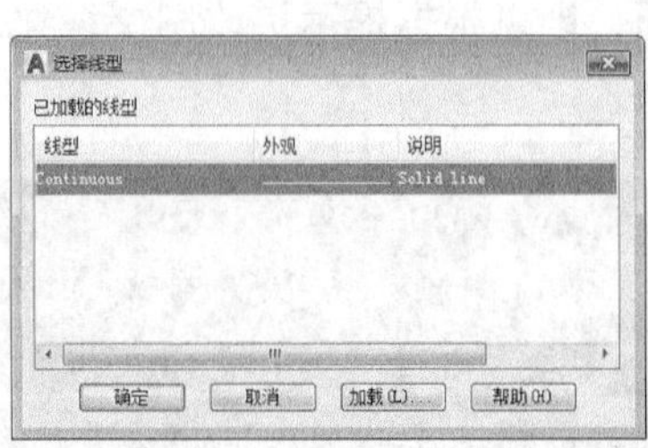

在【选择线型】对话框中单击【加载】按钮，系统会弹出【加载或重载线型】对话框，如下图所示。

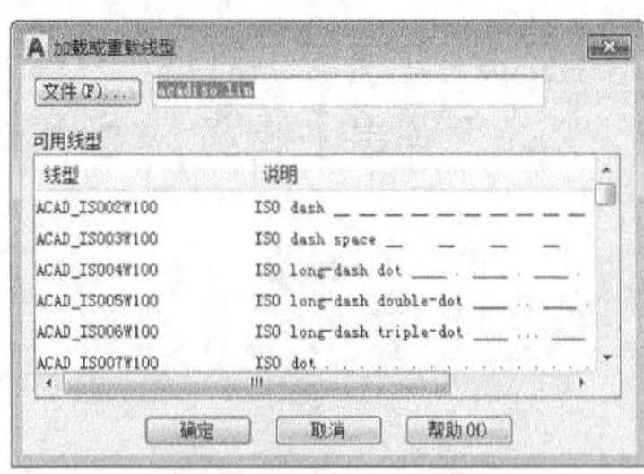

3. 知识点扩展

AutoCAD提供了实线、虚线及点划线等45种线型，默认的线型为“Continuous（连续）”。

3.1.8 实战演练——更改“点划线”图层的线型

下面将对“点划线”图层的线型进行更改，具体操作步骤如下。

步骤01 打开“素材\CH03\更改图层线型.dwg”文件，如下图所示。

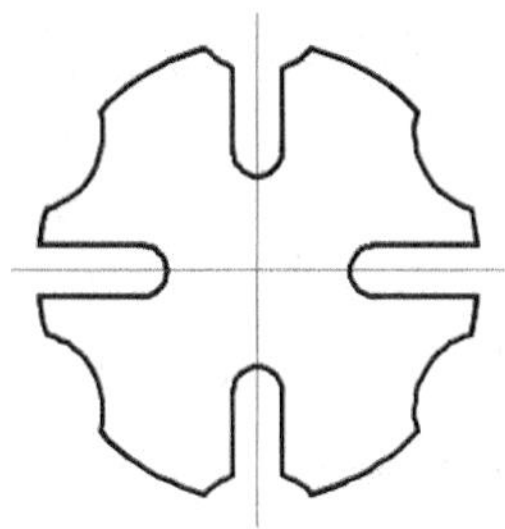

步骤02 选择【格式】➤【图层】菜单命令，在弹出的【图层特性管理器】对话框中单击“点划线”图层的【线型】按钮，并在弹出的【选择线型】对话框中单击【加载】按钮，弹出【加载或重载线型】对话框，如下图所示。

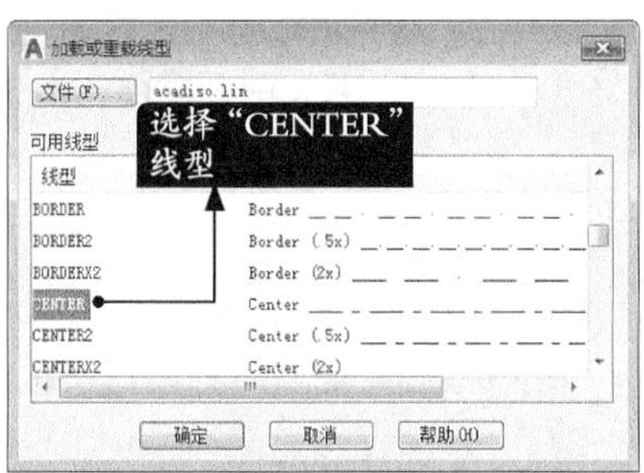

步骤03 在【加载或重载线型】对话框中选择“CENTER”并单击【确定】按钮，返回【选择线型】对话框，如下图所示。

步骤04 在【选择线型】对话框中选择“CENTER”线型并单击【确定】按钮，然后关闭【图层特性管理器】对话框，点划线线型发生了相应的变化，如下图所示。

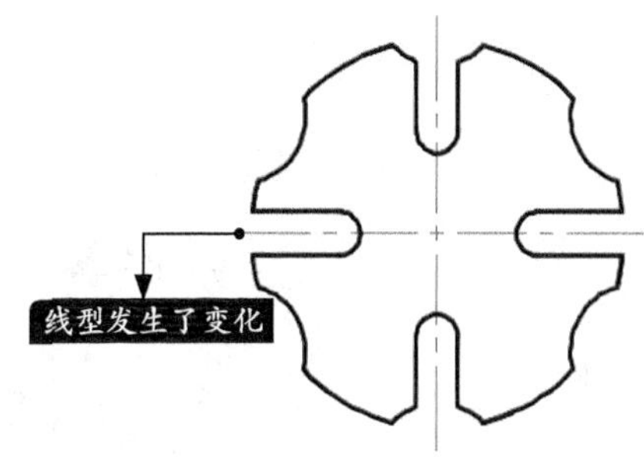

小提示

如果中心线设置后仍显示为实线，可以选择相应线条，然后选择【修改】➤【特性】命令，在弹出的【特性】面板中对【线型比例】进行相应更改。

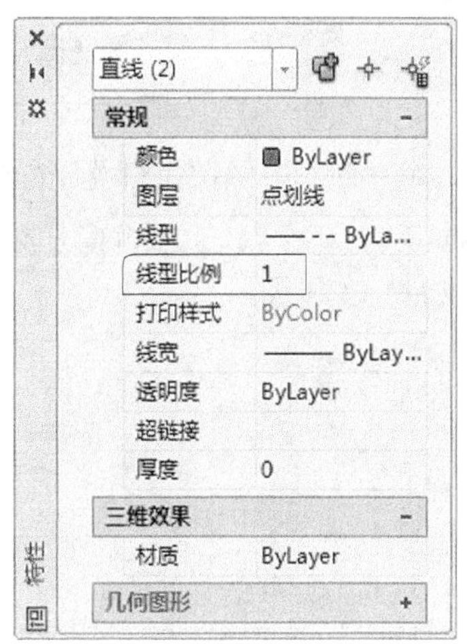

3.2 更改图层的控制状态

本节视频教程时间：8 分钟

图层可通过图层状态进行控制，以便于对图形进行管理和编辑。图层状态的控制是在【图层特性管理器】对话框中进行的。

3.2.1 打开/关闭图层

1. 命令调用方法

在【图层特性管理器】对话框中单击【开/关】按钮，即可将图层打开或关闭，如下图所示。

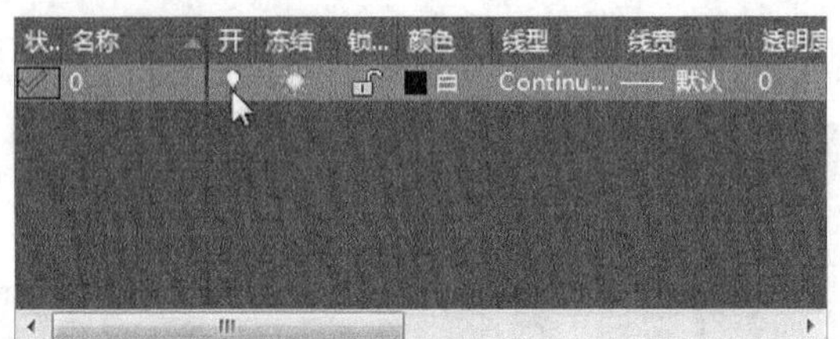

2. 知识点扩展

通过将图层打开或关闭可以控制图形的显示或隐藏。图层处于关闭状态时，图层中的内容将被隐藏且无法编辑和打印。

3.2.2 实战演练——关闭“钮扣”图层

下面将对“钮扣”图层执行关闭操作，具体操作步骤如下。

步骤 01 打开“素材\CH03\打开或关闭图层.dwg”文件，如下图所示。

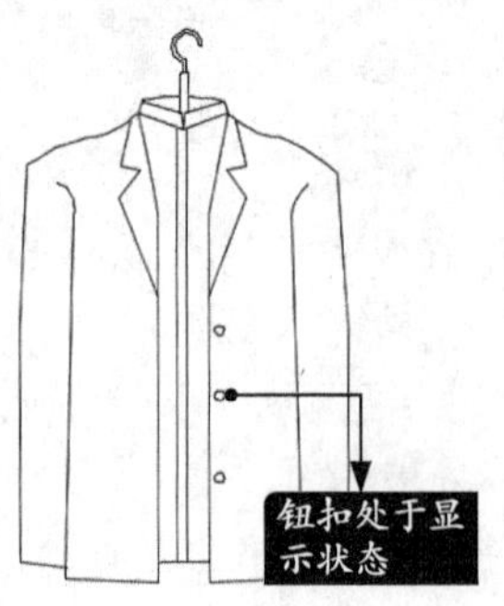

步骤 02 选择【格式】➤【图层】菜单命令，在弹出的【图层特性管理器】对话框中单击“钮扣”图层的【开/关】按钮，并关闭【图层特性管理器】对话框，结果如下图所示。

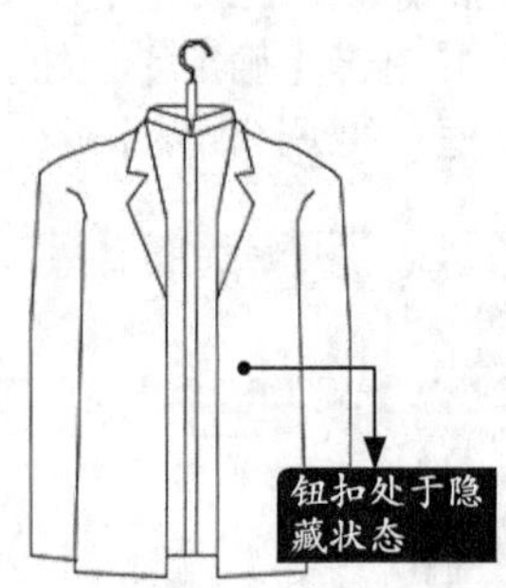

小提示

若要显示图层中隐藏的文件，可重新单击按钮，使其呈亮显状态显示，以便打开被关闭的图层。

3.2.3 锁定/解锁图层

1. 命令调用方法

在【图层特性管理器】对话框中单击【锁定/解锁】按钮🔓，即可将图层锁定或解锁，如下图所示。

2. 知识点扩展

图层锁定后，图层上的内容依然可见，但是不能被编辑。

除了在【图层特性管理器】中控制图层的打开/关闭、冻结/解冻、锁定/解锁，还可以通过【默认】选项卡➤【图层】面板中的图层选项来控制图层的状态，如下图所示。

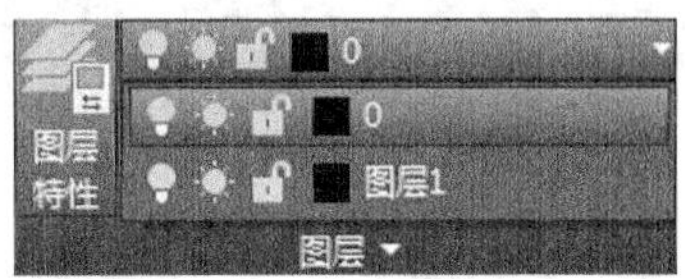

3.2.4 实战演练——锁定“人物”图层

下面将对“人物”图层执行锁定操作，具体操作步骤如下。

步骤01 打开“素材\CH03\锁定或解锁图层.dwg”文件，如下图所示。

步骤02 选择【格式】➤【图层】菜单命令，在弹出的【图层特性管理器】对话框中单击“人物”图层的【锁定/解锁】按钮，并关闭【图层特性管理器】对话框，然后在绘图区域中将十字光标放置到人物图形上面，结果如下图所示。

步骤03 选择【修改】➤【移动】菜单命令，将绘图区域中的所有对象全部作为需要移动的对象，命令行提示如下。

```
MOVE
选择对象：找到 223 个
199 个在锁定的图层上。
```

步骤04 婴儿车图形可以移动，人物图形不可以移动，如下图所示。

> **小提示**
>
> “移动”命令将在6.4节中详细介绍。

3.2.5 冻结/解冻图层

1. 命令调用方法

在【图层特性管理器】对话框中单击【冻结/解冻】按钮，即可将图层冻结或解冻，如下图所示。

2. 知识点扩展

图层冻结时，图层中的内容被隐藏，且该图层上的内容不能进行编辑和打印。将图层冻结可以减少复杂图形的重生成时间。图层冻结时将以灰色的雪花图标显示，图层解冻时将以明亮的太阳图标显示。

3.2.6 实战演练——冻结“植物”图层

下面将对“植物”图层执行冻结操作，具体操作步骤如下。

步骤01 打开“素材\CH03\冻结或解冻图层.dwg”文件，如下图所示。

步骤02 选择【格式】➤【图层】菜单命令，在弹出的【图层特性管理器】对话框中单击“植物”图层的【冻结/解冻】按钮，并关闭【图层特性管理器】对话框，结果如下图所示。

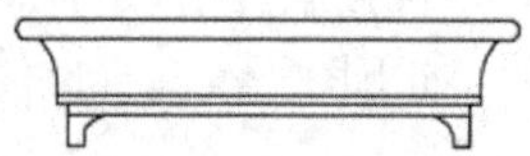

小提示

若要解除图层中冻结的文件，可重新单击【冻结/解冻】按钮，使其呈太阳状态显示，以便解除被冻结的图层。

3.2.7 打印/不打印图层

1. 命令调用方法

在【图层特性管理器】对话框中单击【打印/不打印】按钮，即可将图层置于可打印状态或不可打印状态，如下图所示。

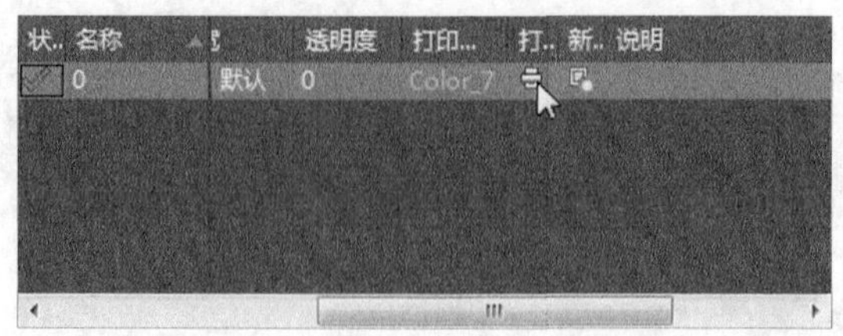

2. 知识点扩展

图层的不打印设置只对图形中可见的图层（即图层是打开的并且是解冻的）有效。若图层设为打印但该层是冻结的或关闭的，此时AutoCAD将不打印该图层。

3.2.8 实战演练——使“椅子”图层处于不打印状态

下面将使“椅子”图层处于不打印状态，具体操作步骤如下。

步骤 01 打开“素材\CH03\打印或不打印图层.dwg”文件，如下图所示。

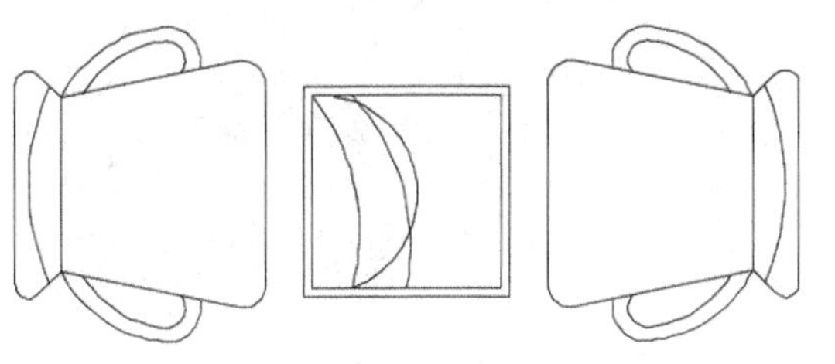

步骤 02 选择【格式】➤【图层】菜单命令，在弹出的【图层特性管理器】对话框中单击“椅子”图层的【打印/不打印】按钮，并关闭【图层特性管理器】对话框，然后选择【文件】➤【打印】菜单命令，打印结果如下图所示。

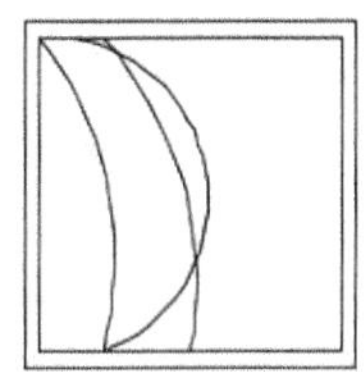

3.3 管理图层

本节视频教程时间：6 分钟

对图层进行有效管理，不仅可以提高绘图效率，保证绘图质量，而且还可以及时将无用图层删除，节约磁盘空间。

3.3.1 删除图层

1. 命令调用方法

在【图层特性管理器】对话框中选择相应图层，然后单击【删除图层】按钮，即可将相应图层删除，如下图所示。

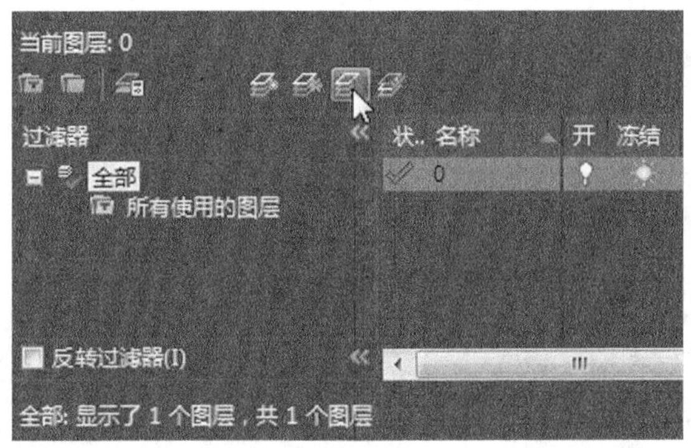

2. 知识点扩展

系统默认的图层“0”、包含图形对象的层、当前图层以及使用外部参照的图层是不能被删除的。

3.3.2 实战演练——删除“餐具”图层

下面将对“餐具”图层执行删除操作，具体操作步骤如下。

步骤01 打开“素材\CH03\删除图层.dwg”文件，如下图所示。

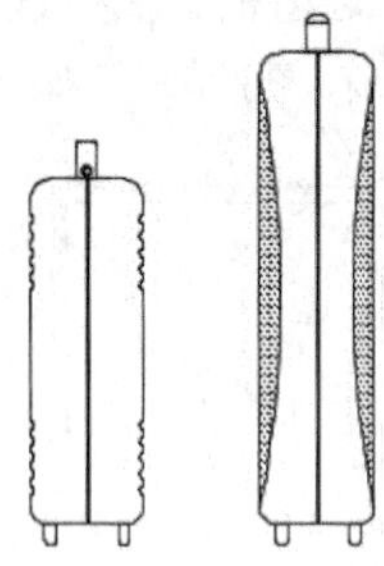

步骤02 选择【格式】➤【图层】菜单命令，在弹出的【图层特性管理器】对话框中选择“餐具”图层，并单击【删除图层】按钮，如下图所示。

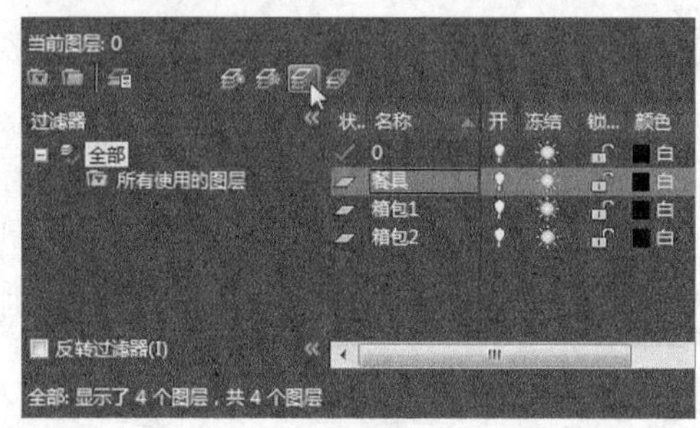

步骤03 “餐具”图层删除后，结果如下图所示。

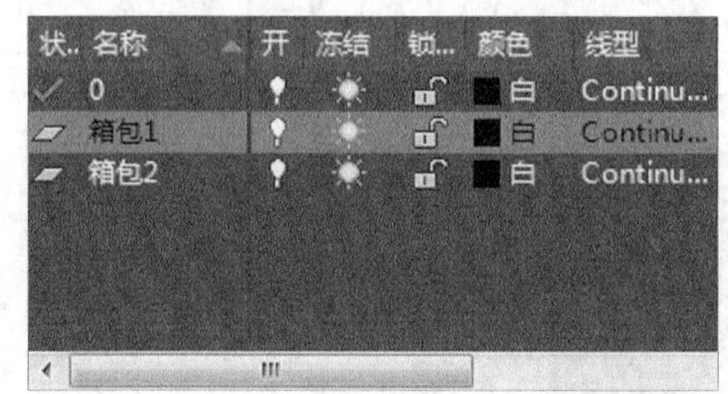

3.3.3 切换当前图层

1. 命令调用方法

在AutoCAD 2019中切换当前图层的方法通常有以下3种。

- 利用【图层特性管理器】对话框切换当前图层。
- 利用【图层】选项卡切换当前图层。
- 利用【图层工具】菜单命令切换当前图层。

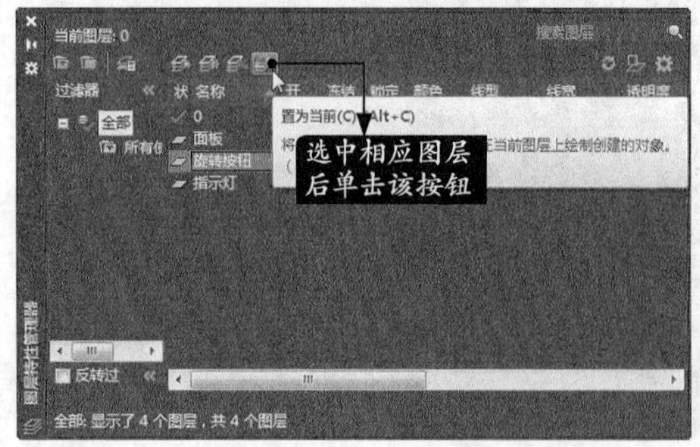

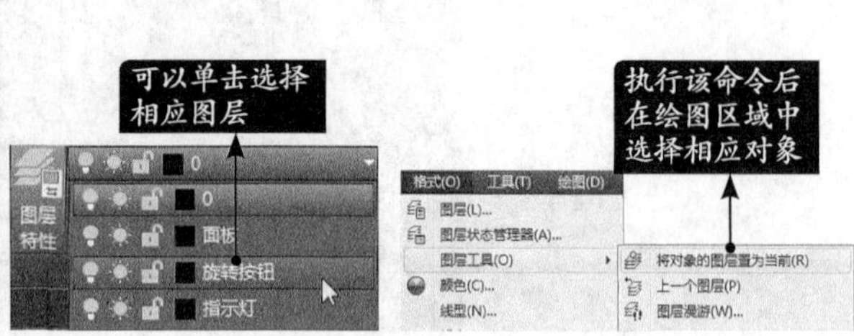

2. 知识点扩展

在【图层特性管理器】对话框中选中相应图层后双击，也可以将其设置为当前图层。

3.3.4 实战演练——将“汽车”图层置为当前图层

下面将“汽车”图层置为当前图层，具体操作步骤如下。

步骤 01 打开“素材\CH03\切换当前图层.dwg”文件，如下图所示。

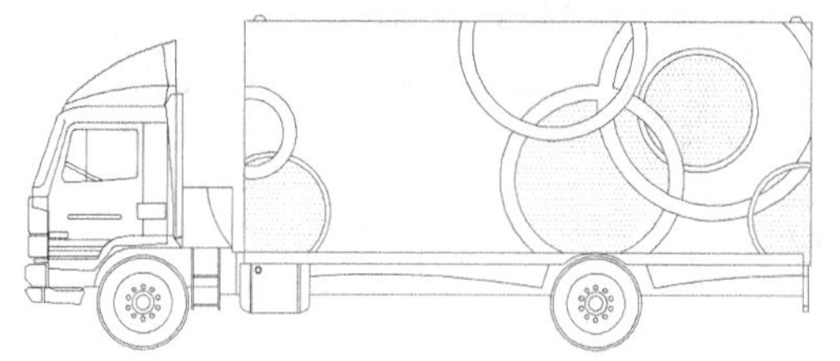

步骤 02 选择【格式】➤【图层】菜单命令，在弹出的【图层特性管理器】对话框中选择“汽车”图层，如下图所示。

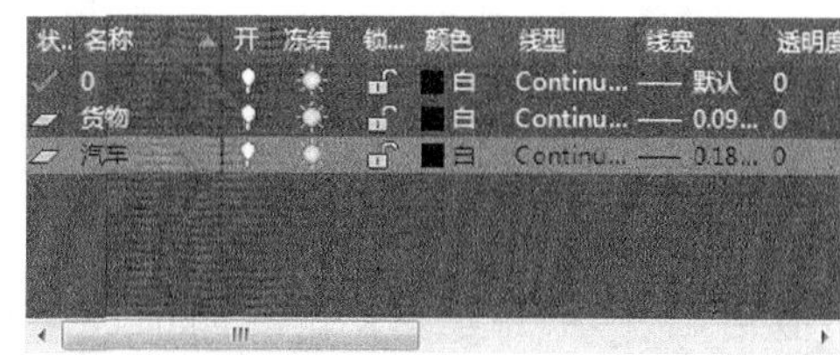

步骤 03 对“汽车”图层进行双击，将其置为当前图层，如下图所示。

3.3.5 改变图形对象所在图层

1. 命令调用方法

在绘图区域中选择相应图形对象后，单击【默认】选项卡➤【图层】面板中的图层选项选择相应图层，即可将该图形对象放置到相应图层上面。

2. 知识点扩展

对于相对简单的图形而言，可以先绘制图形对象，然后利用该方法将图形对象分别放置到不同的图层上面。

3.3.6 实战演练——改变“虚线”对象所在图层

下面将对“虚线”对象所在图层进行更改，具体操作步骤如下。

步骤 01 打开“素材\CH03\机械零件图.dwg”文件，如下图所示。

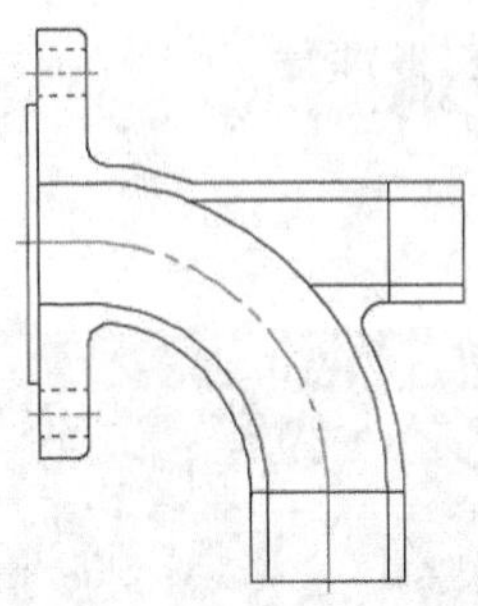

步骤 02 在绘图区域中选择下图所示的四个图形对象。

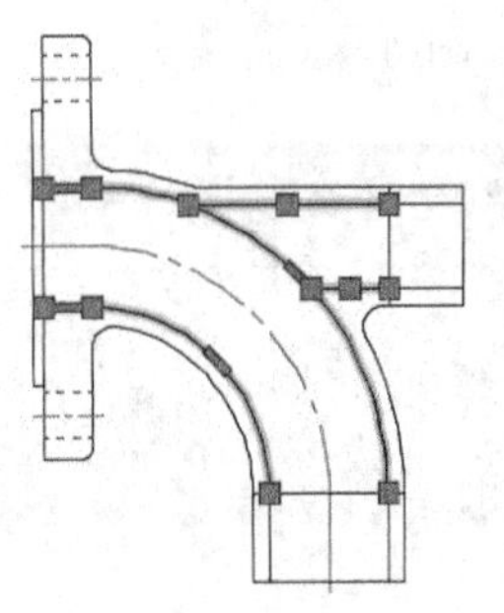

小提示

“选择对象”操作将在6.1节中详细介绍。

步骤 03 单击【默认】选项卡➤【图层】面板中的“虚线”图层。

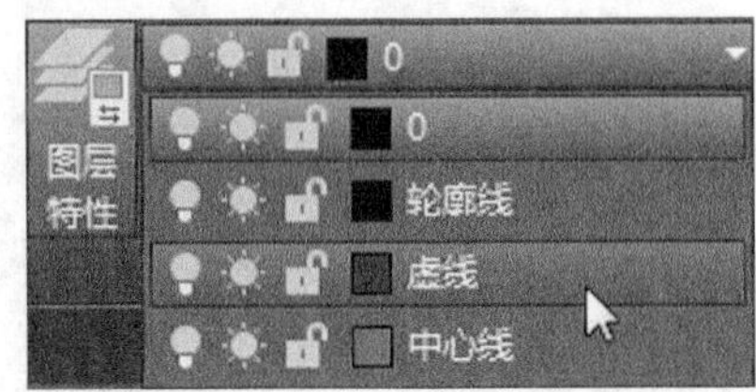

步骤 04 按【Esc】键取消对图形对象的选择，结果如下图所示。

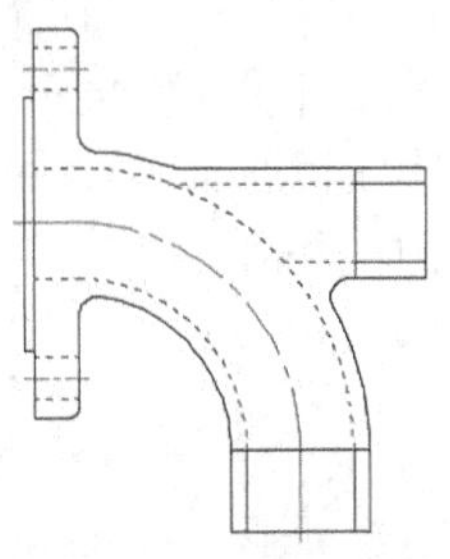

3.4 综合应用——创建建筑制图图层

本节视频教程时间：6 分钟

下面将利用【图层特性管理器】对话框创建建筑制图图层，具体操作步骤如下。

步骤 01 新建一个dwg文件，然后选择【格式】➤【图层】菜单命令，系统弹出【图层特性管理器】对话框，如下图所示。

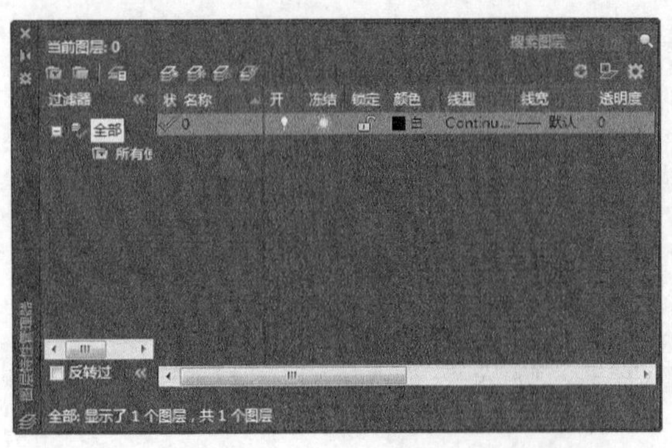

步骤 02 单击【新建图层】按钮，并将图层名称定义为“轴线”，如下图所示。

步骤 03 单击【轴线】图层的【颜色】按钮，在弹出的【选择颜色】对话框中选择“红色”，如下图所示。

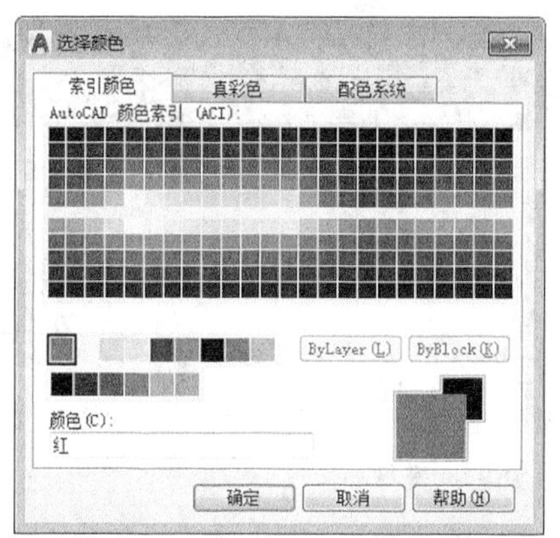

步骤04 单击【确定】按钮，返回【图层特性管理器】对话框，单击【轴线】图层的【线型】按钮，系统弹出【选择线型】对话框，如下图所示。

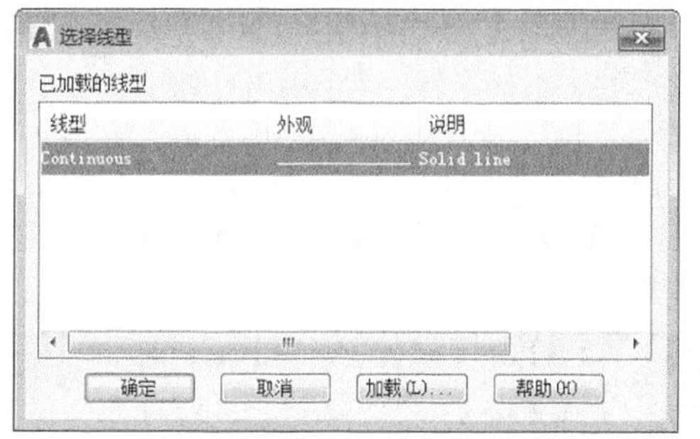

步骤05 单击【加载】按钮，系统弹出【加载或重载线型】对话框，选择“CENTER”线型，如下图所示。

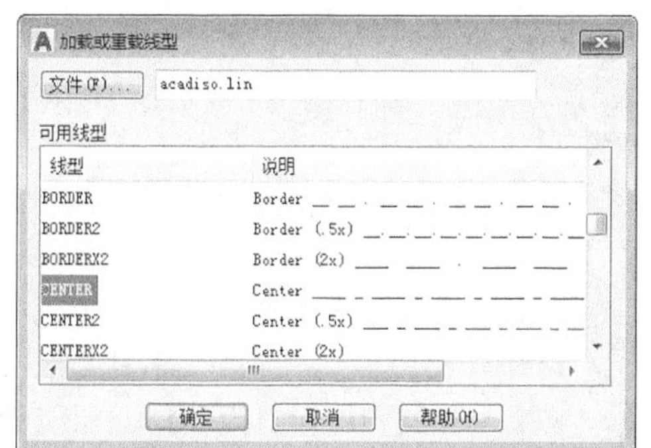

步骤06 单击【确定】按钮，返回【选择线型】对话框，选择刚才加载的“CENTER”线型，如下图所示。

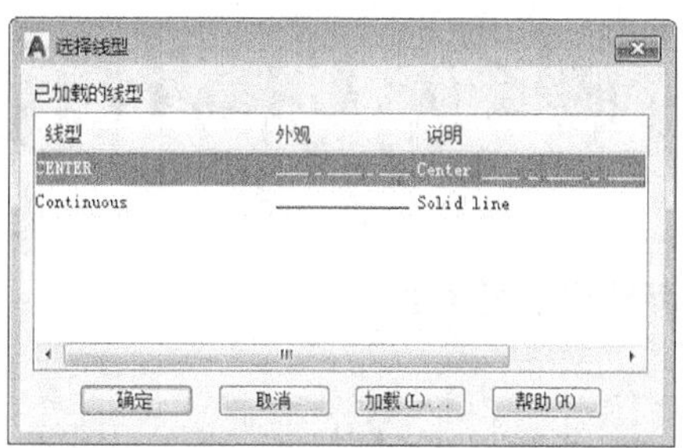

步骤07 单击【确定】按钮，返回【图层特性管理器】对话框，单击【轴线】图层的【线宽】按钮，系统弹出【线宽】对话框，选择“0.13mm”选项，如下图所示。

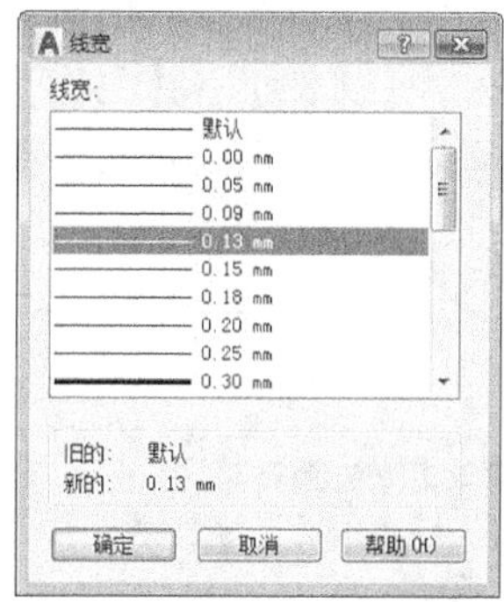

步骤08 单击【确定】按钮，返回【图层特性管理器】对话框，【轴线】图层创建完成，如下图所示。

步骤09 重复**步骤02**～**步骤08**，继续创建其他图层，结果如下图所示。

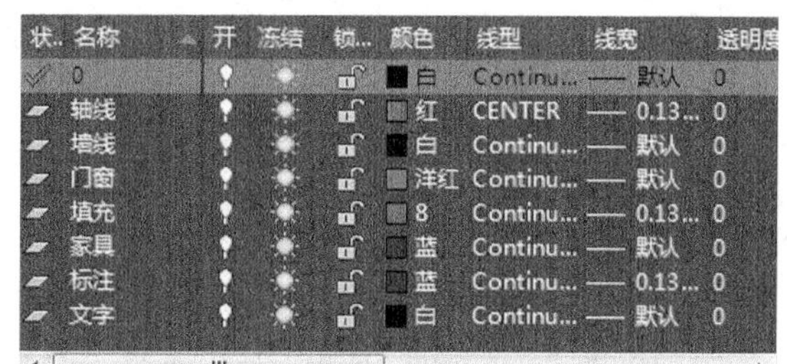

疑难解答

本节视频教程时间：8 分钟

如何删除顽固图层

方法1。

打开一个AutoCAD文件，将无用图层全部关闭，然后在绘图窗口中将需要的图形全部选中，并按下键盘上的【Ctrl+C】组合键。之后新建一个图形文件，并在新建图形文件中按下键盘上的【Ctrl+V】组合键，无用图层将不会被粘贴至新文件中。

方法2。

（1）打开一个AutoCAD文件，把要删除的图层关闭，在绘图窗口中只保留需要的可见图形，然后选择【文件】➤【另存为】命令，确定文件名及保存路径后，将文件类型指定为“*.DXF”格式，并在【图形另存为】对话框中选择【工具】➤【选项】命令，如下图所示。

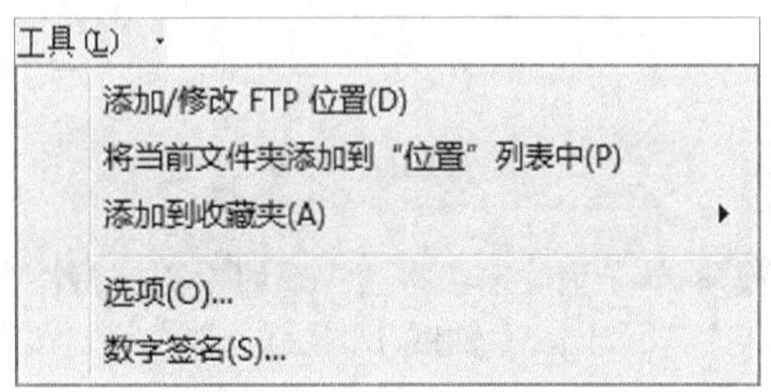

（2）在弹出的【另存为选项】对话框中选择【DXF选项】，并勾选【选择对象】复选框，如下图所示。

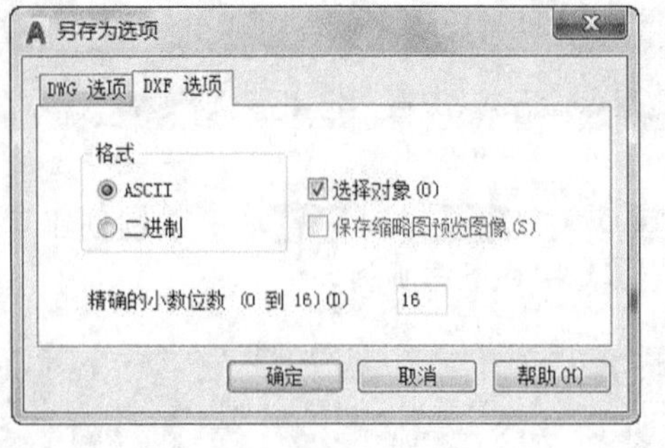

（3）单击【另存为选项】对话框中的【确定】按钮后，系统自动返回至【图形另存为】对话框。单击【保存】按钮，系统自动进入绘图窗口，在绘图窗口中选择需要保留的图形对象，然后按【Enter】键确认并退出当前文件即可完成相应对象的保存。在新文件中无用的图块被删除。

方法3。

使用laytrans命令可将需删除的图层影射为0层，这个方法可以删除具有实体对象或被其他块嵌套定义的图层。

步骤01 在命令行中输入“laytrans”，并按【Enter】键确认。

命令：LAYTRANS

步骤02 打开【图层转换器】对话框，如下图所示。

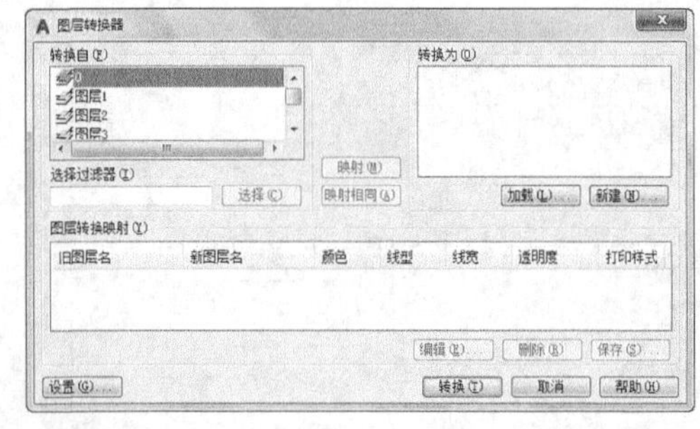

步骤03 将需删除的图层影射为0层，单击【转换】按钮即可。

特性匹配

将选定对象的特性应用于其他对象。可应用的特性类型包括颜色、图层、线型、线型比例、线宽、打印样式、透明度和其他指定的特性。

用户可以选择【修改】➤【特性匹配】命令，然后选择“源对象”，最后选择“目标对象”，使“目标对象”同“源对象”具有相同的属性，如下图所示。

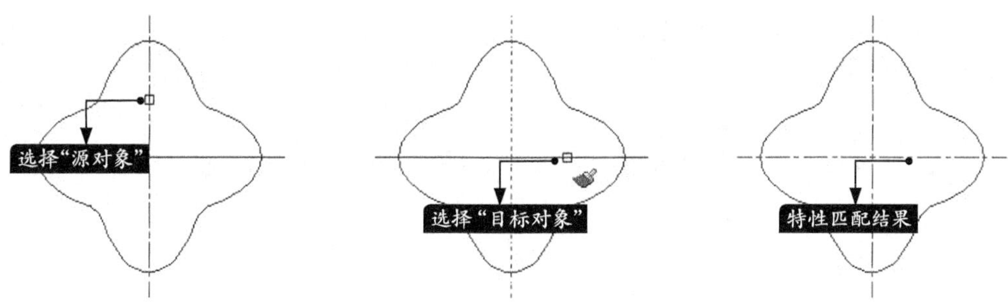

在同一个图层上显示不同的线型、线宽和颜色

对于图形较小、结构比较明确、比较容易绘制的图形而言，新建图层是一件很繁琐的事情。在这种情况下，可以在同一个图层上为图形对象的不同区域进行不同线型、不同线宽及不同颜色的设置，以便于实现对图层的管理。其具体操作步骤如下。

步骤 01 打开"素材\CH03\在同一个图层上显示不同的线型、线宽和颜色.dwg"文件，如下图所示。

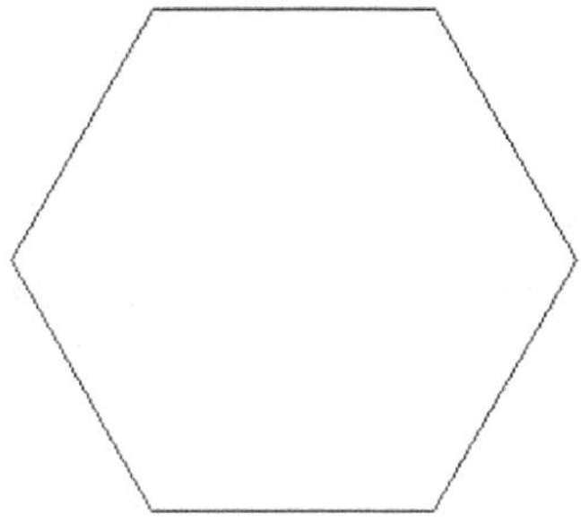

步骤 02 单击选择下图所示的线段。

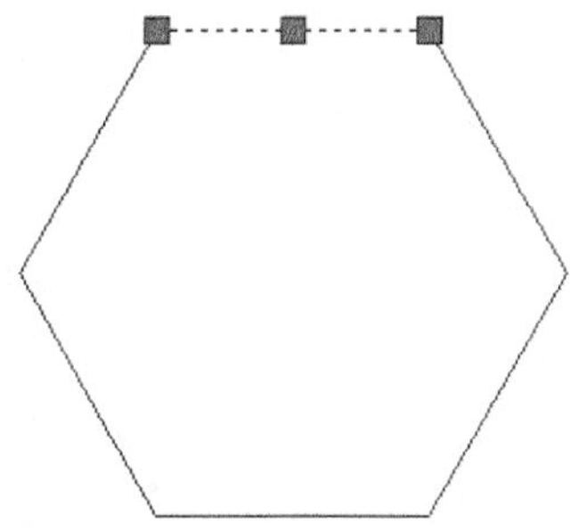

步骤 03 单击【默认】选项卡➤【特性】面板中的颜色下拉按钮，并选择"红色"，如下图所示。

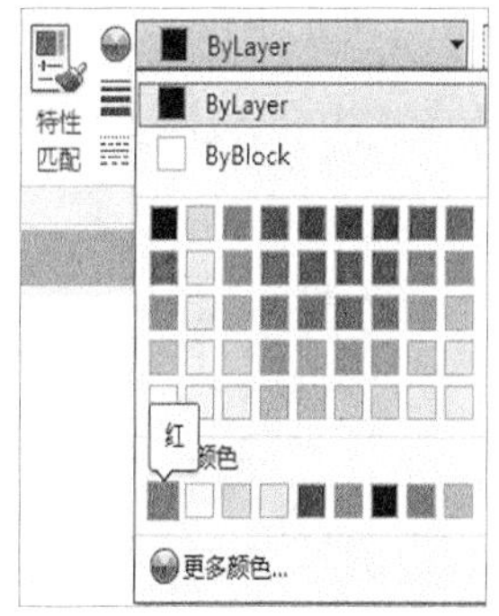

步骤 04 单击【默认】选项卡➤【特性】面板中的线宽下拉按钮，并选择线宽值"0.30"，如下图所示。

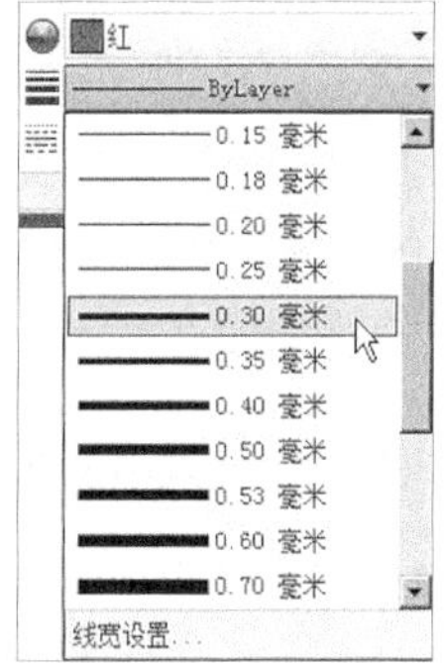

步骤 05 单击【默认】选项卡➤【特性】面板中的线型下拉按钮，如下图所示。

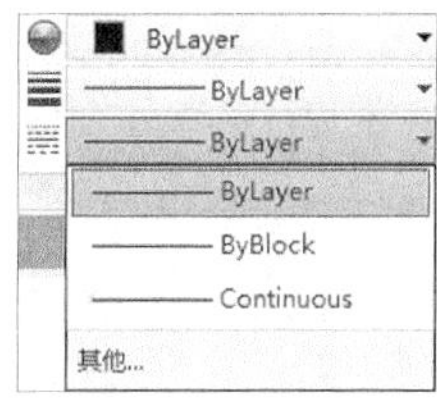

步骤06 单击【其他】按钮，弹出【线型管理器】对话框，如下图所示。

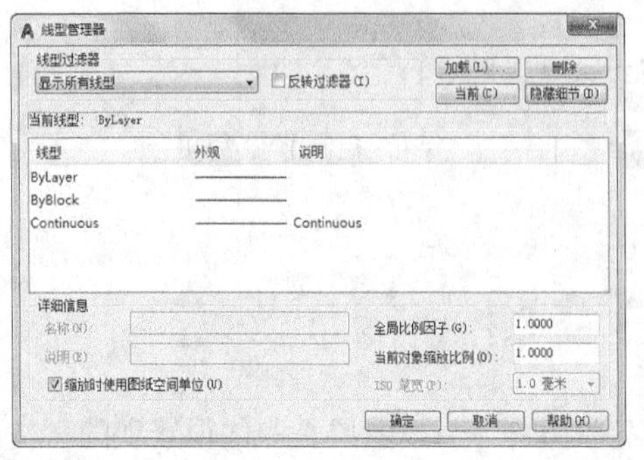

步骤07 单击【加载】按钮，弹出【加载或重载线型】对话框并选择“ACAD_ISO003W100”线型，然后单击【确定】按钮，如下图所示。

步骤08 回到【线型管理器】后，可以看到“ACAD_ISO003W100”线型已经存在，如下图所示。

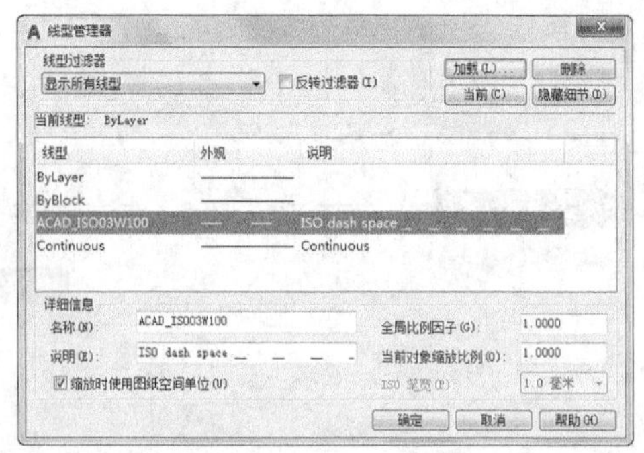

步骤09 单击【关闭】按钮，关闭【线型管理器】，然后单击【默认】选项卡➤【特性】面板中的线型下拉按钮，并选择刚加载的“ACAD_ISO003W100”线型，如下图所示。

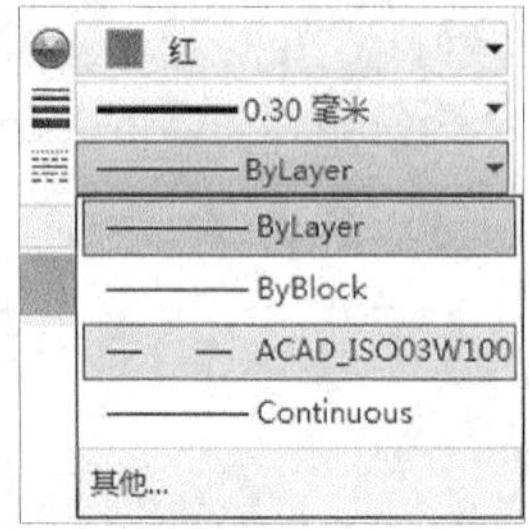

步骤10 所有设置完成后，结果如下图所示。

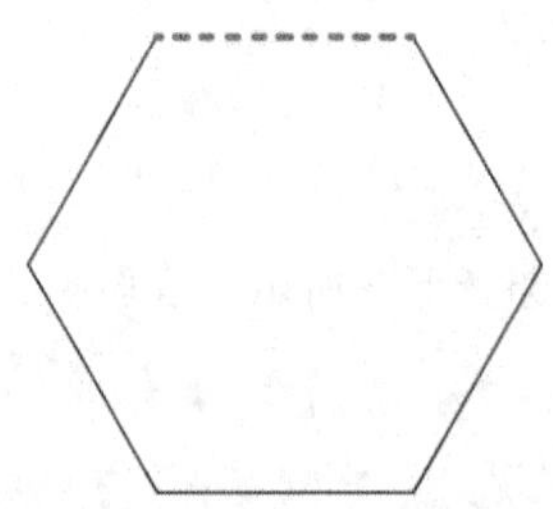

实战练习

绘制以下图形，并计算出阴影部分的面积。

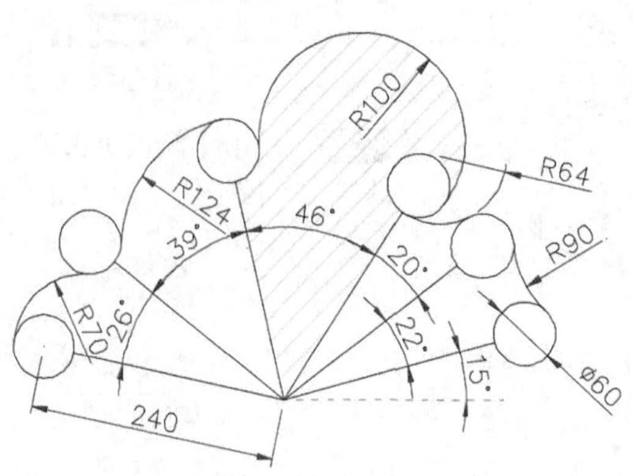

第4章

图块

学习目标

图块是一组图形实体的总称，当需要在图形中插入某些特殊符号时会经常用到该功能。在应用过程中，AutoCAD图块将作为一个独立的、完整的对象来操作，图块中的各部分图形可以拥有各自的图层、线型、颜色等特征。用户可以根据需要按指定比例和角度将图块插入指定位置。

学习效果

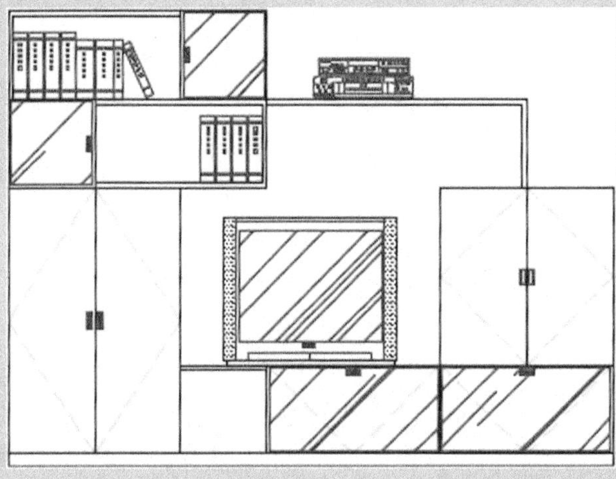

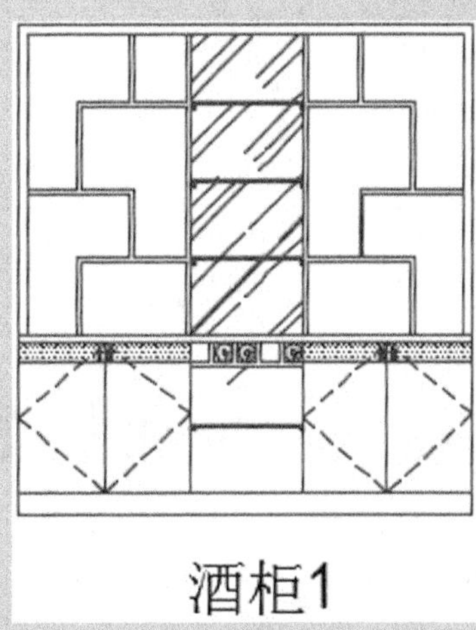

4.1 创建内部块和全局块

本节视频教程时间：15 分钟

图块分为内部块和全局块（写块）两种。顾名思义，内部块只能在当前图形中使用，不能使用到其他图形中。全局块不仅能在当前图形中使用，也可以使用到其他图形中。

4.1.1 创建内部块

1. 命令调用方法

在AutoCAD 2019中创建内部块的方法通常有以下4种。

- 选择【绘图】➤【块】➤【创建】菜单命令。
- 命令行输入“BLOCK/B”命令并按空格键。
- 单击【默认】选项卡➤【块】面板➤【创建】按钮。
- 单击【插入】选项卡➤【块定义】面板➤【创建块】按钮。

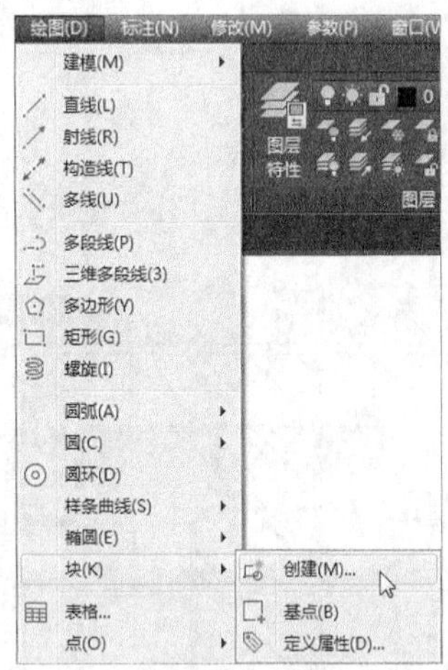

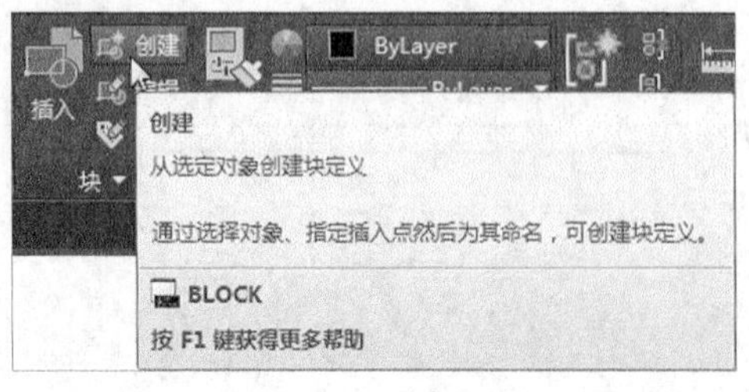

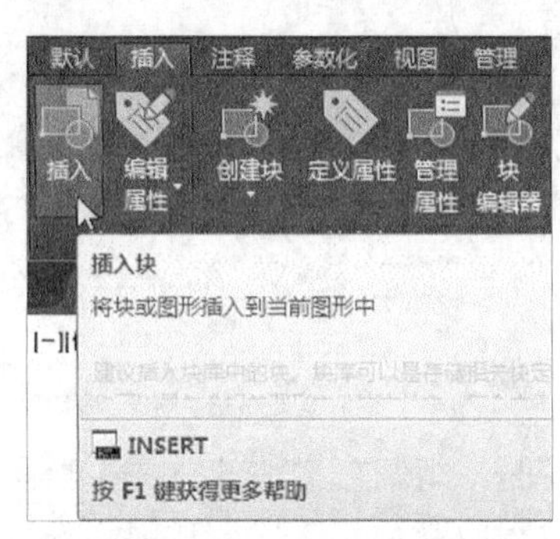

2. 命令提示

调用创建块命令之后，系统会弹出【块定义】对话框，如下图所示。

3. 知识点扩展

【块定义】对话框中各选项的含义如下。

- 【名称】文本框：指定块的名称。名称最多可以包含255个字符，包括字母、数字、空格，以及操作系统或程序未作他用的任何特殊字符。

● 【基点】区：指定块的插入基点，默认值是 (0,0,0)。用户可以选中【在屏幕上指定】复选框，也可单击【拾取点】按钮，在绘图区单击指定。

● 【对象】区：指定新块中要包含的对象，以及创建块之后如何处理这些对象，如是保留还是删除选定的对象，或者是将它们转换成块实例。

◆ 【保留】：选择该项，图块创建完成后，原图形仍保留原来的属性。

◆ 【转换为块】：选择该项，图块创建完成后，原图形将转换成图块的形式存在。

◆ 【删除】：选择该项，图块创建完成后，原图形将自动删除。

● 【方式】区：指定块的方式。在该区域中可指定块参照是否可以被分解和是否阻止块参照不按统一比例缩放。

◆ 【允许分解】：选择该项，当创建的图块插入图形后，可以通过【分解】命令进行分解；如果没选择该选项，则创建的图块插入图形后，不能通过【分解】命令进行分解。

● 【设置】区：指定块的设置。在该区域中可指定块参照插入单位等。

4.1.2 实战演练——创建盆景图块

下面将对盆景图形进行内部块的创建，具体操作步骤如下。

步骤 01 打开“素材\CH04\创建内部块.dwg”文件，如下图所示。

步骤 02 在命令行中输入“B”命令，并按空格键确认，在弹出的【块定义】对话框中单击【选择对象】前的按钮，并在绘图区域中选择下图所示的图形对象作为组成块的对象。

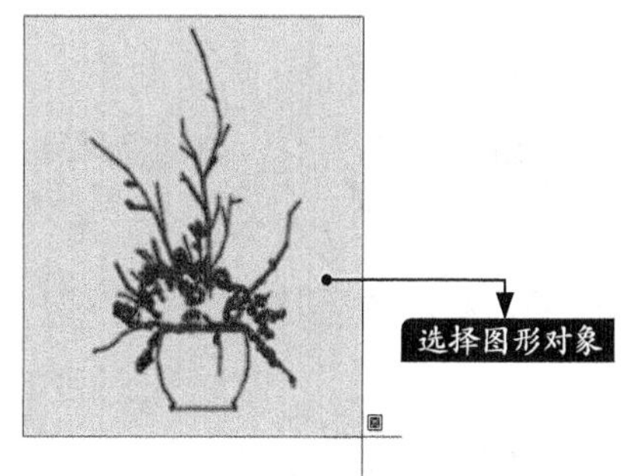

步骤 03 按空格键以确认，返回【块定义】对话框，为块添加名称“花瓶”，并单击【确定】按钮完成操作，如下图所示。

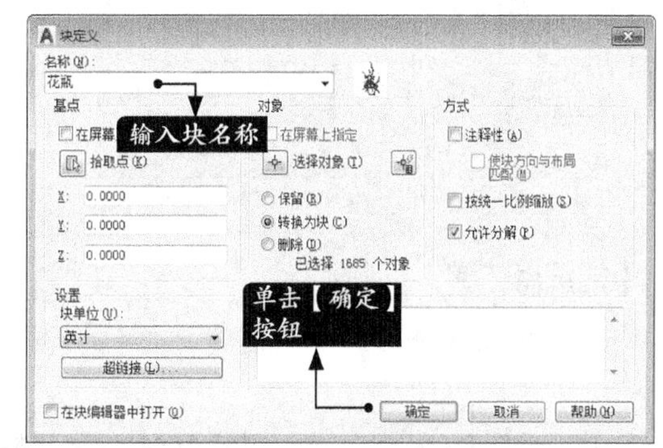

4.1.3 创建全局块（写块）

全局块（写块）就是将选定对象保存到指定的图形文件或将块转换为指定的图形文件。

1. 命令调用方法

在AutoCAD 2019中创建全局块的方法通常有以下2种。

- 命令行输入“WBLOCK/W”命令并按空格键。
- 单击【插入】选项卡➤【块定义】面板➤【写块】按钮。

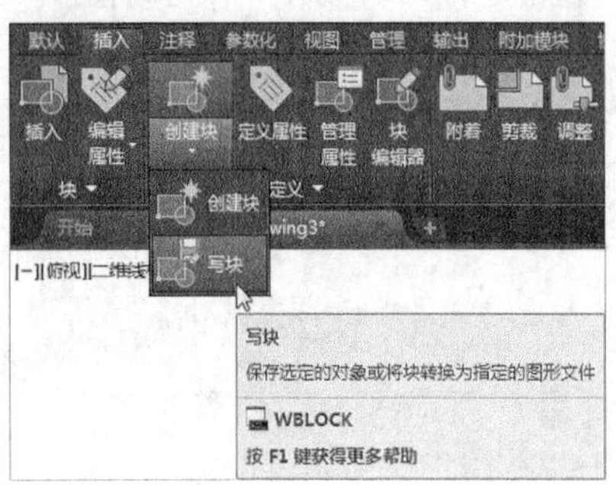

2. 命令提示

调用全局块命令之后，系统会弹出【写块】对话框，如下图所示。

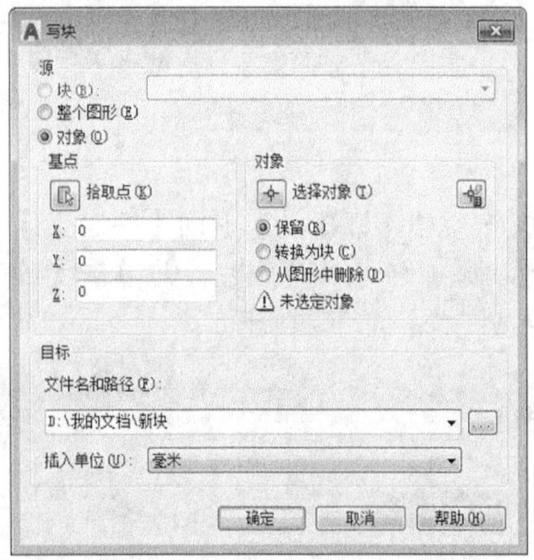

3. 知识点扩展

【写块】对话框中各选项的含义如下。

- 【源】区：指定块和对象，将其另存为文件并指定插入点。
  - 【块】：指定要另存为文件的现有块。从列表中选择名称。
  - 【整个图形】：选择要另存为其他文件的当前图形。
  - 【对象】：选择要另存为文件的对象。指定基点并选择下面的对象。
- 【基点】区：指定块的基点。默认值是(0,0,0)。
  - 【拾取点】：暂时关闭对话框以使用户能在当前图形中拾取插入基点。
  - 【X】：指定基点的 x 坐标值。
  - 【Y】：指定基点的 y 坐标值。
  - 【Z】：指定基点的 z 坐标值。
- 【对象】区：设置用于创建块的对象上的块创建的效果。
  - 【选择对象】：临时关闭该对话框以便可以选择一个或多个对象以保存至文件。
  - 【快速选择】：打开【快速选择】对话框，从中可以过滤选择集。
  - 【保留】：将选定对象另存为文件后，在当前图形中仍保留它们。
  - 【转换为块】：将选定对象另存为文件后，在当前图形中将它们转换为块。
  - 【从图形中删除】：将选定对象另存为文件后，从当前图形中删除它们。
  - 【选定的对象】：指示选定对象的数目。
- 【目标】区：指定文件的新名称和新位置以及插入块时所用的测量单位。
  - 【文件名和路径】：指定文件名和保存块或对象的路径。
  - 【插入单位】：指定从 DesignCenter ™（设计中心）拖曳新文件或将其作为块插入使用不同单位的图形中时用于自动缩放的单位值。

4.1.4 实战演练——创建双扇门图块

下面将对双扇门图形进行外部块的创建，具体操作步骤如下。

步骤 01 打开“素材\CH04\双扇门.dwg”文件，如下图所示。

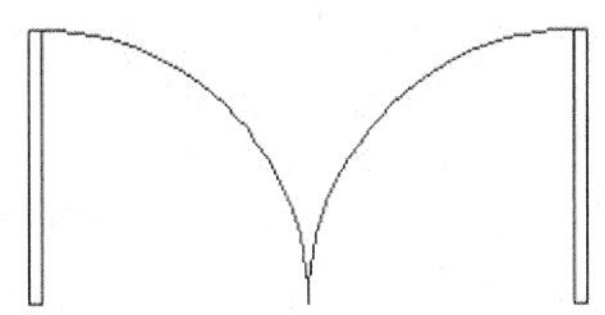

步骤02 在命令行中输入“W”命令后按空格键，在弹出的【写块】对话框中单击【选择对象】前的按钮，在绘图区选择对象，如下图所示，然后按空格键确认。

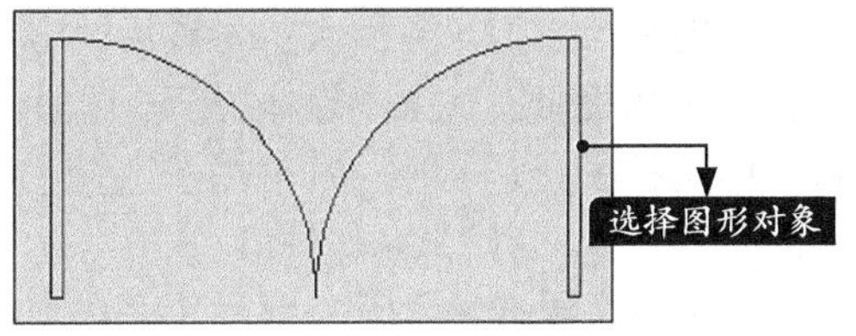

步骤03 单击【拾取点】前的按钮，在绘图区选择下图所示的点作为插入基点。

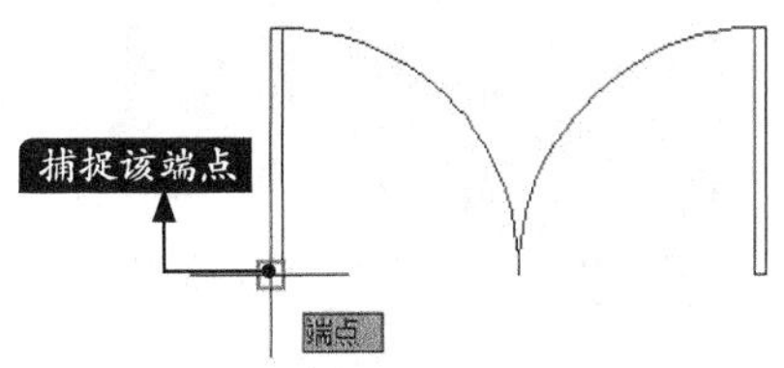

步骤04 在【文件名和路径】栏中可以设置保存路径，设置完成后单击【确定】按钮，如下图所示。

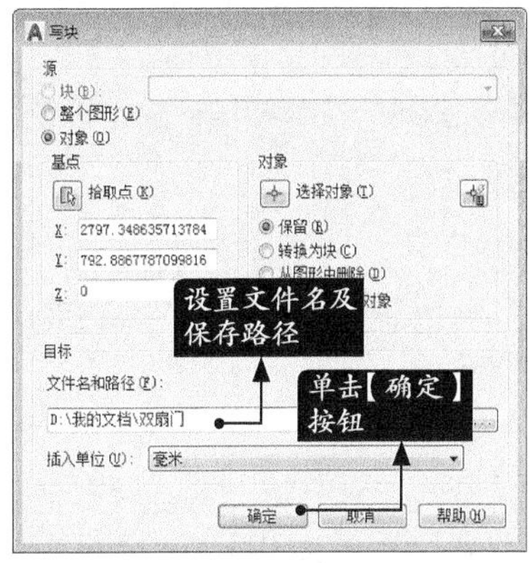

4.2 创建和编辑带属性的块

本节视频教程时间：13 分钟

要想创建属性，首先要创建包含属性特征的属性定义。属性特征主要包括标记（标识属性的名称）、插入块时显示的提示、值的信息、文字格式、块中的位置和所有可选模式（不可见、常数、验证、预设、锁定位置和多行）。

4.2.1 定义属性

属性是所创建的包含在块定义中的对象，属性可以存储数据，例如部件号、产品名等。

1. 命令调用方法

在AutoCAD 2019中调用【属性定义】对话框的常用方法有以下3种。

- 选择【绘图】➤【块】➤【定义属性】菜单命令。
- 在命令行中输入“ATTDEF/ATT”命令并按空格键确认。
- 单击【插入】选项卡➤【块定义】面板中的【定义属性】按钮。

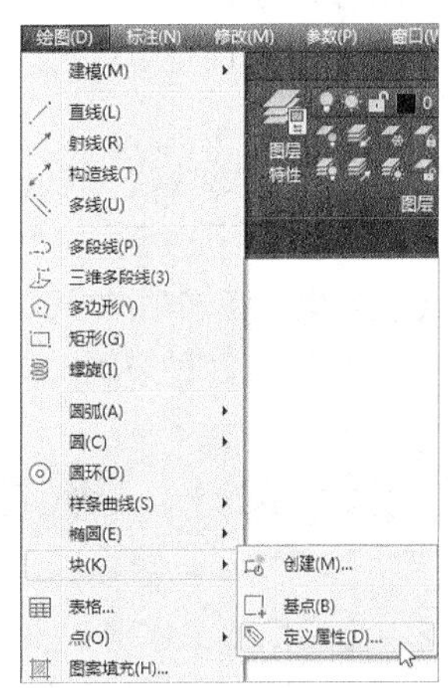

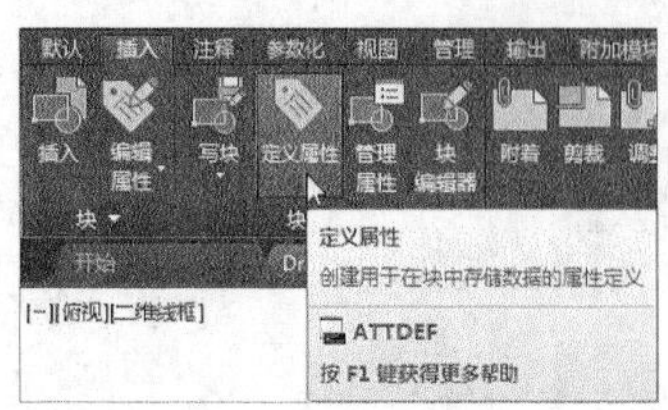

2. 命令提示

调用定义属性命令后，系统会弹出【属性定义】对话框，如下图所示。

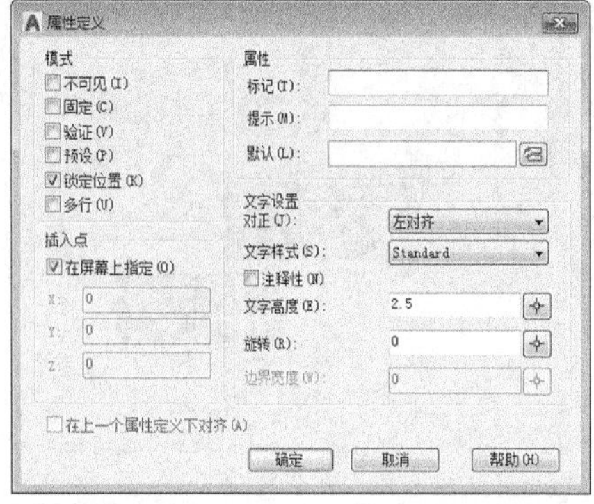

3. 知识点扩展

【模式】区域中各选项的含义如下。

- 【不可见】：指定插入块时不显示或打印属性值。
- 【固定】：插入块时赋予属性固定值。
- 【验证】：插入块时提示验证属性值是否正确。
- 【预设】：插入包含预设属性值的块时，将属性设置为默认值。
- 【锁定位置】：锁定块参照中属性的位置。解锁后，属性可以相对于使用夹点编辑的块的其他部分移动，并且可以调整多行文字属性的大小。
- 【多行】：指定属性值可以包含多行文字。选定此项后，可以指定属性的边界宽度。

【插入点】区域中各选项的含义如下。

- 【在屏幕上指定】：关闭对话框后将显示“起点”提示，使用定点设备相对于要与属性关联的对象指定属性的位置。
- 【X】：指定属性插入点的x坐标
- 【Y】：指定属性插入点的y坐标
- 【Z】：指定属性插入点的z坐标

【属性】区域中各选项的含义如下。

- 【标记】：标识图形中每次出现的属性，使用任何字符组合（空格除外）输入属性标记，小写字母会自动转换为大写字母。
- 【提示】：指定在插入包含该属性定义的块时显示的提示。如果不输入提示，属性标记将用作提示。
- 【默认】：指定默认属性值。
- 【插入字段按钮】：显示【字段】对话框，可以插入一个字段作为属性的全部或部分值。

【文字设置】区域中各选项的含义如下。

- 【对正】：指定属性文字的对正。此项是关于对正选项的说明。
- 【文字样式】：指定属性文字的预定义样式。显示当前加载的文字样式。
- 【注释性】：指定属性为注释性。如果块是注释性的，则属性将与块的方向相匹配。单击信息图标可以了解有关注释性对象的详细信息。
- 【文字高度】：指定属性文字的高度。此高度为从原点到指定位置的测量值。如果选择有固定高度的文字样式，或者在【对正】下拉列表中选择了【对齐】或【高度】选项，则此项不可用。
- 【旋转】：指定属性文字的旋转角度。此旋转角度为从原点到指定位置的测量值。如果在【对正】下拉列表中选择了【对齐】或【调整】选项，则【旋转】选项不可用。
- 【边界宽度】：换行前需指定多行文字属性中文字行的最大长度。值0.000表示对文字行的长度没有限制。此选项不适用于单行文字属性。

4.2.2 实战演练——创建带属性的块

下面将利用【属性定义】对话框创建带属性的块，具体操作步骤如下。

1. 定义属性

步骤01 打开“素材\CH04\酒柜.dwg”文件，如下图所示。

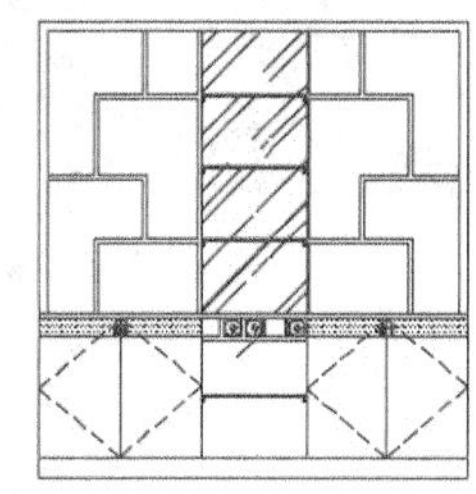

步骤02 在命令行中输入“ATT”命令后按空格键，弹出【属性定义】对话框，在【属性】区中的【标记】文本框中输入“wine”，在【文字设置】区的【文字高度】文本框中输入“200”，如下图所示。

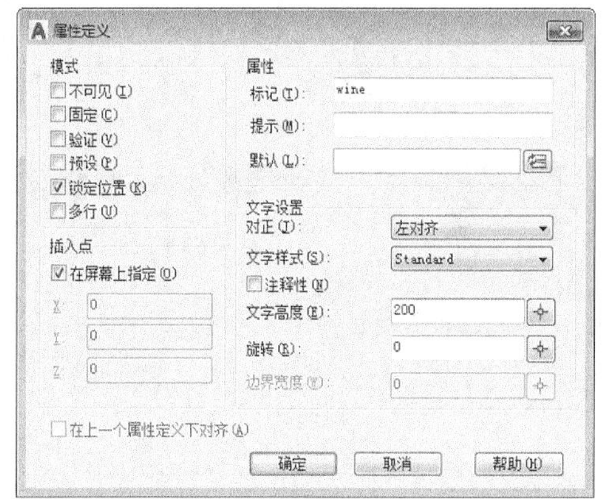

步骤03 单击【确定】按钮，在绘图区域中单击指定起点，结果如下图所示。

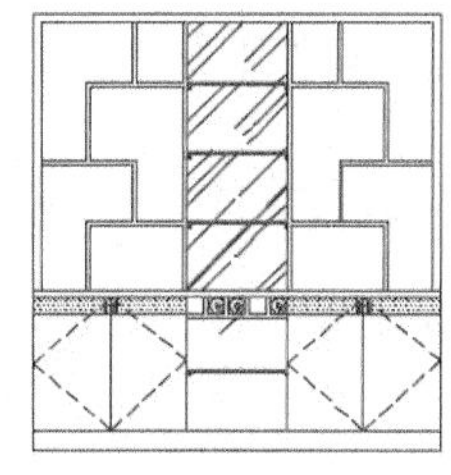

WINE

2. 创建块

步骤01 在命令行中输入“B”命令后按空格键，弹出【块定义】对话框，单击【选择对象】按钮，并在绘图区域中选择下图所示的图形对象作为组成块的对象。

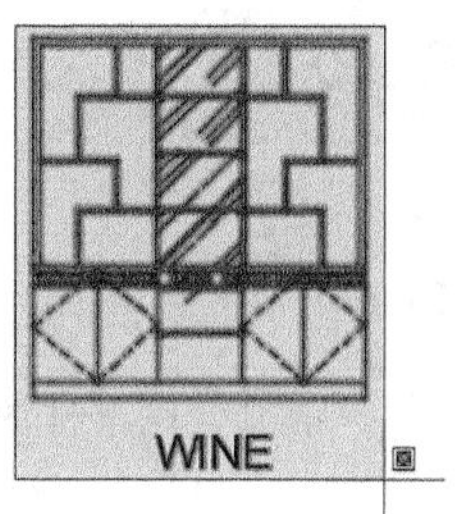

步骤02 按【Enter】键确认，然后单击【拾取点】前的按钮，并在绘图区域中单击指定插入基点，如下图所示。

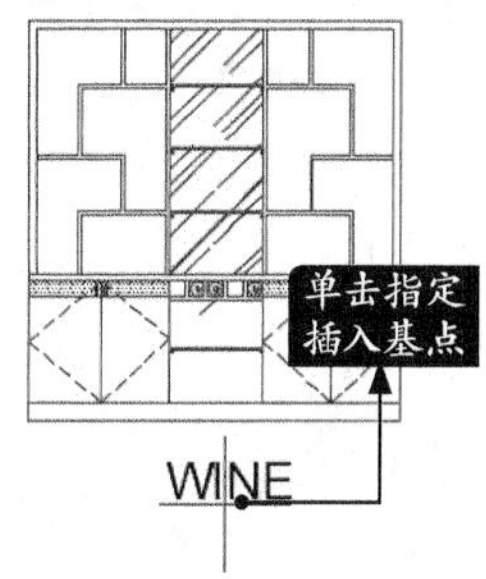

步骤03 返回【块定义】对话框，将块名称指定为“酒柜”，然后单击【确定】按钮，在弹出的【编辑属性】对话框中输入参数值“酒柜1”，如下图所示。

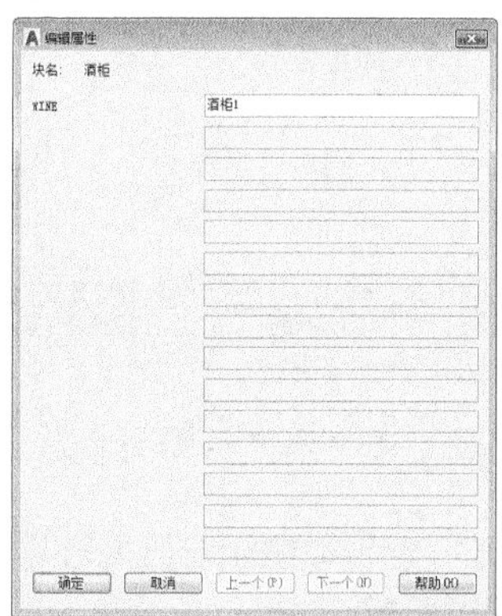

步骤04 单击【确定】按钮，结果如下图所示。

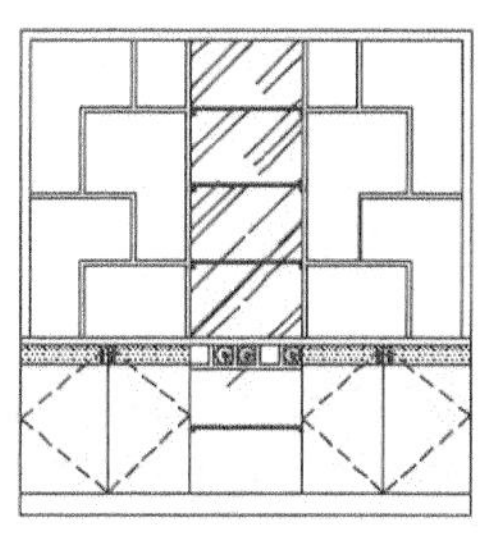

酒柜1

4.2.3 修改属性定义

1. 命令调用方法

在AutoCAD 2019中修改单个属性命令的方法通常有以下5种。

- 选择【修改】➤【对象】➤【属性】➤【单个】菜单命令。
- 在命令行中输入“EATTEDIT”命令并按空格键确认。
- 单击【默认】选项卡➤【块】面板中的【编辑单个属性】按钮。
- 单击【插入】选项卡➤【块】面板中的【编辑单个属性】按钮。
- 双击块的属性。

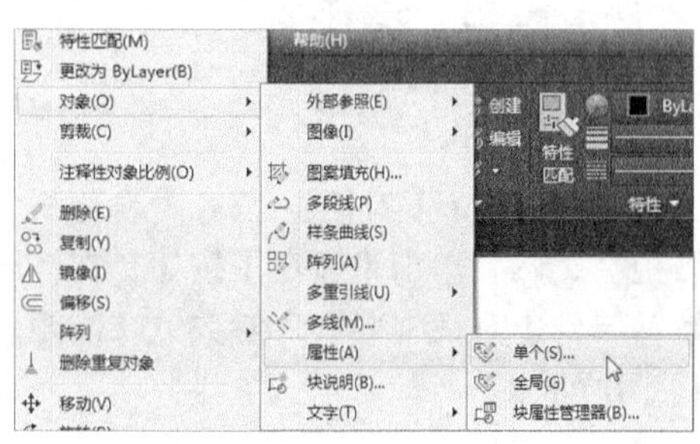

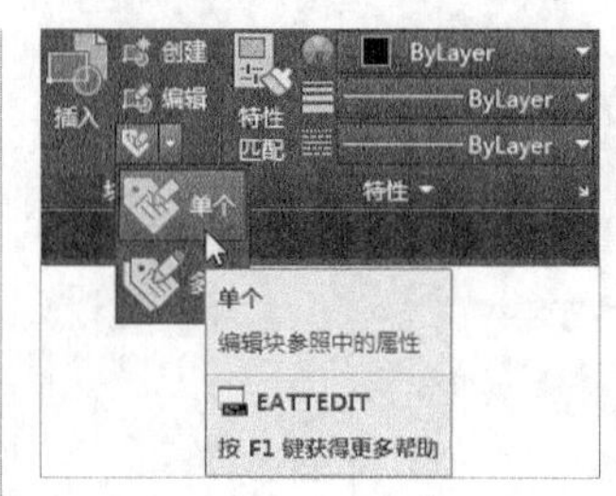

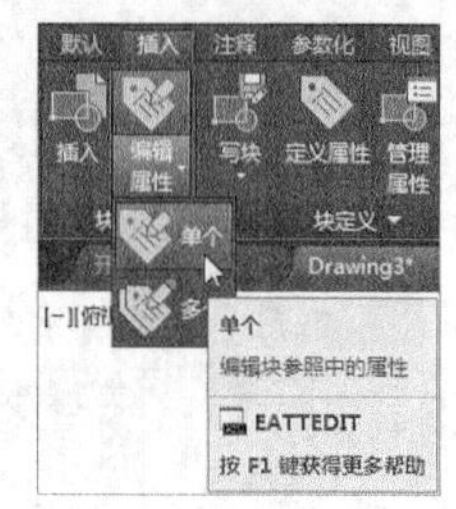

2. 命令提示

调用修改单个属性的命令后，命令行会进行如下提示。

```
命令：_eattedit
选择块：
```

在绘图区域中选择相应的块对象后，系统会弹出【增强属性编辑器】对话框，如下图所示。

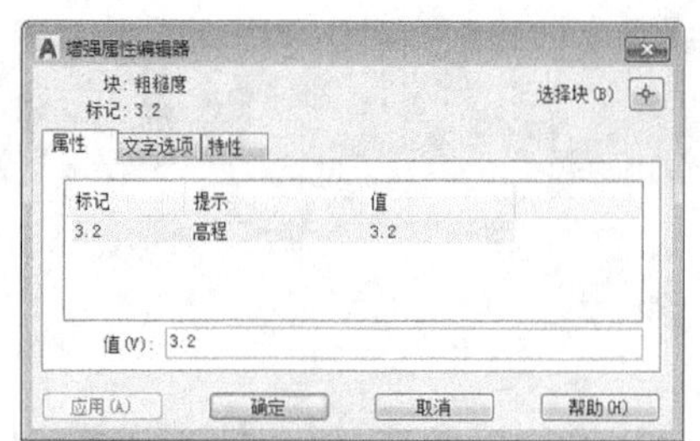

4.2.4 实战演练——修改粗糙度图块属性定义

下面将利用单个属性编辑命令对块的属性进行修改，具体操作步骤如下。

步骤01 打开“素材\CH04\修改属性定义.dwg”文件，如下图所示。

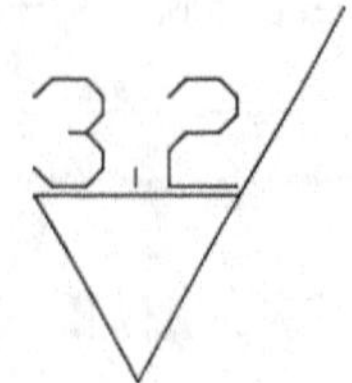

步骤02 双击图块，在弹出的【增强属性编辑器】对话框中将【值】参数修改为“1.6”，如下图所示。

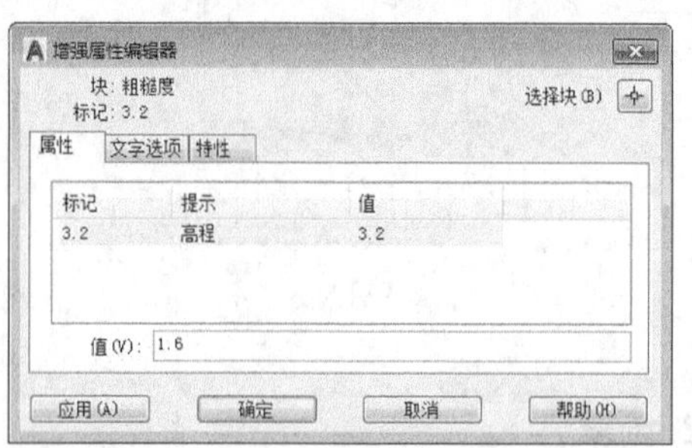

步骤03 选中【文字选项】选项卡，修改【倾斜角度】参数为“30”，如下图所示。

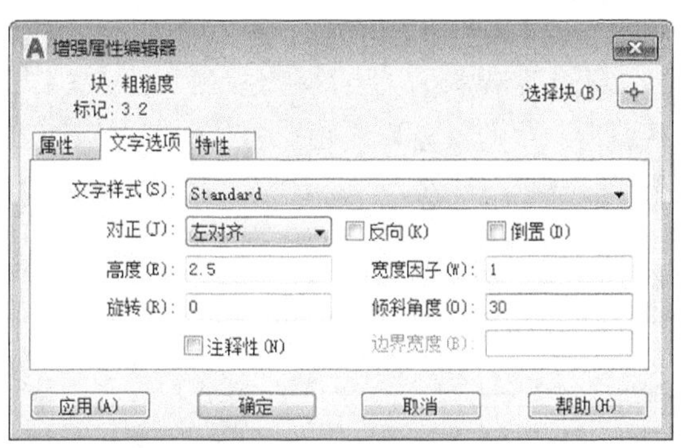

步骤04 选择【特性】选项卡，修改【颜色】为“蓝色”，如下图所示。

步骤05 单击【确定】按钮，结果如下图所示。

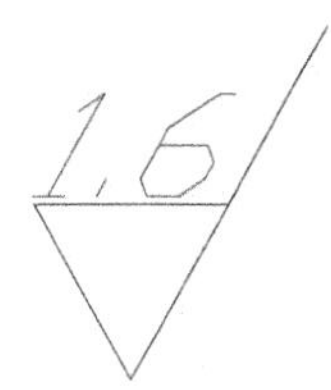

4.3 插入块

本节视频教程时间：5 分钟

本节将重点介绍图块的插入。在插入图块的过程中主要会运用到【插入】对话框。

4.3.1 插入块

1. 命令调用方法

在AutoCAD 2019中调用【插入】对话框的方法通常有以下4种。

- 选择【插入】➤【块】菜单命令。
- 在命令行中输入“INSERT/I”命令并按空格键确认。
- 单击【默认】选项卡➤【块】面板中的【插入】按钮。
- 单击【插入】选项卡➤【块】面板中的【插入】按钮。

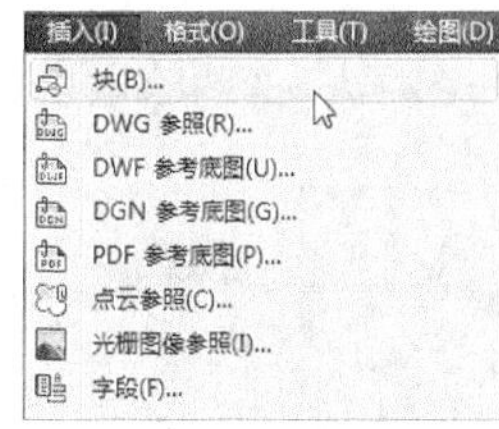

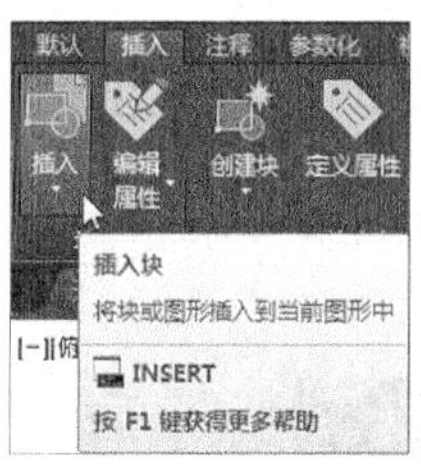

2. 命令提示

调用插入块的命令后，系统会弹出【插入】对话框，如下图所示。

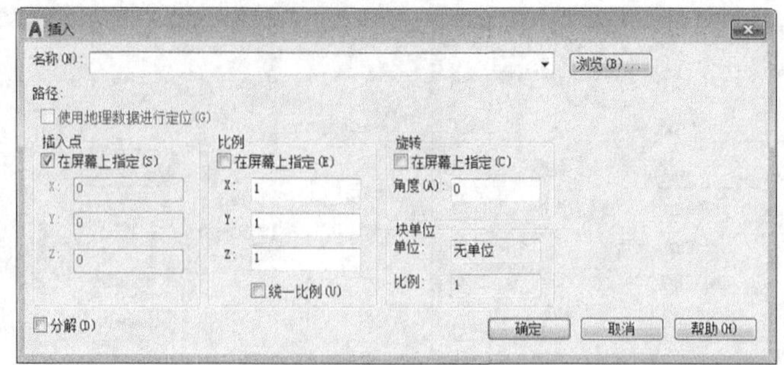

3. 知识点扩展

【插入】对话框中各选项的含义如下。

- 【名称】：指定要插入块的名称。
- 【插入点】：指定块的插入点。
- 【比例】：指定插入块的缩放比例。如果指定负的x、y和z缩放比例因子，则插入块的镜像图像。
- 【旋转】：在当前UCS中指定插入块的旋转角度。
- 【块单位】：显示有关块单位的信息。
- 【分解】：分解块并插入该块的各个部分。选中时，只可以指定统一的比例因子。

4.3.2 实战演练——插入电视机图块

下面将在电视柜图形中插入电视机图块，具体操作步骤如下。

步骤01 打开“素材\CH04\电视柜.dwg”文件，如下图所示。

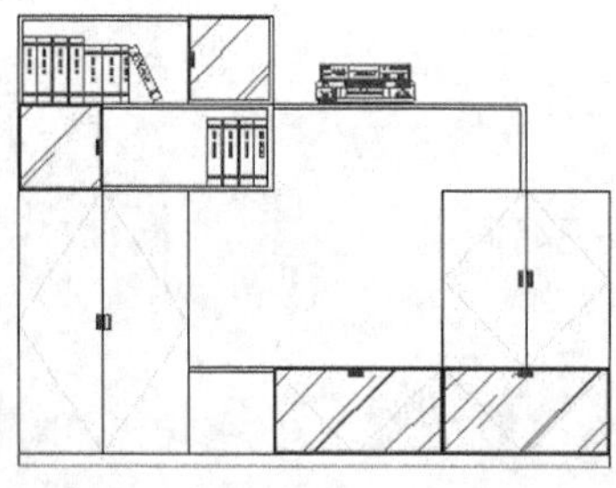

步骤02 在命令行中输入“I”命令后按空格键，在弹出的【插入】对话框中单击【名称】下拉列表，选择“hgh”图块，如下图所示。

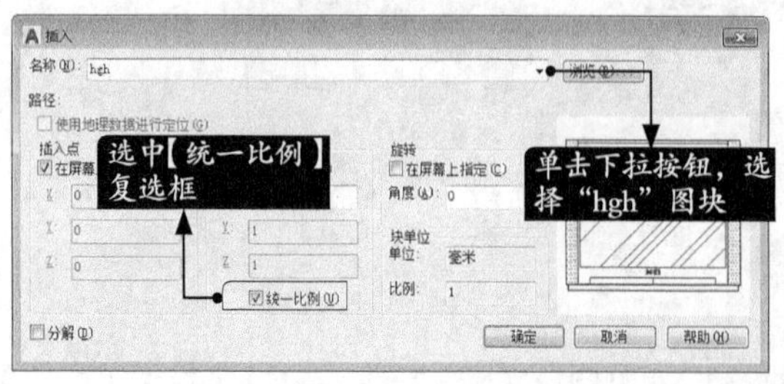

步骤03 单击【确定】按钮，在命令行中输入“fro”并按空格键确认，然后在绘图区域中捕捉下图所示的端点作为基点。

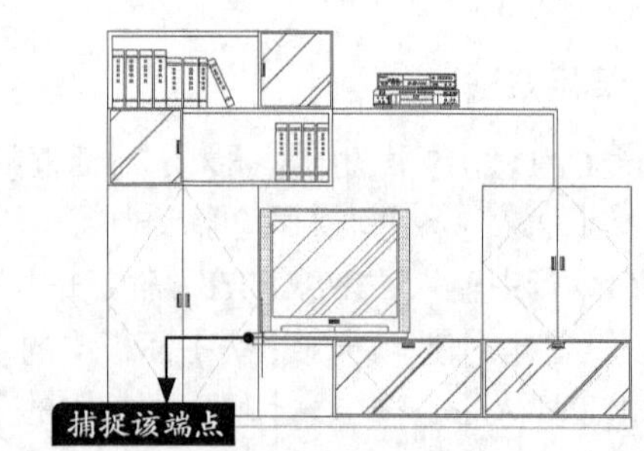

步骤04 在命令行中输入“@185,0”作为偏移值并按【Enter】键确认，结果如下图所示。

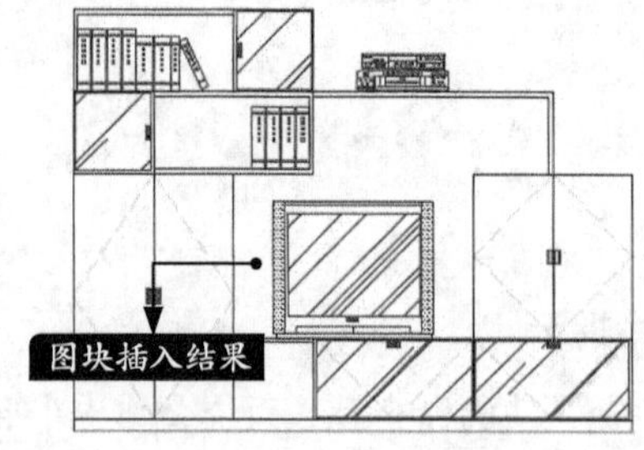

4.4 图块管理

本节视频教程时间：9 分钟

在AutoCAD中较为常见的图块管理操作包括分解块、编辑已定义的图块以及对已定义的图块进行重定义等，下面将分别对相关内容进行详细介绍。

4.4.1 分解图块

图块是以复合对象的形式存在的，可以利用【分解】命令对图块进行分解。

1. 命令调用方法

在AutoCAD 2019中调用【分解】命令的方法通常有以下3种。

- 选择【修改】➤【分解】菜单命令。
- 在命令行中输入“EXPLODE/X”命令并按空格键确认。
- 单击【默认】选项卡➤【修改】面板中的【分解】按钮。

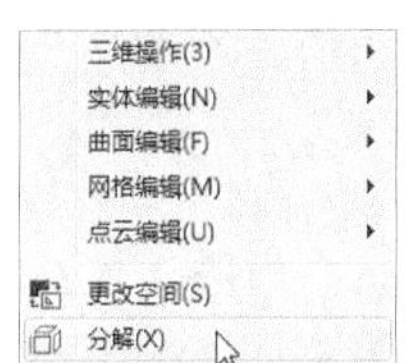

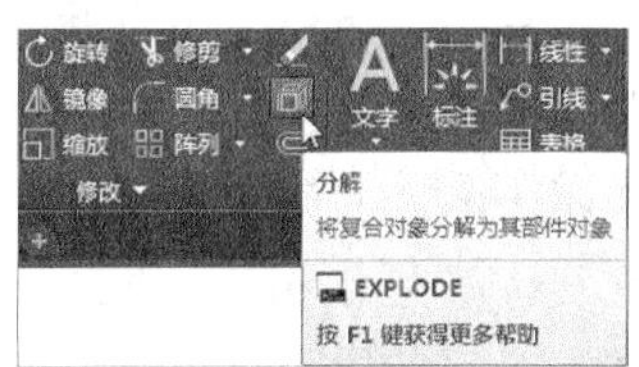

2. 命令提示

调用【分解】命令后，命令行会进行如下提示。

```
命令：_explode
选择对象：
```

在绘图区域中选择相应的对象后按空格键确认，即可将该对象成功分解。

4.4.2 实战演练——分解箱包图块

下面将对箱包图块的分解过程进行详细介绍，具体操作步骤如下。

步骤 01 打开“素材\CH04\分解块.dwg”文件，如下图所示。

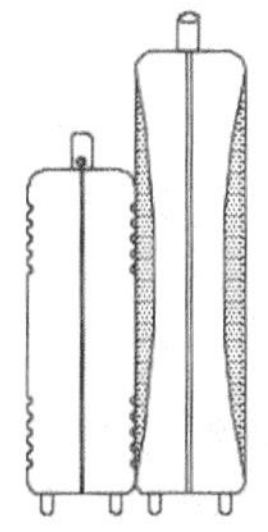

步骤 02 在绘图区域中将光标放到下图所示的图形对象上面，该图形对象当前以块的形式存在。

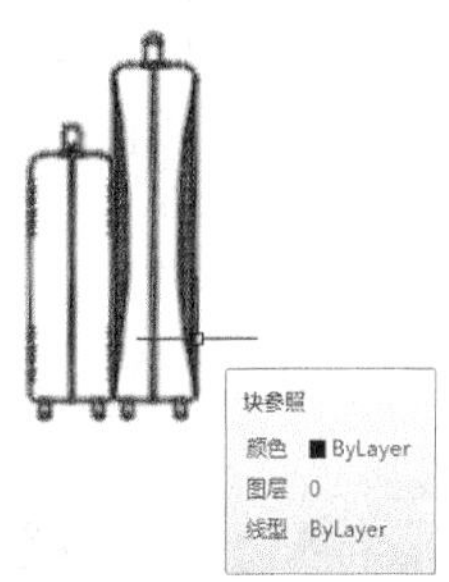

步骤 03 在命令行中输入“X”命令后按空格键，然后在绘图区域中选择图形对象，如下图所示。

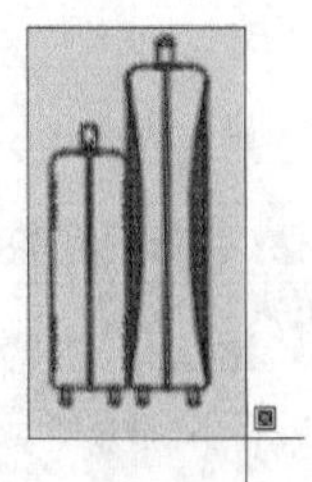

步骤04 按空格键以确认分解，然后在绘图区域中选择下图所示的部分图形对象。

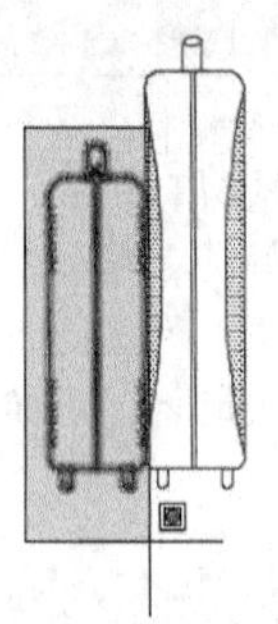

步骤05 选择结果如下图所示。

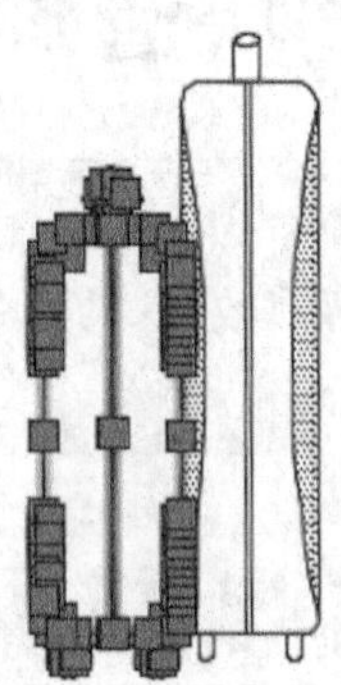

小提示

如果希望插入的图块能够分解，在创建图块的时候必须在【块定义】对话框上勾选【分解】复选框。

4.4.3 实战演练——重定义二极管图块

对于已定义的图块，用户可以根据需要对其进行重定义，重定义图块也是在【块定义】对话框下进行的。

下面将对重定义图块的方法进行详细介绍，具体操作步骤如下。

步骤01 打开“素材\CH04\重定义块.dwg”文件，如下图所示。

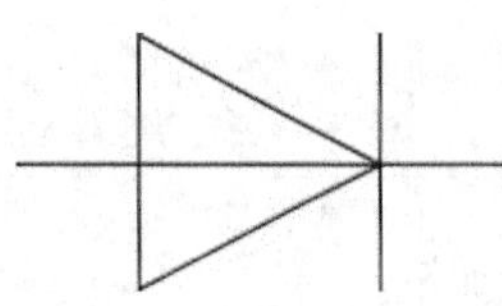

步骤02 在命令行中输入“I”命令后按空格键，在弹出的【插入】对话框中选择名称为【二极管】的图块，并单击【确定】按钮，将其插入图中合适的位置，如下图所示。

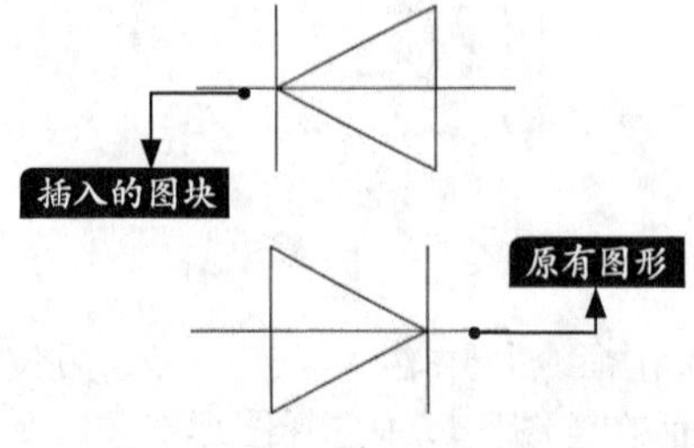

步骤03 在命令行中输入“B”命令，并按空格键确认。在弹出的【块定义】对话框中选择名称为“二极管”的图块，并单击【拾取点】按钮，选择下图所示的端点为拾取点。

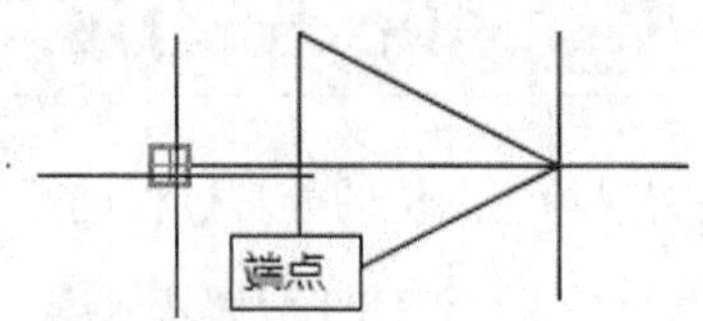

步骤04 回到【块定义】对话框后，单击【选择对象】按钮，然后在绘图区域选择原有图形，如下图所示。

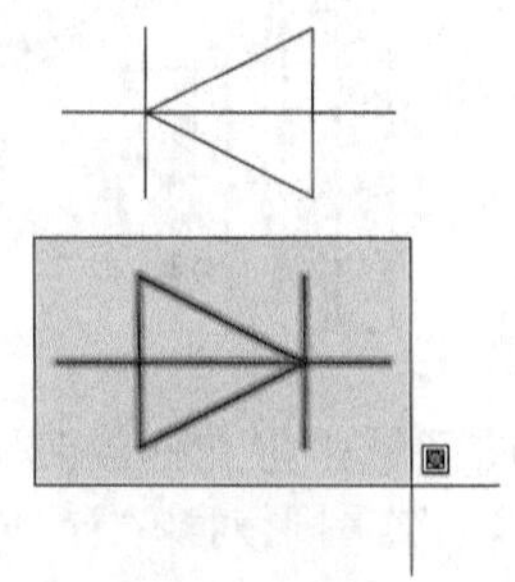

步骤05 按空格键结束选择，回到【块定义】对话框后单击【确定】按钮，系统弹出【块-重新定义块】询问对话框，如下图所示。

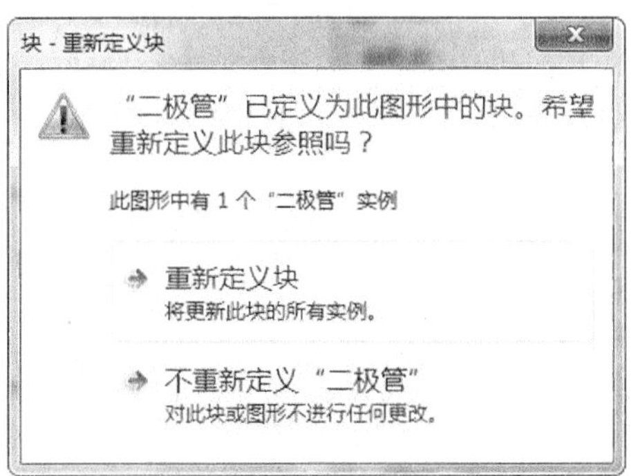

步骤06 单击【重新定义块】，完成操作。重定以后，原来的图块即被删除，结果如下图所示。

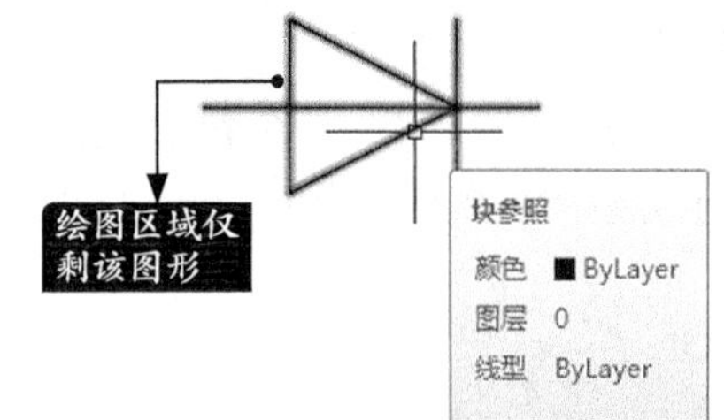

步骤07 重复步骤02~步骤03，重新插入"二极管"图块，结果如下图所示。

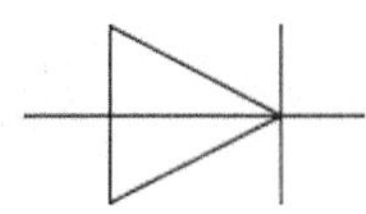

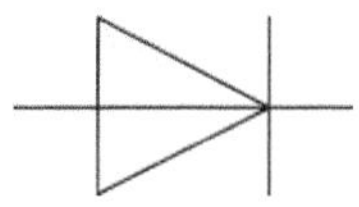

4.4.4 块编辑器

块编辑器包含一个特殊的编写区域，在该区域中，可以像在绘图区域中一样绘制和编辑几何图形。

1. 命令调用方法

在AutoCAD 2019中调用【块编辑器】对话框的方法通常有以下5种。

- 选择【工具】➤【块编辑器】菜单命令。
- 在命令行中输入"BEDIT/BE"命令并按空格键确认。
- 单击【默认】选项卡➤【块】面板中的【编辑】按钮。
- 单击【插入】选项卡➤【块定义】面板中的【块编辑器】按钮。
- 双击要编辑的块。

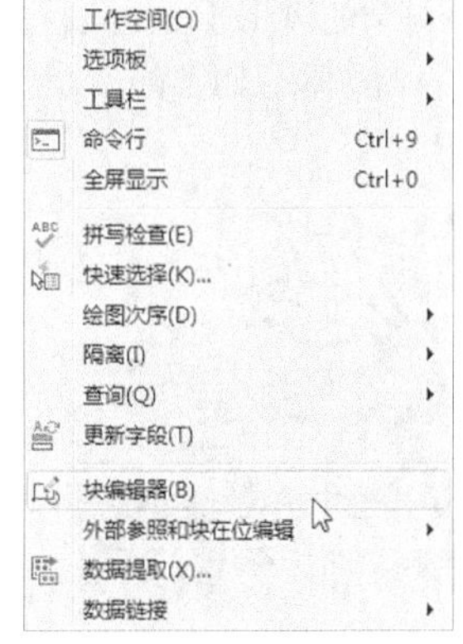

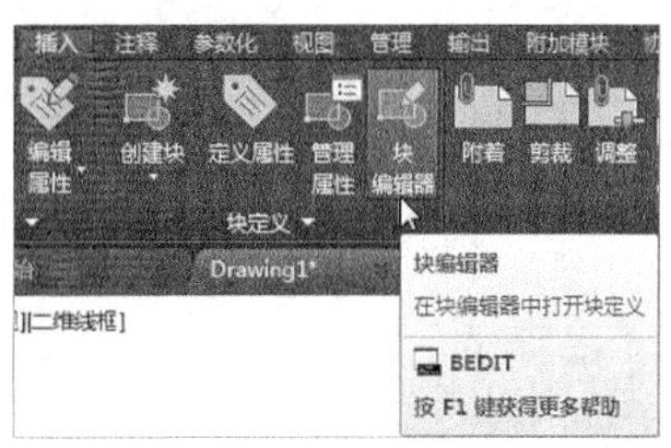

2. 命令提示

调用块编辑器命令后，系统会弹出【编辑块定义】对话框，如右图所示。

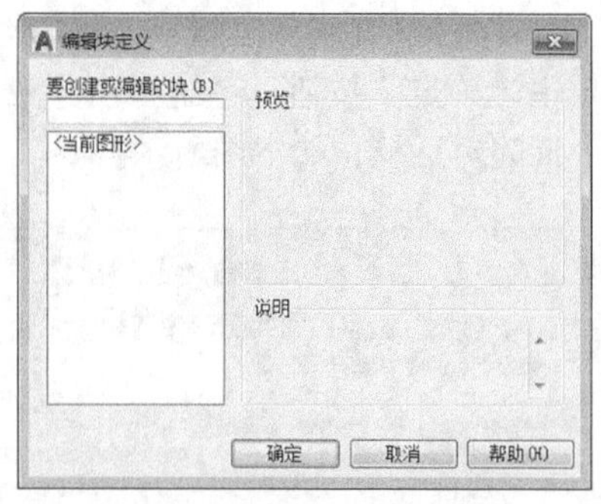

4.4.5 实战演练——编辑图块内容

下面将对已定义的图块进行相关编辑，具体操作步骤如下。

步骤 01 打开“素材\CH04\编辑块.dwg”文件，如下图所示。

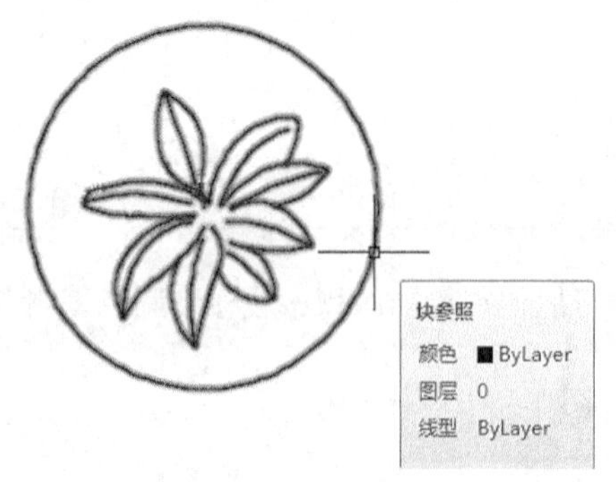

步骤 02 双击图块对象，在弹出的【编辑块定义】对话框中选择“植物”对象，并单击【确定】按钮，然后在绘图区域中单击选择要编辑的图形，如下图所示。

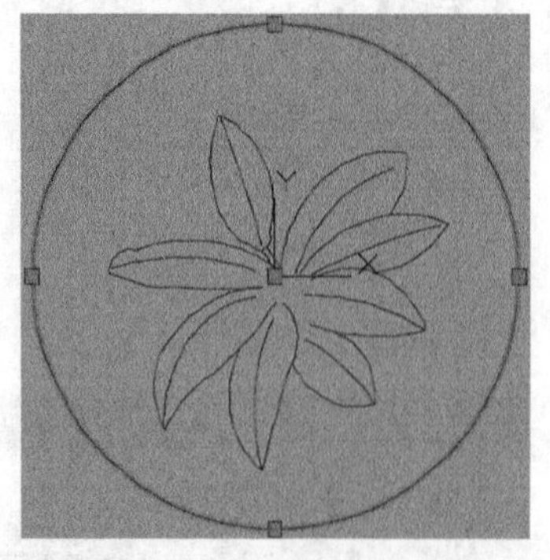

步骤 03 按键盘上的【Del】键将所选圆形删除，如下图所示。

步骤 04 在【块编辑器】选项卡的【打开/保存】面板上单击【保存块】按钮，然后单击【关闭块编辑器】按钮，关闭【块编辑器】选项卡，结果如下图所示。

步骤 05 将光标放到剩余的图形上，可以看到剩余的部分图形仍是一个整体，如下图所示。

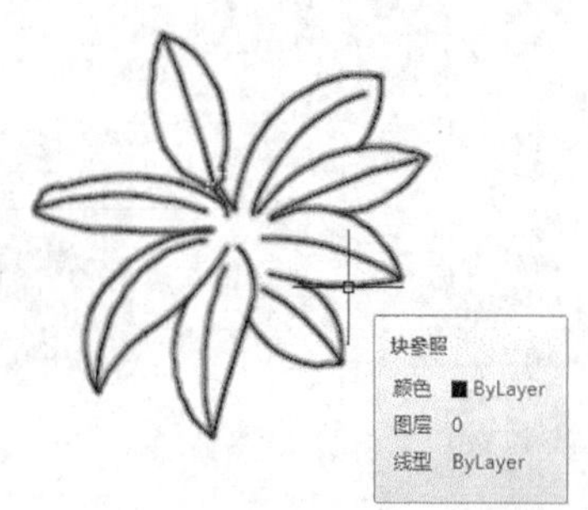

4.5 综合应用——创建并插入带属性的粗糙度图块

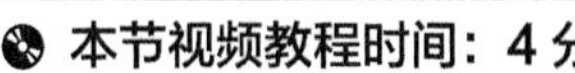

本实例是一张粗糙度符号图，主要介绍如何制作带属性的块，从而在机械制图中插入粗糙度符号。通过该实例的练习，读者应熟练掌握创建和插入块的方法。

1. 创建带属性的块

步骤 01 打开“素材\CH04\粗糙度图块.dwg”文件，如下图所示。

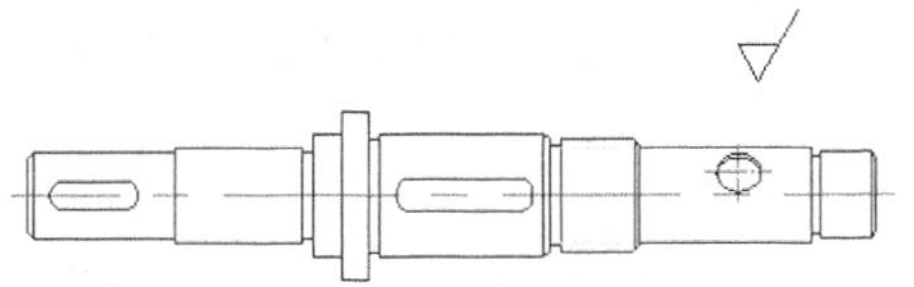

步骤 02 在命令行中输入“ATT”命令后按空格键，弹出【属性定义】对话框，在【标记】文本框中输入“粗糙度”，将【对正】方式设置为“居中”，在【文字高度】文本框中输入“2.5”，如下图所示。

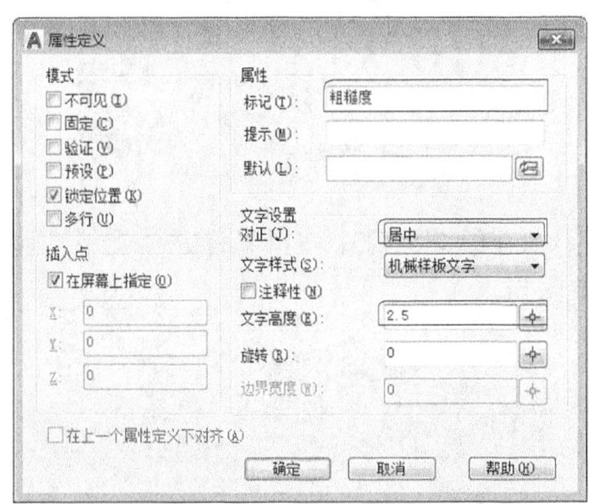

步骤 03 单击【确定】按钮后，在绘图区域将粗糙度符号的横线中点作为插入点，并单击鼠标确认，结果如下图所示。

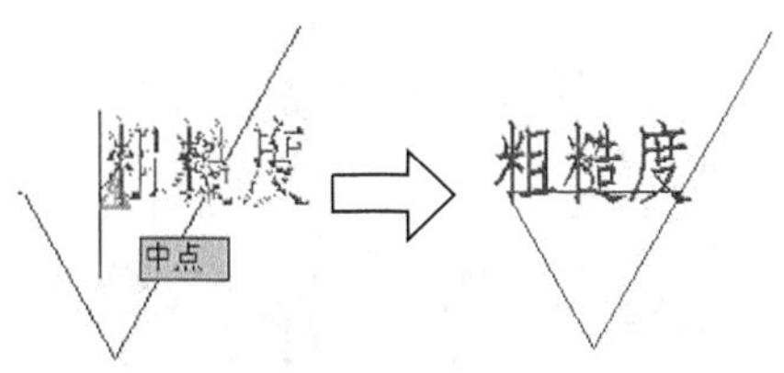

步骤 04 在命令行中输入“B”命令后按空格键，弹出【块定义】对话框，输入名称为“粗糙度符号”，如下图所示。

步骤 05 单击【选择对象】按钮，在绘图区域选择对象，并按空格键确认，如下图所示。

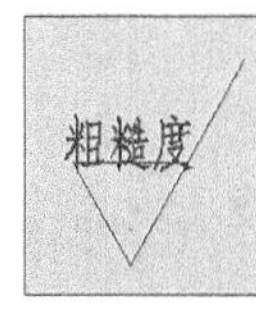

步骤 06 单击【拾取点】前的按钮，在绘图区域选择下图所示的点作为插入时的基点。

步骤 07 返回【块定义】对话框，单击【确定】按钮后，弹出【编辑属性】对话框，输入粗糙度的初始值为“3.2”，并单击【确定】按钮，结果如下图所示。

2. 插入块

步骤01 在命令行中输入“I”命令后按空格键，弹出【插入】对话框，选择名称为“粗糙度符号”的图块，并单击【确定】按钮，然后选择下图位置作为插入点。

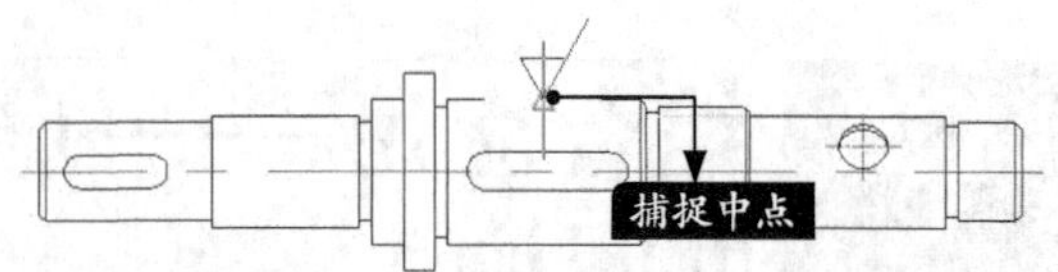

步骤02 弹出【编辑属性】对话框，将粗糙度指定为“1.6”，并单击【确定】按钮，结果如下图所示。

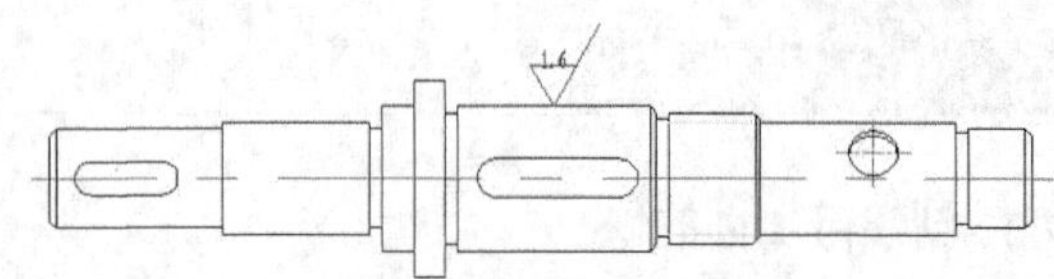

疑难解答

本节视频教程时间：8 分钟

如何自定义动态块

动态块包含规则或参数，用于说明当块参照插入图形时如何更改块参照的外观。

用户可以使用动态块插入可更改形状、大小或配置的一个块，而不必创建多个静态块。例如，用户可以创建一个可改变大小的门挡，而无需创建多种不同大小的内部门挡。

创建动态块的步骤是，首先创建一个图块，然后在【块编辑器】下进行动态定义。

步骤01 打开“素材\CH04\自定义动态块”文件，如下图所示。

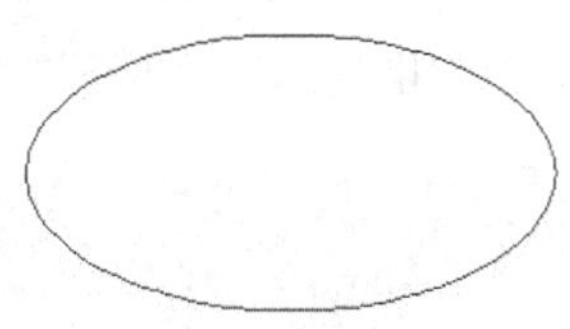

步骤02 在绘图区域中双击椭圆图块，在弹出的【编辑块定义】对话框中选择【椭圆】并单击【确定】按钮，弹出【块编写选项板-所有选项板】，如下图所示。

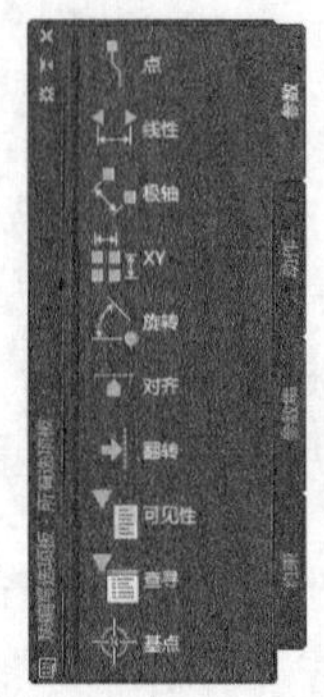

步骤03 选择【参数】选项卡并单击【线性】按钮，然后在绘图区域中捕捉下图所示的象限点。

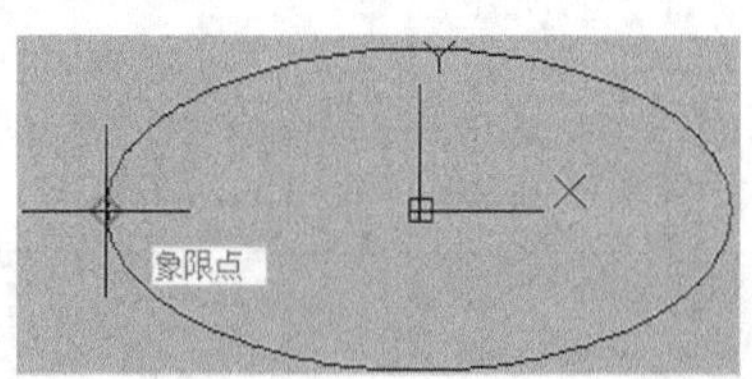

步骤04 在绘图区域中拖曳光标并捕捉下图所示的象限点。

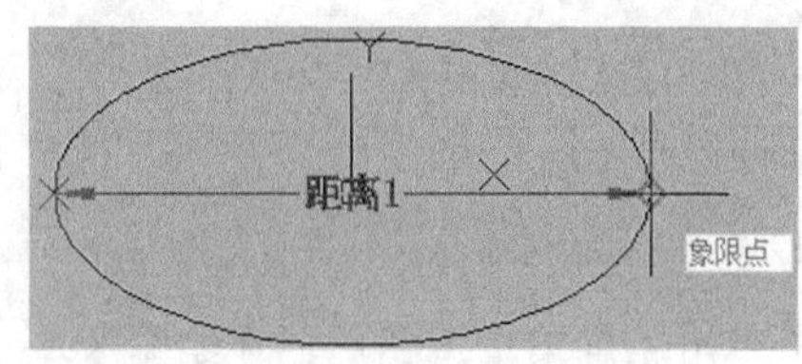

步骤05 在绘图区域中单击指定标签位置，如下图所示。

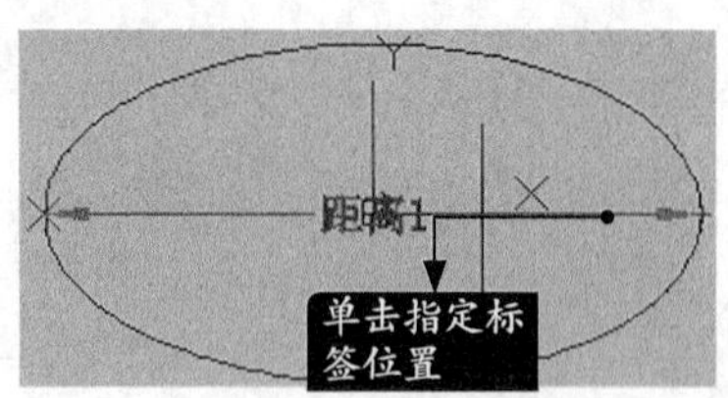

步骤06 结果如下图所示。

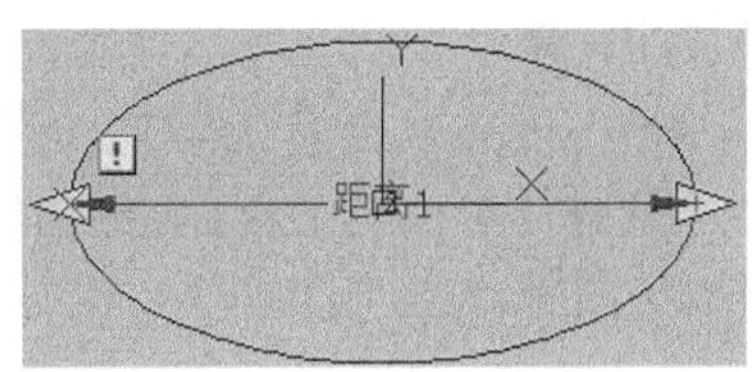

步骤07 选择【动作】选项卡并单击【缩放】按钮，然后在绘图区域中单击选择【距离1】，如下图所示。

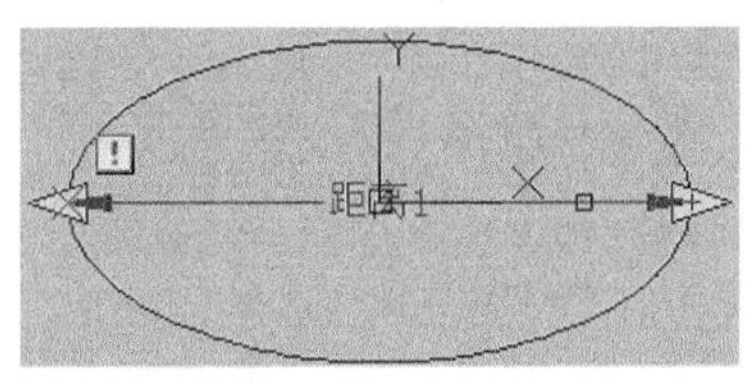

步骤08 在绘图区域中选择椭圆，按【Enter】键确认，然后单击【关闭块编辑器】按钮✔，弹出【块-未保存更改】询问对话框，如下图所示。

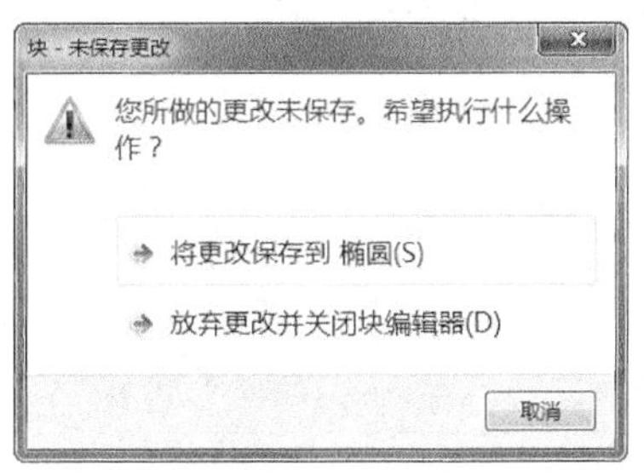

步骤09 单击【将更改保存到 椭圆（S）】。然后在绘图区域中选择椭圆，并单击选择下图所示的夹点。

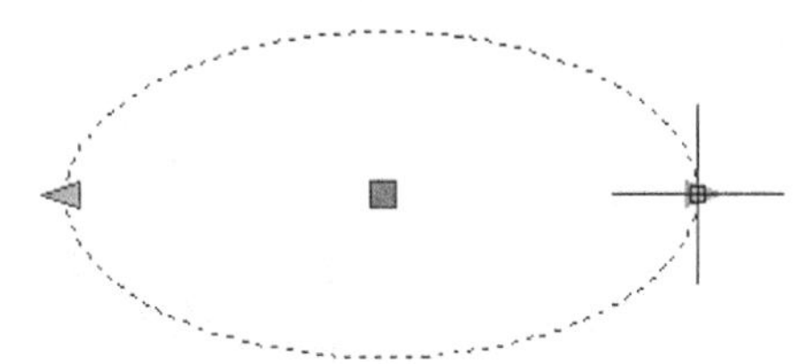

步骤10 在绘图区域中拖曳光标可以对椭圆进行缩放，如下图所示。

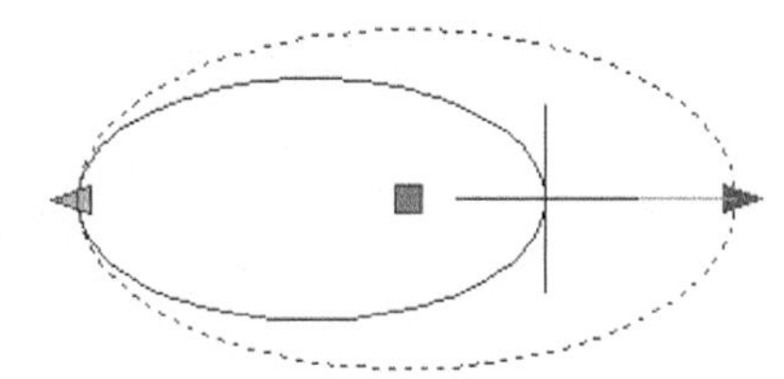

步骤11 缩放结果如下图所示。

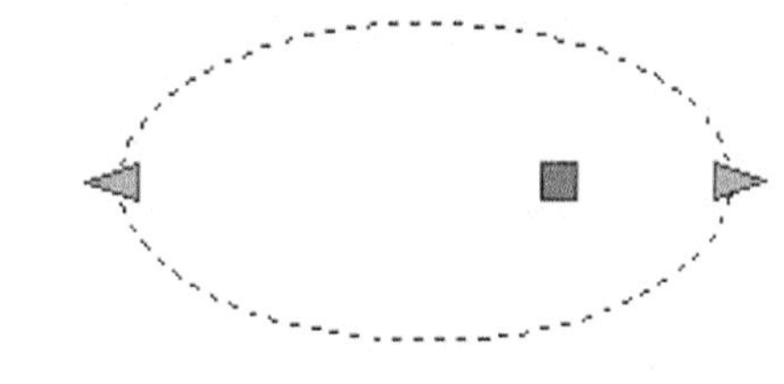

以图块的形式打开无法修复的文件

当文件遭到损坏并且无法修复的时候，可以尝试使用图块的方法打开该文件。

步骤01 新建一个AutoCAD文件，然后在命令行中输入“I”命令并按空格键，在弹出的【插入】对话框中单击【浏览】按钮，弹出【选择图形文件】对话框，如下图所示。

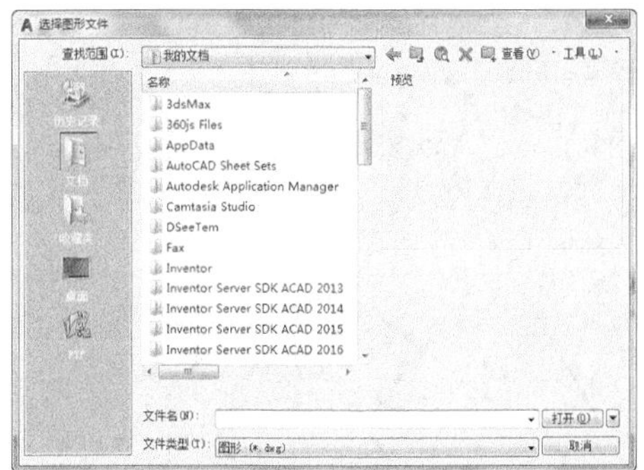

步骤02 浏览到相应文件并且单击【打开】按钮，系统返回到【插入】对话框，单击【确定】按钮，按命令行提示即可完成操作。

如何在不调用“BLOCK”命令的情况下快速创建图块

下面将介绍利用剪贴板功能快速创建图块的方法，具体操作步骤如下。

步骤 01 打开“素材\CH04\通过剪贴板创建图块”文件，如下图所示。

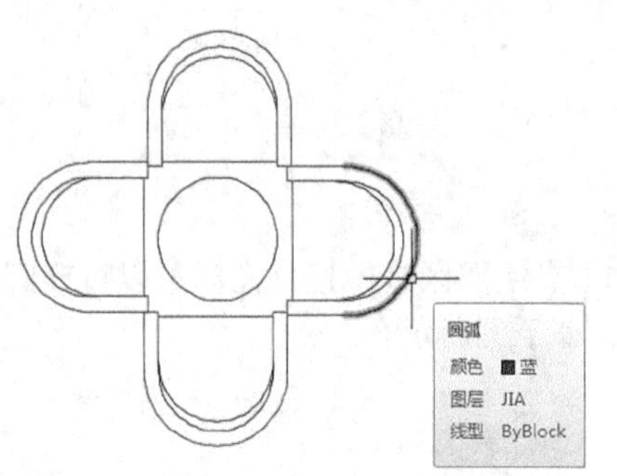

步骤 02 在绘图区域中选择全部图形对象，然后单击鼠标右键，在弹出的快捷菜单中选择【剪贴板】➤【复制】菜单命令，如下图所示。

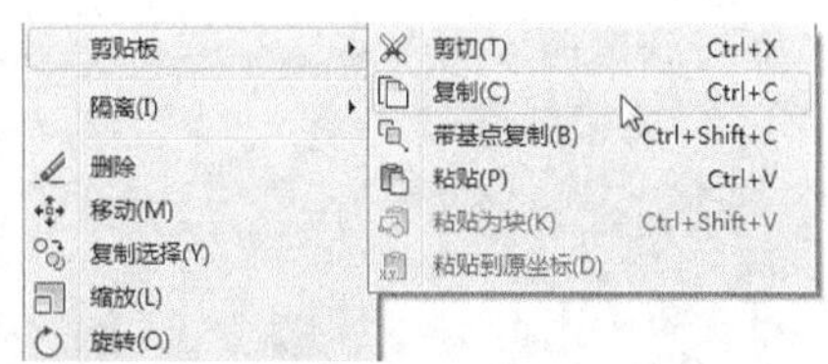

步骤 03 在绘图区域中单击鼠标右键，在弹出的快捷菜单中选择【剪贴板】➤【粘贴为块】菜单命令，如下图所示。

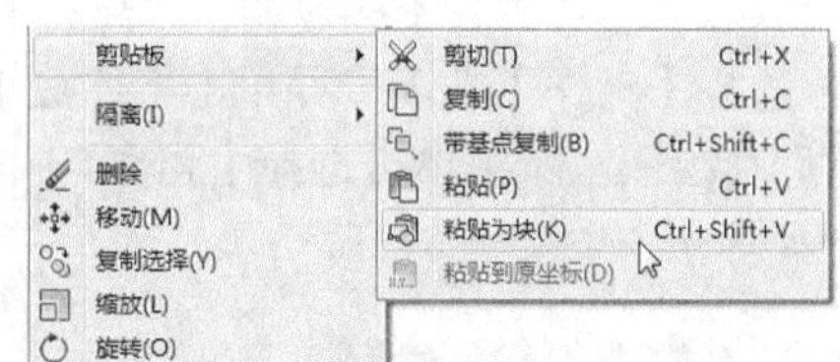

步骤 04 在绘图区域中单击指定插入点，结果如下图所示。

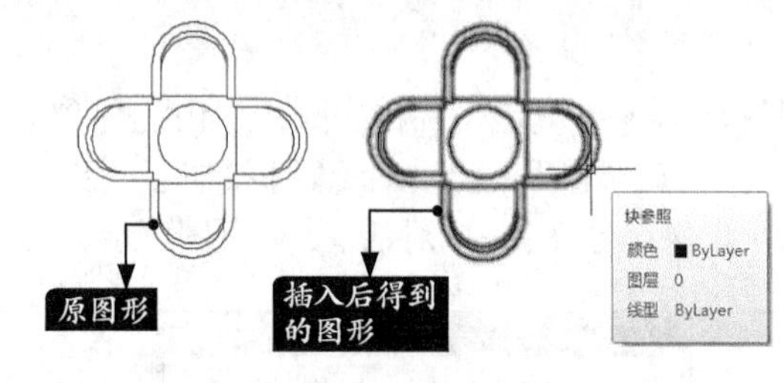

实战练习

绘制以下图形，并计算出H圆的半径。其中$AB=BC=CD=DE=EF$，$\angle AGF$为直角，H圆与相邻的三条直线段相切。

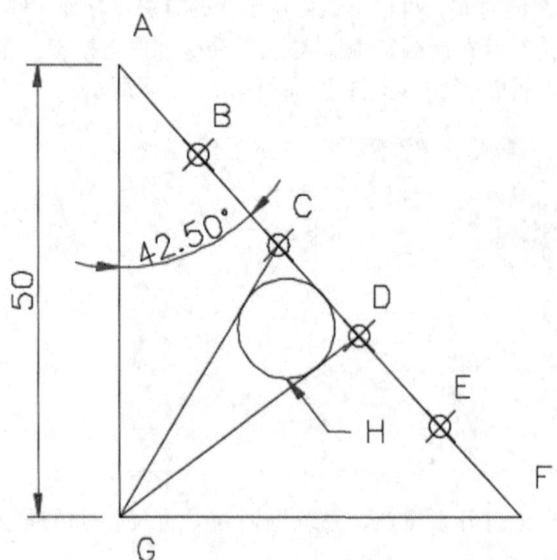

第5章

绘制基本二维图形

学习目标

绘制二维图形是AutoCAD的核心功能。任何复杂的图形，都是由点、线等基本的二维图形组合而成的。熟练掌握基本二维图形的绘制与布置，将有利于提高绘制复杂二维图形的准确度，同时提高绘图效率。

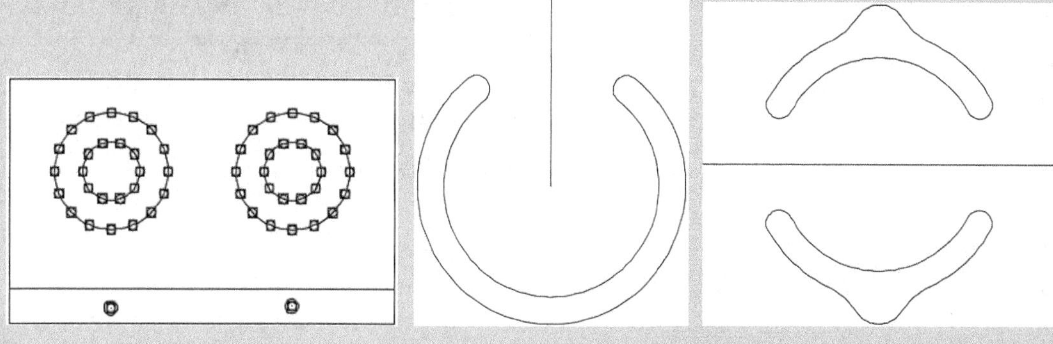

5.1 绘制点

本节视频教程时间：13 分钟

点是绘图的基础，通常可以这样理解：点构成线，线构成面，面构成体。在AutoCAD 2019中，点可以作为绘制复杂图形的辅助点使用，可以作为某项标识使用，也可以作为直线、圆、矩形、圆弧、椭圆的相应特征的划分点使用。

5.1.1 设置点样式

1. 命令调用方法

在AutoCAD 2019中调用【点样式】命令的方法通常有以下3种。

- 选择【格式】➤【点样式】菜单命令。
- 命令行输入“DDPTYPE/ PTYPE”命令并按空格键。
- 单击【默认】选项卡➤【实用工具】面板➤【点样式】按钮。

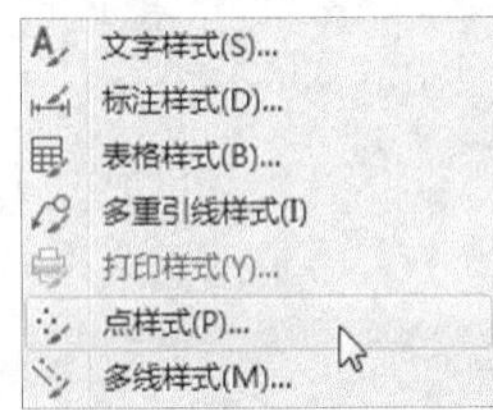

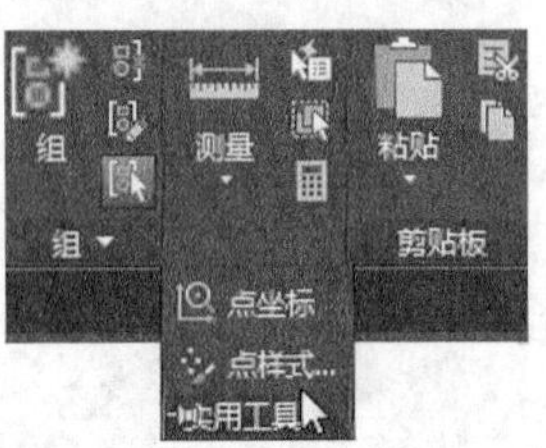

2. 命令提示

调用【点样式】命令之后，系统会弹出【点样式】对话框，如下图所示。

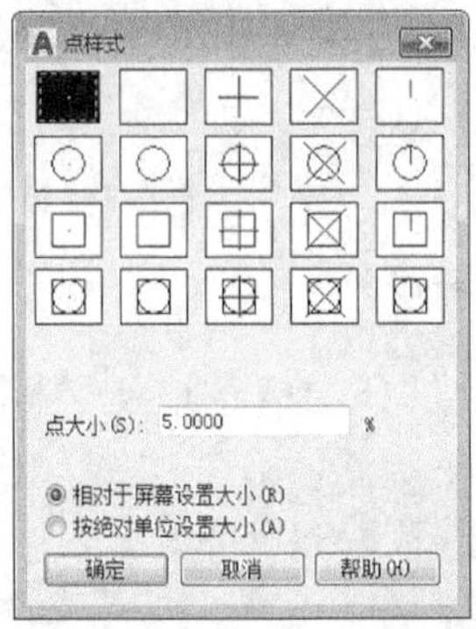

3. 知识点扩展

【点样式】对话框中各选项的含义如下。

- 【点大小】文本框：用于设置点在屏幕中显示的大小比例。
- 【相对于屏幕设置大小】单选按钮：选中此单选按钮，点的大小比例将相对于计算机屏幕，而不随图形的缩放而改变。
- 【按绝对单位设置大小】单选按钮：选中此单选按钮，点的大小表示点的绝对尺寸，当对图形进行缩放时，点的大小也随之变化。

5.1.2 单点与多点

1. 命令调用方法

在AutoCAD 2019中调用【单点】命令的方法通常有以下2种。

- 选择【绘图】➤【点】➤【单点】菜单命令。
- 命令行输入“POINT/PO”命令并按空格键。

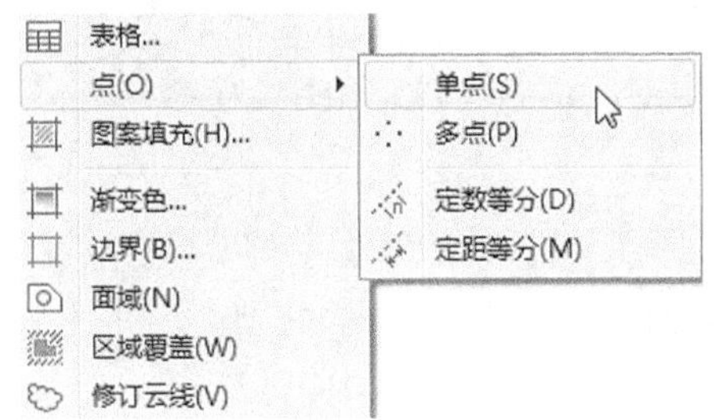

在AutoCAD 2019中调用【多点】命令的方法通常有以下2种。

- 选择【绘图】➤【点】➤【多点】菜单命令。
- 单击【默认】选项卡➤【绘图】面板➤【多点】按钮。

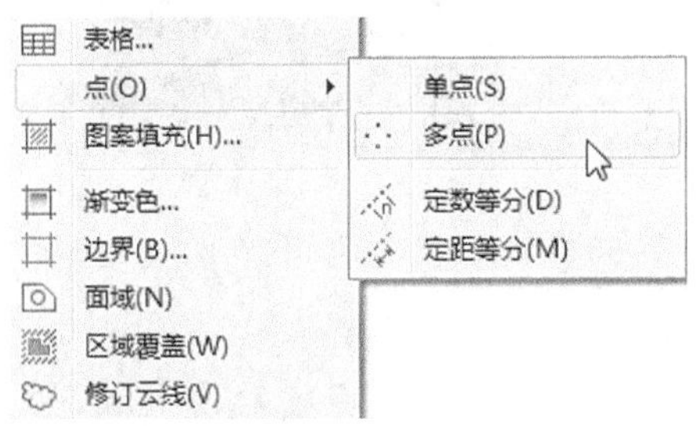

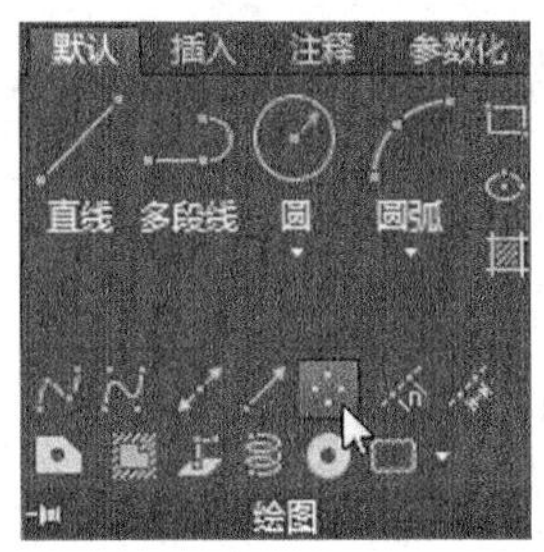

2. 命令提示

调用【单点】命令之后，命令行会进行如下提示。

命令：_point
当前点模式： PDMODE=0 PDSIZE=0.0000
指定点：

调用【多点】命令之后，命令行会进行如下提示。

命令：_point
当前点模式： PDMODE=0 PDSIZE=0.0000
指定点：

3. 知识点扩展

绘制多点时按【Esc】键可以终止多点命令。

5.1.3 实战演练——创建单点与多点对象

下面将分别创建单点与多点对象，具体操作步骤如下。

步骤 01 打开“素材\CH05\单点与多点.dwg”文件，如下图所示。

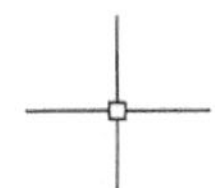

步骤 02 选择【绘图】➤【点】➤【单点】菜单命令，在绘图区域中单击指定点的位置，结果如下图所示。

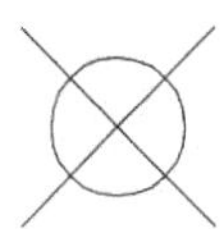

步骤 03 选择【绘图】➤【点】➤【多点】菜单命令，在绘图区域中分别单击指定点的位置，并按【Esc】键结束多点命令，结果如下图所示。

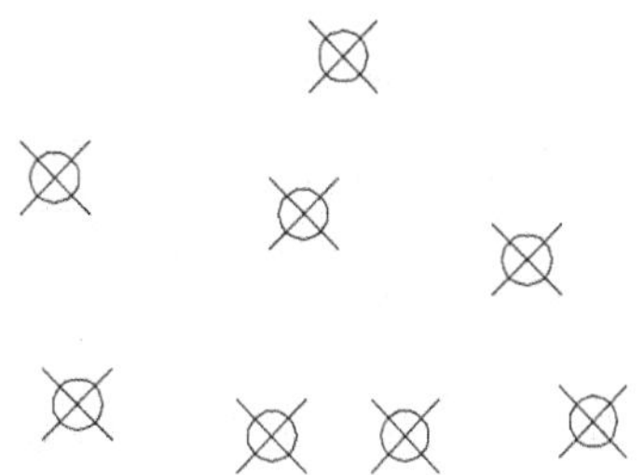

5.1.4 定距等分点

1. 命令调用方法

在AutoCAD 2019中调用【定距等分】命令的方法通常有以下3种。

- 选择【绘图】➤【点】➤【定距等分】菜单命令。
- 命令行输入“MEASURE/ME”命令并按空格键。
- 单击【默认】选项卡➤【绘图】面板➤【定距等分】按钮。

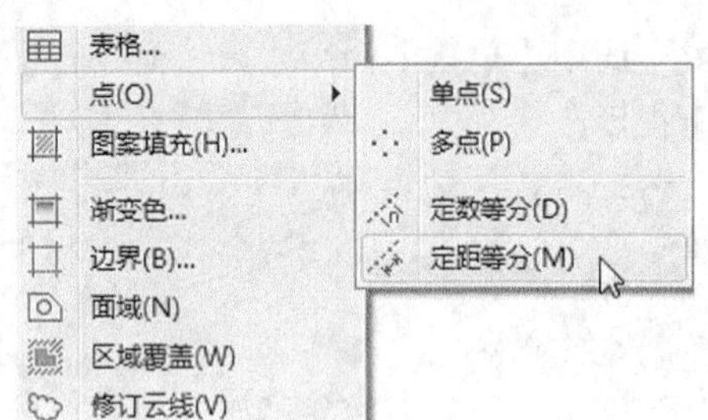

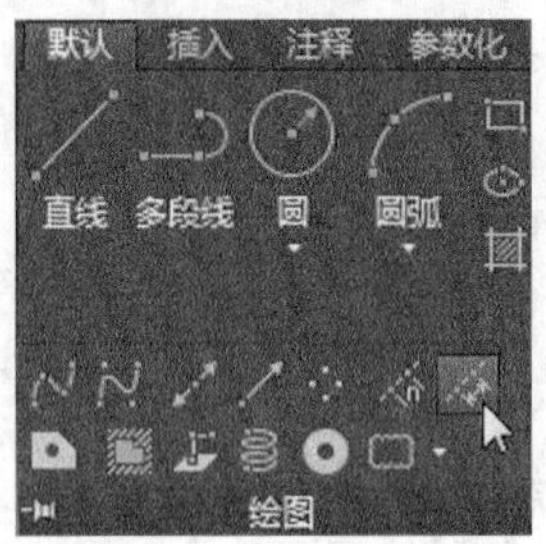

2. 命令提示

调用【定距等分】命令之后，命令行会进行如下提示。

```
命令：_measure
选择要定距等分的对象：
```

3. 知识点扩展

通过定距等分可以从选定对象的一个端点划分出相等的长度。对直线、样条曲线等非闭合图形进行定距等分时需要注意十字光标点选对象的位置，此位置即为定距等分的起始位置。当不能完全按输入的距离进行等分时，最后一段的距离通常会小于等分距离。

5.1.5 实战演练——为直线对象进行定距等分

下面将对直线对象进行定距等分，具体操作步骤如下。

步骤01 打开“素材\CH05\定距等分.dwg”文件，如下图所示。

步骤02 选择【绘图】➤【点】➤【定距等分】菜单命令，在绘图区域中单击选择直线对象作为需要定距等分的对象，如下图所示。

步骤03 在命令行中指定线段长度为“100”，并按【Enter】键确认，结果如下图所示。

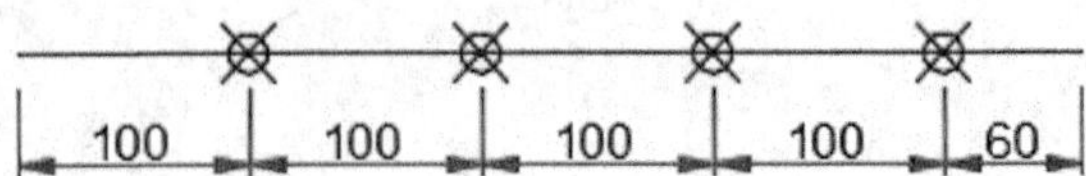

5.1.6 定数等分点

1. 命令调用方法

在AutoCAD 2019中调用【定数等分】命令的方法通常有以下3种。

- 选择【绘图】➤【点】➤【定数等分】菜单命令。
- 命令行输入“DIVIDE/DIV”命令并按空格键。
- 单击【默认】选项卡➤【绘图】面板➤【定数等分】按钮。

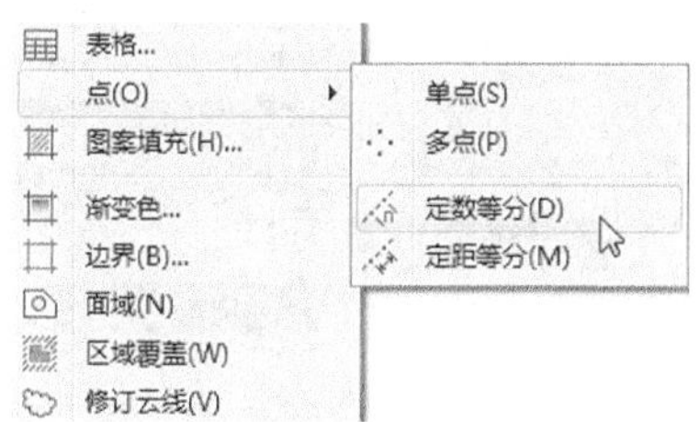

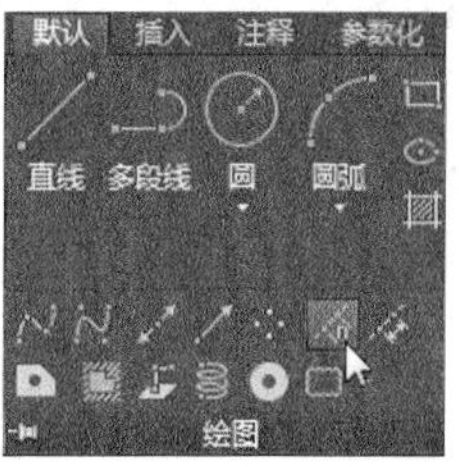

2. 命令提示

调用【定数等分】命令之后，命令行会进行如下提示。

```
命令：_divide
选择要定数等分的对象：
```

3. 知识点扩展

定数等分点可以将等分对象的长度或周长等间隔排列，所生成的点通常被用作对象捕捉点或某种标识使用的辅助点。对于闭合图形（例如圆），等分点数和等分段数相等；对于开放图形，等分点数为等分段数减1。

5.1.7 实战演练——绘制燃气灶开关和燃气孔

下面将利用【多点】命令和【定数等分】命令绘制燃气灶开关和燃气孔，具体操作步骤如下。

步骤01 打开“素材\CH05\绘制燃气灶开关和燃气孔.dwg”文件，如下图所示。

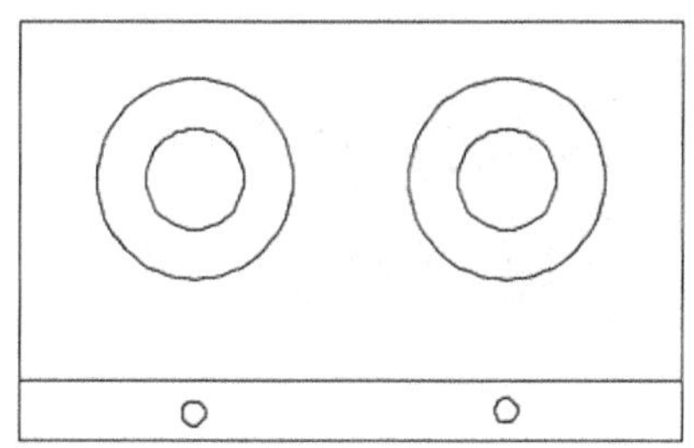

步骤02 选择【绘图】➤【点】➤【多点】菜单命令，在绘图区域中分别捕捉两个圆的圆心定义点的位置，然后按【Esc】键结束【多点】命令，结果如下图所示。

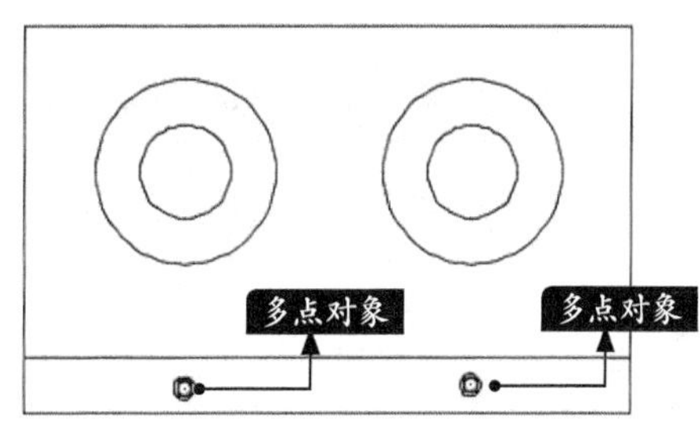

步骤03 选择【绘图】➤【点】➤【定数等分】菜单命令，在绘图区域中选择左侧大圆作为需要定数等分的对象，将线段数目设置为“16”，并按【Enter】键确认，结果如下图

所示。

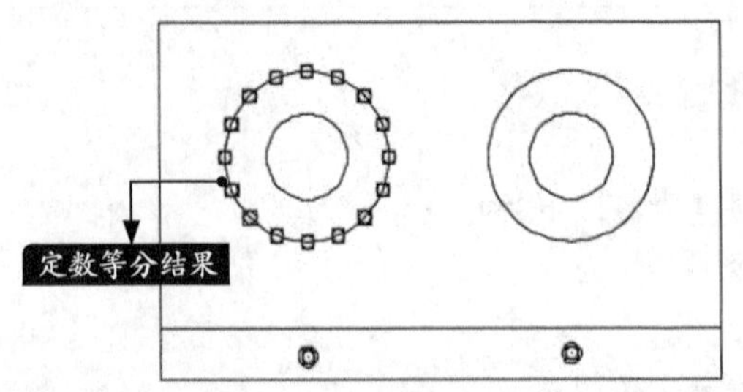

步骤04 重复步骤03，在绘图区域中对右侧大圆进行定数等分，将线段数目设置为“16”，结果如下图所示。

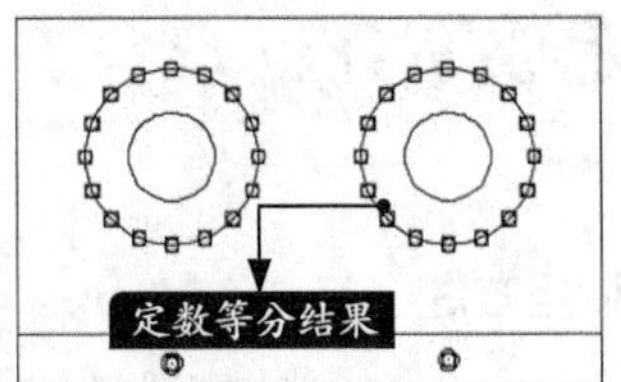

步骤05 重复步骤03，在绘图区域中分别对两个小圆进行定数等分，将线段数目设置为“10”，结果如下图所示。

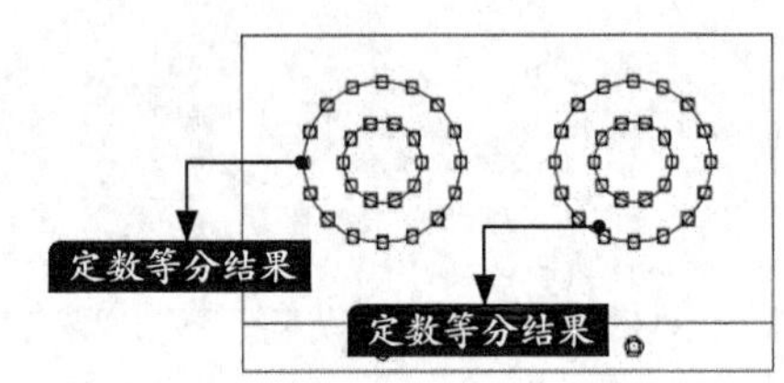

5.2 绘制直线

本节视频教程时间：7 分钟

使用【直线】命令，可以创建一系列连续的线段，在一个由多条线段连接而成的简单图形中，每条线段都是一个单独的直线对象。

5.2.1 直线

1. 命令调用方法

在AutoCAD 2019中调用【直线】命令的方法通常有以下3种。

- 选择【绘图】➤【直线】菜单命令。
- 命令行输入“LINE/L”命令并按空格键。
- 单击【默认】选项卡➤【绘图】面板➤【直线】按钮。

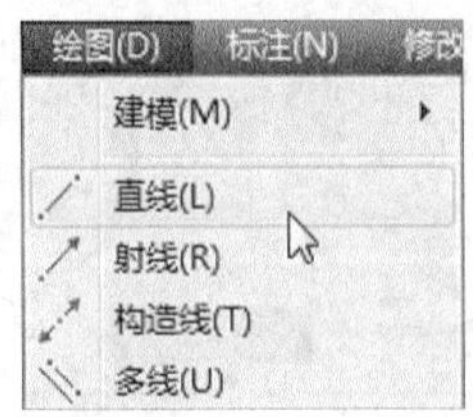

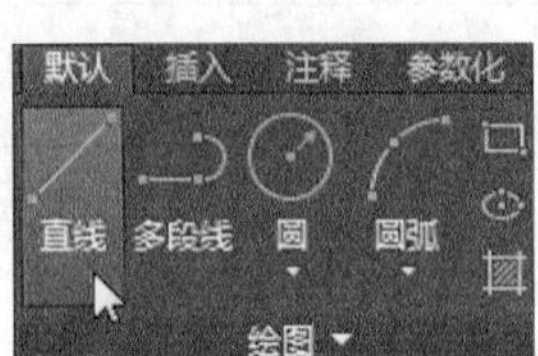

2. 命令提示

调用【直线】命令之后，命令行会进行如下提示。

```
命令：_line
指定第一个点：
```

3. 知识点扩展

AutoCAD中默认的直线绘制方法是两点绘制，即连接任意两点即可绘制一条直线。除了通过连接两点绘制直线外，还可以通过绝对坐标、相对直角坐标、相对极坐标等方法来绘制直线。具体绘制方法参见下表。

绘制方法	绘制步骤	结果图形	相应命令行显示
通过输入绝对坐标绘制直线	1. 指定第一点（或输入绝对坐标确定第一点）； 2. 依次输入第二点、第三点……的绝对坐标	(500,1000) (500,500) (1000,500)	命令: _LINE 指定第一个点: 500,500 指定下一点或 [放弃(U)]: 500,1000 指定下一点或 [放弃(U)]: 1000,500 指定下一点或 [闭合(C)/放弃(U)]: c //闭合图形

通过输入相对直角坐标绘制直线	1.指定第一点（或输入绝对坐标确定第一点）；
	2. 依次输入第二点、第三点……的相对前一点的直角坐标
		第二点
		第一点 第三点
			命令: _ LINE
			指定第一个点:
			//任意点击一点作为第一点
			指定下一点或 [放弃(U)]: @0,500
			指定下一点或 [放弃(U)]: @500,-500
			指定下一点或 [闭合(C)/放弃(U)]: c
			//闭合图形

通过输入相对极坐标绘制直线	1. 指定第一点（或输入绝对坐标确定第一点）；
	2. 依次输入第二点、第三点……的相对前一点的极坐标
		第三点
		第二点 第一点
			命令:_ LINE
			指定第一个点:
			//任意点击一点作为第一点
			指定下一点或 [放弃(U)]: @500<180
			指定下一点或 [放弃(U)]: @500<90
			指定下一点或 [闭合(C)/放弃(U)]: c
			//闭合图形

5.2.2 实战演练——绘制直线对象

下面将利用【直线】命令创建直线对象，具体操作步骤如下。

步骤 01 打开“素材\CH05\绘制直线.dwg”文件，如下图所示。

步骤 02 选择【绘图】➤【直线】菜单命令，然后分别捕捉矩形的两个对角点作为直线的第一点和下一点，并按【Enter】键确认，结果如下图所示。

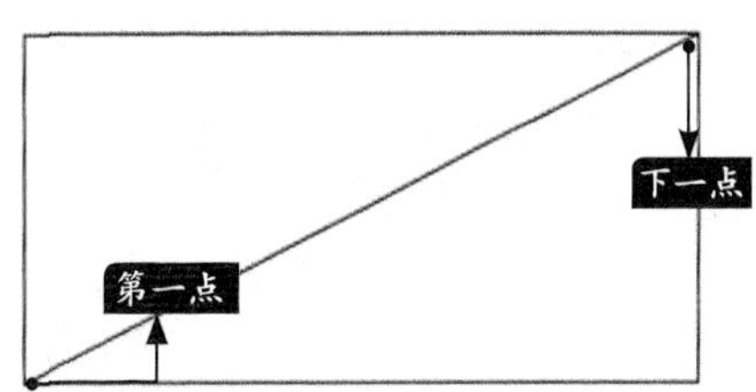

5.3 绘制射线

本节视频教程时间：2 分钟

射线是一端固定、另一端无限延伸的线。使用【射线】命令，可以创建一系列始于一点并继续无限延伸的线。

5.3.1 射线

1. 命令调用方法

在AutoCAD 2019中调用【射线】命令的方法通常有以下3种。

- 选择【绘图】➤【射线】菜单命令。
- 命令行输入“RAY”命令并按空格键。
- 单击【默认】选项卡➤【绘图】面板➤【射线】按钮。

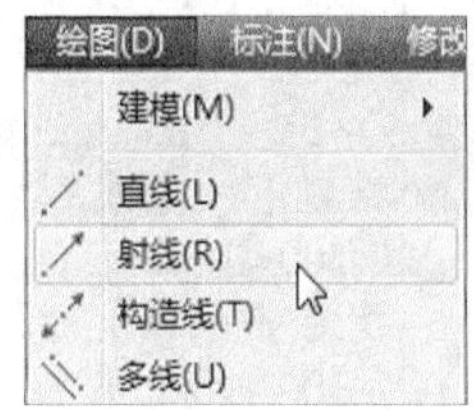

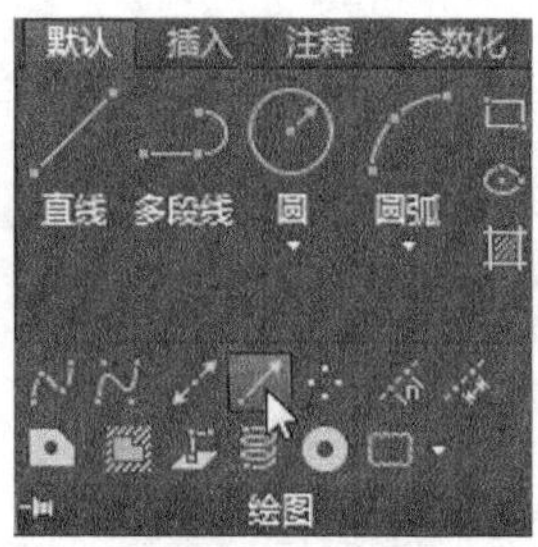

2. 命令提示

调用【射线】命令之后，命令行会进行如下提示。

命令：_ray 指定起点：

3. 知识点扩展

射线有端点，但是射线没有中点。绘制射线时，指定的第一点就是射线的端点。

5.3.2 实战演练——绘制射线对象

下面将利用【射线】命令创建射线对象，具体操作步骤如下。

步骤 01 打开“素材\CH05\绘制射线.dwg”文件，如右图所示。

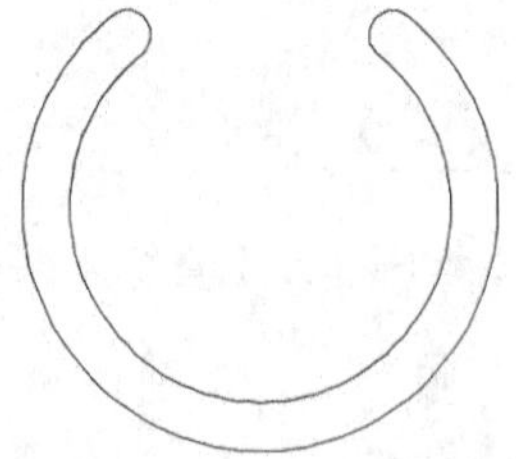

步骤 02 选择【绘图】➤【射线】菜单命令，然后捕捉圆心作为射线的起点，并在垂直方向上单击指定射线的通过点，按【Enter】键确认，结果如右图所示。

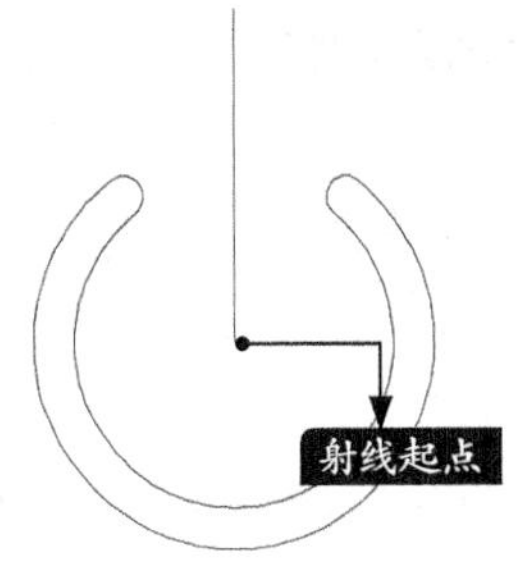

5.4 绘制构造线

本节视频教程时间：2 分钟

构造线是两端无限延伸的直线，可以用来作为创建其他对象时的参考线。在执行一次【构造线】命令时，可以连续绘制多条通过一个公共点的构造线。

5.4.1 构造线

1. 命令调用方法

在AutoCAD 2019中调用【构造线】命令的方法通常有以下3种。

- 选择【绘图】➤【构造线】菜单命令。
- 命令行输入“XLINE/XL”命令并按空格键。
- 单击【默认】选项卡➤【绘图】面板➤【构造线】按钮。

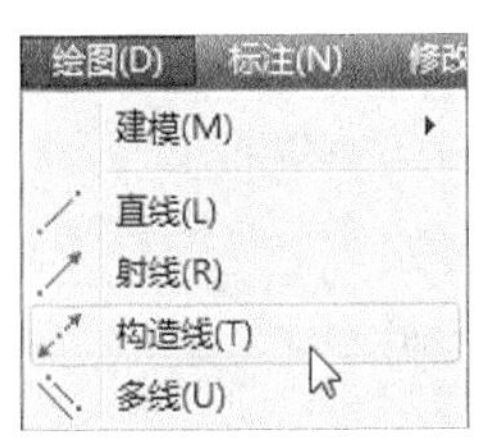

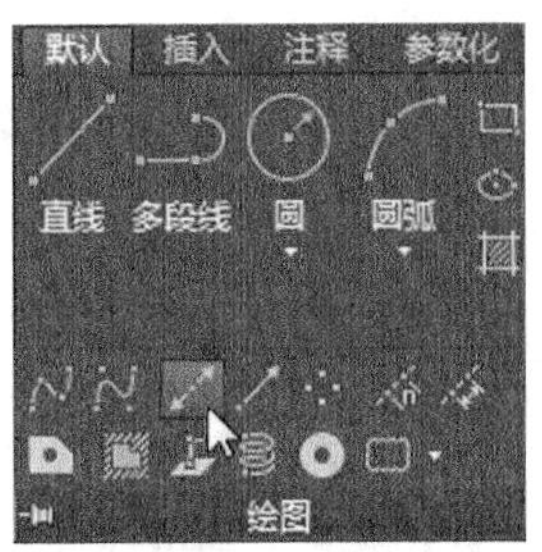

2. 命令提示

调用【构造线】命令之后，命令行会进行如下提示。

```
命令 : _xline
指定点或 [ 水平 (H)/ 垂直 (V)/ 角度 (A)/ 二等分 (B)/ 偏移 (O)]:
```

3. 知识点扩展

构造线没有端点，但是构造线有中点。绘制构造线时，指定的第一点就是构造线的中点。

5.4.2 实战演练——绘制构造线对象

下面将利用【构造线】命令创建构造线对象，具体操作步骤如下。

步骤01 打开“素材\CH05\绘制构造线.dwg”文件，如下图所示。

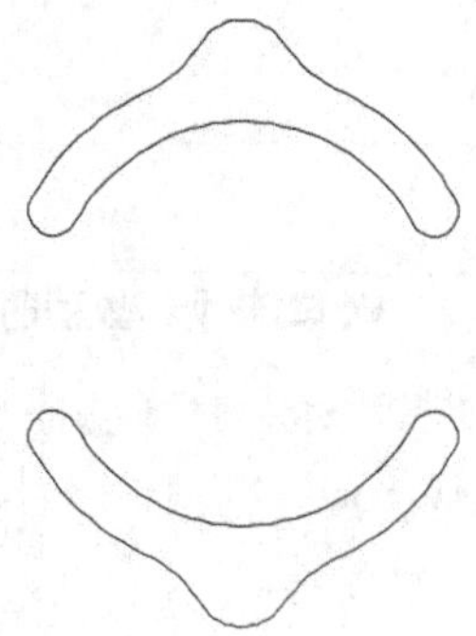

步骤02 选择【绘图】➤【构造线】菜单命令，然后捕捉圆心作为构造线的中点，并在水平方向上单击指定构造线的通过点，按【Enter】键确认，结果如下图所示。

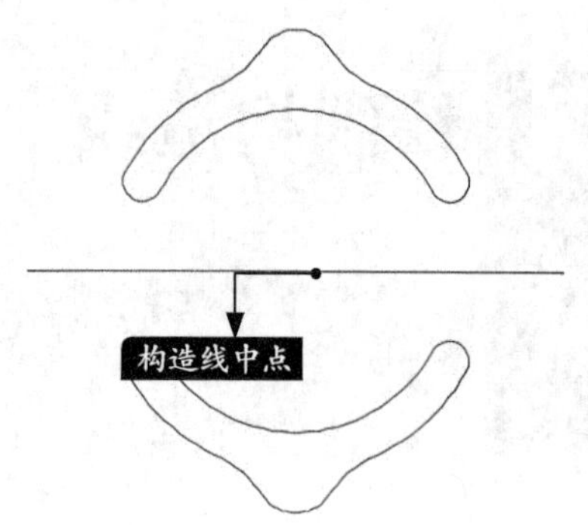

5.5 绘制矩形和多边形

本节视频教程时间：8 分钟

矩形为四条线段首尾相接且四个角均为直角的四边形，而正多边形是由至少三条线段首尾相接组合成的规则图形，正多边形的概念范围内包括矩形。

5.5.1 矩形

1. 命令调用方法

在AutoCAD 2019中调用【矩形】命令的方法通常有以下3种。

- 选择【绘图】➤【矩形】菜单命令。
- 命令行输入“RECTANG/REC”命令并按空格键。
- 单击【默认】选项卡➤【绘图】面板➤【矩形】按钮▭。

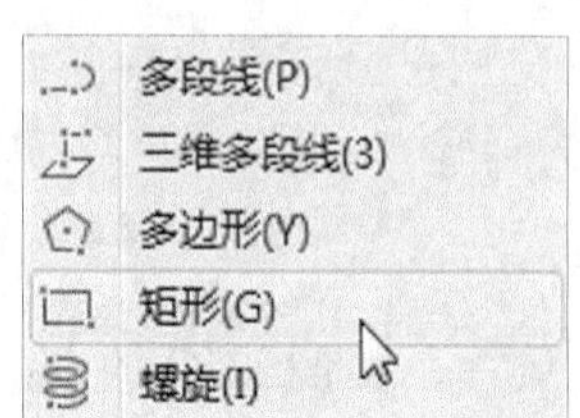

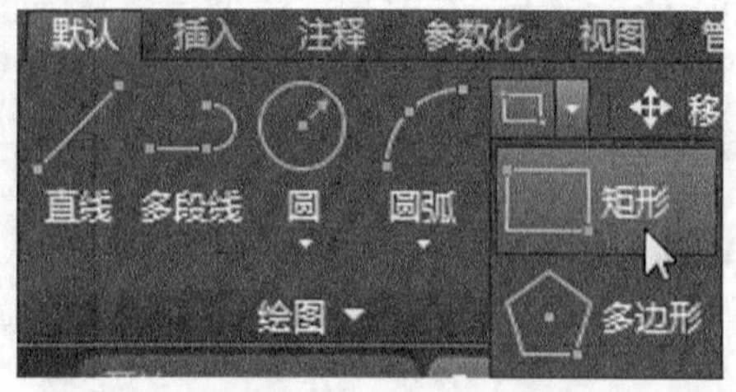

2. 命令提示

调用【矩形】命令之后，命令行会进行如下提示。

```
命令：_rectang
指定第一个角点或 [ 倒角 (C)/ 标高 (E)/ 圆角 (F)/ 厚度 (T)/ 宽度 (W)]:
```

3. 知识点扩展

默认的绘制矩形的方式为指定两点绘制矩形，除此以外AutoCAD还提供了面积绘制、尺寸绘制和旋转绘制等绘制方法，具体的绘制方法参见下表。

绘制方法	绘制步骤	结果图形	相应命令行显示
面积绘制法	1. 指定第一个角点； 2. 输入“a”选择面积绘制法； 3. 输入绘制矩形的面积值； 4. 指定矩形的长或宽		命令:_RECTANG 指定第一个角点或 [倒角(C)/标高(E)/圆角(F)/厚度(T)/宽度(W)]: //单击指定第一角点 指定另一个角点或 [面积(A)/尺寸(D)/旋转(R)]: a 输入以当前单位计算的矩形面积 <100.0000>: //按空格键接受默认值 计算矩形标注时依据 [长度(L)/宽度(W)] <长度>: //按空格键接受默认值 输入矩形长度 <10.0000>: 8
尺寸绘制法	1. 指定第一个角点； 2. 输入“d”选择尺寸绘制法； 3. 指定矩形的长度和宽度； 4. 拖曳鼠标指定矩形的放置位置		命令:_RECTANG 指定第一个角点或 [倒角(C)/标高(E)/圆角(F)/厚度(T)/宽度(W)]: //单击指定第一角点 指定另一个角点或 [面积(A)/尺寸(D)/旋转(R)]: d 指定矩形的长度 <8.0000>: 8 指定矩形的宽度 <12.5000>: 12.5 指定另一个角点或 [面积(A)/尺寸(D)/旋转(R)]: //拖曳鼠标指定矩形的放置位置
旋转绘制法	1. 指定第一个角点； 2. 输入“r”选择旋转绘制法； 3. 输入旋转的角度； 4. 拖曳鼠标指定矩形的另一角点或输入“a”“d”通过面积或尺寸确定矩形的另一个角点		命令:_RECTANG 指定第一个角点或 [倒角(C)/标高(E)/圆角(F)/厚度(T)/宽度(W)]: //单击指定第一角点 指定另一个角点或 [面积(A)/尺寸(D)/旋转(R)]: r 指定旋转角度或 [拾取点(P)] <0>: 45 指定另一个角点或 [面积(A)/尺寸(D)/旋转(R)]: //拖曳鼠标指定矩形的另一个角点

5.5.2 实战演练——绘制矩形对象

下面将利用【矩形】命令创建矩形对象，具体操作步骤如下。

步骤01 打开“素材\CH05\绘制矩形.dwg”文件，如下图所示。

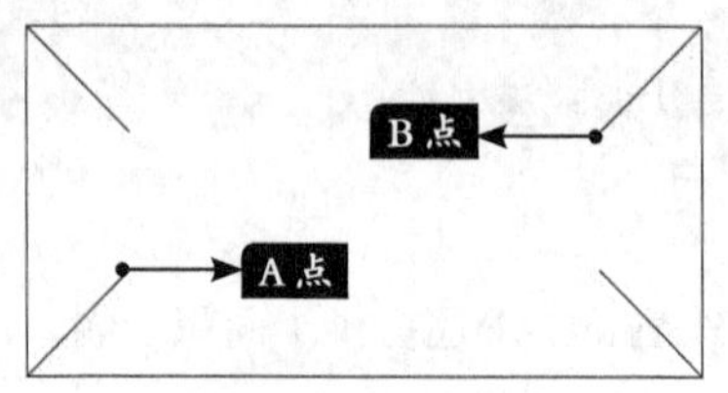

步骤02 选择【绘图】➤【矩形】菜单命令，然后分别捕捉A点和B点作为矩形的两个对角点，结果如下图所示。

5.5.3 多边形

1. 命令调用方法

在AutoCAD 2019中调用【多边形】命令的方法通常有以下3种。

- 选择【绘图】➤【多边形】菜单命令。
- 命令行输入“POLYGON/POL”命令并按空格键。
- 单击【默认】选项卡➤【绘图】面板➤【多边形】按钮⬠。

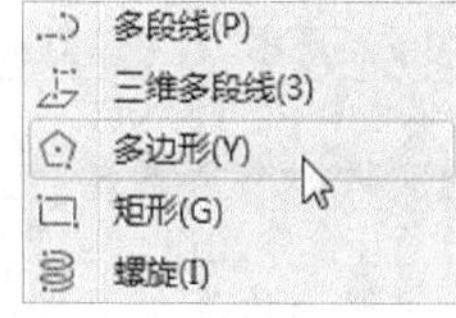

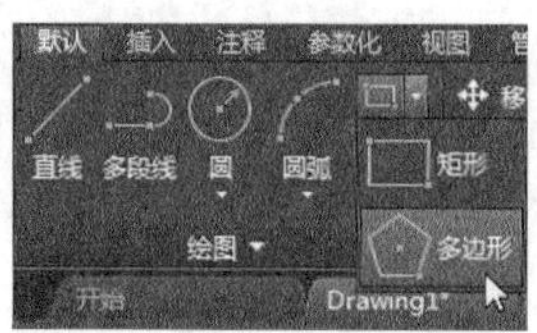

2. 命令提示

调用【多边形】命令之后，命令行会进行如下提示。

命令：_polygon 输入侧面数 <4>:

3. 知识点扩展

多边形的绘制方法可以分为外切于圆和内接于圆两种。外切于圆是将多边形的边与圆相切，而内接于圆则是将多边形的顶点与圆相接。

5.5.4 实战演练——绘制多边形对象

下面将分别以“内接于圆”和“外切于圆”两种方式绘制正多边形对象，具体操作步骤如下。

步骤01 打开“素材\CH05\绘制多边形.dwg”文件，如下图所示。

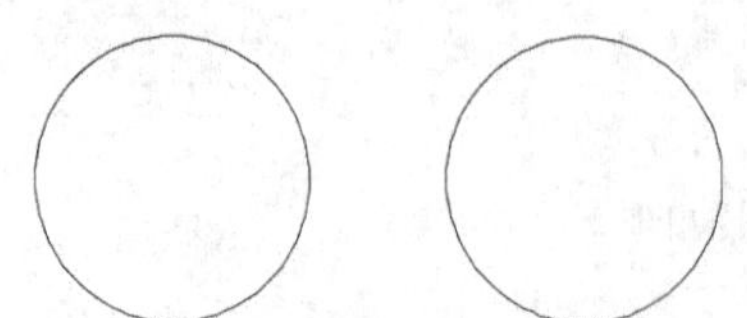

步骤02 选择【绘图】➤【多边形】菜单命令，使用“内接于圆”方式绘制正多边形，命令行提示如下。

命令：_polygon 输入侧面数 <4>: 6

指定正多边形的中心点或 [边 (E)]: // 捕捉左侧圆形的中心点

输入选项 [内接于圆 (I)/ 外切于圆 (C)]

<I>：i
指定圆的半径：200

步骤 03 结果如下图所示。

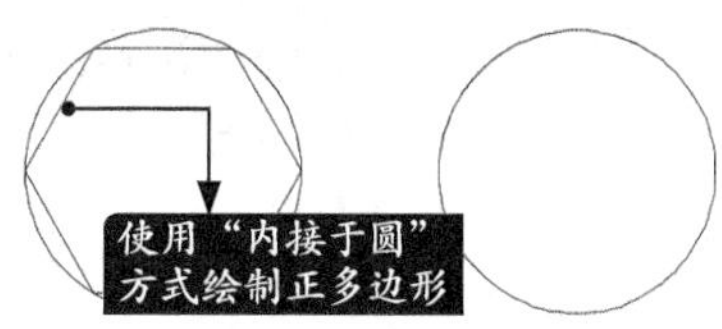

步骤 04 重复调用【多边形】命令，使用“外切于圆”方式绘制正多边形，命令行提示如下。

命令：_polygon 输入侧面数 <6>：6
指定正多边形的中心点或 [边 (E)]：// 捕捉右侧圆形的中心点
输入选项 [内接于圆 (I)/ 外切于圆 (C)] <I>：c
指定圆的半径：200

步骤 05 结果如下图所示。

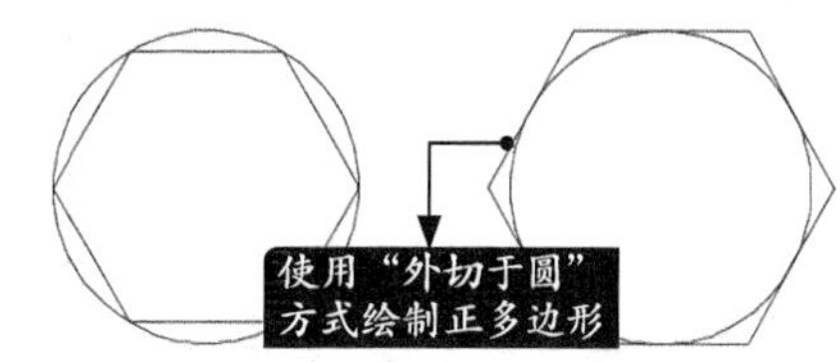

5.6 绘制圆

本节视频教程时间：6 分钟

创建圆的方法有6种，可以通过指定圆心、半径、直径、圆周上的点或其他对象上的点等不同的方法进行结合绘制。

5.6.1 圆

1. 命令调用方法

在AutoCAD 2019中调用【圆】命令的方法通常有以下3种。

- 选择【绘图】➤【圆】菜单命令，然后选择一种绘制圆的方式。
- 命令行输入“CIRCLE/C”命令并按空格键。
- 单击【默认】选项卡➤【绘图】面板➤【圆】按钮，然后选择一种绘制圆的方式。

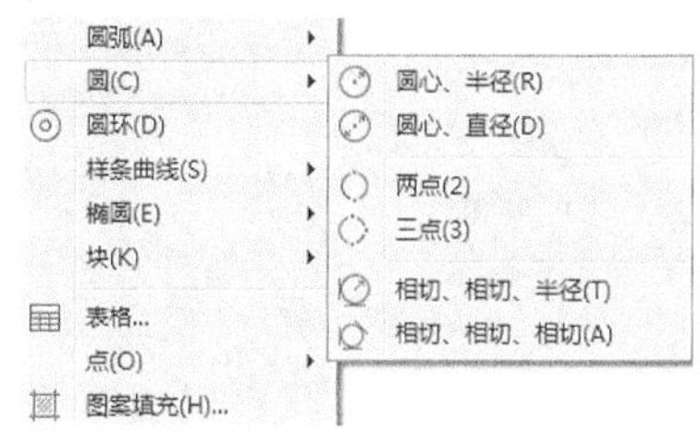

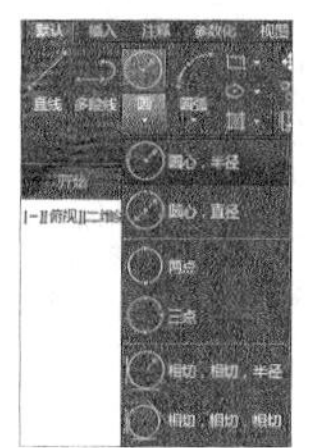

2. 命令提示

调用【圆】命令之后，命令行会进行如下提示。

命令：CIRCLE
指定圆的圆心或 [三点 (3P)/ 两点 (2P)/ 切点、切点、半径 (T)]：

3. 知识点扩展

圆的各种绘制方法参见下表（【相切、相切、相切】绘圆命令只能通过菜单命令或面板调用，命令行无这一选项）。

绘制方法	绘制步骤	结果图形	相应命令行显示
圆心、半径/直径	1. 指定圆心； 2. 输入圆的半径/直径		命令: _ CIRCLE 指定圆的圆心或 [三点(3P)/两点(2P)/切点、切点、半径(T)]: 指定圆的半径或 [直径(D)]: 45
两点绘圆	1. 调用两点绘圆命令； 2. 指定直径上的第一点； 3. 指定直径上的第二点或输入直径长度		命令: _circle 指定圆的圆心或 [三点(3P)/两点(2P)/切点、切点、半径(T)]: _2p 指定圆直径的第一个端点: //指定第一点 指定圆直径的第二个端点: 80 //输入直径长度或指定第二点
三点绘圆	1. 调用三点绘圆命令； 2. 指定圆周上第一个点； 3. 指定圆周上第二个点； 4. 指定圆周上第三个点		命令: _circle 指定圆的圆心或 [三点(3P)/两点(2P)/切点、切点、半径(T)]: _3p 指定圆上的第一个点: 指定圆上的第二个点: 指定圆上的第三个点
相切、相切、半径	1. 调用【相切、相切、半径】绘圆命令； 2. 选择与圆相切的两个对象； 3. 输入圆的半径		命令: _circle 指定圆的圆心或 [三点(3P)/两点(2P)/切点、切点、半径(T)]: _ttr 指定对象与圆的第一个切点: 指定对象与圆的第二个切点: 指定圆的半径 <35.0000>: 45
相切、相切、相切	1. 调用“相切、相切、相切”绘圆命令； 2. 选择与圆相切的三个对象		命令: _circle 指定圆的圆心或 [三点(3P)/两点(2P)/切点、切点、半径(T)]: _3p 指定圆上的第一个点: _tan 到 指定圆上的第二个点: _tan 到 指定圆上的第三个点: _tan 到

5.6.2 实战演练——创建圆形对象

下面将利用【相切、相切、半径】以及【相切、相切、相切】方式绘制圆形对象，具体操作步骤如下。

步骤 01 打开“素材\CH05\绘制圆形.dwg”文件，如下图所示。

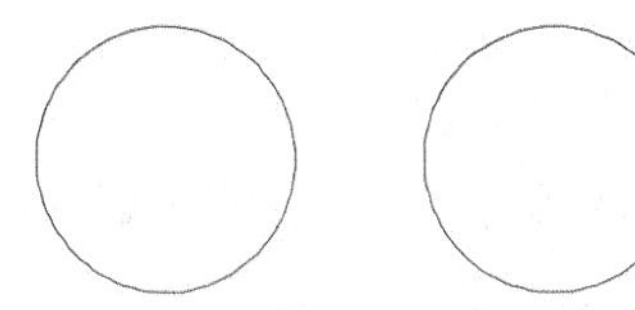

步骤02 选择【绘图】➤【圆】➤【相切、相切、半径】菜单命令，然后捕捉下图所示位置作为第一个切点。

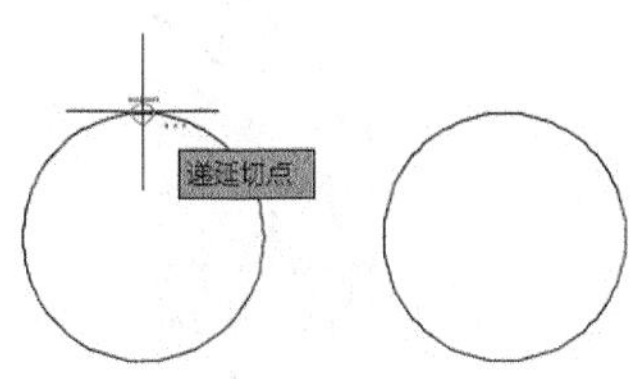

步骤03 捕捉下图所示位置作为第二个切点。

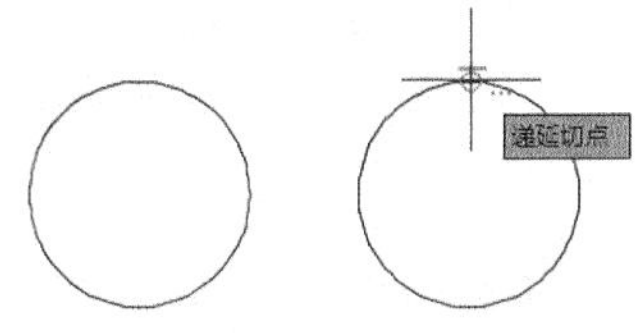

步骤04 圆的半径值指定为“200”，结果如下图所示。

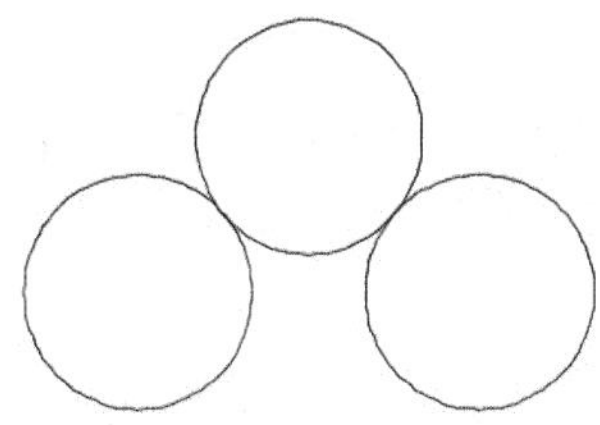

步骤05 选择【绘图】➤【圆】➤【相切、相切、相切】菜单命令，然后捕捉下图所示位置作为第一个切点。

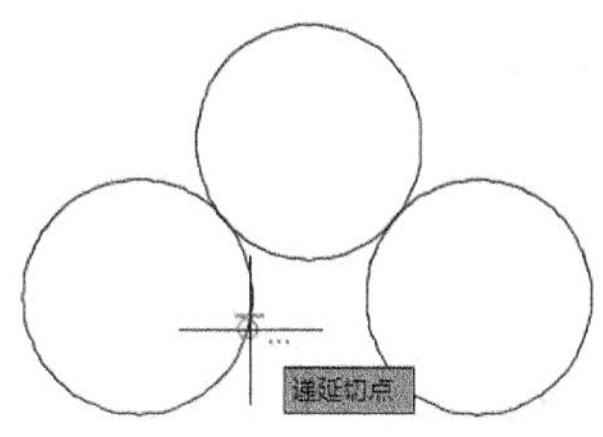

步骤06 捕捉下图所示位置作为第二个切点。

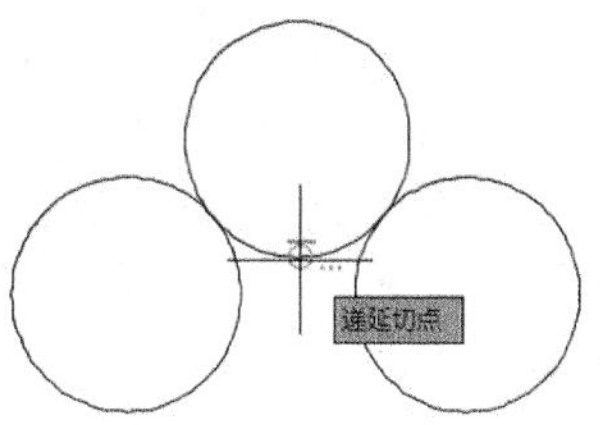

步骤07 捕捉下图所示位置作为第三个切点。

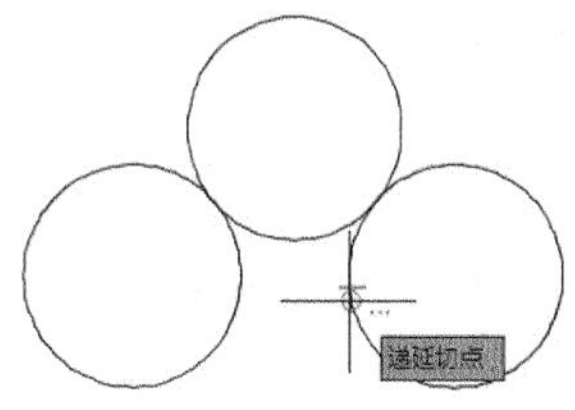

步骤08 结果如下图所示。

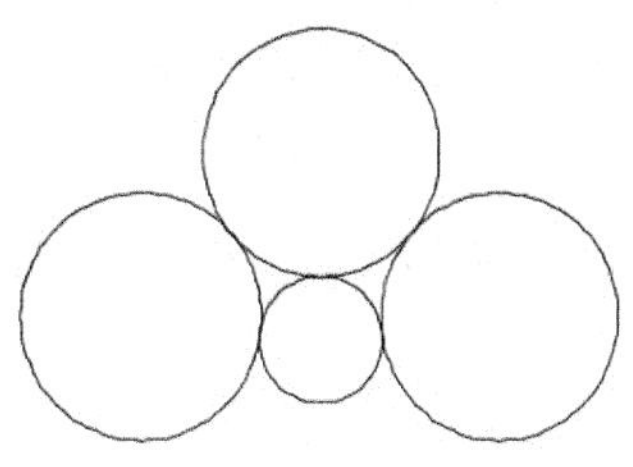

5.7 绘制圆弧

本节视频教程时间：11 分钟

绘制圆弧的默认方法是确定三点。此外，圆弧还可以通过设置起点、方向、中点、角度和弦长等参数来绘制。

5.7.1 圆弧

1. 命令调用方法

在AutoCAD 2019中调用【圆弧】命令的方法通常有以下3种。

- 选择【绘图】➤【圆弧】菜单命令，然后选择一种绘制圆弧的方式。
- 命令行输入“ARC/A”命令并按空格键。
- 单击【默认】选项卡➤【绘图】面板➤【圆弧】按钮，然后选择一种绘制圆弧的方式。

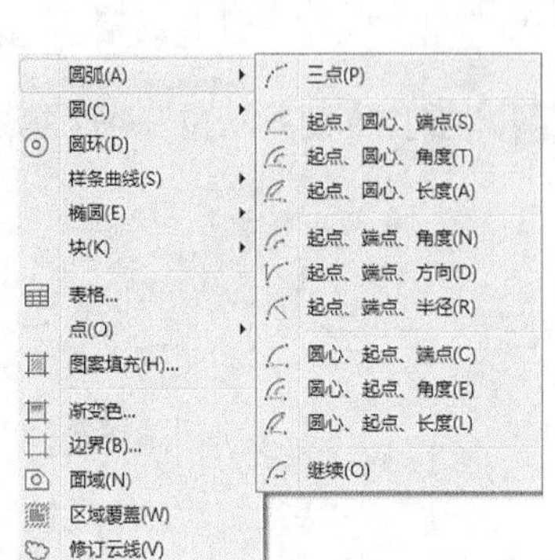

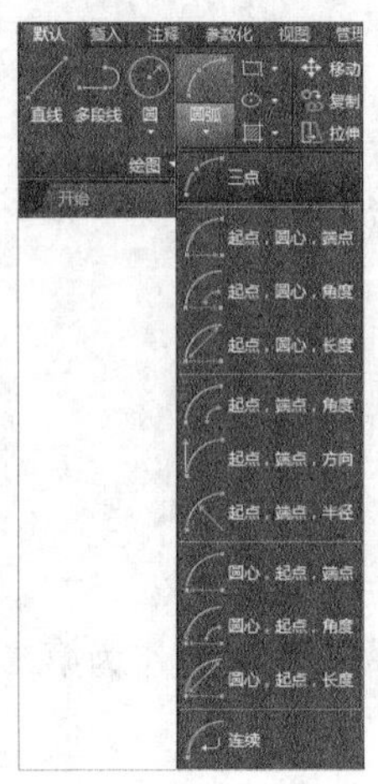

2. 命令提示

调用【圆弧】命令之后，命令行会进行如下提示。

```
命令：ARC
指定圆弧的起点或 [ 圆心 (C)]:
```

3. 知识点扩展

绘制圆弧时，输入的半径值和圆心角有正负之分。对于半径，当输入的半径值为正时，生成的圆弧是劣弧；反之，生成的是优弧。对于圆心角，当角度为正值时，系统沿逆时针方向绘制圆弧；反之，则沿顺时针方向绘制圆弧。

绘制方法	绘制步骤	结果图形	相应命令行显示
三点	1. 调用三点画弧命令； 2. 指定三个不在同一条直线上的三个点即可完成圆弧的绘制		命令: _arc 指定圆弧的起点或 [圆心(C)]: 指定圆弧的第二个点或 [圆心(C)/端点(E)]: 指定圆弧的端点
起点、圆心、端点	1. 调用【起点、圆心、端点】画弧命令； 2. 指定圆弧的起点； 3. 指定圆弧的圆心； 4. 指定圆弧的端点		命令: _arc 指定圆弧的起点或 [圆心(C)]: 指定圆弧的第二个点或 [圆心(C)/端点(E)]: _c 指定圆弧的圆心: 指定圆弧的端点或 [角度(A)/弦长(L)]

续表

绘制方法	绘制步骤	结果图形	相应命令行显示
起点、圆心、角度	1. 调用【起点、圆心、角度】画弧命令； 2. 指定圆弧的起点； 3. 指定圆弧的圆心； 4. 指定圆弧所包含的角度。 提示：当输入的角度为正值时圆弧沿起点方向逆时针生成，当角度为负值时，圆弧沿起点方向顺时针生成	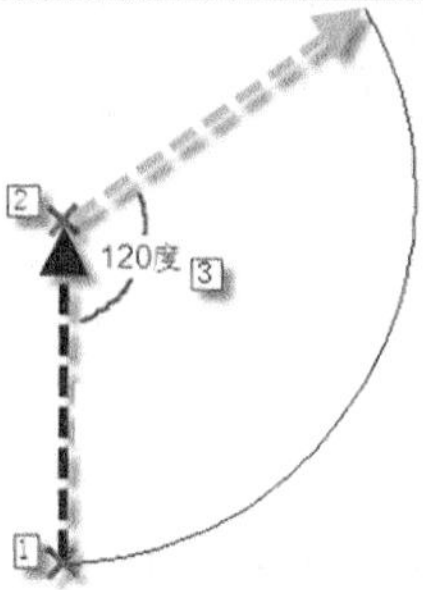 120度	命令: _arc 指定圆弧的起点或 [圆心(C)]: 指定圆弧的第二个点或 [圆心(C)/端点(E)]: _c 指定圆弧的圆心: 指定圆弧的端点或 [角度(A)/弦长(L)]: _a 指定包含角: 120
起点、圆心、长度	1. 调用【起点、圆心、长度】画弧命令； 2. 指定圆弧的起点； 3. 指定圆弧的圆心； 4. 指定圆弧的弦长。 提示：弦长为正值时得到的弧为“劣弧（小于180°）”，当弦长为负值时，得到的弧为“优弧（大于180°）”	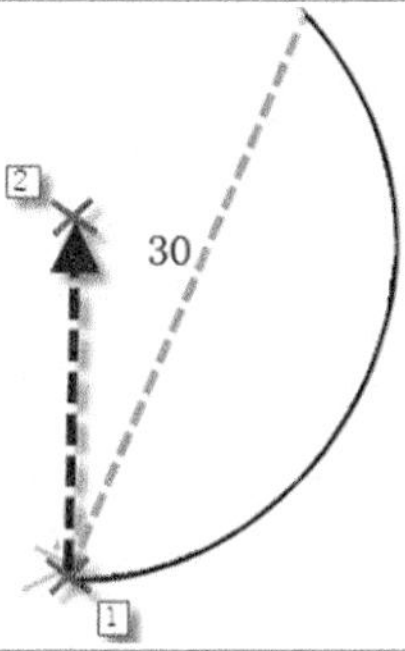 30	命令: _arc 指定圆弧的起点或 [圆心(C)]: 指定圆弧的第二个点或 [圆心(C)/端点(E)]: _c 指定圆弧的圆心: 指定圆弧的端点或 [角度(A)/弦长(L)]: _l 指定弦长: 30
起点、端点角度	1. 调用【起点、端点、角度】画弧命令； 2. 指定圆弧的起点； 3. 指定圆弧的端点； 4. 指定圆弧的角度。 提示：当输入的角度为正值时起点和端点沿圆弧层逆时针关系，当角度为负值时，起点和端点沿圆弧成顺时针关系	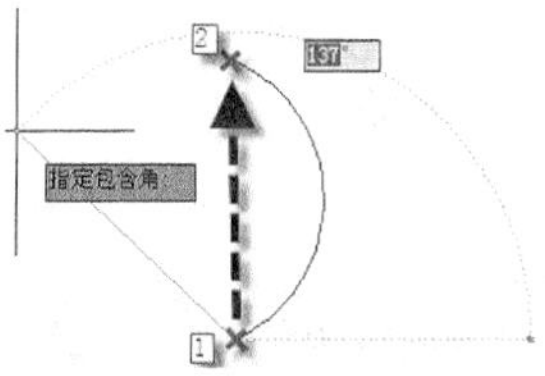 137° 指定包含角:	命令: _arc 指定圆弧的起点或 [圆心(C)]: 指定圆弧的第二个点或 [圆心(C)/端点(E)]: _e 指定圆弧的端点: 指定圆弧的圆心或 [角度(A)/方向(D)/半径(R)]: _a 指定包含角: 137
起点、端点、方向	1. 调用【起点、端点、方向】画弧命令； 2. 指定圆弧的起点； 3. 指定圆弧的端点； 4. 指定圆弧的起点切向	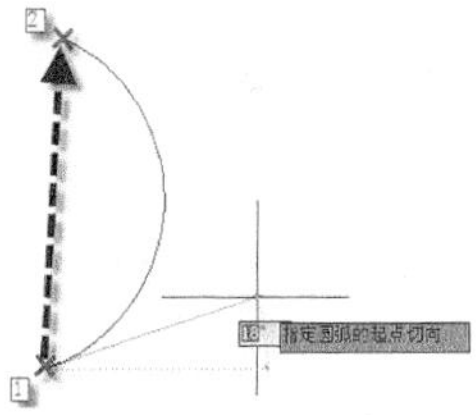 指定圆弧的起点切向	命令: _arc 指定圆弧的起点或 [圆心(C)]: 指定圆弧的第二个点或 [圆心(C)/端点(E)]: _e 指定圆弧的端点: 指定圆弧的圆心或 [角度(A)/方向(D)/半径(R)]: _d 指定圆弧的起点切向
起点、端点、半径	1. 调用【起点、端点、半径】画弧命令； 2. 指定圆弧的起点； 3. 指定圆弧的端点； 4. 指定圆弧的半径。 提示：当输入的半径值为正值时，得到的圆弧是“劣弧”；当输入的半径值为负值时，输入的弧为“优弧”	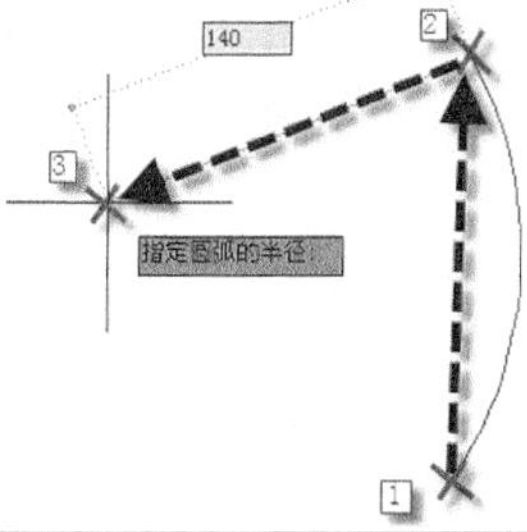 140 指定圆弧的半径:	命令: _arc 指定圆弧的起点或 [圆心(C)]: 指定圆弧的第二个点或 [圆心(C)/端点(E)]: _e 指定圆弧的端点: 指定圆弧的圆心或 [角度(A)/方向(D)/半径(R)]: _r 指定圆弧的半径: 140

续表

绘制方法	绘制步骤	结果图形	相应命令行显示
圆心、起点、端点	1. 调用【圆心、起点、端点】画弧命令； 2. 指定圆弧的圆心； 3. 指定圆弧的起点； 4. 指定圆弧的端点		命令: _arc 指定圆弧的起点或 [圆心(C)]: _c 指定圆弧的圆心: 指定圆弧的起点: 指定圆弧的端点或 [角度(A)/弦长(L)]
圆心、起点、角度	1. 调用【圆心、起点、角度】画弧命令； 2. 指定圆弧的圆心； 3. 指定圆弧的起点； 4. 指定圆弧的角度		命令: _arc 指定圆弧的起点或 [圆心(C)]: _c 指定圆弧的圆心: 指定圆弧的起点: 指定圆弧的端点或 [角度(A)/弦长(L)]: _a 指定包含角: 170
圆心、起点、长度	1. 调用【圆心、起点、长度】画弧命令； 2. 指定圆弧的圆心； 3. 指定圆弧的起点； 4. 指定圆弧的弦长。 提示：弦长为正值时得到的弧为"劣弧（小于180°）"，当弦长为负值时，得到的弧为"优弧（大于180°）"		命令: _arc 指定圆弧的起点或 [圆心(C)]: _c 指定圆弧的圆心: 指定圆弧的起点: 指定圆弧的端点或 [角度(A)/弦长(L)]: _l 指定弦长: 60

5.7.2 实战演练——绘制圆弧对象

下面将利用【三点】及【起点、端点、半径】画圆弧方式绘制圆弧对象，具体操作步骤如下。

步骤 01 打开"素材\CH05\绘制圆弧.dwg"文件，如下图所示。

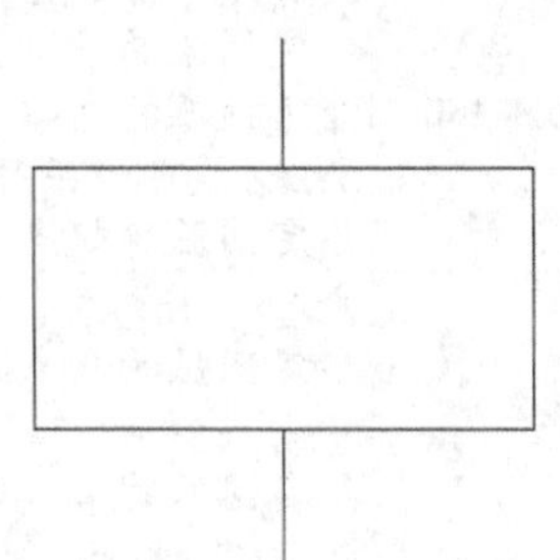

步骤 02 选择【绘图】➤【圆弧】➤【三点】菜单命令，然后在绘图区域中分别捕捉相应的点进行圆弧的绘制，结果如下图所示。

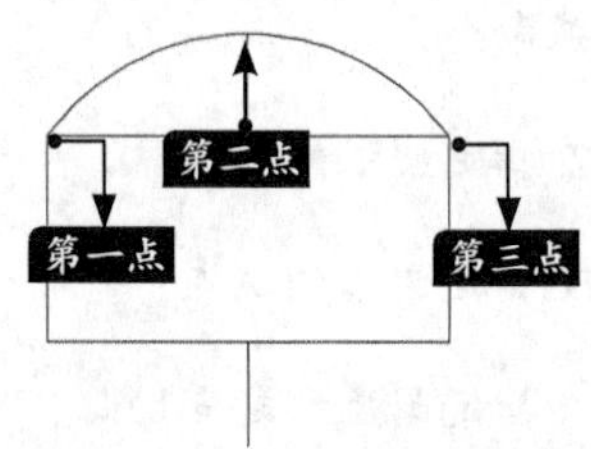

步骤 03 选择【绘图】➤【圆弧】➤【起点、端点、半径】菜单命令，然后在绘图区域中分别捕捉相应的点作为圆弧的起点及端点，并将圆弧的半径值指定为"125"，结果如下图所示。

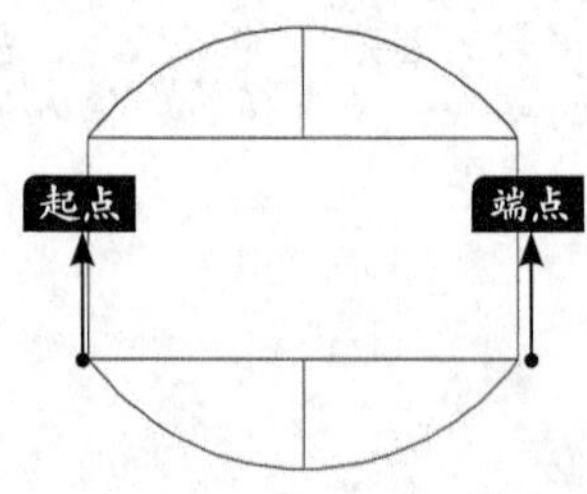

5.8 绘制圆环

本节视频教程时间：2 分钟

圆环是填充环或实体填充圆，即带有宽度的闭合多段线。

5.8.1 圆环

1. 命令调用方法

在AutoCAD 2019中调用【圆环】命令的方法通常有以下3种。

- 选择【绘图】➤【圆环】菜单命令。
- 命令行输入“DONUT/DO”命令并按空格键。
- 单击【默认】选项卡➤【绘图】面板➤【圆环】按钮◎。

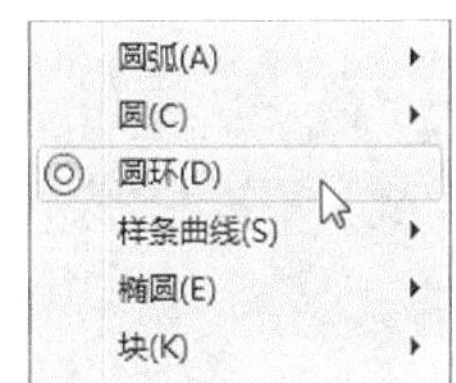

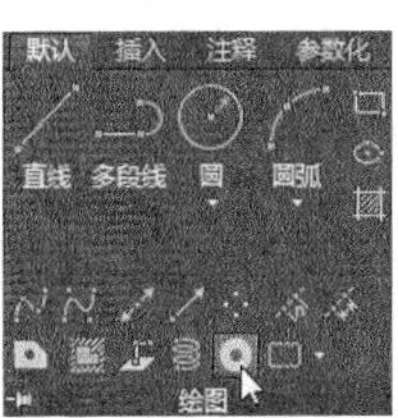

2. 命令提示

调用【圆环】命令之后，命令行会进行如下提示。

命令：_donut
指定圆环的内径 <0.5000>:

3. 知识点扩展

若指定圆环内径为0，则可绘制实心填充圆。

5.8.2 实战演练——绘制圆环对象

下面将对圆环对象进行创建，具体操作步骤如下。

步骤 01 选择【绘图】➤【圆环】菜单命令，命令行提示如下。

命令：_donut
指定圆环的内径 <0.5000>: 10 // 指定圆环内径
指定圆环的外径 <1.0000>: 13 // 指定圆环外径
指定圆环的中心点或 <退出>: // 绘图区域中任意单击一点作为圆环的中心点
指定圆环的中心点或 <退出>: // 按【Enter】键退出该命令

步骤 02 结果如下图所示。

5.9 绘制椭圆和椭圆弧

本节视频教程时间：7 分钟

椭圆和椭圆弧类似，都是由到两点之间的距离之和为定值的点集合而成。

5.9.1 椭圆

1. 命令调用方法

在AutoCAD 2019中调用【椭圆】命令的方法通常有以下3种。

- 选择【绘图】➤【椭圆】菜单命令，然后选择一种绘制椭圆的方式。
- 命令行输入“ELLIPSE/EL”命令并按空格键。
- 单击【默认】选项卡➤【绘图】面板➤【椭圆】按钮，然后选择一种绘制椭圆的方式。

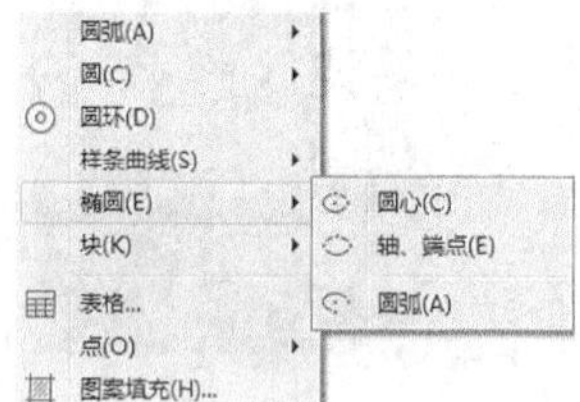

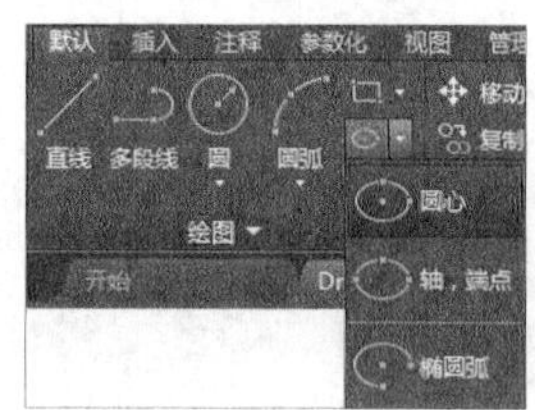

2. 命令提示

调用【椭圆】命令之后，命令行会进行如下提示。

```
命令：ELLIPSE
指定椭圆的轴端点或 [ 圆弧 (A)/ 中心点 (C)]:
```

3. 知识点扩展

椭圆的各种绘制方法参见下表。

绘制方法	绘制步骤	结果图形	相应命令行显示
指定圆心创建椭圆	1. 指定椭圆的中心； 2. 指定一条轴的端点； 3. 指定或输入另一条半轴的长度	65	命令: ELLIPSE 指定椭圆的轴端点或 [圆弧(A)/中心点(C)]: 指定轴的另一个端点: 指定另一条半轴长度或 [旋转(R)]: 65
【轴、端点】创建椭圆	1. 指定一条轴的端点； 2. 指定该条轴的另一端点； 3. 指定或输入另一条半轴的长度	A B	命令: _ellipse 指定椭圆的轴端点或 [圆弧(A)/中心点(C)]: 指定轴的另一个端点: 指定另一条半轴长度或 [旋转(R)]: 32

5.9.2 实战演练——绘制椭圆对象

下面将分别利用【圆心】以及【轴、端点】方式绘制椭圆对象，具体操作步骤如下。

步骤 01 打开“素材\CH05\绘制椭圆.dwg”文件，如下图所示。

步骤 02 选择【绘图】➤【椭圆】➤【圆心】菜单命令，在绘图区域中捕捉A点作为椭圆的中心点，捕捉B点作为轴的端点，捕捉C点以指定另一条半轴长度，结果如下图所示。

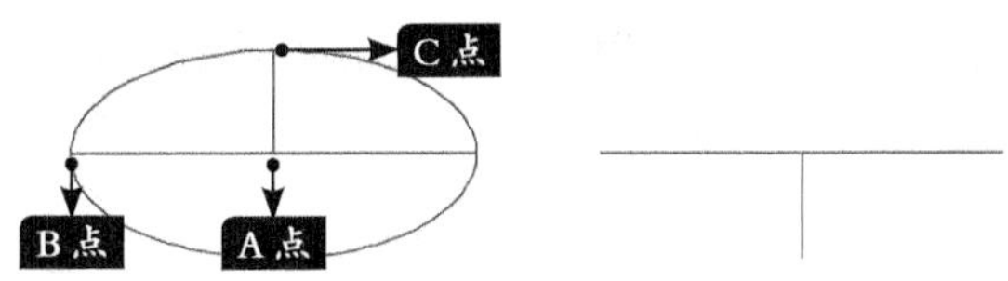

步骤 03 选择【绘图】➤【椭圆】➤【轴、端点】菜单命令，在绘图区域中捕捉D点作为椭圆的轴端点，捕捉E点作为轴的另一个端点，捕捉F点以指定另一条半轴长度，结果如下图所示。

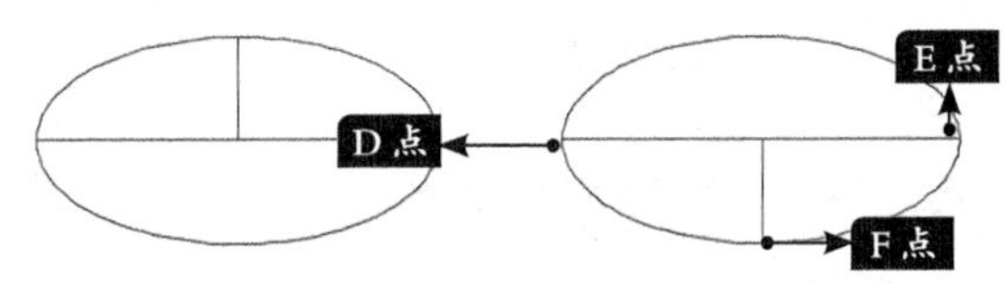

5.9.3 椭圆弧

1. 命令调用方法

在AutoCAD 2019中调用【椭圆弧】命令的方法通常有以下3种。

- 选择【绘图】➤【椭圆】➤【圆弧】菜单命令。
- 命令行输入“ELLIPSE/EL”命令并按空格键，然后输入“a”绘制圆弧。
- 单击【默认】选项卡➤【绘图】面板➤【椭圆弧】按钮。

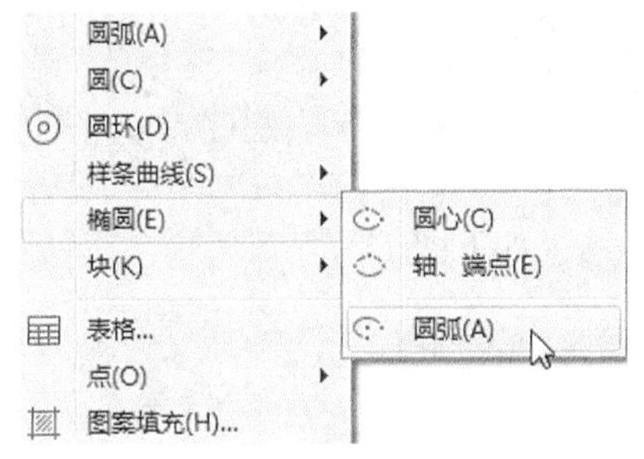

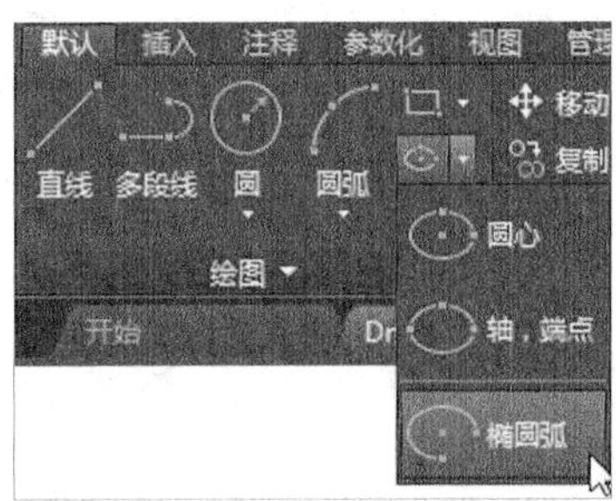

2. 命令提示

调用【椭圆】命令之后，命令行会进行如下提示。

```
命令：_ellipse
指定椭圆的轴端点或 [ 圆弧 (A)/ 中心点 (C)]: _a
指定椭圆弧的轴端点或 [ 中心点 (C)]:
```

3. 知识点扩展

椭圆弧为椭圆上某一角度到另一角度的一段，在绘制椭圆弧前必须先绘制一个椭圆。

5.9.4 实战演练——绘制椭圆弧对象

下面将创建椭圆弧对象，具体操作步骤如下。

步骤 01 打开“素材\CH05\绘制椭圆弧.dwg”文件，如下图所示。

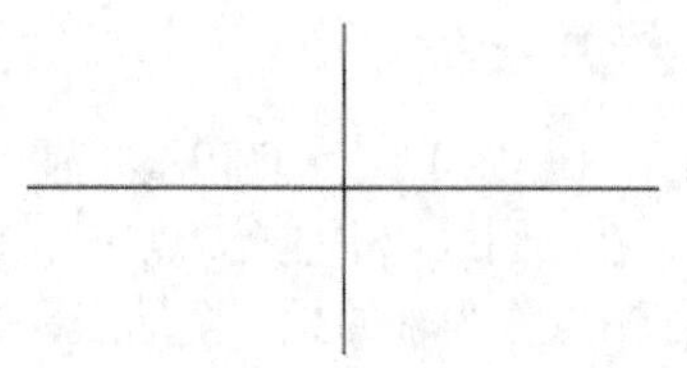

步骤 02 选择【绘图】➤【椭圆】➤【圆弧】菜单命令，命令行提示如下。

命令：_ellipse
指定椭圆的轴端点或 [圆弧 (A)/ 中心点 (C)]: _a
指定椭圆弧的轴端点或 [中心点 (C)]: // 捕捉 A 点
指定轴的另一个端点 : // 捕捉 B 点
指定另一条半轴长度或 [旋转 (R)]: // 捕捉 C 点
指定起点角度或 [参数 (P)]: 0
指定端点角度或 [参数 (P)/ 夹角 (I)]: 270

步骤 03 结果如下图所示。

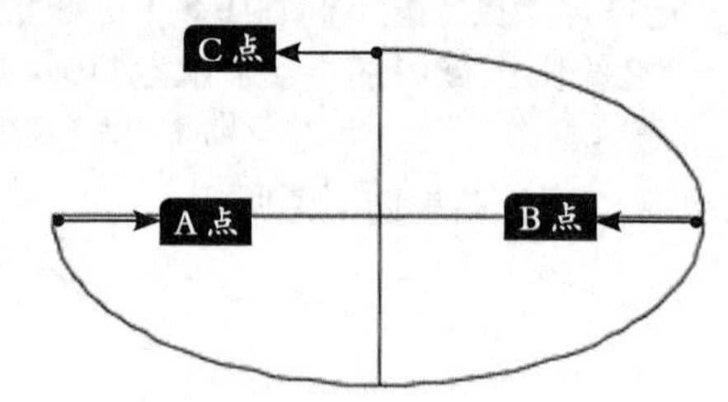

5.10 综合应用——绘制台灯罩平面图

本节视频教程时间：5 分钟

绘制台灯罩平面图主要会用到圆、等分点和直线命令。

步骤 01 新建一个dwg文件，然后在命令行输入“C”并按空格键，在绘图区域任意单击一点作为圆心，绘制一个半径为150的圆形，结果如下图所示。

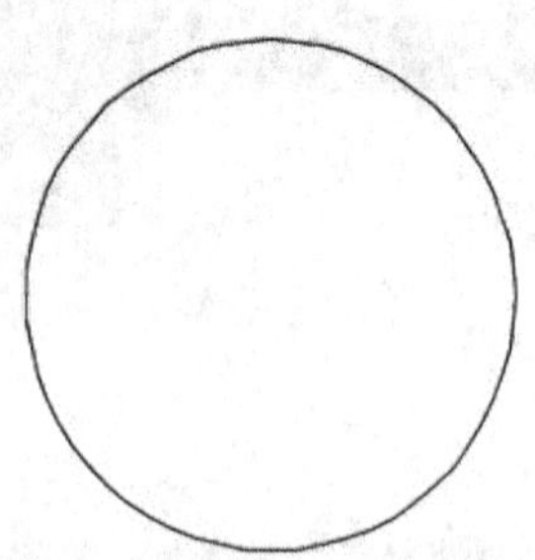

步骤 02 重复调用【圆】命令，绘制一个半径为50的圆形，命令行提示如下。

命令：CIRCLE
指定圆的圆心或 [三点 (3P)/ 两点 (2P)/ 切点、切点、半径 (T)]: fro 基点 : // 捕捉 R=150 的圆的圆心
< 偏移 >: @-20,20
指定圆的半径或 [直径 (D)] <150.0000>: 50

步骤 03 结果如下图所示。

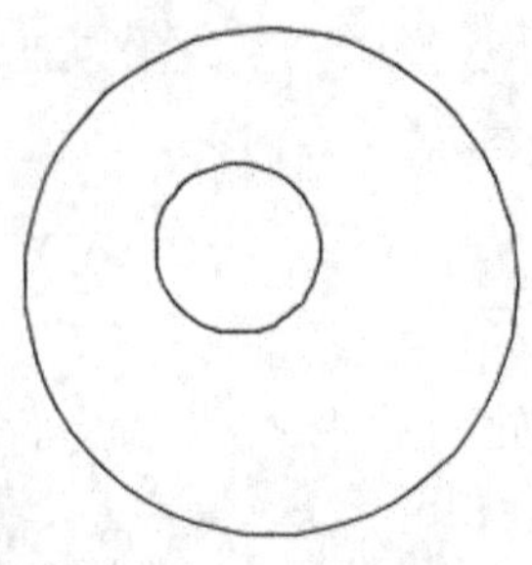

步骤 04 选择【格式】➤【点样式】菜单命令，在弹出的【点样式】对话框中选择一种适当的点样式，并进行相关设置，然后单击【确定】按钮，如下图所示。

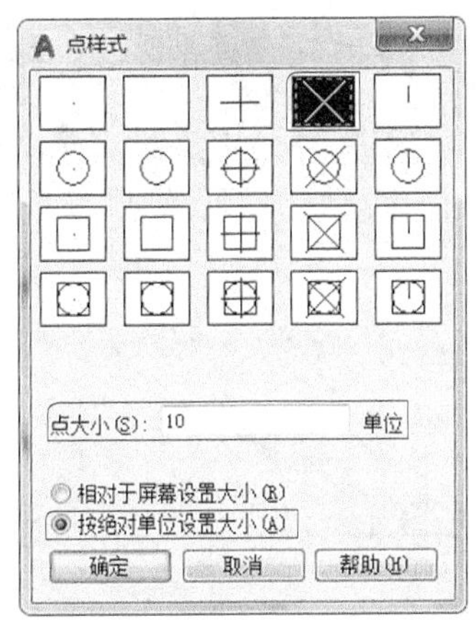

步骤05 在命令行输入“DIV”并按空格键，将上面绘制的两个圆进行10等分，结果如下图所示。

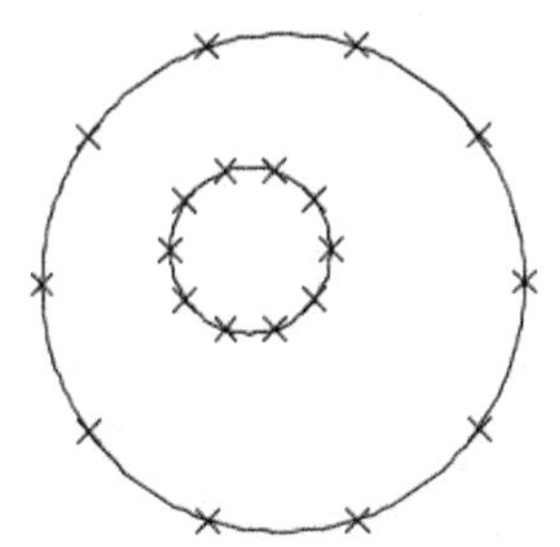

步骤06 在命令行输入“L”并按空格键，将上面的等分点连接起来，结果如下图所示。

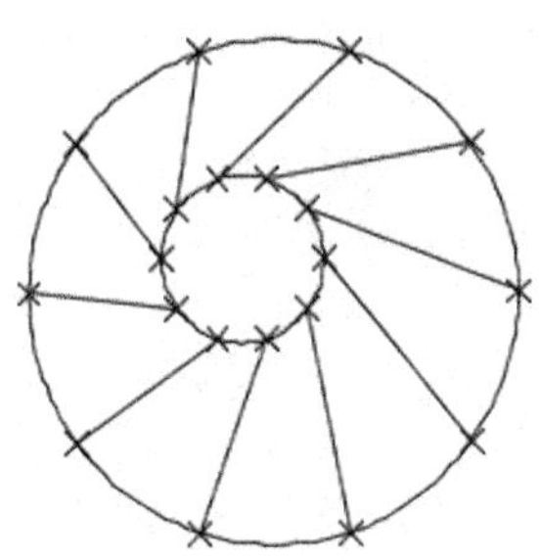

步骤07 选择所有等分点，并按键盘【Del】键将所选的等分点，结果如下图所示。

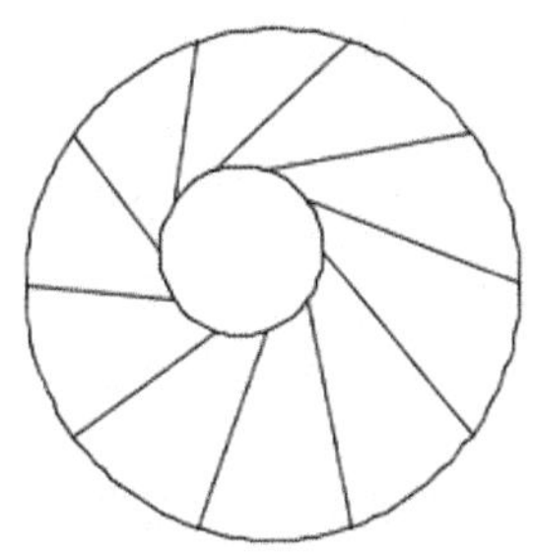

疑难解答

本节视频教程时间：5 分钟

如何绘制底边不与水平方向平齐的正多边形

在用输入半径值绘制多边形时，所绘制的多边形底边都与水平方向平齐，这是因为多边形底边自动与事先设定好的捕捉旋转角度对齐，而AutoCAD默认这个角度为0°。而通过输入半径值绘制底边不与水平方向平齐的多边形，有两种方法：一是通过输入相对极坐标绘制，二是通过修改系统变量来绘制。下面就绘制一个外切圆半径为200，底边与水平方向夹角为30°的正六边形。

步骤01 新建一个图形文件，然后在命令行输入“Pol”并按空格键，根据命令行提示进行如下操作。

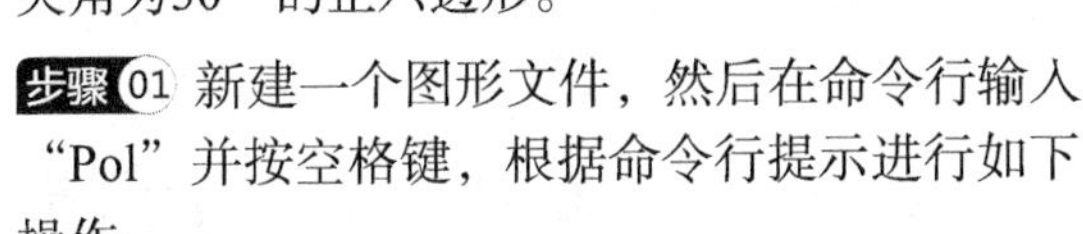

命令：POLYGON 输入侧面数 <4>: 6
指定正多边形的中心点或 [边 (E)]: //任意单击一点作为圆心
输入选项 [内接于圆 (I)/ 外切于圆 (C)] <I>: c
指定圆的半径：@200<60

步骤02 正六边形绘制完成后，结果如下图所示。

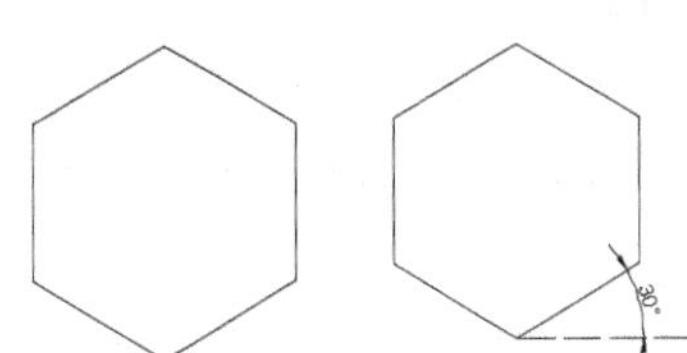

小提示

除了输入极坐标的方法外，通过修改系统参数“SNAPANG”也可以完成上述多边形的绘制，操作捕捉如下：

（1）在命令行输入“SANPANG”命令并按空格键，将新的系统值设置为30°。

命令：SANPANG

输入 SANPANG 的新值 <0>：30

（2）在命令行输入【Pol】命令并按空格键，AutoCAD提示如下。

命令：POLYGON 输入侧面数 <4>：6

指定正多边形的中心点或 [边 (E)]：　　// 任意单击一点作为多边形的中心

输入选项 [内接于圆 (I)/ 外切于圆 (C)] <I>：c

指定圆的半径：200

如何用构造线绘制角度平分线

下面将介绍用构造线绘制角度平分线的方法。

步骤01 打开"素材\CH05\绘制角度平分线"文件，如下图所示。

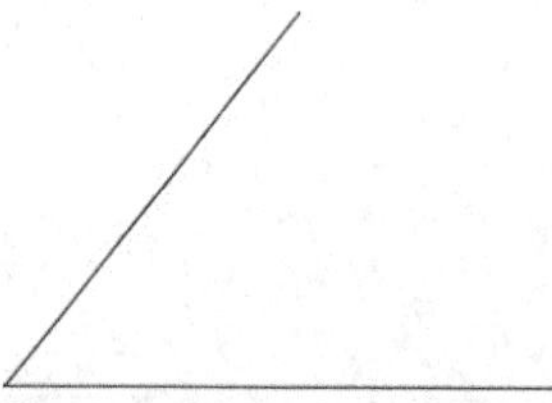

步骤02 在命令行输入"XL"并按空格键调用【构造线】命令，命令行提示如下。

命令：XLINE

指定点或 [水平 (H)/ 垂直 (V)/ 角度 (A)/ 二等分 (B)/ 偏移 (O)]：b

指定角的顶点：　　// 捕捉角的顶点

指定角的起点：　　// 捕捉一条边上的任意一点

指定角的端点：　　// 捕捉另一条边上的任意一点

指定角的端点：　　// 按空格键结束命令

步骤03 构造线绘制完成后，结果如下图所示。

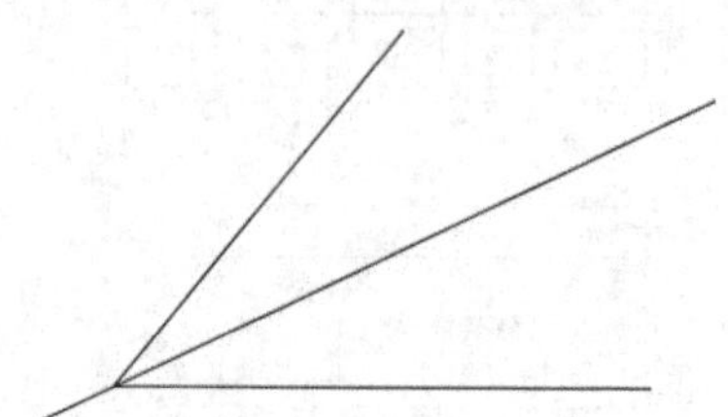

绘制圆弧的七要素

下面上图是绘制圆弧时可以使用的各种要素，下图是绘制圆弧时的流程图。

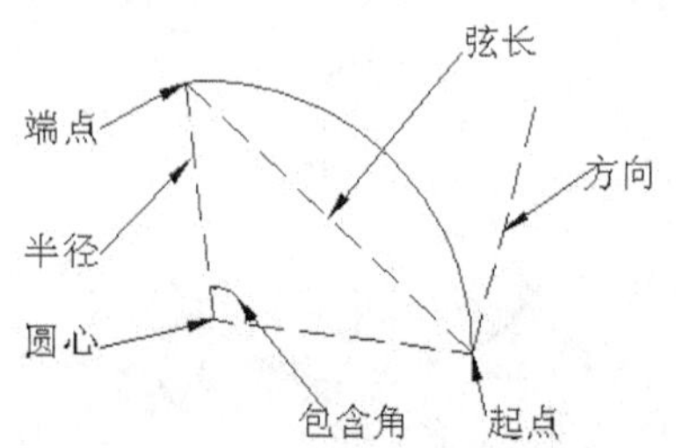

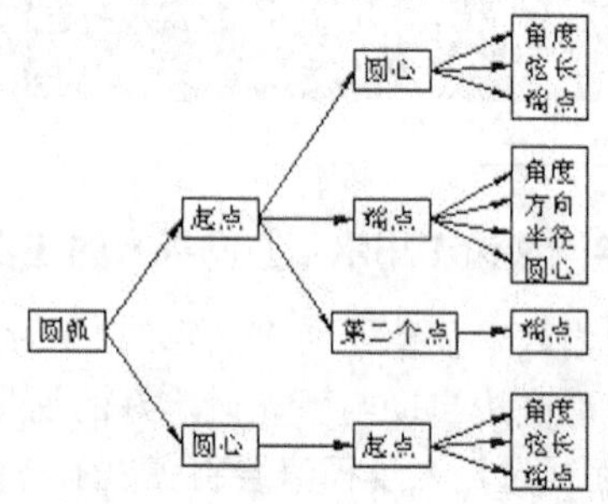

实战练习

绘制以下图形，并计算出阴影部分的面积。其中边长为100的矩形为正方形。

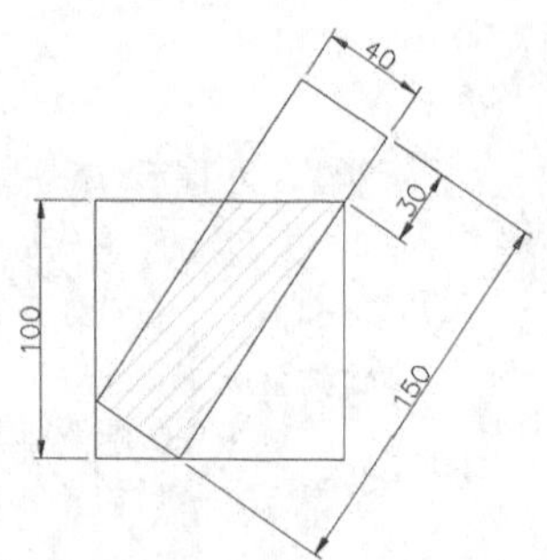

第6章

编辑二维图形对象

学习目标

单纯地使用绘图命令，只能创建一些基本的图形对象。如果要绘制复杂的图形，在很多情况下必须借助图形编辑命令。AutoCAD 2019提供了强大的图形编辑功能，可以帮助用户合理地构造和组织图形，既保证绘图的精确性，又简化了绘图操作，从而极大地提高了绘图效率。

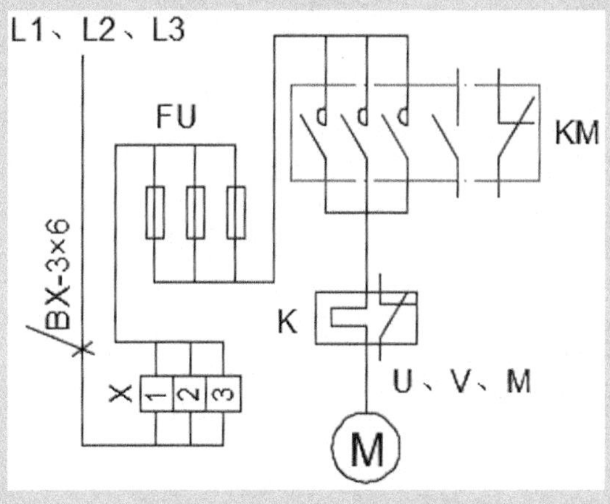

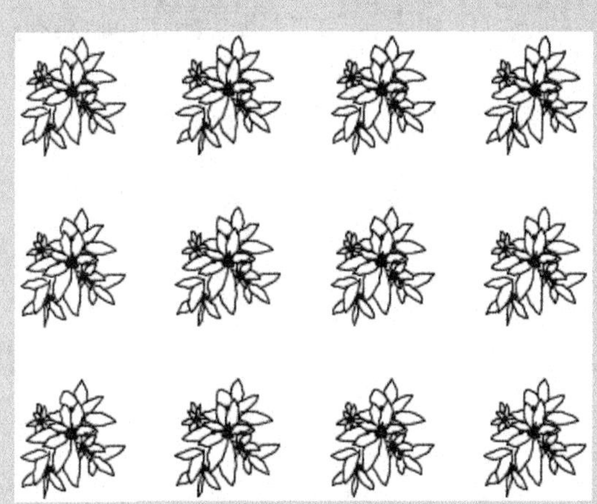

6.1 选择对象

本节视频教程时间：6 分钟

在AutoCAD中创建的每个几何图形都是一个AutoCAD对象。AutoCAD对象具有很多形式，例如，直线、圆、标注、文字、多边形和矩形等都是对象。

在AutoCAD中，选择对象是一个非常重要的环节，通常在执行编辑命令前先选择对象。因此，选择命令会频繁使用。

6.1.1 单个选取对象

1. 命令调用方法

将十字光标移至需要选择的图形对象上面单击即可选中该对象。

2. 知识点扩展

选择对象时可以选择单个对象，也可以通过多次选择单个对象实现多个对象的选择。对于重叠对象可以利用【选择循环】功能进行相应对象的选择，如下图所示。

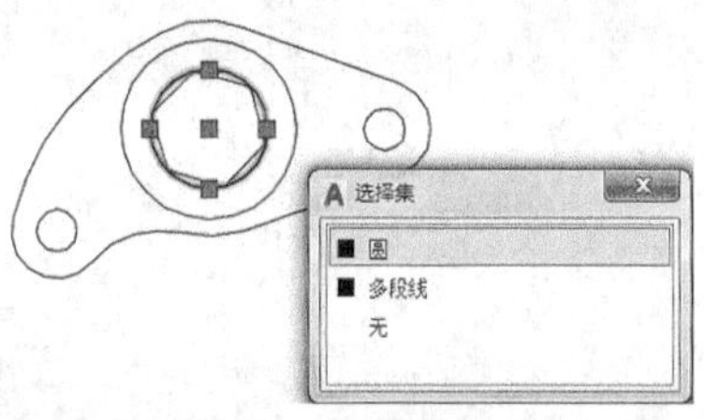

6.1.2 实战演练——选择椭圆弧对象

下面将通过单击选择对象的方式选择椭圆弧对象，具体操作步骤如下。

步骤01 打开“素材\CH06\选择对象.dwg”文件，如下图所示。

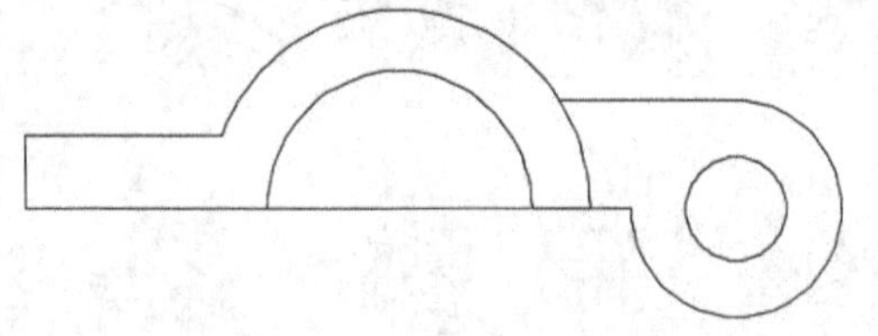

步骤02 将十字光标移动到椭圆弧对象上面，该对象会被亮显，如下图所示。

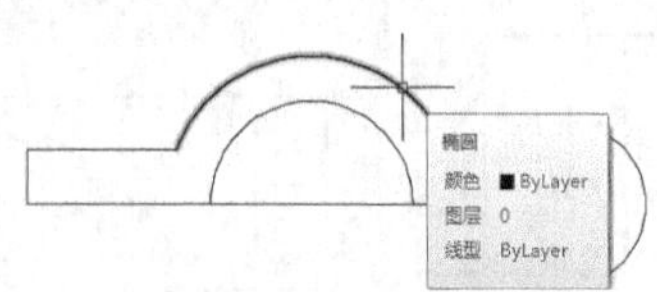

步骤03 单击即可选择该对象，选中后对象呈夹点显示，如下图所示。

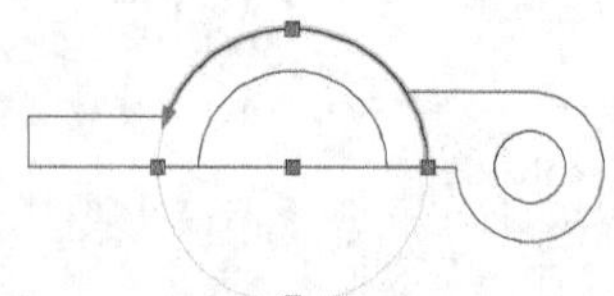

步骤04 按【Esc】键即可取消选择对象。

6.1.3 选择多个对象

1. 命令调用方法

可以采用窗口选择和交叉选择两种方法中的任意一种。窗口选择对象时，只有整个对象都在选择框中时，对象才会被选择。而交叉选择对象时，只要对象和选择框相交就会被选择。

2. 知识点扩展

在操作时，可能会不慎将选择好的对象放弃掉。如果选择对象很多，一个一个重新选择则太繁琐，这时可以在输入操作命令后提示选择时输入“P”，重新选择上一步的所有选择对象。

6.1.4 实战演练——对多个图形对象同时进行选择

下面将分别采用窗口选择和交叉选择的方式对多个图形对象同时进行选择，具体操作步骤如下。

1. 窗口选择

步骤01 打开“素材\CH06\选择对象.dwg”文件，如下图所示。

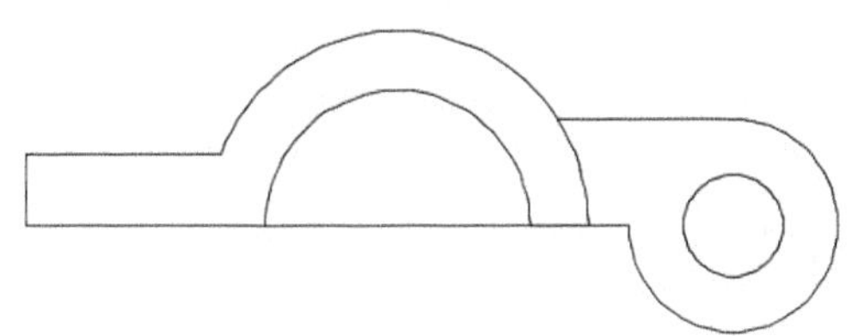

步骤02 在绘图区域左边空白处单击鼠标，确定矩形窗口第一点，如下图所示。

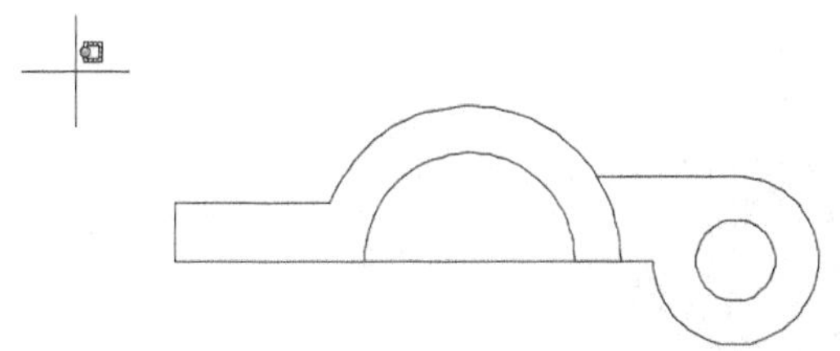

步骤03 从左向右拖曳鼠标，展开一个矩形窗口，如下图所示。

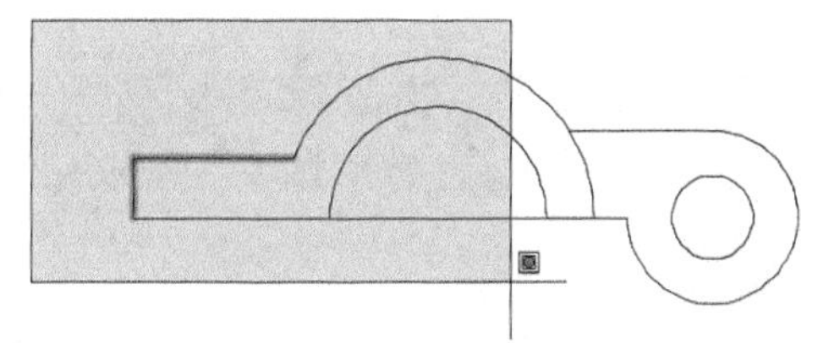

步骤04 单击鼠标后，完全位于窗口内的对象即被选择，如下图所示。

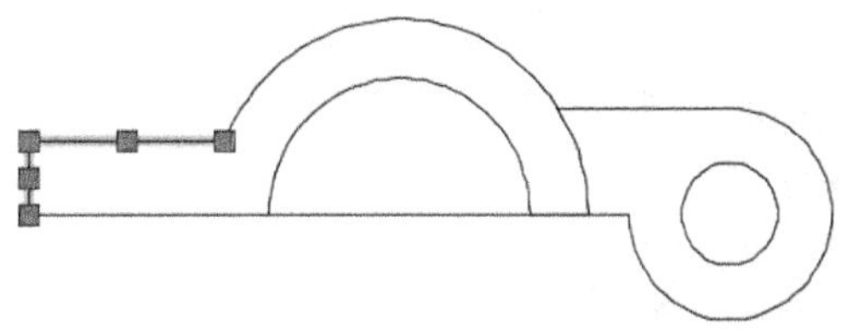

2. 交叉选择

步骤01 打开“素材\CH06\选择对象.dwg”文件，如下图所示。

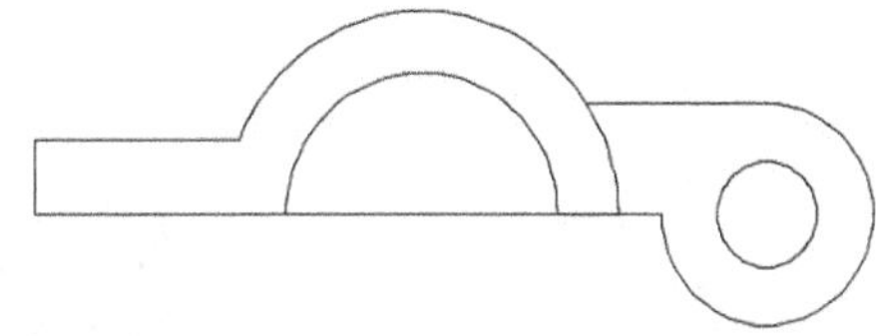

步骤02 在绘图区右边空白处单击鼠标，确定矩形窗口第一点，如下图所示。

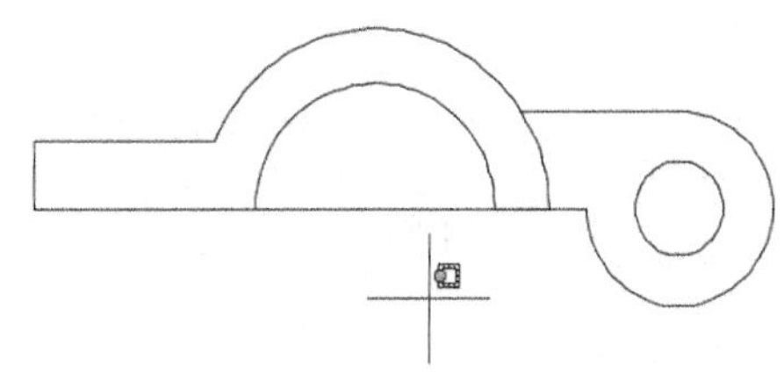

步骤03 从右向左拖曳鼠标，展开一个矩形窗口，如下图所示。

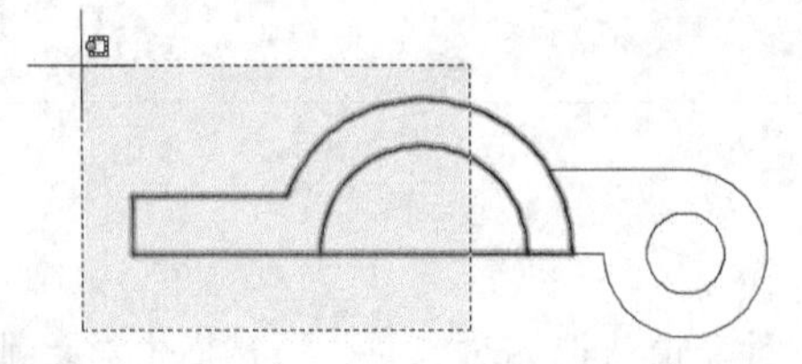

步骤04 单击鼠标，凡是和选择框接触的对象全部被选择，如下图所示。

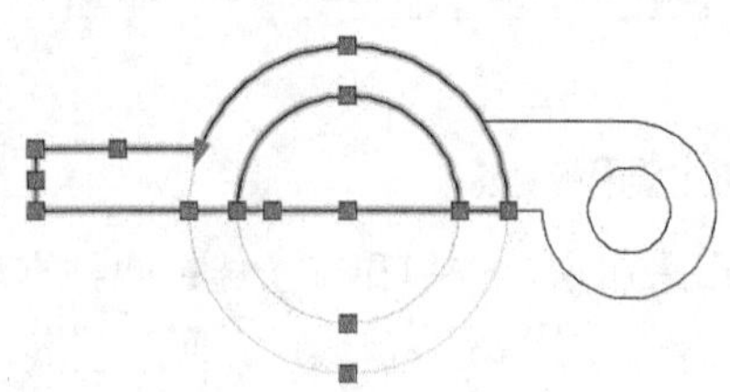

6.2 复制类编辑对象

本节视频教程时间：16 分钟

下面将对AutoCAD 2019中复制类图形对象的编辑方法进行详细介绍，包括【复制】、【镜像】、【偏移】和【阵列】等。

6.2.1 复制

复制，通俗地讲就是把原对象变成多个完全一样的对象。这和现实当中复印身份证或求职简历是一个道理。例如，通过【复制】命令，可以很轻松地从单个餐桌复制出多个餐桌，以实现一个完整餐厅的效果。

1. 命令调用方法

在AutoCAD 2019中调用【复制】命令的常用方法有以下4种。

- 选择【修改】➤【复制】菜单命令。
- 在命令行中输入“COPY/CO/CP”命令并按空格键确认。
- 单击【默认】选项卡➤【修改】面板中的【复制】按钮。
- 选择对象后单击鼠标右键，在快捷菜单中选择【复制选择】命令。

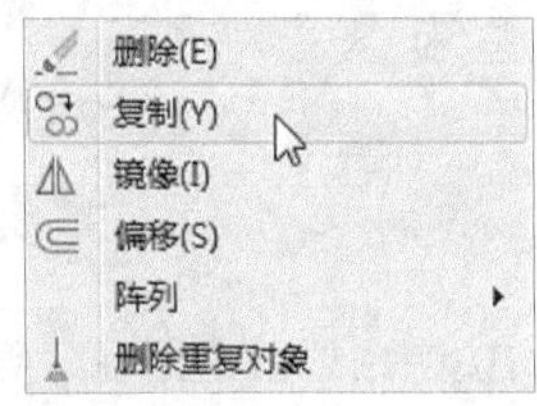

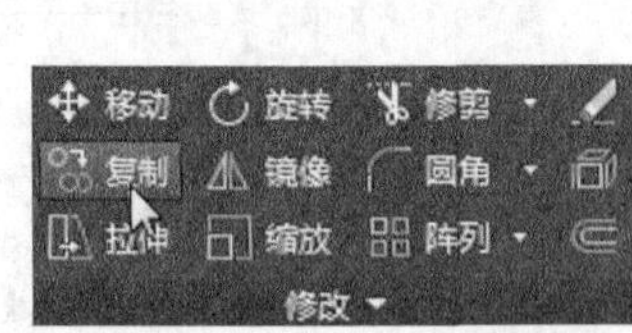

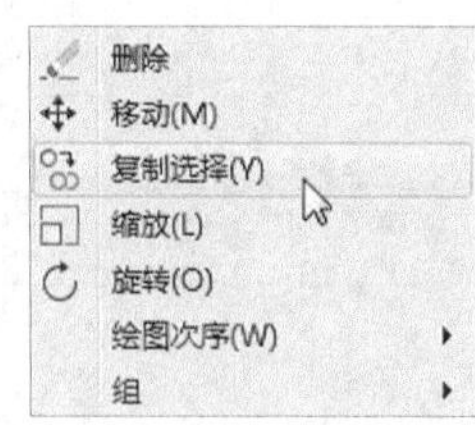

2. 命令提示

调用【复制】命令之后，命令行会进行如下提示。

```
命令：_copy
选择对象：
```

3. 知识点扩展

执行一次【复制】命令，可以连续复制多次同一个对象，退出【复制】命令后终止复制操作。

6.2.2 实战演练——通过复制命令完善电路图

下面将通过【复制】命令对电路图进行完善操作，具体操作步骤如下。

步骤01 打开“素材\CH06\复制对象.dwg”文件，如下图所示。

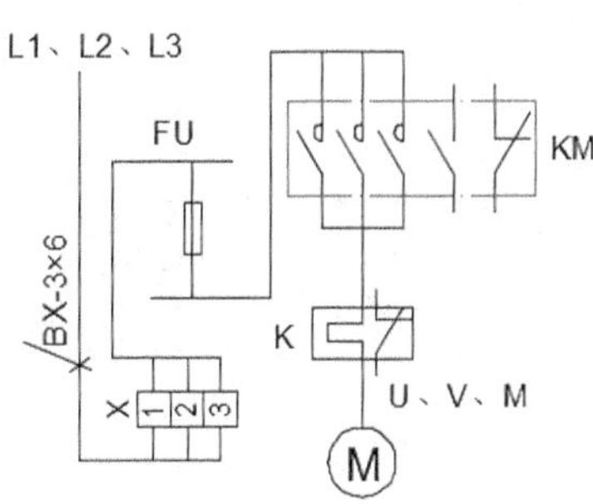

步骤02 选择【修改】➤【复制】菜单命令，在绘图区域中选择下图所示图形对象作为需要复制的对象，并按【Enter】键确认。

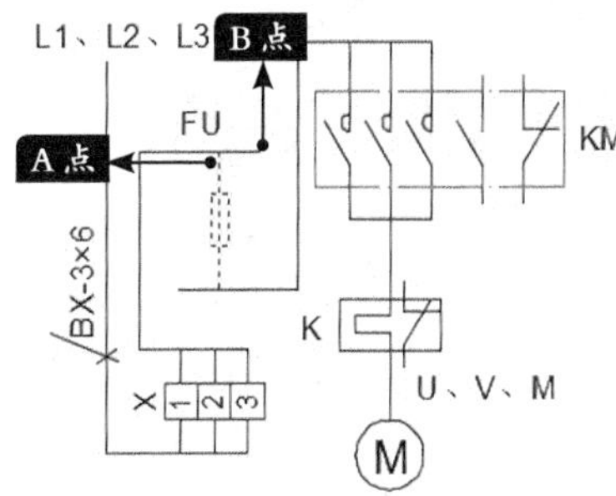

步骤03 在绘图区域中捕捉A点作为复制对象的基点，捕捉B点作为复制后的第二个点，并按【Enter】键确认，结果如下图所示。

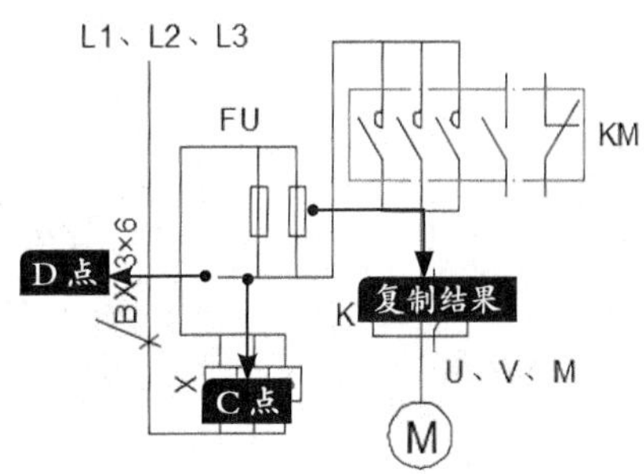

步骤04 重复调用【复制】命令，选择步骤02中所选择的对象作为需要复制的对象，在绘图区域中捕捉*C*点作为复制对象的基点，捕捉*D*点作为复制后的第二个点，并按【Enter】键确认，结果如下图所示。

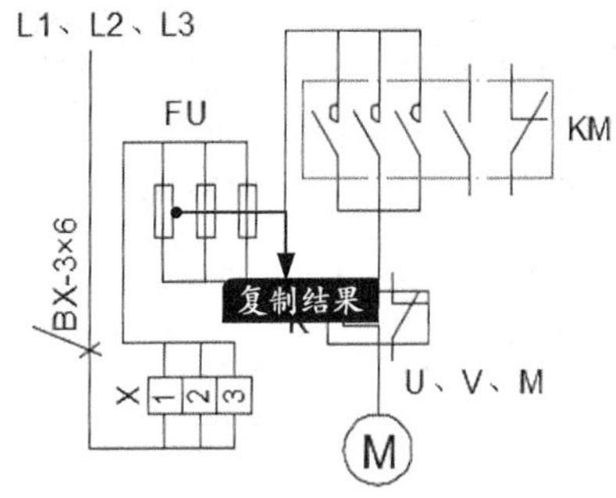

6.2.3 偏移

通过偏移可以创建与原对象造型平行的新对象。在AutoCAD中如果偏移的对象为直线，那么偏移的结果相当于复制。偏移对象如果是圆，偏移的结果是一个和源对象同心的同心圆，偏移距离即为两个圆的半径差。偏移的对象如果是矩形，偏移结果还是一个和源对象同中心的矩形，偏移距离即为两个矩形平行边之间的距离。

1. 命令调用方法

在AutoCAD 2019中调用【偏移】命令的常用方法有以下3种。

- 选择【修改】➤【偏移】菜单命令。
- 在命令行中输入“OFFSET/O”命令并按空格键确认。
- 单击【默认】选项卡➤【修改】面板中的【偏移】按钮。

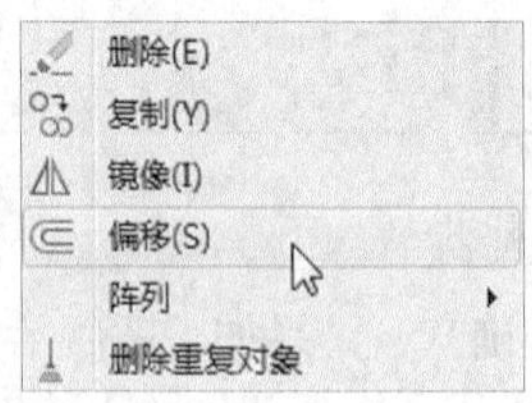

2. 命令提示

调用【偏移】命令之后，命令行会进行如下提示。

```
命令：_offset
当前设置：删除源 = 否  图层 = 源  OFFSETGAPTYPE=0
指定偏移距离或 [ 通过 (T)/ 删除 (E)/ 图层 (L)] < 通过 >:
```

3. 知识点扩展

命令行中各选项的含义如下。

- 指定偏移距离：指定需要被偏移的距离值。
- 通过(T)：可以指定一个已知点，偏移后生成的新对象将通过该点。
- 删除(E)：控制是否在执行偏移命令后将源对象删除。
- 图层(L)：确定将偏移对象创建在当前图层上还是源对象所在的图层上。

6.2.4 实战演练——通过偏移命令完善花窗图形

下面将通过【偏移】命令对花窗图形进行完善操作，具体操作步骤如下。

步骤 01 打开“素材\CH06\偏移对象.dwg”文件，如下图所示。

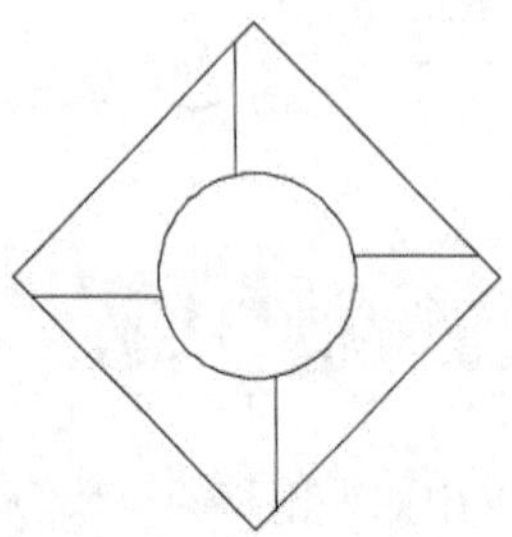

步骤 02 选择【修改】➤【偏移】菜单命令，偏移距离指定为“80”，并在绘图区域中选择下图所示图形对象作为需要偏移的对象。

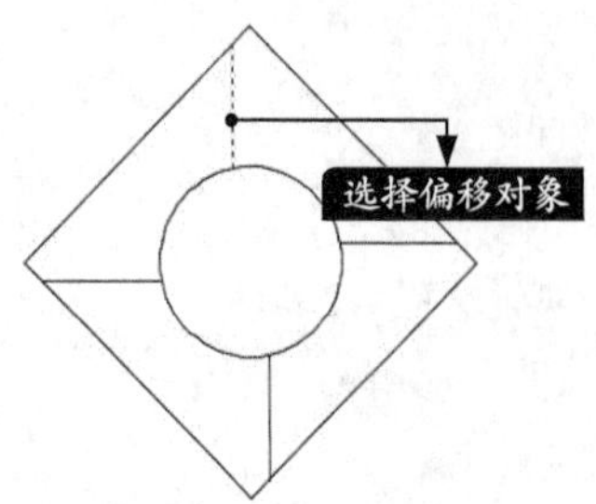

步骤 03 在偏移对象的右侧单击指定偏移方向，结果如下图所示。

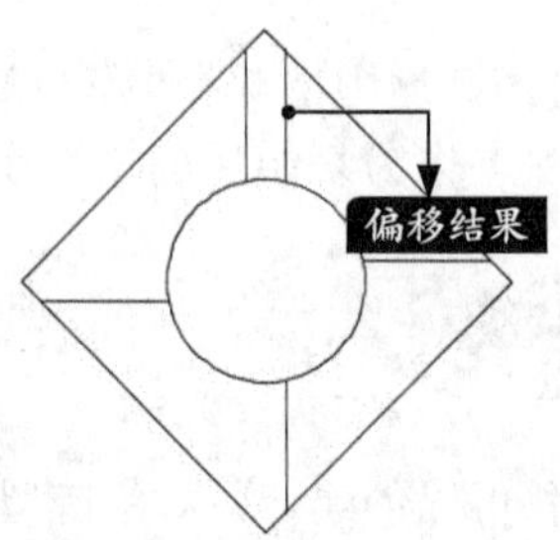

步骤 04 继续选择其他直线作为偏移对象进行偏移，最后按【Enter】键结束【偏移】命令，结果如下图所示。

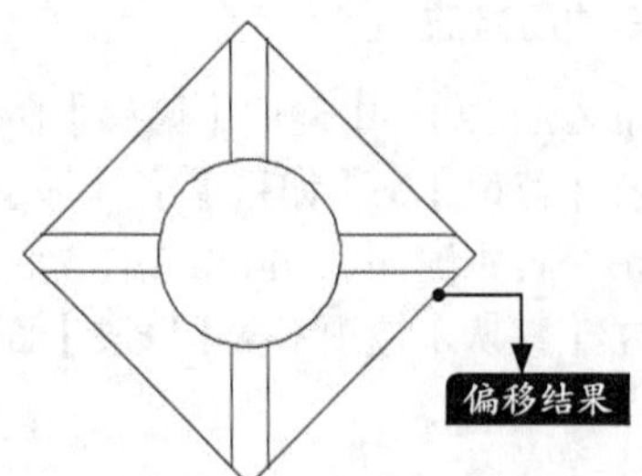

步骤05 继续调用【偏移】命令，偏移距离指定为“100”，并在绘图区域中选择圆形作为需要偏移的对象，将其向内侧偏移，结果如下图所示。

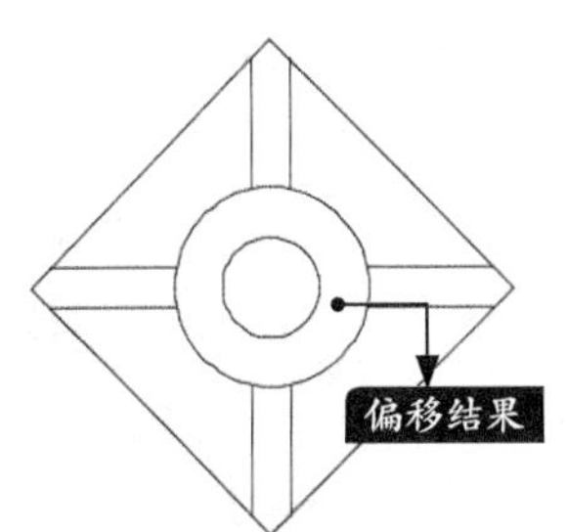

步骤06 继续在绘图区域中选择矩形作为需要偏移的对象，将其向外侧偏移，并按【Enter】键确认，结果如下图所示。

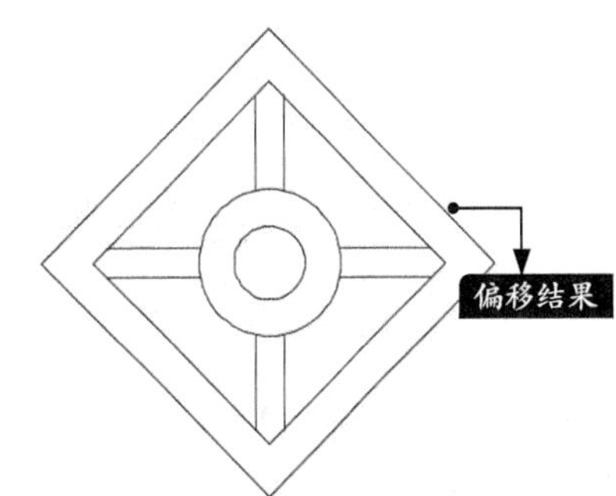

6.2.5 镜像

镜像对创建对称的对象非常有用。通常可以快速地绘制半个对象，然后将其镜像，而不必绘制整个对象。

1. 命令调用方法

在AutoCAD 2019中调用【镜像】命令的常用方法有以下3种。

- 选择【修改】➤【镜像】菜单命令。
- 在命令行中输入“MIRROR/MI”命令并按空格键确认。
- 单击【默认】选项卡➤【修改】面板中的【镜像】按钮⚠。

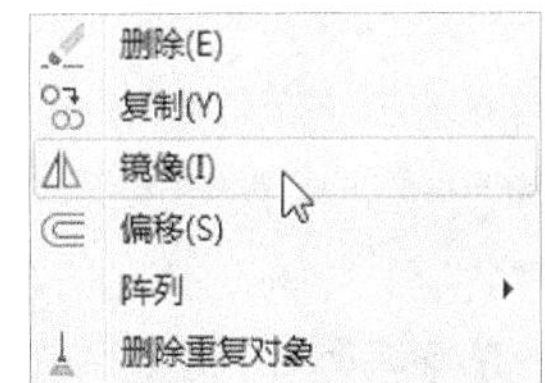

2. 命令提示

调用【镜像】命令之后，命令行会进行如下提示。

```
命令：_mirror
选择对象：
```

6.2.6 实战演练——通过镜像命令完善燃气灶图形

下面将通过【镜像】命令完善燃气灶图形，具体操作步骤如下。

步骤01 打开“素材\CH06\镜像对象.dwg”文件，如右图所示。

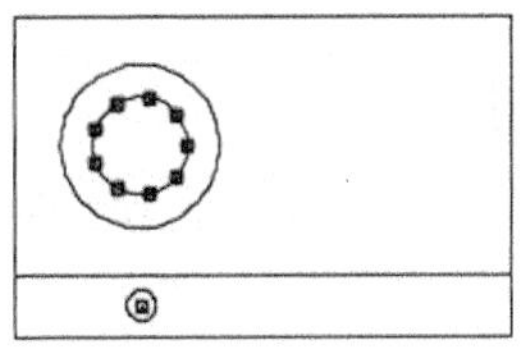

步骤02 选择【修改】➤【镜像】菜单命令，在绘图区域中选择下图所示图形对象作为需要镜像的对象，并按【Enter】键确认。

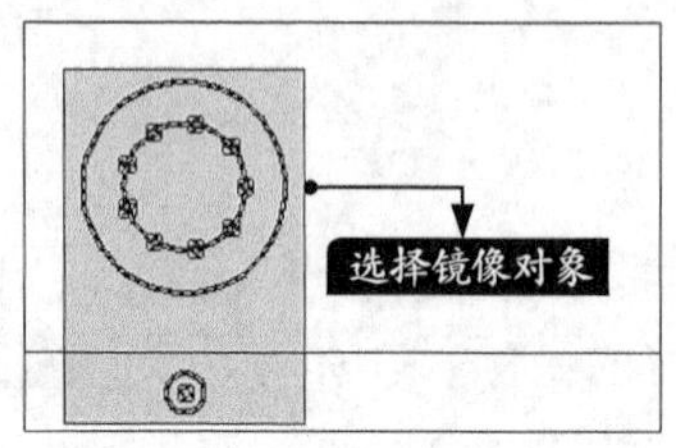

步骤03 在绘图区域中捕捉中点作为镜像线的第一点，如下图所示。

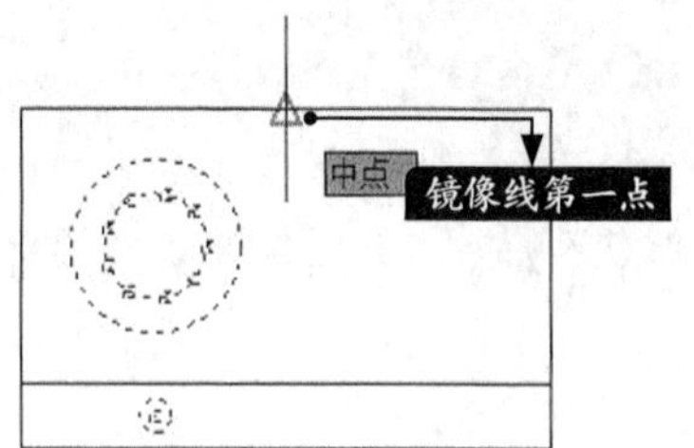

步骤04 在绘图区域中捕捉另一个中点作为镜像线的第二点，如下图所示。

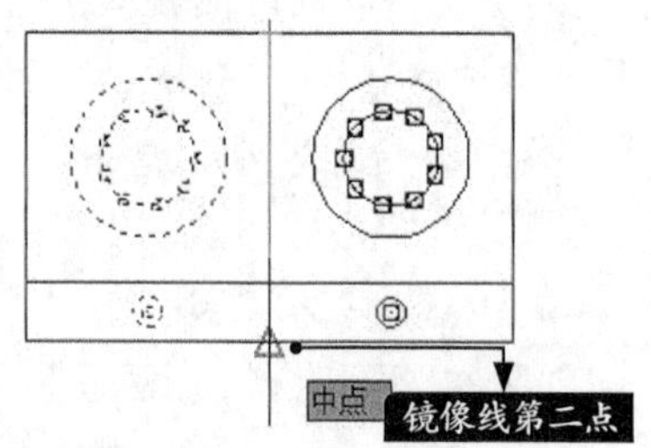

步骤05 当命令行提示是否删除“源对象”时，输入“N”并按【Enter】键确认，结果如下图所示。

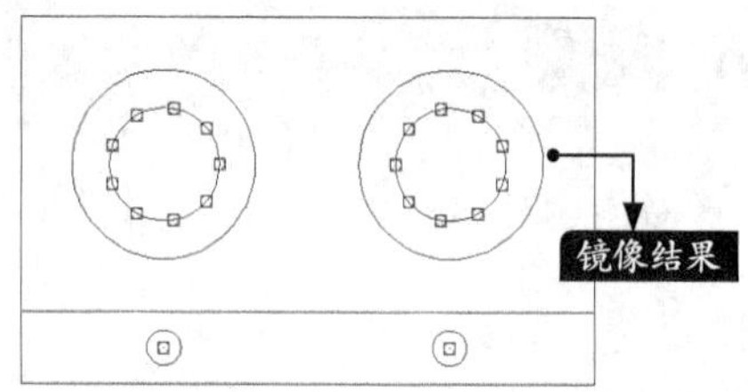

6.2.7 阵列

阵列功能可以为对象快速创建多个副本。在AutoCAD 2019中，阵列可以分为矩形阵列、路径阵列以及环形阵列（极轴阵列）。

1. 命令调用方法

在AutoCAD 2019中调用【阵列】命令的常用方法有以下3种。

- 选择【修改】➤【阵列】菜单命令，然后选择一种阵列方式。
- 在命令行中输入“ARRAY/AR”命令并按空格键确认，选择需要阵列的对象后可以选择一种阵列方式。
- 单击【默认】选项卡➤【修改】面板中的【阵列】按钮，然后选择一种阵列方式。

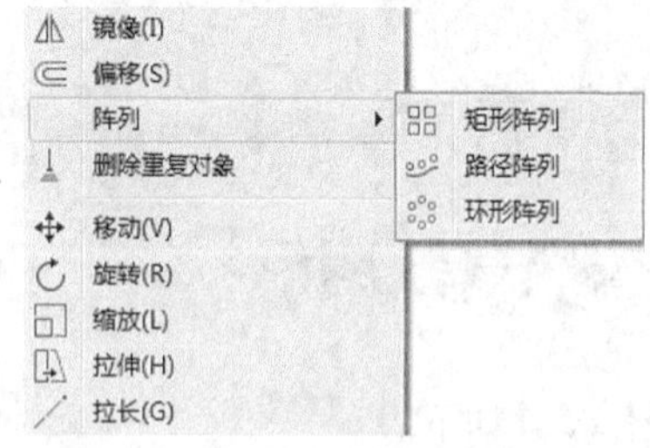

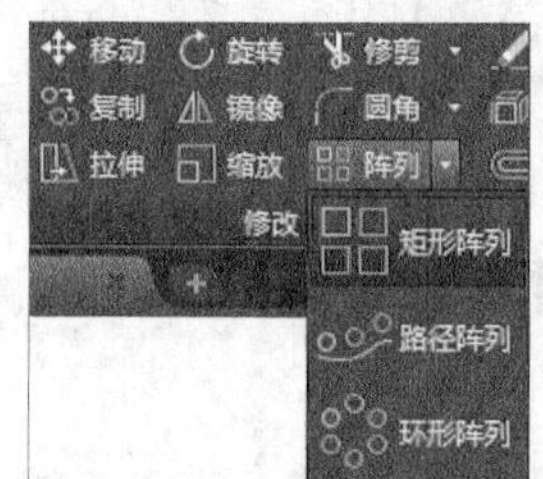

2. 命令提示

调用【AR】命令之后，在绘图区域选择需要阵列的对象并按【Enter】键确认，命令行会进行如下提示。

```
命令：ARRAY
选择对象：找到 1 个
选择对象：
输入阵列类型 [ 矩形 (R)/ 路径 (PA)/ 极轴 (PO)] < 矩形 >:
```

3. 知识点扩展

各种阵列方式的区别如下。

- 矩形阵列：矩形阵列可以创建对象的多个副本，并可控制副本数目和副本之间的距离。
- 环形阵列：环形阵列也可创建对象的多个副本，并可对副本是否旋转以及旋转角度进行控制。
- 路径阵列：在路径阵列中，项目将均匀地沿路径或部分路径分布。

6.2.8 实战演练——通过阵列命令创建图形对象

下面将分别通过【矩形阵列】、【环形阵列】以及【路径阵列】创建图形对象，具体操作步骤如下。

1. 矩形阵列

步骤 01 打开“素材\CH06\矩形阵列.dwg”文件，如下图所示。

步骤 02 选择【修改】➤【阵列】➤【矩形阵列】菜单命令，在绘图区域中选择全部图形对象作为需要矩形阵列的对象，按【Enter】键确认，然后在系统弹出的【阵列创建】选项卡中进行相应设置，如下图所示。

列数:	4	行数:	3
介于:	1300	介于:	1400
总计:	3900	总计:	2800
	列		行

步骤 03 单击【关闭阵列】按钮，结果如下图所示。

2. 环形阵列

步骤 01 打开“素材\CH06\环形阵列.dwg”文件，如下图所示。

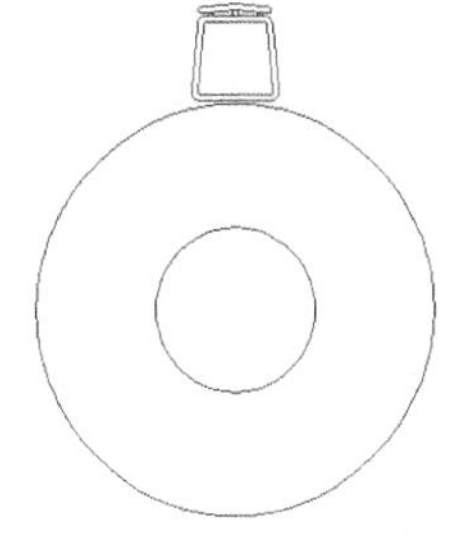

步骤 02 选择【修改】➤【阵列】➤【环形阵列】菜单命令，在绘图区域中选择餐椅图形作为需要环形阵列的对象，按【Enter】键确认，如下图所示。

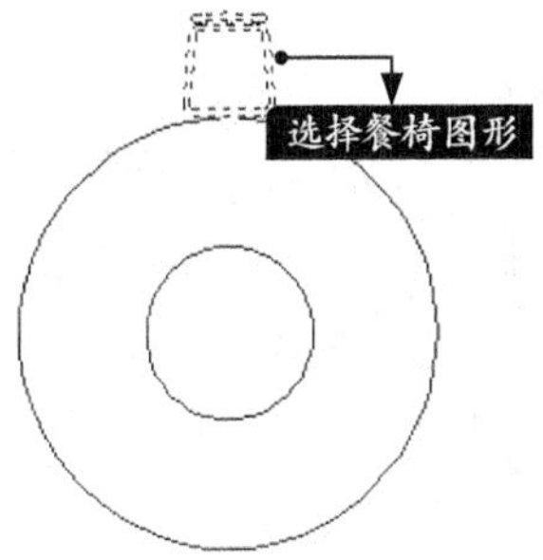

步骤 03 在绘图区域捕捉圆心作为阵列的中心点，如下图所示。

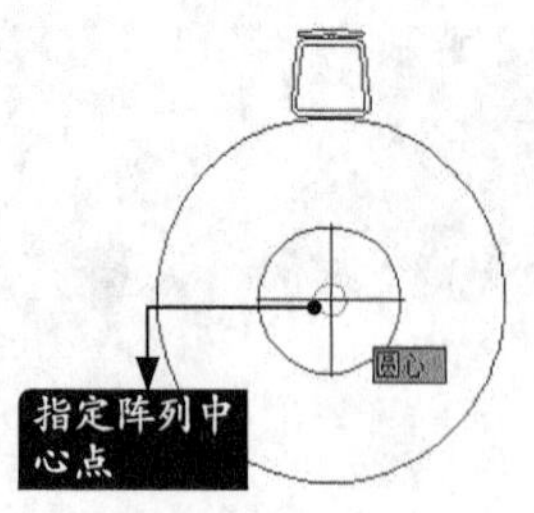

步骤 04 在系统弹出的【阵列创建】选项卡中进行相应设置，如下图所示。

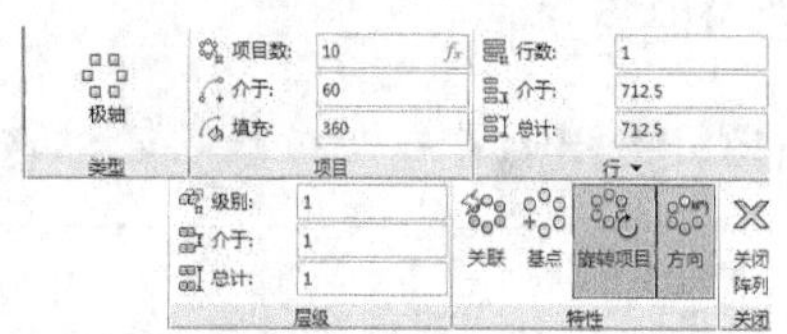

步骤 05 单击【关闭阵列】按钮，结果如下图所示。

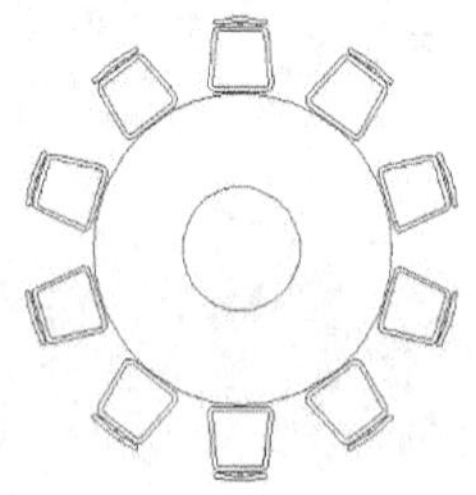

3. 路径阵列

步骤 01 打开“素材\CH06\路径阵列.dwg”文件，如下图所示。

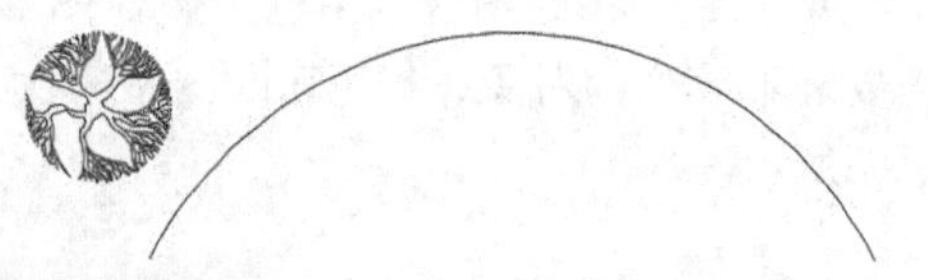

步骤 02 选择【修改】➤【阵列】➤【路径阵列】菜单命令，在绘图区域中选择花草图形作为需要路径阵列的对象，按【Enter】键确认，如下图所示。

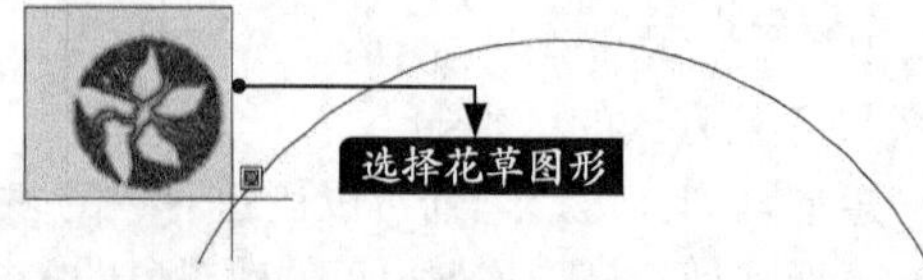

步骤 03 在绘图区域中选择圆弧对象作为路径曲线，如下图所示。

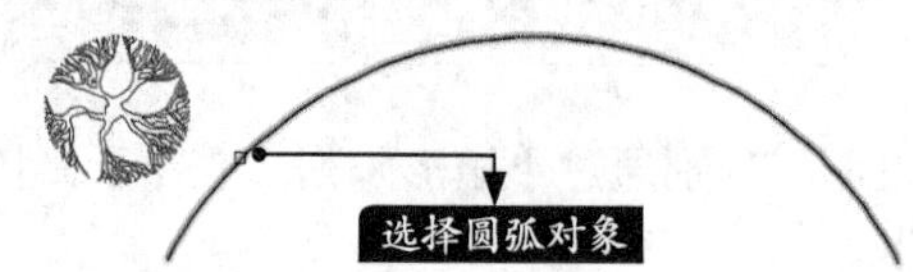

步骤 04 在系统弹出的【阵列创建】选项卡中进行相应设置，如下图所示。

步骤 05 单击【关闭阵列】按钮，结果如下图所示。

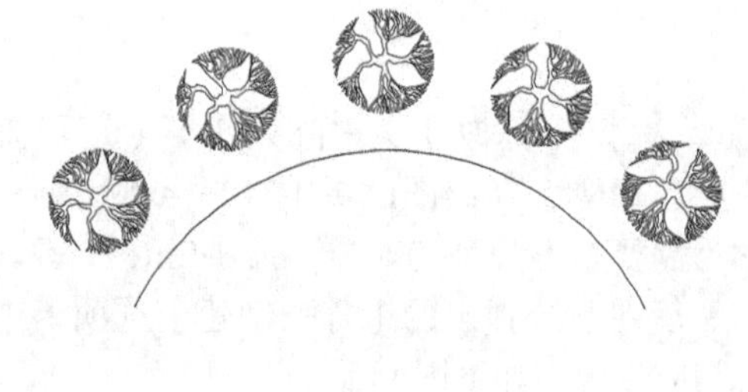

6.3 构造类编辑对象

本节视频教程时间：17 分钟

下面将对AutoCAD 2019中构造对象的方法进行详细介绍，包括【圆角】、【倒角】、【打断】、【打断于点】和【合并对象】等。

6.3.1 圆角

【圆角】命令可以对比较尖锐的角进行圆滑处理，也可以对平行或延长线相交的边线进行圆角处理。

1. 命令调用方法

在AutoCAD 2019中调用【圆角】命令的常用方法有以下3种。

- 选择【修改】➤【圆角】菜单命令。
- 在命令行中输入“FILLET/F”命令并按空格键确认。
- 单击【默认】选项卡➤【修改】面板中的【圆角】按钮。

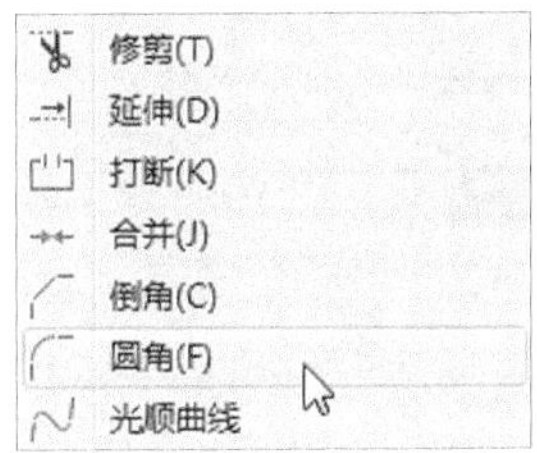

2. 命令提示

调用【圆角】命令之后，命令行会进行如下提示。

```
命令：_fillet
当前设置：模式 = 修剪，半径 = 0.0000
选择第一个对象或 [ 放弃 (U)/ 多段线 (P)/ 半径 (R)/ 修剪 (T)/ 多个 (M)]:
```

3. 知识点扩展

命令行中各选项的含义如下。

- 选择第一个对象：选择定义二维圆角所需的两个对象中的一个，如果编辑对象为三维模型，则选择三维实体的边。（在 AutoCAD LT 中不可用。）
- 放弃(U)：恢复在命令中执行的上一个操作。
- 多段线(P)：对整个二维多段线中两条直线段相交的顶点处均进行圆角操作。
- 半径(R)：预定义圆角半径。
- 修剪(T)：控制 FILLET 是否将选定的边修剪到圆角圆弧的端点。
- 多个(M)：可以为多个对象添加相同半径值的圆角。

6.3.2 实战演练——创建圆角对象

下面将利用【圆角】命令创建圆角对象，具体操作步骤如下。

步骤01 打开“素材\CH06\圆角对象.dwg”文件，如下图所示。

步骤02 选择【修改】➤【圆角】菜单命令，将圆角半径定义为“25”，并在绘图区域中选择下图所示的两条线段作为需要圆角的对象。

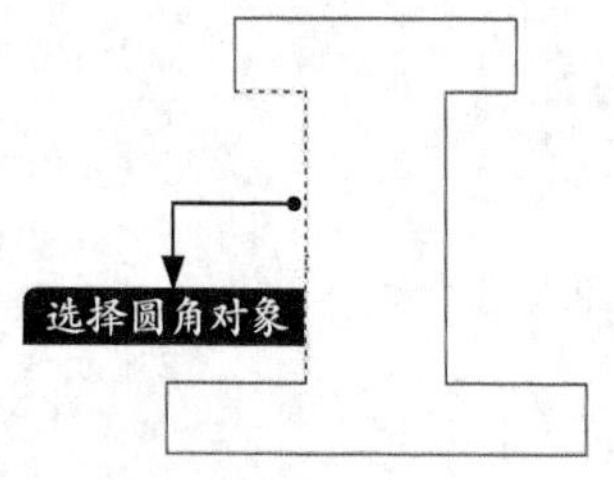

步骤03 结果如下图所示。

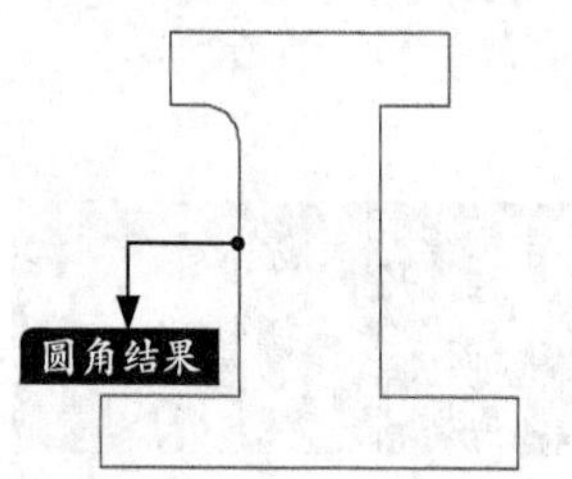

步骤04 重复步骤02 ~步骤03 的操作，对其余几个位置进行半径为“25”的圆角操作，结果如下图所示。

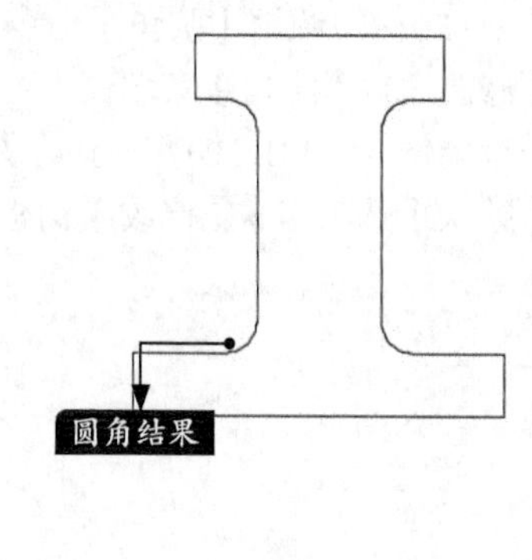

6.3.3 倒角

倒角操作用于连接两个对象，使它们以平角或倒角相接。

1. 命令调用方法

在AutoCAD 2019中调用【倒角】命令的常用方法有以下3种。

- 选择【修改】➤【倒角】菜单命令。
- 在命令行中输入“CHAMFER/CHA”命令并按空格键确认。
- 单击【默认】选项卡➤【修改】面板中的【倒角】按钮⌐。

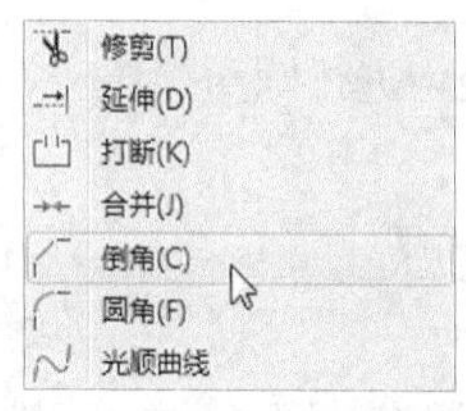

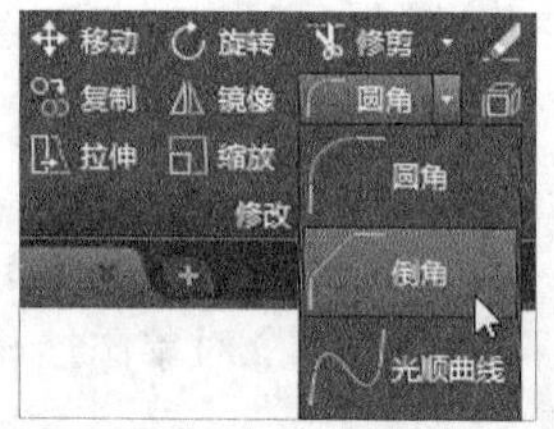

2. 命令提示

调用【倒角】命令之后，命令行会进行如下提示。

```
命令：_chamfer
（“修剪”模式）当前倒角距离 1 = 0.0000，距离 2 = 0.0000
选择第一条直线或 [ 放弃 (U)/ 多段线 (P)/ 距离 (D)/ 角度 (A)/ 修剪 (T)/ 方式 (E)/ 多个 (M)]:
```

3. 知识点扩展

命令行中各选项的含义如下。

- 选择第一条直线：指定定义二维倒角所需的两条边中的第一条边；还可以选择三维实体的边进行倒角，然后从两个相邻曲面中指定一个作为基准曲面。（在 AutoCAD LT 中不可用。）
- 放弃(U)：恢复在命令中执行的上一个操作。

- 多段线(P)：对整个二维多段线倒角，相交多段线线段在每个多段线顶点处被倒角，倒角成为多段线的新线段；如果多段线包含的线段过短以至于无法容纳倒角距离，则不对这些线段倒角。
- 距离(D)：设定倒角至选定边端点的距离，如果将两个距离均设定为零，CHAMFER 将延伸或修剪两条直线，以使它们终止于同一点。
- 角度(A)：用第一条线的倒角距离和第二条线的角度设定倒角距离。
- 修剪(T)：控制 CHAMFER 是否将选定的边修剪到倒角直线的端点。
- 方式(E)：控制 CHAMFER 使用两个距离还是一个距离和一个角度来创建倒角。
- 多个(M)：为多组对象的边倒角。

6.3.4 实战演练——创建倒角对象

下面将利用【倒角】命令创建倒角对象，具体操作步骤如下。

步骤01 打开“素材\CH06\倒角对象.dwg”文件，如下图所示。

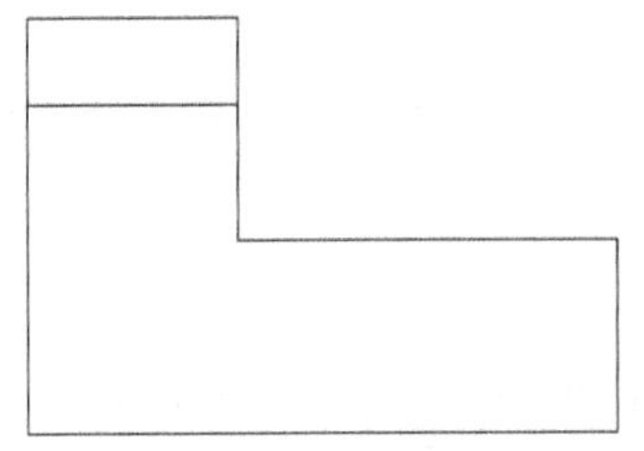

步骤02 选择【修改】➤【倒角】菜单命令，将倒角距离1、倒角距离2均设置为“10”，并在绘图区域中选择下图所示的两条线段作为需要倒角的对象。

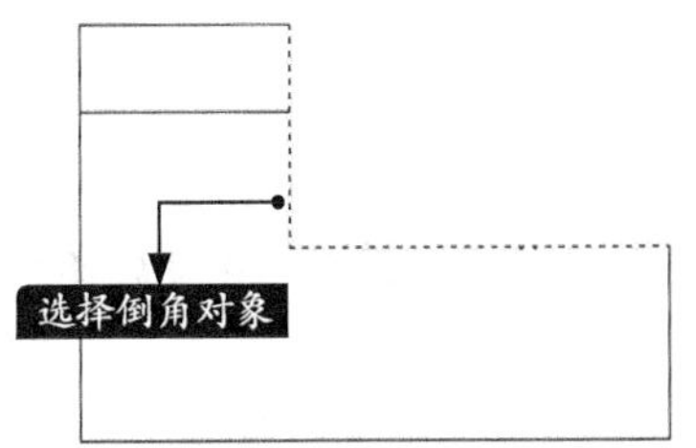

步骤03 结果如下图所示。

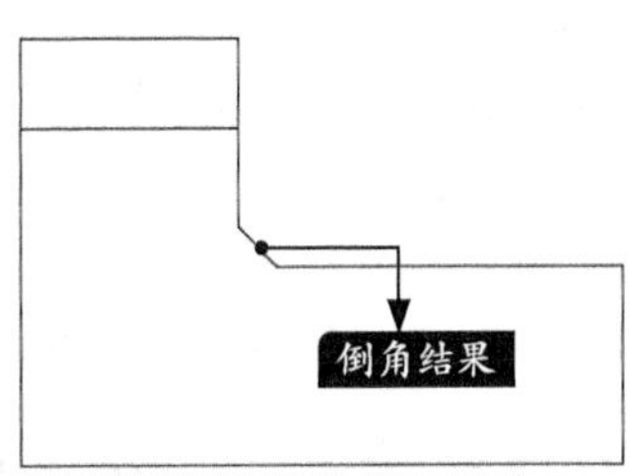

步骤04 重复步骤02 ~ 步骤03 的操作，对另外两条相邻边界进行倒角操作，倒角距离1、倒角距离2均设置为“20”，结果如下图所示。

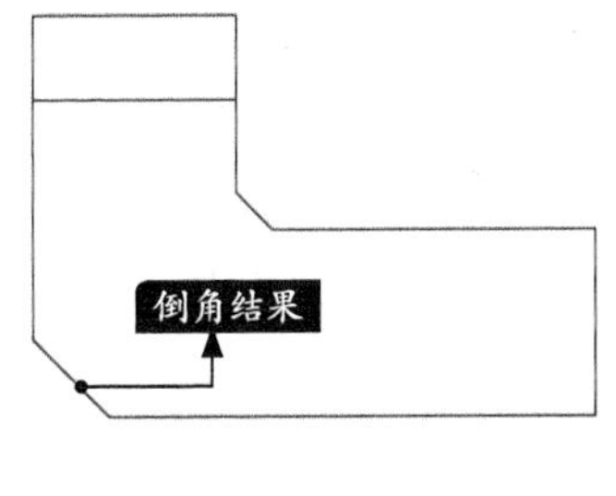

6.3.5 有间隙的打断

利用【打断】命令可以轻松实现在两点之间打断对象。

1. 命令调用方法

在AutoCAD 2019中调用【打断】命令的常用方法有以下3种。

- 选择【修改】➤【打断】菜单命令。
- 在命令行中输入“BREAK/BR”命令并按空格键。
- 单击【默认】选项卡➤【修改】面板中的【打断】按钮。

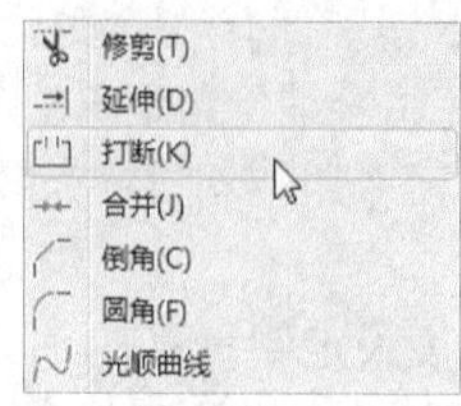

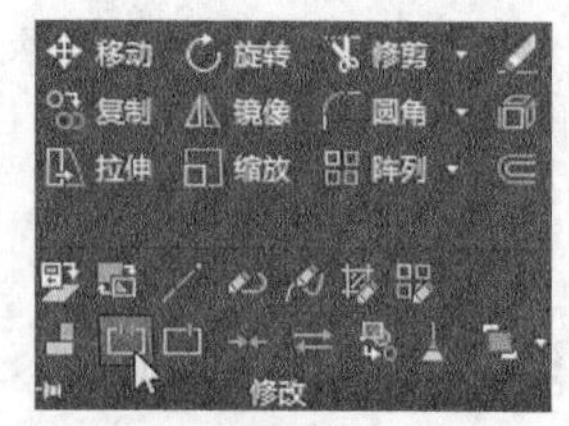

2. 命令提示

调用【打断】命令之后，命令行会进行如下提示。

命令：_break
选择对象：

选择需要打断的对象之后命令行会进行如下提示。

指定第二个打断点 或 [第一点(F)]:

3. 知识点扩展

命令行中各选项的含义如下。

- 指定第二个打断点：指定第二个打断点的位置，此时系统默认以单击选择该对象时所单击的位置为第一个打断点。
- 第一点(F)：用指定的新点替换原来的第一个打断点。

6.3.6 实战演练——创建有间隙的打断

下面将利用【打断】命令为对象创建有间隙的打断，具体操作步骤如下。

步骤01 打开“素材\CH06\打断对象.dwg”文件，如下图所示。

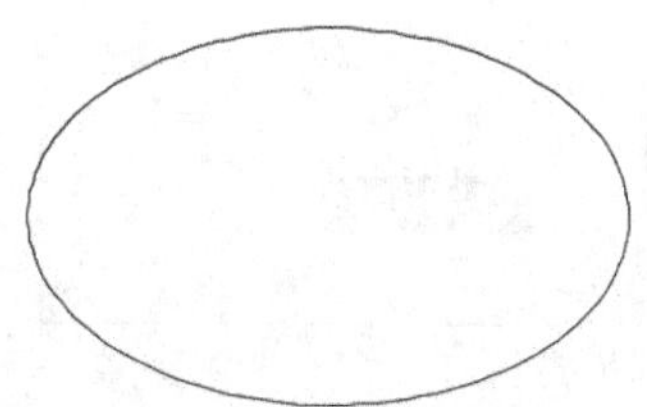

步骤02 选择【修改】➤【打断】菜单命令，并在绘图区域中选择椭圆形对象作为需要打断的对象，如下图所示。

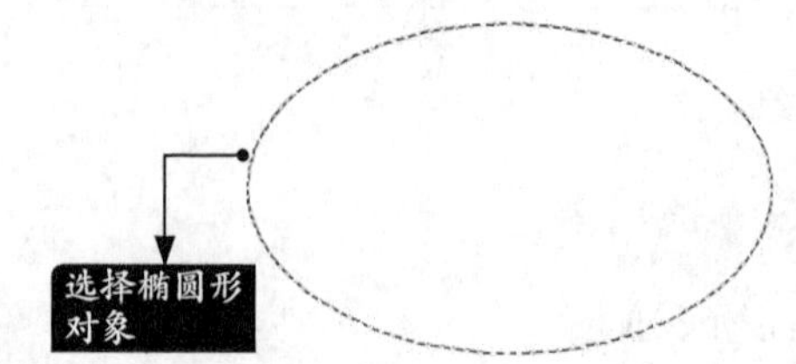

步骤03 在命令行中输入“F”并按【Enter】键确认，然后在绘图区域中单击指定第一个打断点，如下图所示。

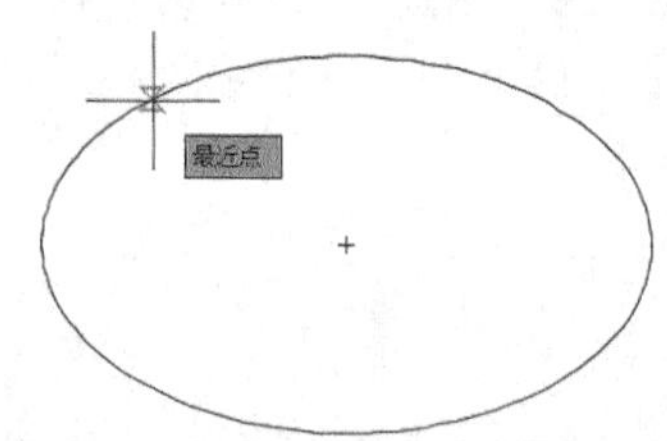

步骤04 继续在绘图区域中单击指定第二个打断点，如下图所示。

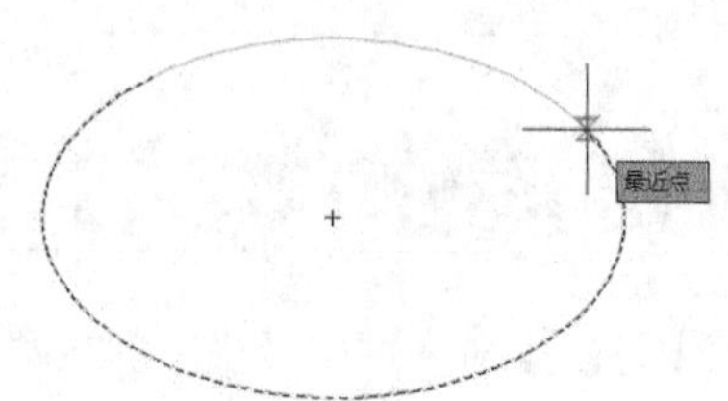

步骤05 结果如下图所示。

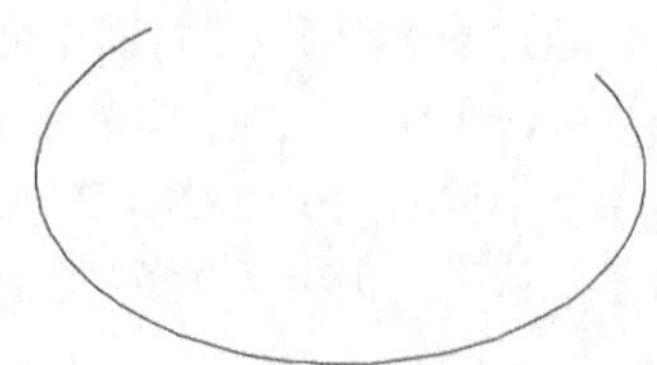

6.3.7 没有间隙的打断——打断于点

利用【打断于点】命令可以实现将对象在一点处打断，而不存在缝隙。

1. 命令调用方法

在AutoCAD 2019中调用【打断于点】命令的常用方法有以下3种。

- 选择【修改】➤【打断】菜单命令。
- 在命令行中输入“BREAK/BR”命令并按空格键。
- 单击【默认】选项卡➤【修改】面板中的【打断于点】按钮。

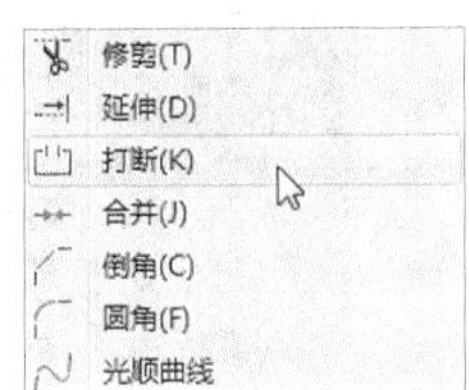

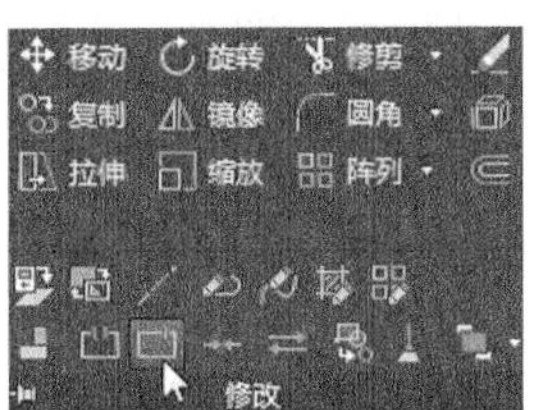

2. 命令提示

调用【打断于点】命令之后，命令行会进行如下提示。

```
命令：_break
选择对象：
```

选择需要打断的对象之后命令行会进行如下提示。

```
指定第二个打断点 或 [ 第一点 (F)]: _f
指定第一个打断点：
```

3. 知识点扩展

命令行中选项的含义如下。

要打断对象而不创建间隙，可以在相同的位置指定两个打断点，也可以在提示输入第二点时输入“@0,0”。

6.3.8 实战演练——创建没有间隙的打断

下面将利用【打断于点】命令为对象创建没有间隙的打断，具体操作步骤如下。

步骤01 打开“素材\CH06\打断于点.dwg”文件，如下图所示。

步骤02 单击【默认】选项卡➤【修改】面板➤【打断于点】按钮，然后单击选择直线作为要打断的对象，如下图所示。

步骤03 在绘图区域中单击直线中点作为打断点，如下图所示。

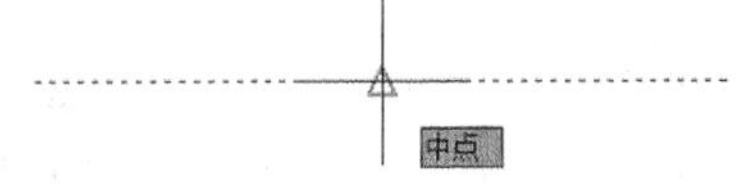

步骤04 结果如下图所示，在线段一端单击鼠标选择线段，可以看到线段显示为两段，如下图所示。

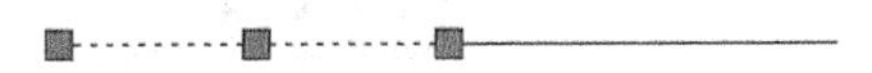

6.3.9 合并

使用【合并】命令可以将相似的对象合并为一个完整的对象。

1. 命令调用方法

在AutoCAD 2019中调用【合并】命令的常用方法有以下3种。

- 选择【修改】➤【合并】菜单命令。
- 在命令行中输入“JOIN/J”命令并按空格键。
- 单击【默认】选项卡➤【修改】面板中的【合并】按钮 。

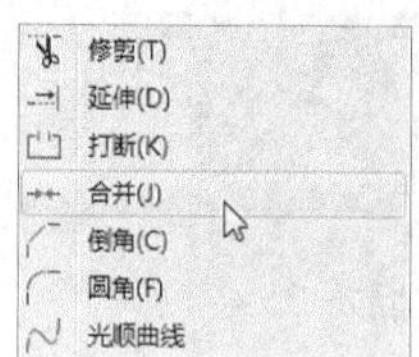

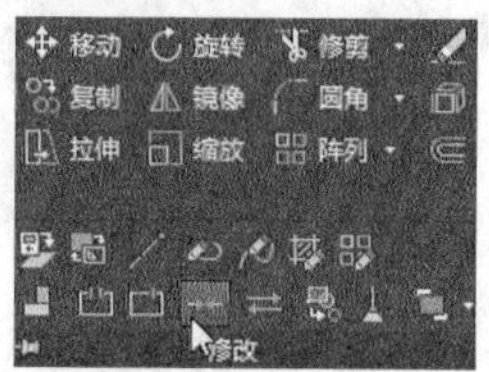

2. 命令提示

调用【合并】命令之后，命令行会进行如下提示。

命令：_join
选择源对象或要一次合并的多个对象：

3. 知识点扩展

合并两条或多条圆弧或椭圆弧时，将从原对象开始按逆时针方向合并圆弧。

6.3.10 实战演练——合并图形对象

下面将利用【合并】命令合并图形对象，具体操作步骤如下。

步骤01 打开“素材\CH06\合并对象.dwg”文件，如下图所示。

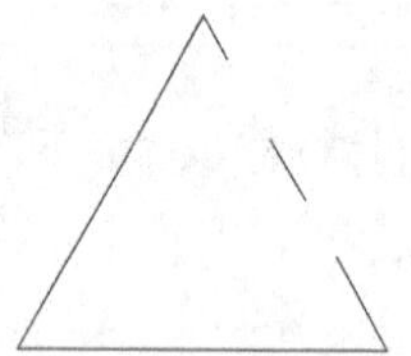

步骤02 选择【修改】➤【合并】菜单命令，并在绘图区域中选择下图所示线段对象作为合并的源对象。

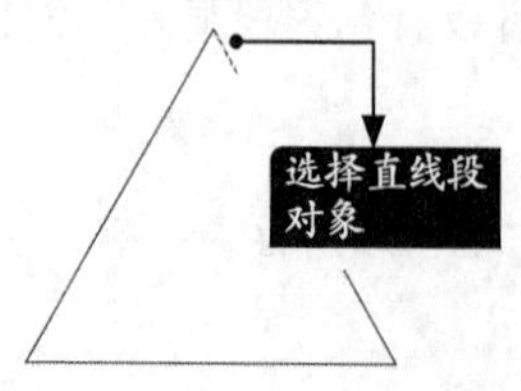

步骤03 然后依次单击选择要合并到源的对象，并按【Enter】键确认，如下图所示。

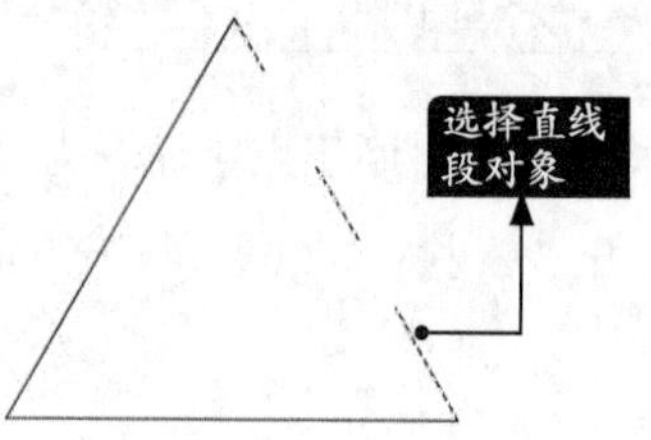

步骤04 结果如下图所示。

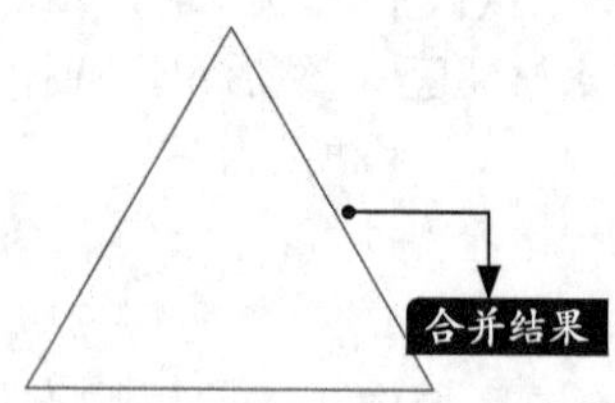

6.4 调整对象的大小或位置

本节视频教程时间：21 分钟

下面将对AutoCAD 2019中调整对象大小或位置的方法进行详细介绍，包括【移动】、【缩放】、【旋转】、【修剪】、【延伸】、【拉伸】和【拉长】等。

6.4.1 移动

【移动】命令可以将源对象以指定的距离和角度移动到任何位置，从而实现对象的组合以形成一个新的对象。

1. 命令调用方法

在AutoCAD 2019中调用【移动】命令的常用方法有以下4种。

- 选择【修改】➤【移动】菜单命令。
- 在命令行中输入“MOVE/M”命令并按空格键。
- 单击【默认】选项卡➤【修改】面板中的【移动】按钮。
- 选择对象后单击鼠标右键，在快捷菜单中选择【移动】命令。

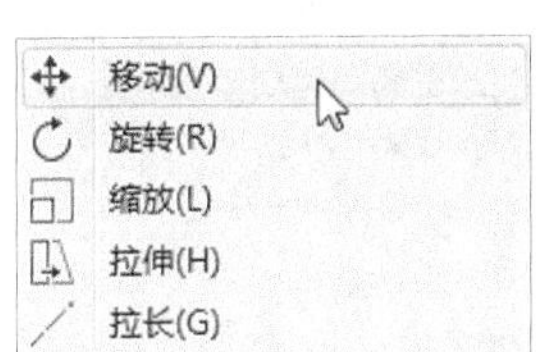

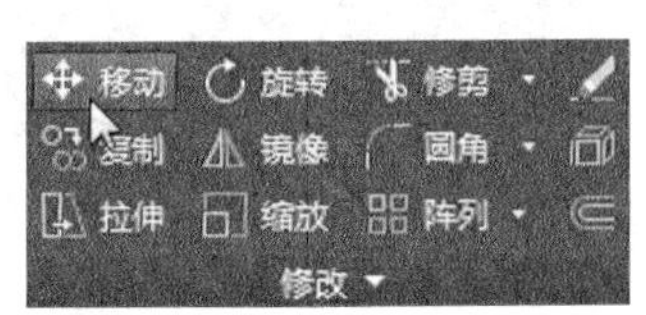

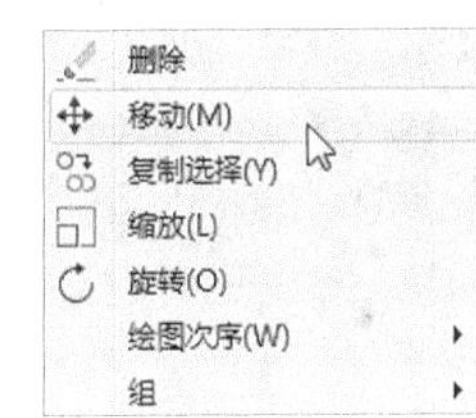

2. 命令提示

调用【移动】命令之后，命令行会进行如下提示。

```
命令：_move
选择对象：
```

6.4.2 实战演练——移动图形对象

下面将利用【移动】命令对图形对象执行移动操作，具体操作步骤如下。

步骤 01 打开“素材\CH06\移动对象.dwg”文件，如下图所示。

步骤 02 选择【修改】➤【移动】菜单命令，在绘图区域中选择下图所示图形对象作为需要移动的对象，并按【Enter】键确认。

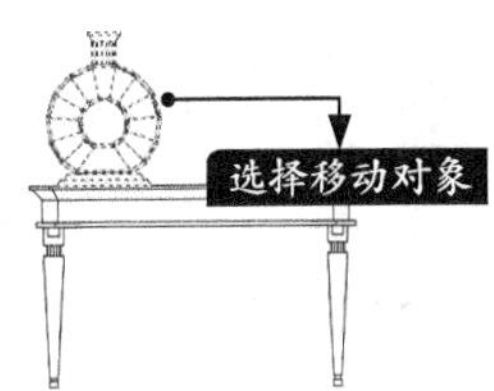

步骤 03 在绘图区域中任意单击一点作为移动对象的基点，然后在命令行输入“@700,0”并按【Enter】键确认，以指定移动对象的第二个点，结果如右图所示。

6.4.3 缩放

【缩放】命令可以在x、y和z坐标上同比放大或缩小对象，最终使对象符合设计要求。在对对象进行缩放操作时，对象的比例保持不变，但其在x、y、z坐标上的数值将发生改变。

1. 命令调用方法

在AutoCAD 2019中调用【缩放】命令的常用方法有以下4种。

- 选择【修改】➤【缩放】菜单命令。
- 在命令行中输入“SCALE/SC”命令并按空格键。
- 单击【默认】选项卡➤【修改】面板中的【缩放】按钮。
- 选择对象后单击鼠标右键，在快捷菜单中选择【缩放】命令。

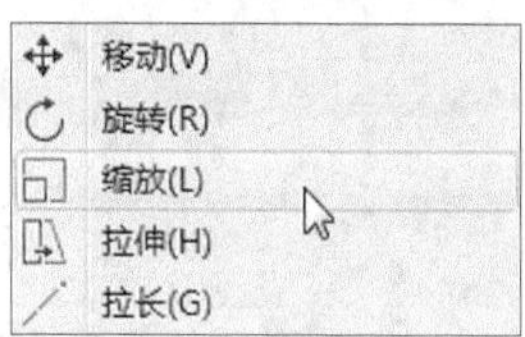

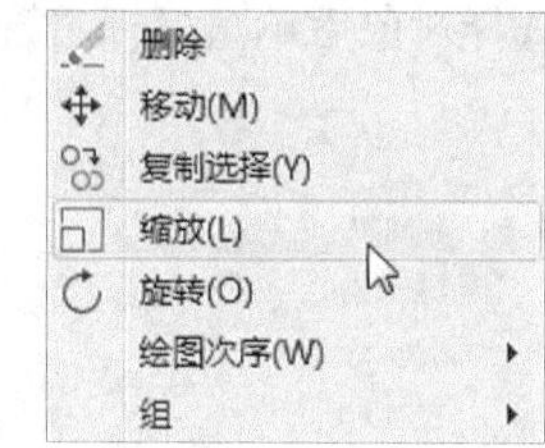

2. 命令提示

调用【缩放】命令之后，命令行会进行如下提示。

```
命令：_scale
选择对象：
```

6.4.4 实战演练——对图形对象进行缩放操作

下面将利用【缩放】命令对图形对象进行缩放操作，具体操作步骤如下。

步骤 01 打开“素材\CH06\缩放对象.dwg”文件，如下图所示。

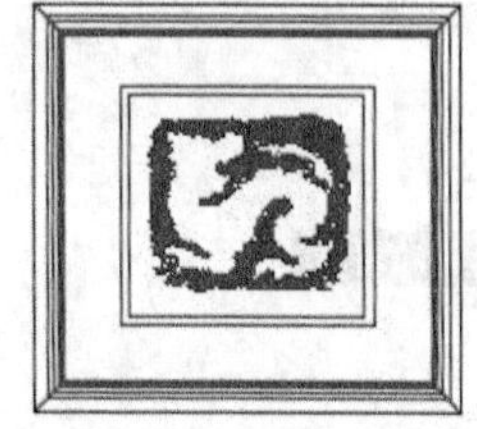

步骤 02 选择【修改】➤【缩放】菜单命令，在绘图区域中选择下图所示图形对象作为需要缩放的对象，并按【Enter】键确认。

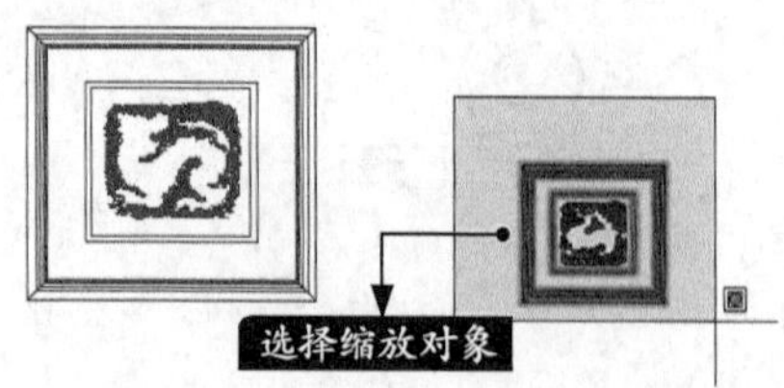

步骤03 在绘图区域中捕捉下图所示端点作为图形对象缩放的基点。

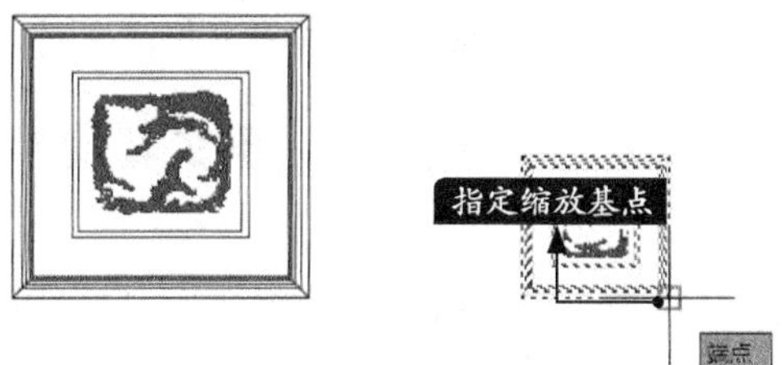

步骤04 在命令行中指定缩放比例因子为“2”，并按【Enter】键确认，结果如下图所示。

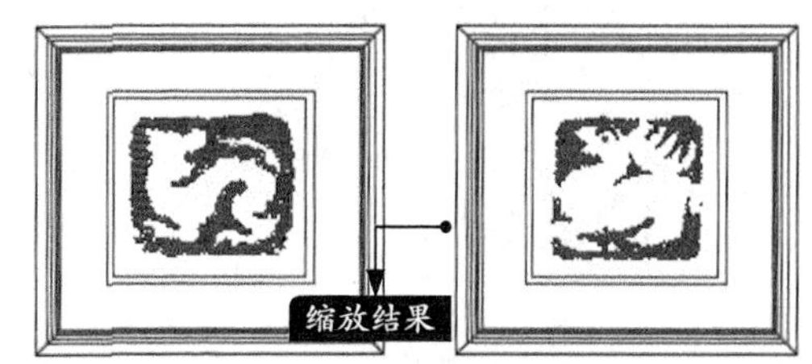

6.4.5 旋转

旋转是指绕指定基点旋转图形中的对象。

1. 命令调用方法

在AutoCAD 2019中调用【旋转】命令的常用方法有以下4种。

- 选择【修改】➤【旋转】菜单命令。
- 在命令行中输入“ROTATE/RO”命令并按空格键。
- 单击【默认】选项卡➤【修改】面板中的【旋转】按钮。
- 选择对象后单击鼠标右键，在快捷菜单中选择【旋转】命令。

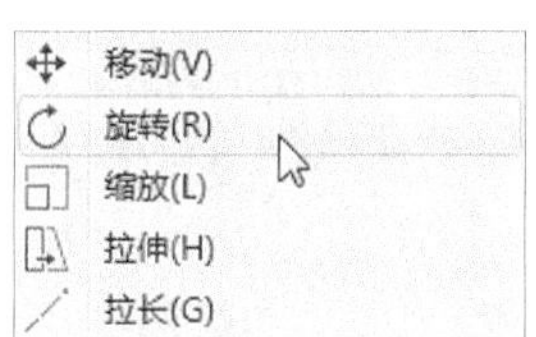

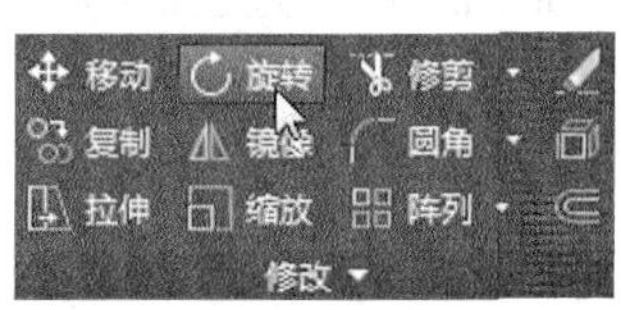

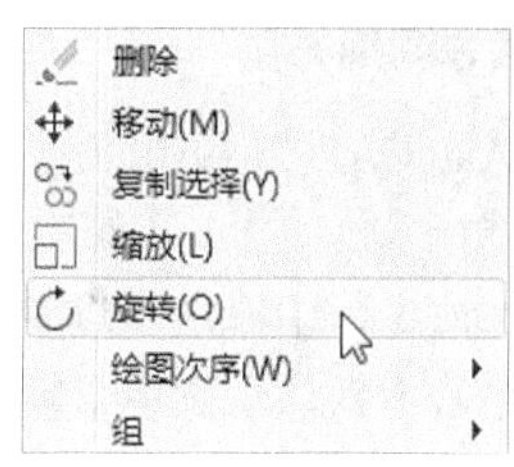

2. 命令提示

调用【旋转】命令之后，命令行会进行如下提示。

```
命令：_rotate
UCS 当前的正角方向： ANGDIR= 逆时针  ANGBASE=0
选择对象：
```

6.4.6 实战演练——旋转图形对象

下面将利用【旋转】命令对图形对象进行旋转操作，具体操作步骤如下。

步骤01 打开“素材\CH06\旋转对象.dwg”文件，如右图所示。

步骤 02 选择【修改】➤【旋转】菜单命令，在绘图区域中选择下图所示图形对象作为需要旋转的对象，并按【Enter】键确认。

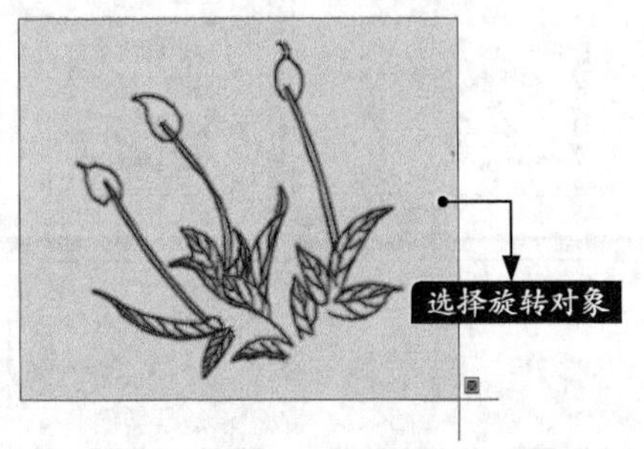

步骤 03 在绘图区域中单击指定图形对象的旋转基点，如下图所示。

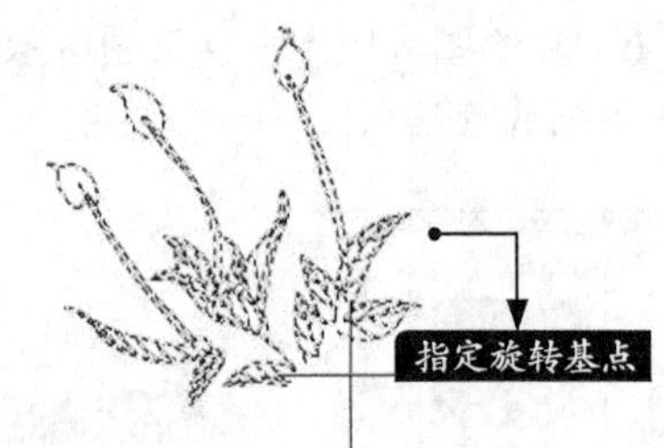

步骤 04 在命令行中指定旋转角度为“-30”，并按【Enter】键确认，结果如下图所示。

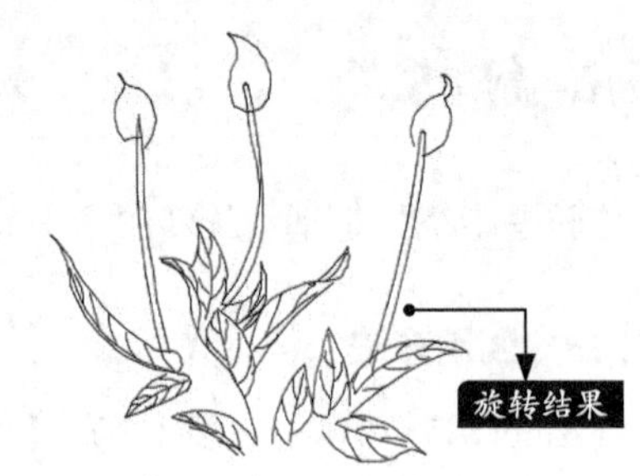

6.4.7 修剪

1. 命令调用方法

在AutoCAD 2019中调用【修剪】命令的常用方法有以下3种。

- 选择【修改】➤【修剪】菜单命令。
- 在命令行中输入“TRIM/TR”命令并按空格键。
- 单击【默认】选项卡➤【修改】面板中的【修剪】按钮。

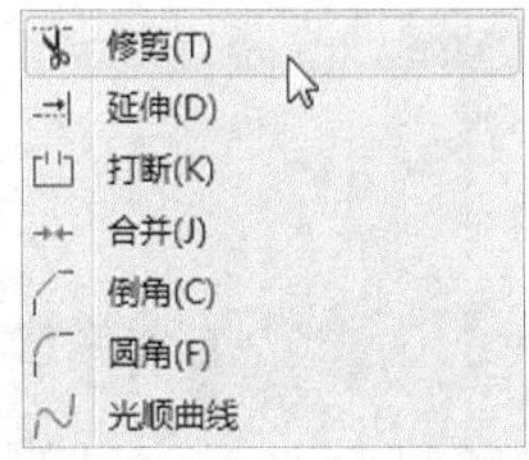

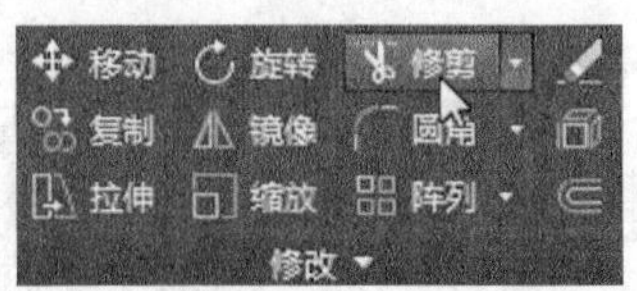

2. 命令提示

调用【修剪】命令之后，命令行会进行如下提示。

```
命令：_trim
当前设置：投影 =UCS，边 = 无
选择剪切边 ...
选择对象或 < 全部选择 >:
```

对剪切边进行选择确认之后，命令行会进行如下提示。

```
选择要修剪的对象，或按住【Shift】键选择要延伸的对象，或
[ 栏选 (F)/ 窗交 (C)/ 投影 (P)/ 边 (E)/ 删除 (R)/ 放弃 (U)]:
```

3. 知识点扩展

命令行中各选项的含义如下。

- 选择要修剪的对象：选择需要被修剪掉的对象。
- 按住【Shift】键选择要延伸的对象：延伸选定对象而不执行修剪操作。
- 栏选(F)：与选择栏相交的所有对象将被选择。选择栏是一系列临时线段，用两个或多个栏选点指定且不会构成闭合环。
- 窗交(C)：选择矩形区域（由两点确定）内部或与之相交的对象。
- 投影(P)：指定延伸对象时使用的投影方法，默认提供了3种投影选项供用户选择，分别为“无（N）”“UCS（U）”“视图（V）”。
- 边(E)：确定对象是在另一对象的延长边处进行修剪，还是仅在三维空间中与该对象相交的对象处进行修剪。默认提供32种模式供用户选择，分别为“延伸（E）”和“不延伸（N）”。
- 删除(R)：修剪命令执行过程中可以对需要删除的部分进行有效删除，而不影响修剪命令的执行。
- 放弃(U)：恢复在命令中执行的上一个操作。

6.4.8 实战演练——修剪多余的部分图形对象

下面利用【修剪】命令将部分多余的图形对象修剪掉，具体操作步骤如下。

步骤 01 打开“素材\CH06\修剪对象.dwg”文件，如下图所示。

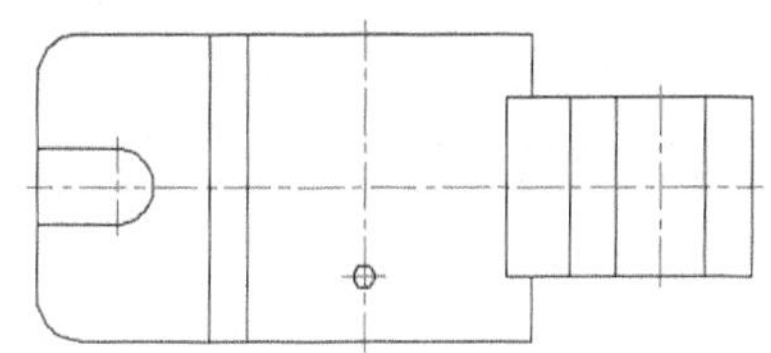

步骤 02 选择【修改】➤【修剪】菜单命令，在绘图区域中选择要修剪的对象，并按【Enter】键确认，如下图所示。

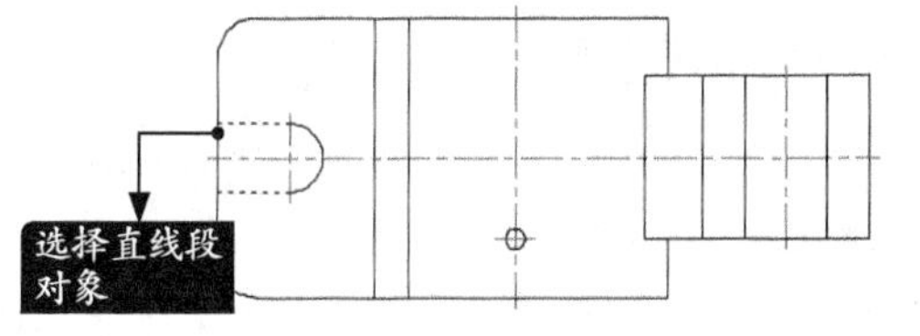

步骤 03 在绘图区域中选择需要被修剪掉的部分对象，如下图所示。

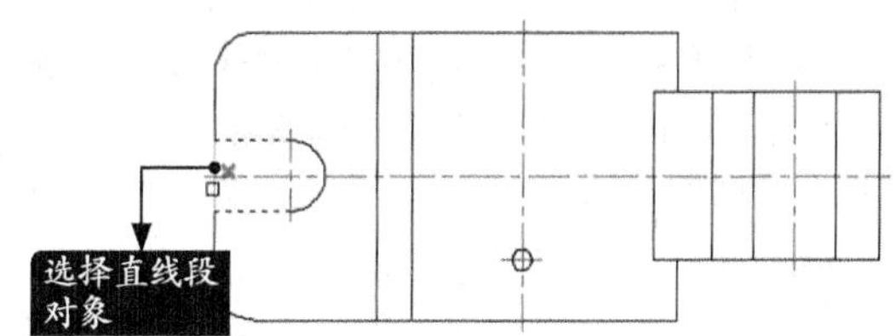

步骤 04 按【Enter】键确认，结果如下图所示。

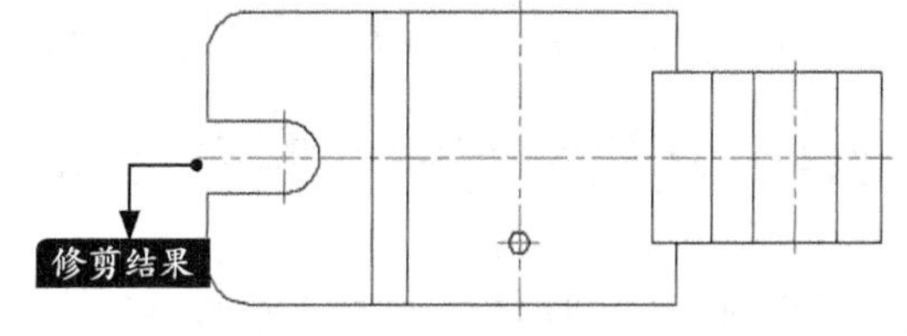

6.4.9 延伸

1. 命令调用方法

在AutoCAD 2019中调用【延伸】命令的常用方法有以下3种。

- 选择【修改】➤【延伸】菜单命令。
- 在命令行中输入“EXTEND/EX”命令并按空格键。

● 单击【默认】选项卡➤【修改】面板中的【延伸】按钮⇥。

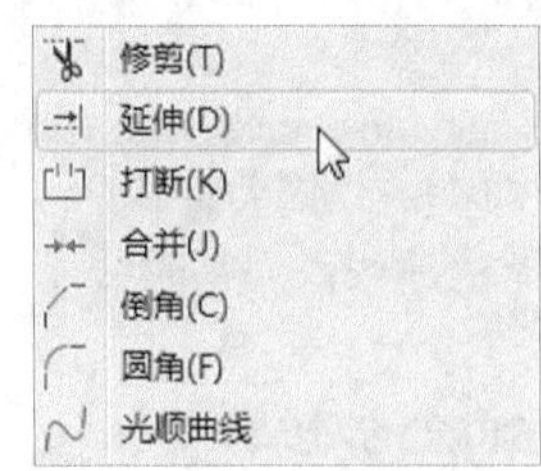

2. 命令提示

调用【延伸】命令之后，命令行会进行如下提示。

命令：_extend
当前设置：投影 =UCS，边 = 无
选择边界的边 ...
选择对象或 < 全部选择 >:

对延伸边界对象进行选择确认之后，命令行会进行如下提示。

选择要延伸的对象，或按住【Shift】键选择要修剪的对象，或
[栏选 (F)/ 窗交 (C)/ 投影 (P)/ 边 (E)/ 放弃 (U)]:

3. 知识点扩展

命令行中各选项的含义如下。

- 选择要延伸的对象：指定需要被延伸的对象。
- 按住【Shift】键选择要修剪的对象：将选定对象修剪到最近的边界而不是将其延伸。
- 栏选(F)：与选择栏相交的所有对象将被选择；选择栏是一系列临时线段，用两个或多个栏选点指定且不会构成闭合环。
- 窗交(C)：选择矩形区域（由两点确定）内部或与之相交的对象。
- 投影(P)：指定延伸对象时使用的投影方法，默认提供了3种投影选项供用户选择，分别为“无（N）” “UCS（U）” “视图（V）”。
- 边(E)：将对象延伸到另一个对象的隐含边，或仅延伸到三维空间中与其实际相交的对象。
- 放弃(U)：恢复在命令中执行的上一个操作。

6.4.10 实战演练——对图形对象进行延伸操作

下面利用【延伸】命令对部分图形对象进行延伸，具体操作步骤如下。

步骤 01 打开“素材\CH06\延伸对象.dwg”文件，如下图所示。

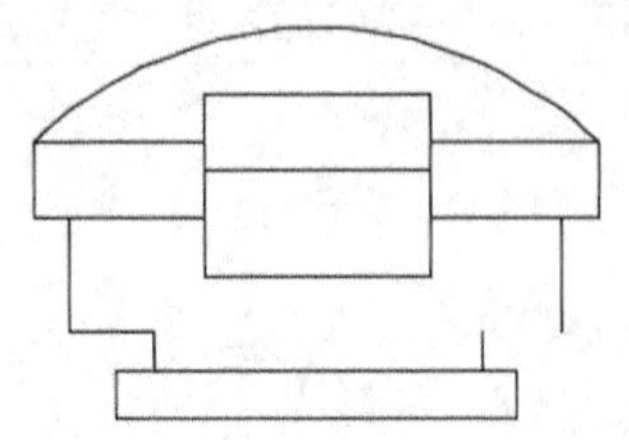

步骤 02 选择【修改】➤【延伸】菜单命令，在绘图区域中选择延伸边界对象，并按【Enter】键确认，如下图所示。

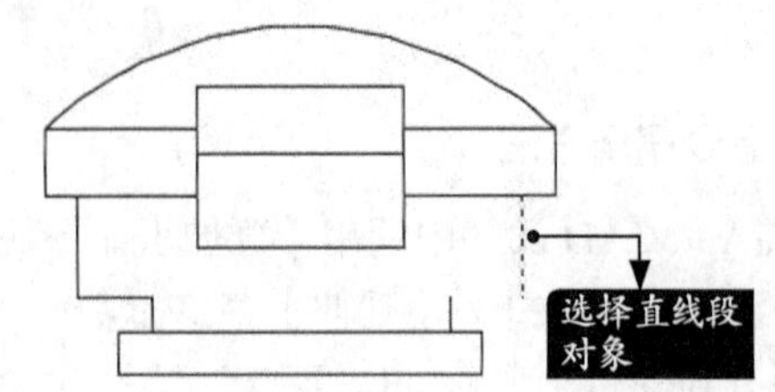

步骤 03 在绘图区域中选择需要被延伸的部分对象，并按【Enter】键确认，如下图所示。

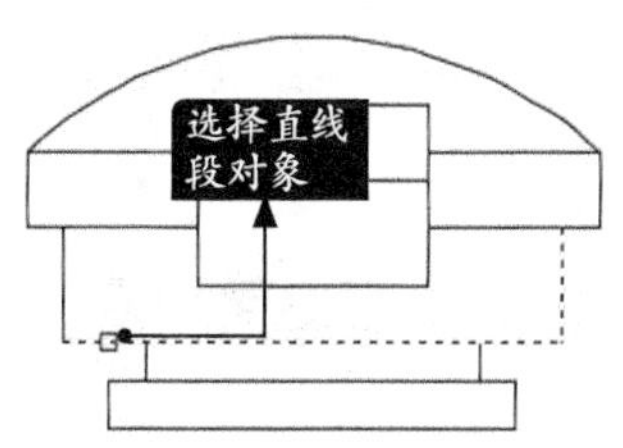

步骤 04 结果如下图所示。

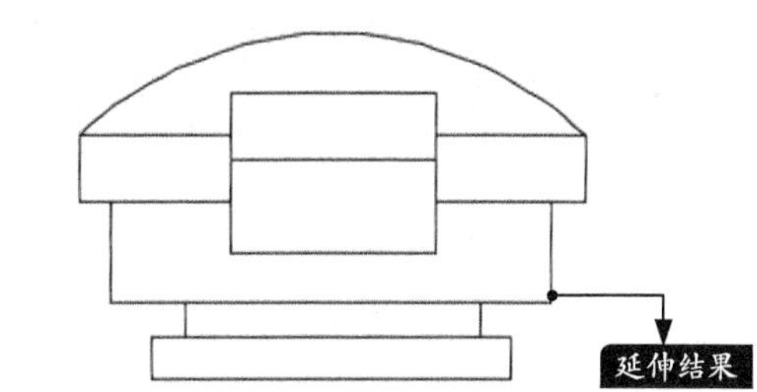

6.4.11 拉伸

通过【拉伸】命令可改变对象的形状。在AutoCAD中，【拉伸】命令主要用于非等比缩放。【缩放】命令是对对象的整体进行放大或缩小，也就是说，缩放前后对象的大小发生改变，但其比例和形状保持不变。【拉伸】命令可以对对象进行形状或比例上的改变。

1. 命令调用方法

在AutoCAD 2019中调用【拉伸】命令的常用方法有以下3种。

- 选择【修改】➤【拉伸】菜单命令。
- 在命令行中输入"STRETCH/S"命令并按空格键。
- 单击【默认】选项卡➤【修改】面板中的【拉伸】按钮。

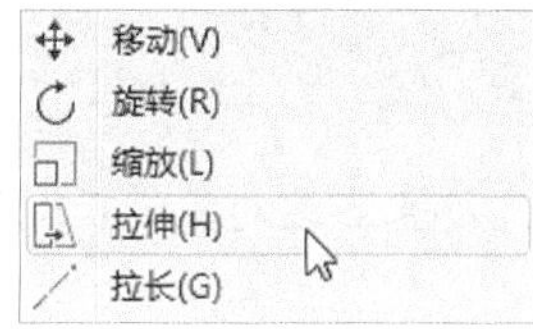

2. 命令提示

调用【拉伸】命令之后，命令行会进行如下提示。

```
命令：_stretch
以交叉窗口或交叉多边形选择要拉伸的对象...
选择对象：
```

3. 知识点扩展

在选择对象时，必须采用交叉选择的方式，全部被选择的对象将被移动，部分被选择的对象进行拉伸。

6.4.12 实战演练——对图形对象进行拉伸操作

下面将利用【拉伸】命令对图形对象进行拉伸操作，具体操作步骤如下。

步骤 01 打开"素材\CH06\拉伸对象.dwg"文件，如下图所示。

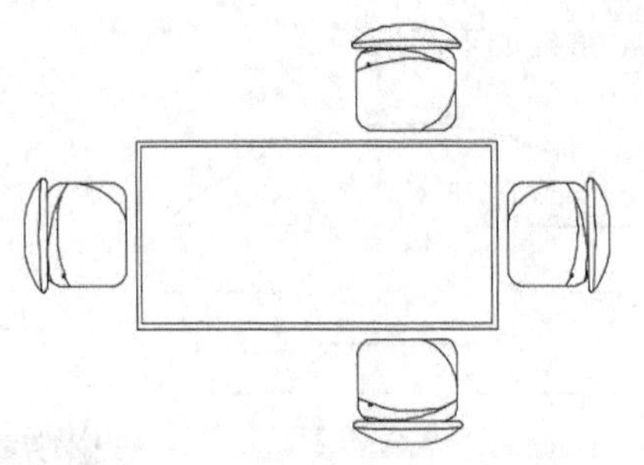

步骤02 选择【修改】➤【拉伸】菜单命令，在绘图区域中由右向左交叉选择要拉伸的对象，并按【Enter】键确认，如下图所示。

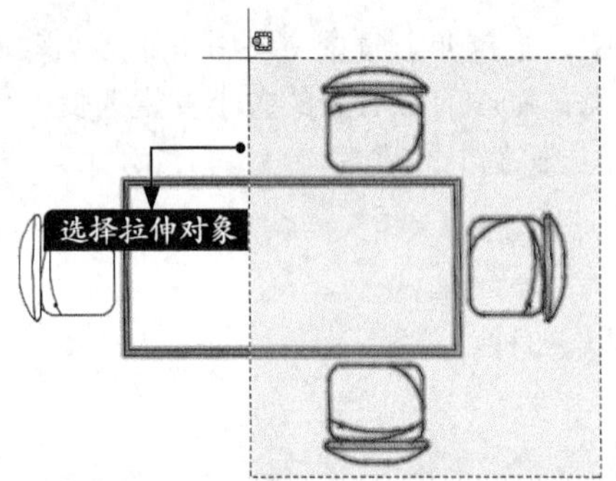

步骤03 在绘图区域中单击指定图形对象的拉伸基点，如下图所示。

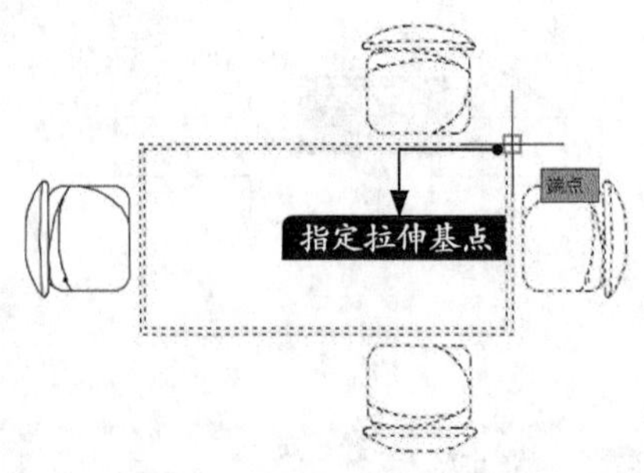

步骤04 在命令行输入“@-750,0”并按【Enter】键确认，结果如下图所示。

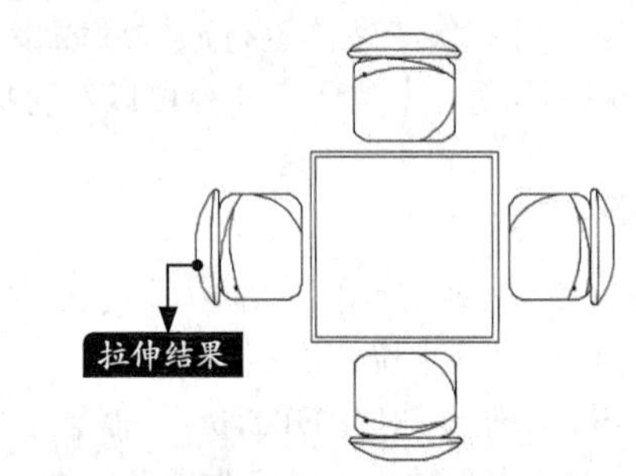

6.4.13 拉长

拉长命令可以通过指定百分比、增量、最终长度或角度来更改对象的长度和圆弧的包含角。

1. 命令调用方法

在AutoCAD 2019中调用【拉长】命令的常用方法有以下3种。

- 选择【修改】➤【拉长】菜单命令。
- 在命令行中输入“LENGTHEN/LEN”命令并按空格键。
- 单击【默认】选项卡➤【修改】面板中的【拉长】按钮。

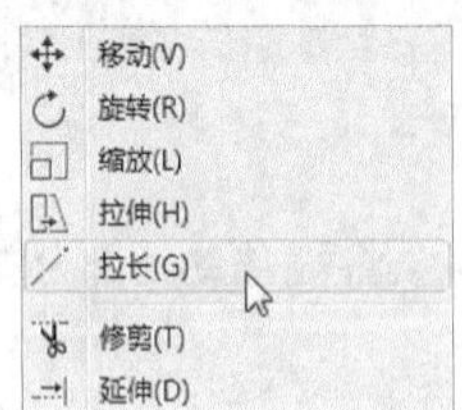

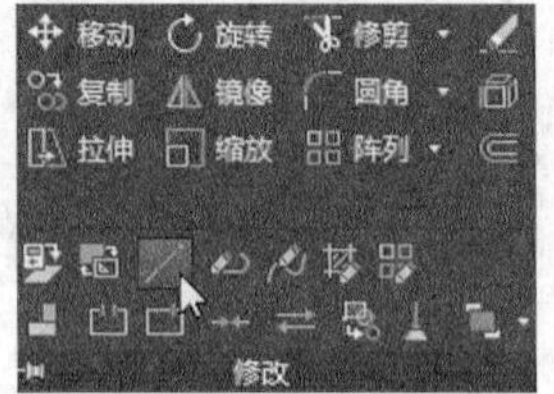

2. 命令提示

调用【拉长】命令之后，命令行会进行如下提示。

```
命令：_lengthen
选择要测量的对象或 [ 增量 (DE)/ 百分比 (P)/ 总计 (T)/ 动态 (DY)] < 总计 (T)>:
```

3. 知识点扩展

在选择拉伸对象时需要注意选择的位置，选择的位置不同，得到的结果相反。

6.4.14 实战演练——对图形对象进行拉长操作

下面将利用【拉长】命令对图形对象进行拉长操作，具体操作步骤如下。

步骤01 打开“素材\CH06\拉长对象.dwg”文件，如下图所示。

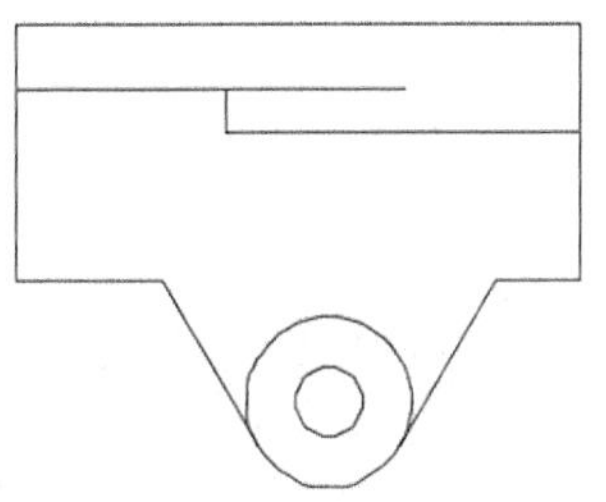

步骤02 选择【修改】➤【拉长】菜单命令，在命令行输入“DY”并按【Enter】键确认，然后在绘图区域中选择需要修改的对象，如下图所示。

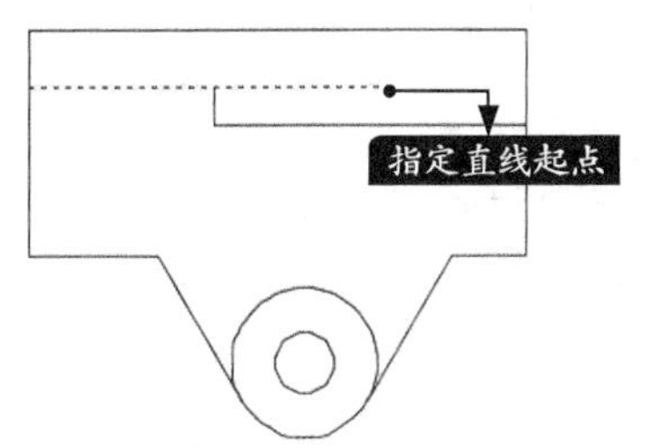

步骤03 在绘图区域中捕捉下图所示端点作为修改对象的新端点，如下图所示。

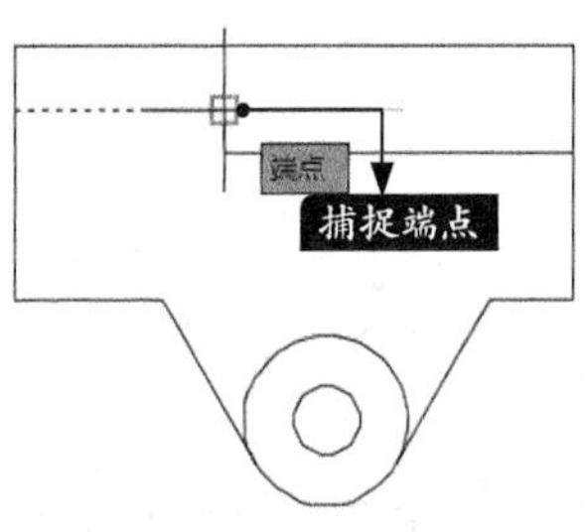

步骤04 按【Enter】键确认，结果如下图所示。

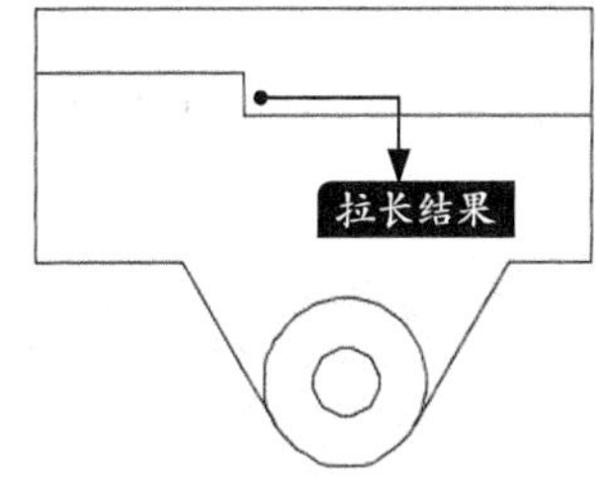

6.5 分解和删除对象

本节视频教程时间：5 分钟

通过【分解】操作可以将块、面域、多段线等分解为它的组成对象，以便单独修改一个或多个对象。【删除】命令则可以按需求将多余对象从源对象中删除。

6.5.1 分解

【分解】命令主要是把单个组合的对象分解成多个单独的对象，从而更方便地对各个单独对象进行编辑。

1. 命令调用方法

在AutoCAD 2019中调用【分解】命令的常用方法有以下3种。

- 选择【修改】➤【分解】菜单命令。
- 在命令行中输入“EXPLODE/X”命令并按空格键。
- 单击【默认】选项卡➤【修改】面板中的【分解】按钮。

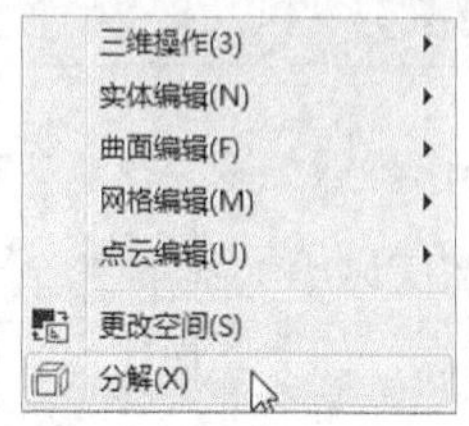

2. 命令提示

调用【分解】命令之后，命令行会进行如下提示。

```
命令：_explode
选择对象：
```

6.5.2 实战演练——分解电视机图块

下面将利用【分解】命令对电视机图块进行分解操作，具体操作步骤如下。

步骤01 打开“素材\CH06\分解对象.dwg”文件，如下图所示。

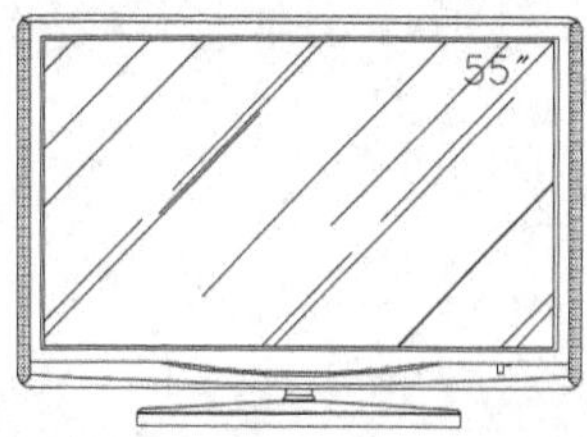

步骤02 选择【修改】➤【分解】菜单命令，在绘图区域中选择下图所示图形对象作为需要分解的对象。

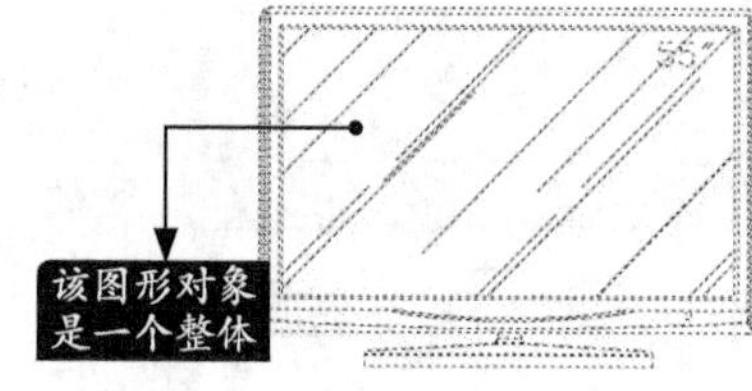

步骤03 按【Enter】键确认，然后单击选择图形，可以看到该图形被分解成了多个单体。

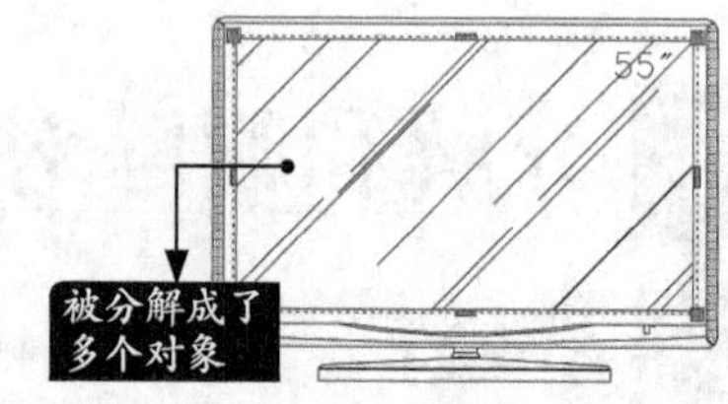

6.5.3 删除

删除是把相关图形从源文档中移除，不保留任何痕迹。

1. 命令调用方法

在AutoCAD 2019中调用【删除】命令的常用方法有以下5种。

- 选择【修改】➤【删除】菜单命令。
- 在命令行中输入“ERASE/E”命令并按空格键。

- 单击【默认】选项卡➤【修改】面板中的【删除】按钮。
- 选择对象后单击鼠标右键，在快捷菜单中选择【删除】命令。
- 选择需要删除的对象，然后按【Del】键。

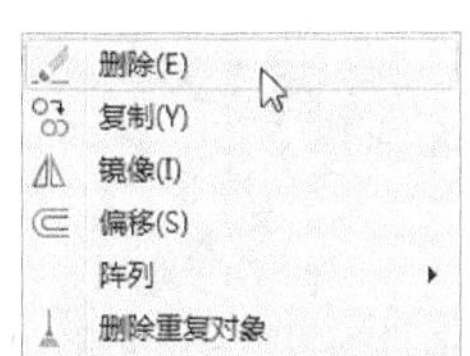

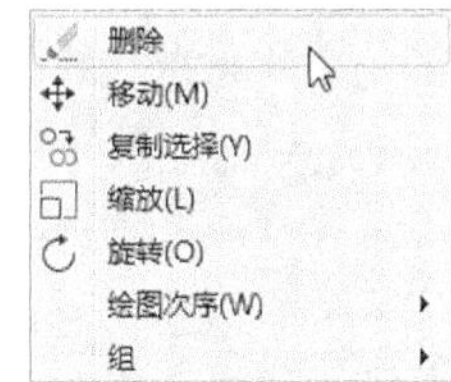

2. 命令提示

调用【删除】命令之后，命令行会进行如下提示。

```
命令：_erase
选择对象：
```

6.5.4 实战演练——删除婴儿车图形

下面将利用【删除】命令删除婴儿车图形，具体操作步骤如下。

步骤 01 打开“素材\CH06\删除对象.dwg”文件，如下图所示。

步骤 02 选择【修改】➤【删除】菜单命令，在绘图区域中选择下图所示图形对象作为需要删除的对象。

步骤 03 按【Enter】键确认，结果如下图所示。

6.6 综合应用——绘制工装定位板

本节视频教程时间：4 分钟

下面将综合利用【圆】、【阵列】、【复制】等命令绘制工装定位板图形。

步骤 01 打开“素材\CH06\工装定位板.dwg”文件，如下图所示。

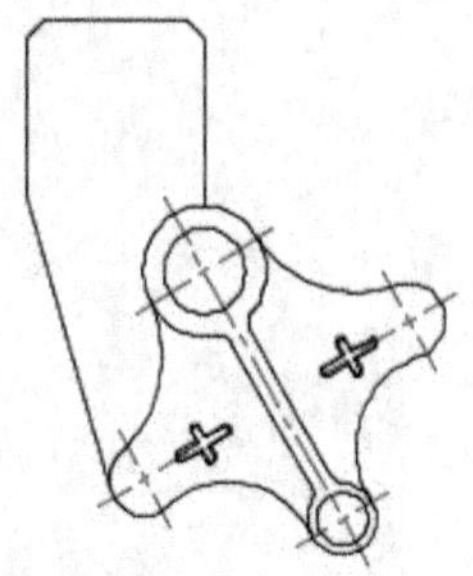

步骤02 选择【绘图】➤【圆】➤【圆心、半径】菜单命令，在命令行输入“fro”并按【Enter】键确认，然后在绘图区域中捕捉下图所示端点作为基点。

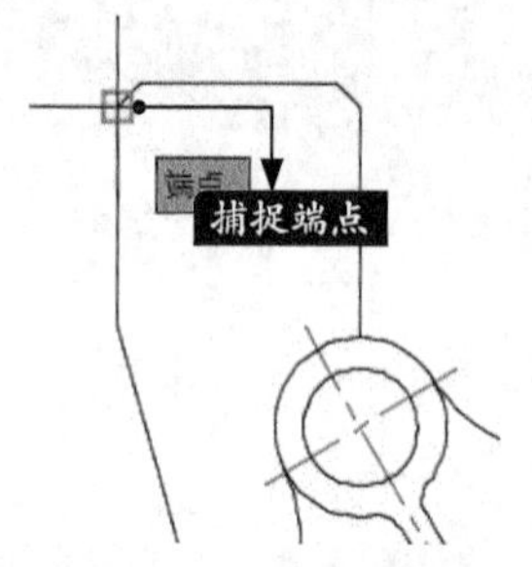

步骤03 命令行提示如下。

基点：< 偏移 >: @10,-8
指定圆的半径或 [直径 (D)]: 4

步骤04 结果如下图所示。

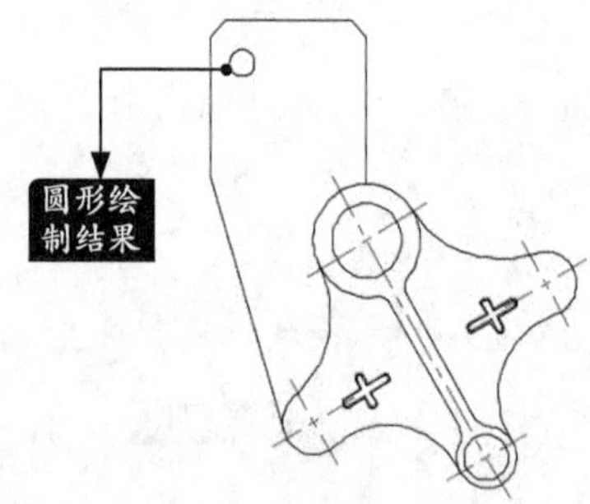

步骤05 选择【修改】➤【阵列】➤【矩形阵列】菜单命令，选择刚才绘制的圆形作为阵列对象，并在【阵列创建】选项卡中进行相应设置，如下图所示。

列数:	2	行数:	4
介于:	23	介于:	-12
总计:	23	总计:	-36
列		行	

步骤06 单击【关闭阵列】按钮，结果如下图所示。

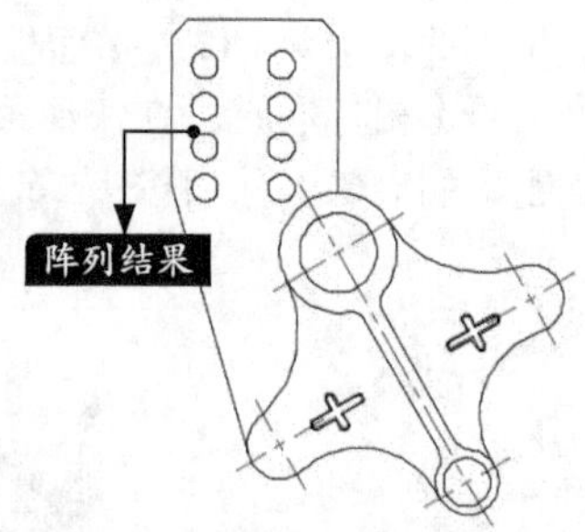

步骤07 选择【修改】➤【分解】菜单命令，将刚才通过阵列得到的图形对象分解，使各个圆形可以独立编辑，如下图所示。

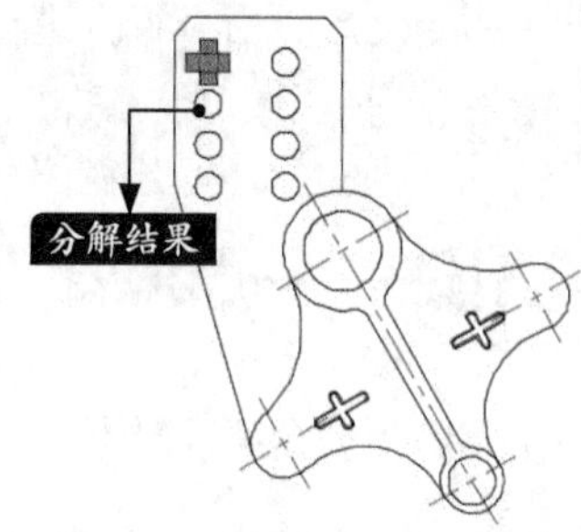

步骤08 选择【修改】➤【复制】菜单命令，然后选择**步骤02** ~ **步骤04** 中绘制的圆形作为复制对象，命令行提示如下。

命令：_copy
选择对象：// 选择步骤（2）~（4）中绘制的圆形
选择对象：// 按【Enter】键确认
当前设置： 复制模式 = 多个
指定基点或 [位移 (D)/ 模式 (O)] < 位移 >: // 在绘图区域中任意单击一点即可
指定第二个点或 [阵列 (A)] < 使用第一个点作为位移 >: @10,-46
指定第二个点或 [阵列 (A)/ 退出 (E)/ 放弃 (U)] < 退出 >: @10,-71
指定第二个点或 [阵列 (A)/ 退出 (E)/ 放弃 (U)] < 退出 >: // 按【Enter】键确认

步骤09 结果如下图所示。

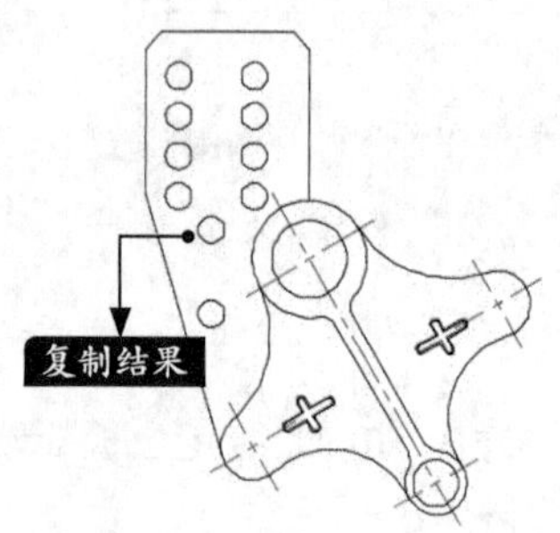

疑难解答

本节视频教程时间：5 分钟

如何快速绘制出需要的箭头

下面将对快速绘制箭头的方法进行详细介绍。

步骤 01 在dwg文件中创建一个对齐标注，如下图所示。

步骤 02 选择刚才创建的对齐标注，然后选择【修改】➤【特性】菜单命令，在系统弹出的特性面板中可以对箭头的大小及样式进行设置，如下图所示。

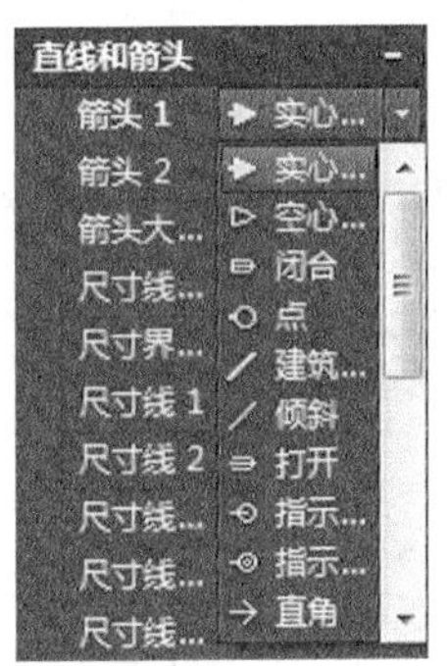

步骤 03 设置完成之后将该对齐标注分解，并将多余部分删除，即可得到需要的箭头，如下图所示。

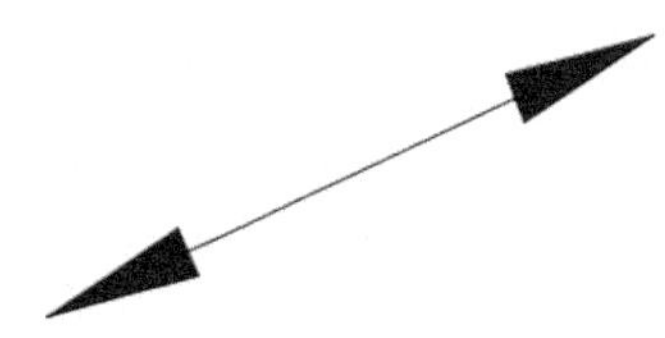

如何快速找回被误删除的对象

可以使用【OOPS】命令恢复最后删除的组，【OOPS】命令恢复的是最后删除的整个选择集合，而不是某一个被删除的对象。

步骤 01 新建一个AutoCAD文件，然后在绘图区域中任意绘制两条直线段，如下图所示。

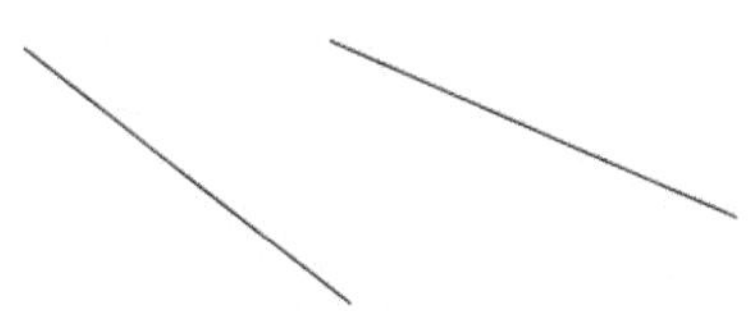

步骤 02 将刚才绘制的两条直线段同时选中，并按【Del】键将其删除，然后在绘图区域中再次任意绘制一条直线段，如下图所示。

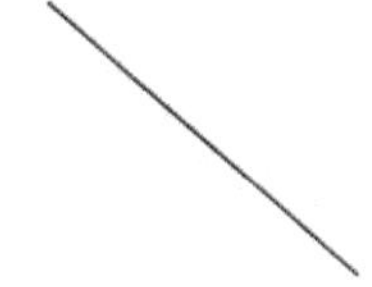

步骤 03 在命令行中输入“OOPS”命令并按【Enter】键确认，之前删除的两条线段被找回，结果如下图所示。

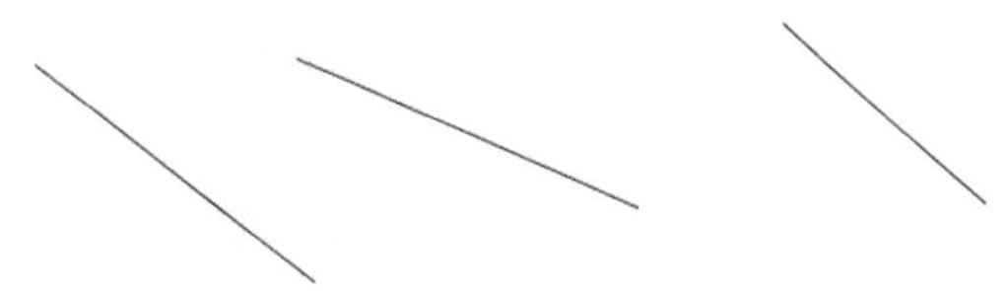

实战练习

绘制以下图形，并计算出阴影部分的面积。

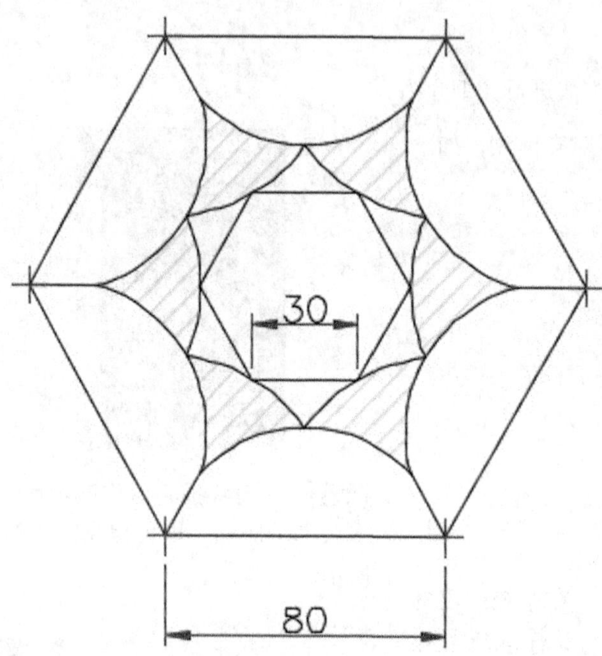

第 7 章

绘制和编辑复杂二维对象

学习目标

AutoCAD 2019可以满足用户的多种绘图需要。一种图形可以通过多种绘制方式来绘制，如平行线可以用两条直线来绘制，但是用多线绘制会更为快捷准确。

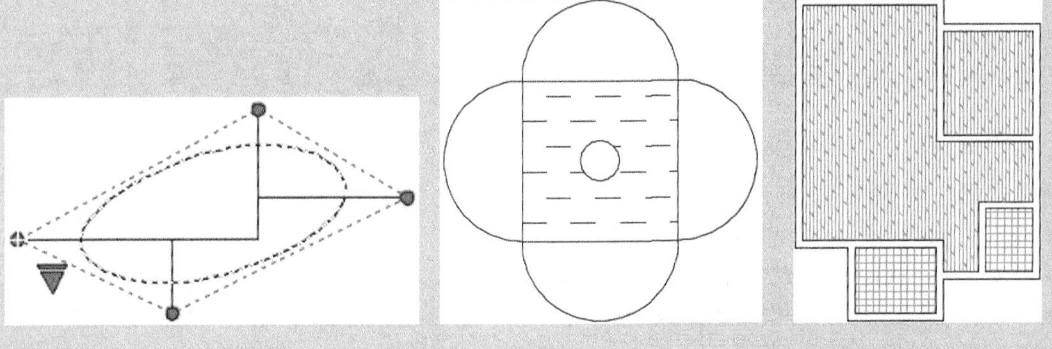

7.1 创建和编辑多段线

本节视频教程时间：13 分钟

在AutoCAD中，多段线提供了单条直线或单条圆弧所不具备的功能。

7.1.1 多段线

多段线是作为单个对象创建的相互连接的序列线段。可以创建直线段、弧线段或两者的组合线段。

1. 命令调用方法

在AutoCAD 2019中调用【多段线】命令的方法通常有以下3种。

- 选择【绘图】➤【多段线】菜单命令。
- 命令行输入“PLINE/PL”命令并按空格键。
- 单击【默认】选项卡➤【绘图】面板➤【多段线】按钮。

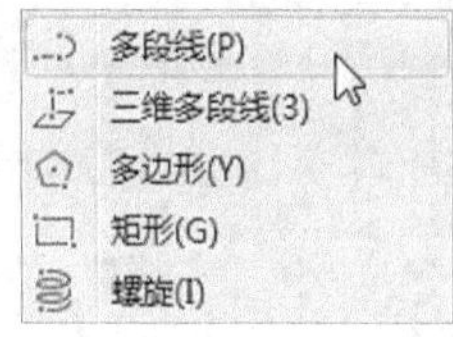

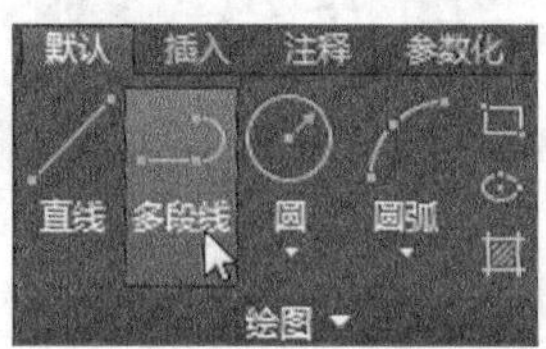

2. 命令提示

调用【多段线】命令之后，命令行会进行如下提示。

```
命令：_pline
指定起点：
```

指定多段线起点之后，命令行会进行如下提示。

```
当前线宽为 0.0000
指定下一个点或 [ 圆弧 (A)/ 半宽 (H)/ 长度 (L)/ 放弃 (U)/ 宽度 (W)]:
```

3. 知识点扩展

命令行中各选项的含义如下。

- 圆弧：将圆弧段添加到多段线中。
- 半宽：指定从宽多段线线段的中心到其一边的宽度。
- 长度：在与上一线段相同的角度方向上绘制指定长度的直线段；如果上一线段是圆弧，将绘制与该圆弧段相切的新直线段。
- 放弃：删除最近一次添加到多段线上的直线段。
- 宽度：指定下一条线段的宽度。

7.1.2 实战演练——创建多段线对象

下面将利用【多段线】命令创建图形对象，具体操作步骤如下。

步骤 01 选择【绘图】➤【多段线】菜单命令，在绘图区域中任意单击一点作为多段线的起点，命令行提示如下。

命令：_pline

指定起点：// 在绘图区域中任意单击一点

当前线宽为 0.0000

指定下一个点或 [圆弧 (A)/ 半宽 (H)/ 长度 (L)/ 放弃 (U)/ 宽度 (W)]: @0,100

指定下一点或 [圆弧 (A)/ 闭合 (C)/ 半宽 (H)/ 长度 (L)/ 放弃 (U)/ 宽度 (W)]: @-50,0

指定下一点或 [圆弧 (A)/ 闭合 (C)/ 半宽 (H)/ 长度 (L)/ 放弃 (U)/ 宽度 (W)]: @0,25

指定下一点或 [圆弧 (A)/ 闭合 (C)/ 半宽 (H)/ 长度 (L)/ 放弃 (U)/ 宽度 (W)]: a

指定圆弧的端点 (按住 Ctrl 键以切换方向) 或

[角度 (A)/ 圆心 (CE)/ 闭合 (CL)/ 方向 (D)/ 半宽 (H)/ 直线 (L)/ 半径 (R)/ 第二个点 (S)/ 放弃 (U)/ 宽度 (W)]: s

指定圆弧上的第二个点：@100,50

指定圆弧的端点：@100,-50

指定圆弧的端点 (按住 Ctrl 键以切换方向) 或

[角度 (A)/ 圆心 (CE)/ 闭合 (CL)/ 方向 (D)/ 半宽 (H)/ 直线 (L)/ 半径 (R)/ 第二个点 (S)/ 放弃 (U)/ 宽度 (W)]: l

指定下一点或 [圆弧 (A)/ 闭合 (C)/ 半宽 (H)/ 长度 (L)/ 放弃 (U)/ 宽度 (W)]: @0,-25

指定下一点或 [圆弧 (A)/ 闭合 (C)/ 半宽 (H)/ 长度 (L)/ 放弃 (U)/ 宽度 (W)]: @-50,0

指定下一点或 [圆弧 (A)/ 闭合 (C)/ 半宽 (H)/ 长度 (L)/ 放弃 (U)/ 宽度 (W)]: @0,-100

指定下一点或 [圆弧 (A)/ 闭合 (C)/ 半宽 (H)/ 长度 (L)/ 放弃 (U)/ 宽度 (W)]: c

步骤 02 结果如下图所示。

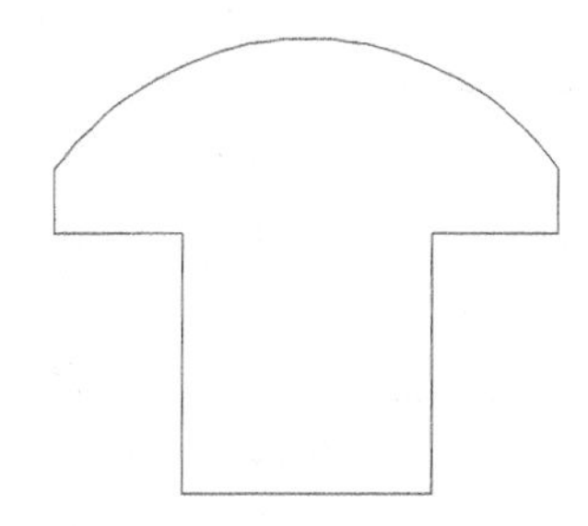

7.1.3 编辑多段线

多段线提供了单个直线所不具备的编辑功能。例如，多段线可以调整宽度和曲率等。创建多段线之后，可以使用PEDIT命令对其进行编辑，或者使用【分解】命令将其转换成单独的直线段和弧线段。

1. 命令调用方法

在AutoCAD 2019中调用【编辑多段线】命令的方法通常有以下3种。

- 选择【修改】➤【对象】➤【多段线】菜单命令。
- 命令行输入“PEDIT/PE”命令并按空格键。
- 单击【默认】选项卡➤【修改】面板➤【编辑多段线】按钮。

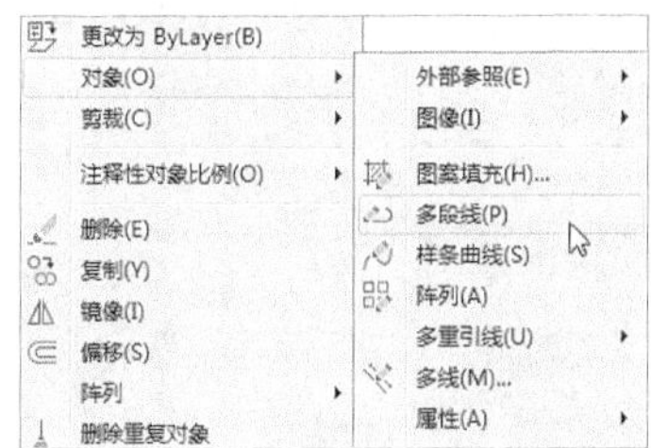

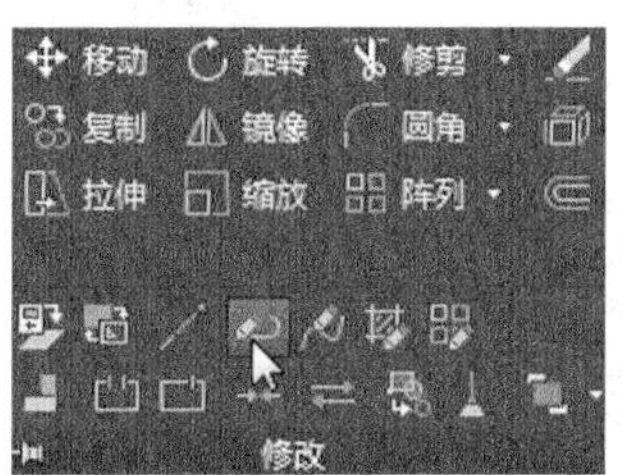

2. 命令提示

调用【编辑多段线】命令之后，命令行会进行如下提示。

```
命令：_pedit
选择多段线或[多条(M)]:
```

选择需要编辑的多段线之后，命令行会进行如下提示。

```
输入选项[闭合(C)/合并(J)/宽度(W)/编辑顶点(E)/拟合(F)/样条曲线(S)/非曲线化(D)/线型生成(L)/反转(R)/放弃(U)]:
```

3. 知识点扩展

命令行中各选项的含义如下。

- 闭合：创建多段线的闭合线，将首尾连接。
- 合并：在开放的多段线的尾端点添加直线、圆弧或多段线和从曲线拟合多段线中删除曲线拟合；对于要合并多段线的对象，除非在第一个PEDIT提示下使用“多个”选项，否则它们的端点必须重合；在这种情况下，如果模糊距离设置得足以包括端点，则可以将不相接的多段线合并。
- 宽度：为整个多段线指定新的统一宽度；可以使用“编辑顶点”选项的“宽度”选项来更改线段的起点宽度和端点宽度。
- 编辑顶点：在屏幕上绘制X标记多段线的第一个顶点；如果已指定此顶点的切线方向，则在此方向上绘制箭头。
- 拟合：创建圆弧拟合多段线。
- 样条曲线：使用选定多段线的顶点作为近似B样条曲线的曲线控制点或控制框架；该曲线（称为样条曲线拟合多段线）将通过第一个和最后一个控制点，除非原多段线是闭合的；曲线将会被拉向其他控制点，但并不一定通过它们；在框架特定部分指定的控制点越多，曲线上这种拉拽的倾向就越大；可以生成二次和三次拟合样条曲线多段线。
- 非曲线化：删除由拟合曲线或样条曲线插入的多余顶点，拉直多段线的所有线段；保留指定给多段线顶点的切向信息，用于随后的曲线拟合；使用命令（例如BREAK或TRIM）编辑样条曲线拟合多段线时，不能使用“非曲线化”选项。
- 线型生成：生成经过多段线顶点的连续图案线型；关闭此选项，将在每个顶点处以点划线开始和结束生成线型；“线型生成”不能用于带变宽线段的多段线。
- 反转：反转多段线顶点的顺序；使用此选项可反转使用包含文字线型的对象的方向；例如，根据多段线的创建方向，线型中的文字可能会倒置显示。
- 放弃：还原操作，可一直返回到PEDIT任务开始的状态。

7.1.4 实战演练——编辑多段线对象

下面将利用多段线编辑命令对多段线进行编辑操作，具体操作步骤如下。

步骤01 打开“素材\CH07\编辑多段线.dwg”文件，如下图所示。

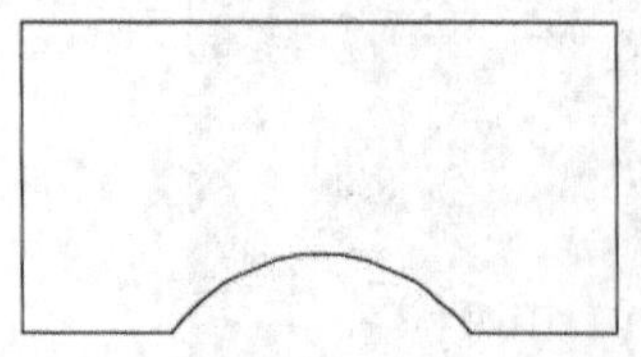

步骤02 选择【修改】➤【对象】➤【多段线】菜单命令，在绘图区域中选择下图所示的多段线对象。

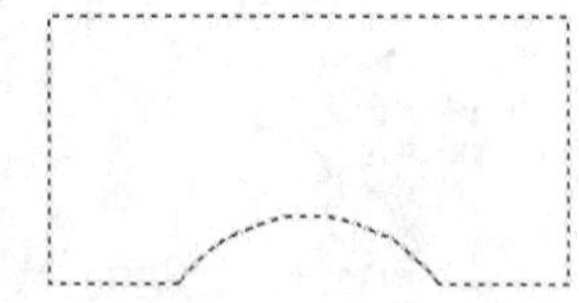

步骤 03 命令行提示如下。

命令：_pedit
选择多段线或[多条(M)]:
输入选项[闭合(C)/合并(J)/宽度(W)/编辑顶点(E)/拟合(F)/样条曲线(S)/非曲线化(D)/线型生成(L)/反转(R)/放弃(U)]: w
指定所有线段的新宽度：3
输入选项[闭合(C)/合并(J)/宽度(W)/编辑顶点(E)/拟合(F)/样条曲线(S)/非曲线化(D)/线型生成(L)/反转(R)/放弃(U)]: s
输入选项[闭合(C)/合并(J)/宽度(W)/编辑顶点(E)/拟合(F)/样条曲线(S)/非曲线化(D)/线型生成(L)/反转(R)/放弃(U)]: //按【Enter】键确认

步骤 04 结果如下图所示。

7.2 创建和编辑样条曲线

本节视频教程时间：9 分钟

样条曲线是经过或接近一系列给定点的光滑曲线，可以控制曲线与点的拟合程度。

7.2.1 样条曲线

1. 命令调用方法

在AutoCAD 2019中调用【样条曲线】命令的方法通常有以下3种。

- 选择【绘图】➤【样条曲线】菜单命令，然后选择一种绘制样条曲线的方式。
- 命令行输入“SPLINE/SPL”命令并按空格键。
- 单击【默认】选项卡➤【绘图】面板➤【样条曲线拟合】按钮/【样条曲线控制点】按钮。

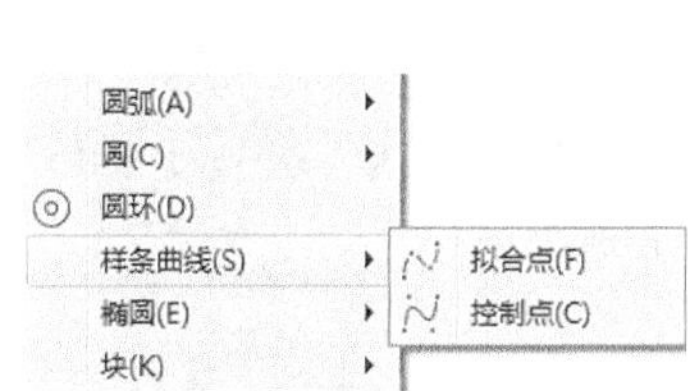

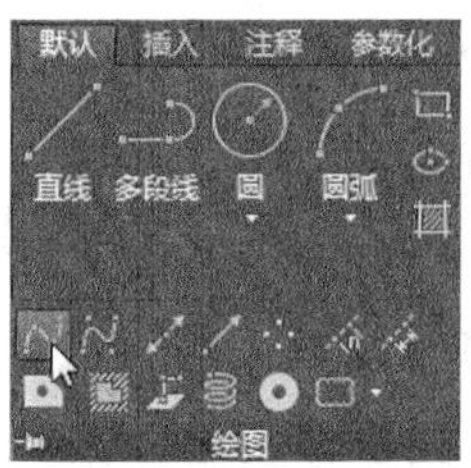

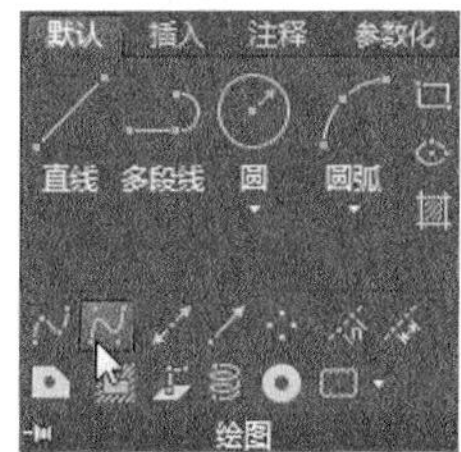

2. 命令提示

调用【样条曲线】命令之后，命令行会进行如下提示。

命令：SPLINE
当前设置：方式 = 拟合　节点 = 弦
指定第一个点或[方式(M)/节点(K)/对象(O)]:

3. 知识点扩展

默认情况下，使用【拟合点】方式绘制样条曲线时拟合点将与样条曲线重合，使用【控制点】方式绘制样条曲线时将会定义控制框（用来设置样条曲线的形状）。

7.2.2 实战演练——创建样条曲线对象

下面将分别使用【拟合点】和【控制点】的方式绘制样条曲线，具体操作步骤如下。

1. 使用【拟合点】方式绘制样条曲线

步骤 01 打开“素材\CH07\拟合点绘制样条曲线.dwg”文件，如下图所示。

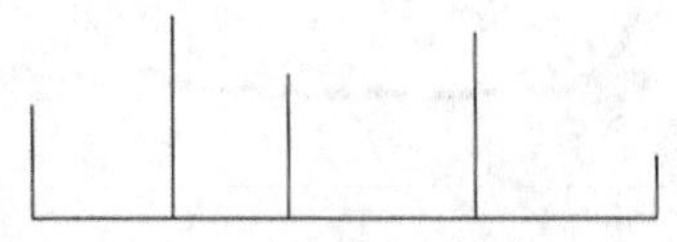

步骤 02 选择【绘图】➤【样条曲线】➤【拟合点】菜单命令，在绘图区域中捕捉下图所示端点作为样条曲线的第一个点。

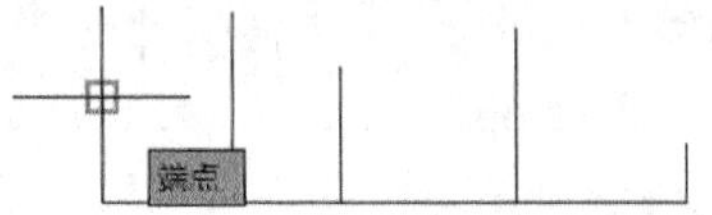

步骤 03 在绘图区域中依次捕捉其他端点作为样条曲线的下一个点，如下图所示。

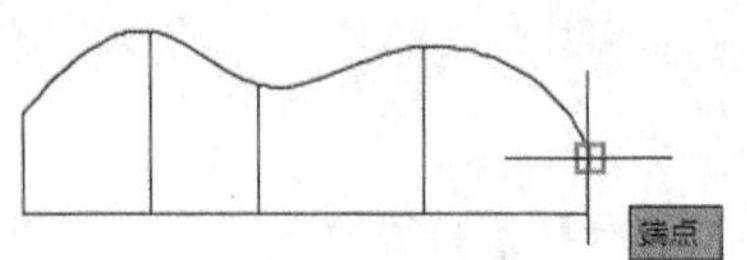

步骤 04 按【Enter】键确认，结果如下图所示。

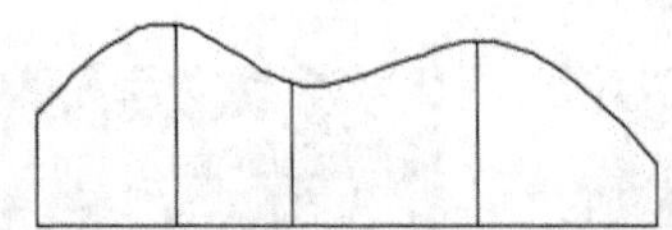

2. 使用【控制点】方式绘制样条曲线

步骤 01 打开“素材\CH07\控制点绘制样条曲线.dwg”文件，如下图所示。

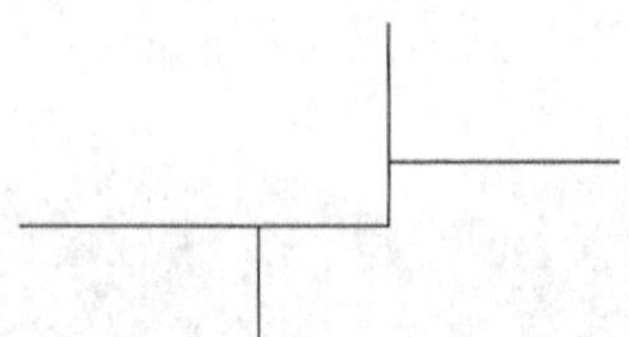

步骤 02 选择【绘图】➤【样条曲线】➤【控制点】菜单命令，在绘图区域中捕捉下图所示端点作为样条曲线的第一个点。

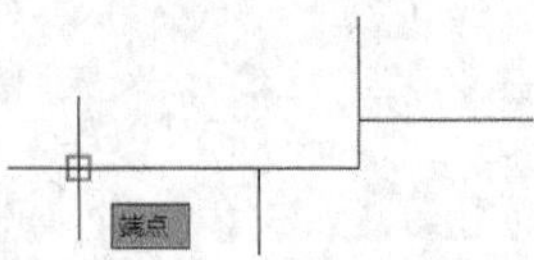

步骤 03 在绘图区域中捕捉下图所示端点作为样条曲线的下一个点。

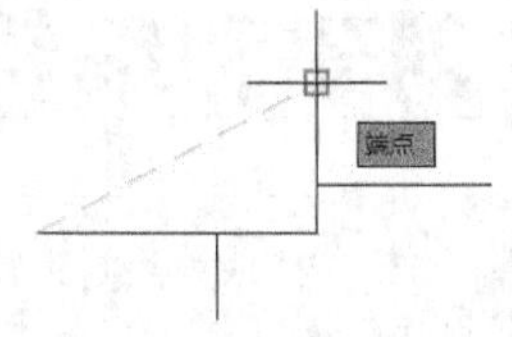

步骤 04 在绘图区域中捕捉下图所示端点作为样条曲线的下一个点。

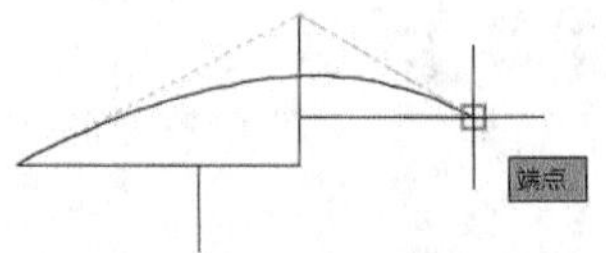

步骤 05 在绘图区域中捕捉下图所示端点作为样条曲线的下一个点。

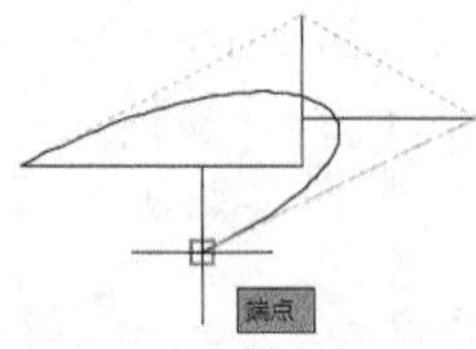

步骤 06 在命令行输入“C”并按【Enter】键确认，结果如下图所示。

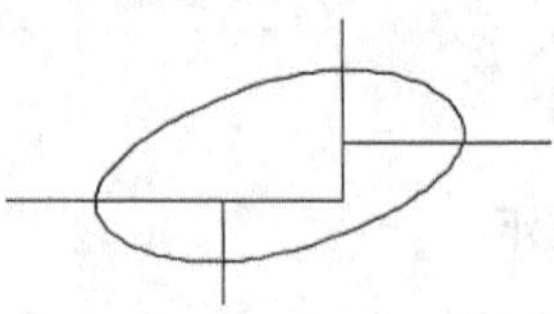

步骤 07 单击选择该样条曲线后，显示结果如下图所示。

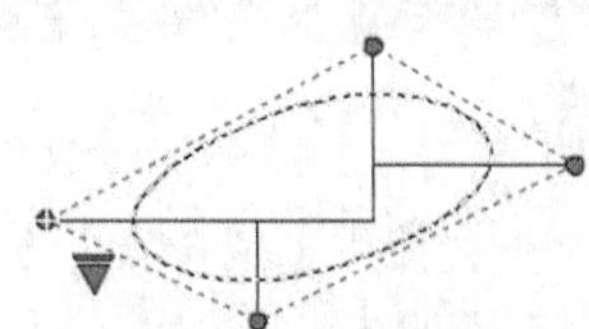

7.2.3 编辑样条曲线

1. 命令调用方法

在AutoCAD 2019中调用【编辑样条曲线】命令的方法通常有以下3种。

- 选择【修改】➤【对象】➤【样条曲线】菜单命令。
- 命令行输入“SPLINEDIT/SPE”命令并按空格键。
- 单击【默认】选项卡➤【修改】面板➤【编辑样条曲线】按钮。

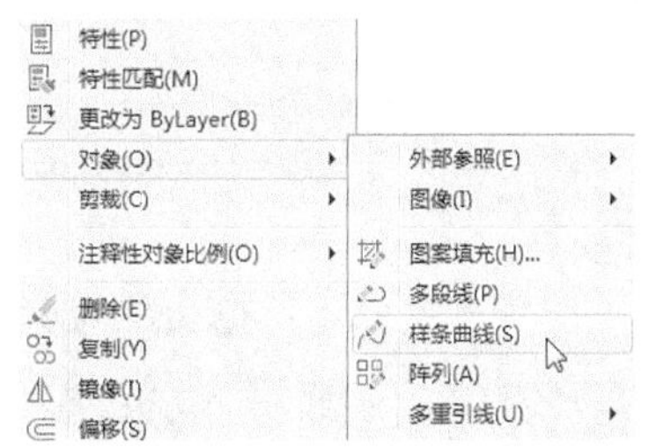

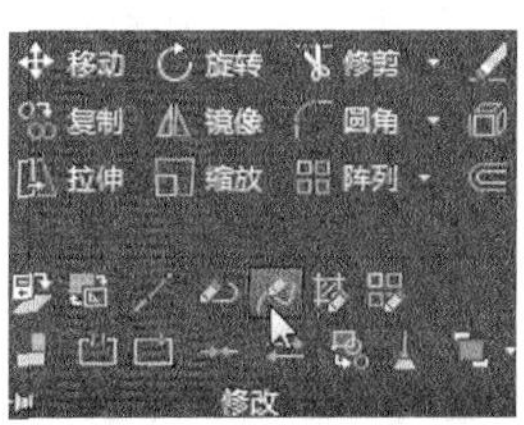

2. 命令提示

调用【编辑样条曲线】命令之后，命令行会进行如下提示。

```
命令：_splinedit
选择样条曲线：
```

选择需要编辑的样条曲线之后，命令行会进行如下提示。

```
输入选项 [ 闭合 (C)/ 合并 (J)/ 拟合数据 (F)/ 编辑顶点 (E)/ 转换为多段线 (P)/ 反转 (R)/ 放弃 (U)/ 退出 (X)] < 退出 >:
```

3. 知识点扩展

命令行中各选项的含义如下。

- 闭合：显示闭合或打开，具体取决于选定的样条曲线是开放的还是闭合的；开放的样条曲线有两个端点，而闭合的样条曲线则形成一个环。
- 合并：将选定的样条曲线与其他样条曲线、直线、多段线和圆弧在重合端点处合并，以形成一个较大的样条曲线；对象在连接点处使用扭折连接在一起。
- 拟合数据：用于编辑拟合数据，执行该选项后系统将进一步提示编辑拟合数据的相关选项。
- 编辑顶点：用于编辑控制框数据，执行该选项后系统将进一步提示编辑控制框数据的相关选项。
- 转换为多段线：将样条曲线转换为多段线，精度值决定生成的多段线与样条曲线的接近程度，有效值为介于0和99之间的任意整数。
- 反转：反转样条曲线的方向，此选项主要适用于第三方应用程序。
- 放弃：取消上一操作。
- 退出：返回到命令提示。

7.2.4 实战演练——编辑样条曲线对象

下面将利用样条曲线编辑命令对样条曲线对象进行编辑操作，具体操作步骤如下。

步骤 01 打开“素材\CH07\编辑样条曲线.dwg”文件，如下图所示。

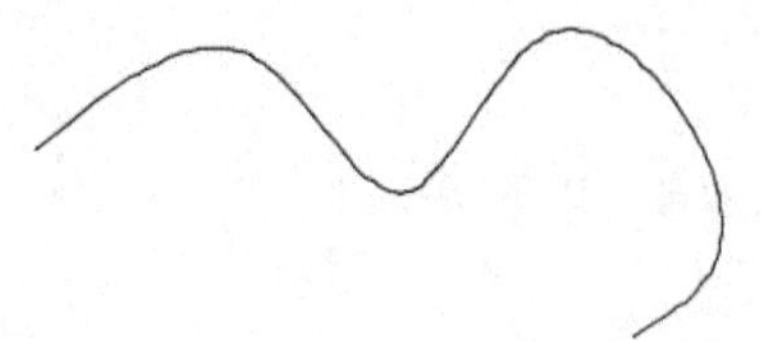

步骤 02 选择【修改】➤【对象】➤【样条曲线】菜单命令，在绘图区域中选择下图所示图形对象。

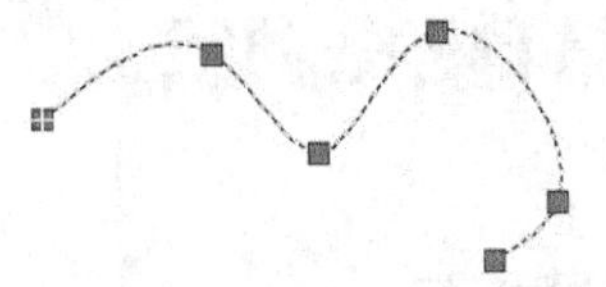

步骤 03 在命令行输入“C”并按两次【Enter】键确认，结果如下图所示。

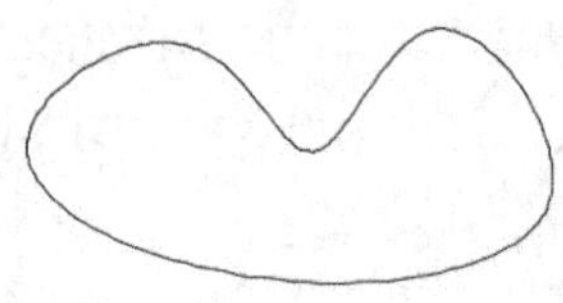

7.3 创建和编辑图案填充

本节视频教程时间：7 分钟

使用填充图案、实体填充或渐变填充可以填充封闭区域或选定对象，图案填充常用来表示断面或材料特征。

7.3.1 图案填充

在AutoCAD 2019中可以使用预定义填充图案填充区域，或使用当前线型定义简单的线图案。该操作既可以创建复杂的填充图案，也可以创建渐变填充。渐变填充是在一种颜色的不同灰度之间或两种颜色之间使用过渡。渐变填充提供光源反射到对象上的外观，可用于增强演示图形的效果。

1. 命令调用方法

在AutoCAD 2019中调用【图案填充】命令的方法通常有以下3种。

- 选择【绘图】➤【图案填充】菜单命令。
- 命令行输入“HATCH/H”命令并按空格键。
- 单击【默认】选项卡➤【绘图】面板➤【图案填充】按钮。

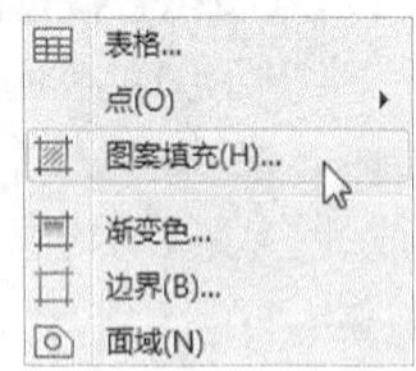

2. 命令提示

调用【图案填充】命令之后，系统会自动弹出【图案填充创建】选项卡，如下图所示。

3. 知识点扩展

【图案填充创建】选项卡中各选项的含义如下。

- 【边界】面板：设置拾取点和填充区域的边界。
- 【图案】面板：指定图案填充的各种图案形状。
- 【特性】面板：指定图案填充的类型、背景色、透明度、选定填充图案的角度和比例。
- 【原点】面板：控制填充图案生成的起始位置。某些图案填充（例如砖块图案）需要与图案填充边界上的一点对齐。默认情况下，所有图案填充原点都对应于当前的 UCS 原点。
- 【选项】面板：控制几个常用的图案填充或填充选项，并可以通过选择【特性匹配】选项使用选定图案填充对象的特性对指定的边界进行填充。
- 【关闭】面板：单击此面板，将关闭【图案填充创建】选项卡。

7.3.2 实战演练——创建图案填充对象

下面将利用【图案填充】命令对图形对象进行图案填充操作，具体操作步骤如下。

步骤 01 打开“素材\CH07\创建图案填充.dwg”文件，如下图所示。

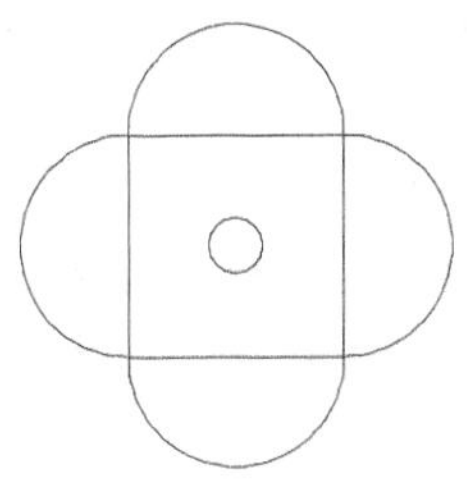

步骤 02 选择【绘图】➤【图案填充】菜单命令，在系统弹出的【图案填充创建】选项卡中进行相应的设置，如下图所示。

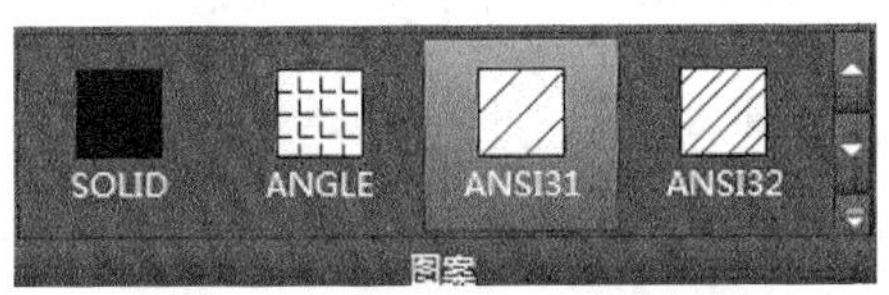

步骤 03 在绘图区域中选择下图所示区域作为填充区域。

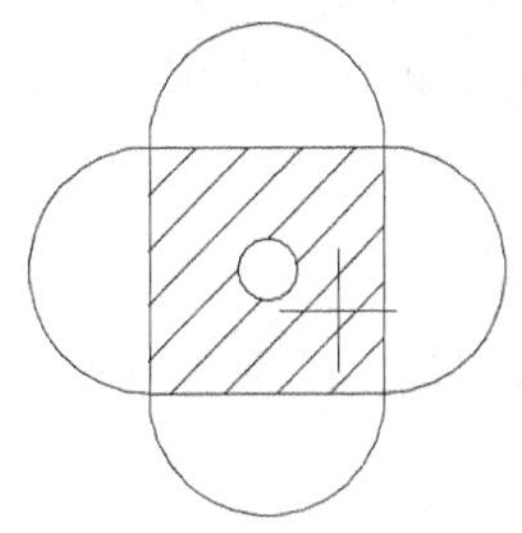

步骤 04 在【图案填充创建】选项卡中单击【关闭图案填充创建】按钮，结果如下图所示。

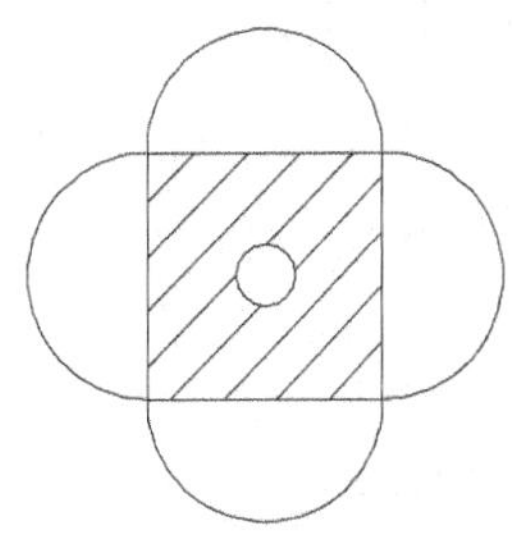

7.3.3 编辑图案填充

该操作用于修改图案填充的特性，例如填充的图案、比例和角度等。

1. 命令调用方法

在AutoCAD 2019中调用【编辑图案填充】命令的方法通常有以下3种。

• 选择【修改】➤【对象】➤【图案填充】菜单命令。

• 命令行输入“HATCHEDIT/HE”命令并按空格键。

• 单击【默认】选项卡➤【修改】面板➤【编辑图案填充】按钮。

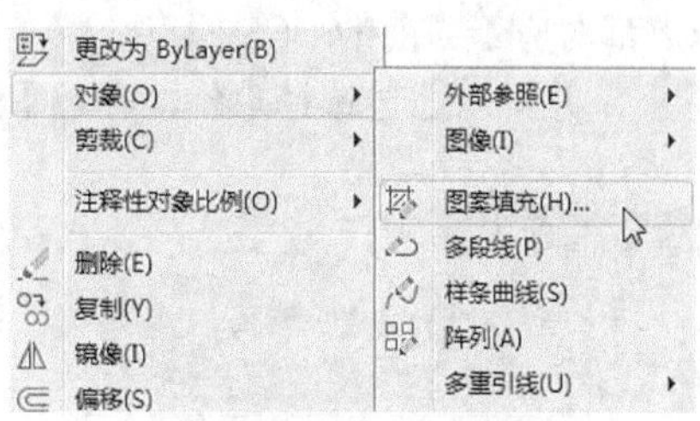

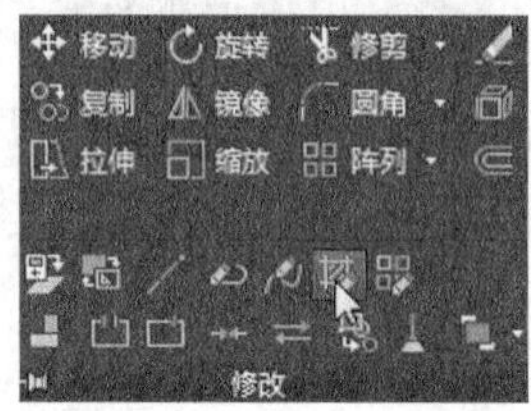

2. 命令提示

调用【编辑图案填充】命令之后，命令行会进行如下提示。

命令：_hatchedit
选择图案填充对象：

选择需要编辑的图案填充对象之后，系统会弹出【图案填充编辑】对话框，如下图所示。

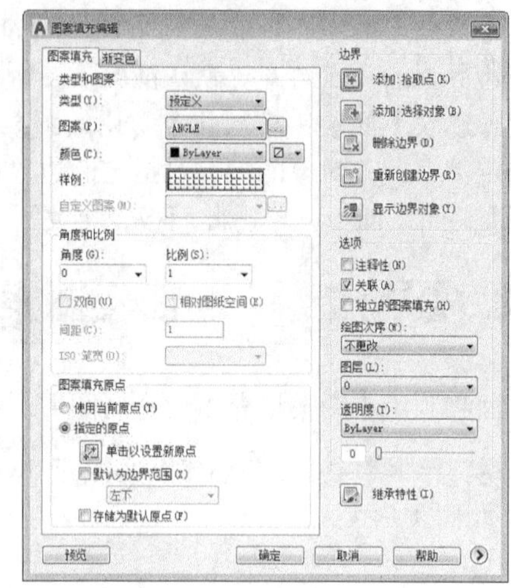

3. 知识点扩展

双击或单击填充图案，也可以弹出【图案填充编辑器】，只是该界面是选项卡形式。

7.3.4 实战演练——编辑图案填充对象

下面将利用【编辑图案填充】命令对图案填充对象进行编辑操作，具体操作步骤如下。

步骤01 打开“素材\CH07\编辑图案填充.dwg”文件，如下图所示。

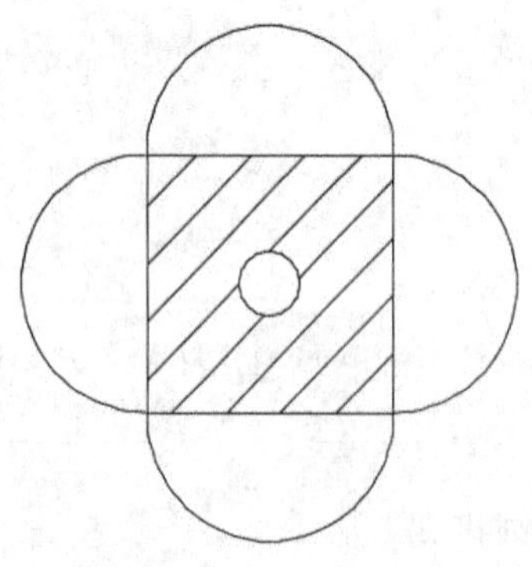

步骤02 选择【修改】➤【对象】➤【图案填充】菜单命令，在绘图区域中单击选择需要编辑的图案填充对象，如下图所示。

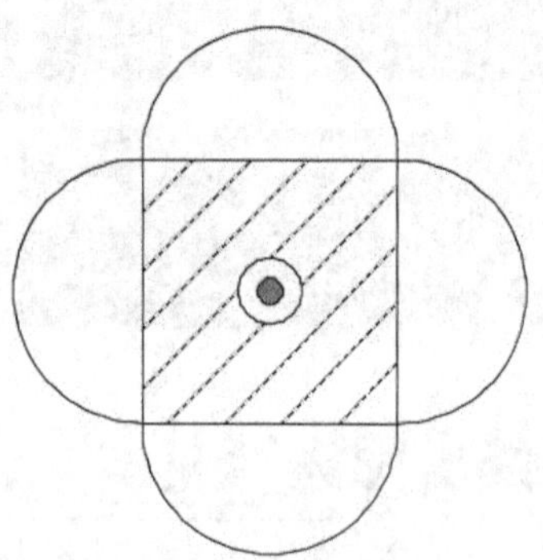

步骤03 在系统弹出的【图案填充编辑】对话框中重新选择填充图案，并单击【确定】按钮，如下图所示。

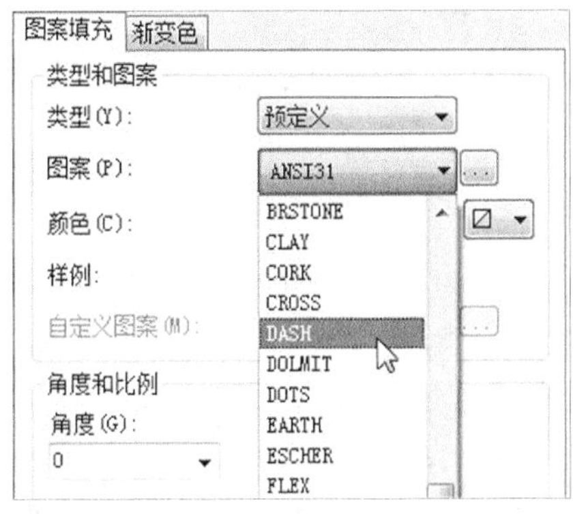

步骤04 结果如下图所示。

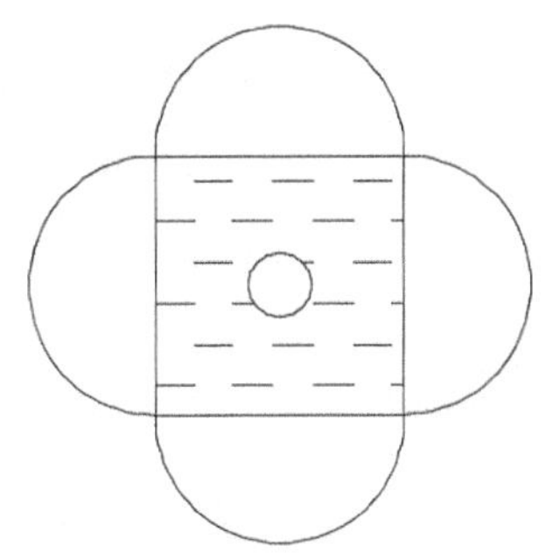

7.4 创建和编辑多线

本节视频教程时间：13 分钟

在AutoCAD 2019中，使用多线命令可以很方便地创建多条平行线。多线命令常用在建筑设计和室内装潢设计中，例如绘制墙体等。

7.4.1 多线样式

设置多线是通过【多线样式】对话框来进行的。

1. 命令调用方法

在AutoCAD 2019中调用【多线样式】命令的方法通常有以下2种。

- 选择【格式】➤【多线样式】菜单命令。
- 命令行输入“MLSTYLE”命令并按空格键。

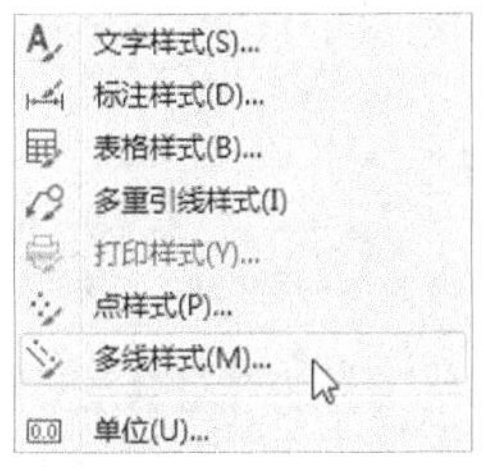

2. 命令提示

调用【多线样式】命令之后，系统会自动弹出【多线样式】对话框，如下图所示。

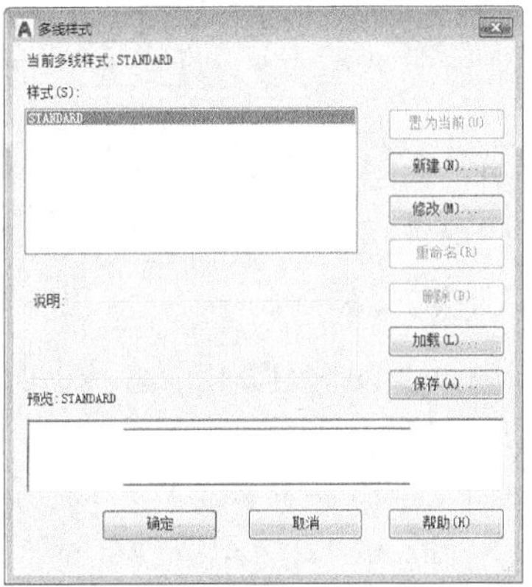

7.4.2 实战演练——设置多线样式

下面将利用【多线样式】对话框创建一个新的多线样式，具体操作步骤如下。

步骤01 选择【格式】➤【多线样式】菜单命令，系统弹出【多线样式】对话框，如下图所示。

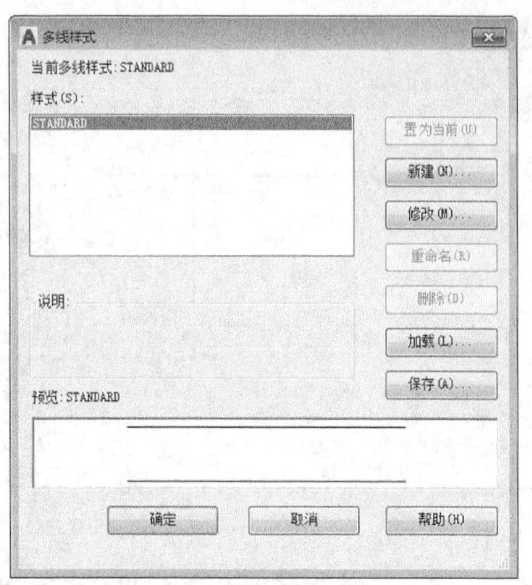

步骤02 单击【新建】按钮弹出【创建新的多线样式】对话框，输入样式名称，如下图所示。

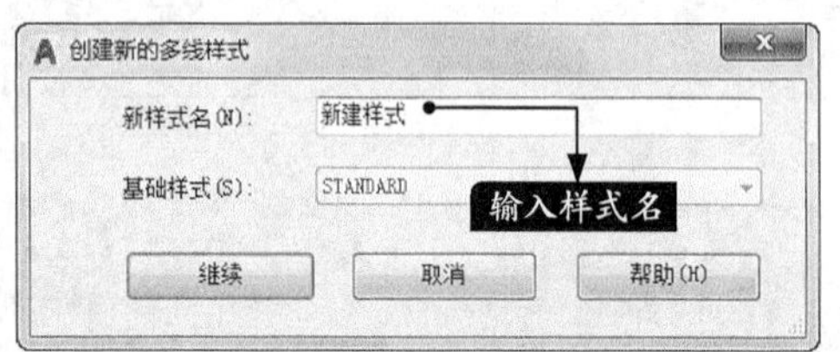

步骤03 单击【继续】按钮弹出【新建多线样式：新建样式】对话框。在该对话框中可设置多线是否封口、多线角度以及填充颜色等。

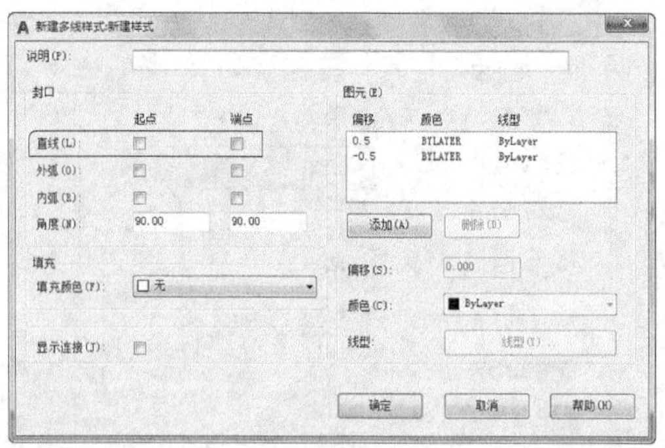

步骤04 设置新建多线样式的封口为直线形式。完成后单击【确定】按钮即可，系统会自动返回【多线样式】对话框，此时可以看到多线呈封口样式。

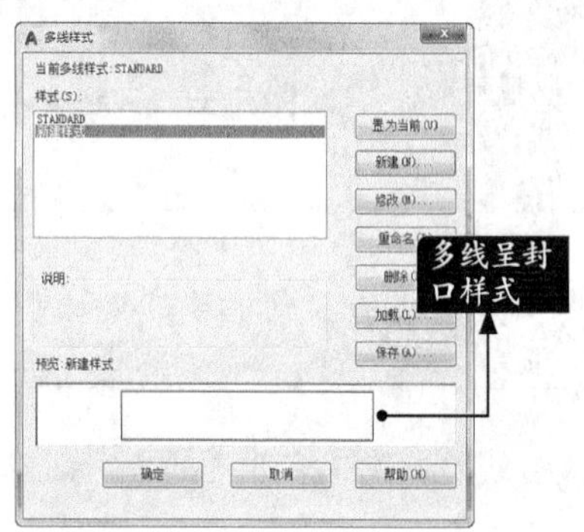

步骤05 选择新建的多线样式，并单击【置为当前】按钮，可以将新建的多线样式置为当前。

7.4.3 多线

多线是由多条平行线组成的线型。绘制多线与绘制直线相似的地方是需要指定起点和端点，与直线不同的是一条多线可以由一条或多条平行线段组成。

1. 命令调用方法

在AutoCAD 2019中调用【多线】命令的方法通常有以下2种。

- 选择【绘图】➤【多线】菜单命令。
- 命令行输入“MLINE/ML”命令并按空格键。

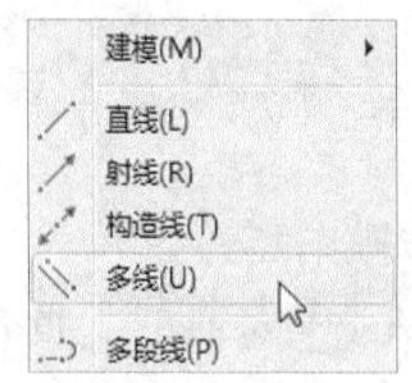

2. 命令提示

调用【多线】命令之后，命令行会进行如下提示。

```
命令：_mline
当前设置：对正 = 上，比例 = 20.00，样式 = STANDARD
指定起点或 [ 对正 (J)/ 比例 (S)/ 样式 (ST)]:
```

3. 知识点扩展

多线不可以打断、拉长、倒角和圆角。

7.4.4 实战演练——创建多线对象

下面将利用【多线】命令创建多线对象，具体操作步骤如下。

步骤 01 选择【绘图】➤【多线】菜单命令，在绘图区域中任意单击一点作为多线的起点，如下图所示。

步骤 02 命令行提示如下。

指定下一点： @-200,0
指定下一点或 [放弃 (U)]： @0,-500
指定下一点或 [闭合 (C)/ 放弃 (U)]： @1000,0
指定下一点或 [闭合 (C)/ 放弃 (U)]： @0,700
指定下一点或 [闭合 (C)/ 放弃 (U)]： @-800,0
指定下一点或 [闭合 (C)/ 放弃 (U)]： c

步骤 03 结果如下图所示。

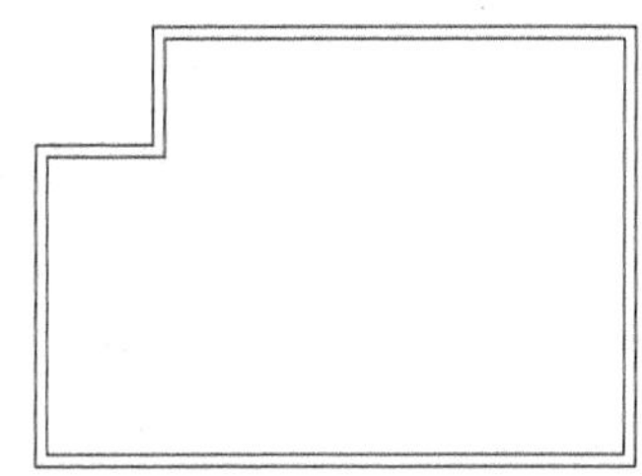

7.4.5 编辑多线

多线的编辑是通过【多线编辑工具】对话框来进行的。对话框中，第一列用于管理交叉的交点，第二列用于管理T形交叉，第三列用来管理角和顶点，最后一列进行多线的剪切和结合操作。

1. 命令调用方法

在AutoCAD 2019中调用【多线编辑工具】命令的方法通常有以下2种。

- 选择【修改】➤【对象】➤【多线】菜单命令。
- 命令行输入“MLEDIT”命令并按空格键。

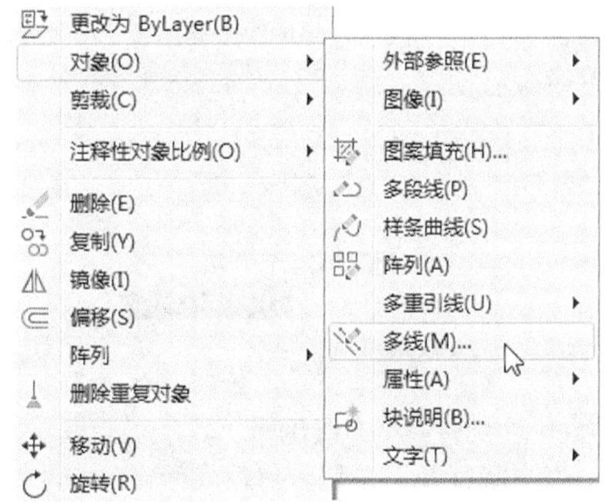

2. 命令提示

调用【多线编辑工具】命令之后，系统会自动弹出【多线编辑工具】对话框，如下图所示。

3. 知识点扩展

【多线编辑工具】对话框中各选项的含义如下。

- 【十字闭合】：在两条多线之间创建闭合的十字交点。
- 【十字打开】：在两条多线之间创建打开的十字交点；打断将插入第一条多线的所有元素和第二条多线的外部元素。
- 【十字合并】：在两条多线之间创建合并的十字交点；选择多线的次序并不重要。
- 【T形闭合】：在两条多线之间创建闭合的T形交点；将第一条多线修剪或延伸到与第二条多线的交点处。
- 【T形打开】：在两条多线之间创建打开的T形交点；将第一条多线修剪或延伸到与第二条多线的交点处。
- 【T形合并】：在两条多线之间创建合并的T形交点；将多线修剪或延伸到与另一条多线的交点处。
- 【角点结合】：在多线之间创建角点结合；将多线修剪或延伸到它们的交点处。
- 【添加顶点】：向多线上添加一个顶点。
- 【删除顶点】：从多线上删除一个顶点。
- 【单个剪切】：在选定多线元素中创建可见打断。
- 【全部剪切】：创建穿过整条多线的可见打断。
- 【全部接合】：将已被剪切的多线线段重新接合起来。

7.4.6 实战演练——编辑多线对象

下面将利用【多线编辑工具】对话框对多线对象进行编辑操作，具体操作步骤如下。

步骤 01 打开“素材\CH07\编辑多线.dwg”文件，如下图所示。

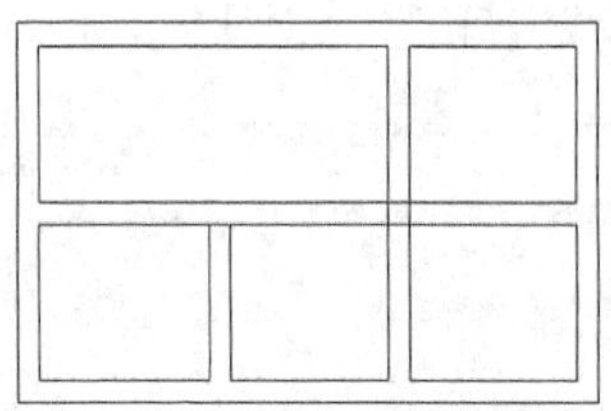

步骤 02 选择【修改】➤【对象】➤【多线】菜单命令，在系统弹出的【多线编辑工具】对话框中单击【T型打开】按钮，然后在绘图区域中选择第一条多线，如下图所示。

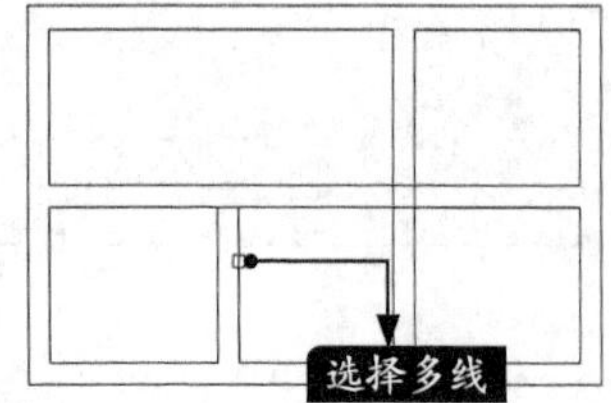

步骤 03 在绘图区域中选择第二条多线，如下图所示。

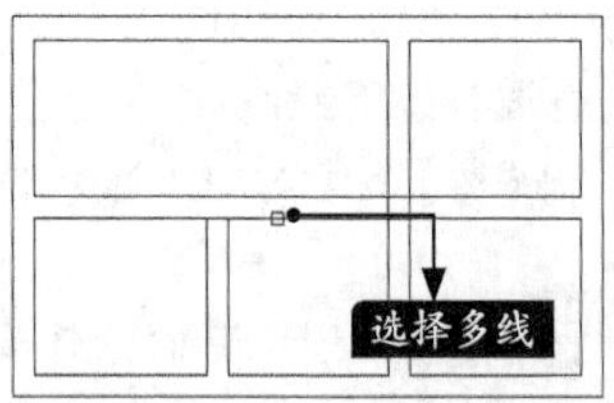

步骤 04 按【Enter】键结束多线编辑命令，结果如下图所示。

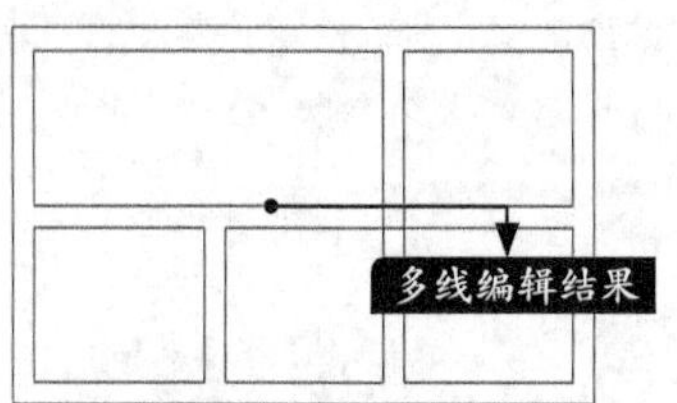

步骤 05 重复调用【多线编辑工具】对话框，并单击【十字打开】按钮，然后在绘图区域中选择第一条多线，如下图所示。

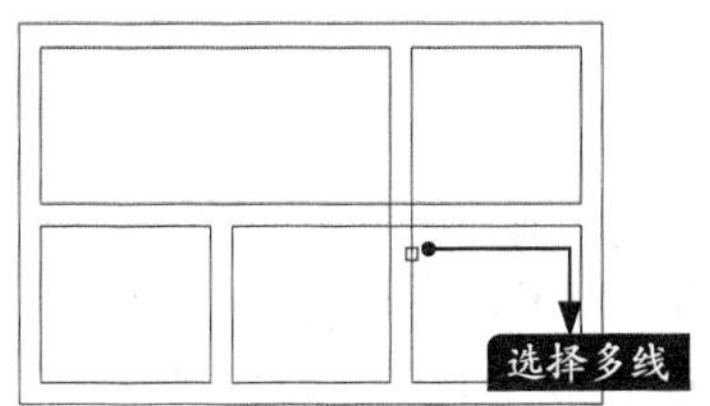

步骤06 在绘图区域中选择第二条多线，如下图所示。

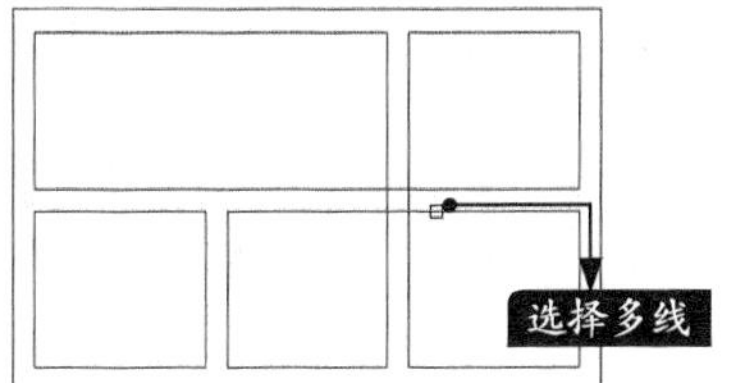

步骤07 按【Enter】键结束多线编辑命令，结果如下图所示。

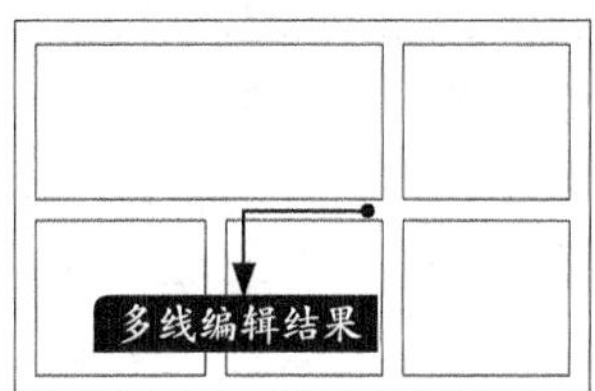

小提示

如果一个编辑选项（如T形打开）要多次用到，在选择该选项时双击即可连续使用，直到按【Esc】键退出为止。

7.5 创建面域和边界

本节视频教程时间：8 分钟

面域是具有物理特性（例如形心或质量中心）的二维封闭区域，可以将现有面域组合成单个或复杂的面域来计算面积。边界命令不仅可以从封闭区域创建面域，还可以创建多段线。

7.5.1 边界

边界命令用于从封闭区域创建面域或多段线。

1. 命令调用方法

在AutoCAD 2019中调用【边界】命令的方法通常有以下3种。

- 选择【绘图】➤【边界】菜单命令。
- 命令行输入“BOUNDARY/BO”命令并按空格键。
- 单击【默认】选项卡➤【绘图】面板➤【边界】按钮。

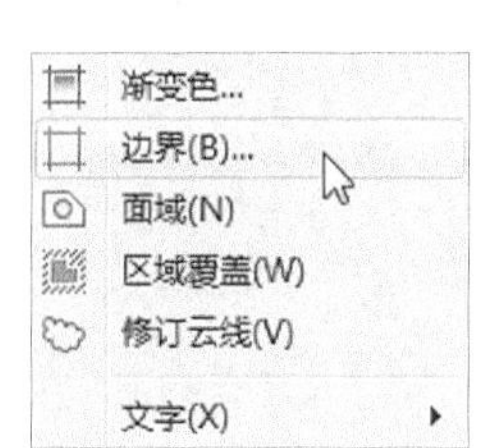

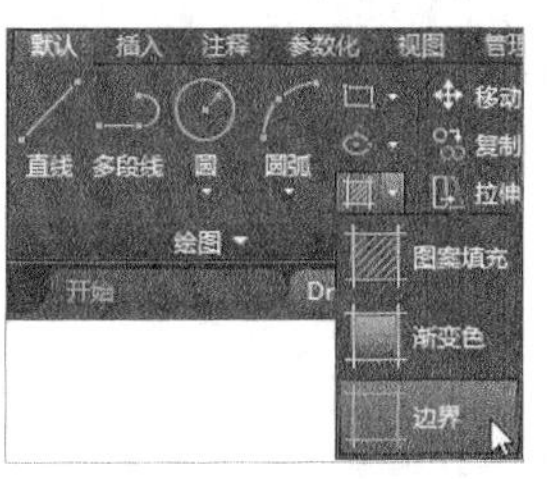

2. 命令提示

调用【边界】命令之后，系统会自动弹出【边界创建】对话框，如下图所示。

3. 知识点扩展

【边界创建】对话框中各选项的含义如下。

- 【拾取点】：根据围绕指定点构成封闭区域的现有对象来确定边界。
- 【孤岛检测】：控制BOUNDARY命令是否检测内部闭合边界，该边界称为孤岛。
- 【对象类型】：控制新边界对象的类型；BOUNDARY将边界作为面域或多段线对象创建。
- 【边界集】：定义通过指定点定义边界时，BOUNDARY要分析的对象集。
- 【当前视口】：根据当前视口范围中的所有对象定义边界集，选择此选项将放弃当前所有边界集。
- 【新建】：提示用户选择用来定义边界集的对象；BOUNDARY仅包括可以在构造新边界集时，用于创建面域或闭合多段线的对象。

7.5.2 实战演练——创建边界对象

下面将利用【边界创建】对话框创建边界对象，具体操作步骤如下。

步骤 01 打开“素材\CH07\创建边界.dwg”文件，如下图所示。

步骤 02 在绘图区域中将十字光标移至圆弧图形上面，显示结果如下图所示。

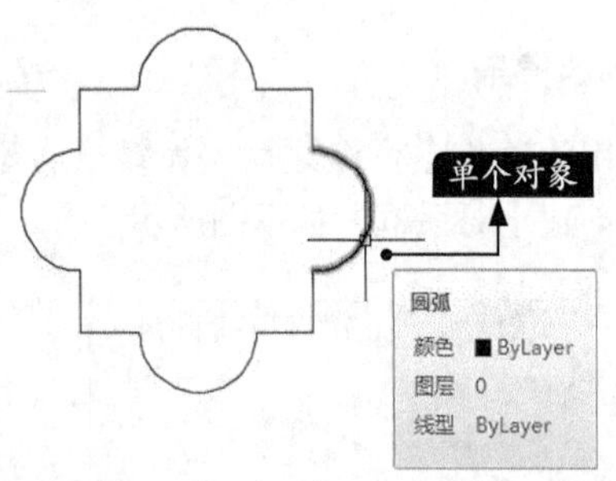

步骤 03 选择【绘图】➤【边界】菜单命令，在系统弹出的【边界创建】对话框中将【对象类型】设置为【面域】，然后单击【拾取点】按钮，在绘图区域中单击拾取内部点，如下图所示。

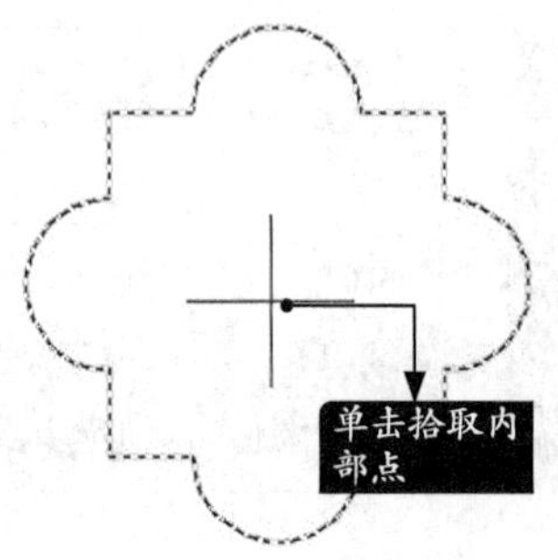

步骤 04 按【Enter】键确认，然后在绘图区域中将十字光标移至图形对象上面，显示结果如下图所示。

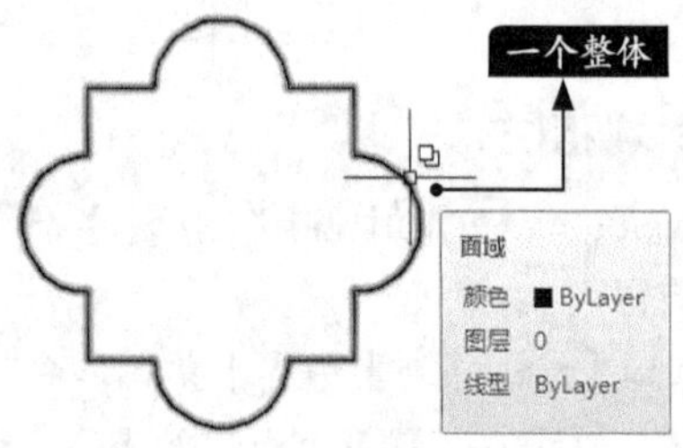

步骤 05 AutoCAD默认创建边界后保留原来图形，即创建面域后，原来的圆弧及直线仍然存在。如下图所示，单击选择创建的边界，在弹出的【选择集】中可以看到提示选择面域还是选择圆弧。

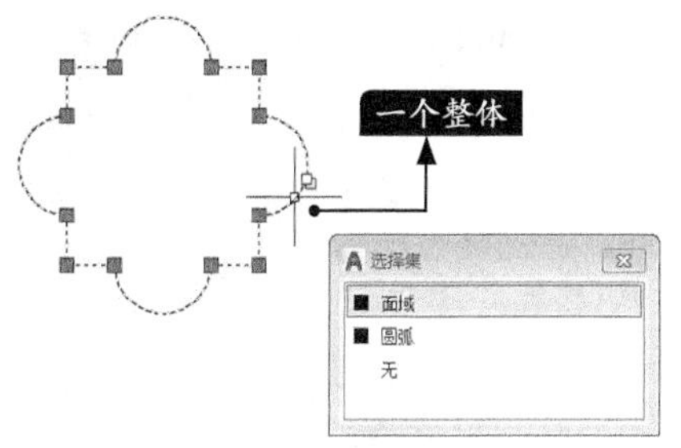

步骤06 选择面域，然后调用【移动】命令，将创建的边界面域移到合适位置，可以看到原来的图形仍然存在，将光标放置到原来的图形上，显示为圆弧，如下图所示。

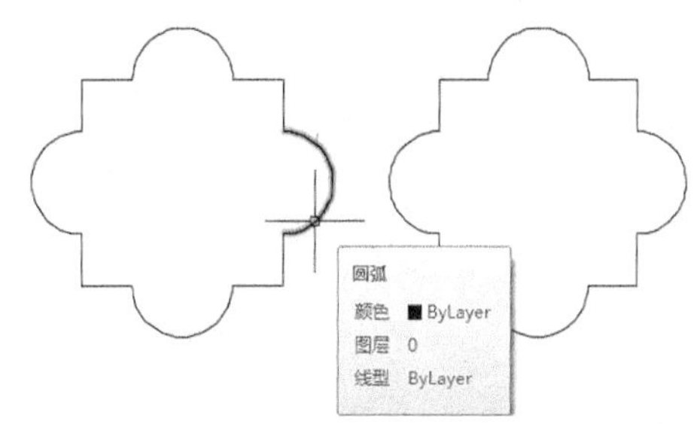

7.5.3 面域

面域的边界由端点相连的曲线组成，曲线上的每个端点仅连接两条边。

1. 命令调用方法

在AutoCAD 2019中调用【面域】命令的方法通常有以下3种。

- 选择【绘图】➤【面域】菜单命令。
- 命令行输入“REGION/REG”命令并按空格键。
- 单击【默认】选项卡➤【绘图】面板➤【面域】按钮。

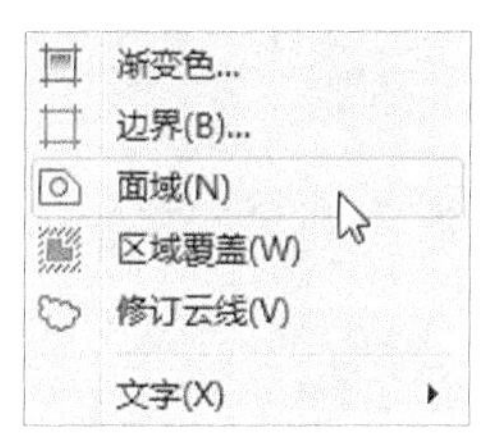

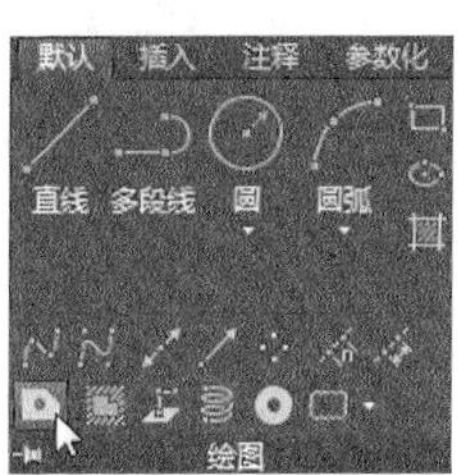

2. 命令提示

调用【面域】命令之后，命令行会进行如下提示。

```
命令：_region
选择对象：
```

7.5.4 实战演练——创建面域对象

下面将利用【面域】命令创建面域对象，具体操作步骤如下。

步骤01 打开“素材\CH07\创建面域.dwg”文件，如下图所示。

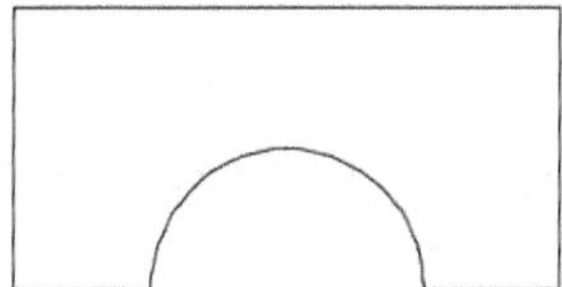

步骤02 在没有创建面域之前选择圆弧，可以看到圆弧是独立存在的，如下图所示。

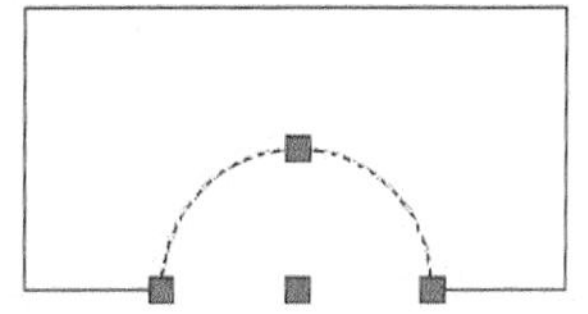

步骤03 选择【绘图】➤【面域】菜单命令，在绘图区域中选择整个图形对象作为组成面域的对象，如下图所示。

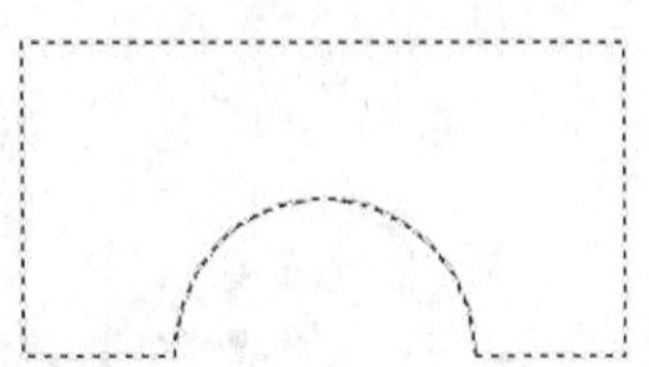

步骤04 按【Enter】键确认，然后在绘图区域中选择圆弧，结果圆弧和直线成为一个整体，如下图所示。

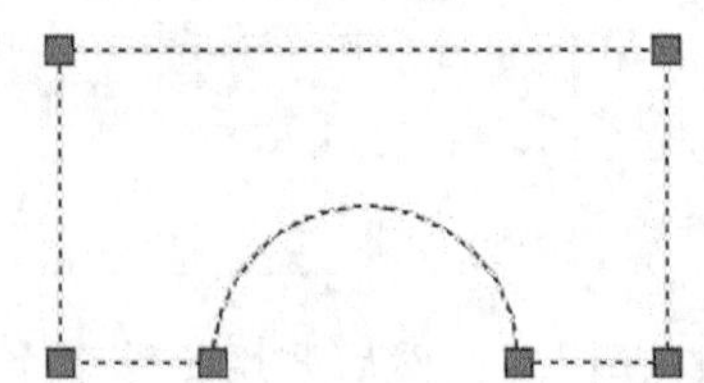

7.6 使用夹点编辑对象

本节视频教程时间：6 分钟

夹点是一些实心的小方块，默认显示为蓝色，可以对其执行拉伸、移动、旋转、缩放或镜像操作。在没有执行任何命令的情况下，选择对象，对象上将出现夹点。

7.6.1 夹点的显示与关闭

夹点的显示与关闭是在【选项】对话框中操作的，关于【选项】对话框的调用方法参见2.1节内容。

命令调用方法

在【选项】对话框中选择【选择集】选项卡，选中【夹点】区的【显示夹点】复选框即可以显示夹点。

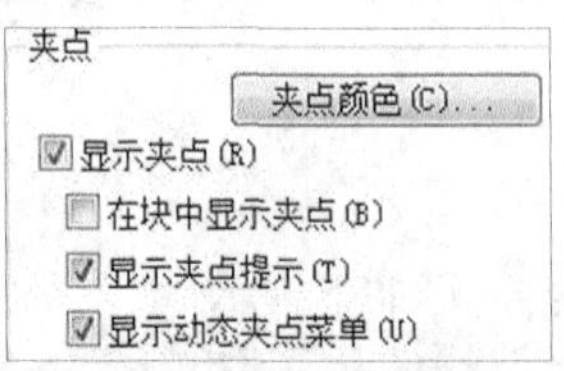

7.6.2 实战演练——使用夹点编辑对象

下面将分别利用夹点的各种功能对图形对象进行编辑操作，具体操作步骤如下。

1. 使用夹点拉伸对象

步骤01 打开“素材\CH07\夹点编辑.dwg”文件，如下图所示。

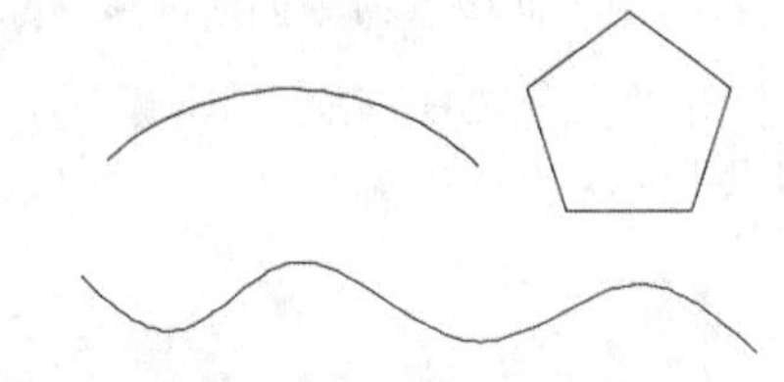

步骤02 在绘图区域中单击选择椭圆弧，如下图所示。

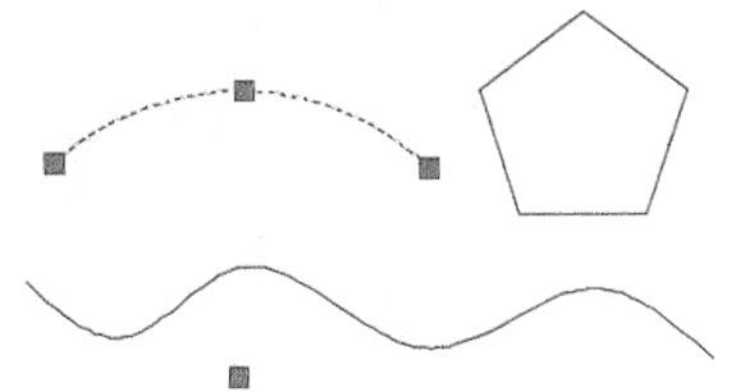

步骤03 单击选择其中一个夹点，然后单击右键选择“拉伸”，如下图所示。

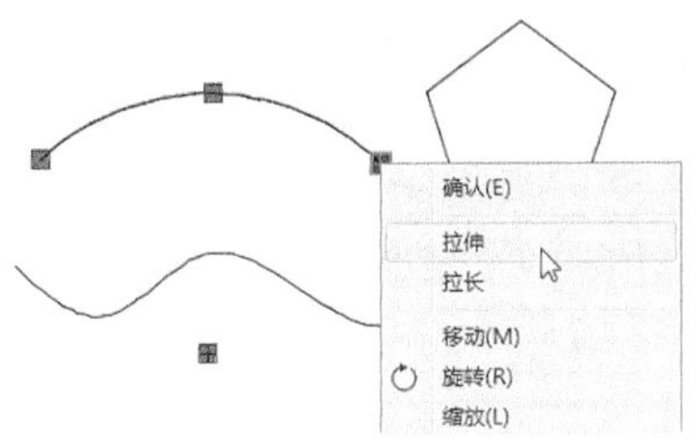

步骤04 拖曳十字光标将夹点移动到新的位置并单击，如下图所示。

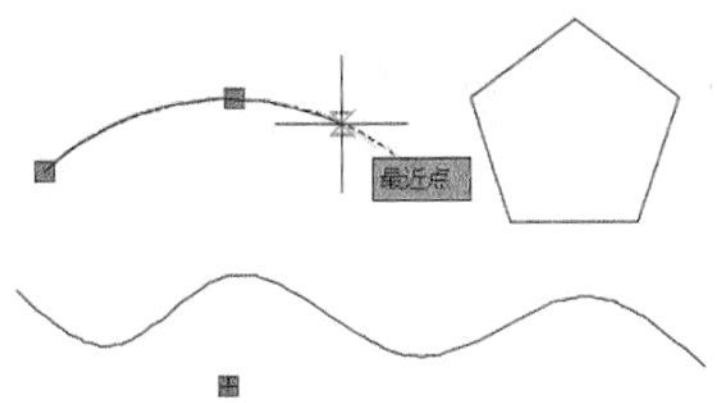

步骤05 按【Esc】键取消对椭圆弧的选择，结果如下图所示。

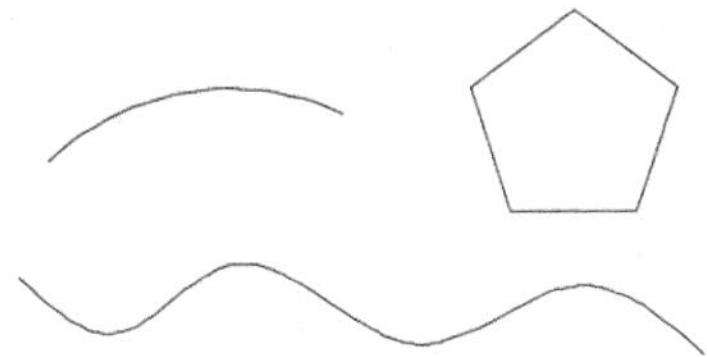

2. 使用夹点移动对象

步骤01 打开“素材\CH07\夹点编辑.dwg”文件，如下图所示。

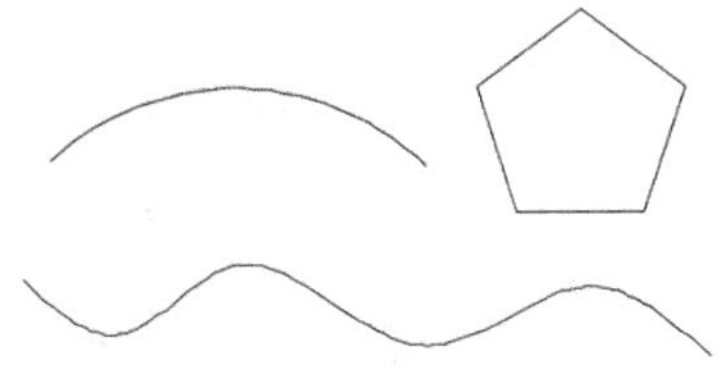

步骤02 在绘图区域中单击选择正五边形，如下图所示。

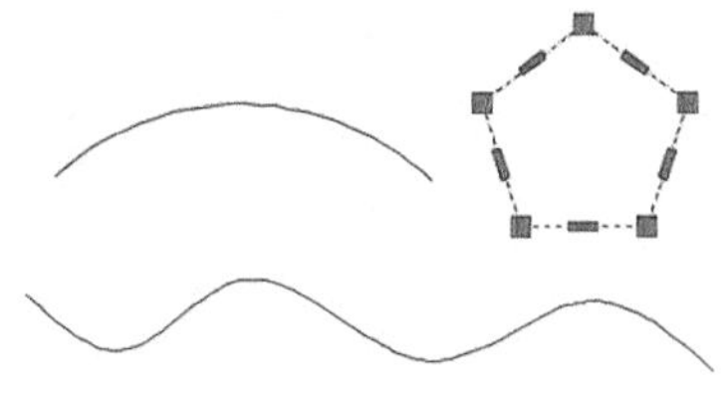

步骤03 选择夹点并单击鼠标右键，在弹出的快捷菜单中选择“移动”，如下图所示。

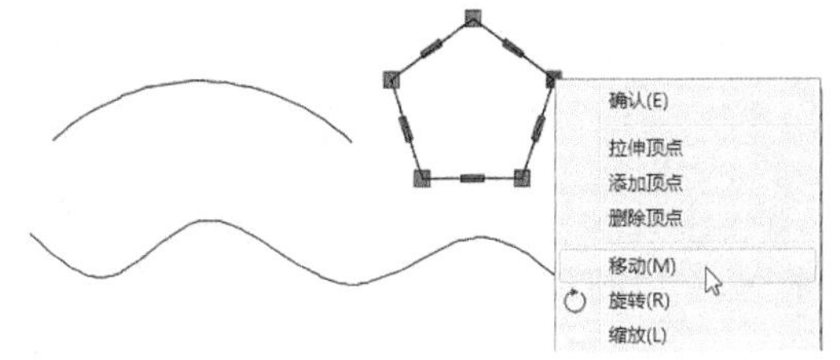

步骤04 拖曳十字光标将正五边形移动到一个新位置，并单击进行确认，如下图所示。

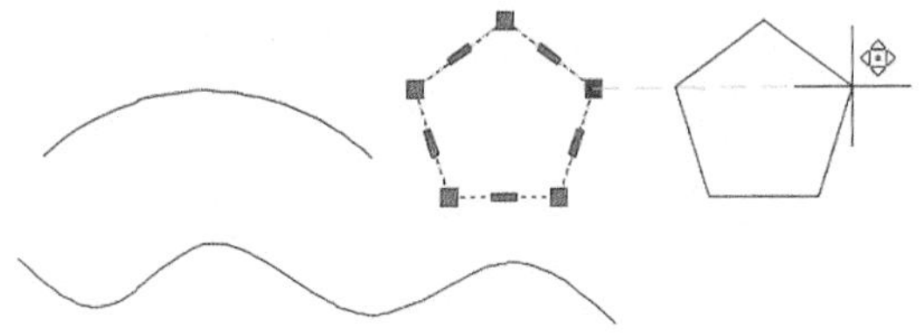

步骤05 按【Esc】键取消对正五边形的选择，结果如下图所示。

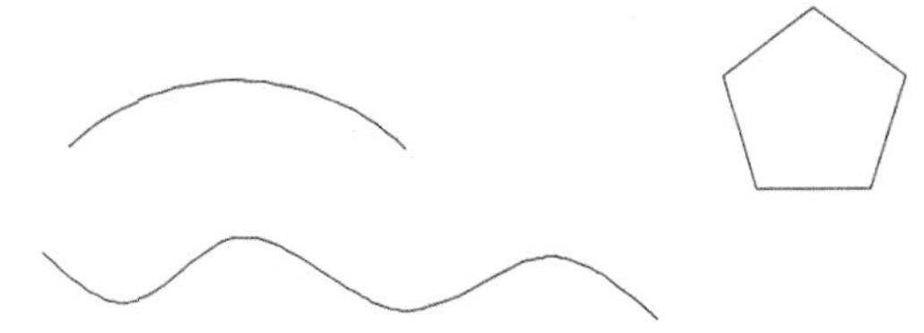

3. 使用夹点缩放对象

步骤01 打开“素材\CH07\夹点编辑.dwg”文件，如下图所示。

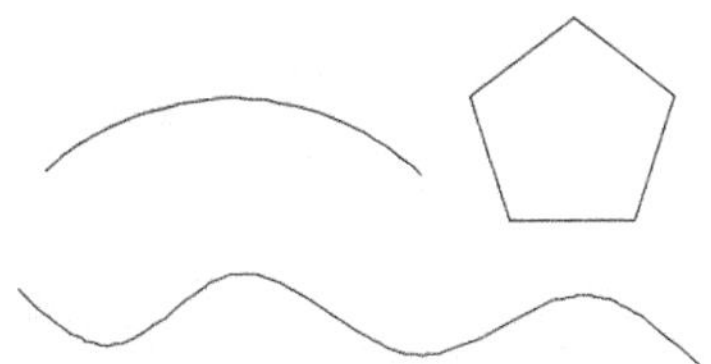

步骤02 在绘图区域中单击选择正五边形，如下图所示。

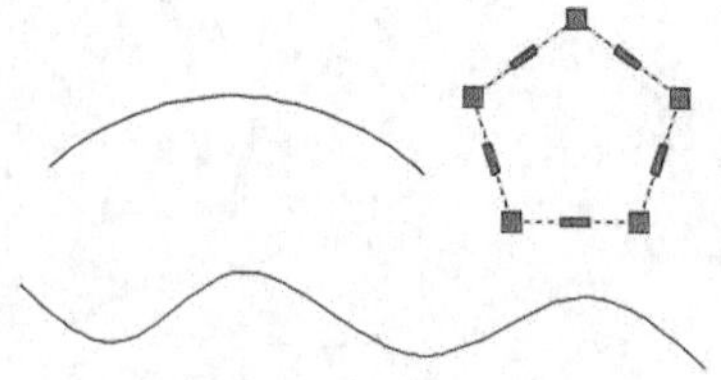

步骤03 选择夹点并单击鼠标右键，在弹出的快捷菜单中选择“缩放”，如下图所示。

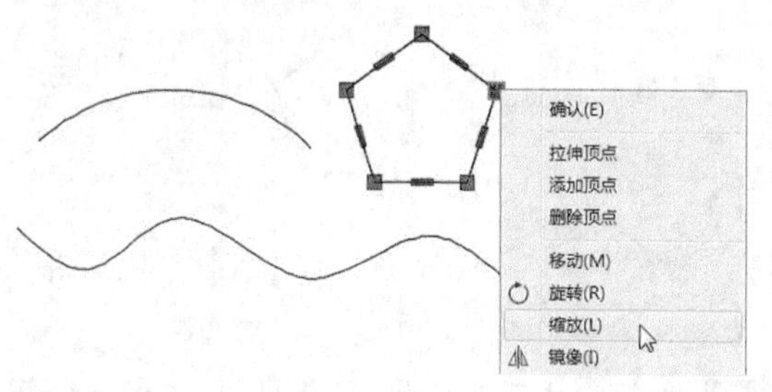

步骤04 在命令行中指定缩放比例因子为“0.5”并按【Enter】键确认，然后按【Esc】键取消对正五边形的选择，结果如下图所示。

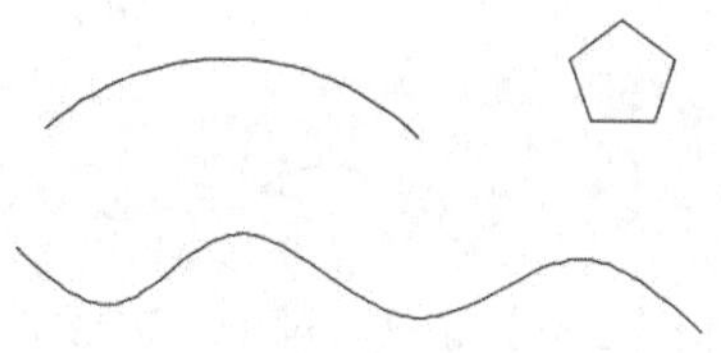

4. 使用夹点旋转对象

步骤01 打开“素材\CH07\夹点编辑.dwg”文件，如下图所示。

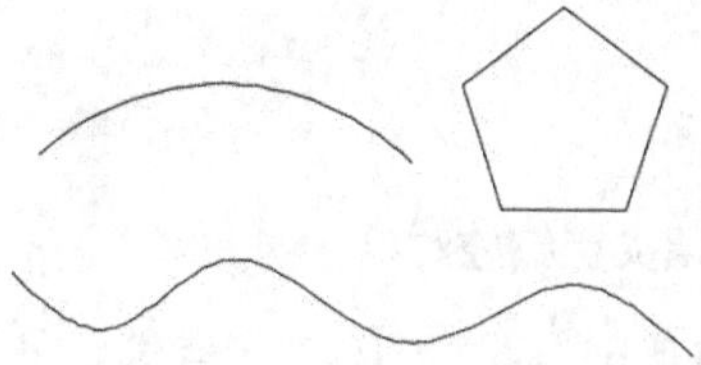

步骤02 在绘图区域中单击选择正五边形，如下图所示。

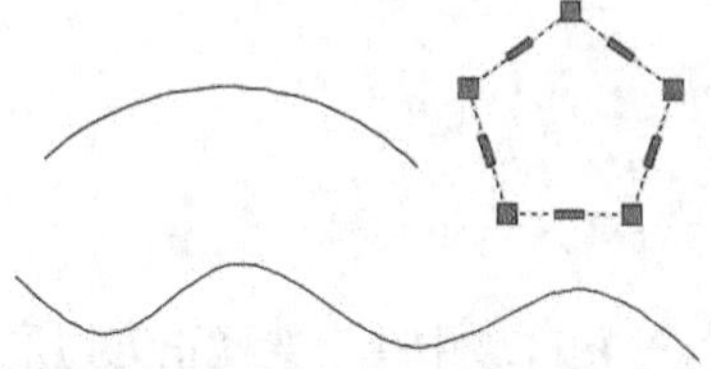

步骤03 选择夹点并单击鼠标右键，在弹出的快捷菜单中选择“旋转”，如下图所示。

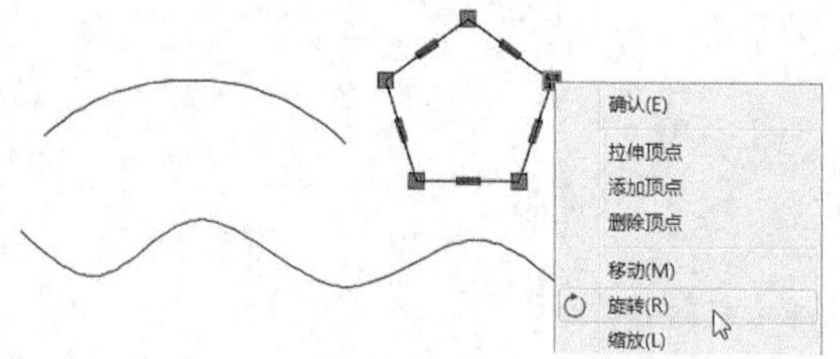

步骤04 在命令行中指定旋转角度为“-15”并按【Enter】键确认，然后按【Esc】键取消对正五边形的选择，结果如下图所示。

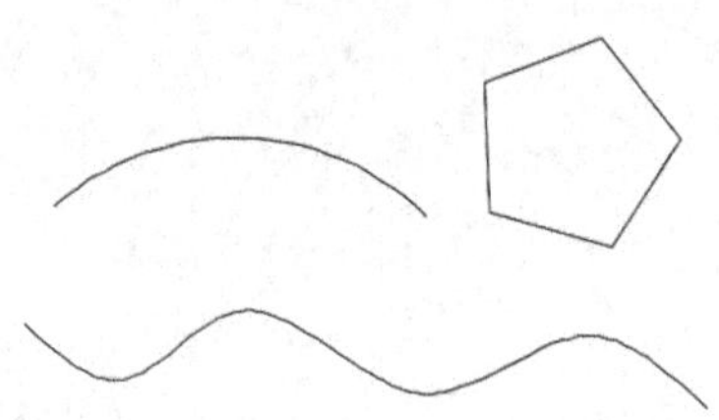

5. 使用夹点镜像对象

步骤01 打开“素材\CH07\夹点编辑.dwg”文件，如下图所示。

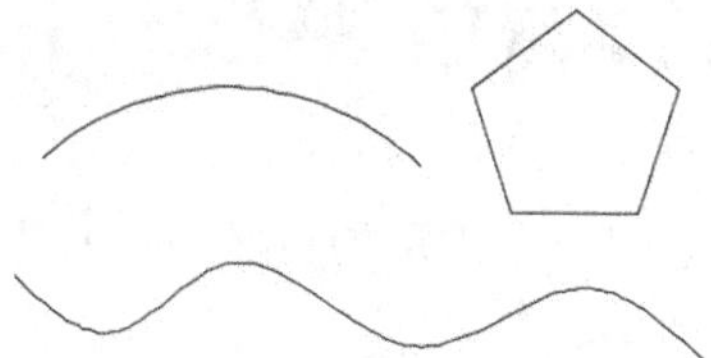

步骤02 在绘图区域中单击选择样条曲线，如下图所示。

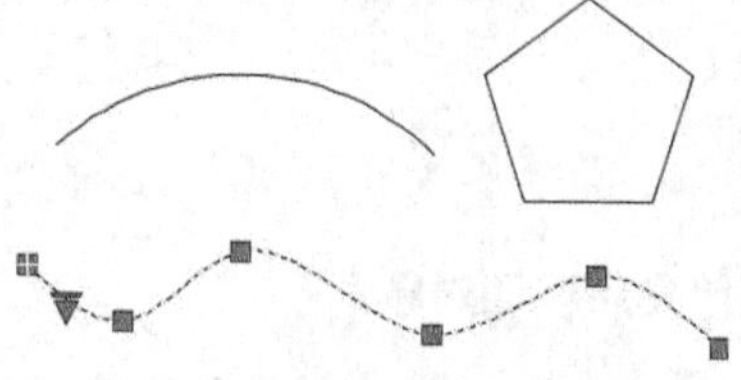

步骤03 选择夹点并单击鼠标右键，在弹出的快捷菜单中选择“镜像”，如下图所示。

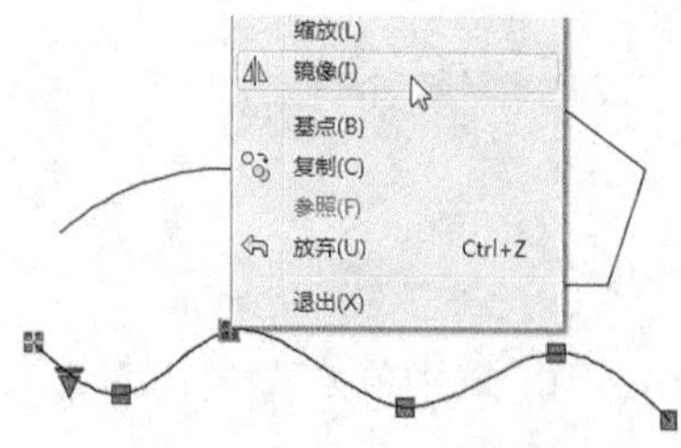

步骤 04 在绘图区域中单击指定镜像线第二点，如下图所示。

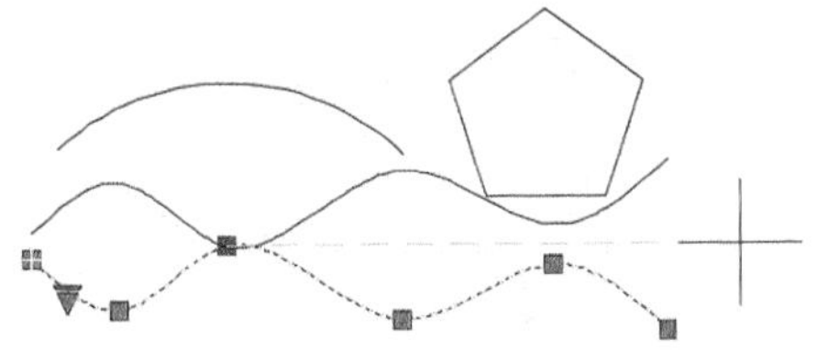

步骤 05 按【Esc】键取消对样条曲线的选择，结果如下图所示。

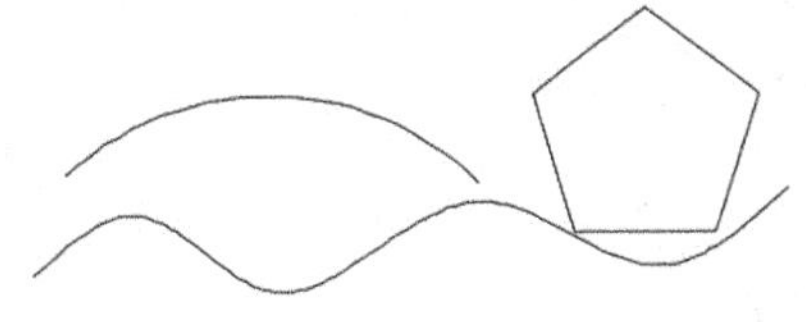

7.7 综合应用——绘制墙体外轮廓及填充

本节视频教程时间：11 分钟

绘制墙体外轮廓主要利用多线命令及多线编辑命令。

1. 设置多线样式

步骤 01 打开“素材\CH07\绘制墙体外轮廓及填充.dwg”文件，如下图所示。

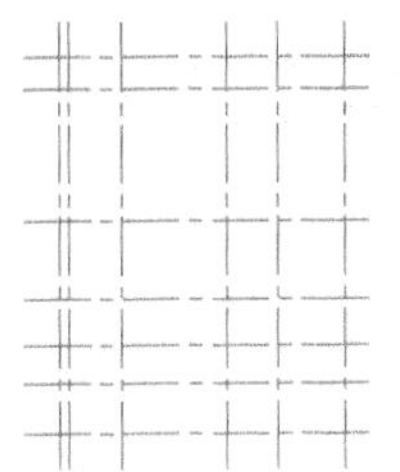

步骤 02 选择【格式】➤【多线样式】菜单命令，系统弹出【多线样式】对话框，单击【新建】按钮弹出【创建新的多线样式】对话框，输入样式名称“墙线”，如下图所示。

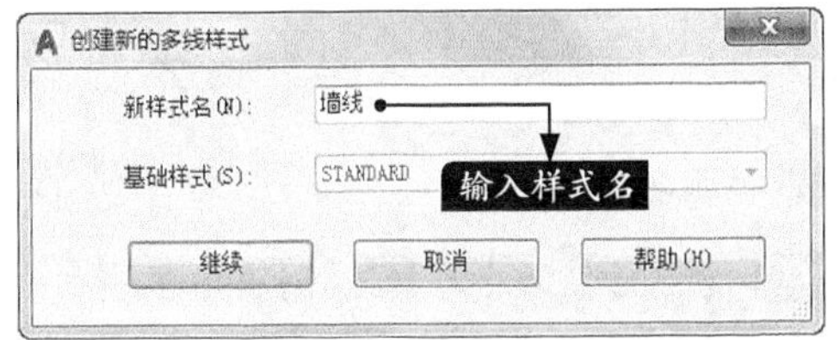

步骤 03 单击【继续】按钮弹出【新建多线样式：墙线】对话框。在【新建多线样式】对话框中设置多线封口样式为直线，如下图所示。

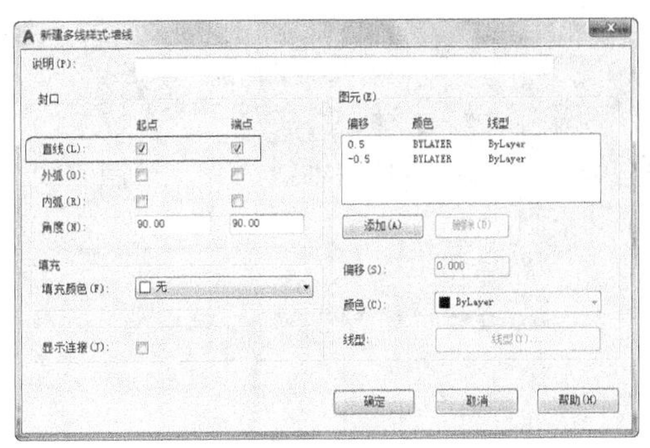

步骤 04 完成后单击【确定】按钮，系统会自动返回【多线样式】对话框后可以看到多线呈封口样式，如下图所示。

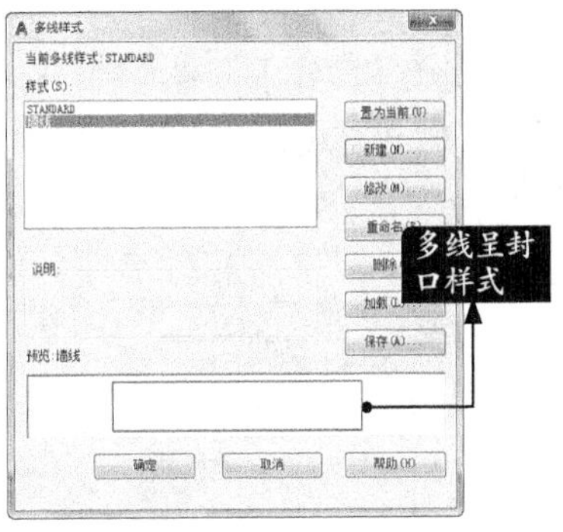

步骤 05 选择“墙线”多线样式，并单击【置为当前】按钮将墙线多线样式置为当前，然后单击【确定】按钮。

2. 绘制墙体外轮廓

步骤01 选择【绘图】➤【多线】菜单命令，然后在命令行对多线的“比例”及“对正”方式进行设置，命令行提示如下。

命令：ML
当前设置：对正 = 上，比例 = 30.00，样式 = 墙线
指定起点或 [对正(J)/比例(S)/样式(ST)]：s
输入多线比例 <30.00>：240
当前设置：对正 = 上，比例 = 240.00，样式 = 墙线
指定起点或 [对正(J)/比例(S)/样式(ST)]：j
输入对正类型 [上(T)/无(Z)/下(B)] <上>：z
当前设置：对正 = 无，比例 = 240.00，样式 = 墙线
指定起点或 [对正(J)/比例(S)/样式(ST)]：
// 接下来开始绘制墙体

步骤02 在绘图区域捕捉轴线的交点绘制多线，结果如下图所示。

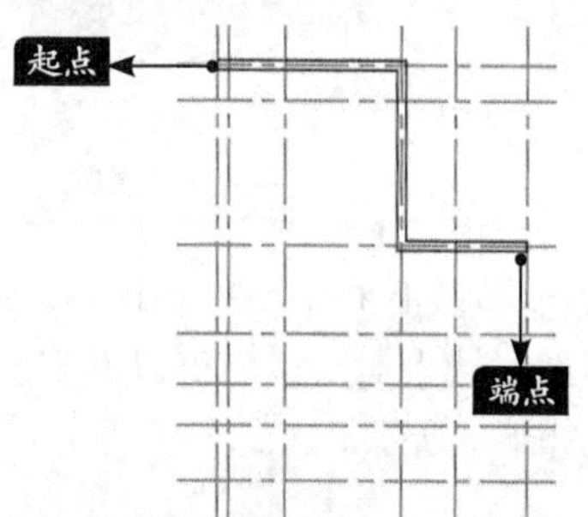

步骤03 继续调用【多线】命令绘制墙体（这次直接绘制，比例和对正方式不用再设置），结果如下图所示。

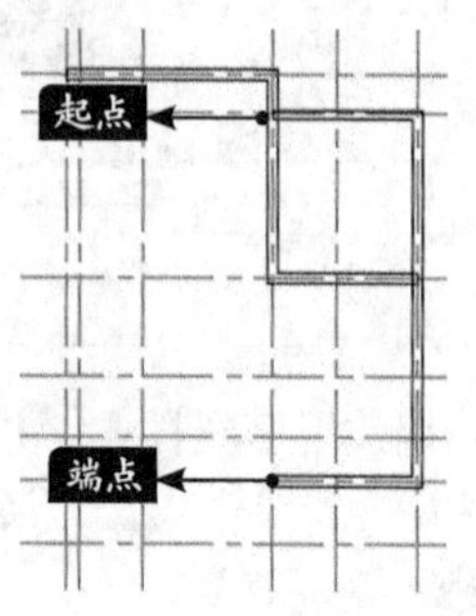

步骤04 重复步骤03 继续绘制墙体，结果如下图所示。

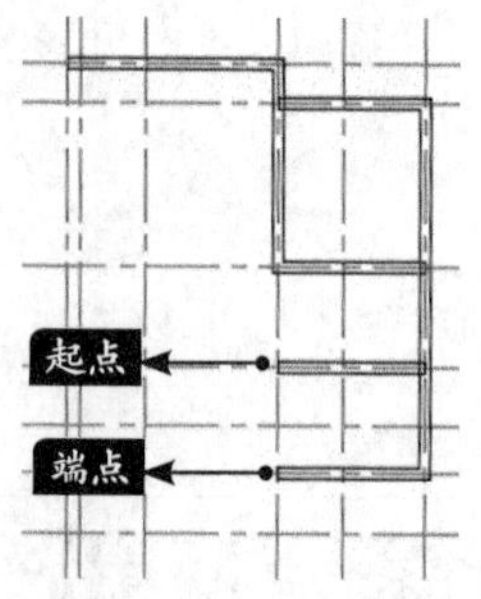

步骤05 重复步骤03 继续绘制墙体，结果如下图所示。

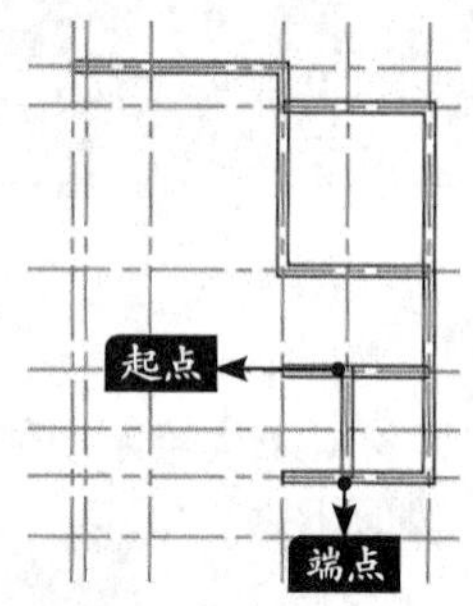

步骤06 重复步骤03 继续绘制墙体，结果如下图所示。

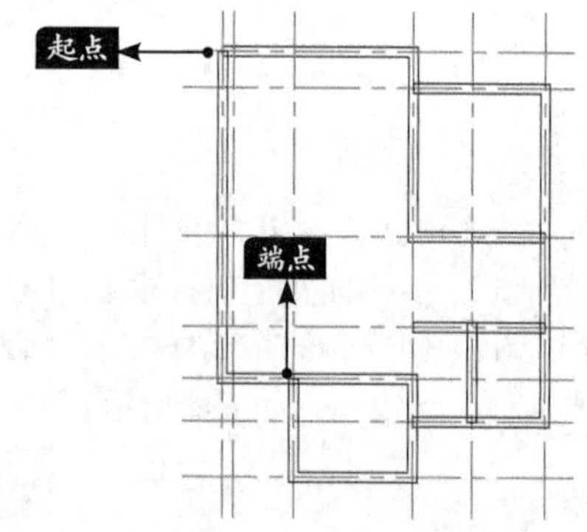

3. 编辑多线

步骤01 选择【修改】➤【对象】➤【多线】菜单命令，系统弹出【多线编辑工具】对话框，单击【角点结合】选项，选择相交的两条多线，对相交的角点进行编辑，结果如下图所示。

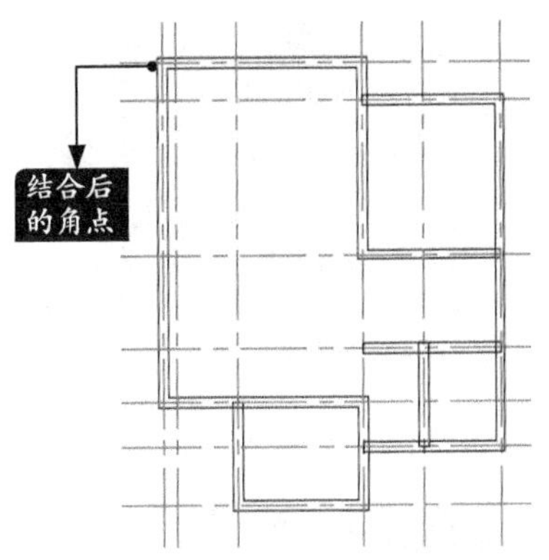

步骤02 重复多线编辑命令，双击【T形打开】选项，然后选择“T形打开”的第一条多线，如下图所示。

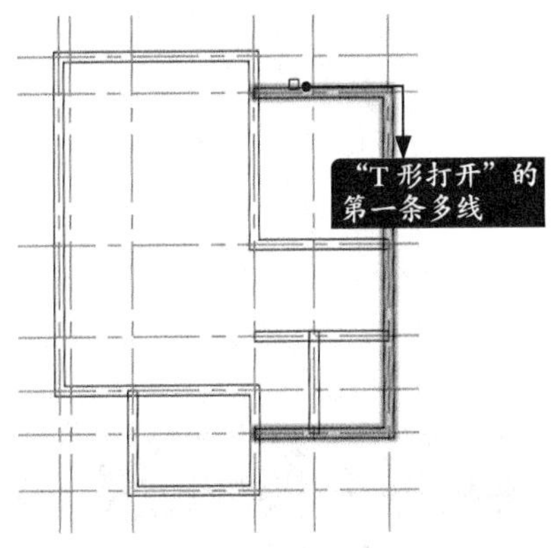

步骤03 然后再选择“T形打开”的第二条多线，结果如下图所示。

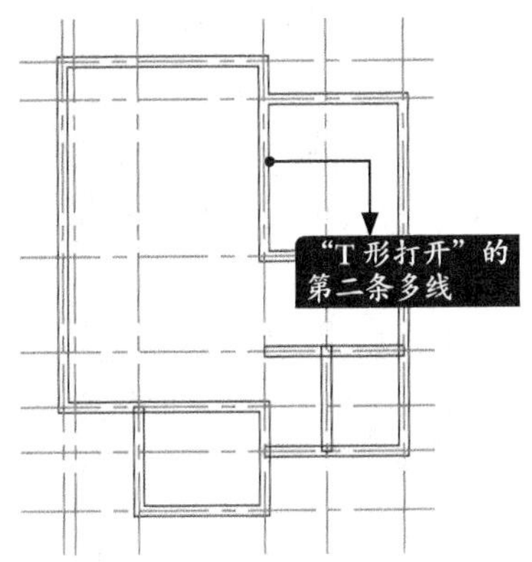

步骤04 继续执行“T形打开”操作，注意先选择的多线将被打开。

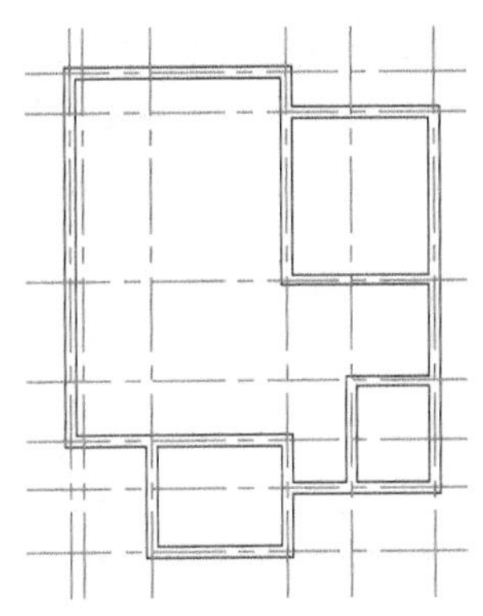

4. 图案填充

步骤01 单击【默认】选项卡➤【图层】面板中的【图层】下拉列表，然后单击“辅助线”前面的“💡”，将它关闭（变成灰色），如下图所示。

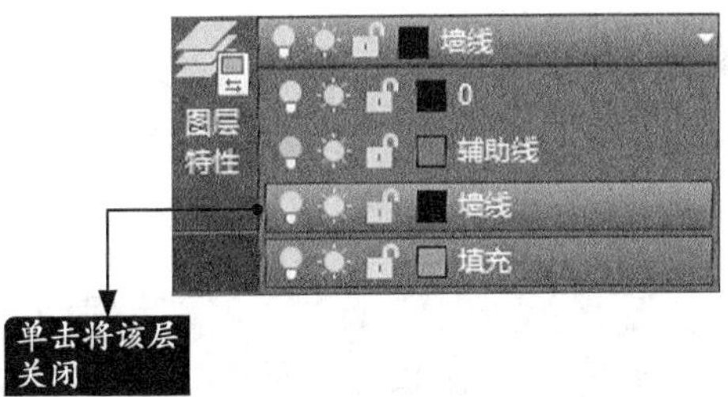

步骤02 “辅助线”层关闭后，辅助线将不再显示，如下图所示。

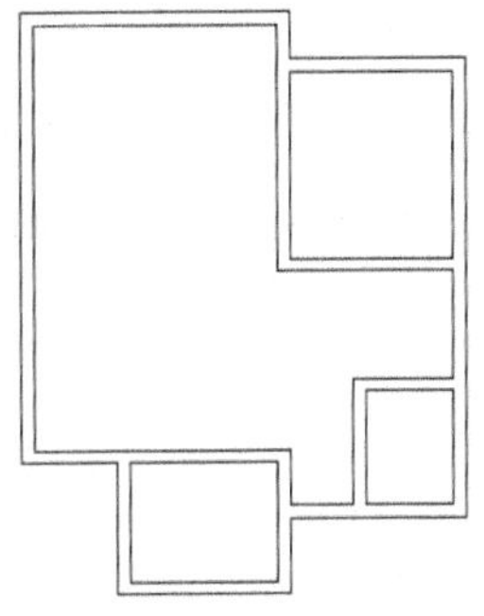

步骤03 重复步骤01，选择“填充”层，将它置为当前层，如下图所示。

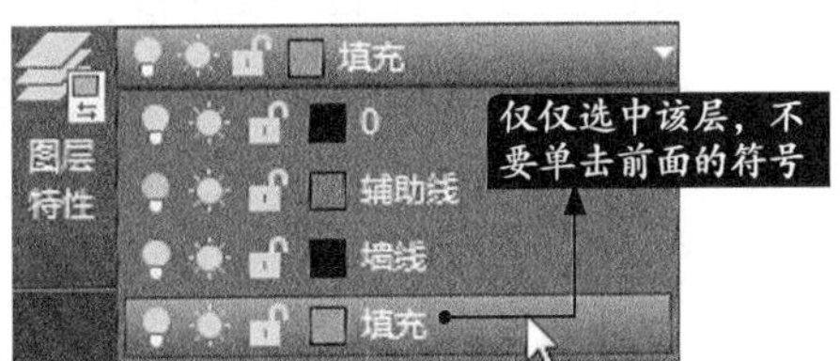

步骤04 在命令行中输入【H】命令并按空格键确认，弹出【图案填充创建】选项卡，单击【图案】右侧的下三角按钮，弹出图案填充的图案选项，选择“DOLMIT”图案为填充图案，如下图所示。

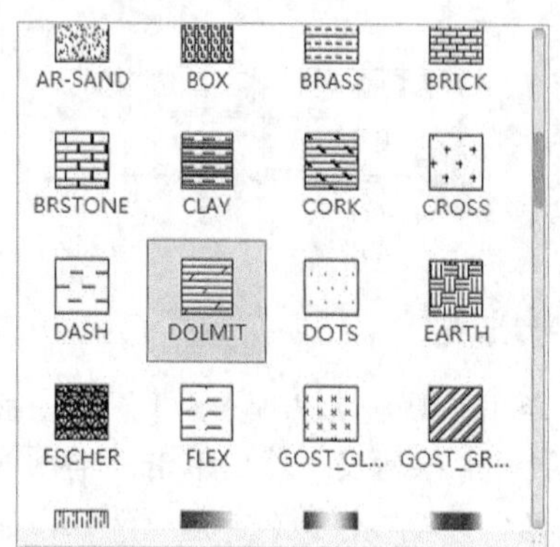

步骤05 将角度设置为90°，比例设置为20，然后在需要填充的区域单击，填充完毕后，单击【关闭图案填充创建】按钮，结果如下图所示。

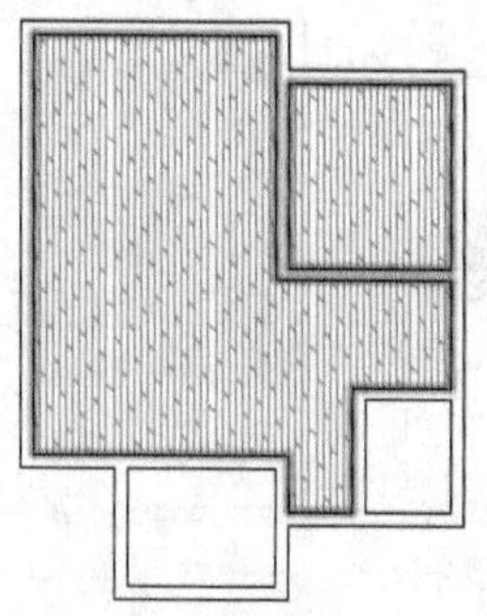

步骤06 重复步骤04～步骤05，选择“ANSI37”为填充图案，填充角度为45°，填充比例为75，结果如下图所示。

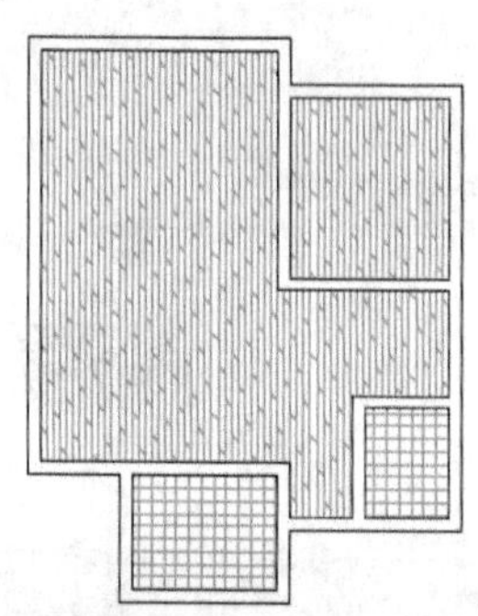

疑难解答

本节视频教程时间：7 分钟

如何将多个多线对象转换为单个完整的样条曲线对象

可以通过将多段线分解，然后利用多段线编辑命令将其转换为样条曲线的方式，将多个多线对象转换为单个完整的样条曲线对象。

步骤01 打开“素材\CH07\多线转换样条曲线”文件，如下图所示。

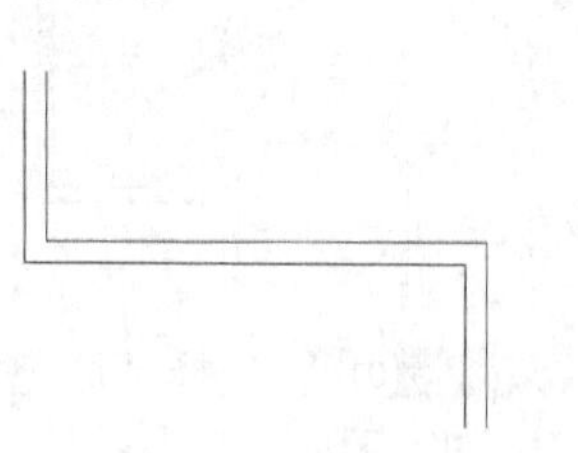

步骤02 绘图区域中为两个多线对象，如下图所示。

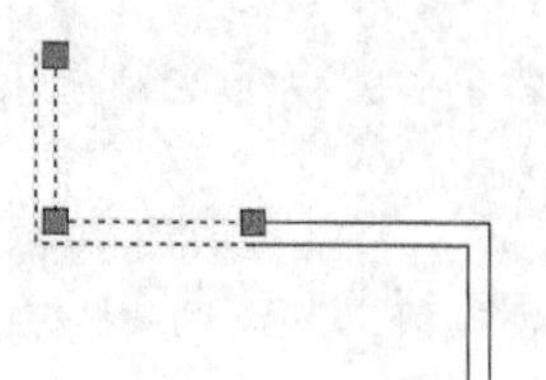

步骤03 选择【修改】➤【分解】菜单命令，将绘图区域中的两个多线对象分解，如下图所示。

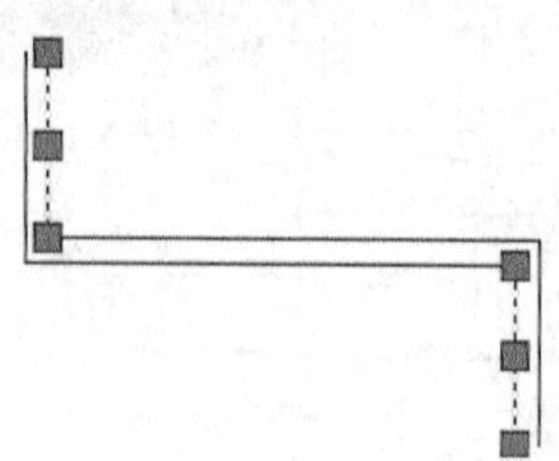

步骤04 选择【修改】➤【对象】➤【多段线】菜单命令，在绘图区域中选择下图所示线段对象，并按【Enter】键，将其转换为多段线。

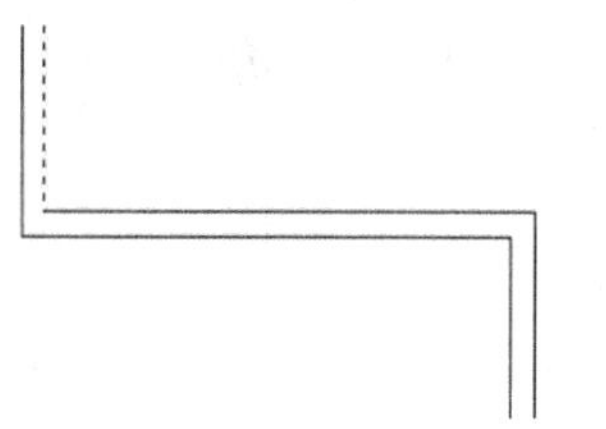

步骤05 在命令行中输入选项“J”并按【Enter】键确认，然后在绘图区域中选择下图所示四条线段对象。

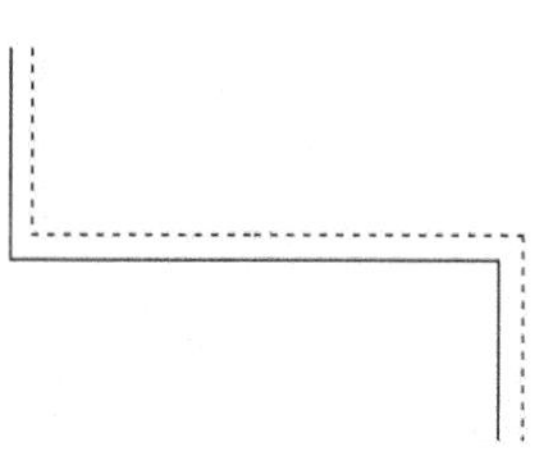

步骤06 按两次【Enter】键结束多线段编辑命令，结果如下图所示。

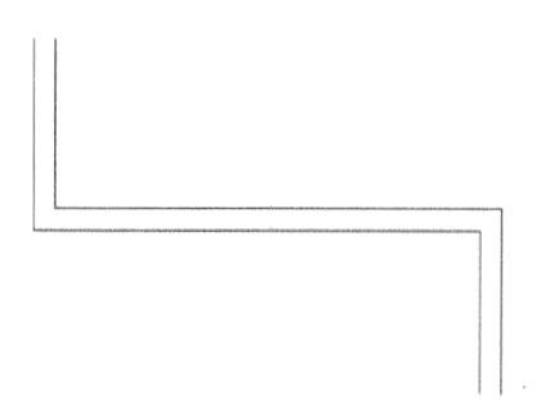

步骤07 选择【修改】➤【对象】➤【多段线】菜单命令，在绘图区域中选择刚才创建的多段线对象，如下图所示。

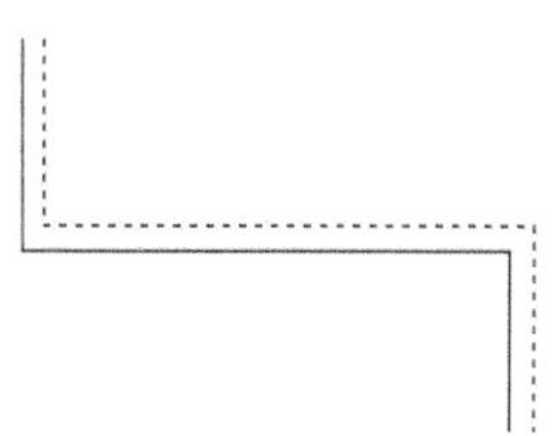

步骤08 在命令行提示下输入选项“S”并按两次【Enter】键确认，结果如下图所示。

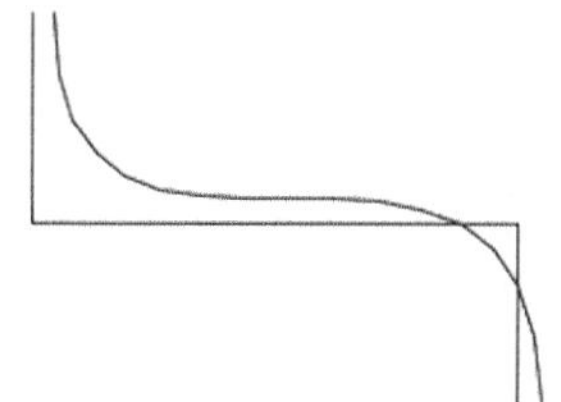

步骤09 选择【修改】➤【对象】➤【样条曲线】菜单命令，并在绘图区域中选择刚才转换生成的样条曲线对象，样条曲线编辑命令可以对其进行编辑操作，如下图所示。

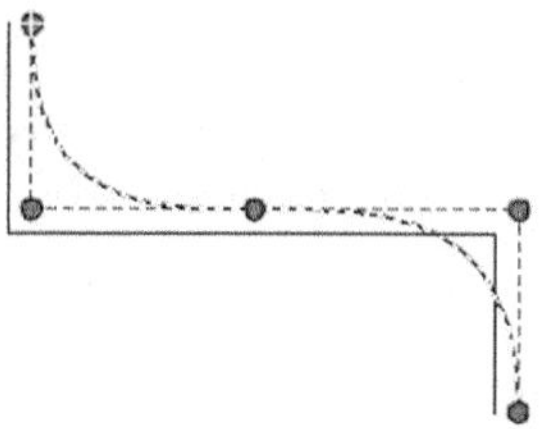

步骤10 重复步骤04～步骤09，对另外一部分图形对象执行相同操作，结果如下图所示。

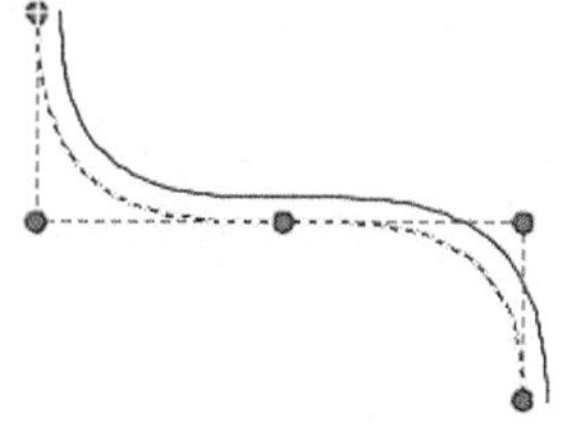

创建区域覆盖

创建多边形区域，该区域将用当前背景色屏蔽其下面的对象。此区域覆盖区域由边框进行绑定，用户可以打开或关闭该边框，也可以选择在屏幕上显示边框并在打印时隐藏它。

步骤01 打开“素材\CH07\区域覆盖”文件，如下图所示。

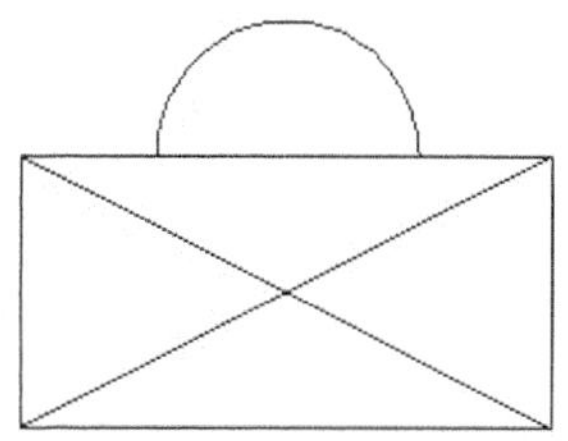

步骤02 单击【默认】选项卡➤【绘图】面板中的【区域覆盖】按钮，然后在绘图区域捕捉下图所示端点作为区域覆盖的第一点。

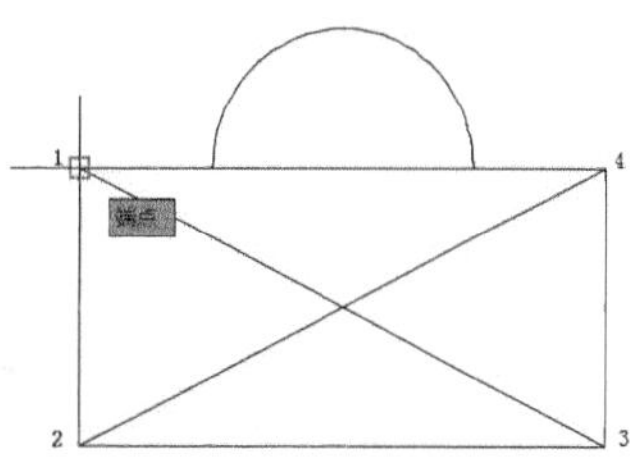

步骤03 继续捕捉2~4点作为区域覆盖的下一

点，如下图所示。

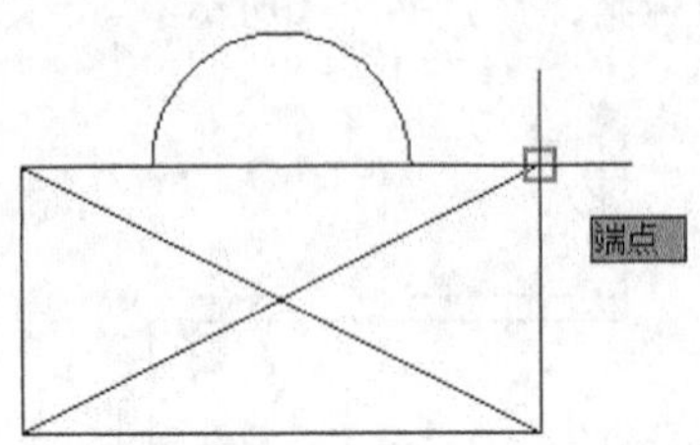

步骤04 按【Enter】键结束区域覆盖命令，结果如下图所示。

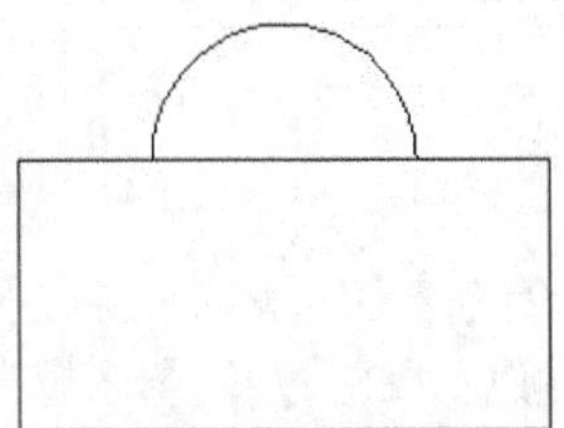

实战练习

绘制以下图形，并计算出阴影部分的面积。其中正方形各边均被等分，各圆弧相应延伸连接均可形成半圆。

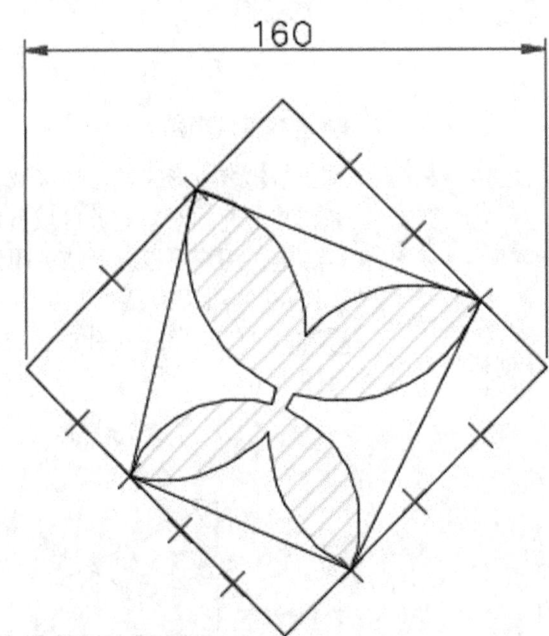

第8章

尺寸标注

学习目标

没有尺寸标注的图形被称为哑图，在各大行业中已经极少采用了。另外需要注意的是，零件的大小取决于图纸所标注的尺寸，并不以绘图的尺寸作为依据。因此，图纸中的尺寸标注可以看作是数字化信息的表达。

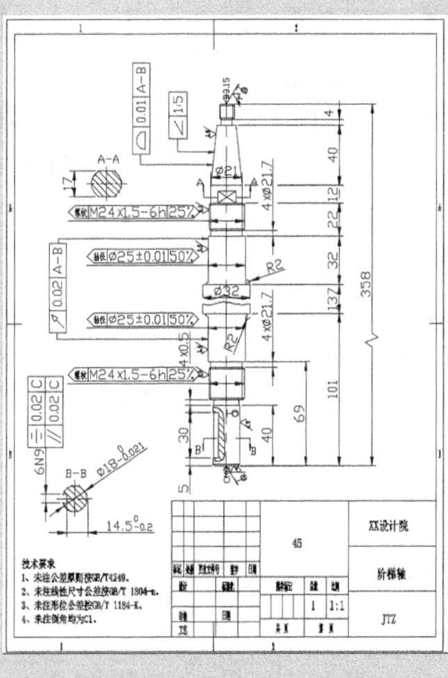

8.1 尺寸标注的规则和组成

本节视频教程时间：5 分钟

绘制图形的根本目的是反映对象的形状，而图形中各个对象的大小和相互位置只有经过尺寸标注才能表现出来。AutoCAD 2019提供了一套完整的尺寸标注命令，用户使用它们足以完成图纸中要求的尺寸标注。

8.1.1 尺寸标注的规则

在AutoCAD中，对绘制的图形进行尺寸标注时应当遵循以下规则。

（1）对象的真实大小应以图样上所标注的尺寸数值为依据，与图形的大小及绘图的准确度无关。

（2）图形中的尺寸以毫米（mm）为单位时，不需要标注计量单位的代号或名称。如果采用其他单位，则必须注明相应计量单位的代号或名称。

（3）图形中所标注的尺寸应为该图形所表示的对象的最后完工尺寸，否则应另加说明。

（4）对象的每一个尺寸一般只标注一次。

8.1.2 尺寸标注的组成

在工程绘图中，一个完整的尺寸标注一般由尺寸线、尺寸界限、尺寸箭头和尺寸文字等4部分组成，如下图所示。

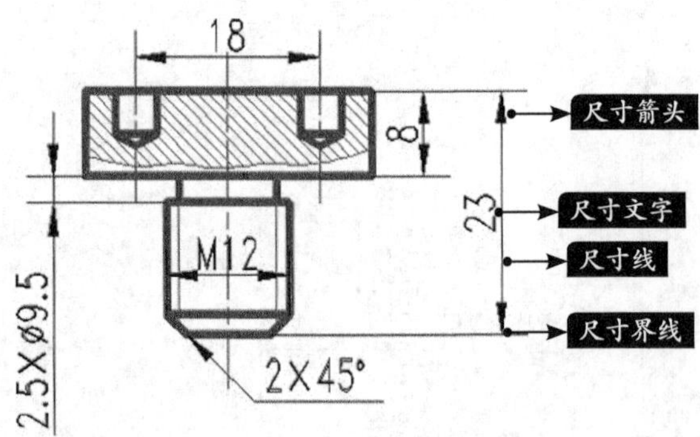

- 尺寸界线：用于指明所要标注的长度或角度的起始位置和结束位置。
- 尺寸线：用于指定尺寸标注的范围。在AutoCAD中，尺寸线可以是一条直线（如线性标注和对齐标注），也可以是一段圆弧（如角度标注）。
- 箭头：箭头位于尺寸线的两端，用于指定尺寸的界限。系统提供了多种箭头样式，并且允许创建自定义的箭头样式。
- 尺寸文字：尺寸文字是尺寸标注的核心，用于表明标注对象的尺寸、角度或旁注等内容。创建尺寸标注时，既可以使用系统自动计算出的实际测量值，也可以根据需要输入尺寸文字。

8.2 尺寸标注样式管理器

本节视频教程时间：36 分钟

尺寸标注样式用于控制尺寸标注的外观，如箭头的样式、文字的位置及尺寸界线的长度等。通过设置，可以确保所绘图纸中的尺寸标注符合行业或项目标准。

1. 命令调用方法

在AutoCAD 2019中调用【标注样式管理器】的方法通常有以下5种。

- 选择【格式】➤【标注样式】菜单命令。
- 选择【标注】➤【标注样式】菜单命令。
- 命令行输入“DIMSTYLE/D”命令并按空格键。
- 单击【默认】选项卡➤【注释】面板➤【标注样式】按钮。
- 单击【注释】选项卡➤【标注】面板右下角的↘。

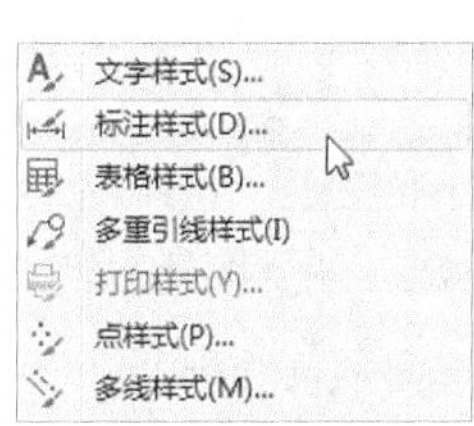

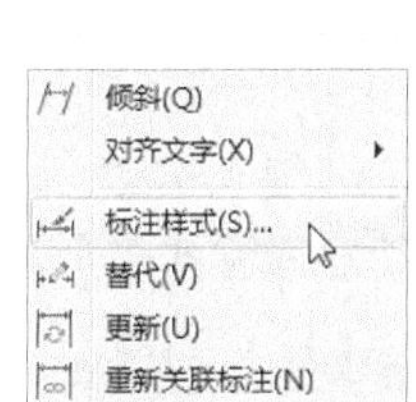

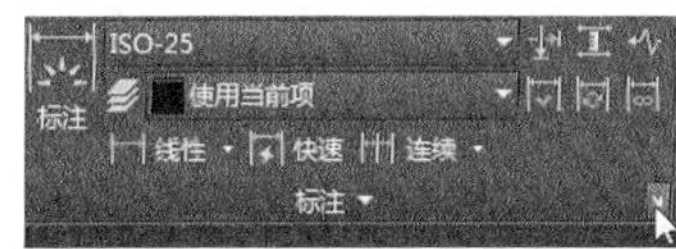

2. 命令提示

调用【标注样式】命令之后，系统会弹出【标注样式管理器】对话框，如下图所示。

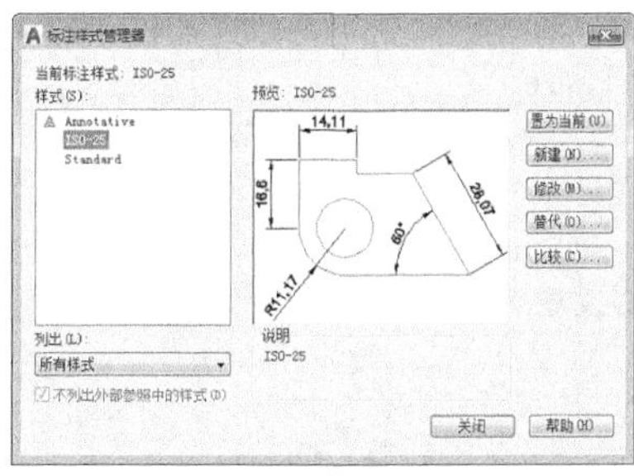

3. 知识点扩展

【标注样式管理器】对话框中各选项的含义如下。

- 【样式】：列出了当前所有创建的标注样式，其中Annotative、ISO-25、Standard是AutoCAD 2019固有的三种标注样式。
- 【置为当前】：样式列表中选择一项，然后单击该按钮，将会以选择的样式为当前样式进行标注。
- 【新建】：单击该按钮，弹出【创建新标注样式】对话框。

- 【修改】：单击该按钮，将弹出【修改标注样式】对话框，该对话框的内容与新建对话框的内容相同，区别在于一个是重新创建一个标注样式，一个是在原有基础上进行修改。
- 【替代】：单击该按钮，可以设定标注样式的临时替代值。对话框选项与【新建标注样式】对话框中的选项相同。
- 【比较】：单击该按钮，将显示【比较标注样式】对话框，从中可以比较两个标注样式或列出一个样式的所有特性。

8.2.1 新建标注样式

1. 命令调用方法

在【标注样式管理器】对话框中单击【新建】按钮即可创建新的标注样式。

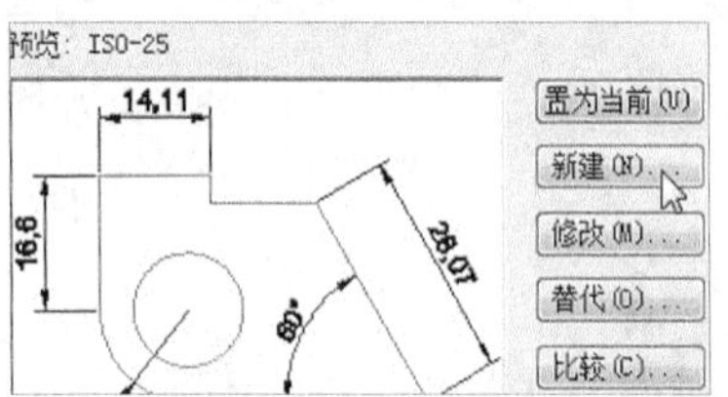

2. 命令提示

在【标注样式管理器】对话框中单击【新建】按钮之后，系统会弹出【创建新标注样式】对话框，如下图所示。

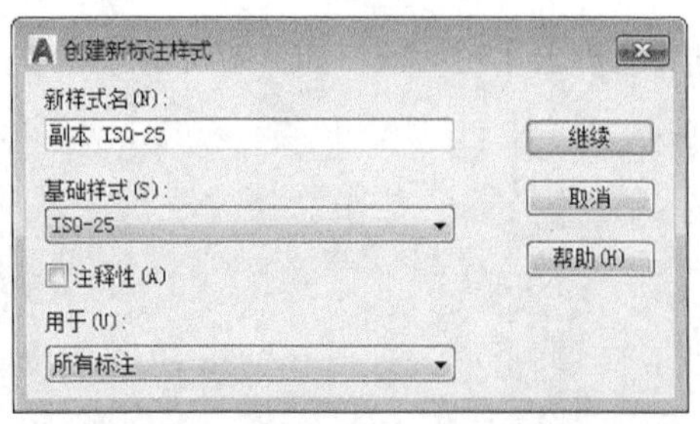

3. 知识点扩展

【创建新标注样式】对话框中各选项的含义如下。

- 【新样式名】文本框：用于输入新建样式的名称。
- 【基础样式】下拉列表：从中选择新标注样式是基于哪一种标注样式创建的。
- 【用于】下拉列表：从中选择标注的应用范围。
- 【继续】按钮：单击该按钮，系统将会弹出【新建标注样式】对话框，如下图所示。

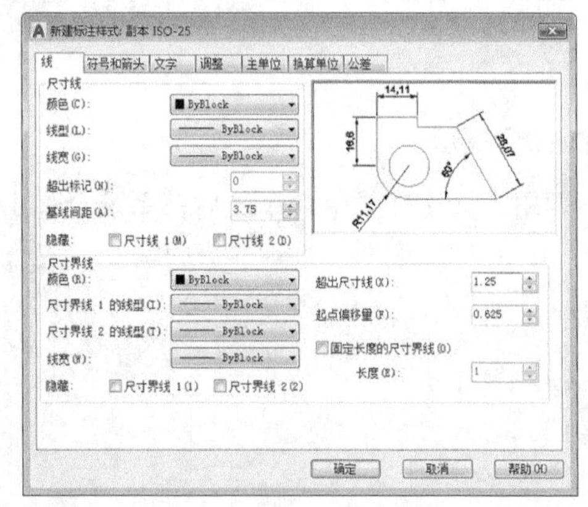

8.2.2 设置线

1. 命令调用方法

在【新建标注样式】对话框中选择【线】选项卡即可对其内容进行设置。

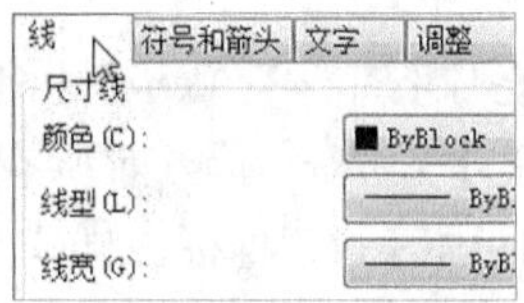

2. 命令提示

选择【线】选项卡之后该选项卡中的内容将会显示出来，如下图所示。

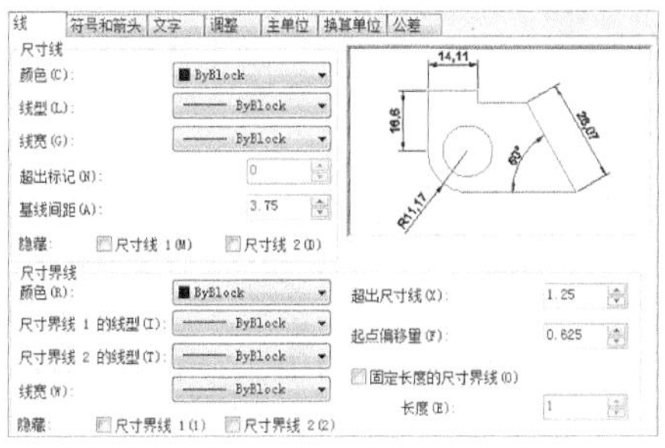

3. 知识点扩展

【尺寸线】区域中各选项的含义如下。

- 【颜色】下拉列表框：用于设置尺寸线的颜色。
- 【线型】下拉列表框：用于设置尺寸线的线型，下拉列表中列出了各种线型的名称。
- 【线宽】下拉列表框：用于设置尺寸线的宽度，下拉列表中列出了各种线宽的名称和宽度。
- 【超出标记】微调框：只有当尺寸线箭头设置为“建筑标记”“倾斜”“积分”和“无”时，该选项才可以用于设置尺寸线超出尺寸界线的距离。
- 【基线间距】微调框：设置以基线方式标注尺寸时，相邻两尺寸线之间的距离。
- 【隐藏】选项区域：通过勾选【尺寸线1】或【尺寸线2】复选框，可以隐藏第1段或第2段尺寸线及其相应的箭头，相对应的系统变量分别为Dimsd1和Dimsd2。

【尺寸界线】区域中各选项的含义如下。

- 【颜色】下拉列表框：用于设置尺寸界线的颜色。
- 【尺寸界线1的线型】下拉列表框：用于设置第一条尺寸界线的线型（Dimltext1系统变量）。
- 【尺寸界线2的线型】下拉列表框：用于设置第二条尺寸界线的线型（Dimltext2系统变量）。
- 【线宽】下拉列表框：用于设置尺寸界线的宽度。
- 【超出尺寸线】微调框：用于设置尺寸界线超出尺寸线的距离。
- 【起点偏移量】微调框：用于确定尺寸界线的实际起始点相对于指定尺寸界线起始点的偏移量。
- 【固定长度的尺寸界线】复选框：用于设置尺寸界线的固定长度。
- 【隐藏】选项区域：通过勾选【尺寸界线1】或【尺寸界线2】复选框，可以隐藏第1段或第2段尺寸界线，相对应的系统变量分别为Dimse1和Dimse2。

8.2.3 设置符号和箭头

1. 命令调用方法

在【新建标注样式】对话框中选择【符号和箭头】选项卡即可对其内容进行设置。

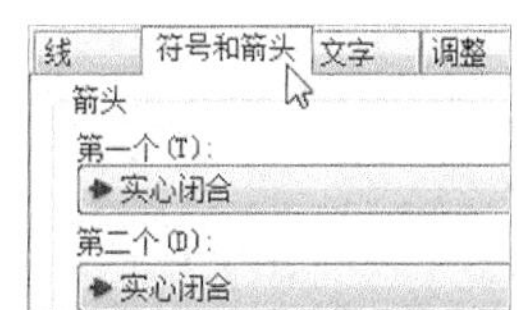

2. 命令提示

选择【符号和箭头】选项卡之后，该选项卡中的内容将会显示出来，如下图所示。

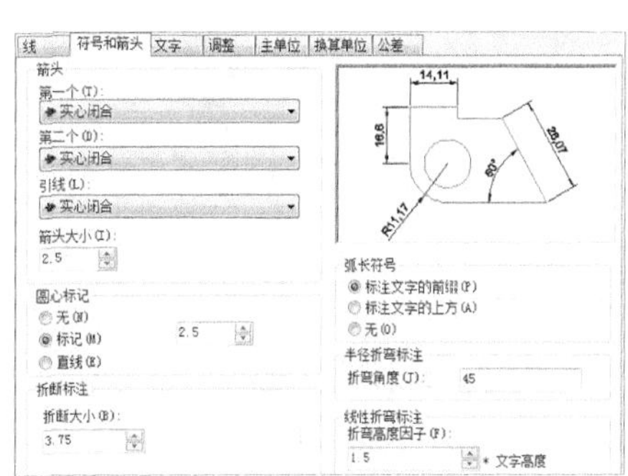

3. 知识点扩展

【箭头】区域内容含义如下。

• 在【箭头】选项区域中可以设置标注箭头的外观。通常情况下，尺寸线的两个箭头应一致。

AutoCAD提供了多种箭头样式，用户可以从对应的下拉列表框中选择箭头，并在【箭头大小】微调框中设置它们的大小（也可以使用变量Dimasz设置），用户还可以自定义箭头。

【圆心标记】区域内容含义如下。

• 在【圆心标记】选项区域中可以设置直径标注和半径标注的圆心标记和中心线的外观。在建筑图形中，一般不创建圆心标记或中心线。

【弧长符号】区域内容含义如下。

• 【弧长符号】可控制弧长标注中圆弧符号的显示。

【折断标注】区域内容含义如下。

在【折断大小】微调框中可以设置折断标注的大小。

【半径折弯标注】区域内容含义如下。

• 【半径折弯标注】控制折弯（Z字型）半径标注的显示。折弯半径标注通常在半径太大，致使中心点位于图幅外部时使用。

• 【折弯角度】用于连接半径标注的尺寸界线和尺寸线的横向直线的角度，一般为45°。

【线性折弯标注】区域内容含义如下。

【线性折弯标注】选项区域：在【折弯高度因子】的【文字高度】微调框中可以设置折弯因子的文字的高度。

小提示

通常，机械图的尺寸线末端符号用箭头，而建筑图尺寸线末端则用45°短线。另外，机械图尺寸线一般没有超出标记，而建筑图尺寸线的超出标记可以自行设置。

8.2.4 设置文字

1. 命令调用方法

在【新建标注样式】对话框中选择【文字】选项卡，即可对其内容进行设置。

2. 命令提示

选择【文字】选项卡之后，该选项卡中的内容将会显示出来，如下图所示。

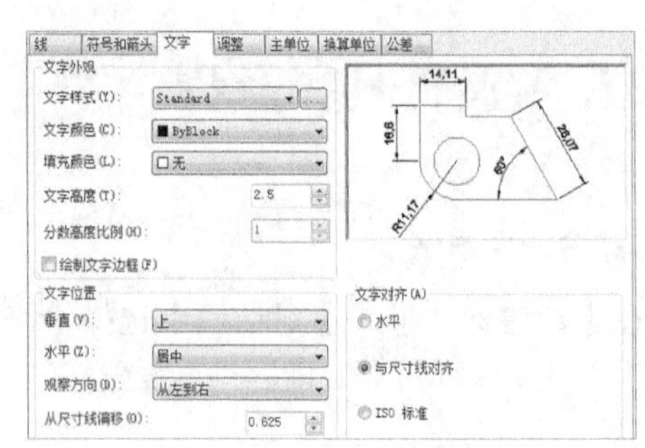

3. 知识点扩展

【文字外观】区域中各选项的含义如下。

• 【文字样式】：用于选择标注的文字样式。

• 【文字颜色】和【填充颜色】：分别设

置标注文字的颜色和标注文字背景的颜色。

- 【文字高度】：用于设置标注文字的高度。但是如果选择的文字样式已经在【文字样式】对话框中设定了具体高度而不是0，该选项不能用。
- 【分数高度比例】：用于设置标注文字中的分数相对于其他标注文字的比例，AutoCAD将该比例值与标注文字高度的乘积作为分数的高度。仅当在【主单位】选项卡中选择“分数”作为“单位格式”时，此选项才可用。
- 【绘制文字边框】：用于设置是否给标注文字加边框。

【文字位置】区域中各选项的含义如下。

- 【垂直】下拉列表框：包含“居中”“上”“外部”“JIS”和“下”5个选项，用于控制标注文字相对尺寸线的垂直位置。选择某项时，在【文字】选项卡的预览框中可以观察到文本的变化。
- 【水平】下拉列表框：包含“居中”“第一条尺寸界线”“第二条尺寸界线”“第一条尺寸界线上方”和“第二条尺寸界线上方”5个选项，用于设置标注文字相对于尺寸线和尺寸界线在水平方向的位置。
- 【观察方向】下拉列表框：包含“从左到右”和“从右到左”两个选项，用于设置标注文字的观察方向。
- 【从尺寸线偏移】微调框：设置尺寸线断开时标注文字周围的距离；若不断开即为尺寸线与文字之间的距离。

【文字对齐】区域中各选项的含义如下。

- 【水平】：标注文字水平放置。
- 【与尺寸线对齐】：标注文字方向与尺寸线方向一致。
- 【ISO标准】：标注文字按ISO标准放置，当标注文字在尺寸界线之内时，它的方向与尺寸线方向一致，而在尺寸界线外时将水平放置。

8.2.5 设置调整

1. 命令调用方法

在【新建标注样式】对话框中选择【调整】选项卡，即可对其内容进行设置。

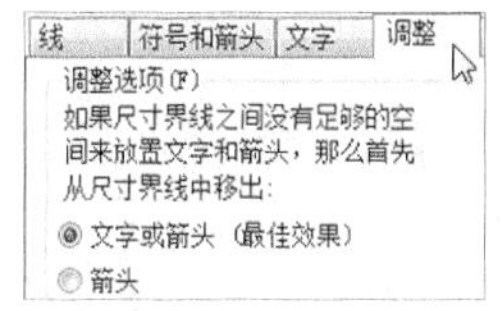

2. 命令提示

选择【调整】选项卡之后，该选项卡中的内容将会显示出来，如下图所示。

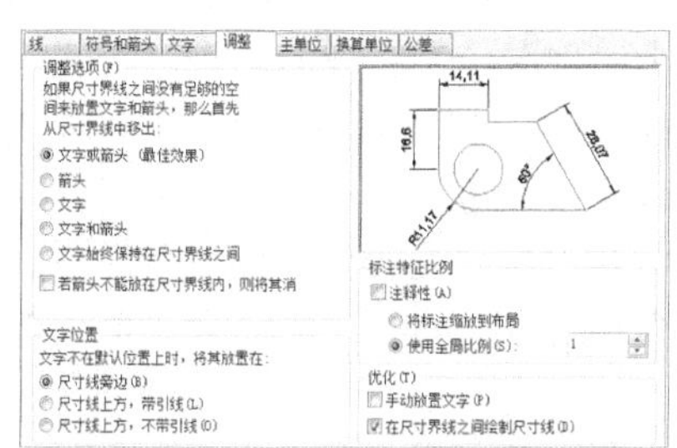

3. 知识点扩展

【调整选项】区域中各选项的含义如下。

- 【文字或箭头（最佳效果）】：按最佳布局将文字或箭头移动到尺寸界线外部。当尺寸界线间的距离仅能够容纳文字时，将文字放在尺寸界线内，而箭头放在尺寸界线外。当尺寸界线间的距离仅能够容纳箭头时，将箭头放在尺寸界线内，而文字放在尺寸界线外。当尺寸界线间的距离既不够放文字又不够放箭头时，文字和箭头都放在尺寸界线外。
- 【箭头】：AutoCAD尽量将箭头放在尺寸界线内；否则，将文字和箭头都放在尺寸界线外。
- 【文字】：AutoCAD尽量将文字放在尺寸界线内，箭头放在尺寸界线外。
- 【文字和箭头】：当尺寸界线间距不足以放下文字和箭头时，文字和箭头都放在尺寸界线外。
- 【文字始终保持在尺寸界线之间】：始

终将文字放在尺寸界线之间。

- 【若箭头不能放在尺寸界线内，则将其消除】：若尺寸界线内没有足够的空间，则隐藏箭头。

【文字位置】区域中各选项的含义如下。

- 【尺寸线旁边】：将标注文字放在尺寸线旁边。
- 【尺寸线上方，带引线】：将标注文字放在尺寸线的上方，并加上引线。
- 【尺寸线上方，不带引线】：将文本放在尺寸线的上方，但不加引线。

【标注特征比例】区域中各选项的含义如下。

- 【使用全局比例】：可以为所有标注样式设置一个比例，指定大小、距离或间距，包括文字和箭头大小，该值改变的仅仅是这些特征符号的大小，并不改变标注的测量值。
- 【将标注缩放到布局】：可以根据当前模型空间视口与图纸空间之间的缩放关系设置比例。

【优化】区域中各选项的含义如下。

- 【手动放置文字】：选择该复选框则忽略标注文字的水平设置，在标注时将标注文字放置在用户指定的位置。
- 【在尺寸界线之间绘制尺寸线】：选择该复选框将始终在测量点之间绘制尺寸线，AutoCAD将箭头放在测量点之处。

8.2.6 设置主单位

1. 命令调用方法

在【新建标注样式】对话框中选择【主单位】选项卡，即可对其内容进行设置。

2. 命令提示

选择【主单位】选项卡之后，该选项卡中的内容将会显示出来，如下图所示。

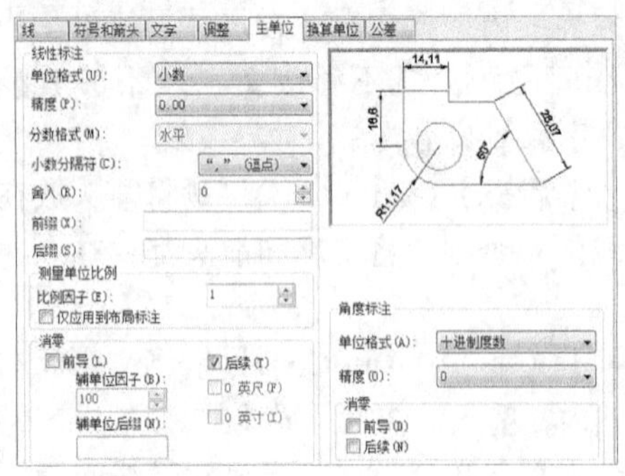

3. 知识点扩展

【线性标注】区域中各选项的含义如下。

- 【单位格式】：用来设置除角度标注之外的各标注类型的尺寸单位，包括“科学”“小数”“工程”“建筑”“分数”及“Windows桌面”等选项。
- 【精度】：用来设置标注文字中的小数位数。
- 【分数格式】：用于设置分数的格式，包括“水平”“对角”和“非堆叠”3种方式。当“单位格式”选择“建筑”或“分数”时，此选项才可用。
- 【小数分隔符】：用于设置小数的分隔符，包括“逗点”“句点”和“空格”3种方式。【舍入】用于设置除角度标注以外的尺寸测量值的舍入值，类似于数学中的四舍五入。
- 【前缀】和【后缀】：用于设置标注文字的前缀和后缀，用户在相应的文本框中输入文本符即可。

【测量单位比例】区域中各选项的含义如下。

- 【比例因子】：设置测量尺寸的缩放比例，AutoCAD的实际标注值为测量值与该比例的积。勾选【仅应用到布局标注】复选框，可以设置该比例关系是否仅适应于布局。该值不应用到角度标注，也不应用到舍入值或者正负公差值。

【消零】区域中各选项的含义如下。

- 【前导】：勾选该复选框，标注中前导的“0”将不显示，例如“0.5”将显示为“.5”。
- 【后续】：勾选该复选框，标注中后续的“0”将不显示，例如“5.0”将显示为“5”。

【角度标注】区域中各选项的含义如下。

- 【单位格式】下拉列表框：设置标注角度时的单位。
- 【精度】下拉列表框：设置标注角度的尺寸精度。
- 【消零】选项：设置是否消除角度尺寸的前导和后续0。

小提示

标注特征比例改变的是标注的箭头、起点偏移量、超出尺寸线以及标注文字的高度等参数值。

测量单位比例改变的是标注的尺寸数值。例如，将测量单位改为2，那么当标注实际长度为5的尺寸的时候，显示的数值为10。

8.2.7 设置单位换算

1. 命令调用方法

在【新建标注样式】对话框中选择【换算单位】选项卡即可对其内容进行设置。

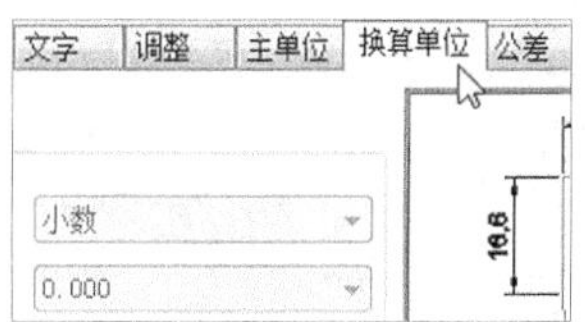

2. 命令提示

选择【换算单位】选项卡之后该选项卡中的内容将会显示出来，如下图所示。

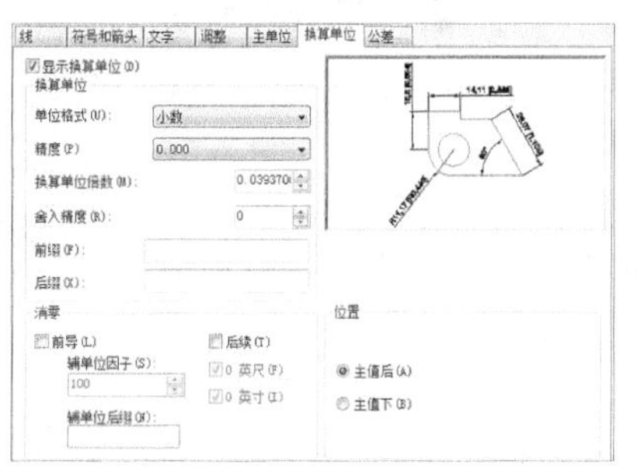

3. 知识点扩展

在中文版AutoCAD 2019中，通过换算标注单位，可以转换使用不同测量单位制的标注。通常是将英制标注换算成等效的公制标注，或将公制标注换算成等效的英制标注。在标注文字中，换算标注单位显示在主单位旁边的方括号[ ]中。

勾选【显示换算单位】复选框，这时对话框的其他选项才可用，用户可以在【换算单位】选项区域中设置换算单位中的各选项，方法与设置主单位的方法相同。

在【位置】选项区域中可以设置换算单位的位置，包括【主值后】和【主值下】两种方式。

8.2.8 设置公差

1. 命令调用方法

在【新建标注样式】对话框中选择【公差】选项卡即可对其内容进行设置。

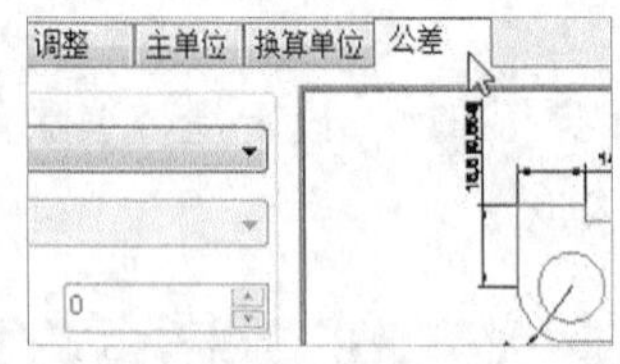

2. 命令提示

选择【公差】选项卡之后，该选项卡中的内容将会显示出来，如下图所示。

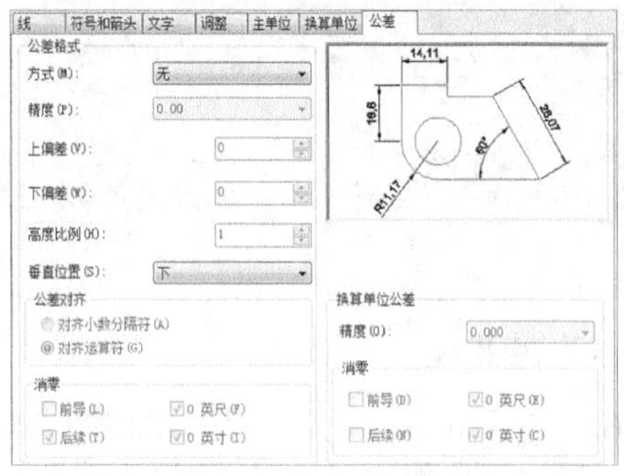

3. 知识点扩展

【公差】选项卡中各选项的含义如下。

- 【方式】下拉列表框：确定以何种方式标注公差，包括“无”“对称”“极限偏差”“极限尺寸”和“基本尺寸”选项。
- 【精度】下拉列表框：用于设置尺寸公差的精度。
- 【上偏差】和【下偏差】微调框：用于设置尺寸的上下偏差，相应的系统变量分别为Dimtp及Dimtm。
- 【高度比例】微调框：用于确定公差文字的高度比例因子。确定后，AutoCAD将该比例因子与尺寸文字高度之积作为公差文字的高度，也可以使用变量Dimtfac设置。
- 【垂直位置】下拉列表框：用于控制公差文字相对于尺寸文字的位置，有“上”“中”“下”3种方式。
- 【消零】选项区域：用于设置是否消除公差值的前导或后续0。
- 【换算单位公差】选项区域：可以设置换算单位的精度和是否消零。

小提示

公差有两种，即尺寸公差和形位公差。尺寸公差指的是实际制作中尺寸上允许的误差，形位公差指的是形状和位置上的误差。

【标注样式管理器】中设置的【公差】是尺寸公差。在【标注样式管理器】中一旦设置了公差，那么在接下来的标注过程中，所有的标注值都将附加上这里设置的公差值。因此，实际工作中一般不采用【标注样式管理】中的公差设置，而是选择【特性】选项板中的【公差】选项来设置公差。

8.3 尺寸标注

本节视频教程时间：49 分钟

尺寸标注的类型众多，包括线性标注、对齐标注、半径标注、直径标注、角度标注、基线标注、连续标注等。

8.3.1 线性标注

1. 命令调用方法

在AutoCAD 2019中调用【线性】标注命令的方法通常有以下4种。

- 选择【标注】➤【线性】菜单命令。
- 命令行输入“DIMLINEAR/DLI”命令并按空格键。
- 单击【默认】选项卡➤【注释】面板➤【线性】按钮⊢。

- 单击【注释】选项卡➤【标注】面板➤【标注】下拉列表，选择按钮⊢⊣。

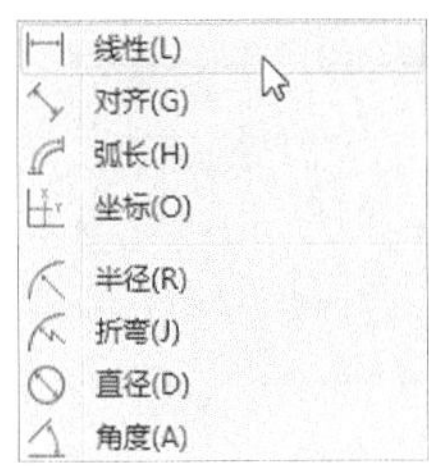

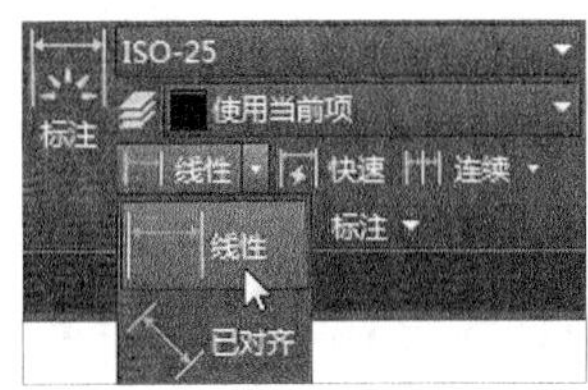

2. 命令提示

调用【线性】标注命令之后，命令行会进行如下提示。

```
命令：_dimlinear
指定第一个尺寸界线原点或 < 选择对象 >:
```

选择了两个尺寸界线的原点之后，命令行会进行如下提示。

```
指定尺寸线位置或
[ 多行文字 (M)/ 文字 (T)/ 角度 (A)/ 水平 (H)/ 垂直 (V)/ 旋转 (R)]:
```

3. 知识点扩展

命令行中各选项的含义如下。

- 尺寸线位置：AutoCAD使用指定点定位尺寸线并且确定绘制尺寸界线的方向。指定位置之后，将绘制标注。
- 多行文字：显示在位文字编辑器，可用它来编辑标注文字。用控制代码和Unicode字符串来输入特殊字符或符号。如果标注样式中未打开换算单位，可以输入方括号（【 】）来显示它们。当前标注样式决定生成的测量值的外观。
- 文字：在命令提示下，自定义标注文字。生成的标注测量值显示在尖括号中。如果标注样式中未打开换算单位，可以通过输入方括号（【 】）来显示换算单位。标注文字特性在【新建文字样式】、【修改标注样式】、【替代标注样式】对话框的【文字】选项卡上进行设定。
- 角度：修改标注文字的角度。
- 水平：创建水平线性标注。
- 垂直：创建垂直线性标注。
- 旋转：创建旋转线性标注。

8.3.2 实战演练——创建线性标注对象

下面将利用【线性】标注命令为矩形创建线性标注，具体操作步骤如下。

步骤 01 打开“素材\CH08\线性标注.dwg”文件，如下图所示。

步骤 02 选择【标注】➤【线性】菜单命令，在绘图区域中分别捕捉矩形的端点作为线性标注的尺寸界线的原点，并拖曳鼠标在适当的位置处单击指定尺寸线的位置，结果如下图所示。

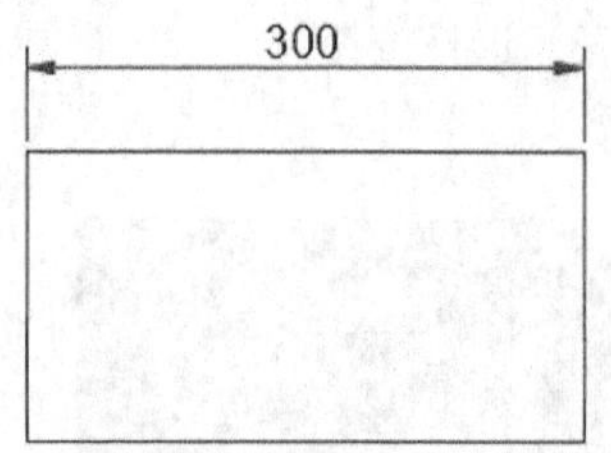

步骤 03 重复步骤 02 的操作，对矩形的另外一条边进行线性标注，结果如下图所示。

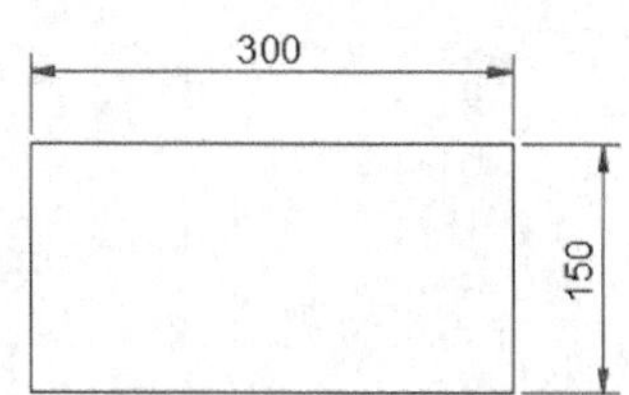

8.3.3 对齐标注

1. 命令调用方法

在AutoCAD 2019中调用【对齐】标注命令的方法通常有以下4种。

- 选择【标注】➤【对齐】菜单命令。
- 命令行输入“DIMALIGNED/DAL”命令并按空格键。
- 单击【默认】选项卡➤【注释】面板➤【对齐】按钮。
- 单击【注释】选项卡➤【标注】面板➤【标注】下拉列表，选择按钮。

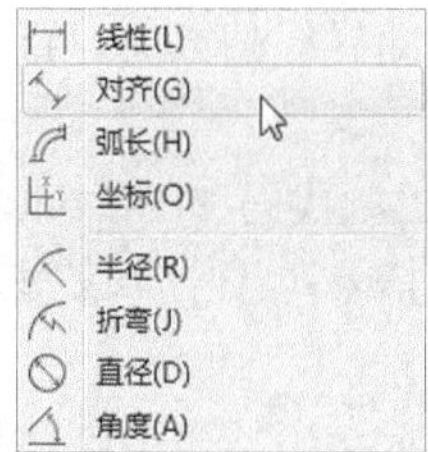

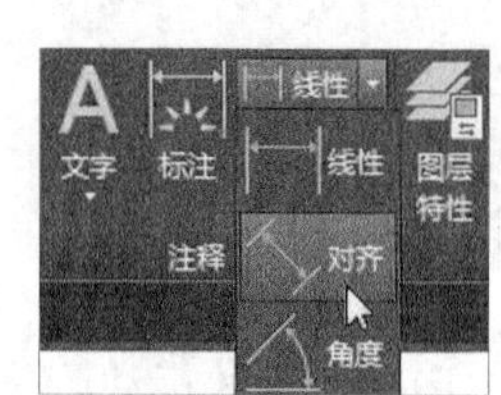

2. 命令提示

调用【对齐】标注命令之后，命令行会进行如下提示。

```
命令：_dimaligned
指定第一个尺寸界线原点或 < 选择对象 >:
```

3. 知识点扩展

【对齐】标注命令主要用来标注斜线，也可用于水平线和竖直线的标注。对齐标注的方法以及命令行提示与线性标注基本相同，只是所适合的标注对象和场合不同。

8.3.4 实战演练——创建对齐标注对象

下面将利用【对齐】标注命令为三角形创建对齐标注，具体操作步骤如下。

步骤 01 打开“素材\CH08\对齐标注.dwg”文件，如右图所示。

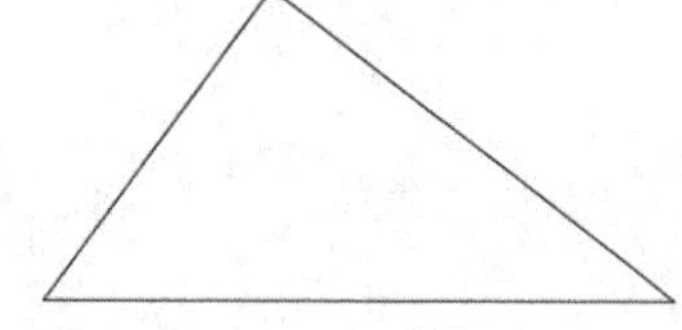

步骤 02 选择【标注】➤【对齐】菜单命令，在绘图区域中分别捕捉三角形的端点作为对齐标注的尺寸界线的原点，并拖曳鼠标在适当的位置处单击指定尺寸线的位置，结果如下图所示。

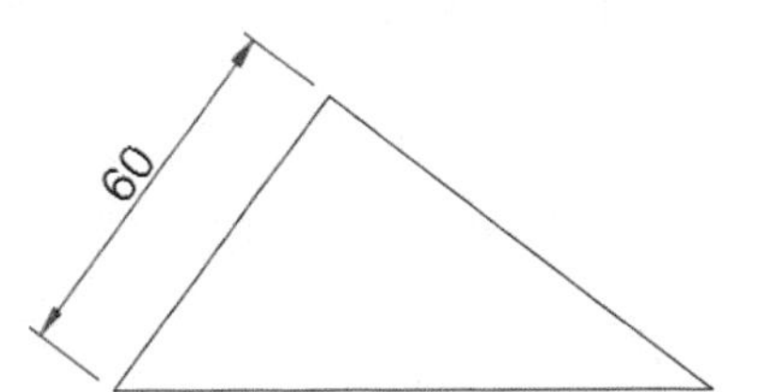

步骤 03 重复步骤 02 的操作，对三角形的另外一条边进行对齐标注，结果如下图所示。

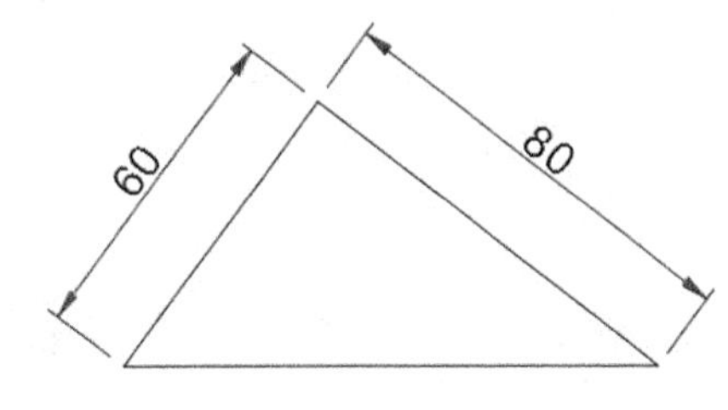

8.3.5 角度标注

角度尺寸标注用于标注两条直线之间的夹角、三点之间的角度以及圆弧的角度。

1. 命令调用方法

在AutoCAD 2019中调用【角度】标注命令的方法通常有以下4种。

- 选择【标注】➤【角度】菜单命令。
- 命令行输入“DIMANGULAR/DAN”命令并按空格键。
- 单击【默认】选项卡➤【注释】面板➤【角度】按钮。
- 单击【注释】选项卡➤【标注】面板➤【标注】下拉列表，选择按钮。

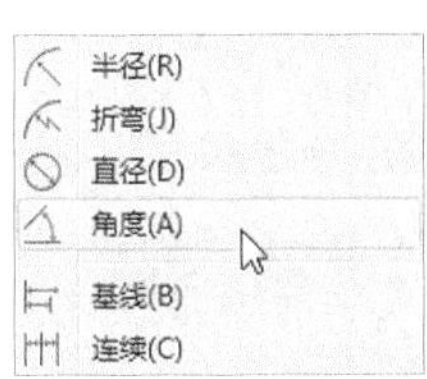

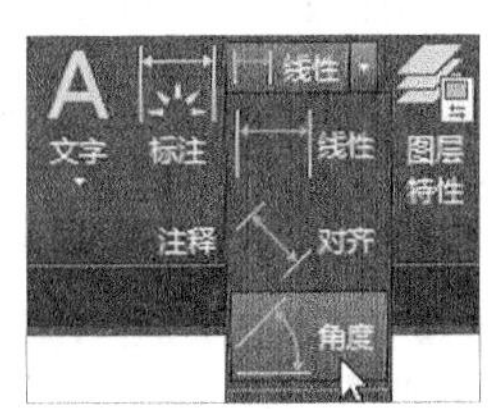

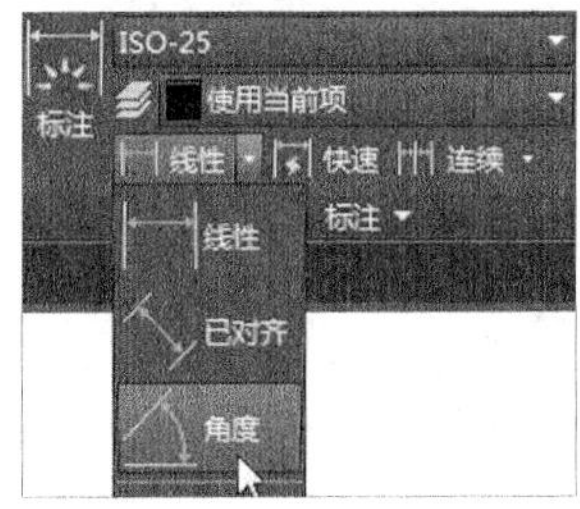

2. 命令提示

调用【角度】标注命令之后，命令行会进行如下提示。

```
命令：_dimangular
选择圆弧、圆、直线或 < 指定顶点 >:
```

3. 知识点扩展

命令行中各选项的含义如下。

- 选择圆弧：使用选定圆弧上的点作为三点角度标注的定义点。圆弧的圆心是角度的顶点，圆弧端点成为尺寸界线的原点。在尺寸界线之间绘制一条圆弧作为尺寸线，尺寸界线从角度端点绘制到尺寸线交点。
- 选择圆：选择位于圆周上的第一个定义点作为第一条尺寸界线的原点；第二个定义点作为第二条尺寸界线的原点，且该点无需位于圆上；圆的圆心是角度的顶点。

• 选择直线：用两条直线定义角度。程序通过将每条直线作为角度的矢量，将直线的交点作为角度顶点来确定角度。尺寸线跨越这两条直线之间的角度。如果尺寸线与被标注的直线不相交，将根据需要添加尺寸界线，以延长一条或两条直线，圆弧总是小于180°。

• 指定顶点：创建基于指定三点的标注。角度顶点可以同时为一个角度端点。如果需要尺寸界线，那么角度端点可用作尺寸界线的原点。在尺寸界线之间绘制一条圆弧作为尺寸线，尺寸界线从角度端点绘制到尺寸线交点。

8.3.6 实战演练——创建角度标注对象

下面将利用【角度】标注命令为三角形创建角度标注，具体操作步骤如下。

步骤01 打开“素材\CH08\角度标注.dwg”文件，如下图所示。

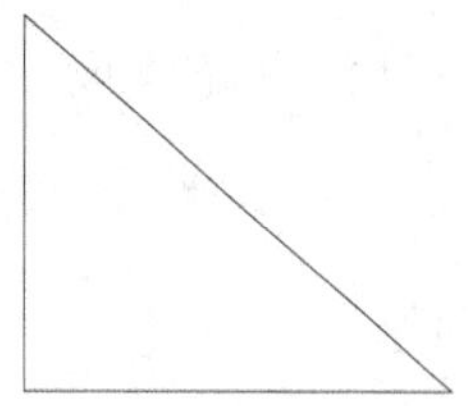

步骤02 选择【标注】➤【角度】菜单命令，在绘图区域中分别捕捉三角形的边作为角度标注的两条边界，并拖曳鼠标在适当的位置处单击指定尺寸线的位置，结果如下图所示。

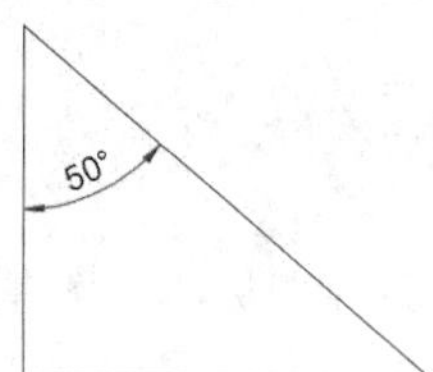

步骤03 重复步骤02 的操作，对三角形的另外一个夹角进行角度标注，结果如下图所示。

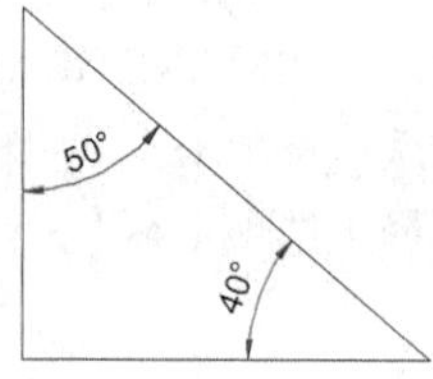

8.3.7 半径标注

半径标注常用于标注圆弧和圆角。在标注时，AutoCAD将自动在标注文字前添加半径符号“R”。

1. 命令调用方法

在AutoCAD 2019中调用【半径】标注命令的方法通常有以下4种。

• 选择【标注】➤【半径】菜单命令。

• 命令行输入“DIMRADIUS/DRA”命令并按空格键。

• 单击【默认】选项卡➤【注释】面板➤【半径】按钮。

• 单击【注释】选项卡➤【标注】面板➤【标注】下拉列表，选择按钮。

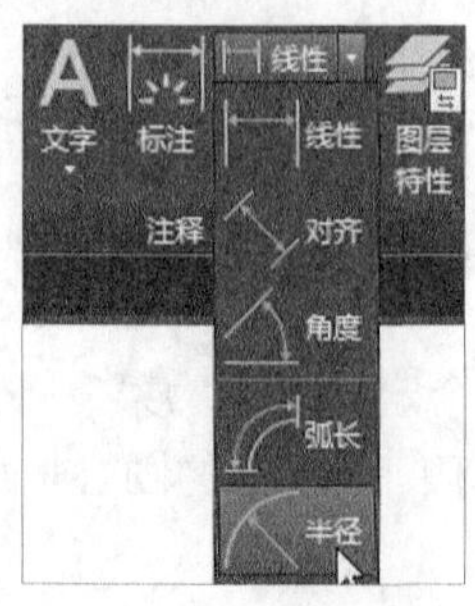

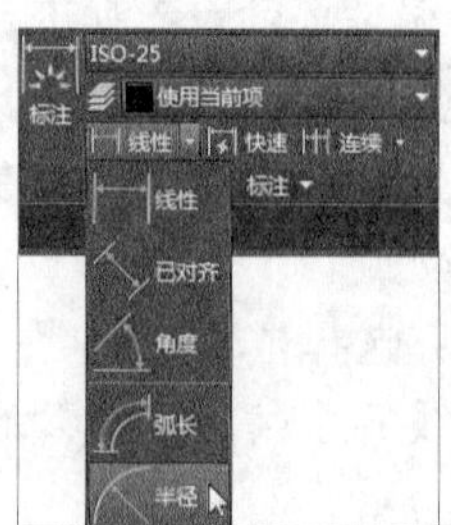

2. 命令提示

调用【半径】标注命令之后，命令行会进行如下提示。

```
命令：_dimradius
选择圆弧或圆：
```

8.3.8 实战演练——创建半径标注对象

下面将利用【半径】标注命令为圆弧图形创建半径标注，具体操作步骤如下。

步骤01 打开“素材\CH08\半径标注.dwg”文件，如下图所示。

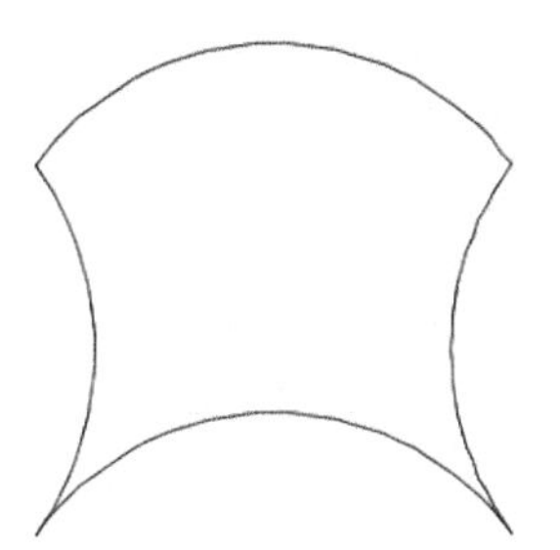

步骤02 选择【标注】➤【半径】菜单命令，在绘图区域中选择右侧圆弧作为需要标注的对象，并拖曳鼠标在适当的位置处单击指定尺寸线的位置，结果如下图所示。

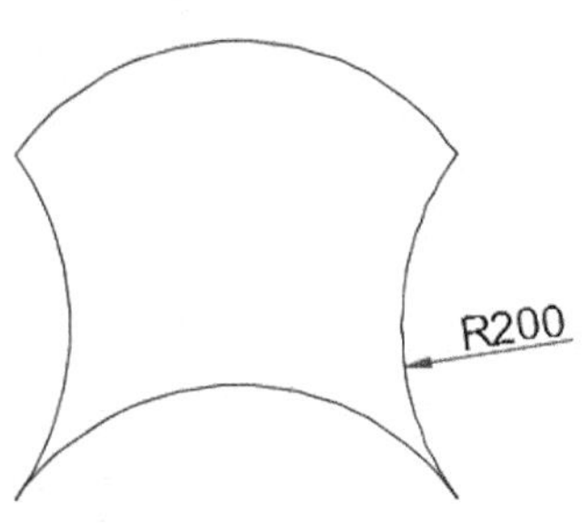

8.3.9 直径标注

直径标注常用于标注圆的大小。在标注时，AutoCAD将自动在标注文字前添加直径符号“Φ”。

1. 命令调用方法

在AutoCAD 2019中调用【直径】标注命令的方法通常有以下4种。

- 选择【标注】➤【直径】菜单命令。
- 命令行输入“DIMDIAMETER/DDI”命令并按空格键。
- 单击【默认】选项卡➤【注释】面板➤【直径】按钮⃠。
- 单击【注释】选项卡➤【标注】面板➤【标注】下拉列表，选择按钮⃠。

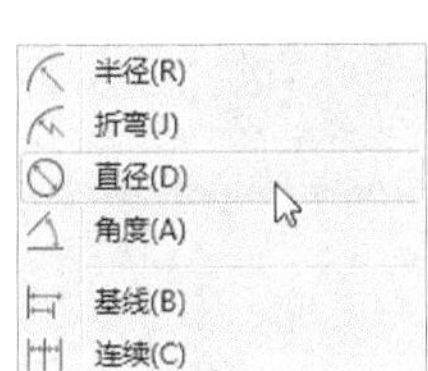

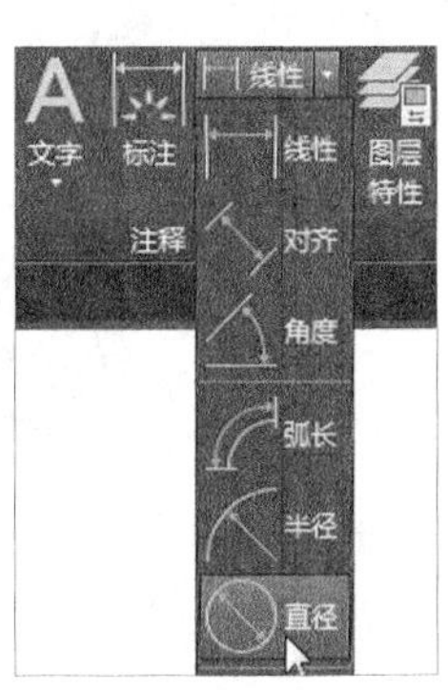

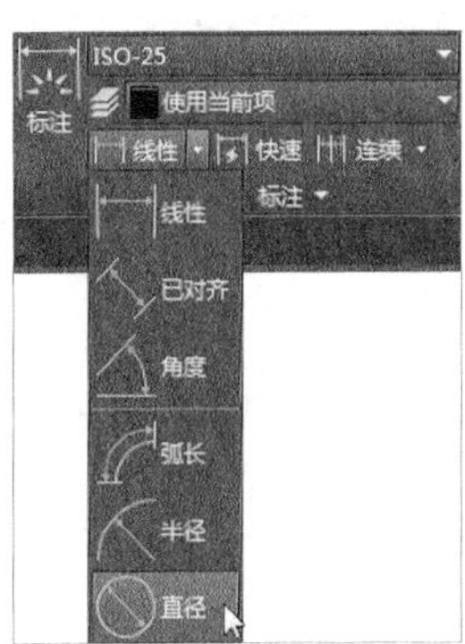

2. 命令提示

调用【直径】标注命令之后，命令行会进行如下提示。

```
命令：_dimdiameter
选择圆弧或圆：
```

8.3.10 实战演练——创建直径标注对象

下面将利用【直径】标注命令为圆弧图形创建直径标注，具体操作步骤如下。

步骤 01 打开“素材\CH08\直径标注.dwg”文件，如下图所示。

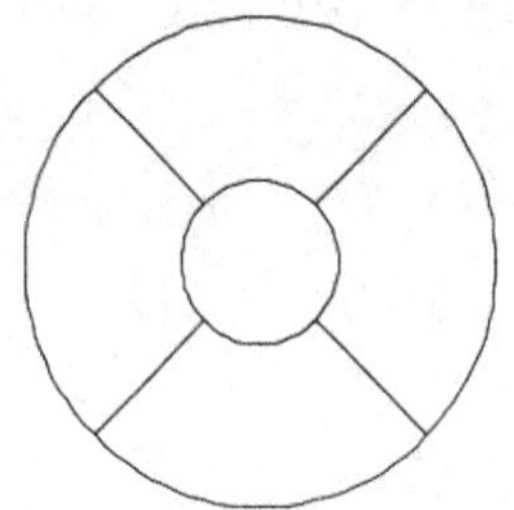

步骤 02 选择【标注】➤【直径】菜单命令，在绘图区域中选择外侧圆形作为需要标注的对象，并拖曳鼠标在适当的位置处单击指定尺寸线的位置，结果如下图所示。

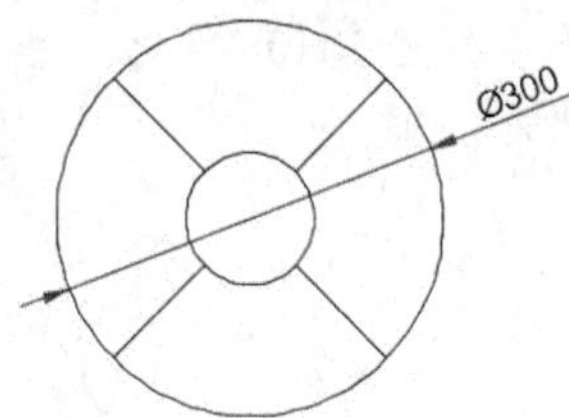

步骤 03 重复步骤 02 的操作，对内侧圆形进行直径标注，结果如下图所示。

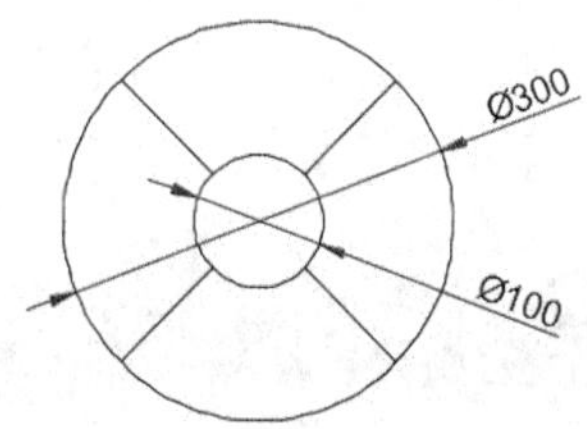

8.3.11 基线标注

基线标注是从上一个标注或选定标注的基线处创建线性标注、角度标注或坐标标注。可以通过【标注样式管理器】和【基线间距】（DIMDLI系统变量）设定基线标注之间的默认间距。

1. 命令调用方法

在AutoCAD 2019中调用【基线】标注命令的方法通常有以下3种。

- 选择【标注】➤【基线】菜单命令。
- 命令行输入“DIMBASELINE/DBA”命令并按空格键。
- 单击【注释】选项卡➤【标注】面板➤【基线】按钮。

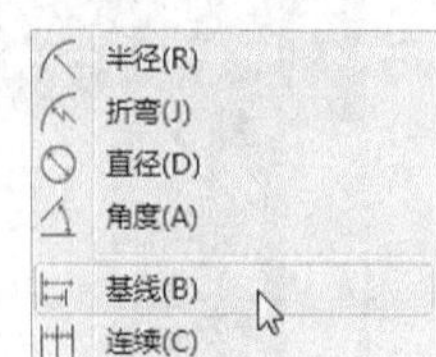

2. 命令提示

调用【基线】标注命令之后，命令行会进行如下提示。

```
命令：_dimbaseline
选择基准标注：
```

3. 知识点扩展

如果当前任务中未创建任何标注，命令行将提示用户选择线性标注、坐标标注或角度标注，以用作基线标注的基准。如果有上述标注的任意一种，AutoCAD会自动以最近创建的那个标注作为基准；如果不是用户想要的基准，则可以输入“S”，然后选择自己需要的基准。

当采用“单击【注释】选项卡➤【标注】面板➤【基线】标注按钮”方法调用基线标注时，注意基线标注按钮和连续标注的按钮是在一起的，而且只显示一个。如果当前显示的是连续标注的按钮，则需要单击下拉按钮选择基线标注按钮。

8.3.12 实战演练——创建基线标注对象

下面将利用【基线】标注命令为图形对象创建基线标注，具体操作步骤如下。

步骤01 打开“素材\CH08\基线标注.dwg”文件，如下图所示。

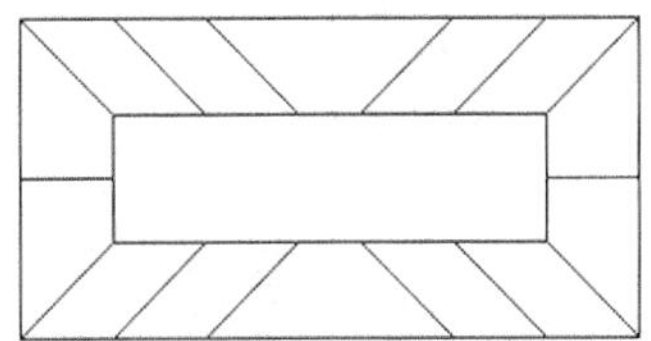

步骤02 选择【标注】➤【线性】菜单命令，在绘图区域中创建一个线性标注对象，如下图所示。

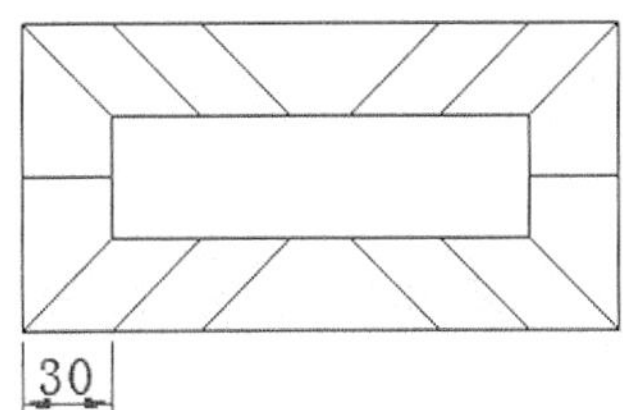

步骤03 在命令行输入“DIMDLI”并按【Enter】键确认，将其新值指定为“22”并按【Enter】键确认，然后选择【标注】➤【基线】菜单命令，系统自动将前面创建的距离值为“30”的线性标注作为基线标注的基准，如下图所示。

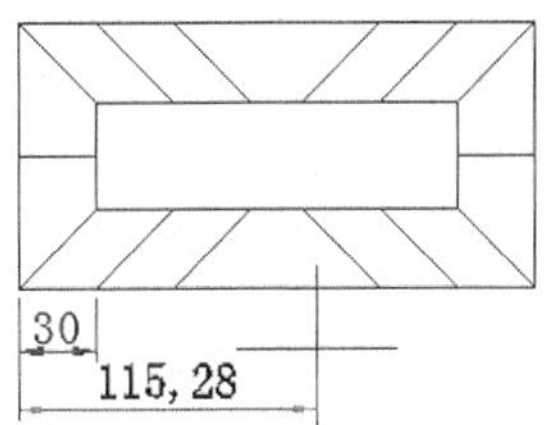

步骤04 在绘图区域中拖曳鼠标并捕捉下图所示端点作为第二条尺寸界线的原点。

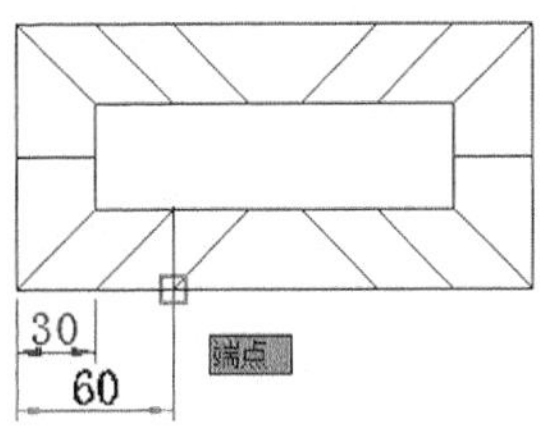

步骤05 继续在绘图区域中拖曳鼠标并捕捉相应端点分别作为第二条尺寸界线的原点，如下图所示。

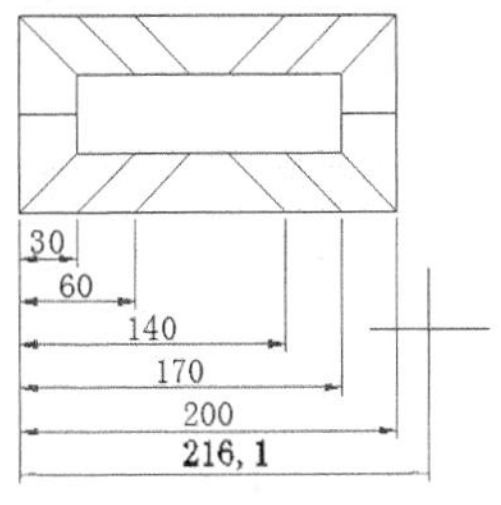

步骤06 按两次【Enter】键结束【基线】标注命令，结果如下图所示。

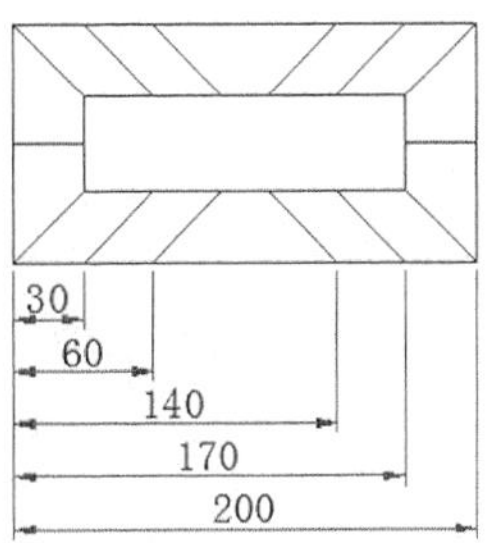

8.3.13 弧长标注

弧长标注用于测量圆弧或多段线圆弧上的距离。弧长标注的尺寸界线可以正交或径向，在标注文字的上方或前面将显示圆弧符号。

1. 命令调用方法

在AutoCAD 2019中调用【弧长】标注命令的方法通常有以下4种。

- 选择【标注】➤【弧长】菜单命令。
- 命令行输入“DIMARC/DAR”命令并按空格键。
- 单击【默认】选项卡➤【注释】面板➤【弧长】按钮。
- 单击【注释】选项卡➤【标注】面板➤【标注】下拉列表，选择按钮。

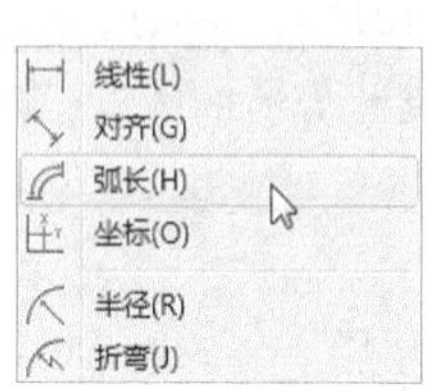

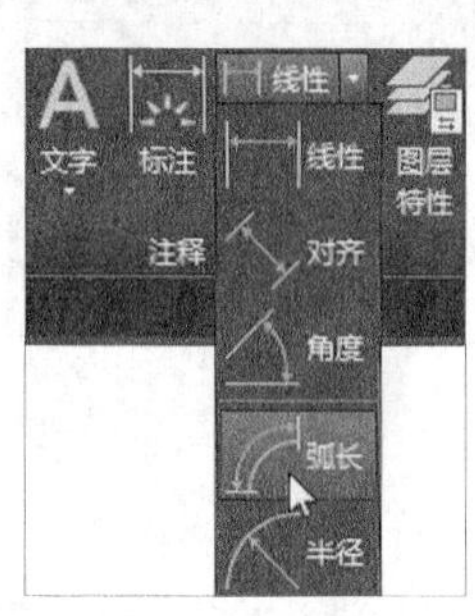

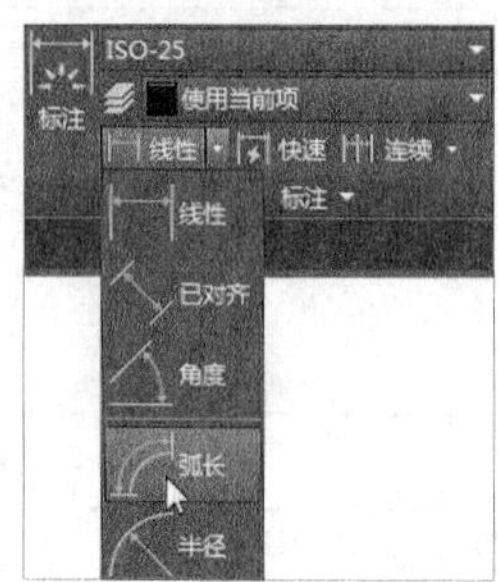

2. 命令提示

调用【弧长】标注命令之后，命令行会进行如下提示。

```
命令：_dimarc
选择弧线段或多段线圆弧段：
```

8.3.14 实战演练——创建弧长标注对象

下面将利用【弧长】标注命令为圆弧图形创建弧长标注，具体操作步骤如下。

步骤 01 打开“素材\CH08\弧长标注.dwg”文件，如下图所示。

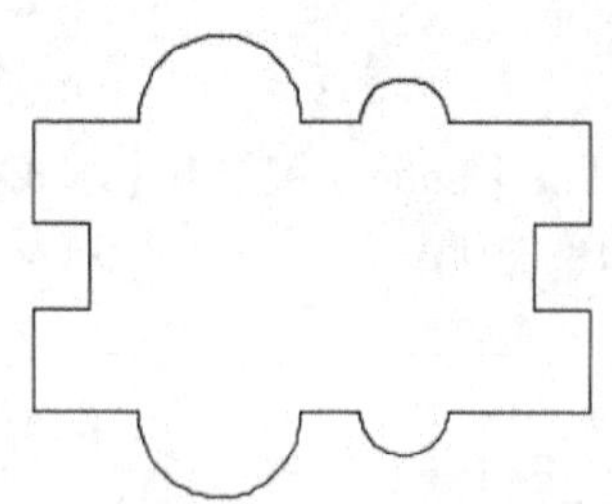

步骤 02 选择【标注】➤【弧长】菜单命令，在绘图区域中单击选择下图所示的圆弧作为标注对象。

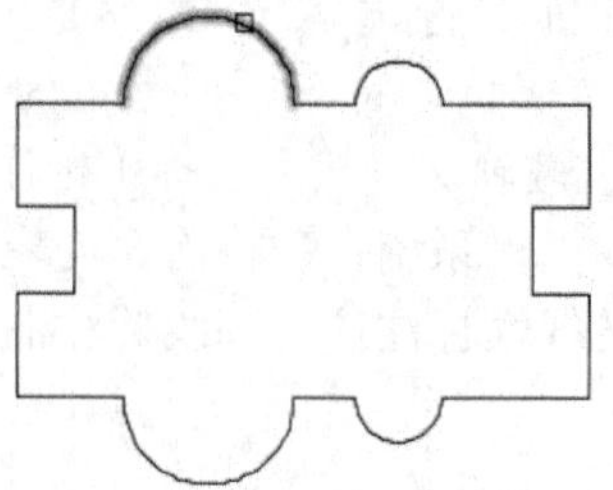

步骤 03 在绘图区域中拖曳鼠标并单击指定尺寸线的位置，结果如下图所示。

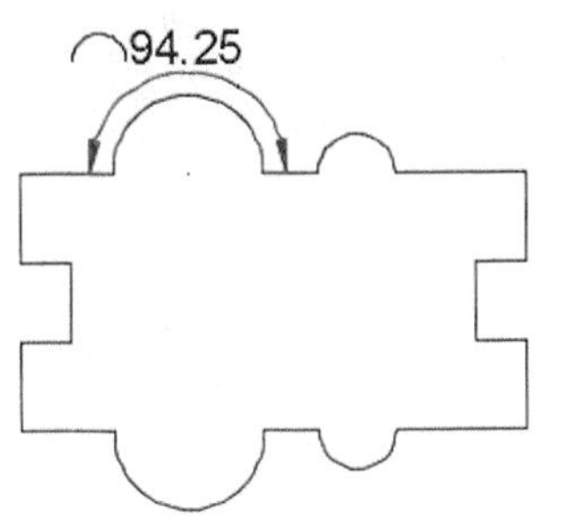

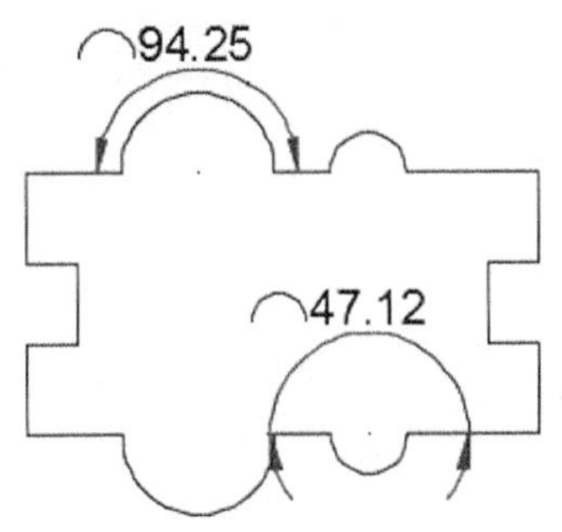

步骤04 重复步骤02 ~ 步骤03 的操作，对另外一段圆弧进行弧长标注，结果如右图所示。

8.3.15 折弯标注

折弯标注用于测量选定对象的半径，并显示前面带有一个半径符号的标注文字，可以在任意合适的位置指定尺寸线的原点。当圆弧或圆的中心位于布局之外并且无法在其实际位置显示时，可以创建折弯半径标注，以便在更方便的位置指定标注的原点。

1. 命令调用方法

在AutoCAD 2019中调用【折弯】标注命令的方法通常有以下4种。

- 选择【标注】➤【折弯】菜单命令。
- 命令行输入“DIMJOGGED/DJO”命令并按空格键。
- 单击【默认】选项卡➤【注释】面板➤【折弯】按钮。
- 单击【注释】选项卡➤【标注】面板➤【标注】下拉列表，选择按钮。

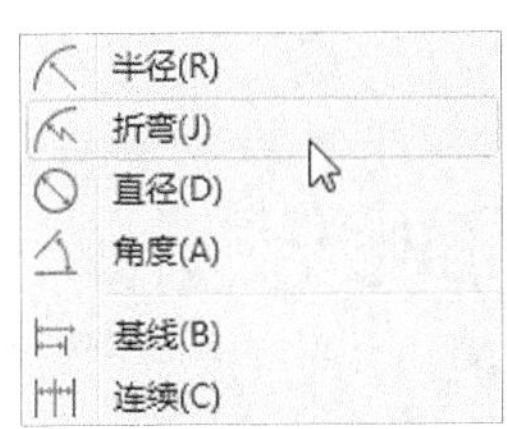

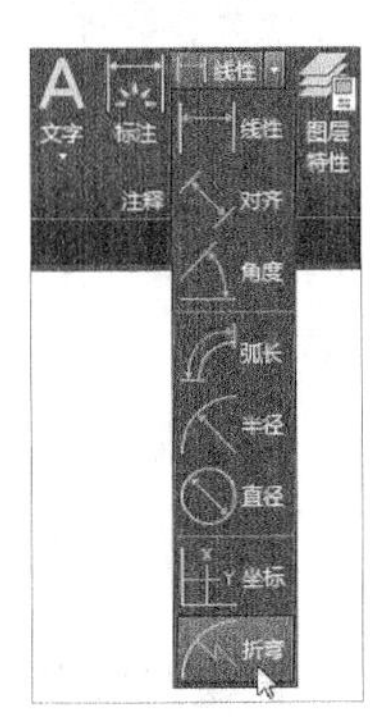

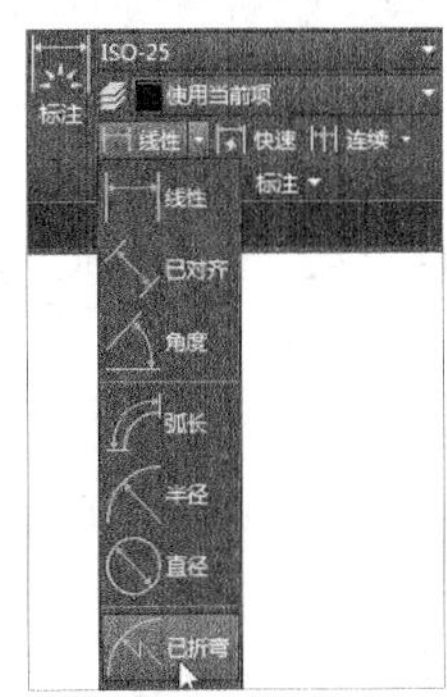

2. 命令提示

调用【折弯】标注命令之后，命令行会进行如下提示。

```
命令：_dimjogged
选择圆弧或圆：
```

8.3.16 实战演练——创建折弯标注对象

下面将利用【折弯】标注命令为圆弧图形创建折弯标注，具体操作步骤如下。

步骤01 打开“素材\CH08\折弯标注.dwg”文件，如下图所示。

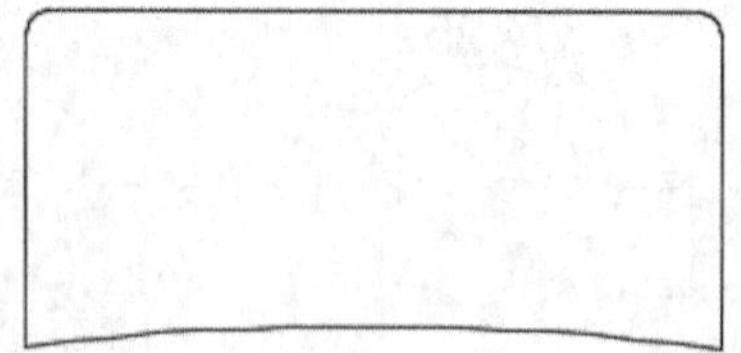

步骤 02 选择【标注】➤【折弯】菜单命令，在绘图区域中单击选择下图所示的圆弧作为标注对象。

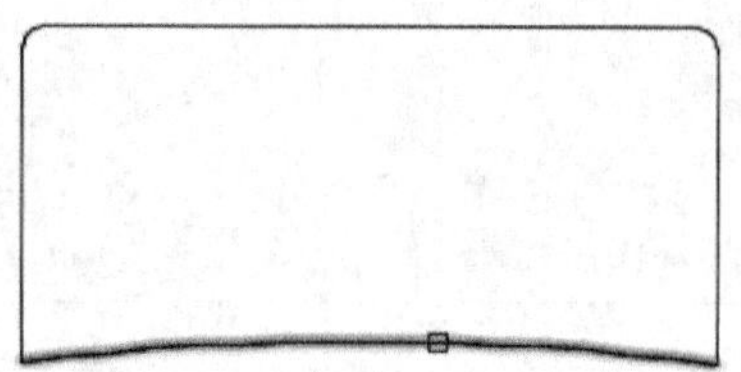

步骤 03 在绘图区域中拖曳鼠标并单击指定图示中心位置，如下图所示。

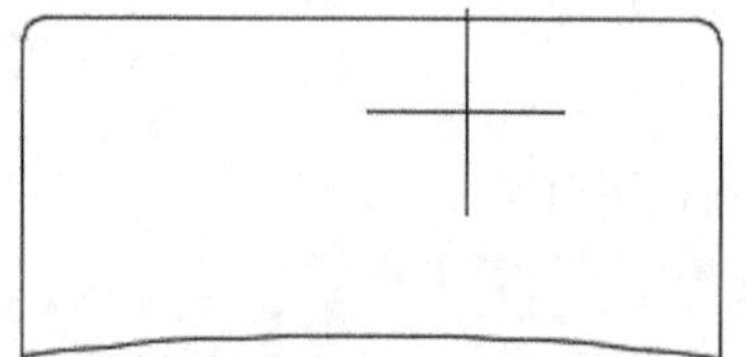

步骤 04 在绘图区域中拖曳鼠标并单击指定尺寸线的位置，如下图所示。

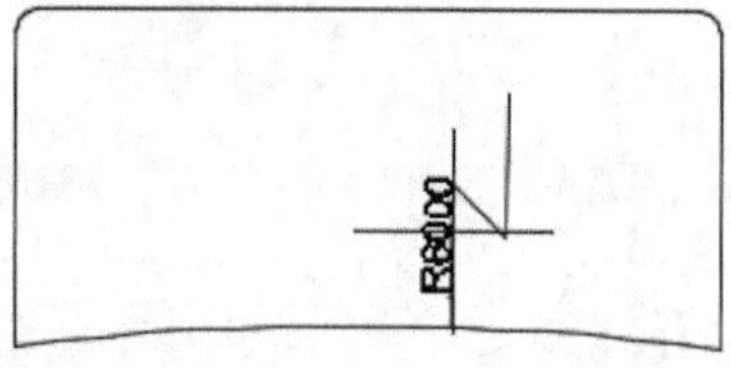

步骤 05 在绘图区域中拖曳鼠标并单击指定折弯位置，如下图所示。

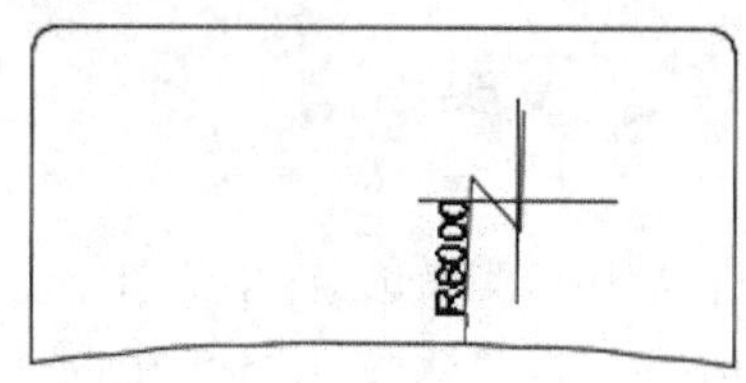

步骤 06 结果如下图所示。

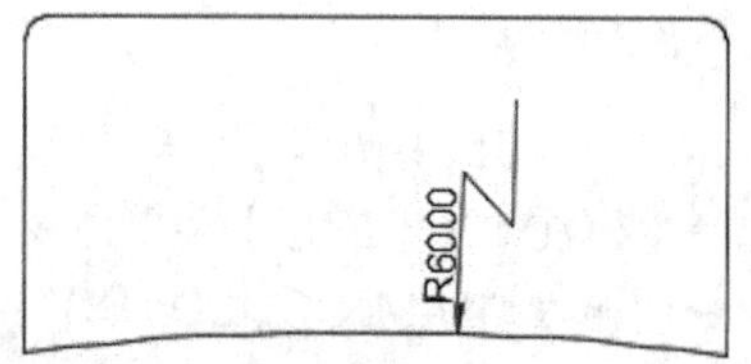

8.3.17 连续标注

连续标注会自动从创建的上一个线性约束、角度约束或坐标标注继续创建其他标注，或者从选定的尺寸界线继续创建其他标注，系统将自动排列尺寸线。

1. 命令调用方法

在AutoCAD 2019中调用【连续】标注命令的方法通常有以下3种。

- 选择【标注】➤【连续】菜单命令。
- 命令行输入“DIMCONTINUE/DCO”命令并按空格键。
- 单击【注释】选项卡➤【标注】面板➤【连续】标注按钮。

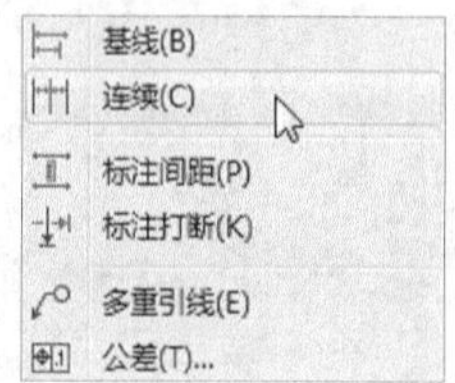

2. 命令提示

调用【连续】标注命令之后，命令行会进行如下提示。

```
命令：_dimcontinue
选择连续标注：
```

8.3.18 实战演练——创建连续标注对象

下面将利用【连续】标注命令为图形对象创建连续标注，具体操作步骤如下。

步骤 01 打开"素材\CH08\连续标注.dwg"文件，如下图所示。

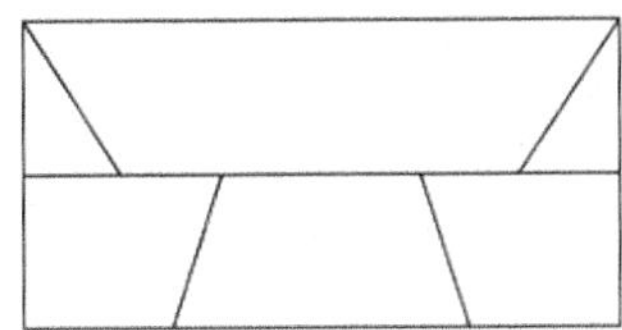

步骤 02 选择【标注】➤【线性】菜单命令，在绘图区域中创建一个线性标注对象，结果如下图所示。

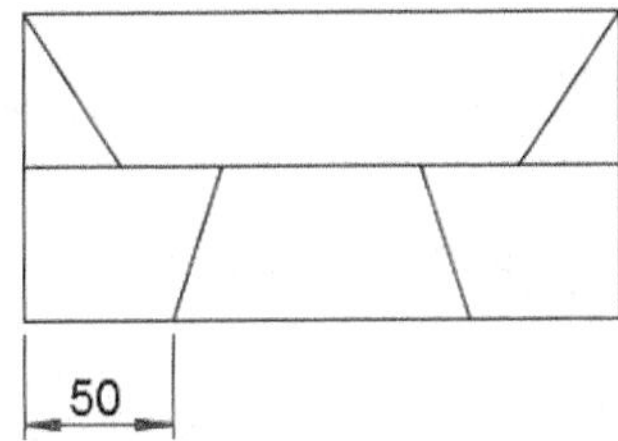

步骤 03 选择【标注】➤【连续】菜单命令，绘图区域显示如下图所示。

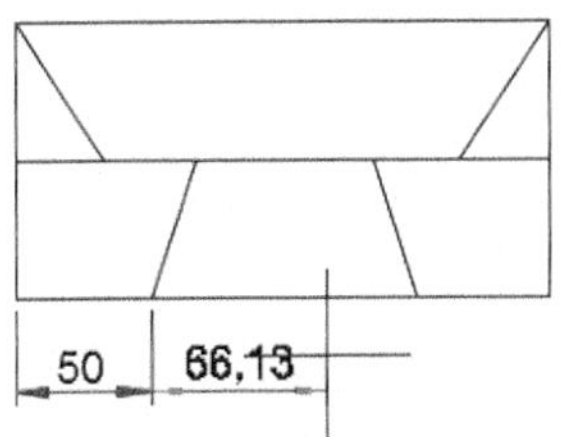

步骤 04 在绘图区域中拖曳鼠标并捕捉下图所示端点作为第二条尺寸界线的原点。

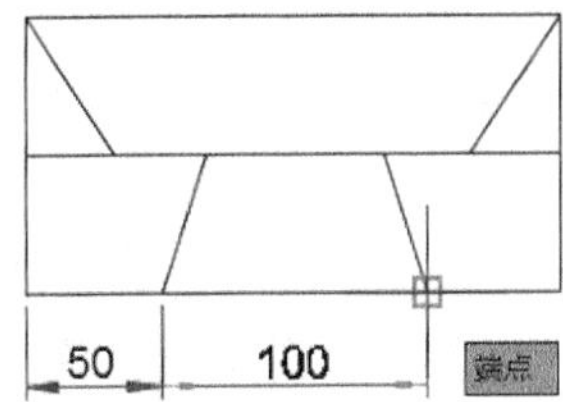

步骤 05 继续在绘图区域中捕捉相应端点分别作为第二条尺寸界线的原点，最后按两次【Enter】键结束该标注命令，结果如下图所示。

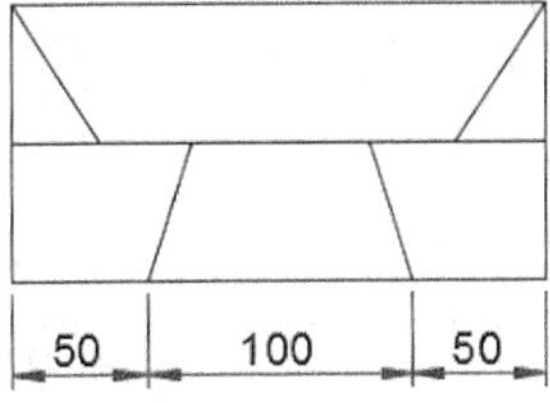

8.3.19 坐标标注

1. 命令调用方法

在AutoCAD 2019中调用【坐标】标注命令的方法通常有以下4种。

- 选择【标注】➤【坐标】菜单命令。
- 命令行输入"DIMORDINATE/DOR"命令并按空格键。
- 单击【默认】选项卡➤【注释】面板➤【坐标】按钮。
- 单击【注释】选项卡➤【标注】面板➤【坐标】标注按钮。

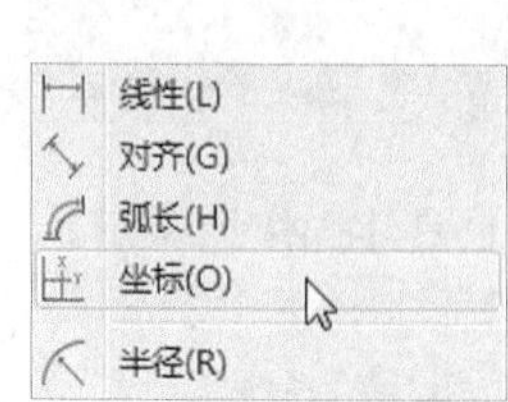

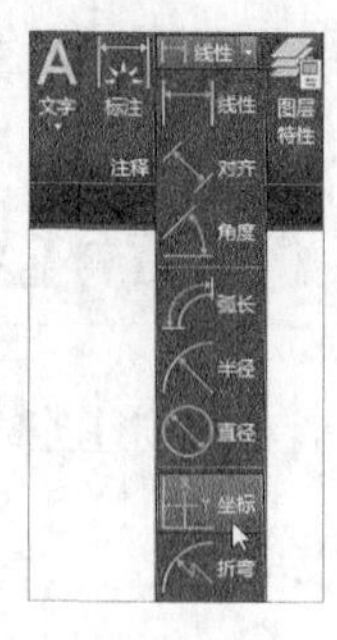
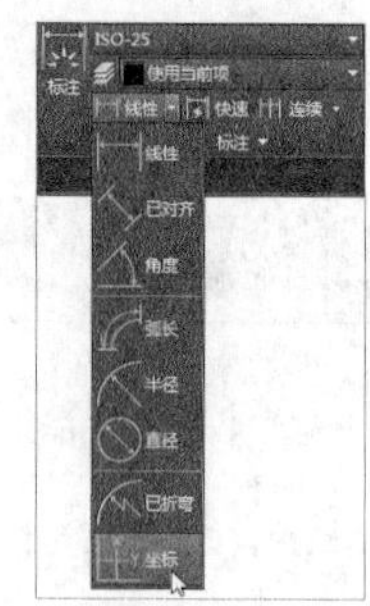

2. 命令提示

调用【坐标】标注命令之后，命令行会进行如下提示。

命令：_dimordinate
指定点坐标：

指定点坐标之后，命令行会进行如下提示。

指定引线端点或 [X 基准 (X)/Y 基准 (Y)/ 多行文字 (M)/ 文字 (T)/ 角度 (A)]:

3. 知识点扩展

命令行中各选项的含义如下。

- 指定引线端点：使用点坐标和引线端点的坐标差可确定它是x坐标标注还是y坐标标注。如果y坐标的标注差较大，标注就测量x坐标，否则就测量y坐标。
- X基准：测量x坐标并确定引线和标注文字的方向。界面将显示“引线端点”提示，从中可以指定端点。
- Y基准：测量y坐标并确定引线和标注文字的方向。界面将显示“引线端点”提示，从中可以指定端点。

8.3.20 实战演练——创建坐标标注对象

下面将利用【坐标】标注命令为图形对象创建坐标标注，具体操作步骤如下。

步骤 01 打开“素材\CH08\坐标标注.dwg”文件，如下图所示。

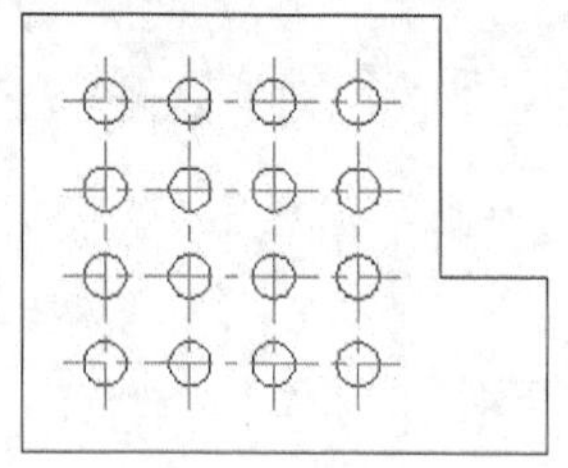

步骤 02 在命令行中输入“USC”，然后将坐标系移动到合适的位置，如下图所示。

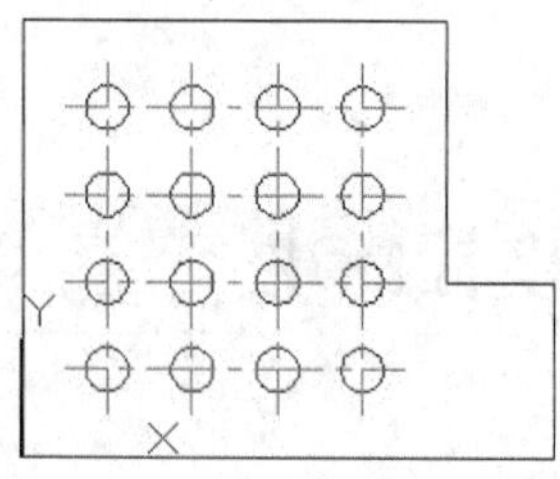

步骤 03 选择【标注】➤【坐标】菜单命令，在绘图区域中以端点作为坐标的原点，如下图所示。

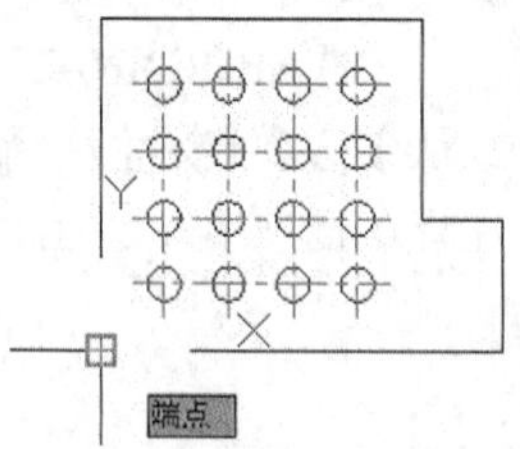

步骤 04 然后拖曳鼠标来指定引线端点位置，如下图所示。

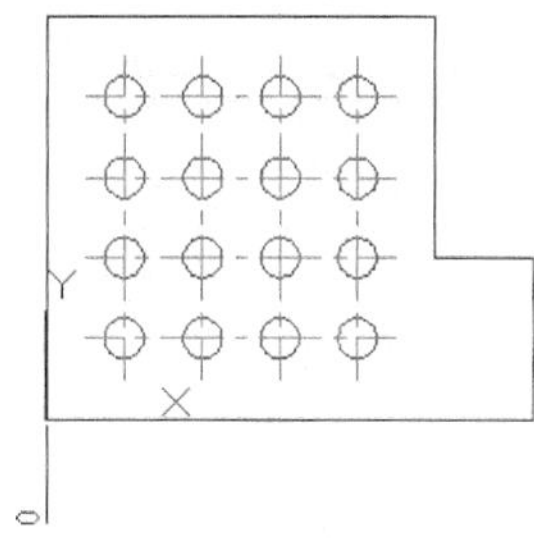

步骤 05 按【Enter】键确定，然后标出其他的坐标标注，如下图所示。

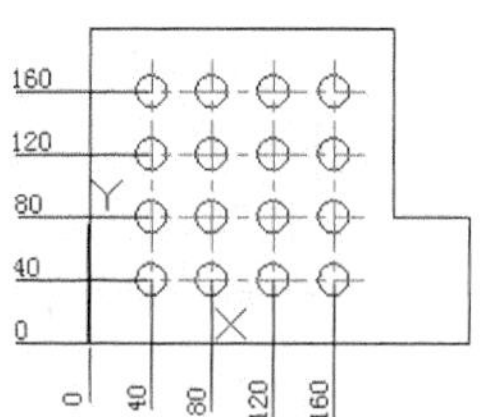

步骤 06 再次在命令行中输入“USC”，然后将坐标系移动到合适的位置，结果如下图所示。

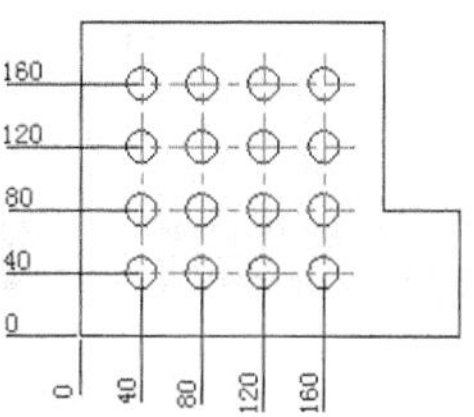

8.3.21 快速标注

为了提高标注尺寸的速度，AutoCAD提供了【快速标注】命令。启用【快速标注】命令后，会一次选择多个图形对象，AutoCAD将自动完成标注操作。

1. 命令调用方法

在AutoCAD 2019中调用【快速标注】命令的方法通常有以下3种。

- 选择【标注】➤【快速标注】菜单命令。
- 命令行输入“QDIM”命令并按空格键。
- 单击【注释】选项卡➤【标注】面板➤【快速】标注按钮。

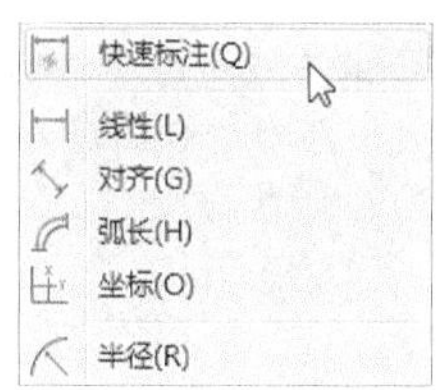

2. 命令提示

调用【快速标注】命令之后，命令行会进行如下提示。

命令：_qdim
关联标注优先级 = 端点
选择要标注的几何图形：

选择标注对象之后，命令行会进行如下提示。

指定尺寸线位置或 [连续 (C)/ 并列 (S)/ 基线 (B)/ 坐标 (O)/ 半径 (R)/ 直径 (D)/ 基准点 (P)/ 编辑 (E)/ 设置 (T)] < 连续 >:

3. 知识点扩展

命令行中各选项的含义如下。

- 连续：创建一系列连续标注，其中线性标注线端对端地沿同一条直线排列。
- 并列：创建一系列并列标注，其中线性尺寸线以恒定的增量相互偏移。
- 基线：创建一系列基线标注，其中线性标注共享一条公用尺寸界线。
- 坐标：创建一系列坐标标注，其中元素将以单个尺寸界线以及x或y值进行注释，相对于基准点进行测量。
- 半径：创建一系列半径标注，其中将显示选定圆弧和圆的半径值。
- 直径：创建一系列直径标注，其中将显示选定圆弧和圆的直径值。
- 基准点：为基线和坐标标注设置新的基准点。
- 编辑：在生成标注之前，删除出于各种考虑而选定的点位置。
- 设置：为指定尺寸界线原点（交点或端点）设置对象捕捉优先级。

8.3.22 实战演练——创建快速标注对象

下面将利用【快速标注】命令为图形对象创建标注，具体操作步骤如下。

步骤01 打开“素材\CH08\快速标注.dwg”文件，如下图所示。

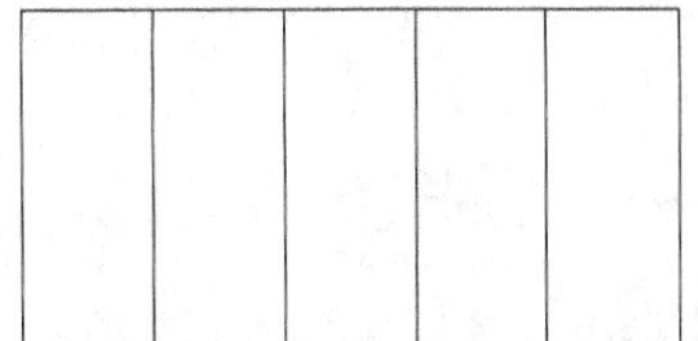

步骤02 选择【标注】➤【快速标注】菜单命令，在绘图区域中选择下图所示的部分区域作为标注对象，并按【Enter】键确认。

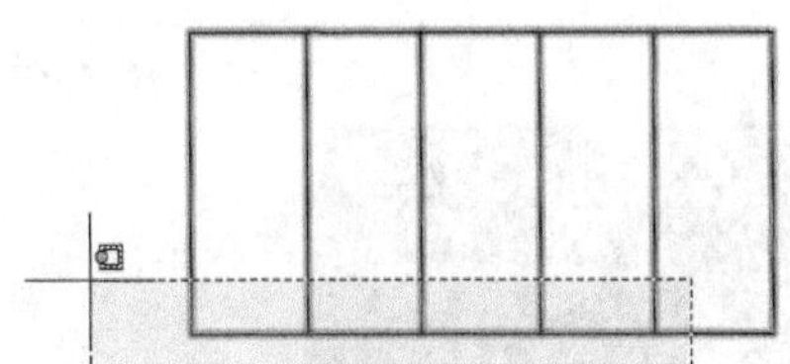

步骤03 在绘图区域中拖曳鼠标并单击指定尺寸线的位置，结果如下图所示。

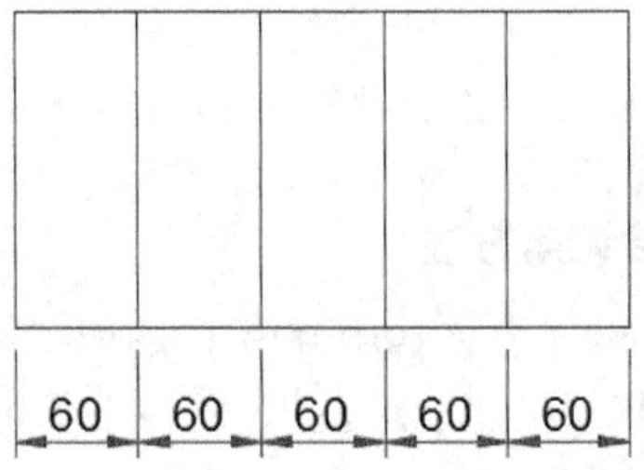

小提示

快速标注不是万能的，它的使用是受很大限制的。只有当图形非常适合的时候，快速标注才能显示出它的优势。

8.3.23 圆心标记

圆心标记用于创建圆和圆弧的圆心标记或中心线。可以通过【标注样式管理器】对话框或DIMCEN系统变量对圆心标记进行设置。

1. 命令调用方法

在AutoCAD 2019中调用【圆心标记】命令的方法通常有以下3种。

- 选择【标注】➤【圆心标记】菜单命令。
- 命令行输入“DIMCENTER/DCE”命令并按空格键。
- 单击【注释】选项卡➤【中心线】面板➤【圆心标记】按钮⊕。

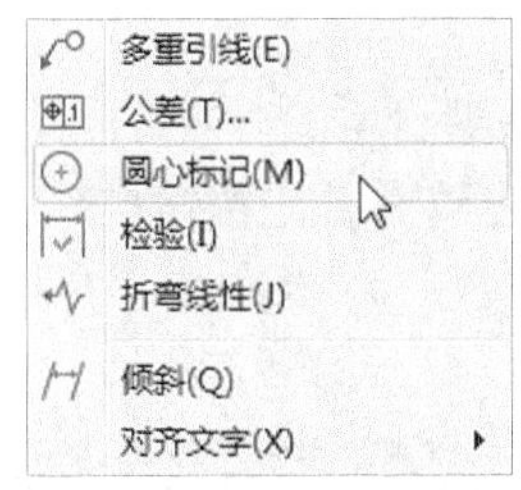

2. 命令提示

调用【圆心标记】命令之后，命令行会进行如下提示。

```
命令：_dimcenter
选择圆弧或圆：
```

8.3.24 实战演练——创建圆心标记对象

下面将利用【圆心标记】命令为圆弧对象创建圆心标记，具体操作步骤如下。

步骤01 打开“素材\CH08\圆心标记.dwg”文件，如下图所示。

步骤02 选择【标注】➤【圆心标记】菜单命令，在绘图区域中选择下图所示的圆弧图形作为标注对象。

步骤03 结果如下图所示。

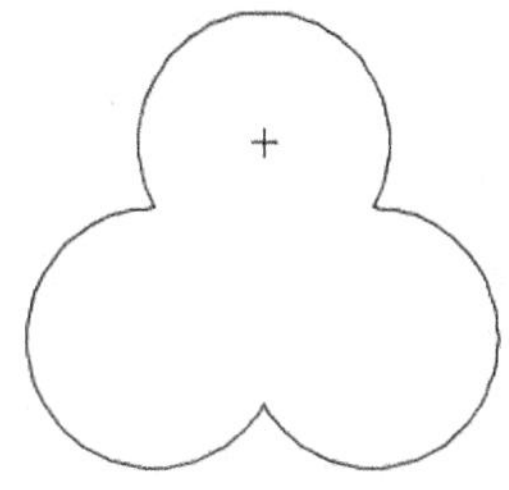

步骤04 重复步骤02 ~ 步骤03 的操作，继续对绘图区域中其他圆弧图形进行圆心标记的创建，结果如下图所示。

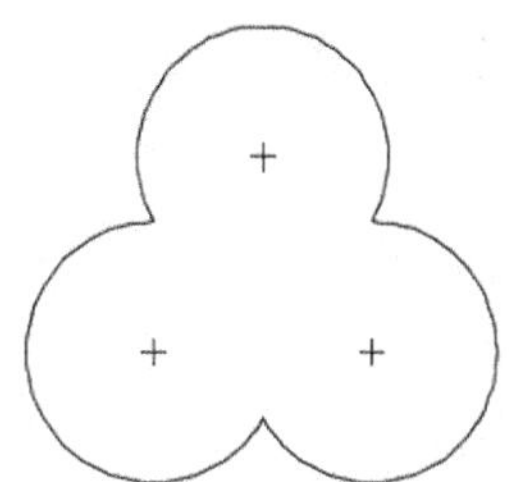

8.3.25 折弯线性标注

在线性标注或对齐标注中，可以添加或删除折弯线。标注中的折弯线表示所标注的对象中的折断，标注值表示实际距离，而不是图形中测量的距离。

1. 命令调用方法

在AutoCAD 2019中调用【折弯线性】标注命令的方法通常有以下3种。

- 选择【标注】➤【折弯线性】菜单命令。
- 命令行输入“DIMJOGLINE/DJL”命令并按空格键。
- 单击【注释】选项卡➤【标注】面板➤【标注，折弯标注】按钮。

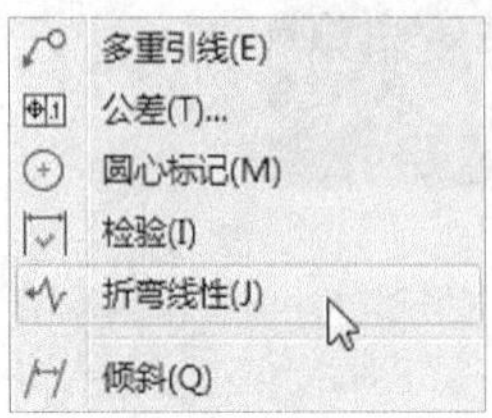

2. 命令提示

调用【折弯线性】标注命令之后，命令行会进行如下提示。

```
命令：_DIMJOGLINE
选择要添加折弯的标注或 [ 删除 (R)]:
```

8.3.26 实战演练——创建折弯线性标注对象

下面将利用【折弯线性】标注命令为图形对象创建尺寸标注，具体操作步骤如下。

步骤 01 打开“素材\CH08\折弯线性标注.dwg”文件，如下图所示。

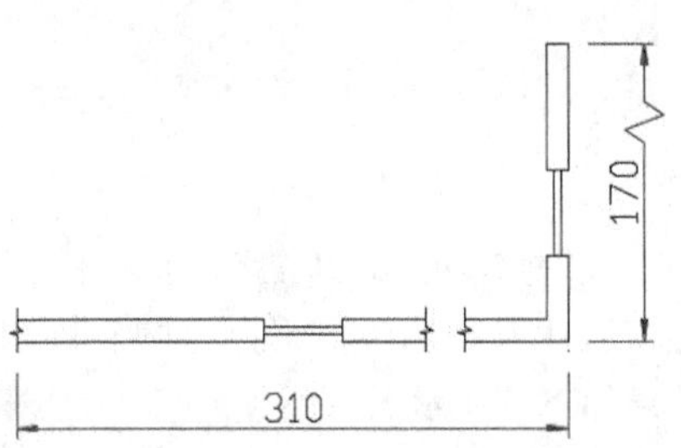

步骤 02 选择【标注】➤【折弯线性】菜单命令，在绘图区域中单击选择长度为“310”的标注对象为需要添加折弯的对象，并单击指定折弯位置，如下图所示。

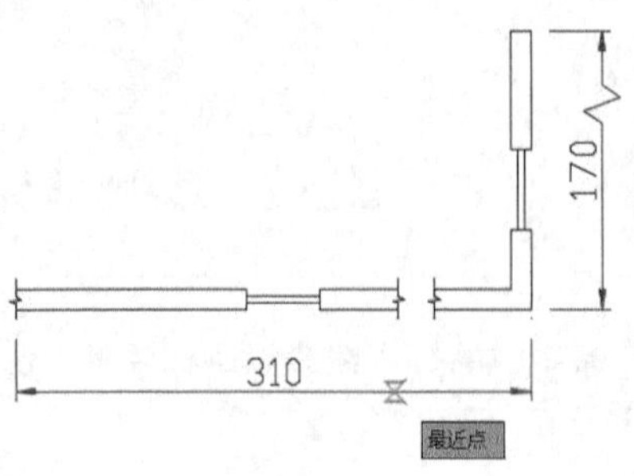

步骤 03 结果如下图所示。

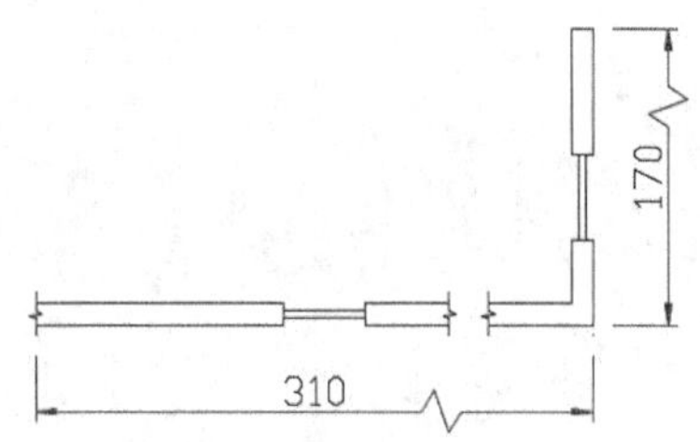

步骤 04 重复调用【折弯线性】标注命令，在命令提示下输入“r”按【Enter】键确认，在绘图区域中单击选择需要删除折弯的线性标注对象，如下图所示。

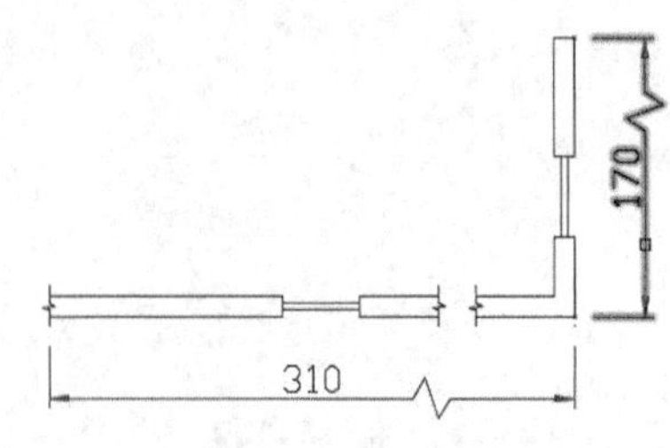

步骤 05 结果如下图所示。

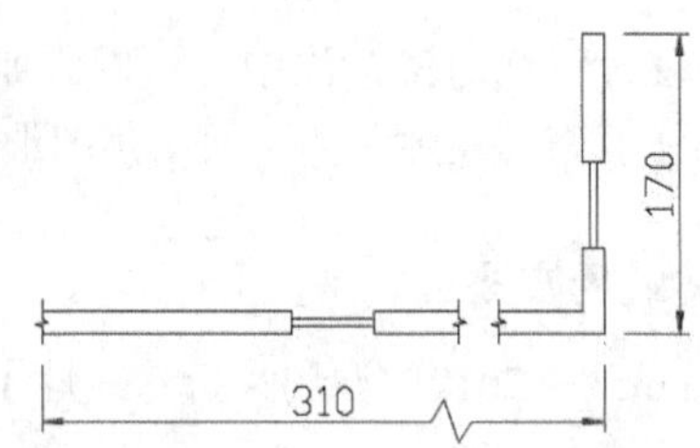

8.3.27 检验标注

检验标注用于指定需要零件制造商检查度量的频率以及允许的公差。选择检验标注值，通过【特性】选项板的【其他】部分可以对检验标注值进行修改。

1. 命令调用方法

在AutoCAD 2019中调用【检验】标注命令的方法通常有以下3种。

- 选择【标注】➤【检验】菜单命令。
- 命令行输入“DIMINSPECT”命令并按空格键。
- 单击【注释】选项卡➤【标注】面板➤【检验】标注按钮。

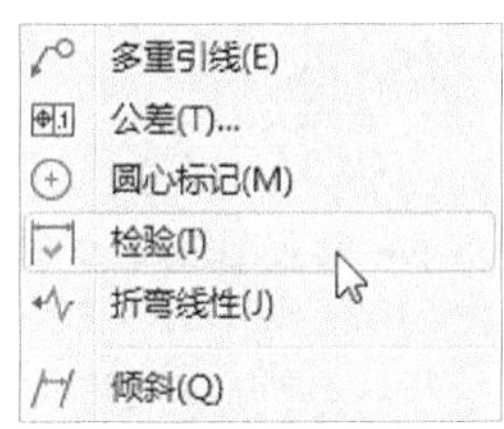

2. 命令提示

调用【检验】标注命令之后，系统会弹出【检验标注】对话框，如下图所示。

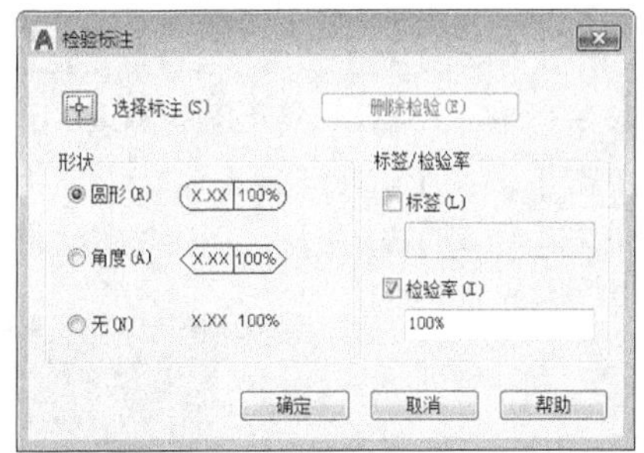

8.3.28 实战演练——创建检验标注对象

下面将利用【检验】标注命令为图形对象创建标注，具体操作步骤如下。

步骤01 打开“素材\CH08\检验标注.dwg”文件，如下图所示。

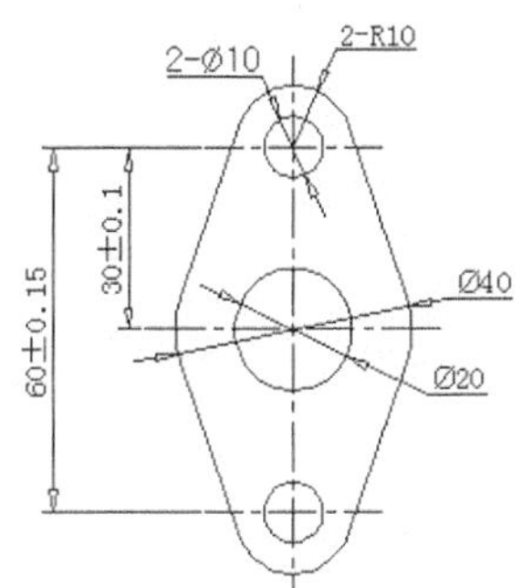

步骤02 选择【标注】➤【检验】菜单命令，在系统弹出的【检验标注】对话框中单击【选择标注】按钮，然后选择需要创建检验标注的尺寸对象，如下图所示。

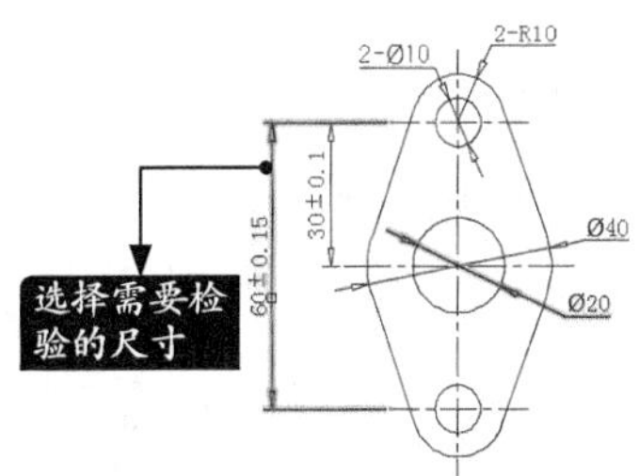

步骤03 选择完成后按【Enter】键，回到【检验标注】对话框后单击【确定】按钮，结果如下图所示。

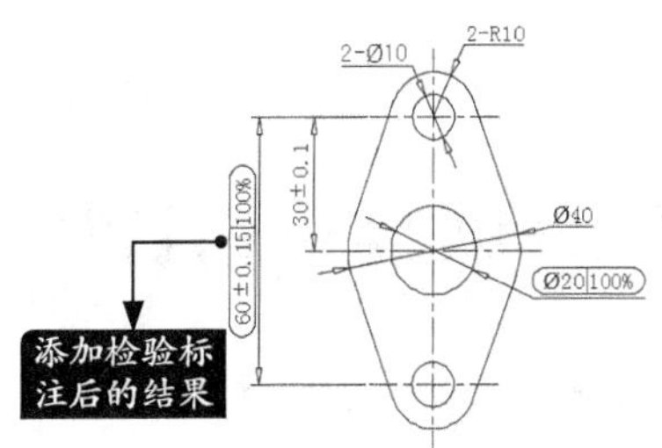

8.4 多重引线标注

本节视频教程时间：26 分钟

引线对象包含一条引线和一条说明。多重引线对象可以包含多条引线，每条引线可以包含一条或多条线段，因此一条说明可以指向图形中的多个对象。

8.4.1 多重引线样式

1. 命令调用方法

在AutoCAD 2019中调用【多重引线样式】命令的方法通常有以下4种。

- 选择【格式】➤【多重引线样式】菜单命令。
- 命令行输入“MLEADERSTYLE/MLS”命令并按空格键。
- 单击【默认】选项卡➤【注释】面板➤【多重引线样式】按钮。
- 单击【注释】选项卡➤【引线】面板右下角的 ↘ 符号。

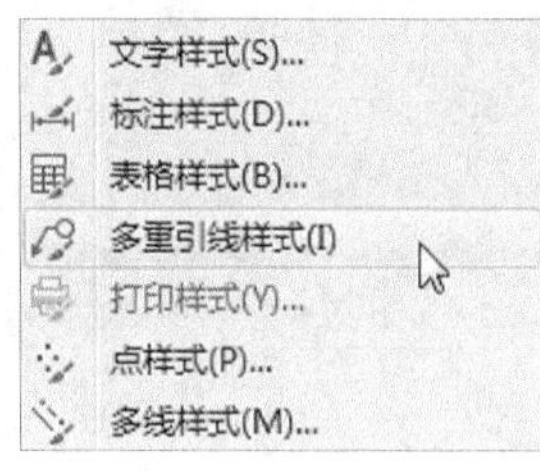

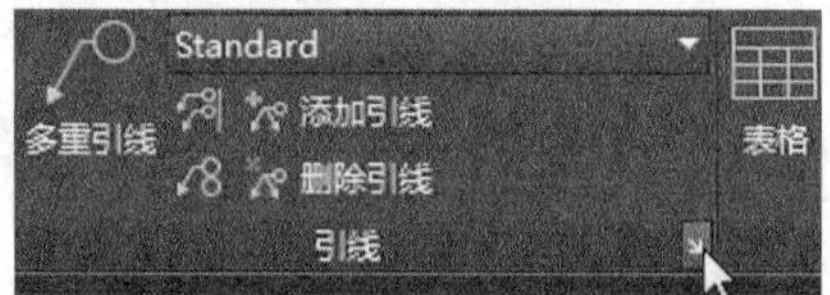

2. 命令提示

调用【多重引线样式】命令之后，系统会弹出【多重引线样式管理器】对话框，如下图所示。

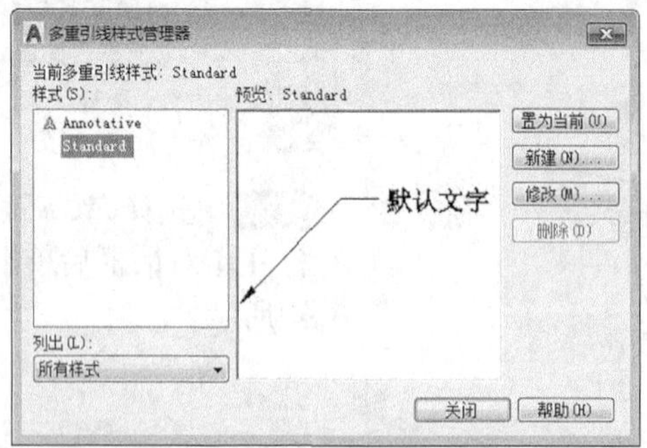

8.4.2 实战演练——设置多重引线样式

下面将利用【多重引线样式管理器】对话框创建新的多重引线样式，具体操作步骤如下。

步骤01 选择【标注】➤【多重引线样式】菜单命令，在系统弹出的【多重引线样式管理器】对话框中单击【新建】按钮，然后在【新样式名】中输入“样式1”，如下图所示。

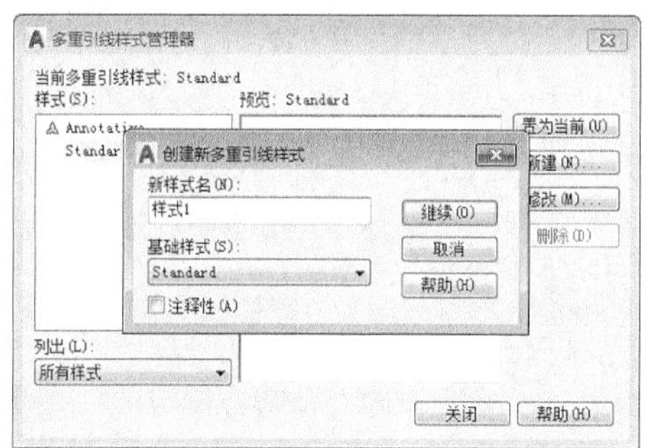

步骤02 单击【继续】按钮，在弹出的【修改多重引线样式：样式1】对话框中选择【引线格式】选项卡，并将【箭头符号】改为“小点”，【大小】设置为“25”，其他不变，如下图所示。

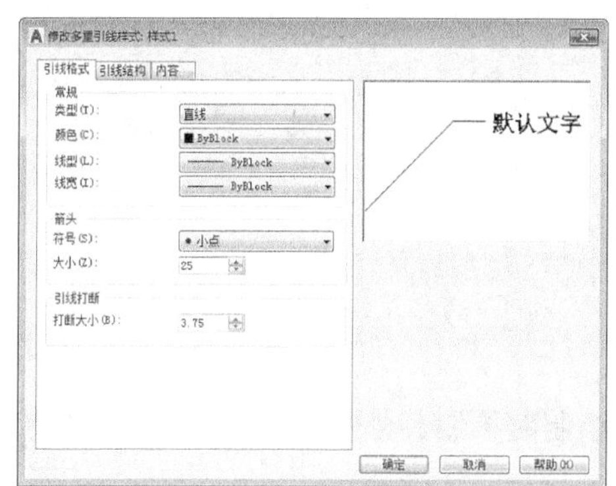

步骤03 单击【引线结构】选项卡，将【自动包含基线】选项的“√”去掉，其他设置不变，如下图所示。

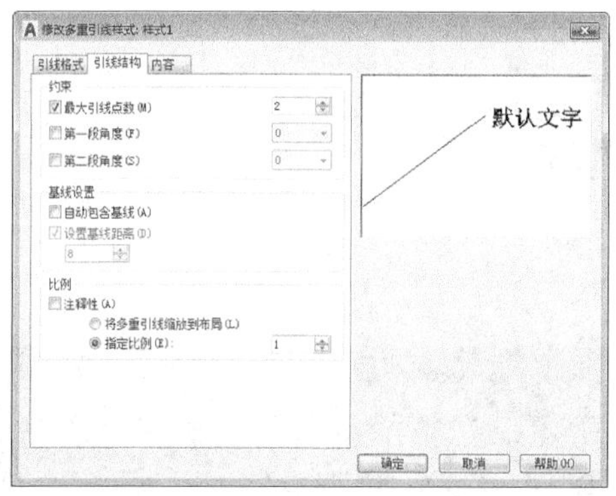

步骤04 单击【内容】选项卡，将【文字高度】设置为“25”，将最后一行加下划线，并且将【基线间隙】设置为“0”，其他设置不变，如下图所示。

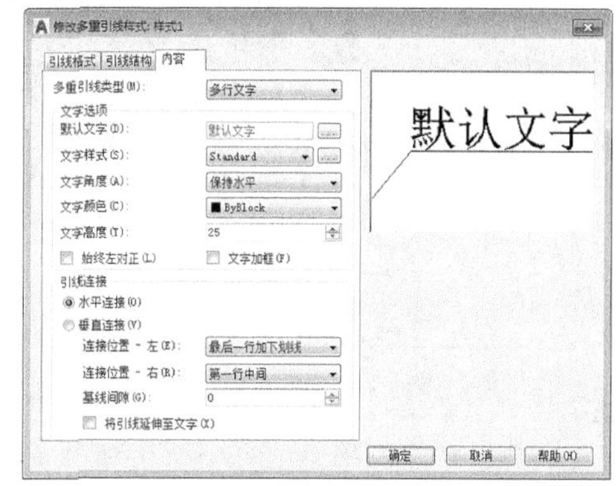

步骤05 单击【确定】按钮，回到【多重引线样式管理器】对话窗口后，单击【新建】按钮，以“样式1”为基础创建“样式2”，如下图所示。

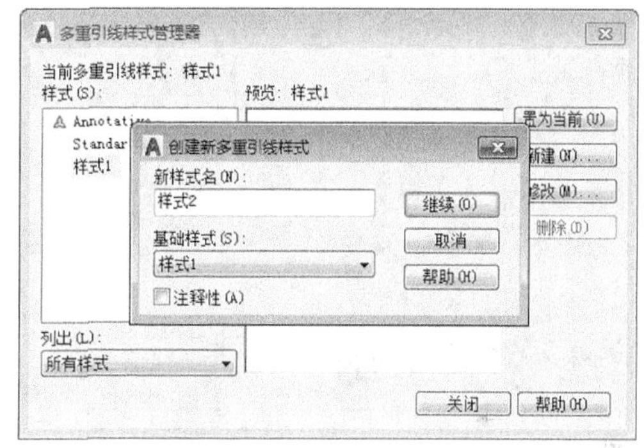

步骤06 单击【继续】按钮，在弹出的对话框中单击【内容】选项卡，将【多重引线类型】设置为块，【源块】设置为“圆”，【比例】设置为“5”，如下图所示。

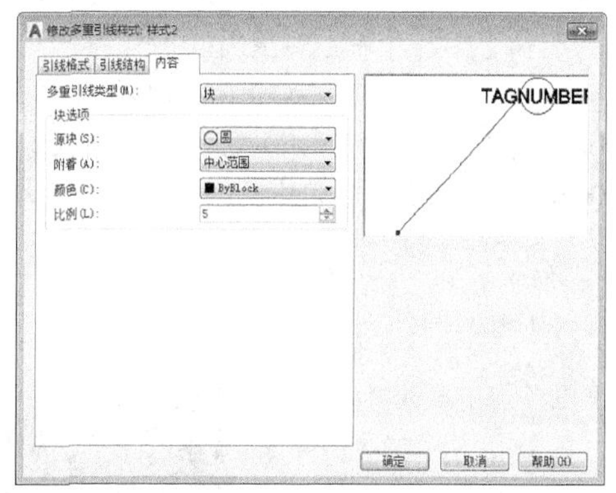

步骤07 单击【确定】按钮，回到【多重引线样式管理器】对话窗口后，单击【新建】按钮，以“样式2”为基础创建“样式3”，如下图所示。

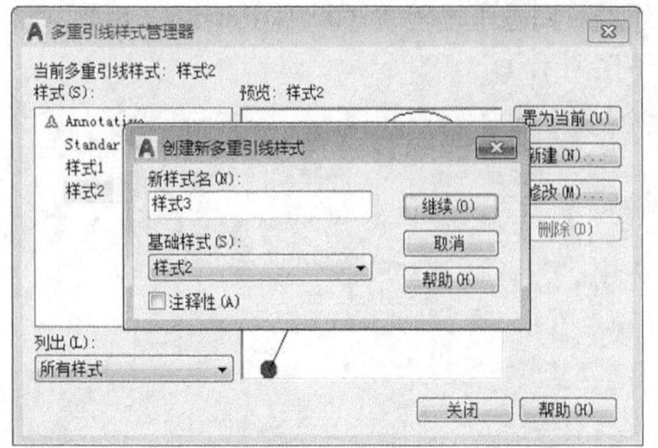

并关闭【多重引线样式管理器】对话框，如下图所示。

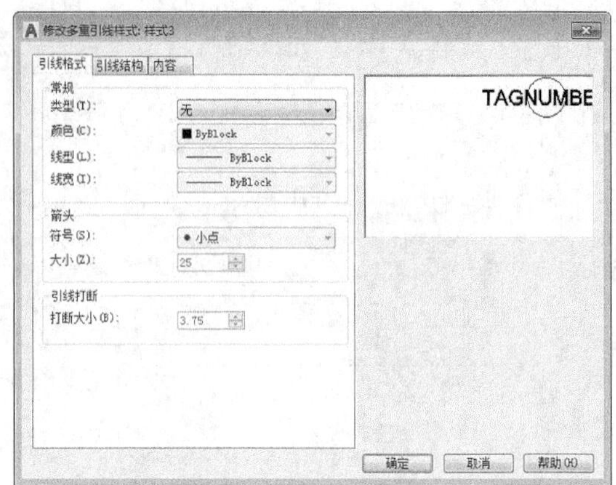

步骤08 单击【继续】按钮，在弹出的对话框中单击【引线格式】选项卡，将引线【类型】改为“无”，其他设置不变。单击【确定】按钮

小提示

当多重引线类型为“多行文字”时，下面会出现【文字选项】和【引线连接】等。【文字选项】区域主要控制多重引线文字的外观；【引线连接】主要控制多重引线的引线连接设置，它可以是水平连接，也可以是垂直连接。

当多重引线类型为“块”时，下面会出现【块选项】，它主要是控制多重引线对象中块内容的特性，包括源块、附着、颜色和比例。只有“多重引线”的文字类型为“块”时，才可以对多重引线进行“合并”操作。

8.4.3 多重引线

可以从图形中的任意点或部件创建多重引线并在绘制时控制其外观。多重引线可先创建箭头，也可先创建尾部或内容。

1. 命令调用方法

在AutoCAD 2019中调用【多重引线】命令的方法通常有以下4种。

- 选择【标注】➤【多重引线】菜单命令。
- 命令行输入“MLEADER/MLD”命令并按空格键。
- 单击【默认】选项卡➤【注释】面板➤【引线】按钮。
- 单击【注释】选项卡➤【引线】面板➤【多重引线】按钮。

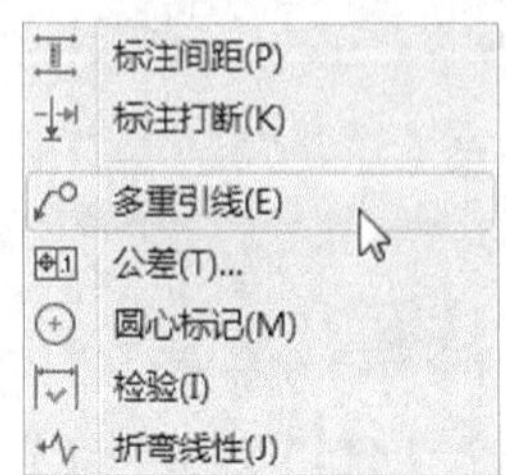

2. 命令提示

调用【多重引线】命令之后，命令行会进行如下提示。

```
命令：_mleader
指定引线箭头的位置或 [ 引线基线优先 (L)/ 内容优先 (C)/ 选项 (O)] < 选项 >:
```

3. 知识点扩展

命令行中各选项的含义如下。

- 指定引线箭头的位置：指定多重引线对象箭头的位置。
- 引线基线优先：选择该选项后，将先指定多重引线对象的基线的位置，然后再输入内容，CAD默认引线基线优先。
- 内容优先：选择该选项后，将先指定与多重引线对象相关联的文字或块的位置，然后再指定基线位置。
- 选项：指定用于放置多重引线对象的选项。

8.4.4 实战演练——创建多重引线标注

下面将利用【多重引线】命令为图形对象创建标注，具体操作步骤如下。

步骤 01 打开“素材\CH08\多重引线标注.dwg”文件，如下图所示。

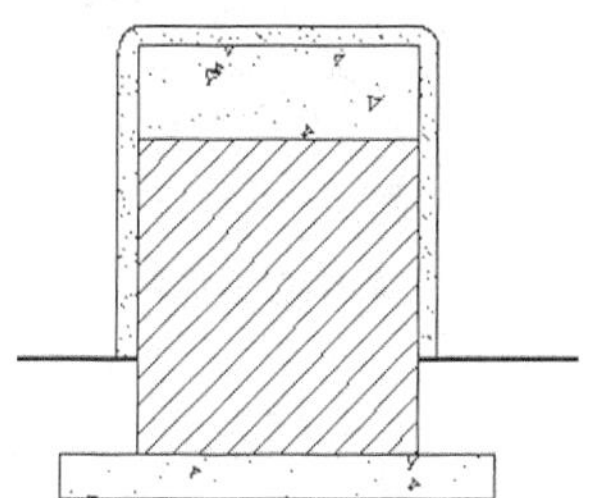

步骤 02 创建一个和8.4.2小节中“样式1”相同的多重引线样式并将其置为当前。然后选择【标注】➤【多重引线】菜单命令，在需要创建标注的位置单击，指定箭头的位置，如下图所示。

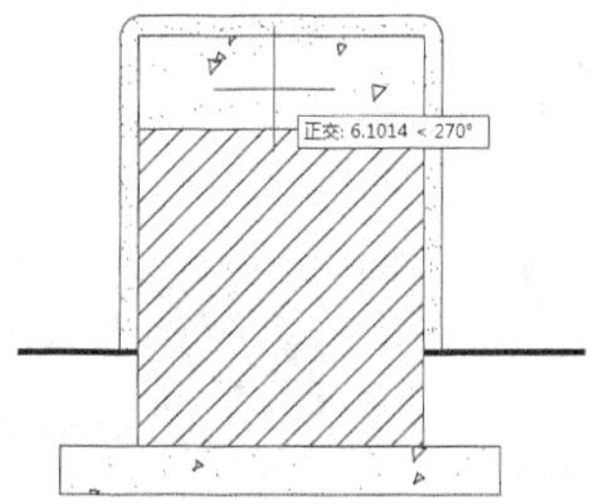

步骤 03 拖曳鼠标，在合适的位置单击，作为引线基线位置，如下图所示。

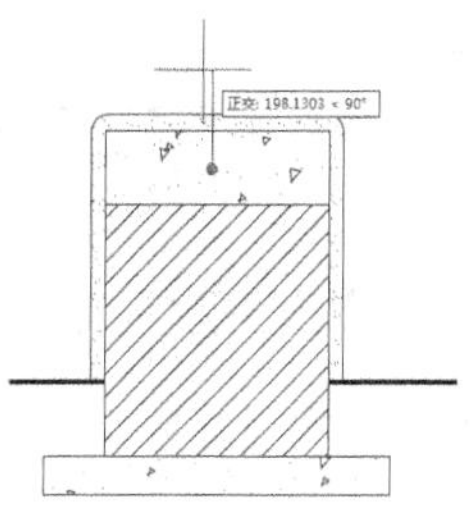

步骤 04 在弹出的文字输入框中输入相应的文字，如下图所示。

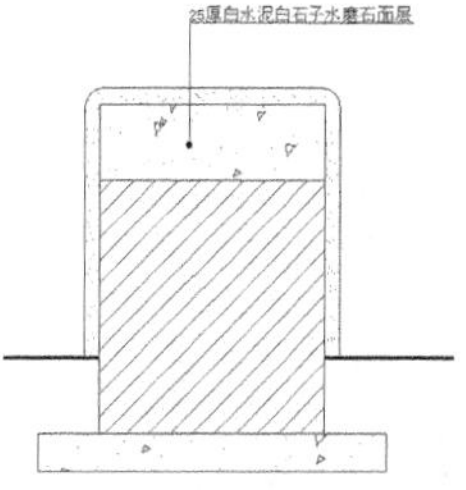

步骤 05 重复上步操作，选择上步选择的“引线箭头”位置，在合适的高度指定引线基线的位置，然后输入文字，结果如下图所示。

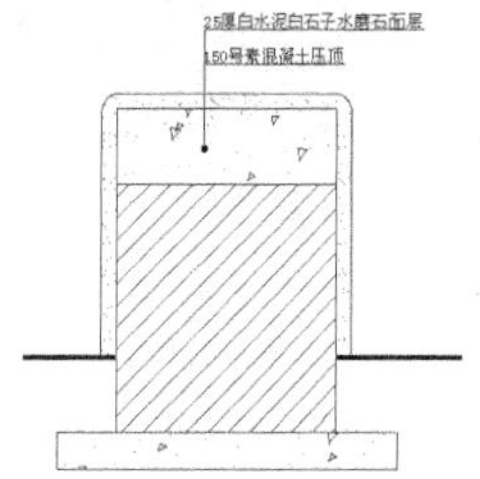

8.4.5 多重引线的编辑

多重引线的编辑主要包括对齐多重引线、合并多重引线、添加多重引线和删除多重引线。

命令调用方法

在AutoCAD 2019中调用【对齐多重引线】命令的方法通常有以下3种。

- 命令行输入“MLEADERALIGN/MLA”命令并按空格键。
- 单击【默认】选项卡➤【注释】面板➤【对齐】按钮。
- 单击【注释】选项卡➤【引线】面板➤【对齐】按钮。

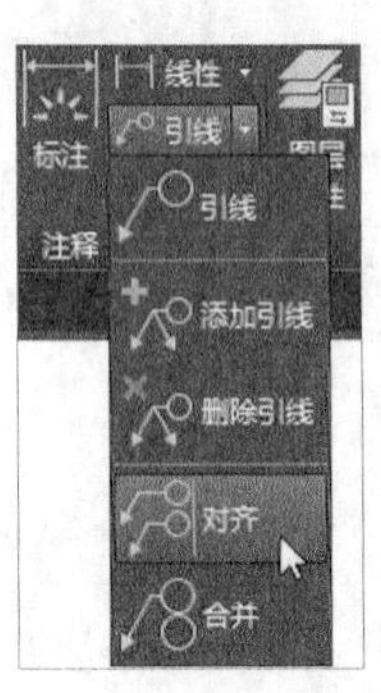

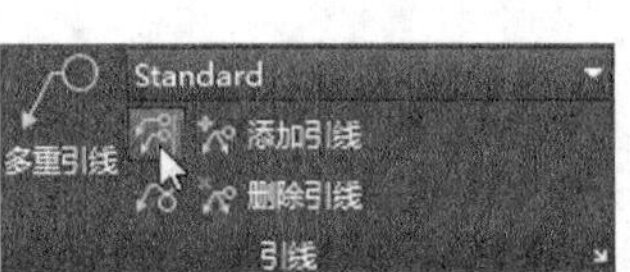

在AutoCAD 2019中调用【合并多重引线】命令的方法通常有以下3种。

- 命令行输入“MLEADERCOLLECT/MLC”命令并按空格键。
- 单击【默认】选项卡➤【注释】面板➤【合并】按钮。
- 单击【注释】选项卡➤【引线】面板➤【合并】按钮。

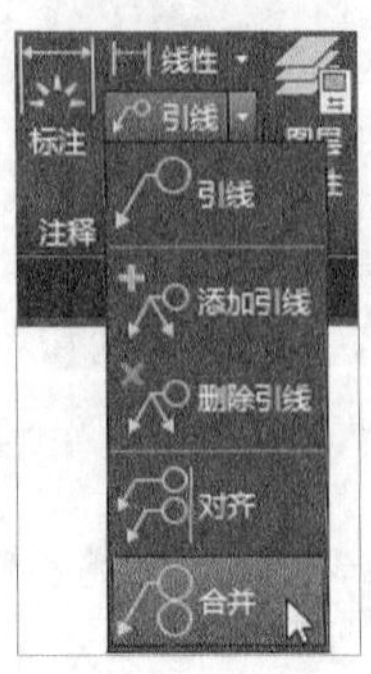

在AutoCAD 2019中调用【添加引线】命令的方法通常有以下3种。

- 命令行输入“MLEADEREDIT/MLE”命令并按空格键。
- 单击【默认】选项卡➤【注释】面板➤【添加引线】按钮。
- 单击【注释】选项卡➤【引线】面板➤【添加引线】按钮。

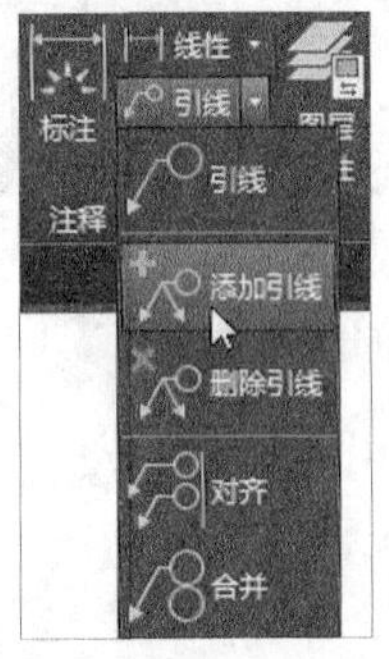

在AutoCAD 2019中调用【删除引线】命令的方法通常有以下3种。

- 命令行输入“AIMLEADEREDITREMOVE”命令并按空格键。
- 单击【默认】选项卡➤【注释】面板➤【删除引线】按钮。
- 单击【注释】选项卡➤【引线】面板➤【删除引线】按钮。

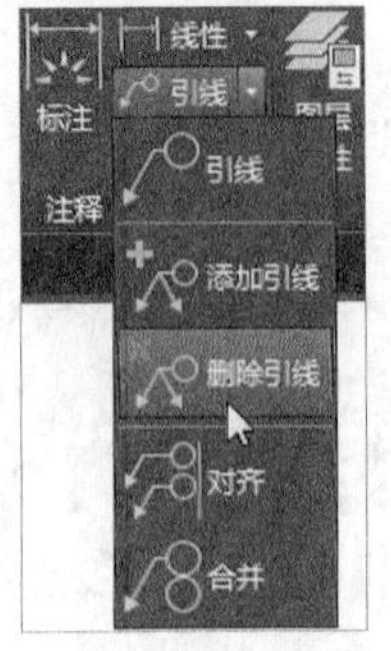

8.4.6 实战演练——编辑多重引线对象

下面将对装配图进行多重引线标注并编辑多重引线，具体操作步骤如下。

1. 创建零件编号

步骤01 打开“素材\CH08\编辑多重引线.dwg”文件，如下图所示。

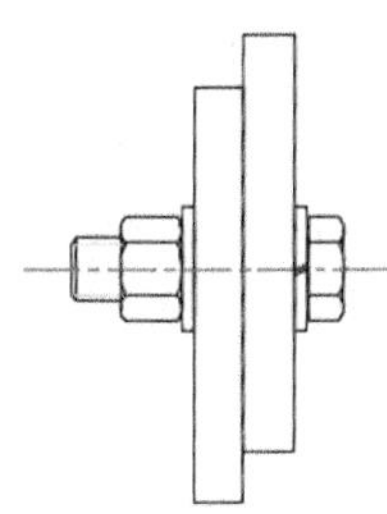

步骤02 参照8.4.2节中“样式2”创建一个多线样式，多线样式名称设置为“装配”，单击【引线结构】选项卡，将【设置基线距离】设置为“12”，其他设置不变，如下图所示。

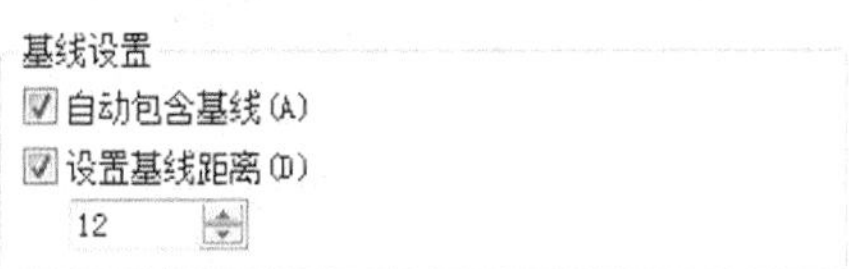

步骤03 选择【标注】➤【多重引线】菜单命令，在需要创建标注的位置单击，指定箭头的位置，如下图所示。

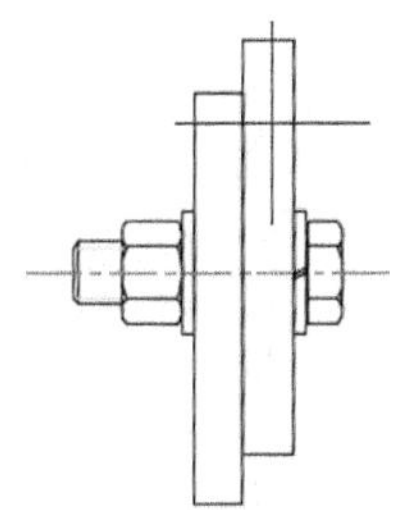

步骤04 拖曳鼠标，在合适的位置单击，作为引线基线位置，如下图所示。

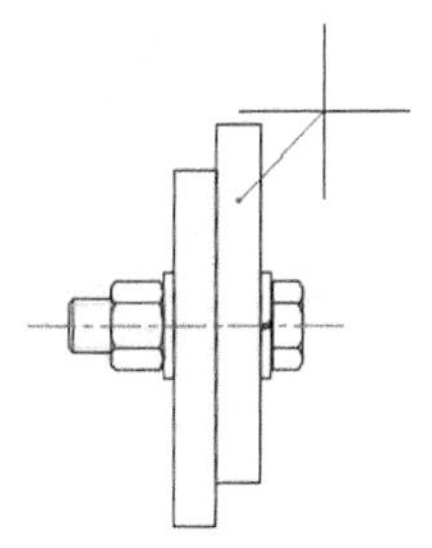

步骤05 在弹出的【编辑属性】对话框中输入标记编号“1”，如下图所示。

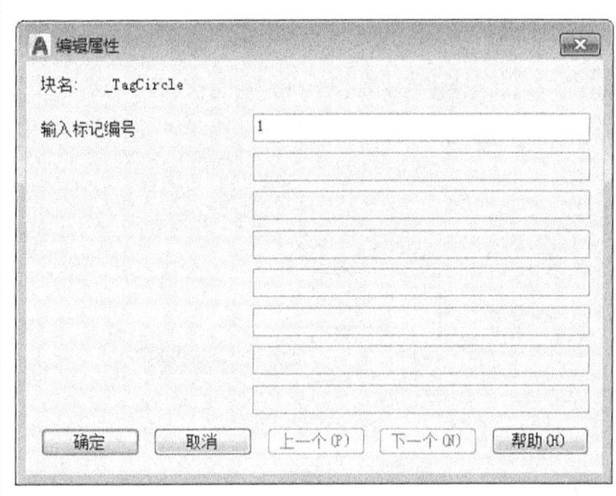

步骤06 单击【确定】按钮后结果如下图所示。

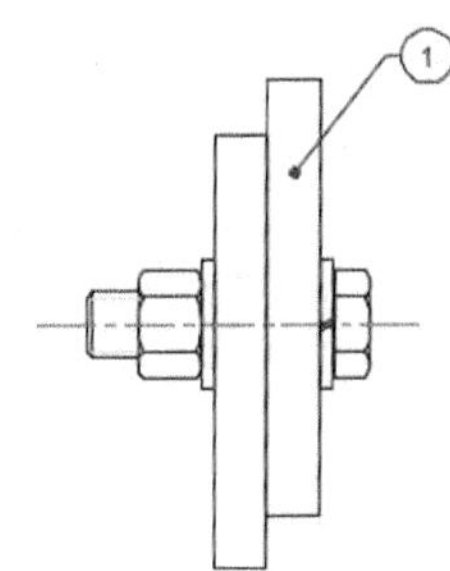

步骤07 重复多重引线标注，结果如下图所示。

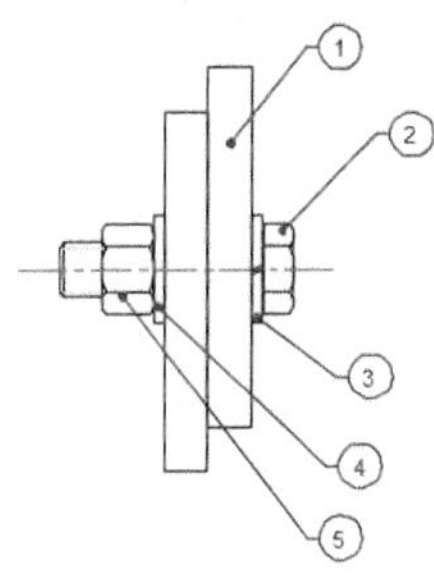

2. 对齐和合并多重引线

步骤01 单击【注释】选项卡➤【引线】面板➤【对齐】按钮，然后选择所有的多重引线，如下图所示。

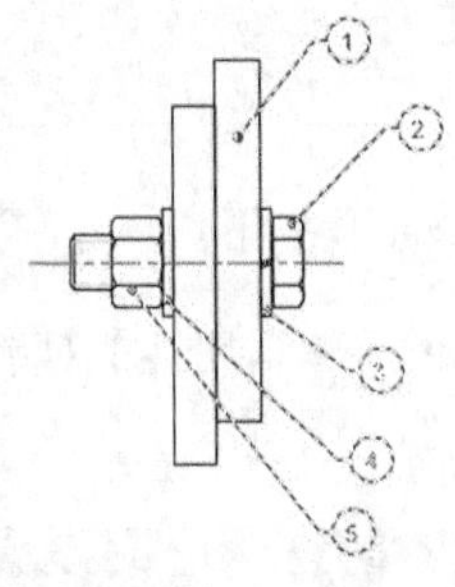

步骤02 捕捉多重引线2，将其他多重引线与其对齐，如下图所示。

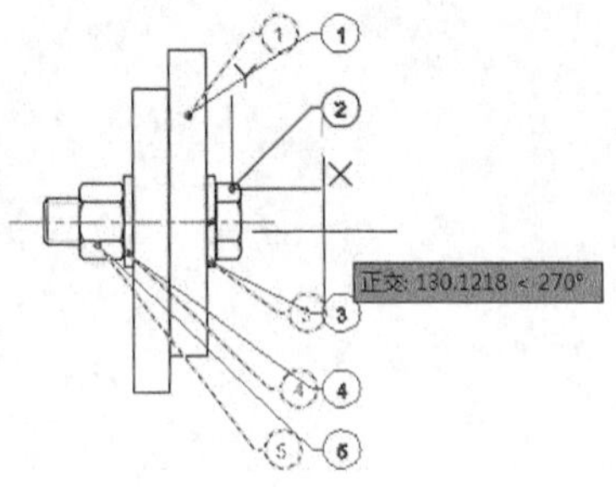

步骤03 对齐后结果如下图所示。

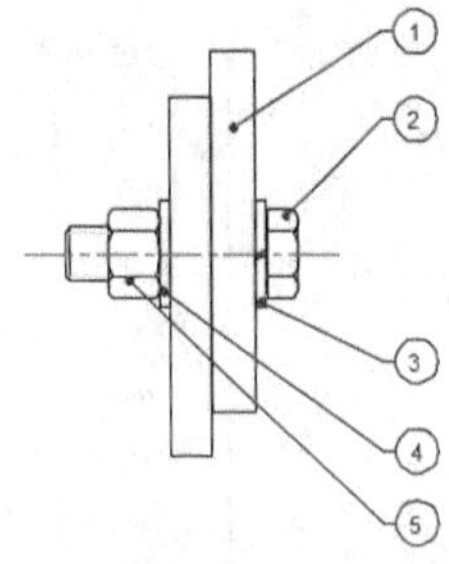

步骤04 单击【注释】选项卡➤【引线】面板➤【合并】按钮/8，然后选择多重引线2~5，如下图所示。

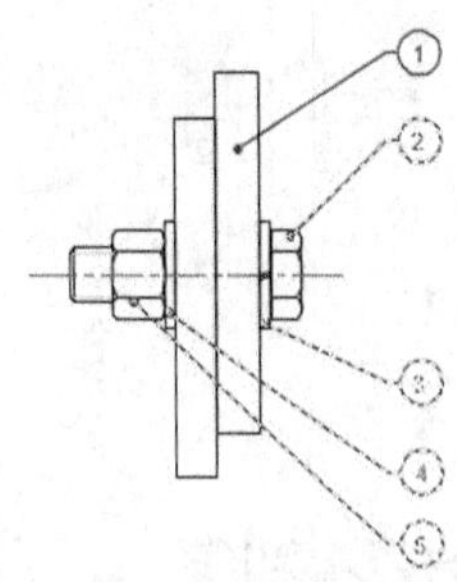

步骤05 选择后拖曳鼠标指定合并后的多重引线的位置，如下图所示。

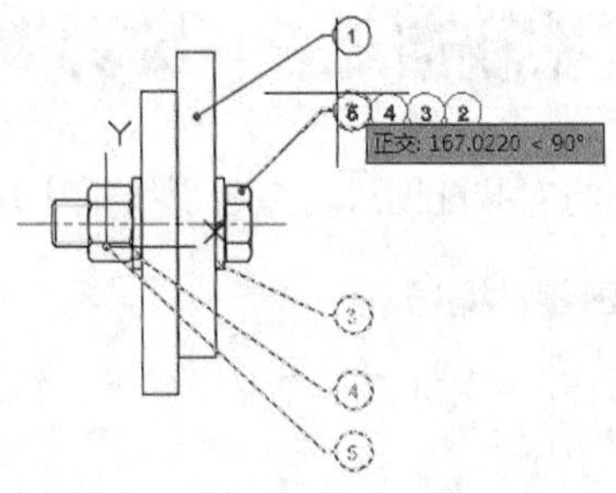

步骤06 合并后如下图所示。

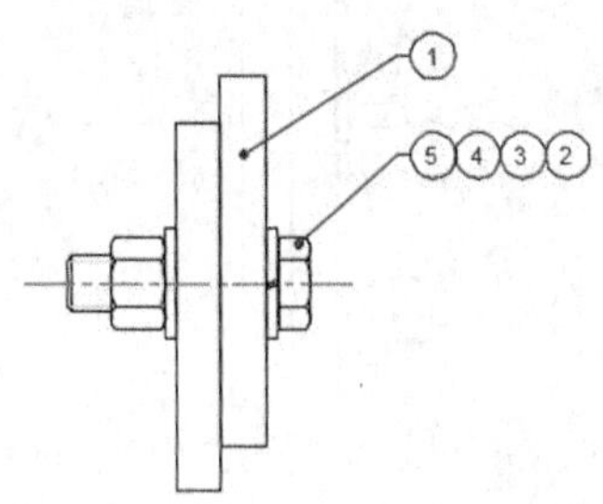

步骤07 合并后如下图所示。单击【注释】选项卡➤【引线】面板➤【添加】按钮，然后选择多重引线1并拖曳十字光标指定添加的位置，如下图所示。

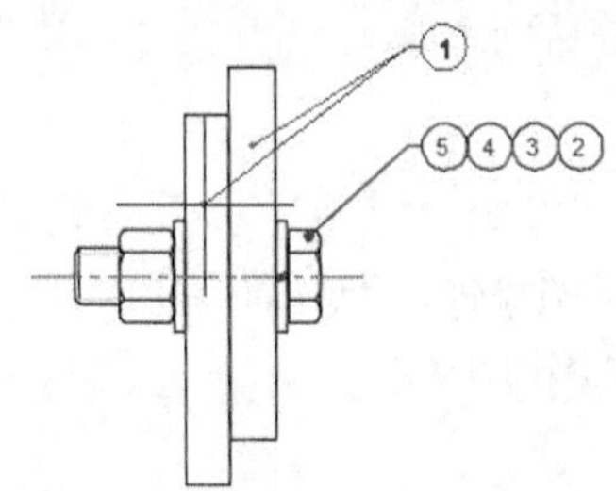

步骤08 添加完成后结果如下图所示。

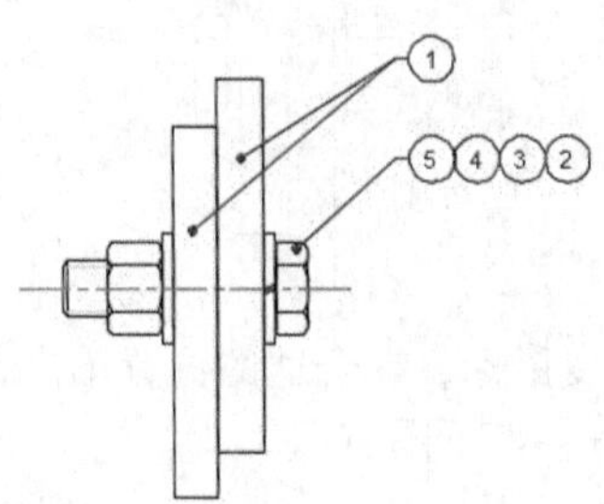

小提示

为了便于指定点和引线的位置，在创建多重引线时可以关闭对象捕捉和正交模式。

8.5 尺寸公差和形位公差标注

本节视频教程时间：16 分钟

公差有三种，即尺寸公差、形状公差和位置公差。形状公差和位置公差统称为形位公差。

尺寸公差是指允许尺寸的变动量，即最大极限尺寸和最小极限尺寸的代数差的绝对值。

形状公差是指单一实际要素的形状所允许的变动全量，包括直线度、平面度、圆度、圆柱度、线轮廓度和面轮廓度。

位置公差是指关联实际要素的位置对基准所允许的变动全量，它限制零件的两个或两个以上的点、线、面之间的相互位置关系，包括平行度、垂直度、倾斜度、同轴度、对称度、位置度、圆跳动和全跳动。

8.5.1 标注尺寸公差

AutoCAD中，创建尺寸公差的方法通常有3种，即通过标注样式创建尺寸公差、通过文字形式创建公差和通过【特性】选项板创建公差。

1. 命令调用方法

在AutoCAD 2019中调用【特性】选项板的方法通常有以下3种。

- 选择【修改】➤【特性】菜单命令。
- 命令行输入“PROPERTIES/PR”命令并按空格键。
- 单击【默认】选项卡➤【特性】面板右下角的按钮。

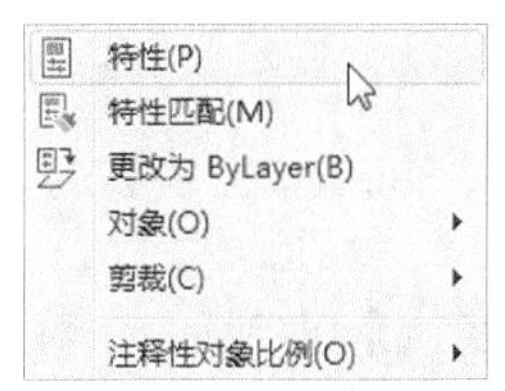

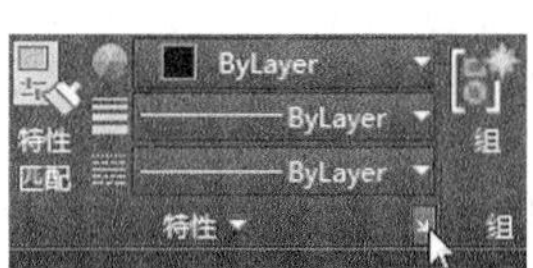

2. 命令提示

调用【特性】命令之后，系统会弹出特性选项板，如下图所示。

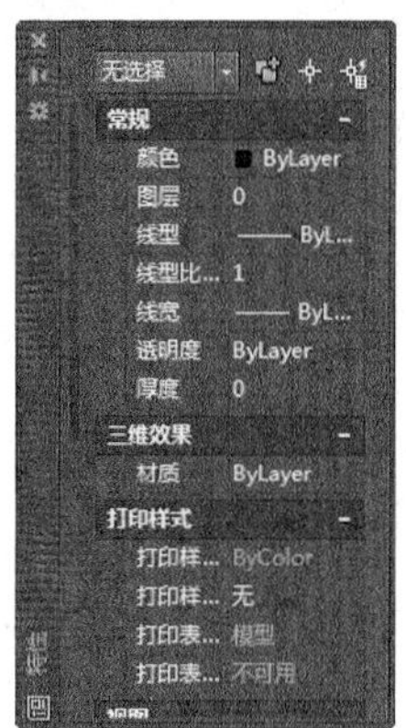

8.5.2 实战演练——创建尺寸公差对象

下面将通过多种方式为图形对象创建尺寸公差，具体操作步骤如下。

1. 通过标注样式创建尺寸公差

步骤 01 打开“素材\CH08\三角皮带轮.dwg”文件，如下图所示。

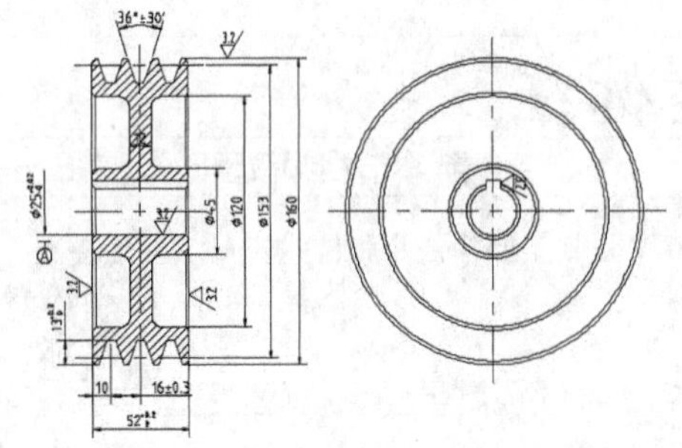

步骤 02 选择【格式】➤【标注样式】菜单命令，系统弹出【标注样式管理器】对话框，选中【ISO-25】样式，然后单击【替代】按钮，弹出【替代当前样式：ISO-25】对话框，如下图所示。

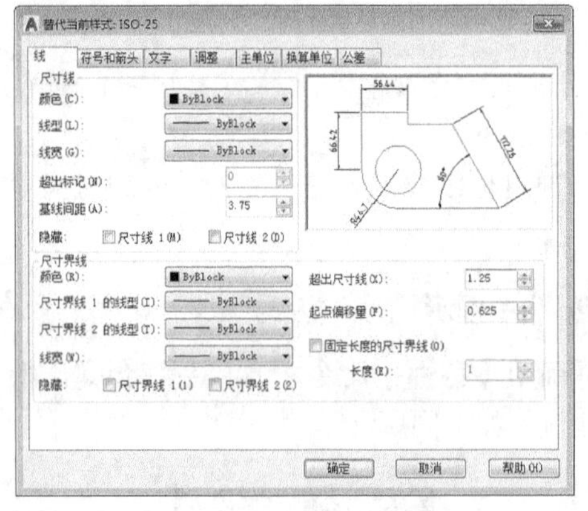

步骤 03 单击【公差】选项卡，将公差的【方式】设置为“对称”，【精度】设置为“0.000”，偏差值设置为“0.0018”，【垂直位置】设置为“中”，如下图所示。

公差格式	
方式(M):	对称
精度(P):	0.000
上偏差(V):	0.018
下偏差(W):	0.018
高度比例(H):	1
垂直位置(S):	中

步骤 04 设置完成后单击【确定】按钮，最后关闭【标注样式管理器】对话框。然后选择【标注】➤【线性】菜单命令，对图形进行线性标注，结果如下图所示。

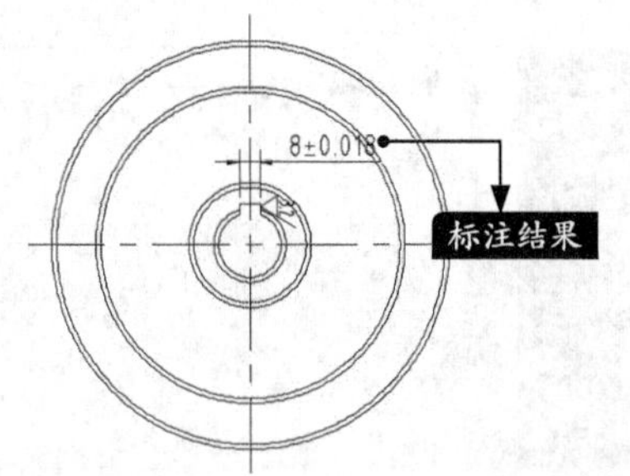

小提示

标注样式中的公差一旦设定，在标注其他尺寸时也会被加上设置的公差。因此，为了避免其他再标注的尺寸受影响，在要添加公差的尺寸标注完成后，要及时切换其他标注样式为当前样式。

2. 通过文字形式创建尺寸公差

步骤 01 继续上一节的案例，选择【格式】➤【标注样式】菜单命令，系统弹出【标注样式管理器】对话框，选中【ISO-25】样式，然后单击【置为当前】按钮，最后单击【关闭】按钮，如下图所示。

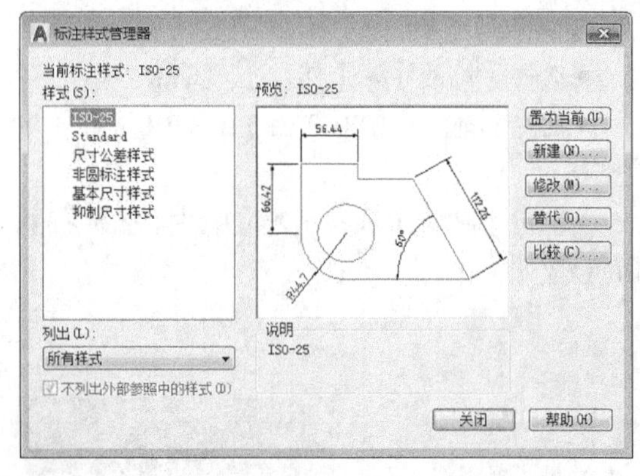

步骤 02 选择【标注】➤【线性】菜单命令，对图形进行线性标注，结果如下图所示。

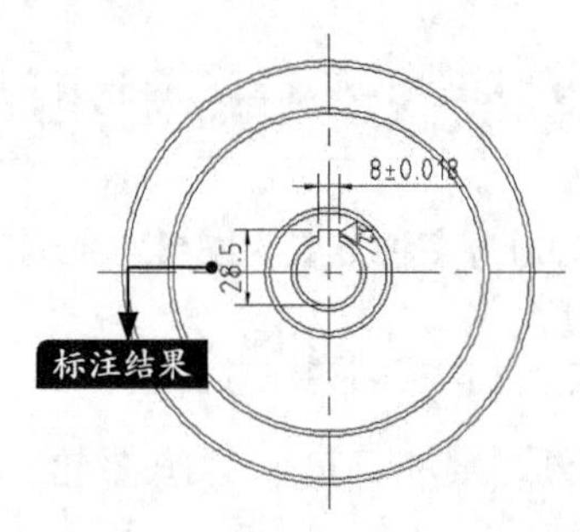

步骤03 双击上步创建的线性标注，使其进入编辑状态，如下图所示。

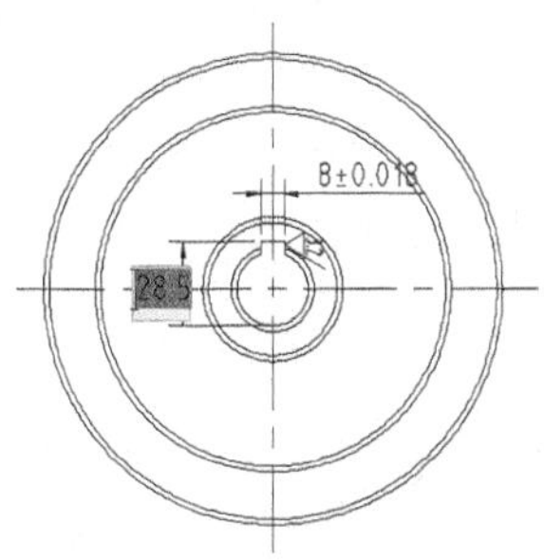

步骤04 在标注的尺寸后面输入“+0.2^0”，如下图所示。

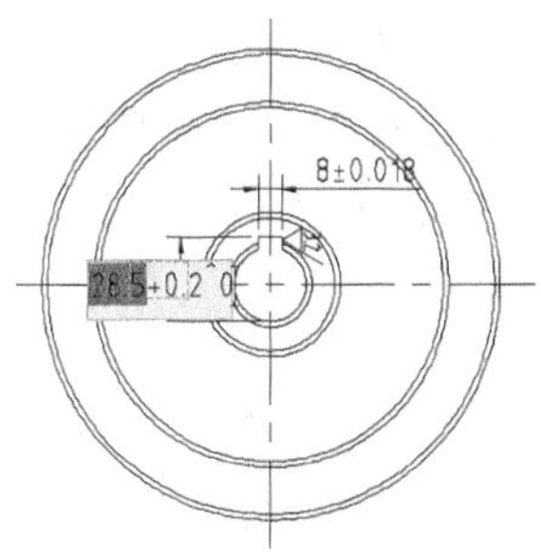

步骤05 选中刚输入的文字，如下图所示。

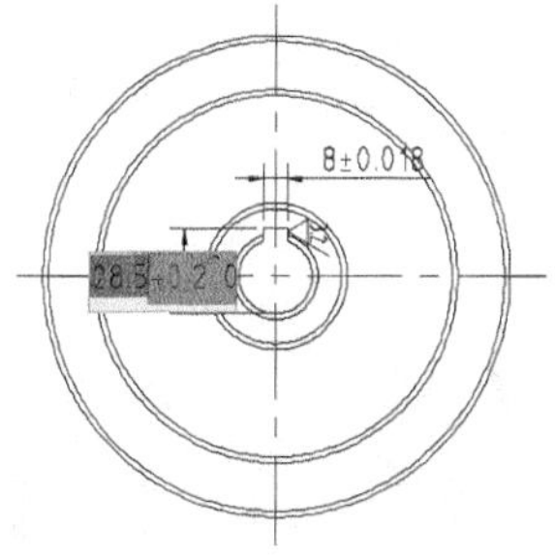

步骤06 单击【文字编辑器】选项卡➤【格式】选项卡➤按钮，上面输入的文字会自动变成尺寸公差形式，退出文字编辑器后结果如下图所示。

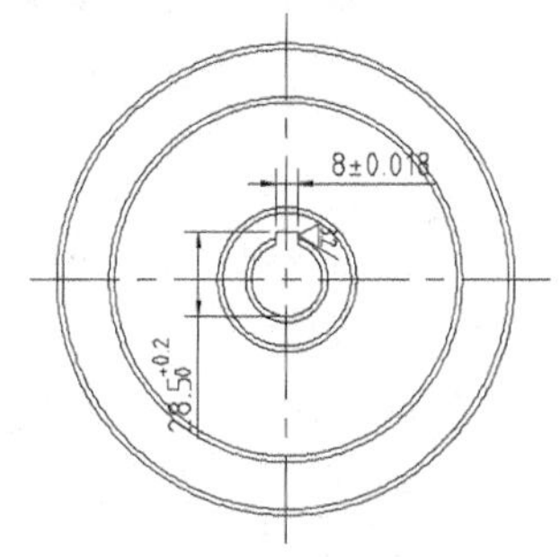

3. 通过特性选项板创建尺寸公差

特性选项板创建公差的具体步骤是，先创建尺寸标注，然后在特性选项板中给创建的尺寸添加公差。

标注样式创建公差太死板和烦琐，每次创建的公差只能用于一个公差的标注，当不需要标注尺寸公差或公差大小不同时，就需要更换标注样式。

通过文字创建尺寸公差比起标注样式创建公差有了不小的改进，但是这种方式创建的公差在AutoCAD软件中会破坏尺寸标注的特性，使创建公差后的尺寸失去了原来的部分特性。例如用这种方式创建的公差不能通过【特性匹配】命令匹配给其他尺寸。

综上所述，尺寸公差最好使用【特性】选项板来创建。这种方法简单方便，且易于修改，并可通过【特性匹配】命令将创建的公差匹配给其他需要创建相同公差的尺寸。

8.5.3 标注形位公差

1. 命令调用方法

在AutoCAD 2019中调用【形位公差】命令的方法通常有以下3种。

- 选择【标注】➤【公差】菜单命令。
- 命令行输入“TOLERANCE/TOL”命令并按空格键。
- 单击【注释】选项卡➤【标注】面板➤【公差】按钮。

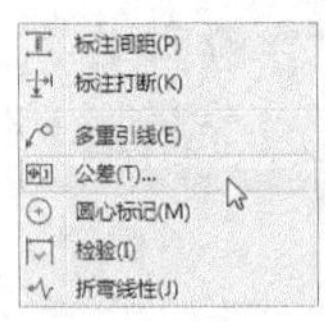
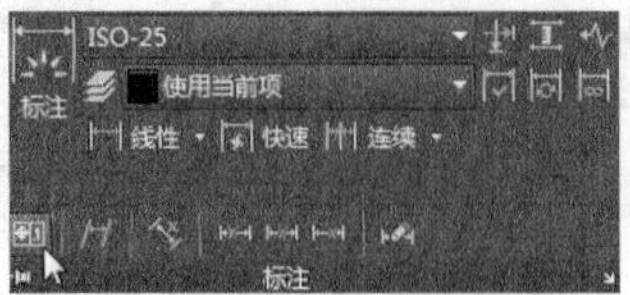

2. 命令提示

调用【公差】命令之后，系统会弹出【形位公差】选择框，如下图所示。

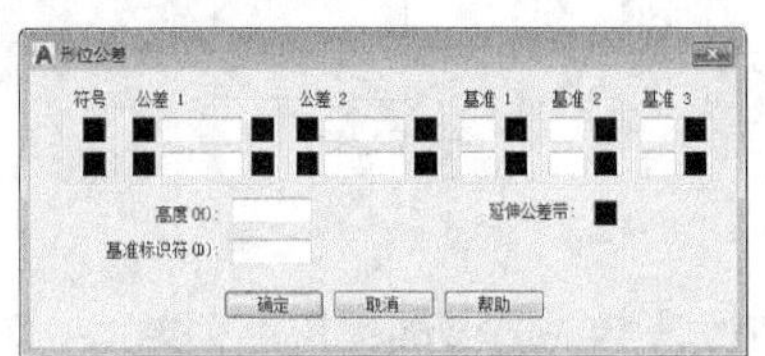

3. 知识点扩展

【形位公差】选择框中各选项的含义如下。

- 【符号】：显示从【符号】对话框中选择的几何特征符号。
- 【公差1】：创建特征控制框中的第一个公差值。公差值指明了几何特征相对于精确形状的允许偏差量。可在公差值前插入直径符号，在其后插入包容条件符号。
- 【公差2】：在特征控制框中创建第二个公差值。以与第一个相同的方式指定第二个公差值。
- 【基准1】：在特征控制框中创建第一级基准参照。基准参照由值和修饰符号组成。基准是理论上精确的几何参照，用于建立特征的公差带。
- 【基准2】：在特征控制框中创建第二级基准参照，方式与创建第一级基准参照相同。
- 【基准3】：在特征控制框中创建第三级基准参照，方式与创建第一级基准参照相同。
- 【高度】：创建特征控制框中的投影公差零值。投影公差带控制固定垂直部分延伸区的高度变化，并以位置公差控制公差精度。
- 【延伸公差带】：在延伸公差带值的后面插入延伸公差带符号。
- 【基准标识符】：创建由参照字母组成的基准标识符。基准是理论上精确的几何参照，用于建立其他特征的位置和公差带。点、直线、平面、圆柱或者其他几何图形都能作为基准。

8.5.4 实战演练——创建形位公差对象

下面将对三角皮带轮零件图进行形位公差标注，具体操作步骤如下。

步骤01 继续8.5.2小节的案例，选择【标注】➤【公差】菜单命令，系统弹出【形位公差】选择框，单击【符号】按钮，系统弹出【特征符号】选择框，如下图所示。

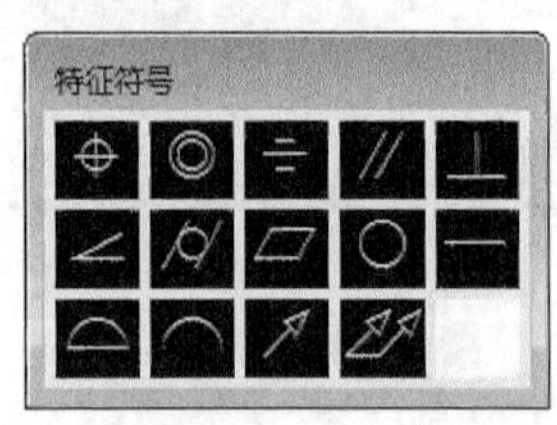

步骤02 单击【垂直度符号】按钮⊥，结果如下图所示。

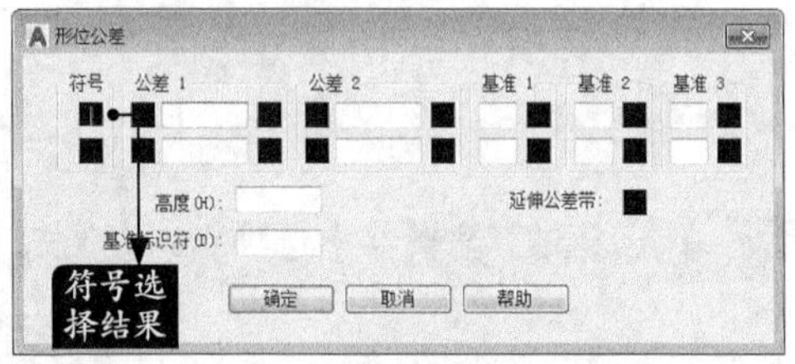

步骤03 在【形位公差】对话框中输入【公差1】的值为“0.02”，【基准1】的值为“A”，如下图所示。

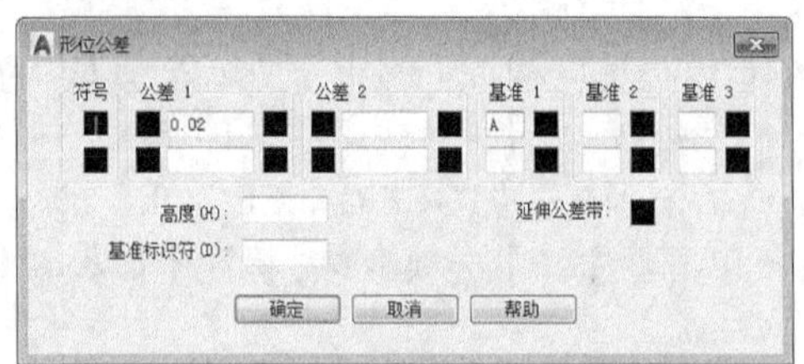

步骤04 单击【确定】按钮，在绘图区域中单击指定公差位置，如下图所示。

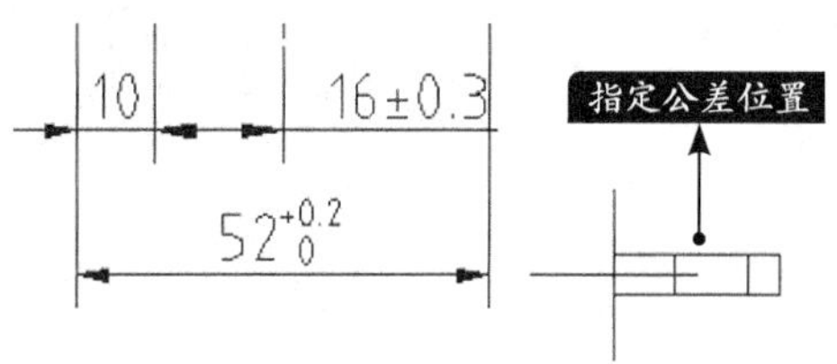

步骤05 结果如下图所示。

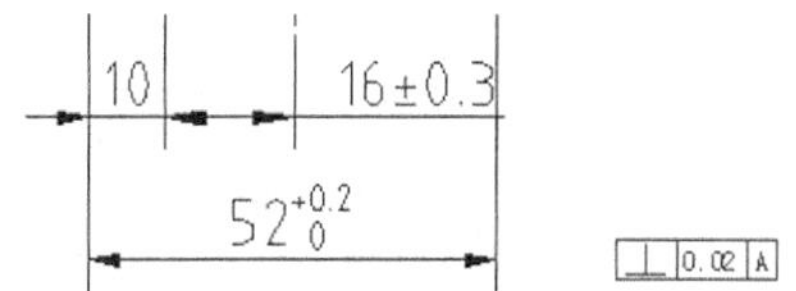

步骤06 选择【标注】➤【多重引线】菜单命令，在绘图区域中创建多重引线将形位公差指向相应的尺寸标注，结果如下图所示。

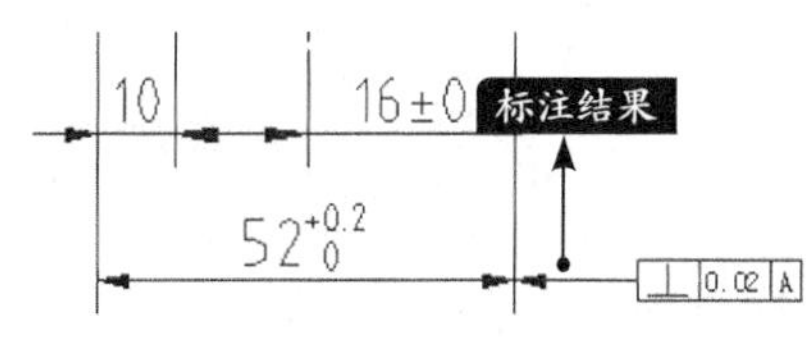

8.6 综合应用——标注阶梯轴图形

本节视频教程时间：39 分钟

阶梯轴是机械设计中常见的零件，本例通过线性标注、基线标注、连续标注、直径标注、半径标注、公差标注、形位公差标注等给阶梯轴添加标注。

1. 给阶梯轴添加尺寸标注

步骤01 打开“素材\CH08\给阶梯轴添加标注.dwg”文件，如下图所示。

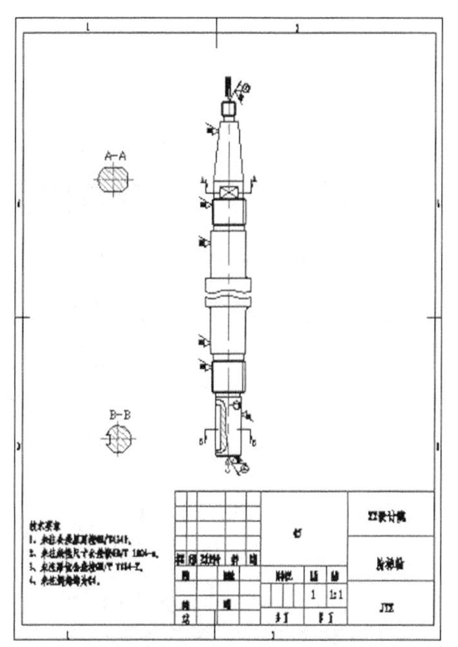

步骤02 选择【格式】➤【标注样式】菜单命令，在弹出的【标注样式管理器】对话框上单击【修改】按钮，单击【线】选项卡，将尺寸基线修改为“20”，如下图所示。

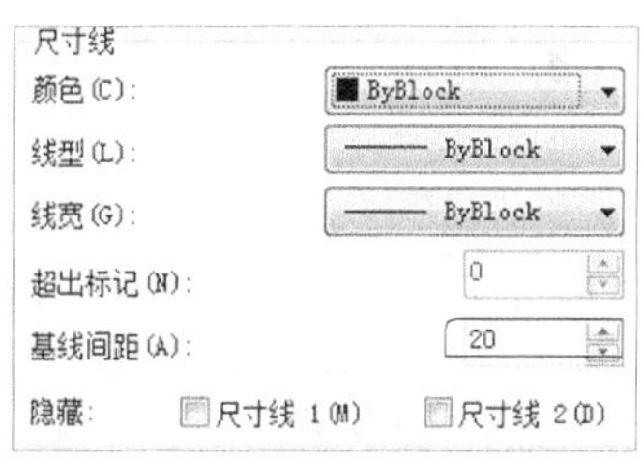

步骤03 选择【标注】➤【线性】菜单命令，捕捉轴的两个端点为尺寸界线原点，在合适的位置放置尺寸线，结果如下图所示。

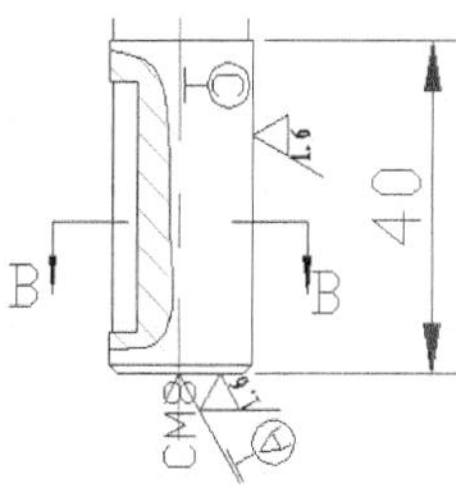

步骤04 选择【标注】➤【基线】菜单命令，创建基线标注，结果如下图所示。

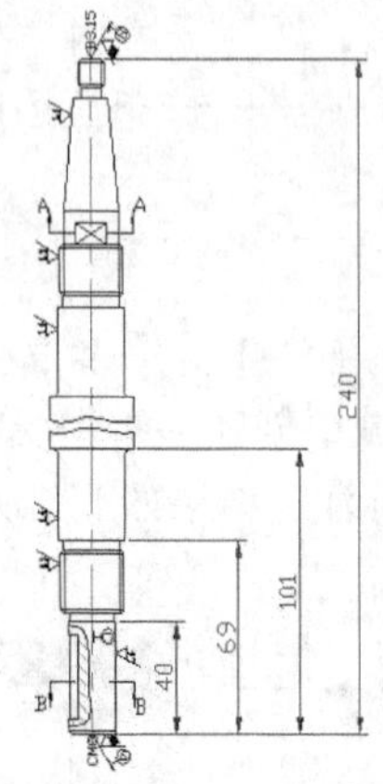

步骤 05 选择【标注】➤【基线】菜单命令，然后输入“S”选择连续标注的第一条尺寸线，创建连续标注，结果如下图所示。

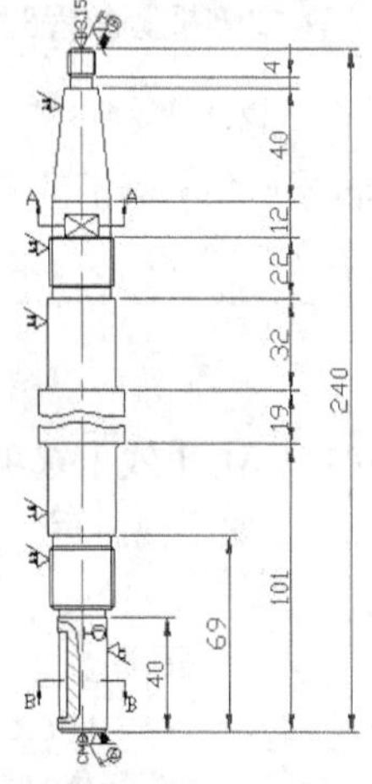

步骤 06 在命令行输入“MULTIPLE”并按【Enter】键，然后输入“DLI”，标注退刀槽和轴的直径，如下图所示。

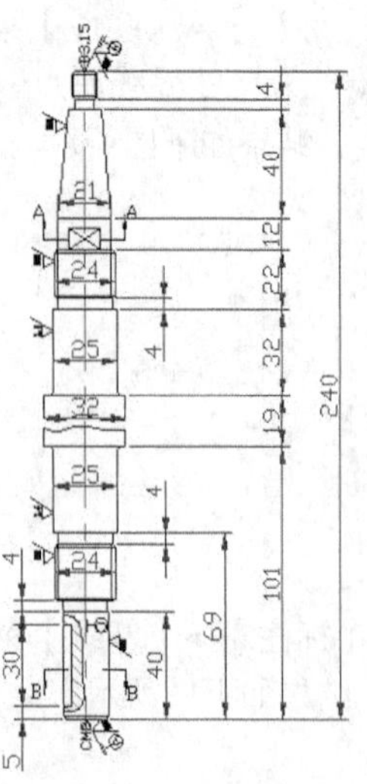

小提示

【MULTIPLE】命令是连续执行命令，输入该命令后，再输入要连续执行的命令，可以重复该操作，直至按【Esc】键退出。

步骤 07 双击标注为“25”的尺寸，在弹出的【文字编辑器】选项卡下【插入】面板中选择【符号】按钮，插入直径符号和正负号，并输入公差值，结果如下图所示。

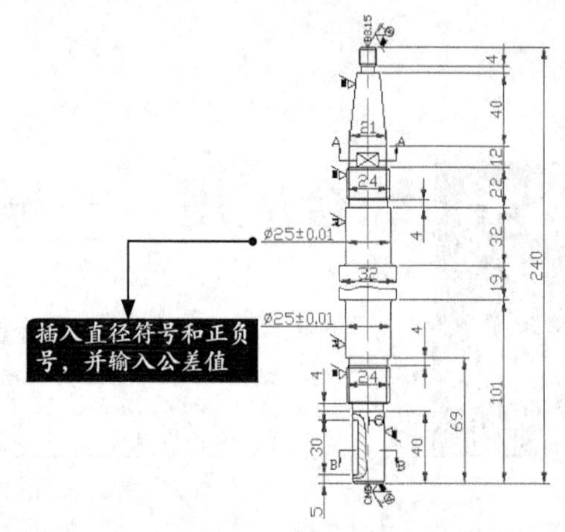

步骤 08 重复步骤 07，修改退刀槽和螺纹标注等，结果如下图所示。

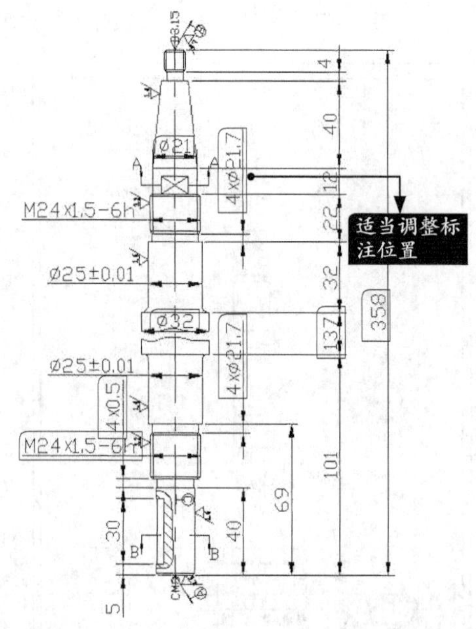

步骤 09 单击【注释】选项卡➤【标注】面板中的【打断】按钮，对相互干涉的尺寸进行打断，如下图所示。

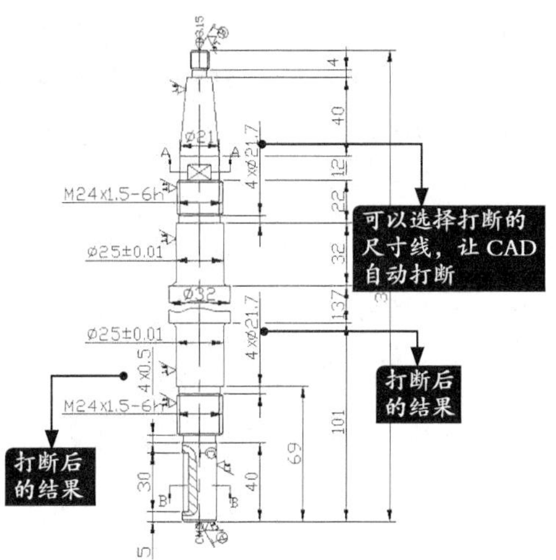

步骤10 选择【标注】➤【折弯线性】菜单命令，给“358”的尺寸添加折弯线性标注，结果如下图所示。

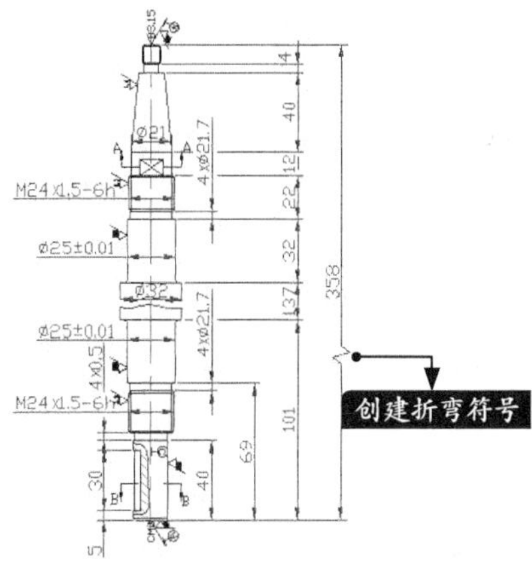

2. 添加检验标注和多重引线标注

步骤01 单击【注释】选项卡➤【标注】面板➤【检验】标注按钮，弹出检验标注对话框，如下图所示。

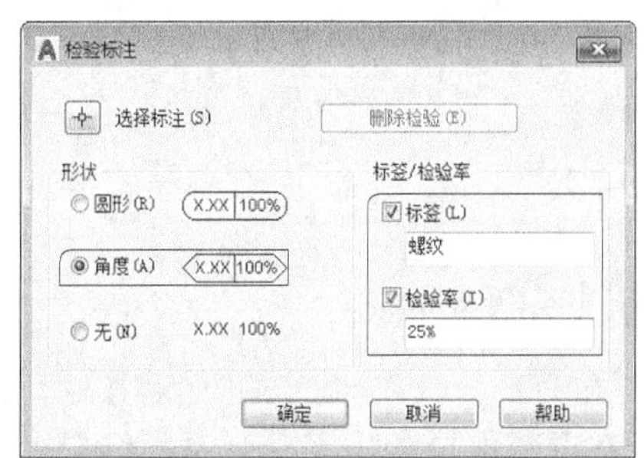

步骤02 然后选择两个螺纹标注，结果如下图所示。

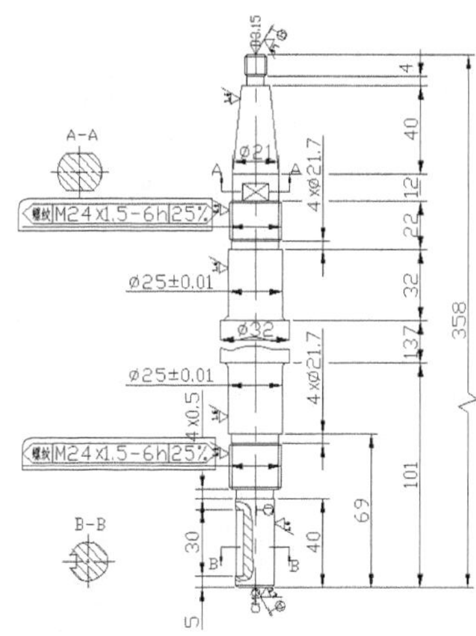

步骤03 重复**步骤01**～**步骤02**，继续给阶梯轴添加检验标注，如下图所示。

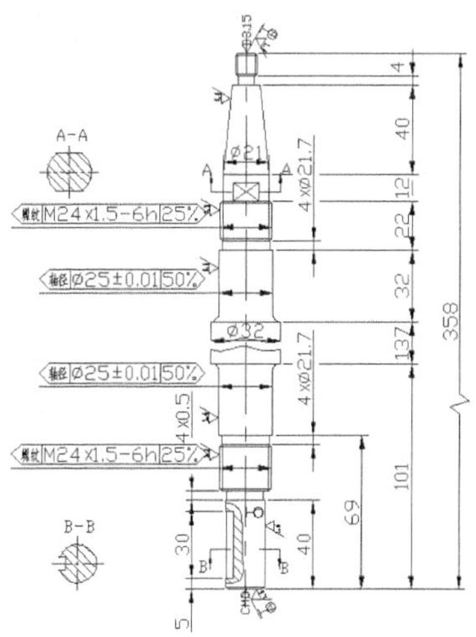

步骤04 选择【标注】➤【半径】菜单命令，给圆角添加半径标注，如下图所示。

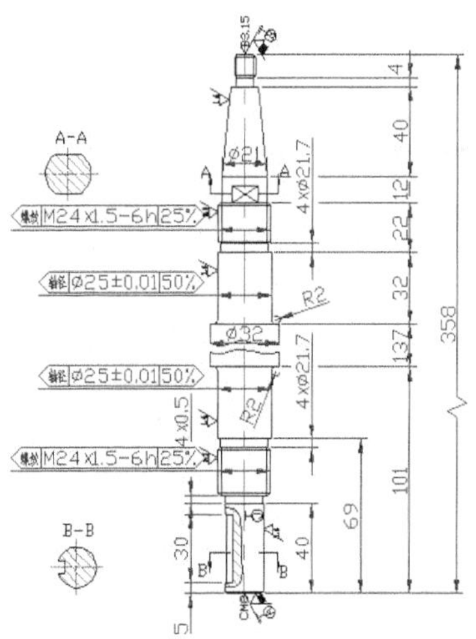

步骤05 选择【格式】➤【多重引线样式】菜单命令，然后单击【修改】按钮，在弹出的【修改多重引线样式：Standard】对话框中单击【引线结构】选项卡，将【设置基线距离】复选框的对号去掉，如下图所示。

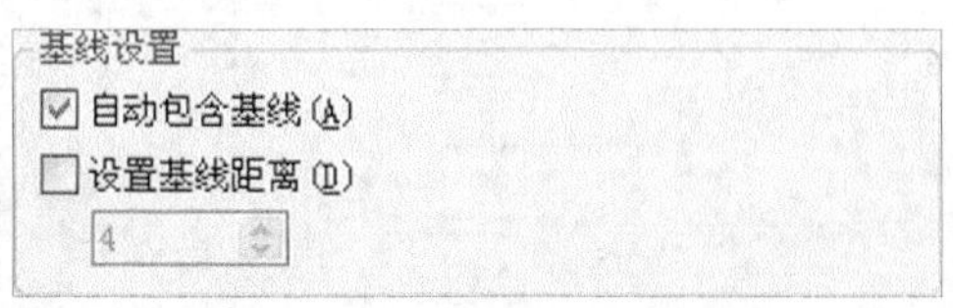

步骤06 单击【内容】选项卡，将【多重引线类型】设置为“无”，然后单击【确定】并将修改后多重引线样式设置为当前样式，如下图所示。

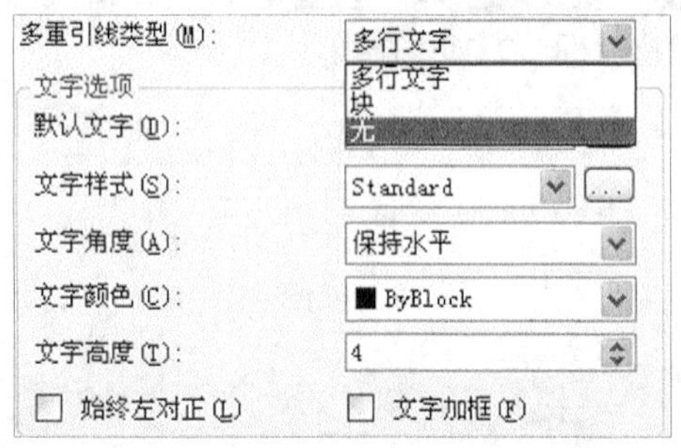

步骤07 在命令行输入“UCS”，将坐标系绕z轴旋转90°，旋转后的坐标如下图所示。

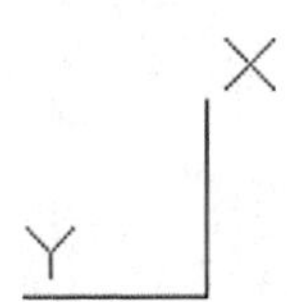

步骤08 选择【标注】➤【公差】菜单命令，然后创建形位公差，结果如下图所示。

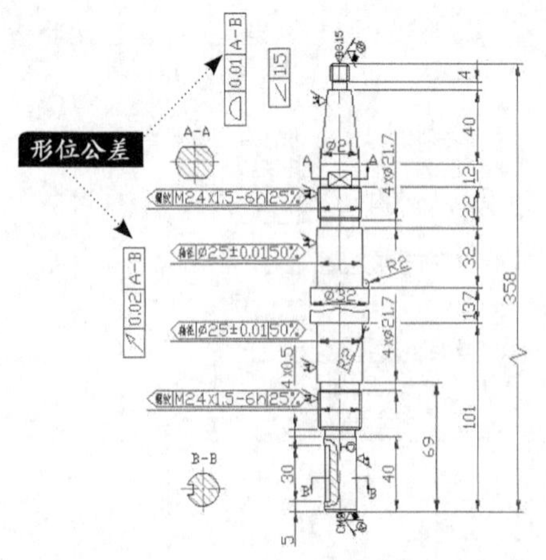

步骤09 在命令行输入“MULTIPLE”并按空格键，然后输入“MLD”并按空格键创建多重引线，如下图所示。

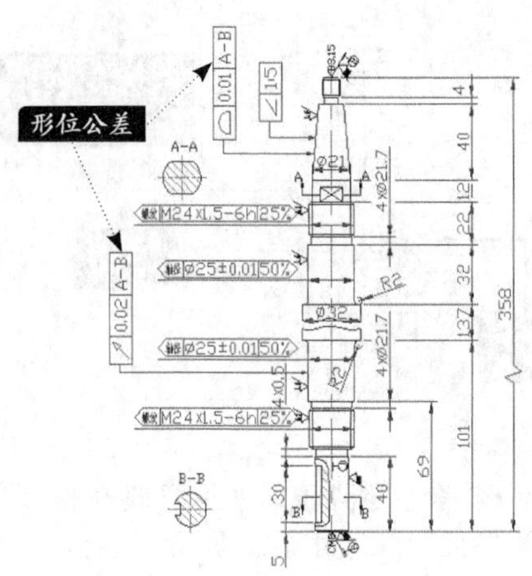

步骤10 在命令行输入“UCS”并按空格键，将坐标系绕z轴旋转180°，然后在命令行输入“MLD”并按空格键创建一条多重引线，结果如下图所示。

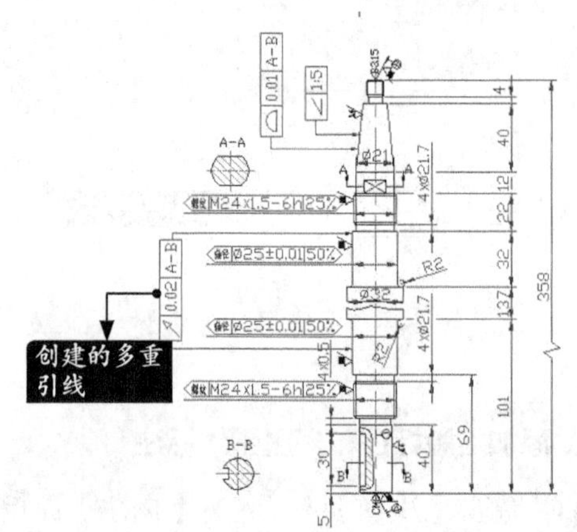

小提示

步骤07和步骤10中，只有坐标系旋转后创建的形位公差和多重引线标注才可以一次到位，标注成竖直方向的。

3. 给断面图添加标注

步骤01 在命令行输入“UCS”然后按回车键，将坐标系重新设置为世界坐标系，结果如下图所示。

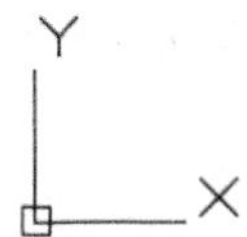

步骤02 选择【标注】➤【线性】菜单命令，为断面图添加线性标注，结果如下图所示。

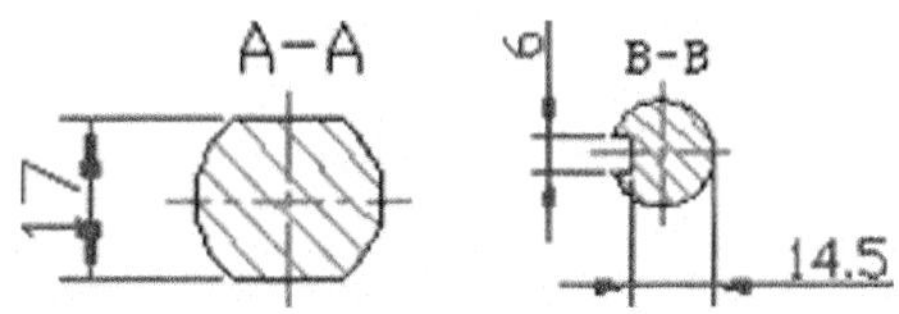

步骤03 选择【修改】➤【特性】菜单命令，然后选择标注为“14.5”的尺寸，在弹出的【特性选项板】上进行下图所示的设置。

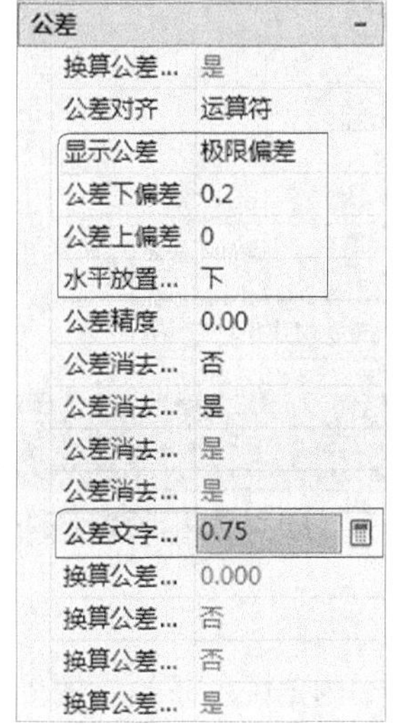

步骤04 关闭【特性选项板】后结果如下图所示。

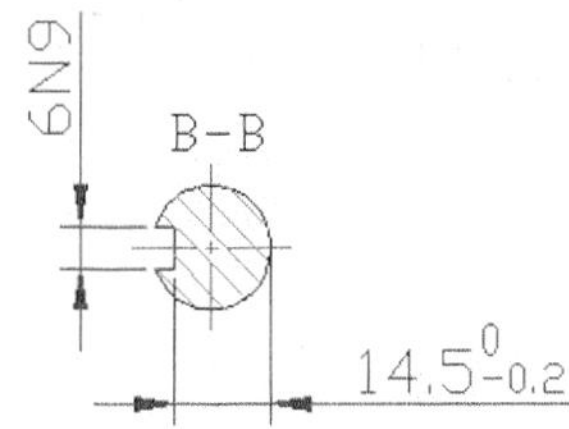

步骤05 选择【格式】➤【标注样式】菜单命令，然后选择【替代】按钮，在弹出的对话框上选择【公差】选项卡，进行下图所示的设置。

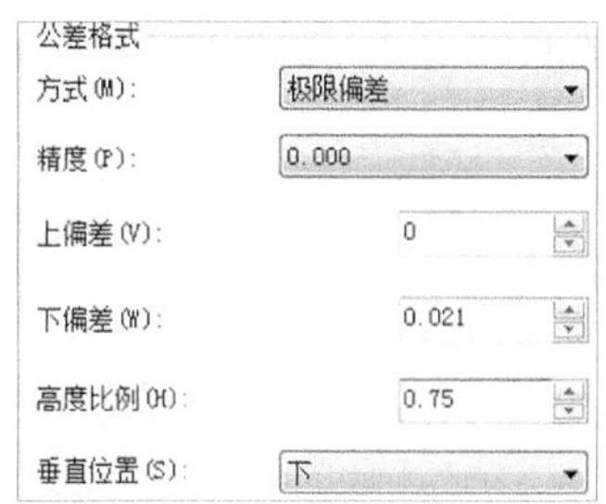

步骤06 将替代样式设置为当前样式，然后在命令行输入“DDI”并按空格键，然后选择键槽断面图的圆弧进行标注，如下图所示。

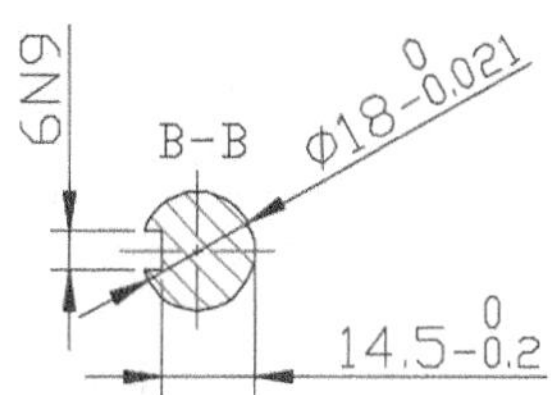

步骤07 在命令行输入“UCS”并按空格键确认，将坐标系绕z轴旋转90°，旋转后的坐标如下图所示。

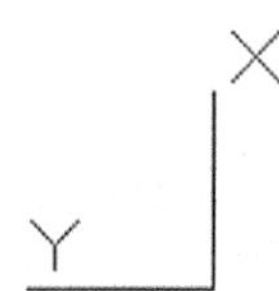

步骤08 选择【标注】➤【公差】菜单命令，在弹出的【形位公差】输入框中进行下图所示的设置。

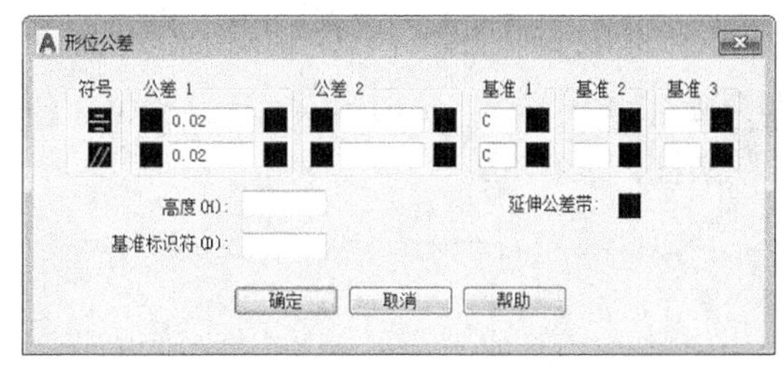

步骤09 单击【确定】按钮，然后将创建的形位公差放到合适的位置，如下图所示。

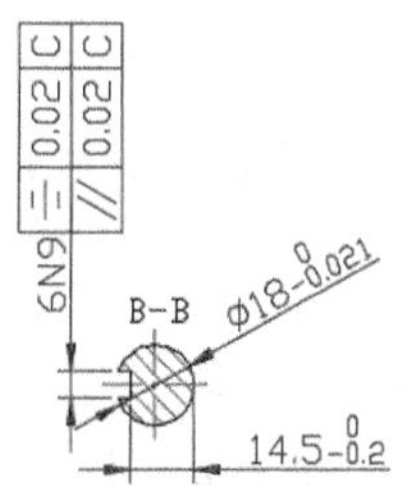

步骤 10 所有尺寸标注完成后将坐标系重新设置为世界坐标系，最终结果如下图所示。

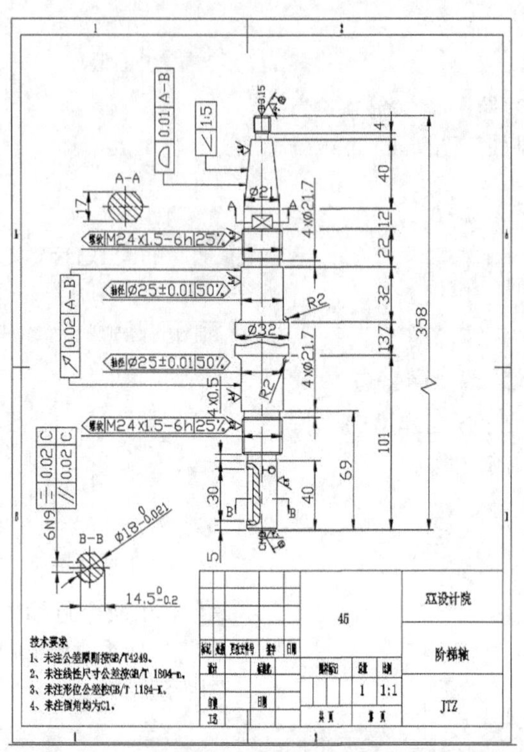

疑难解答

本节视频教程时间：4 分钟

如何标注大于180°的角

前面介绍的角度都是小于180°的，那么如何标注大于180°的角呢？下面就通过案例来详细介绍如何标注大于180°的角。

步骤 01 打开“素材\CH08\标注大于180°的角”文件，如下图所示。

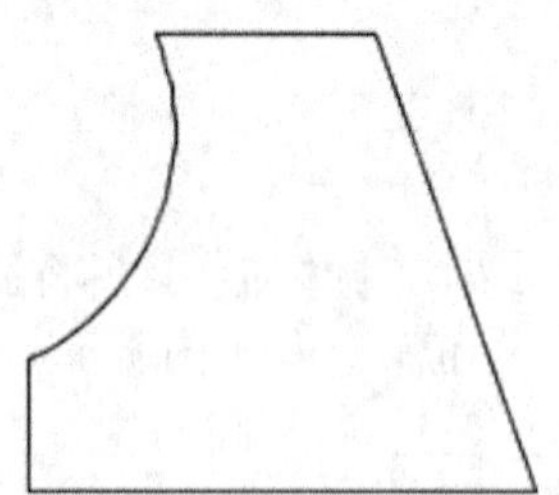

步骤 02 单击【默认】选项卡➤【注释】面板中的【角度】按钮，当命令行提示选择“圆弧、圆、直线或 <指定顶点>”时直接按空格键接受“指定顶点”选项。

命令：_dimangular

选择圆弧、圆、直线或 < 指定顶点 >: ↙

步骤 03 用鼠标捕捉下图所示的端点为角的顶点。

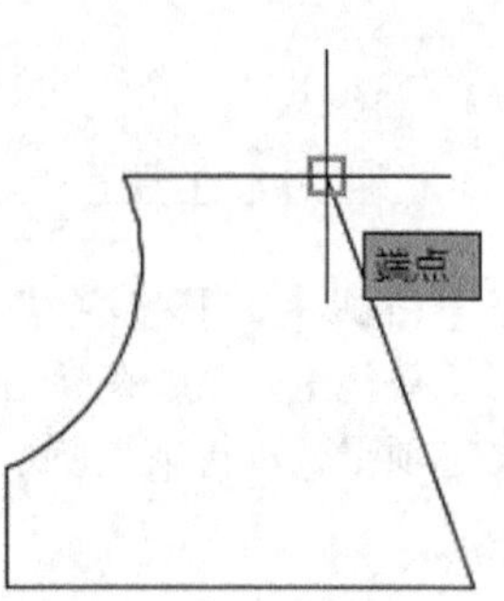

步骤 04 用鼠标捕捉下图所示的中点为角的第一个端点。

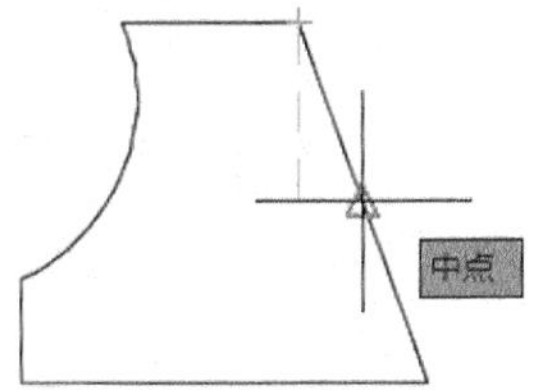

步骤 05 用鼠标捕捉下图所示的中点为角的第二个端点。

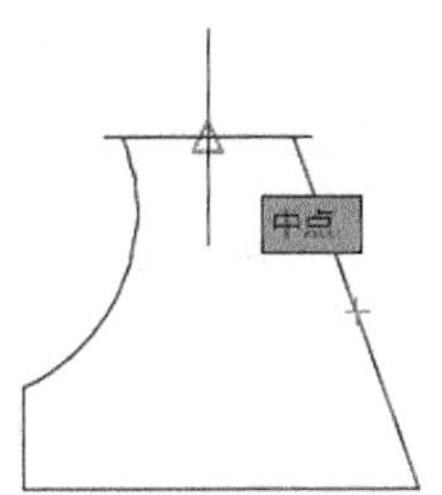

步骤 06 拖曳鼠标在合适的位置单击放置角度标注，如下图所示。

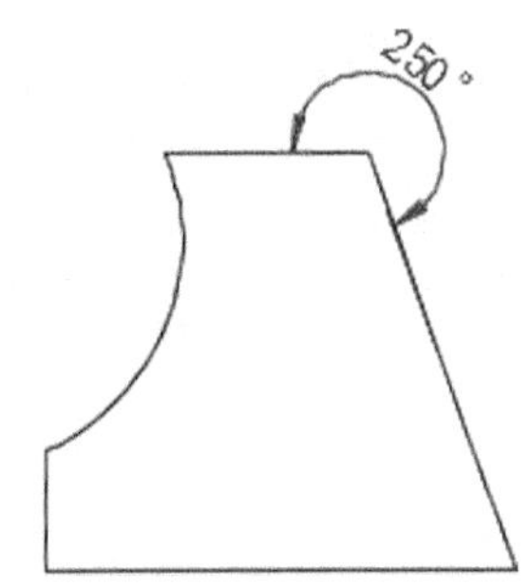

对齐标注的水平竖直标注与线性标注的区别

对齐标注也可以标注水平或竖直直线，但是当标注完成后，再重新调节标注位置时，往往得不到想要的结果。因此，在标注水平或竖直尺寸时最好用线性标注。

步骤 01 打开“素材\CH08\用对齐标注标注水平竖直线”文件，如下图所示。

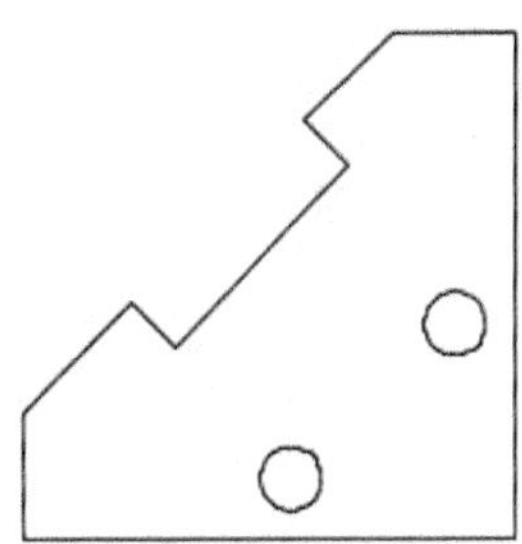

步骤 02 单击【默认】选项卡➤【注释】面板中的【对齐】按钮，然后捕捉下图所示的端点为标注的第一点。

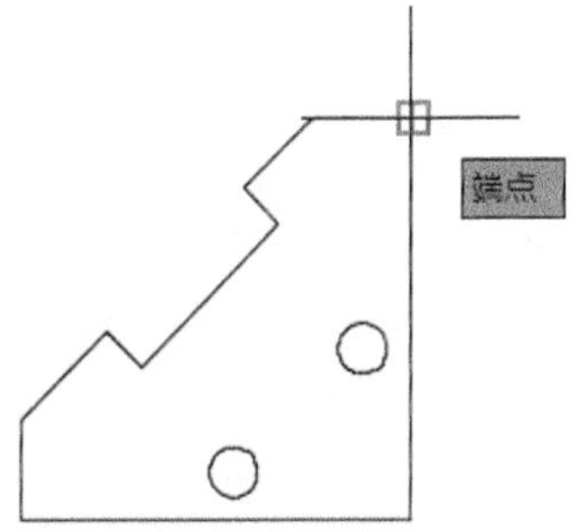

步骤 03 捕捉下图所示的垂足为标注的第二点。

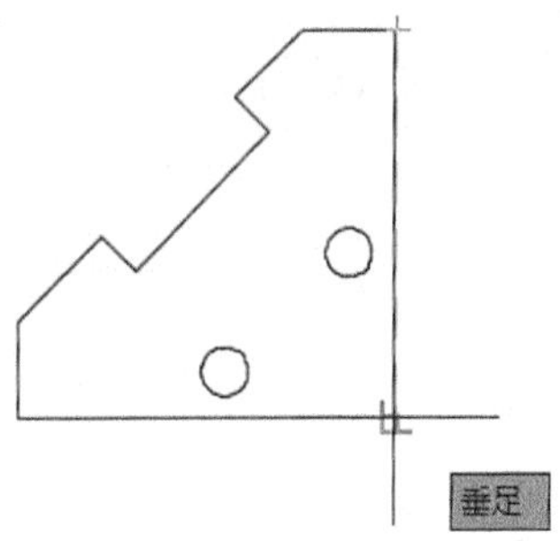

步骤 04 拖曳鼠标在合适的位置单击放置对齐标注线，如下图所示。

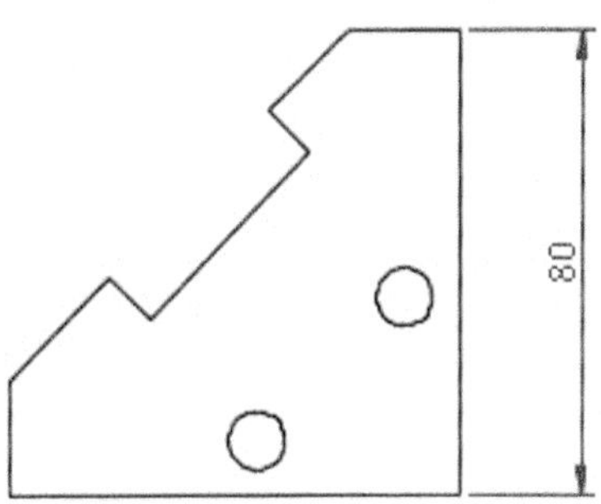

步骤 05 重复对齐标注，对水平直线进行标注，结果如下图所示。

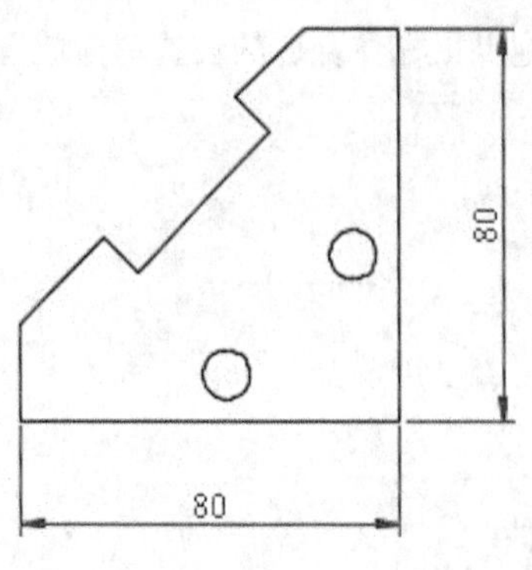

步骤06 选中竖直标注，然后单击下图所示的夹点。

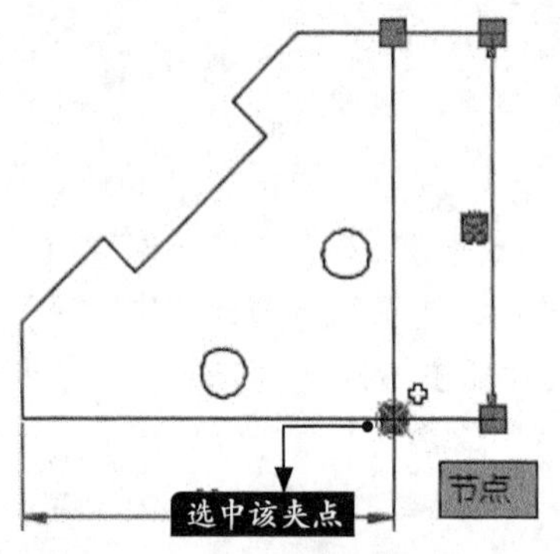

步骤07 向右拖曳鼠标调整标注位置，可以看到标注尺寸发生变化，如下图所示。

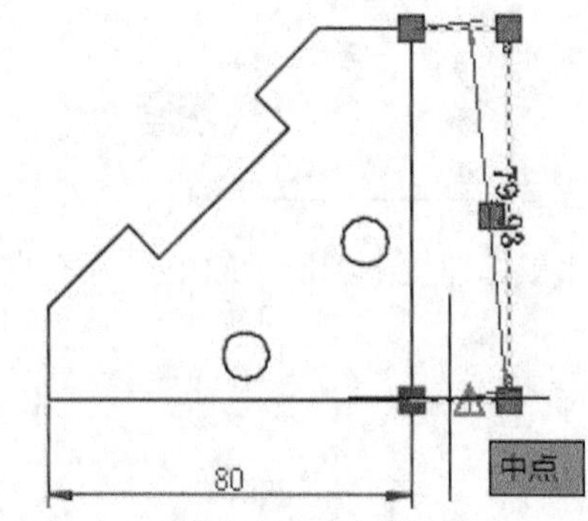

步骤08 在合适的位置单击确定新的标注位置，结果如下图所示。

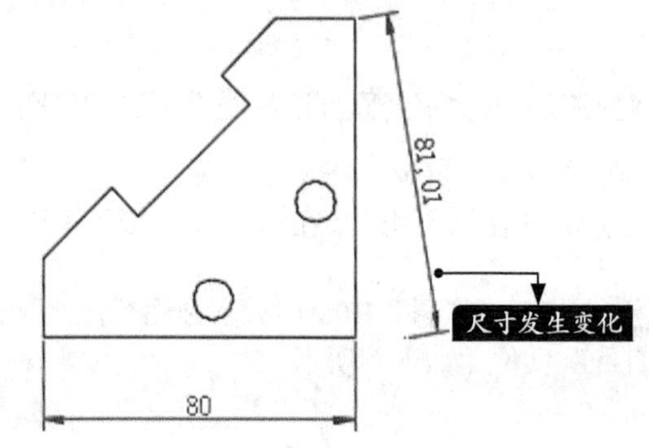

实战练习

绘制以下图形，并计算出阴影部分的面积。其中两个圆弧的半径值相同。

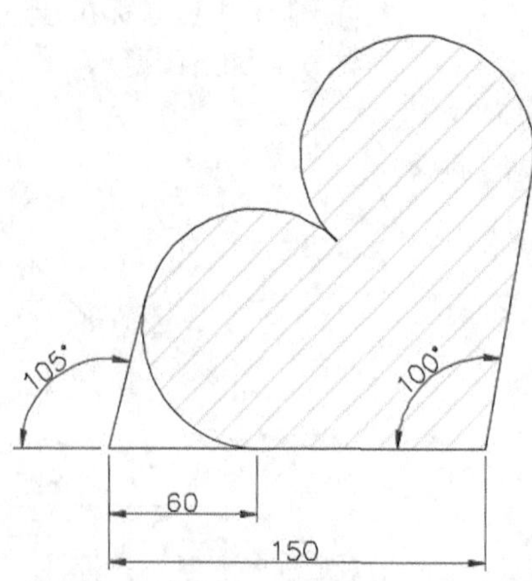

第9章

智能标注和编辑标注

学习目标

智能标注（dim）命令可以在同一命令任务中创建多种类型的标注。智能标注（dim）命令支持的标注类型包括垂直标注、水平标注、对齐标注、旋转的线性标注、角度标注、半径标注、直径标注、折弯半径标注、弧长标注、基线标注和连续标注。

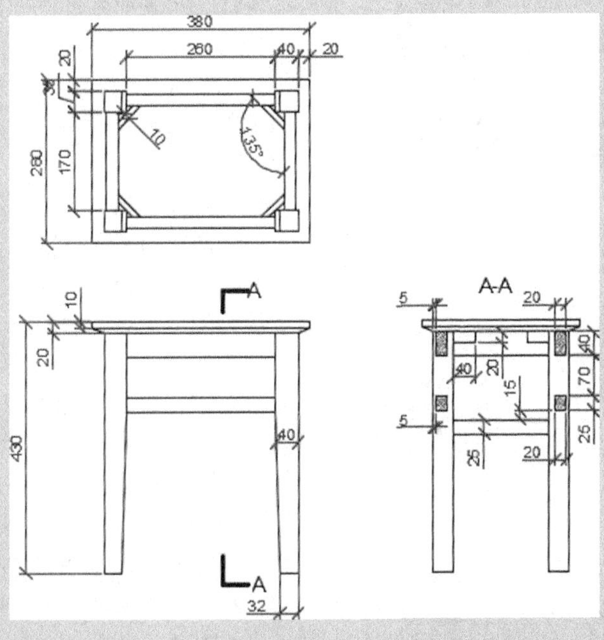

9.1 智能标注

本节视频教程时间：6 分钟

dim命令可以理解为智能标注，几乎可以满足所有日常的标注需求，非常实用。

调用dim命令后，将十字光标悬停在标注对象上时，可以预览要使用的标注类型。选择对象、线或点进行标注，然后单击绘图区域中的任意位置即可绘制标注。

9.1.1 dim功能

1. 命令调用方法

在AutoCAD 2019中调用【dim】命令的方法通常有以下3种。

- 命令行输入“DIM”命令并按空格键。
- 单击【默认】选项卡➤【注释】面板➤【标注】按钮。
- 单击【注释】选项卡➤【标注】面板➤【标注】按钮。

2. 命令提示

调用【dim】命令之后，命令行会进行如下提示。

```
命令：_dim
选择对象或指定第一个尺寸界线原点或[角度(A)/基线(B)/连续(C)/坐标(O)/对齐(G)/分发(D)/图层(L)/放弃(U)]:
```

3. 知识点扩展

命令行中各选项的含义如下。

- 选择对象：自动为所选对象选择合适的标注类型，并显示与该标注类型相对应的提示。圆弧，默认显示半径标注；圆，默认显示直径标注；直线，默认为线性标注。
- 第一条尺寸界线原点：选择两个点时创建线性标注。
- 角度：创建一个角度标注来显示三个点或两条直线之间的角度（同DIMANGULAR命令）。
- 基线：从上一个或选定标准的第一条界线创建线性、角度或坐标标注（同DIMBASELINE命令）。
- 连续：从选定标注的第二条尺寸界线创建线性、角度或坐标标注（同DIMCONTINUE命令）。
- 坐标：创建坐标标注（同DIMORDINATE命令），相比坐标标注，可以调用一次命令进行多个标注。
- 对齐：将多个平行、同心或同基准标注对齐到选定的基准标注。
- 分发：指定可用于分发一组选定的孤立线性标注或坐标标注的方法，有相等和偏移两个选项。相等，均匀分发所有选定的标注，此方法要求至少三条标注线；偏移，按指定的偏移距离分发所有选定的标注。
- 图层：为指定的图层指定新标注，以替代当前图层。该选项在创建复杂图形时尤为有用，选定标注图层后即可标注，不需要在标注图层和绘图图层之间来回切换。
- 放弃：放弃上一个标注操作。

9.1.2 实战演练——使用智能标注功能标注图形对象

下面将利用【dim】功能对图形对象进行标注操作，具体操作步骤如下。

步骤 01 打开“素材\CH09\智能标注.dwg”文件，如下图所示。

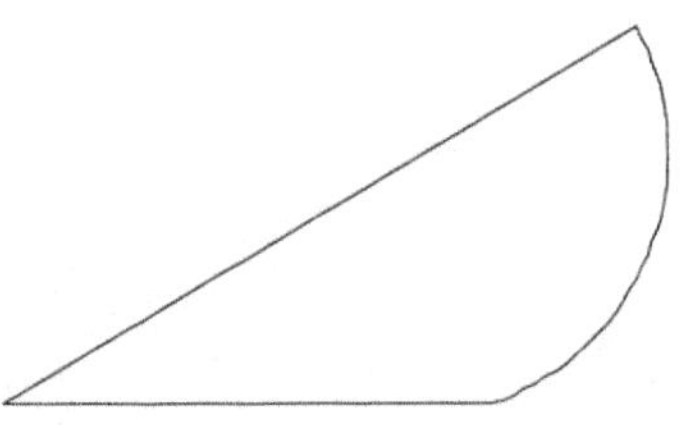

步骤 02 在命令行中输入“dim”并按【Enter】键确认，在绘图区域中将十字光标移至下图所示位置处单击。

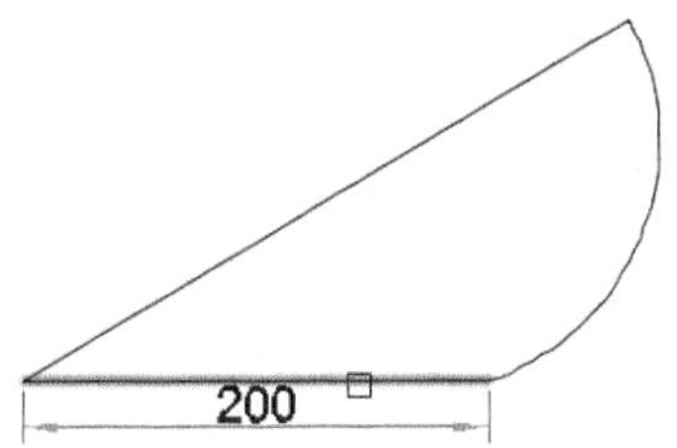

步骤 03 拖曳鼠标单击指定尺寸线的位置，结果如下图所示。

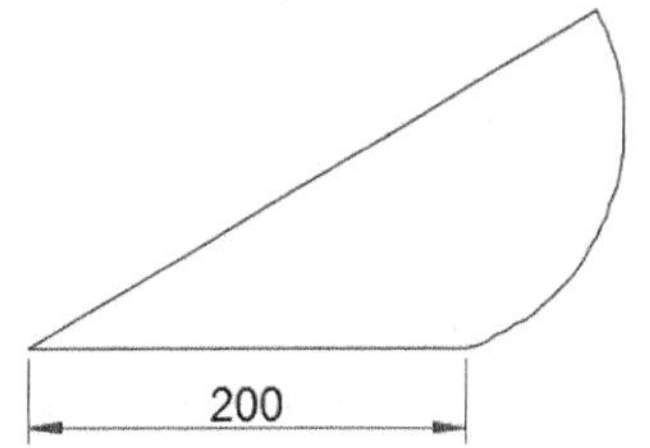

步骤 04 在绘图区域中将十字光标移至下图所示位置处单击。

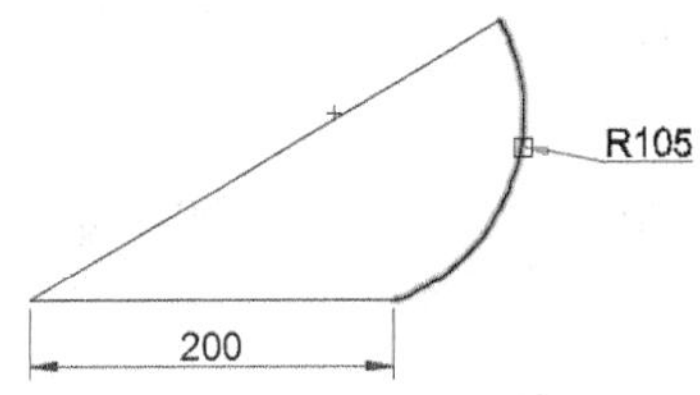

步骤 05 拖曳鼠标单击指定尺寸线的位置，结果如下图所示。

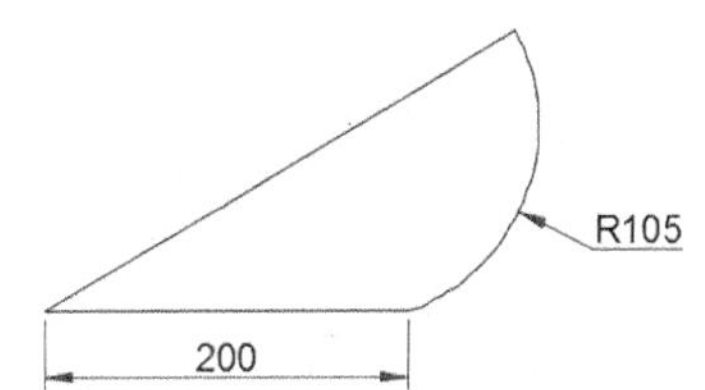

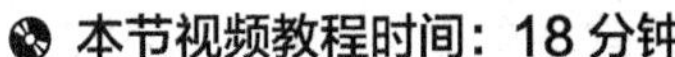

步骤 06 按【Enter】键结束【dim】命令。

9.2 编辑标注

本节视频教程时间：18 分钟

标注对象创建完成后，可以根据需要对其进行编辑操作，以满足工程图纸的实际标注 需求。

9.2.1 DIMEDIT（DED）编辑标注

DIMEDIT（DED）命令主要用于编辑标注文字和尺寸界线，可以旋转、修改或恢复标注文字、更改尺寸界线的倾斜角等。

1. 命令调用方法

在AutoCAD 2019命令行中输入“DED”并按【Enter】键即可调用该命令。

2. 命令提示

调用【DED】命令之后，命令行会进行如下提示。

```
命令：DIMEDIT
输入标注编辑类型 [ 默认 (H)/ 新建 (N)/ 旋转 (R)/ 倾斜 (O)] < 默认 >:
```

3. 知识点扩展

命令行中各选项的含义如下。

- 默认：将旋转标注文字移回默认位置。
- 新建：使用在位文字编辑器更改标注文字。
- 旋转：旋转标注文字。输入“0”将标注文字按默认方向放置，默认方向由【新建标注样式】对话框、【修改标注样式】对话框和【替代当前样式】对话框中的【文字】选项卡上的垂直和水平文字设置进行设置。该方向由DIMTIH和DIMTOH系统变量控制。
- 倾斜：当尺寸界线与图形的其他要素冲突时，“倾斜”选项将很有用处，倾斜角从USC的x轴进行测量。

9.2.2 实战演练——编辑标注对象

下面将利用【DED】命令对标注对象进行编辑操作，具体操作步骤如下。

步骤 01 打开“素材\CH09\编辑标注.dwg”文件，如下图所示。

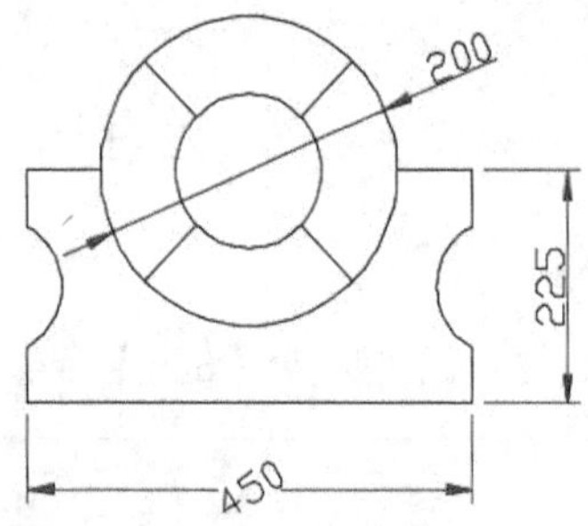

步骤 02 在命令行输入“DED”并按【Enter】键确认，然后在命令提示下输入“H”按【Enter】键，并在绘图区域中选择下图所示的标注对象作为编辑对象。

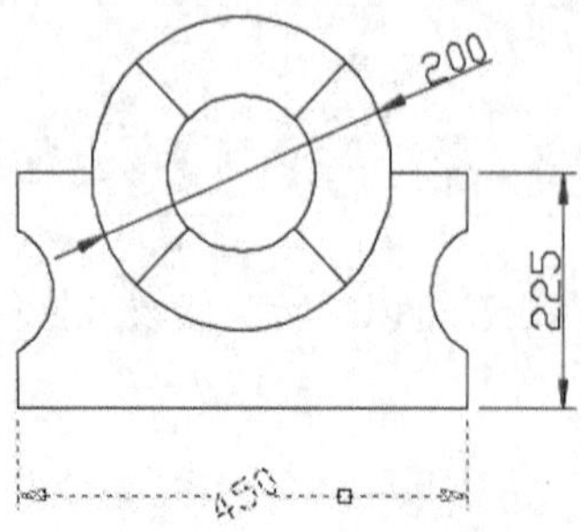

步骤 03 按【Enter】键确认，结果如下图所示。

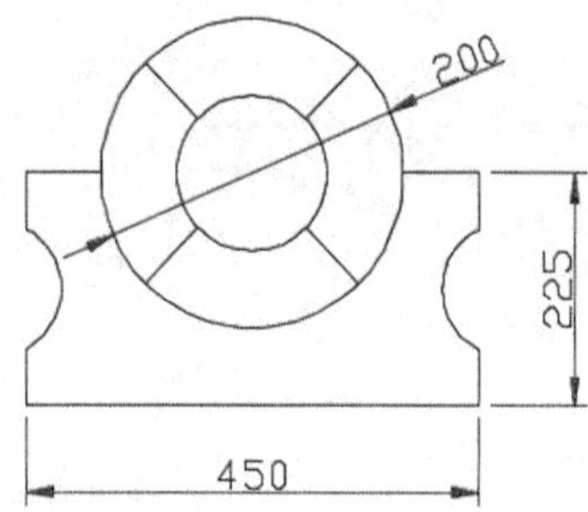

步骤 04 在命令行输入“DED”并按【Enter】键确认，然后在命令提示下输入“O”并按【Enter】键，在绘图区域中选择下图所示的标注对象作为编辑对象。

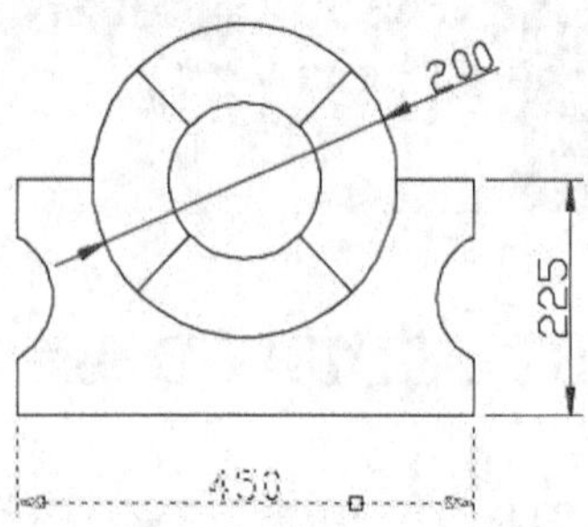

步骤 05 按【Enter】键确认，在命令行提示下设置倾斜角度为“60”，结果如下图所示。

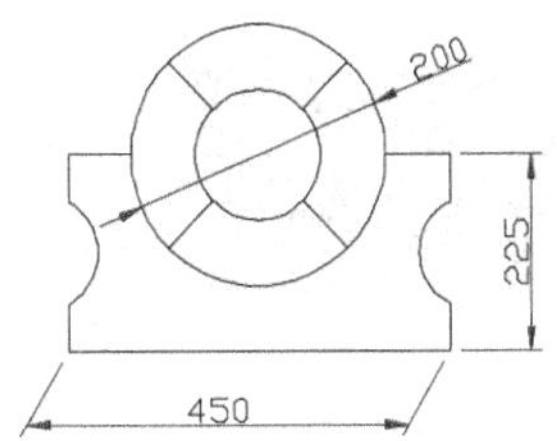

步骤06 在命令行输入“DED”并按【Enter】键确认，然后在命令行提示下输入“R”并按【Enter】键，继续在命令行提示下设置标注文字的角度为“30”，在绘图区域中选择下图所示的标注对象作为编辑对象。

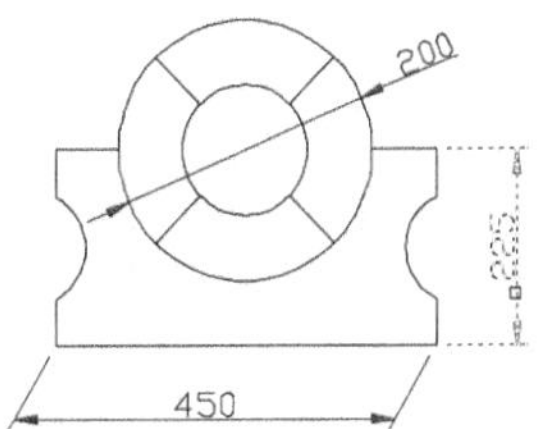

步骤07 按【Enter】键确认，结果如下图所示。

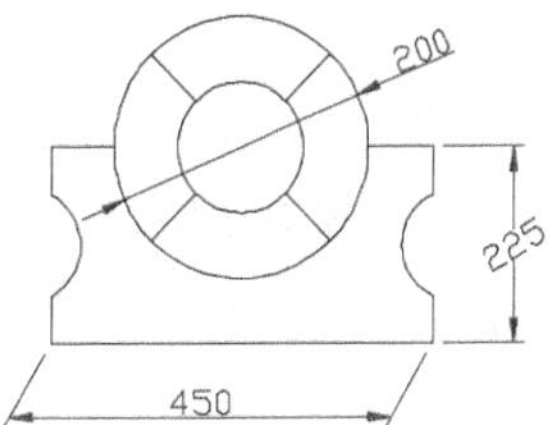

步骤08 在命令行输入“DED”并按【Enter】键确认，然后在命令行提示下输入“N”并按【Enter】键，在输入框输入“%%C200”，如下图所示。

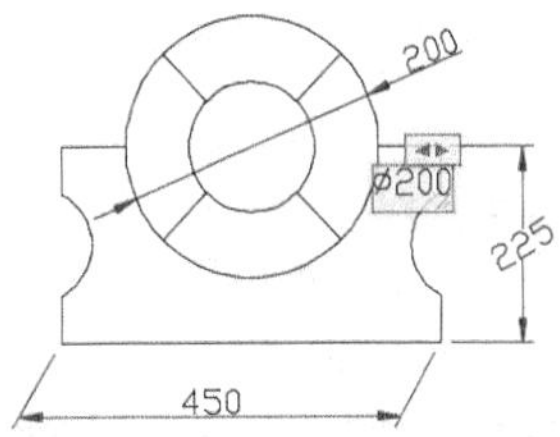

步骤09 在【文字编辑器】选项卡中单击【关闭文字编辑器】按钮，并在绘图区域中选择下图所示的标注对象作为编辑对象。

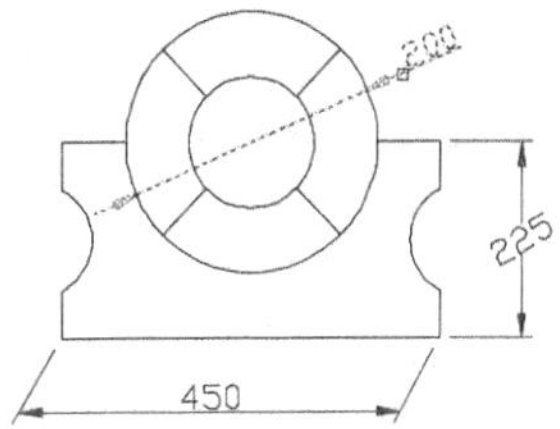

步骤10 按【Enter】键确认，结果如下图所示。

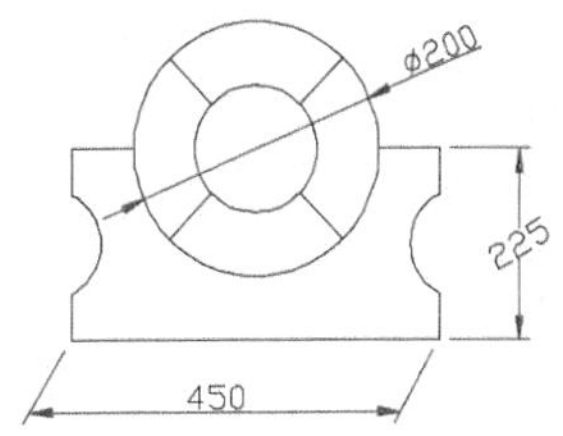

9.2.3 标注间距调整

线性标注或角度标注之间的间距可根据需要进行调整。可以将平行尺寸线之间的间距设为相等，也可以通过使用间距值“0”使一系列线性标注或角度标注的尺寸线齐平。间距仅适用于平行的线性标注或共用一个顶点的角度标注。

1. 命令调用方法

在AutoCAD 2019中调用【标注间距】命令的方法通常有以下3种。

- 选择【标注】➤【标注间距】菜单命令。
- 命令行输入“DIMSPACE”命令并按空格键。
- 单击【注释】选项卡➤【标注】面板➤【调整间距】按钮。

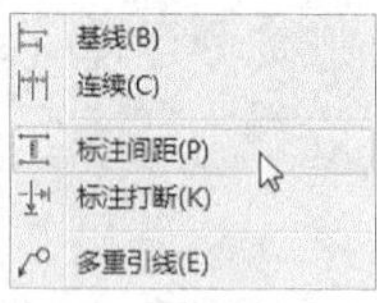

2. 命令提示

调用【标注间距】命令之后，命令行会进行如下提示。

```
命令：_DIMSPACE
选择基准标注：
```

选择基准标注及要产生间距的标注之后，命令行会进行如下提示。

```
输入值或 [ 自动 (A)] < 自动 >:
```

3. 知识点扩展

命令行中各选项的含义如下。

- 输入值：将间距值应用于从基准标注中选择的标注。例如，如果输入值0.5000，则所有选定标注将以0.5000的距离隔开。可以使用间距值0（零）将选定的线性标注和角度标注的标注线末端对齐。
- 自动：基于在选定基准标注的标注样式中指定的文字高度自动计算间距。所得的间距值是标注文字高度的两倍。

9.2.4 实战演练——调整标注间距

下面将利用【标注间距】命令对标注对象间距进行调整，具体操作步骤如下。

步骤 01 打开“素材\CH09\标注间距.dwg”文件，如下图所示。

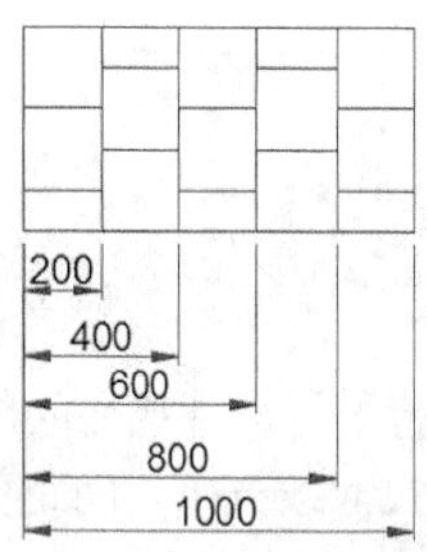

步骤 02 选择【标注】➤【标注间距】菜单命令，在绘图区域中选择下图所示的线性标注对象作为基准标注。

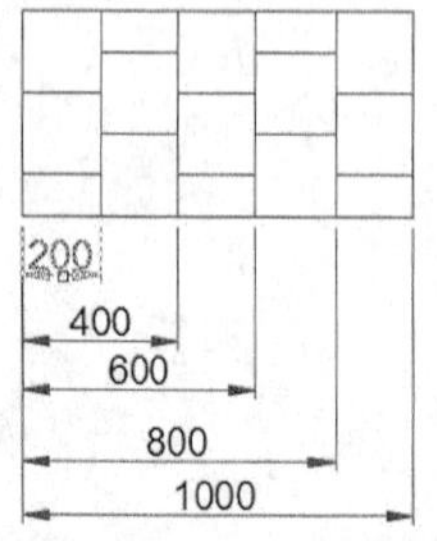

步骤 03 在绘图区域中将其余线性标注对象全部选择，以作为要产生间距的标注对象，如下图所示。

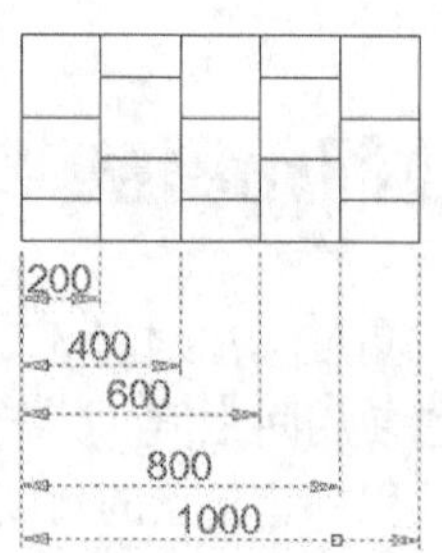

步骤 04 按【Enter】键确认，在命令提示下再次按【Enter】键接受“自动”选项，结果如下图所示。

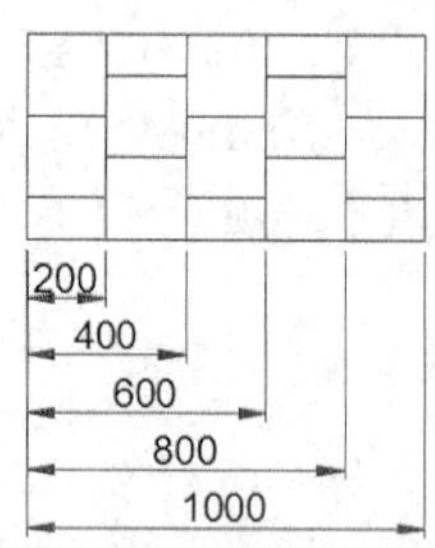

9.2.5 标注打断处理

在标注和尺寸界线与其他对象的相交处，可以打断或恢复标注和尺寸界线。

1. 命令调用方法

在AutoCAD 2019中调用【标注打断】命令的方法通常有以下3种。

- 选择【标注】➤【标注打断】菜单命令。
- 命令行输入“DIMBREAK”命令并按空格键。
- 单击【注释】选项卡➤【标注】面板➤【打断】按钮。

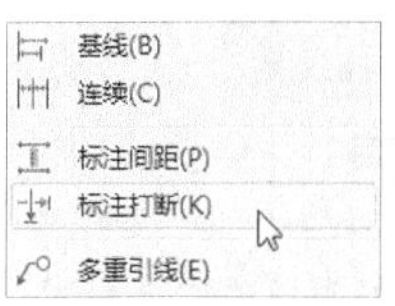

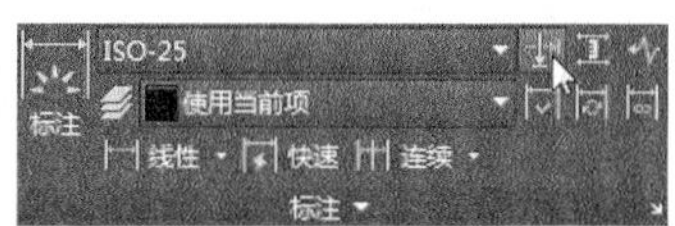

2. 命令提示

调用【标注打断】命令之后，命令行会进行如下提示。

命令：_DIMBREAK
选择要添加 / 删除折断的标注或 [多个(M)]:

选择标注对象之后，命令行会进行如下提示。

选择要折断标注的对象或 [自动 (A)/ 手动 (M)/ 删除 (R)] < 自动 >:

3. 知识点扩展

命令行中各选项的含义如下。

- 自动（A）：自动将折断标注放置在与选定标注相交的对象的所有交点处。修改标注或相交对象时，会自动更新使用此选项创建的所有折断标注。在具有任何折断标注的标注上方绘制新对象后，在交点处不会沿标注对象自动应用任何新的折断标注。要添加新的折断标注，必须再次运用此命令。
- 手动（M）：手动放置折断标注。为折断位置指定标注或尺寸界线上的两点。如果修改标注或相交对象，则不会更新使用此选项创建的任何折断标注。使用此选项，一次仅可以放置一个手动折断标注。
- 删除（R）：从选定的标注中删除所有折断标注。

9.2.6 实战演练——对标注打断进行处理

下面将利用【标注打断】命令对标注对象进行打断处理，具体操作步骤如下。

步骤 01 打开“素材\CH09\标注打断.dwg”文件，如下图所示。

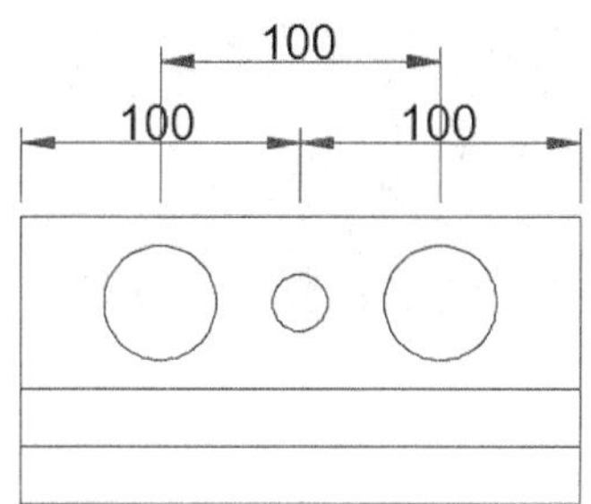

步骤 02 选择【标注】➤【标注打断】菜单命令，在绘图区域中选择下图所示的线性标注对象作为需要添加打断标注的对象。

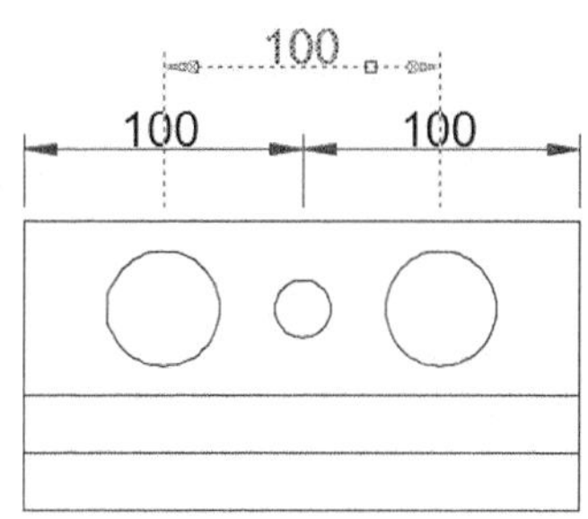

步骤 03 在命令行提示下输入“M”并按【Enter】键确认，然后在绘图区域中捕捉第一个打断点，如下图所示。

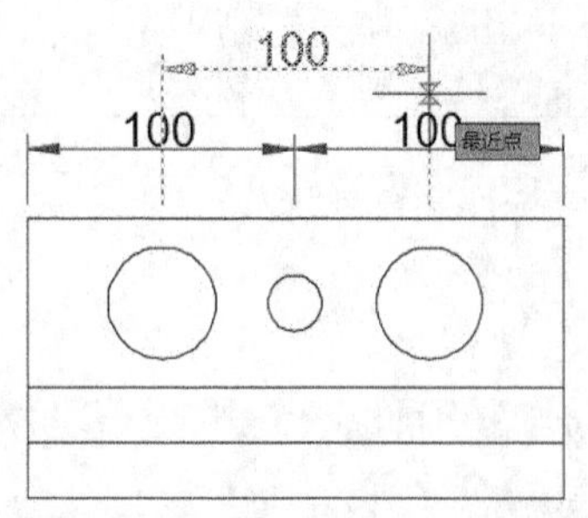

步骤 04 在绘图区域中拖曳鼠标捕捉第二个打断点，如下图所示。

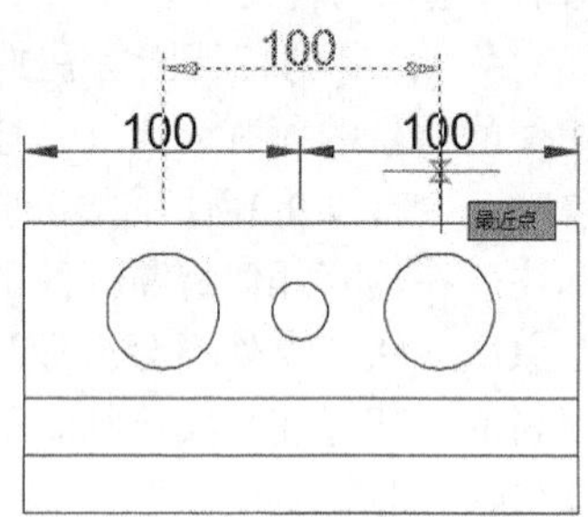

步骤 05 结果如下图所示。

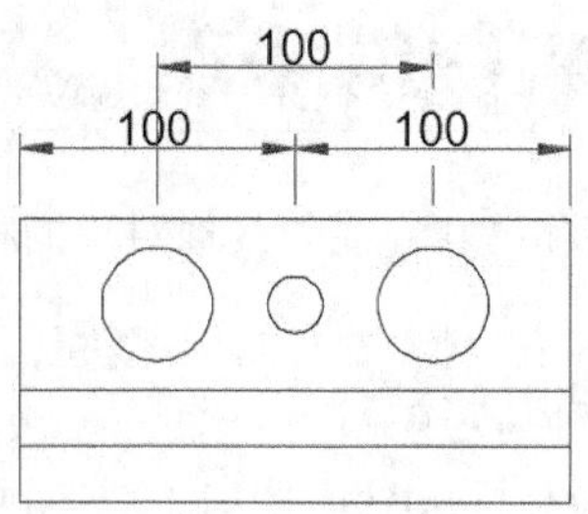

步骤 06 重复【标注打断】命令，继续对线性标注对象进行“手动”打断处理，结果如下图所示。

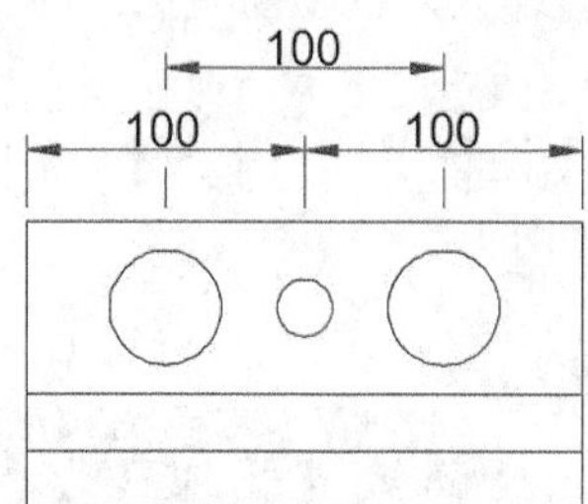

小提示

为了便于打断点的选择，在打断时可以关闭对象捕捉。

9.2.7 文字对齐方式

标注文字可以移动和旋转，并重新定位尺寸线。

1. 命令调用方法

在AutoCAD 2019中调用【对齐文字】命令的方法通常有以下3种。

- 选择【标注】➤【对齐文字】菜单命令，然后选择一种文字对齐方式。
- 命令行输入“DIMTEDIT/DIMTED”命令并按空格键。
- 单击【注释】选项卡➤【标注】面板，然后选择一种文字对齐方式。

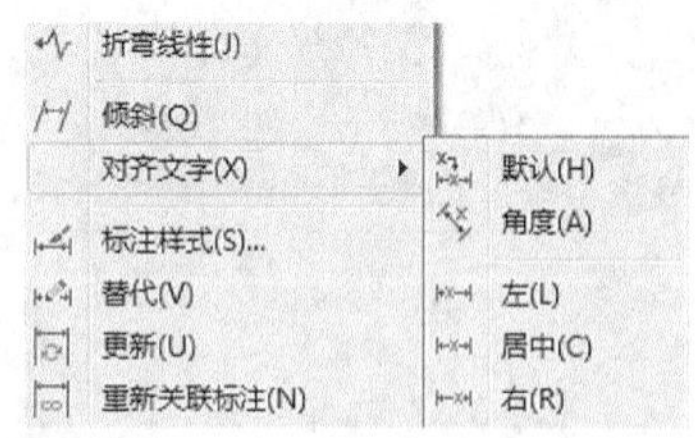

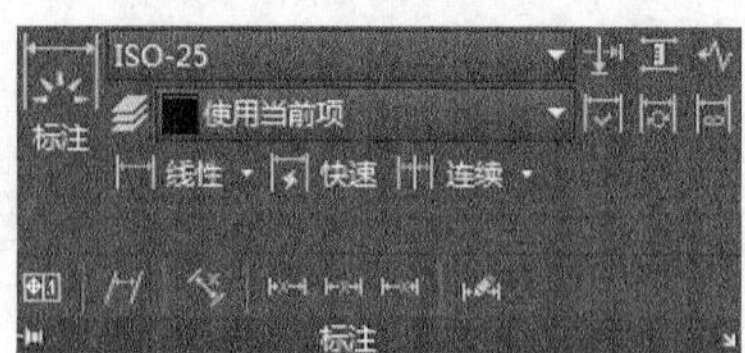

2. 命令提示

调用【对齐文字】命令之后，命令行会进行如下提示。

```
命令：DIMTEDIT
选择标注：
```

9.2.8 实战演练——对标注对象进行文字对齐

下面将利用文字对齐功能对标注中的文字对象进行对齐调整，具体操作步骤如下。

步骤 01 打开“素材\CH09\文字对齐.dwg”文件，如下图所示。

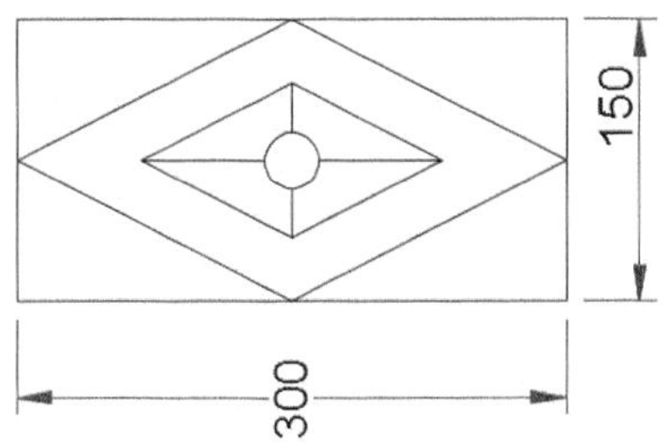

步骤 02 选择【标注】➤【对齐文字】➤【角度】菜单命令，然后在绘图区域中选择下图所示的标注对象作为编辑对象。

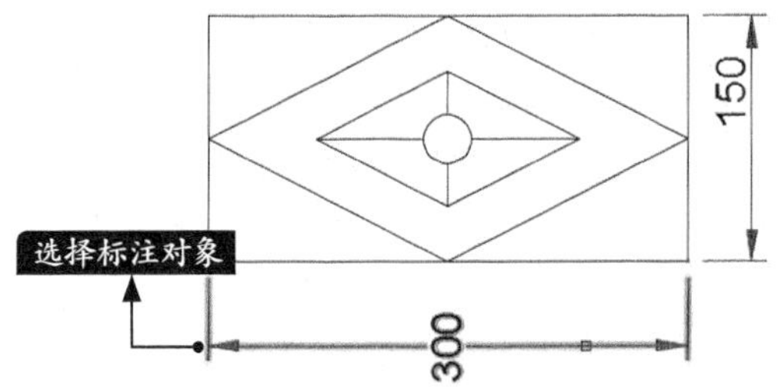

步骤 03 在命令行提示下设置文字角度为“0”，结果如下图所示。

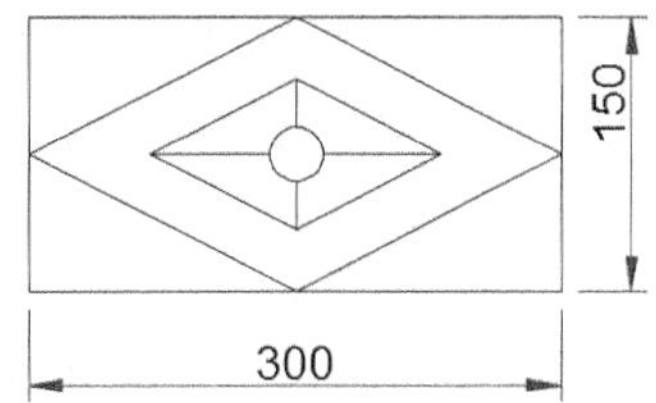

步骤 04 选择【标注】➤【对齐文字】➤【居中】菜单命令，然后在绘图区域中选择下图所示的标注对象作为编辑对象。

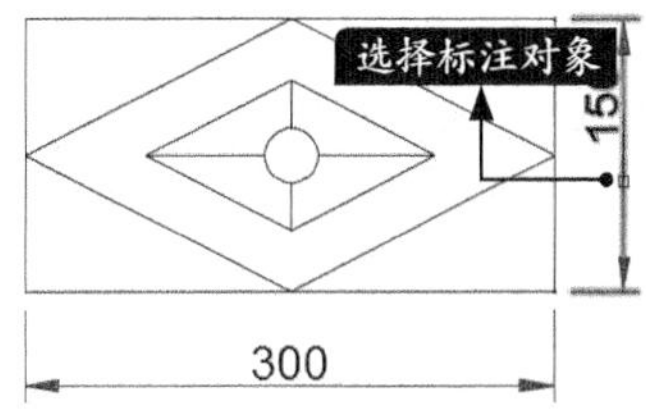

步骤 05 结果如下图所示。

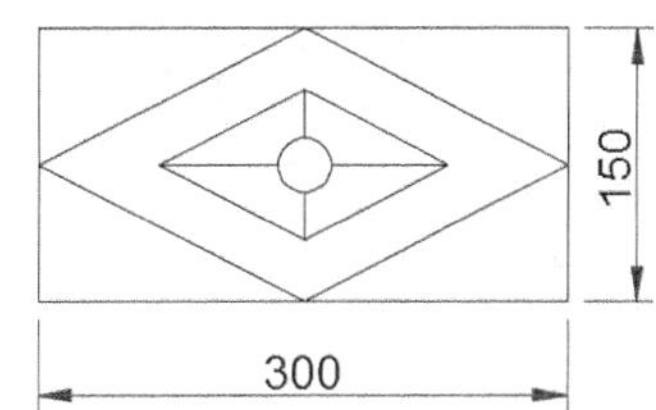

9.2.9 使用夹点编辑标注

在AutoCAD中，标注对象同直线、多段线等图形对象一样，可以使用夹点功能进行编辑。

1. 命令调用方法

在AutoCAD 2019中选择相应的标注对象，然后选择相应夹点即可对其进行编辑。

2. 命令提示

选择相应夹点并单击鼠标右键，系统会弹出相应快捷菜单供用户选择编辑命令（选择的夹点不同，弹出的快捷菜单也会有所差别），如下图所示。

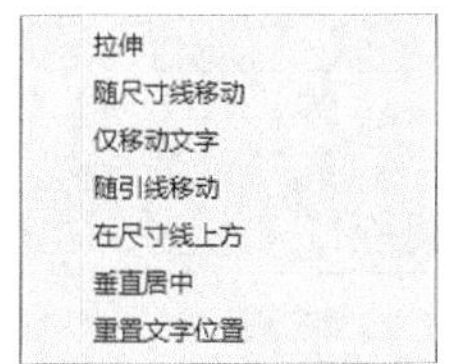

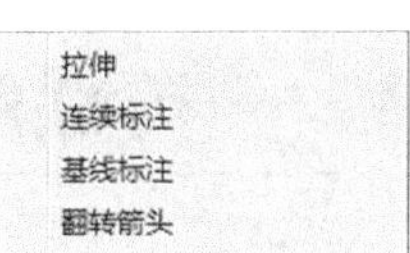

9.2.10 实战演练——使用夹点功能编辑标注对象

下面将利用夹点功能对标注对象进行编辑操作，具体操作步骤如下。

步骤01 打开“素材\CH09\使用夹点编辑标注.dwg”文件，如下图所示。

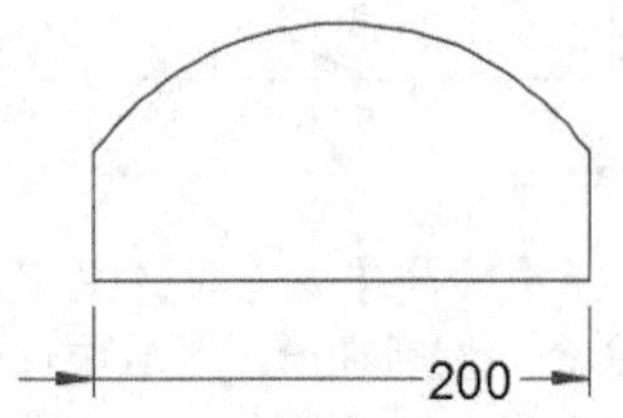

步骤02 在绘图区域中选择线性标注对象，如下图所示。

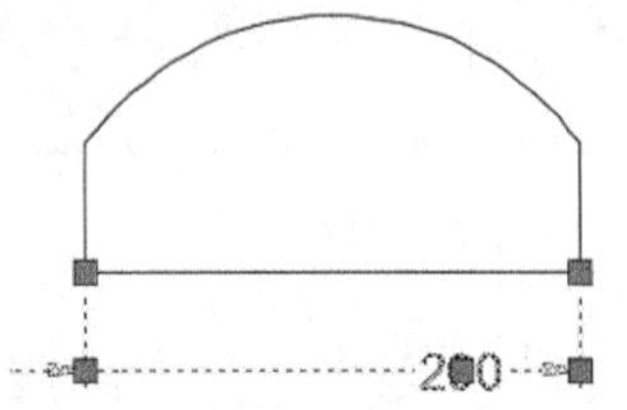

步骤03 单击选择下图所示的夹点。

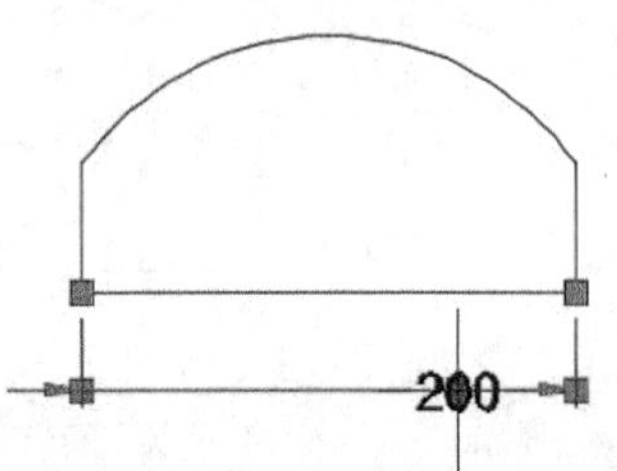

步骤04 单击鼠标右键，在弹出的快捷菜单中选择【重置文字位置】选项，结果如下图所示。

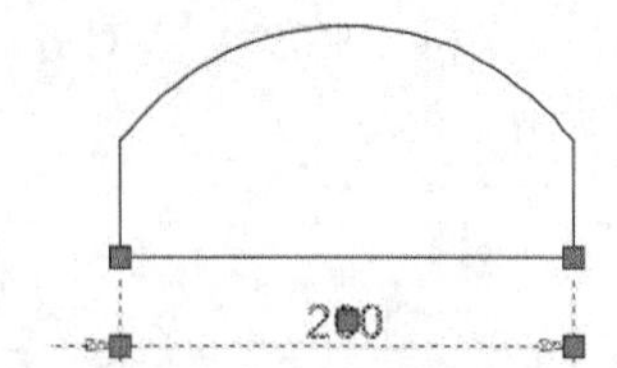

步骤05 在绘图区域中单击选择下图所示的夹点。

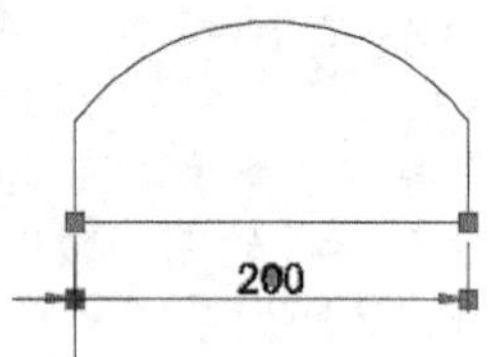

步骤06 单击鼠标右键，在弹出的快捷菜单中选择【翻转箭头】选项，结果如下图所示。

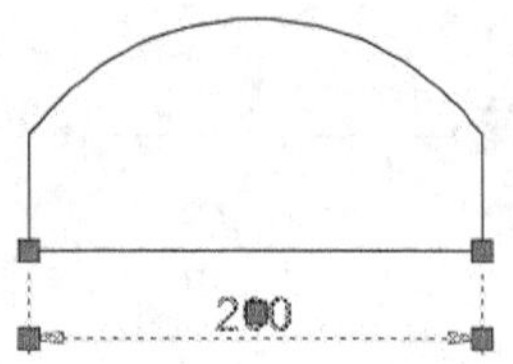

步骤07 按【Esc】键取消对标注对象的选择，结果如下图所示。

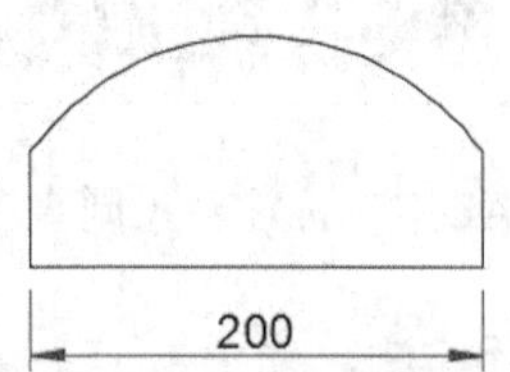

9.3 综合应用——给方凳三视图添加标注

本节视频教程时间：12 分钟

本节以标注方凳三视图为例，对智能标注命令各选项的应用进行详细介绍。

9.3.1 实战演练——标注仰视图

本小节首先对方凳的仰视图进行标注，具体操作步骤如下。

步骤01 打开“素材\CH09\方凳.dwg”文件，如下图所示。

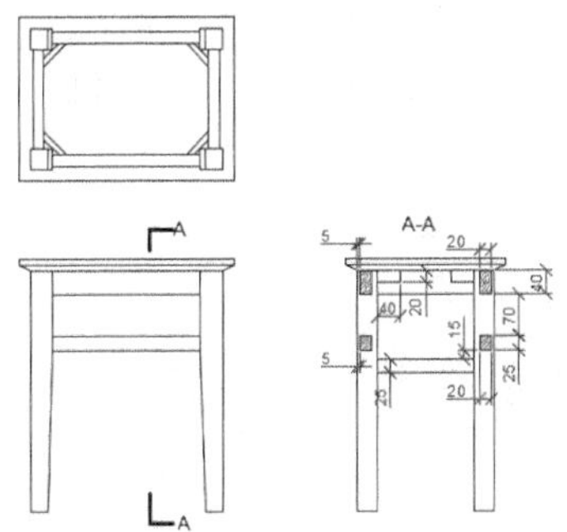

步骤02 单击【默认】选项卡➤【注释】面板➤【标注】按钮，然后在命令行输入“L”，然后输入“标注”，在标注层上进行标注，命令行提示如下。

命令：_dim

选择对象或指定第一个尺寸界线原点或 [角度 (A)/ 基线 (B)/ 连续 (C)/ 坐标 (O)/ 对齐 (G)/ 分发 (D)/ 图层 (L)/ 放弃 (U)]:l ↙

输入图层名称或选择对象来指定图层以放置标注或输入 . 以使用当前设置 [?/ 退出 (X)]<“轮廓线”>: 标注 ↙

输入图层名称或选择对象来指定图层以放置标注或输入 . 以使用当前设置 [?/ 退出 (X)]<“标注”>:

↙

选择对象或指定第一个尺寸界线原点或 [角度 (A)/ 基线 (B)/ 连续 (C)/ 坐标 (O)/ 对齐 (G)/ 分发 (D)/ 图层 (L)/ 放弃 (U)]:

步骤03 将鼠标放置到要标注的对象上，AutoCAD会自动判断该对象并显示标注尺寸，如下图所示。

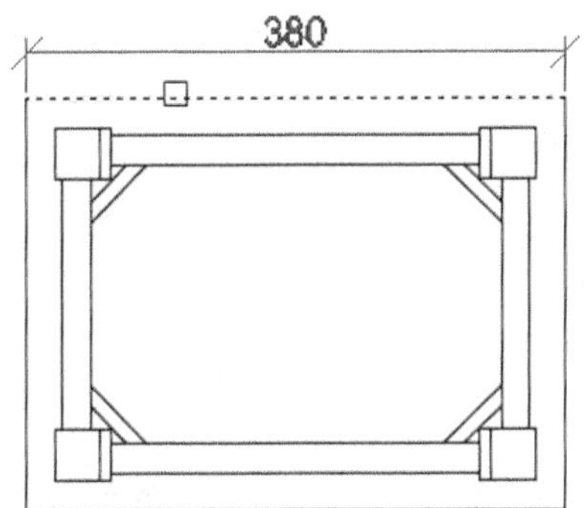

步骤04 单击鼠标选中对象，然后拖曳鼠标选择尺寸线的放置位置，如下图所示。

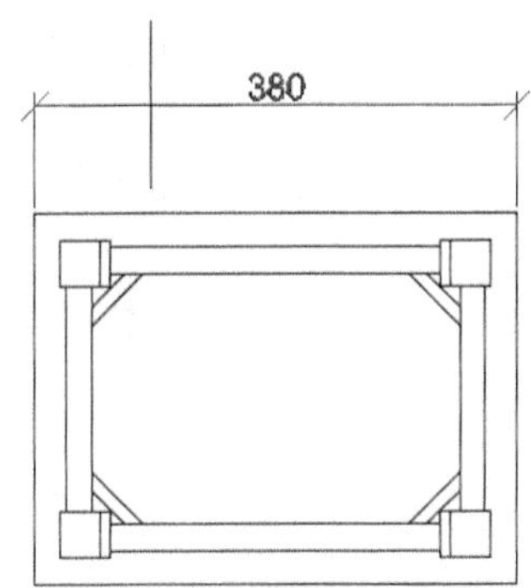

步骤05 确定标注位置后单击，结果如下图所示。

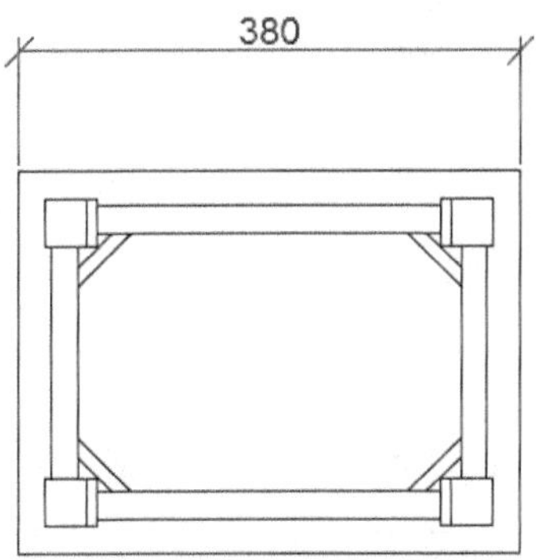

步骤06 重复上述步骤，选择外轮廓的另一条边进行标注，结果如下图所示。

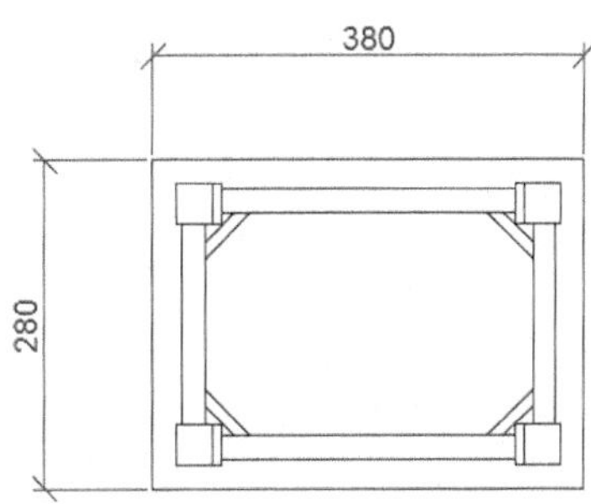

步骤07 继续标注，选择下图所示的端点作为标注的第一点。

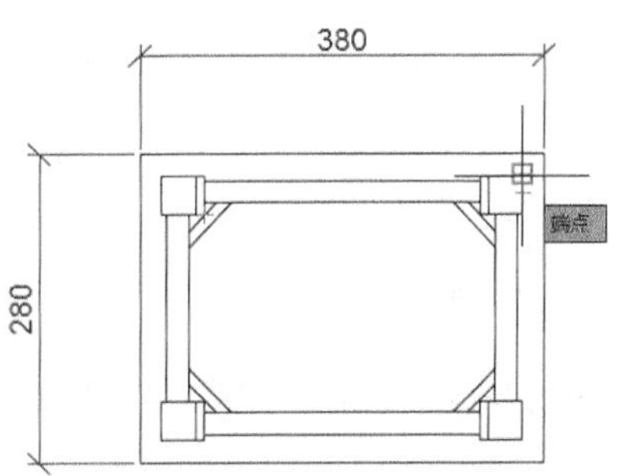

步骤08 捕捉下图所示的节点为标注的第二点。

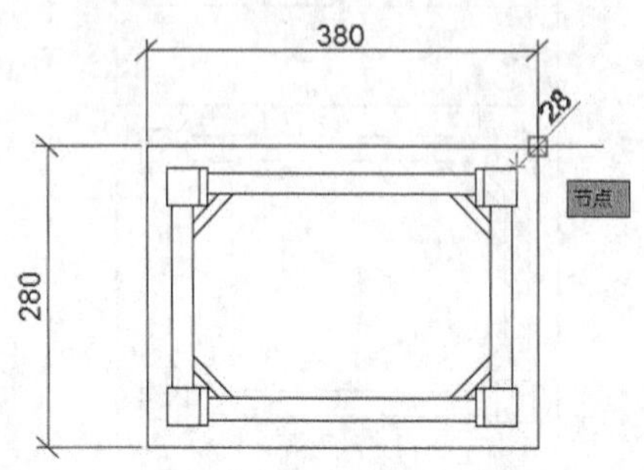

步骤09 向上拖曳鼠标进行线性标注，如下图所示。

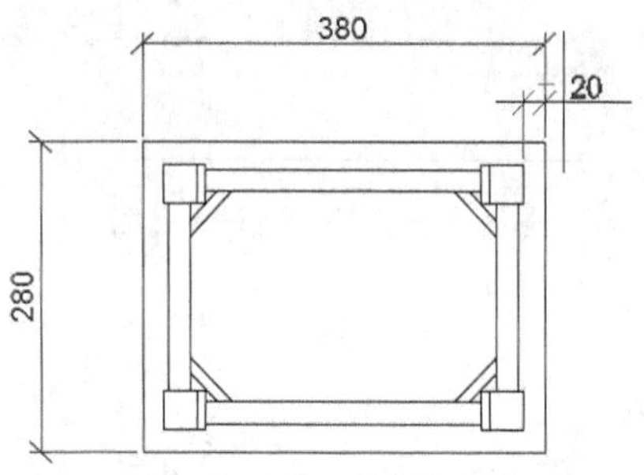

步骤10 在合适的位置单击，结果如下图所示。

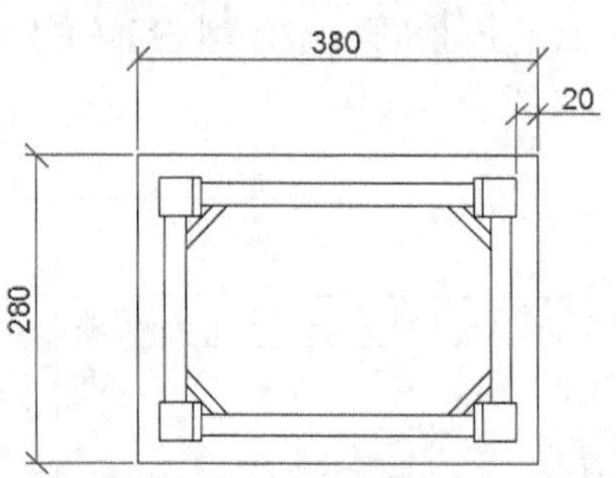

步骤11 重复上述步骤，标注另一个长度为20的尺寸，结果如下图所示。

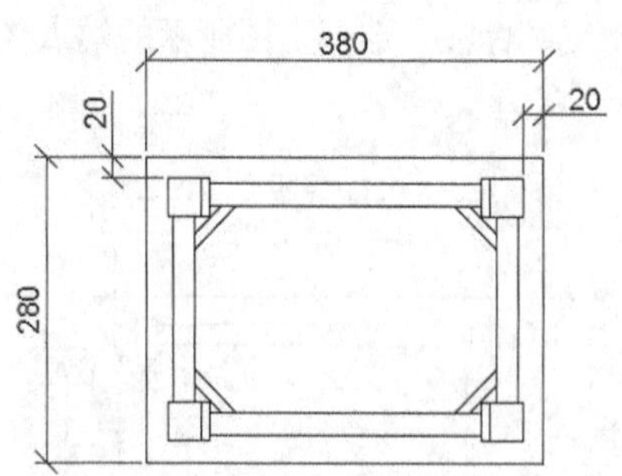

步骤12 继续标注，选择下图所示的中点作为标注的第一点。

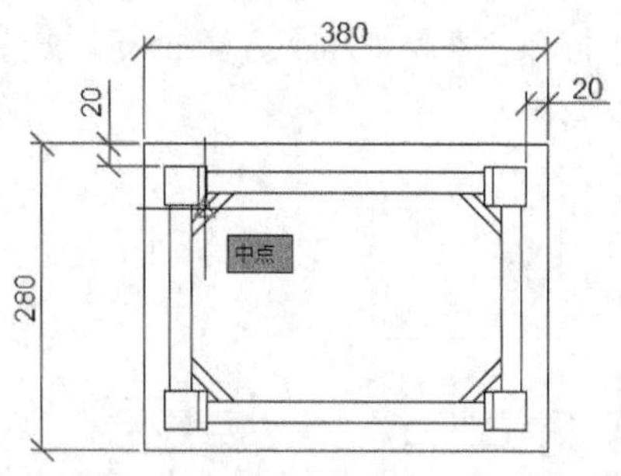

步骤13 捕捉下图所示的另一条斜线的中点为标注的第二点。

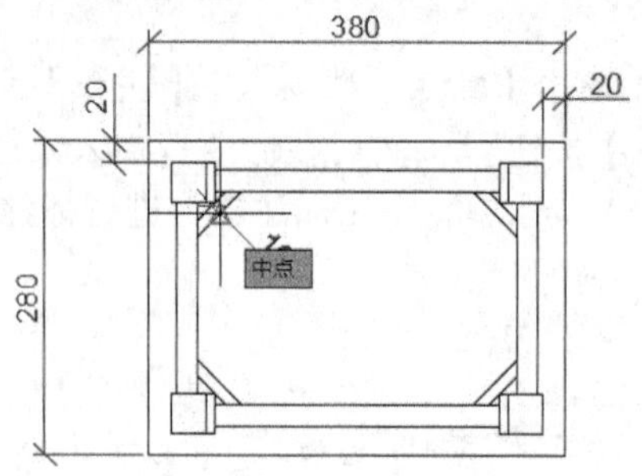

步骤14 沿标注尺寸方向拖曳鼠标进行对齐标注，结果如下图所示。

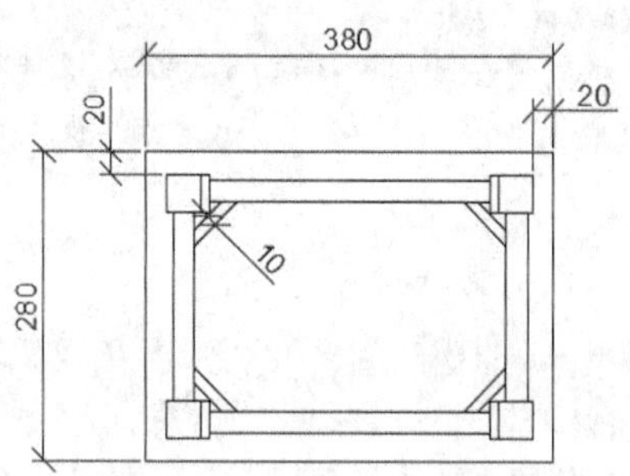

步骤15 在命令行输入“A”进行角度标注，然后选择角度标注的第一条边，如下图所示。

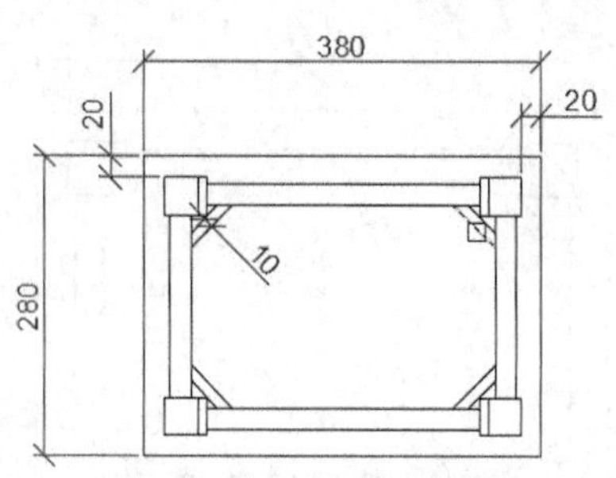

步骤16 选择角度标注的另一条边，如下图所示。

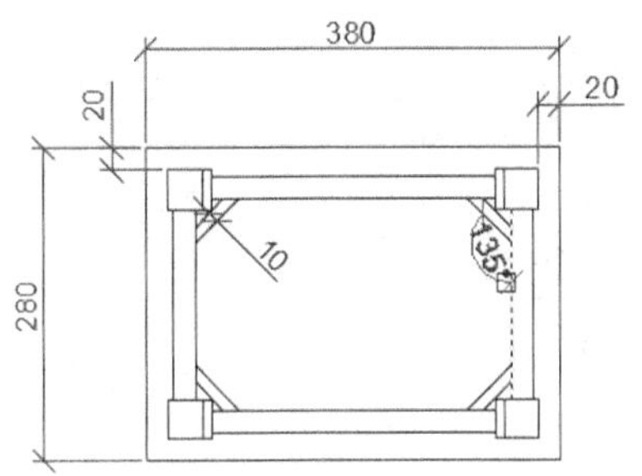

步骤 17 选择合适的位置放置尺寸线，结果如下图所示。

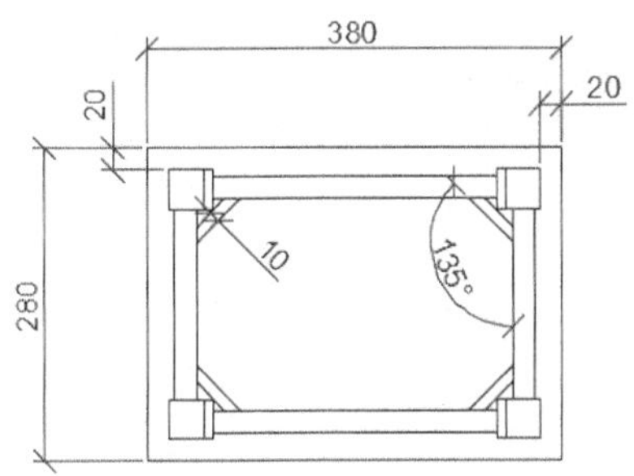

步骤 18 在命令行输入“C”进行连续标注，然后捕捉下图所示的标注的尺寸界线作为第一个尺寸界线原点。

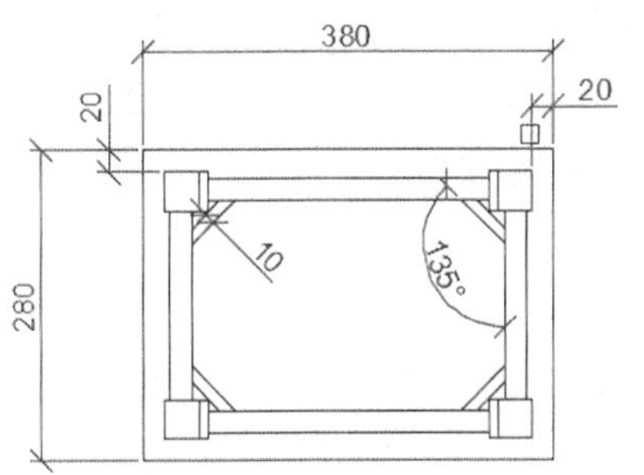

步骤 19 然后捕捉下图所示的端点作为第二个尺寸界线的原点。

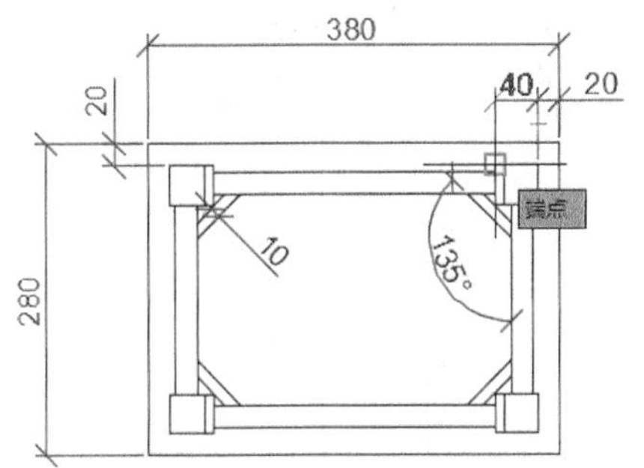

步骤 20 然后捕捉下图所示的端点作为另一条连续标注的第二个尺寸界线的原点。

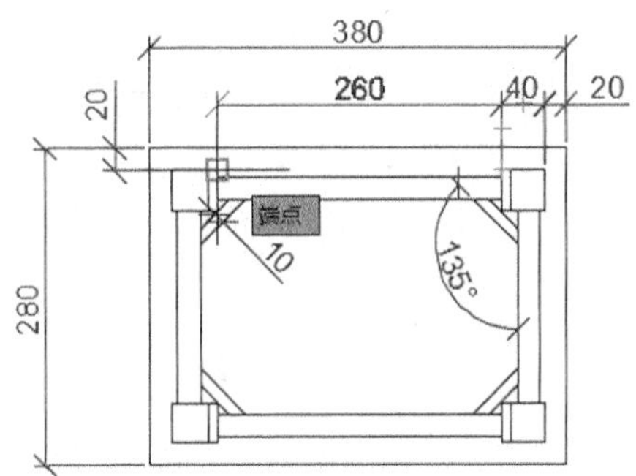

步骤 21 按空格键结束连续标注后结果如下图所示。

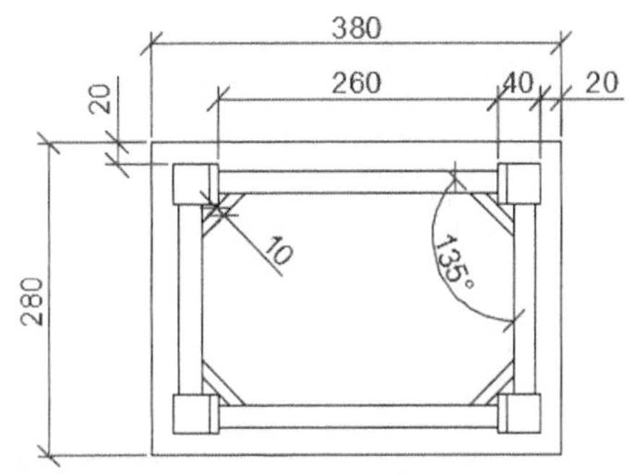

步骤 22 重复连续标注，对另一边也进行连续标注，结果如下图所示。

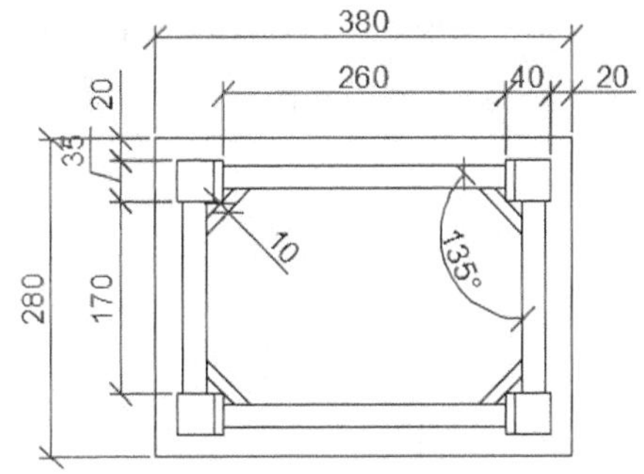

步骤 23 连续按空格键退出连续标注回到【dim】命令的初始状态，然后输入“D”并根据提示设置分发距离。

选择对象或指定第一个尺寸界线原点或 [角度 (A)/ 基线 (B)/ 连续 (C)/ 坐标 (O)/ 对齐 (G)/ 分发 (D)/ 图层 (L)/ 放弃 (U)]: d ↙

当前设置 : 偏移 (DIMDLI) = 3.750000

指定用于分发标注的方法 [相等 (E)/ 偏移 (O)] < 相等 >: o ↙

选择基准标注或 [偏移 (O)]: o ↙

指定偏移距离 <3.750000>: 6 ↙

步骤 24 选择标注为260的尺寸作为基准标注，如下图所示。

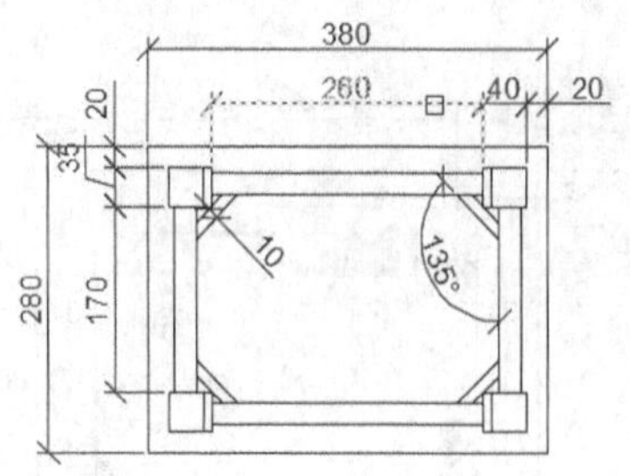

步骤25 选择标注为380的尺寸作为要分发的标注，如下图所示。

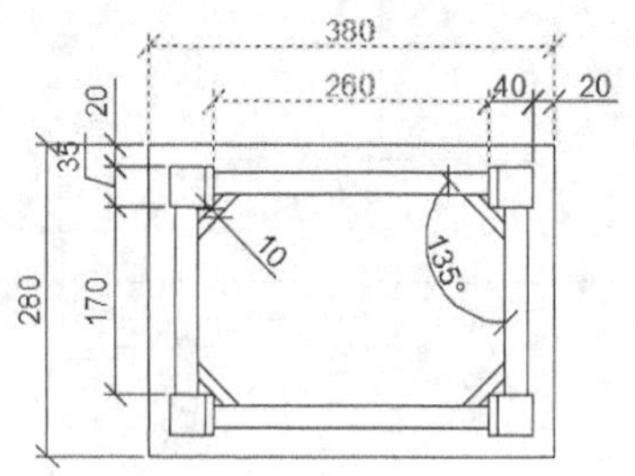

步骤26 按空格键后结果如下图所示。

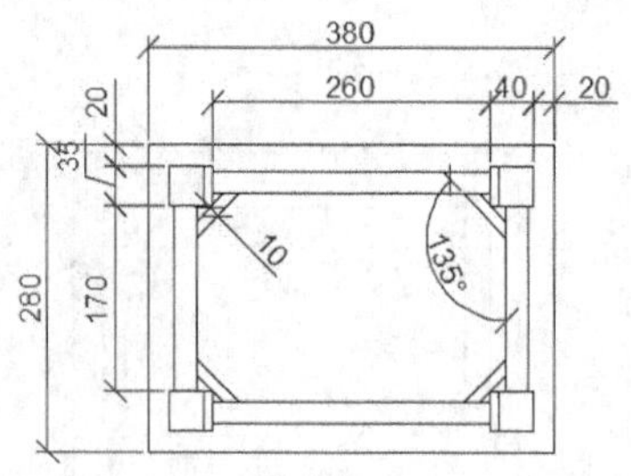

步骤27 重复分发标注，选择标注为170的尺寸作为基准标注，标注为280的尺寸为分发标注，结果如下图所示。

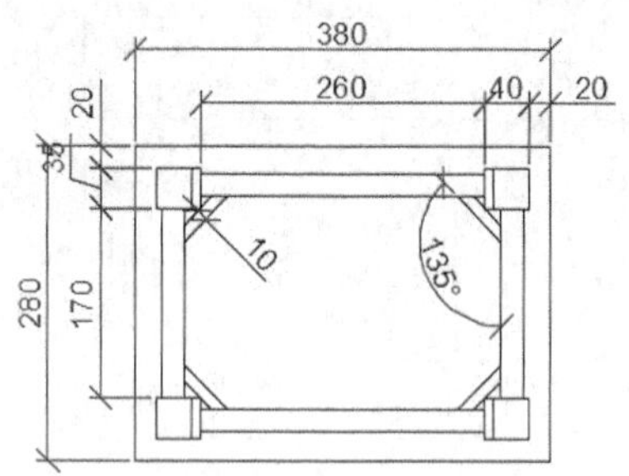

9.3.2 实战演练——标注主视图

上一小节对方凳的仰视图进行了标注，本小节对主视图进行标注，具体操作步骤如下。

步骤01 将鼠标放置到要标注的对象上，单击鼠标选中对象，然后拖曳鼠标选择尺寸线的放置位置，如下图所示。

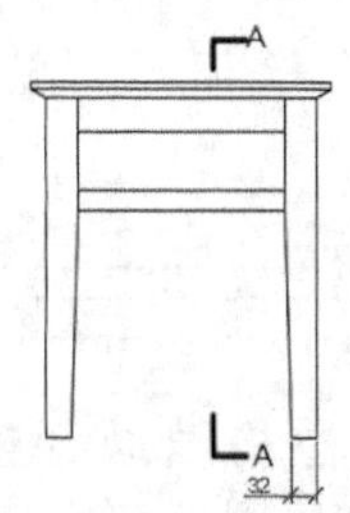

步骤02 继续标注，捕捉两点进行线性标注，结果如下图所示。

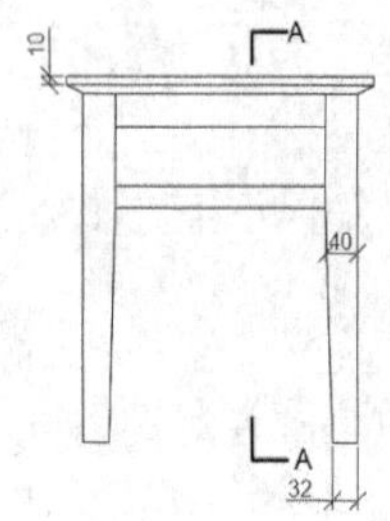

步骤03 然后输入“B”进行基线标注，并捕捉尺寸为10的标注的上尺寸界线为基线的第一个尺寸界线原点，如下图所示。

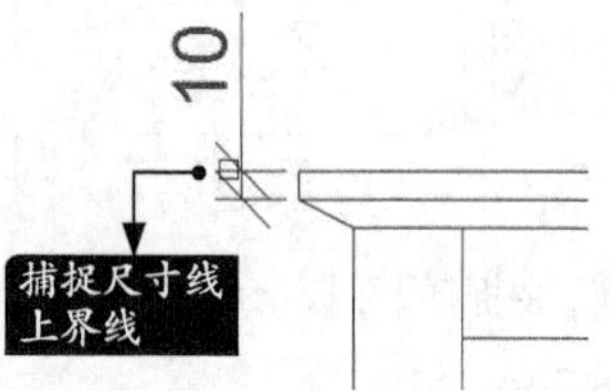

步骤04 捕捉下图所示的端点为第二尺寸界线的原点。

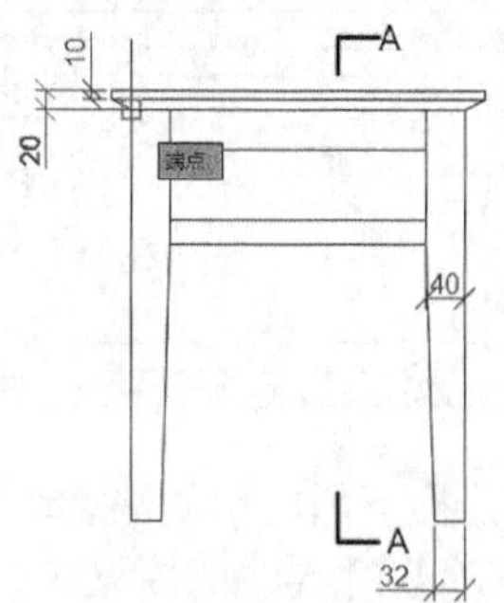

步骤05 继续捕捉下图所示的端点作为下一尺寸线界线的原点。

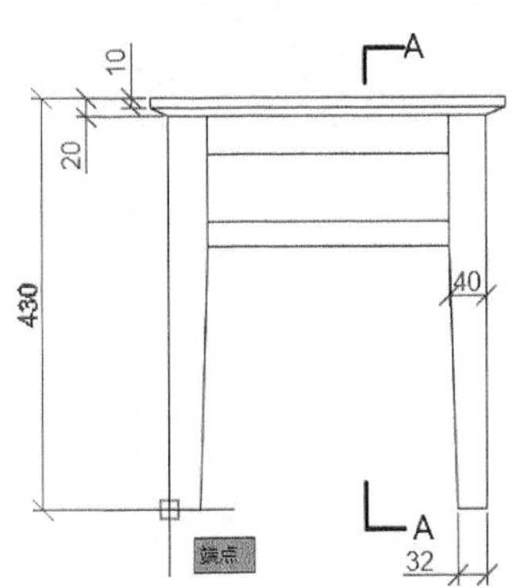

步骤06 标注完成后结果如下图所示。

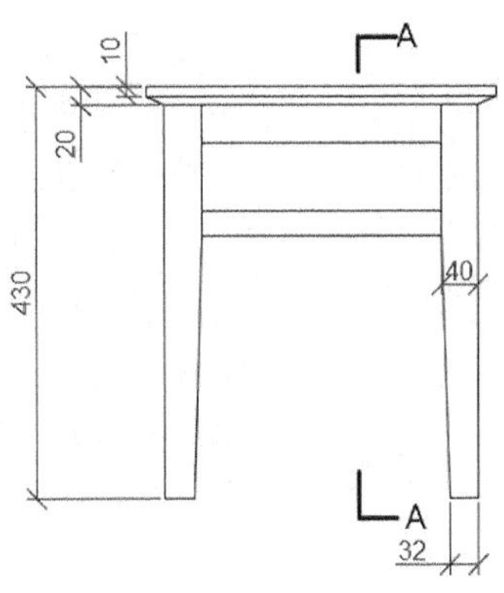

9.3.3 实战演练——调整左视图标注

仰视图和主视图标注完成后，接下来通过智能标注对原来的左视图标注进行调整。

步骤01 退出基础标注回到【dim】命令的初始状态，然后输入“G”进行对齐，选择尺寸为70的标注作为基准标注，如下图所示。

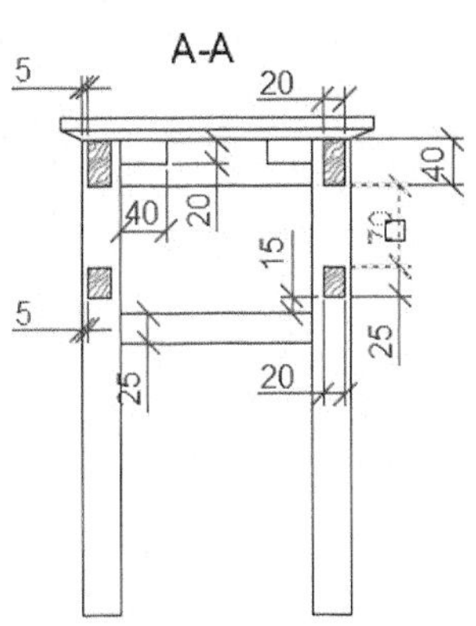

步骤02 选择尺寸为40的标注为要对齐到的标注，如下图所示。

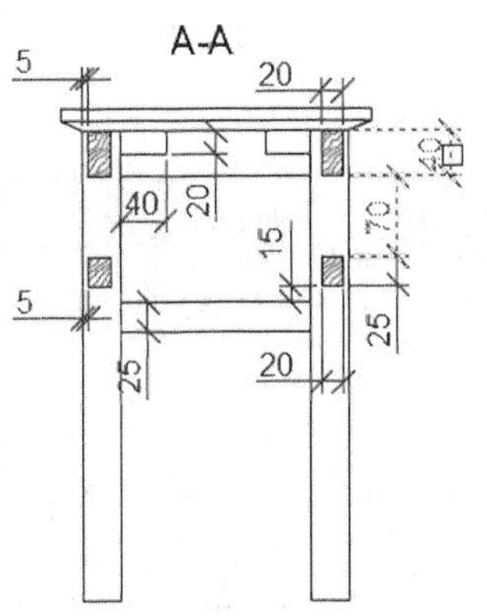

步骤03 按空格键后如下图所示。

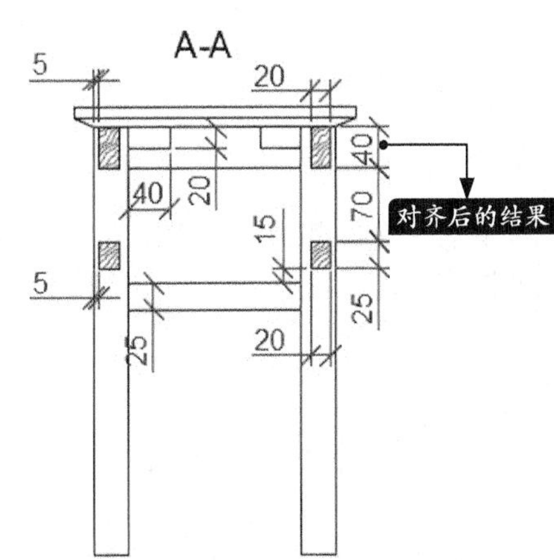

步骤04 重复对齐操作，将尺寸为20的标注和尺寸为5的标注对齐，结果如下图所示。

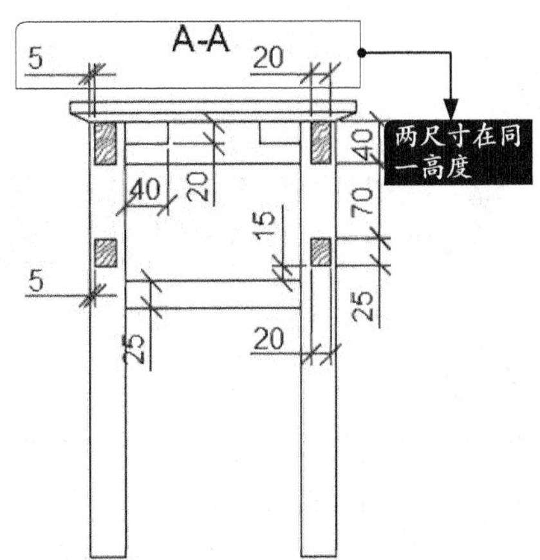

步骤05 在命令行输入“D”并根据提示设置分发距离。

选择对象或指定第一个尺寸界线原点或[角度(A)/基线(B)/连续(C)/坐标(O)/对齐(G)/分发(D)/图层(L)/放弃(U)]:d ↙

当前设置：偏移(DIMDLI)=6.000000

指定用于分发标注的方法[相等(E)/偏移(O)]<相等>:o ↙

选择基准标注或[偏移(O)]:o ↙

指定偏移距离<6.000000>:4 ↙

步骤06 选择标注为20的尺寸作为基准标注，如下图所示。

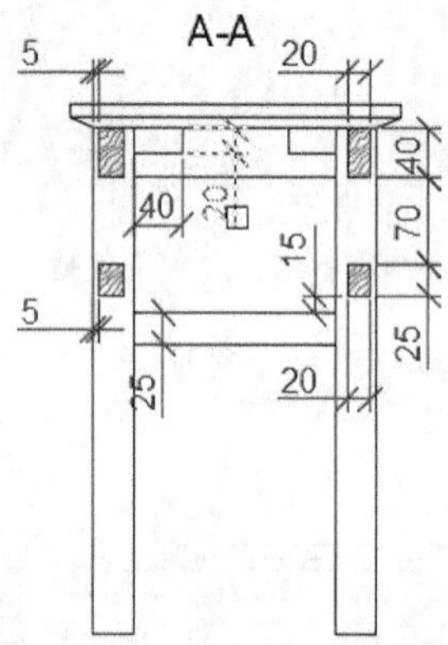

步骤07 选择标注为25和15的尺寸作为要分发的标注，如下图所示。

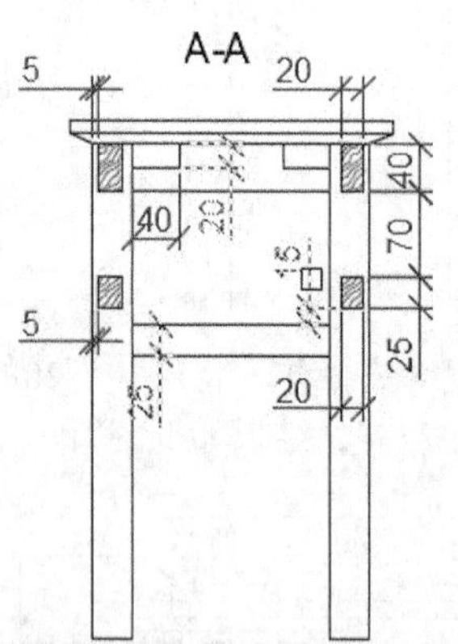

步骤08 按空格键后结果如下图所示。

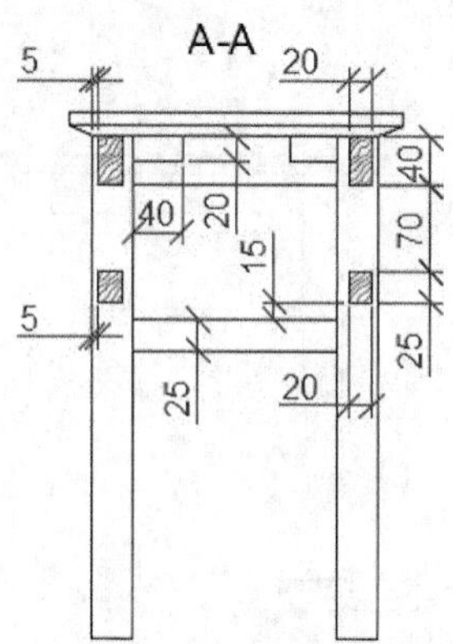

步骤09 按空格键或【Esc】键退出【DIM】命令后结果如下图所示。

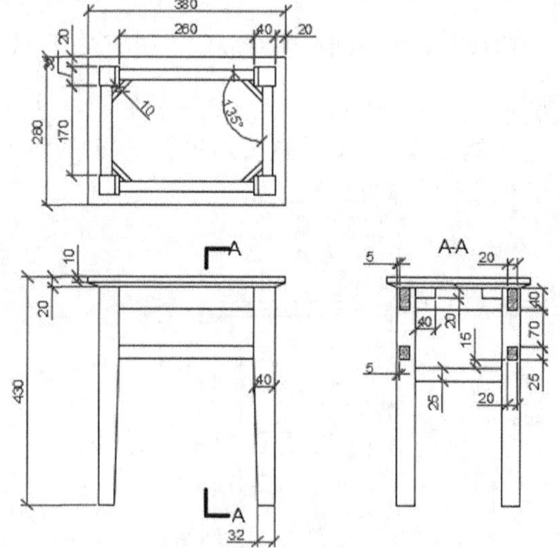

疑难解答

本节视频教程时间：12 分钟

编辑关联性

标注可以是关联的、无关联的或分解的。关联标注根据所测量的几何对象的变化而进行调整。当系统变量DIMASSOC设置为2时，将创建关联标注；当系统变量DIMASSOC设置为1时，将创建非关联标注；当系统变量DIMASSOC设置为0时，将创建已分解的标注。

标注创建完成后，还可以通过【DIMREASSOCIATE】命令对其关联性进行编辑。

下面以编辑线性标注对象为例，对标注关联性的编辑过程进行详细介绍，具体操作步骤如下。

• 添加线性标注

步骤 01 打开“素材\CH09\编辑关联性”文件，如下图所示。

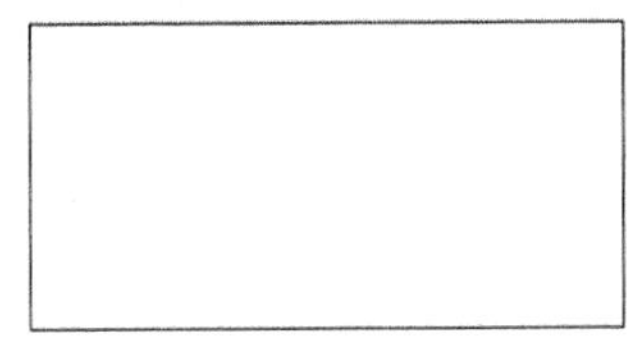

步骤 02 在命令行中将系统变量【DIMASSOC】的新值设置为“1”，命令行提示如下。

```
命令：DIMASSOC
输入 DIMASSOC 的新值 <2>: 1 ↙
```

步骤 03 单击【注释】选项卡➤【标注】面板➤【线性】按钮，对矩形的长边进行标注。

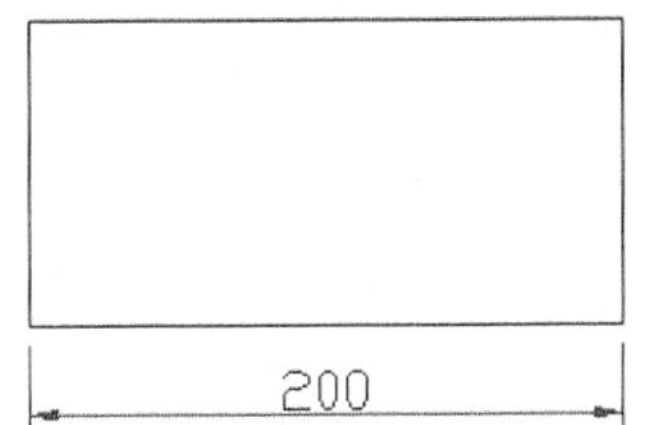

步骤 04 在绘图区域中选择矩形对象，如下图所示。

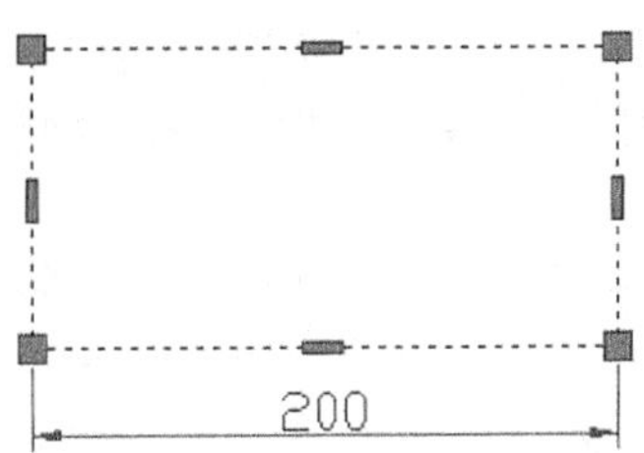

步骤 05 在绘图区域中单击选择下图所示的矩形夹点。

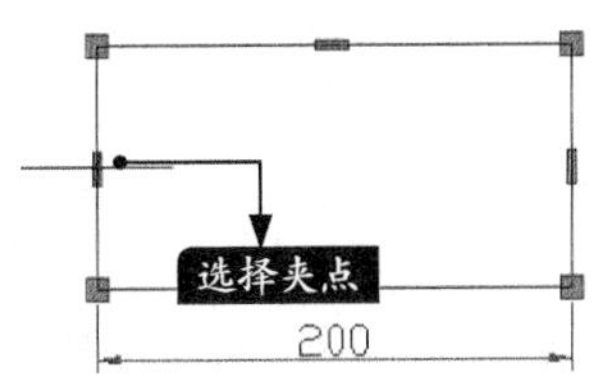

步骤 06 在绘图区域中水平向右拖曳鼠标并单击指定夹点的新位置，如下图所示。

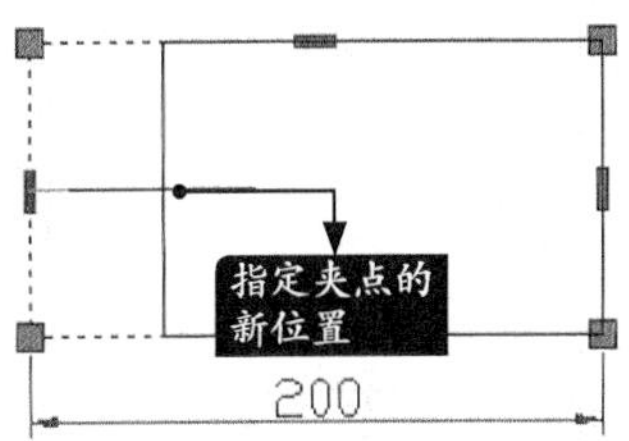

步骤 07 按【Esc】键取消对矩形的选择，结果如下图所示。

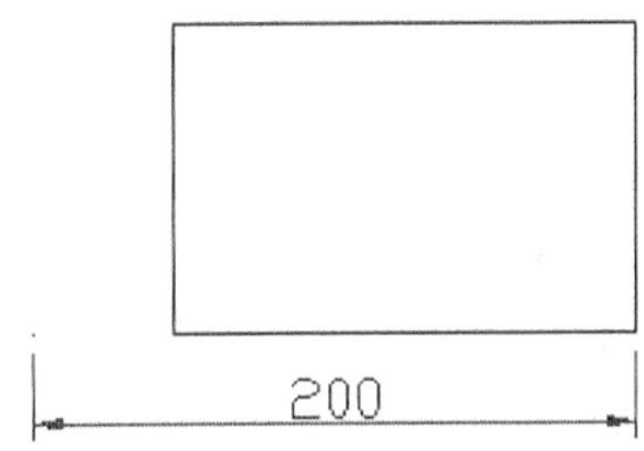

小提示

从上图可以看出，当前所创建的线性标注与矩形对象为非关联状态。

步骤 08 利用【线性】标注命令对矩形的短边进行标注，结果如下图所示。

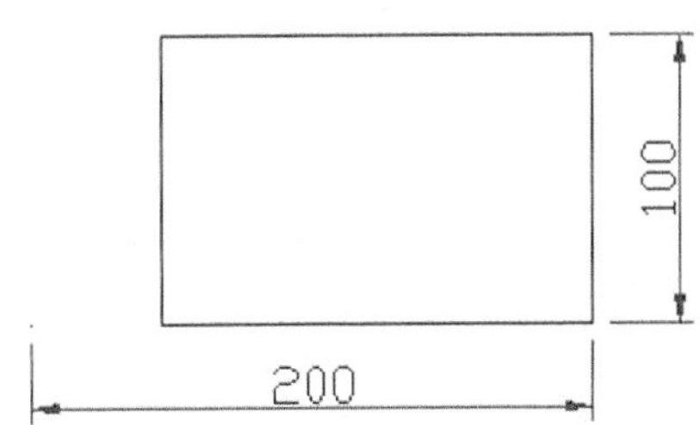

• 创建关联标注

步骤 01 单击【注释】选项卡➤【标注】面板中的【重新关联】按钮，在绘图区域中选择下图所示的标注对象作为编辑对象。

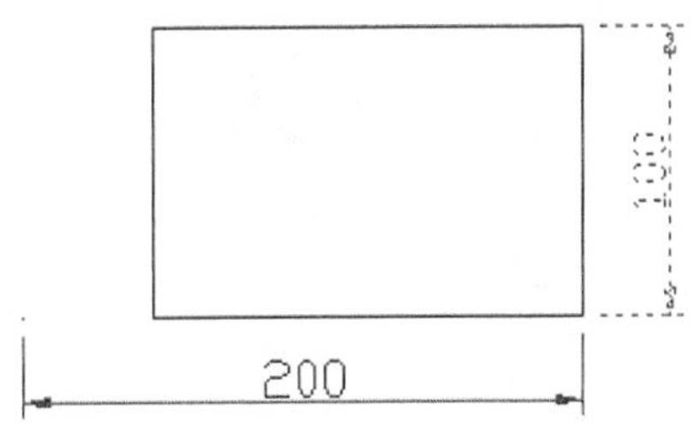

步骤02 按【Enter】键确认后，在绘图区域中捕捉下图所示的端点作为第一个尺寸界线原点。

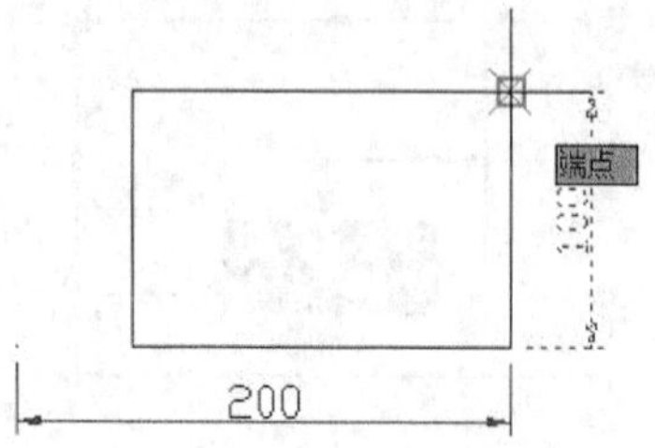

步骤03 在绘图区域中拖曳鼠标并捕捉下图所示端点作为第二个尺寸界线原点。

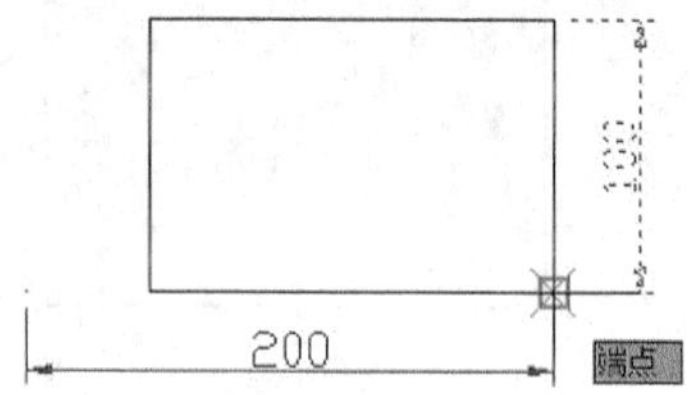

步骤04 结果如下图所示。

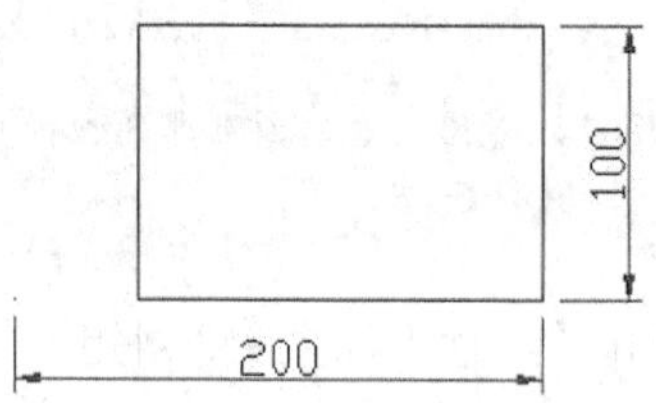

步骤05 在绘图区域中选择矩形对象，如下图所示。

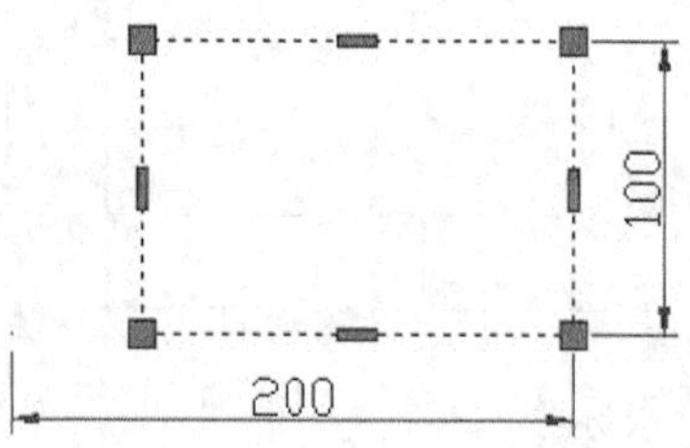

步骤06 在绘图区域中单击选择下图所示的矩形夹点。

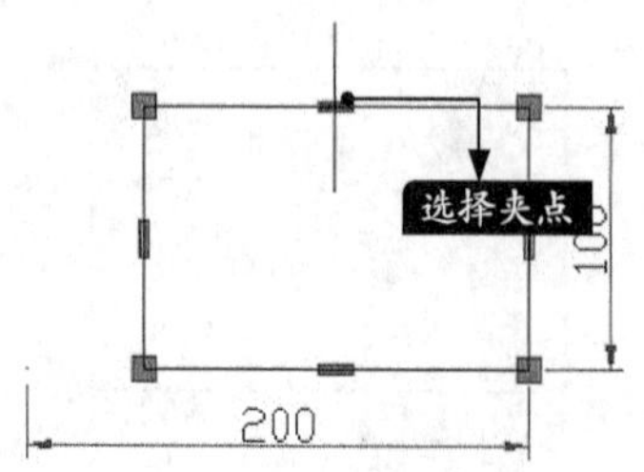

步骤07 在绘图区域中垂直向下拖曳鼠标并单击指定夹点的新位置，如下图所示。

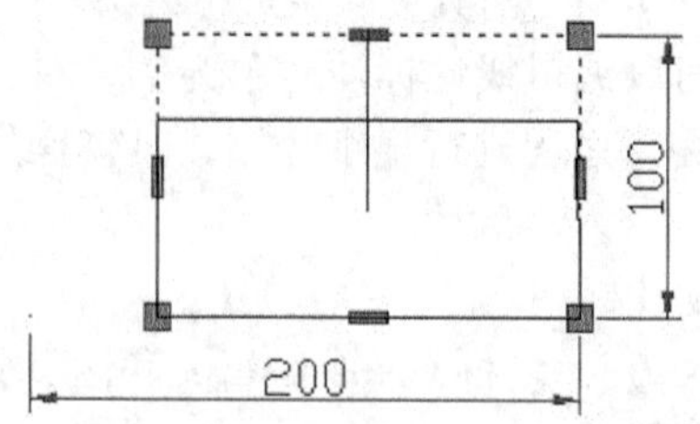

步骤08 按【Esc】键取消对矩形的选择，结果如下图所示。

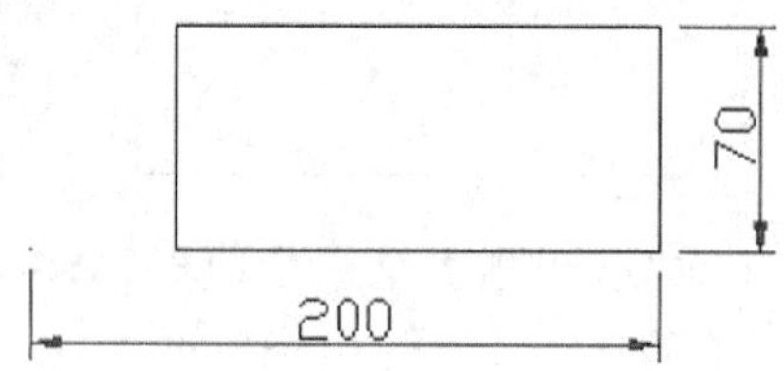

小提示

从上图可以看出，编辑后的线性标注与矩形对象为关联状态。

关联的中心标记和中心线

AutoCAD 2019可以创建圆或圆弧对象关联的中心标记，以及与选定的直线和多段线线段关联的中心线。

步骤01 打开“素材\CH09\中心标记和中心线.dwg”文件，如下图所示。

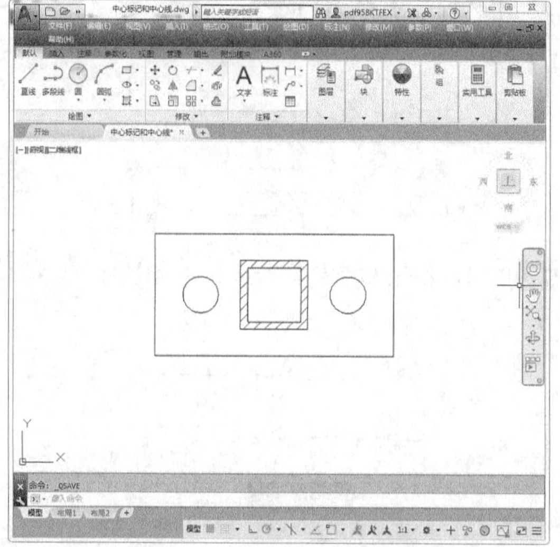

步骤02 单击【注释】选项卡➤【中心线】面板➤【圆心标记】选项。

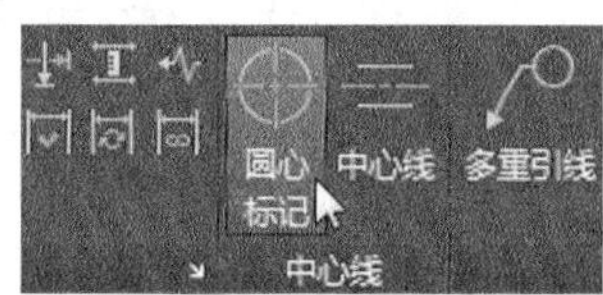

步骤03 选择两个圆，添加圆心标记后结果如下图所示。

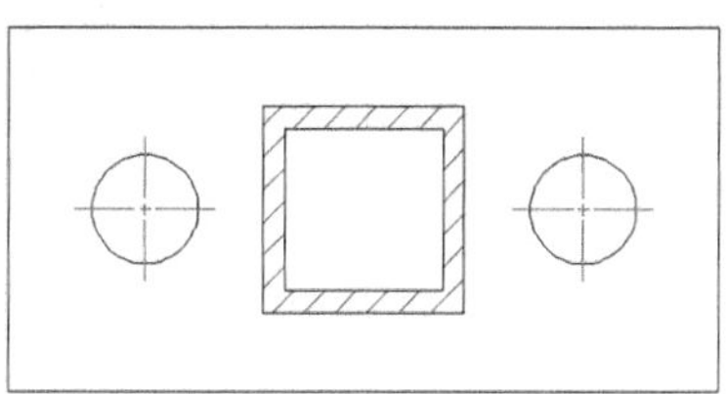

步骤04 单击【注释】选项卡➤【中心线】面板➤【中心线】选项，然后选择大矩形的上侧底边为第一条直线。

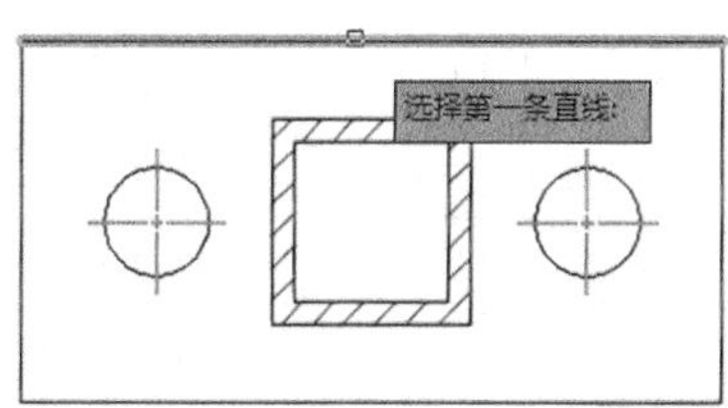

步骤05 选择下侧底边为第二条直线。

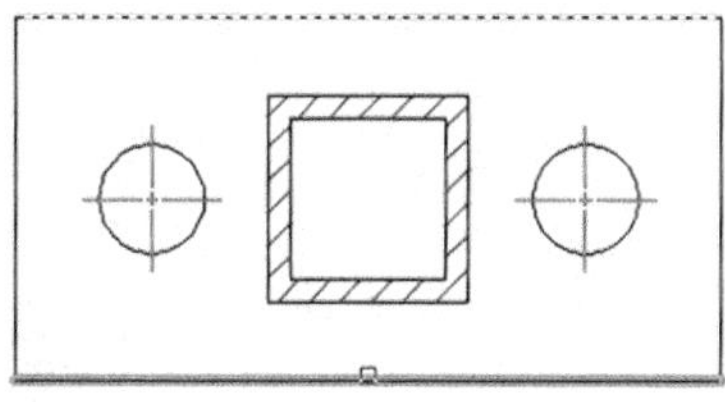

步骤06 添加中心线后如下图所示。

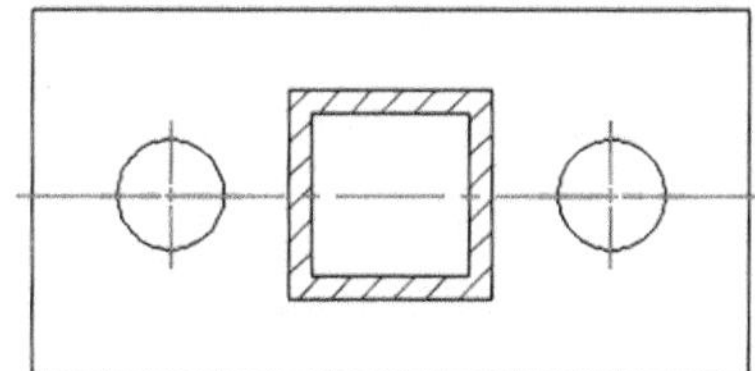

步骤07 重复步骤04~步骤05继续添加中心线，结果如下图所示。

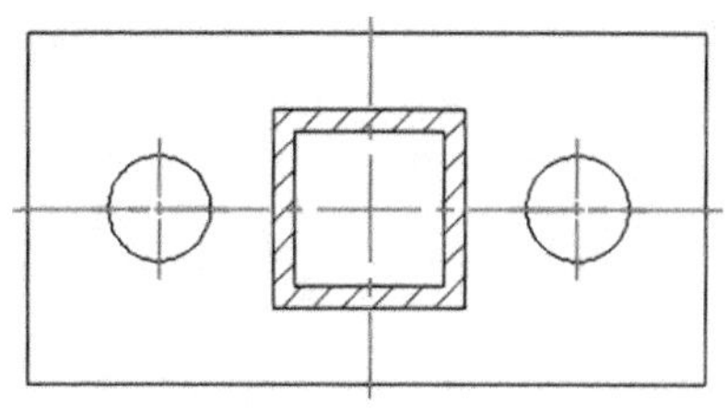

步骤08 如下图所示，按住鼠标左键从右至左选择图形。

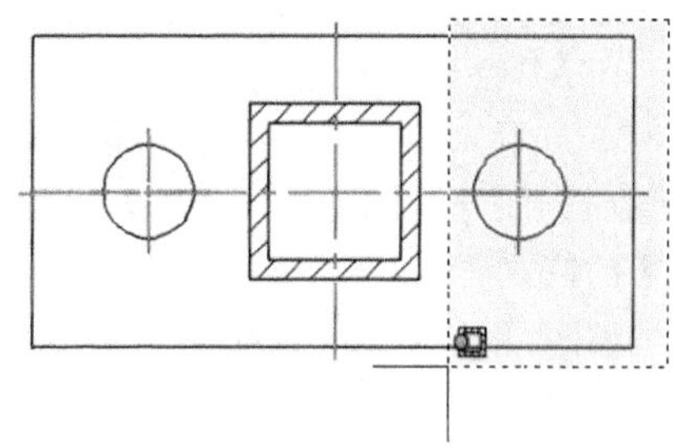

步骤09 按住下图所示的夹点并向右拖曳鼠标。

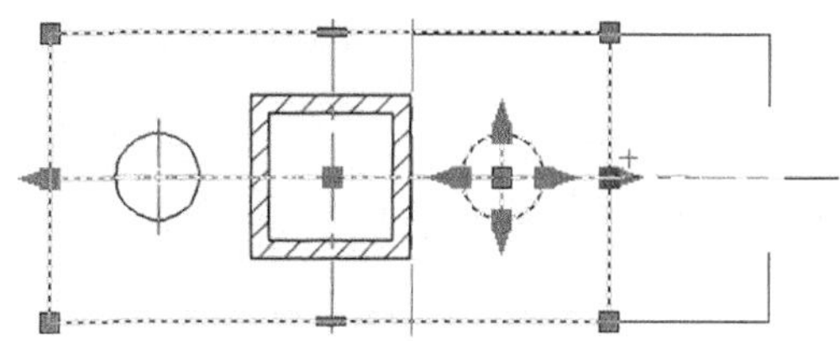

步骤10 在合适的位置放开鼠标，结果如下图所示，新建的中心线跟图形关联，仍然在图形的中心。

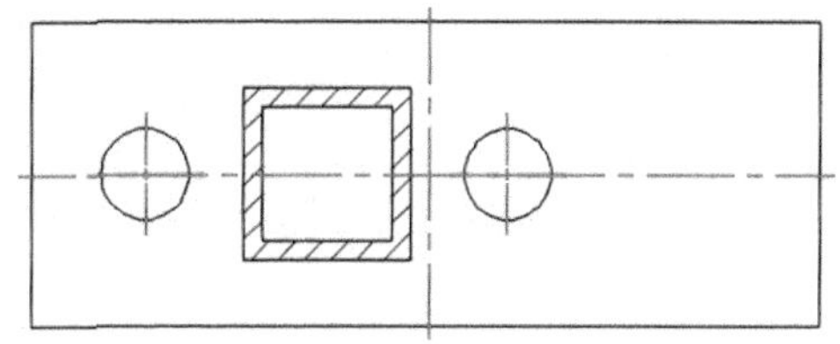

小提示

关联中心标记和中心线是AutoCAD 2019的新增功能，默认创建的中心标记和中心线是和图形关联的。【CENTERDISASSOCIATE】命令可以解除关联，【CENTERREASSOCIATE】命令则可以让解除关联的中心标记或中心线重新关联。例如，上面操作先解除中心线的关联性，然后再进行夹点拉伸，结果如下图所示。

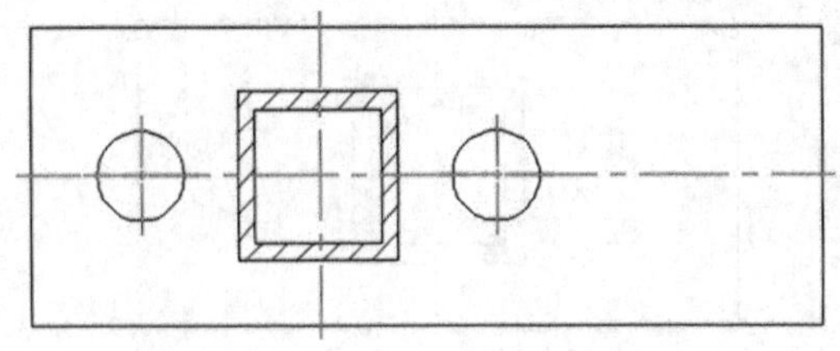

如何仅移动标注文字

在标注过程中，尤其是当标注比较紧凑时，AutoCAD会根据设置自行放置文字的位置，但有些放置未必美观，未必符合绘图者的要求，这时候用户可以通过【仅移动文字】来调节文字的位置。

步骤01 打开“素材\CH09\仅移动标注文字”文件，如下图所示。

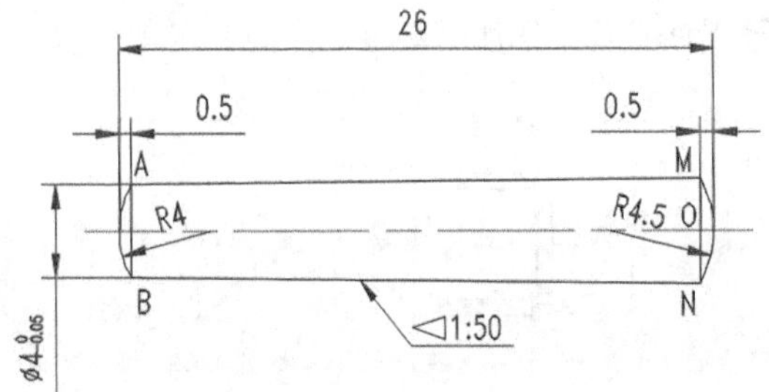

步骤02 单击选中要移动文字的标注，并将鼠标放置到文字旁边的夹点上。

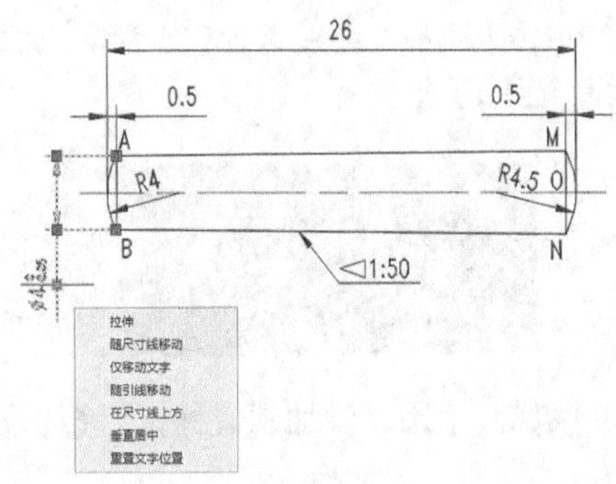

步骤03 在弹出的快捷菜单上选择【仅移动文字】选项，然后拖曳鼠标将文字放置到合适的位置。

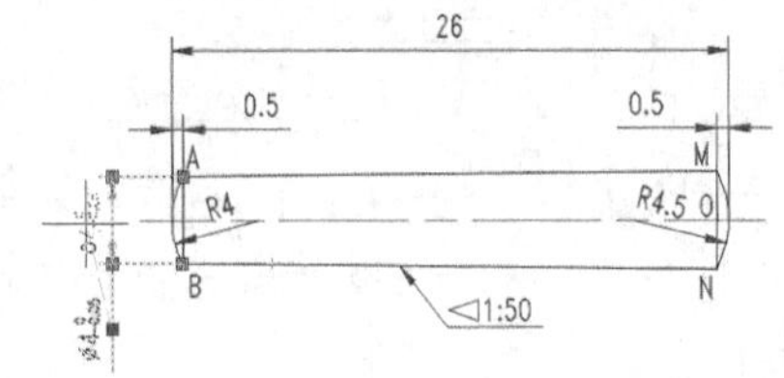

步骤04 按【Esc】键，结果如下图所示。

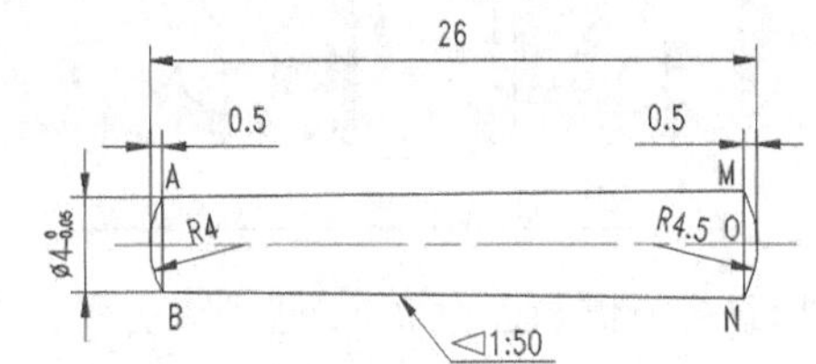

实战练习

绘制以下图形，并计算出阴影部分的面积。

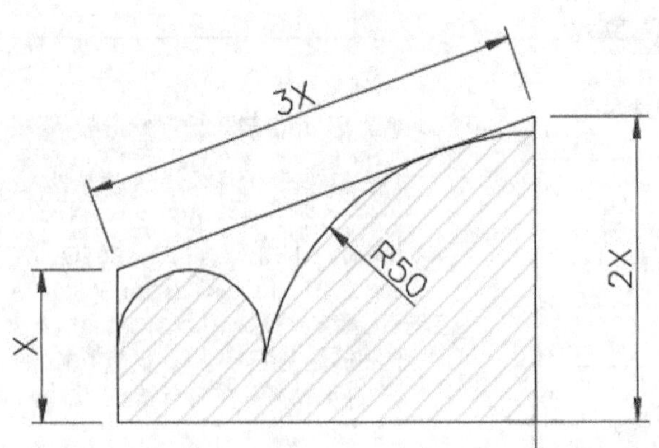

第10章

文字和表格

学习目标

绘图时经常需要对图形进行文本标注和说明。AutoCAD提供了强大的文字和表格功能，可以帮助用户创建文字和表格，以便标注图样的非图信息，使设计和施工人员对图形一目了然。

学习效果

AutoCAD具有良好的用户界面，主要用于二维绘图、详细绘制、设计文档和基本三维设计，用户可以在不断实践的过程中更好的掌握它的各种应用和开发技巧，从而不断提高工作效率。

2016年上半年宣传物料清单		
名称	数量	时间
太阳伞	100	1月
帐篷	300	2月
衣服	120	3月
手提袋	4300	4月
展柜	70	5月
宣传册	45000	6月

10.1 创建文字样式

本节视频教程时间：4 分钟

创建文字样式是进行文字注释的首要任务。在AutoCAD中，文字样式用于控制图形中所使用文字的字体、宽度和高度等参数。在一幅图形中可定义多种文字样式以适应工作的需要。例如，在一幅完整的图纸中，需要定义说明性文字的样式、标注文字的样式和标题文字的样式等。在创建文字注释和尺寸标注时，AutoCAD通常使用当前的文字样式，也可以根据具体要求重新设置文字样式或创建新的样式。

10.1.1 文字样式

1. 命令调用方法

在AutoCAD 2019中调用【文字样式】命令的方法通常有以下3种。

- 选择【格式】➤【文字样式】菜单命令。
- 命令行输入“STYLE/ST”命令并按空格键。
- 单击【默认】选项卡➤【注释】面板➤【文字样式】按钮A。

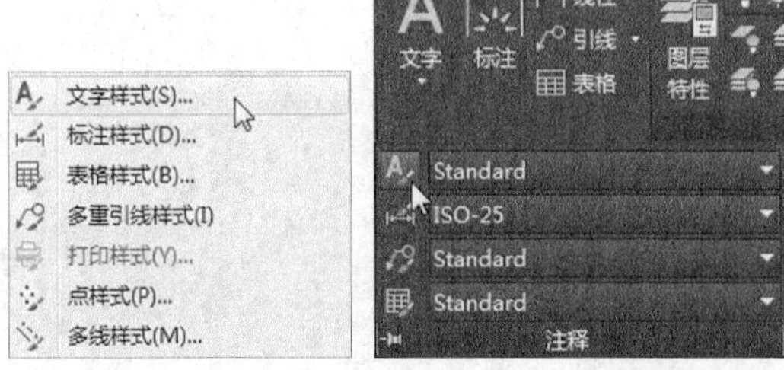

2. 命令提示

调用【文字样式】命令之后，系统会弹出【文字样式】对话框，如下图所示。

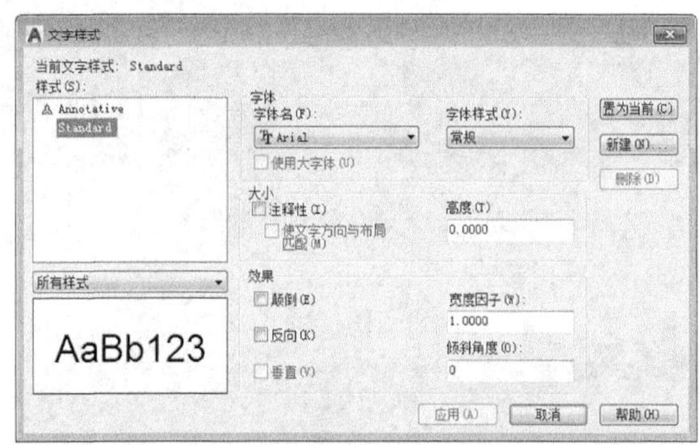

10.1.2 实战演练——创建文字样式

下面将利用【文字样式】对话框创建文字样式，具体操作步骤如下。

步骤 01 选择【格式】➤【文字样式】菜单命令，在弹出的【文字样式】对话框中单击【新建】按钮，弹出【新建文字样式】对话框，将新的文字样式命名为“新建文字样式”，如下图所示。

步骤 02 单击【确定】按钮后返回【文字样式】对话框，在【样式】栏下多了一个新样式名称“新建文字样式”，如下图所示。

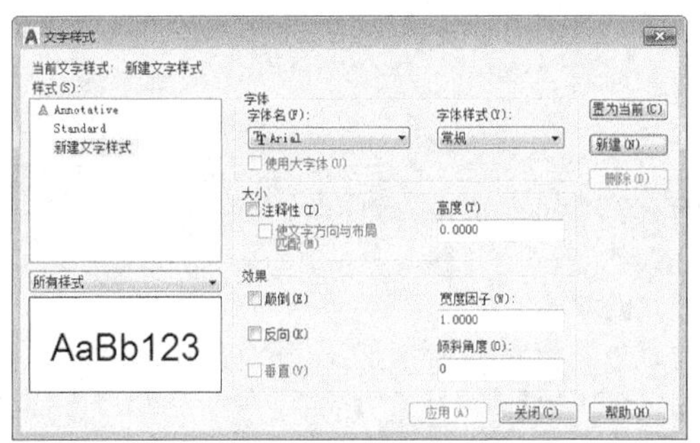

步骤 03 选中“新建文字样式”，单击【字体名】下拉列表，选择“仿宋”，如下图所示。

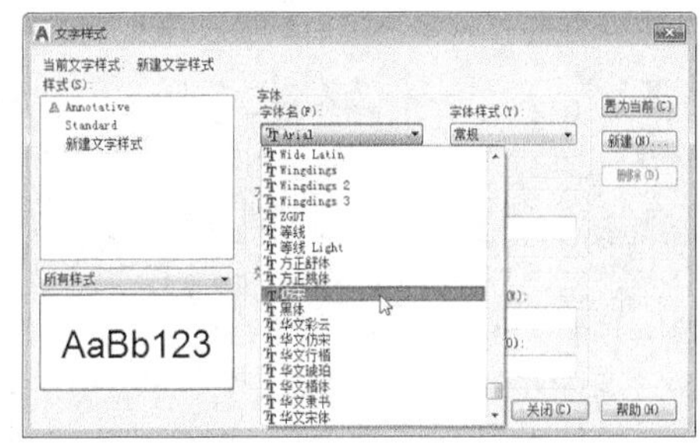

步骤 04 在【倾斜角度】一栏中输入“30”，并单击【应用】按钮，如下图所示。

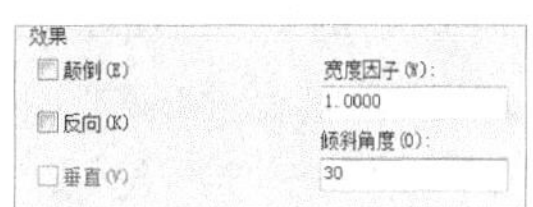

步骤 05 单击【置为当前】按钮，把“新建文字样式”设置为当前样式。

10.2 输入与编辑单行文字

本节视频教程时间：11 分钟

可以使用单行文字命令创建一行或多行文字，在创建多行文字的时候，通过按【Enter】键来结束每一行。其中，每行文字都是独立的对象，可对其进行重定位、调整格式或进行其他修改。

10.2.1 单行文字

1. 命令调用方法

在AutoCAD 2019中调用【单行文字】命令的方法通常有以下4种。

- 选择【绘图】➤【文字】➤【单行文字】菜单命令。
- 命令行输入“TEXT/DT”命令并按空格键。
- 单击【默认】选项卡➤【注释】面板➤【单行文字】按钮A。
- 单击【注释】选项卡➤【文字】面板➤【单行文字】按钮A。

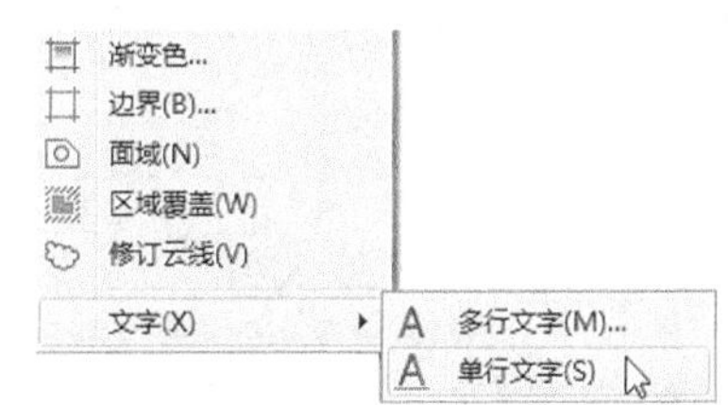

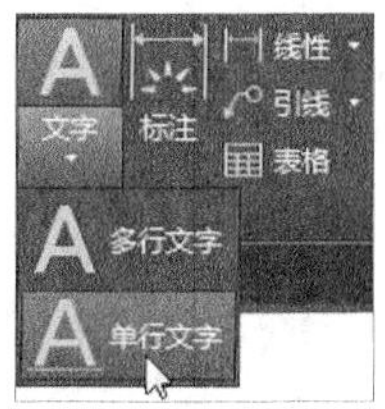

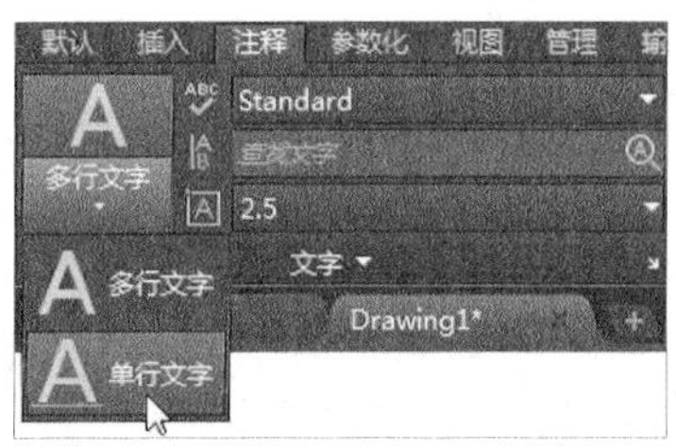

2. 命令提示

调用【单行文字】命令之后，命令行会进行如下提示。

命令：_text
当前文字样式："Standard" 文字高度：2.5000 注释性：否 对正：左
指定文字的起点 或 [对正(J)/样式(S)]:

输入"J"并按【Enter】键之后，命令行会进行如下提示。

输入选项 [左(L)/居中(C)/右(R)/对齐(A)/中间(M)/布满(F)/左上(TL)/中上(TC)/右上(TR)/左中(ML)/正中(MC)/右中(MR)/左下(BL)/中下(BC)/右下(BR)]:

3. 知识点扩展

命令行中各选项的含义如下。

- 对正（J）：控制文字的对正方式。
- 样式（S）：指定文字样式。
- 左(L)：在由用户给出的点指定的基线上左对正文字。
- 居中(C)：从基线的水平中心对齐文字，此基线是由用户给出的点指定的。
- 右(R)：在由用户给出的点指定的基线上右对正文字。
- 对齐(A)：通过指定基线端点来指定文字的高度和方向。
- 中间(M)：文字在基线的水平中点和指定高度的垂直中点上对齐。
- 布满(F)：指定文字按照由两点定义的方向和一个高度值布满一个区域。只适用于水平方向的文字。
- 左上(TL)：在指定为文字顶点的点上左对正文字。只适用于水平方向的文字。
- 中上(TC)：以指定为文字顶点的点居中对正文字。只适用于水平方向的文字。
- 右上(TR)：以指定为文字顶点的点右对正文字。只适用于水平方向的文字。
- 左中(ML)：在指定为文字中间点的点上靠左对正文字。只适用于水平方向的文字。
- 正中(MC)：在文字的中央水平和垂直居中对正文字。只适用于水平方向的文字。
- 右中(MR)：以指定为文字的中间点的点右对正文字。只适用于水平方向的文字。
- 左下(BL)：以指定为基线的点左对正文字。只适用于水平方向的文字。
- 中下(BC)：以指定为基线的点居中对正文字。只适用于水平方向的文字。
- 右下(BR)：以指定为基线的点靠右对正文字。只适用于水平方向的文字。

10.2.2 实战演练——创建单行文字对象

下面将利用【单行文字】命令创建单行文字对象，具体操作步骤如下。

步骤01 选择【绘图】➤【文字】➤【单行文字】菜单命令，在命令行提示下输入文字的对正参数"J"并按【Enter】键确认，然后在命令行中输入文字的对齐方式"L"后按【Enter】键，在绘图区域单击指定文字的左对齐点。

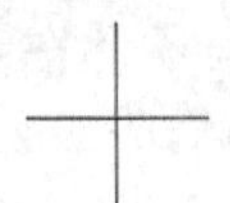

步骤02 在命令行中设置文字的高度为"50"，旋转角度为"20"，并在绘图区域中输入文字内容"努力学习中文版AutoCAD 2019"后按【Enter】键换行，继续按【Enter】键结束命令，结果如下图所示。

10.2.3 编辑单行文字

1. 命令调用方法

在AutoCAD 2019中调用编辑单行文字命令的方法通常有以下4种。

- 选择【修改】➤【对象】➤【文字】➤【编辑】菜单命令。
- 命令行输入“TEXTEDIT/DDEDIT/ED”命令并按空格键。
- 选择文字对象，在绘图区域中单击鼠标右键，然后在快捷菜单中选择【编辑】命令。
- 在绘图区域双击文字对象。

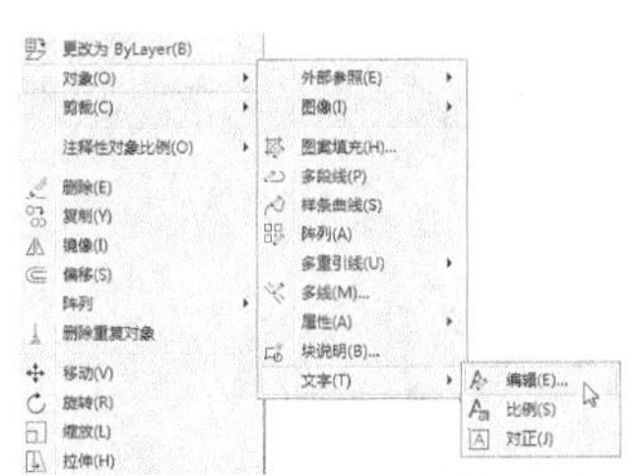

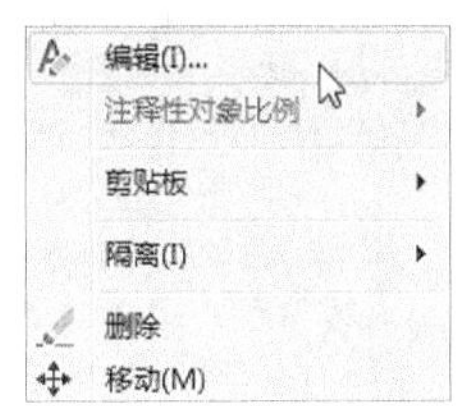

2. 命令提示

调用【TEXTEDIT】命令之后，命令行会进行如下提示。

```
命令：TEXTEDIT
当前设置：编辑模式 = Multiple
选择注释对象或 [ 放弃 (U)/ 模式 (M)]:
```

10.2.4 实战演练——编辑单行文字对象

下面将利用文字【编辑】命令对单行文字对象进行编辑操作，具体操作步骤如下。

步骤 01 打开“素材\CH10\编辑单行文字.dwg”文件，如下图所示。

AutoCAD 2019的学习目标是什么？

步骤 02 选择【修改】➤【对象】➤【文字】➤【编辑】菜单命令，在绘图区域中选择下图所示的文字对象进行编辑。

AutoCAD 2019的学习目标是什么？

步骤 03 在绘图区域输入新的文字“AutoCAD 2019的学习目标是能够独立完成设计工作”并按【Enter】键确认，结果如下图所示。

AutoCAD 2019的学习目标是能够独立完成设计工作

10.3 输入与编辑多行文字

本节视频教程时间：7 分钟

多行文字又称为段落文字，这是一种更易于管理的文字对象，可以由两行以上的文字组成，而且文字作为一个整体处理。

10.3.1 多行文字

1. 命令调用方法

在AutoCAD 2019中调用【多行文字】命令的方法通常有以下4种。

- 选择【绘图】➤【文字】➤【多行文字】菜单命令。
- 命令行输入“MTEXT/T”命令并按空格键。
- 单击【默认】选项卡➤【注释】面板➤【多行文字】按钮A。
- 单击【注释】选项卡➤【文字】面板➤【多行文字】按钮A。

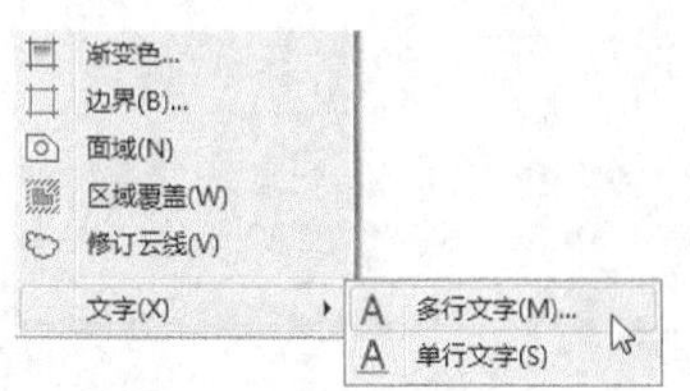

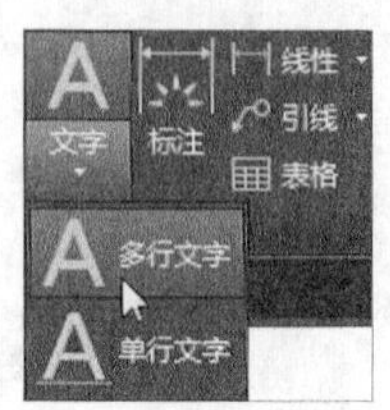

2. 命令提示

调用【多行文字】命令之后，命令行会进行如下提示。

```
命令：_mtext
当前文字样式："Standard" 文字高度：2.5 注释性：否
指定第一角点：
```

10.3.2 实战演练——创建多行文字对象

下面将利用【多行文字】命令创建多行文字对象，具体操作步骤如下。

步骤 01 选择【绘图】➤【文字】➤【多行文字】菜单命令，在绘图区域单击指定第一角点，如下图所示。

步骤 02 在绘图区域拖曳鼠标并单击指定对角点，如下图所示。

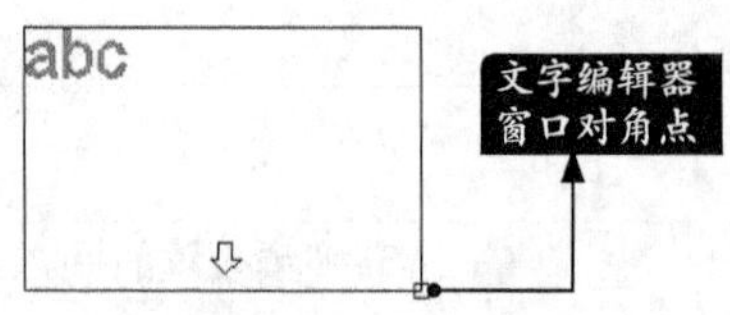

步骤 03 指定输入区域后，AutoCAD自动弹出【文字编辑器】窗口，如下图所示。

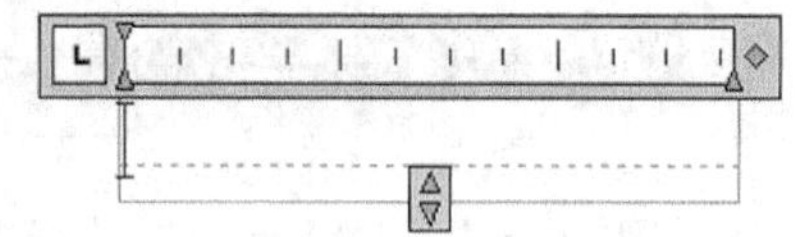

步骤 04 输入文字的内容并更改文字大小为“5”，如下图所示。

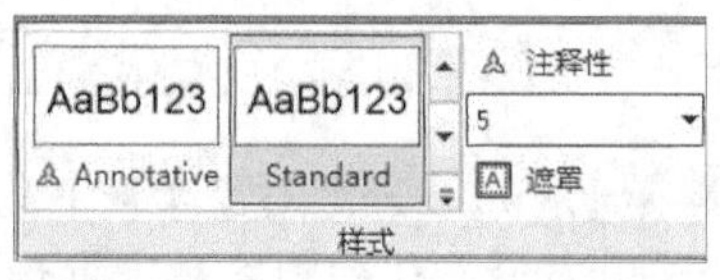

步骤 05 单击【关闭文字编辑器】按钮 关闭文字编辑器，结果如下图所示。

AutoCAD是一款自动计算机
辅助设计软件，可以用于绘
制二维制图和基本三维设计，
在全球被广泛使用。

10.3.3 编辑多行文字

命令调用方法

在AutoCAD 2019中调用【编辑多行文字】命令的方法通常有4种，除了下面介绍的1种方法之外，其余3种方法均与编辑单行文字的命令调用方法相同。

- 选择文字对象，在绘图区域中单击鼠标右键，然后在快捷菜单中选择【编辑多行文字】命令。

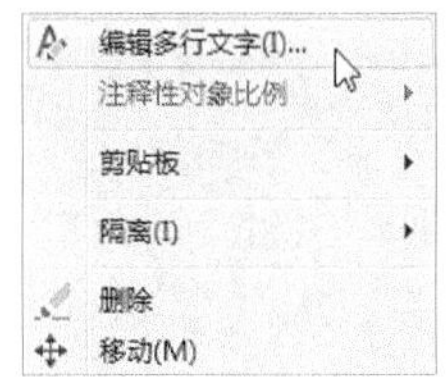

10.3.4 实战演练——编辑多行文字对象

下面将利用【编辑多行文字】命令对多行文字对象进行编辑操作，具体操作步骤如下。

步骤01 打开“素材\CH10\编辑多行文字.dwg”文件，如下图所示。

AutoCAD具有良好的用户界面，主要用于二维绘图、详细绘制、设计文档和基本三维设计，用户可以在不断实践的过程中更好的掌握它的各种应用和开发技巧，从而不断提高工作效率。

步骤02 双击文字，弹出【文字编辑器】窗口，如下图所示。

AutoCAD具有良好的用户界面，主要用于二维绘图、详细绘制、设计文档和基本三维设计，用户可以在不断实践的过程中更好的掌握它的各种应用和开发技巧，从而不断提高工作效率。

步骤03 选中文字后，更改文字大小为“5”，字体类型为“华文行楷”，如下图所示。

步骤04 大小和字体修改后，再单独选中“AutoCAD”，如下图所示。

AutoCAD具有良好的用户界面，主要用于二维绘图、详细绘制、设计文档和基本三维设计，用户可以在不断实践的过程中更好的掌握它的各种应用和开发技巧，从而不断提高工作效率。

步骤05 单击【颜色】下拉列表，选择“蓝色”，如下图所示。

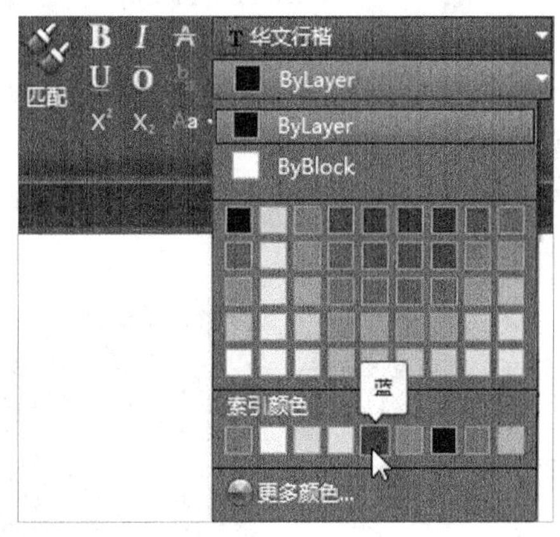

步骤06 修改完成后，单击【关闭文字编辑器】按钮，结果如下图所示。

AutoCAD具有良好的用户界面，主要用于二维绘图、详细绘制、设计文档和基本三维设计，用户可以在不断实践的过程中更好的掌握它的各种应用和开发技巧，从而不断提高工作效率。

10.4 创建表格

本节视频教程时间：16 分钟

表格是在行和列中包含数据的对象，通常可以从空表格或表格样式创建表格对象。

表格使用行和列以一种简洁清晰的形式提供信息，常用于一些组件的图形中。表格样式用于控制一个表格的外观，用于保证标准的字体、颜色、文本、高度和行距。用户可以使用默认的表格样式，也可以根据需要自定义表格样式。

10.4.1 表格样式

表格的外观由表格样式控制，用户可以使用默认表格样式，也可以创建自己的表格样式。

在创建新的表格样式时，可以指定一个起始表格。起始表格是图形中用作设置新表格样式的样例表格。一旦选定表格，用户即可指定要从此表格复制到表格样式的结构和内容。

1. 命令调用方法

在AutoCAD 2019中调用【表格样式】命令的方法通常有以下4种。

- 选择【格式】➤【表格样式】菜单命令。
- 命令行输入“TABLESTYLE/TS”命令并按空格键。
- 单击【默认】选项卡➤【注释】面板➤【表格样式】按钮。
- 单击【注释】选项卡➤【表格】面板右下角的 ↘ 按钮。

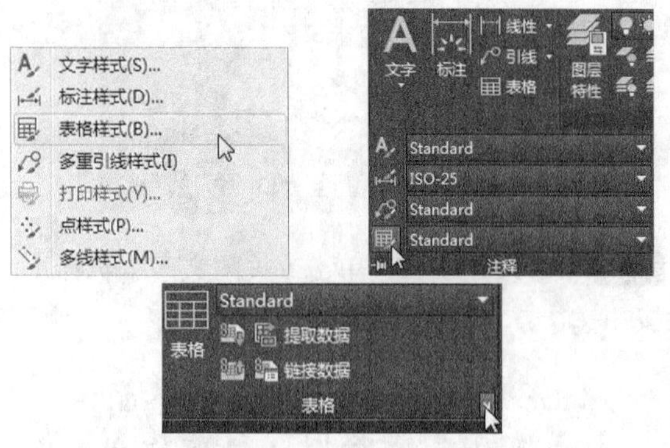

2. 命令提示

调用【表格样式】命令之后，系统会弹出【表格样式】对话框，如下图所示。

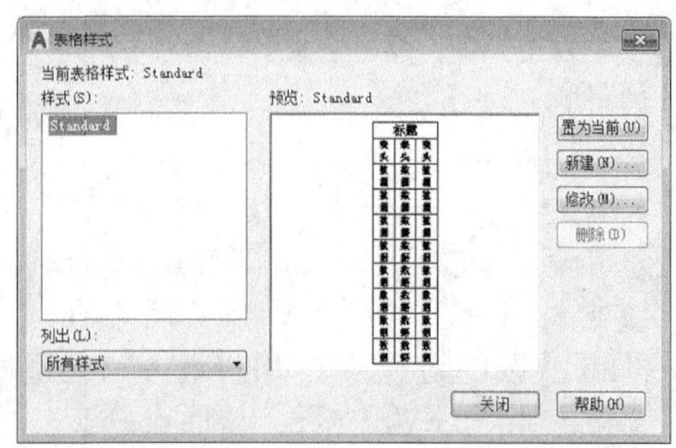

10.4.2 实战演练——创建表格样式

下面将利用【表格样式】对话框创建一个新的表格样式，具体操作步骤如下。

步骤01 选择【格式】➤【表格样式】菜单命令，在弹出的【表格样式】对话框中单击【新建】按钮，弹出【创建新的表格样式】对话框，输入新表格样式的名称为“新建表格样式”。

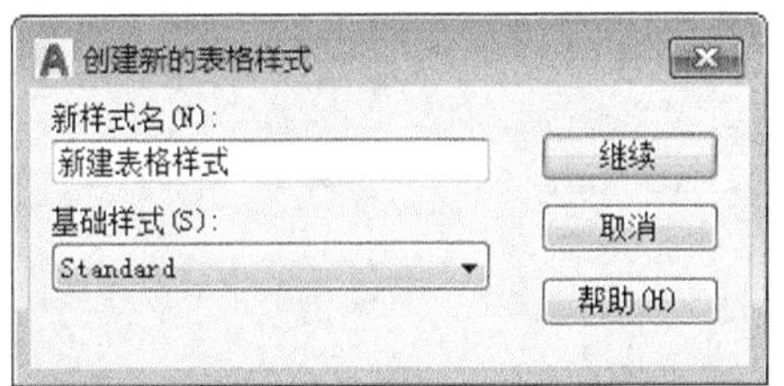

步骤02 单击【继续】按钮，弹出【新建表格样式：新建表格样式】对话框，如下图所示。

步骤03 在右侧【常规】选项卡下更改表格的填充颜色为“蓝色”，如下图所示。

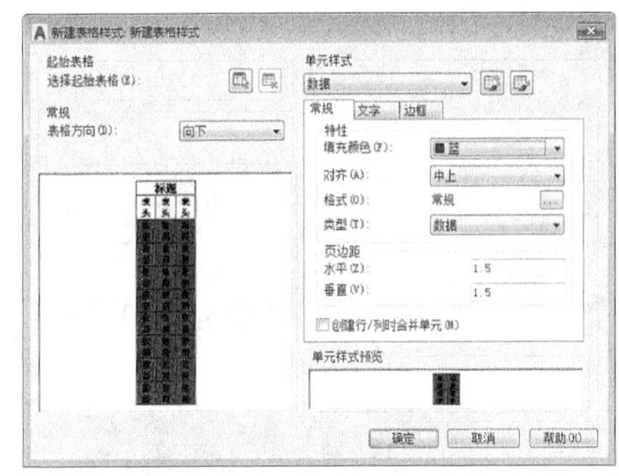

步骤04 选择【边框】选项卡，将边框颜色指定为“红色”，并单击【所有边框】按钮，将设置应用于所有边框，如下图所示。

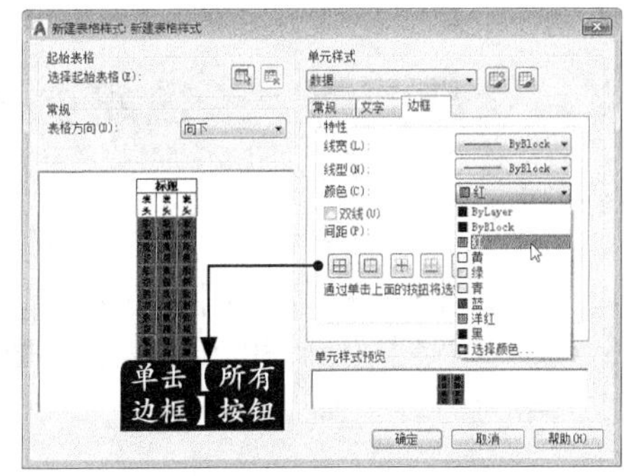

步骤05 单击【确定】按钮后完成操作，并将新建的表格样式置为当前，如下图所示。

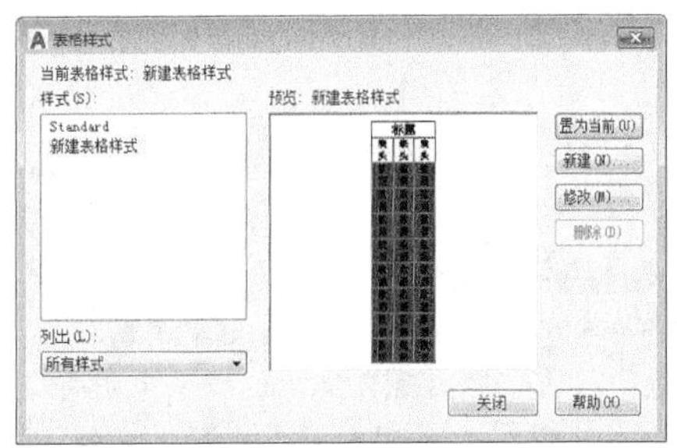

10.4.3 创建表格

表格样式创建完成后，可以以此为基础继续创建表格。

1. 命令调用方法

在AutoCAD 2019中调用【表格】命令的方法通常有以下4种。

- 选择【绘图】➤【表格】菜单命令。
- 命令行输入“TABLE”命令并按空格键。
- 单击【默认】选项卡➤【注释】面板➤【表格】按钮▦。
- 单击【注释】选项卡➤【表格】面板➤【表格】按钮▦。

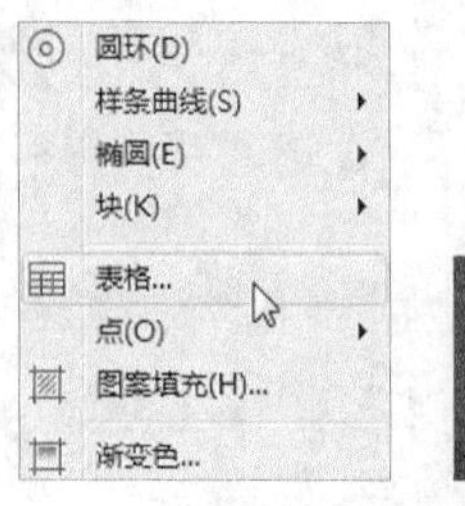

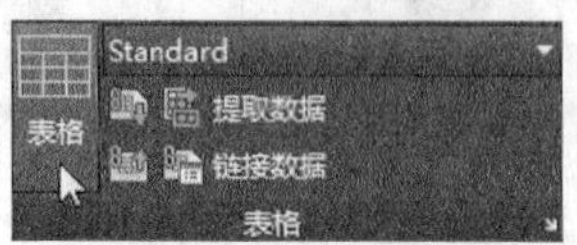

2. 命令提示

调用【表格】命令之后，系统会弹出【插入表格】对话框，如下图所示。

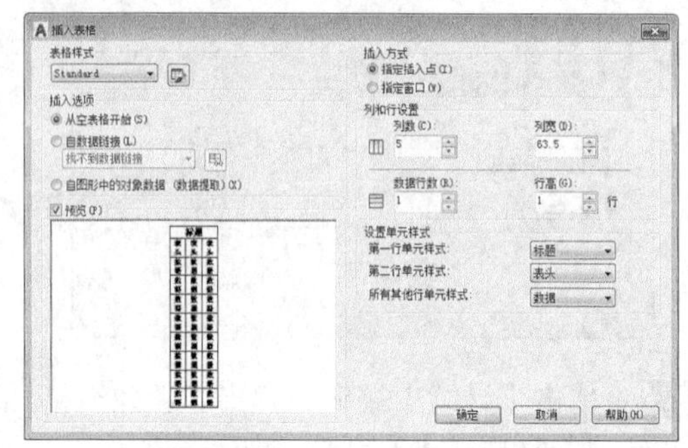

10.4.4 实战演练——创建表格对象

下面以10.4.2节中创建的表格样式作为基础，进行表格的创建。具体操作步骤如下。

步骤01 选择【绘图】➤【表格】菜单命令，在弹出的【插入表格】对话框中设置表格列数为“3”，行数为“7”，如下图所示。

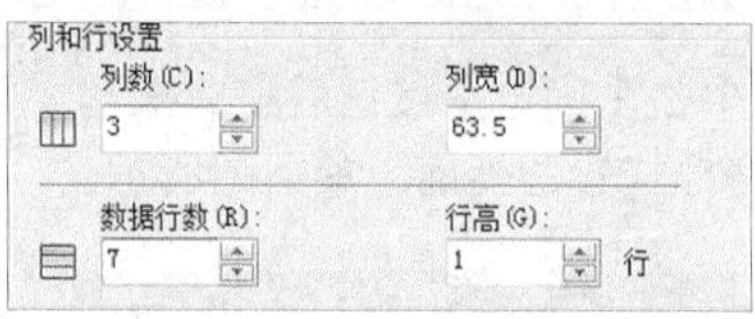

小提示

表格的列和行与表格样式中设置的边页距、文字高度之间的关系如下。

最小列宽=2×水平边页距+文字高度

最小行高=2×垂直边页距+4/3×文字高度

当设置的列宽大于最小列宽时，以指定的列宽创建表格；当小于最小列宽时以最小列宽创建表格。行高必须为最小行高的整数倍。创建完成后可以通过【特性】面板对列宽和行高进行调整，但不能小于最小列宽和最小行高。

步骤02 单击【确定】按钮。在绘图区域单击确定表格插入点后弹出【文字编辑器】窗口，并输入表格的标题“2016年上半年个人财务状况一览表”，并将字体大小更改为“6”，如下图所示。

	A	B	C
1	2016年上半年个人财务状况一览表		
2			
3			
4			
5			
6			
7			
8			
9			

步骤03 单击【文字编辑器】中的关闭按钮后，结果如下图所示。

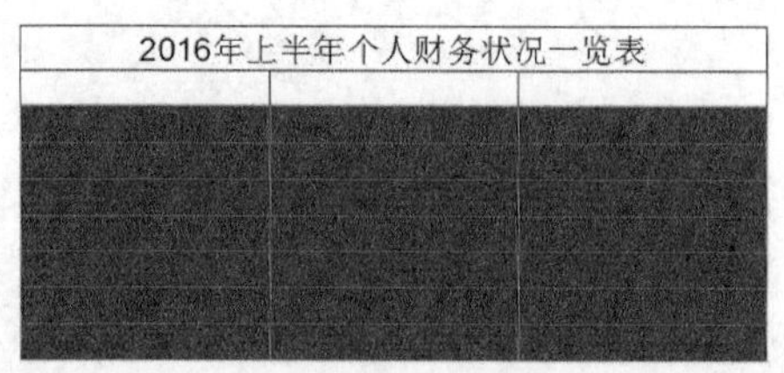

步骤04 选中所有单元格，然后单击鼠标右键弹出快捷菜单，选择【对齐】➤【正中】，使输入的文字位于单元格的正中，如下图所示。

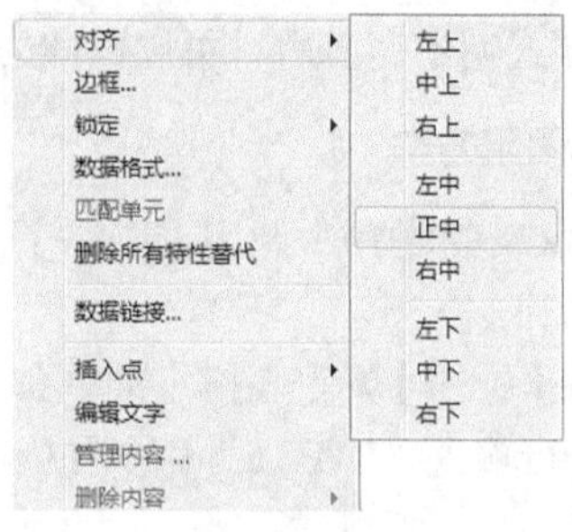

步骤05 在绘图区域双击要添加内容的单元格，输入文字“收入(元)”，如下图所示。

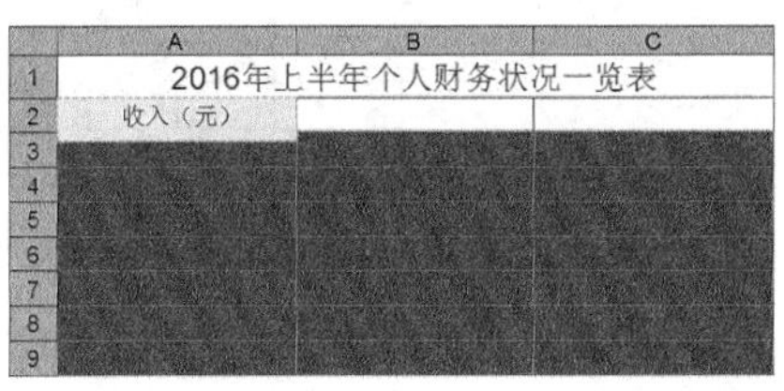

步骤06 按【↑】、【↓】、【←】、【→】键，继续输入其他单元格的内容，结果如下图所示。

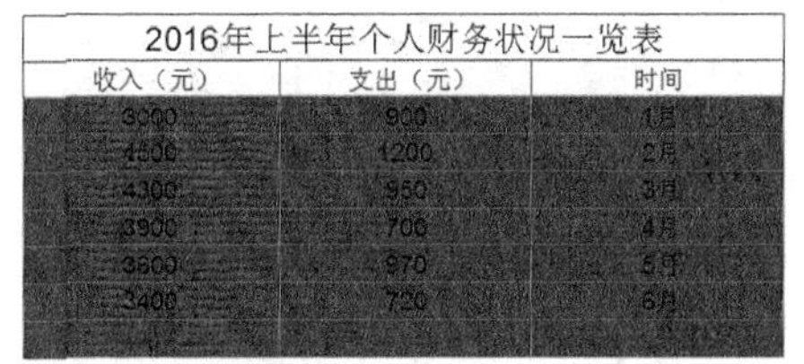

2016年上半年个人财务状况一览表		
收入（元）	支出（元）	时间
3000	900	1月
4500	1200	2月
4300	950	3月
3900	700	4月
3600	970	5月
3400	720	6月

小提示

创建表格时，默认第一行和第二行分别是“标题”和“表头”（如第一步的图所示），所以创建的表格为“标题+表头+行数”。例如，本例设置为7行，加上标题和表头，显示为9行。

10.4.5 编辑表格

表格创建完成后，用户可以单击该表格上的任意网格线以选中该表格，然后通过使用【属性】选项卡或夹点来修改该表格。

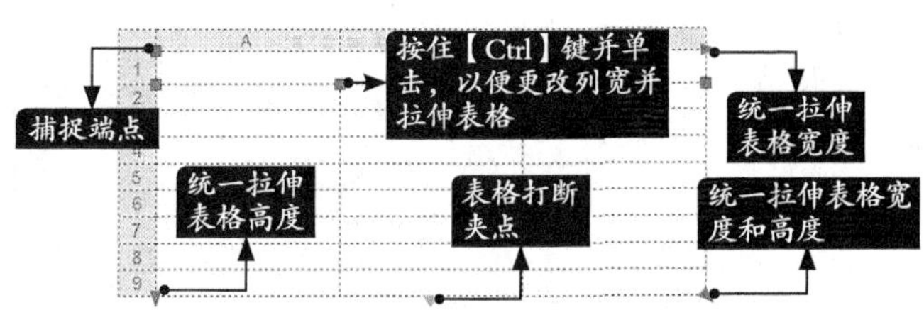

10.4.6 实战演练——编辑表格对象

下面将对表格对象进行编辑操作，具体操作步骤如下。

步骤01 打开“素材\CH10\编辑表格.dwg”文件，如下图所示。

步骤02 在绘图区域中单击表格任意网格线，选中当前表格，在绘图区域中单击选择下图所示的夹点。

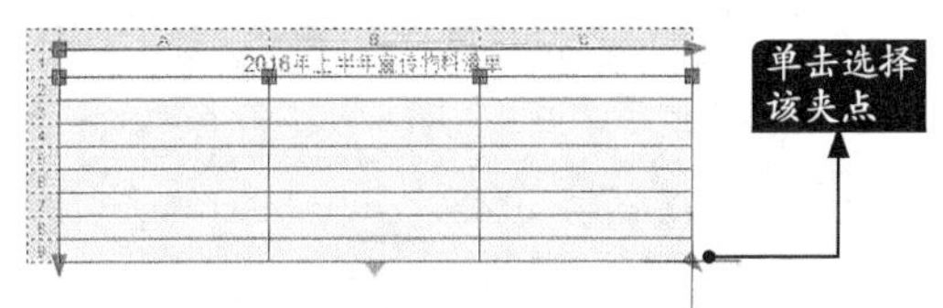

步骤03 在绘图区域中拖曳鼠标并在适当的位置处单击，以确定所选夹点的新位置，然后按【Esc】键取消对当前表格的选择，结果如下图所示。

2016年上半年宣传物料清单

步骤04 选中所有单元格，单击鼠标右键，弹出快捷菜单，选择【对齐】➤【正中】命令以使输入的文字位于单元格的正中，如下图所示。

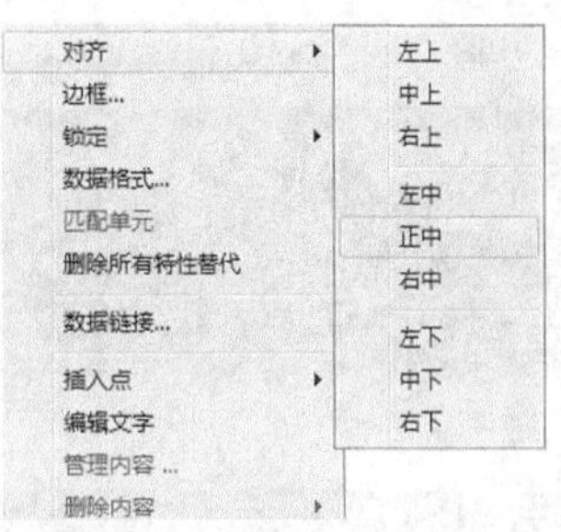

步骤 05 在绘图区域中双击要添加内容的单元格，弹出【文字编辑器】窗口，输入“名称”，如下图所示。

	A	B	C
1	2016年上半年宣传物料清单		
2	名称		
3			
4			
5			
6			
7			
8			
9			

步骤 06 按【↑】、【↓】、【←】、【→】键，继续输入其他单元格的内容，输入完成后单击【关闭文字编辑器】按钮，结果如下图所示。

2016年上半年宣传物料清单		
名称	数量	时间
太阳伞	100	1月
帐篷	300	2月
衣服	120	3月
手提袋	4300	4月
展柜	70	5月
宣传册	45000	6月

步骤 07 选择最后一行单元格，单击鼠标右键，弹出快捷菜单，选择【行】➤【删除】命令，然后按【Esc】键取消对表格的选择，结果如下图所示。

2016年上半年宣传物料清单		
名称	数量	时间
太阳伞	100	1月
帐篷	300	2月
衣服	120	3月
手提袋	4300	4月
展柜	70	5月
宣传册	45000	6月

小提示

在使用列夹点时，按住【Ctrl】键可以更改列宽并相应地拉伸表格。

10.5 综合应用——使用表格创建明细栏

本节视频教程时间：5 分钟

本实例将利用表格创建施工图中常见的明细栏。

步骤 01 在命令行输入“ST”命令并按空格键，弹出【文字样式】对话框，设置【字体】为“仿宋”，【大小】为“10”，如下图所示。单击【置为当前】按钮后单击【关闭】按钮关闭该对话框。

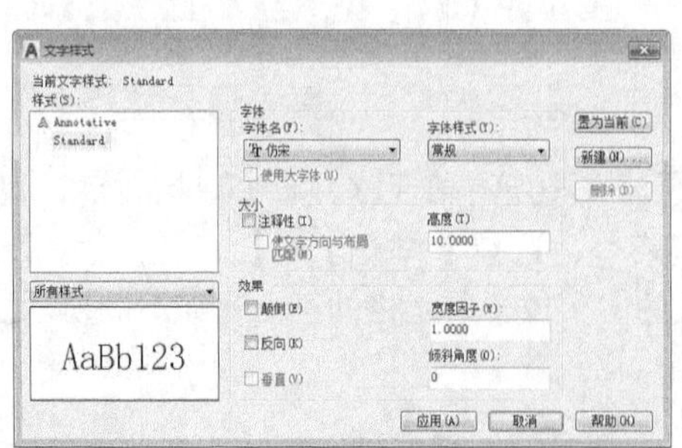

步骤 02 单击【默认】选项卡➤【注释】面板➤【表格】按钮，弹出【插入表格】对话框，设置【列数】为“4”，【数据行数】为“5”，如下图所示。

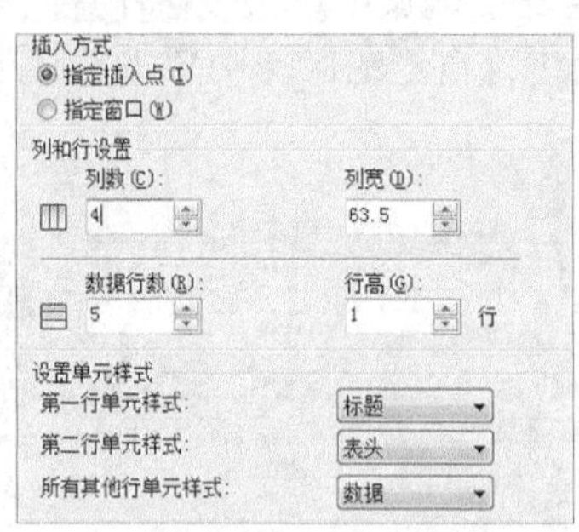

步骤03 单击【确定】按钮关闭该对话框，在绘图区单击指定插入点，并输入表格的标题“材料明细栏”，如下图所示。

	A	B	C	D
1	材料明细栏			
2				
3				
4				
5				
6				
7				

步骤04 选中所有单元格，右键单击，在弹出的列表中选择【对齐】➤【正中】菜单命令，如下图所示。

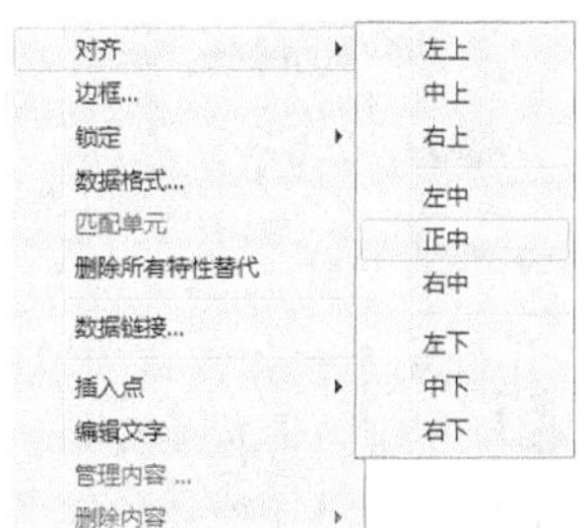

步骤05 双击单元格输入文字，并进行适当调整后结果如下图所示。

材料明细栏			
材料名称	数量	规格	备注
内芯材	1	2440×1220mm	E1级中密度板
面材	3		天然胡桃木皮
铰链	6		
导轨	2		
油漆	1		清漆

步骤06 在命令行输入“L”命令并按空格键，在绘图区域中捕捉相应的端点绘制一条直线段，结果如下图所示。

材料明细栏			
材料名称	数量	规格	备注
内芯材	1	2440×1220mm	E1级中密度板
面材	3		天然胡桃木皮
铰链	6		
导轨	2		
油漆	1		清漆

步骤07 再次调用【直线】命令，重复步骤06的操作，对其他空白单元格进行直线绘制，最终结果如下图所示。

材料明细栏			
材料名称	数量	规格	备注
内芯材	1	2440×1220mm	E1级中密度板
面材	3		天然胡桃木皮
铰链	6		
导轨	2		
油漆	1		清漆

小提示

在设置文字样式时，一旦设置了文字高度，那么在接下来输入文字或创建表格时，将不再提示输入文字高度，而是直接默认使用已设置的文字高度，这也是在很多情况下输入的文字高度不可更改的原因所在。

疑难解答

本节视频教程时间：5 分钟

如何替换原文中找不到的字体

在用AutoCAD打开别人的图形时，经常会遇到提示原文中找不到字体的情况。那么，这时候该怎么办呢？下面就以用“hztxt.shx”替换“hzst.shx”来介绍如何替换原文中找不到的字体。

（1）找到AutoCAD字体文件夹(fonts)，把里面的hztxt.shx 复制一份。

（2）重新命名为hzst.shx，然后再把hzst.shx放到fonts文件夹里面，再重新打开此图就可以了。

输入的字体为什么是“？？？”

有时输入的文字会显示为问号“？”，这是字体名和字体样式不统一造成的。一种情况是指定了字体名为SHX的文件，而没有启用【使用大字体】复选框；另一种情况是启用了【使用大字体】复选框，却没有为其指定一个正确的字体样式。

所谓“大字体”就是指定亚洲语言的大字体文件。只有在“字体名”中指定了 SHX 文件，才能“使用大字体”，并且只有 SHX 文件可以创建“大字体”。

在AutoCAD中插入Excel表格

如果需要在AutoCAD中插入Excel表格，可以按照以下方法进行。

步骤01 打开“素材\CH10\在AutoCAD中插入Excel表格”文件，之后复制Excel表中的内容，如下图所示。

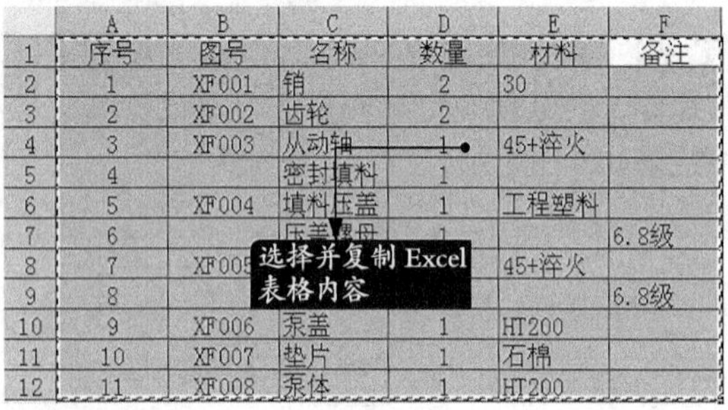

	A	B	C	D	E	F
1	序号	图号	名称	数量	材料	备注
2	1	XF001	销	2	30	
3	2	XF002	齿轮	2		
4	3	XF003	从动轴	1	45+淬火	
5	4		密封填料	1		
6	5	XF004	填料压盖	1	工程塑料	
7	6		压盖螺母	1		6.8级
8	7	XF005	[illegible]	[illegible]	45+淬火	
9	8		[illegible]	[illegible]		6.8级
10	9	XF006	泵盖	1	HT200	
11	10	XF007	垫片	1	石棉	
12	11	XF008	泵体	1	HT200	

步骤02 在CAD中单击【默认】选项卡下【剪贴板】面板中的【粘贴】按钮，在弹出的下拉列表中选择【选择性粘贴】选项。

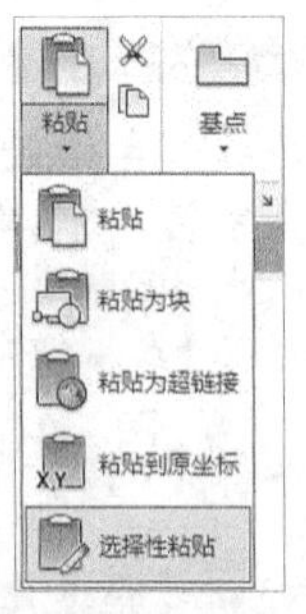

步骤03 在弹出的【选择性粘贴】对话框中选择【AutoCAD 图元】选项，如下图所示。

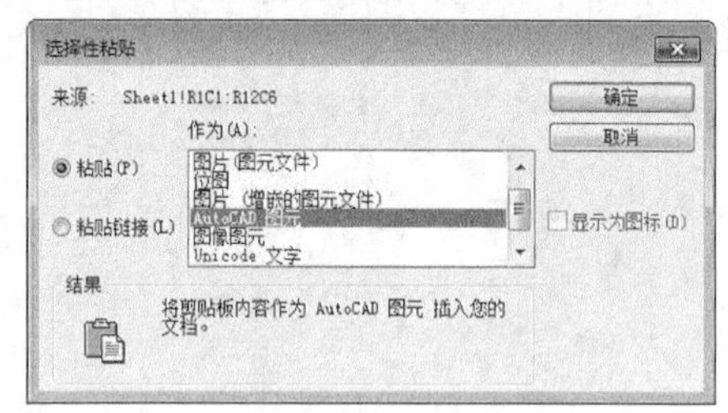

步骤04 单击【确定】按钮，移动鼠标至合适位置，并单击鼠标左键，即可将Excel中的表格插入到AutoCAD中，如下图所示。

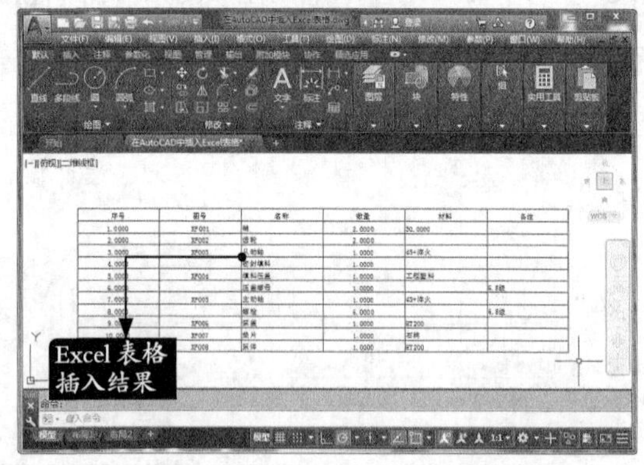

实战练习

绘制以下图形，并计算出阴影部分的面积。其中图形中各圆弧半径均相等，相邻圆弧之间为相切关系。

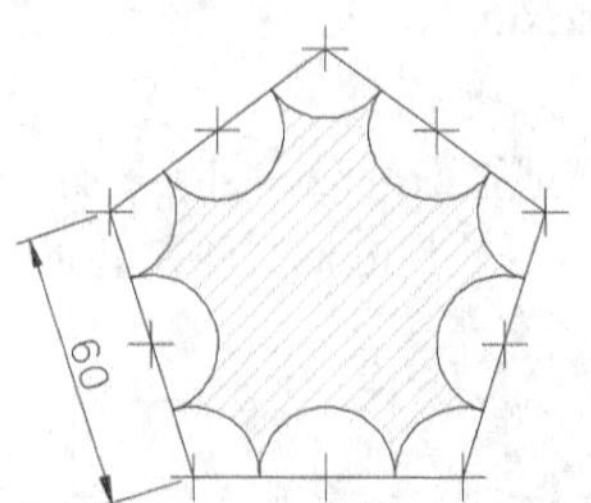

第 11 章

查询与参数化设置

学习目标

AutoCAD 2019中包含了许多辅助绘图功能供用户调用，其中查询和参数化是应用较广的辅助功能。本章将对相关工具的使用进行详细介绍。

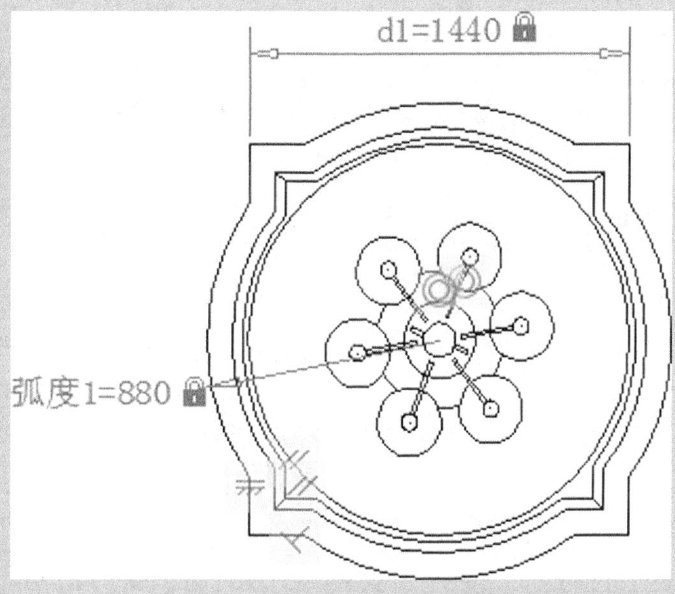

11.1 查询对象信息

本节视频教程时间：20 分钟

在AutoCAD中，查询命令包含众多的功能，例如查询两点之间的距离，以及查询面积、体积、质量和半径等。利用AutoCAD的各种查询功能，既可以辅助绘制图形，也可以对图形的各种状态进行查询。

11.1.1 查询半径

查询半径功能用于测量指定圆弧、圆或多段线圆弧的半径和直径。

1. 命令调用方法

在AutoCAD 2019中调用【半径】查询命令的方法通常有以下3种。

- 选择【工具】➤【查询】➤【半径】菜单命令。
- 命令行输入“MEASUREGEOM/MEA”命令并按空格键，然后在命令提示下选择“R”选项。
- 单击【默认】选项卡➤【实用工具】面板➤【半径】按钮。

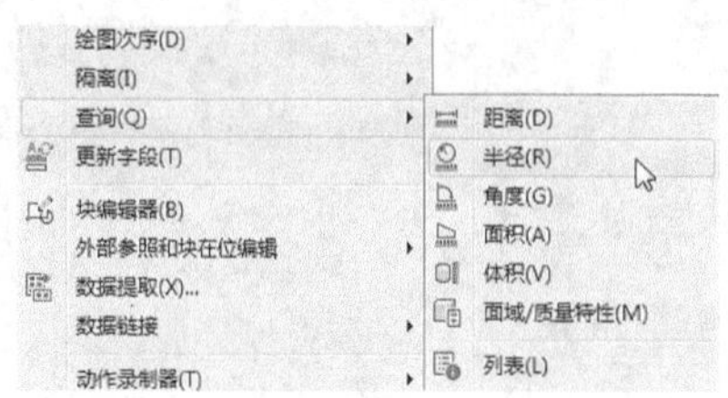

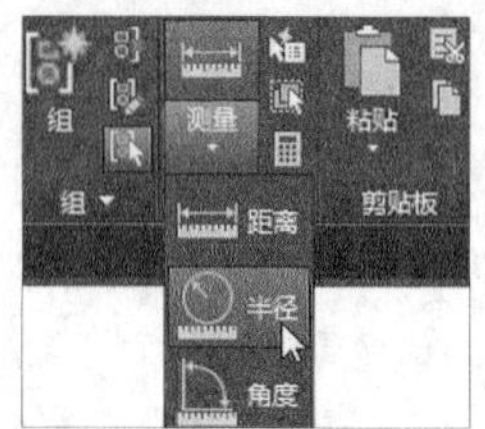

2. 命令提示

调用【半径】查询命令之后，命令行会进行如下提示。

```
命令：_MEASUREGEOM
输入选项 [ 距离 (D)/ 半径 (R)/ 角度 (A)/ 面积 (AR)/ 体积 (V)] < 距离 >: _radius
选择圆弧或圆：
```

11.1.2 实战演练——查询对象半径信息

下面将利用【半径】查询功能查询圆弧半径信息，具体操作步骤如下。

步骤 01 打开“素材\CH11\半径查询.dwg”文件，如下图所示。

步骤 02 选择【工具】➤【查询】➤【半径】菜单命令，在绘图区域单击选择要查询的对象，如下图所示。

步骤03 在命令行中显示出圆弧的半径和直径的大小。

```
半径 = 15.0000
直径 = 30.0000
```

11.1.3 查询距离

查询距离功能用于测量两点之间的距离和角度。

1. 命令调用方法

在AutoCAD 2019中调用【距离】查询命令的方法通常有以下3种。

- 选择【工具】➤【查询】➤【距离】菜单命令。
- 命令行输入“DIST/DI”命令并按空格键。
- 单击【默认】选项卡➤【实用工具】面板➤【距离】按钮。

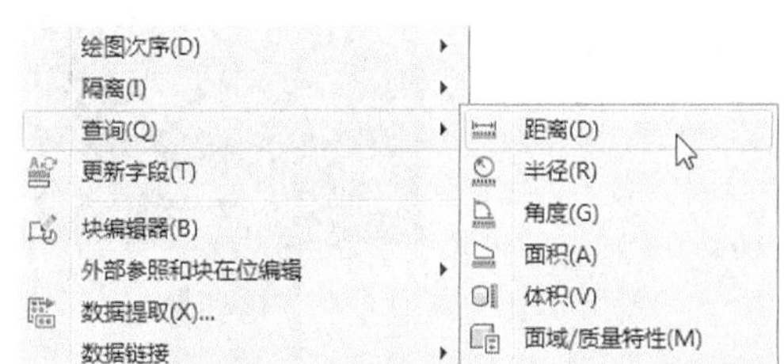

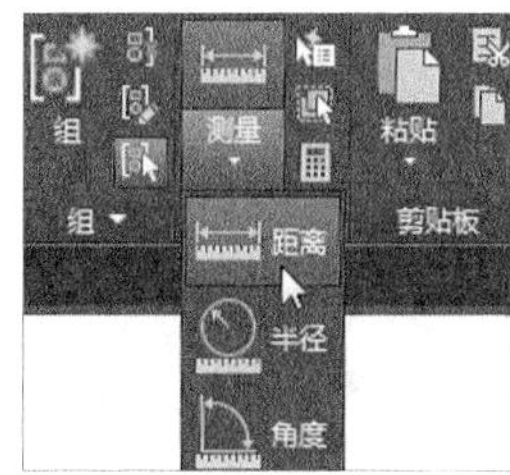

2. 命令提示

调用【距离】查询命令之后，命令行会进行如下提示。

```
命令：_MEASUREGEOM
输入选项 [ 距离 (D)/ 半径 (R)/ 角度 (A)/ 面积 (AR)/ 体积 (V)] < 距离 >: _distance
指定第一点：
```

11.1.4 实战演练——查询对象距离信息

下面将利用【距离】查询功能查询图形对象的距离信息，具体操作步骤如下。

步骤01 打开“素材\CH11\距离查询.dwg”文件，如下图所示。

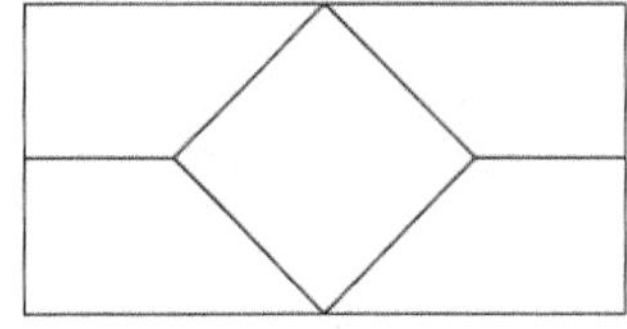

步骤02 选择【工具】➤【查询】➤【距离】菜单命令，在绘图区域单击指定第一点，如下图所示。

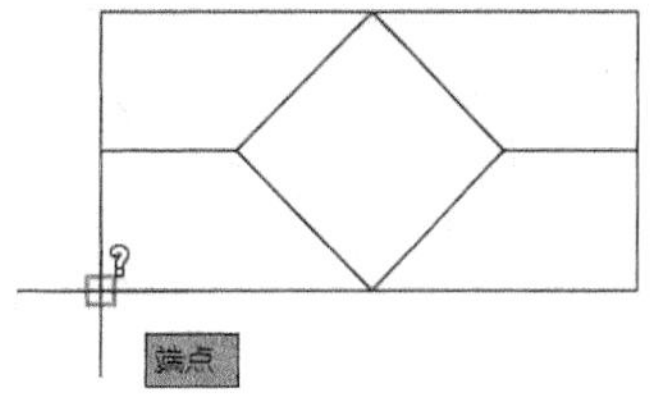

步骤03 在绘图区域单击指定第二点，如下图所示。

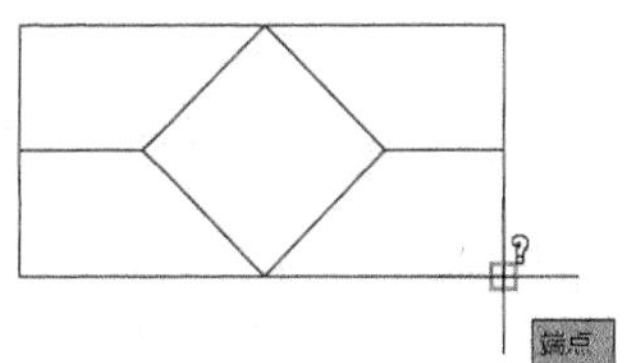

步骤 04 命令行的显示结果如下。

```
距离 = 200.0000，XY 平面中的倾角 = 0，  与 XY 平面的夹角 = 0
X 增量 = 200.0000，  Y 增量 = 0.0000，  Z 增量 = 0.0000
```

11.1.5 查询角度

查询角度功能主要用于测量与选定的圆弧、圆、多段线线段和线对象关联的角度。

1. 命令调用方法

在AutoCAD 2019中调用【角度】查询命令的方法通常有以下3种。

- 选择【工具】➤【查询】➤【角度】菜单命令。
- 命令行输入“MEASUREGEOM/MEA”命令并按空格键，然后在命令提示下选择“A”选项。
- 单击【默认】选项卡➤【实用工具】面板➤【角度】按钮。

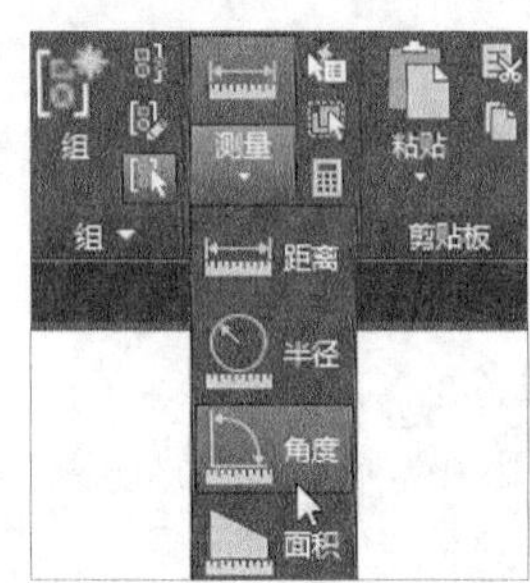

2. 命令提示

调用【角度】查询命令之后，命令行会进行如下提示。

```
命令：_MEASUREGEOM
输入选项 [ 距离 (D)/ 半径 (R)/ 角度 (A)/ 面积 (AR)/ 体积 (V)] < 距离 >: _angle
选择圆弧、圆、直线或 < 指定顶点 >:
```

11.1.6 实战演练——查询对象角度信息

下面将利用【角度】查询功能查询图形对象的角度信息，具体操作步骤如下。

步骤 01 打开“素材\CH11\角度查询.dwg”文件，如下图所示。

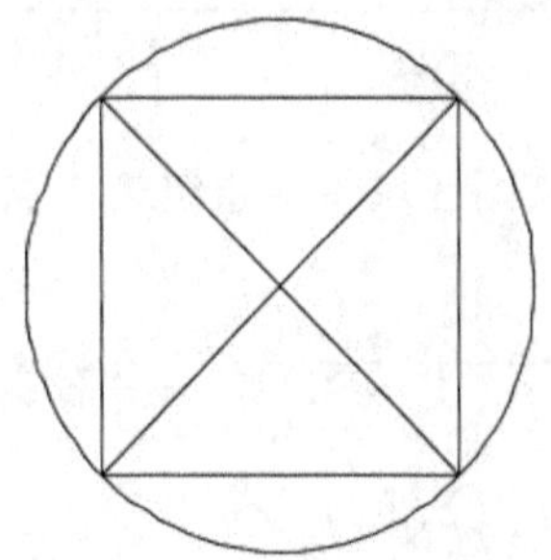

步骤 02 选择【工具】➤【查询】➤【角度】菜单命令，在绘图区域单击选择需要查询角度的起始边，如下图所示。

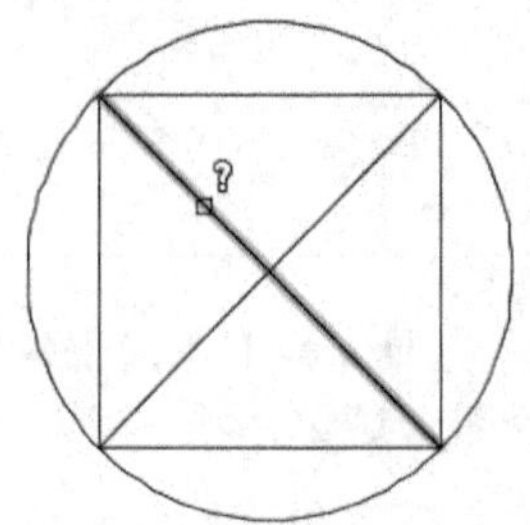

步骤 03 在绘图区域单击选择需要查询角度的另一条边，如下图所示。

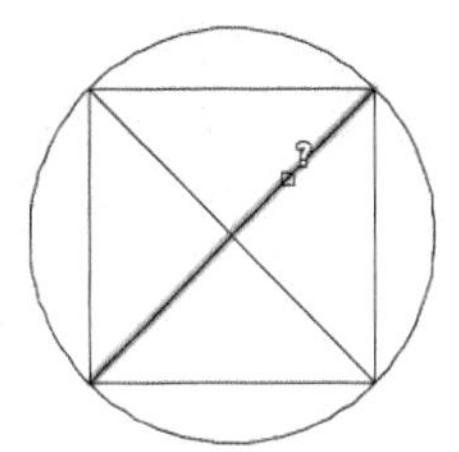

步骤04 在命令行中显示出角度的大小。

```
角度 = 90°
```

11.1.7 查询面积和周长

查询面积和周长功能主要用于计算对象或所定义区域的面积和周长。

1. 命令调用方法

在AutoCAD 2019中调用【面积和周长】查询命令的方法通常有以下3种。

- 选择【工具】➤【查询】➤【面积】菜单命令。
- 命令行输入“AREA/AA”命令并按空格键。
- 单击【默认】选项卡➤【实用工具】面板➤【面积】按钮。

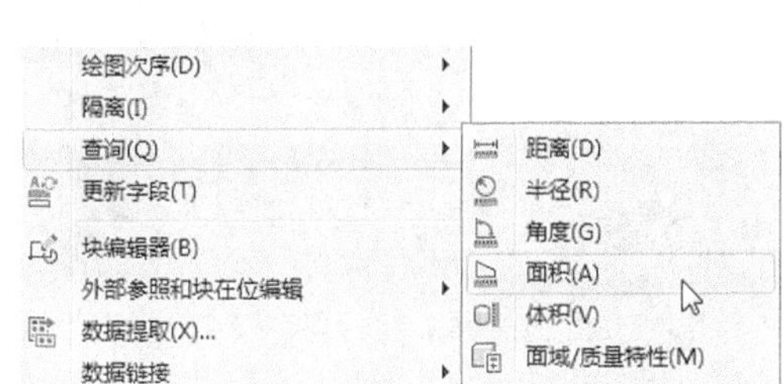

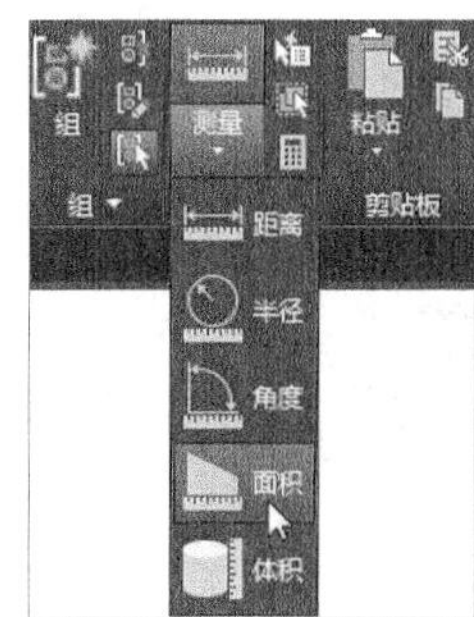

2. 命令提示

调用【面积】查询命令之后，命令行会进行如下提示。

```
命令：_MEASUREGEOM
输入选项 [ 距离 (D)/ 半径 (R)/ 角度 (A)/ 面积 (AR)/ 体积 (V)] < 距离 >: _area
指定第一个角点或 [ 对象 (O)/ 增加面积 (A)/ 减少面积 (S)/ 退出 (X)] < 对象 (O)>:
```

11.1.8 实战演练——查询对象面积和周长信息

下面将利用【面积】查询功能查询图形对象的面积和周长信息，具体操作步骤如下。

步骤01 打开“素材\CH11\面积查询.dwg”文件，如下图所示。

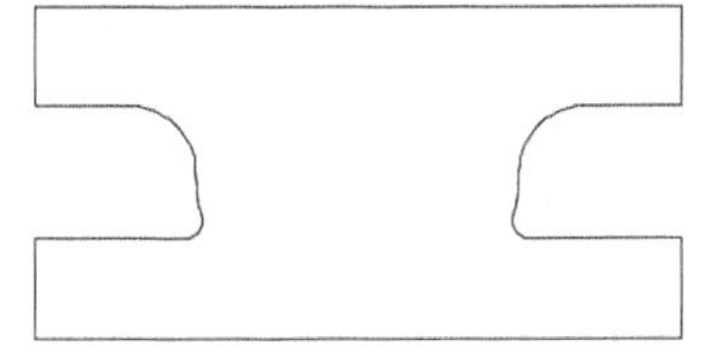

步骤02 选择【工具】➤【查询】➤【面积】菜单命令，在命令行提示下输入选项“O”按【Enter】键，并在绘图区域选择需要查询面积的图形对象，如下图所示。

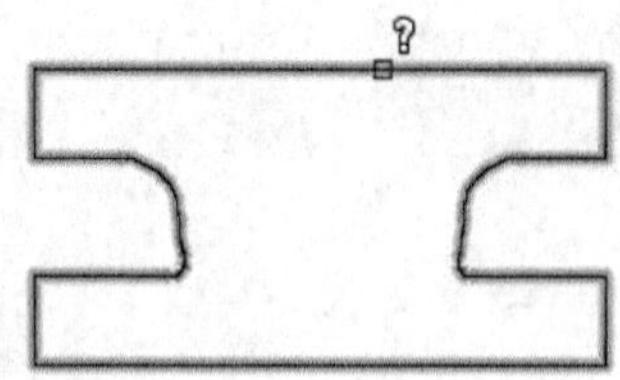

步骤03 在命令行中显示出查询结果。

区域 = 16138.9481，修剪的区域 = 0.0000，周长 = 783.0947

11.1.9 查询体积

体积查询功能主要用于测量对象或定义区域的体积。

1. 命令调用方法

在AutoCAD 2019中调用【体积】查询命令的方法通常有以下3种。

- 选择【工具】➤【查询】➤【体积】菜单命令。
- 命令行输入“MEASUREGEOM/MEA”命令并按空格键，然后在命令提示下选择“V”选项。
- 单击【默认】选项卡➤【实用工具】面板➤【体积】按钮。

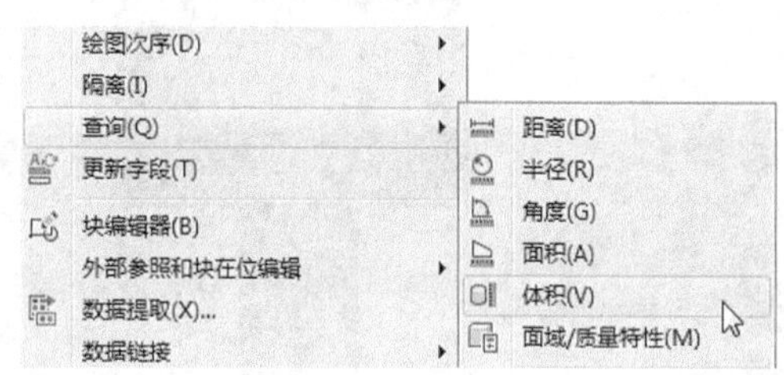

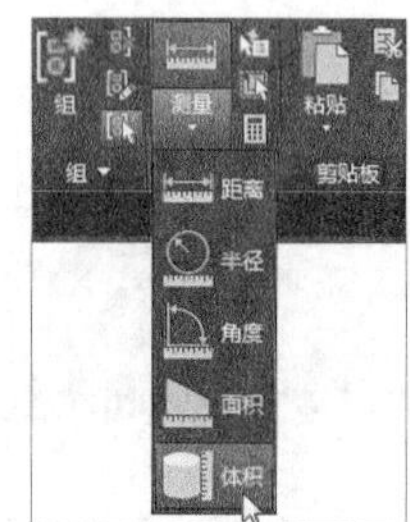

2. 命令提示

调用【体积】查询命令之后，命令行会进行如下提示。

命令：_MEASUREGEOM
输入选项 [距离 (D)/ 半径 (R)/ 角度 (A)/ 面积 (AR)/ 体积 (V)] < 距离 >: _volume
指定第一个角点或 [对象 (O)/ 增加体积 (A)/ 减去体积 (S)/ 退出 (X)] < 对象 (O)>:

11.1.10 实战演练——查询对象体积信息

下面将利用【体积】查询功能查询立方体图形的体积，具体操作步骤如下。

步骤01 打开“素材\CH11\体积查询.dwg”文件，如下图所示。

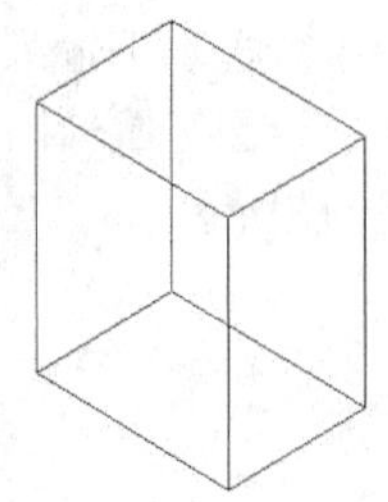

步骤02 选择【工具】➤【查询】➤【体积】菜单命令，在绘图区域单击选择正方体底面的第一个角点，如下图所示。

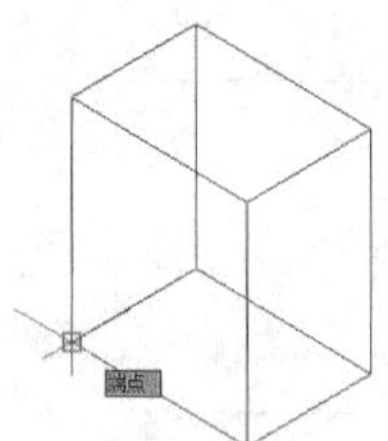

步骤03 在绘图区域单击选择正方体底面的第二个角点，如下图所示。

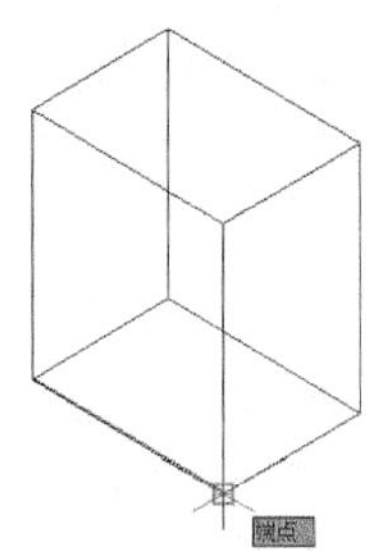

步骤04 在绘图区域单击选择正方体底面的第三个角点，如下图所示。

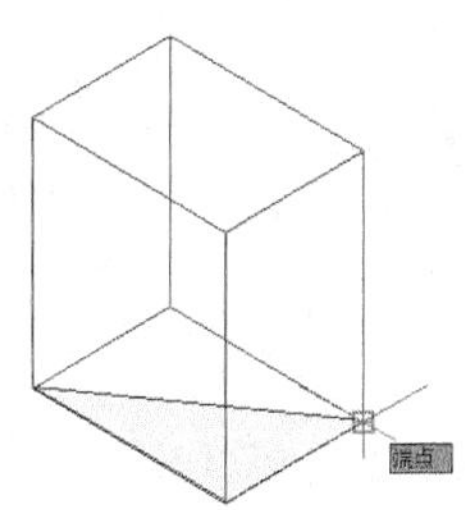

步骤05 在绘图区域单击选择正方体底面的第四个角点，如下图所示，按【Enter】键确认。

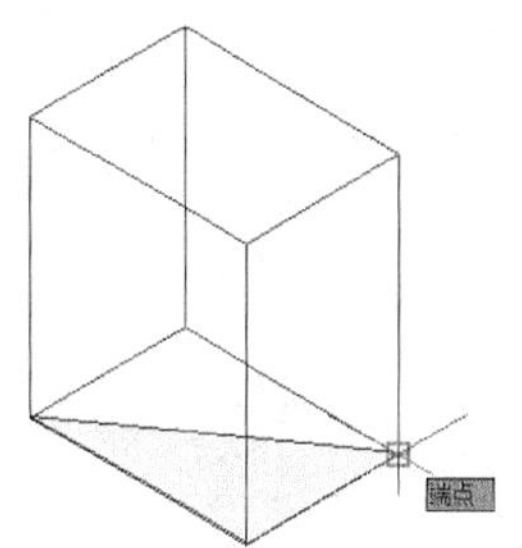

步骤06 在绘图区域单击选择正方体顶点，以指定其高度，如下图所示。

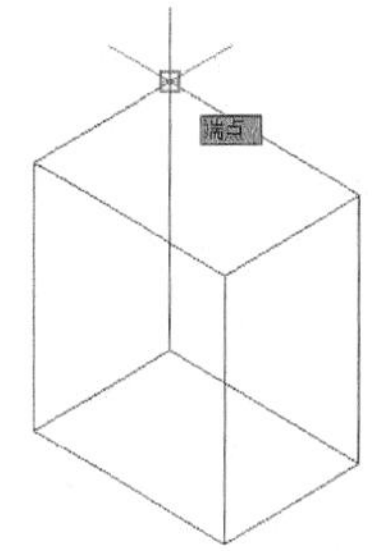

步骤07 在命令行中显示出查询结果。

体积 = 1734.3856

小提示

如果测量的对象是个平面图，则在选择好底面之后，还需要指定一个高度才能测量出体积。

11.1.11 查询对象列表

列表显示命令用来显示任何对象的当前特性，如图层、颜色、样式等。此外，根据选定的对象不同，该命令还将给出相关的附加信息。

1. 命令调用方法

在AutoCAD 2019中调用【列表】查询命令的方法通常有以下2种。

- 选择【工具】➤【查询】➤【列表】菜单命令。
- 命令行输入“LIST/LI/LS”命令并按空格键。

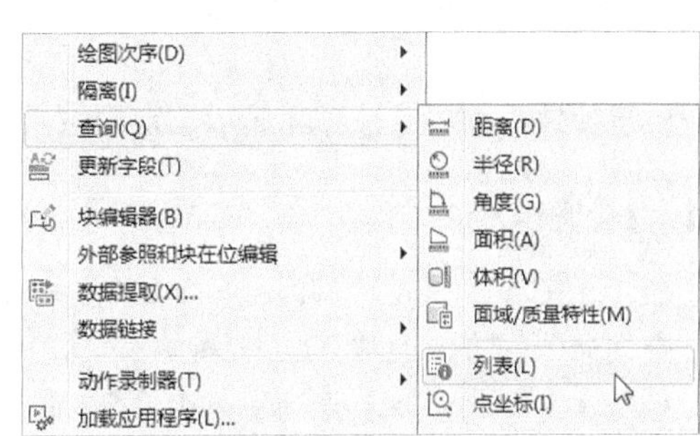

2. 命令提示

调用【列表】查询命令之后，命令行会进行如下提示。

```
命令：_list
选择对象：
```

11.1.12 实战演练——查询对象列表信息

下面将利用【列表】查询功能查询图形对象的对象列表信息，具体操作步骤如下。

步骤 01 打开“素材\CH11\对象列表查询.dwg”文件，如下图所示。

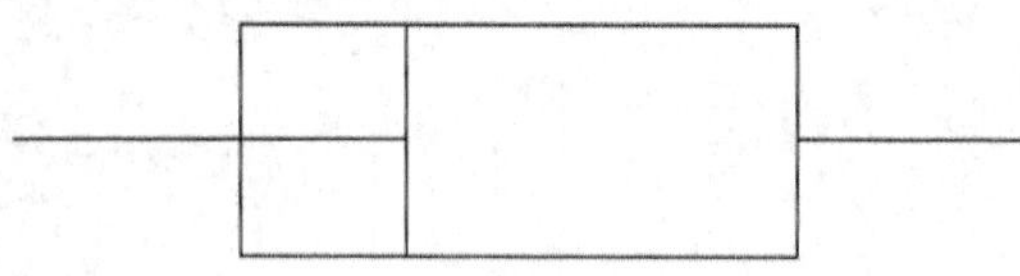

步骤 02 选择【工具】➤【查询】➤【列表】菜单命令，在绘图区域将图形对象全部选择，如下图所示。

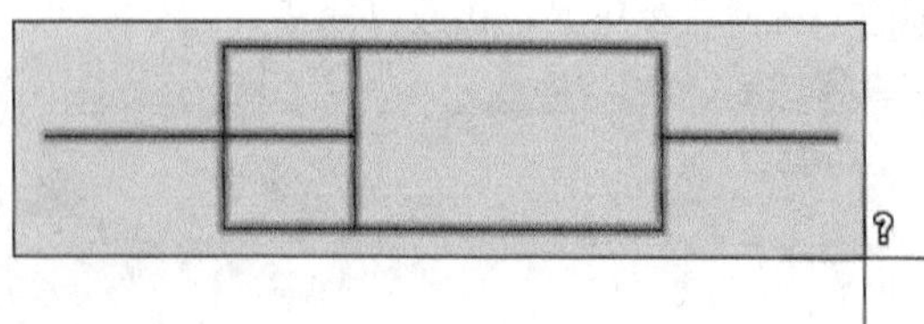

步骤 03 按【Enter】键确定，弹出【AutoCAD文本窗口】窗口，在该窗口中可显示结果，如下图所示。

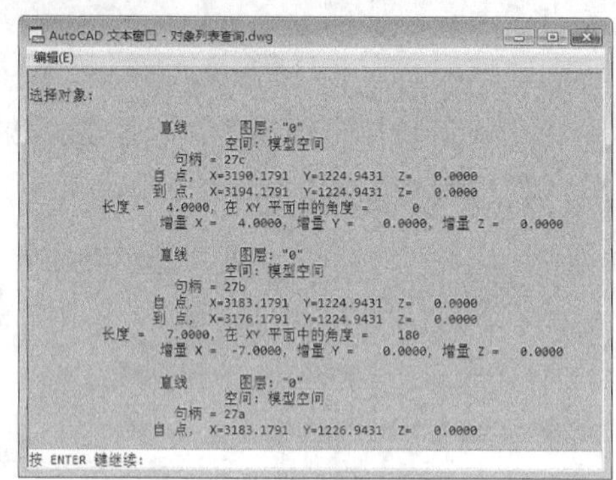

步骤 04 按【Enter】键可继续查询，结果如下图所示。

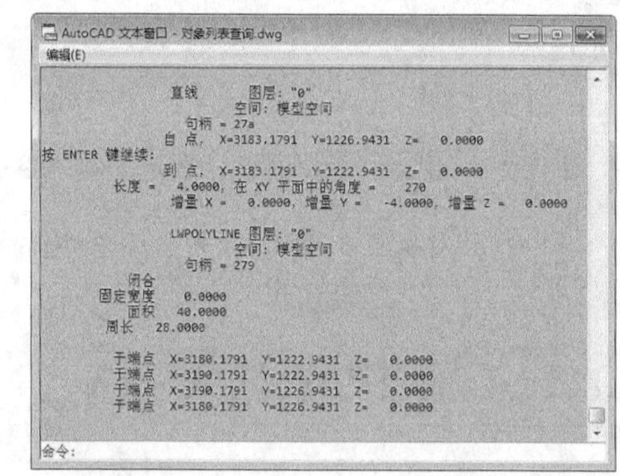

11.1.13 查询质量特性

质量特性查询用于计算和显示选定面域或三维实体的质量特性。

1. 命令调用方法

在AutoCAD 2019中调用【面域/质量特性】查询命令的方法通常有以下2种。

- 选择【工具】➤【查询】➤【面域/质量特性】菜单命令。
- 命令行输入“MASSPROP”命令并按空格键。

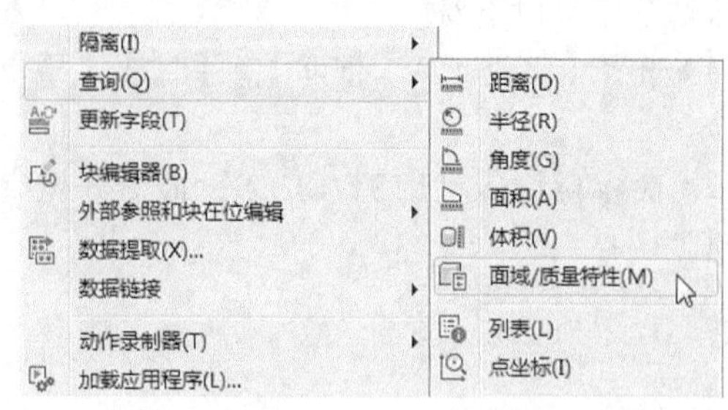

2. 命令提示

调用【面域/质量特性】查询命令之后，命令行会进行如下提示。

```
命令：_massprop
选择对象：
```

11.1.14 实战演练——查询对象质量特性

下面将利用【面域/质量特性】查询功能对图形对象进行相关信息查询，具体操作步骤如下。

步骤 01 打开“素材\CH11\质量特性查询.dwg”文件，如下图所示。

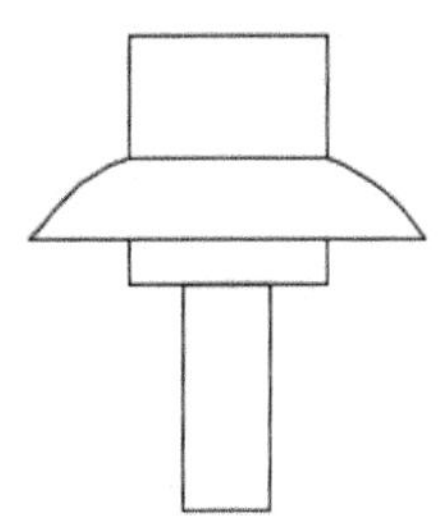

步骤 02 选择【工具】➤【查询】➤【面域/质量特性】菜单命令，在绘图区域选择需要查询的图形对象，如下图所示。

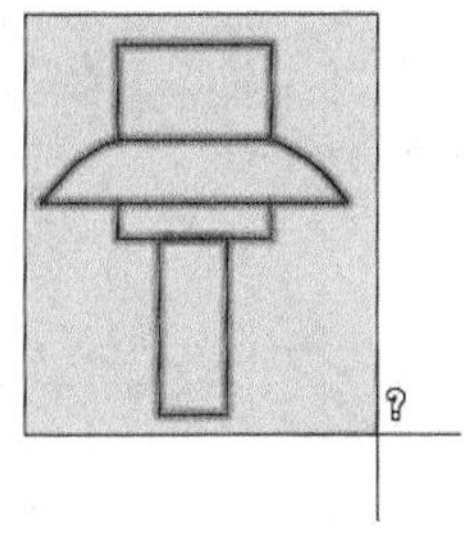

步骤 03 按【Enter】键确认后弹出查询结果，如下图所示。

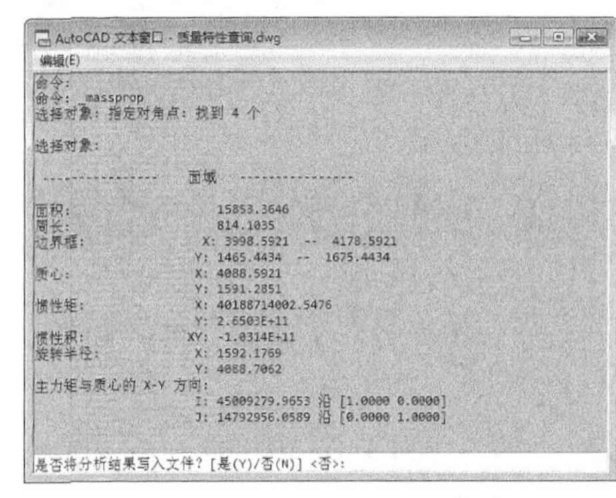

步骤 04 按【Enter】键将分析结果不写入文件。

> **小提示**
>
> 测量的质量是以密度为“$1g/cm^3$”显示的，所以测量后应根据结果乘以实际的密度，才能得到真正的质量。

11.1.15 查询图纸绘制时间

查询时间功能主要用于显示图形的日期和时间统计信息。

1. 命令调用方法

在AutoCAD 2019中调用【时间】查询命令的方法通常有以下2种。

- 选择【工具】➤【查询】➤【时间】菜单命令。
- 命令行输入“TIME”命令并按空格键。

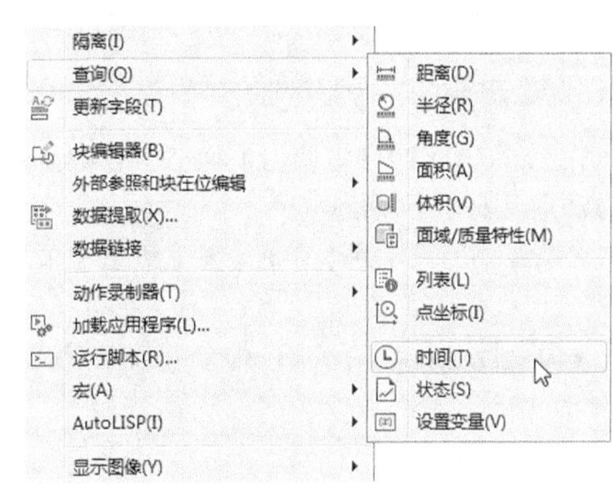

2. 命令提示

调用【时间】查询命令之后，系统会弹出【AutoCAD 文本窗口】窗口，如下图所示。

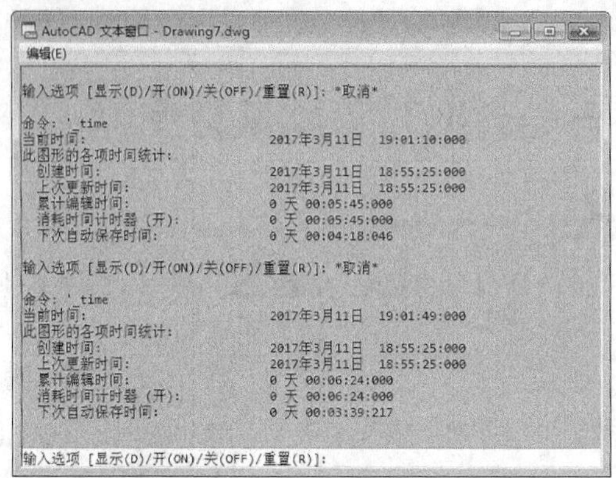

11.1.16 实战演练——查询图纸绘制时间相关信息

下面将利用【时间】查询功能对图形对象的绘制时间等相关信息进行查询，具体操作步骤如下。

步骤 01 打开“素材\CH11\时间查询.dwg”文件，如下图所示。

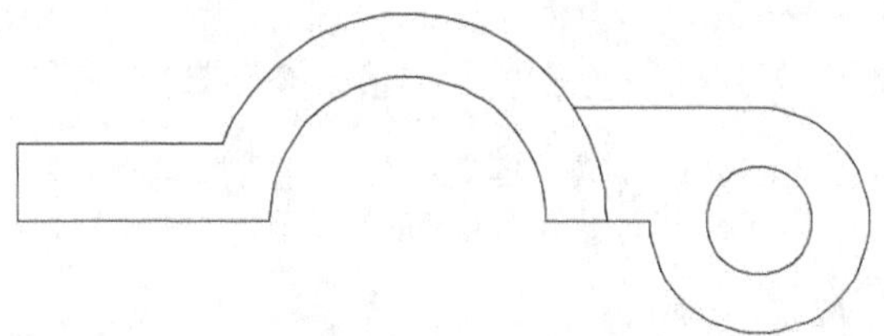

步骤 02 选择【工具】➤【查询】➤【时间】菜单命令，执行命令后弹出【AutoCAD文本窗口】窗口，以显示时间查询，如下图所示。

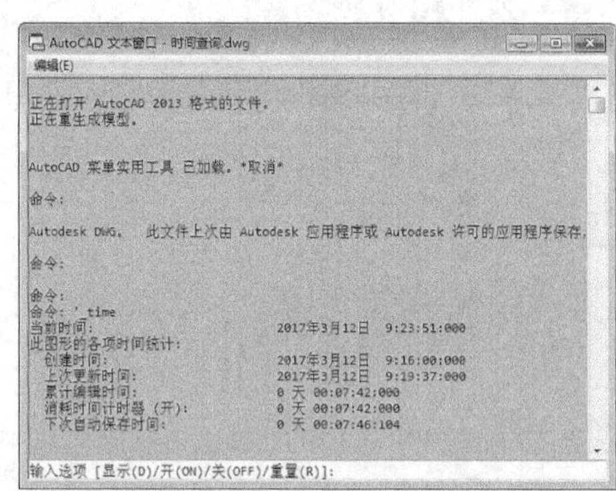

11.1.17 查询图纸状态

查询后图纸状态功能主要用于显示图形的统计信息、模式和范围。

1. 命令调用方法

在AutoCAD 2019中调用【状态】查询命令的方法通常有以下2种。

- 选择【工具】➤【查询】➤【状态】菜单命令。
- 命令行输入“STATUS”命令并按空格键。

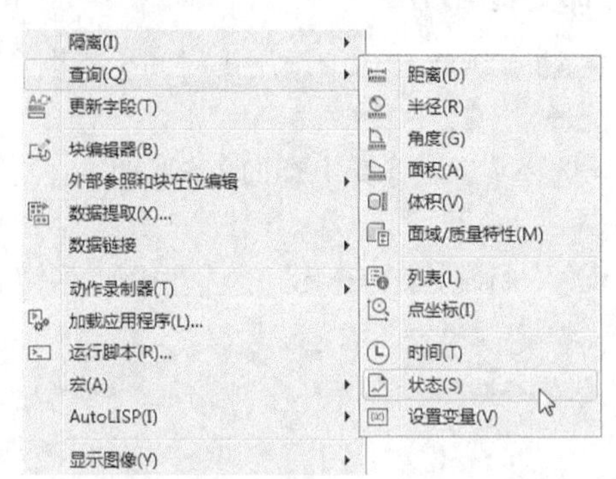

2. 命令提示

调用【状态】查询命令之后，系统会弹出【AutoCAD 文本窗口】窗口，如下图所示。

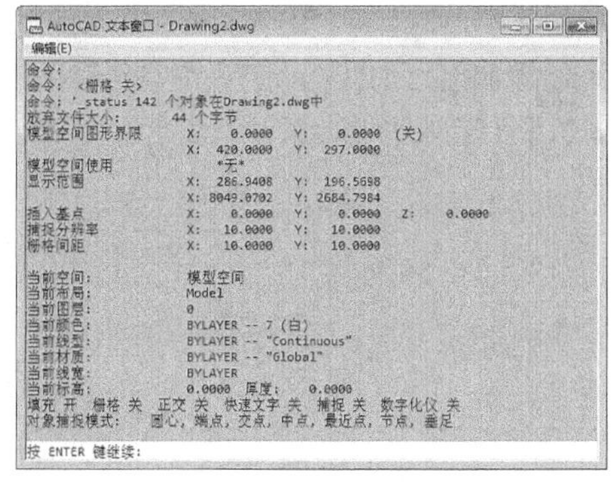

11.1.18 实战演练——查询图纸状态相关信息

下面将利用【状态】查询功能对图形对象的状态等相关信息进行查询，具体操作步骤如下。

步骤01 打开“素材\CH11\状态查询.dwg”文件，如下图所示。

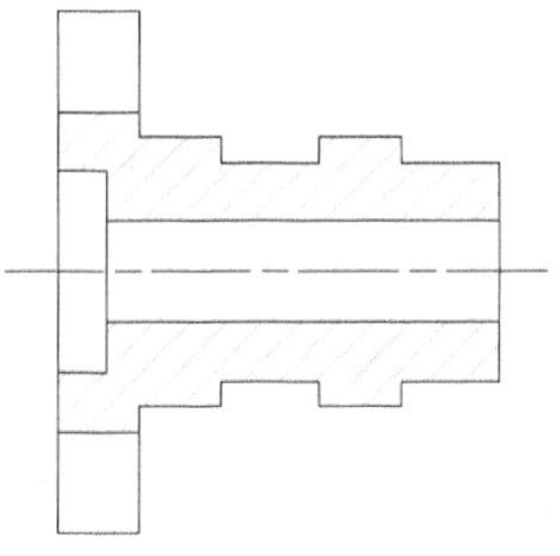

步骤02 选择【工具】➤【查询】➤【状态】菜单命令，执行命令后弹出【AutoCAD文本窗口】窗口，以显示查询结果，如下图所示。

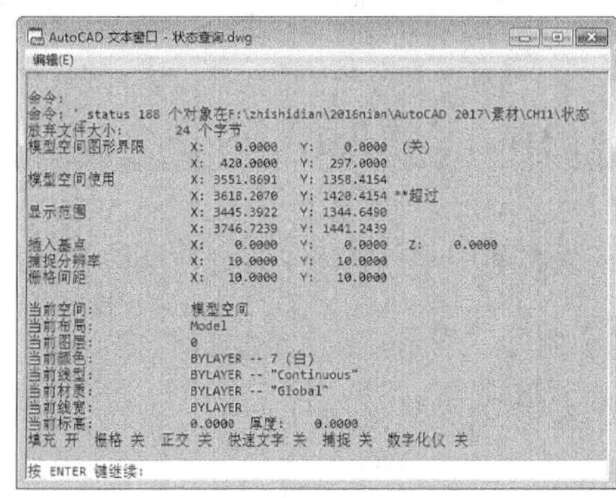

步骤03 按【Enter】键继续，如下图所示。

11.1.19 查询点坐标

点坐标查询用于显示指定位置的 UCS 坐标值。ID 列出了指定点的 *x*、*y* 和 *z* 值，并将指定点的坐标存储为最后一点。在要求输入点的下一个提示中输入“@”，即可引用最后一点。

1. 命令调用方法

在AutoCAD 2019中调用【点坐标】查询命令的方法通常有以下3种。

- 选择【工具】➤【查询】➤【点坐标】菜单命令。
- 命令行输入“ID”命令并按空格键。
- 单击【默认】选项卡➤【实用工具】面板➤【点坐标】按钮。

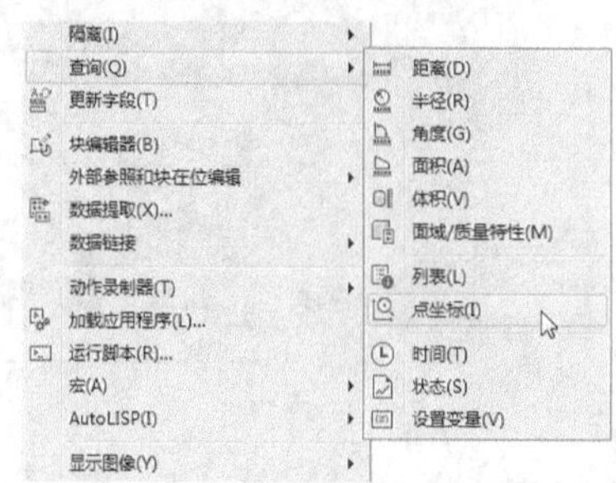

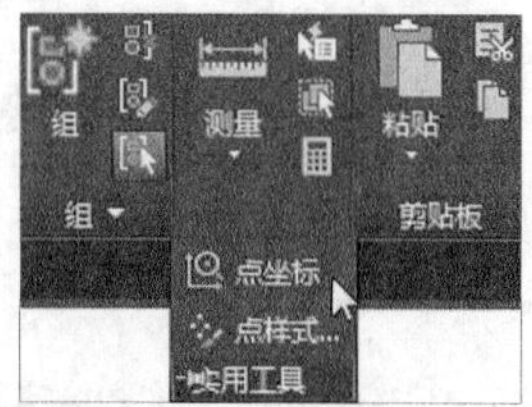

2. 命令提示

调用【体积】查询命令之后，命令行会进行如下提示。

命令：'_id 指定点：

11.1.20 实战演练——查询点坐标信息

下面将利用【点坐标】查询功能查询图形对象中某一个点的坐标信息，具体操作步骤如下。

步骤01 打开“素材\CH11\点坐标查询.dwg”文件，如下图所示。

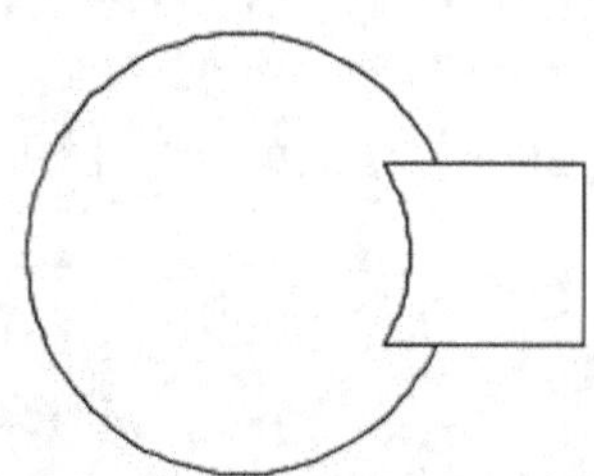

步骤02 选择【工具】➤【查询】➤【点坐标】菜单命令，然后捕捉下图所示的端点。

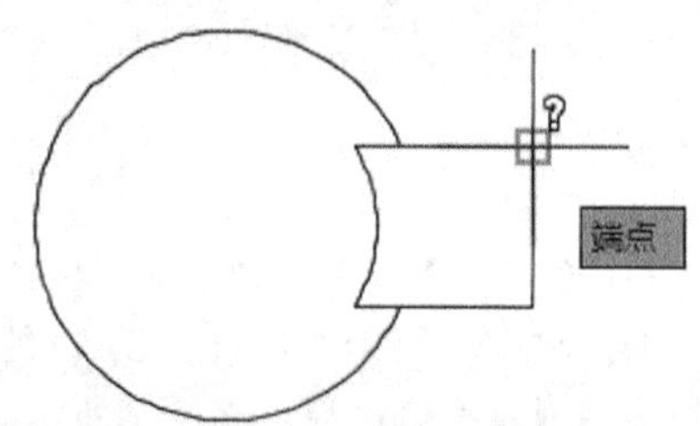

步骤03 在命令行中显示出查询结果。

命令：'_id 指定点： X = 3452.5657 Y = 1342.1914 Z = 0.0000

11.2 参数化操作

在AutoCAD中，参数化绘图功能可以让用户通过基于设计意图的图形对象约束提高绘图效率，该操作可以确保在对象修改后还保持特定的关联及尺寸关系。

11.2.1 自动约束

自动约束功能可以根据对象相对于彼此的方向将几何约束应用于对象的选择集。

1. 命令调用方法

在AutoCAD 2019中调用【自动约束】命令的方法通常有以下3种。

- 选择【参数】➤【自动约束】菜单命令。
- 命令行输入“AUTOCONSTRAIN”命令并按空格键。
- 单击【参数化】选项卡➤【几何】面板➤【自动约束】按钮。

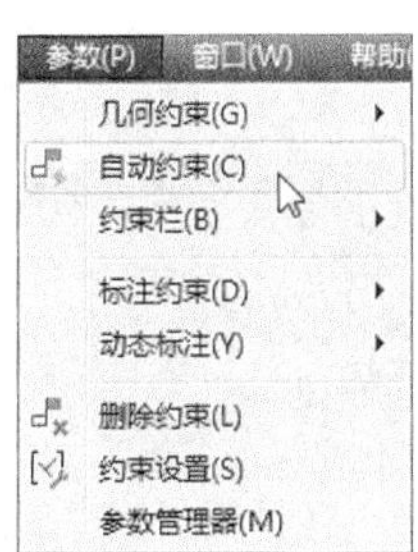

2. 命令提示

调用【自动约束】命令之后，命令行会进行如下提示。

```
命令：_AutoConstrain
选择对象或 [ 设置 (S)]:
```

11.2.2 实战演练——创建自动约束

下面将利用【自动约束】命令为图形对象添加约束，具体操作步骤如下。

步骤 01 打开“素材\CH11\自动约束.dwg”文件，如下图所示。

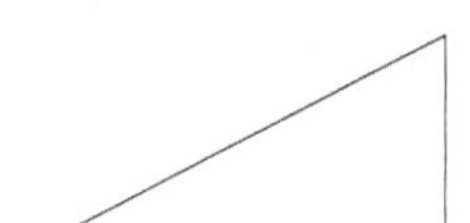
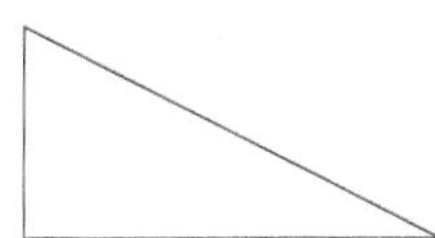

步骤 02 选择【参数】➤【自动约束】菜单命令，然后在绘图区域中选择全部图形，如下图所示。

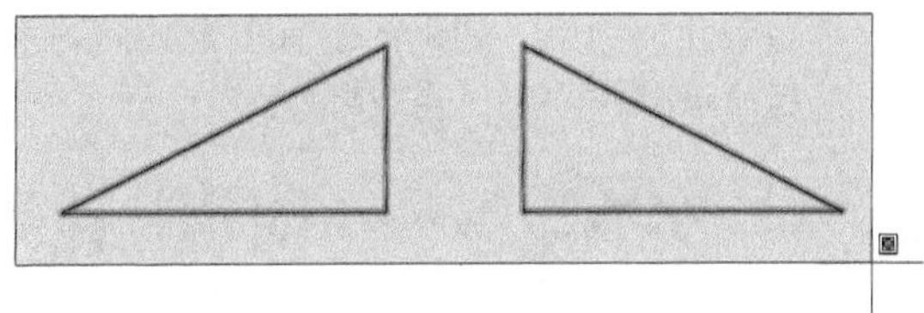

步骤 03 按【Enter】键确认，结果如下图所示。

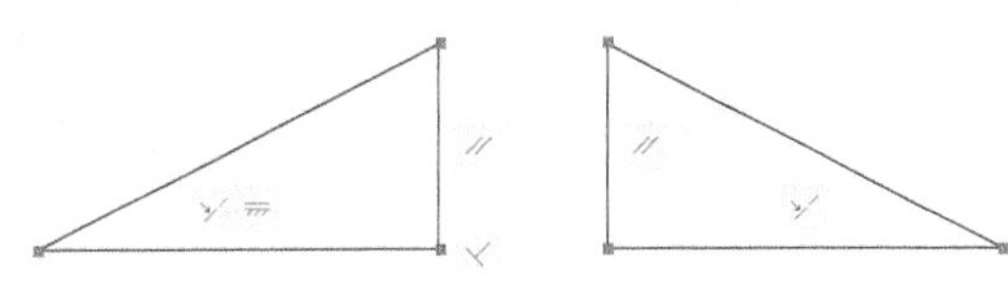

11.2.3 几何约束

几何约束确定了二维几何对象之间或对象上的每个点之间的关系，用户可以指定二维对象或对象上的点之间的几何约束。

1. 命令调用方法

在AutoCAD 2019中调用【几何约束】命令的方法通常有以下3种。

- 选择【参数】➤【几何约束】菜单命令，然后选择一种几何约束类型。
- 命令行输入“GEOMCONSTRAINT”命令并按空格键，然后选择一种几何约束类型。
- 单击【参数化】选项卡➤【几何】面板，然后选择一种几何约束类型。

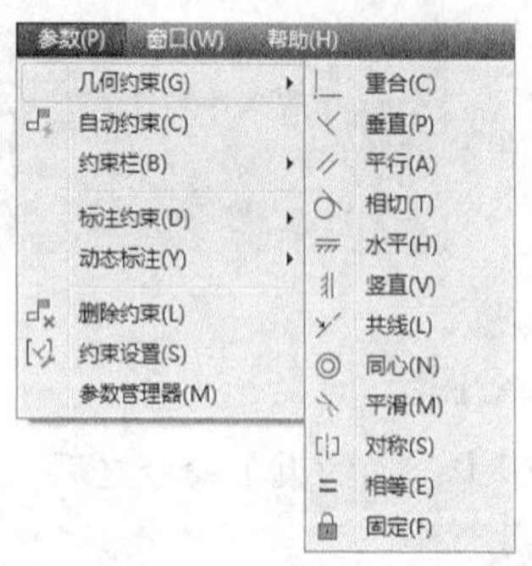

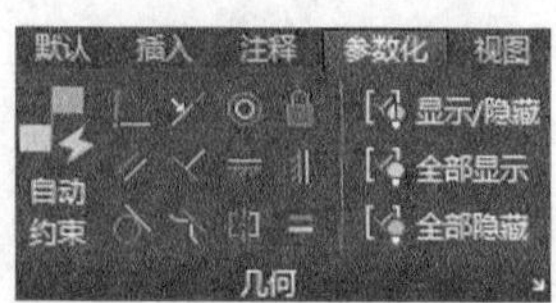

2. 命令提示

调用【GEOMCONSTRAINT】命令之后，命令行会进行如下提示。

命令：GEOMCONSTRAINT

输入约束类型 [水平 (H)/ 竖直 (V)/ 垂直 (P)/ 平行 (PA)/ 相切 (T)/ 平滑 (SM)/ 重合 (C)/ 同心 (CON)/ 共线 (COL)/ 对称 (S)/ 相等 (E)/ 固定 (F)] < 重合 >:

3. 知识点扩展

几何约束不能修改，但可以删除。在很多情况下，几何约束的效果跟选择对象的顺序有关，通常所选的第二个对象会根据第一个对象进行调整。例如，应用垂直约束时，选择的第二个对象将调整为垂直于第一个对象。

单击【参数化】选项卡➤【几何】面板中的【全部显示/全部隐藏】按钮 / 可以全部显示或全部隐藏几何约束。如果图中有多个几何约束，可以通过单击【显示/隐藏】按钮，根据需要自由选择显示哪些约束，隐藏哪些约束。

11.2.4 实战演练——创建几何约束

下面将分别利用【几何约束】的各种类型为图形对象添加约束，具体操作步骤如下。

1. 水平约束

步骤 01 打开“素材\CH11\水平约束.dwg”文件，如下图所示。

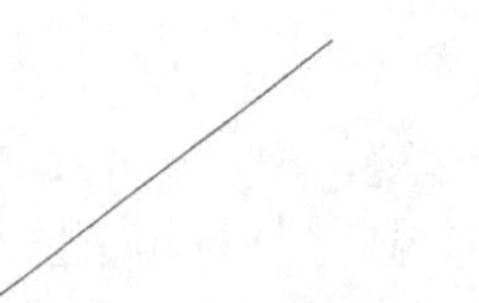

步骤 02 选择【参数】➤【几何约束】➤【水平】菜单命令，然后在绘图区域中选择需要约束的图形对象，如下图所示。

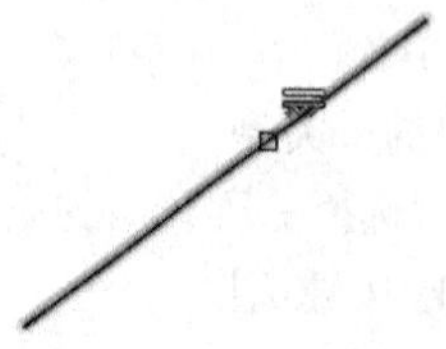

步骤 03 结果如下图所示。

2. 竖直约束

步骤 01 打开“素材\CH11\竖直约束.dwg”文件，如下图所示。

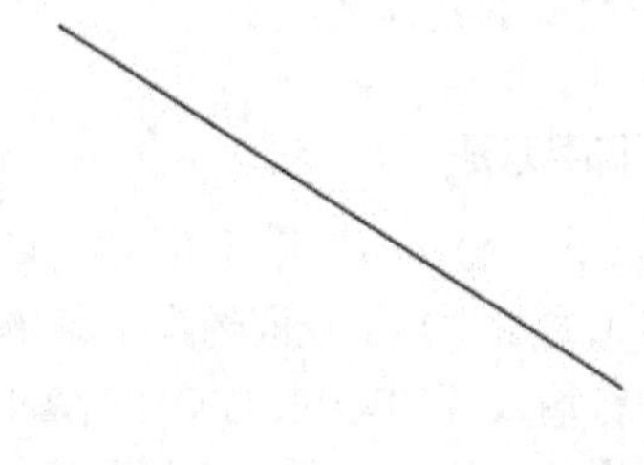

步骤 02 选择【参数】➤【几何约束】➤【竖直】菜单命令，然后在绘图区域中选择需要约束的图形对象，如下图所示。

步骤 03 结果如下图所示。

3. 平行约束

步骤 01 打开“素材\CH11\平行约束.dwg”文件，如下图所示。

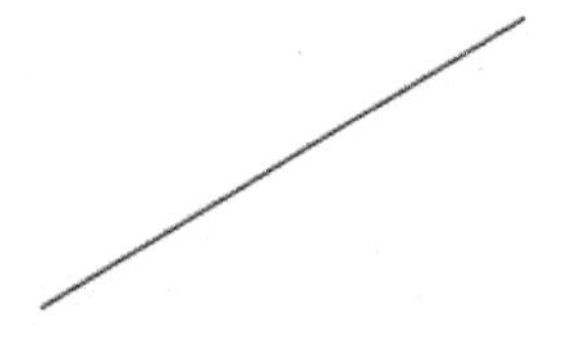

步骤 02 选择【参数】➤【几何约束】➤【平行】菜单命令，然后在绘图区域中选择需要平行约束的第一个对象，如下图所示。

步骤 03 在绘图区域中选择需要平行约束的第二个对象，如下图所示。

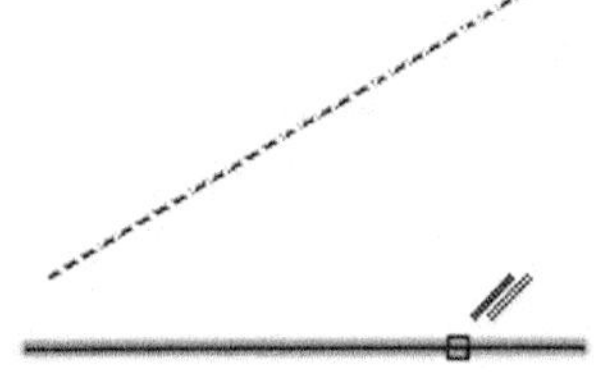

步骤 04 结果如下图所示。

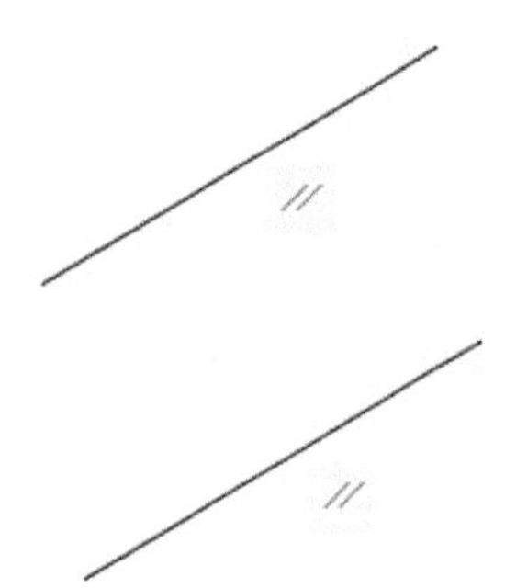

小提示

平行的结果与选择的先后顺序以及选择的位置有关，如果两条直线的选择顺序倒置，则结果如下图所示。

4. 垂直约束

步骤 01 打开“素材\CH11\垂直约束.dwg”文件，如下图所示。

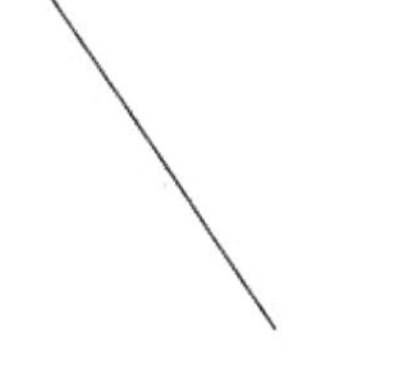

步骤 02 选择【参数】➤【几何约束】➤【垂直】菜单命令，然后在绘图区域中选择需要垂直约束的第一个对象，如下图所示。

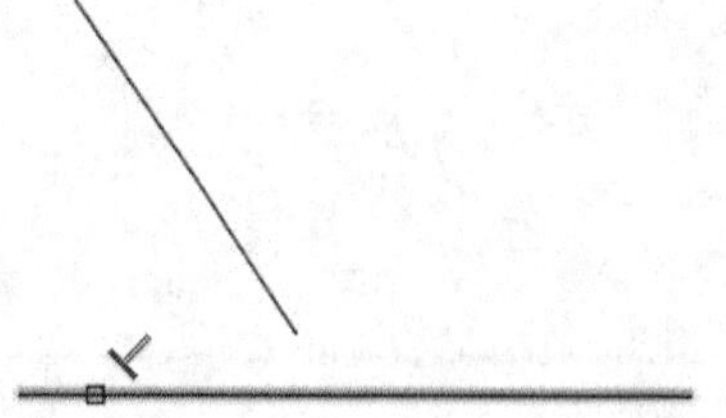

步骤03 在绘图区域中选择需要垂直约束的第二个对象，如下图所示。

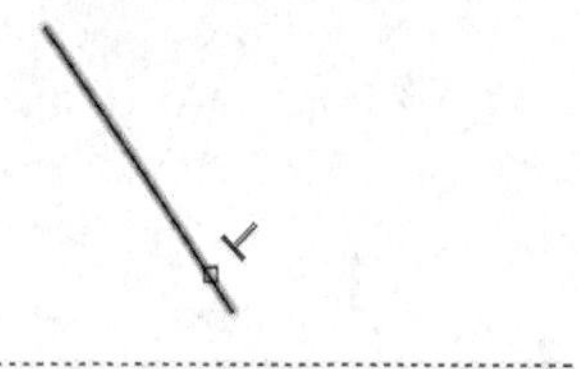

步骤04 结果如下图所示。

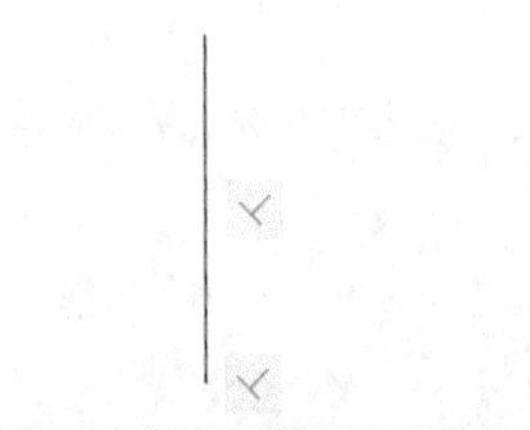

小提示

两条直线中有以下任意一种情况，则不能被垂直约束：（1）两条直线同时受水平约束；（2）两条直线同时受竖直约束；（3）两条共线的直线。

5. 相切约束

步骤01 打开“素材\CH11\相切约束.dwg”文件，如下图所示。

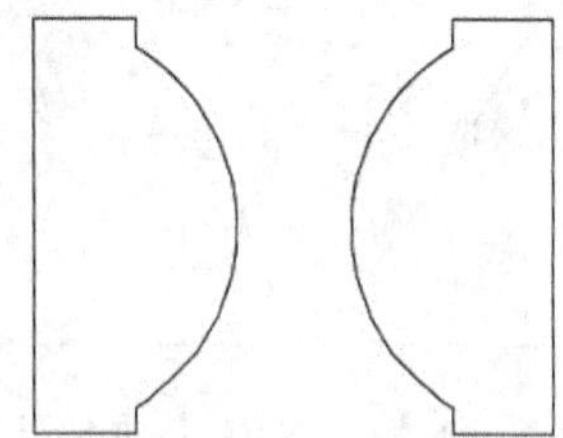

步骤02 选择【参数】➤【几何约束】➤【相切】菜单命令，然后在绘图区域中选择需要相切约束的第一个对象，如下图所示。

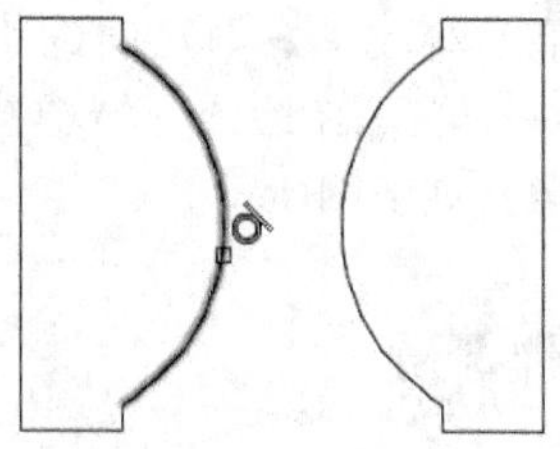

步骤03 在绘图区域中选择需要相切约束的第二个对象，如下图所示。

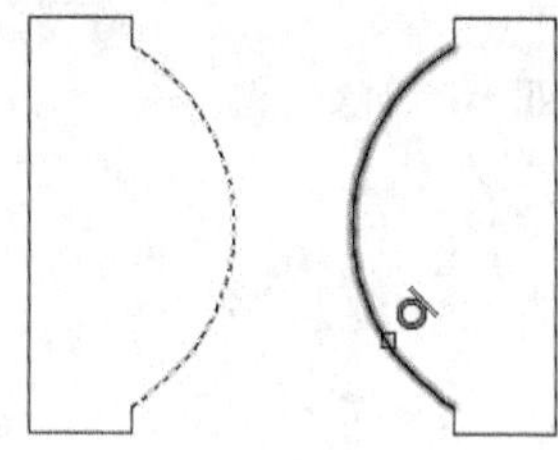

步骤04 结果如下图所示。

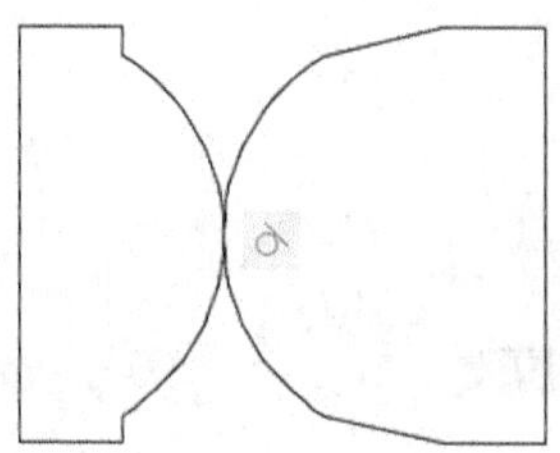

6. 重合约束

步骤01 打开“素材\CH11\重合约束.dwg”文件，如下图所示。

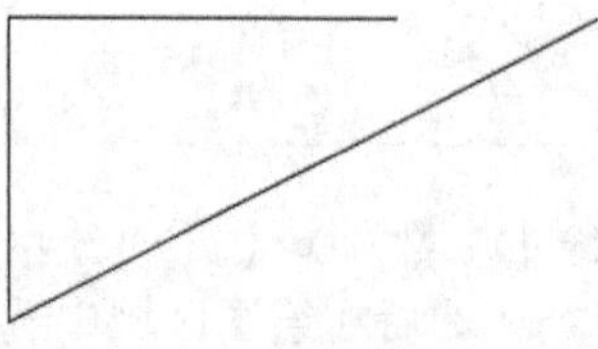

步骤02 选择【参数】➤【几何约束】➤【重合】菜单命令，然后在绘图区域中选择第一个点，如下图所示。

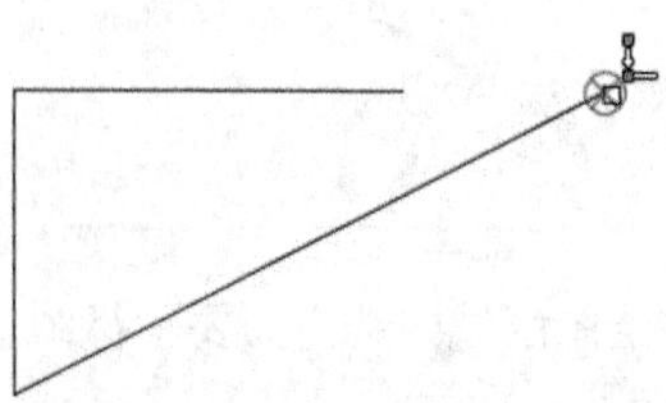

步骤03 在绘图区域中选择第二个点，如下图所示。

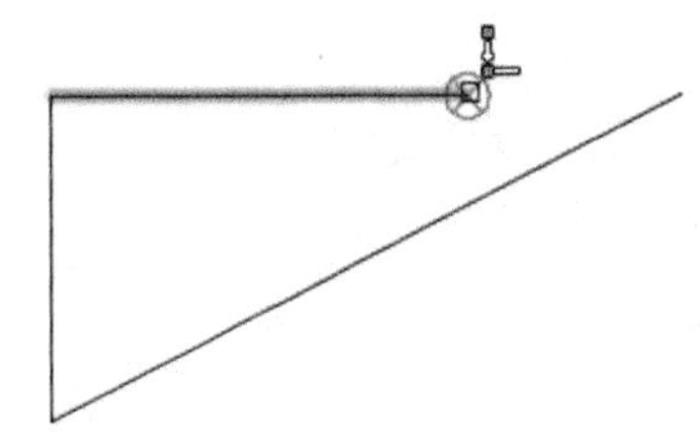

步骤04 结果如下图所示。

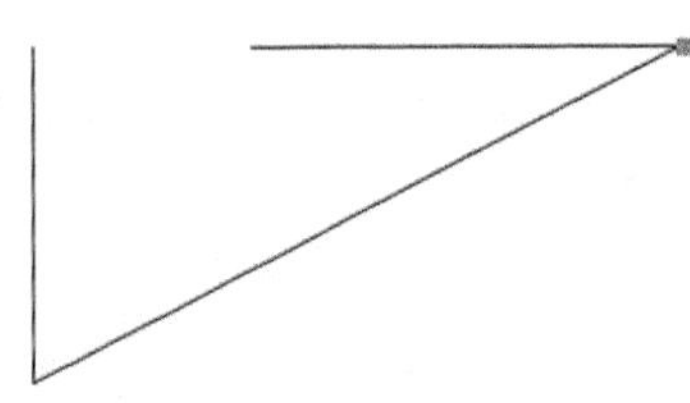

7. 平滑约束

步骤01 打开“素材\CH11\平滑约束.dwg”文件，如下图所示。

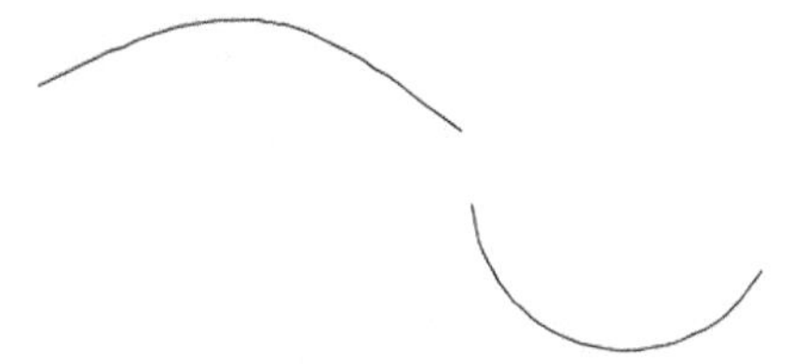

步骤02 选择【参数】➤【几何约束】➤【平滑】菜单命令，然后在绘图区域中选择样条曲线，如下图所示。

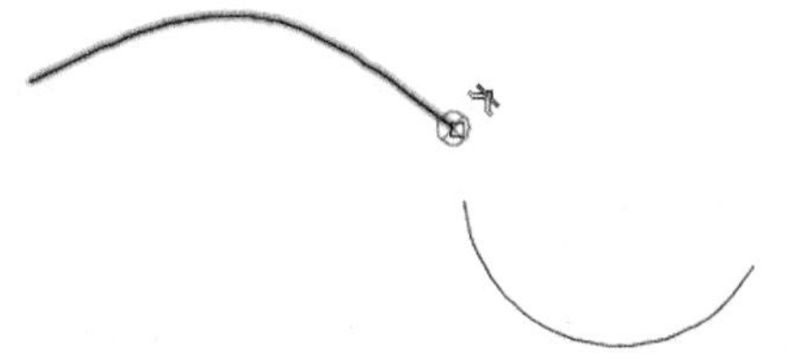

步骤03 在绘图区域中选择圆弧对象，如下图所示。

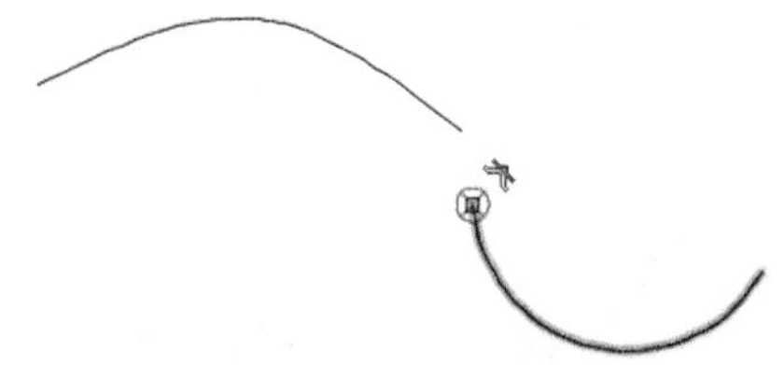

步骤04 结果如下图所示。

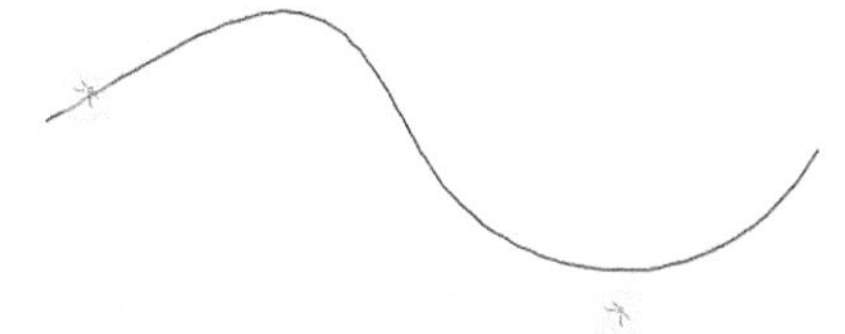

8. 同心约束

步骤01 打开“素材\CH11\同心约束.dwg”文件，如下图所示。

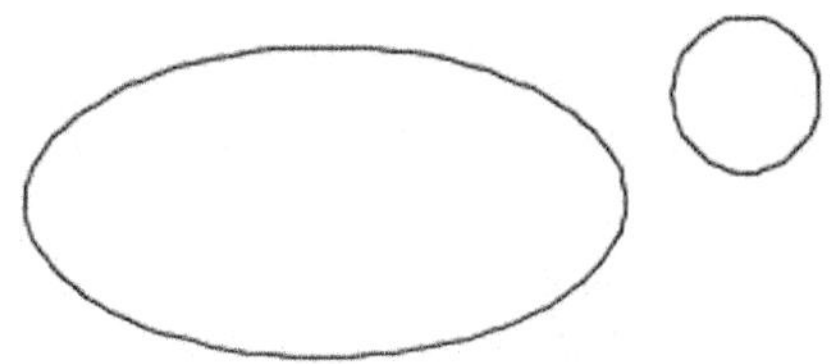

步骤02 选择【参数】➤【几何约束】➤【同心】菜单命令，然后在绘图区域中选择椭圆对象，如下图所示。

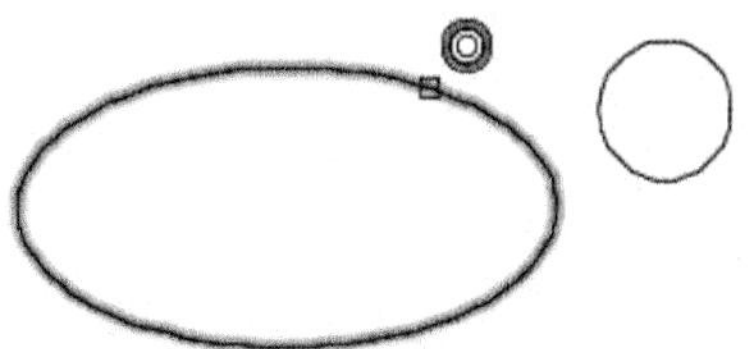

步骤03 在绘图区域中选择圆形，如下图所示。

步骤04 结果如下图所示。

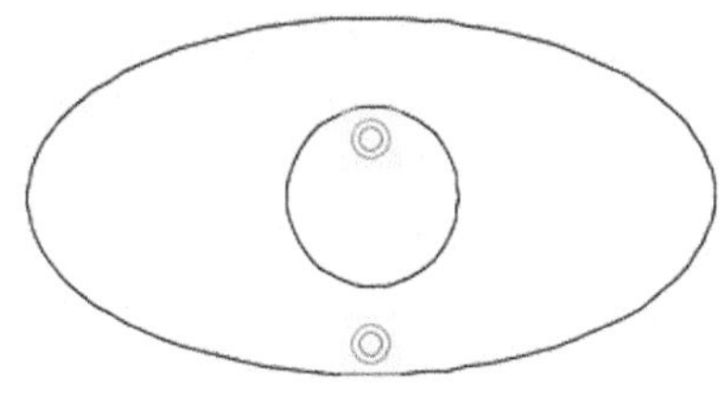

9. 对称约束

步骤01 打开“素材\CH11\对称约束.dwg”文件，如下图所示。

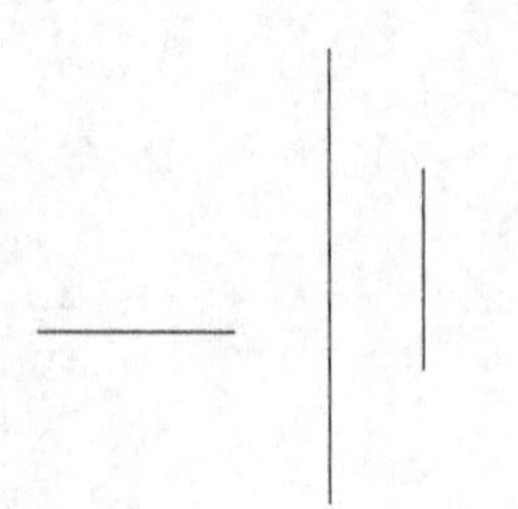

步骤02 选择【参数】➤【几何约束】➤【对称】菜单命令，然后在绘图区域中选择第一个对象，如下图所示。

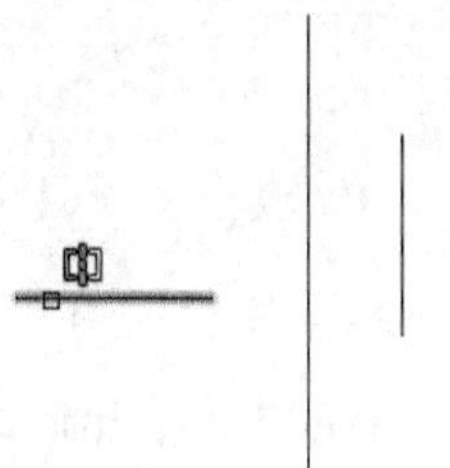

步骤03 在绘图区域中选择第二个对象，如下图所示。

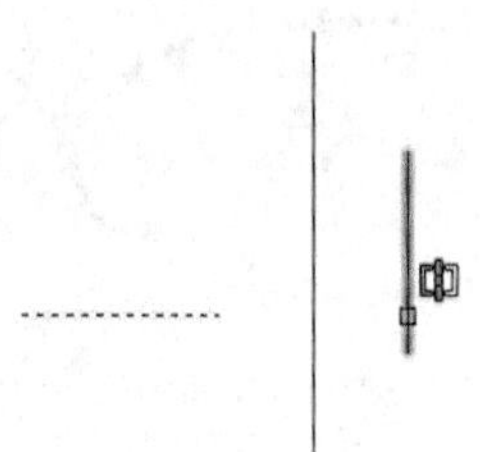

步骤04 在绘图区域中选择对称直线，如下图所示。

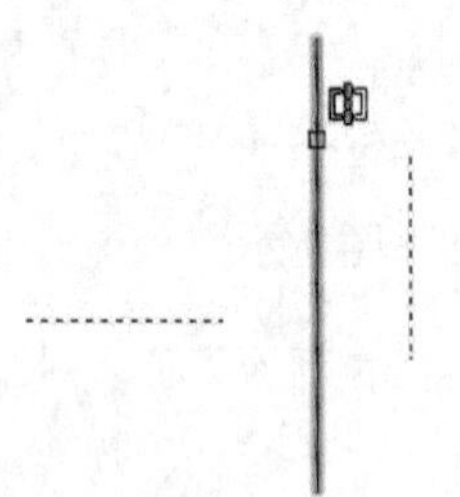

步骤05 结果如下图所示。

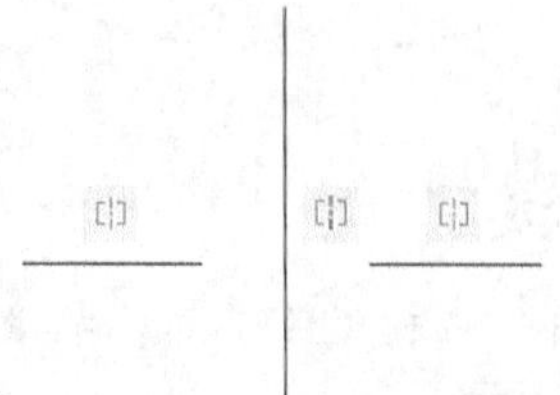

10. 共线约束

步骤01 打开“素材\CH11\共线约束.dwg”文件，如下图所示。

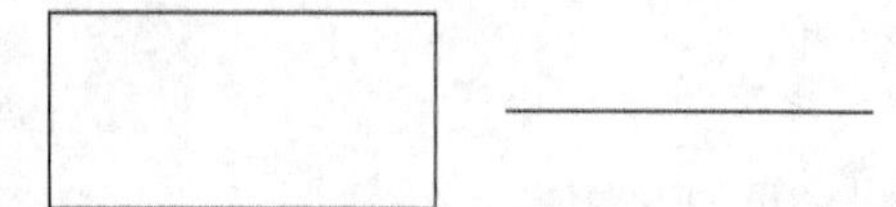

步骤02 选择【参数】➤【几何约束】➤【共线】菜单命令，然后在绘图区域中选择第一个对象，如下图所示。

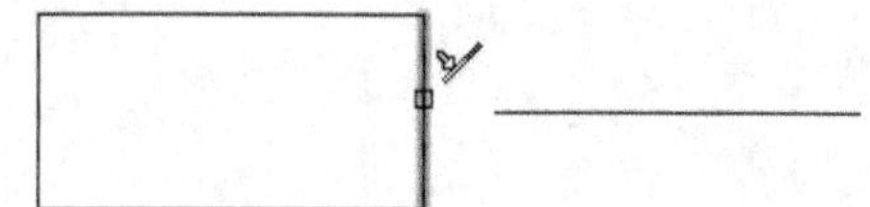

步骤03 在绘图区域中选择第二个对象，如下图所示。

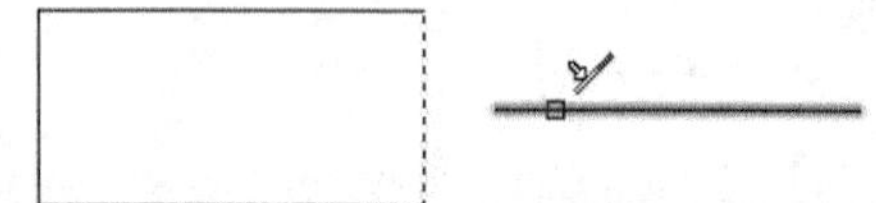

步骤04 结果如下图所示。

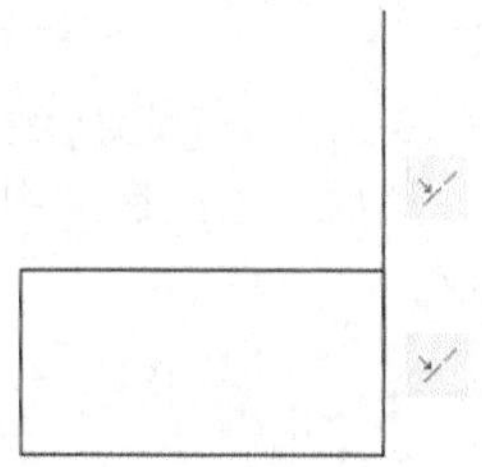

11. 相等约束

步骤01 打开“素材\CH11\相等约束.dwg”文件，如下图所示。

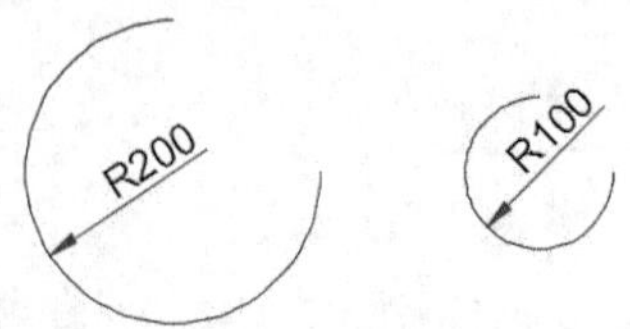

步骤02 选择【参数】➤【几何约束】➤【相等】菜单命令，然后在绘图区域中选择第一个对象，如下图所示。

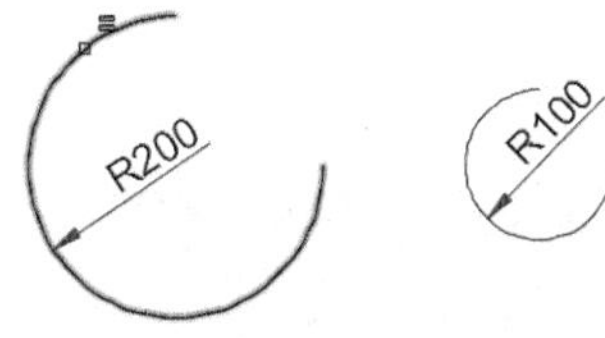

步骤03 在绘图区域中选择第二个对象，如下图所示。

步骤04 结果如下图所示。

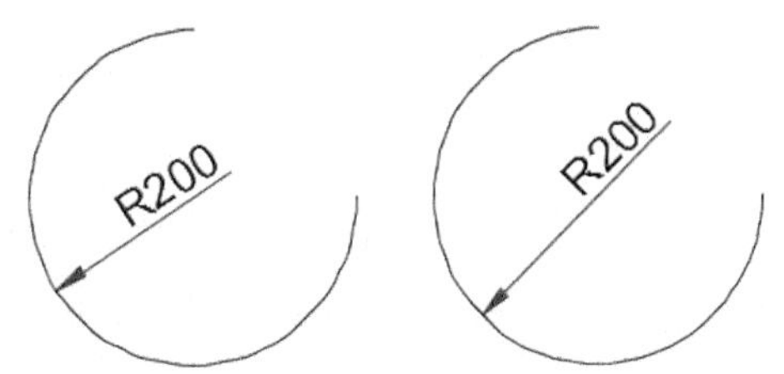

12. 固定约束

步骤01 打开“素材\CH11\固定约束.dwg”文件，如下图所示。

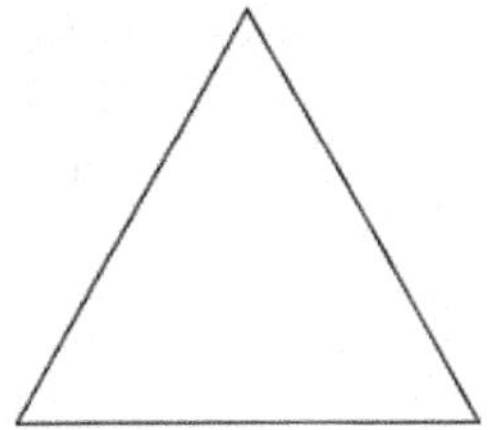

步骤02 选择【参数】➤【几何约束】➤【固定】菜单命令，然后在绘图区域中选择一个点，如下图所示。

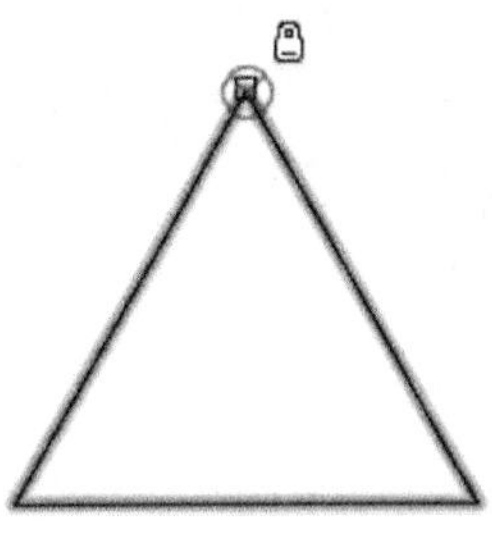

步骤03 结果如下图所示。

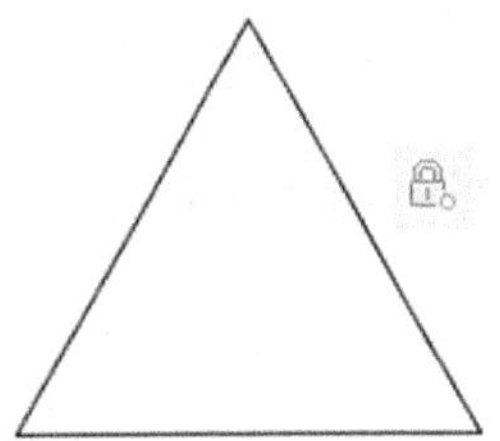

11.2.5 标注约束

标注约束可以确定对象、对象上的点之间的距离或角度，也可以确定对象的大小。标注约束包括名称和值。默认情况下，标注约束是动态的。对常规参数化图形和设计任务来说，它们是非常理想的。动态约束具有以下5个特征：（1）缩小或放大时大小不变；（2）可以轻松打开或关闭；（3）以固定的标注样式显示；（4）提供有限的夹点功能；（5）打印时不显示。

1. 命令调用方法

在AutoCAD 2019中调用【标注约束】命令的方法通常有以下3种。

- 选择【参数】➤【标注约束】菜单命令，然后选择一种标注约束类型。
- 命令行输入“DIMCONSTRAINT”命令并按空格键，然后选择一种标注约束类型。
- 单击【参数化】选项卡➤【标注】面板，然后选择一种标注约束类型。

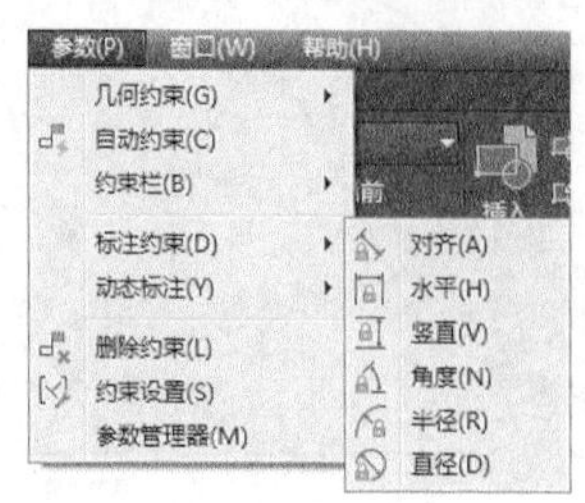

2. 命令提示

调用【DIMCONSTRAINT】命令之后，命令行会进行如下提示。

命令：DIMCONSTRAINT

当前设置：约束形式 = 动态

输入标注约束选项 [线性 (L)/ 水平 (H)/ 竖直 (V)/ 对齐 (A)/ 角度 (AN)/ 半径 (R)/ 直径 (D)/ 形式 (F)/ 转换 (C)] < 对齐 >:

3. 知识点扩展

图形经过标注约束后，修改标注值就可以更改图形的形状。

单击【参数化】选项卡➤【标注】面板中的【全部显示/全部隐藏】按钮/ 可以全部显示或全部隐藏标注约束。如果图中有多个标注约束，可以通过单击【显示/隐藏】按钮，根据需要自由选择显示哪些约束，隐藏哪些约束。

11.2.6 实战演练——创建标注约束

下面将分别利用【标注约束】的各种类型为图形对象添加约束，具体操作步骤如下。

1. 线性/对齐约束

步骤 01 打开"素材\CH11\线性和对齐标注约束.dwg"文件，如下图所示。

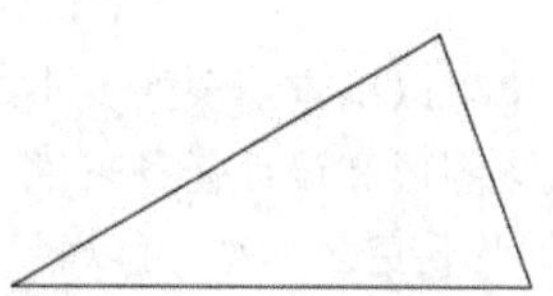

步骤 02 选择【参数】➤【标注约束】➤【水平】菜单命令，在命令行提示下输入"O"按【Enter】键确认，然后在绘图区域中选择下图所示的图形对象。

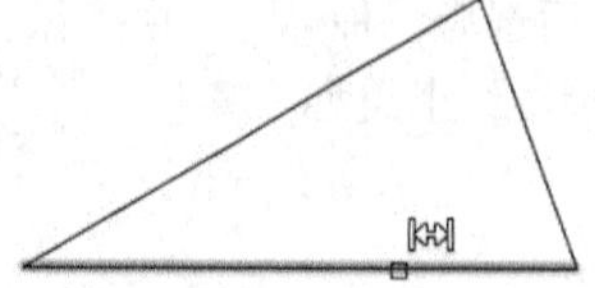

步骤 03 拖曳鼠标，在合适的位置单击确定标注的位置，然后在绘图区空白处单击鼠标接受标注值，结果如下图所示。

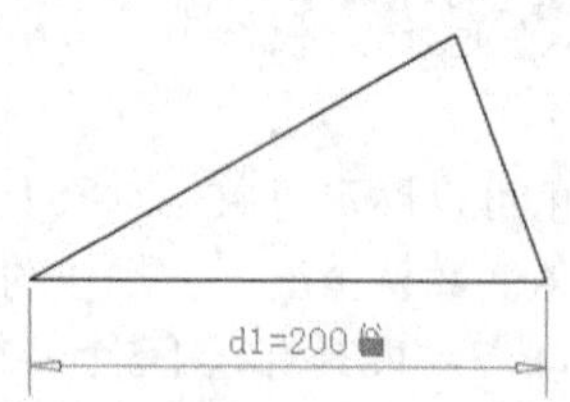

步骤 04 选择【参数】➤【标注约束】➤【对齐】菜单命令，在命令行提示下输入"O"按【Enter】键确认，然后在绘图区域中选择下图所示的图形对象。

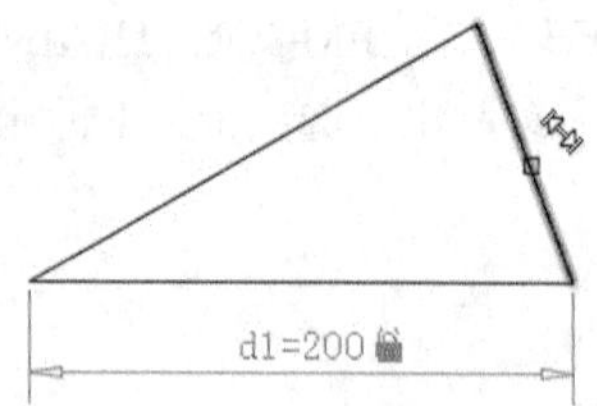

步骤05 拖曳鼠标，在合适的位置单击确定标注的位置，然后将标注值改为“d2=d1”，结果如下图所示。

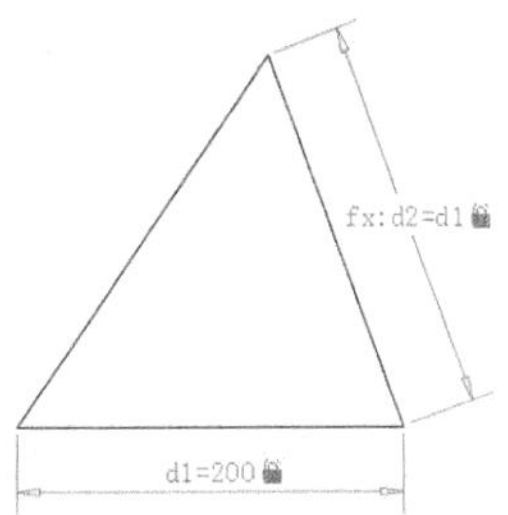

步骤06 重复步骤04 ~ 步骤05 的操作，继续对图形对象进行对齐标注约束，并将标注值改为“d3=d2”，结果如下图所示。

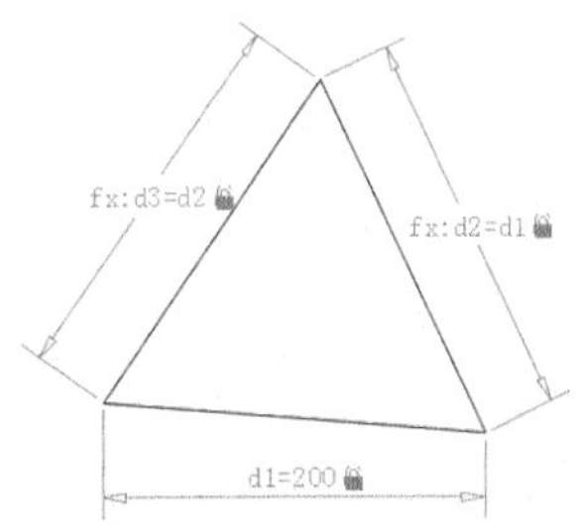

小提示

当图形中的某些尺寸有固定的函数关系时，可以通过这种函数关系把这些相关的尺寸都联系在一起。例如，上图所有的尺寸都和d1长度联系在一起，当图形发生变化时，只需要修改d1的值，整个图形都会发生变化。

2. 半径/直径/角度约束

步骤01 打开“素材\CH11\半径直径和角度标注约束.dwg”文件，如下图所示。

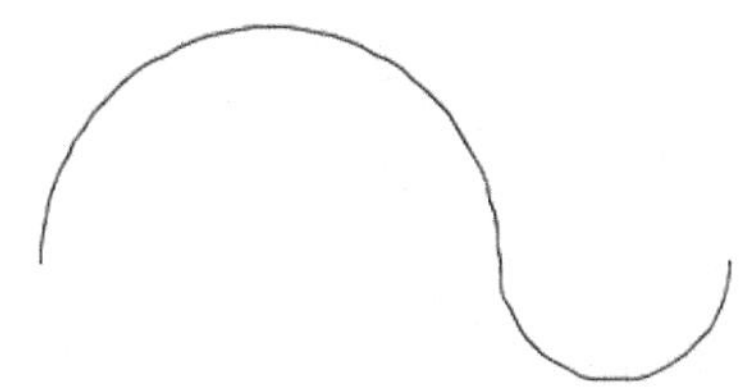

步骤02 选择【参数】➤【标注约束】➤【半径】菜单命令，然后在绘图区域中选择大圆弧，如下图所示。

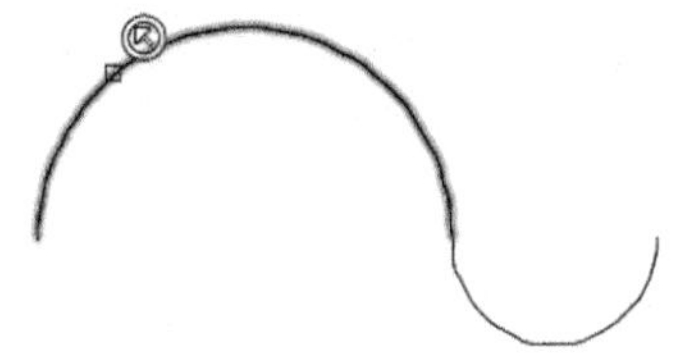

步骤03 拖曳鼠标，在合适的位置单击确定标注的位置，将标注半径值改为“100”，结果如下图所示。

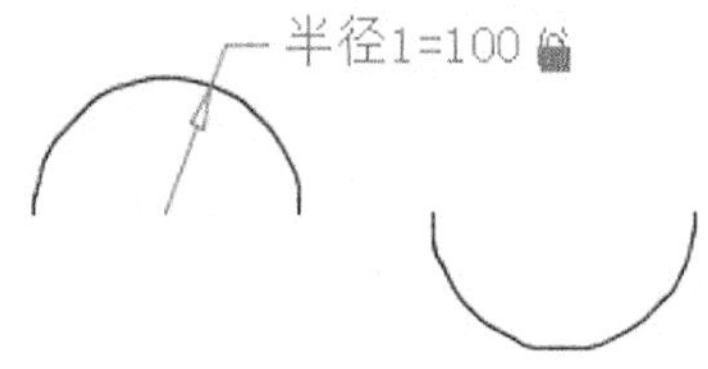

步骤04 选择【参数】➤【标注约束】➤【直径】菜单命令，然后在绘图区域中选择小圆弧，如下图所示。

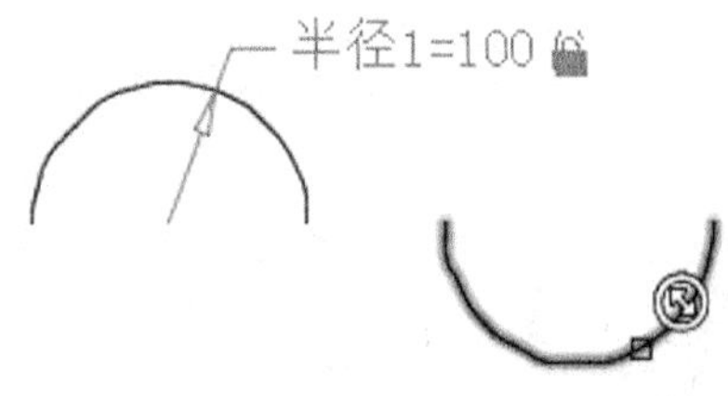

步骤05 拖曳鼠标，在合适的位置单击确定标注的位置，将标注直径值改为“400”，结果如下图所示。

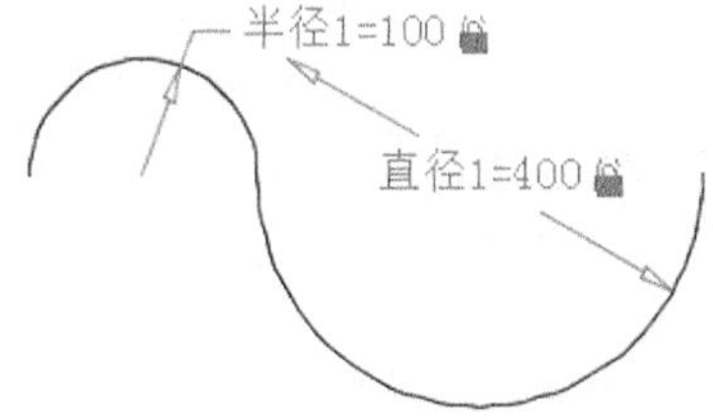

步骤06 选择【参数】➤【标注约束】➤【角度】菜单命令，然后在绘图区域中选择小圆弧，如下图所示。

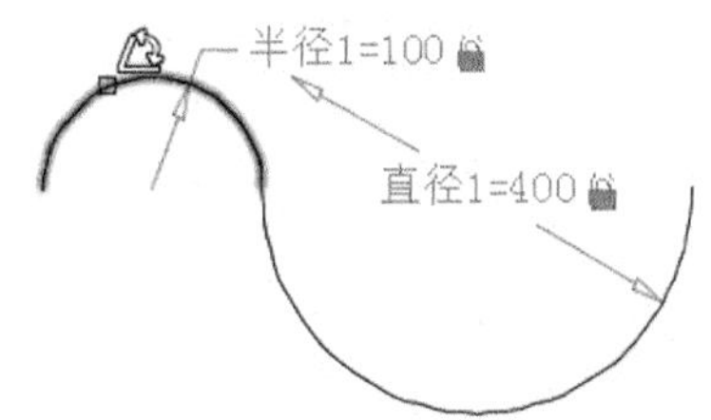

步骤 07 拖曳鼠标，在合适的位置单击确定标注的位置，将标注角度值改为“90”，结果如下图所示。

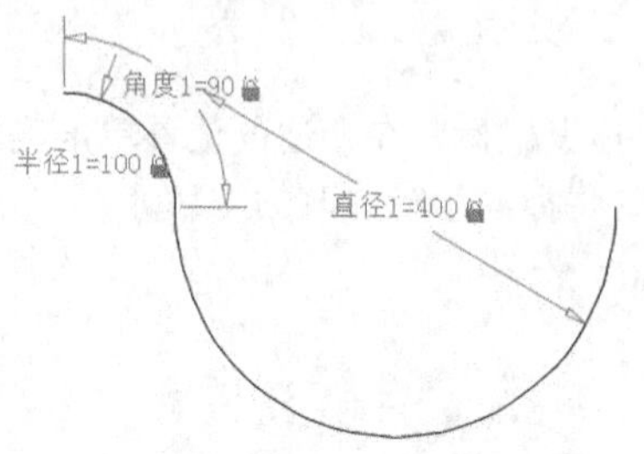

步骤 08 重复调用【角度】标注约束命令，然后在绘图区域中选择大圆弧，如下图所示。

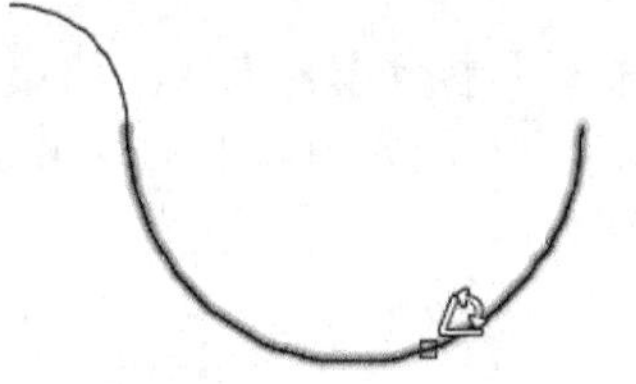

步骤 09 拖曳鼠标，在合适的位置单击确定标注的位置，将标注角度值改为“90”，结果如下图所示。

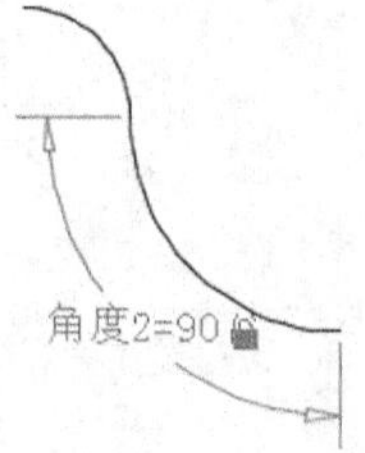

步骤 10 选择【参数】➤【动态标注】➤【全部隐藏】菜单命令，结果如下图所示。

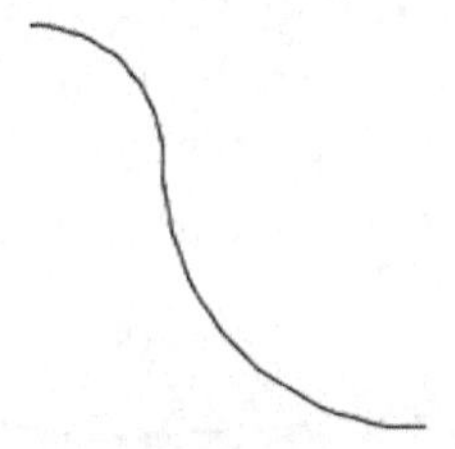

11.3 综合应用——给灯具平面图添加约束

本节视频教程时间：4 分钟

本节将为灯具平面图添加几何约束和标注约束。

1. 添加几何约束

步骤 01 打开“素材\CH11\灯具平面图.dwg”文件，如下图所示。

步骤 02 选择【参数】➤【几何约束】➤【同心】菜单命令，然后选择图形中央的小圆为第一个对象，如下图所示。

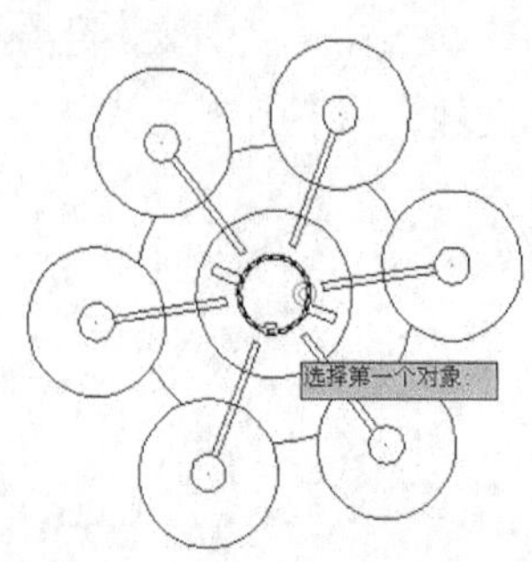

步骤 03 选择位于小圆外侧的第一个圆为第二个对象，AutoCAD会自动生成一个同心约束，如下图所示。

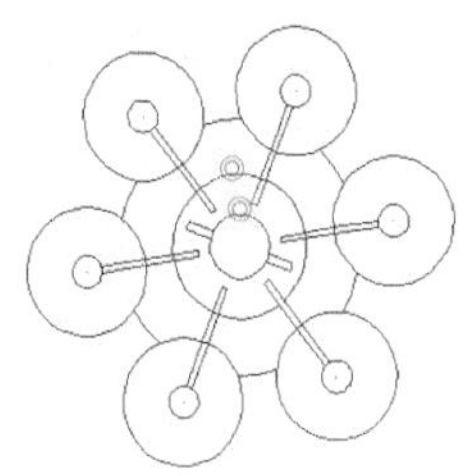

步骤04 选择【参数】➤【几何约束】➤【水平】菜单命令，在图形左下方选择水平直线，将直线约束为与x轴平行，如下图所示。

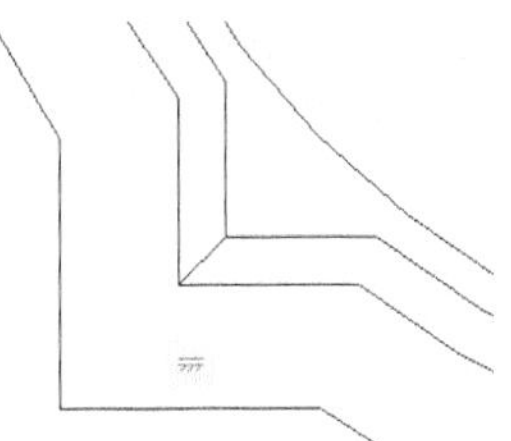

步骤05 选择【参数】➤【几何约束】➤【平行】菜单命令，选择水平约束的直线为第一个对象，如下图所示。

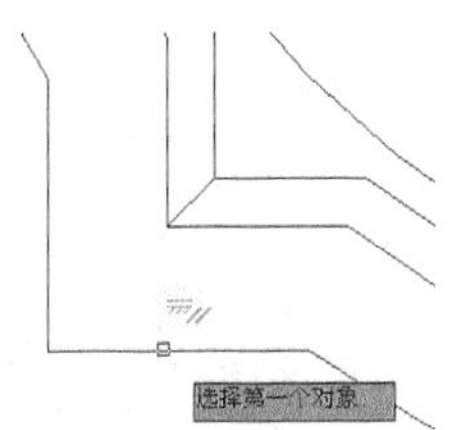

步骤06 然后选择上方的水平直线为第二个对象，如下图所示。

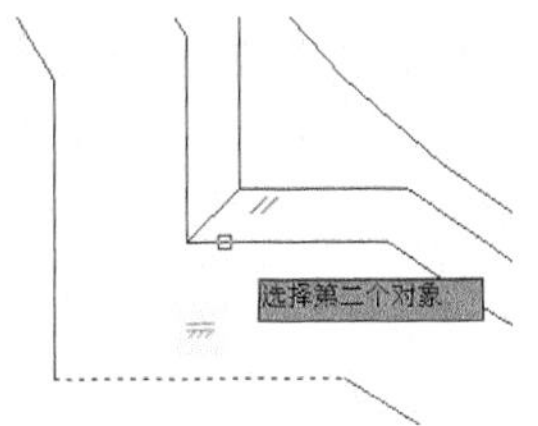

步骤07 AutoCAD会自动生成一个平行约束，如下图所示。

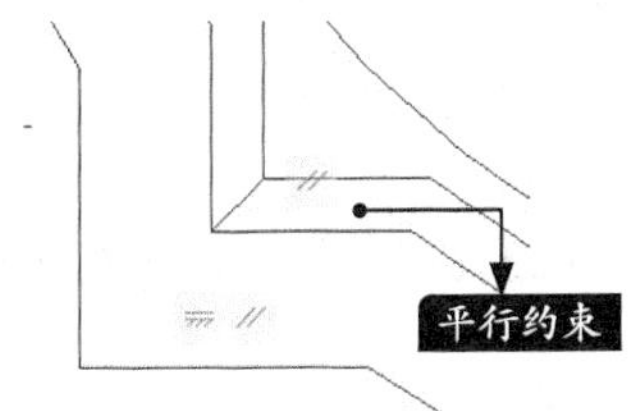

步骤08 选择【参数】➤【几何约束】➤【垂直】菜单命令，选择水平约束的直线为第一个对象，如下图所示。

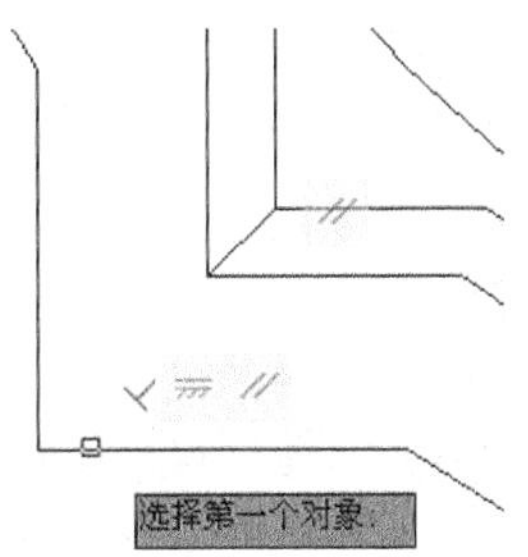

步骤09 然后选择与之相交的直线为第二个对象，如下图所示。

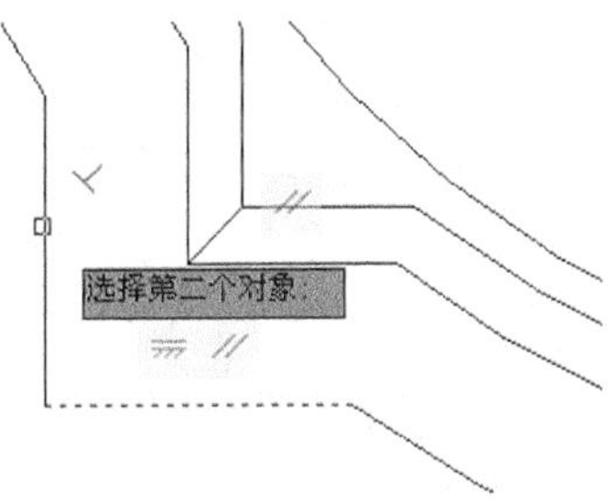

步骤10 AutoCAD自动生成一个垂直约束，如下图所示。

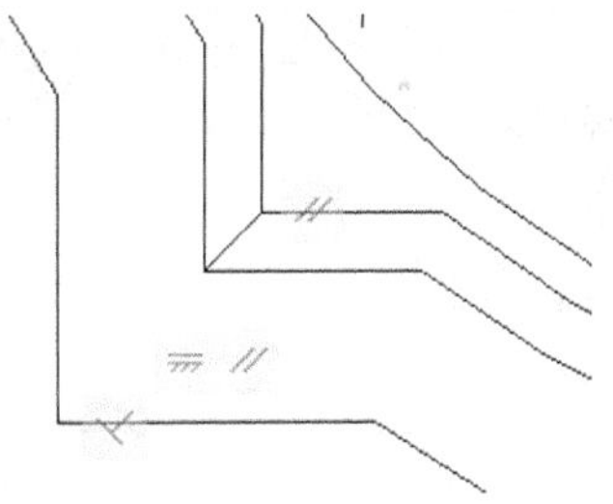

2. 添加标注约束

步骤01 选择【参数】➤【标注约束】➤【水平】菜单命令，然后在图形中指定第一个约束点，如下图所示。

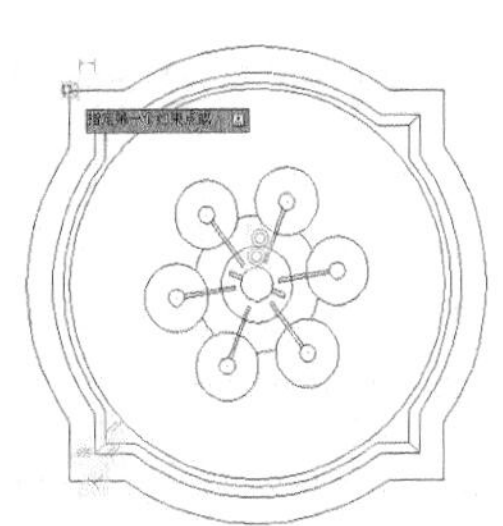

步骤02 指定第二个约束点，如下图所示。

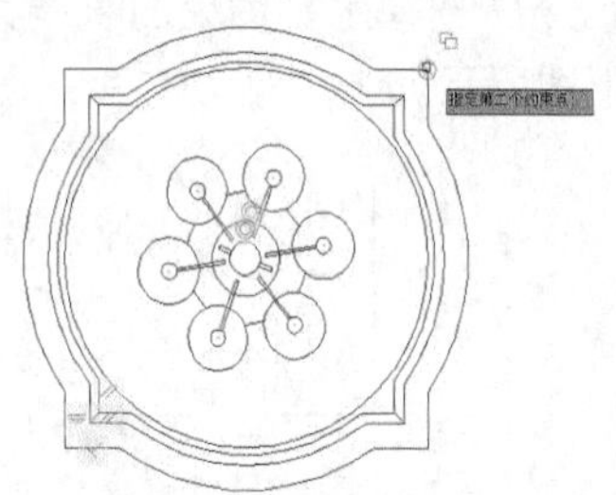

步骤03 拖曳鼠标到合适的位置，将尺寸值修改为“1440”，然后在空白区域单击鼠标，结果如下图所示。

步骤04 选择【参数】➤【标注约束】➤【半径】菜单命令，然后在图形中指定圆弧，拖曳鼠标将约束放置到合适的位置，如下图所示。

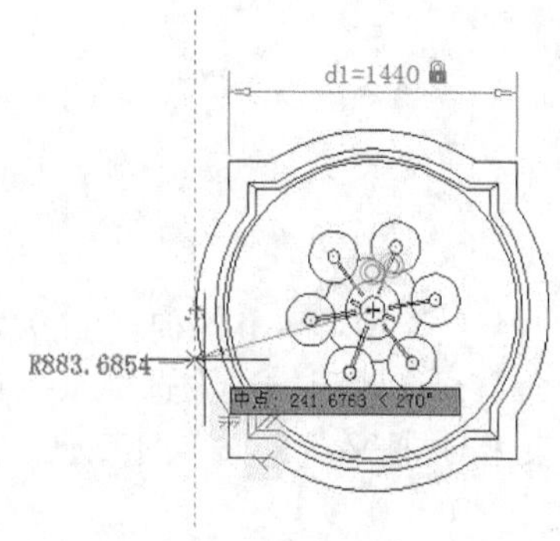

步骤05 将半径值改为“880”，然后在空白处单击鼠标，程序会自动生成一个半径标注约束，如下图所示。

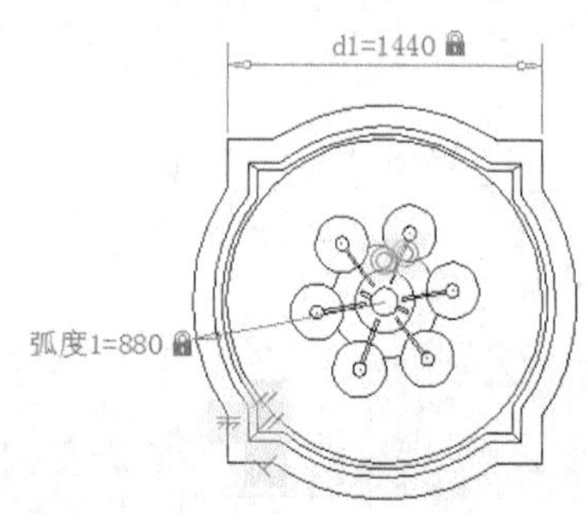

疑难解答

本节视频教程时间：6 分钟

核查与修复

为了便于设计和绘图，AutoCAD还提供了其他辅助功能，如修复图形数据和核查等。

• 核查

使用【核查】命令可检查图形的完整性并更正某些错误。在文件损坏后，可以通过使用该命令查找并更正错误，以修复部分或全部数据。

利用【核查】命令检查图像的具体操作步骤如下。

（1）选择【文件】➤【图形实用工具】➤【核查】菜单命令。

（2）执行命令后，命令行提示如下。

```
是否更正检测到的任何错误？ [是(Y)/否(N)] <N>:
```

（3）在命令行中输入参数“Y”，按【Enter】键确认以更正检测到的错误。

• 修复

使用【修复】命令可以修复损坏的图形。当文件损坏后，可以通过使用该命令查找并更正错误，以修复部分或全部数据。

利用【修复】命令检查图像的具体操作步骤如下。

（1）选择【文件】➤【图形实用工具】➤【修复】菜单命令。

（2）弹出【选择文件】对话框，从中选择要修复的文件。

（3）单击【打开】按钮后系统会自动进行修复，修复完成后弹出修复结果，如下图所示。

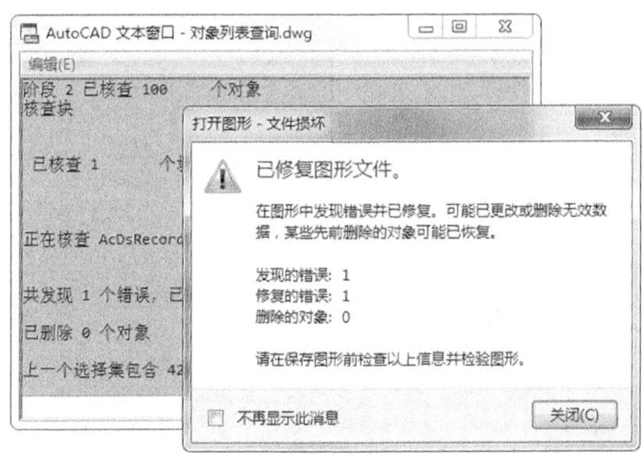

LIST和DBLIST命令的区别

除LIST命令外，AutoCAD还提供了一个DBLIST命令，该命令和LIST命令的区别在于：LIST命令根据提示选择对象进行查询，列表只显示选择的对象的信息；而DBLIST则不用选择，直接列表显示整个图形的信息。

步骤01 打开“素材\CH11\LIST与DBLIST”文件，如下图所示。

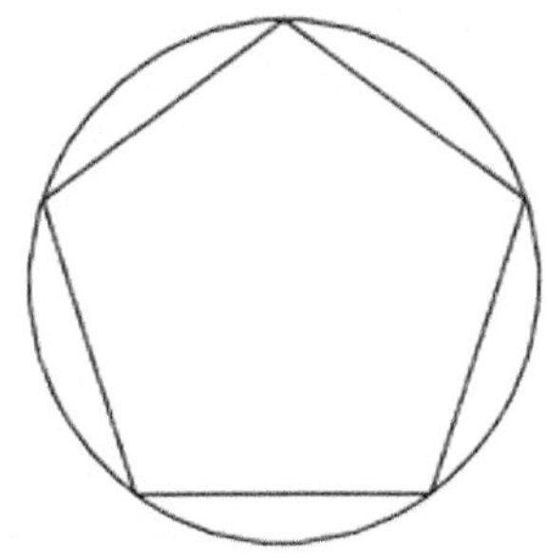

步骤02 在命令行输入“LI”命令并按空格键确认，然后在绘图区域中选择圆形，如下图所示。

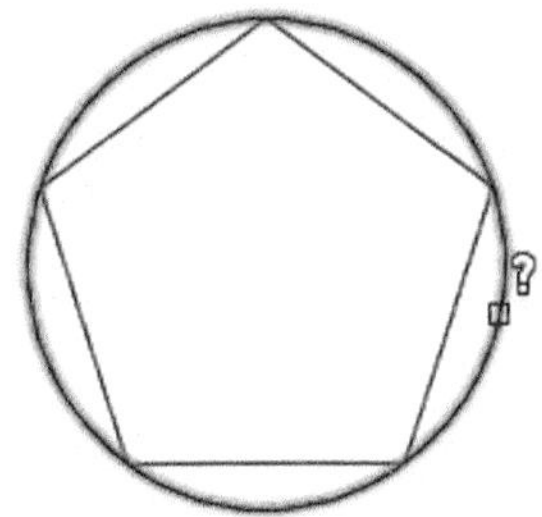

步骤03 按【Enter】键确认，查询结果如下图所示。

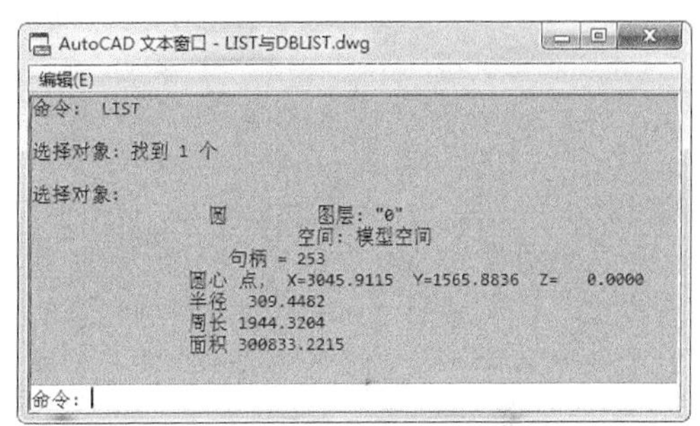

步骤04 在命令行输入“DBLIST”命令并按空格键确认，命令行中显示了查询结果如下图所示。

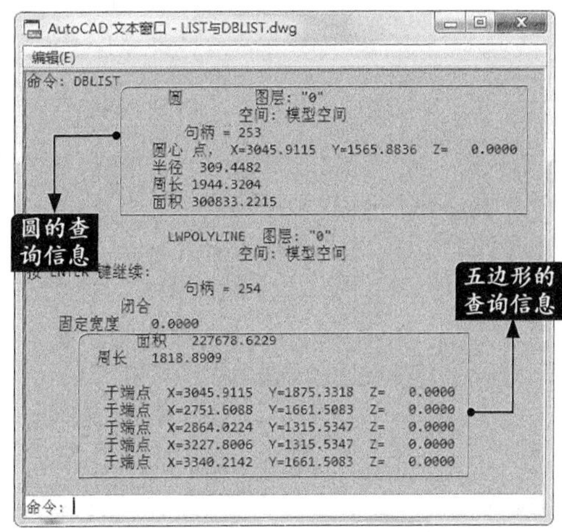

实战练习

绘制以下图形，并计算出阴影部分的面积。其中$R12$的圆形和$R6$的圆形的中心点在同一条水平线上面。

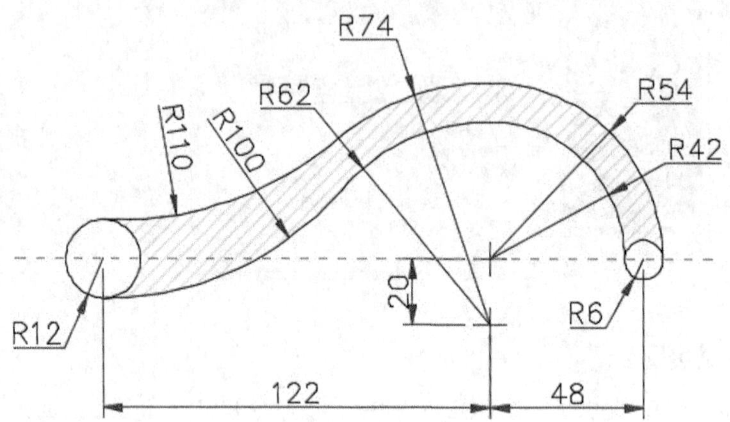

第3篇
三维绘图

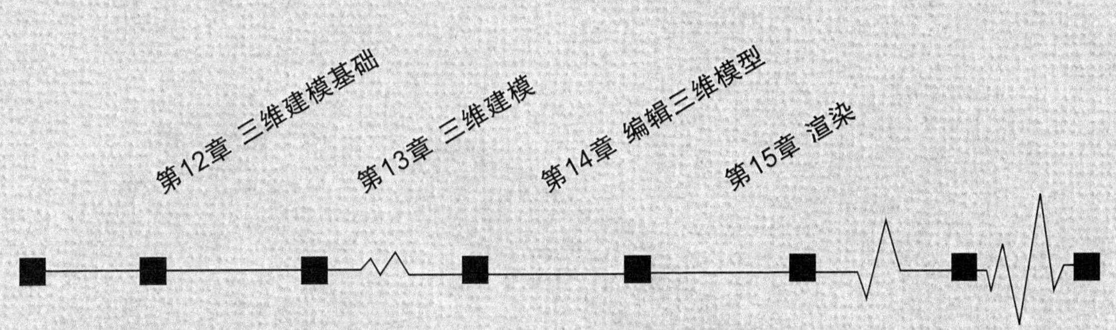

第12章

三维建模基础

学习目标

相对于二维*xy*平面视图，三维视图多了一个维度，不仅有*xy*平面，还有*zx*平面和*yz*平面。因此，三维视图相对于二维视图更加直观，可以通过三维空间和视觉样式的切换从不同角度观察图形。

学习效果

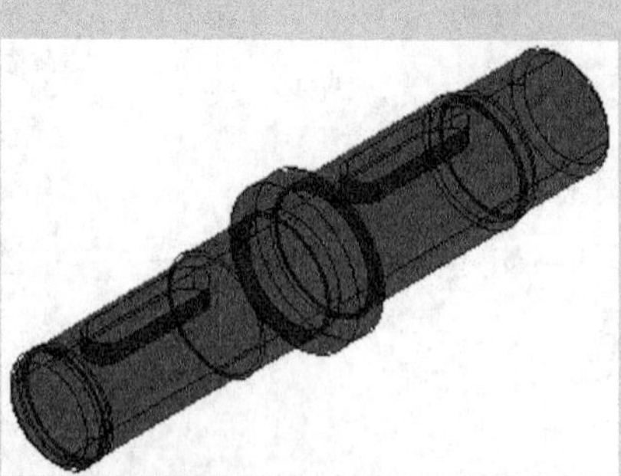

12.1 三维建模空间与三维视图

本节视频教程时间：5 分钟

三维图形是在三维建模空间下完成的。因此在创建三维图形之前,首先应该将绘图空间切换到三维建模模式。

视图是观察三维模型的不同角度。对于复杂的图形，可以通过切换视图样式来从多个角度全面观察图形。

12.1.1 三维建模空间

1. 命令调用方法

关于切换工作空间，除了本书1.4.3节介绍的两种方法外，还有以下两种方法。

- 选择【工具】➤【工作空间】➤【三维建模】菜单命令。
- 命令行输入“WSCURRENT”命令并按空格键，然后在命令行提示下输入“三维建模”。

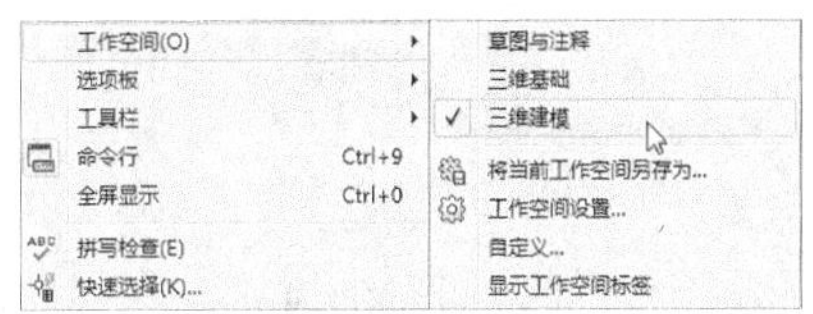

2. 命令提示

切换到三维建模空间后，可以看到三维建模空间是由快速访问工具栏、菜单栏、选项卡、控制面板、绘图区和状态栏组成的集合，用户可以在专门的、面向任务的绘图环境中工作。三维建模空间如下图所示。

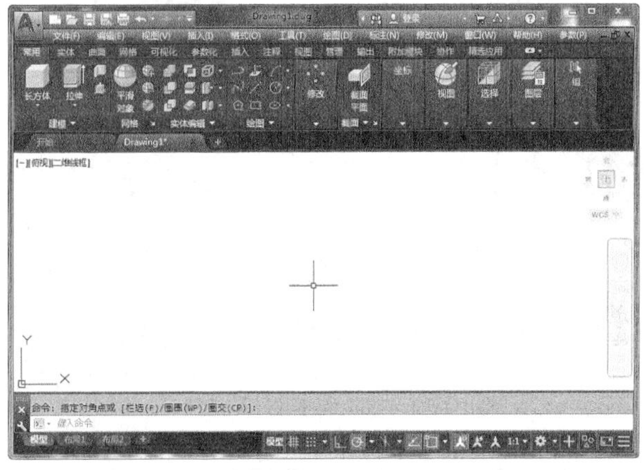

12.1.2 三维视图

三维视图可分为标准正交视图和等轴测视图。

● 标准正交视图：俯视、仰视、主视、左视、右视和后视。

● 等轴测视图：SW（西南）等轴测、SE（东南）等轴测、NE（东北）等轴测和 NW（西北）等轴测。

1. 命令调用方法

在AutoCAD 2019中切换【三维视图】的方法通常有以下4种。

● 选择【视图】➤【三维视图】菜单命令，然后选择一种适当的视图。

● 单击【常用】选项卡➤【视图】面板➤【三维导航】下拉列表，然后选择一种适当的视图。

● 单击【可视化】选项卡➤【视图】面板，然后选择一种适当的视图。

● 单击绘图窗口左上角的视图控件，然后选择一种适当的视图。

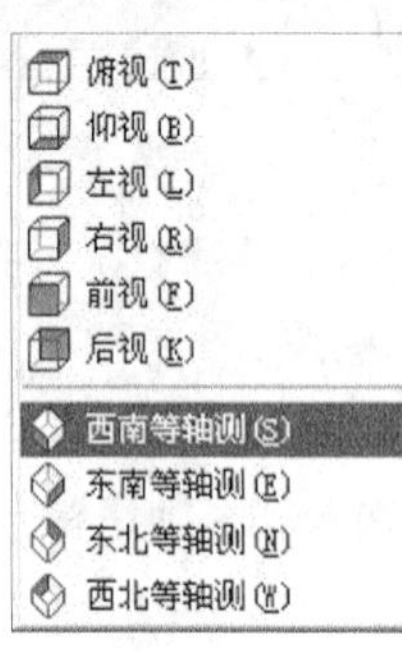

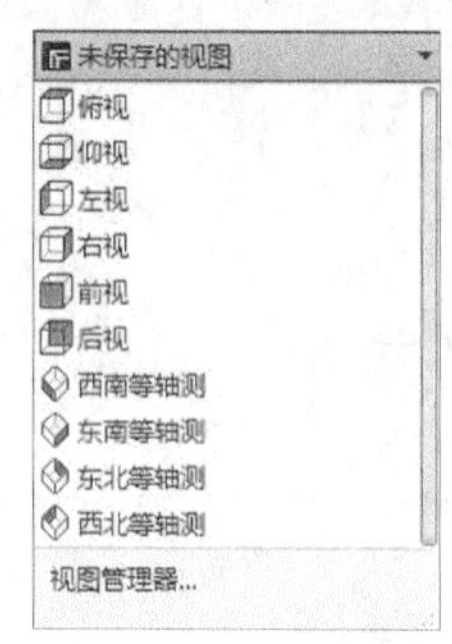

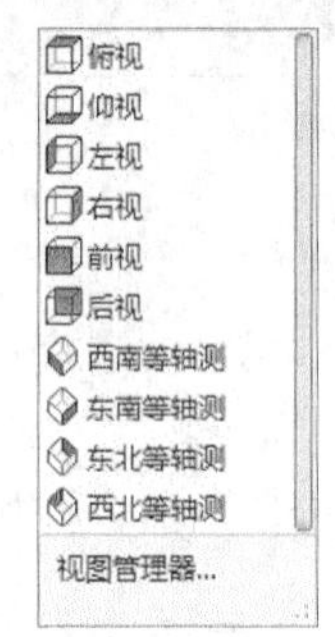

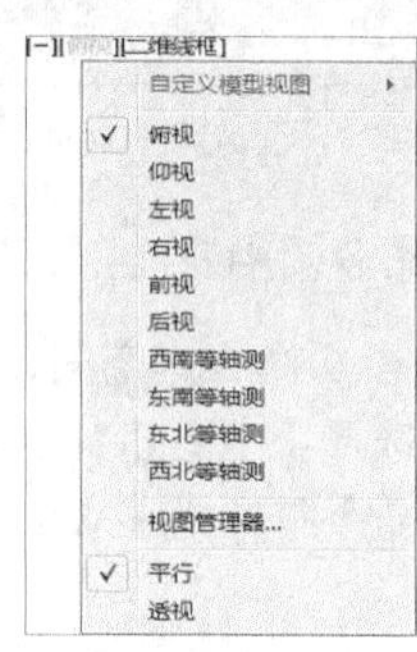

2. 知识点扩展

不同视图下显示的效果并不相同。例如，同一个齿轮，在“西南等轴测”视图下的效果如下左图所示，而在“西北等轴测”视图下的效果如下右图所示。

12.2 视觉样式

本节视频教程时间：9 分钟

视觉样式用于观察三维实体模型在不同视觉下的效果。在AutoCAD 2019中提供了10种视觉样式，用户可以切换到不同的视觉样式来观察模型。

12.2.1 视觉样式的分类

AutoCAD 2019中的视觉样式有10种类型：二维线框、概念、隐藏、真实、着色、带边缘着色、灰度、勾画、线框和X射线。程序默认的视觉样式为二维线框。

1. 命令调用方法

在AutoCAD 2019中切换【视觉样式】的方法通常有以下4种。

- 选择【视图】➤【视觉样式】菜单命令，然后选择一种适当的视觉样式。
- 单击【常用】选项卡➤【视图】面板➤【视觉样式】下拉按钮，然后选择一种适当的视觉样式。
- 单击【可视化】选项卡➤【视觉样式】面板➤【视觉样式】下拉按钮，然后选择一种适当的视觉样式。
- 单击绘图窗口左上角的视图控件，然后选择一种适当的视觉样式。

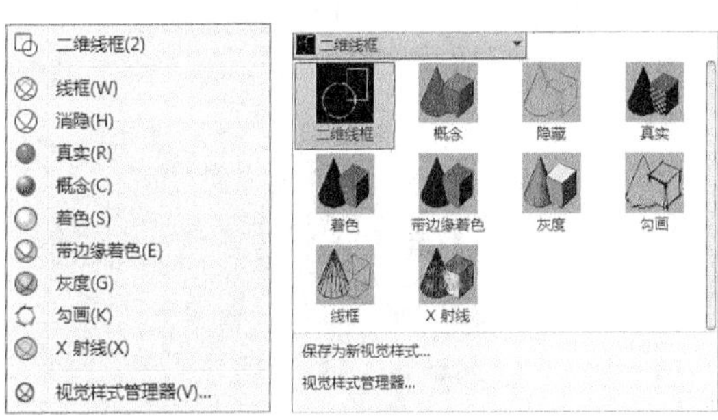

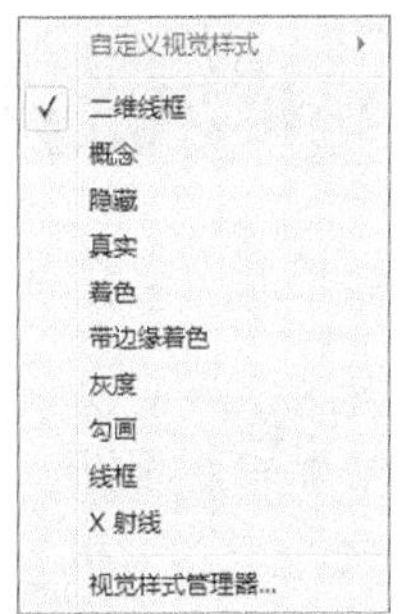

2. 知识点扩展

各视觉样式含义如下。

- 二维线框：二维线框视觉样式是通过直线和曲线表示对象边界的显示方法。光栅图像、OLE对象、线型和线宽均可见，如下图所示。

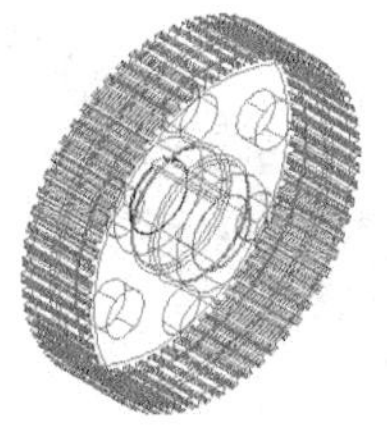

- 线框：线框样式是通过直线和曲线表示边界来显示对象的方法，如下图所示。

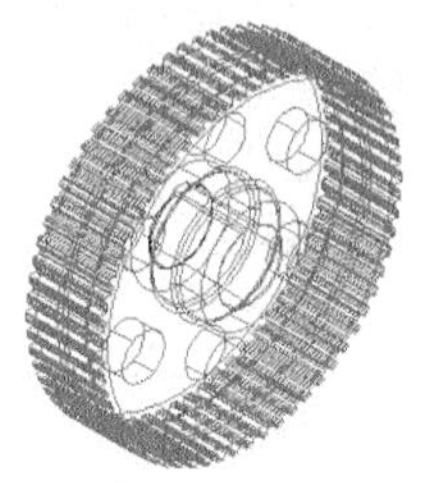

- 隐藏（消隐）：隐藏（消隐）样式是用三维线框表示的对象，会将不可见的线条隐藏起来，如下图所示。

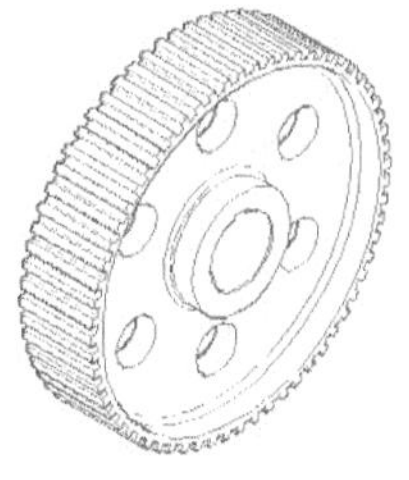

- 真实：真实样式会将对象边缘平滑化，显示已附着到对象的材质，如下图所示。

- 概念：概念样式是使用平滑着色和古氏面样式显示对象的方法，它是一种冷色和暖色之间的过渡，而不是从深色到浅色的过渡。虽然效果缺乏真实感，但是可以更加方便地查看模型的细节，如下图所示。

- 着色：使用平滑着色显示对象，如下图所示。

• 带边缘着色：该样式会使用平滑着色和可见边显示对象，如下图所示。

• 灰度：该样式会使用平滑着色和单色灰度显示对象，如下图所示。

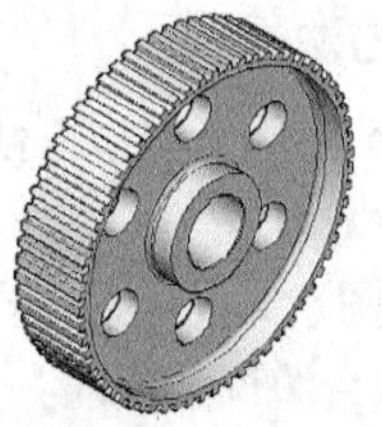

• 勾画：该样式会使用线延伸和抖动边修改器显示手绘效果的对象，如下图所示。

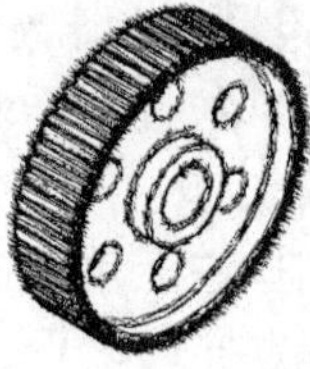

• X射线：该样式会以局部透明度显示对象，如下图所示。

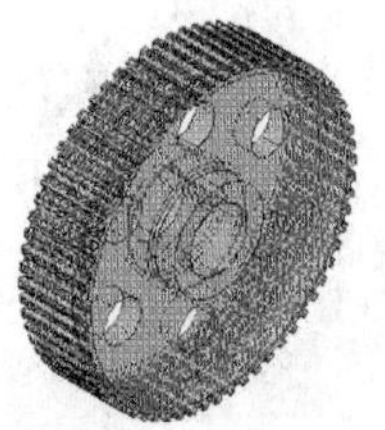

12.2.2 实战演练——在不同视觉样式下对三维模型进行观察

下面将分别使用不同的视觉样式对三维模型进行观察，具体操作步骤如下。

步骤 01 打开“素材\CH12\轴造型.dwg”文件，如下图所示。

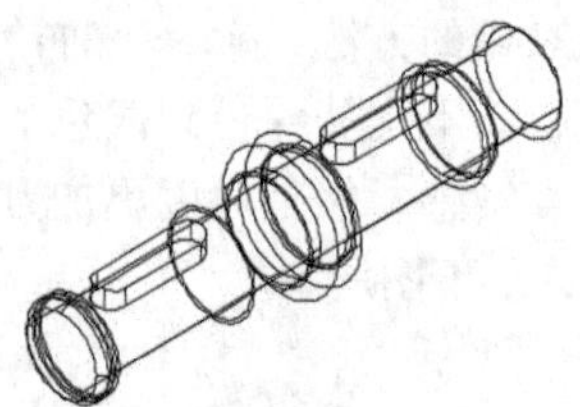

步骤 02 选择【视图】➤【视觉样式】➤【消隐】菜单命令，结果如下图所示。

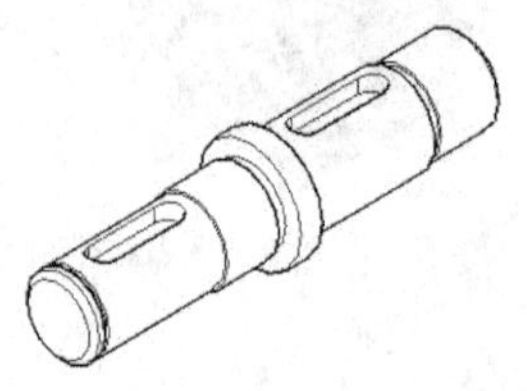

步骤 03 选择【视图】➤【视觉样式】➤【概念】菜单命令，结果如下图所示。

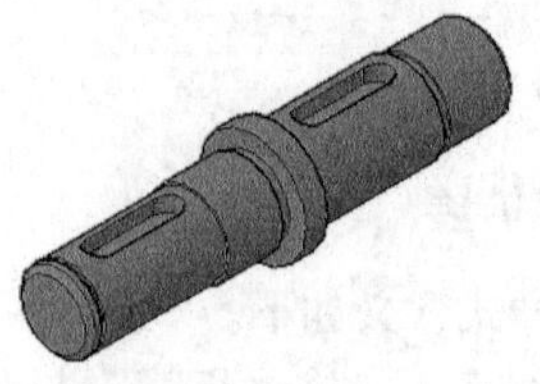

步骤 04 选择【视图】➤【视觉样式】➤【X射线】菜单命令，结果如下图所示。

12.2.3 视觉样式管理器

视觉样式管理器用于管理视觉样式，对所选视觉样式的面、环境、边等特性进行自定义设置。

1. 命令调用方法

在AutoCAD 2019中【视觉样式管理器】的调用方法和【视觉样式】的调用方法相同，在弹出的【视觉样式】下拉列表中选择【视觉样式管理器】选项即可，具体参见12.2.1节（在切换视觉样式图片的最下边可以看到“视觉样式管理器”字样）。

2. 命令提示

调用【视觉样式管理器】命令之后，系统会弹出【视觉样式管理器】选项板，如下图所示。

3. 知识点扩展

【视觉样式管理器】选项板中各选项的含义如下。

• 工具栏：用户可通过工具栏创建或删除视觉样式，将选定的视觉样式应用于当前视口，或者将选定的视觉样式输出到工具选项板，如下图所示。

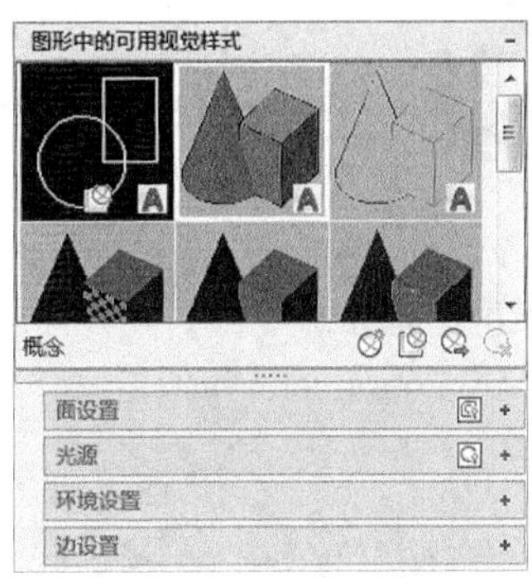

• 【面设置】特性面板：用于控制三维模型的面在视口中的外观，如下图所示。

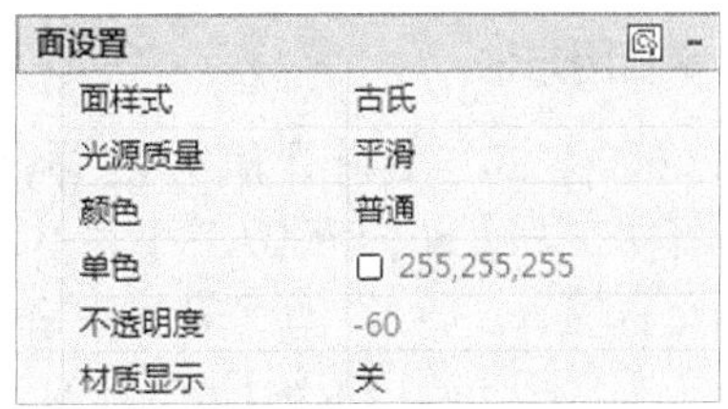

• 【光源】和【环境设置】：【亮显强度】选项可以控制亮显在无材质的面上的大小。【环境设置】特性面板用于控制阴影和背景的显示方式，如下图所示。

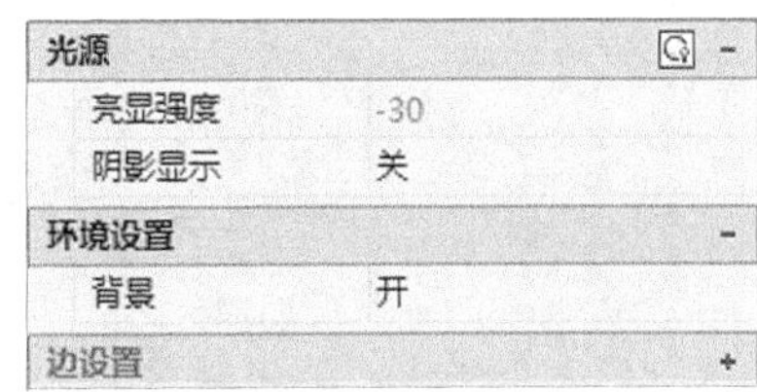

• 【边设置】：用于控制边的显示方式，如下图所示。

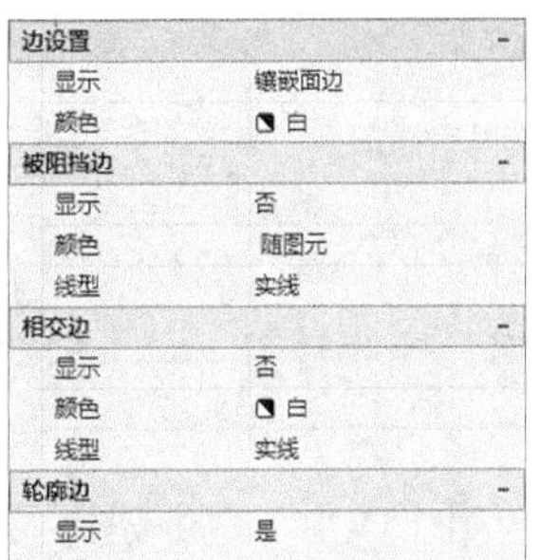

12.3 坐标系

本节视频教程时间：6 分钟

AutoCAD系统为用户提供了一个绝对的坐标系，即世界坐标系（WCS）。通常，AutoCAD构造新图形时将自动使用WCS。虽然WCS不可更改，但可以从任意角度、任意方向来观察或旋转。

相对于世界坐标系WCS，用户可根据需要创建无限多的坐标系，这些坐标系称为用户坐标系（UCS，User Coordinate System）。用户使用UCS命令来对用户坐标系进行定义、保存、恢复和移动等操作。

12.3.1 创建UCS（用户坐标系）

在AutoCAD 2019中，用户可以根据工作需要定义UCS。

1. 命令调用方法

在AutoCAD 2019中调用【UCS】命令的方法通常有以下4种。

- 选择【工具】➤【新建UCS】菜单命令，然后选择一种定义方式。
- 命令行输入“UCS”命令并按空格键。
- 单击【常用】选项卡➤【坐标】面板，然后选择一种定义方式。
- 单击【可视化】选项卡➤【坐标】面板，然后选择一种定义方式。

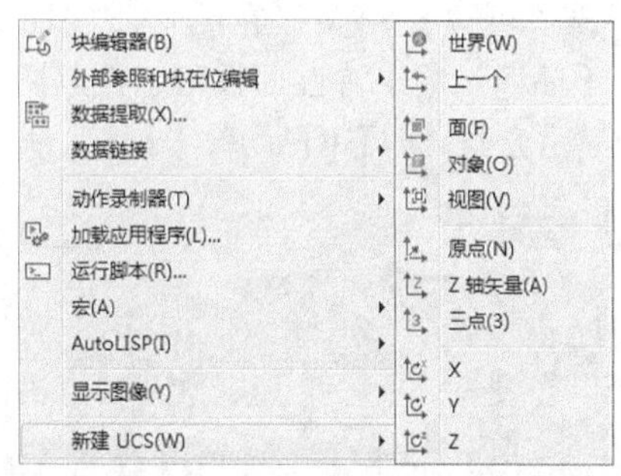

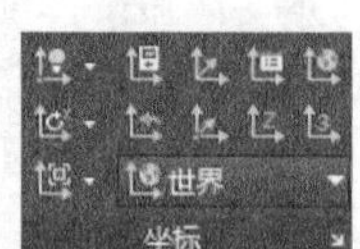

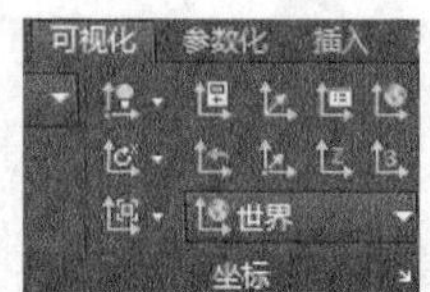

2. 命令提示

调用【UCS】命令之后，命令行会进行如下提示。

```
命令：UCS
当前 UCS 名称：* 世界 *
指定 UCS 的原点或 [ 面 (F)/ 命名 (NA)/ 对象 (OB)/ 上一个 (P)/ 视图 (V)/ 世界 (W)/X/Y/Z/
Z 轴 (ZA)] < 世界 >:
```

12.3.2 实战演练——创建用户自定义UCS

下面将利用【UCS】命令创建一个用户坐标系，具体操作步骤如下。

步骤 01 在命令行输入“UCS”并按【Enter】键确认，然后在绘图区域中单击指定UCS原点的位置，如下图所示。

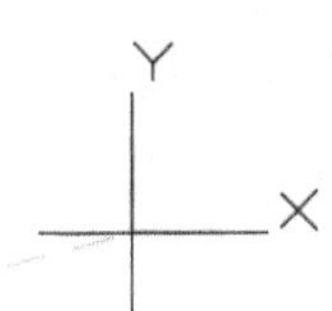

步骤 02 在绘图区域中向左水平拖曳鼠标并单击，以指定x轴上的点，如下图所示。

步骤 03 在绘图区域中向下垂直拖曳鼠标并单击，以指定y轴上的点，如下图所示。

步骤 04 结果如下图所示。

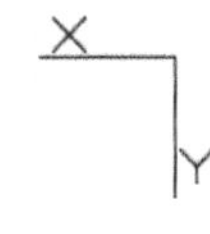

12.3.3 重命名UCS（用户坐标系）

1. 命令调用方法

在AutoCAD 2019中重命名UCS的方法通常有以下4种。

- 选择【工具】➤【命名UCS】菜单命令。
- 命令行输入“UCSMAN/UC”命令并按空格键。
- 单击【常用】选项卡➤【坐标】面板➤【UCS，命名UCS】按钮。
- 单击【可视化】选项卡➤【坐标】面板➤【UCS，命名UCS】按钮。

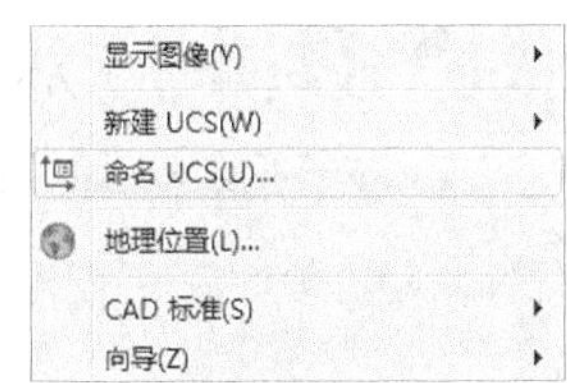

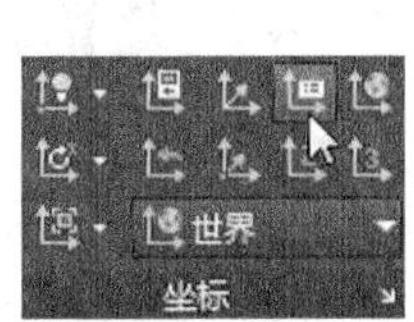

2. 命令提示

调用重命名命令之后，系统会弹出【UCS】对话框，如下图所示。

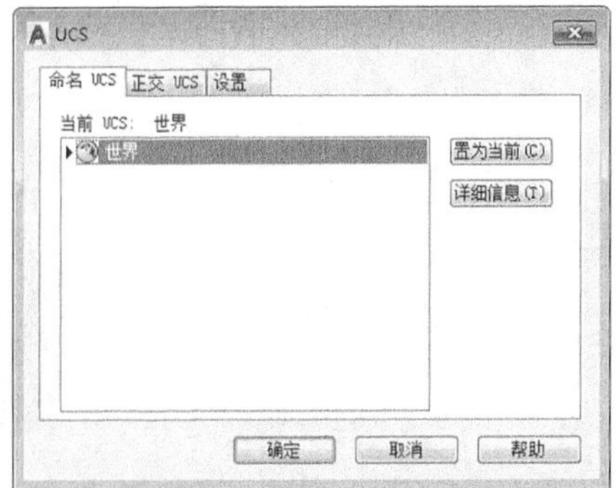

12.3.4 实战演练——对用户自定义UCS进行重命名操作

下面将利用【UCS】对话框对用户自定义UCS进行重命名，具体操作步骤如下。

步骤01 打开“素材\CH12\重命名UCS.dwg”文件，如下图所示。

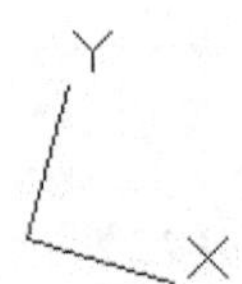

步骤02 选择【工具】➤【命名UCS】菜单命令，系统弹出【UCS】对话框，如下图所示。

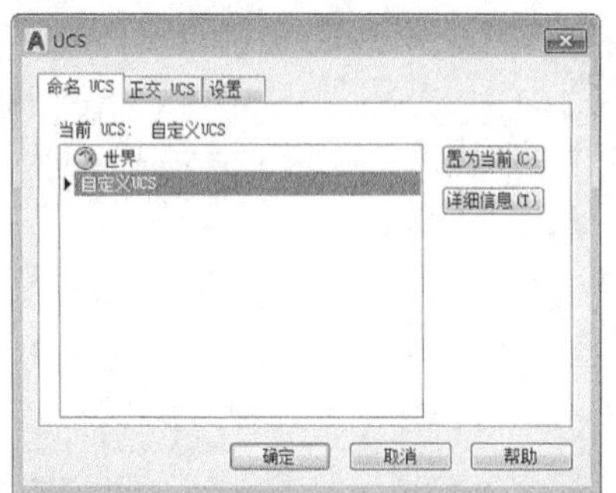

步骤03 在【自定义UCS】上单击鼠标右键，在弹出的快捷菜单中选择【重命名】命令，如下图所示。

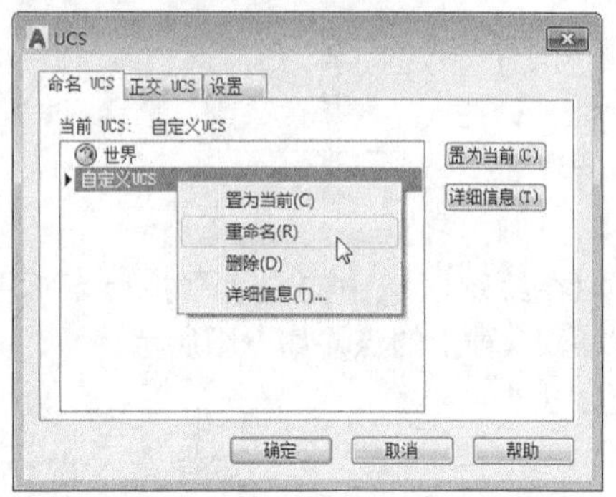

步骤04 输入新的名称【工作UCS】，单击【确定】按钮完成操作，如下图所示。

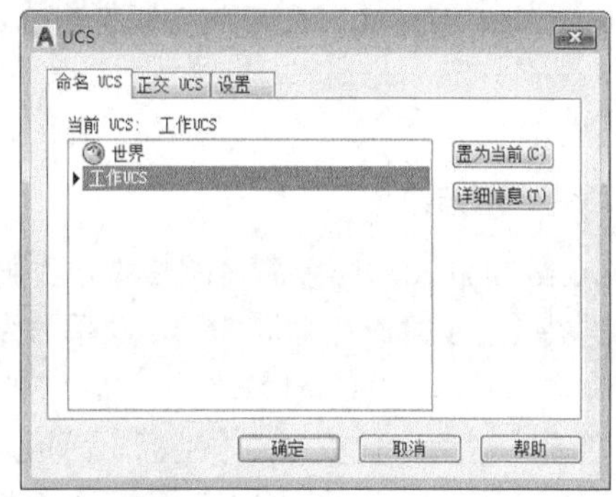

12.4 综合应用——对机械三维模型进行观察

本节视频教程时间：1 分钟

本节将以不同的视觉样式及不同的视图显示方式对三维模型进行观察。

步骤01 打开“素材\CH12\装配造型.dwg”文件，如下图所示。

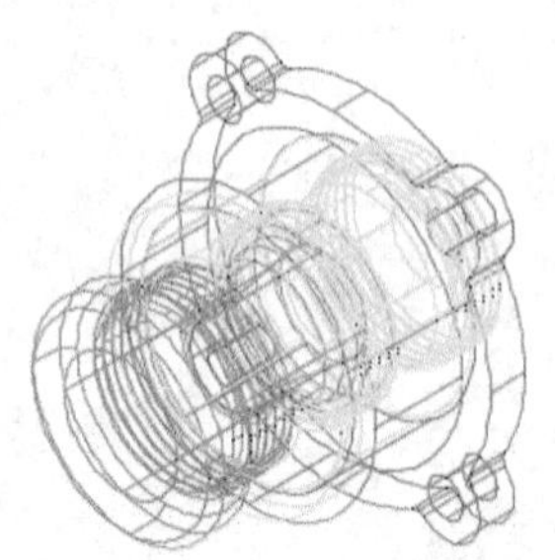

步骤02 选择【视图】➤【视觉样式】➤【真实】菜单命令，结果如下图所示。

步骤 03 选择【视图】➤【三维视图】➤【东南等轴测】菜单命令，结果如下图所示。

步骤 04 选择【视图】➤【三维视图】➤【西北等轴测】菜单命令，结果如下图所示。

疑难解答

本节视频教程时间：3 分钟

右手定则的使用

在三维建模环境中修改坐标系是很频繁的一项工作，而在修改坐标系时旋转坐标系是最为常用的一种方式。在复杂的三维环境中，坐标系的旋转通常依据右手定则进行。

三维坐标系中*x*、*y*、*z*轴之间的关系如下左图所示。下右图即为右手定则示意图，右手大拇指指向旋转轴正方向，另外四指弯曲并拢所指方向即为旋转的正方向。

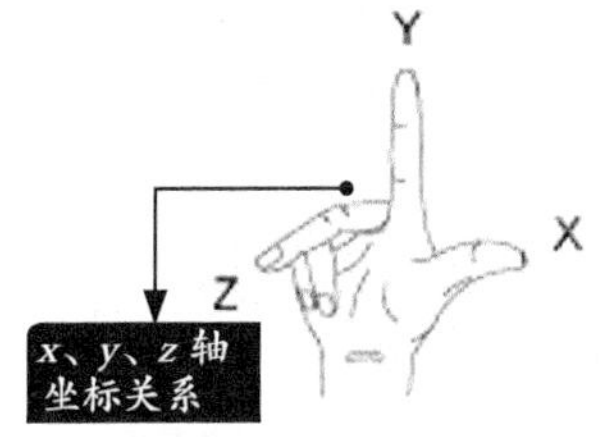

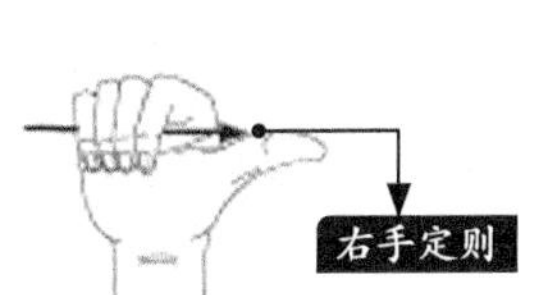

为什么坐标系会自动变化

在三维绘图时经常需要在各种视图之间进行切换，从而出现坐标系变动的情况。如下左图是在【西南等轴测】下的视图，当把视图切换到【前视】视图，再切换回【西南等轴测】时，会发现坐标系发生了变化，如下右图所示。

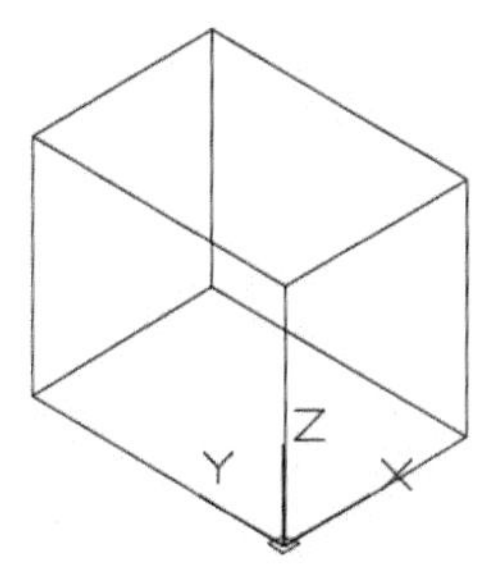

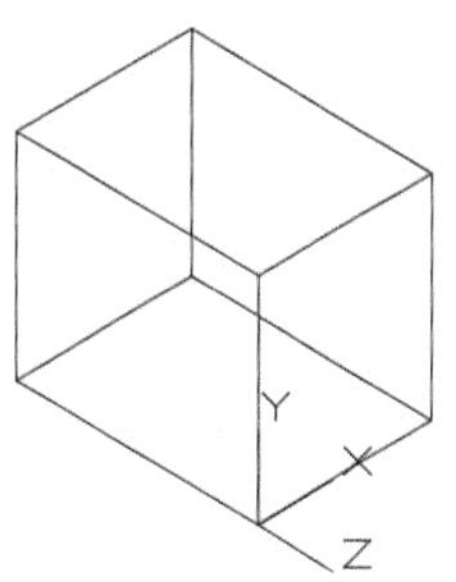

出现这种情况是因为【恢复正交】设定的问题。当设定为“是”时，就会出现坐标变动；当设定为“否”时，则可避免。

单击绘图窗口左上角的视图控件，然后选择【视图管理器】,如下左图所示。在弹出的【视图管理器】对话框中将【预设视图】中的任何一个视图的【恢复正交】改为【否】即可，如下右图所示。

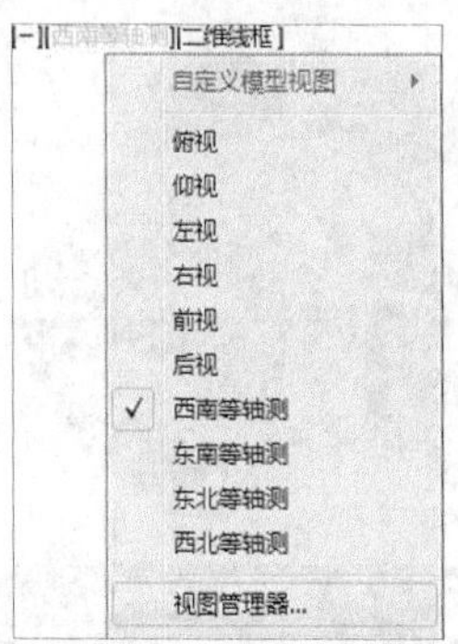

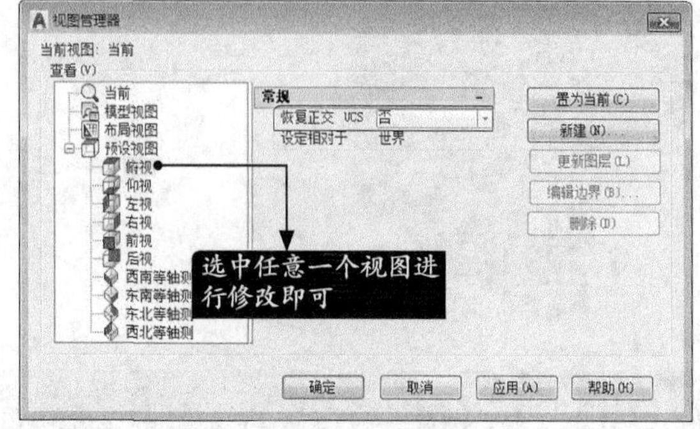

实战练习

绘制以下图形，并计算出阴影部分的面积。

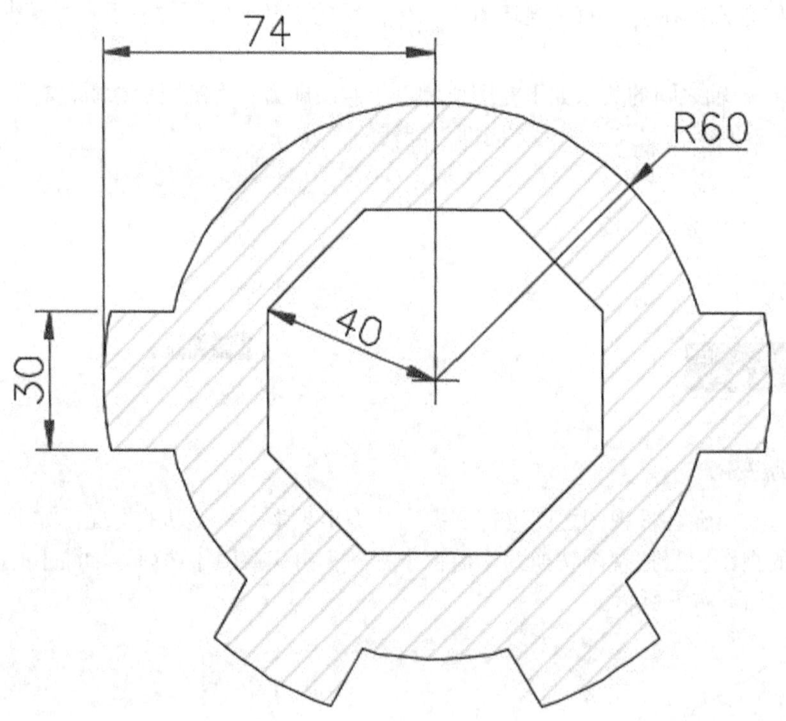

第13章

三维建模

学习目标

在三维界面内，除了可以绘制简单的三维图形外，还可以绘制三维曲面和三维实体。既可以直接绘制长方体、球体和圆柱体等基本实体；也可以通过二维图形生成，例如通过拉伸、旋转等命令生成实体。

学习效果

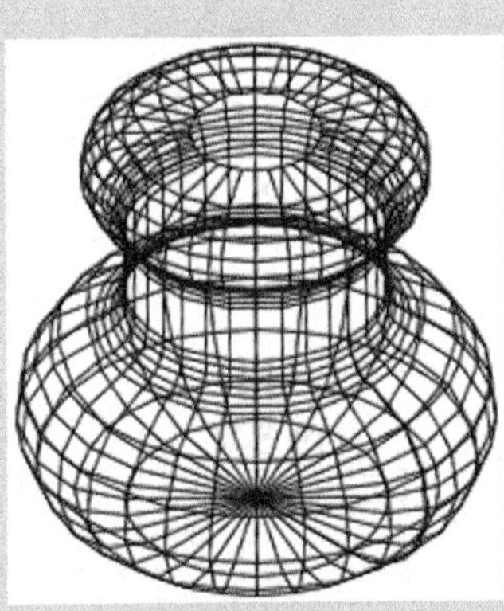

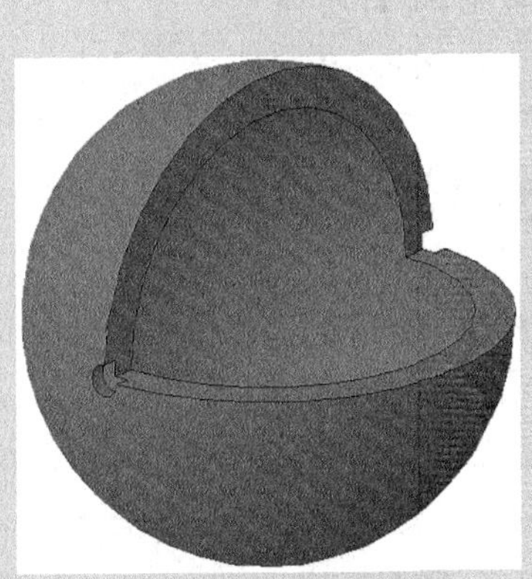

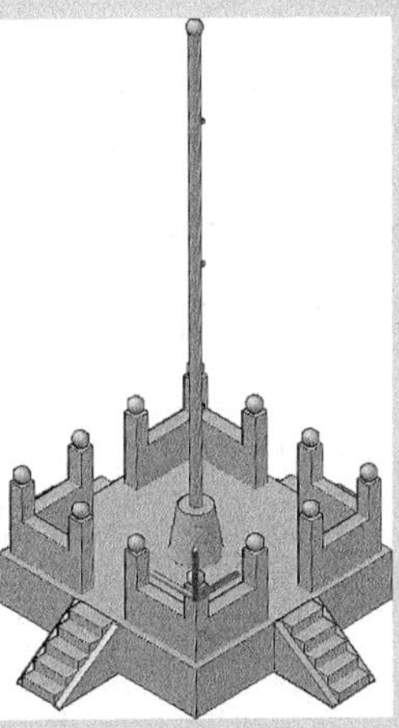

13.1 三维实体建模

本节视频教程时间：22 分钟

实体是能够完整表达对象几何形状和物体特性的空间模型。与线框和网格相比，实体的信息最完整，也最容易构造和编辑。

13.1.1 长方体建模

长方体作为最基本的几何形体，其应用非常广泛。在系统默认设置下，长方体的底面总是与当前坐标系的*xy*面平行。

1. 命令调用方法

在AutoCAD 2019中调用【长方体】命令的方法通常有以下4种。

- 选择【绘图】➤【建模】➤【长方体】菜单命令。
- 命令行输入“BOX”命令并按空格键。
- 单击【常用】选项卡➤【建模】面板➤【长方体】按钮。
- 单击【实体】选项卡➤【图元】面板➤【长方体】按钮。

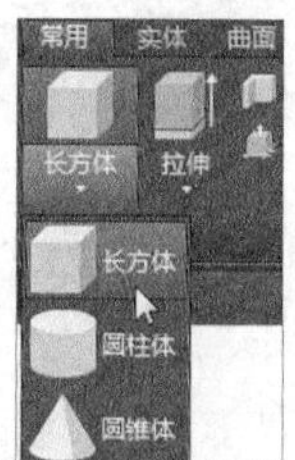

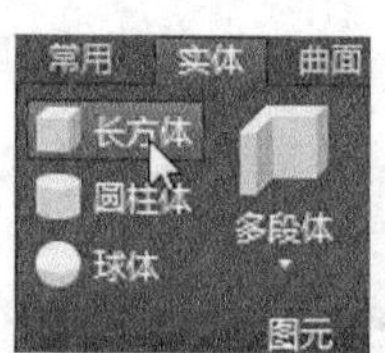

2. 命令提示

调用【长方体】命令之后，命令行会进行如下提示。

```
命令：_box
指定第一个角点或 [ 中心 (C)]:
```

13.1.2 实战演练——创建长方体几何模型

下面将利用【长方体】命令创建长方体几何模型，具体操作步骤如下。

步骤 01 打开“素材\CH13\长方体建模.dwg”文件，如下图所示。

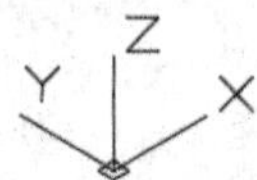

步骤 02 选择【绘图】➤【建模】➤【长方体】菜单命令，在绘图区域中任意单击一点作为长方体的第一个角点，然后在命令行提示下输入“@300,150,50”，按【Enter】键确认，以指定长方体的另一个角点，结果如下图所示。

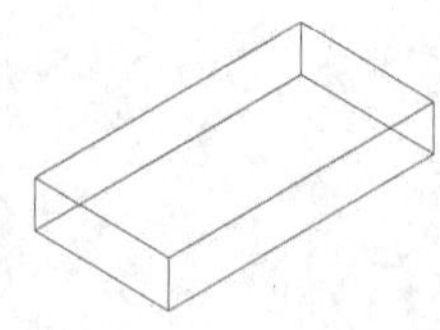

13.1.3 圆柱体建模

圆柱体是一个具有高度特征的圆形实体。创建圆柱体时，首先需要指定圆柱体的底面圆心，然后指定底面圆的半径，再指定圆柱体的高度即可。

1. 命令调用方法

在AutoCAD 2019中调用【圆柱体】命令的方法通常有以下4种。

- 选择【绘图】➤【建模】➤【圆柱体】菜单命令。
- 命令行输入“CYLINDER/CYL”命令并按空格键。
- 单击【常用】选项卡➤【建模】面板➤【圆柱体】按钮。
- 单击【实体】选项卡➤【图元】面板➤【圆柱体】按钮。

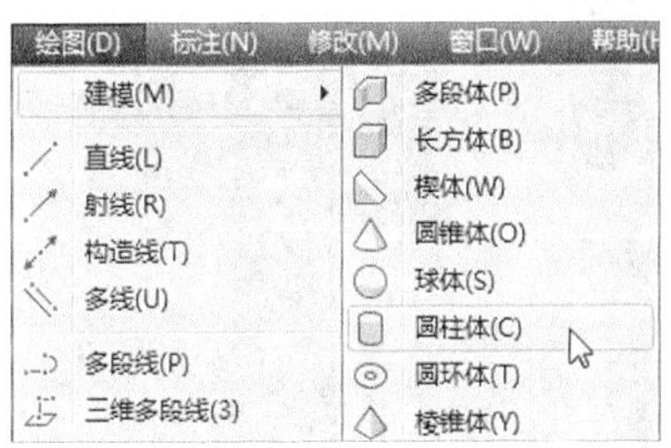

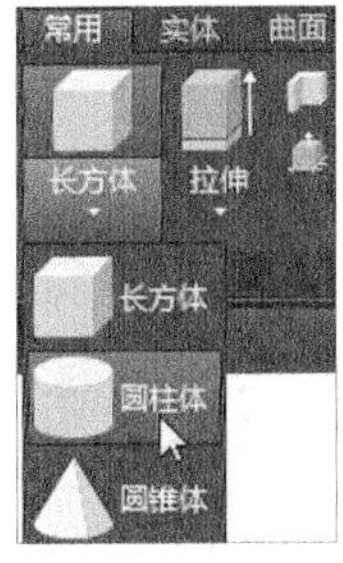

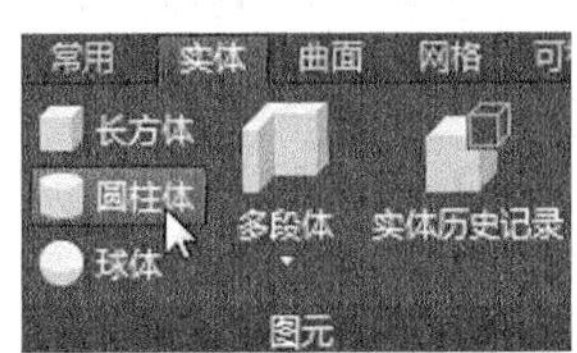

2. 命令提示

调用【圆柱体】命令之后，命令行会进行如下提示。

```
命令：_cylinder
指定底面的中心点或 [ 三点 (3P)/ 两点 (2P)/ 切点、切点、半径 (T)/ 椭圆 (E)]:
```

13.1.4 实战演练——创建圆柱体几何模型

下面将利用【圆柱体】命令创建圆柱体几何模型，具体操作步骤如下。

步骤01 打开“素材\CH13\圆柱体建模.dwg”文件，如下图所示。

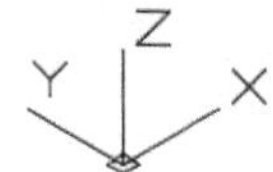

步骤02 选择【绘图】➤【建模】➤【圆柱体】菜单命令，在绘图区域中任意单击一点作为圆柱体的底面中心点，然后在命令行提示下输入“400”并按【Enter】键确认，以指定圆柱体的底面半径，如下图所示。

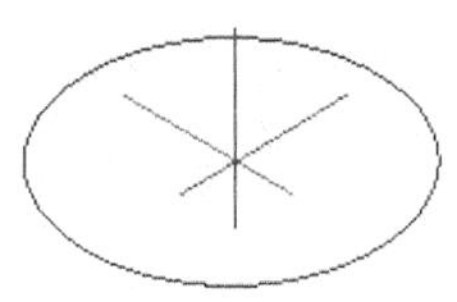

步骤03 在命令行提示下输入“700”并按【Enter】键确认，以指定圆柱体的高度，结果如下图所示。

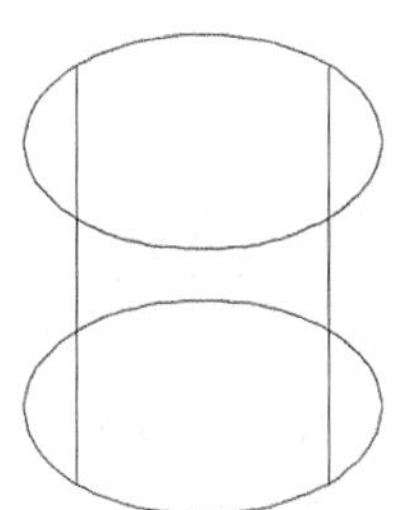

13.1.5 楔体建模

楔体是指底面为矩形或正方形、横截面为直角三角形的实体。楔体的建模方法与长方体相同，先指定底面参数，然后设置高度（楔体的高度与z轴平行）。

1. 命令调用方法

在AutoCAD 2019中调用【楔体】命令的方法通常有以下4种。

- 选择【绘图】➤【建模】➤【楔体】菜单命令。
- 命令行输入“WEDGE/WE”命令并按空格键。
- 单击【常用】选项卡➤【建模】面板➤【楔体】按钮。
- 单击【实体】选项卡➤【图元】面板➤【楔体】按钮。

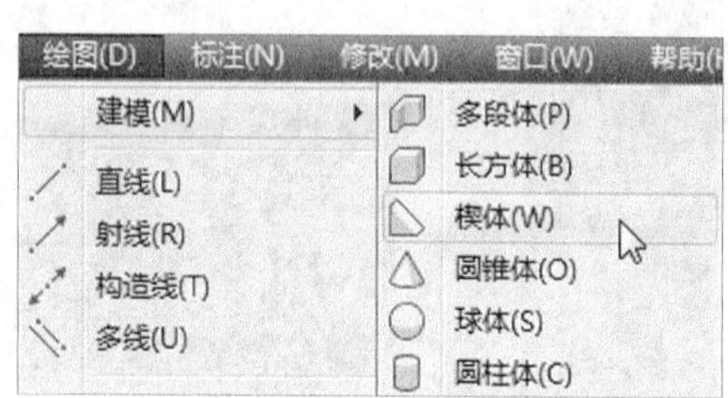

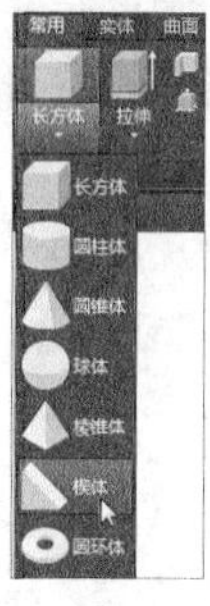

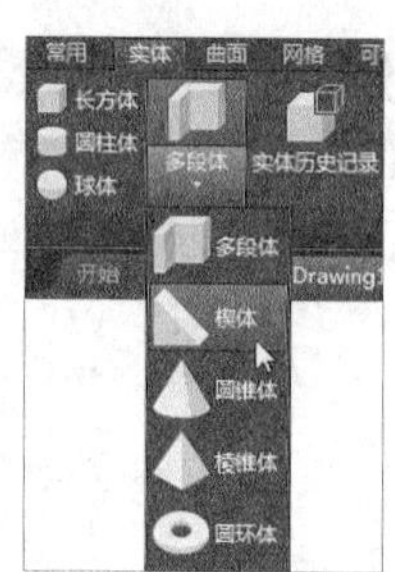

2. 命令提示

调用【楔体】命令之后，命令行会进行如下提示。

命令：_wedge
指定第一个角点或 [中心 (C)]:

13.1.6 实战演练——创建楔体几何模型

下面将利用【楔体】命令创建楔体几何模型，具体操作步骤如下。

步骤 01 打开“素材\CH13\楔体建模.dwg”文件，如下图所示。

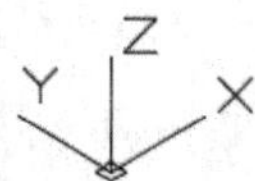

步骤 02 选择【绘图】➤【建模】➤【楔体】菜单命令，在绘图区域中任意单击一点作为楔体的第一个角点，然后在命令行提示下输入“@400,200,100”并按【Enter】键确认，以指定楔体的对角点，结果如下图所示。

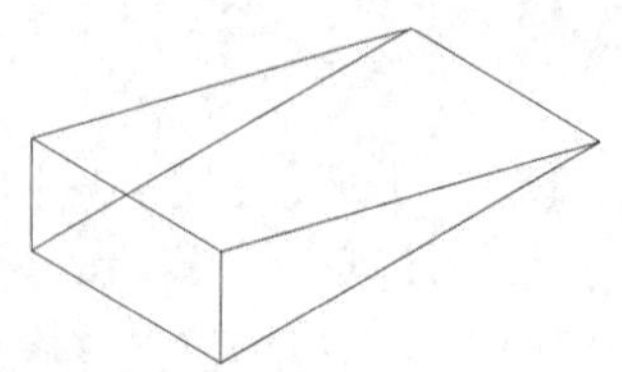

13.1.7 圆锥体建模

圆锥体可以看作是由具有一定斜度的圆柱体变化而来的三维实体。如果底面半径和顶面半径的值相同，则创建的将是一个圆柱体；如果底面半径或顶面半径其中一项为0，则创建的将是一个椎体；如果底面半径和顶面半径是两个不同的值，则创建一个圆台体。

1. 命令调用方法

在AutoCAD 2019中调用【圆锥体】命令的方法通常有以下4种。

- 选择【绘图】➤【建模】➤【圆锥体】菜单命令。
- 命令行输入“CONE”命令并按空格键。
- 单击【常用】选项卡➤【建模】面板➤【圆锥体】按钮。
- 单击【实体】选项卡➤【图元】面板➤【圆锥体】按钮。

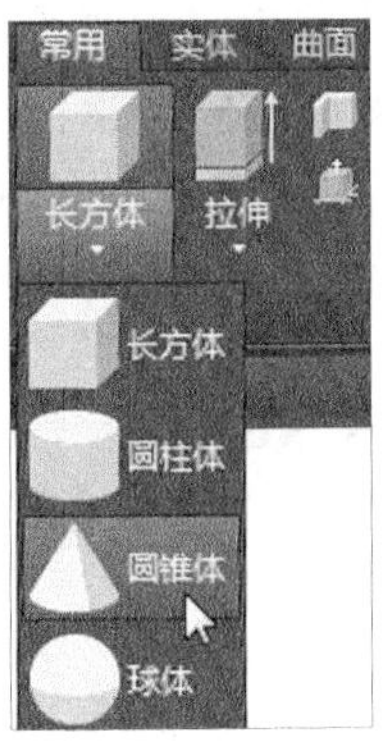

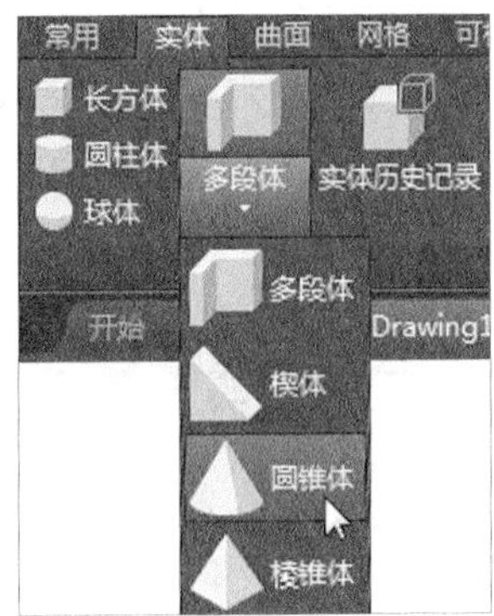

2. 命令提示

调用【圆锥体】命令之后，命令行会进行如下提示。

```
命令：_cone
指定底面的中心点或 [ 三点 (3P)/ 两点 (2P)/ 切点、切点、半径 (T)/ 椭圆 (E)]:
```

13.1.8 实战演练——创建圆锥体几何模型

下面将利用【圆锥体】命令创建圆锥体几何模型，具体操作步骤如下。

步骤01 打开“素材\CH13\圆锥体建模.dwg”文件，如下图所示。

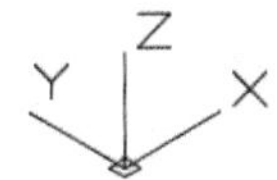

步骤02 选择【绘图】➤【建模】➤【圆锥体】菜单命令，在绘图区域中任意单击一点作为圆锥体的底面中心点，然后在命令行提示下输入“500”并按【Enter】键确认，以指定圆锥体的底面半径，如下图所示。

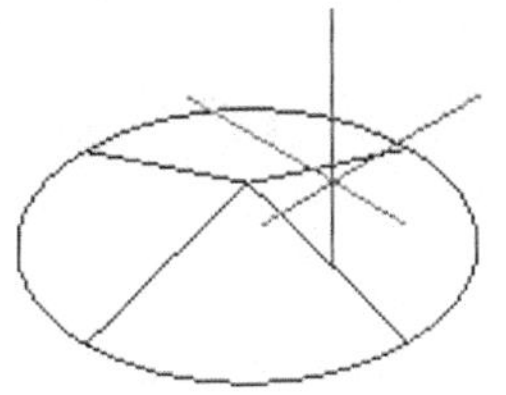

步骤03 在命令行提示下输入“900”并按【Enter】键确认，以指定圆锥体的高度，结果如下图所示。

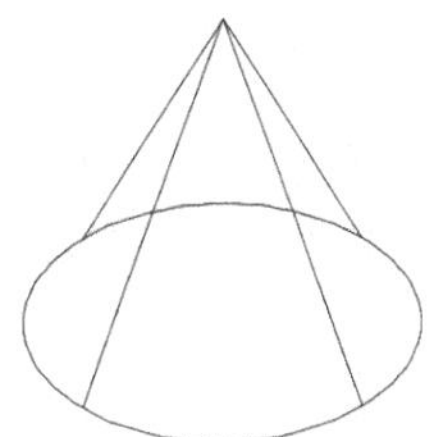

13.1.9 棱锥体建模

棱锥体是多个棱锥面构成的实体，棱锥体的侧面数至少为3个，最多为32。如果底面半径和顶面半径的值相同，则创建的将是一个棱柱体；如果底面半径或顶面半径其中一项为0，则创建的将是一个棱锥体；如果底面半径和顶面半径是两个不同的值，则创建一个棱台体。

1. 命令调用方法

在AutoCAD 2019中调用【棱锥体】命令的方法通常有以下4种。

- 选择【绘图】➤【建模】➤【棱锥体】菜单命令。
- 命令行输入“PYRAMID/PYR”命令并按空格键。
- 单击【常用】选项卡➤【建模】面板➤【棱锥体】按钮。
- 单击【实体】选项卡➤【图元】面板➤【棱锥体】按钮。

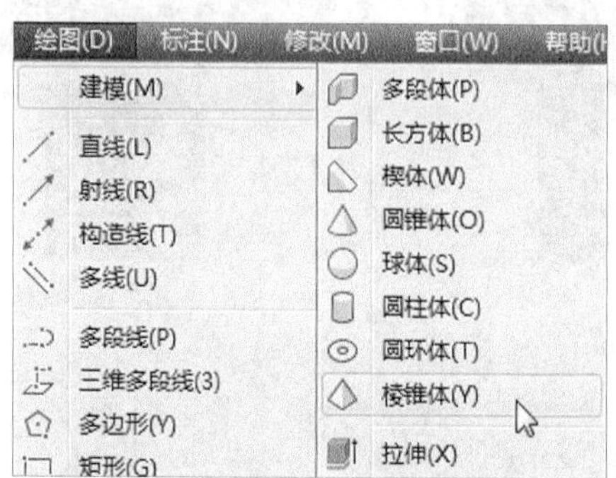

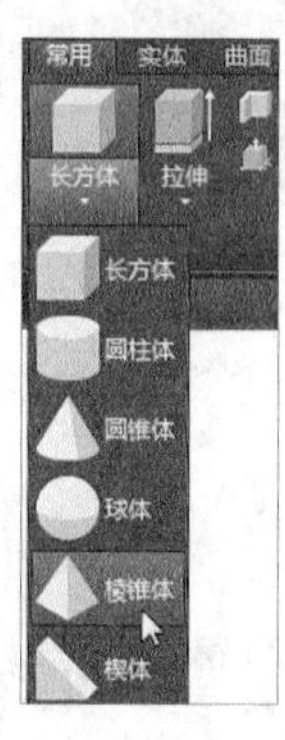

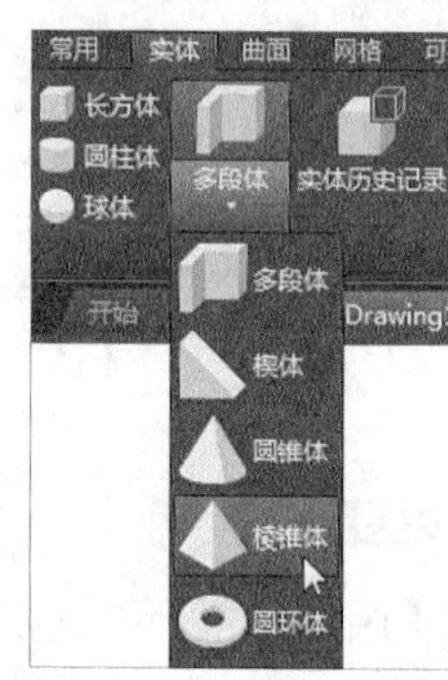

2. 命令提示

调用【棱锥体】命令之后，命令行会进行如下提示。

```
命令：_pyramid
4 个侧面 外切
指定底面的中心点或 [ 边 (E)/ 侧面 (S)]:
```

13.1.10 实战演练——创建棱锥体几何模型

下面将利用【棱锥体】命令创建棱锥体几何模型，具体操作步骤如下。

步骤 01 打开“素材\CH13\棱锥体建模.dwg”文件，如下图所示。

步骤 02 选择【绘图】➤【建模】➤【棱锥体】菜单命令，在绘图区域中任意单击一点作为棱锥体的底面中心点，然后在命令行提示下输入“25”并按【Enter】键确认，以指定棱锥体的底面半径，如下图所示。

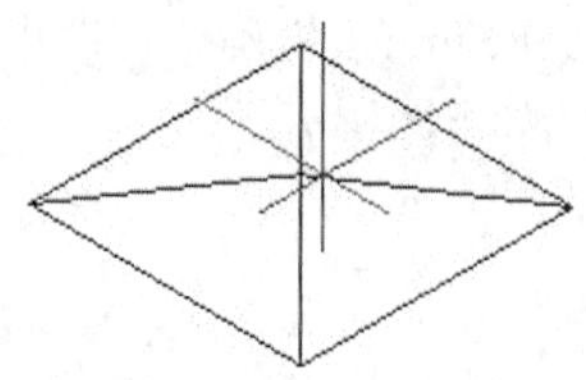

步骤03 在命令行提示下输入“50”并按【Enter】键确认，以指定棱锥体的高度，结果如下图所示。

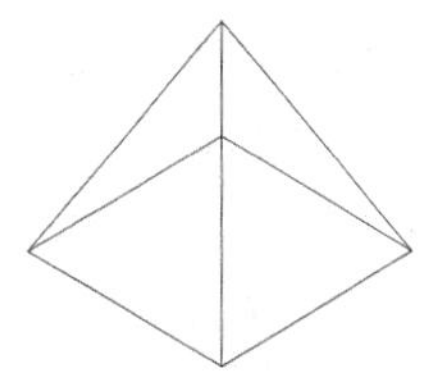

13.1.11 球体建模

创建球体时首先需要指定球体的中心点，然后指定球体的半径。

1. 命令调用方法

在AutoCAD 2019中调用【球体】命令的方法通常有以下4种。

- 选择【绘图】➤【建模】➤【球体】菜单命令。
- 命令行输入“SPHERE”命令并按空格键。
- 单击【常用】选项卡➤【建模】面板➤【球体】按钮。
- 单击【实体】选项卡➤【图元】面板➤【球体】按钮。

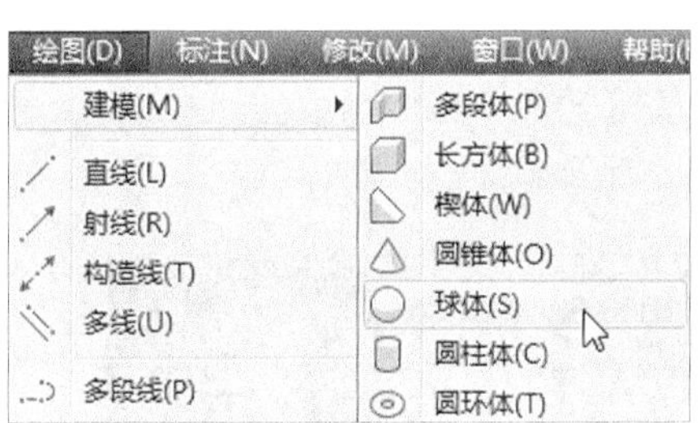

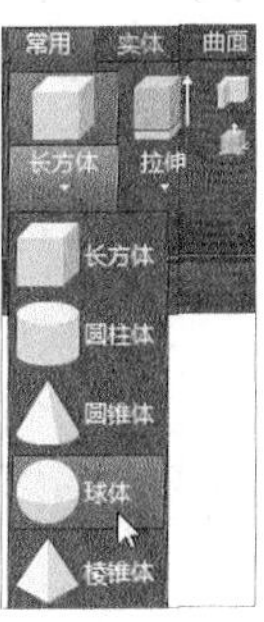

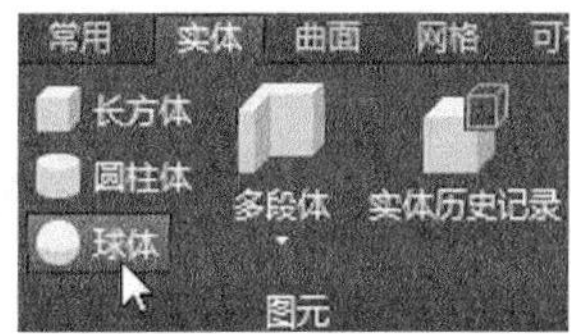

2. 命令提示

调用【球体】命令之后，命令行会进行如下提示。

```
命令：_sphere
指定中心点或 [ 三点 (3P)/ 两点 (2P)/ 切点、切点、半径 (T)]:
```

13.1.12 实战演练——创建球体几何模型

下面将利用【球体】命令创建球体几何模型，具体操作步骤如下。

步骤01 打开“素材\CH13\球体建模.dwg”文件，如下图所示。

步骤02 选择【绘图】➤【建模】➤【球体】菜单命令，在绘图区域中任意单击一点作为球体的中心点，然后在命令行提示下输入“30”并按【Enter】键确认，以指定球体的半径，结果如下图所示。

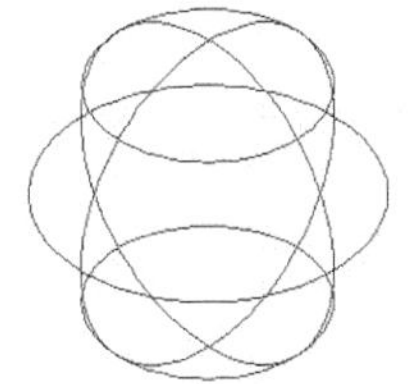

步骤 03 如果想更改球体的密度，可以在命令行中输入“ISOLINES”命令，然后在命令行提示下输入“32”并按【Enter】键确认，继续在命令行输入“RE（REGEN重新生成）”按【Enter】键确认，对图形进行重生成后结果如下图所示。

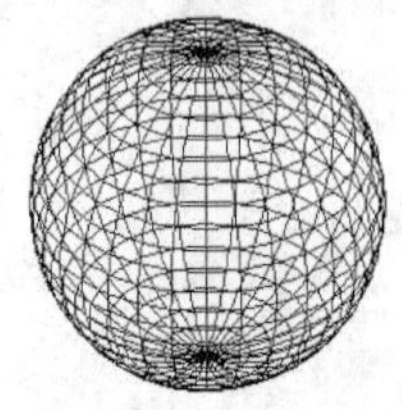

> **小提示**
>
> 系统变量“ISOLINES（线框密度）”可以控制的线框密度，它只决定显示效果，并不影响表面的平滑度。

13.1.13 圆环体建模

圆环体具有两个半径值，一个值定义圆管，另一个值定义从圆环体的圆心到圆管圆心之间的距离。默认情况下，圆环体的创建将以*xy*平面为基准创建圆环，且被该平面平分。

1. 命令调用方法

在AutoCAD 2019中调用【圆环体】命令的方法通常有以下4种。

- 选择【绘图】➤【建模】➤【圆环体】菜单命令。
- 命令行输入“TORUS/TOR”命令并按空格键。
- 单击【常用】选项卡➤【建模】面板➤【圆环体】按钮。
- 单击【实体】选项卡➤【图元】面板➤【圆环体】按钮。

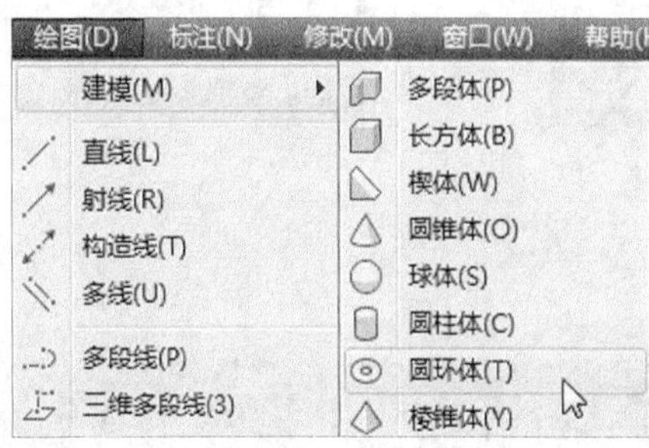

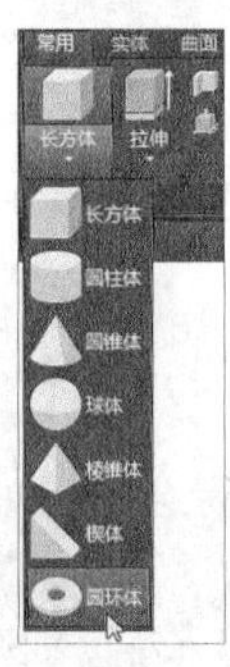

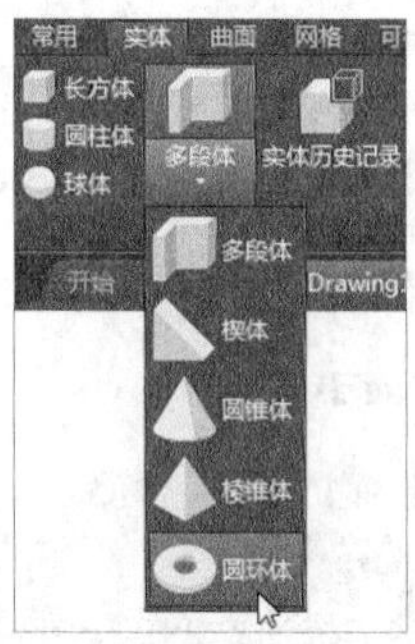

2. 命令提示

调用【圆环体】命令之后，命令行会进行如下提示。

```
命令：_torus
指定中心点或 [ 三点 (3P)/ 两点 (2P)/ 切点、切点、半径 (T)]:
```

13.1.14 实战演练——创建圆环体几何模型

下面将利用【圆环体】命令创建圆环体几何模型，具体操作步骤如下。

步骤 01 打开“素材\CH13\圆环体建模.dwg”文件，如右图所示。

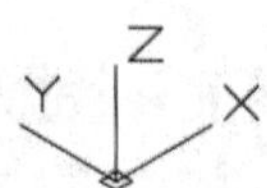

步骤02 选择【绘图】➤【建模】➤【圆环体】菜单命令，在绘图区域中任意单击一点作为圆环体的中心点，然后在命令行提示下输入“50”并按【Enter】键确认，以指定圆环体的半径，如下图所示。

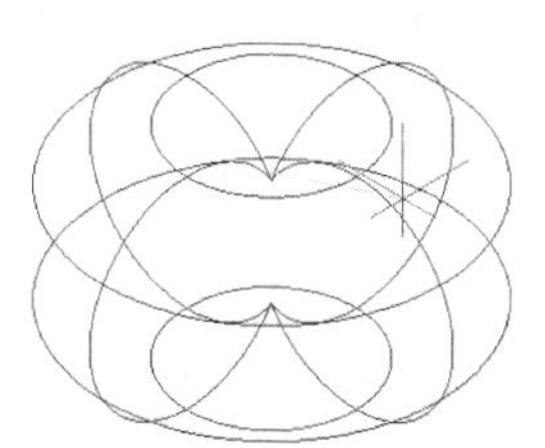

步骤03 在命令行提示下输入“10”并按【Enter】键确认，以指定圆管半径，结果如下图所示。

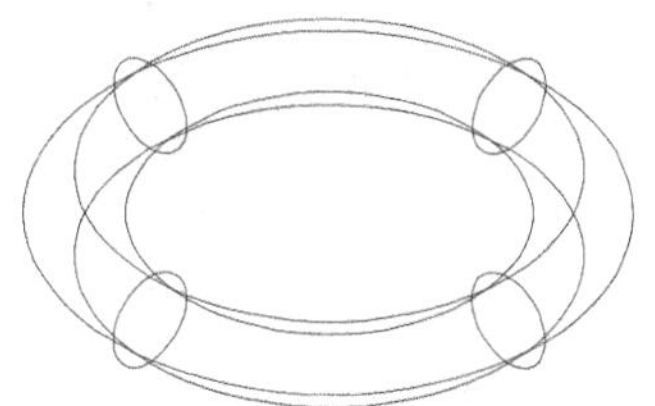

13.1.15 多段体建模

多段体可以创建具有固定高度和宽度的三维墙状实体。三维多段体的建模方法与多段线的方法一样，只需要简单地在平面视图上从点到点进行绘制即可。

1. 命令调用方法

在AutoCAD 2019中调用【多段体】命令的方法通常有以下4种。

- 选择【绘图】➤【建模】➤【多段体】菜单命令。
- 命令行输入“POLYSOLID”命令并按空格键。
- 单击【常用】选项卡➤【建模】面板➤【多段体】按钮。
- 单击【实体】选项卡➤【图元】面板➤【多段体】按钮。

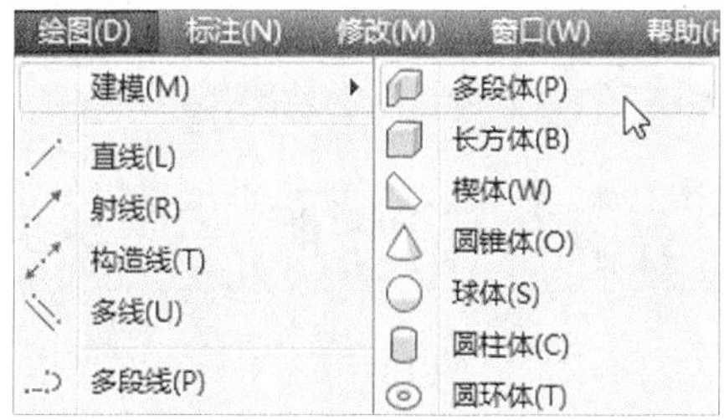

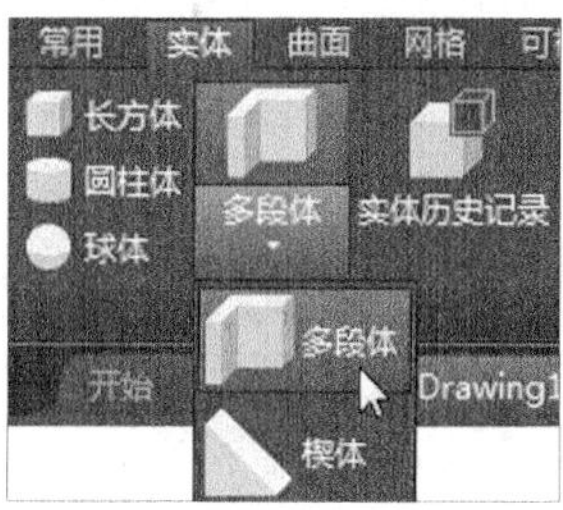

2. 命令提示

调用【多段体】命令之后，命令行会进行如下提示。

```
命令：_Polysolid 高度 = 80.0000，宽度 = 5.0000，对正 = 居中
指定起点或 [ 对象 (O)/ 高度 (H)/ 宽度 (W)/ 对正 (J)] < 对象 >:
```

13.1.16 实战演练——创建多段体几何模型

下面将利用【多段体】命令创建多段体几何模型，具体操作步骤如下。

步骤01 打开“素材\CH13\多段体建模.dwg”文件，如下图所示。

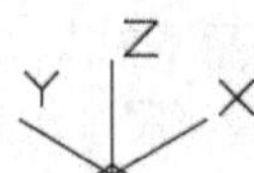

步骤02 选择【绘图】➤【建模】➤【多段体】菜单命令，在绘图区域中任意单击一点作为多段体的起点，然后在命令行提示下输入“@0,200”并按【Enter】键确认，以指定多段体的下一个点，如下图所示。

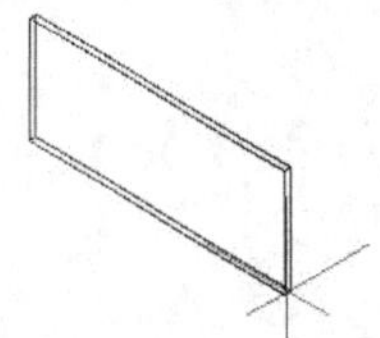

步骤03 在命令行提示下输入“@400,0”并按【Enter】键确认，以指定多段体的下一个点，结果如下图所示。

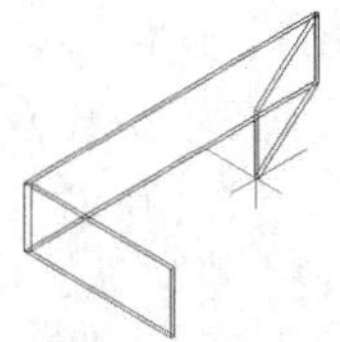

步骤04 在命令行提示下输入“@0,-200”并按【Enter】键确认，以指定多段体的下一个点，结果如下图所示。

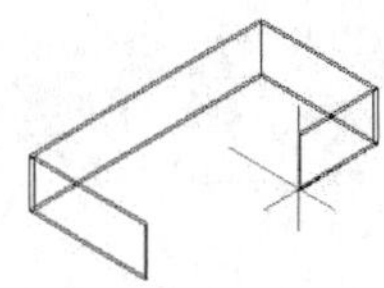

步骤05 在命令行提示下输入“@-360,0”，按两次【Enter】键结束该命令，结果如下图所示。

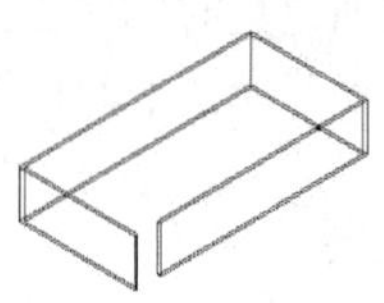

13.2 三维曲面建模

本节视频教程时间：37 分钟

曲面模型主要定义了三维模型的边和表面的相关信息，它可以解决三维模型的消隐、着色、渲染和计算表面等问题。

13.2.1 长方体表面建模

1. 命令调用方法

在AutoCAD 2019中调用【网格长方体】命令的方法通常有以下3种。

- 选择【绘图】➤【建模】➤【网格】➤【图元】➤【长方体】菜单命令。
- 命令行输入“MESH”命令并按空格键，然后在命令行提示下调用“B”选项。
- 单击【网格】选项卡➤【图元】面板➤【网格长方体】按钮。

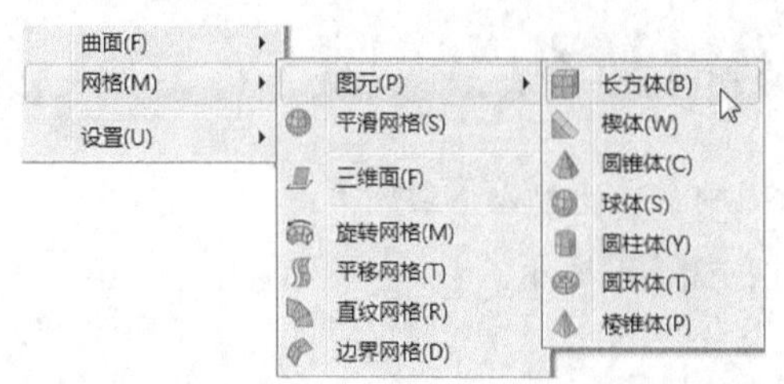

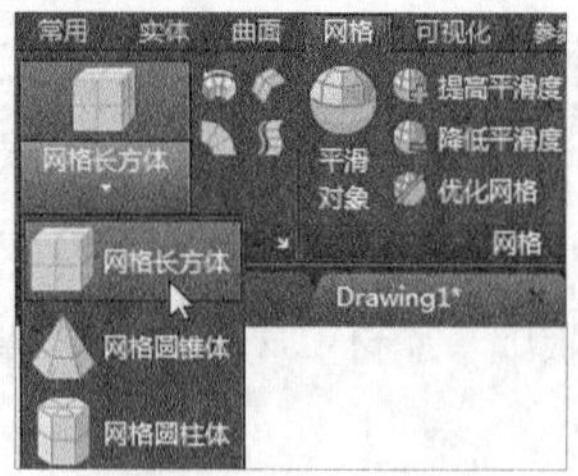

2. 命令提示

调用【网格长方体】命令之后，命令行会进行如下提示。

命令：_MESH
当前平滑度设置为：0
输入选项 [长方体 (B)/ 圆锥体 (C)/ 圆柱体 (CY)/ 棱锥体 (P)/ 球体 (S)/ 楔体 (W)/ 圆环体 (T)/ 设置 (SE)] < 长方体 >: _BOX
指定第一个角点或 [中心 (C)]:

13.2.2 实战演练——创建长方体曲面模型

下面将利用【网格长方体】命令创建长方体曲面模型，具体操作步骤如下。

步骤01 打开“素材\CH13\网格长方体.dwg”文件，如下图所示。

步骤02 选择【绘图】➤【建模】➤【网格】➤【图元】➤【长方体】菜单命令，在绘图区域中任意单击一点作为长方体表面的第一个角点，然后在命令行提示下输入“@500,300,200”并按【Enter】键确认，以指定长方体表面的另一个角点，结果如下图所示。

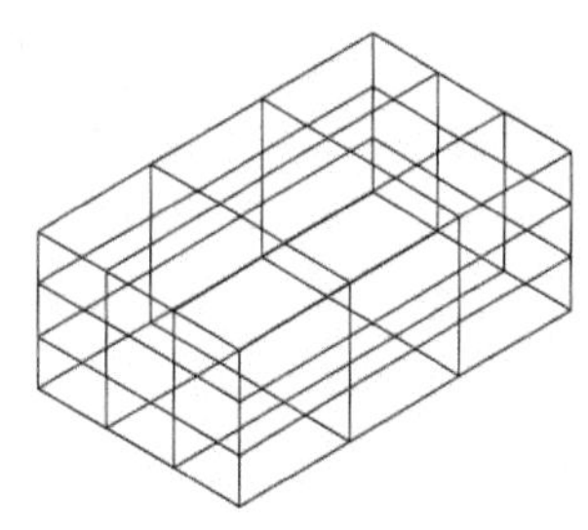

13.2.3 圆柱体表面建模

1. 命令调用方法

在AutoCAD 2019中调用【网格圆柱体】命令的方法通常有以下3种。

- 选择【绘图】➤【建模】➤【网格】➤【图元】➤【圆柱体】菜单命令。
- 命令行输入“MESH”命令并按空格键，然后在命令行提示下调用“CY”选项。
- 单击【网格】选项卡➤【图元】面板➤【网格圆柱体】按钮。

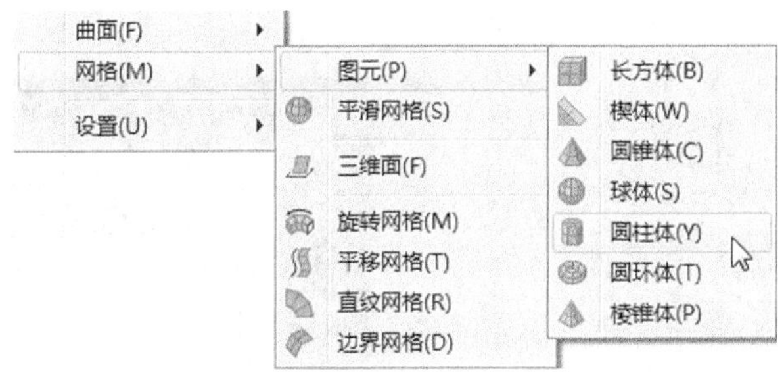

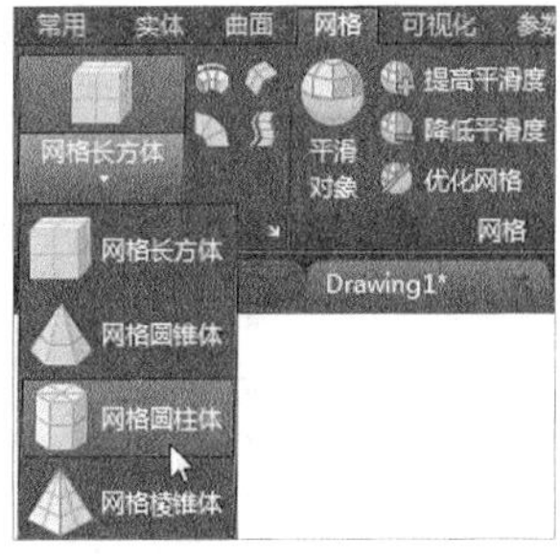

2. 命令提示

调用【网格圆柱体】命令之后，命令行会进行如下提示。

命令：_MESH

当前平滑度设置为：0
输入选项 [长方体 (B)/ 圆锥体 (C)/ 圆柱体 (CY)/ 棱锥体 (P)/ 球体 (S)/ 楔体 (W)/ 圆环体 (T)/ 设置 (SE)] < 长方体 >: _CYLINDER
指定底面的中心点或 [三点 (3P)/ 两点 (2P)/ 切点、切点、半径 (T)/ 椭圆 (E)]:

13.2.4 实战演练——创建圆柱体曲面模型

下面将利用【网格圆柱体】命令创建圆柱体曲面模型，具体操作步骤如下。

步骤 01 打开“素材\CH13\网格圆柱体.dwg”文件，如下图所示。

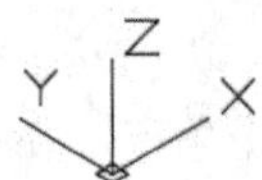

步骤 02 选择【绘图】➤【建模】➤【网格】➤【图元】➤【圆柱体】菜单命令，在绘图区域中任意单击一点作为圆柱体表面的底面中心点，然后在命令行提示下输入“30”并按【Enter】键确认，以指定圆柱体表面的底面半径，如下图所示。

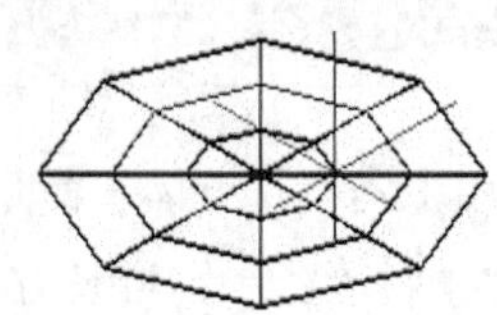

步骤 03 在命令行提示下输入“90”并按【Enter】键确认，以指定圆柱体表面的高度，结果如下图所示。

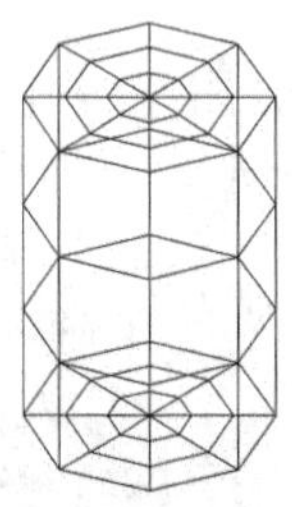

13.2.5 圆锥体表面建模

1. 命令调用方法

在AutoCAD 2019中调用【网格圆锥体】命令的方法通常有以下3种。

- 选择【绘图】➤【建模】➤【网格】➤【图元】➤【圆锥体】菜单命令。
- 命令行输入“MESH”命令并按空格键，然后在命令行提示下调用“C”选项。
- 单击【网格】选项卡➤【图元】面板➤【网格圆锥体】按钮。

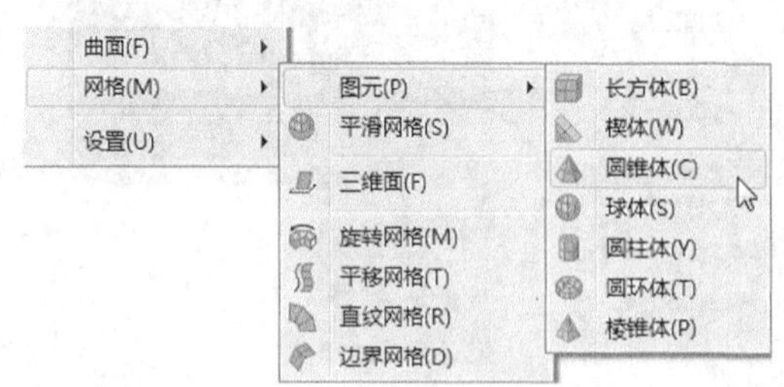

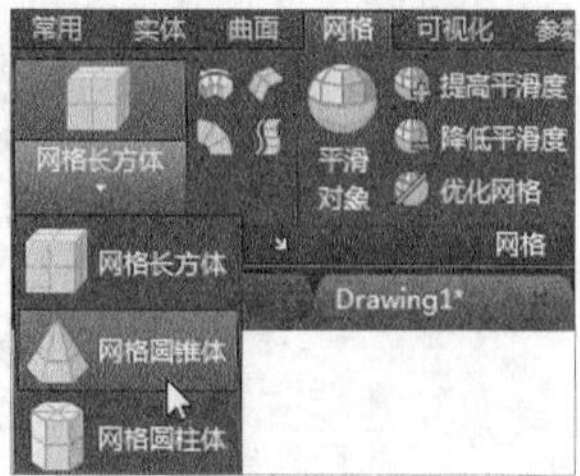

2. 命令提示

调用【网格圆锥体】命令之后，命令行会进行如下提示。

命令：_MESH

当前平滑度设置为：0

输入选项 [长方体 (B)/ 圆锥体 (C)/ 圆柱体 (CY)/ 棱锥体 (P)/ 球体 (S)/ 楔体 (W)/ 圆环体 (T)/ 设置 (SE)] < 圆柱体 >: _CONE

指定底面的中心点或 [三点 (3P)/ 两点 (2P)/ 切点、切点、半径 (T)/ 椭圆 (E)]:

13.2.6 实战演练——创建圆锥体曲面模型

下面将利用【网格圆锥体】命令创建圆锥体曲面模型，具体操作步骤如下。

步骤01 打开“素材\CH13\网格圆锥体.dwg”文件，如下图所示。

步骤02 选择【绘图】➤【建模】➤【网格】➤【图元】➤【圆锥体】菜单命令，在绘图区域中任意单击一点作为圆锥体表面的底面中心点，然后在命令行提示下输入“20”并按【Enter】键确认，以指定圆锥体表面的底面半径，如下图所示。

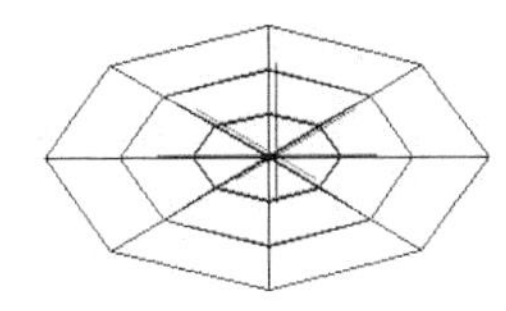

步骤03 在命令行提示下输入“70”并按【Enter】键确认，以指定圆锥体表面的高度，结果如下图所示。

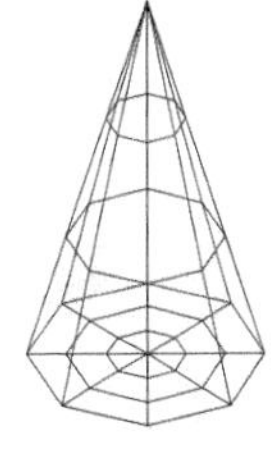

13.2.7 球体表面建模

1. 命令调用方法

在AutoCAD 2019中调用【网格球体】命令的方法通常有以下3种。

- 选择【绘图】➤【建模】➤【网格】➤【图元】➤【球体】菜单命令。
- 命令行输入“MESH”命令并按空格键，然后在命令行提示下调用“S”选项。
- 单击【网格】选项卡➤【图元】面板➤【网格球体】按钮。

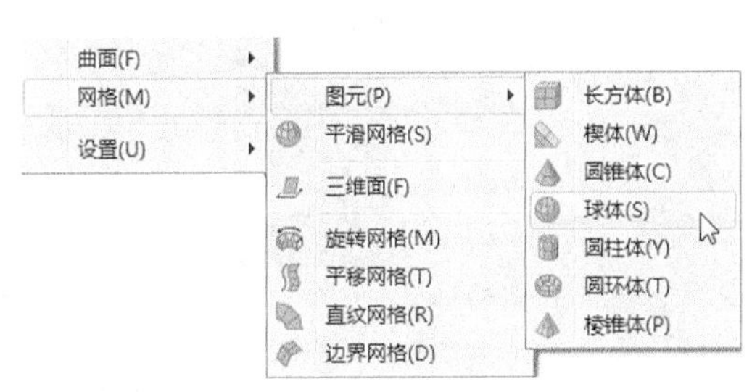

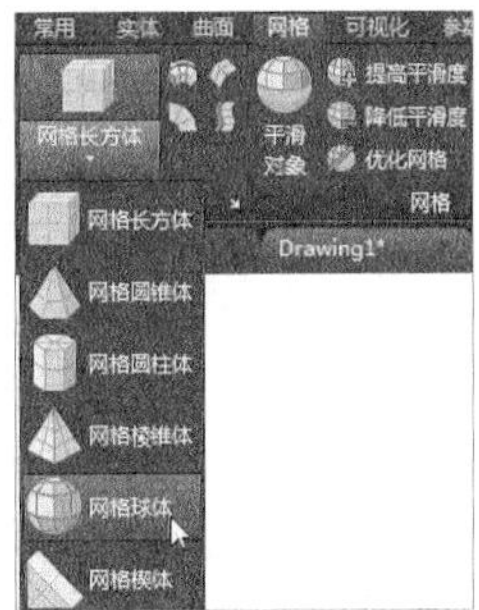

2. 命令提示

调用【网格球体】命令之后，命令行会进行如下提示。

命令：_MESH
当前平滑度设置为：0
输入选项 [长方体 (B)/ 圆锥体 (C)/ 圆柱体 (CY)/ 棱锥体 (P)/ 球体 (S)/ 楔体 (W)/ 圆环体 (T)/ 设置 (SE)] < 圆锥体 >: _SPHERE
指定中心点或 [三点 (3P)/ 两点 (2P)/ 切点、切点、半径 (T)]:

13.2.8 实战演练——创建球体曲面模型

下面将利用【网格球体】命令创建球体曲面模型，具体操作步骤如下。

步骤 01 打开“素材\CH13\网格球体.dwg”文件，如下图所示。

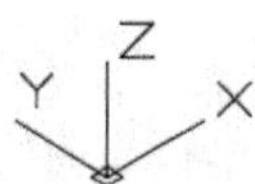

步骤 02 选择【绘图】➤【建模】➤【网格】➤【图元】➤【球体】菜单命令，在绘图区域中任意单击一点作为球体表面的中心点，然后在命令行提示下输入“30”并按【Enter】键确认，以指定球体表面的半径，结果如下图所示。

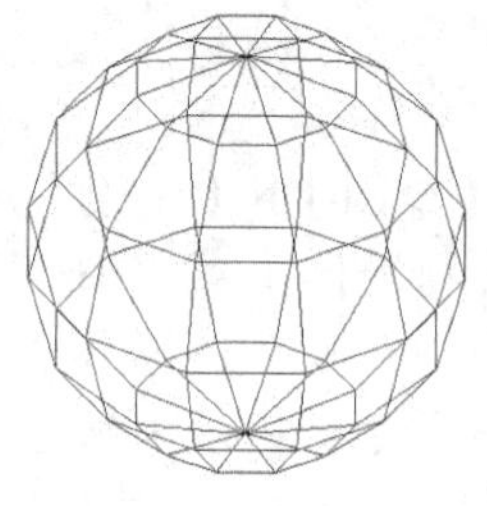

13.2.9 楔体表面建模

1. 命令调用方法

在AutoCAD 2019中调用【网格楔体】命令的方法通常有以下3种。

- 选择【绘图】➤【建模】➤【网格】➤【图元】➤【楔体】菜单命令。
- 命令行输入“MESH”命令并按空格键，然后在命令行提示下调用“W”选项。
- 单击【网格】选项卡➤【图元】面板➤【网格楔体】按钮。

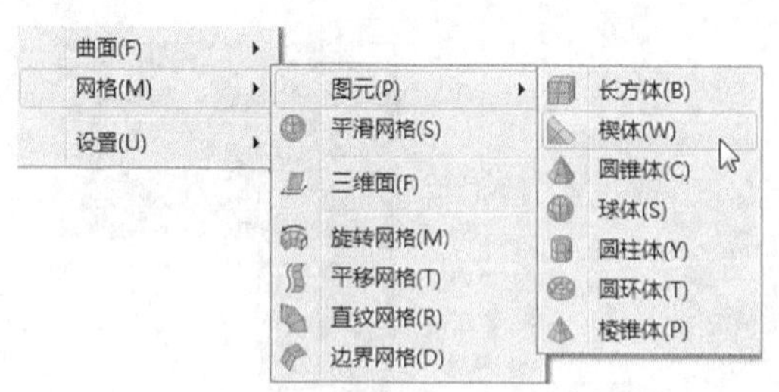

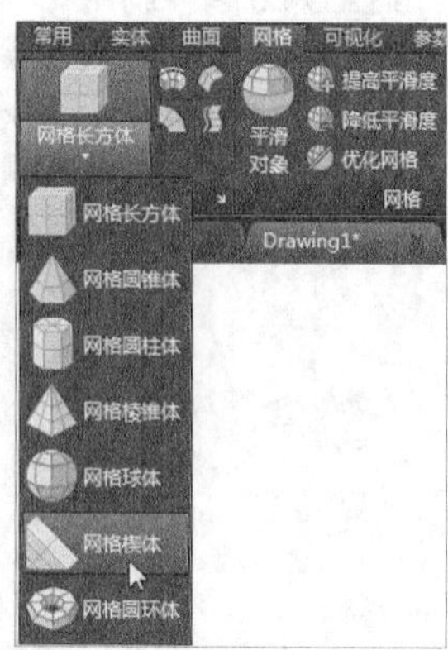

2. 命令提示

调用【网格楔体】命令之后，命令行会进行如下提示。

命令：_MESH
当前平滑度设置为：0

输入选项 [长方体 (B)/ 圆锥体 (C)/ 圆柱体 (CY)/ 棱锥体 (P)/ 球体 (S)/ 楔体 (W)/ 圆环体 (T)/ 设置 (SE)] < 球体 >: _WEDGE

指定第一个角点或 [中心 (C)]:

13.2.10 实战演练——创建楔体曲面模型

下面将利用【网格楔体】命令创建楔体曲面模型，具体操作步骤如下。

步骤 01 打开“素材\CH13\网格楔体.dwg”文件，如下图所示。

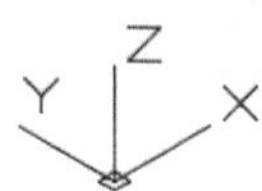

步骤 02 选择【绘图】➤【建模】➤【网格】➤【图元】➤【楔体】菜单命令，在绘图区域中任意单击一点作为楔体表面的第一个角点，然后在命令行提示下输入“@60,20,15”并按【Enter】键确认，以指定楔体表面的另一个角点，结果如下图所示。

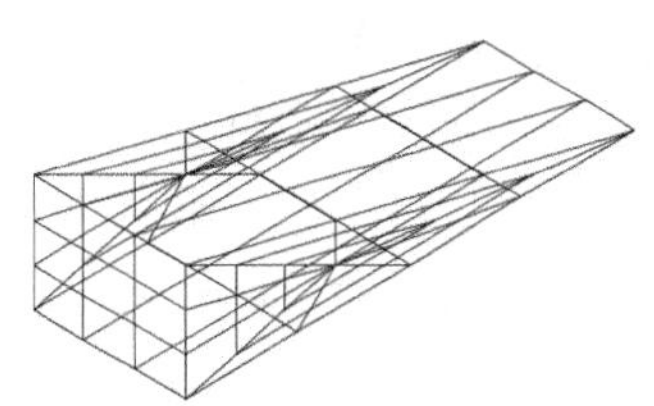

13.2.11 棱锥体表面建模

1. 命令调用方法

在AutoCAD 2019中调用【网格棱锥体】命令的方法通常有以下3种。

- 选择【绘图】➤【建模】➤【网格】➤【图元】➤【棱锥体】菜单命令。
- 命令行输入“MESH”命令并按空格键，然后在命令行提示下调用“P”选项。
- 单击【网格】选项卡➤【图元】面板➤【网格棱锥体】按钮。

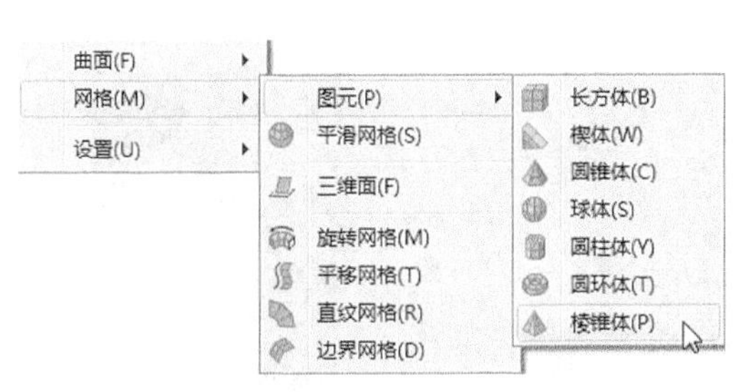

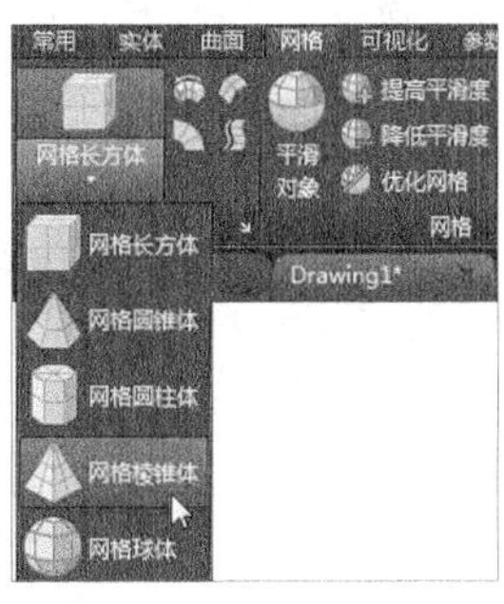

2. 命令提示

调用【网格棱锥体】命令之后，命令行会进行如下提示。

命令 : _MESH

当前平滑度设置为 : 0

输入选项 [长方体 (B)/ 圆锥体 (C)/ 圆柱体 (CY)/ 棱锥体 (P)/ 球体 (S)/ 楔体 (W)/ 圆环体 (T)/ 设置 (SE)] < 楔体 >: _PYRAMID

4 个侧面 外切

指定底面的中心点或 [边 (E)/ 侧面 (S)]:

13.2.12 实战演练——创建棱锥体曲面模型

下面将利用【网格棱锥体】命令创建棱锥体曲面模型，具体操作步骤如下。

步骤01 打开“素材\CH13\网格棱锥体.dwg”文件，如下图所示。

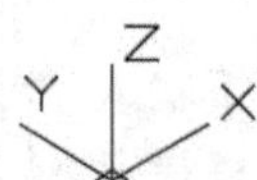

步骤02 选择【绘图】➤【建模】➤【网格】➤【图元】➤【棱锥体】菜单命令，在绘图区域中任意单击一点作为棱锥体表面的底面中心点，然后在命令行提示下输入“35”并按【Enter】键确认，以指定棱锥体表面的底面半径，如下图所示。

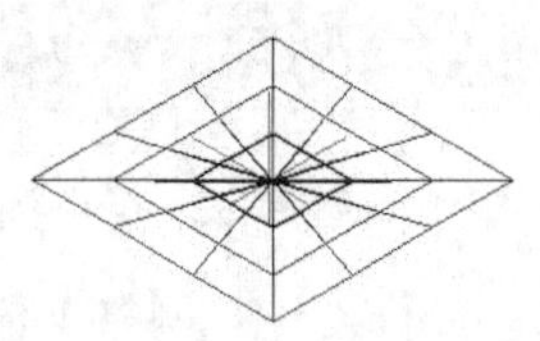

步骤03 在命令行提示下输入“90”并按【Enter】键确认，以指定棱锥体表面的高度，结果如下图所示。

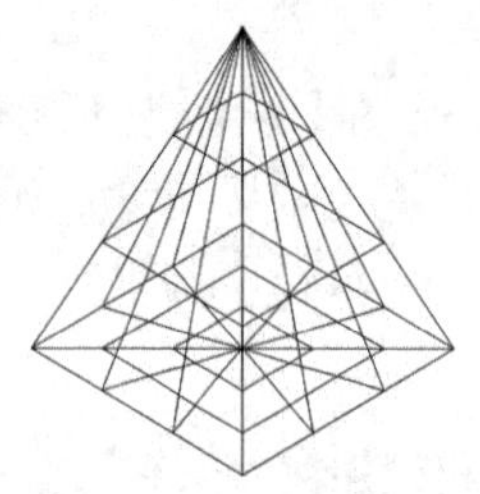

13.2.13 圆环体表面建模

1. 命令调用方法

在AutoCAD 2019中调用【网格圆环体】命令的方法通常有以下3种。

- 选择【绘图】➤【建模】➤【网格】➤【图元】➤【圆环体】菜单命令。
- 命令行输入“MESH”命令并按空格键，然后在命令行提示下调用“T”选项。
- 单击【网格】选项卡➤【图元】面板➤【网格圆环体】按钮。

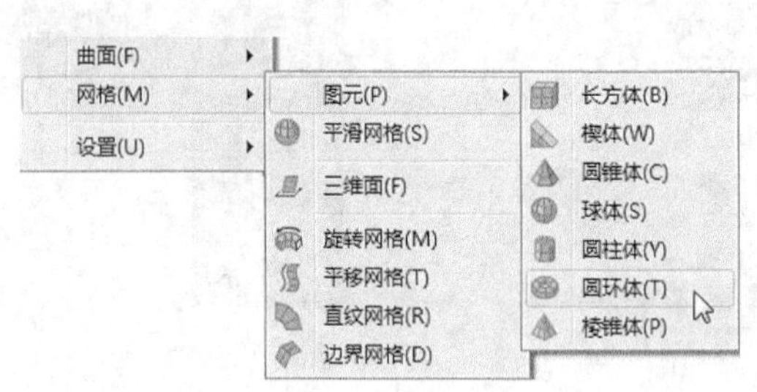

2. 命令提示

调用【网格圆环体】命令之后，命令行会进行如下提示。

```
命令：_MESH
当前平滑度设置为：0
输入选项 [ 长方体 (B)/ 圆锥体 (C)/ 圆柱体 (CY)/ 棱锥体 (P)/ 球体 (S)/ 楔体 (W)/ 圆环体 (T)/
设置 (SE)] < 棱锥体 >：_TORUS
指定中心点或 [ 三点 (3P)/ 两点 (2P)/ 切点、切点、半径 (T)]:
```

13.2.14 实战演练——创建圆环体曲面模型

下面将利用【网格圆环体】命令创建圆环体曲面模型，具体操作步骤如下。

步骤01 打开“素材\CH13\网格圆环体.dwg”文件，如下图所示。

步骤02 选择【绘图】➤【建模】➤【网格】➤【图元】➤【圆环体】菜单命令，在绘图区域中任意单击一点作为圆环体表面的中心点，然后在命令行提示下输入“15”并按【Enter】键确认，以指定圆环体表面的半径，如下图所示。

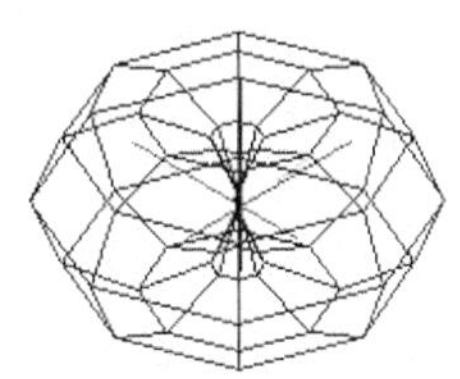

步骤03 在命令行提示下输入“3”并按【Enter】键确认，以指定圆环体表面的圆管半径，结果如下图所示。

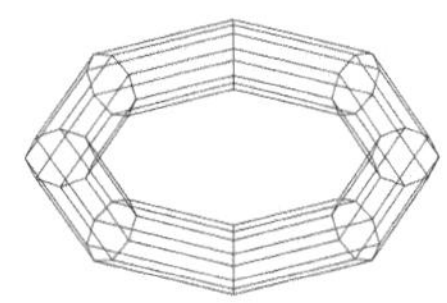

13.2.15 旋转曲面建模

旋转曲面是由一条轨迹线围绕指定的轴线旋转生成的曲面模型。

1. 命令调用方法

在AutoCAD 2019中调用【旋转网格】命令的方法通常有以下3种。

- 选择【绘图】➤【建模】➤【网格】➤【旋转网格】菜单命令。
- 命令行输入“REVSURF”命令并按空格键。
- 单击【网格】选项卡➤【图元】面板➤【建模，网格，旋转曲面】按钮。

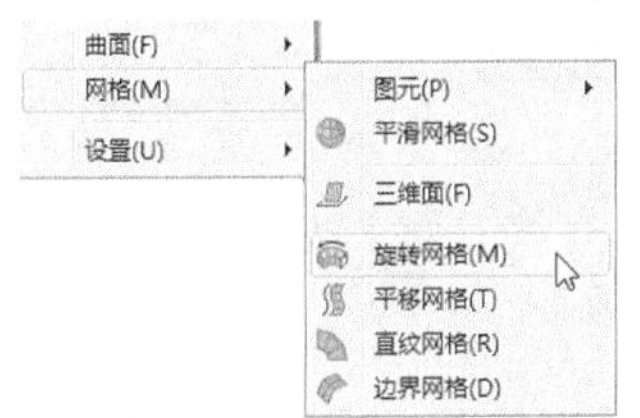

2. 命令提示

调用【旋转网格】命令之后，命令行会进行如下提示。

```
命令：_revsurf
当前线框密度：SURFTAB1=6  SURFTAB2=6
选择要旋转的对象：
```

13.2.16 实战演练——创建旋转曲面模型

下面将利用【旋转网格】命令创建旋转曲面模型，具体操作步骤如下。

步骤 01 打开“素材\CH13\旋转网格.dwg”文件，如下图所示。

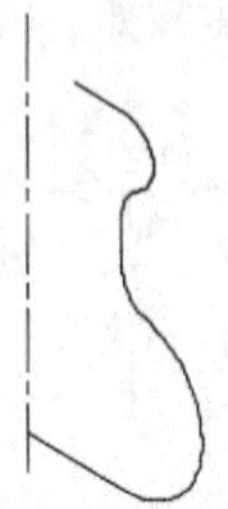

步骤 02 选择【绘图】➤【建模】➤【网格】➤【旋转网格】菜单命令，在绘图区域中单击选择需要旋转的对象，如下图所示。

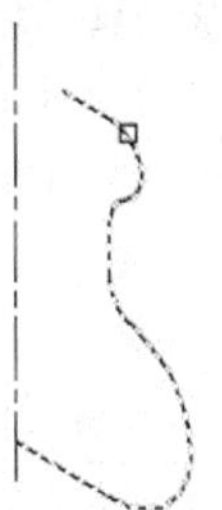

步骤 03 在绘图区域中单击中心线作为旋转轴，如下图所示。

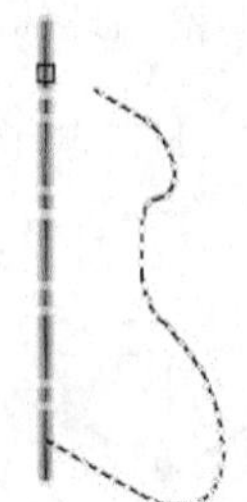

步骤 04 在命令行中输入起点角度“0”和旋转角度“360”，分别按【Enter】键确认，结果如下图所示。

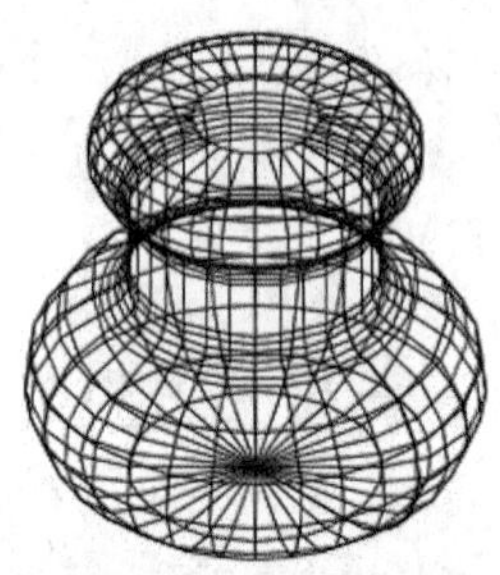

13.2.17 直纹曲面建模

直纹曲面是由若干条直线连接两条曲线时，在曲线之间形成的曲面建模。

1. 命令调用方法

在AutoCAD 2019中调用【直纹网格】命令的方法通常有以下3种。

- 选择【绘图】➤【建模】➤【网格】➤【直纹网格】菜单命令。
- 命令行输入“RULESURF”命令并按空格键。
- 单击【网格】选项卡➤【图元】面板➤【建模，网格，直纹曲面】按钮。

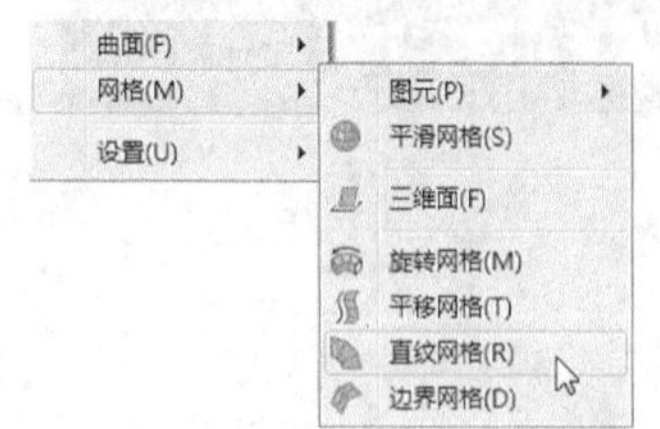

2. 命令提示

调用【直纹网格】命令之后，命令行会进行如下提示。

```
命令：_rulesurf
当前线框密度：SURFTAB1=6
选择第一条定义曲线：
```

13.2.18 实战演练——创建直纹曲面模型

下面将利用【直纹网格】命令创建直纹曲面模型，具体操作步骤如下。

步骤01 打开“素材\CH13\直纹网格.dwg”文件，如下图所示。

步骤02 选择【绘图】➤【建模】➤【网格】➤【直纹网格】菜单命令，在绘图区域中单击选择第一条定义曲线，如下图所示。

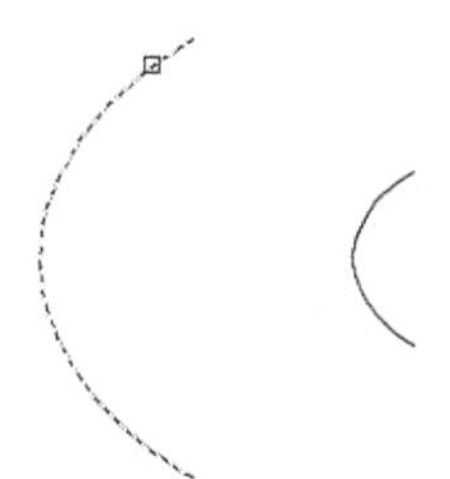

步骤03 在绘图区域中单击选择第二条定义曲线，如下图所示。

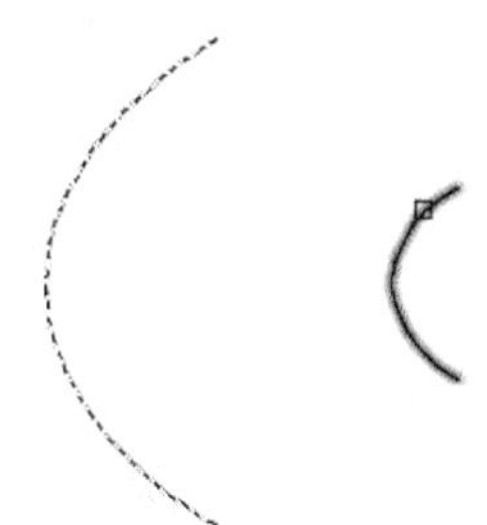

步骤04 结果如下图所示。

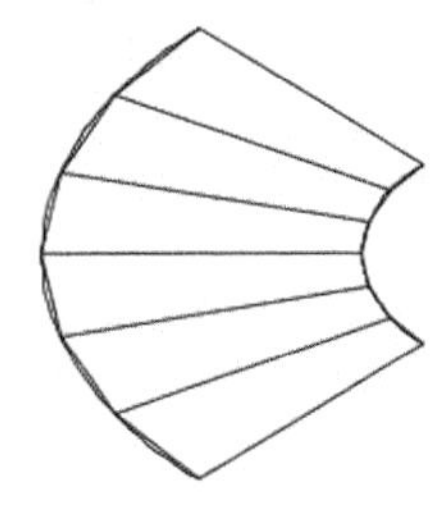

13.2.19 平移曲面建模

平移曲面是由一条轮廓曲线沿着一条指定方向的矢量直线拉伸而形成的曲面模型。

1. 命令调用方法

在AutoCAD 2019中调用【平移网格】命令的方法通常有以下3种。

- 选择【绘图】➤【建模】➤【网格】➤【平移网格】菜单命令。
- 命令行输入“TABSURF”命令并按空格键。
- 单击【网格】选项卡➤【图元】面板➤【建模，网格，平移曲面】按钮。

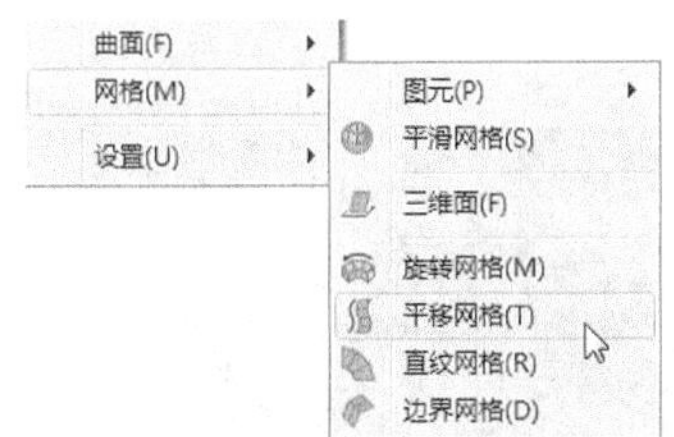

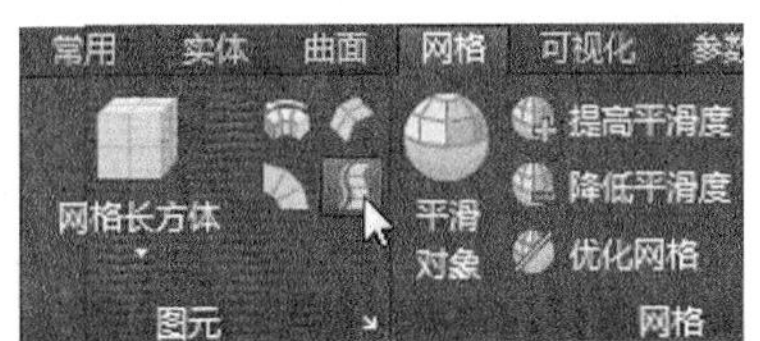

2. 命令提示

调用【平移网格】命令之后，命令行会进行如下提示。

```
命令：_tabsurf
当前线框密度：SURFTAB1=6
选择用作轮廓曲线的对象：
```

13.2.20 实战演练——创建平移曲面模型

下面将利用【平移网格】命令创建平移曲面模型，具体操作步骤如下。

步骤 01 打开“素材\CH13\平移网格.dwg”文件，如下图所示。

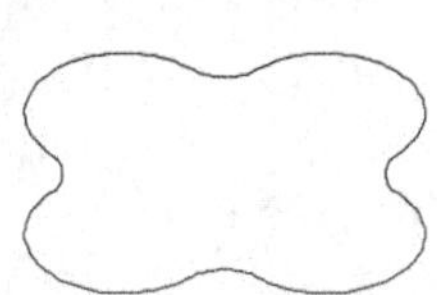

步骤 02 选择【绘图】➤【建模】➤【网格】➤【平移网格】菜单命令，在绘图区域中单击选择用作轮廓曲线的对象，如下图所示。

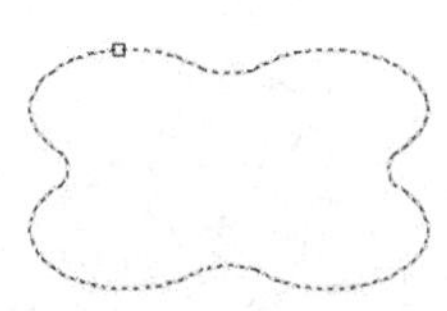

步骤 03 在绘图区域中单击选择用作方向矢量的直线对象，如下图所示。

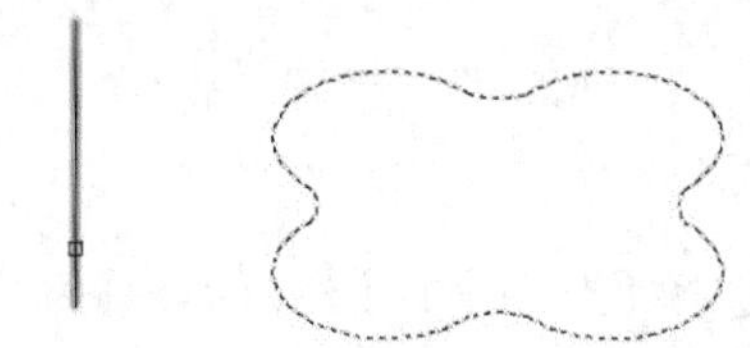

步骤 04 结果如下图所示。

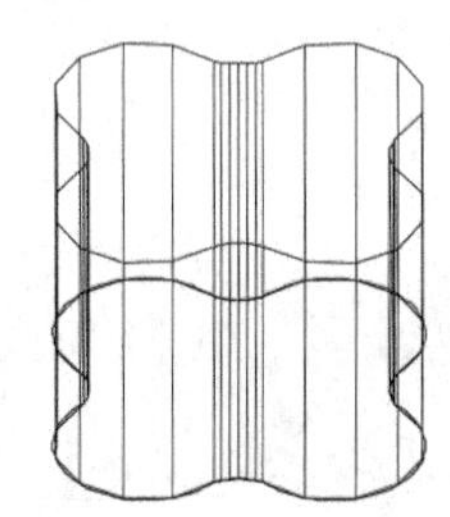

13.2.21 边界曲面建模

边界曲面是在指定的4个首尾相连的曲线边界之间形成的一个指定密度的三维网格。

1. 命令调用方法

在AutoCAD 2019中调用【边界网格】命令的方法通常有以下3种。

- 选择【绘图】➤【建模】➤【网格】➤【边界网格】菜单命令。
- 命令行输入“EDGESURF”命令并按空格键。
- 单击【网格】选项卡➤【图元】面板➤【建模，网格，边界曲面】按钮。

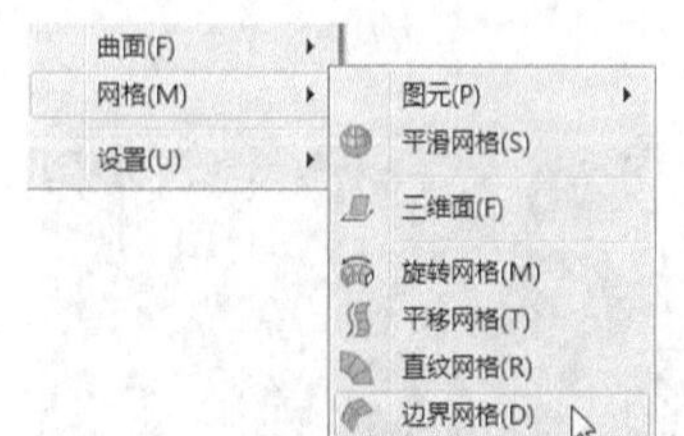

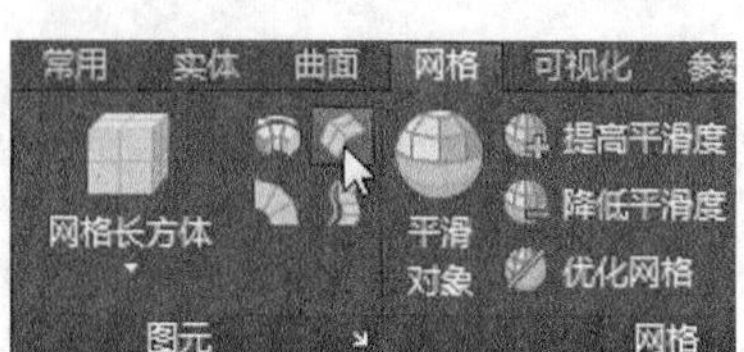

2. 命令提示

调用【边界网格】命令之后，命令行会进行如下提示。

```
命令：_edgesurf
当前线框密度：SURFTAB1=6 SURFTAB2=6
选择用作曲面边界的对象 1:
```

13.2.22 实战演练——创建边界曲面模型

下面将利用【边界网格】命令创建边界曲面模型，具体操作步骤如下。

步骤01 打开“素材\CH13\边界网格.dwg”文件，如下图所示。

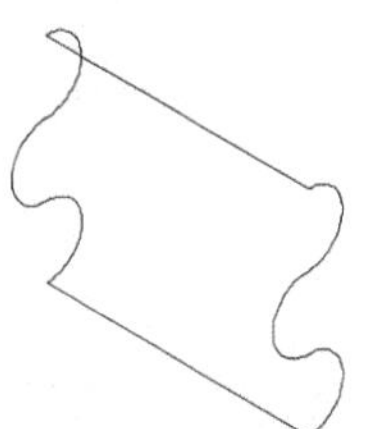

步骤02 选择【绘图】➤【建模】➤【网格】➤【边界网格】菜单命令，在绘图区域中单击选择用作曲面边界的对象1，如下图所示。

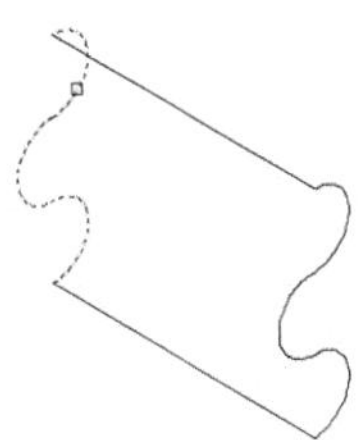

步骤03 在绘图区域中单击选择用作曲面边界的对象2，如下图所示。

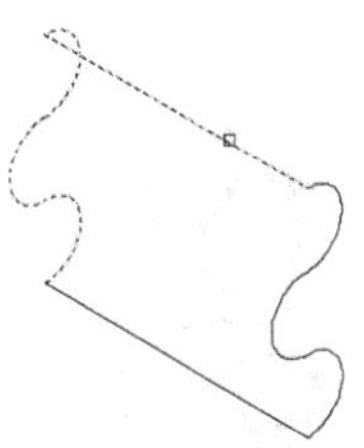

步骤04 在绘图区域中单击选择用作曲面边界的对象3，如下图所示。

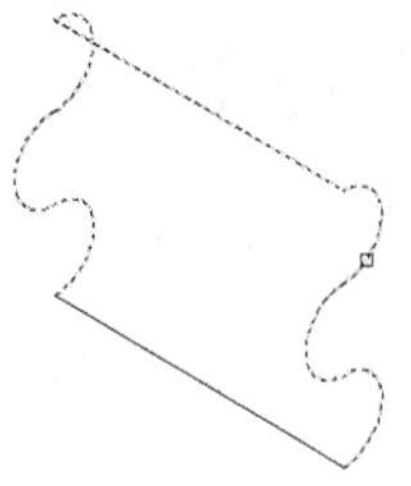

步骤05 在绘图区域中单击选择用作曲面边界的对象4，如下图所示。

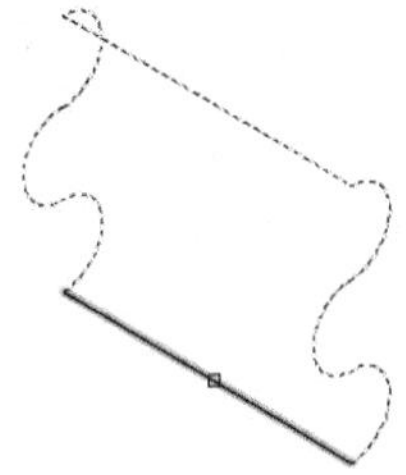

步骤06 结果如下图所示。

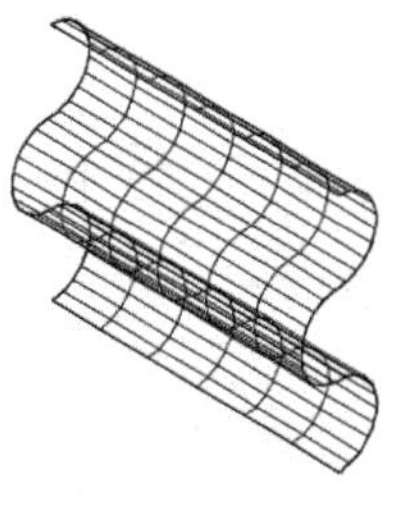

13.2.23 三维面建模

通过指定每个顶点可以创建三维多面网格，常用来构造由3边或4边组成的曲面。

1. 命令调用方法

在AutoCAD 2019中调用【三维面】命令的方法通常有以下2种。

- 选择【绘图】➤【建模】➤【网格】➤【三维面】菜单命令。

• 命令行输入“3DFACE/3F”命令并按空格键。

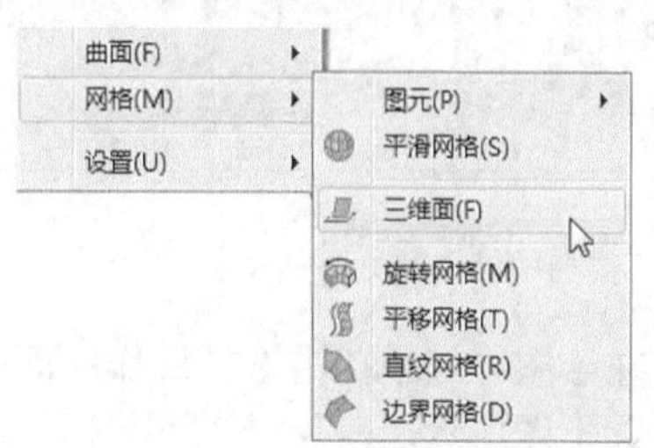

2. 命令提示

调用【三维面】命令之后，命令行会进行如下提示。

命令：_3dface 指定第一点或 [不可见 (I)]:

13.2.24 实战演练——创建三维面模型

下面将利用【三维面】命令创建三维面模型，具体操作步骤如下。

步骤 01 打开“素材\CH13\三维面网格.dwg”文件，如下图所示。

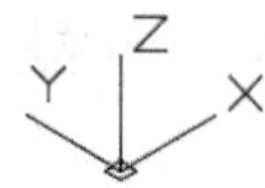

步骤 02 选择【绘图】➤【建模】➤【网格】➤【三维面】菜单命令，在绘图区域中任意单击一点作为第一点，如下图所示。

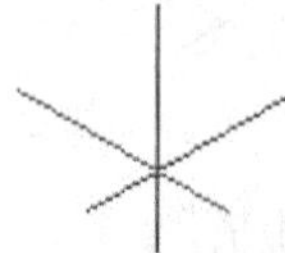

步骤 03 在命令行中连续指定相应点的位置，并分别按【Enter】键确认，命令行提示如下。

指定第二点或 [不可见 (I)]: @0,0,20
指定第三点或 [不可见 (I)] < 退出 >: @10,0,0
指定第四点或 [不可见 (I)] < 创建三侧面 >: @0,0,-20
指定第三点或 [不可见 (I)] < 退出 >: @0,-10,0
指定第四点或 [不可见 (I)] < 创建三侧面 >: @0,0,20
指定第三点或 [不可见 (I)] < 退出 >: @-10,0,0
指定第四点或 [不可见 (I)] < 创建三侧面 >: @0,0,-20
指定第三点或 [不可见 (I)] < 退出 >:

步骤 04 结果如下图所示。

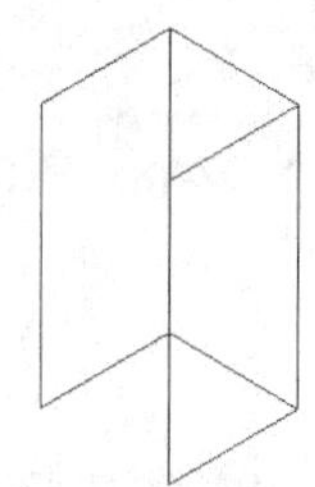

步骤 05 选择【视图】➤【视觉样式】➤【概念】菜单命令，结果如下图所示。

13.2.25 平面曲面建模

平面曲面可以通过选择关闭的对象或指定矩形表面的对角点进行创建。通过命令指定曲面的角点时，将创建平行于工作平面的曲面。

1. 命令调用方法

在AutoCAD 2019中调用【平面】曲面命令的方法通常有以下3种。

- 选择【绘图】➤【建模】➤【曲面】➤【平面】菜单命令。
- 命令行输入“PLANESURF”命令并按空格键。
- 单击【曲面】选项卡➤【创建】面板➤【平面】按钮。

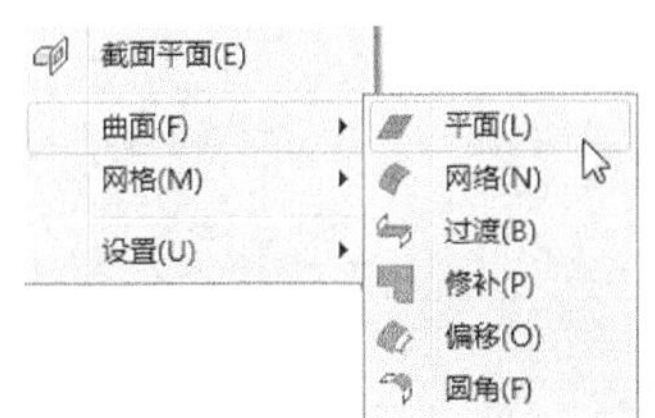

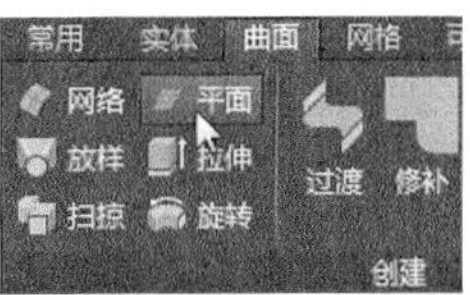

2. 命令提示

调用【平面】曲面命令之后，命令行会进行如下提示。

```
命令：_Planesurf
指定第一个角点或 [ 对象 (O)] < 对象 >:
```

13.2.26 实战演练——创建平面曲面模型

下面将利用【平面】曲面命令创建平面曲面模型，具体操作步骤如下。

步骤01 打开“素材\CH13\平面曲面.dwg”文件，如下图所示。

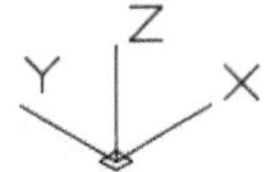

步骤02 选择【绘图】➤【建模】➤【曲面】➤【平面】菜单命令，在绘图区域中任意单击一点作为第一个角点，如下图所示。

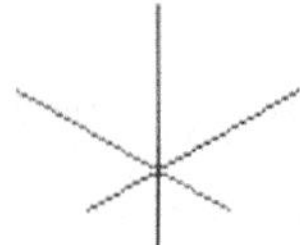

步骤03 在绘图区域中拖曳鼠标并单击以指定另外一个角点，结果如下图所示。

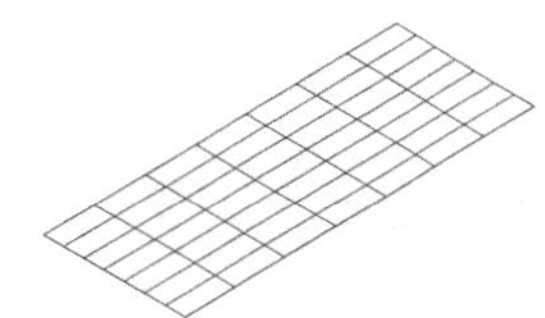

13.2.27 网络曲面建模

1. 命令调用方法

在AutoCAD 2019中调用【网络】曲面命令的方法通常有以下3种。

- 选择【绘图】➤【建模】➤【曲面】➤【网络】菜单命令。
- 命令行输入“SURFNETWORK”命令并按空格键。
- 单击【曲面】选项卡➤【创建】面板➤【网络】按钮。

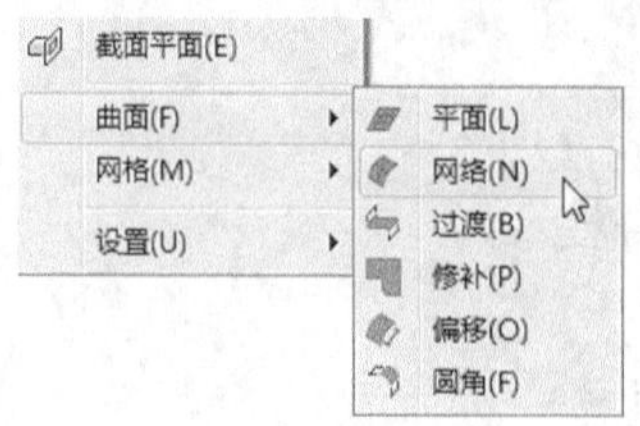

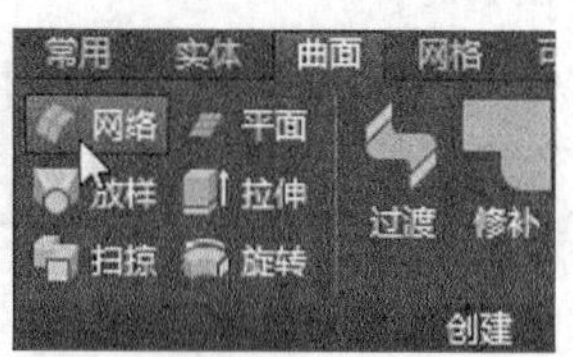

2. 命令提示

调用【网络】曲面命令之后，命令行会进行如下提示。

命令：_SURFNETWORK
沿第一个方向选择曲线或曲面边：

13.2.28 实战演练——创建网络曲面模型

下面将利用【网络】曲面命令创建网络曲面模型，具体操作步骤如下。

步骤01 打开“素材\CH13\网络曲面.dwg”文件，如下图所示。

步骤02 选择【绘图】➤【建模】➤【曲面】➤【网络】菜单命令，在绘图区域中选择下图所示的两条圆弧对象，并按【Enter】键确认。

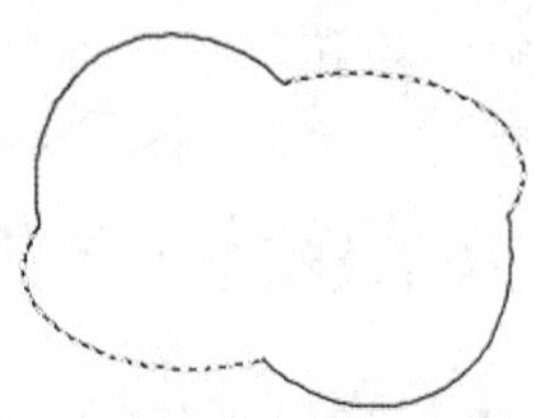

步骤03 在绘图区域中选择其余两条圆弧对象，并按【Enter】键确认，结果如下图所示。

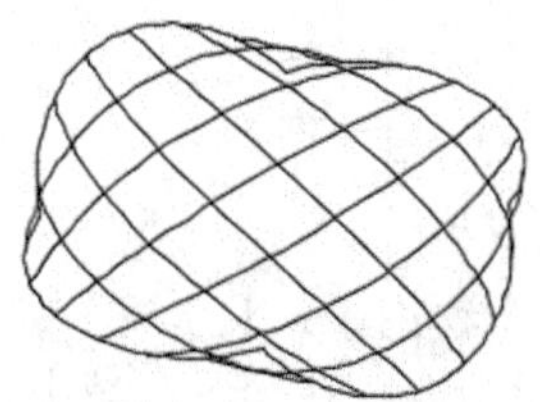

13.2.29 截面平面建模

截面平面对象可创建三维实体、曲面和网格的截面。使用带有截面平面对象的活动截面分析模型，并将截面另存为块，可以在布局中使用。

1. 命令调用方法

在AutoCAD 2019中调用【截面平面】曲面命令的方法通常有以下4种。

- 选择【绘图】➤【建模】➤【截面平面】菜单命令。
- 命令行输入“SECTIONPLANE”命令并按空格键。
- 单击【常用】选项卡➤【截面】面板➤【截面平面】按钮。
- 单击【网格】选项卡➤【截面】面板➤【截面平面】按钮。

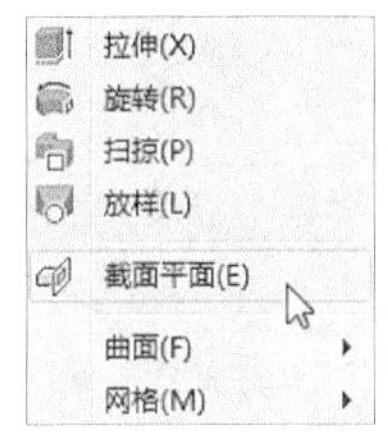

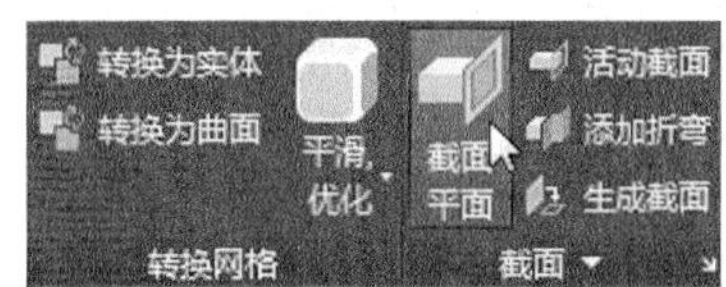

2. 命令提示

调用【截面平面】命令之后，命令行会进行如下提示。

命令：_sectionplane 类型 = 平面
选择面或任意点以定位截面线或 [绘制截面 (D)/ 正交 (O)/ 类型 (T)]:

13.2.30 实战演练——使用截面平面建模

下面将利用【截面平面】命令创建模型截面平面，具体操作步骤如下。

步骤01 打开"素材\CH13\截面平面.dwg"文件，如下图所示。

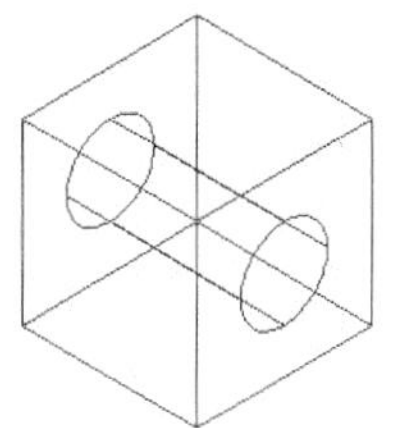

步骤02 选择【绘图】➤【建模】➤【截面平面】菜单命令，在绘图区域中单击选择图形的顶面，如下图所示。

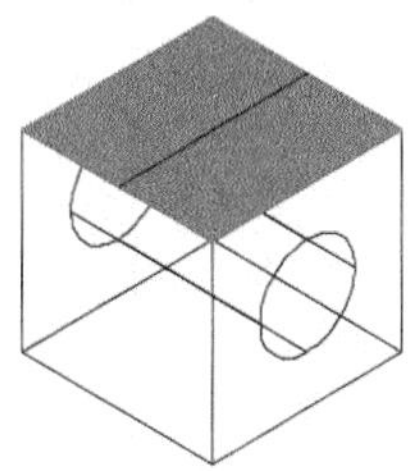

步骤03 选择【修改】➤【移动】菜单命令，在绘图区域中选择下图所示的截面线，并按【Enter】键确认。

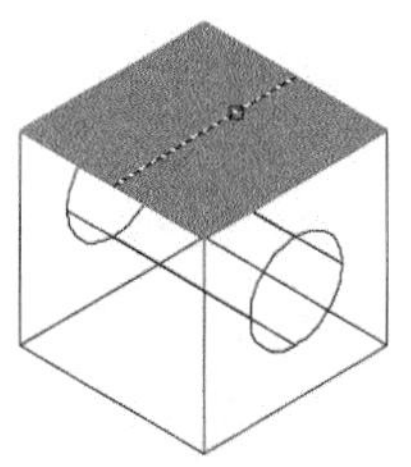

步骤04 在绘图区域中任意单击一点作为基点，然后在命令行提示下输入"@0,0,-100"并按【Enter】键确认，结果如下图所示。

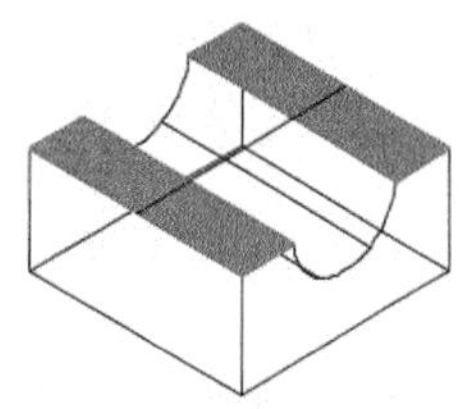

步骤05 单击【常用】选项卡➤【截面】面板➤【生成截面】按钮，弹出【生成截面/立面】对话框，如下图所示。

步骤06 单击【选择截面平面】按钮，然后在绘图区域中单击选择下图所示的截面线。

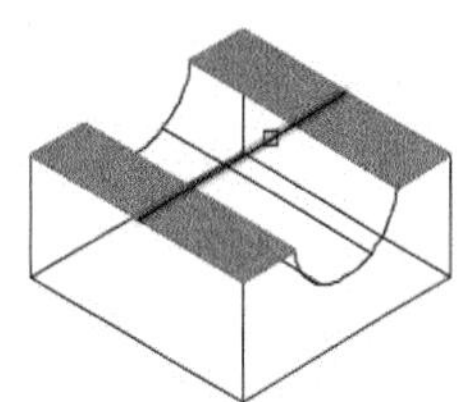

步骤07 返回【生成截面/立面】对话框，在【二维/三维】区域中选择【三维截面】选项，如下图所示。

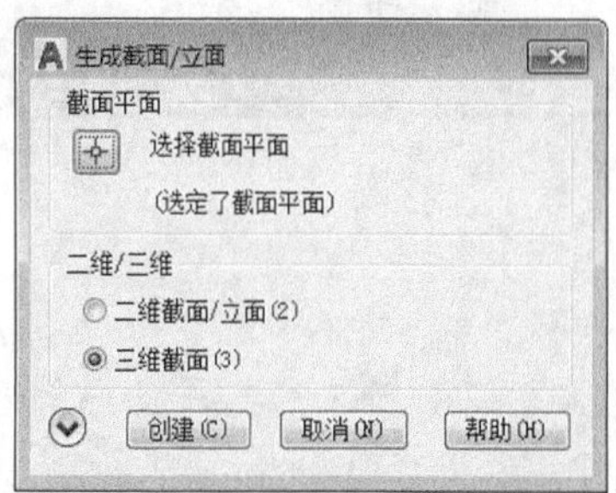

步骤08 在【生成截面/立面】对话框中单击【创建】按钮，然后在绘图区域中单击指定插入点的位置，如下图所示。

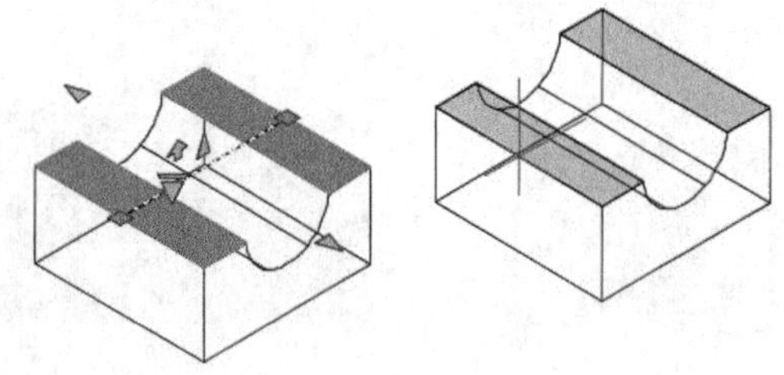

步骤09 采用系统默认设置，结果如下图所示。

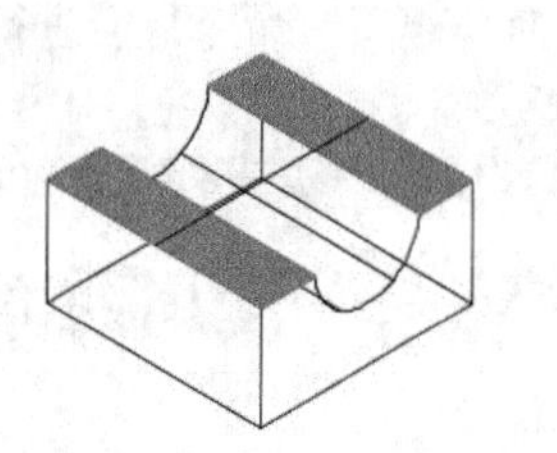

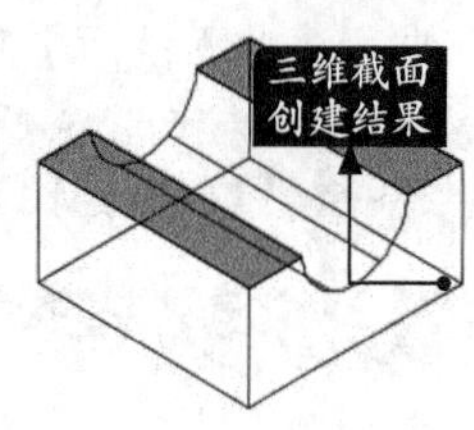

13.3 由二维图形创建三维图形

本节视频教程时间：14 分钟

在AutoCAD中，不仅可以直接利用系统本身的模块创建基本三维图形，还可以利用编辑命令从二维图形生成三维图形，以便创建更为复杂的三维模型。

13.3.1 拉伸成型

拉伸生成型较为常用的有两种方式：一种方式是按一定的高度将二维图形拉伸成三维图形，这样生成的三维对象在高度形态上较为规则，通常不会有弯曲角度及弧度出现；另一种方式是按路径拉伸，这种拉伸方式可以将二维图形沿指定的路径生成三维对象，相对而言较为复杂且允许沿弧度路径进行拉伸。

1. 命令调用方法

在AutoCAD 2019中调用【拉伸】命令的方法通常有以下5种。

- 选择【绘图】➤【建模】➤【拉伸】菜单命令。
- 命令行输入“EXTRUDE/ EXT”命令并按空格键。
- 单击【常用】选项卡➤【建模】面板➤【拉伸】按钮。
- 单击【实体】选项卡➤【实体】面板➤【拉伸】按钮（默认拉伸后生成实体，通过输入“mo”可以更改拉伸后生成的是实体还是曲面）。
- 单击【曲面】选项卡➤【创建】面板➤【拉伸】按钮（默认拉伸后生成曲面，通过输入“mo”可以更改拉伸后生成的是实体还是曲面）。

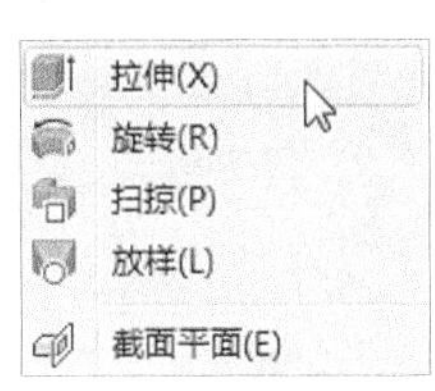

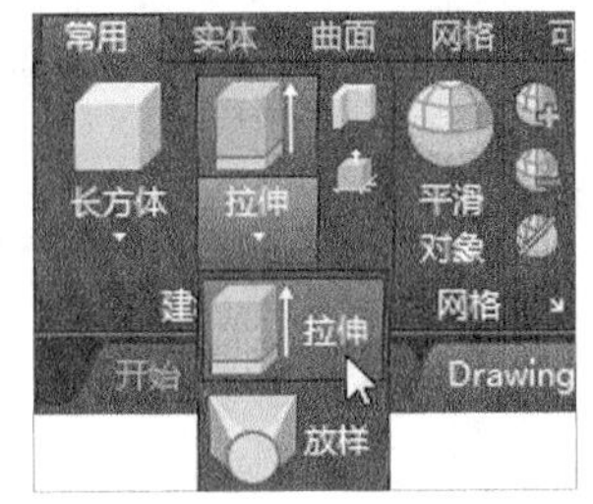

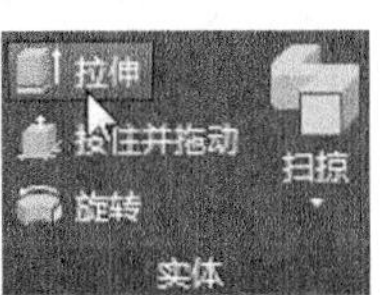

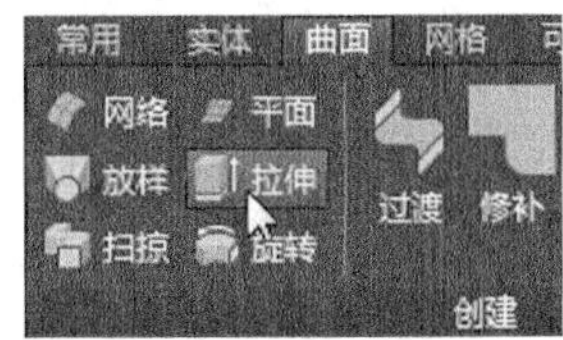

2. 命令提示

调用【拉伸】命令之后，命令行会进行如下提示。

命令：_extrude

当前线框密度： ISOLINES=4，闭合轮廓创建模式 = 实体

选择要拉伸的对象或 [模式 (MO)]: _MO 闭合轮廓创建模式 [实体 (SO)/ 曲面 (SU)] < 实体 >: _SO

选择要拉伸的对象或 [模式 (MO)]:

3. 知识点扩展

当命令行提示选择拉伸对象时，输入“mo”，然后可以切换拉伸后生成的对象是实体还是曲面。后面介绍的旋转、扫掠、放样也可以通过修改模式来决定生成对象是实体还是曲面。

13.3.2 实战演练——通过拉伸创建实体模型

下面将分别通过高度拉伸和路径拉伸两种拉伸方式创建实体模型，具体操作步骤如下。

1. 通过高度拉伸实体

步骤01 打开“素材\CH13\通过高度拉伸成型.dwg”文件，如下图所示。

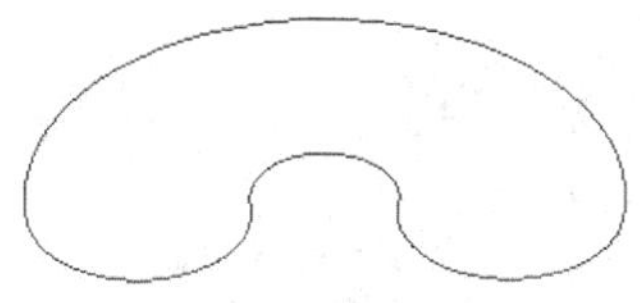

步骤02 选择【绘图】➤【建模】➤【拉伸】菜单命令，在绘图区域中选择需要拉伸的对象，并按【Enter】键确认，如下图所示。

步骤03 在命令行提示下输入拉伸高度值“200”并按【Enter】键确认，结果如下图所示。

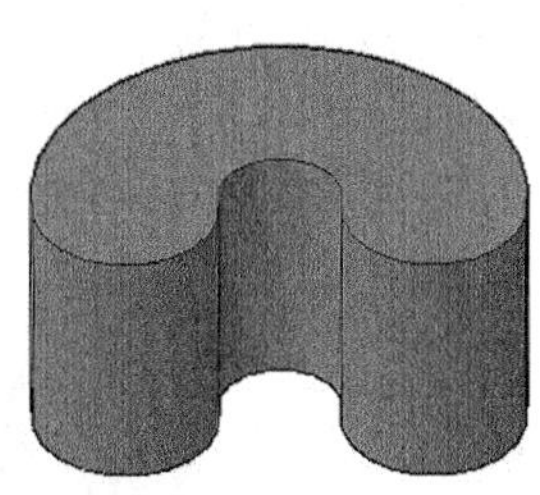

2. 通过路径拉伸实体

步骤01 打开“素材\CH13\通过路径拉伸成型.dwg”文件，如下图所示。

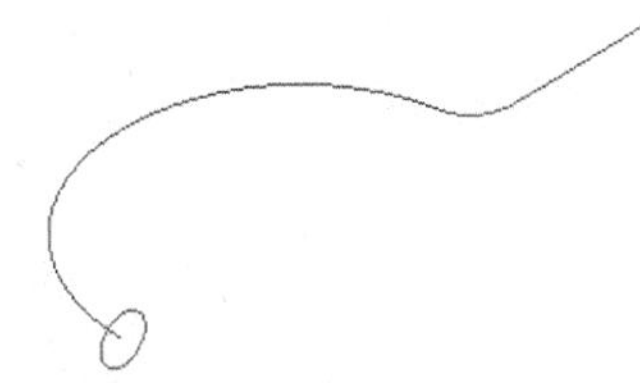

步骤02 选择【绘图】➤【建模】➤【拉伸】菜单命令，在绘图区域中选择圆形作为需要拉伸的对象，并按【Enter】键确认，如下图所示。

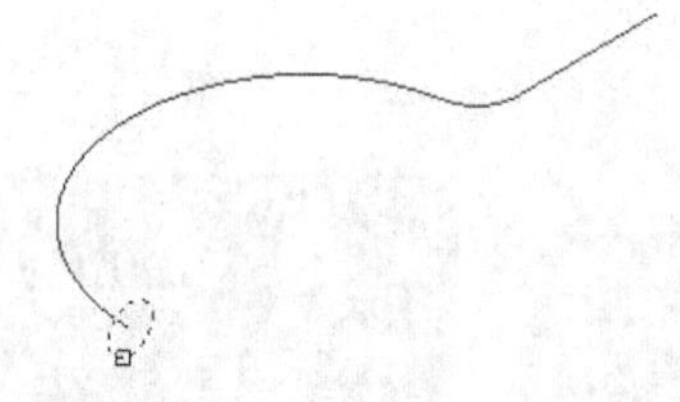

步骤 03 在命令行提示下输入“P”并按【Enter】键确认，然后在绘图区域中单击选择拉伸路径，如下图所示。

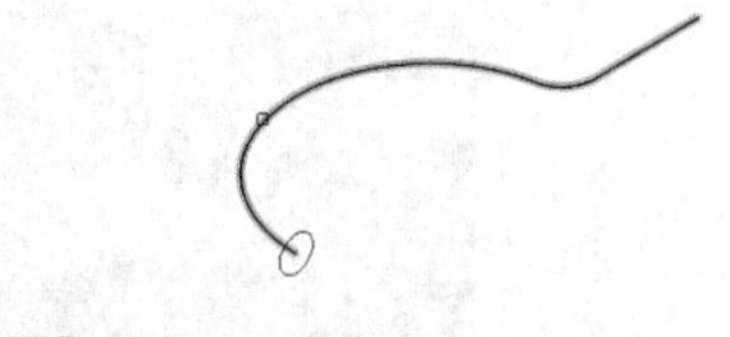

步骤 04 结果如下图所示。

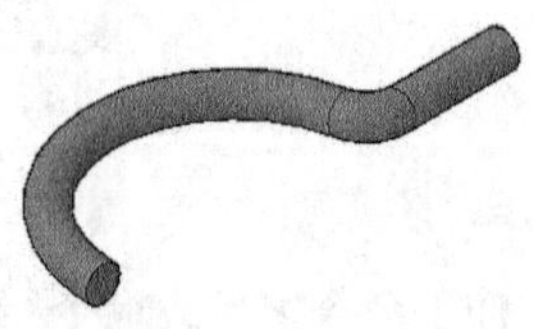

13.3.3 放样成型

放样命令用于在横截面之间的空间内绘制实体或曲面。使用放样命令时，必须至少指定两个横截面。放样命令通常用于变截面实体的绘制。

1. 命令调用方法

在AutoCAD 2019中调用【放样】命令的方法通常有以下5种。

- 选择【绘图】➤【建模】➤【放样】菜单命令。
- 命令行输入“LOFT”命令并按空格键。
- 单击【常用】选项卡➤【建模】面板➤【放样】按钮。
- 单击【实体】选项卡➤【实体】面板➤【放样】按钮（默认拉伸后生成实体，通过输入“mo”可以更改拉伸后生成的是实体还是曲面）。
- 单击【曲面】选项卡➤【创建】面板➤【放样】按钮（默认拉伸后生成曲面，通过输入“mo”可以更改拉伸后生成的是实体还是曲面）。

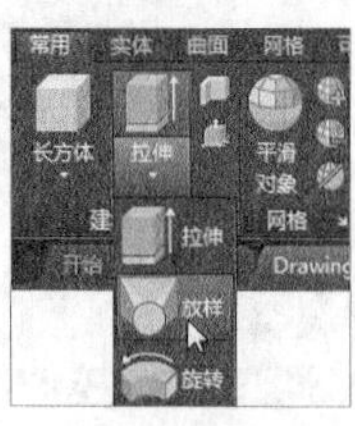

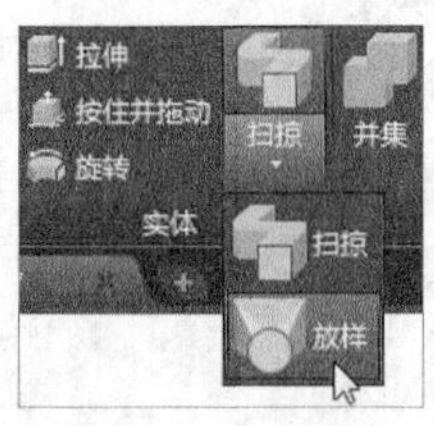

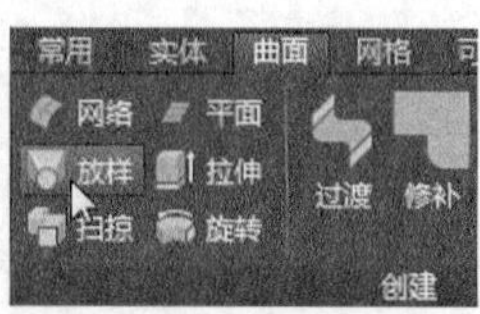

2. 命令提示

调用【放样】命令之后，命令行会进行如下提示。

```
命令：_loft
当前线框密度： ISOLINES=4，闭合轮廓创建模式 = 实体
按放样次序选择横截面或 [ 点 (PO)/ 合并多条边 (J)/ 模式 (MO)]: _MO 闭合轮廓创建模式 [ 实体 (SO)/ 曲面 (SU)] < 实体 >: _SO
按放样次序选择横截面或 [ 点 (PO)/ 合并多条边 (J)/ 模式 (MO)]:
```

13.3.4 实战演练——通过放样创建实体模型

下面将通过【放样】命令创建实体模型，具体操作步骤如下。

步骤01 打开“素材\CH13\通过放样成型.dwg”文件，如下图所示。

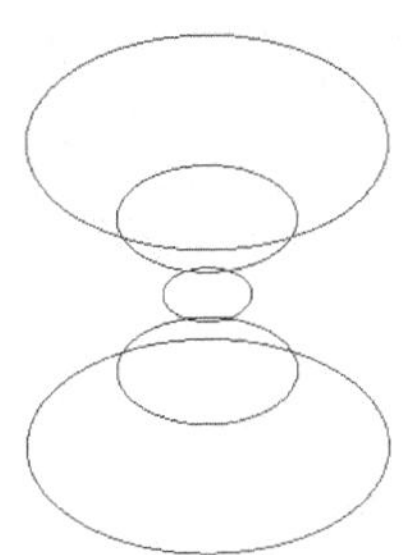

步骤02 选择【绘图】➤【建模】➤【放样】菜单命令，在绘图区域中单击选择第一个横截面，如下图所示。

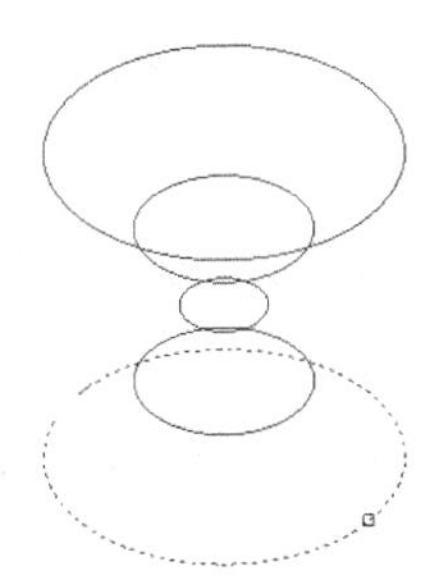

步骤03 在绘图区域中依次单击其余的四个横截面，如下图所示。

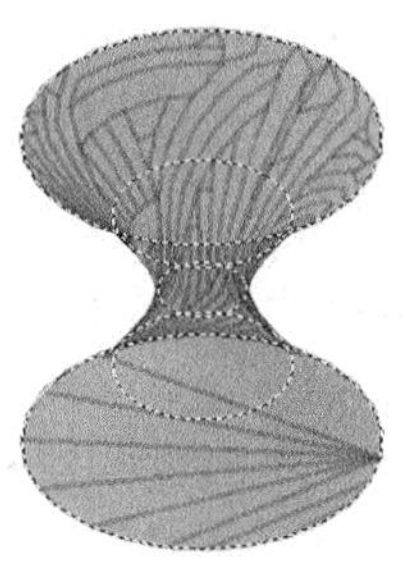

步骤04 按两次【Enter】键结束该命令，结果如下图所示。

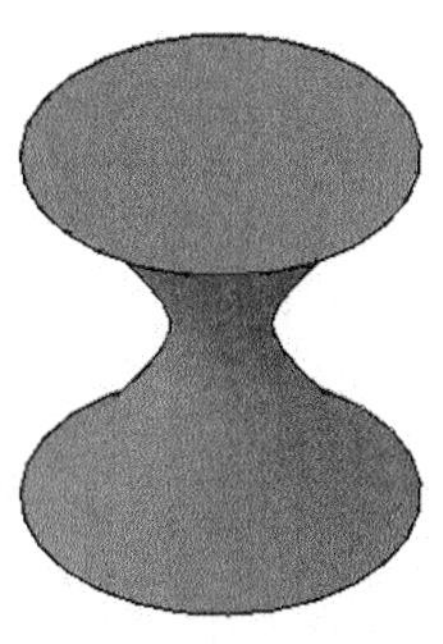

13.3.5 旋转成型

用于旋转的二维图形可以是多边形、圆、椭圆、封闭多段线、封闭样条曲线、圆环以及封闭区域。旋转过程中可以控制旋转角度，即旋转生成的实体可以是闭合的，也可以是开放的。

1. 命令调用方法

在AutoCAD 2019中调用【旋转】命令的方法通常有以下5种。

- 选择【绘图】➤【建模】➤【旋转】菜单命令。
- 命令行输入“REVOLVE/ REV”命令并按空格键。
- 单击【常用】选项卡➤【建模】面板➤【旋转】按钮。
- 单击【实体】选项卡➤【实体】面板➤【旋转】按钮（默认拉伸后生成实体，通过输入“mo”可以更改拉伸后生成的是实体还是曲面）。
- 单击【曲面】选项卡➤【创建】面板➤【旋转】按钮（默认拉伸后生成曲面，通过输入“mo”可以更改拉伸后生成的是实体还是曲面）。

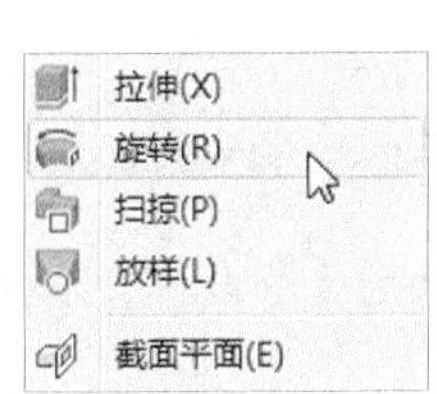

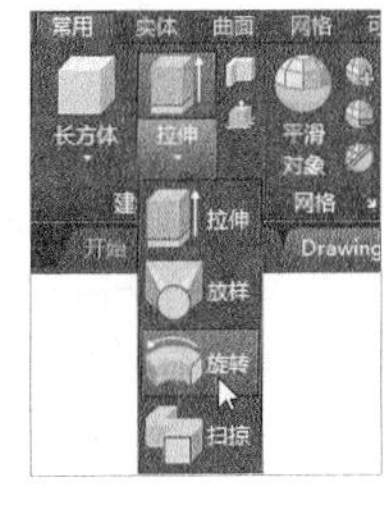

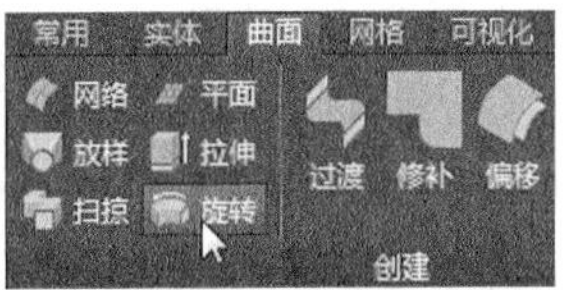

2. 命令提示

调用【旋转】命令之后，命令行会进行如下提示。

命令：_revolve
当前线框密度： ISOLINES=4，闭合轮廓创建模式 = 实体
选择要旋转的对象或 [模式 (MO)]：_MO 闭合轮廓创建模式 [实体 (SO)/ 曲面 (SU)] < 实体 >：_SO
选择要旋转的对象或 [模式 (MO)]：

13.3.6 实战演练——通过旋转创建实体模型

下面将通过【旋转】命令创建实体模型，具体操作步骤如下。

步骤01 打开“素材\CH13\通过旋转成型.dwg”文件，如下图所示。

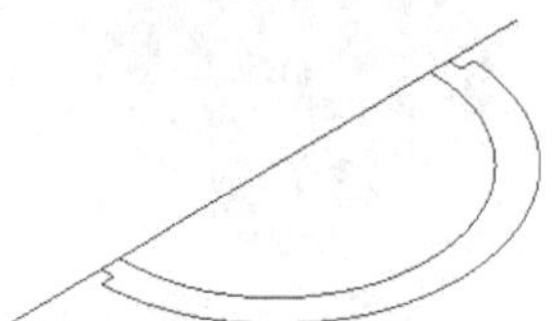

步骤02 选择【绘图】➤【建模】➤【旋转】菜单命令，在绘图区域中选择需要旋转的对象，并按【Enter】键确认，如下图所示。

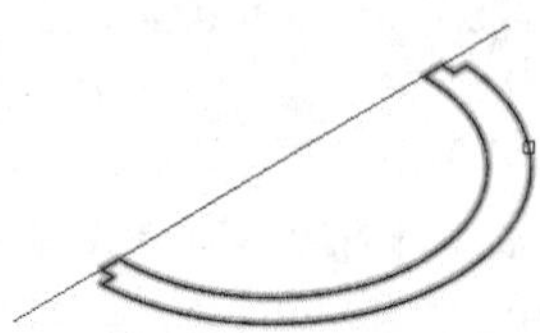

步骤03 在命令行提示下输入“O”并按【Enter】键确认，然后在绘图区域中选择直线段作为旋转轴，如下图所示。

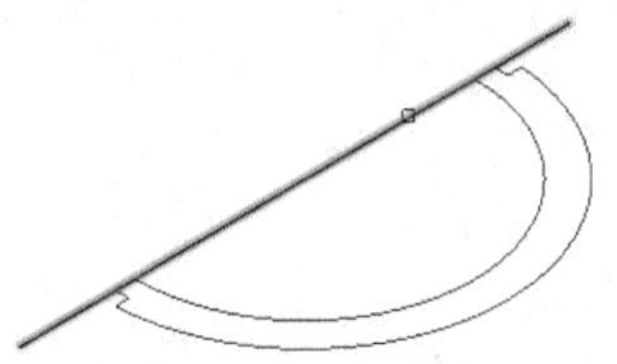

步骤04 在命令行提示下输入旋转角度“-270”并按【Enter】键确认，结果如下图所示。

13.3.7 扫掠成型

扫掠命令可以用来生成实体或曲面。当扫掠的对象是闭合图形时，扫掠的结果是实体；当扫掠的对象是开放图形时，扫掠的结果是曲面。

1. 命令调用方法

在AutoCAD 2019中调用【扫掠】命令的方法通常有以下5种。

- 选择【绘图】➤【建模】➤【扫掠】菜单命令。
- 命令行输入“SWEEP”命令并按空格键。
- 单击【常用】选项卡➤【建模】面板➤【扫掠】按钮。
- 单击【实体】选项卡➤【实体】面板➤【扫掠】按钮（默认拉伸后生成实体，通过输入“mo”可以更改拉伸后生成的是实体还是曲面）。
- 单击【曲面】选项卡➤【创建】面板➤【扫掠】按钮（默认拉伸后生成曲面，通过输入“mo”可以更改拉伸后生成的是实体还是曲面）。

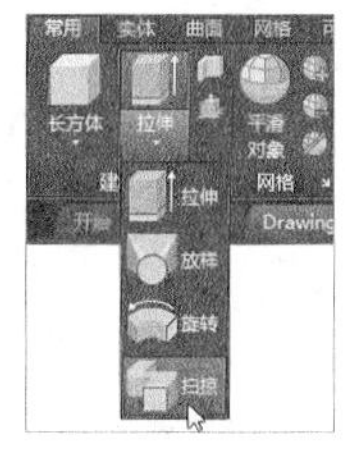
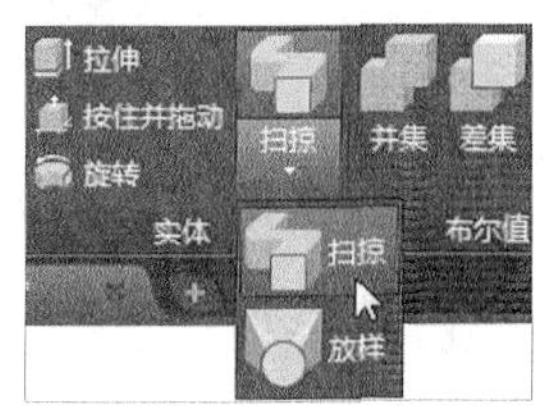

2. 命令提示

调用【扫掠】命令之后，命令行会进行如下提示。

命令：_sweep
当前线框密度：ISOLINES=4，闭合轮廓创建模式 = 实体
选择要扫掠的对象或 [模式 (MO)]: _MO 闭合轮廓创建模式 [实体 (SO)/ 曲面 (SU)] < 实体 >: _SO
选择要扫掠的对象或 [模式 (MO)]:

13.3.8 实战演练——通过扫掠创建实体模型

下面将通过【扫掠】命令创建实体模型，具体操作步骤如下。

步骤 01 打开“素材\CH13\通过扫掠成型.dwg”文件，如下图所示。

步骤 02 选择【绘图】➤【建模】➤【扫掠】菜单命令，在绘图区域中选择圆形作为需要扫掠的对象，并按【Enter】键确认，如下图所示。

步骤 03 在绘图区域中单击选择样条曲线作为扫掠路径，结果如下图所示。

13.4 综合应用——创建三维升旗台

本节视频教程时间：22 分钟

升旗台的绘制过程中主要涉及长方体、圆柱体、球体、阵列、三维多段线、楔体、拉伸以及布尔运算的应用。布尔运算命令的具体应用将在下一章详细讲解。

1. 创建升旗台的底座

步骤 01 新建一个AutoCAD图形文件，在命令行中输入“isolines”命令，将值设置为“16”，然后选择【视图】➤【三维视图】➤【西南等轴测】选项。

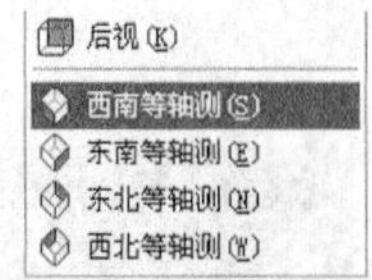

步骤02 打开正交模式，然后调用长方体命令，在绘图窗口中输入（-25,-25,0）、（@50,50,10）为第一个角点、第二个角点。

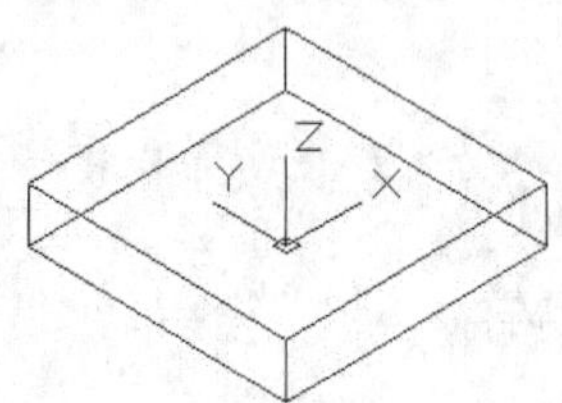

步骤03 重复长方体命令，分别以【（-23.5,-20.5,10），（@3,12,8）】、【（-20.5,-23.5,10），（@12,3,8）】、【（-23.5,-23.5,10），（@3,3,15）】为角点绘制三个长方体，结果如下图所示。

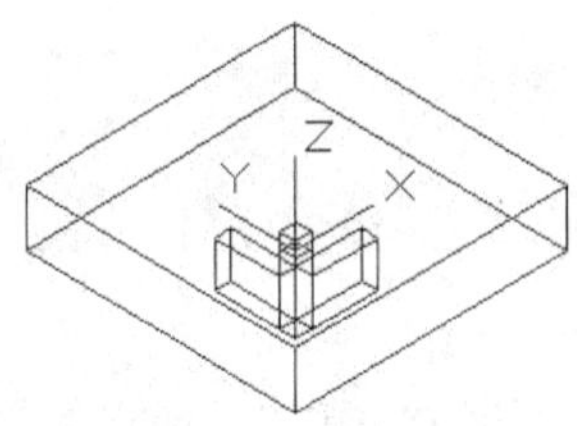

步骤04 调用球体命令，以（-22,-22,26.5）为中心点，绘制一个半径为1.5的球体，结果如下图所示。

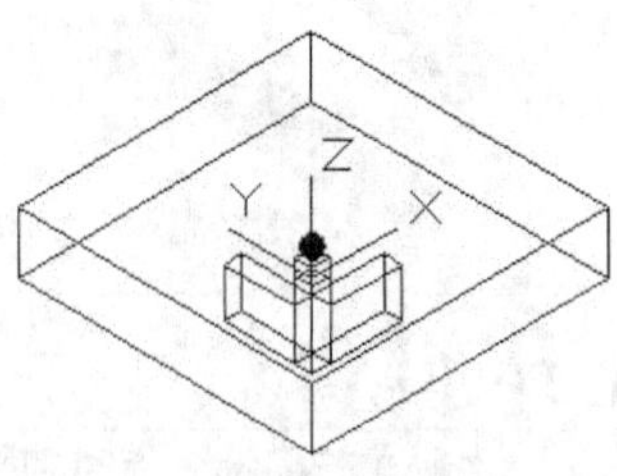

步骤05 调用复制命令，选择下图所示的复制对象，然后在绘图窗口中指定基点。

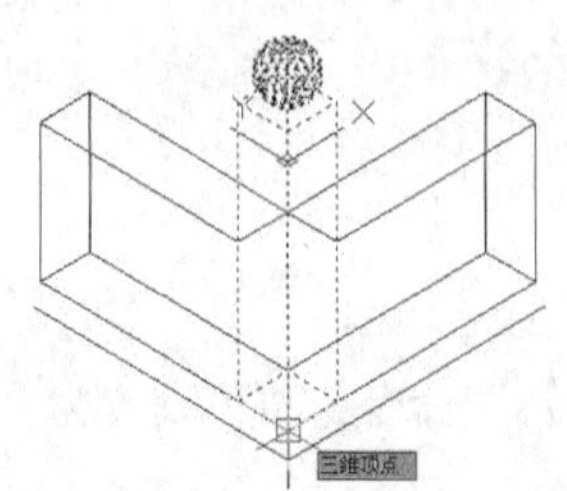

步骤06 指定复制的第二点，如下图所示。

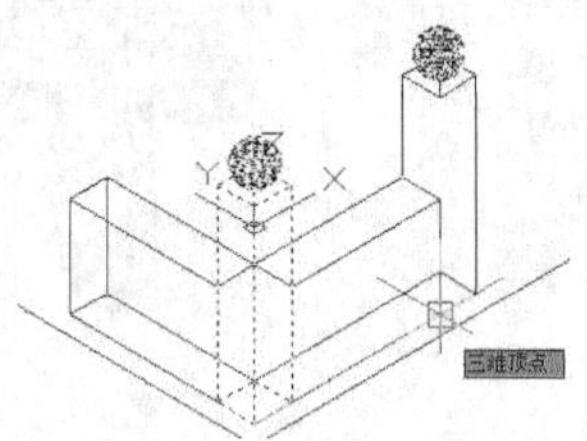

步骤07 重复复制命令，将第五步选择的对象复制到另一边，结果如下图所示。

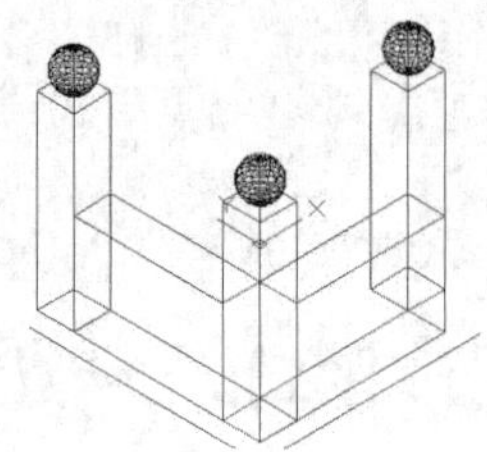

步骤08 选择【修改】➤【实体编辑】➤【并集】菜单命令，然后在绘图窗口中选择要并集的对象。

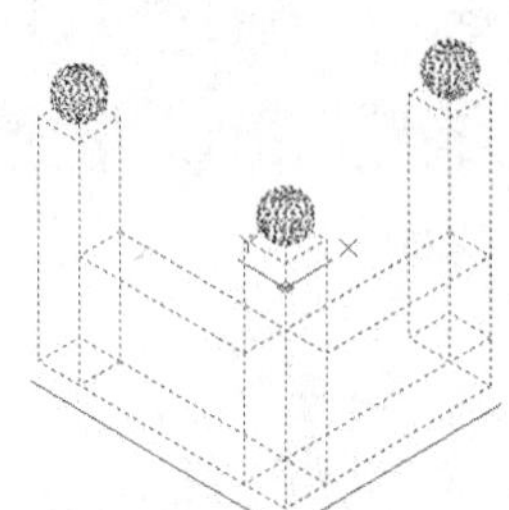

步骤09 调用环形阵列命令，选择并集后的模型为阵列对象，如下图所示。

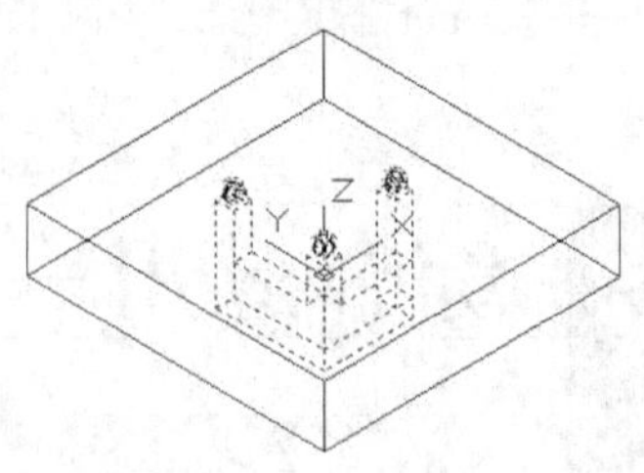

步骤10 根据提示指定阵列的中心点为（0,0），输入项目数“4”，填充角度“360”，阵列后如下图所示。

类型	项目	
极轴	项目数:	4
	介于:	90
	填充:	360

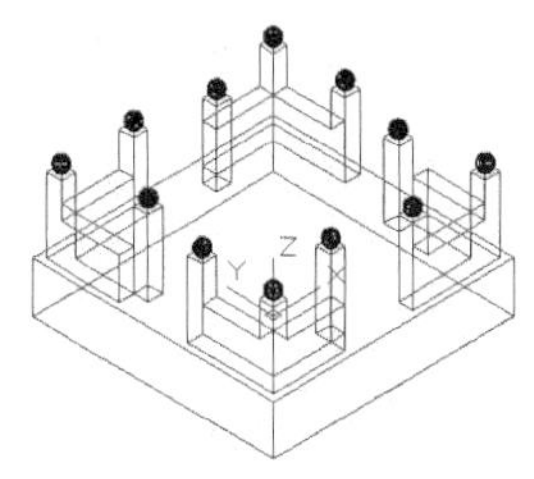

2. 创建升旗台的楼梯

步骤01 在命令行输入“UCS”，将坐标系绕*y*轴旋转90°。

> 命令：UCS
> 当前 UCS 名称：* 世界 *
> 指定 UCS 的原点或 [面 (F)/ 命名 (NA)/ 对象 (OB)/ 上一个 (P)/ 视图 (V)/ 世界 (W)/X/ Y/Z/Z 轴 (ZA)] < 世界 >: y
> 指定绕 Y 轴的旋转角度 <90>: 90

步骤02 调用多段线命令，根据提示输入多段线的起点（0,-25,-4）。然后根据提示分别输入点(@-10,0)、（@0,-3）、（@2,0）、(@0,-3)、(@2,0)、(@0,-3)、(@2,0)、(@0,-3)、(@2,0)、(@0,-3)、(@2,0)，最后输入“C”，结果如下图所示。

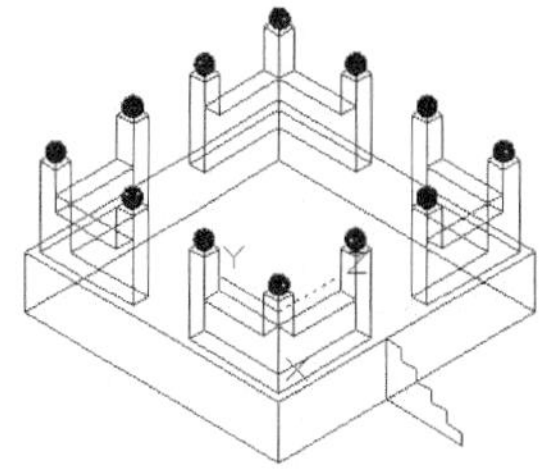

步骤03 调用拉伸命令，选择上步创建的多段线为拉伸对象，然后输入拉伸高度8。

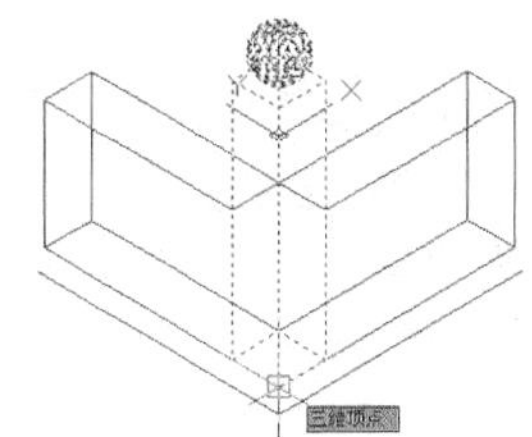

步骤04 在命令行中输入“UCS”，直接按回车键，先返回世界坐标系，然后将坐标系沿*z*轴方向旋转-90。

> 命令：UCS　当前 UCS 名称：* 没有名称 *
> 指定 UCS 的原点或 [面 (F)/ 命名 (NA)/ 对象 (OB)/ 上一个 (P)/ 视图 (V)/ 世界 (W)/X/ Y/Z/Z 轴 (ZA)] < 世界 >:
> 命令：UCS　当前 UCS 名称：* 世界 *
> 指定 UCS 的原点或 [面 (F)/ 命名 (NA)/ 对象 (OB)/ 上一个 (P)/ 视图 (V)/ 世界 (W)/X/ Y/Z/Z 轴 (ZA)] < 世界 >: z
> 指定绕 Z 轴的旋转角度 <90>: -90

步骤05 调用楔体命令，以（25,-4,0）、（@15,-1.5,10）为角点绘制一个楔体，如下图所示。

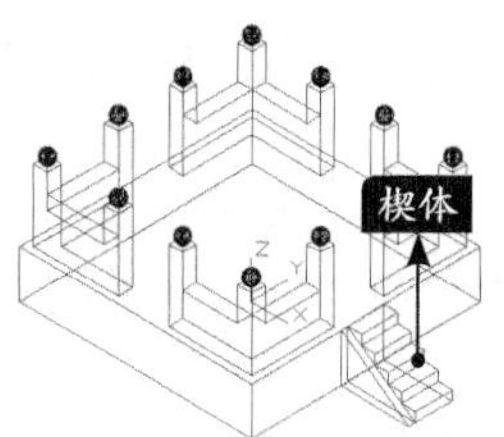

步骤06 调用镜像命令，选择楔体为镜像对象。根据提示输入（25,0）、（@40,0）为镜像线的第一点、第二点，选择不删除源对象。

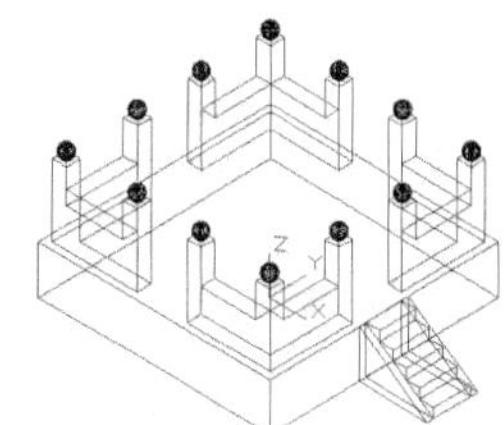

步骤07 选择【修改】➤【实体编辑】➤【并集】菜单命令，然后在绘图窗口中选择要并集的对象。

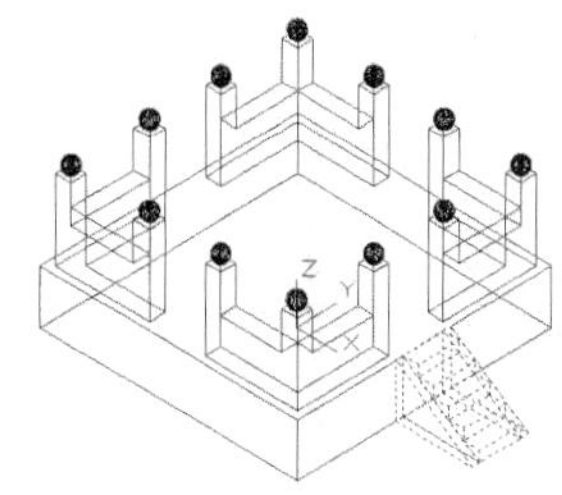

步骤08 调用环形阵列命令，选择并集后的楼梯为阵列对象，根据提示指定阵列的中心点为（0,0），输入项目数“4”，填充角度“360”，阵列后如下图所示。

极轴
项目数: 4
介于: 90
填充: 360
类型　项目

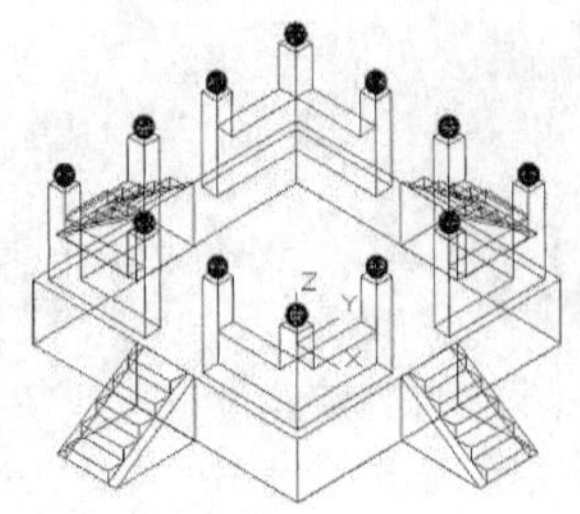

3. 创建升旗台的旗杆

步骤01 在命令行输入“UCS”，将坐标系切换到世界坐标系。

命令：UCS
当前 UCS 名称：* 世界 *
指定 UCS 的原点或 [面 (F)/ 命名 (NA)/ 对象 (OB)/ 上一个 (P)/ 视图 (V)/ 世界 (W)/X/Y/Z/Z 轴 (ZA)] < 世界 >: ↙

步骤02 调用圆锥体命令，以（0,0,10）为底面中心，绘制一个底面半径为5，顶面半径为3.3，高度为10的圆台体，结果如下图所示。

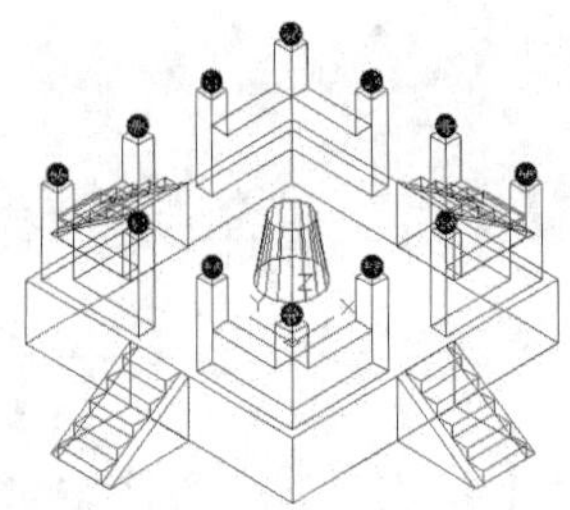

步骤03 调用圆柱体命令，以（0,0,20）为底面中心，绘制一个底面半径为1，高度为100的圆柱体，结果如下图所示。

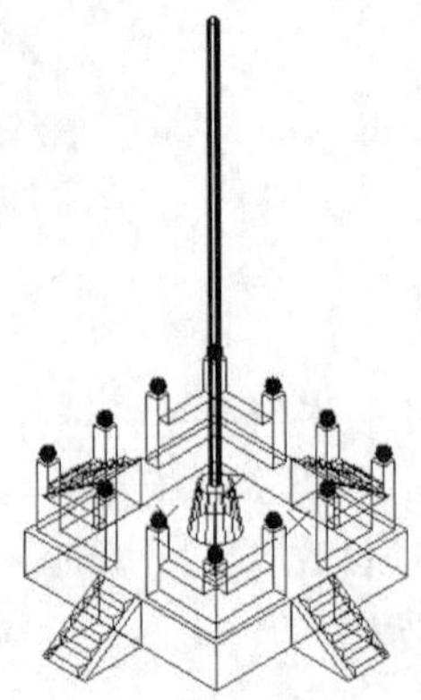

步骤04 调用球体命令，以（0,0,120.5）为球心，绘制一个半径为1.5的球体。

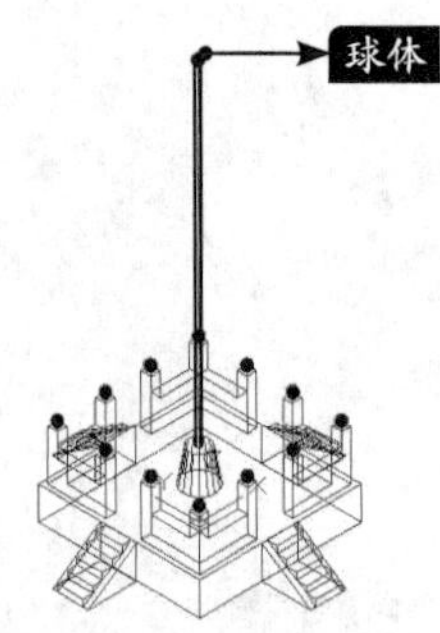

步骤05 调用圆环体命令，以（1.6,0,70）为中心，绘制一个半径为0.5，圆管半径为0.1的圆环体，结果如下图所示。

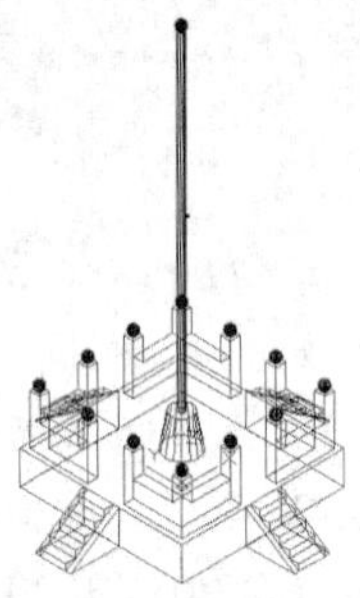

步骤06 重复圆环体命令，创建两个圆环体，一个以（1.6,0,100）为中心0.5为半径，管径为0.1。另一个以（1.6,0,40）为中心0.5为半径，管径为0.1，结果如下图所示。

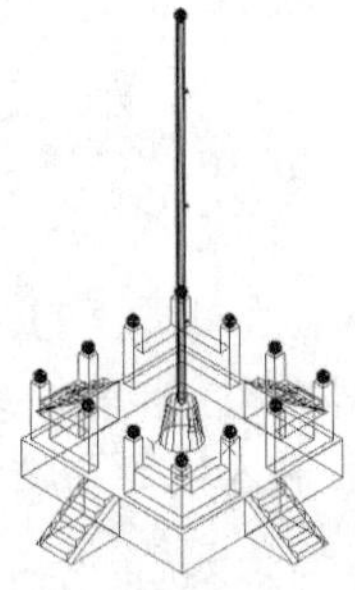

步骤07 选择【修改】➤【实体编辑】➤【并集】菜单命令，将所有的实体合并在一起，最后将视觉样式切换为“灰度”，结果如下图所示。

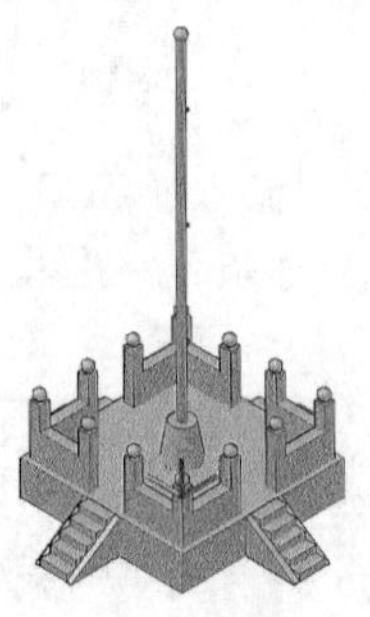

疑难解答

本节视频教程时间：8 分钟

三维实体中如何进行尺寸标注

在AutoCAD中没有三维标注功能，尺寸标注都是基于*xy*平面内的二维平面的标注。因此，必须通过转换坐标系，把需要标注的对象放置到*xy*二维平面上才能进行标注。

步骤01 打开“素材\CH13\给三维实体添加尺寸标注”文件，如下图所示。

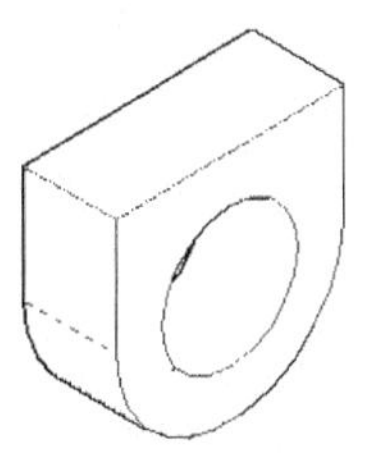

步骤02 在命令行输入“UCS”，拖曳鼠标将坐标系转换到圆心的位置，如下图所示。

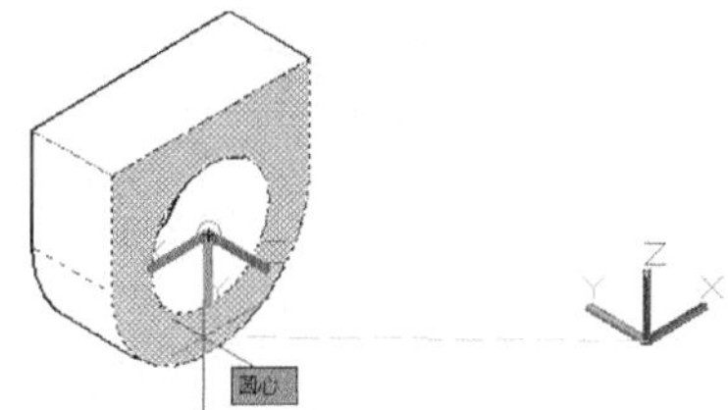

步骤03 拖曳鼠标指引*x*轴方向，如下图所示。

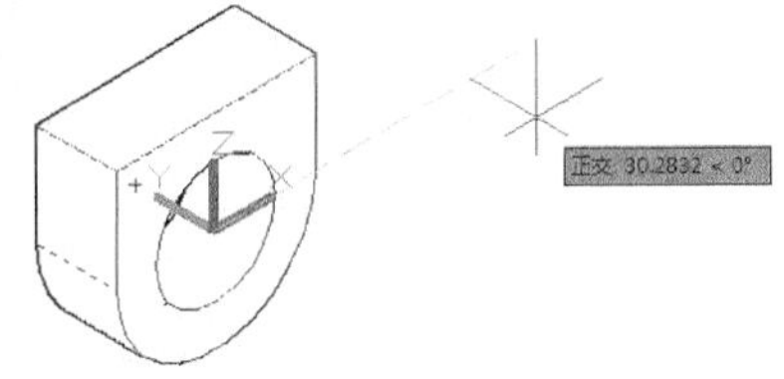

步骤04 拖曳鼠标指引*y*轴方向，如下图所示。

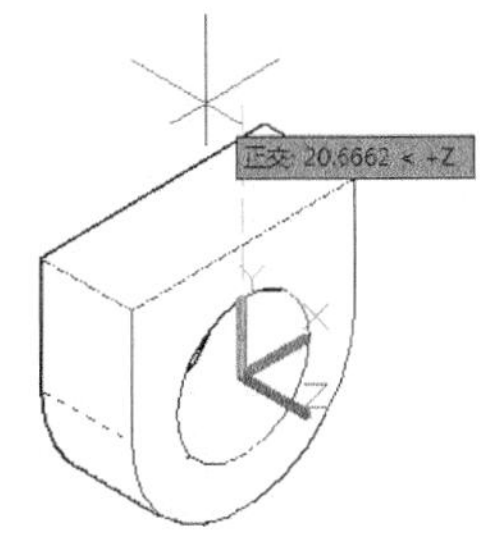

步骤05 让*xy*平面与实体的前侧面平齐后如下图所示。

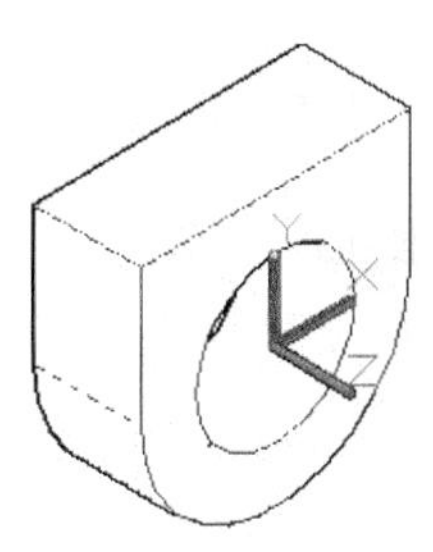

小提示

移动UCS坐标系前，首先应将对象捕捉和正交模式打开。

步骤06 调用直径标注命令，然后选择前侧面的圆为标注对象，拖曳鼠标在合适的位置放置尺寸线，结果如下图所示。

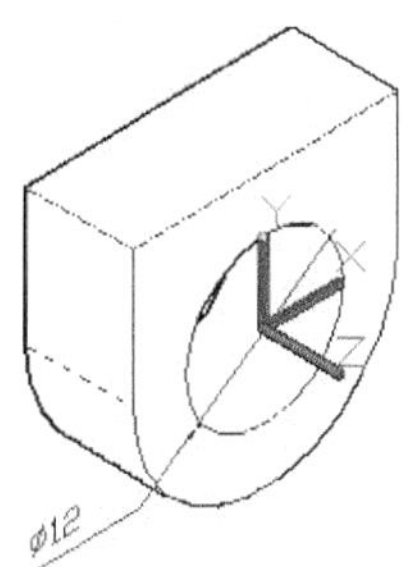

步骤07 调用半径标注命令，然后选择前侧面的大圆弧为标注对象，拖曳鼠标在合适的位置放置尺寸线，结果如下图所示。

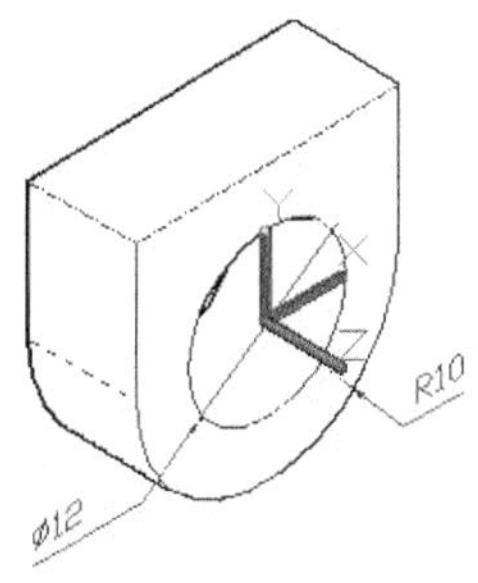

步骤08 重复步骤02～步骤04，将*xy*平面切换到与顶面平齐的位置，然后调用线性标注命令，给

顶面进行尺寸标注，结果如下图所示。

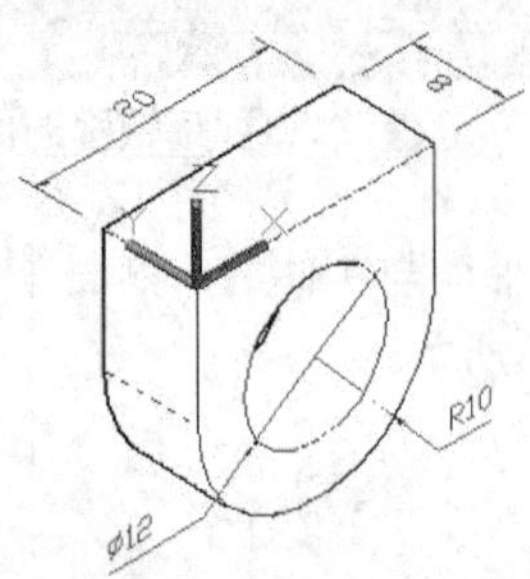

步骤09 重复步骤02~步骤04，将xy平面切换到与竖直面平齐的位置，然后调用线性标注命令进行尺寸标注，结果如下图所示。

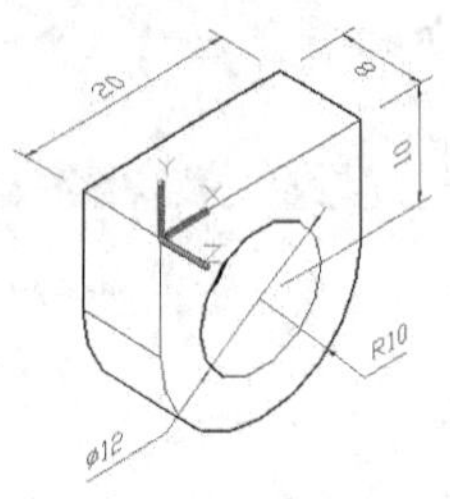

通过圆环体命令创建特殊实体

圆环体命令除了能创建出普通的圆环体外，还能创建出苹果形状和橄榄球形状的实体。如果圆环的半径为负值而圆管的半径大于圆环的绝对值（例如，-5和10），则得到一个橄榄球状的实体。如圆环半径为正值且小于圆管半径，则可以创建一个苹果样的实体。

步骤01 新建一个AutoCAD文件，调用圆环体命令，指定圆环体的中心后，输入圆环体半径为-4，圆管半径9，结果如下图所示。

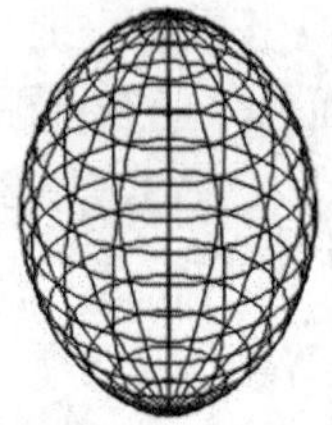

步骤02 重复调用圆环体命令，指定圆环体中心后，输入圆环体半径为4，圆管半径9，结果如下图所示。

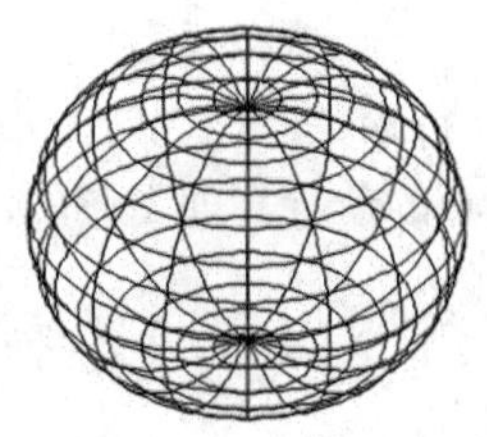

实战练习

绘制以下图形，并计算出阴影部分的面积。

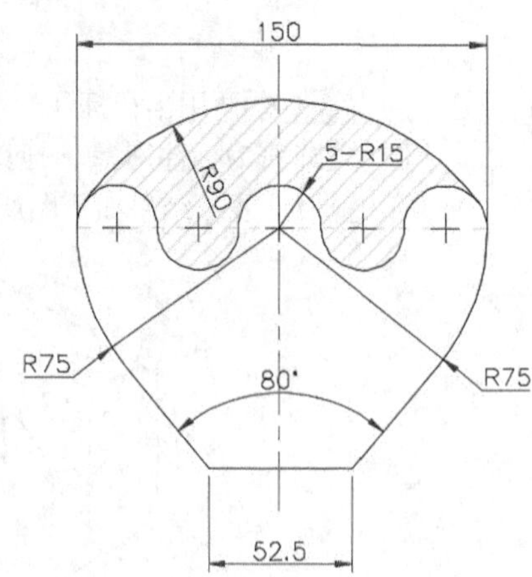

第 14 章

编辑三维模型

学习目标

在绘图时，用户可以对三维图形进行编辑。三维图形编辑就是对图形对象进行阵列、镜像、旋转、对齐，并对模型的边、面等修改操作的过程。AutoCAD 2019提供了强大的三维图形编辑功能，可以帮助用户合理地构造和组织图形。

学习效果

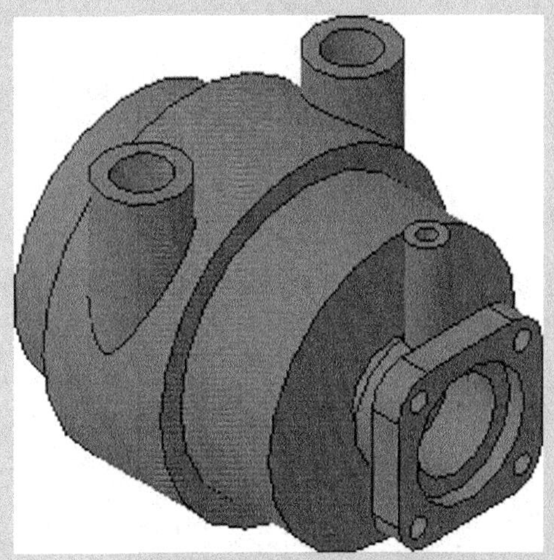

14.1 布尔运算和干涉检查

本节视频教程时间：9 分钟

布尔运算就是对多个面域和三维实体进行并集、差集和交集运算。干涉检查是指把实体保留下来，并用两个实体的交集生成一个新的实体。

14.1.1 并集运算

并集运算可以在图形中选择两个或两个以上的三维实体，系统将自动删除实体相交的部分，并将不相交部分保留下来合并成一个新的组合体。

1. 命令调用方法

在AutoCAD 2019中调用【并集】命令的方法通常有以下4种。

- 选择【修改】➤【实体编辑】➤【并集】菜单命令。
- 命令行输入“UNION/UNI”命令并按空格键。
- 单击【常用】选项卡➤【实体编辑】面板➤【实体，并集】按钮。
- 单击【实体】选项卡➤【布尔值】面板➤【并集】按钮。

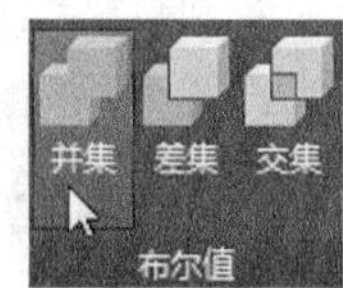

2. 命令提示

调用【并集】命令之后，命令行会进行如下提示。

```
命令：_union
选择对象：
```

14.1.2 实战演练——对三维模型进行并集运算

下面将利用【并集】命令对两个长方体进行并集运算，具体操作步骤如下。

步骤01 打开“素材\CH14\并集运算.dwg”文件，如下图所示。

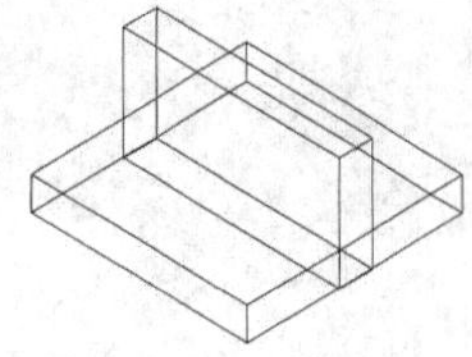

步骤02 选择【修改】➤【实体编辑】➤【并集】菜单命令，在绘图区域中选择两个长方体作为需要并集运算的对象，并按【Enter】键确认，结果如下图所示。

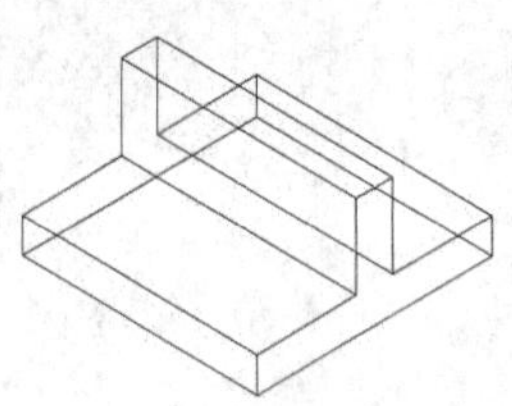

14.1.3 差集运算

差集运算可以通过从一个对象减去一个重叠面域或三维实体来创建新对象。

1. 命令调用方法

在AutoCAD 2019中调用【差集】命令的方法通常有以下4种。

- 选择【修改】➤【实体编辑】➤【差集】菜单命令。
- 命令行输入“SUBTRACT/SU”命令并按空格键。
- 单击【常用】选项卡➤【实体编辑】面板➤【实体，差集】按钮。
- 单击【实体】选项卡➤【布尔值】面板➤【差集】按钮。

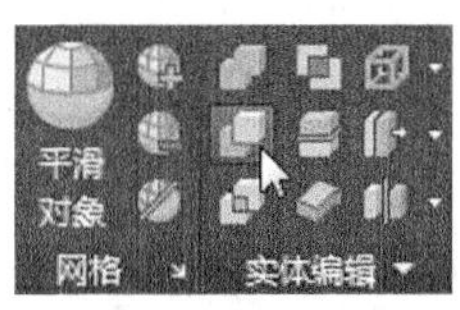

2. 命令提示

调用【差集】命令之后，命令行会进行如下提示。

```
命令：_subtract 选择要从中减去的实体、曲面和面域...
选择对象：
```

14.1.4 实战演练——对三维模型进行差集运算

下面将利用【差集】命令对圆锥体和球体进行差集运算，具体操作步骤如下。

步骤01 打开“素材\CH14\差集运算.dwg”文件，如下图所示。

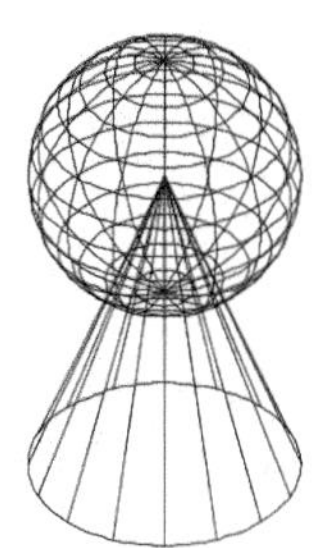

步骤02 选择【修改】➤【实体编辑】➤【差集】菜单命令，在绘图区域中选择圆锥体按【Enter】键确认，然后选择球体按【Enter】键确认，结果如下图所示。

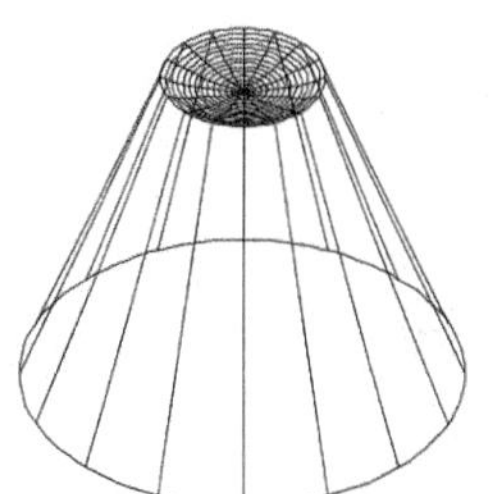

14.1.5 交集运算

交集运算可以对两个或两组实体进行相交运算。当对多个实体进行交集运算后，它会删除实体不相交的部分，并将相交部分保留下来生成一个新组合体。

1. 命令调用方法

在AutoCAD 2019中调用【交集】命令的方法通常有以下4种。

- 选择【修改】➤【实体编辑】➤【交集】菜单命令。
- 命令行输入“INTERSECT/IN”命令并按空格键。
- 单击【常用】选项卡➤【实体编辑】面板➤【实体，交集】按钮。
- 单击【实体】选项卡➤【布尔值】面板➤【交集】按钮。

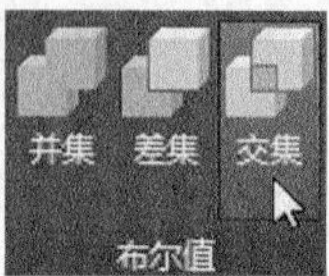

2. 命令提示

调用【交集】命令之后，命令行会进行如下提示。

```
命令：_intersect
选择对象：
```

14.1.6 实战演练——对三维模型进行交集运算

下面将利用【交集】命令对圆锥体和长方体进行交集运算，具体操作步骤如下。

步骤01 打开“素材\CH14\交集运算.dwg”文件，如下图所示。

步骤02 选择【修改】➤【实体编辑】➤【交集】菜单命令，在绘图区域中选择圆锥体和长方体，并按【Enter】键确认，结果如下图所示。

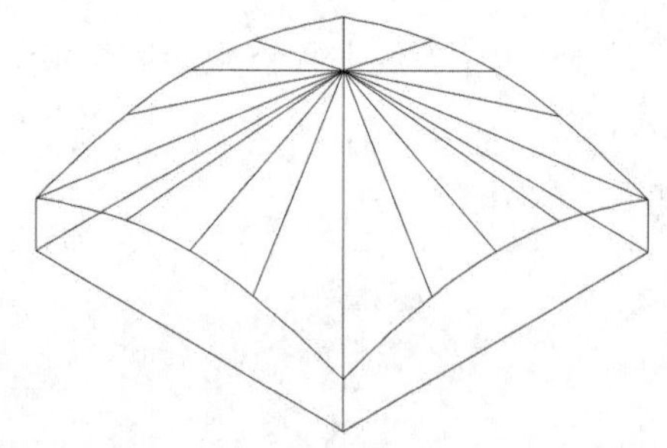

14.1.7 干涉检查

1. 命令调用方法

在AutoCAD 2019中调用【干涉检查】命令的方法通常有以下4种。

- 选择【修改】➤【三维操作】➤【干涉检查】菜单命令。
- 命令行输入“INTERFERE”命令并按空格键。
- 单击【常用】选项卡➤【实体编辑】面板➤【干涉】按钮。
- 单击【实体】选项卡➤【实体编辑】面板➤【干涉】按钮。

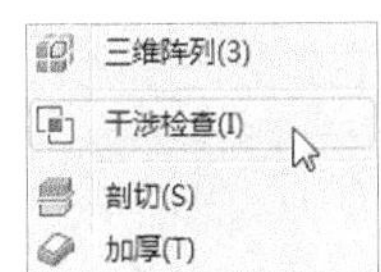

2. 命令提示

调用【干涉检查】命令之后，命令行会进行如下提示。

```
命令：_interfere
选择第一组对象或 [ 嵌套选择 (N)/ 设置 (S)]:
```

14.1.8 实战演练——对三维模型进行干涉检查

下面将利用【干涉检查】命令对圆锥体和圆柱体进行干涉运算，具体操作步骤如下。

步骤 01 打开“素材\CH14\干涉检查.dwg”文件，如下图所示。

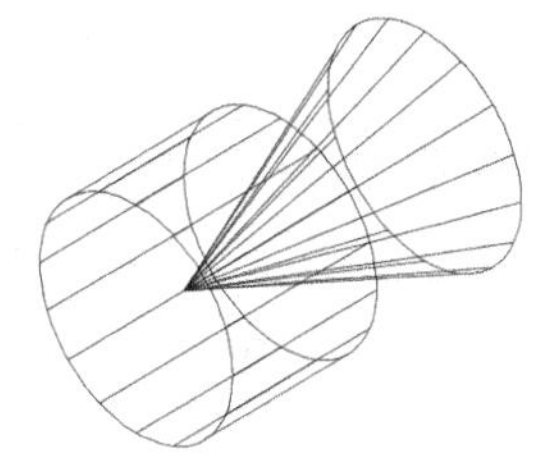

步骤 02 选择【修改】➤【三维操作】➤【干涉检查】菜单命令，在绘图区域中选择圆柱体作为第一组对象，按【Enter】键确认，然后选择圆锥体作为第二组对象，并按【Enter】键确认，系统弹出【干涉检查】对话框，如下图所示。

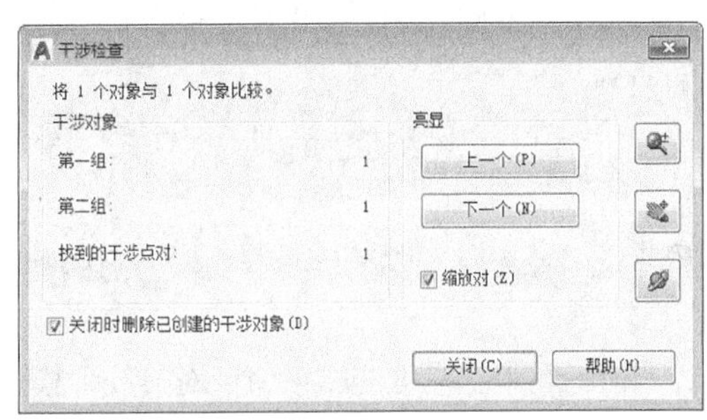

步骤 03 将【干涉检查】对话框移动到其他位置，结果如下图所示。

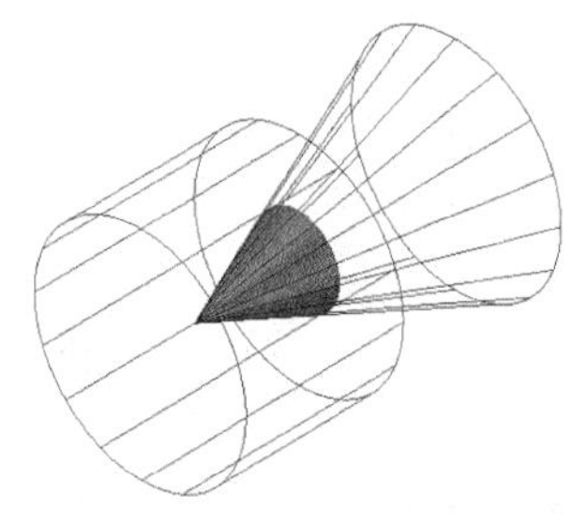

14.2 三维图形的操作

本节视频教程时间：9 分钟

在三维空间中编辑对象时，除了直接使用二维空间中的【移动】、【镜像】和【阵列】等编辑命令外，AutoCAD还提供了专门用于编辑三维图形的编辑命令。

14.2.1 三维旋转

三维旋转命令可以使指定对象绕预定义轴，按指定基点、角度旋转三维对象。

1. 命令调用方法

在AutoCAD 2019中调用【三维旋转】命令的方法通常有以下3种。

- 选择【修改】➤【三维操作】➤【三维旋转】菜单命令。
- 命令行输入“3DROTATE/3R”命令并按空格键。
- 单击【常用】选项卡➤【修改】面板➤【三维旋转】按钮。

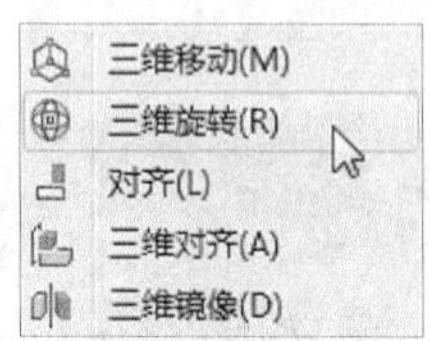

2. 命令提示

调用【三维旋转】命令之后，命令行会进行如下提示。

```
命令：_3drotate
UCS 当前的正角方向：  ANGDIR= 逆时针  ANGBASE=0
选择对象：
```

14.2.2 实战演练——对三维模型进行三维旋转操作

下面将利用【三维旋转】命令对接线片模型进行旋转操作，具体操作步骤如下。

步骤01 打开“素材\CH14\三维旋转.dwg”文件，如下图所示。

步骤02 选择【修改】➤【三维操作】➤【三维旋转】菜单命令，在绘图区域中选择接线片模型作为需要旋转的对象，并按【Enter】键确认，然后单击指定旋转基点，如下图所示。

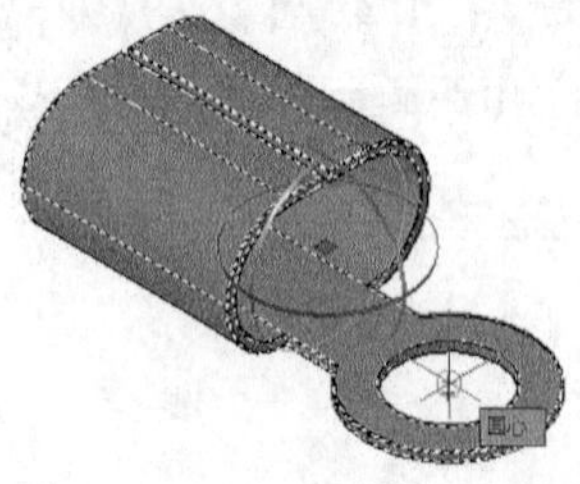

步骤03 将光标移动到蓝色的圆环处，当出现蓝色轴线（z轴）时单击，选择z轴为旋转轴，如下图所示。

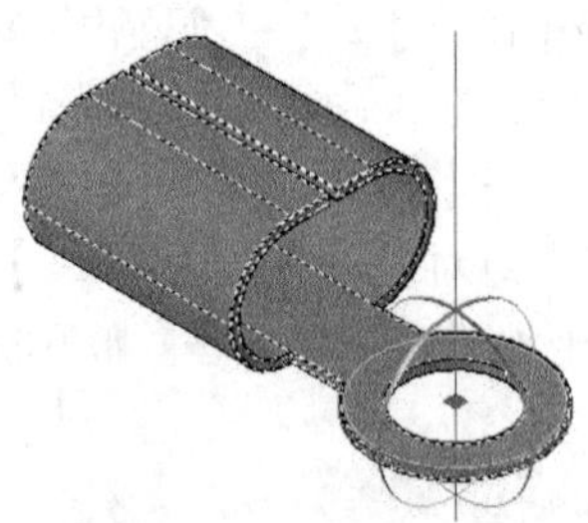

步骤04 在命令行提示下输入旋转角度“-90”，并按【Enter】键确认，结果如下图所示。

小提示

AutoCAD中默认x轴为红色，y轴为绿色，z轴为蓝色。

14.2.3 三维镜像

三维镜像是将三维实体模型按照指定的平面进行对称复制，选择的镜像平面可以是对象的面、三点创建的面，也可以是坐标系的三个基准平面。三维镜像与二维镜像的区别在于，二维镜像是以直线为镜像参考，而三维镜像则是以平面为镜像参考。

1. 命令调用方法

在AutoCAD 2019中调用【三维镜像】命令的方法通常有以下3种。

- 选择【修改】➤【三维操作】➤【三维镜像】菜单命令。
- 命令行输入“MIRROR3D”命令并按空格键。
- 单击【常用】选项卡➤【修改】面板➤【三维镜像】按钮。

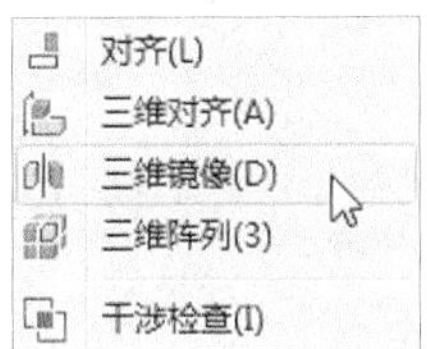

2. 命令提示

调用【三维镜像】命令之后，命令行会进行如下提示。

```
命令：_mirror3d
选择对象：
```

14.2.4 实战演练——对三维模型进行三维镜像操作

下面将利用【三维镜像】命令对机械三维模型进行镜像操作，具体操作步骤如下。

步骤01 打开“素材\CH14\三维镜像.dwg”文件，如下图所示。

步骤02 选择【修改】➤【三维操作】➤【三维镜像】菜单命令，在绘图区域中选择全部图形对象作为需要镜像的对象，并按【Enter】键确认，然后单击指定镜像平面的第一个点，如下图所示。

步骤03 在绘图区域中单击指定镜像平面的第二个点，如下图所示。

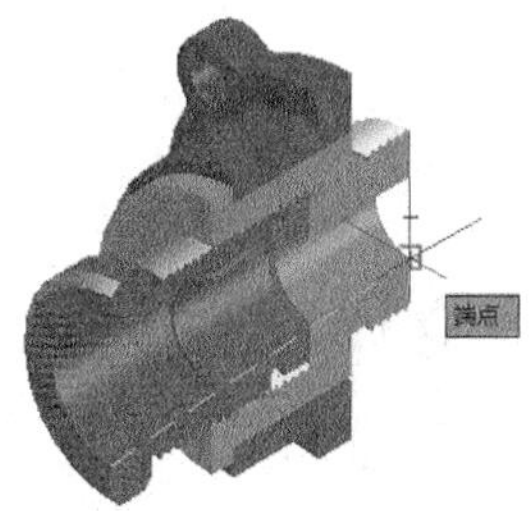

步骤04 在绘图区域中单击指定镜像平面的第三个点，如下图所示。

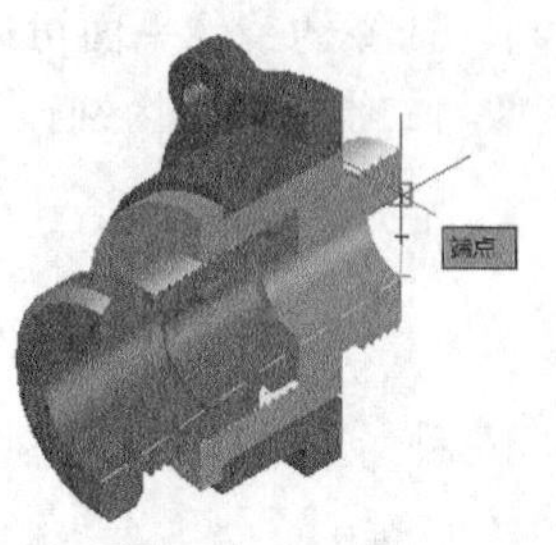

步骤05 按【Enter】键确认不删除源对象，结果如下图所示。

14.2.5 三维对齐

可以在二维和三维空间中将目标对象与其他对象对齐。

1. 命令调用方法

在AutoCAD 2019中调用【三维对齐】命令的方法通常有以下3种。

- 选择【修改】➤【三维操作】➤【三维对齐】菜单命令。
- 命令行输入“3DALIGN/3AL”命令并按空格键。
- 单击【常用】选项卡➤【修改】面板➤【三维对齐】按钮。

2. 命令提示

调用【三维对齐】命令之后，命令行会进行如下提示。

```
命令：_3dalign
选择对象：
```

14.2.6 实战演练——对三维模型进行三维对齐操作

下面将利用【三维对齐】命令对三维模型对象进行对齐操作，具体操作步骤如下。

步骤01 打开“素材\CH14\三维对齐.dwg”文件，如下图所示。

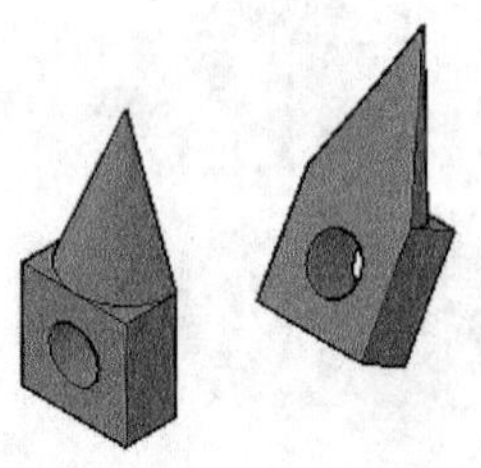

步骤02 选择【修改】➤【三维操作】➤【三维对齐】菜单命令，在绘图区域中选择下图所示的图形对象作为需要对齐的对象，并按【Enter】键确认。

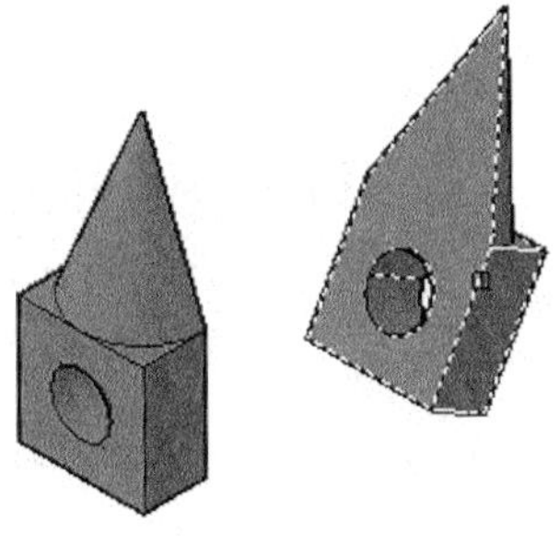

步骤03 在绘图区域中捕捉下图所示的端点作为基点。

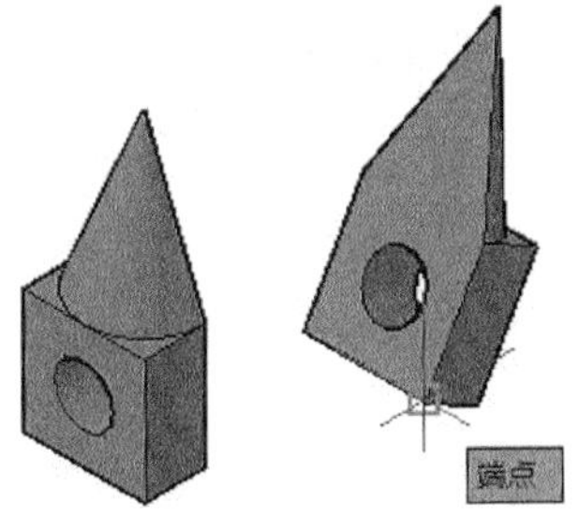

步骤04 在绘图区域中拖曳鼠标并捕捉下图所示的端点作为第二个点。

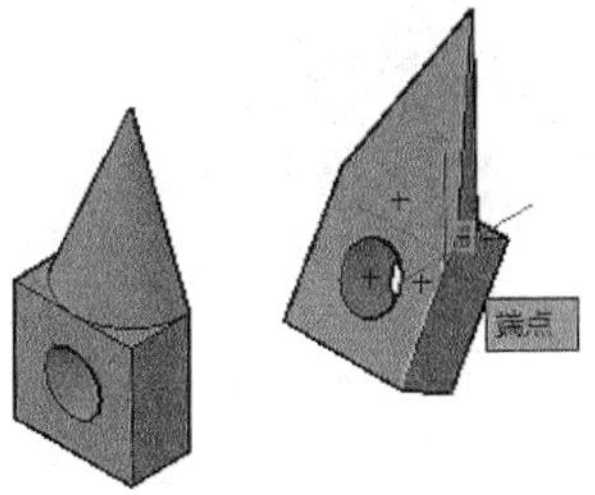

步骤05 在绘图区域中拖曳鼠标并捕捉下图所示的端点作为第三个点。

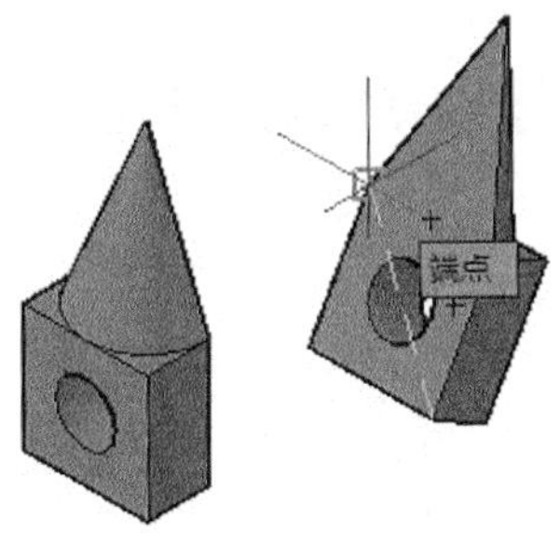

步骤06 在绘图区域中拖曳鼠标并捕捉下图所示的端点作为第一个目标点。

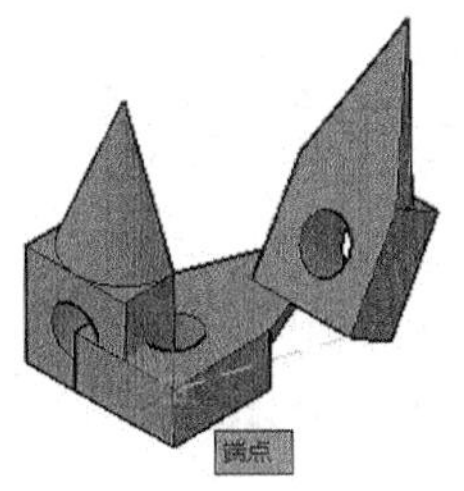

步骤07 在绘图区域中拖曳鼠标并捕捉下图所示的端点作为第二个目标点。

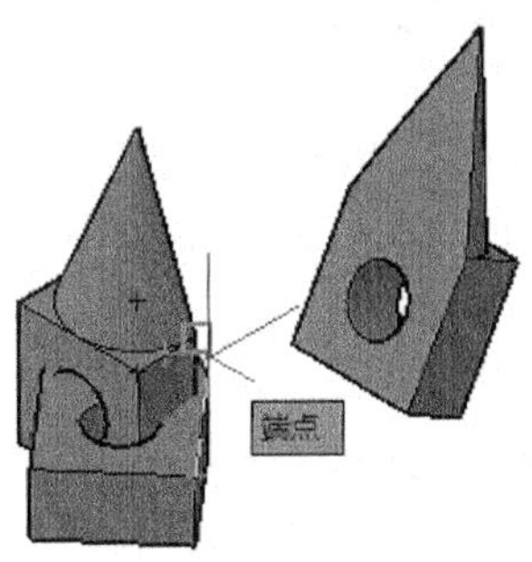

步骤08 在绘图区域中拖曳鼠标并捕捉下图所示的端点作为第三个目标点。

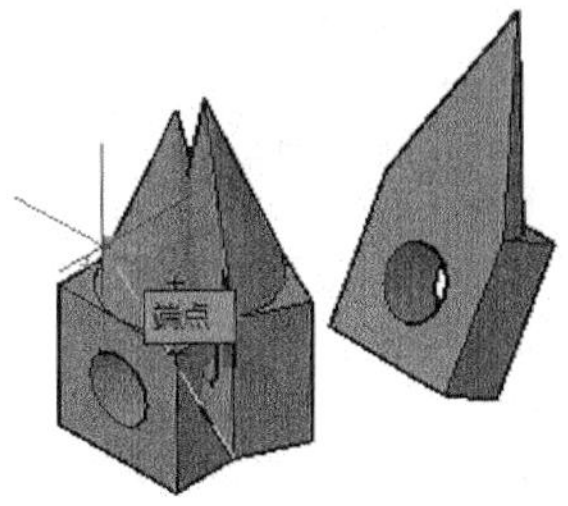

步骤09 结果如下图所示。

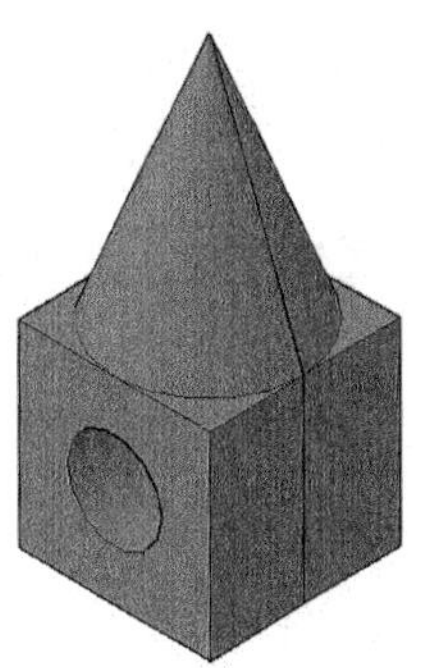

小提示

二维操作中的移动、阵列、缩放与三维操作中的三维移动、三维阵列、三维缩放的操作的效果相同，用户可用二维的方法进行操作。

14.3 三维实体边编辑

本节视频教程时间：23 分钟

三维实体编辑（SOLIDEDIT）命令的选项分为三类，分别是边、面和体。这一节我们先来对边编辑进行介绍。

14.3.1 圆角边

利用圆角边功能可以为选定的三维实体对象的边进行圆角，圆角半径可由用户自行设定，但不允许超过可圆角的最大半径值。

1. 命令调用方法

在AutoCAD 2019中调用【圆角边】命令的方法通常有以下3种。

- 选择【修改】➤【实体编辑】➤【圆角边】菜单命令。
- 命令行输入“FILLETEDGE”命令并按空格键。
- 单击【实体】选项卡➤【实体编辑】面板➤【圆角边】按钮。

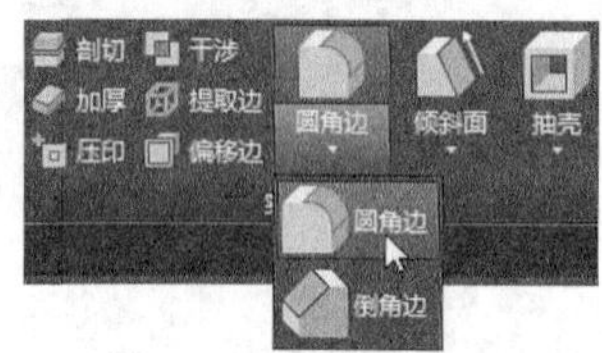

2. 命令提示

调用【圆角边】命令之后，命令行会进行如下提示。

```
命令：_FILLETEDGE
半径 = 1.0000
选择边或 [ 链 (C)/ 环 (L)/ 半径 (R)]:
```

14.3.2 实战演练——对三维实体对象进行圆角边操作

下面将利用【圆角边】命令对端盖三维模型进行圆角边操作，具体操作步骤如下。

步骤 01 打开“素材\CH14\三维实体边编辑.dwg”文件，如下图所示。

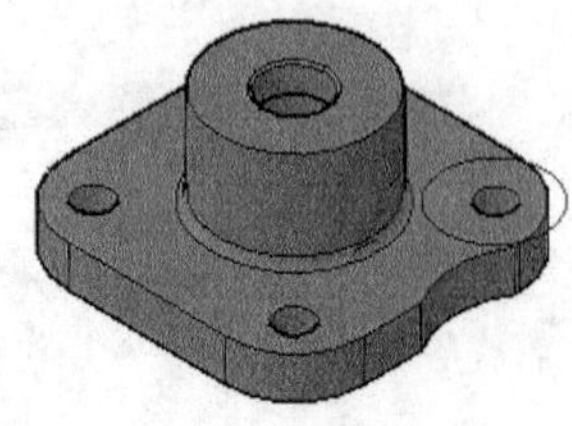

步骤 02 选择【修改】➤【实体编辑】➤【圆角边】菜单命令，在绘图区域中选择需要圆角的边，如下图所示。

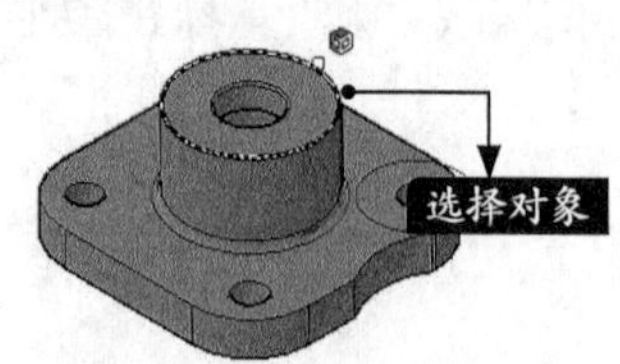

步骤03 在命令行提示下输入“R”并按【Enter】键，然后继续输入“3”并按【Enter】键以指定圆角半径，最后连续按【Enter】键结束该命令，结果如下图所示。

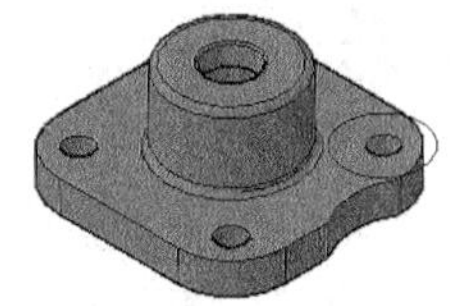

14.3.3 倒角边

利用倒角边功能可以为选定的三维实体对象的边进行倒角，倒角距离可由用户自行设定，但不允许超过可倒角的最大距离值。

1. 命令调用方法

在AutoCAD 2019中调用【倒角边】命令的方法通常有以下3种。

- 选择【修改】➤【实体编辑】➤【倒角边】菜单命令。
- 命令行输入“CHAMFEREDGE”命令并按空格键。
- 单击【实体】选项卡➤【实体编辑】面板➤【倒角边】按钮。

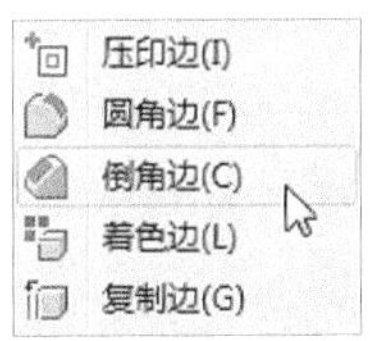

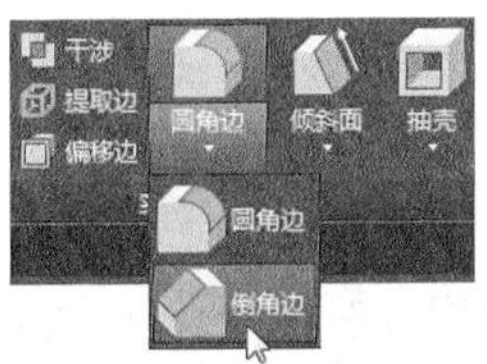

2. 命令提示

调用【圆角边】命令之后，命令行会进行如下提示。

```
命令：_CHAMFEREDGE 距离 1 = 1.0000，距离 2 = 1.0000
选择一条边或 [ 环 (L)/ 距离 (D)]:
```

14.3.4 实战演练——对三维实体对象进行倒角边操作

下面将利用【倒角边】命令对端盖三维模型进行倒角边操作，具体操作步骤如下。

步骤01 打开“素材\CH14\三维实体边编辑.dwg”文件，如下图所示。

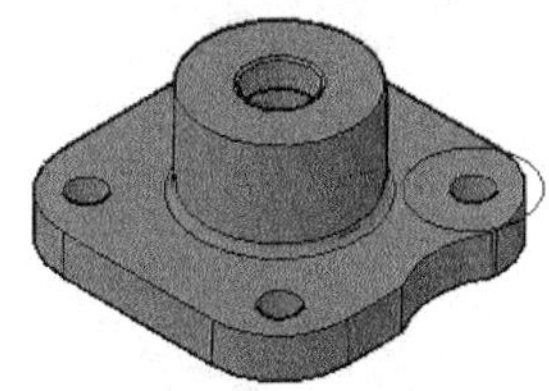

步骤02 选择【修改】➤【实体编辑】➤【倒角边】菜单命令，在绘图区域中选择需要倒角的边，如下图所示。

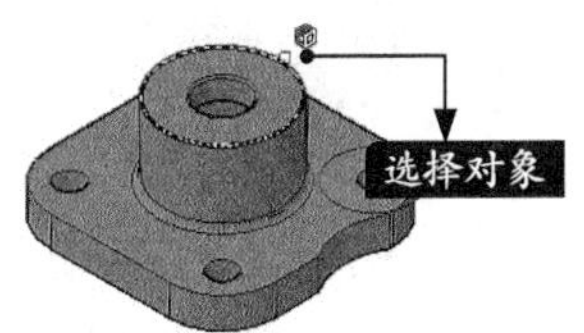

步骤03 在命令行提示下输入“D”并按【Enter】键，然后将两个倒角距离都设置为“5”，最后连续按【Enter】键结束该命令，结果如下图所示。

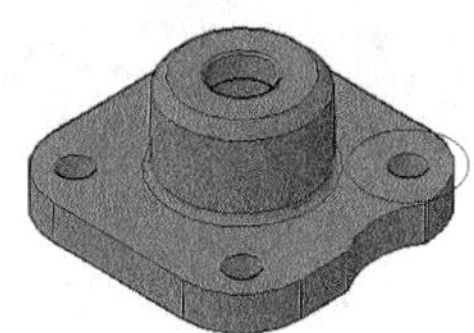

14.3.5 偏移边

偏移边命令可以偏移三维实体或曲面上平整面的边。其结果会产生闭合多段线或样条曲线，位于与选定的面或曲面相同的平面上，而且可以是原始边的内侧或外侧。

1. 命令调用方法

在AutoCAD 2019中调用【偏移边】命令的方法通常有以下3种。

- 命令行输入“OFFSETEDGE”命令并按空格键。
- 单击【实体】选项卡➤【实体编辑】面板➤【偏移边】按钮。
- 单击【曲面】选项卡➤【编辑】面板➤【偏移边】按钮。

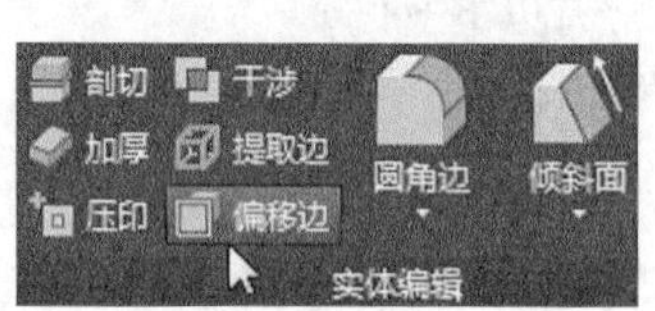

2. 命令提示

调用【偏移边】命令之后，命令行会进行如下提示。

```
命令：_offsetedge 角点 = 锐化
选择面：
```

14.3.6 实战演练——对三维实体对象进行偏移边操作

下面将利用【偏移边】命令对端盖三维模型进行偏移边操作，具体操作步骤如下。

步骤01 打开“素材\CH14\三维实体边编辑.dwg”文件，如下图所示。

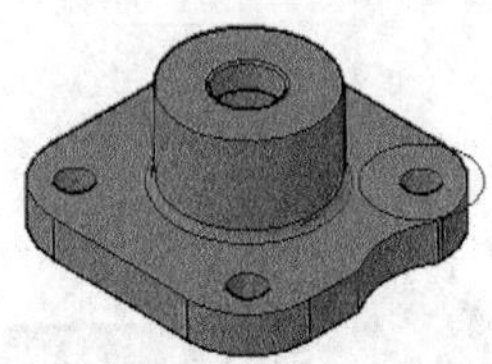

步骤02 单击【实体】选项卡➤【实体编辑】面板➤【偏移边】按钮，在绘图区域中选择需要偏移边的面，如下图所示。

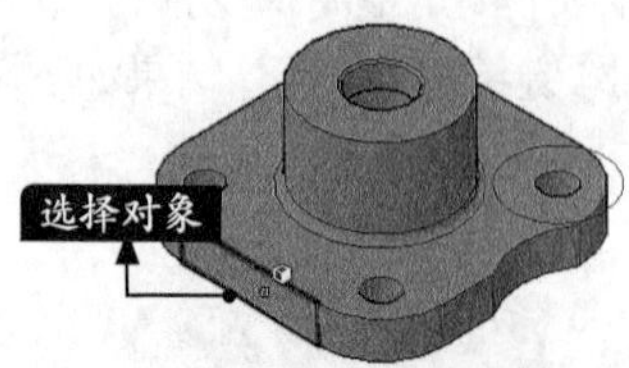

步骤03 在命令行提示下输入“D”并按【Enter】键，然后继续输入“30”并按【Enter】键，然后在如下图所示位置处单击以指定偏移方向。

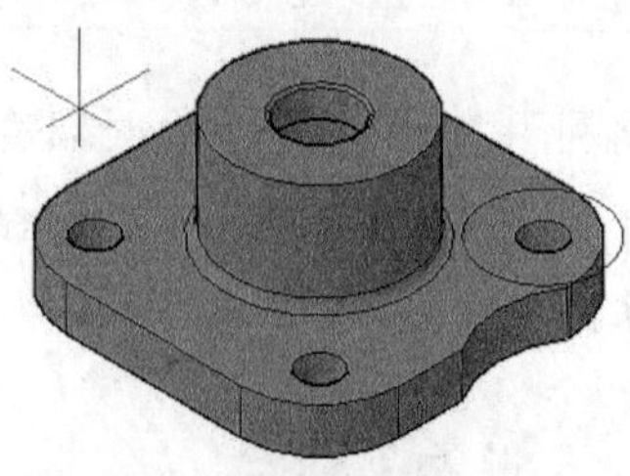

步骤04 按【Enter】结束该命令，结果如下图所示。

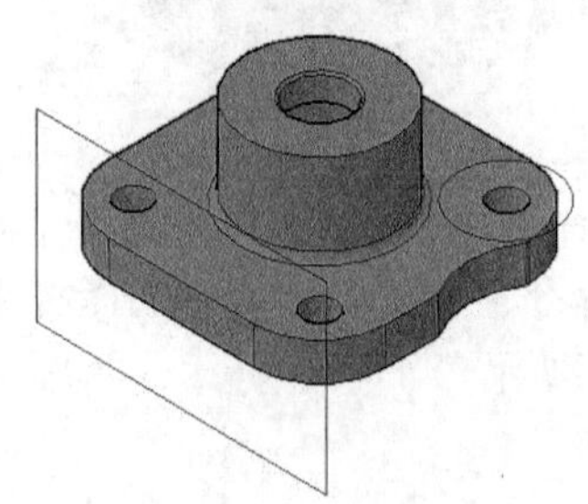

14.3.7 复制边

复制边功能可以对三维实体对象的各个边进行复制，所复制的边将被生成为直线、圆弧、圆、椭圆或样条曲线。

1. 命令调用方法

在AutoCAD 2019中调用【复制边】命令的方法通常有以下2种。

- 选择【修改】➤【实体编辑】➤【复制边】菜单命令。
- 单击【常用】选项卡➤【实体编辑】面板➤【复制边】按钮。

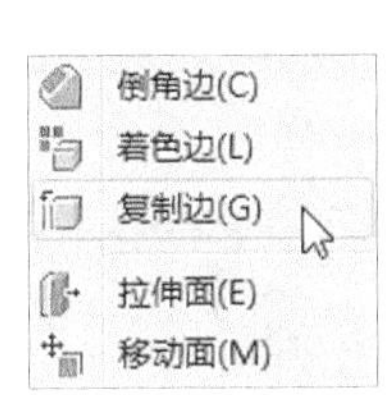

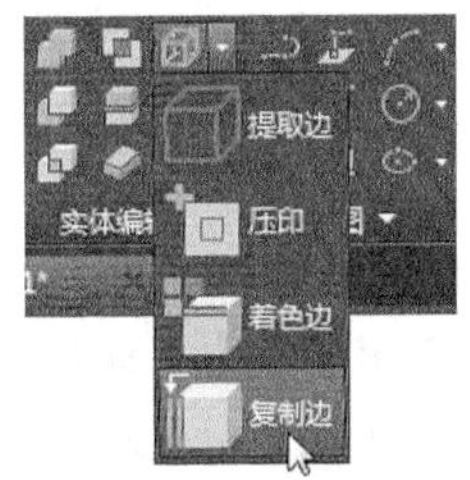

2. 命令提示

调用【复制边】命令之后，命令行会进行如下提示。

```
命令：_solidedit
实体编辑自动检查： SOLIDCHECK=1
输入实体编辑选项 [ 面 (F)/ 边 (E)/ 体 (B)/ 放弃 (U)/ 退出 (X)] < 退出 >: _edge
输入边编辑选项 [ 复制 (C)/ 着色 (L)/ 放弃 (U)/ 退出 (X)] < 退出 >: _copy
选择边或 [ 放弃 (U)/ 删除 (R)]:
```

14.3.8 实战演练——对三维实体对象进行复制边操作

下面将利用【复制边】命令对端盖三维模型进行复制边操作，具体操作步骤如下。

步骤 01 打开“素材\CH14\三维实体边编辑.dwg”文件，如下图所示。

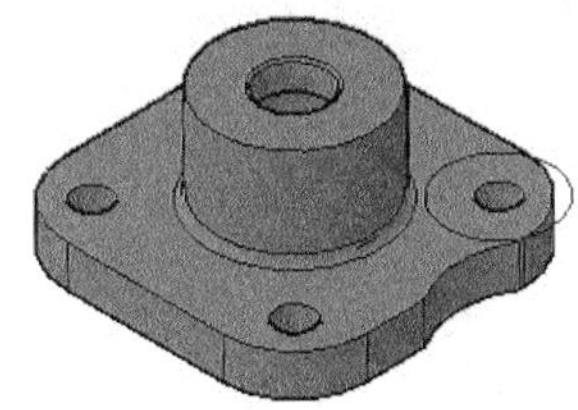

步骤 02 选择【修改】➤【实体编辑】➤【复制边】菜单命令，在绘图区域中选择需要复制的边并按【Enter】键确认，如下图所示。

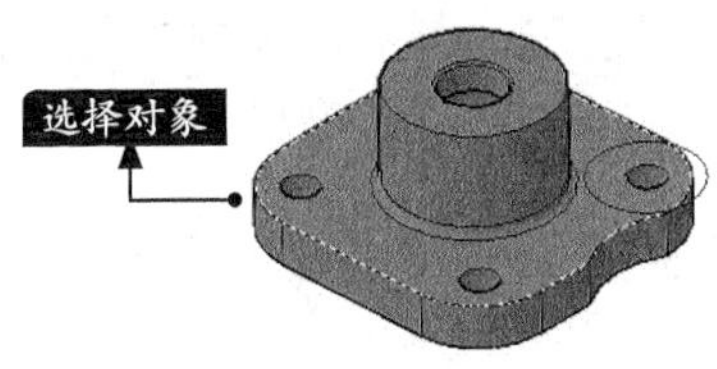

步骤 03 在绘图区域单击指定位移基点，然后拖曳鼠标在绘图区域单击指定位移第二点，如下图所示。

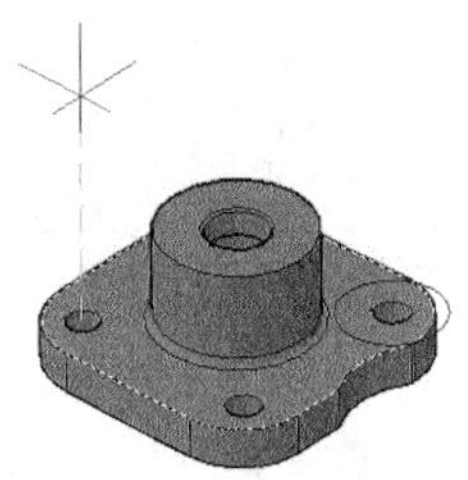

步骤04 连续按【Enter】键结束该命令，结果如右图所示。

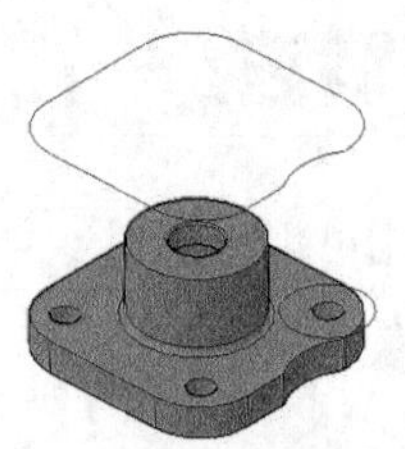

14.3.9 着色边

利用着色边功能可以为选定的三维实体对象的边进行着色，着色的颜色可由用户自行选定，默认情况下着色边操作完成后，三维实体对象在选定状态下会以最新指定颜色显示。

1. 命令调用方法

在AutoCAD 2019中调用【着色边】命令的方法通常有以下2种。

- 选择【修改】➤【实体编辑】➤【着色边】菜单命令。
- 单击【常用】选项卡➤【实体编辑】面板➤【着色边】按钮。

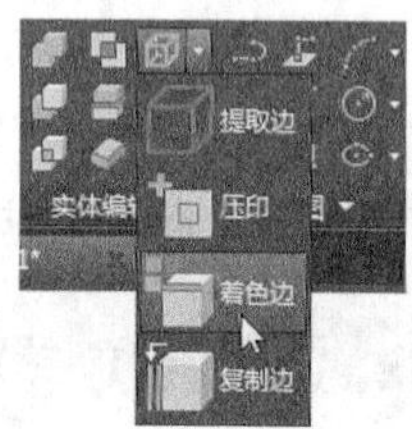

2. 命令提示

调用【着色边】命令之后，命令行会进行如下提示。

```
命令：_solidedit
实体编辑自动检查： SOLIDCHECK=1
输入实体编辑选项 [ 面 (F)/ 边 (E)/ 体 (B)/ 放弃 (U)/ 退出 (X)] < 退出 >: _edge
输入边编辑选项 [ 复制 (C)/ 着色 (L)/ 放弃 (U)/ 退出 (X)] < 退出 >: _color
选择边或 [ 放弃 (U)/ 删除 (R)]:
```

14.3.10 实战演练——对三维实体对象进行着色边操作

下面将利用【着色边】命令对端盖三维模型进行着色边操作，具体操作步骤如下。

步骤01 打开“素材\CH14\三维实体边编辑.dwg”文件，如下图所示。

步骤02 选择【修改】➤【实体编辑】➤【着色边】菜单命令，在绘图区域中选择需要着色的边，如下图所示。

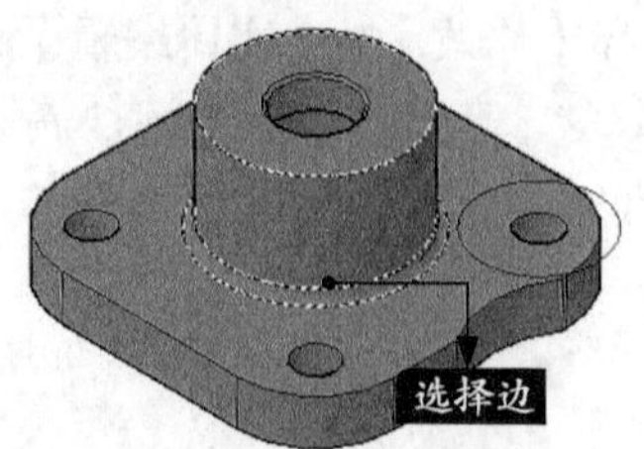

步骤03 按【Enter】键确认，系统弹出【选择颜色】对话框，选择“蓝色”然后单击【确定】按钮，如下图所示。

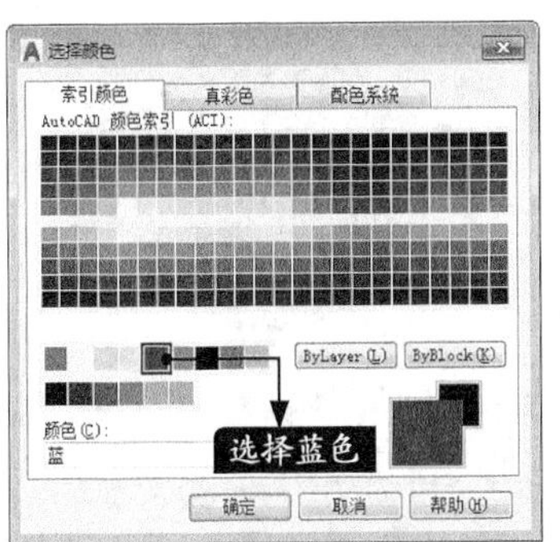

步骤04 连续按【Enter】键结束该命令，然后将当前视觉样式切换为“隐藏”，结果如下图所示。

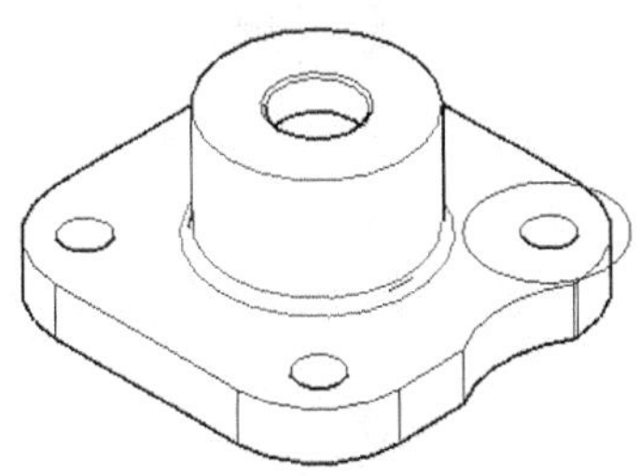

14.3.11 压印边

通过【压印边】命令可以压印三维实体或曲面上的二维几何图形，从而在平面上创建其他边。被压印的对象必须与选定对象的一个或多个面相交，才可以完成压印。【压印】选项仅限于对以下对象执行：圆弧、圆、直线、二维和三维多段线、椭圆、样条曲线、面域、体和三维实体。

1. 命令调用方法

在AutoCAD 2019中调用【压印边】命令的方法通常有以下4种。

- 选择【修改】➤【实体编辑】➤【压印边】菜单命令。
- 命令行输入“IMPRINT”命令并按空格键。
- 单击【常用】选项卡➤【实体编辑】面板➤【压印】按钮。
- 单击【实体】选项卡➤【实体编辑】面板➤【压印】按钮。

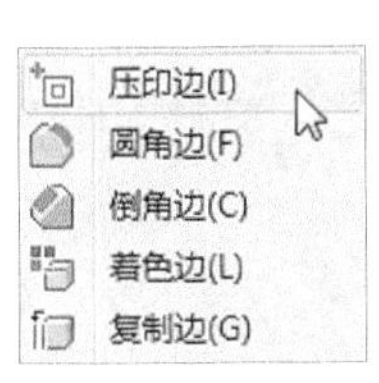

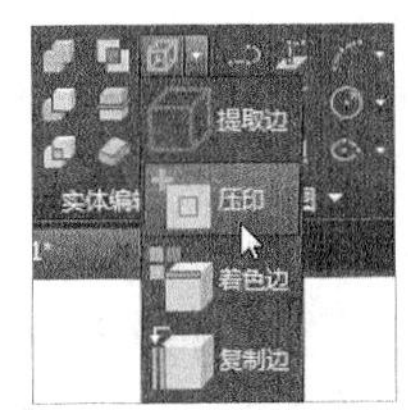

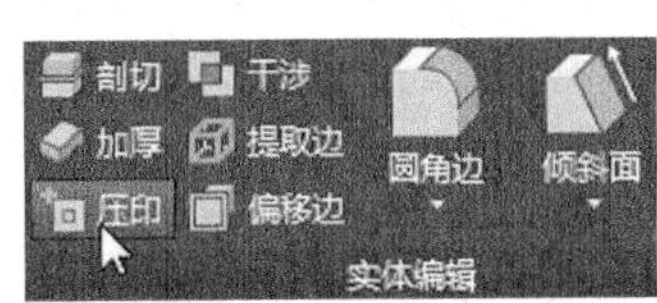

2. 命令提示

调用【压印边】命令之后，命令行会进行如下提示。

```
命令：_imprint
选择三维实体或曲面：
```

14.3.12 实战演练——对三维实体对象进行压印边操作

下面将利用【压印边】命令对端盖三维模型进行压印边操作，具体操作步骤如下。

步骤01 打开“素材\CH14\三维实体边编辑.dwg”文件，如下图所示。

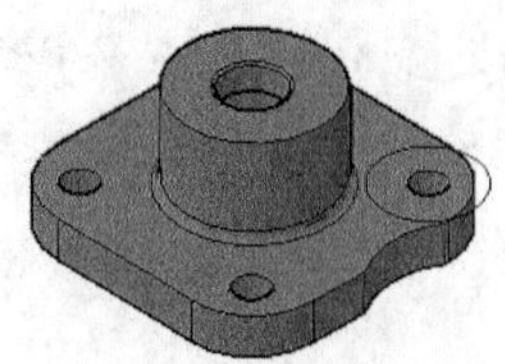

步骤02 选择【修改】➤【实体编辑】➤【压印边】菜单命令，在绘图区域中单击选择三维实体对象，如下图所示。

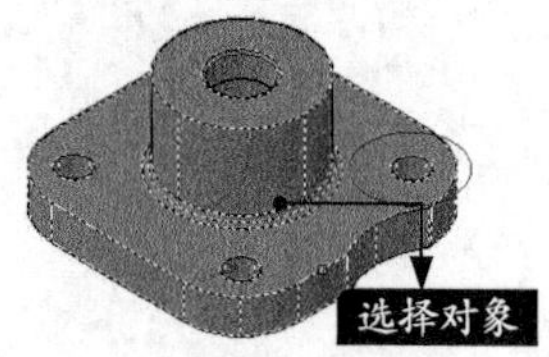

步骤03 在绘图区单击选择圆形作为要压印的对象。如下图所示。

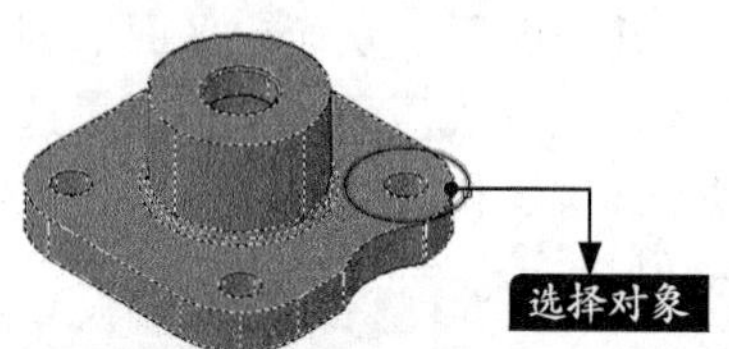

步骤04 在命令行提示下输入“N”并按【Enter】键，以确定不删除源对象，然后按【Enter】键结束该命令，结果如下图所示。

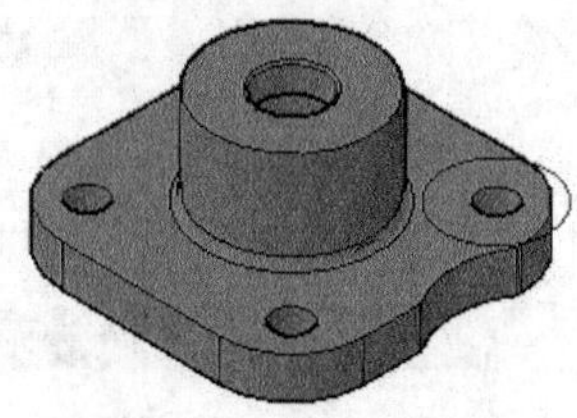

步骤05 选择圆形，然后按【Del】键将其删除，结果如下图所示。

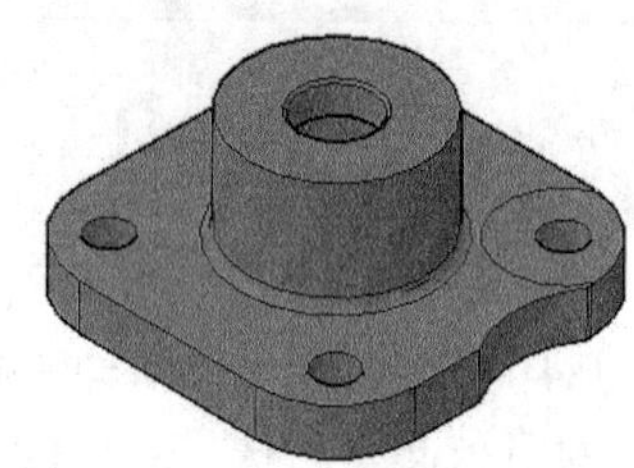

14.3.13 提取边

提取边命令可以从实体或曲面提取线框对象。通过提取边命令，可以提取所有边。具有线框的几何体有：三维实体、三维实体历史记录子对象、网格、面域、曲面、子对象（边和面）。

1. 命令调用方法

在AutoCAD 2019中调用【提取边】命令的方法通常有以下4种。

- 选择【修改】➤【三维操作】➤【提取边】菜单命令。
- 命令行输入“XEDGES”命令并按空格键。
- 单击【常用】选项卡➤【实体编辑】面板➤【提取边】按钮。
- 单击【实体】选项卡➤【实体编辑】面板➤【提取边】按钮。

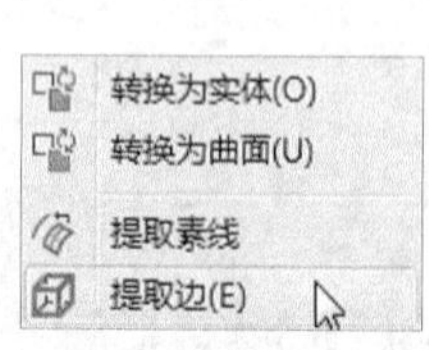

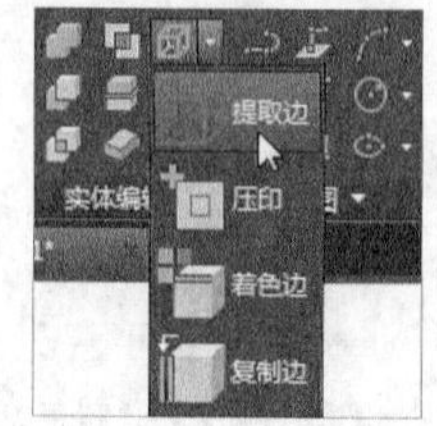

2. 命令提示

调用【提取边】命令之后，命令行会进行如下提示。

```
命令：_xedges
选择对象：
```

14.3.14 实战演练——对三维实体对象进行提取边操作

下面将利用【提取边】命令对端盖三维模型进行提取边操作，具体操作步骤如下。

步骤01 打开“素材\CH14\三维实体边编辑.dwg”文件，如下图所示。

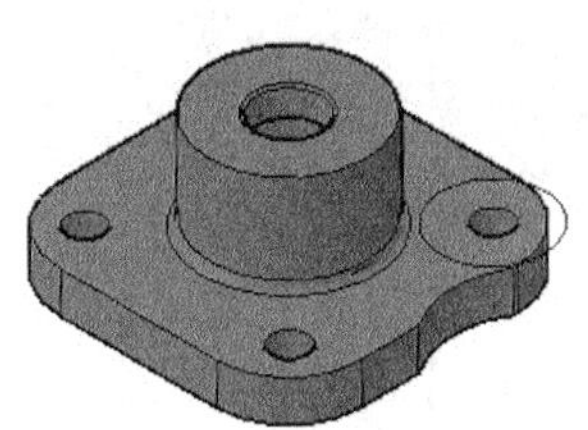

步骤02 选择【修改】➤【三维操作】➤【提取边】菜单命令，在绘图区域中单击选择三维实体对象作为需要提取边的对象，并按【Enter】键确认，如下图所示。

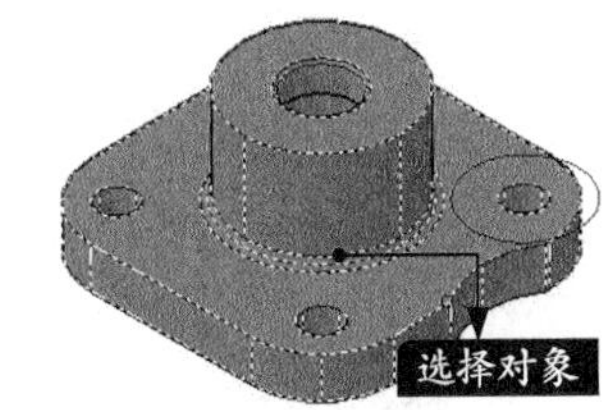

步骤03 选择【修改】➤【移动】菜单命令，在绘图区域中将三维实体对象移至其他位置，结果如下图所示。

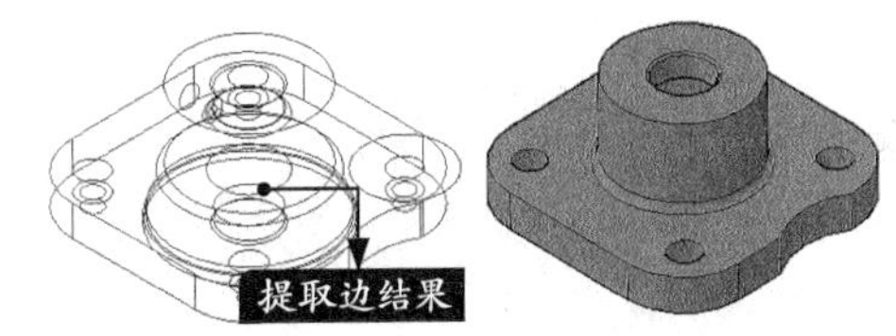

14.3.15 提取素线

通常会在U和V方向、曲面、三维实体或三维实体的面上创建曲线。曲线可以基于直线、多段线、圆弧或样条曲线，具体取决于曲面或三维实体的形状。

1. 命令调用方法

在AutoCAD 2019中调用【提取素线】命令的方法通常有以下3种。

- 选择【修改】➤【三维操作】➤【提取素线】菜单命令。
- 命令行输入“SURFEXTRACTCURVE”命令并按空格键。
- 单击【曲面】选项卡➤【曲线】面板➤【提取素线】按钮。

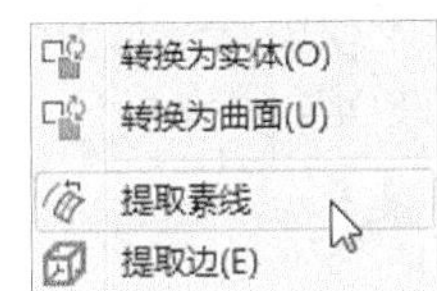

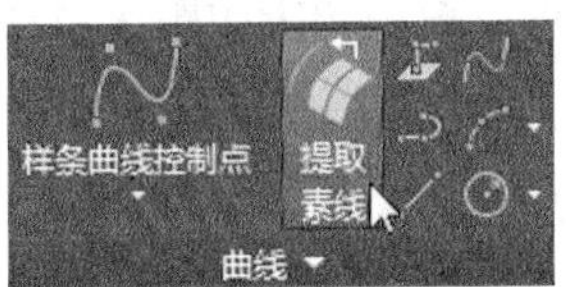

2. 命令提示

调用【提取素线】命令之后，命令行会进行如下提示。

```
命令：_SURFEXTRACTCURVE
链 = 否
选择曲面、实体或面：
```

14.3.16 实战演练——对三维实体对象进行提取素线操作

下面将利用【提取素线】命令对端盖三维模型进行提取素线操作，具体操作步骤如下。

步骤01 打开“素材\CH14\三维实体边编辑.dwg”文件，如下图所示。

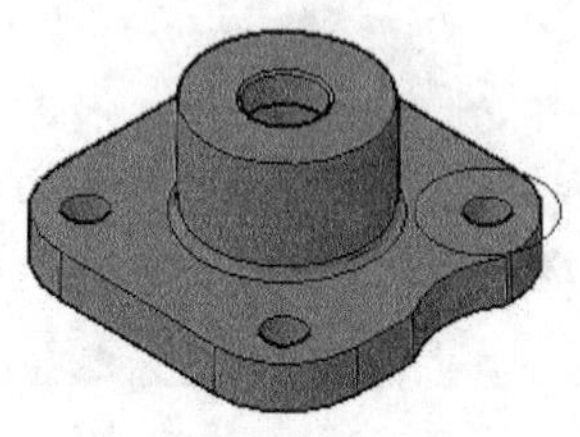

步骤02 选择【修改】➤【三维操作】➤【提取素线】菜单命令，在绘图区域中单击选择三维实体对象作为需要提取素线的对象，如下图所示。

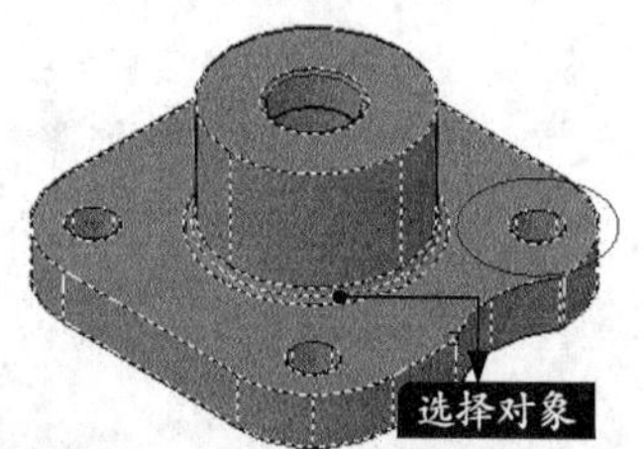

步骤03 在绘图区域中适当的位置处单击指定提取素线的位置，如下图所示。

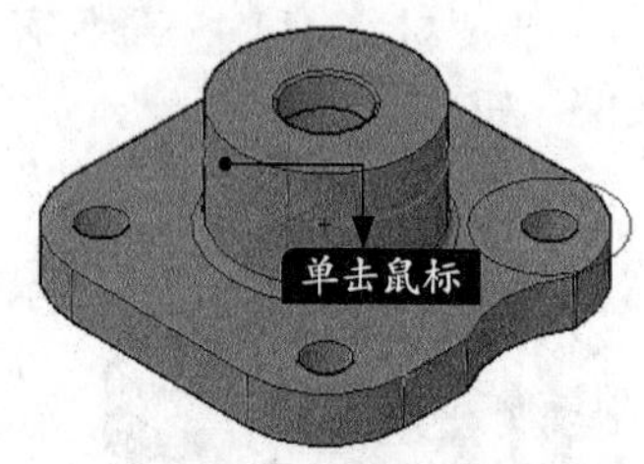

步骤04 按【Enter】键结束该命令，结果如下图所示。

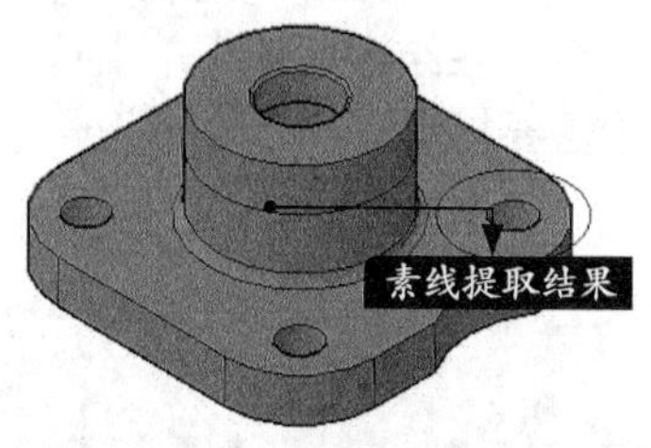

14.4 三维实体面编辑

本节视频教程时间：21 分钟

上一节介绍了三维实体边编辑，本节主要介绍三维实体面编辑。

14.4.1 拉伸面

【拉伸面】命令可以根据指定的距离拉伸平面，或者将平面沿着指定的路径进行拉伸。【拉伸面】命令只能拉伸平面，对球体表面、圆柱体或圆锥体的曲面均无效。

1. 命令调用方法

在AutoCAD 2019中调用【拉伸面】命令的方法通常有以下3种。

- 选择【修改】➤【实体编辑】➤【拉伸面】菜单命令。
- 单击【常用】选项卡➤【实体编辑】面板➤【拉伸面】按钮。
- 单击【实体】选项卡➤【实体编辑】面板➤【拉伸面】按钮。

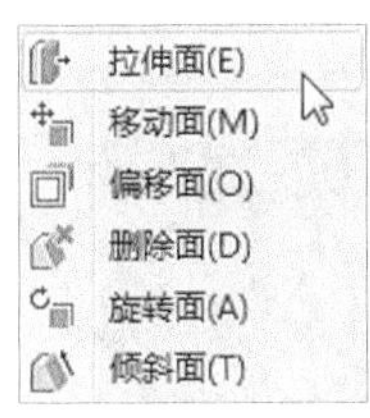

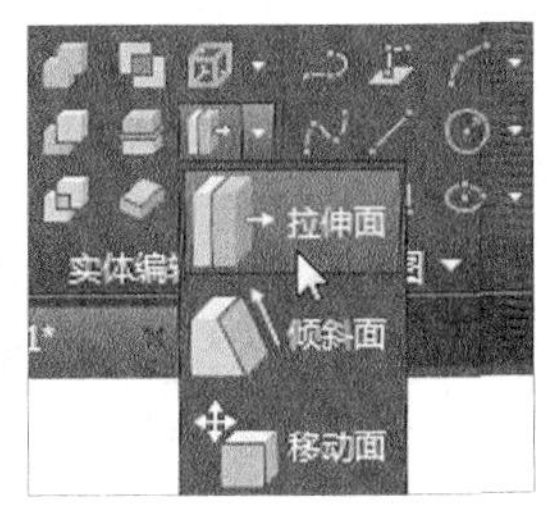

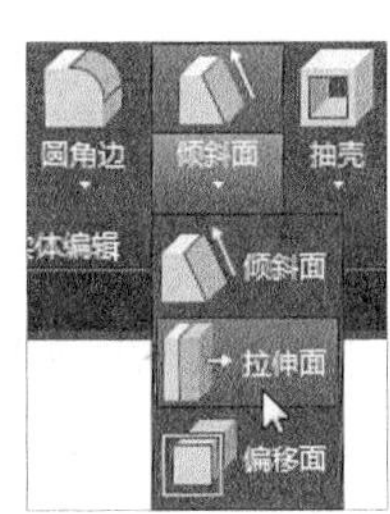

2. 命令提示

调用【拉伸面】命令之后，命令行会进行如下提示。

命令：_solidedit
实体编辑自动检查： SOLIDCHECK=1
输入实体编辑选项 [面 (F)/ 边 (E)/ 体 (B)/ 放弃 (U)/ 退出 (X)] < 退出 >: _face
输入面编辑选项
[拉伸 (E)/ 移动 (M)/ 旋转 (R)/ 偏移 (O)/ 倾斜 (T)/ 删除 (D)/ 复制 (C)/ 颜色 (L)/ 材质 (A)/ 放弃 (U)/ 退出 (X)] < 退出 >: _extrude
选择面或 [放弃 (U)/ 删除 (R)]:

14.4.2 实战演练——对三维实体对象进行拉伸面操作

下面将利用【拉伸面】命令对机械三维模型进行拉伸面操作，具体操作步骤如下。

步骤 01 打开“素材\CH14\三维实体面编辑.dwg”文件，如下图所示。

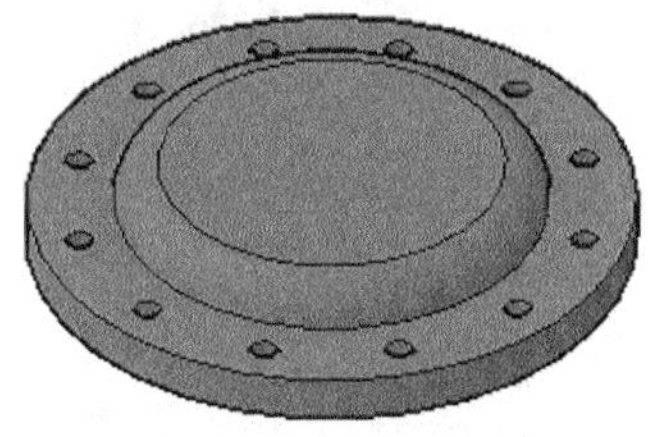

步骤 02 选择【修改】➤【实体编辑】➤【拉伸面】菜单命令，在绘图区域中单击选择需要拉伸的面，并按【Enter】键确认，如下图所示。

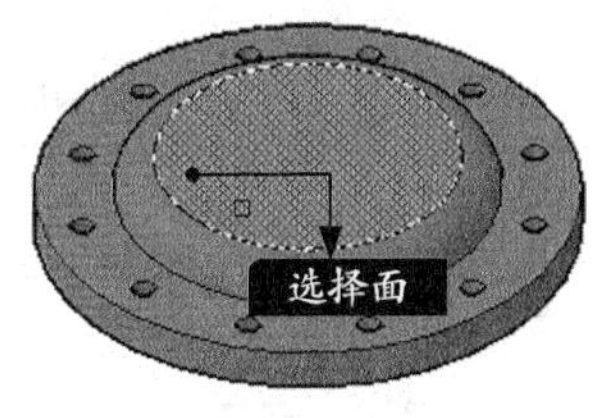

步骤 03 在命令行提示下指定拉伸高度为“10”、倾斜角度为“0”，并连续按【Enter】键结束该命令，结果如下图所示。

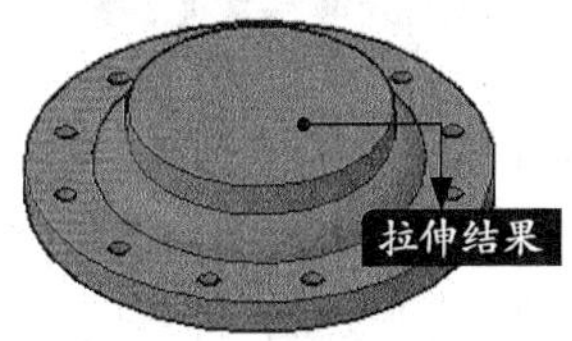

14.4.3 移动面

【移动面】命令可以在保持面的法线方向不变的前提下移动面的位置，从而修改实体的尺寸或更改实体中槽和孔的位置。

1. 命令调用方法

在AutoCAD 2019中调用【移动面】命令的方法通常有以下2种。

- 选择【修改】➤【实体编辑】➤【移动面】菜单命令。
- 单击【常用】选项卡➤【实体编辑】面板➤【移动面】按钮。

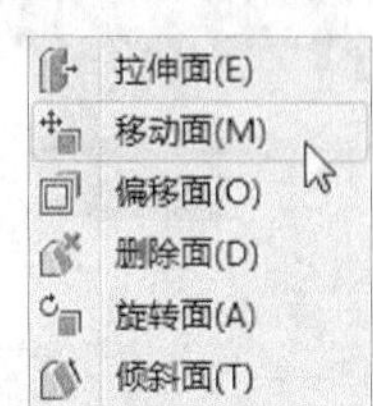

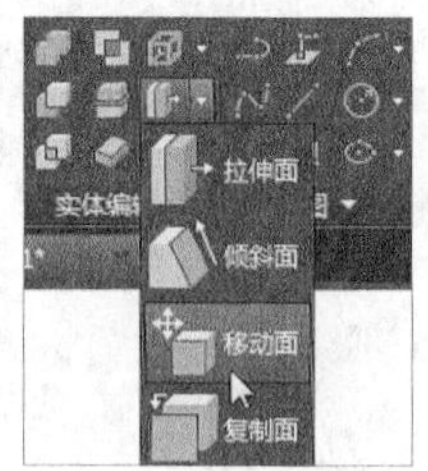

2. 命令提示

调用【移动面】命令之后，命令行会进行如下提示。

命令：_solidedit
实体编辑自动检查： SOLIDCHECK=1
输入实体编辑选项 [面 (F)/ 边 (E)/ 体 (B)/ 放弃 (U)/ 退出 (X)] < 退出 >: _face
输入面编辑选项
[拉伸 (E)/ 移动 (M)/ 旋转 (R)/ 偏移 (O)/ 倾斜 (T)/ 删除 (D)/ 复制 (C)/ 颜色 (L)/ 材质 (A)/ 放弃 (U)/ 退出 (X)] < 退出 >: _move
选择面或 [放弃 (U)/ 删除 (R)]:

14.4.4 实战演练——对三维实体对象进行移动面操作

下面将利用【移动面】命令对机械三维模型进行移动面操作，具体操作步骤如下。

步骤01 打开“素材\CH14\三维实体面编辑.dwg”文件，如下图所示。

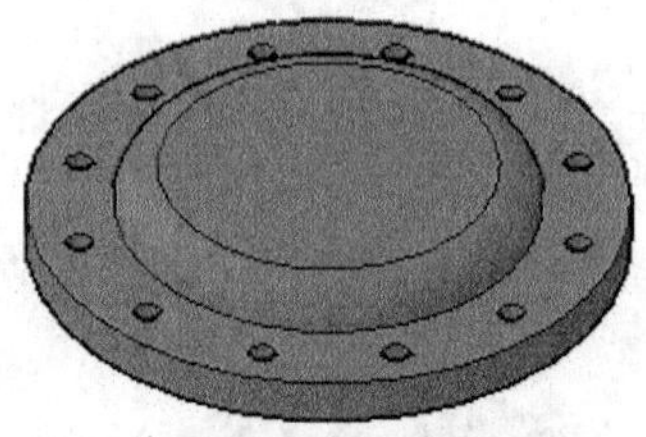

步骤02 选择【修改】➤【实体编辑】➤【移动面】菜单命令，在绘图区域中单击选择所有小圆孔作为需要移动的面，并按【Enter】键确认，如下图所示。

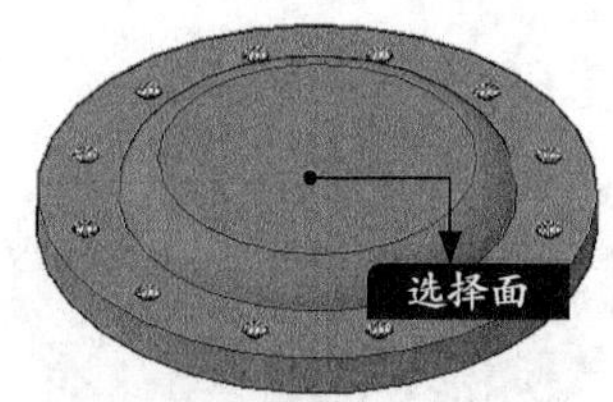

步骤03 在绘图区域中任意单击一点作为移动基点，并在命令行提示下输入“@3000,0,0”并按【Enter】键确认，然后连续按【Enter】键结束该命令，结果如下图所示。

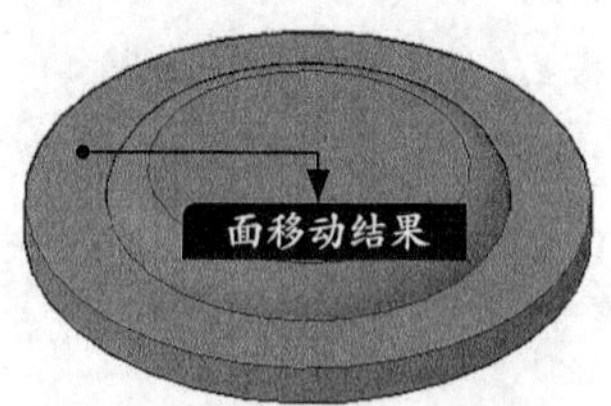

14.4.5 复制面

【复制面】命令可以将实体中的平面和曲面分别复制生成面域和曲面模型。

1. 命令调用方法

在AutoCAD 2019中调用【复制面】命令的方法通常有以下2种。

- 选择【修改】➤【实体编辑】➤【复制面】菜单命令。
- 单击【常用】选项卡➤【实体编辑】面板➤【复制面】按钮。

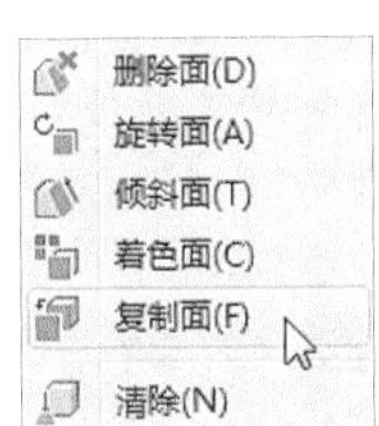

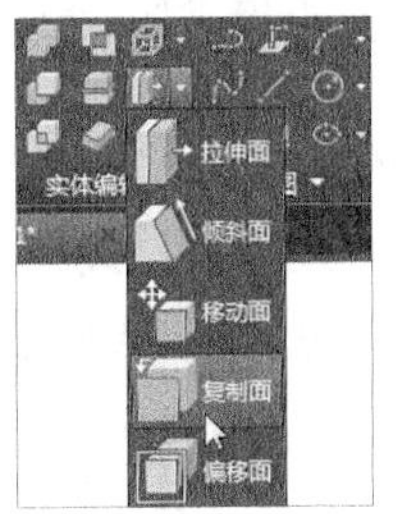

2. 命令提示

调用【复制面】命令之后，命令行会进行如下提示。

```
命令：_solidedit
实体编辑自动检查： SOLIDCHECK=1
输入实体编辑选项 [ 面 (F)/ 边 (E)/ 体 (B)/ 放弃 (U)/ 退出 (X)] < 退出 >: _face
输入面编辑选项
[ 拉伸 (E)/ 移动 (M)/ 旋转 (R)/ 偏移 (O)/ 倾斜 (T)/ 删除 (D)/ 复制 (C)/ 颜色 (L)/ 材质 (A)/ 放弃 (U)/ 退出 (X)] < 退出 >: _copy
选择面或 [ 放弃 (U)/ 删除 (R)]:
```

14.4.6 实战演练——对三维实体对象进行复制面操作

下面将利用【复制面】命令对机械三维模型进行复制面操作，具体操作步骤如下。

步骤 01 打开“素材\CH14\三维实体面编辑.dwg”文件，如下图所示。

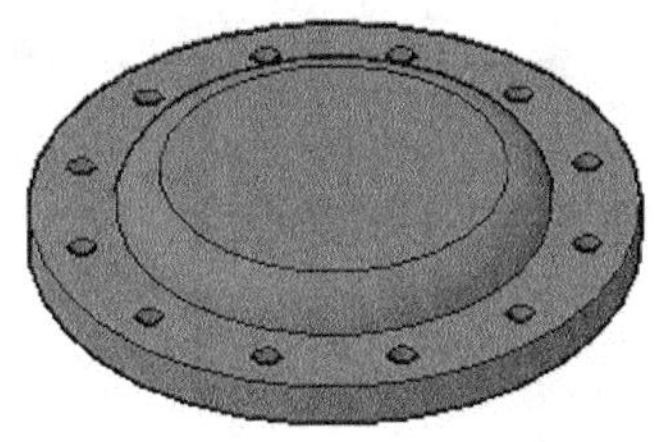

步骤 02 选择【修改】➤【实体编辑】➤【复制面】菜单命令，在绘图区域中单击选择需要复制的面，并按【Enter】键确认，如下图所示。

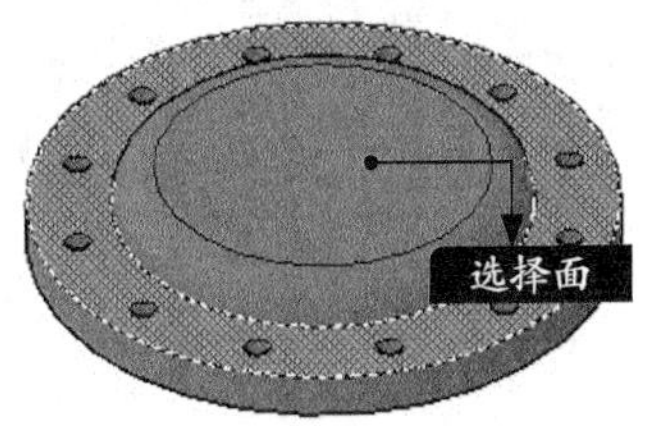

步骤 03 在绘图区域中任意单击一点作为移动基点，并在命令行提示下输入“@0,0,30”并按【Enter】键确认，然后连续按【Enter】键结束该命令，结果如下图所示。

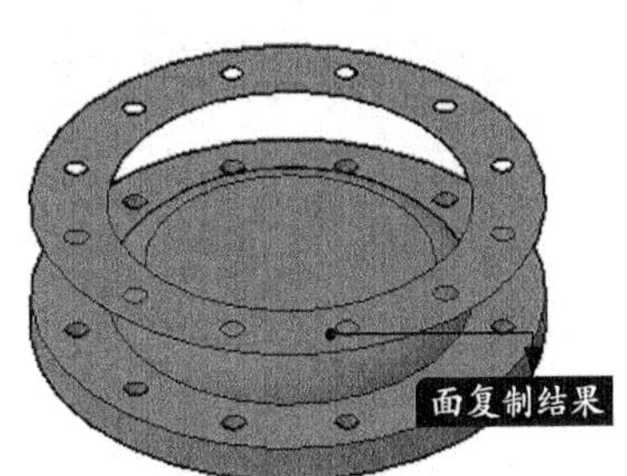

14.4.7 偏移面

【偏移面】命令不具备复制功能，它只能按照指定的距离或通过点均匀地偏移实体表面。在偏移面时，如果偏移面是实体轴，则正偏移值使得轴变大；如果偏移面是一个孔，则正偏移值将使得孔变小，因为它将最终使得实体体积变大。

1. 命令调用方法

在AutoCAD 2019中调用【偏移面】命令的方法通常有以下3种。

- 选择【修改】➤【实体编辑】➤【偏移面】菜单命令。
- 单击【常用】选项卡➤【实体编辑】面板➤【偏移面】按钮。
- 单击【实体】选项卡➤【实体编辑】面板➤【偏移面】按钮。

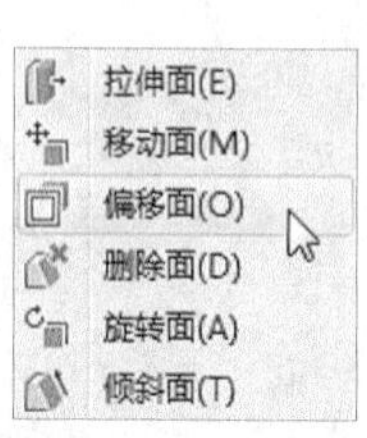

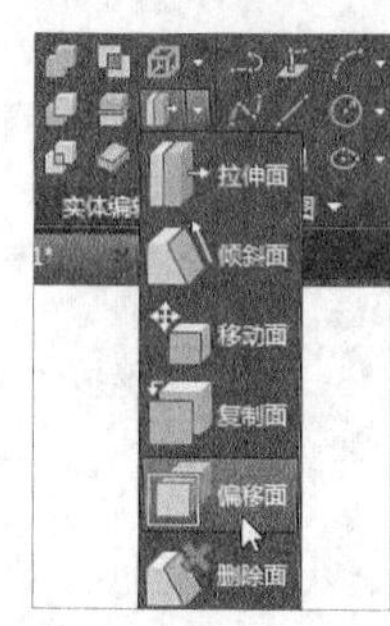

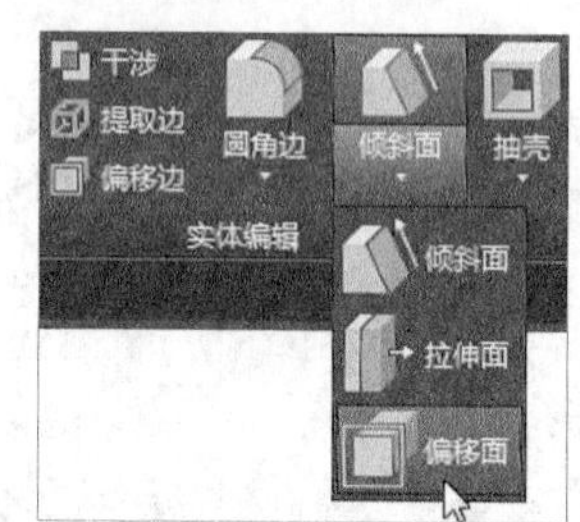

2. 命令提示

调用【偏移面】命令之后，命令行会进行如下提示。

```
命令 : _solidedit
实体编辑自动检查： SOLIDCHECK=1
输入实体编辑选项 [ 面 (F)/ 边 (E)/ 体 (B)/ 放弃 (U)/ 退出 (X)] < 退出 >: _face
输入面编辑选项
[ 拉伸 (E)/ 移动 (M)/ 旋转 (R)/ 偏移 (O)/ 倾斜 (T)/ 删除 (D)/ 复制 (C)/ 颜色 (L)/ 材质 (A)/ 放弃 (U)/ 退出 (X)] < 退出 >: _offset
选择面或 [ 放弃 (U)/ 删除 (R)]:
```

14.4.8 实战演练——对三维实体对象进行偏移面操作

下面将利用【偏移面】命令对机械三维模型进行偏移面操作，具体操作步骤如下。

步骤 01 打开“素材\CH14\三维实体面编辑.dwg”文件，如下图所示。

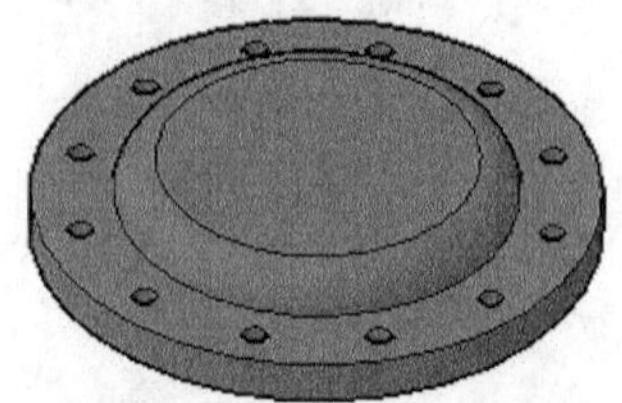

步骤 02 选择【修改】➤【实体编辑】➤【偏移面】菜单命令，在绘图区域中单击选择需要偏移的面，并按【Enter】键确认，如下图所示。

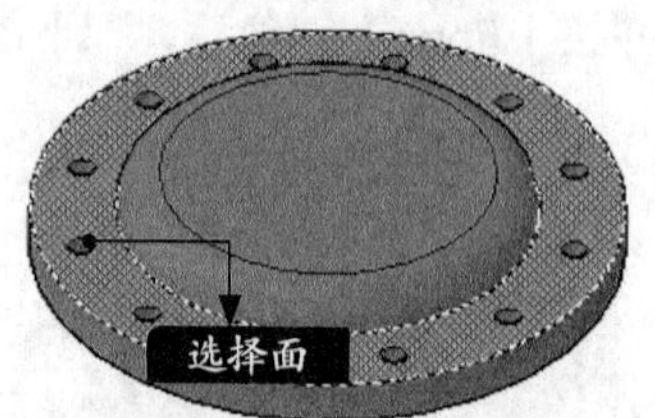

步骤03 在命令行提示下输入“10”并按【Enter】键确认，以指定偏移距离，然后连续按【Enter】键结束该命令，结果如下图所示。

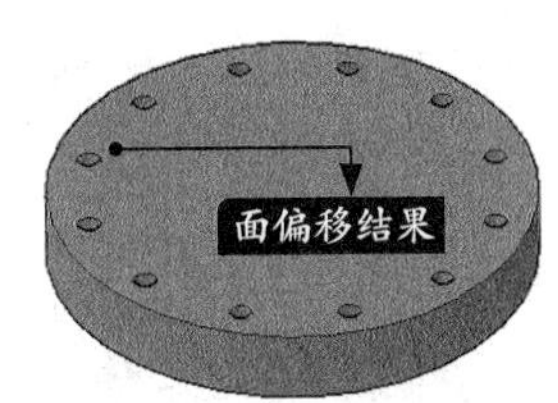

14.4.9 旋转面

【旋转面】命令可以将选择的面沿着指定的旋转轴和方向进行旋转，从而改变实体的形状。

1. 命令调用方法

在AutoCAD 2019中调用【旋转面】命令的方法通常有以下2种。

- 选择【修改】➤【实体编辑】➤【旋转面】菜单命令。
- 单击【常用】选项卡➤【实体编辑】面板➤【旋转面】按钮。

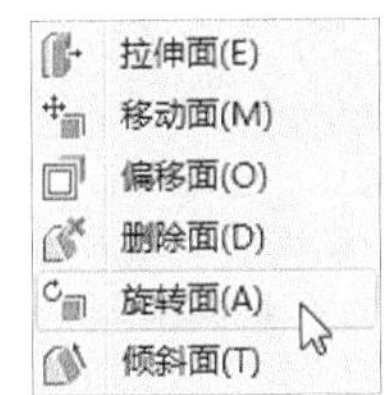

2. 命令提示

调用【旋转面】命令之后，命令行会进行如下提示。

```
命令：_solidedit
实体编辑自动检查： SOLIDCHECK=1
输入实体编辑选项 [ 面 (F)/ 边 (E)/ 体 (B)/ 放弃 (U)/ 退出 (X)] < 退出 >: _face
输入面编辑选项
[ 拉伸 (E)/ 移动 (M)/ 旋转 (R)/ 偏移 (O)/ 倾斜 (T)/ 删除 (D)/ 复制 (C)/ 颜色 (L)/ 材质 (A)/ 放弃 (U)/ 退出 (X)] < 退出 >: _rotate
选择面或 [ 放弃 (U)/ 删除 (R)]:
```

14.4.10 实战演练——对三维实体对象进行旋转面操作

下面将利用【旋转面】命令对机械三维模型进行旋转面操作，具体操作步骤如下。

步骤01 打开“素材\CH14\三维实体面编辑.dwg”文件，如下图所示。

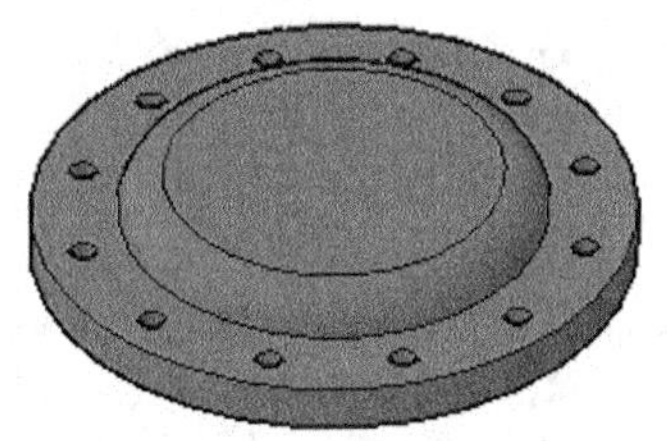

步骤02 选择【修改】➤【实体编辑】➤【旋转面】菜单命令，在绘图区域中单击选择需要旋转的面，并按【Enter】键确认，如下图所示。

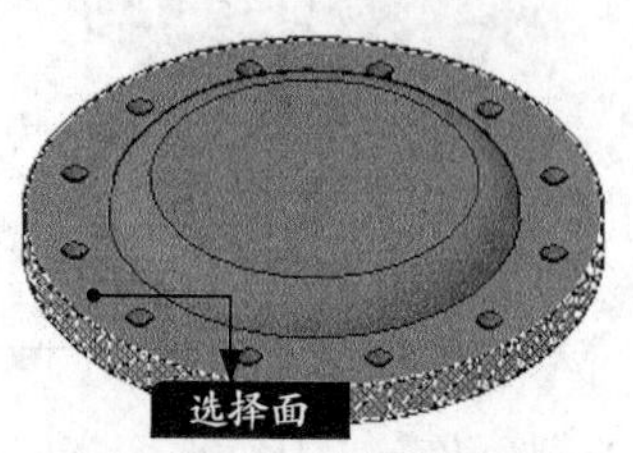

步骤03 在绘图区域中单击指定轴点如下图所示。

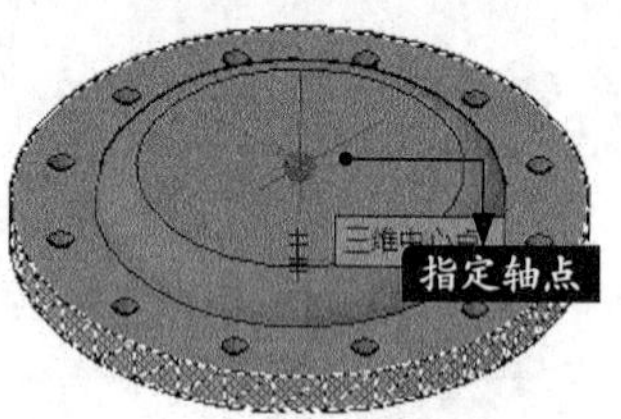

步骤04 在绘图区域中拖曳鼠标单击指定旋转轴上的另外一个点，如下图所示。

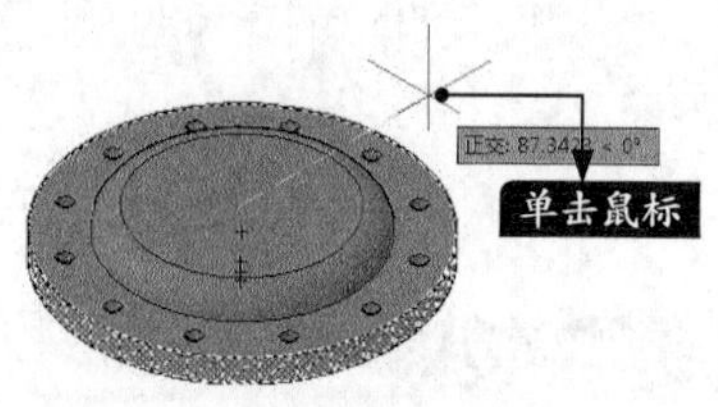

步骤05 在命令行提示下输入“30”并按【Enter】键，以指定旋转角度，然后连续按【Enter】键结束该命令，结果如下图所示。

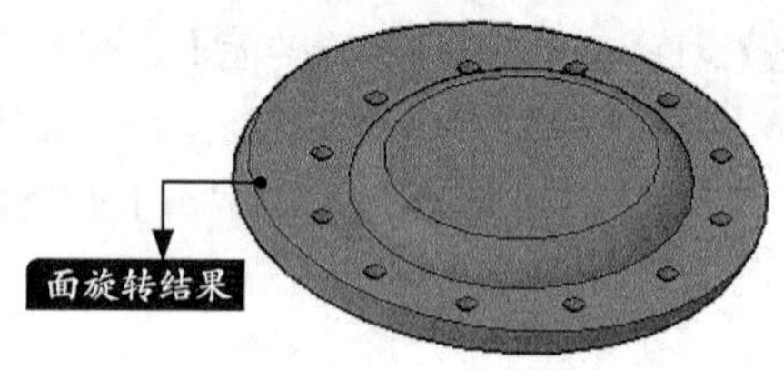

14.4.11 倾斜面

【倾斜面】命令可以使实体表面产生倾斜和锥化效果。

1. 命令调用方法

在AutoCAD 2019中调用【倾斜面】命令的方法通常有以下3种。

- 选择【修改】➤【实体编辑】➤【倾斜面】菜单命令。
- 单击【常用】选项卡➤【实体编辑】面板➤【倾斜面】按钮。
- 单击【实体】选项卡➤【实体编辑】面板➤【倾斜面】按钮。

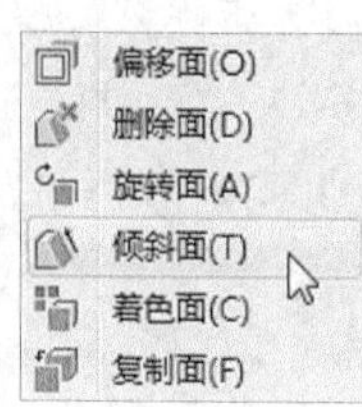

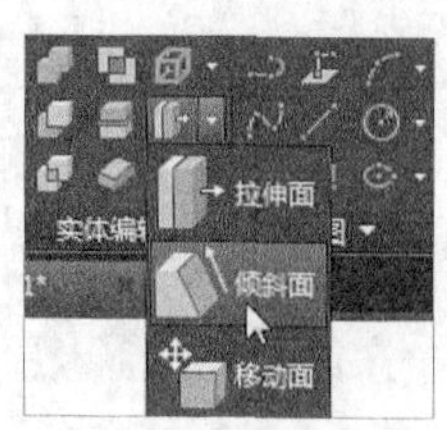

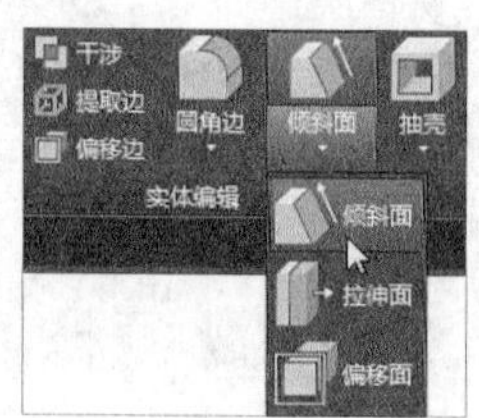

2. 命令提示

调用【倾斜面】命令之后，命令行会进行如下提示。

```
命令：_solidedit
实体编辑自动检查： SOLIDCHECK=1
输入实体编辑选项 [ 面 (F)/ 边 (E)/ 体 (B)/ 放弃 (U)/ 退出 (X)] < 退出 >: _face
输入面编辑选项
[ 拉伸 (E)/ 移动 (M)/ 旋转 (R)/ 偏移 (O)/ 倾斜 (T)/ 删除 (D)/ 复制 (C)/ 颜色 (L)/ 材质 (A)/ 放弃 (U)/ 退出 (X)] < 退出 >: _taper
选择面或 [ 放弃 (U)/ 删除 (R)]:
```

14.4.12 实战演练——对三维实体对象进行倾斜面操作

下面将利用【倾斜面】命令对机械三维模型进行倾斜面操作，具体操作步骤如下。

步骤01 打开“素材\CH14\三维实体面编辑.dwg”文件，如下图所示。

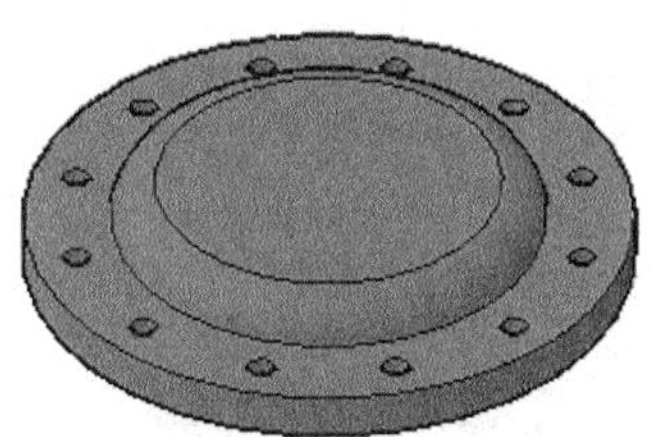

步骤02 选择【修改】➤【实体编辑】➤【倾斜面】菜单命令，在绘图区域中单击选择需要倾斜的面，并按【Enter】键确认，如下图所示。

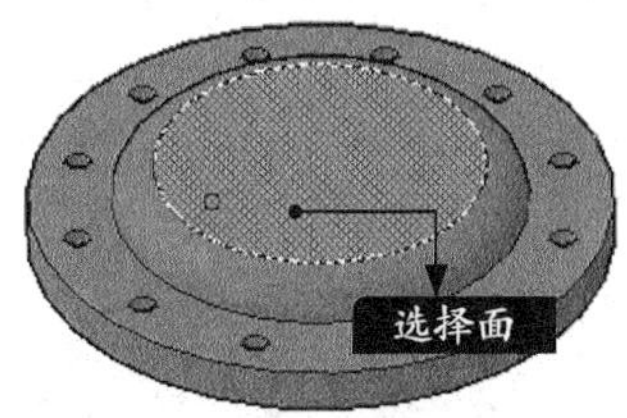

步骤03 在绘图区域中单击指定倾斜基点，如下图所示。

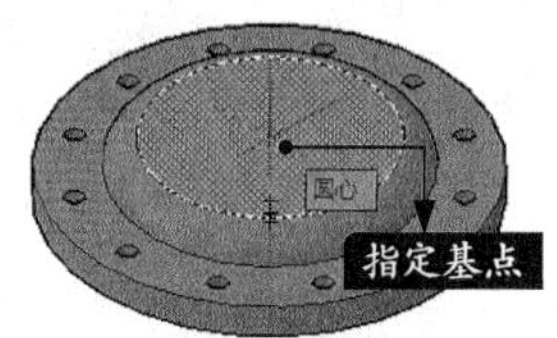

步骤04 在绘图区域中拖曳鼠标并单击指定沿倾斜轴的另一个点，如下图所示。

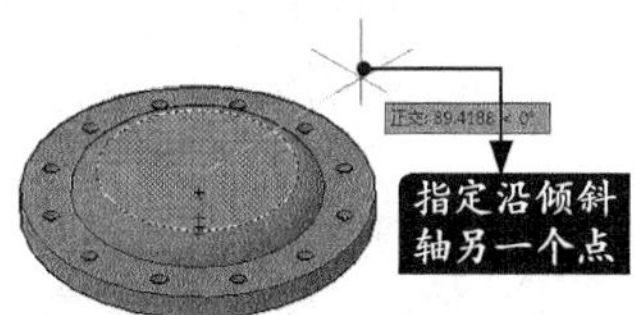

步骤05 在命令行提示下输入“10”并按【Enter】键确认，以指定倾斜角度，然后连续按【Enter】键结束该命令，结果如下图所示。

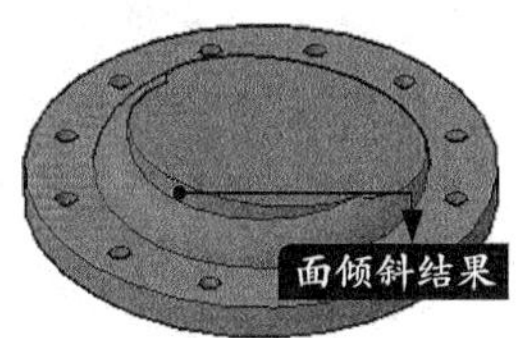

14.4.13 着色面

【着色面】命令可以为三维实体的选定面指定相应的颜色。

1. 命令调用方法

在AutoCAD 2019中调用【着色面】命令的方法通常有以下2种。

- 选择【修改】➤【实体编辑】➤【着色面】菜单命令。
- 单击【常用】选项卡➤【实体编辑】面板➤【着色面】按钮。

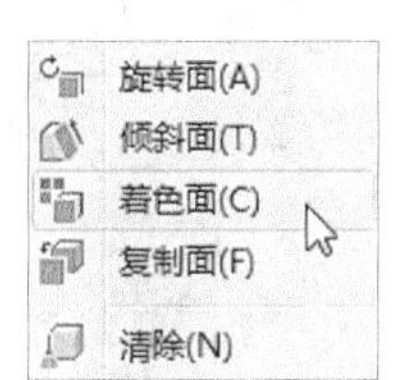

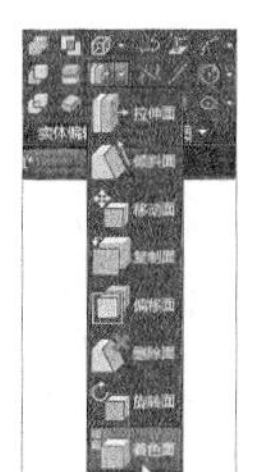

2. 命令提示

调用【着色面】命令之后，命令行会进行如下提示。

```
命令：_solidedit
实体编辑自动检查： SOLIDCHECK=1
输入实体编辑选项 [ 面 (F)/ 边 (E)/ 体 (B)/ 放弃 (U)/ 退出 (X)] < 退出 >: _face
输入面编辑选项
[ 拉伸 (E)/ 移动 (M)/ 旋转 (R)/ 偏移 (O)/ 倾斜 (T)/ 删除 (D)/ 复制 (C)/ 颜色 (L)/ 材质 (A)/ 放弃 (U)/ 退出 (X)] < 退出 >: _color
选择面或 [ 放弃 (U)/ 删除 (R)]:
```

14.4.14 实战演练——对三维实体对象进行着色面操作

下面将利用【着色面】命令对机械三维模型进行着色面操作，具体操作步骤如下。

步骤01 打开“素材\CH14\三维实体面编辑.dwg”文件，如下图所示。

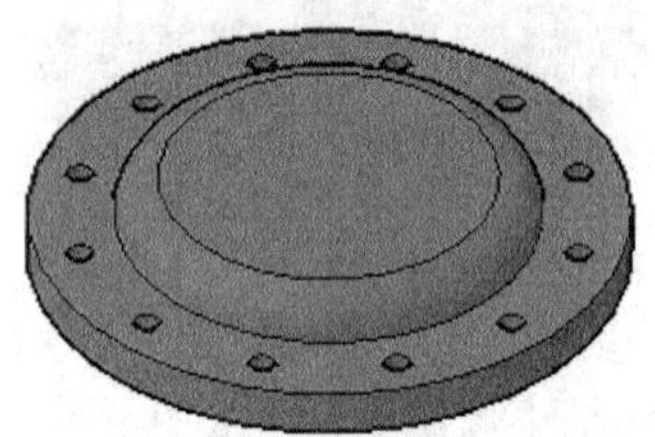

步骤02 选择【修改】➤【实体编辑】➤【着色面】菜单命令，在绘图区域中单击选择需要着色的面，并按【Enter】键确认，如下图所示。

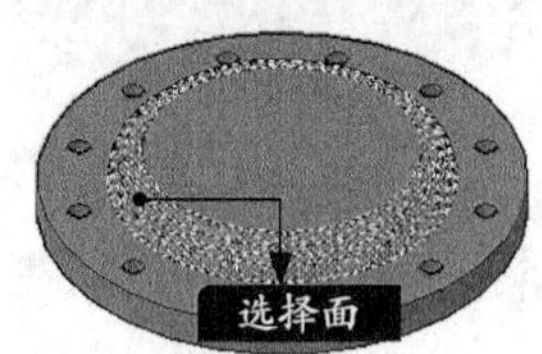

步骤03 系统弹出【选择颜色】对话框，选择“蓝色”并单击【确定】按钮，然后连续按【Enter】键结束该命令，结果如下图所示。

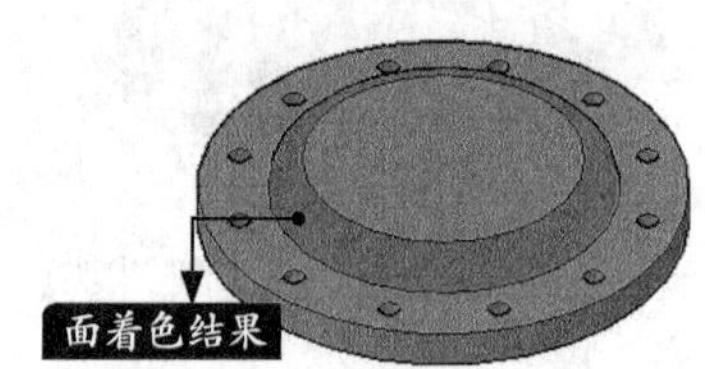

14.4.15 删除面

使用【删除面】命令可以从选择集中删除以前选择的面。

1. 命令调用方法

在AutoCAD 2019中调用【删除面】命令的方法通常有以下2种。

- 选择【修改】➤【实体编辑】➤【删除面】菜单命令。
- 单击【常用】选项卡➤【实体编辑】面板➤【删除面】按钮。

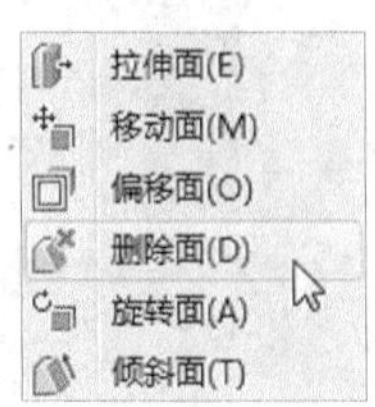

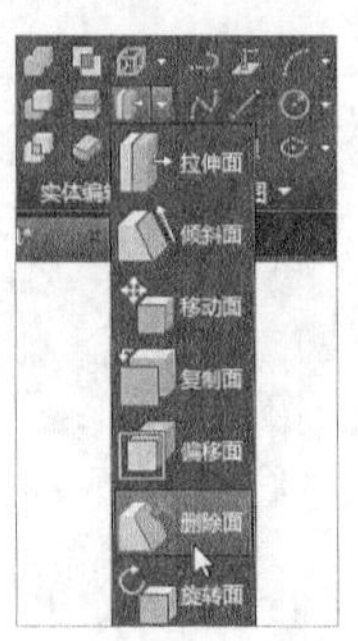

2. 命令提示

调用【删除面】命令之后，命令行会进行如下提示。

```
命令：_solidedit
实体编辑自动检查： SOLIDCHECK=1
输入实体编辑选项 [ 面 (F)/ 边 (E)/ 体 (B)/ 放弃 (U)/ 退出 (X)] < 退出 >: _face
输入面编辑选项
[ 拉伸 (E)/ 移动 (M)/ 旋转 (R)/ 偏移 (O)/ 倾斜 (T)/ 删除 (D)/ 复制 (C)/ 颜色 (L)/ 材质 (A)/ 放弃 (U)/ 退出 (X)] < 退出 >: _delete
选择面或 [ 放弃 (U)/ 删除 (R)]:
```

14.4.16 实战演练——对三维实体对象进行删除面操作

下面将利用【删除面】命令对机械三维模型进行删除面操作，具体操作步骤如下。

步骤 01 打开“素材\CH14\三维实体面编辑.dwg”文件，如下图所示。

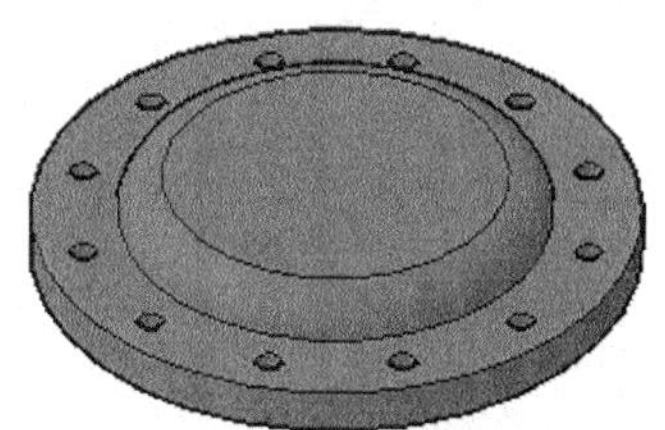

步骤 02 选择【修改】➤【实体编辑】➤【删除面】菜单命令，在绘图区域中单击选择需要删除的面，并按【Enter】键确认，如下图所示。

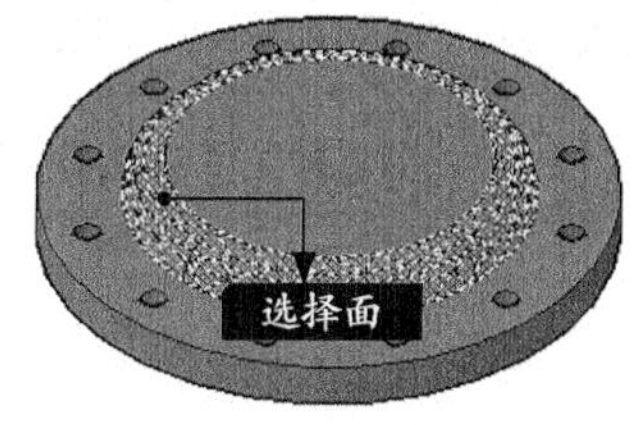

步骤 03 连续按【Enter】键结束该命令，结果如下图所示。

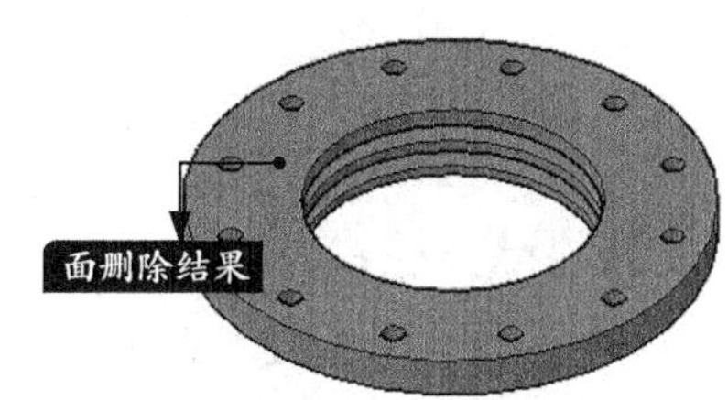

14.5 三维实体体编辑

本节视频教程时间：12 分钟

前面介绍了三维实体边编辑和面编辑，本节主要介绍三维实体体编辑。

14.5.1 剖切

为了发现模型内部结构上的问题，经常要用【剖切】命令沿一个平面或曲面将实体剖切成两个部分。可以删除剖切实体的一部分，也可以两者都保留。

1. 命令调用方法

在AutoCAD 2019中调用【剖切】命令的方法通常有以下4种。

- 选择【修改】➤【三维操作】➤【剖切】菜单命令。

- 命令行输入“SLICE/SL”命令并按空格键。
- 单击【常用】选项卡➤【实体编辑】面板➤【剖切】按钮。
- 单击【实体】选项卡➤【实体编辑】面板➤【剖切】按钮。

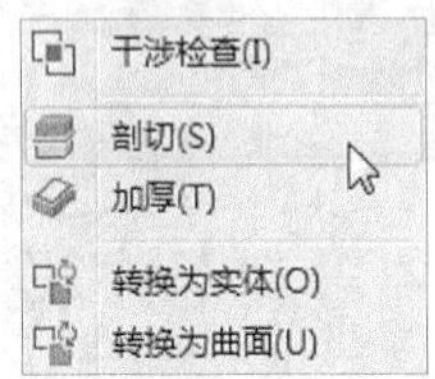

2. 命令提示

调用【剖切】命令之后，命令行会进行如下提示。

```
命令：_slice
选择要剖切的对象：
```

14.5.2 实战演练——对三维实体对象进行剖切操作

下面将利用【剖切】命令对机械三维模型进行剖切操作，具体操作步骤如下。

步骤01 打开“素材\CH14\剖切对象.dwg”文件，如下图所示。

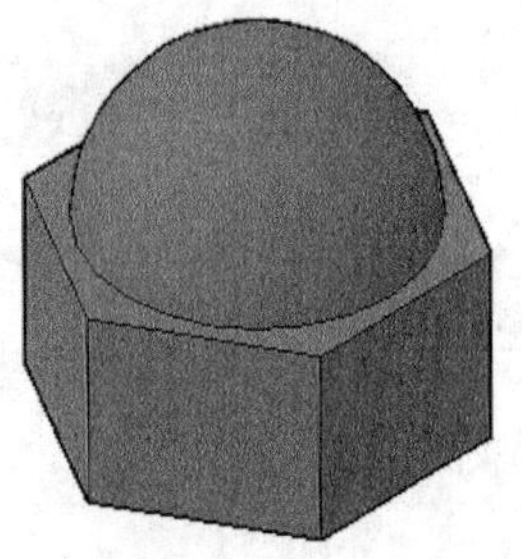

步骤02 选择【修改】➤【三维操作】➤【剖切】菜单命令，在绘图区域中选择整个三维实体对象作为需要剖切的对象，并按【Enter】键确认，然后单击指定剖切平面的起点，如下图所示。

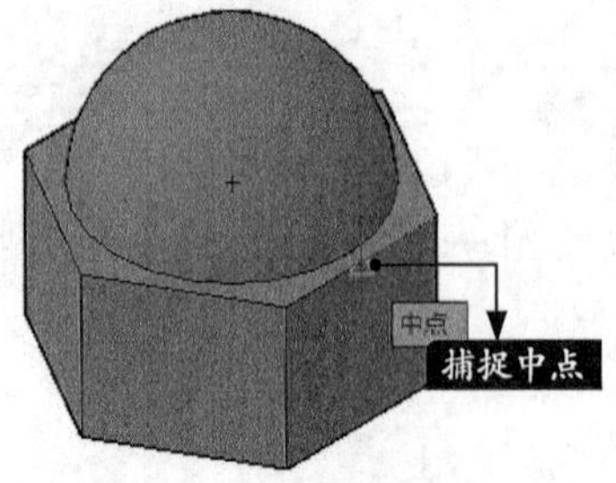

步骤03 在绘图区域中拖曳鼠标单击指定剖切平面的第二个点，如下图所示。

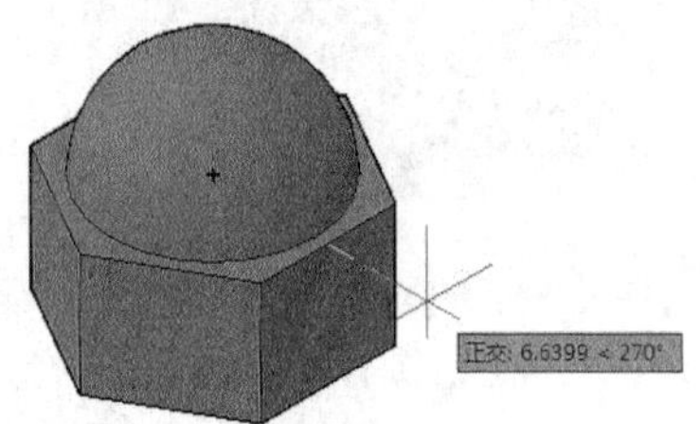

步骤04 在命令行提示下输入“B”并按【Enter】键确认，结果如下图所示。

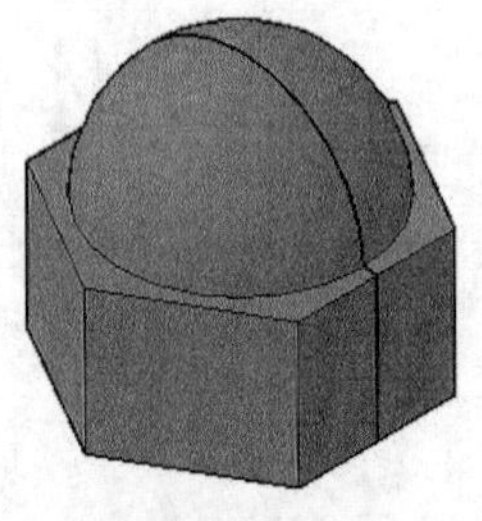

步骤05 在绘图区域中将剖切后的两个三维实体对象中的任意一个删除，结果如下图所示。

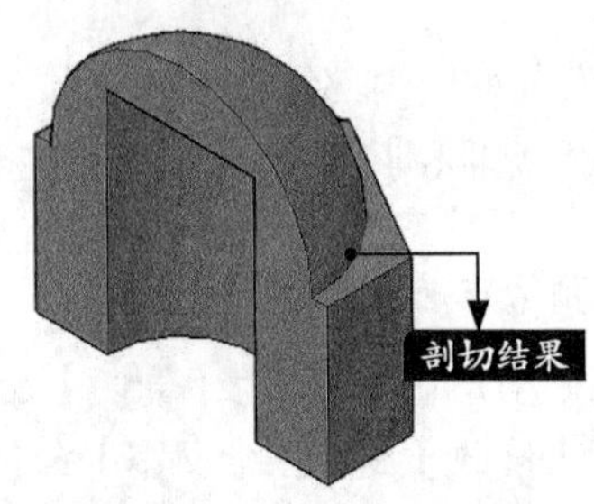

14.5.3 加厚

【加厚】命令可以加厚曲面，从而把它转换成实体。该命令只能将由平移、拉伸、扫掠、放样或者旋转命令创建的曲面通过加厚后转换成实体。

1. 命令调用方法

在AutoCAD 2019中调用【加厚】命令的方法通常有以下4种。

- 选择【修改】➤【三维操作】➤【加厚】菜单命令。
- 命令行输入“THICKEN”命令并按空格键。
- 单击【常用】选项卡➤【实体编辑】面板➤【加厚】按钮。
- 单击【实体】选项卡➤【实体编辑】面板➤【加厚】按钮。

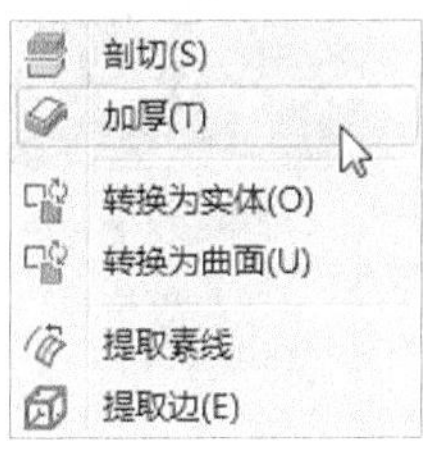

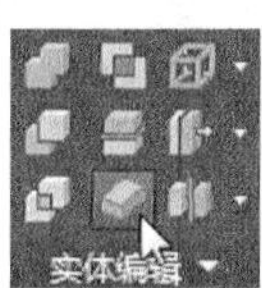

2. 命令提示

调用【加厚】命令之后，命令行会进行如下提示。

```
命令：_Thicken
选择要加厚的曲面：
```

14.5.4 实战演练——对三维实体对象进行加厚操作

下面将利用【加厚】命令对三维模型进行加厚操作，具体操作步骤如下。

步骤 01 打开“素材\CH14\加厚对象.dwg”文件，如下图所示。

步骤 02 选择【修改】➤【三维操作】➤【加厚】菜单命令，在绘图区域中选择需要加厚的对象，并按【Enter】键确认，如下图所示。

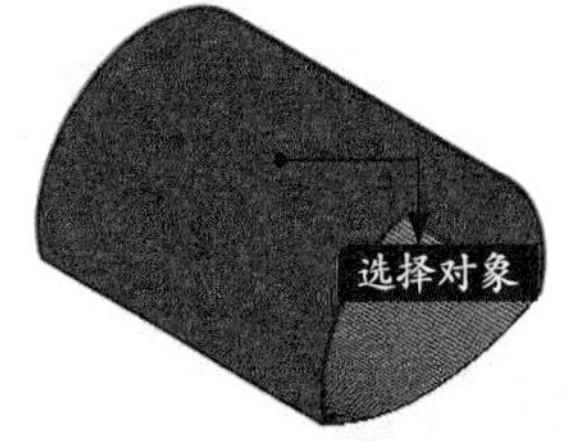

步骤 03 在命令行提示下输入“50”并按【Enter】键确认，以指定厚度，结果如下图所示。

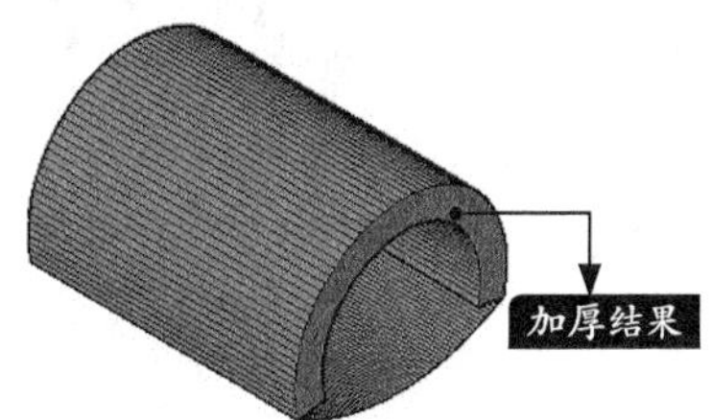

14.5.5 分割

不相连的组合实体可以分割成独立的实体。虽然分割后的三维实体看起来没有什么变化，但实际上它们已是各自独立的三维实体了。

1. 命令调用方法

在AutoCAD 2019中调用【分割】命令的方法通常有以下3种。

- 选择【修改】➤【实体编辑】➤【分割】菜单命令。
- 单击【常用】选项卡➤【实体编辑】面板➤【分割】按钮。
- 单击【实体】选项卡➤【实体编辑】面板➤【分割】按钮。

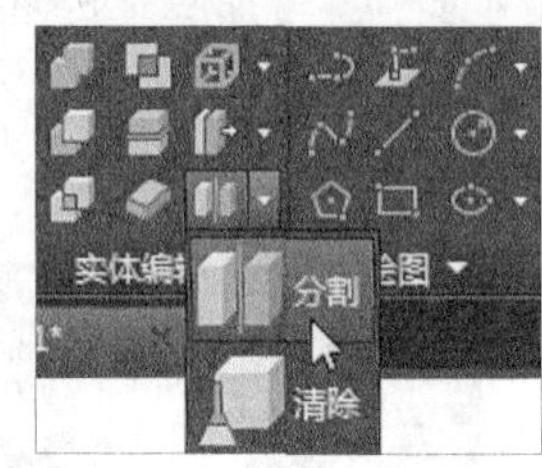

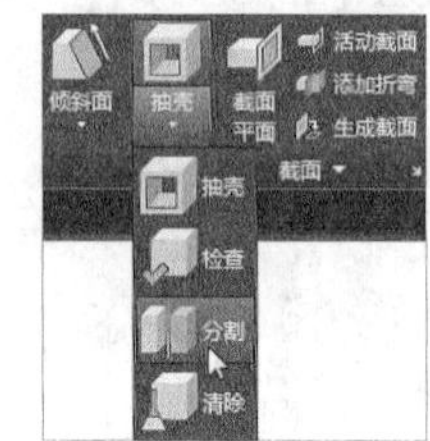

2. 命令提示

调用【分割】命令之后，命令行会进行如下提示。

```
命令：_solidedit
实体编辑自动检查： SOLIDCHECK=1
输入实体编辑选项 [ 面 (F)/ 边 (E)/ 体 (B)/ 放弃 (U)/ 退出 (X)] < 退出 >: _body
输入体编辑选项
[ 压印 (I)/ 分割实体 (P)/ 抽壳 (S)/ 清除 (L)/ 检查 (C)/ 放弃 (U)/ 退出 (X)] < 退出 >: _separate
选择三维实体：
```

14.5.6 实战演练——对三维实体对象进行分割操作

下面将利用【分割】命令对机械三维模型进行分割操作，具体操作步骤如下。

步骤01 打开“素材\CH14\分割对象.dwg”文件，绘图区域中的三维实体对象为一个整体，如下图所示。

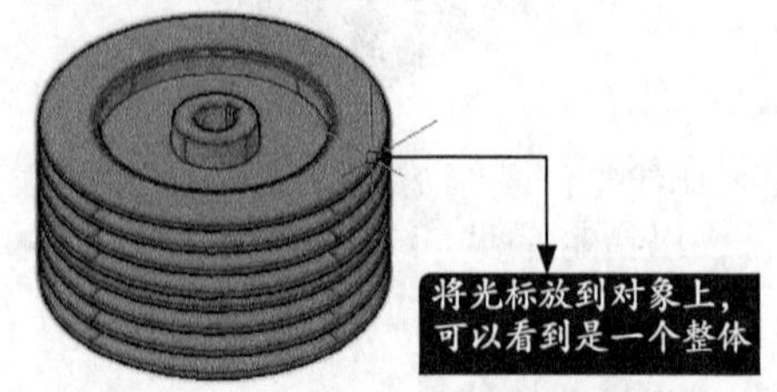

步骤02 选择【修改】➤【实体编辑】➤【分割】菜单命令，在绘图区域中选择整个三维实体对象作为需要分割的对象，并连续按【Enter】键结束该命令，视图中的三维实体对象被分割成了两个独立的实体，如下图所示。

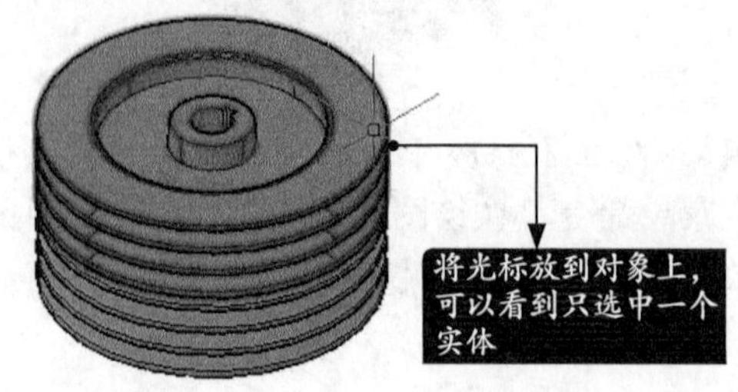

小提示

分割不用设置分割面。此外，分割既不能将一个三维实体分解恢复到它的原始状态，也不能分割相连的实体。

14.5.7 抽壳

抽壳命令通过偏移被选中的三维实体的面，将原始面与偏移面之外的东西删除。也可以在抽壳的三维实体内通过挤压创建一个开口。该选项对一个特殊的三维实体只能执行一次。

1. 命令调用方法

在AutoCAD 2019中调用【抽壳】命令的方法通常有以下3种。

- 选择【修改】➤【实体编辑】➤【抽壳】菜单命令。
- 单击【常用】选项卡➤【实体编辑】面板➤【抽壳】按钮。
- 单击【实体】选项卡➤【实体编辑】面板➤【抽壳】按钮。

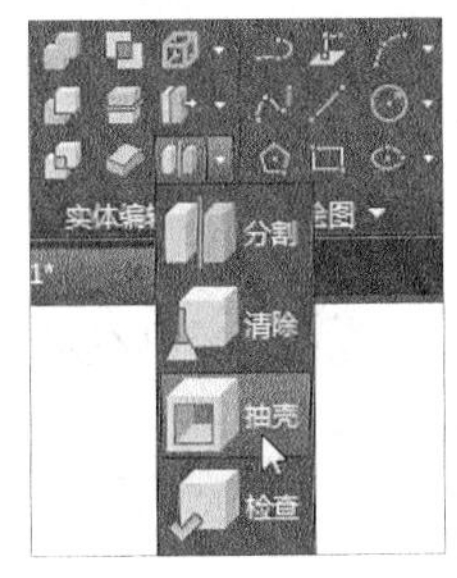

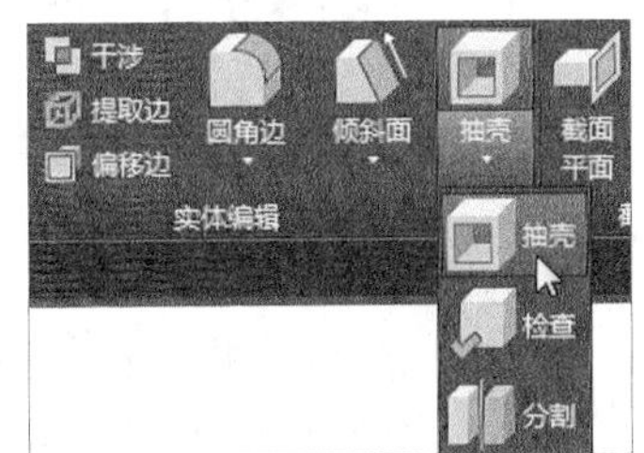

2. 命令提示

调用【抽壳】命令之后，命令行会进行如下提示。

```
命令：_solidedit
实体编辑自动检查： SOLIDCHECK=1
输入实体编辑选项 [ 面 (F)/ 边 (E)/ 体 (B)/ 放弃 (U)/ 退出 (X)] < 退出 >: _body
输入体编辑选项
[ 压印 (I)/ 分割实体 (P)/ 抽壳 (S)/ 清除 (L)/ 检查 (C)/ 放弃 (U)/ 退出 (X)] < 退出 >: _shell
选择三维实体：
```

14.5.8 实战演练——对三维实体对象进行抽壳操作

下面将利用【抽壳】命令对机械三维模型进行抽壳操作，具体操作步骤如下。

步骤01 打开“素材\CH14\抽壳.dwg”文件，如下图所示。

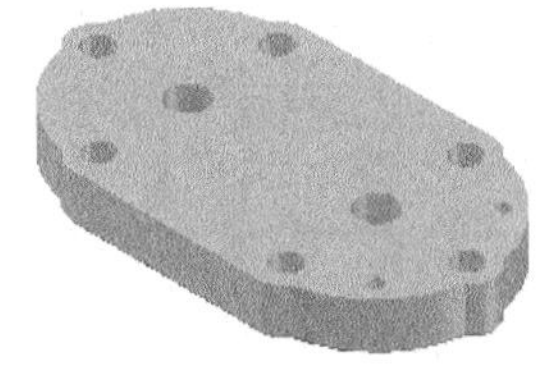

步骤02 选择【修改】➤【实体编辑】➤【抽壳】菜单命令，在绘图区域中选择整个三维实体对象作为需要抽壳的对象，然后在命令提示下单击选择三维实体对象的上表面，以指定删除面，并按【Enter】键确认，如下图所示。

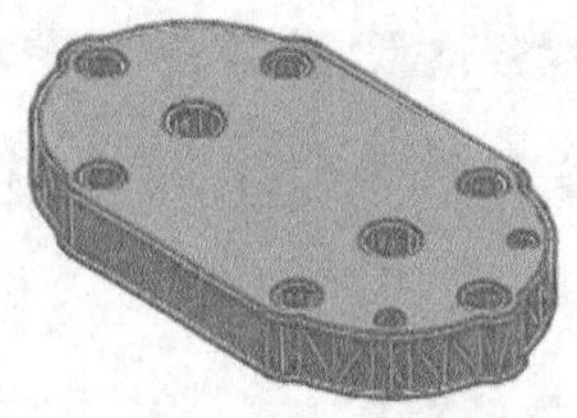

步骤03 在命令行提示下输入“2”并按【Enter】键确认，以指定抽壳距离，然后连续按【Enter】键结束该命令，结果如下图所示。

14.6 综合应用——三维泵体建模

本节视频教程时间：26 分钟

本节将详细讲解离心泵体建模的步骤，即泵体的连接法兰部分建模、离心泵体主体建模、主体和法兰体结合，以及泵体的其他细节建模，并将它们合并到泵体上。

14.6.1 泵体的连接法兰部分建模

下面将介绍泵体法兰部分的绘制方法，其具体操作步骤如下。

1. 创建圆柱体

步骤01 新建一个dwg文件，将视图样式切换为【西南等轴测】，然后选择【绘图】➤【建模】➤【圆柱体】菜单命令，在绘图区域中绘制一个底面圆心在（200,200,0），底面半径值为19，高度值为12的圆柱体，结果如下图所示。

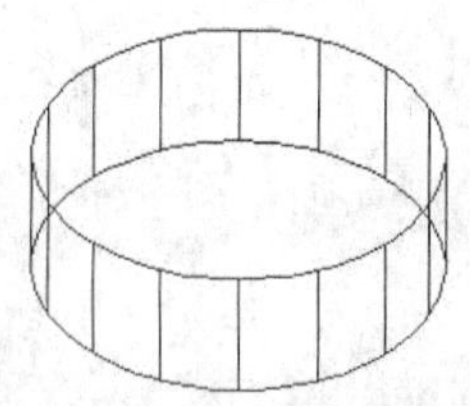

步骤02 继续调用【圆柱体】命令，绘制一个底面圆心在（200,200,-6），底面半径值为14，高度值为22的圆柱体，结果如下图所示。

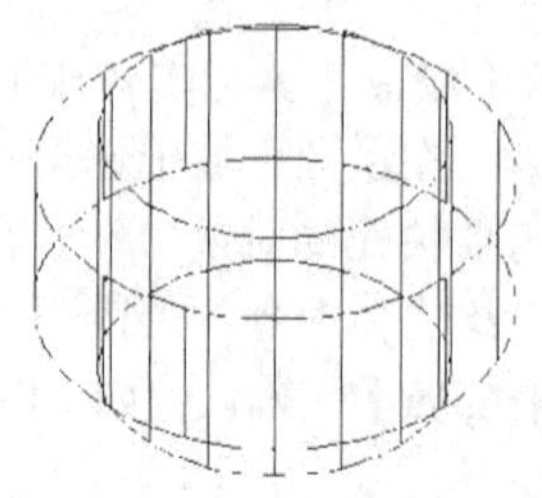

步骤03 继续调用【圆柱体】命令，绘制一个底面圆心在（200,200,16），底面半径值为19，高度值为5的圆柱体，结果如下图所示。

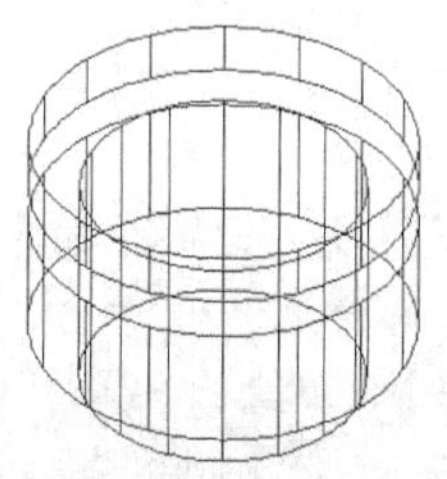

2. 创建法兰体的连接部分

步骤01 选择【绘图】➤【矩形】菜单命令，在绘图区域中绘制一个矩形，该矩形的第一个角点坐标为（175,175,12），另一个角点坐标为（@50,50），结果如下图所示。

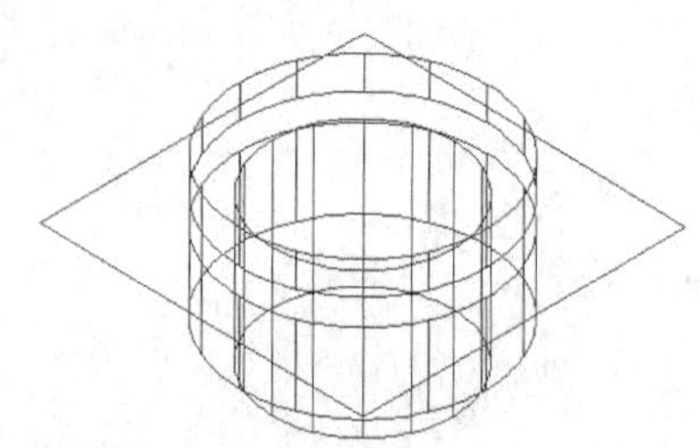

步骤02 选择【修改】➤【圆角】菜单命令，将圆角半径设置为“10”，并在命令行提示下输入“P”并按【Enter】键确认，以调用“多段线”选项，然后选择上步绘制的矩形对象，结果如下图所示。

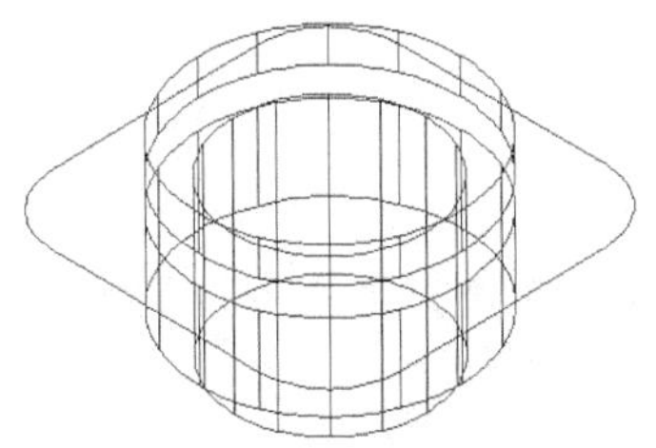

步骤03 选择【绘图】➤【建模】➤【拉伸】菜单命令，选择上步创建的圆角矩形作为需要拉伸的对象，拉伸高度设置为“9”，角度设置为“0”，结果如下图所示。

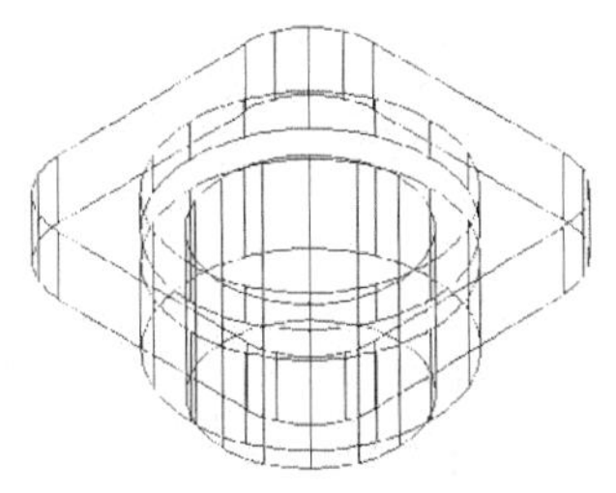

步骤04 选择【绘图】➤【建模】➤【圆柱体】菜单命令，绘制一个底面圆心在（182,182,12），底面半径值为3，高度值为9的圆柱体，结果如下图所示。

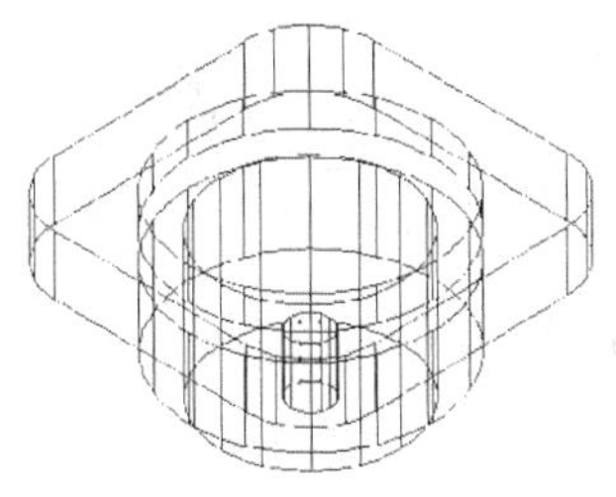

步骤05 选择【修改】➤【阵列】➤【矩形阵列】菜单命令，选择上步绘制的圆柱体作为需要阵列的对象，并在【阵列创建】选项卡中进行相应设置，如下图所示。

列数:	2	行数:	2
介于:	36	介于:	36
总计:	36	总计:	150.4598
列		行 ▾	

步骤05 设置完成后单击【关闭阵列】按钮，结果如下图所示。

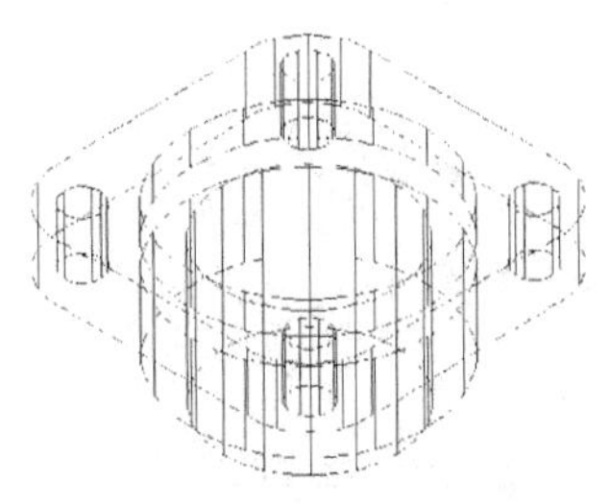

3. 合并和修整法兰体

步骤01 选择【修改】➤【实体编辑】➤【并集】菜单命令，选择圆角长方体和“1.创建圆柱体”中绘制的前两个圆柱体，如下图所示。

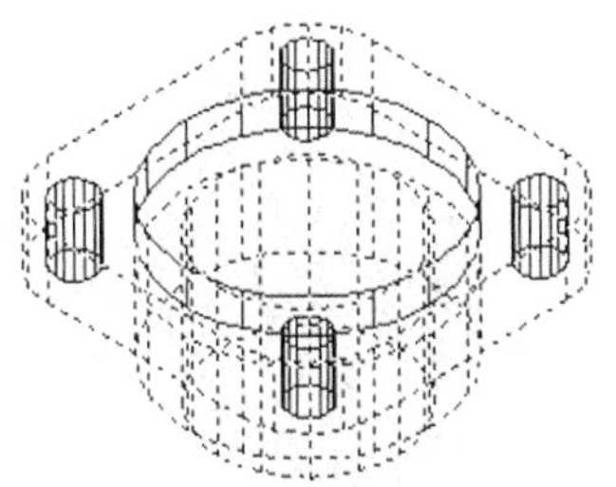

步骤02 按【Enter】键后将圆角长方体和两个圆柱体合并成一个整体。然后选择【修改】➤【实体编辑】➤【差集】菜单命令，选择刚并集生成的实体，如下图所示。

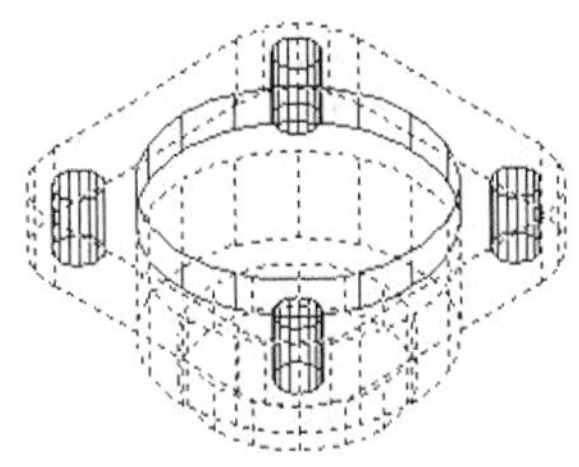

步骤03 按【Enter】键确认，然后选择“1.创建圆柱体”中绘制的第3个圆柱体和阵列的4个小圆柱体作为减去的对象，如下图所示。

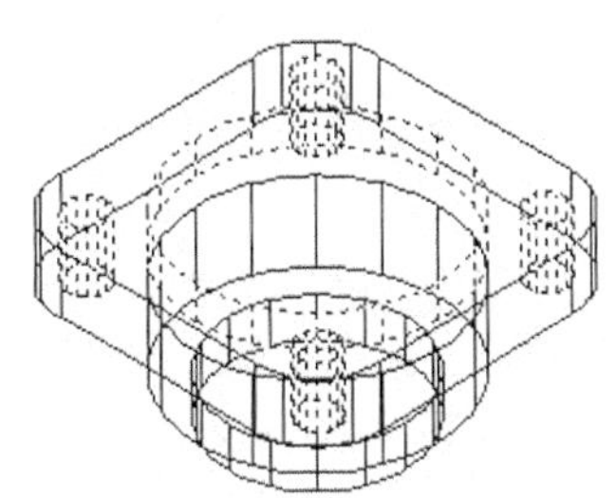

步骤04 按【Enter】键确认，然后选择【视图】➤【视觉样式】➤【概念】菜单命令，结果如下图所示。

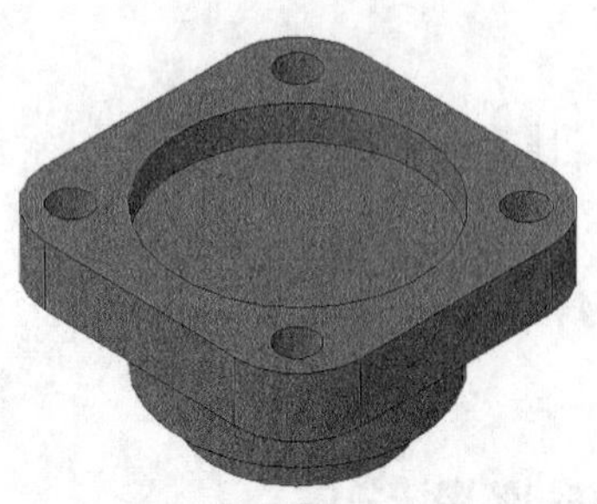

步骤05 选择【修改】➤【三维操作】➤【三维旋转】菜单命令，将所有对象绕x轴旋转，旋转基点设置为“（200,200,-6）”，旋转角度设置为“90”，结果如下图所示。

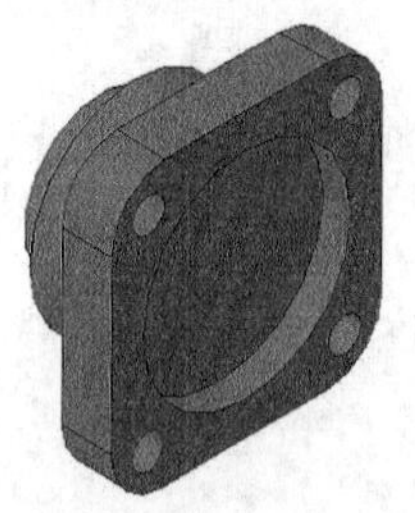

4. 创建法兰体的其他细节

步骤01 将视觉样式切换为【二维线框】，然后选择【绘图】➤【建模】➤【圆柱体】菜单命令，绘制一个底面圆心在（200,188,14），底面半径值为6，高度值为30的圆柱体，结果如下图所示。

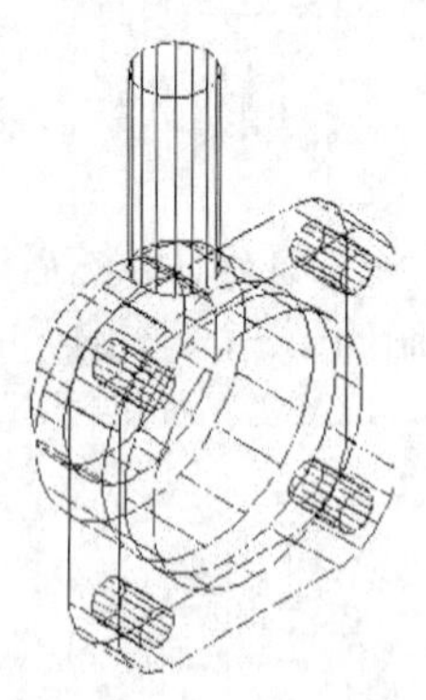

步骤02 继续调用【圆柱体】命令，绘制一个底面圆心在（200,188,14），底面半径值为3，高度值为30的圆柱体，结果如下图所示。

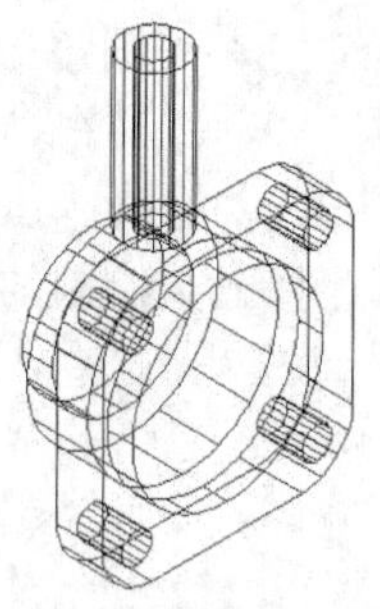

步骤03 选择【修改】➤【实体编辑】➤【并集】菜单命令，选择主体和上步刚绘制的大圆柱体，如下图所示。

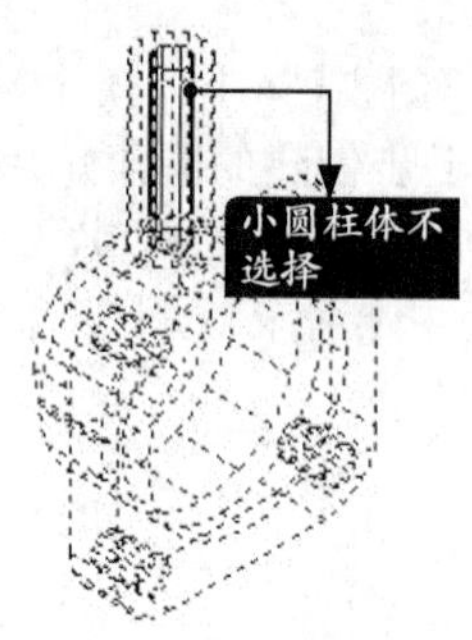

步骤04 选择【修改】➤【实体编辑】➤【差集】菜单命令，将刚绘制的小圆柱体从主体中减去，结果如下图所示。

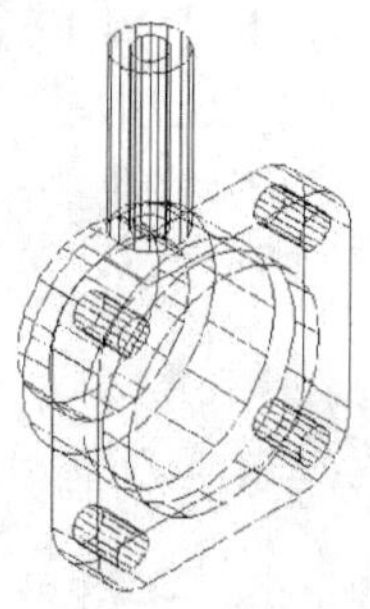

步骤05 选择【视图】➤【消隐】菜单命令，结果如下图所示。

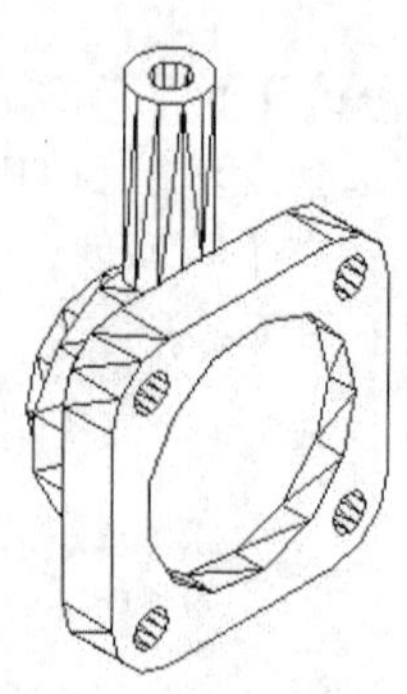

14.6.2 创建离心泵体主体并将主体和法兰体合并

下面将介绍离心泵体主体的建模方法及主体和法兰体的合并方法，其具体操作步骤如下。

1. 创建泵体主体圆柱体

步骤01 将视觉样式切换为“二维线框”，然后选择【绘图】➤【建模】➤【圆柱体】菜单命令，绘制一个底面圆心在（300,188,-13.5），底面半径值为40，高度值为40的圆柱体，结果如下图所示。

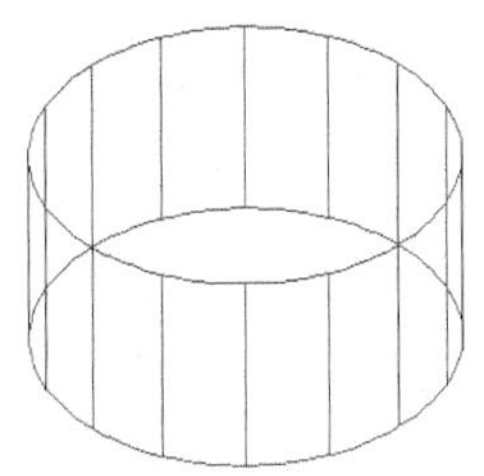

步骤02 重复调用【圆柱体】命令，绘制两个圆柱体，底面圆心分别在（300,188,6.5）和（300,188,46.5），底面半径值为50和43，高度值为40和30，结果如下图所示。

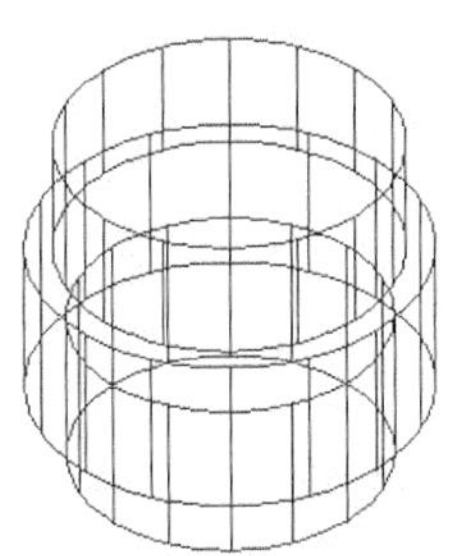

步骤03 选择【修改】➤【实体编辑】➤【并集】菜单命令，选择刚绘制的3个圆柱体将它们合并成一体，如下图所示。

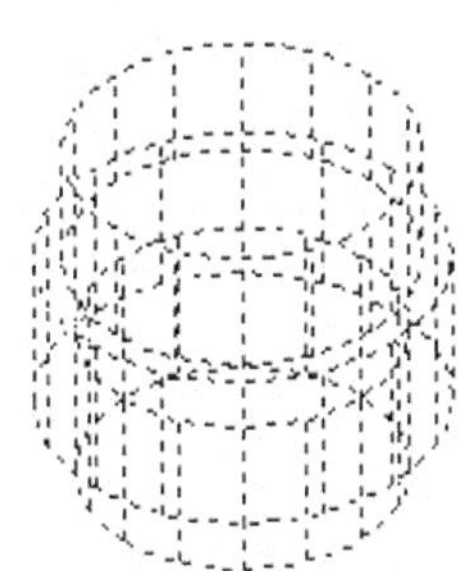

步骤04 选择【修改】➤【三维操作】➤【三维旋转】菜单命令，将刚才合并的三个圆柱体绕*x*轴旋转，旋转基点设置为“（300,188,-13.5）”，旋转角度设置为“90”，结果如下图所示。

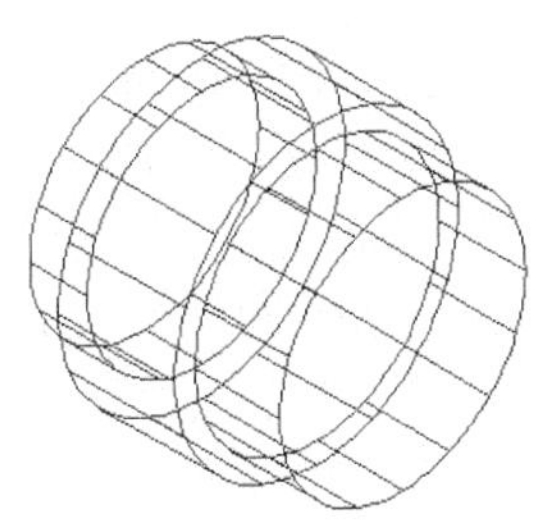

2. 创建泵体进出油口

步骤01 选择【绘图】➤【建模】➤【圆柱体】菜单命令，绘制一个底面圆心在（264,148,-13.5），底面半径值为13，高度值为55的圆柱体，结果如下图所示。

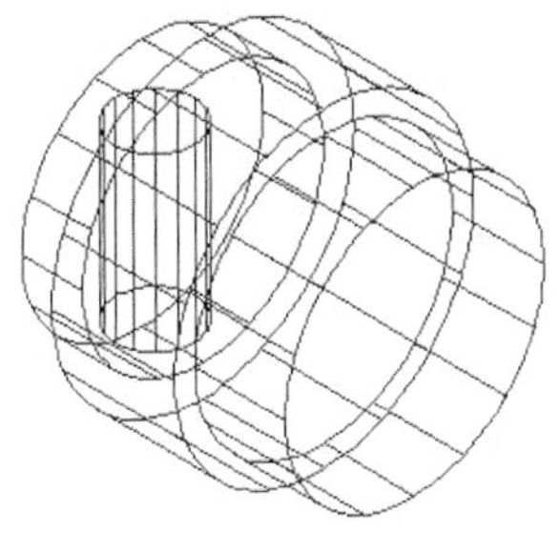

步骤02 重复调用【圆柱体】命令，绘制一个底面圆心在（264,148,-13.5），底面半径值为8，高度值为55的圆柱体，结果如下图所示。

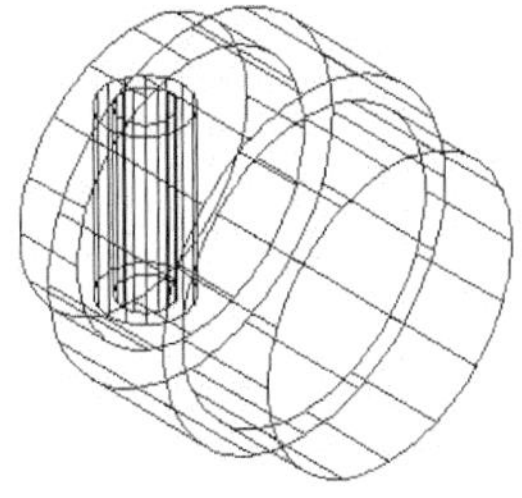

步骤03 选择【修改】➤【实体编辑】➤【差集】菜单命令，将刚绘制的小圆柱体从大圆柱体中减去，并将视觉样式切换为【概念】，结果如下图所示。

步骤04 将视觉样式切换为【二维线框】，选择【修改】➤【镜像】菜单命令，然后选择上步差集生成的圆柱体作为镜像对象，并指定镜像线第一点为“（300,98）”，镜像线第二点为“（300,188）”，结果如下图所示。

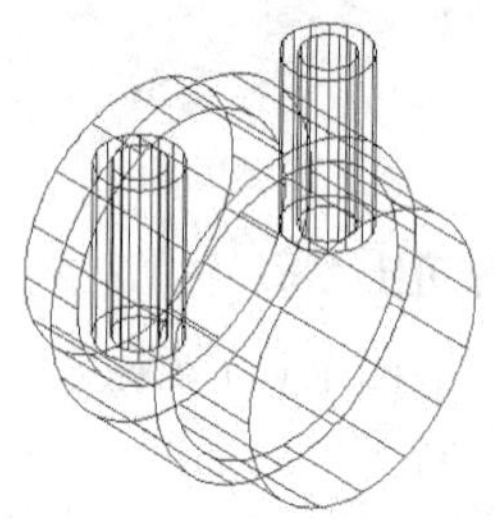

步骤05 选择【修改】➤【实体编辑】➤【并集】菜单命令，然后选择刚才绘制的两个圆筒和柱体，如下图所示。

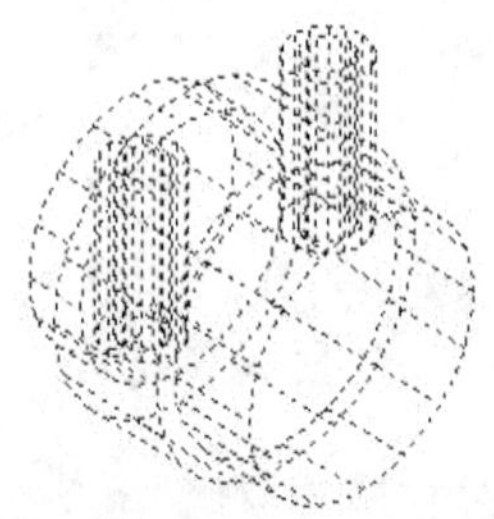

步骤06 按【Enter】键确认，将所选对象合并为一体，结果如下图所示。

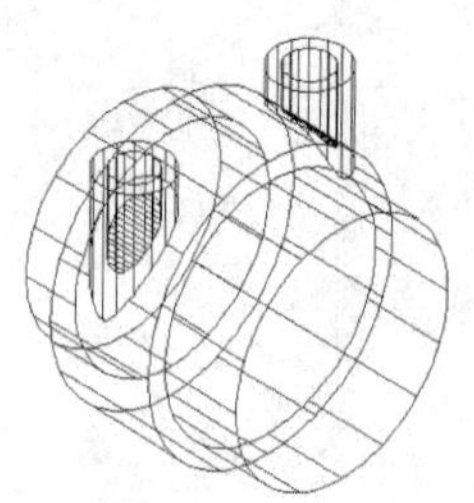

3. 合并法兰体和泵体主体

步骤01 选择【修改】➤【移动】菜单命令，然后选择法兰体为移动对象，如下图所示。

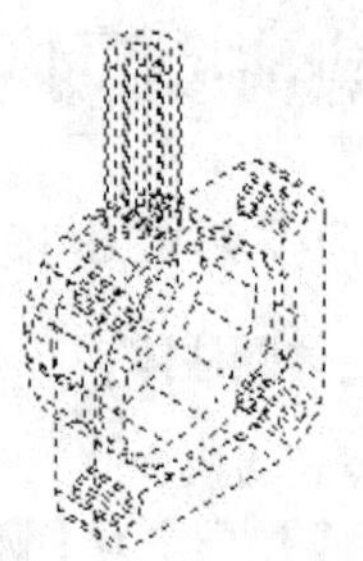

步骤02 在命令行提示下指定位移基点为“（200,200,-6）”，位移第二点为“（300,98,-13.5）”，结果如下图所示。

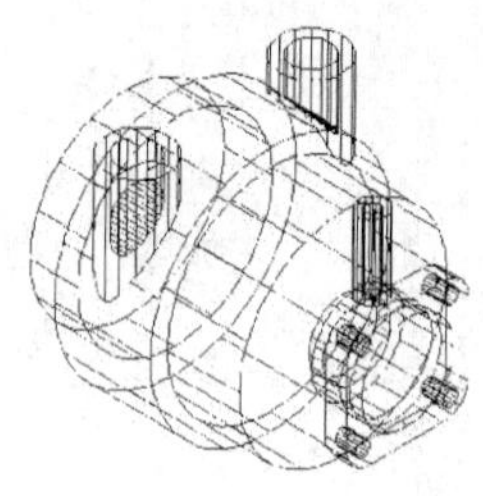

步骤03 选择【修改】➤【实体编辑】➤【并集】菜单命令，然后选择泵体主体和法兰体作为并集对象，如下图所示。

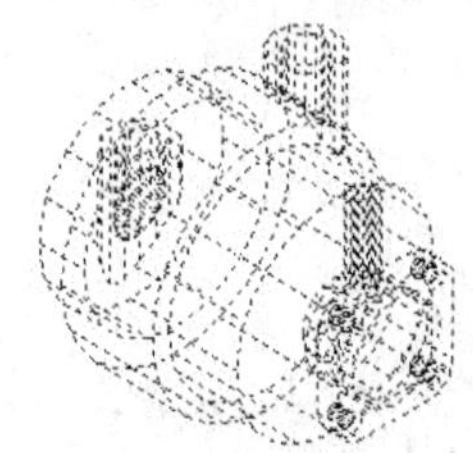

步骤04 按【Enter】键确认，结果如下图所示。

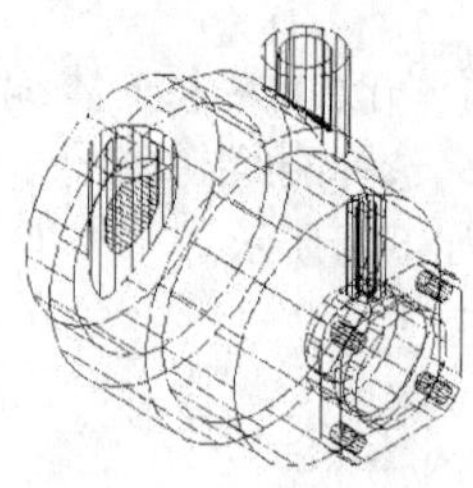

步骤05 选择【视图】➤【消隐】菜单命令，结果如下图所示。

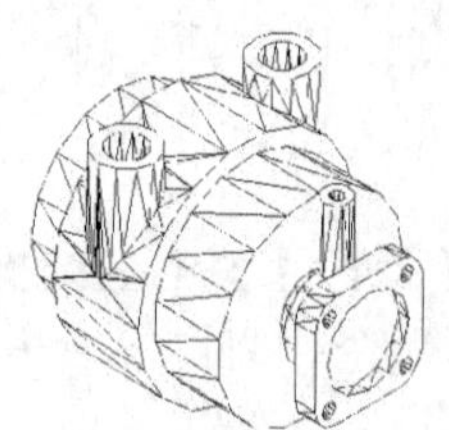

14.6.3 创建泵体的其他细节并将它合并到泵体上

下面将介绍离心泵体其他细节的创建及合并方法，其具体操作步骤如下。

步骤01 选择【绘图】➤【建模】➤【圆柱体】菜单命令，绘制一个底面圆心在（350,40,0），底面半径值为14，高度值为108的圆柱体，结果如下图所示。

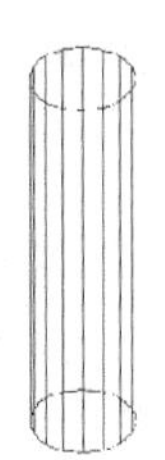

步骤02 选择【修改】➤【三维操作】➤【三维旋转】菜单命令，将刚才绘制的圆柱体绕x轴旋转，旋转基点设置为“（350,40,16）”，旋转角度设置为“90”，结果如下图所示。

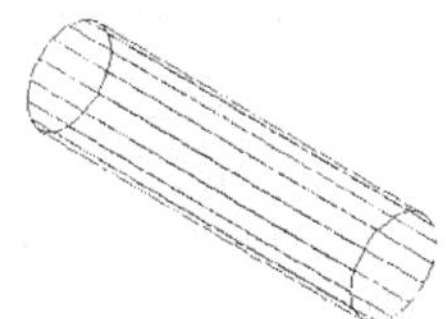

步骤03 选择【修改】➤【移动】菜单命令，选择旋转后的圆柱体作为移动对象，在命令行提示下指定位移基点为“（350,-52,16）”，位移第二点为“（300,76,-13.5）”，结果如下图所示。

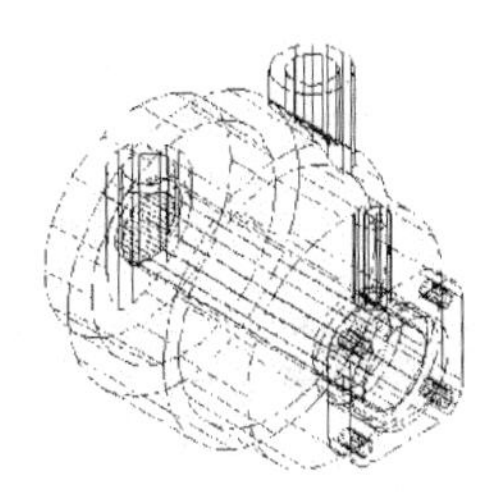

步骤04 选择【修改】➤【实体编辑】➤【差集】菜单命令，将细节圆柱体从整个泵体中减去，然后将视觉样式切换为【概念】，结果如下图所示。

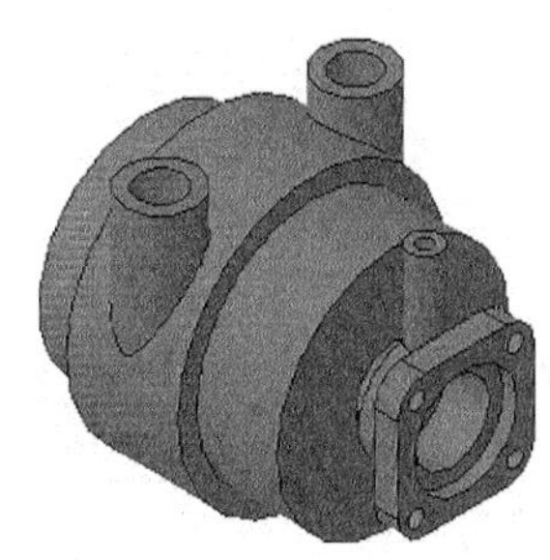

疑难解答

本节视频教程时间：3 分钟

在布局空间中向模型空间绘图

由于工作需要，用户经常需要在【布局】空间与【模型】空间之间进行切换。为了避免这种烦琐的情况出现，可以直接在布局空间中向模型空间中绘图。

步骤01 在【布局】视口中双击，使其激活。

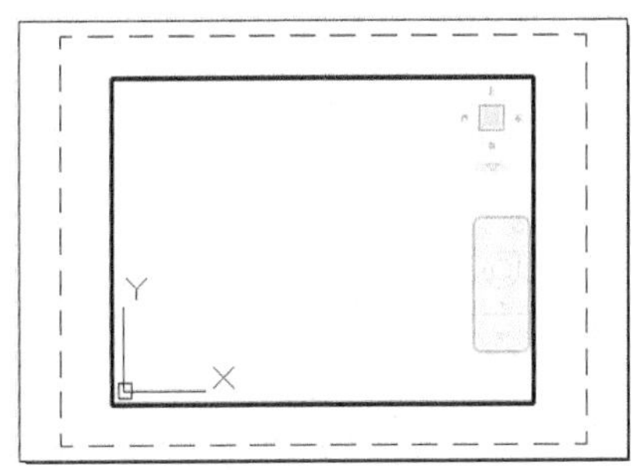

步骤02 可以跟模型空间一样绘制图形。

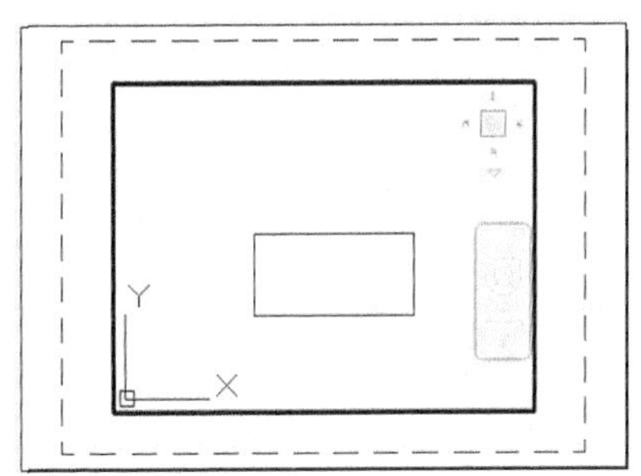

步骤03 切换到模型空间可以看到绘制结果。

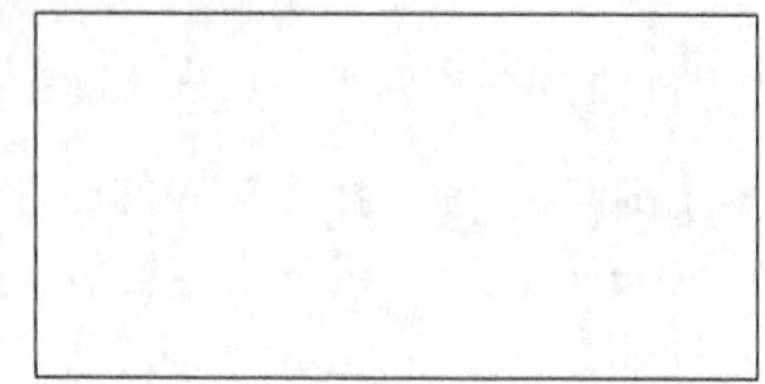

适用于三维的二维编辑命令

很多二维命令都可以在三维绘图时使用，具体如下表所示。

命令	在三维绘图中的用法	命令	在三维绘图中的用法
删除（E）	与二维相同	缩放（SC）	可用于三维对象
复制（CO）	与二维相同	拉伸（S）	在三维空间可用于二维对象、线框和曲面
镜像（MI）	镜像线在二维平面上时，可以用于三维对象	拉长（LEN）	在三维空间只能用于二维对象
偏移（O）	在三维空间只能用于二维对象	修剪（TR）	有专门的三维选项
阵列（AR）	与二维相同	延伸（EX）	有专门的三维选项
移动（M）	与二维相同	打断（BR）	在三维空间只能用于二维对象
旋转（RO）	可用于*xy*平面上的三维对象	倒角（CHA）	有专门的三维选项
对齐（AL）	可用于三维对象	圆角（F）	有专门的三维选项
分解（X）	与二维相同		

实战练习

绘制以下图形，并计算出阴影部分的面积。

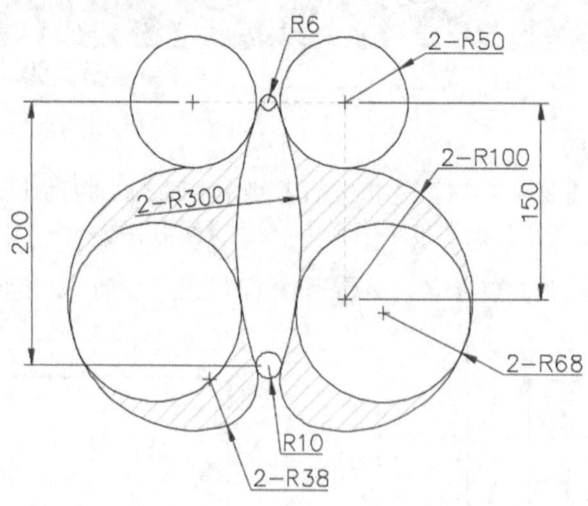

第 15 章

渲染

学习目标

AutoCAD为用户提供了强大的渲染功能，渲染图除了具有消隐图所具有的逼真感之外，还提供了调解光源、在模型表面附着材质等功能，使三维图形更加形象逼真，更加符合视觉效果。

学习效果

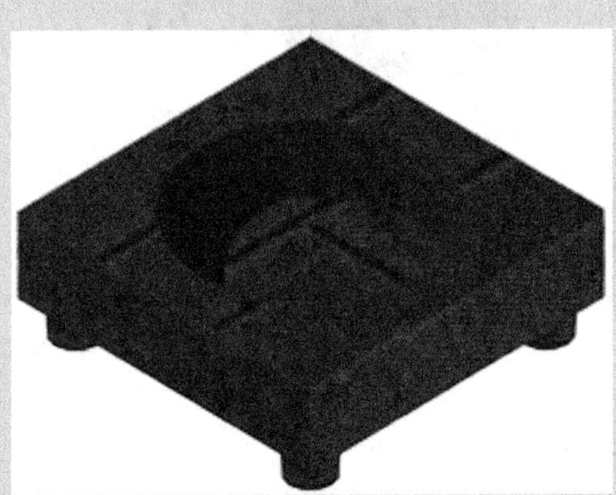

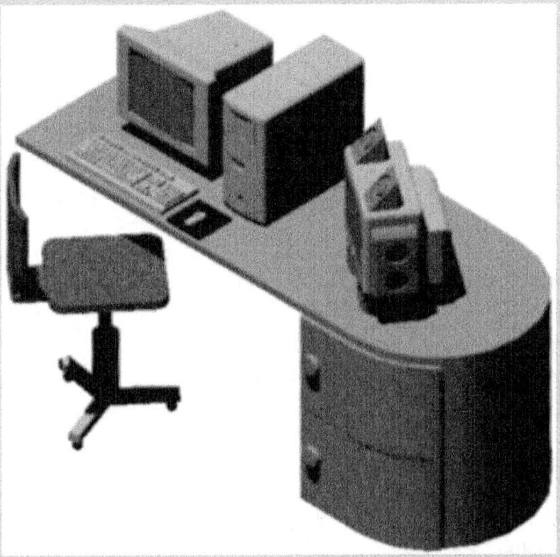

15.1 渲染的基本概念

本节视频教程时间：13 分钟

在AutoCAD中，三维模型对象虽然可以对事物进行整体上的有效表达，使其更加直观，结构更加明朗，但是在视觉效果上面却与真实物体存在着很大差距。AutoCAD的渲染功能有效地弥补了这一缺陷，将三维模型对象表现得更加完美，更加真实。

15.1.1 渲染的功能

AutoCAD的渲染模块基于一个名为Acrender.arx的文件，该文件在使用渲染命令时自动加载。AutoCAD的渲染模块具有如下功能。

（1）支持3种类型的光源：聚光源、点光源和平行光源。另外还可以支持色彩并能够产生阴影效果。

（2）支持透明和反射材质。

（3）可以在曲面上加上位图图像来帮助创建具有真实感的渲染。

（4）可以加上人物、树木和其他类型的位图图像进行渲染。

（5）可以完全控制渲染的背景。

（6）可以通过对远距离对象进行明暗处理来增强距离感。

渲染相对于其他视觉样式有更直观的表达，下面的3张图分别是圆锥体曲面模型的线框图、消隐处理后的图像以及渲染处理后的图像。

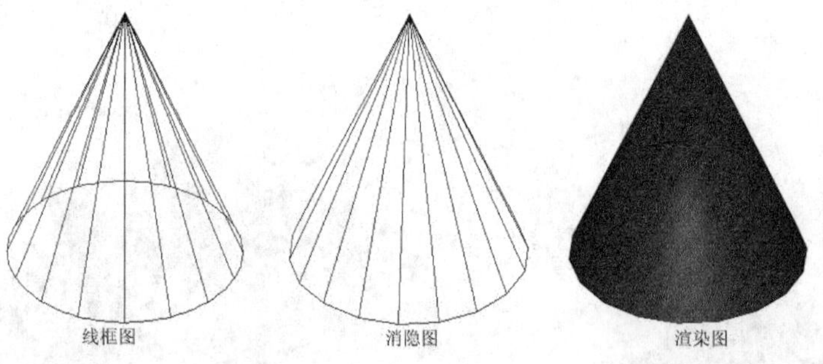

15.1.2 窗口渲染

渲染可以在窗口、视口和面域中进行，AutoCAD 2019默认是在窗口中进行中等质量的渲染。

1. 命令调用方法

在AutoCAD 2019中调用【渲染】命令的方法通常有以下2种。

- 命令行输入“RENDER/RR”命令并按空格键。
- 单击【可视化】选项卡➤【渲染】面板➤【渲染】按钮。

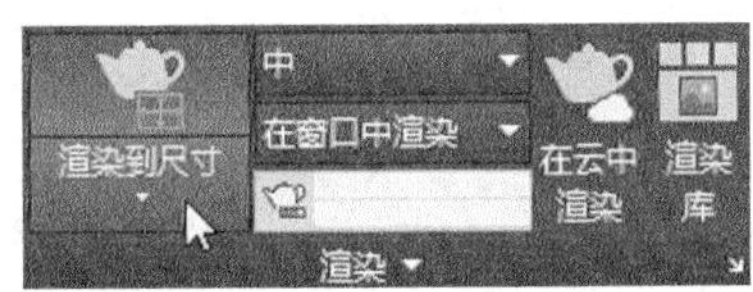

2. 命令提示

使用系统默认的窗口中等质量渲染之后，系统会弹出【渲染】窗口，如下图所示。

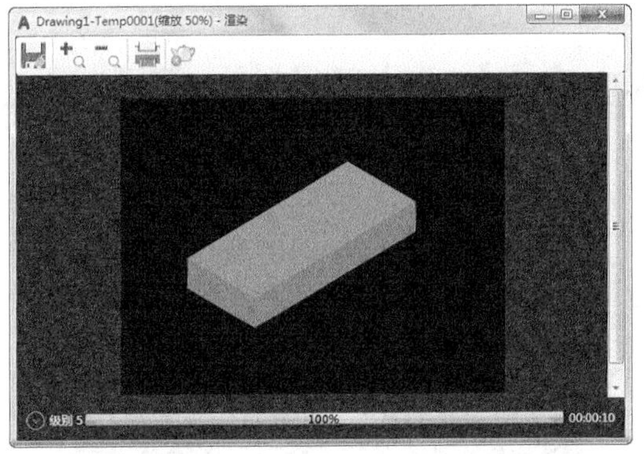

3. 知识点扩展

【渲染】窗口分为【图像】窗格、【历史记录】和【信息统计】窗格。所有图形的渲染始终显示在其相应的【渲染】窗口中。

在渲染窗口可以执行以下操作。

- 将图像保存为文件。
- 将图像的副本保存为文件。
- 监视当前渲染的进度。
- 追踪模型的渲染历史记录。
- 删除渲染历史记录中的图像。
- 放大渲染图像的某个部分，平移图像，然后再将其缩小。

● 【图像】窗格：渲染器的主输出目标。显示当前渲染的进度和当前渲染操作完成后的最终渲染图像。

- 【缩放比例】：缩放比例范围为 1% 到 6400%。可以单击【放大】和【缩小】按钮，或滚动鼠标滚轮来更改当前的缩放比例。
- 【进度条】：进度条显示完成的层数、当前迭代的进度以及总体渲染时间。通过单击位于【渲染】窗口顶部的【取消】或按【Esc】，可以取消渲染。

● 【历史记录】窗格：位于底部，默认情况下处于折叠状态；可以访问当前模型最近渲染的图像，以及用于创建渲染图像的对象的统计信息。

● 【预览】：已完成渲染的图像的缩略图。

● 【输出文件名称】：渲染图像的文件名。

● 【输出尺寸】：渲染图像的宽度和高度（以像素为单位）。

● 【输出分辨率】：渲染图像的分辨率，以每英寸点数 (DPI) 为单位。

● 【视图】：所渲染的视图名称的名称。如果没有任何命名视图是当前的，则将视图存储为当前。

● 【渲染时间】：测得的渲染时间（采用时 : 分 : 秒格式）。

● 【渲染预设】：用于渲染的渲染预设名称。

● 【渲染统计信息】：创建渲染图像的日期和时间，以及渲染视图中的对象数。对象计数包括几何图形、光源和材质。

小提示

在历史记录条目上单击鼠标右键，将显示包含以下选项的菜单。

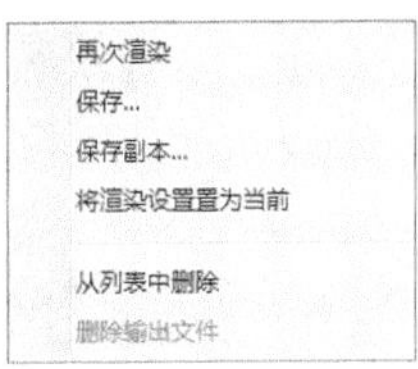

● 【再次渲染】：为选定的历史记录条目重新启动渲染器。

● 【保存】：显示【渲染输出文件】对话框，通过此对话框可以将渲染图像保存到磁盘。

● 【保存副本】：将图像保存到新位置而不会影响已存储在条目中的位置。将显示【渲染输出文件】对话框。

● 【将渲染设置置为当前】：将与选定历史记录条目相关联的渲染预设置为当前。

● 【从列表中删除】：从历史记录中删除条目，而仍在图像窗格中保留所有关联的图像文件。

● 【删除输出文件】：从磁盘中删除与选定的历史记录条目相关联的图像文件。

● 【选项列表】：选项列表包括【保

存】、【放大】、【缩小】、【打印】和【取消】5个选项，如下图所示。

- 【保存】：将图像保存为光栅图像文件。当渲染到【渲染】窗口时，不能使用 SAVEIMG 命令，此命令仅适用于在视口中进行渲染。
- 【放大】：放大【图像】窗格中的渲染图像。放大后，可以平移图像。
- 【缩小】：缩小【图像】窗格中的渲染图像。
- 【打印】：将渲染图像发送到指定的系统打印机。
- 【取消】：中止当前渲染。

15.1.3 实战演练——为三维模型进行窗口渲染

下面将使用系统默认的窗口中等质量渲染对电机模型进行渲染，具体操作步骤如下。

步骤 01 打开“素材\CH15\电机.dwg”文件，如下图所示。

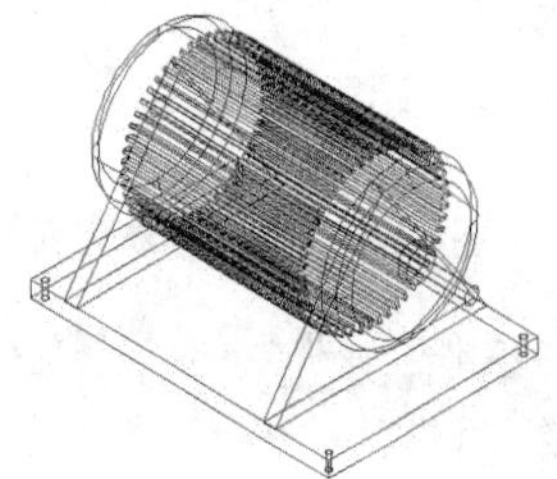

步骤 02 调用渲染命令，系统默认的窗口中等质量渲染结果如右图所示。

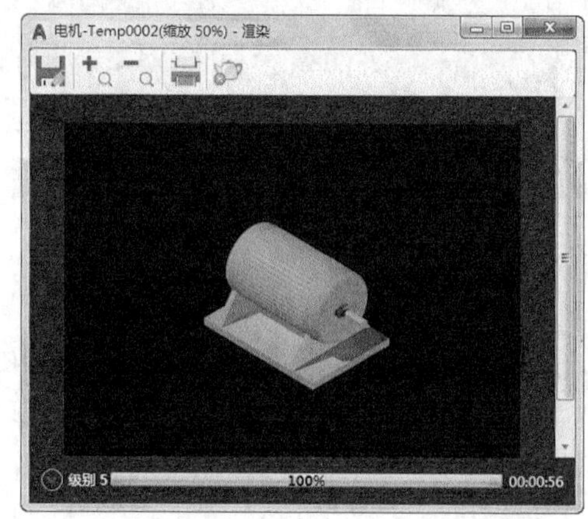

15.1.4 高级渲染设置

高级渲染设置可以控制渲染器如何处理渲染任务，尤其是在渲染较高质量的图像时更加实用。

1. 命令调用方法

在AutoCAD 2019中调用【高级渲染设置】命令的方法通常有以下3种。

- 选择【视图】➤【渲染】➤【高级渲染设置】菜单命令。
- 命令行输入“RPREF/RPR”命令并按空格键。
- 单击【可视化】选项卡➤【渲染】面板右下角的按钮 ↘。

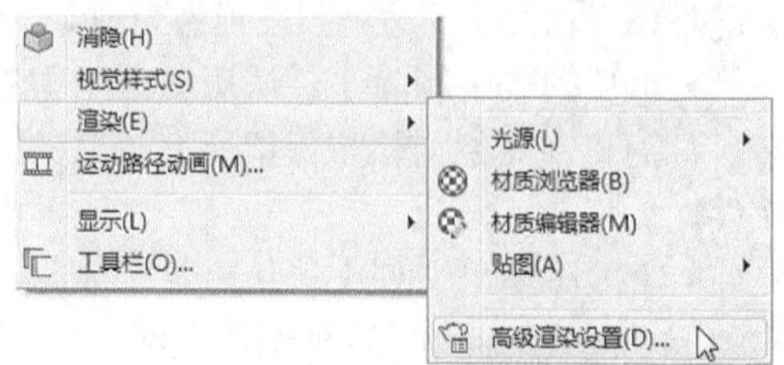

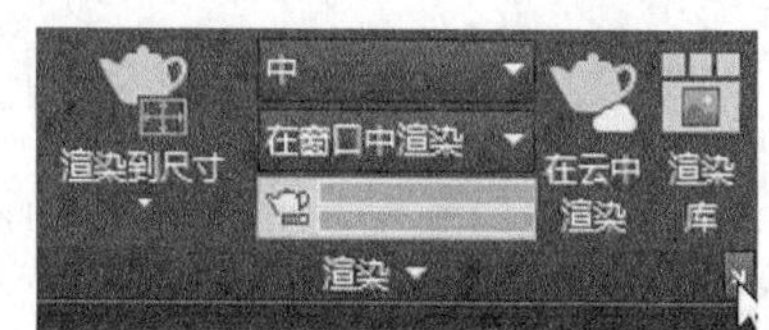

2. 命令提示

调用【高级渲染设置】命令之后，系统会弹出【渲染预设管理器】面板，如下图所示。

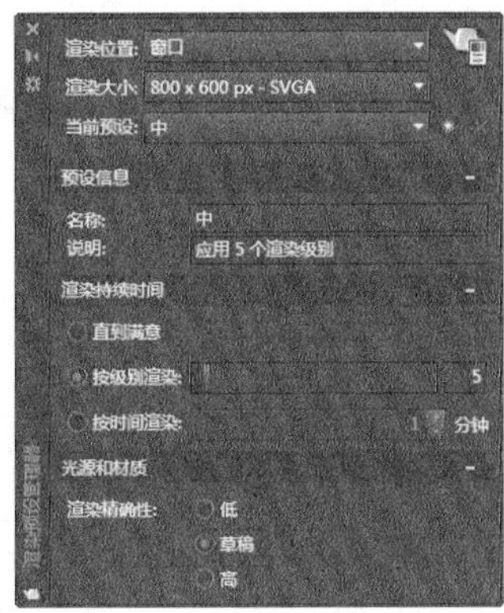

3. 知识点扩展

● 【渲染位置】：确定渲染器显示渲染图像的位置，单击列表的下拉按钮，弹出【窗口】、【视口】和【面域】等选项，如下图所示。

◆ 【窗口】：将当前视图渲染到【渲染】窗口。

◆ 【视口】：在当前视口中渲染当前视图。

◆ 【面域】：在当前视口中渲染指定区域。

● 【渲染大小】：指定渲染图像的输出尺寸和分辨率。选择【更多输出设置】以显示【"渲染到尺寸"输出设置】对话框并指定自定义输出尺寸。【渲染尺寸】下拉列表的选项如下图所示。

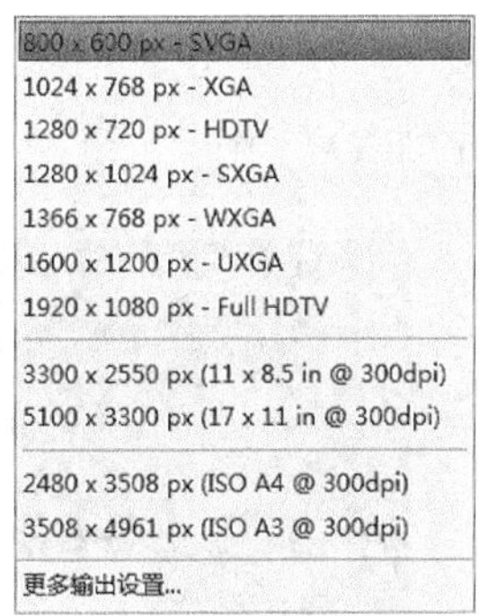

小提示

仅当从【渲染位置】下拉列表中选择【窗口】时，此选项才可用。

● 【渲染】：创建三维实体或曲面模型的真实照片级图像或真实着色图像。

● 【当前预设】：指定渲染视图或区域时要使用的渲染预设。AutoCAD 2019有5种预设，默认为"中"，如下图所示。

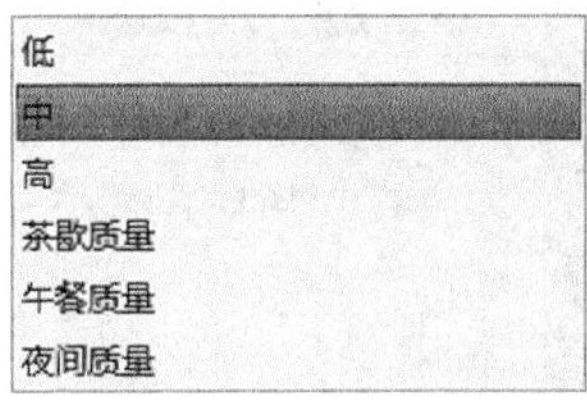

小提示

修改标准渲染预设的设置时会导致创建新的自定义渲染预设。

◆ 【创建副本】：复制选定的渲染预设。将复制的渲染预设名称以及后缀"- CopyN"附加到该名称，以便为该新的自定义渲染预设创建唯一名称。"N"所表示的数字会递增，直到创建唯一名称。

◆ 【删除】：从图形的【当前预设】下拉列表中，删除选定的自定义渲染预设。在删除选定的渲染预设后，将另一个渲染预设置为当前。

◆ 【预设信息】：显示选定渲染预设的名称和说明。

◆ 【名称】：指定选定渲染预设的名称。可以重命名自定义渲染预设而非标准渲染预设。

◆ 【说明】：指定选定渲染预设的说明。

◆ 【渲染持续时间】：控制渲染器为创建最终渲染输出而执行的迭代时间或层级数。增加时间或层级数可提高渲染图像的质量。（RENDERTARGET 系统变量）

◆ 【直到满意为止】：渲染将继续，直到取消为止。

◆ 【按级别渲染】：指定渲染引擎为创建渲染图像而执行的层级数或迭代数。（RENDERLEVEL 系统变量）

◆【按时间渲染】：指定渲染引擎用于反复细化渲染图像的分钟数。（RENDERTIME 系统变量）

●【光源和材质】：控制用于渲染图像的光源和材质计算的准确度。（RENDERLIGHTCALC 系统变量）

◆【低】：简化光源模型，最快但最不真实。全局照明、反射和折射处于禁用状态。

◆【草稿】：基本光源模型，平衡性能和真实感。全局照明处于启用状态，反射和折射处于禁用状态。

◆【高】：高级光源模型，较慢但更真实。全局照明、反射和折射处于启用状态。

15.2 创建光源

本节视频教程时间：16 分钟

AutoCAD提供了3种光源单位：标准（常规）、国际（国际标准）和美制。

场景中没有光源时，AutoCAD将使用默认光源对场景进行着色或渲染。来回移动模型时，默认光源来自视点后面的两个平行光源。此时模型中所有的面均会被照亮，以使其可见。亮度和对比度是可以控制的，但用户不需要自己创建或放置光源。

插入自定义光源或启用阳光时，将会为用户提供禁用默认光源的选项。另外，用户可以仅将默认光源应用到视口，同时将自定义光源应用到渲染。

15.2.1 点光源

法线点光源不以某个对象为目标，而是照亮它周围的所有对象，使用类似点光源来获得基本照明效果。

目标点光源具有其他目标特性，因此它可以定向到对象。也可以通过将点光源的目标特性从【否】更改为【是】，从点光源创建目标点光源。

在标准光源工作流中可以手动设定点光源，使其强度随距离线性衰减（根据距离的平方反比）或者不衰减。默认情况下，衰减设定为【无】。

1. 命令调用方法

在AutoCAD 2019中调用【新建点光源】命令的方法通常有以下3种。

●选择【视图】➤【渲染】➤【光源】➤【新建点光源】菜单命令。

●命令行输入“POINTLIGHT”命令并按空格键。

●单击【可视化】选项卡➤【光源】面板➤【创建光源】下拉列表➤【点】按钮。

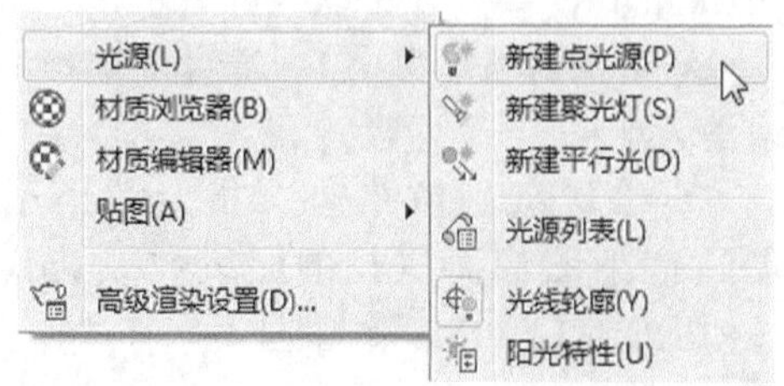

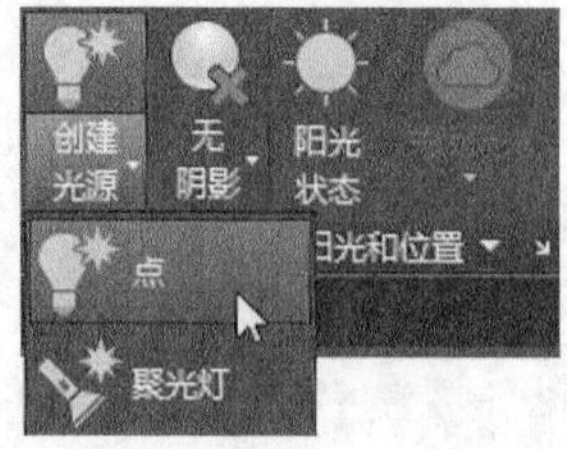

2. 命令提示

调用【新建点光源】命令之后，系统会弹出【光源 - 视口光源模式】询问对话框，如下图所示。

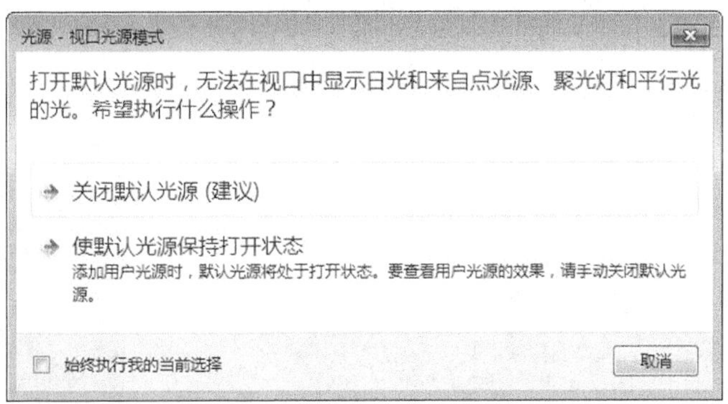

15.2.2 实战演练——新建点光源

下面将利用【新建点光源】命令在绘图环境中创建点光源，具体操作步骤如下。

步骤 01 打开“素材\CH15\新建光源.dwg”文件，如下图所示。

步骤 02 选择【视图】➤【渲染】➤【光源】➤【新建点光源】菜单命令，系统弹出【光源-视口光源模式】询问对话框，选择【关闭默认光源（建议）】选项，然后在命令提示下指定新建点光源的位置及强度因子，命令行提示如下。

```
命令：_pointlight
指定源位置 <0,0,0>: 0,0,50
输入要更改的选项 [ 名称 (N)/ 强度因子 (I)/ 状态 (S)/ 光度 (P)/ 阴影 (W)/ 衰减 (A)/ 过滤颜色 (C)/ 退出 (X)] < 退出 >: i
输入强度 (0.00 – 最大浮点数 ) <1>: 0.01
输入要更改的选项 [ 名称 (N)/ 强度因子 (I)/ 状态 (S)/ 光度 (P)/ 阴影 (W)/ 衰减 (A)/ 过滤颜色 (C)/ 退出 (X)] < 退出 >:
```

步骤 03 结果如下图所示。

15.2.3 聚光灯

聚光灯（例如闪光灯、剧场中的跟踪聚光灯或前灯）会分布投射一个聚焦光束。聚光灯发射的是定向锥形光，可以控制光源的方向和圆锥体的尺寸。与点光源一样，聚光灯也可以手动设定为强度随距离衰减，但是聚光灯的强度始终还是根据相对于聚光灯的目标矢量的角度衰减，此衰减由聚光灯的聚光角角度和照射角角度控制。可以用聚光灯亮显模型中的特定特征和区域。

1. 命令调用方法

在AutoCAD 2019中调用【新建聚光灯】命令的方法通常有以下3种。

- 选择【视图】➤【渲染】➤【光源】➤【新建聚光灯】菜单命令。
- 命令行输入“SPOTLIGHT”命令并按空格键。
- 单击【可视化】选项卡➤【光源】面板➤【创建光源】下拉列表➤【聚光灯】按钮。

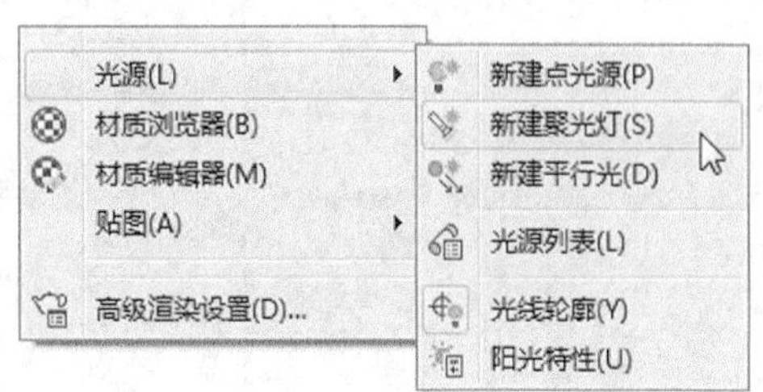

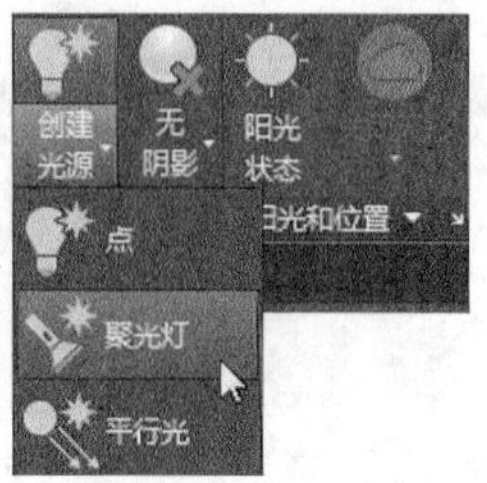

2. 命令提示

调用【新建聚光灯】命令之后，系统会弹出【光源 - 视口光源模式】询问对话框，参见15.2.1小节命令提示。

15.2.4 实战演练——新建聚光灯

下面将利用【新建聚光灯】命令在绘图环境中创建聚光灯，具体操作步骤如下。

步骤01 打开“素材\CH15\新建光源.dwg”文件，如下图所示。

步骤02 选择【视图】➤【渲染】➤【光源】➤【新建聚光灯】菜单命令，系统弹出【光源-视口光源模式】询问对话框，选择【关闭默认光源（建议）】选项，然后在命令提示下指定新建聚光灯的位置及强度因子，命令行提示如下。

命令：_spotlight
指定源位置 <0,0,0>：-120,0,0
指定目标位置 <0,0,-10>：-90,0,0
输入要更改的选项 [名称 (N)/ 强度因子 (I)/ 状态 (S)/ 光度 (P)/ 聚光角 (H)/ 照射角 (F)/ 阴影 (W)/ 衰减 (A)/ 过滤颜色 (C)/ 退出 (X)] <退出 >：i
输入强度 (0.00 – 最大浮点数) <1>：0.03
输入要更改的选项 [名称 (N)/ 强度因子 (I)/ 状态 (S)/ 光度 (P)/ 聚光角 (H)/ 照射角 (F)/ 阴影 (W)/ 衰减 (A)/ 过滤颜色 (C)/ 退出 (X)] <退出 >：

步骤03 结果如下图所示。

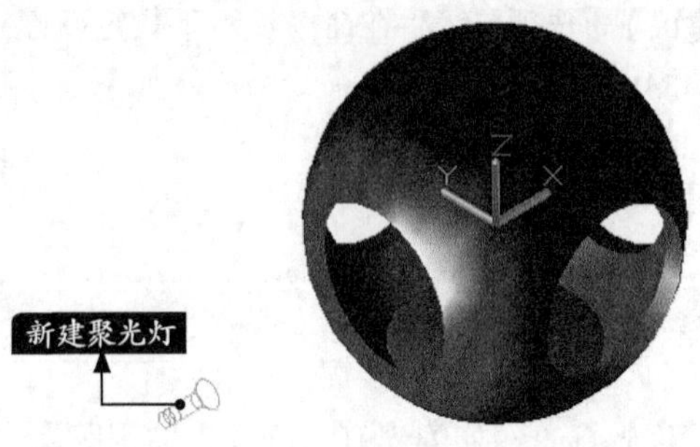

15.2.5 平行光

1. 命令调用方法

在AutoCAD 2019中调用【新建平行光】命令的方法通常有以下3种。

- 选择【视图】➤【渲染】➤【光源】➤【新建平行光】菜单命令。
- 命令行输入“DISTANTLIGHT”命令并按空格键。
- 单击【可视化】选项卡➤【光源】面板➤【创建光源】下拉列表➤【平行光】按钮。

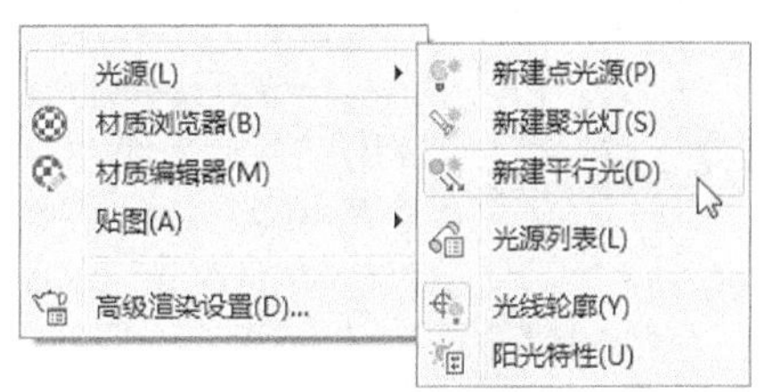

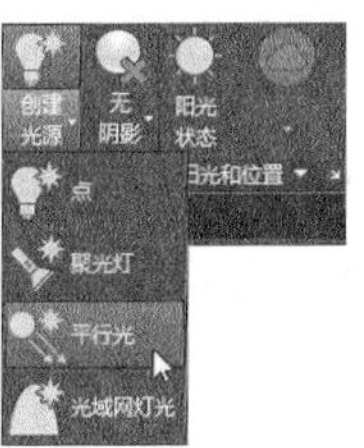

2. 命令提示

调用【新建平行光】命令之后，系统会弹出【光源 - 视口光源模式】询问对话框，参见15.2.1命令提示，选择【关闭默认光源（建议）】选项，系统弹出【光源 - 光度控制平行光】询问对话框，如下图所示。

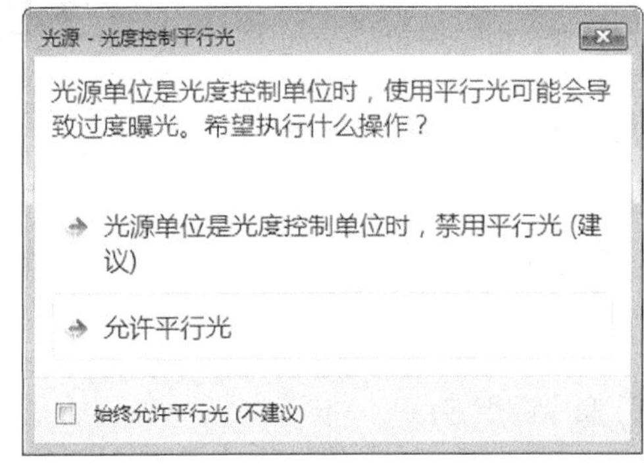

15.2.6 实战演练——新建平行光

下面将利用【新建平行光】命令在绘图环境中创建平行光，具体操作步骤如下。

步骤 01 打开“素材\CH15\新建光源.dwg”文件，如下图所示。

步骤 02 选择【视图】➤【渲染】➤【光源】➤【新建平行光】菜单命令，系统弹出【光源-视口光源模式】询问对话框，选择【关闭默认光源（建议）】选项，系统弹出【光源-光度控制平行光】询问对话框，选择【允许平行光】选项，然后在命令提示下指定新建平行光的光源来向、光源去向及强度因子，命令行提示如下。

```
命令：_distantlight
指定光源来向 <0,0,0> 或 [ 矢量 (V)]: 0,0,130
指定光源去向 <1,1,1>: 0,0,70
输入要更改的选项 [ 名称 (N)/ 强度因子 (I)/ 状态 (S)/ 光度 (P)/ 阴影 (W)/ 过滤颜色 (C)/ 退出 (X)] < 退出 >: i
输入强度 (0.00 – 最大浮点数 ) <1>: 2
```

输入要更改的选项 [名称 (N)/ 强度因子 (I)/ 状态 (S)/ 光度 (P)/ 阴影 (W)/ 过滤颜色 (C)/ 退出 (X)] < 退出 >:

步骤 03 结果如下图所示。

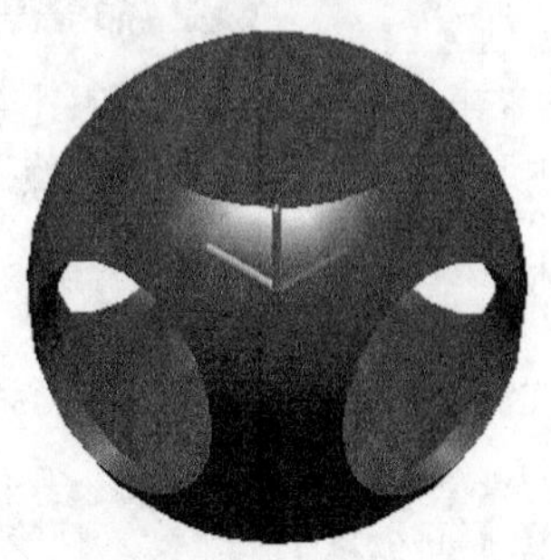

15.2.7 光域网灯光

光域网灯光是关于光源亮度分布的三维表现形式，存储于IES文件中，用于表示光线在一定空间范围内所形成的特殊效果。

1. 命令调用方法

在AutoCAD 2019中调用【光域网灯光】命令的方法通常有以下2种。

- 命令行输入“WEBLIGHT”命令并按空格键。
- 单击【可视化】选项卡➤【光源】面板➤【创建光源】下拉列表➤【光域网灯光】按钮。

2. 命令提示

调用【新建平行光】命令之后，系统会弹出【光源 - 视口光源模式】询问对话框，参见15.2.1小节命令提示。

15.2.8 实战演练——新建光域网灯光

下面将利用【光域网灯光】命令在绘图环境中创建光源，具体操作步骤如下。

步骤 01 打开“素材\CH15\新建光源.dwg”文件，如下图所示。

步骤 02 单击【可视化】选项卡➤【光源】面板➤【创建光源】下拉列表➤【光域网灯光】按钮，系统弹出【光源-视口光源模式】询问对话框，选择【关闭默认光源（建议）】选项，然后在命令提示下指定新建光域网灯光的源位置、目标位置及强度因子，命令行提示如下。

```
命令：_WEBLIGHT
指定源位置 <0,0,0>: -30,0,130
指定目标位置 <0,0,-10>: 0,0,0
输入要更改的选项 [名称 (N)/ 强度因子 (I)/ 状态 (S)/ 光度 (P)/ 光域网 (B)/ 阴影 (W)/ 过滤颜色 (C)/ 退出 (X)] < 退出 >: i
输入强度 (0.00 – 最大浮点数 ) <1>: 0.1
输入要更改的选项 [ 名称 (N)/ 强度因子 (I)/ 状态 (S)/ 光度 (P)/ 光域网 (B)/ 阴影 (W)/ 过滤颜色 (C)/ 退出 (X)] < 退出 >:
```

步骤 03 结果如下图所示。

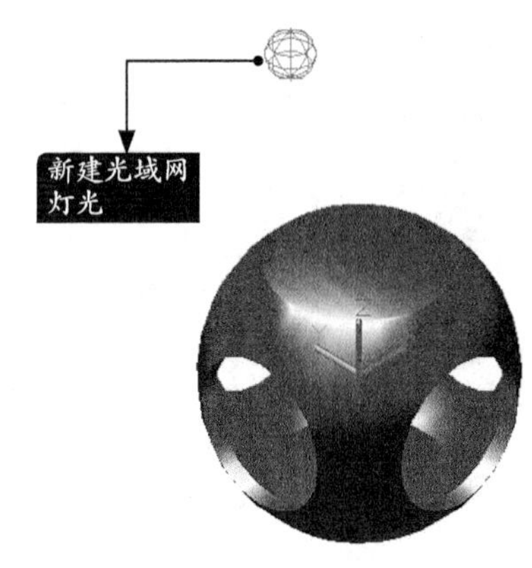

15.3 材质

本节视频教程时间：8 分钟

材质能够详细描述对象如何反射或透射灯光，可使场景更加具有真实感。

15.3.1 材质浏览器

用户可以使用材质浏览器导航和管理材质。

1. 命令调用方法

在AutoCAD 2019中调用【材质浏览器】面板的方法通常有以下3种。

- 选择【视图】➤【渲染】➤【材质浏览器】菜单命令。
- 命令行输入"MATBROWSEROPEN/MAT"命令并按空格键。
- 单击【可视化】选项卡➤【材质】面板➤【材质浏览器】按钮。

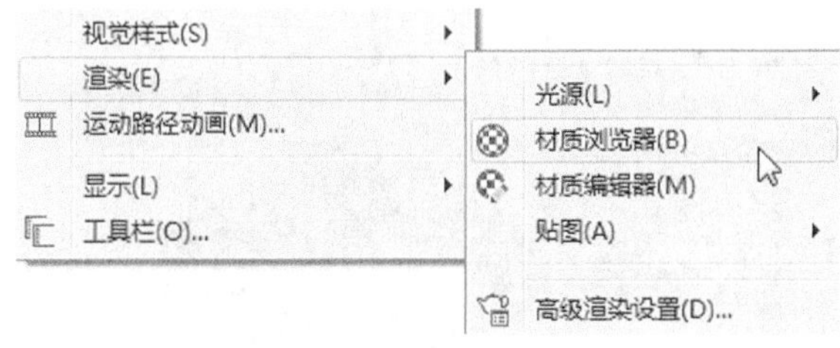

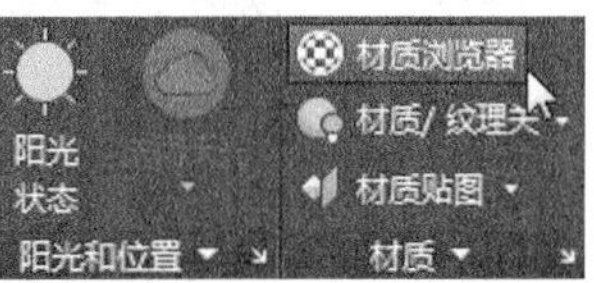

2. 命令提示

调用【材质浏览器】命令之后，系统会弹出【材质浏览器】面板，如下图所示。

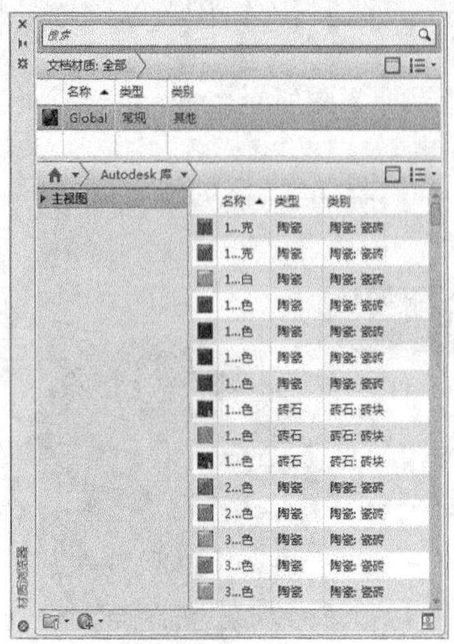

3. 知识点扩展

- 【创建材质】：在图形中创建新材质，单击该按钮的下拉箭头，弹出下图所示的材质。

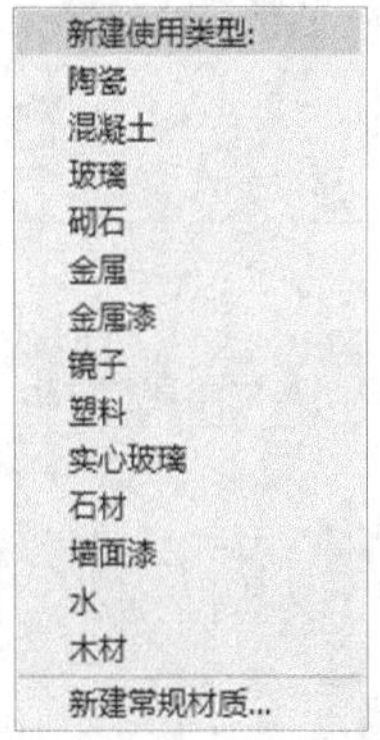

- 【文档材质：全部】：描述图形中所有应用材质。单击下拉列表后如下图所示。

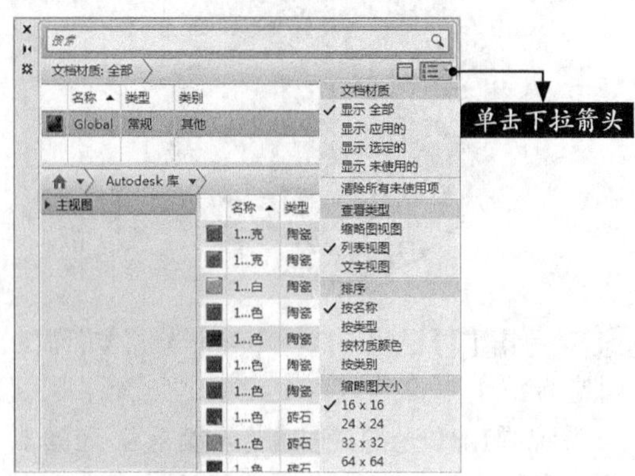

- 【Autodesk库】：包含了Autodesk提供的所有材质，如下图所示。

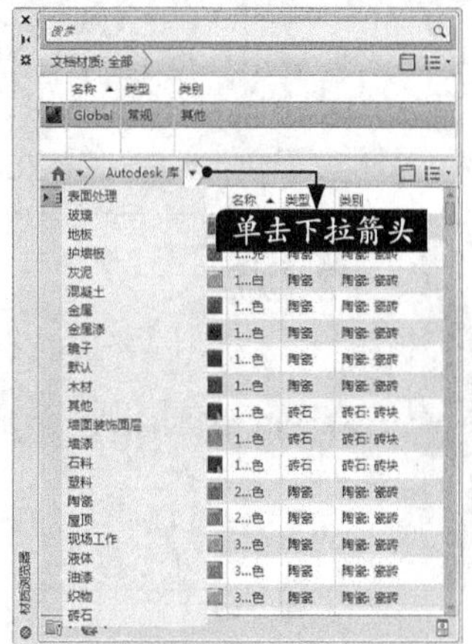

- 【管理】：单击下拉列表如下图所示。

15.3.2 实战演练——附着材质

下面将利用【材质浏览器】面板为三维模型附着材质，具体操作步骤如下。

步骤 01 打开“素材\CH15\附着材质.dwg”文件，如下图所示。

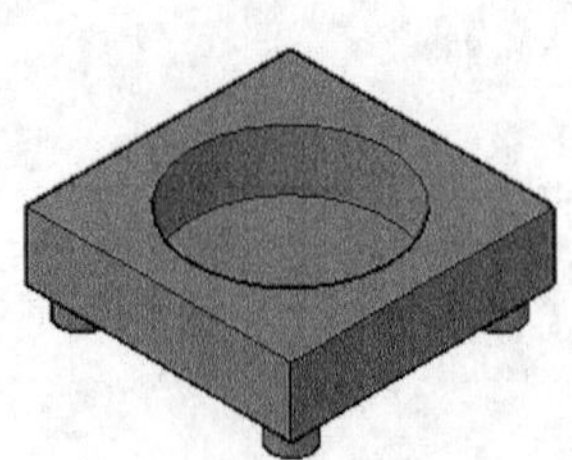

步骤 02 选择【视图】➤【渲染】➤【材质浏览器】菜单命令，在弹出【材质浏览器】面板上选择【12英寸顺砌-紫红色】材质选项，如下图所示。

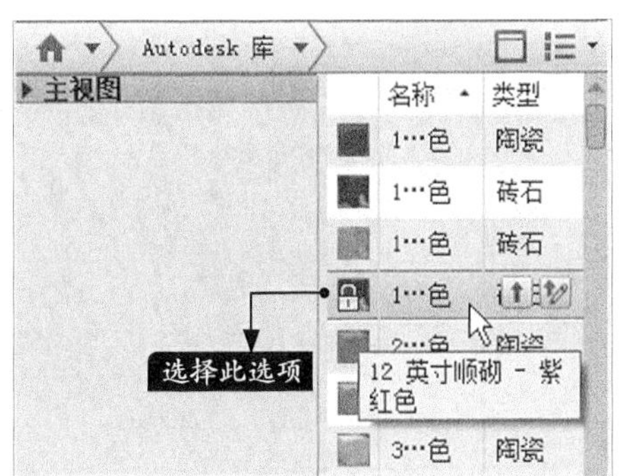

步骤 03 将【12英寸顺砌-紫红色】材质拖曳到三维建模空间中的三维模型上面，如下图所示。

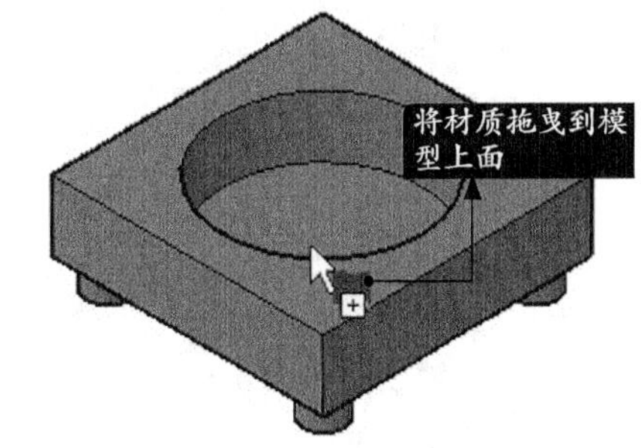

步骤 04 命令行输入“RENDER/RR”命令并按空格键，结果如下图所示。

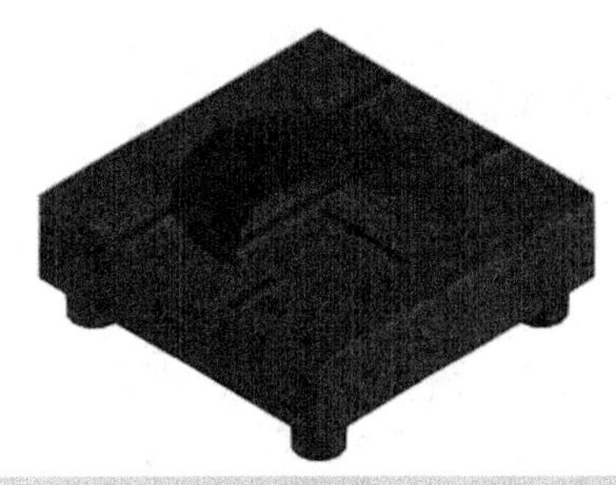

15.3.3 材质编辑器

材质编辑器用于编辑在【材质浏览器】中选定的材质。

1. 命令调用方法

在AutoCAD 2019中调用【材质编辑器】面板的方法通常有以下3种。

- 选择【视图】➤【渲染】➤【材质编辑器】菜单命令。
- 命令行输入“MATEDITOROPEN”命令并按空格键。
- 单击【可视化】选项卡➤【材质】面板右下角的按钮 ↘。

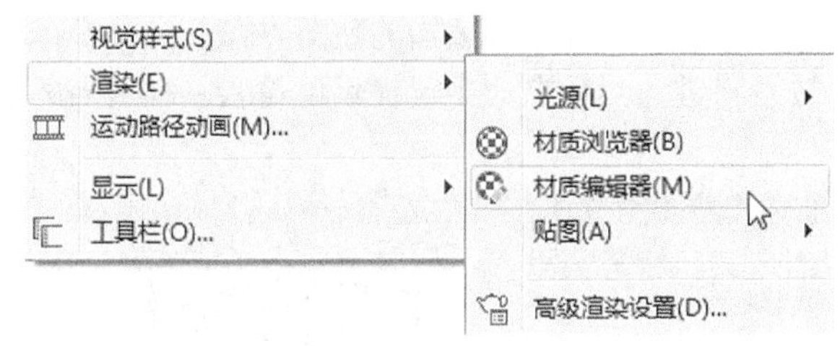

2. 命令提示

调用【材质编辑器】命令之后，系统会弹出【材质编辑器】面板。选择【外观】选项卡，如下左图所示。选择【信息】选项卡，如下右图所示。

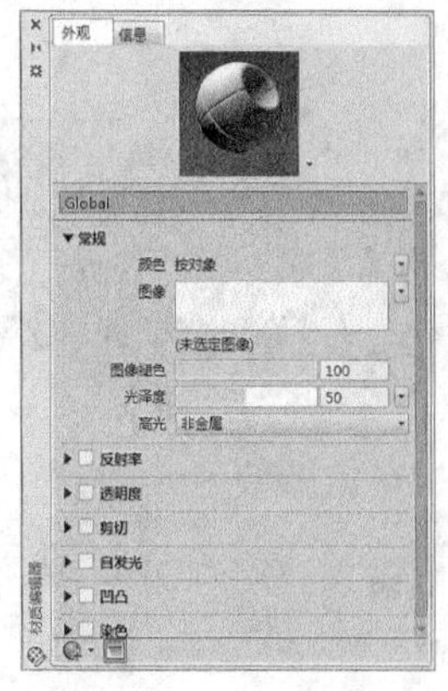

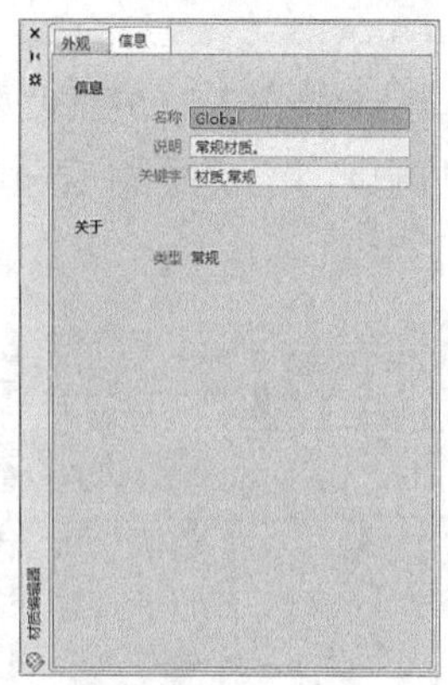

3. 知识点扩展

- 【材质预览】：预览选定的材质。
- 【选项】下拉菜单：提供用于更改缩略图预览的形状和渲染质量的选项。
- 【名称】：指定材质的名称。
- 【显示材质浏览器】按钮：显示材质浏览器。
- 【创建材质】按钮：创建或复制材质。
- 【信息】：指定材质的常规说明。
- 【关于】：显示材质的类型、版本和位置。

15.3.4 设置贴图

将贴图频道和贴图类型添加到材质后，用户可以通过修改相关的贴图特性优化材质。贴图的特性可以使用贴图控件来调整。

1. 命令调用方法

在AutoCAD 2019中调用【贴图】命令的方法通常有以下3种。

- 选择【视图】➤【渲染】➤【贴图】菜单命令，然后选择一种适当的贴图方式。
- 命令行输入“MATERIALMAP”命令并按空格键，然后在命令行提示下输入一种适当的选项按空格键确认。
- 单击【可视化】选项卡➤【材质】面板➤【材质贴图】按钮，然后选择一种适当的贴图方式。

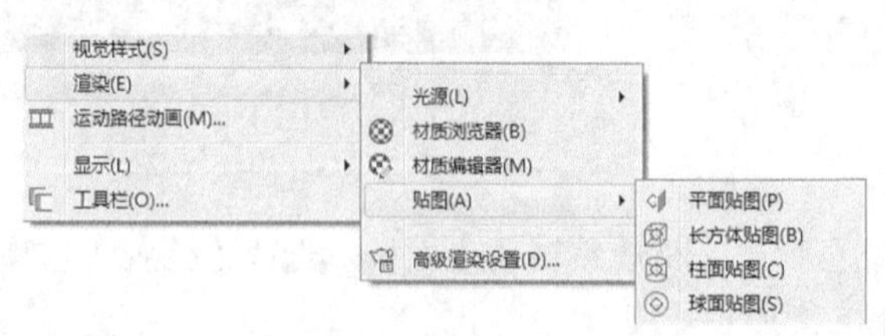

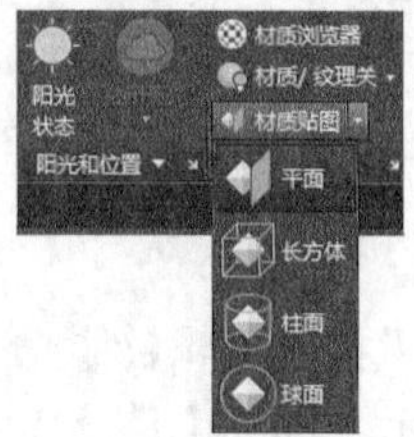

2. 知识点扩展

- 【平面贴图】：将图像映射到对象上，就像将其从幻灯片投影器投影到二维曲面上一样。图像不会失真，但是会被缩放以适应对象。该贴图最常用于面。

●【长方体贴图】：将图像映射到类似长方体的实体上。该图像将在对象的每个面上重复使用。

●【柱面贴图】：在水平和垂直两个方向上同时使图像弯曲。纹理贴图的顶边在球体的“北极”压缩为一个点。同样，底边在“南极”压缩为一个点。

●【球面贴图】：将图像映射到圆柱形对象上，水平边将一起弯曲，但顶边和底边不会弯曲。图像的高度将沿圆柱体的轴进行缩放。

15.4 综合应用——渲染书桌模型

本节视频教程时间：5 分钟

书桌在家庭中较为常见，通常摆放在书房，有很高的实用价值。本实例将为书桌三维模型附着材质并添加灯光。

1. 为书桌模型添加材质

步骤01 打开“素材\CH15\书桌模型.dwg”文件，如下图所示。

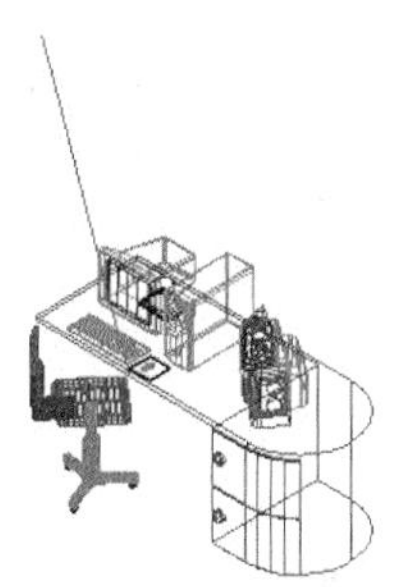

步骤02 选择【视图】➤【渲染】➤【材质浏览器】菜单命令，系统弹出【材质浏览器】选项板，在【Autodesk库】中【漆木】材质上单击鼠标右键，在快捷菜单中选择【添加到】➤【文档材质】选项，如下图所示。

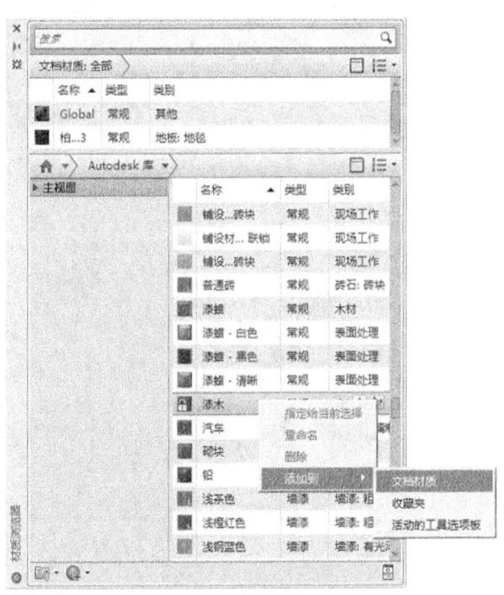

步骤03 在【文档材质：全部】区域中单击【漆木】材质的编辑按钮，如下图所示。

步骤04 系统弹出【材质编辑器】选项板，如下图所示。

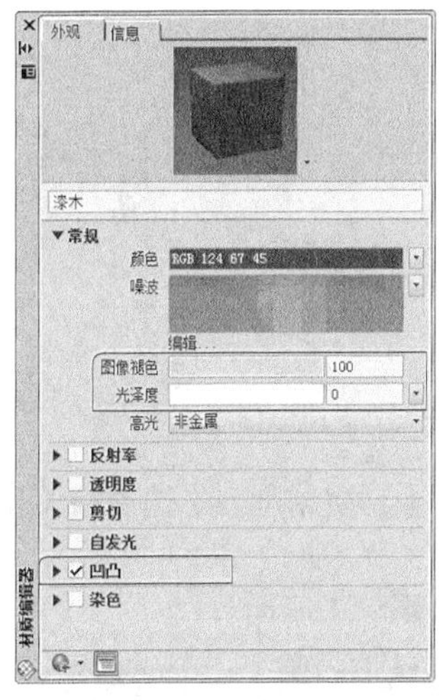

步骤05 在【材质编辑器】选项板中取消【凹凸】复选框的选择，并在【常规】卷展栏下对【图像褪色】及【光泽度】的参数进行调整，如下图所示。

步骤 06 在【文档材质：全部】区域中右键单击【漆木】选项，在弹出的快捷菜单中选择【选择要应用到的对象】选项，如下图所示。

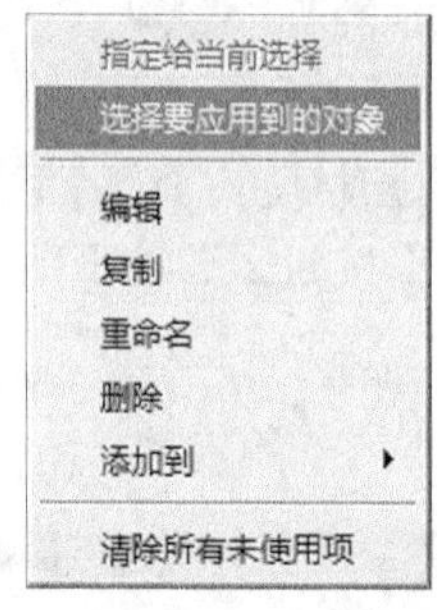

步骤 07 在绘图区域中选择书桌模型，如下图所示。

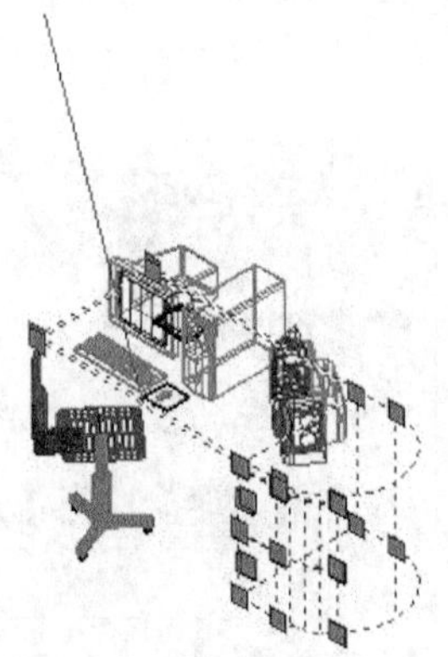

步骤 08 将【材质浏览器】选项板关闭。

2. 为书桌模型添加灯光

步骤 01 选择【视图】➤【渲染】➤【光源】➤【新建平行光】菜单命令，系统弹出【光源-视口光源模式】询问对话框，选择【关闭默认光源（建议）】选项，如下图所示。

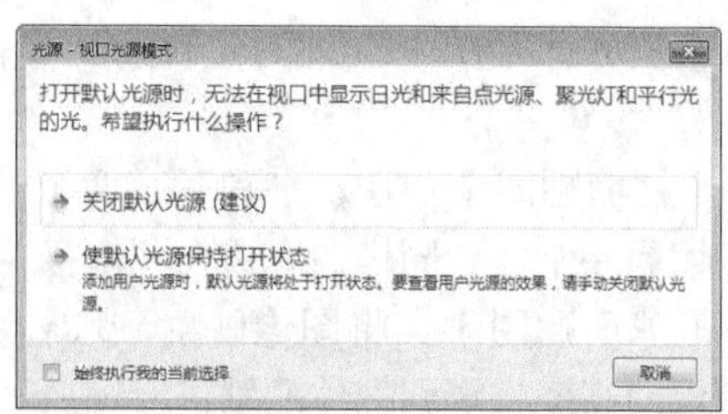

步骤 02 系统弹出【光源-光度控制平行光】询问对话框，选择【允许平行光】选项，然后在绘图区域中捕捉如下图所示端点以指定光源来向。

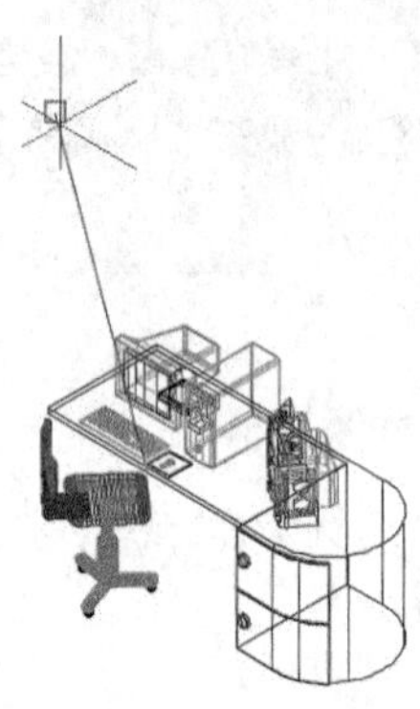

步骤 03 在绘图区域中拖曳鼠标并捕捉如下图所示端点以指定光源去向。

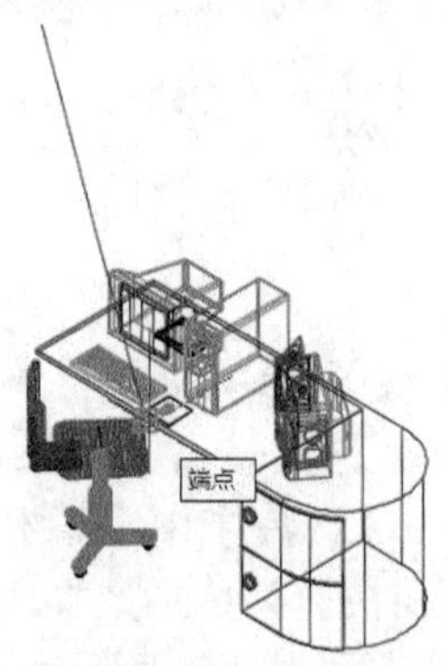

步骤 04 按空格键确认，然后在绘图区域中选择下图所示的直线段，按【Del】键将其删除。

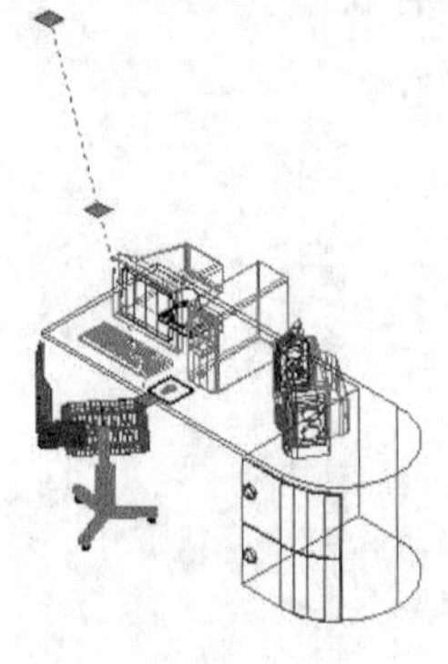

步骤 05 直线删除后，结果如下图所示。

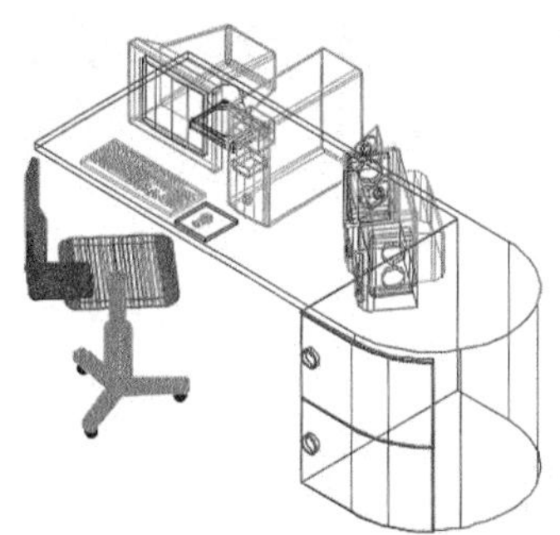

3. 渲染书桌模型

步骤 01 调用渲染命令，结果如下图所示。

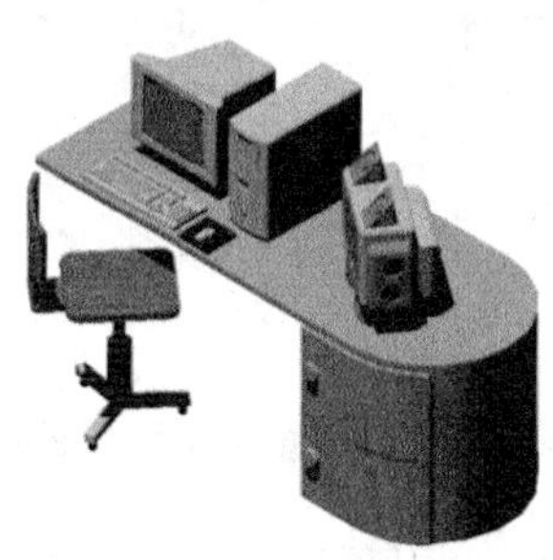

疑难解答

本节视频教程时间：7 分钟

渲染环境和曝光

渲染环境和曝光用于基于图像的照明，并控制要在渲染时应用的曝光设置。

单击【可视化】选项卡➤【渲染】面板下拉列表➤【渲染环境和曝光】按钮，系统弹出【渲染环境和曝光】面板，如下图所示。

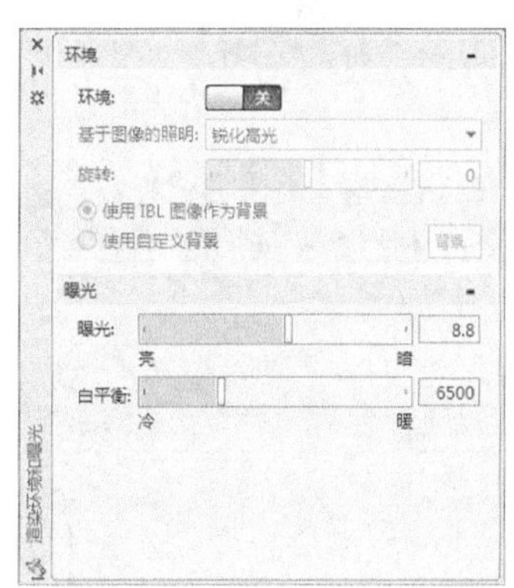

- 【环境】：控制渲染时基于图像的照明及设置。
  - 【基于图像的照明】：指定要应用的图像照明贴图。
  - 【旋转】：指定图像照明贴图的旋转角度。
  - 【使用 IBL 图像作为背景】：指定的图像照明贴图将影响场景的亮度和背景。
  - 【使用自定义背景】：指定的图像照明贴图仅影响场景的亮度。可选的自定义背景可以应用到场景中。
  - 【背景】按钮：显示【基于图像的照明背景】对话框，并指定自定义的背景。

- 【曝光】：控制渲染时要应用的摄影曝光设置。
  - 【曝光】（亮度）：设置渲染的全局亮度级别，减小该值可使渲染的图像变亮，增大该值可使渲染的图像变暗。
  - 【白平衡】：设置渲染时全局照明的开尔文色温值。低（冷温度）值会产生蓝色光，而高（暖温度）值会产生黄色或红色光。

设置渲染的背景色

AutoCAD默认以黑色作为背景对模型进行渲染，用户可以根据实际需求对其进行更改，具体操作步骤如下。

步骤 01 打开“素材\CH15\设置渲染的背景色.dwg”文件，如下图所示。

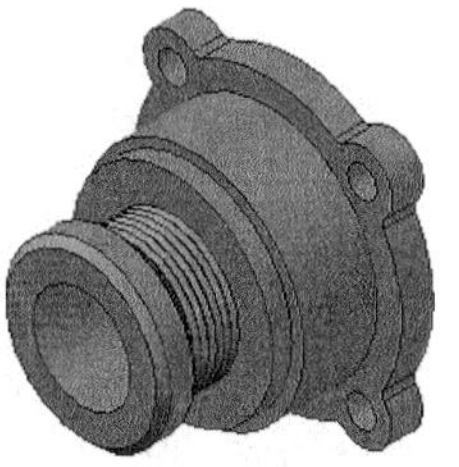

步骤 02 在命令行输入【BACKGROUND】命令并按空格键确认，弹出【背景】对话框，【类型】选“纯色”，如下图所示。

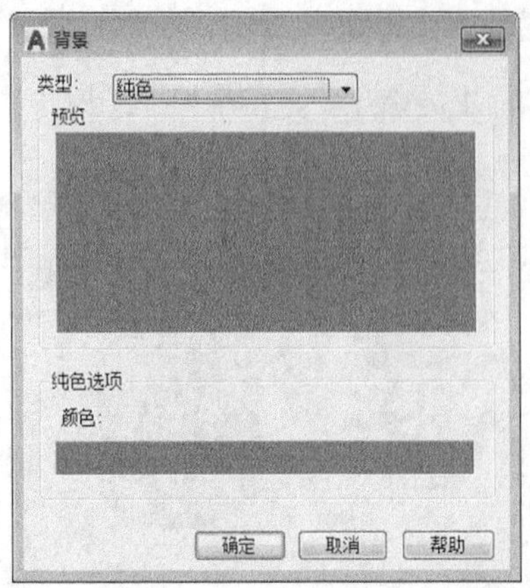

步骤03 在【纯色选项】区域中的颜色位置单击，弹出【选择颜色】对话框，将颜色设置为“白色”，如下图所示。

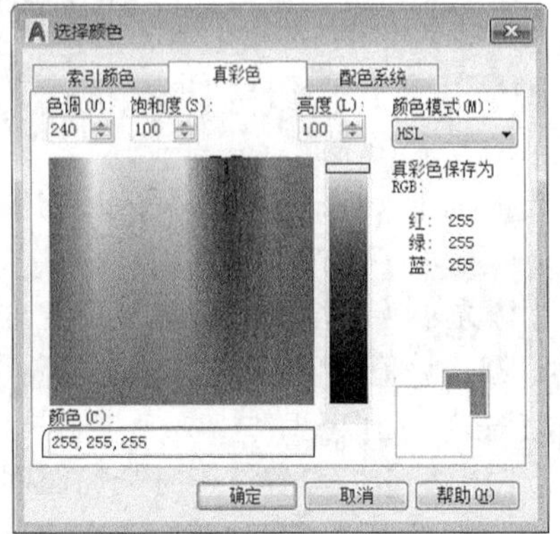

步骤04 在【选择颜色】对话框中单击【确定】按钮，返回【背景】对话框，如下图所示。

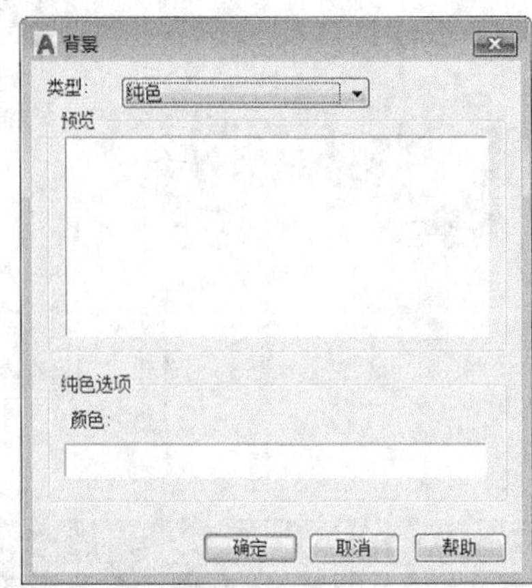

步骤05 在【背景】对话框中单击【确定】按钮，然后调用渲染命令，结果如下图所示。

实战练习

绘制以下图形，并计算出阴影部分的面积。图形中的虚线部分为正六边形。

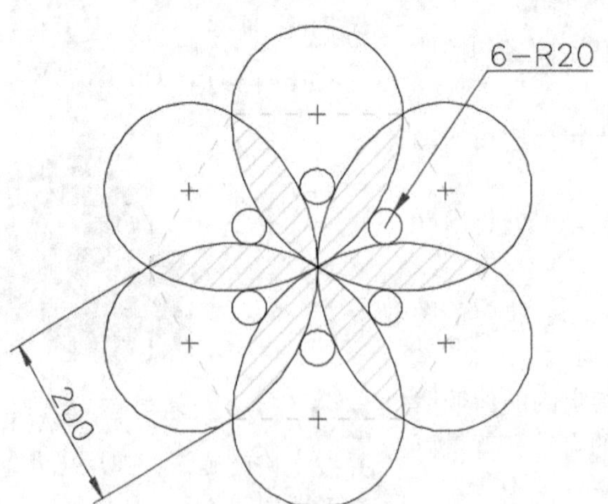

第4篇
高手秘笈

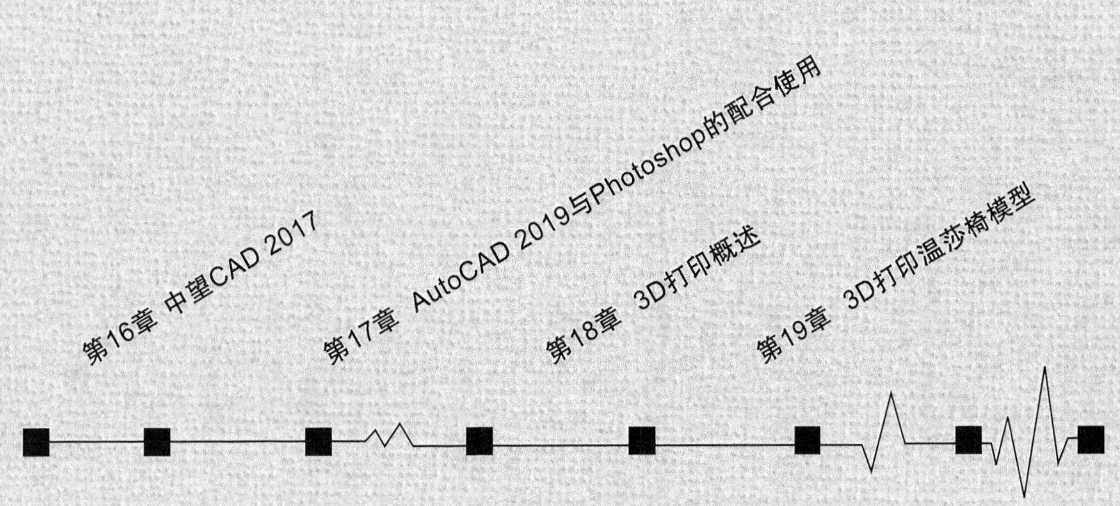

第16章 中望CAD 2017
第17章 AutoCAD 2019与Photoshop的配合使用
第18章 3D打印概述
第19章 3D打印温莎椅模型

第16章

中望CAD 2017

学习目标

中望CAD是基于AutoCAD平台开发的国产CAD软件，其界面风格和操作习惯与AutoCAD高度一致，兼容DGW最新版本格式文件。在使用方面，中望CAD的运行速度更快，系统稳定性更高，也更符合国人的使用习惯。

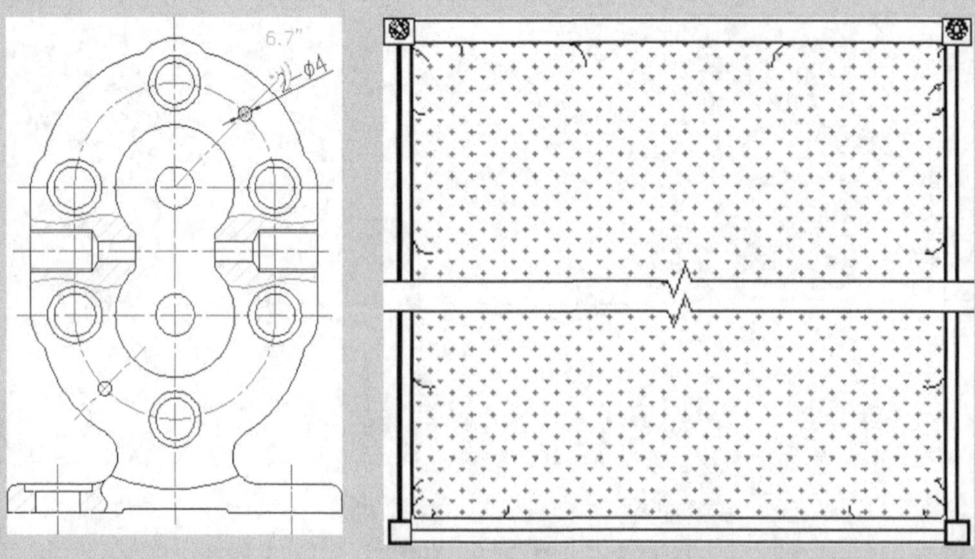

16.1 中望CAD简介

本节视频教程时间：3 分钟

中望CAD是中望数字化设计软件有限责任公司自主研发的新一代二维CAD平台软件，运行更快更稳定，可兼容最新DWG文件格式拥有创新的智能功能系列（如智能语音、手势精灵等），可有效简化CAD设计。

2016年5月，中望CAD推出了中望CAD 2017。作为广州中望数字化设计软件有限责任公司自主研发的全新一代二维CAD平台软件，中望CAD通过独创的内存管理机制和高效的运算逻辑技术，使软件能在长时间的设计工作中快速稳定运行。其动态块、光栅图像、关联标注、最大化视口、CUI定制Ribbon界面系列实用功能和手势精灵、智能语音、Google地球等智能功能，可以提升生产设计效率。而强大的API接口则为中望CAD应用带来无限可能，满足了不同专业应用的二次开发需求。

16.2 中望CAD 2017的安装

本节视频教程时间：3 分钟

本节主要介绍中望CAD 2017的安装方法。

步骤 01 双击中望CAD 2017的安装程序，弹出安装向导界面，如下图所示。

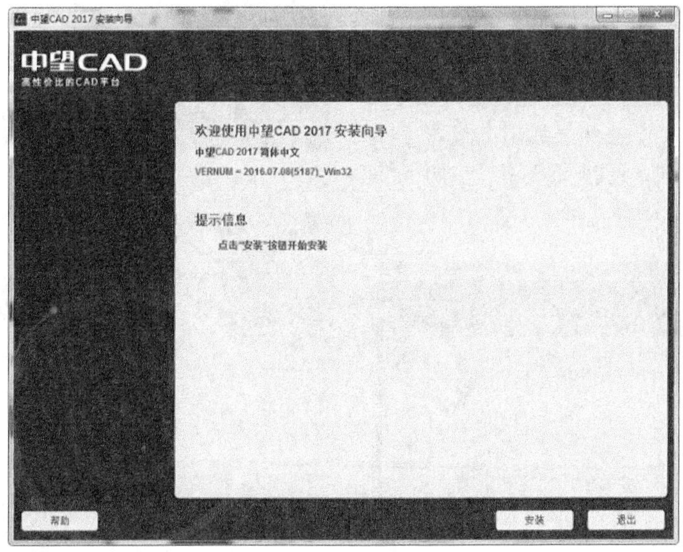

步骤 02 单击【安装】按钮，弹出选择安装产品界面，如下图所示。

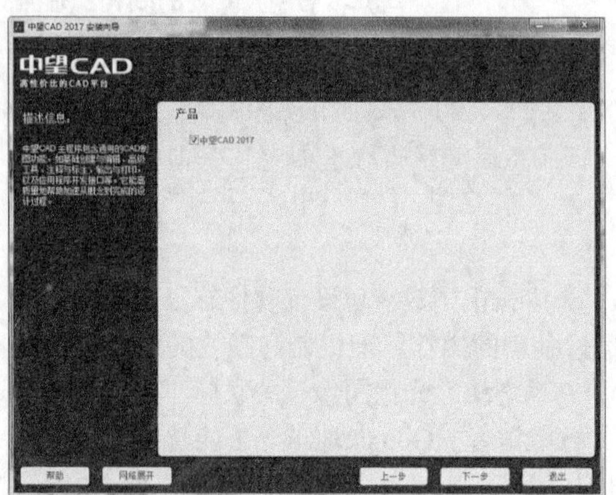

步骤 03 选择需要安装产品后，单击【下一步】按钮，弹出出现许可证协议面板，勾选【我接受许可协议中的条款】复选框，如下图所示。

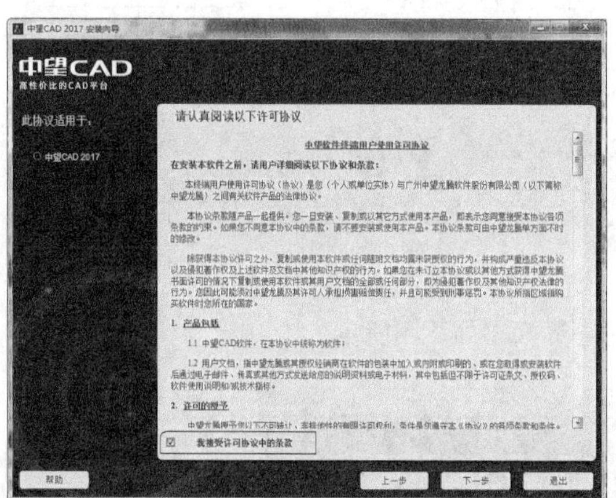

步骤 04 单击【下一步】按钮，弹出【配置】界面，单击【更改】按钮，选择安装路径，如下图所示。

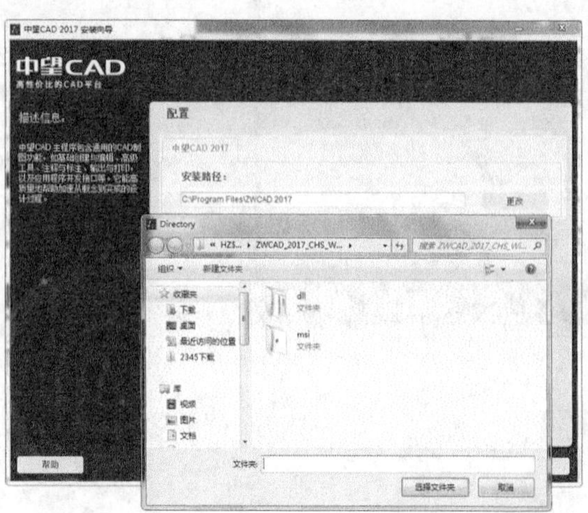

步骤 05 选择好安装路径后单击【下一步】按钮，开始安装程序，如下图所示。

步骤 06 程序安装完成后，弹出【安装完成】界面，选择【Ribbon样式】，然后单击【完成】按钮即可完成安装，如下图所示。

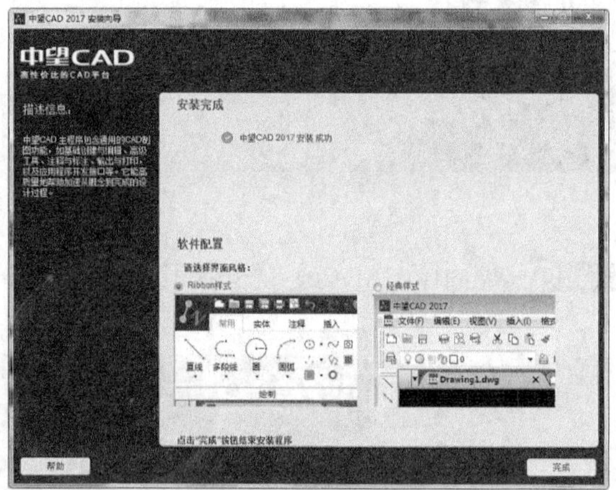

小提示

中望CAD有很多产品，例如机械版、建筑版、电气版、通信版等，我们这里选择的是通用版本。

16.3 中望CAD 2017的工作界面

本节视频教程时间：4 分钟

中望CAD 2017与AutoCAD的界面非常相似，主要由功能选项按钮、标题栏、快速访问工具栏、绘图窗口、命令窗口和状态栏组成。

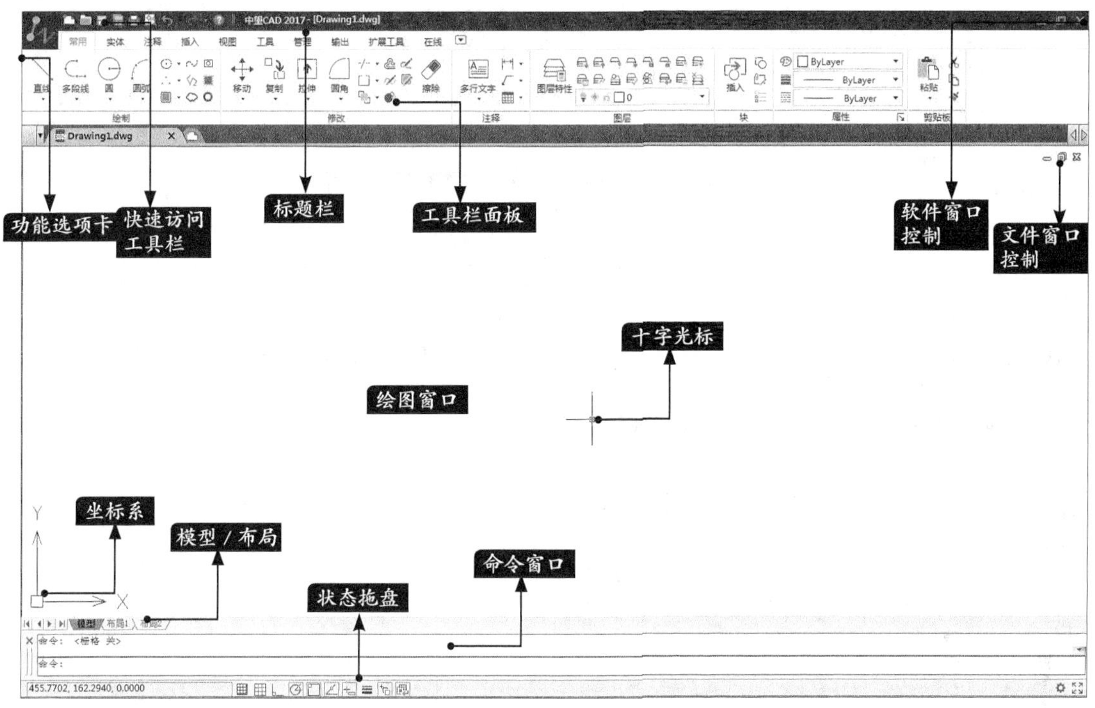

中望CAD 2017的界面显示大部分与AutoCAD相似，功能也相同，只有菜单栏、三维窗口的调用等少部分显示不同。

小提示

中望CAD 2017提供了【二维草图与注释】与【ZWCAD经典】工作空间。上图是二维草图与注释界面，单击右下角的 下拉箭头，可以切换工作空间，如下图所示。

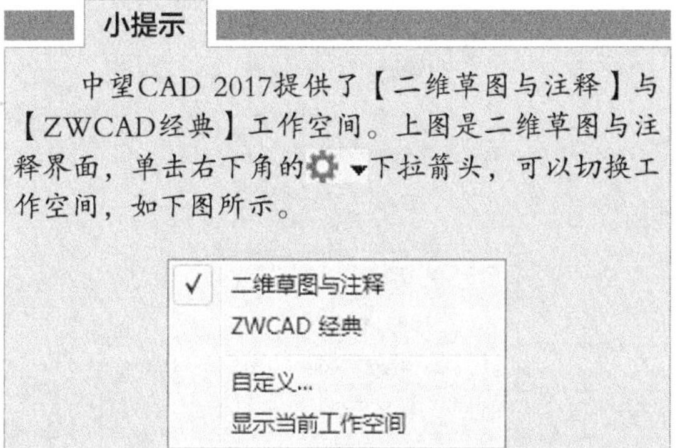

1. 菜单栏

中望CAD 2017的菜单栏是收缩起来的，通过打开收缩的按钮可以从菜单栏调用命令。

步骤 01 单击标题栏右侧的【显示菜单】按钮，弹出菜单栏下拉菜单，如下图所示。

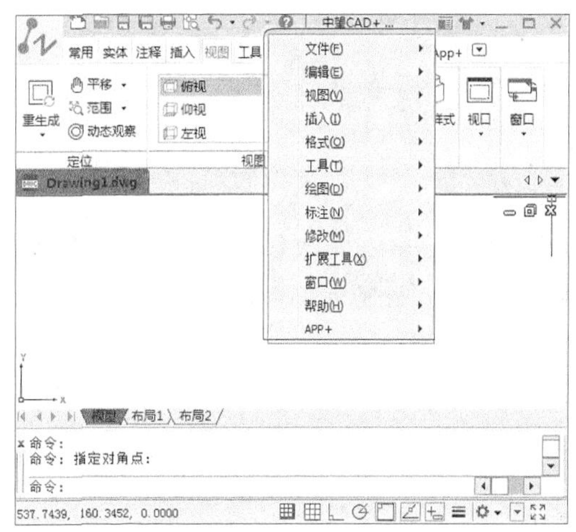

步骤02 将鼠标指针放到菜单选项上，可以弹出二级、三级菜单，如下图所示。

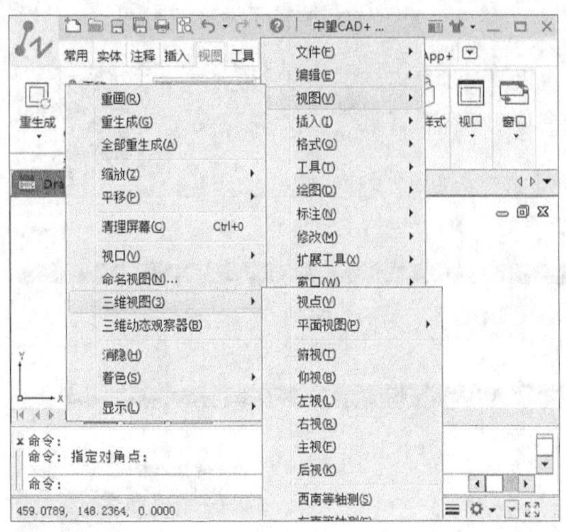

2. 更改皮肤

中望CAD 2017有两种皮肤颜色，即黑色和银灰色。通过更改皮肤颜色，可以改变标题栏的颜色。

步骤01 单击标题栏右侧的【更改皮肤】按钮的下拉箭头，弹出皮肤选项，如下图所示。

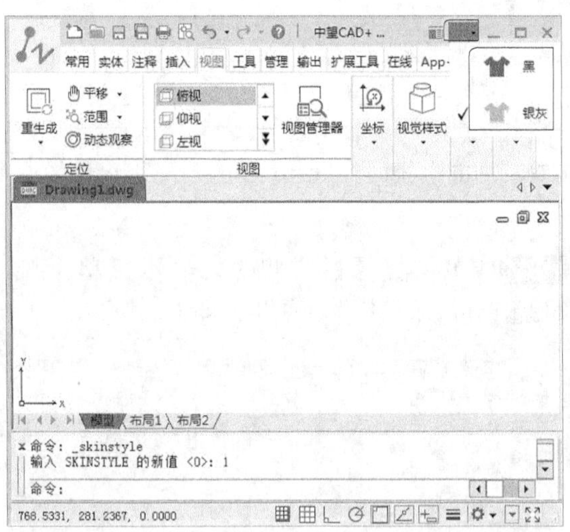

步骤02 单击选择【黑色】，结果标题栏颜色变成灰色，如下图所示。

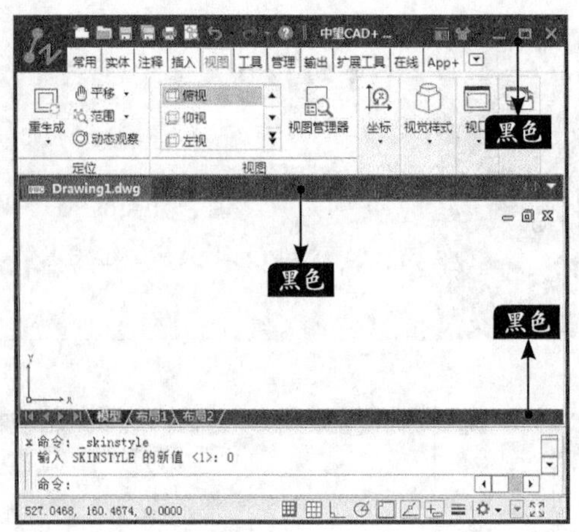

3. 显示三维图形

中望CAD 2017没有三维建模窗口和三维基础窗口，但并不是说就不能创建和显示三维图形。

步骤01 打开“CH16\显示三维图形.dwg”文件，如下图所示。

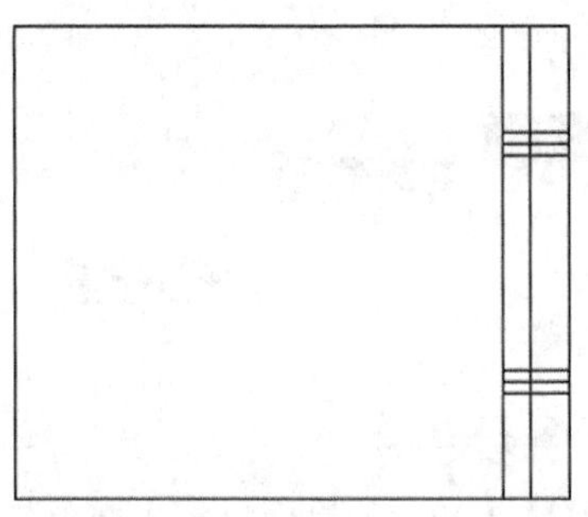

步骤02 选择【视图】选项卡➤【视图】面板➤【西南等轴测】，如下图所示。

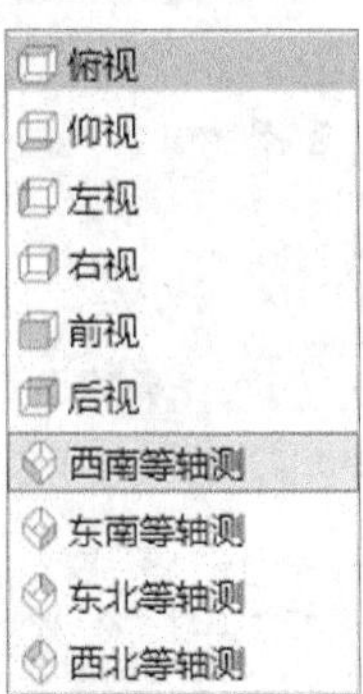

步骤03 结果如下图所示。

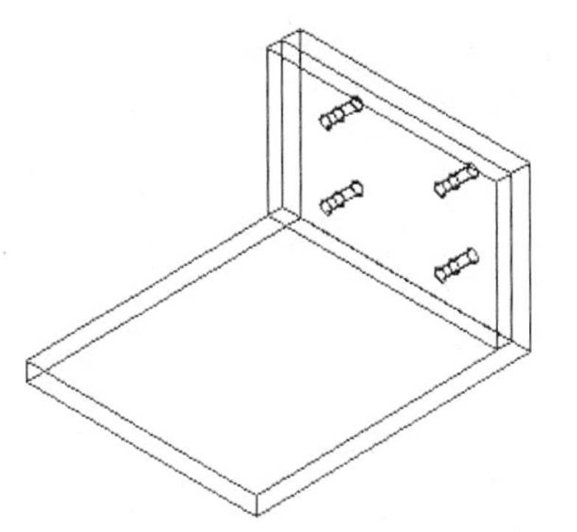

步骤04 单击【视图】选项卡➤【视觉样式】面板➤消隐按钮，结果如下图所示。

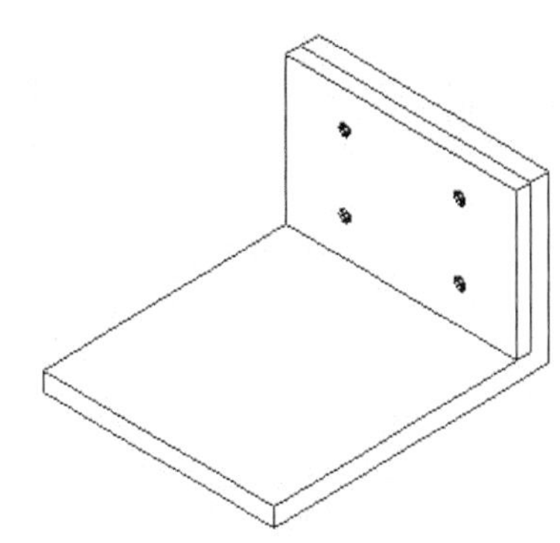

16.4 中望CAD 2017的扩展功能

本节视频教程时间：18 分钟

除了AutoCAD的基本功能外，中望CAD 2017还扩展了很多功能，例如手势精灵、智能语音、弧形文字、增强缩放功能、增强偏移功能、折断线等。

16.4.1 手势精灵

毋庸置疑，中望CAD的手势精灵功能领先于AutoCAD。用户通过按住鼠标右键并向一定方向拖曳或形成一个字符的形状，即可调用命令。例如，按住鼠标右键并拖曳形成一个C字，就可以调用圆命令。而更为人性化的是，这个手势精灵功能可以让用户自定义使用方法。

步骤01 打开“CH16\手势精灵.dwg”文件，如下图所示。

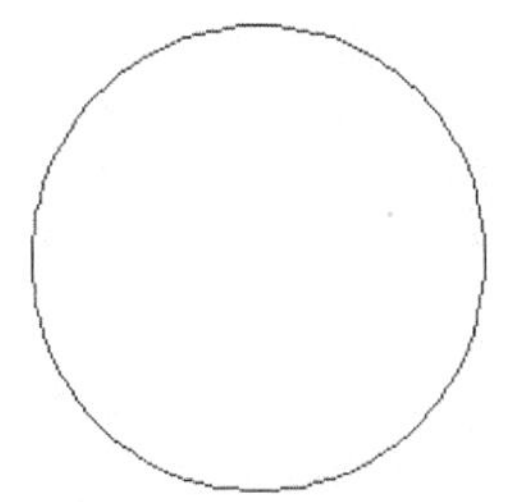

步骤02 在绘图区域按住鼠标右键向左下方拖曳，如下图所示。

步骤03 松开后弹出【_Arc（圆弧）】命令，如下图所示。

_Arc

步骤04 然后在绘图区域任意单击三点，绘制一段与圆相交的圆弧，如下图所示。

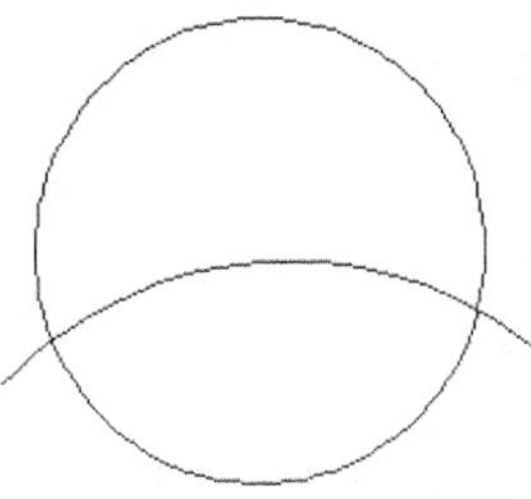

步骤05 选择【工具】选项卡➤【手势精灵】面板➤【设置】按钮，弹出【手势精灵设置】对话框，在该对话框中可以对手势进行设置，

如下图所示。

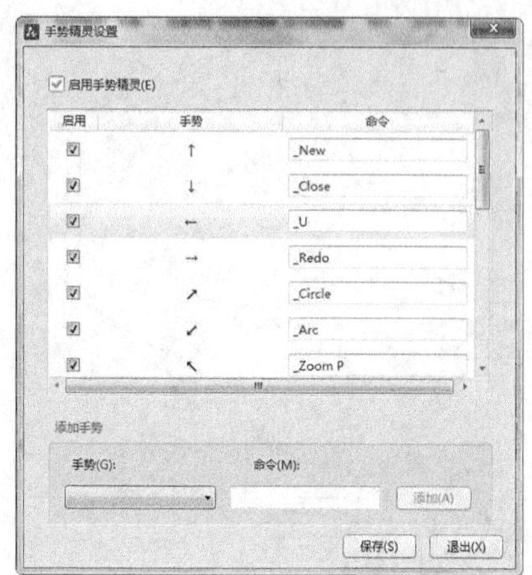

步骤06 单击【手势】下拉列表，选择“T”，如下图所示。

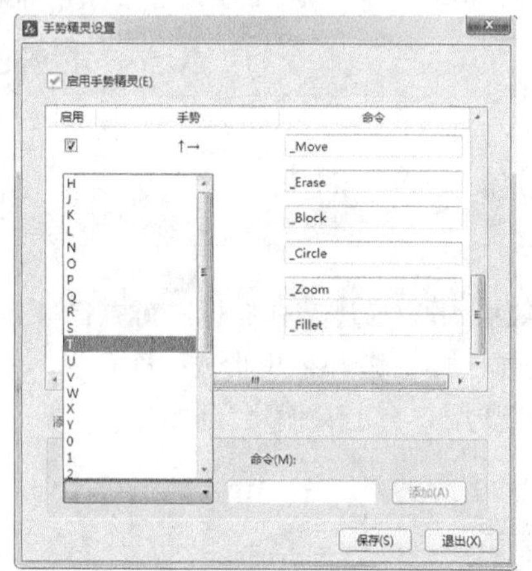

步骤07 在【命令】输入窗口输入“_Trim”，然后单击【添加】按钮，如下图所示。

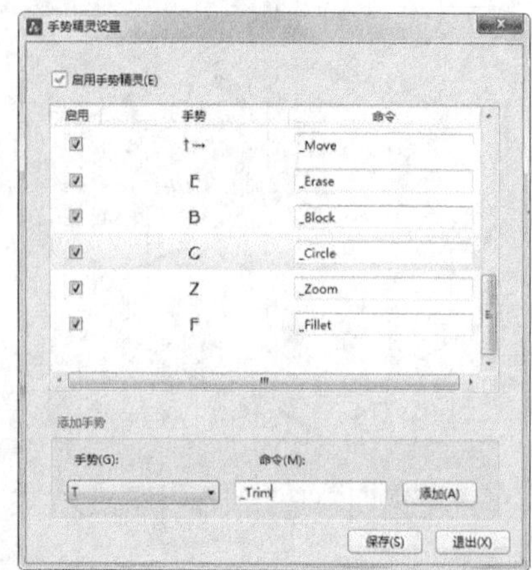

步骤08 单击【保存】按钮，回到绘图窗口后按住鼠标右键“写”一个“T”，如下图所示。

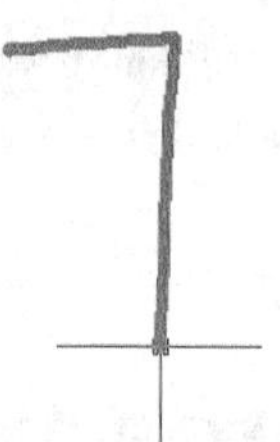

步骤09 松开后弹出【_Trim（修剪）】命令，如下图所示。

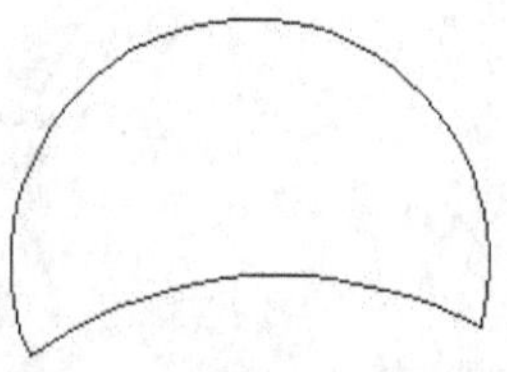

步骤10 然后选择圆弧和圆进行修剪，结果如下图所示。

小提示

（1）手势精灵只有在启动后才可以使用，即选择【工具】选项卡➤【手势精灵】面板➤【手势精灵】按钮，使其处于激活状态下才可以使用。

（2）手势精灵根据书写自动判断，因此书写不准确时可能会判断失误，出现其他命令。

16.4.2 智能语音

中望CAD 2017的智能语音功能能够将音频插入CAD文件中，这在多个部门进行图纸交流的时候能发挥很好的作用，比传统的文字注解更加生动且直观明了。

步骤01 打开“CH16\智能语音.dwg”文件，如下图所示。

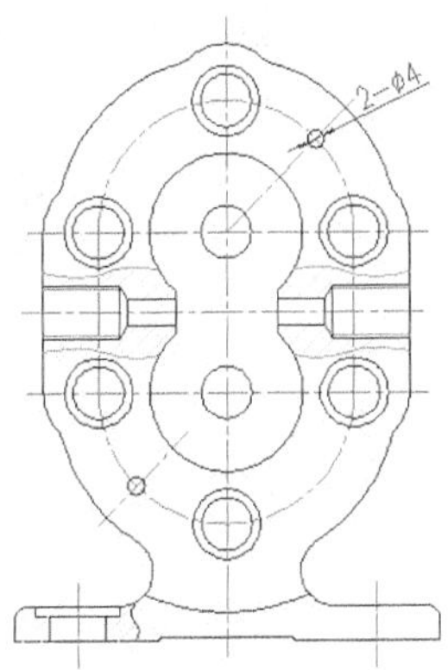

步骤02 选择【工具】选项卡➤【智能语音】面板➤【创建语音】按钮，然后捕捉图中的中心点为插入点，如下图所示。

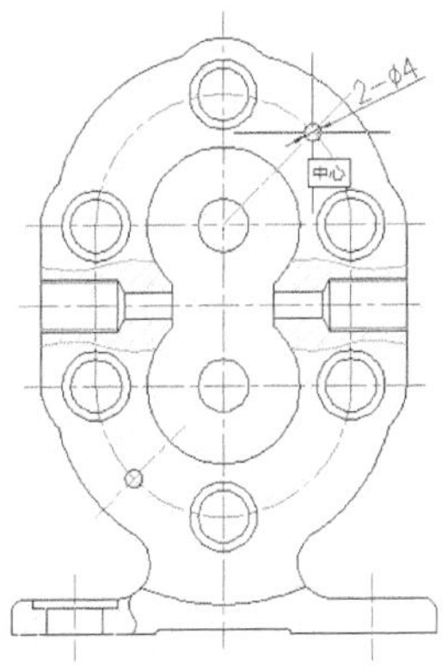

步骤03 插入后如下图所示。

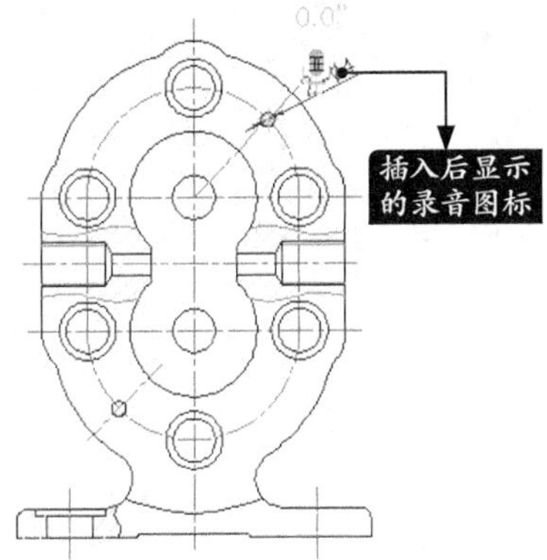

步骤04 用鼠标单击录音图标，然后按住鼠标左键进行录音，如下图所示。

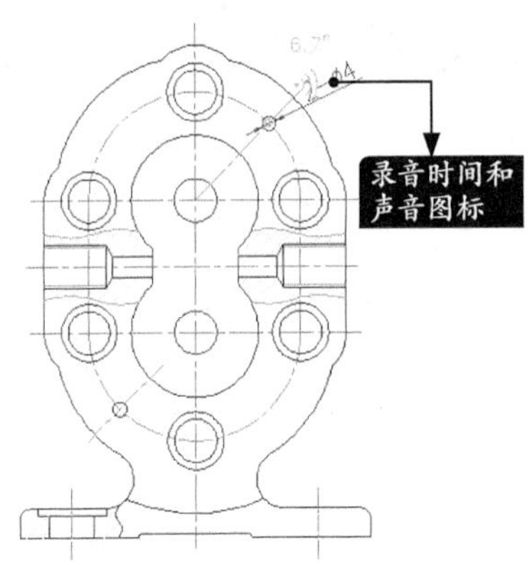

步骤05 选择【工具】选项卡➤【智能语音】面板➤【语音管理器】按钮，弹出【语音管理器】对话框，在该对话框中可以对语音进行播放、查找、删除或设置，如下图所示。

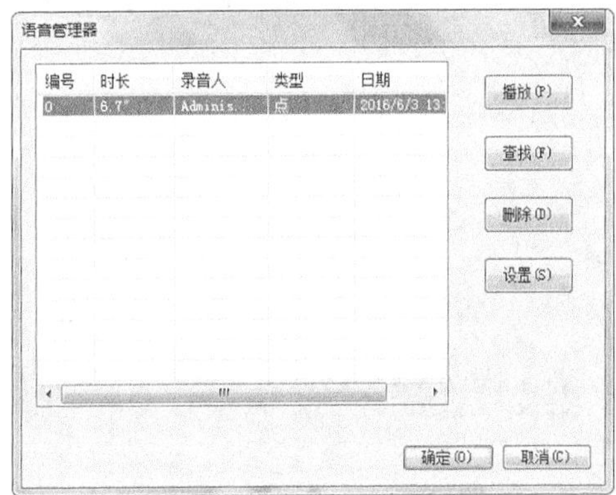

步骤06 选中该段语音，单击【设置】按钮，在弹出的【语音设置】对话框中可以选中显示或隐藏语音图标，也可以更改录音人和语音类型，如下图所示。

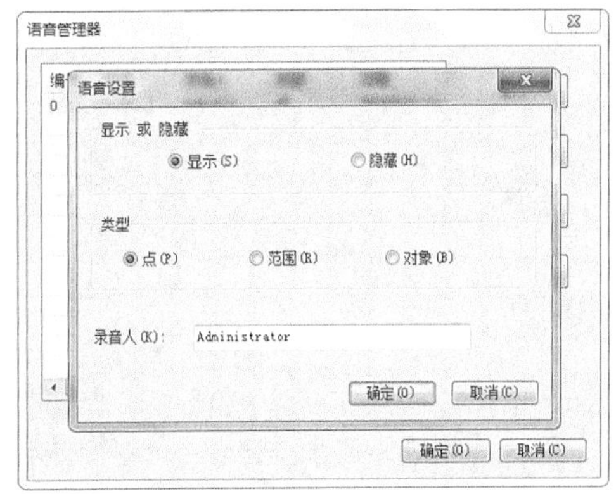

16.4.3 创建弧形文字

在AutoCAD中创建弧形文字非常困难，但是在中望CAD 2017中却非常简单，具体操作步骤如下。

步骤 01 打开中望CAD 2017，新建一个图形文件，选择【常用】选项卡➤【绘制】面板➤单击三点绘制圆弧按钮，然后任意单击三点绘制一段圆弧，如下图所示。

步骤 02 选择【扩展工具】选项卡➤【文本工具】面板➤【弧形文本】按钮，然后选择刚绘制的圆弧，在弹出的创建弧形文字对话框中进行下图所示的设置。

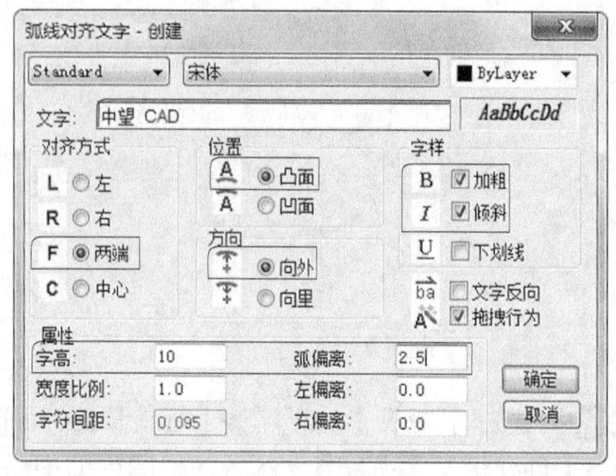

步骤 03 单击【确定】按钮后结果如下图所示。

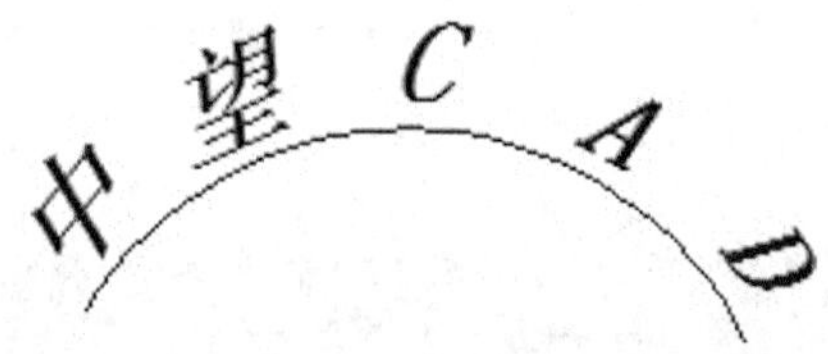

16.4.4 增强缩放功能

AutoCAD中的缩放功能是等比例缩放，即x轴和y轴按相同的比例缩放，但是在中望CAD 2017中增强的缩放功能却能不等比例缩放，即x轴和y轴的缩放比例可以不相同，具体操作步骤如下。

步骤 01 打开“CH16\增强缩放功能.dwg”文件，如下图所示。

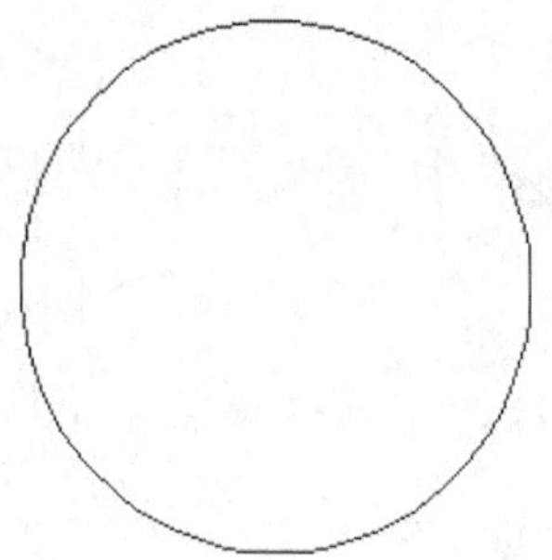

步骤 02 选择【扩展工具】选项卡➤【编辑工具】面板➤【增强缩放】按钮，命令行提示如下：

```
命令：_EXSCALE
```

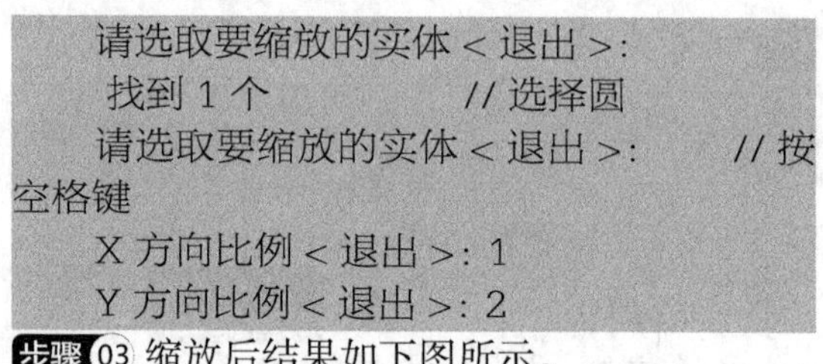

```
请选取要缩放的实体 <退出>:
找到 1 个                //选择圆
请选取要缩放的实体 <退出>:          //按空格键
X 方向比例 <退出>: 1
Y 方向比例 <退出>: 2
```

步骤 03 缩放后结果如下图所示。

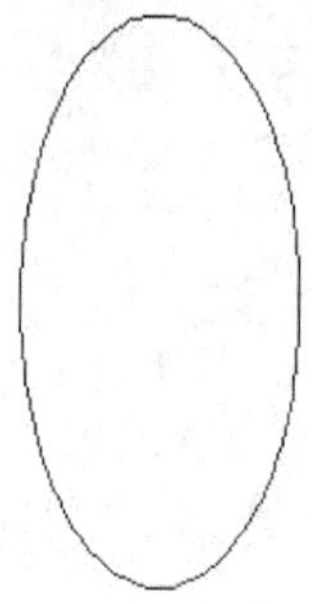

16.4.5 增强偏移功能

中望CAD 2017中，在偏移多段线的同时可以创建圆角和倒角，具体操作步骤如下。

步骤01 打开“CH16\增强偏移功能.dwg”文件，如下图所示。

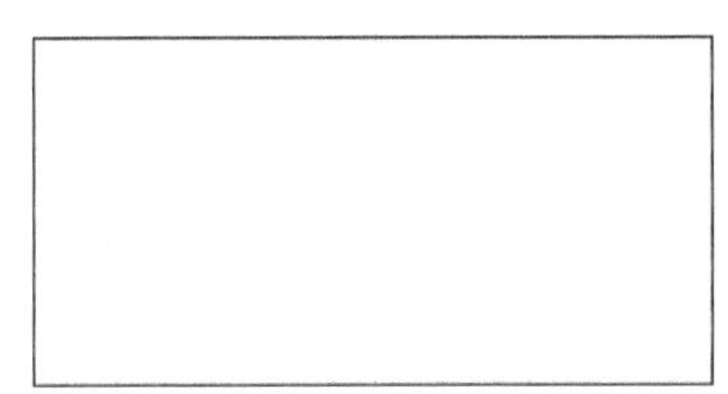

步骤02 选择【扩展工具】选项卡➤【编辑工具】面板➤【增强偏移】按钮，命令行提示如下：

命令：_EXOFFSET
设置：距离 = 30，图层 = Source 偏移类型 = Normal：
指定偏移距离或 [通过 (T)] <30>:10
选择偏移对象或 [选项 (O)/ 取消 (U)]:o
指定一个选项以设置：[距离 (D)/ 图层 (L)/ 偏移类型 (G)]:g
为 PLINE 对象指定偏移类型 [正常 (N)/ 圆角 (F)/ 倒角 (C)]:f
指定一个选项以设置：[距离 (D)/ 图层 (L)/ 偏移类型 (G)]: // 按空格键
选择偏移对象或 [选项 (O)/ 取消 (U)]: // 选择矩形
指定点以确定偏移所在一侧或 [选项 (O)/ 取消 (U)]:
// 在矩形外侧任意一点单击
选择偏移对象或 [选项 (O)/ 取消 (U)]:
// 按空格键结束命令

步骤03 偏移后结果如下图所示。

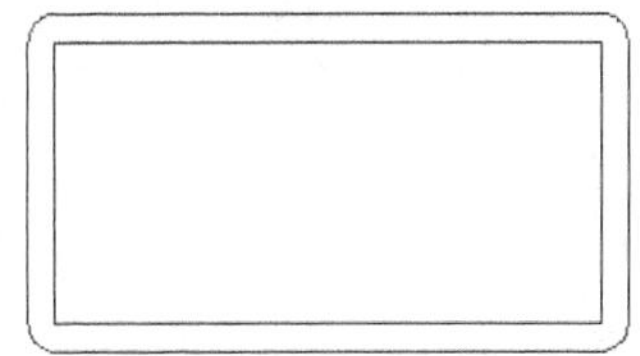

步骤04 重复步骤02，命令行提示如下：

命令： EXOFFSET
设置：距离 = 10，图层 = Source 偏移类型 = Fillet：
指定偏移距离或 [通过 (T)] <10>:20
选择偏移对象或 [选项 (O)/ 取消 (U)]:o
指定一个选项以设置：[距离 (D)/ 图层 (L)/ 偏移类型 (G)]:g
为 PLINE 对象指定偏移类型 [正常 (N)/ 圆角 (F)/ 倒角 (C)]:c
指定一个选项以设置：[距离 (D)/ 图层 (L)/ 偏移类型 (G)]: // 按空格键
选择偏移对象或 [选项 (O)/ 取消 (U)]: // 选择矩形
指定点以确定偏移所在一侧或 [选项 (O)/ 取消 (U)]:
// 在矩形外侧任意一点单击
选择偏移对象或 [选项 (O)/ 取消 (U)]:
// 按空格键结束命令

步骤05 偏移后结果如下图所示。

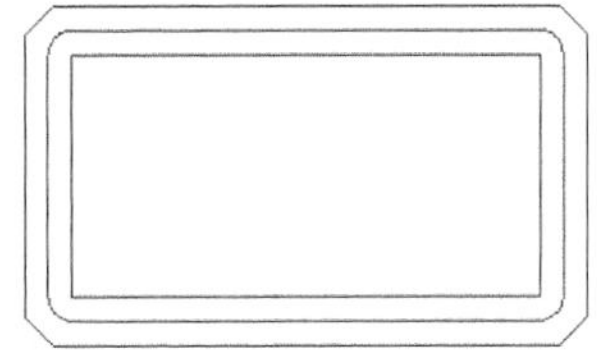

16.4.6 创建折断线

在绘制较大图形时，对于中间相同的部分，常用折断线将其省去，在AutoCAD中绘制折断线比较困难，但在中望CAD 2017中可以直接用折断线命令绘制，具体操作步骤如下。

步骤01 打开“CH16\创建折断线.dwg”文件，如下图所示。

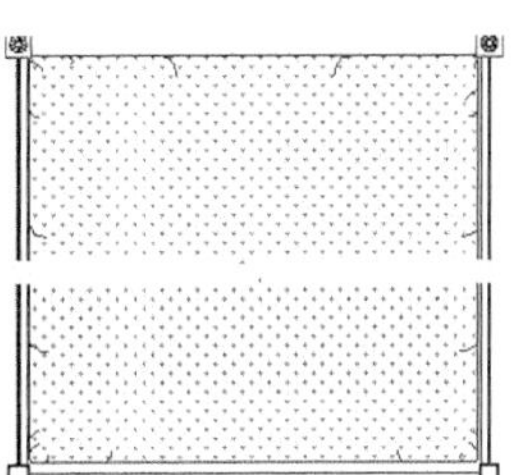

步骤02 选择【扩展工具】选项卡➤【编辑工具】面板➤【折断线】按钮，根据命令行提示进行如下设置：

命令：BREAKLINE
块 = BRKLINE.DWG，块尺寸 = 1.000，延伸距 = 1.250.
指定折线起点或 [块 (B)/ 尺寸 (S)/ 延伸 (E)]:s
折线符号尺寸 <1.000000>:3
块 = BRKLINE.DWG，块尺寸 = 3.000，延伸距 = 1.250.
指定折线起点或 [块 (B)/ 尺寸 (S)/ 延伸 (E)]:e
折线延伸距离 <1.250000>:50
块 = BRKLINE.DWG，块尺寸 = 3.000，延伸距 = 50.000.

步骤03 当命令提示指定折断线起点时，捕捉左侧最外侧直线的端点，如下图所示。

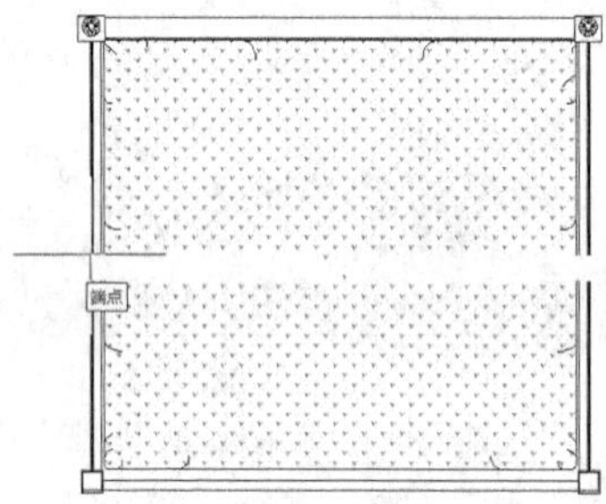

步骤04 当命令提示指定折断线终点时，捕捉左右侧最外侧直线的端点，如下图所示。

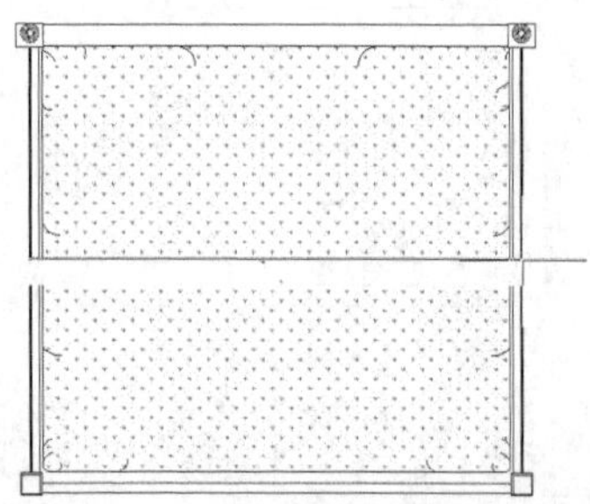

步骤05 当命令提示指定折线符号位置时，捕捉折线的中点，如下图所示。

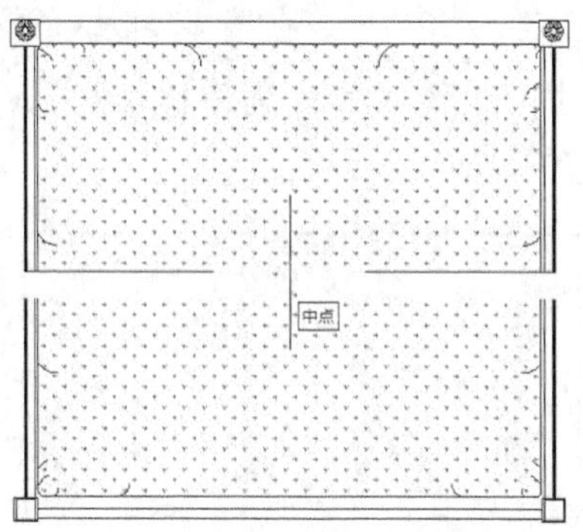

步骤06 折断线创建完成后如下图所示。

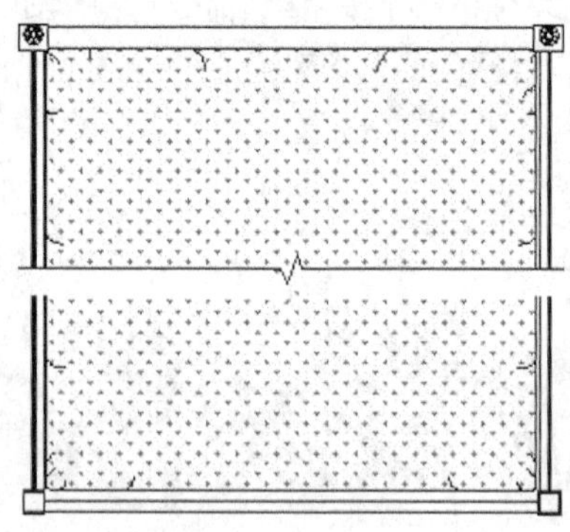

步骤07 重复上述步骤，绘制另一条折断线，结果如下图所示。

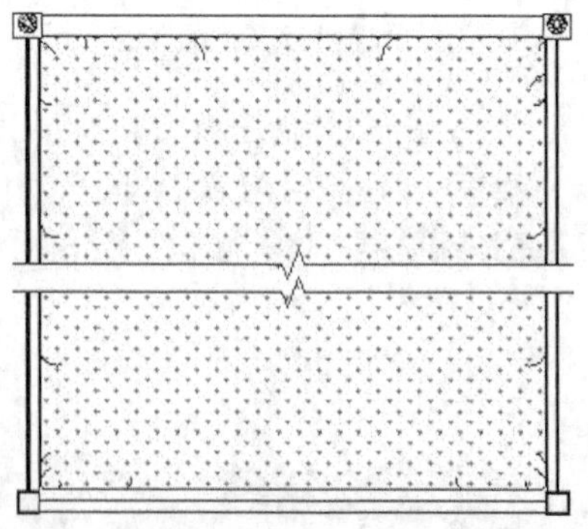

疑难解答

本节视频教程时间：7 分钟

单行、多行文字互转

在中望CAD 2017中不仅可以输入单行文字和多行文字，而且还可以轻松地在这两种文字之间互相转换。其具体操作如下。

步骤01 打开“素材\CH16\单行多行文字互转.dwg”文件，如下图所示。

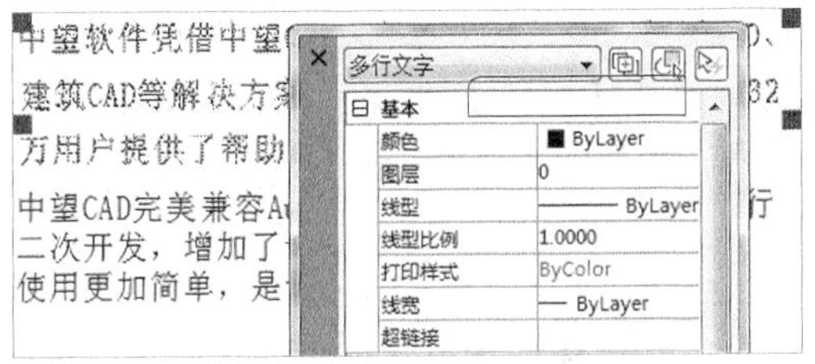

步骤02 在命令行输入【PR】并按空格键调用【特性】选项板，然后选择上边的文字，特性选项板提示是“多行文字”。

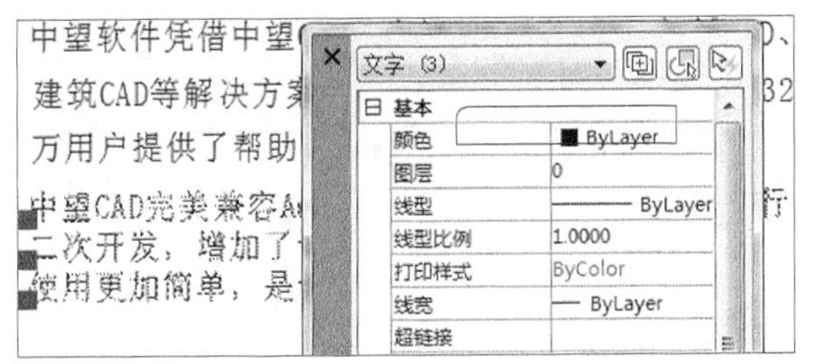

步骤03 取消多行文字的选择，然后选择下边的文字，【特性】选项板提示为3行单行文字。

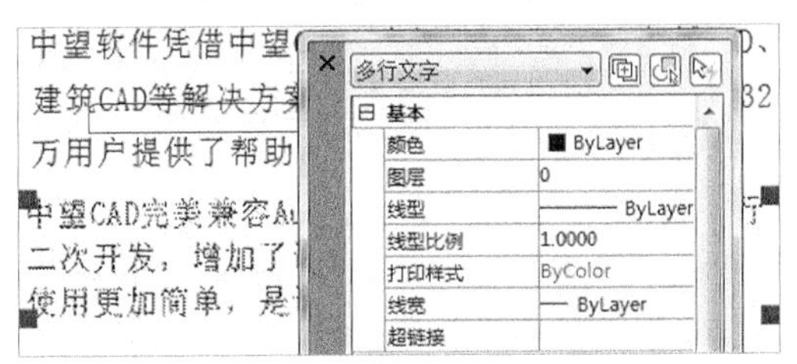

步骤04 选择【扩展工具】选项卡➤【文本工具】面板➤【合并成段】按钮，然后选择所有的单行文字对象，按空格键后将所有单行文字转换为多行文字，然后选择转换后的文字，【特性】选项板显示如下。

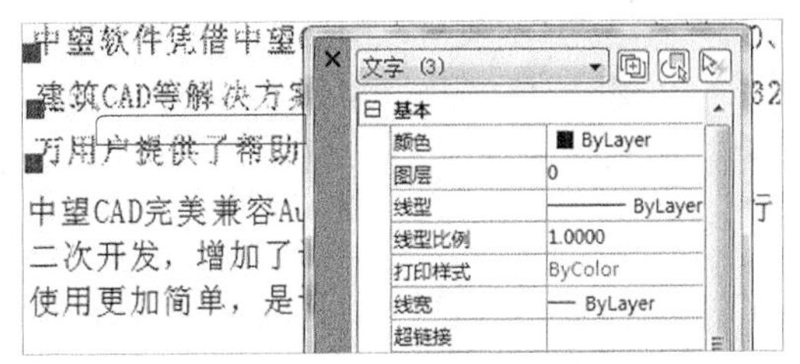

步骤05 选择【扩展工具】选项卡➤【文本工具】面板➤【单行文字】按钮，然后选择上边的多行文字对象，按空格键后将多行文字转换为单行文字，然后选择转换后的文字，【特性】选项板显示如下。

小提示

在中望CAD 2017中也可以用分解命令将多行文字分解后转为单行文字。

删除重复对象和合并相连对象

如果图纸中存在很多重复线，不仅影响捕捉准确度，减慢绘图速度，打印时还会把每一条线都打印一遍，使得细线变粗线，影响打印效果。不仅如此，如果是线切割加工，这些重复的线还会严重影响加工的流畅。下面就来介绍一下如何删除这些重复的对象。

步骤01 打开“素材\CH16\删除重复对象和合并相连对象.dwg”文件，如下图所示。

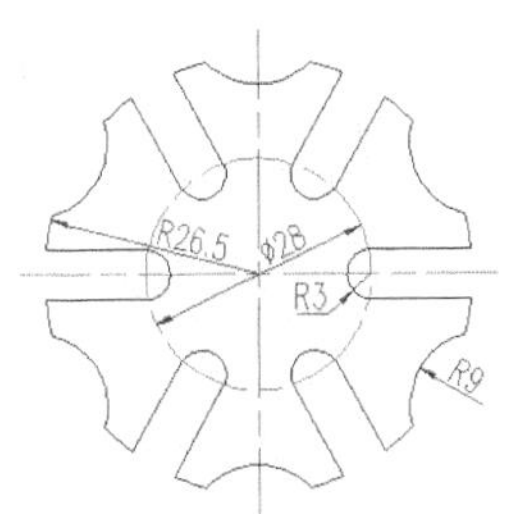

步骤02 选择【扩展工具】选项卡➤【编辑工具】面板➤【删除重复对象】按钮，然后选择所有对象，如下图所示。

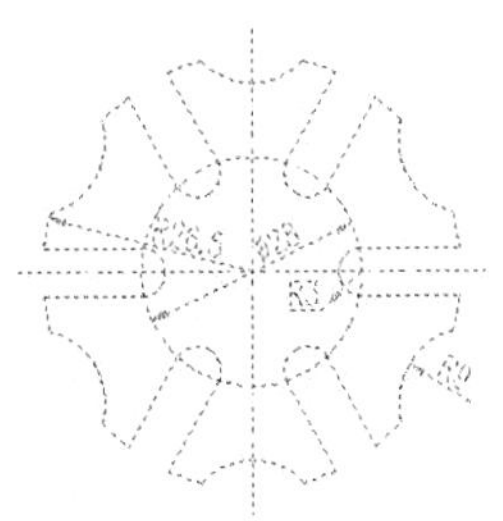

步骤03 命令行提示找到的对象个数为67个。

命令：_OVERKILL
选择对象：指定对角点：找到 67 个

步骤04 按空格键，弹出下图所示的【删除重复对象】对话框，并勾选删除重复的内容。

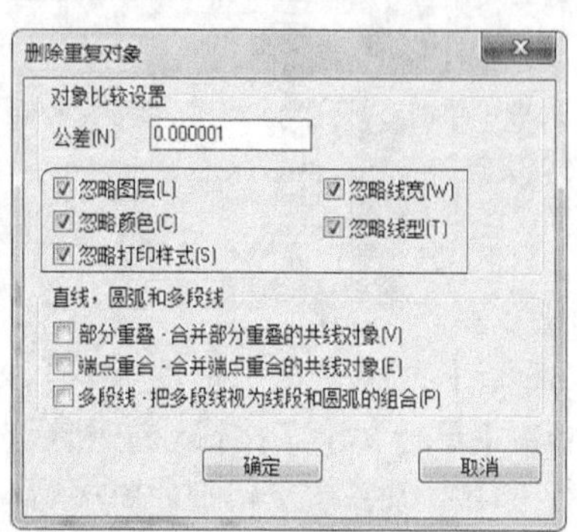

步骤05 单击【确定】按钮后，命令行提示如下。

12 个重复实体被删除。
0 个重叠实体被删除。

步骤06 选择图中的圆弧，可以看到圆弧不是一个整体，如下图所示。

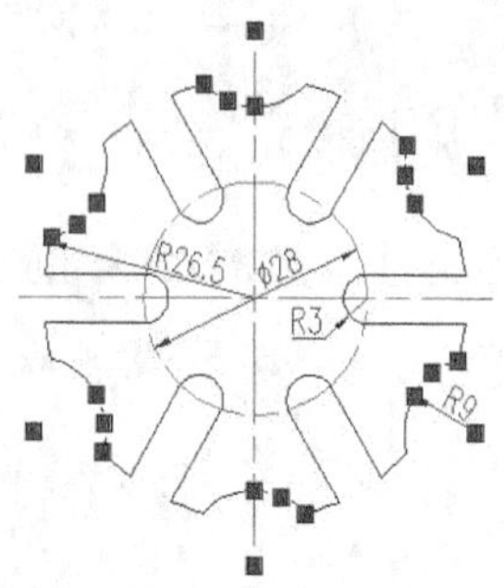

步骤07 选择整个对象，然后重复步骤02，按空格键后弹出下图所示的【删除重复对象】对话框，并勾选要合并的对象属性。

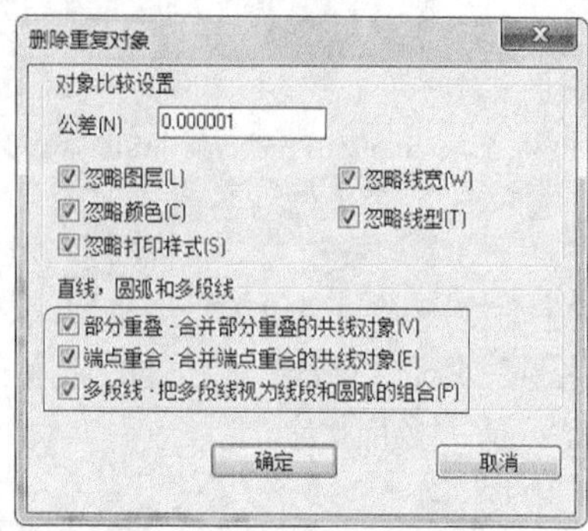

步骤08 单击【确定】按钮后，再次选择图中的*R*9圆弧，可以看到圆弧已经合并成了一体。

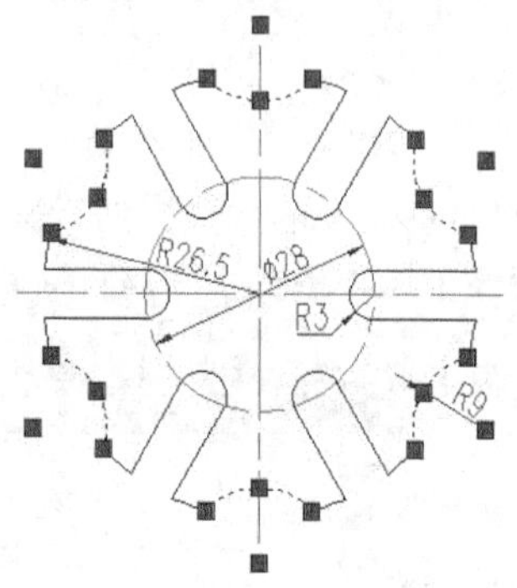

实战练习

绘制以下图形，并计算出阴影部分的面积。其中边长为70的直线段与相邻两条直线段可延虚线形成正三角形。

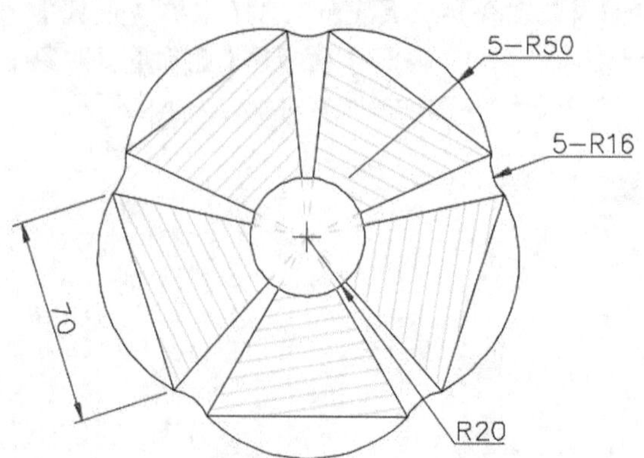

第17章

AutoCAD 2019与Photoshop的配合使用

学习目标

本章主要介绍AutoCAD 2019与Photoshop的配合使用方法。用户可以根据实际需求在AutoCAD 2019中绘制出相应的二维或三维图形，然后将其转换为图片并用Photoshop进行编辑。Photoshop出色的图片处理功能可以使AutoCAD 2019绘制出来的图形更加具有真实感、色彩感。

17.1 AutoCAD与Photoshop配合使用的优点

本节视频教程时间：2 分钟

AutoCAD和Photoshop是两款非常具有代表性的软件。从宏观意义上来讲，两款软件不论是在功能还是在应用领域方面都有着本质的不同，但在实际应用过程中它们却有着千丝万缕的联系。

AutoCAD在工程中应用较多，主要用于创建结构图，其二维功能的强大与方便是不言而喻的，但色彩处理方面却很单调，只能作一些基本的色彩变化。Photoshop在广告行业应用比较多，是一款强大的图片处理软件，在色彩处理、图片合成等方面具有突出功能，但不具备结构图的准确创建及编辑功能，优点仅体现于色彩斑斓的视觉效果上面。将AutoCAD与Photoshop进行配合使用，可以有效地弥补两款软件各自的不足，将精确的结构与绚丽的色彩在一张图片上面体现出来。

17.2 Photoshop常用功能介绍

本节视频教程时间：8 分钟

在结合使用AutoCAD和Photoshop软件之前，首先要了解Photoshop的几种常用功能，例如创建图层、选区的创建与编辑、自由变换、移动等。

17.2.1 实战演练——创建新图层

Photoshop中的图层与AutoCAD中的图层作用相似，创建新图层的具体操作步骤如下。

步骤 01 启动Photoshop CS6，选择【文件】➤【新建】菜单命令，弹出【新建】对话框。

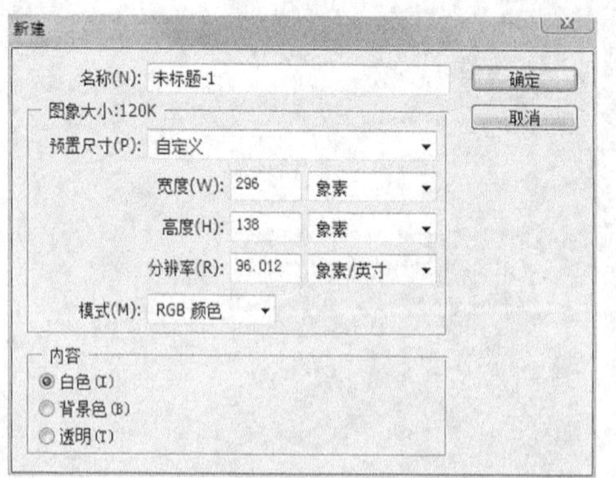

步骤 02 单击【确定】按钮完成新文件的创建，选择【图层】➤【新建】➤【图层】菜单命令。

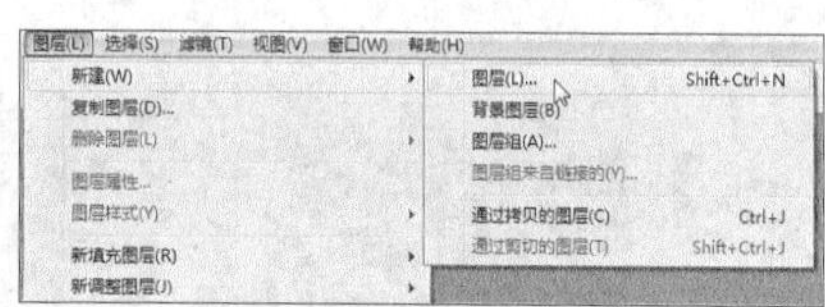

步骤 03 弹出【新建图层】对话框。

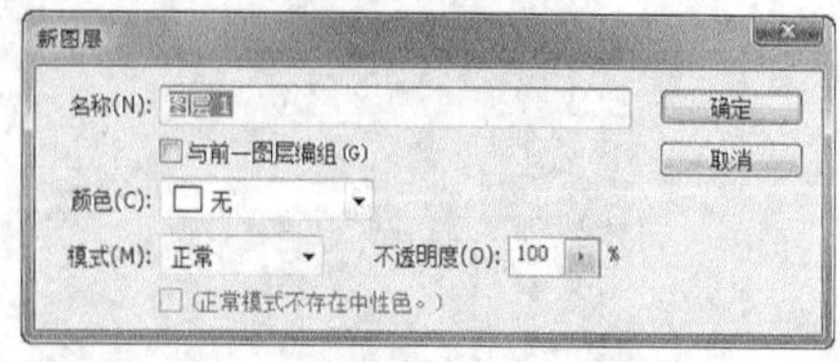

步骤 04 单击【确定】按钮，完成新图层的创建。

17.2.2 选区的创建与编辑

利用Photoshop编辑局部图片之前，首先需要建立相应的选区，然后再对选区中的内容进行相应的编辑操作。

1. 利用矩形选框工具创建选区并编辑

步骤01 打开“素材\CH17\选区的创建与编辑.dwg”文件。

步骤02 单击【矩形选框工具】按钮，在工作窗口中单击并拖曳鼠标指针，拖出一个矩形选择框，如下图所示。

步骤03 按键盘【Del】键，结果如下图所示。

2. 利用魔棒工具创建选区并编辑

步骤01 打开“素材\CH17\选区的创建与编辑.dwg”文件。

步骤02 单击【魔棒工具】按钮，在工作窗口中单击鼠标出现选区，如下图所示。

步骤03 按键盘【Del】键，结果如下图所示。

17.2.3 自由变换

利用自由变换功能可以对Photoshop中的图片对象进行缩放、旋转等操作，具体操作步骤如下。

步骤 01 打开“素材\CH17\自由变换.dwg”文件。

步骤 02 按键盘上的【Ctrl+A】组合键，将当前窗口图形对象全部选择，然后选择【编辑】➤【自由变换】菜单命令，图像周围出现夹点。

步骤 03 拖曳鼠标指针至窗口右侧中间夹点上，当鼠标指针变为↔形状后，按住鼠标左键水平向左拖曳，结果如下图所示。

步骤 04 拖曳鼠标指针至窗口右下角夹点上，当鼠标指针变为↻形状后，按住鼠标左键顺时针旋转拖曳，结果如下图所示。

17.2.4 移动

利用移动功能可以对Photoshop中的图片对象进行位置的移动操作，具体操作步骤如下。

步骤 01 打开“素材\CH17\移动.dwg”文件。

步骤 02 单击【矩形选框工具】按钮，在工作窗口中进行下图所示的区域选取。

步骤03 单击【移动工具】按钮，在工作窗口中拖曳鼠标指针对所选区域进行位置移动。

17.3 综合应用——风景区效果图设计

本节视频教程时间：33 分钟

本节将结合使用AutoCAD和Photoshop进行风景区效果图的设计。其中，AutoCAD主要用于模型的创建，而最后的整体效果处理则依赖于Photoshop。

17.3.1 风景区效果图设计思路

风景区效果图包含用于休闲的阳伞模型、桌椅模型以及周围的自然环境。在整个设计过程中，可以考虑先利用AutoCAD绘制阳伞模型和桌椅模型，绘制完成后对阳伞以及桌椅的位置进行合理摆放，并对这些模型的颜色进行相应设置，然后将这些模型转换为图片，再利用Photoshop对图片进行编辑。在Photoshop中可以将模型图片与大自然背景相结合，通过适当的处理达到完美结合的目的。

17.3.2 使用AutoCAD 2019绘制风景区图形

本节主要利用AutoCAD 2019绘制风景区图形中的座椅模型，具体操作步骤如下。

1. 绘制座椅支撑架路径

步骤01 打开“素材\CH17\风景区模型图.dwg”文件。

步骤02 选择【绘图】➤【直线】菜单命令，在绘图区域任意单击一点作为直线起点。

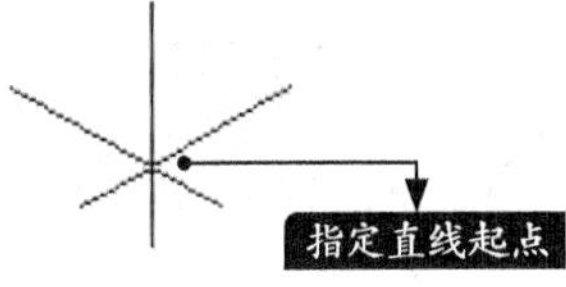

步骤03 命令行提示如下。

```
指定下一点或 [ 放弃 (U)]: @400,0,0
指定下一点或 [ 放弃 (U)]: @0,-400,0
指定下一点或 [ 闭合 (C)/ 放弃 (U)]: @0,0,400
指定下一点或 [ 闭合 (C)/ 放弃 (U)]: @0,400,0
指定下一点或 [ 闭合 (C)/ 放弃 (U)]: @0,0,400
指定下一点或 [ 闭合 (C)/ 放弃 (U)]: @-400,0,0
指定下一点或 [ 闭合 (C)/ 放弃 (U)]: @0,0,-400
```

指定下一点或 [闭合 (C)/ 放弃 (U)]：@0,-400,0

指定下一点或 [闭合 (C)/ 放弃 (U)]：@0,0,-400

指定下一点或 [闭合 (C)/ 放弃 (U)]：c

步骤 04 结果如下图所示。

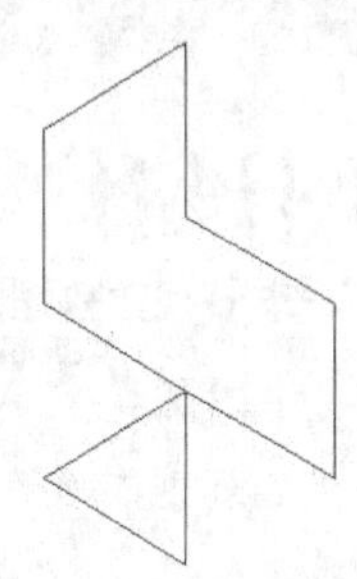

步骤 05 选择【修改】➤【圆角】菜单命令，命令行提示如下。

命令：_fillet

当前设置：模式 = 修剪，半径 = 0.0000

选择第一个对象或 [放弃 (U)/ 多段线 (P)/ 半径 (R)/ 修剪 (T)/ 多个 (M)]：r

指定圆角半径 <0.0000>：25

选择第一个对象或 [放弃 (U)/ 多段线 (P)/ 半径 (R)/ 修剪 (T)/ 多个 (M)]：m

步骤 06 在命令行选择下图所示线段作为圆角第一个对象。

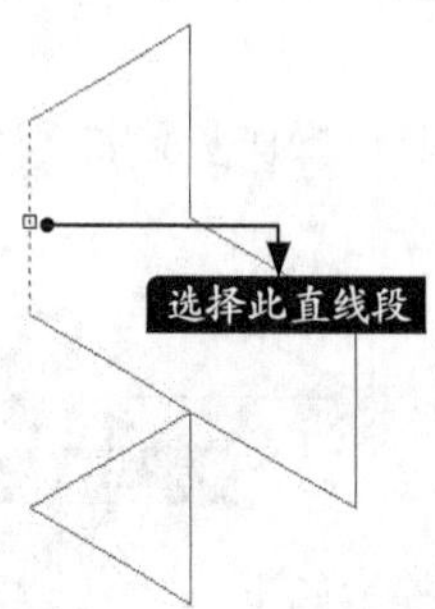

步骤 07 在命令行选择下图所示线段作为圆角第二个对象。

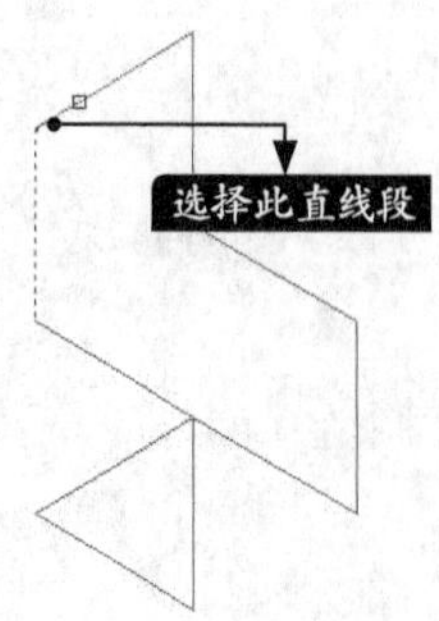

步骤 08 结果如下图所示。

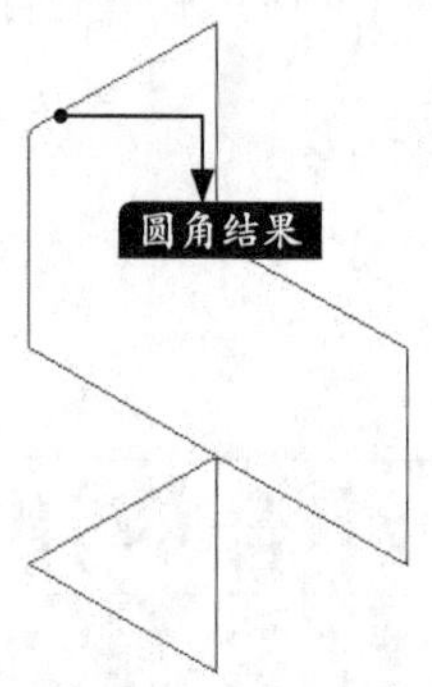

步骤 09 对其他直角位置进行相同圆角操作，然后结束【圆角】命令，结果如下图所示。

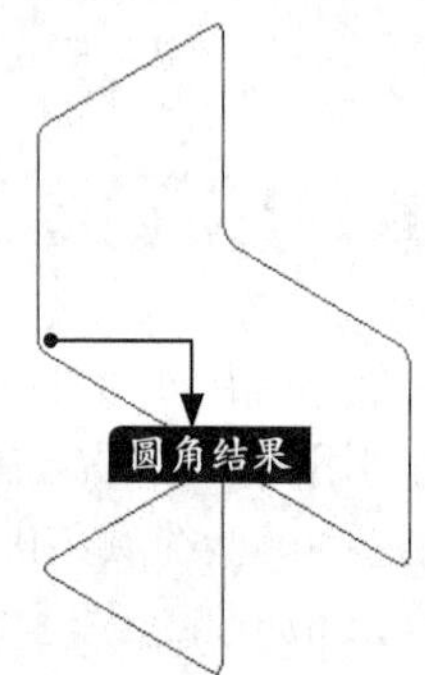

2. 绘制座垫及靠背

步骤 01 选择【绘图】➤【建模】➤【网格】➤【直纹网格】菜单命令，在绘图区域选择下图所示线段作为第一条定义曲线。

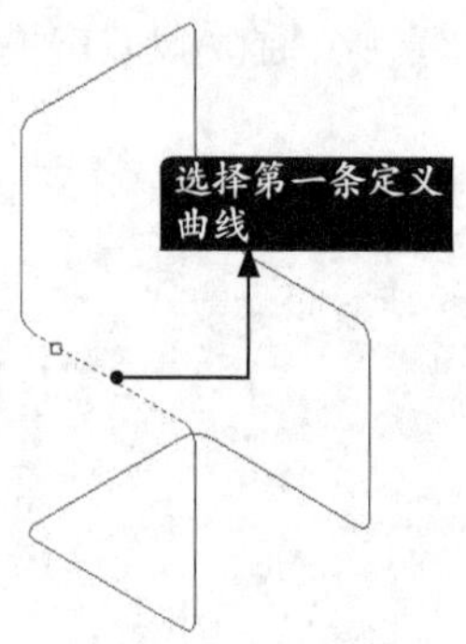

步骤 02 在绘图区域选择下图所示线段作为第二条定义曲线。

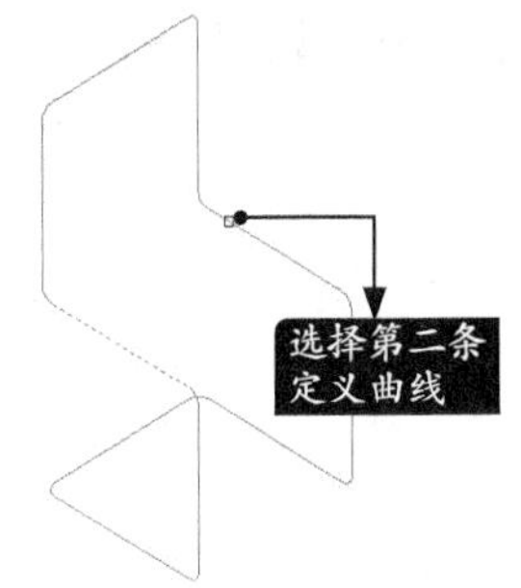

步骤03 结果如下图所示。

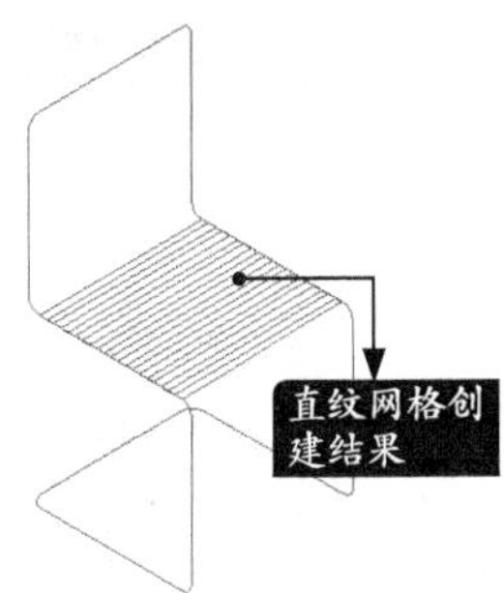

步骤04 重复步骤01 ~步骤02 ，对靠背进行绘制，结果如下图所示。

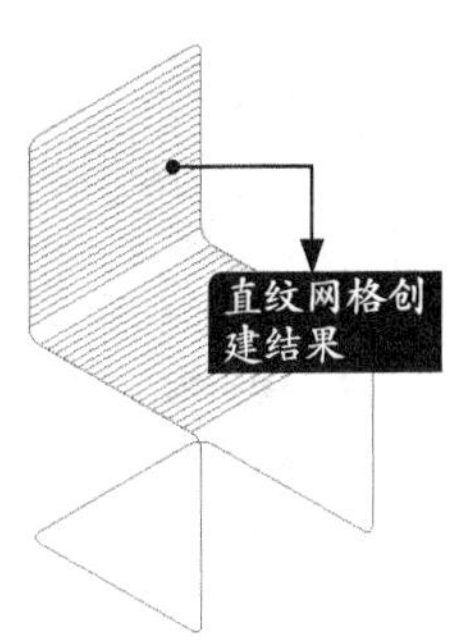

3. 绘制支撑架

步骤01 选择【绘图】➤【圆】➤【圆心、半径】菜单命令，在绘图区域捕捉下图所示端点作为圆心。

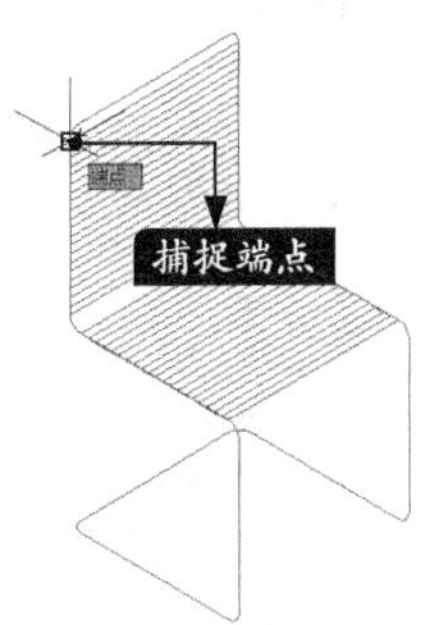

步骤02 圆的半径指定为“12.7”，绘制结果如下图所示。

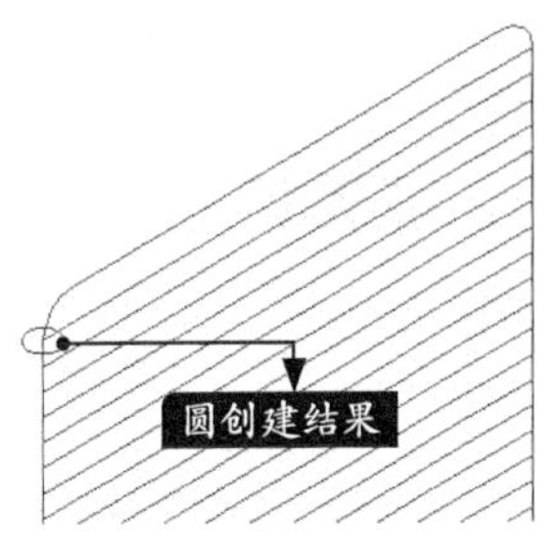

步骤03 选择座垫及靠背部分，如下图所示。

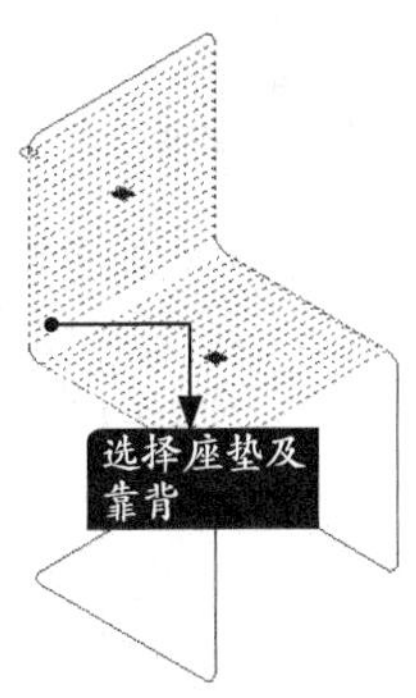

步骤04 单击鼠标右键，在快捷菜单中选择【隔离】➤【隐藏对象】命令，结果如下图所示。

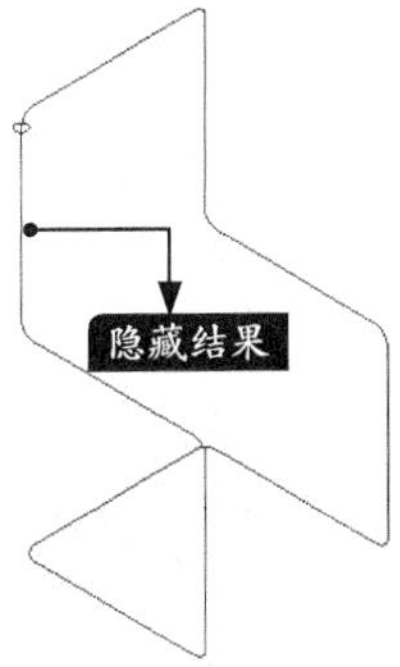

步骤05 选择【绘图】➤【建模】➤【扫掠】菜单命令，在绘图区域中选择圆形作为要扫掠的对象，并按【Enter】键确认。

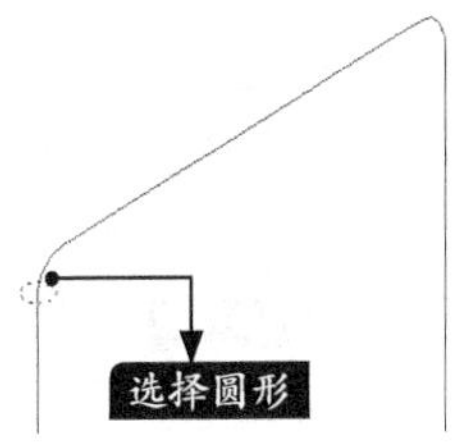

步骤06 在绘图区域中选择圆弧作为扫掠路径。

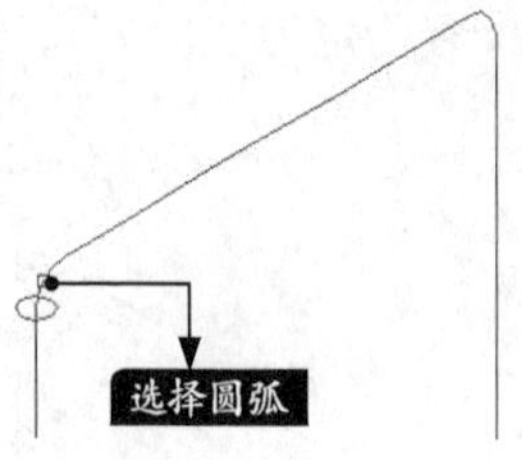

步骤 07 结果如下图所示。

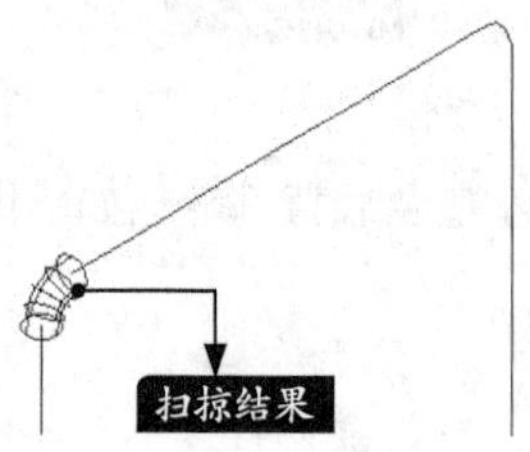

步骤 08 选择【修改】➤【实体编辑】➤【拉伸面】菜单命令，在绘图区域中选择下图所示端面作为拉伸面，并按【Enter】键确认。

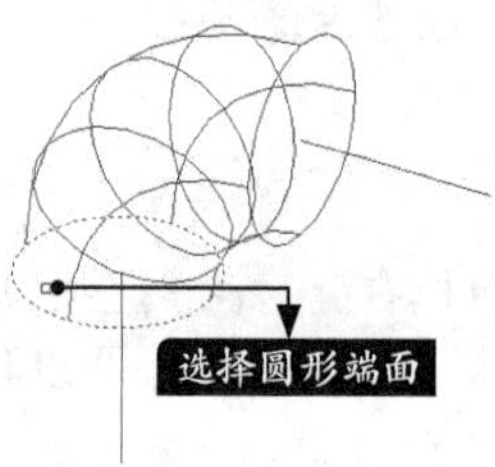

步骤 09 在命令行中输入“P”并按【Enter】键确认，然后在绘图区域中选择下图所示线段作为拉伸路径。

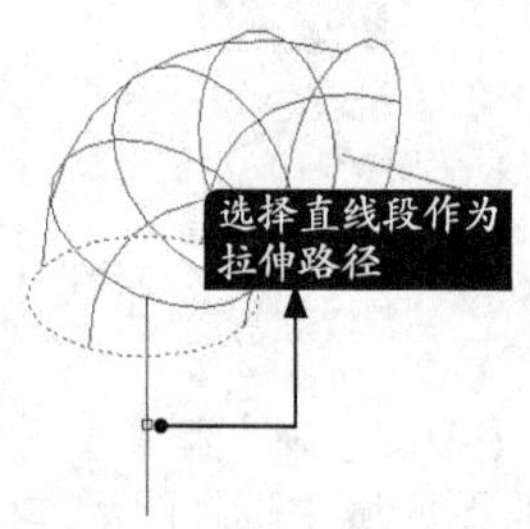

步骤 10 结果如下图所示。

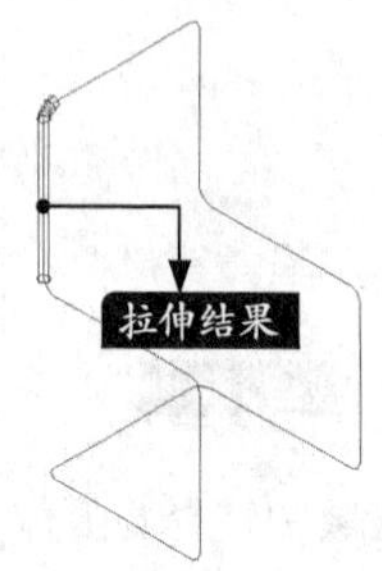

步骤 11 重复步骤 08 ~步骤 09 的操作，对其他部分进行相应拉伸，结果如下图所示。

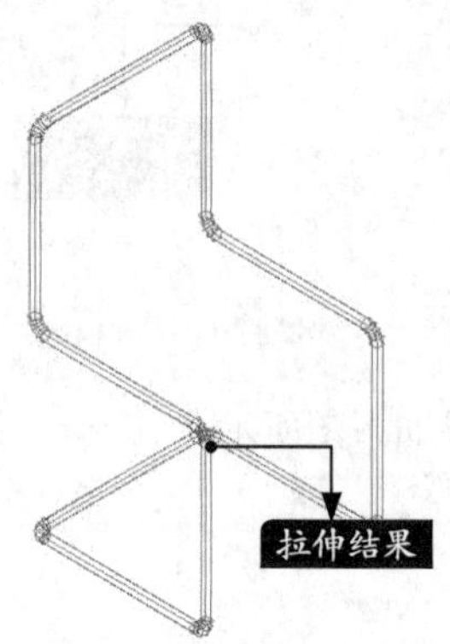

4. 摆放座椅

步骤 01 在绘图区域空白处单击鼠标右键，在快捷菜单中选择【隔离】➤【结束对象隔离】命令，结果如下图所示。

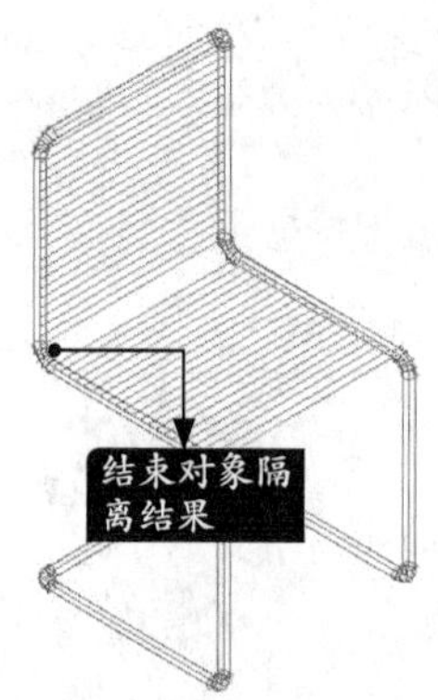

步骤 02 选择【修改】➤【移动】菜单命令，将座椅模型移动到适当位置。

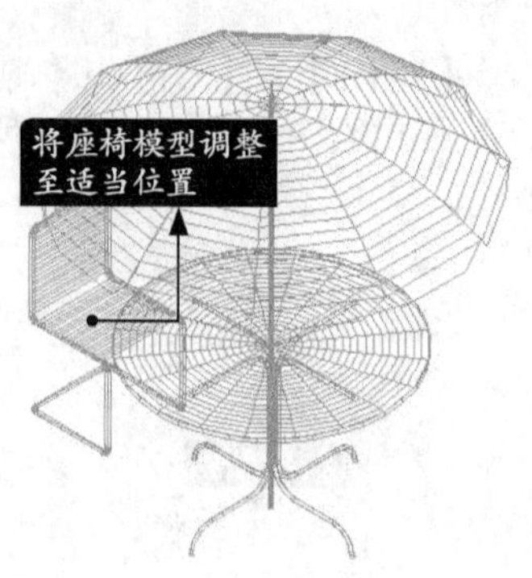

步骤 03 选择【修改】➤【三维操作】➤【三维阵列】菜单命令，在绘图区域中选择座椅模型作为阵列对象，并按【Enter】键确认。

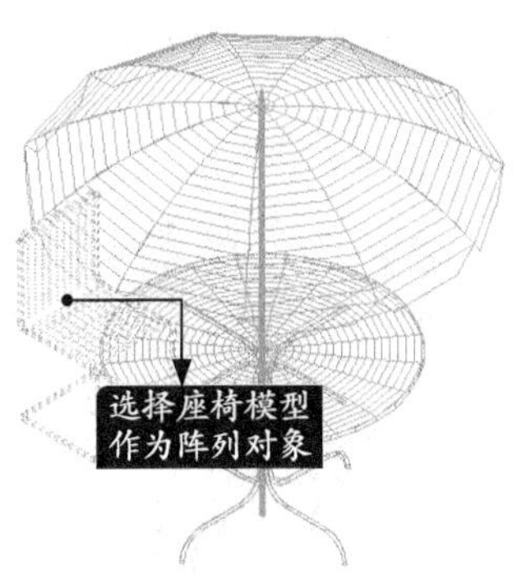

步骤 04 命令行提示如下。

输入阵列类型 [矩形 (R)/ 环形 (P)] < 矩形 >:p

输入阵列中的项目数目 : 4

指定要填充的角度 (+= 逆时针 , -= 顺时针) <360>: 360

旋转阵列对象? [是 (Y)/ 否 (N)] <Y>: y

步骤 05 在绘图区域捕捉阳伞顶部中心点作为阵列中心线第一点。

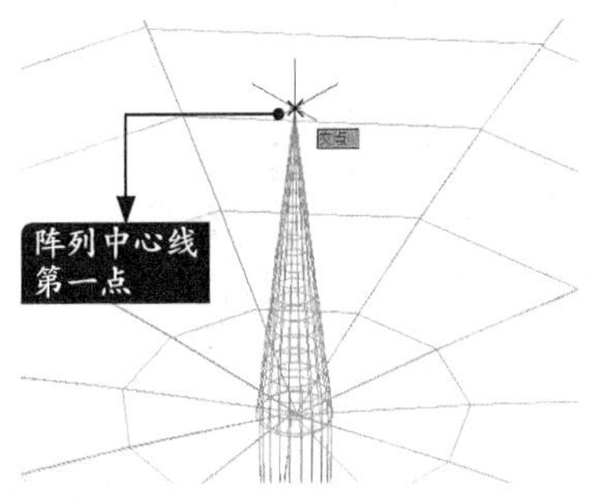

步骤 06 在绘图区域垂直向上拖曳鼠标并单击指定阵列中心线第二点。

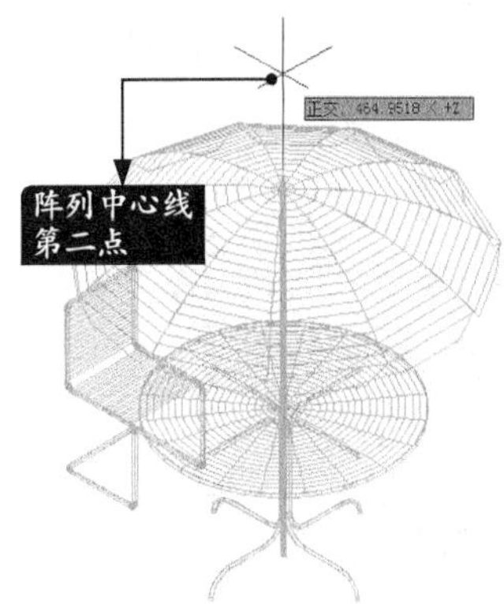

步骤 07 结果如下图所示。

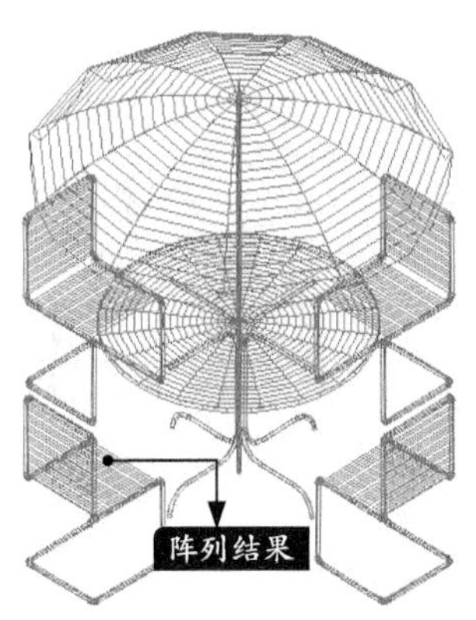

5. 将阳伞及座椅模型转换为图片

步骤 01 选择【视图】➤【视觉样式】➤【概念】菜单命令，结果如下图所示。

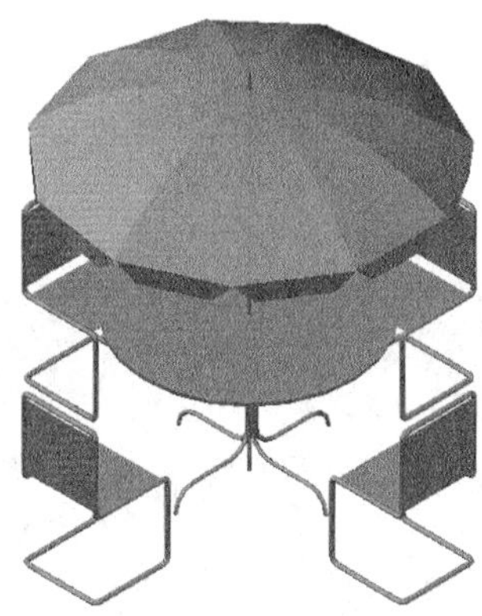

步骤 02 选择【文件】➤【打印】菜单命令，弹出【打印-模型】对话框，进行下图所示设置。

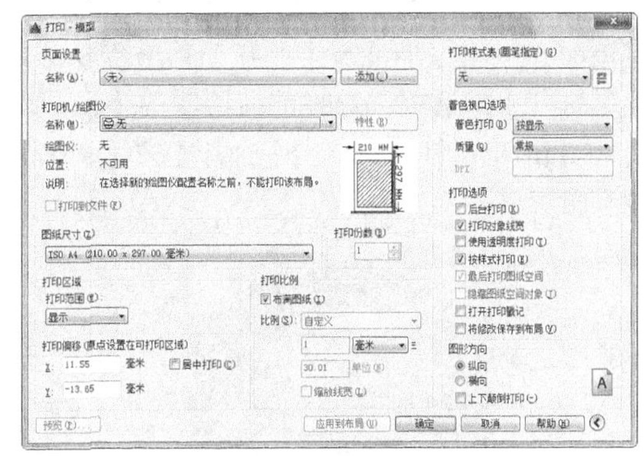

步骤 03 打印范围选择【窗口】，并在绘图区域选择阳伞及座椅模型作为打印对象。

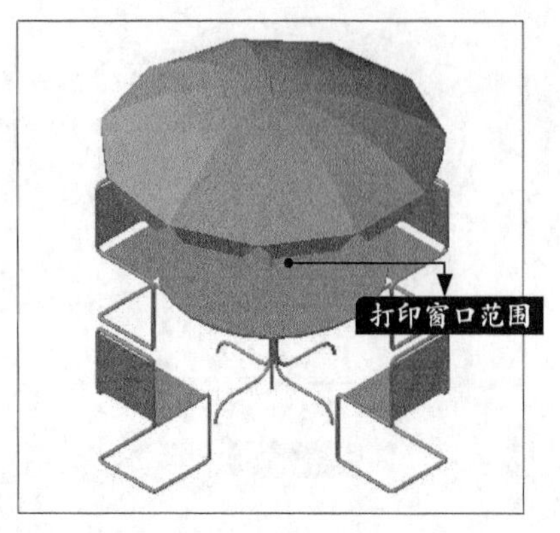

步骤04 单击【确定】按钮，弹出【浏览打印文件】对话框，对保存路径及文件名进行设置后，单击【保存】按钮，结果如下图所示。

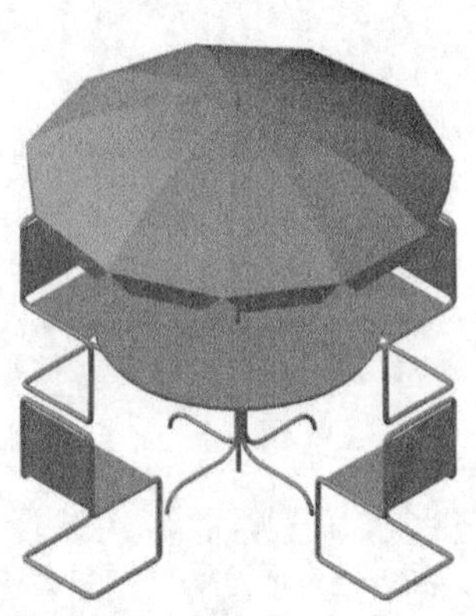

17.3.3 使用Photoshop制作风景区效果图

本节主要利用Photoshop制作风景区效果图，具体操作步骤如下。

步骤01 打开“素材\CH17\风景区背景图.psd”文件。

步骤02 选择【文件】➤【打开】菜单命令，弹出【打开】对话框，选择前面绘制的【风景区模型图.jpg】文件，并单击【打开】按钮，结果如下图所示。

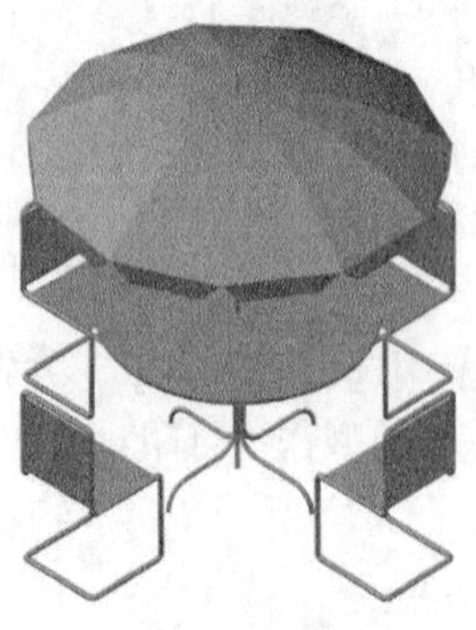

步骤03 单击【魔棒工具】按钮，在工作窗口中的空白区域处单击，如下图所示。

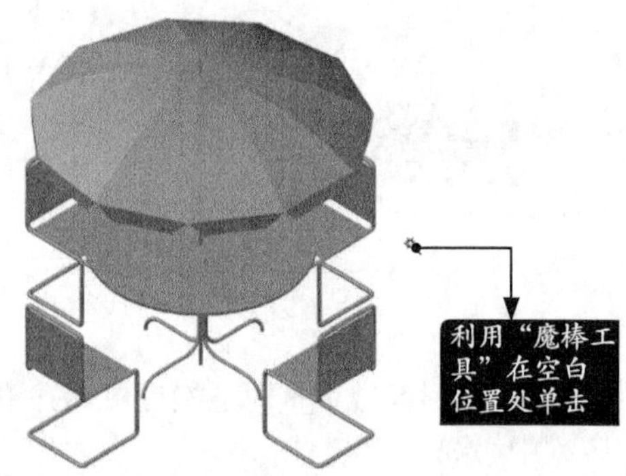

步骤04 选区创建结果如下图所示。

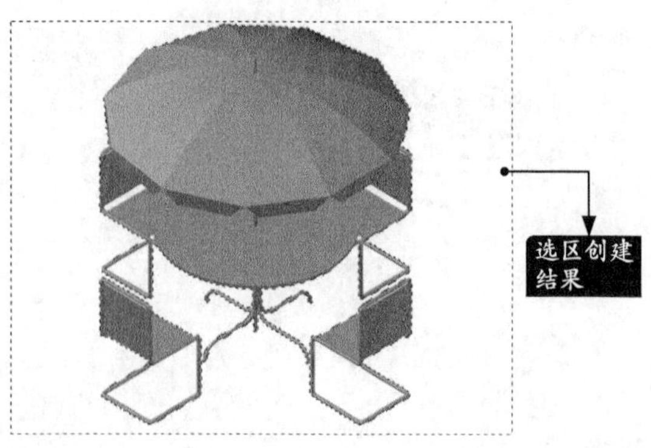

步骤05 选择【选择】➤【反向】菜单命令，选区创建结果如下图所示。

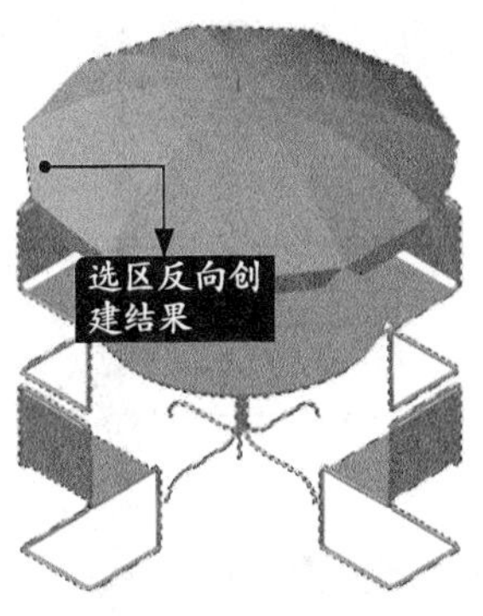

步骤06 按【Ctrl+C】组合键，然后将当前图形文件切换到【风景区背景图】，再次按【Ctrl+V】组合键，结果如下图所示。

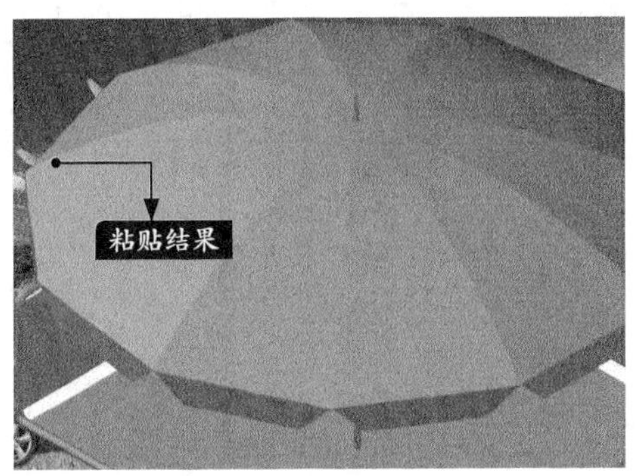

步骤07 选择【编辑】➤【自由变换】菜单命令，对阳伞及座椅模型图片的大小及位置进行适当调整，结果如下图所示。

步骤08 配合【Shift】键使用【魔棒工具】对阳伞及座椅模型图片中的所有白色区域均进行选择，如下图所示。

步骤09 按键盘上的【Del】键，结果如下图所示。

疑难解答

本节视频教程时间：2 分钟

更改画布颜色的快捷方法

选择油漆桶工具并按住【Shift】键单击画布边缘，即可将画布底色设置为当前选择的前景色。如果要还原到默认的颜色，例如25%灰度，可以将前景色设置为（R:192，G:192，B:192），并再次按住【Shift】键单击画布边缘。

如何获得Photoshop的精准光标

按一下键盘上的【Caps Lock】键可以使画笔和磁性工具的光标显示为精确十字线，如下左图所示（画笔工具光标），再按一次【Caps Lock】键可以恢复原状，如下右图所示（画笔工具光标）。

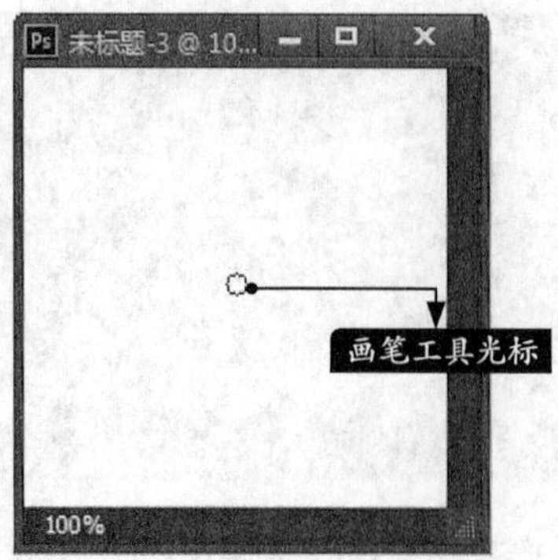

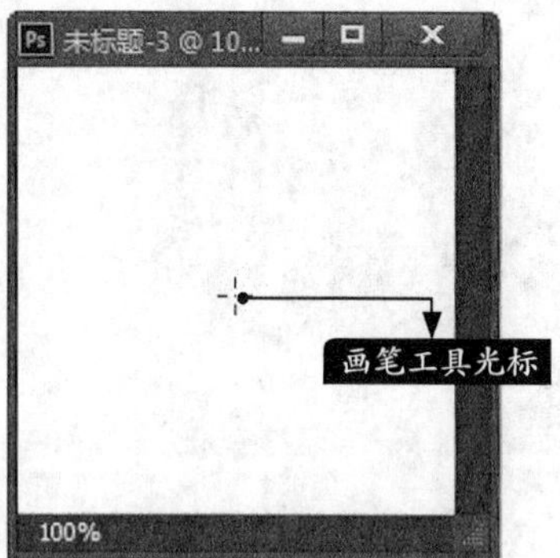

实战练习

绘制以下图形，并计算出阴影部分的面积。其中带有圆心标记的六个圆形与相邻圆弧及直线段之间的关系为相切。

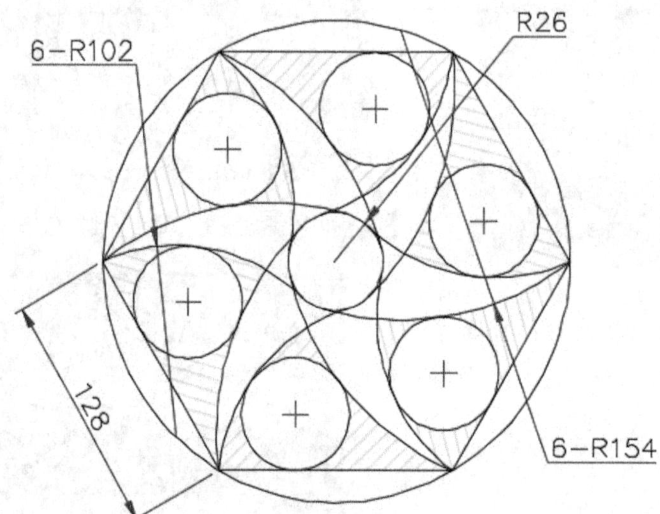

第18章

3D打印概述

学习目标

3D打印技术最早出现在20世纪90年代中期，它与普通打印工作的原理基本相同，即在打印机内装有液体或粉末等“打印材料”，通过计算机控制把“打印材料”一层层叠加起来，最终把计算机上的蓝图变成实物。

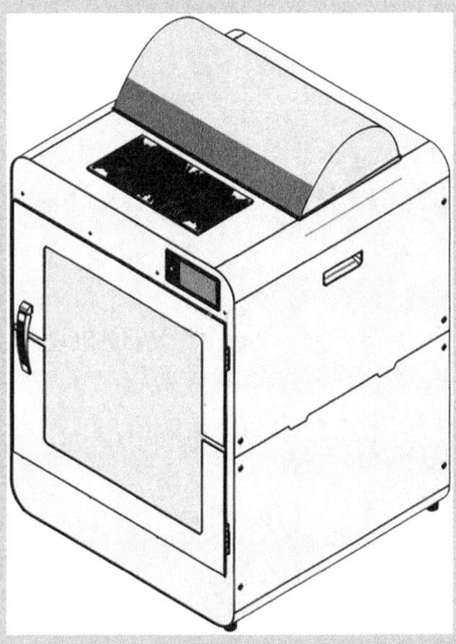

18.1 什么是3D打印

本节视频教程时间：10 分钟

3D打印（3DP)是一种快速成型技术，它以数字模型文件为基础，运用粉末状金属或塑料等可粘合材料，通过逐层打印的方式来构造物体。

18.1.1 3D打印与普通打印的区别

3D打印与普通打印的原理相同，但又有着实实在在的区别，二者的区别见下表。

区别项	普通打印	3D打印
打印材料	传统的墨水和纸张	主要利用工程塑料、树脂或石膏粉末。这些成型材料都是经过特殊处理的，但是技术与材料的成型速度不同，则模型强度、分辨率、模型可测试性、细节精度等都有很大区别
电脑模板	需要的是能构造各种平面图形的模板，例如使用Word、PowerPoint、PDF、Photoshop等制作基础的模板	以三维的图形为基础
打印机结构	两轴移动架	三轴移动架
打印速度	很快	很慢

相对于普通打印机，3D打印机有以下优缺点。

1. 优点

- 节省工艺成本：制造一些复杂的模具不需要增加太大成本，只需量身定做，多样化小批量生产即可。
- 节省流程费用：有些零件一次成型，无需组装。
- 设计空间无限：设计空间可以无限扩大，只有想不到的，没有打印不出来的模型。
- 节省运输和库存：零时间交付，甚至省去了库存和运输成本，只要家里有打印机和材料，直接下载3D模型文件即可完成生产。
- 减少浪费：减少测试材料的浪费，直接在电脑上测试模型即可。
- 精确复制：材料可以任意组合，并且可以精确地复制实体。

2. 缺点

- 打印机价格高：相对于几千元的普通打印机，3D打印机动辄上万甚至几十万、几百万。
- 材料昂贵：3D打印机虽然在多材料打印上已经取得了一定的进展，但除非这些进展达到成熟并有效，否则材料依然会是3D打印推广应用的一大障碍。

18.1.2 3D打印的成型方式

3D打印最大的特点是小型化和易操作，多用于商业、办公、科研和个人工作室等环境。根据打印方式的不同，3D打印技术可以分为热爆式3D打印、压电式3D打印和DLP投影式3D打印等。

1. 热爆式3D打印

热爆式3D打印工艺的原理是，将材料粉末由储存桶送出一定分量，通过滚筒在加工平台上铺上薄薄的一层，打印头依照3D 电脑模型切片后获得二维层片信息，然后喷出粘着剂粘住粉末。做完一层，加工平台自动下降一点，储存桶上升一点，如此循环便可得到所要的形状。

热爆式3D打印的特点是速度快（是其他工艺的6倍）且成本低（是其他工艺的1/6），缺点是精度和表面光洁度较低。Zprinter系列是全球唯一能够打印全彩色零件的三维打印设备。

2. 压电式3D打印

类似于传统的二维喷墨打印，该技术可以打印超高精细度的样件，适用于小型精细零件的快速成型。相对来说，其设备维护更加简单，表面质量好，z轴精度高。

3. DLP投影式3D打印

该工艺的成型原理是利用直接照灯成型技术(DLPR)使感光树脂成型。CAD的数据由计算机软件进行分层并建立支撑，然后输出黑白色的Bitmap档。每一层的Bitmap档会由DLPR投影机投射到工作台上的感光树脂，使其固化成型。

DLP投影式3D打印的优点是利用机器出厂时配备的软件，可以自动生成支撑结构并打印出近乎完美的三维部件。

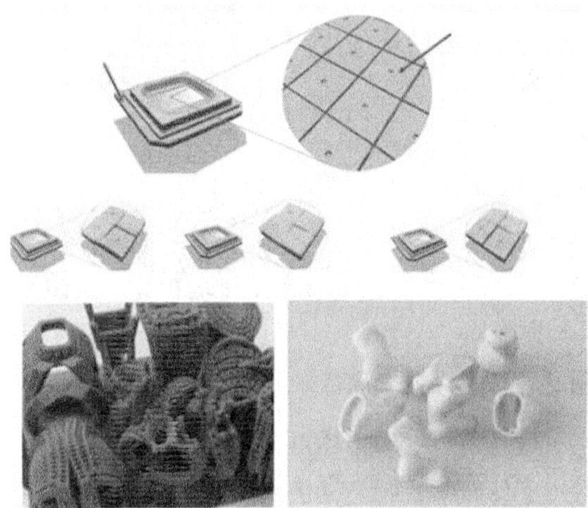

18.2 3D打印的应用领域

本节视频教程时间：7 分钟

3D打印在航天、汽车、电子、建筑、医疗以及生活用品等诸多领域都有广泛应用。

1. 航天科技

2014年8月31日，美国宇航局的工程师们完成了3D打印火箭喷射器的测试。2014年9月底，他们又完成首台成像望远镜，其元件几乎全部通过3D打印技术制造。这款长50.8mm的望远镜全部由铝和钛制成，而且只需通过3D打印技术制造4个零件即可。相比而言，传统制造方法所需的零件数是3D打印的5~10倍。此外，在3D打印的望远镜中，可将用来减少望远镜中杂散光的仪器挡板做成带有角度的样式，这是传统制作方法在一个零件中所无法实现的。

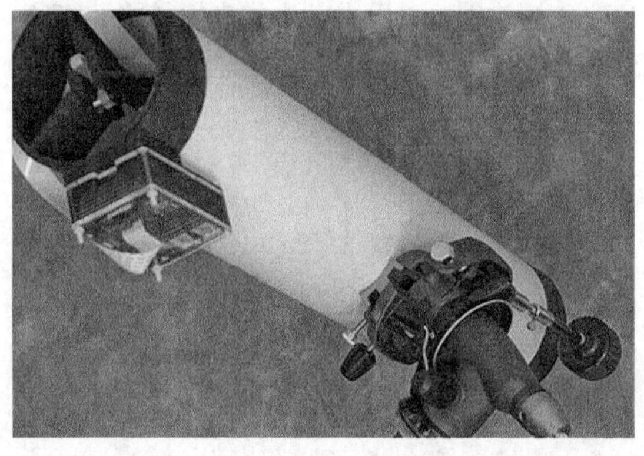

2. 汽车领域

世界第一台3D打印汽车由美国Local Motors公司设计制造，名叫“Strati”，是一款小巧的两座家用汽车。整个车身上靠3D打印出的部件总数为40个，相较传统汽车20000多个零件来说可谓十分简洁。其充满曲线的车身先由黑色塑料制造，再层层包裹碳纤维以增加强度，这一制造设计方式尚属首创。

3. 电子领域

2014年11月10日，世界首款3D打印的笔记本电脑pi-top开始预售，价格仅为传统产品的一半。

4. 建筑领域

在建筑领域，有了3D打印技术之后，很多难以想象的复杂造型得以实现。

2014年8月，10幢3D打印建筑在上海张江高新青浦园区内交付使用，作为当地动迁工程的办公用房。这些“打印”的建筑墙体是用建筑垃圾制成的特殊“油墨”，按照电脑设计的图纸和方案，经一台大型3D打印机层层叠加喷绘而成，10幢小屋的建筑过程仅花费24h。

5. 医疗领域

3D打印产品可以根据确切体形定制，因此通过3D打印制造的医疗植入物将提高一些患者的生活质量。目前3D不仅可以打印钛质骨植入物、义肢及矫正设备等，还成功打印出了肝脏、头盖骨、脊椎、心脏等模型。

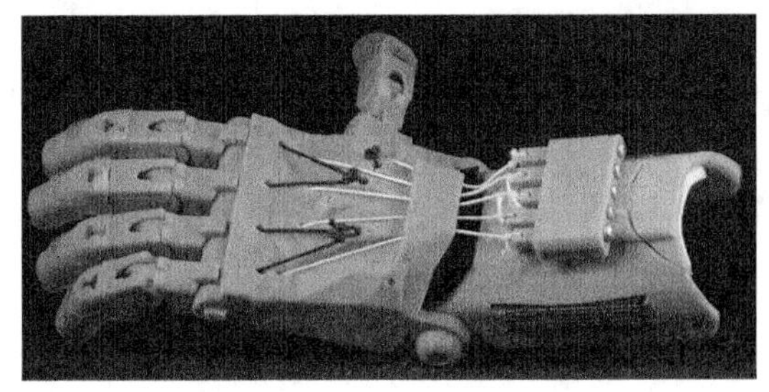

6. 生活用品

3D打印可满足造型复杂的小批量生活用品的定制需要，既满足个性需求又物美价廉，例如手机壳、灯罩、时装等。

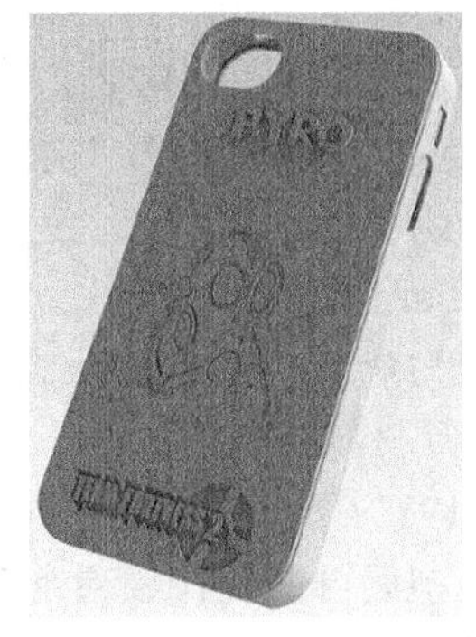

18.3 3D打印的材料选择

本节视频教程时间：10 分钟

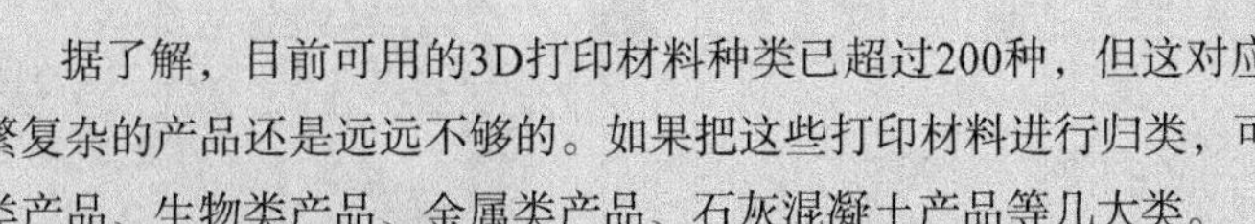

据了解，目前可用的3D打印材料种类已超过200种，但这对应现实中纷繁复杂的产品还是远远不够的。如果把这些打印材料进行归类，可分为石化类产品、生物类产品、金属类产品、石灰混凝土产品等几大类。

1. 工业塑料

这里的工业塑料是指用于制造工业零件或外壳的工业用塑料，其强度、耐冲击性、耐热性、硬度及抗老化性均非常优异。

- PC材料：是真正的热塑性材料，具备工程塑料的所有特性，具有高强度、耐高温、抗冲击、抗弯曲等特点，可以作为最终零部件使用，主要应用于交通及家电行业。
- PC-ISO材料：是一种通过医学卫生认证的热塑性材料，广泛应用于药品及医疗器械行业，如手术模拟、颅骨修复、牙科等专业领域。
- PC-ABS材料：是一种应用极其广泛的热塑性工程塑料，主要应用于汽车、家电及通信行业。

2. 树脂

这里的树脂指的是UV树脂，由聚合物单体与预聚体组成，其中加有光（紫外光）引发剂（或称为光敏剂）。在一定波长的紫外光（250nm~300nm）照射下立刻引起聚合反应完成固化。一般为液态，通常用于制作高强度、耐高温、防水等材料。

- Somos 19120材料为粉红色材质，是铸造专用材料。成型后可直接代替精密铸造的蜡膜原型，避免开模具的风险，可大大缩短周期，拥有低留灰烬和高精度等特点。
- Somos 11122材料为半透明材质，类ABS材料。抛光后能做出近似透明的艺术效果。此种材料广泛用于医学研究、工艺品制作和工业设计等行业。
- Somos Next材料为白色材质，是类PC新材料，其韧性较好，精度和表面质量更佳，制作的部件拥有先进的刚性和韧性。

3. 尼龙铝粉材料

这种材料在尼龙的粉末中混合了铝粉，利用SLS技术进行打印，其成品就有金属光泽，经常用于装饰品和首饰的创意产品。

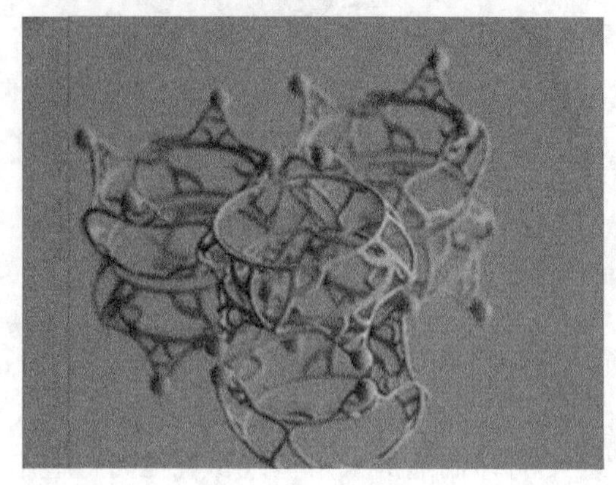

4. 陶瓷

陶瓷粉末采用SLS进行烧结，上釉陶瓷产品可以用来盛食物，很多人用陶瓷来打印个性化的杯子。当然3D打印并不能完成陶瓷的高温烧制，这道工序现在需要在打印完成之后进行。

5. 不锈钢

不锈钢坚硬且有很强的牢固度，其粉末采用SLS技术进行3D烧结，选用银色、古铜色以及白色等颜色，可以制作模型、现代艺术品以及很多功能性和装饰性的用品。

6. 有机玻璃

有机玻璃材料表面光洁度好，可以打印出透明和半透明的产品。目前利用有机玻璃材料，可以打出牙齿模型用于牙齿矫正。

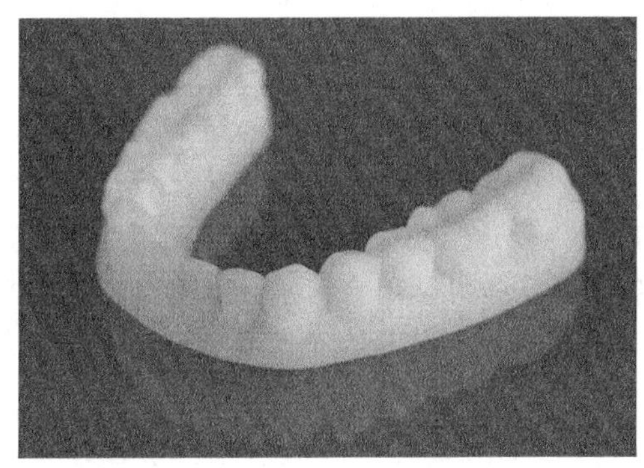

7. 石膏

石膏粉末是一种优质复合材料，颗粒均匀细腻，颜色超白。用这种材料打印的模型可磨光、钻孔、攻丝、上色并电镀，实现更高的灵活性。打印模型的应用行业包括运输、能源、消费品、娱乐、医疗保健、教育等。

18.4 全球及国内3D打印发展概况

本节视频教程时间：12 分钟

在全球化竞争日益激烈的当下，世界各国都在不断通过对新兴高科技领域的投资及研发来争取自己在全球的领先地位。3D打印做为一项极具代表性及革命性的新技术，自然也被世界各国高度重视。

18.4.1 全球3D打印发展概况

近年来，全球3D打印机市场规模一直保持高速增长态势，复合增长率达到了17.6%。2011年全球个人3D打印设备销售量呈现爆发式增长，销售量从5987台猛增至23265台，增幅接近300%，大幅超过商用3D打印设备增速。

三胜产业研究中心发布的《2015—2020年中国3D打印行业市场调查研究与投资策略分析报告》显示，2013年全球3D打印市场规模约40亿美元，相比2012年几乎翻了一番。其大体分布概况是欧洲约10亿美元，美国约15亿美元，中国约3亿美元。

面向工业的3D打印机数量按国家进行统计的话，美国占38%，位居第一，其次是日本占9.7%，第三位德国占9.4%，第四位中国占8.7% 。

2009—2014年全球3D打印市场规模趋势如下图所示。（数据来源：三胜产业研究中心）

18.4.2 国内3D打印行业发展概况

1. 国内3D打印市场规模分析

国内3D打印技术近年来日趋升温，据三胜产业研究中心统计，2012年中国3D打印市场规模约为10亿元，2013年翻了一番，达到20亿元。但是与美国、德国等发达国家相比，中国的3D打印产业仍处于起步阶段，国内3D打印应用仍主要停留在科研阶段，并未实现在工业及个人消费领域大规模推广。

2012—2014年我国3D打印行业市场规模如下图所示。（数据来源：三胜产业研究中心）

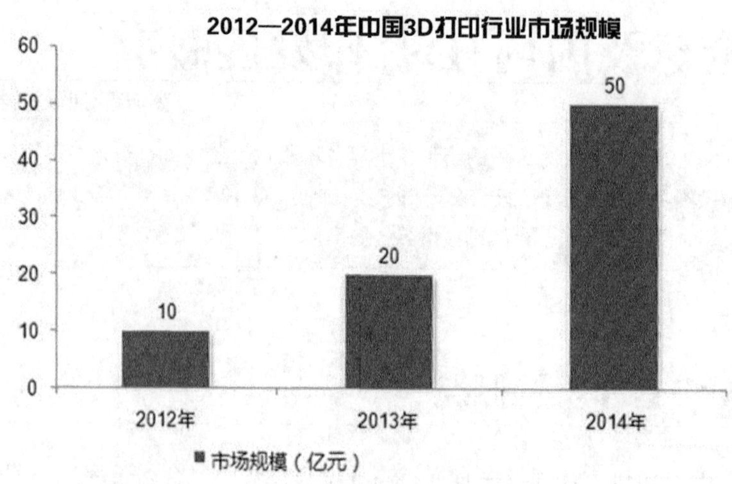

2. 国内3D打印产业技术现状

我国3D打印技术经过二十多年的努力，专利申请数量逐年增长，以10%的份额占据世界第3的位置。3D打印设备制造技术、3D打印材料技术、3D设计与成型软件开发、3D打印工业应用研究等方面研究成果丰硕，激光直接加工金属技术、生物细胞3D打印技术等已经处于世界先进水平。国内部分企业已实现了一定程度的产业化，部分便携式桌面3D打印机的价格已具备国际竞争力，成功进入了欧美市场。目前，国内3D打印材料技术的工艺水平还相对滞后，国产3D打印装备的性能以及稳定性与世界先进水平还有一定差距。

3. 国内3D打印企业发展现状

目前，国产3D打印企业还处在发展上升期。3D打印设备的研制生产主要有2种形式：一种是依托高校研究成果，对3D打印设备进行产业化运作，实现整机生产与销售；另一种是采取引进技术与自我开发相结合的办法，实现3D打印机的整机生产和销售。

虽然部分公司生产的便携式桌面3D打印机的价格已具备国际竞争力，成功进入欧美市场，但是这些企业普遍规模较小，产品技术与国外厂商同类产品相比尚处于中低端水平，打印精度、打印速度、打印尺寸和软件支持等方面还难以满足商用需求。目前，我国3D打印设备服务范围涉及模具设计、样品制作、辅助设计、文物复原等领域，取得了良好的经济效益。

4. 国内3D打印产业布局现状

目前，国内3D打印产业的发展呈现加速增长态势，但发展不够均衡，技术侧重点受地域经济影响较为明显。同时，各地3D产业发展受地域人才资源限制，发展进度很不均衡。目前国内3D打印较为突出的省市多由当地的高校支撑，这些高校汇集了3D打印技术领域的领军人才，并培养出一批研究团队，带动了3D打印技术的研究。

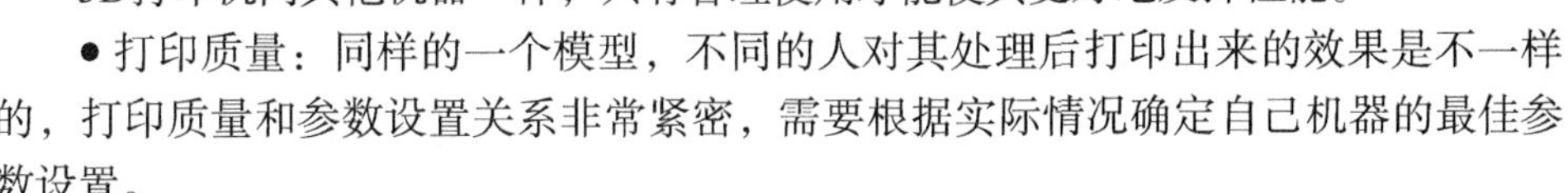

疑难解答

本节视频教程时间：2 分钟

3D打印机使用时的注意事项

3D打印机同其他机器一样，只有合理使用才能使其更好地发挥性能。

- 打印质量：同样的一个模型，不同的人对其处理后打印出来的效果是不一样的，打印质量和参数设置关系非常紧密，需要根据实际情况确定自己机器的最佳参数设置。
- 打印速度：一般情况下，3D打印机的打印速度和打印质量成反比，所以打印过程中打印速度不宜过快，以保证打印质量。
- 模型摆放：模型位置的摆放非常重要，特别是悬臂结构比较复杂的模型，模型摆放的位置和其需要的支撑紧密相关。
- 温度差异：一般情况下，不同颜色的材料需要加热的温度具有一定的差异性。
- 机器维护：合理的维护，可以使机器的性能和寿命得到有效提升，特别需要注意防止喷头堵塞。

实战练习

绘制以下图形，并计算出*RA*的半径值及阴影部分的面积。其中*RA*的圆形与相邻三个圆形之间的关系为相切。

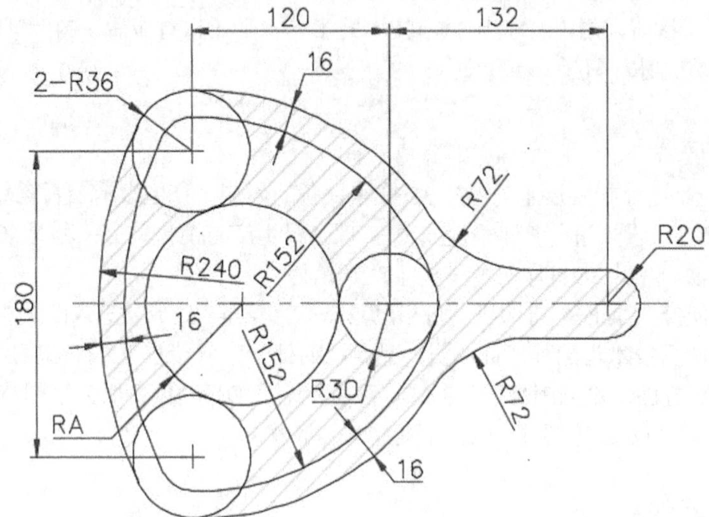

第 19 章

3D打印温莎椅模型

学习目标

3D打印的流程是：先通过计算机建模软件建模，再将建成的3D模型“分区”成逐层的截面，即切片，进而指导打印机逐层打印。

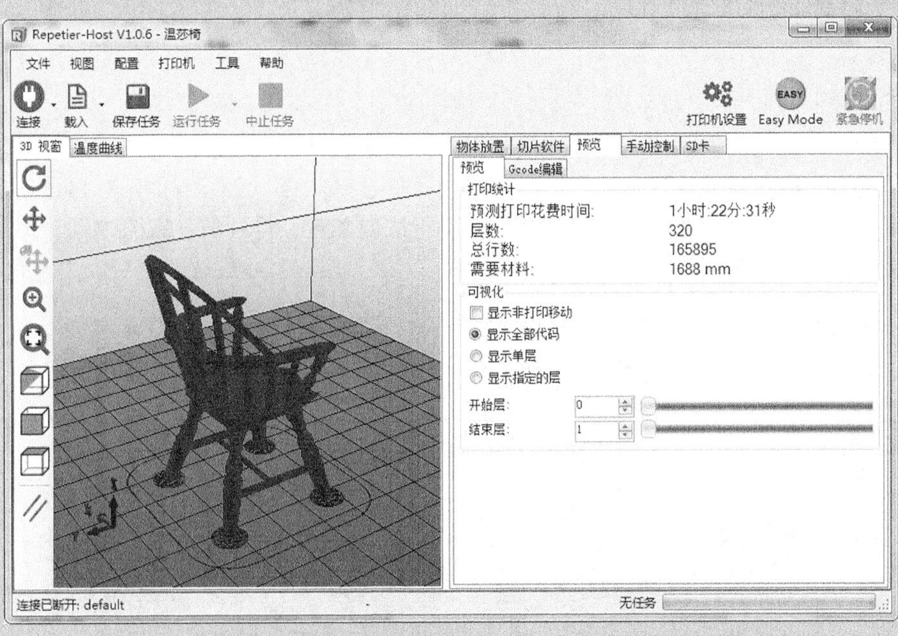

19.1 3D模型打印要求

本节视频教程时间：8 分钟

3D打印机对模型有一定的要求，不是所有的3D模型都可以不经处理就打印的。首先STL模型要符合打印尺寸，与现实中的尺寸一致；其次模型的密封要好，不能有开口。至于面片的法向和厚度，可以在软件里设置，也可以在打印机设置界面设置。不同的打印机一般有不同的打印程序设置软件，但其原理都是相同的，就像我们在电脑中的普通打印机设置一样。

1. 3D模型必须是封闭的

3D模型必须是封闭的，模型不能有开口边。某此情况下，要检查出模型是否存在这样的问题有些困难，这时可以使用【netfabb】这类专业的STL检查工具对模型进行检查，它会标记出存在开口问题的区域。

下图是未封闭（左图）的模型和封闭（右图）的模型对比图，如果给这两个轮胎充气，右边的轮胎肯定可以充满，左边的则是漏气的。

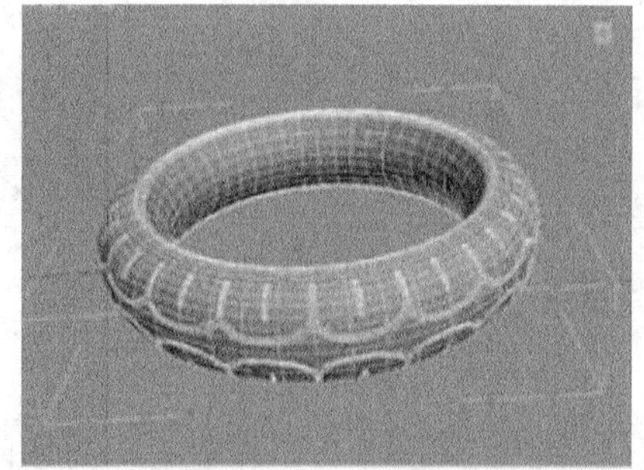

2. 正确的法线方向

模型中所有面上的法向需指向一个正确的方向。如果模型中包含了颠倒的法向，打印机就无法判断出是模型的内部还是外部。

如下图所示，如果将左图的中下半部分的面进行法向翻转，得到的是右图中翻转的面，这样模型是无法进行3D打印的。

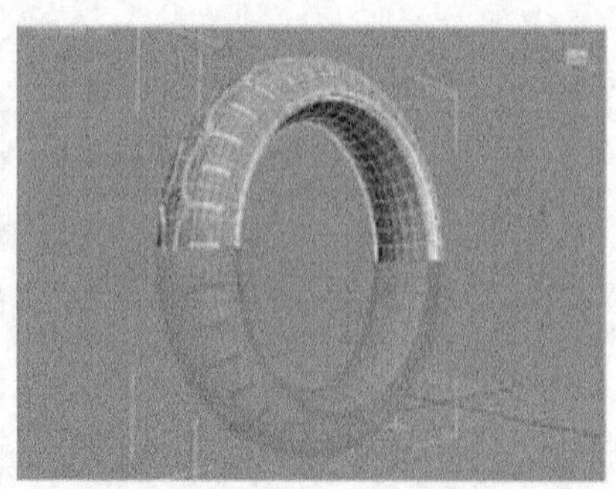
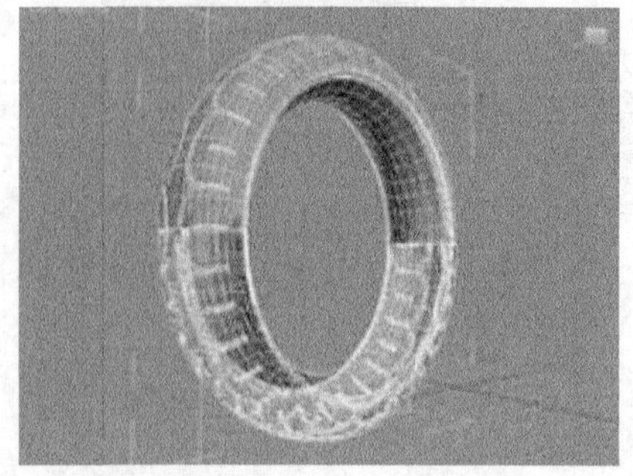

3. 3D模型的最大尺寸和壁厚

3D模型的最大尺寸根据3D打印的最大尺寸而定，当模型超过打印机的最大尺寸时，模型就不能被完整地打印出来。

打印机的喷嘴直径是一定的，打印模型的壁厚应考虑到打印机能打印的最小壁厚，否则就会出现失败或错误的模型。

下左图是一个带厚度的轮胎模型，这个厚度是在软件中制作而成的。下右图是不带厚度的模型，可以在打印软件中设置打印厚度。

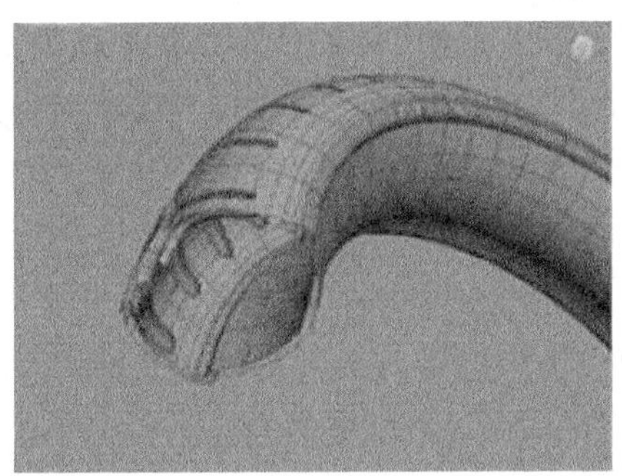

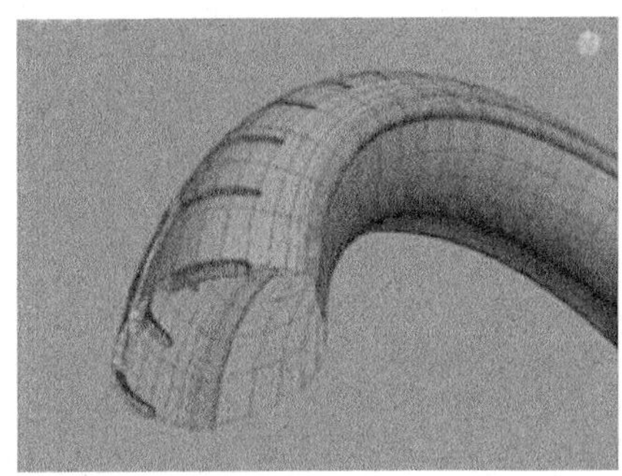

4. 设计打印底座

用于3D打印的模型底面最好是平坦的，这样既能提高模型的稳定性，又不需要增加支撑。这样就可以直接截取底座以获得平坦的底面，或者添加个性化的底座。

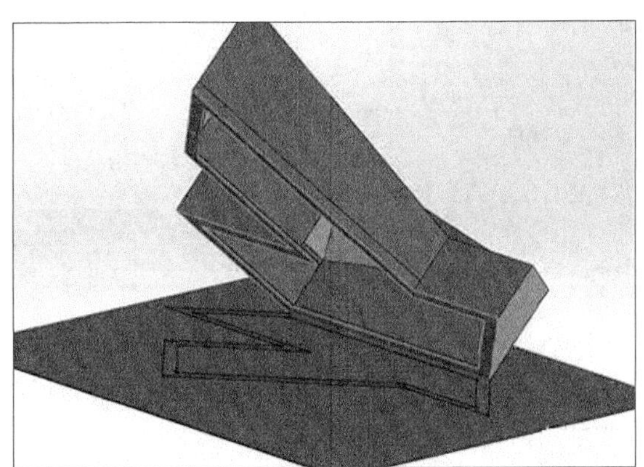

5. 预留容差度

对于需要组合的模型，需要特别注意预留容差度。一般在需要紧密结合的地方预留0.8mm的宽度，在较宽松的地方预留1.5mm的宽度。

6. 删除多余的几何形状和重复的面片

建模时的一些参考点、线、面及隐藏的几何形状，在建模完成时需要将其删除。

建模时两个面叠加在一起就会产生重复面片，需要删除重复的面片。

19.2 安装3D打印软件

本节视频教程时间：5 分钟

3D打印软件有很多种，我们这里主要介绍接下来要用到的Repetier Host V1.06。

步骤 01 打开安装程序文件夹或光盘，然后双击setupRepetierHost_1_0_6.exe文件，弹出语言选择对话框，如下图所示。

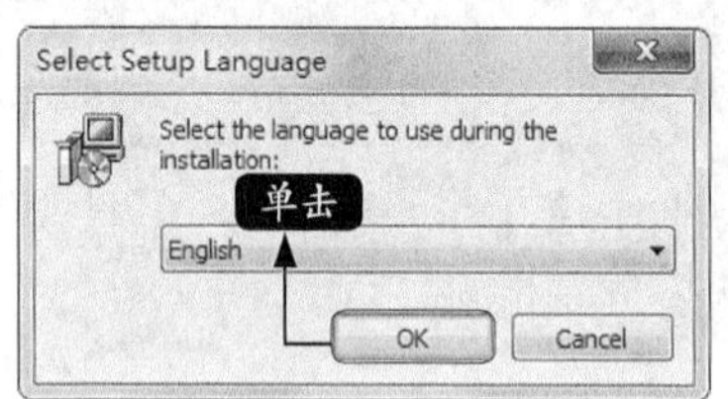

步骤 02 选择语言后单击【OK】按钮，进入安装欢迎界面，如下图所示。

步骤 03 单击【Next】按钮，进入到安装条款界面，选择【I accept the agreement】选项，然后单击【Next】按钮。

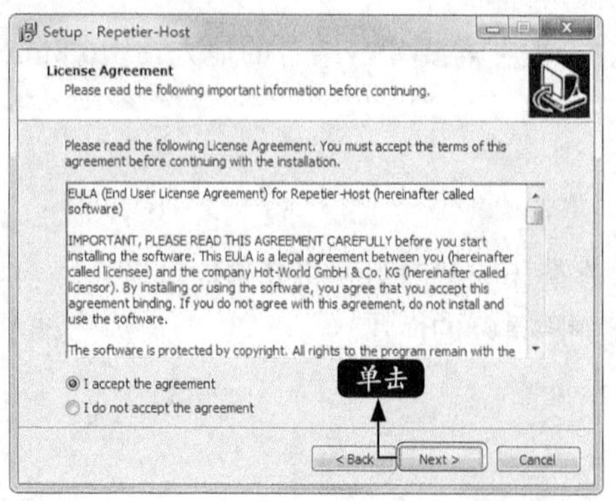

步骤 04 在弹出的选择安装路径界面中单击【Browse】按钮，选择程序要放置的位置，然后单击【Next】按钮，如下图所示。

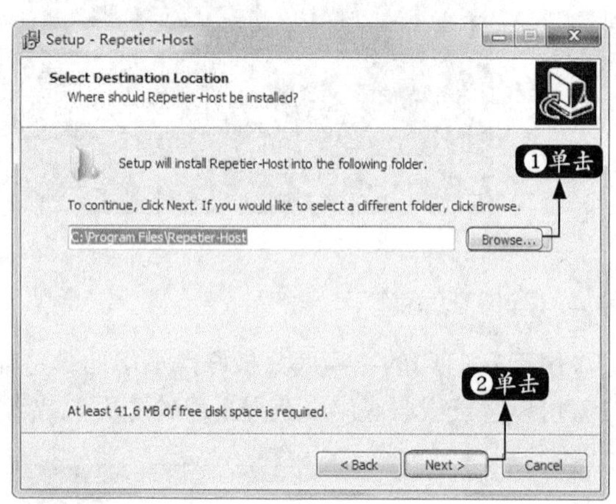

步骤 05 在弹出的界面选择切片程序，这里选择默认的程序即可，然后单击【Next】按钮。

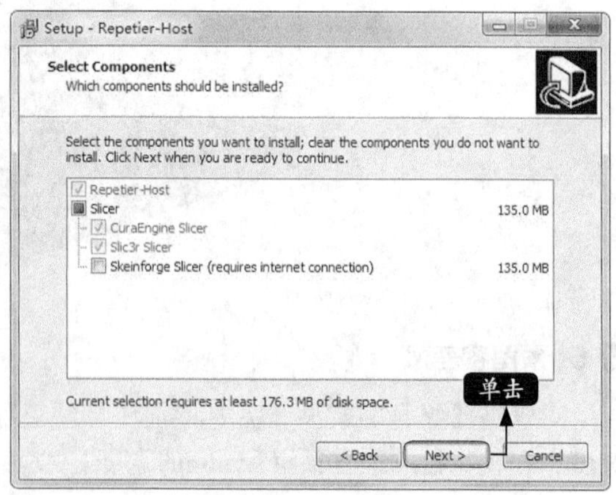

步骤 06 在弹出的界面选择开始程序放置的位置，选择默认位置即可，如下图所示。

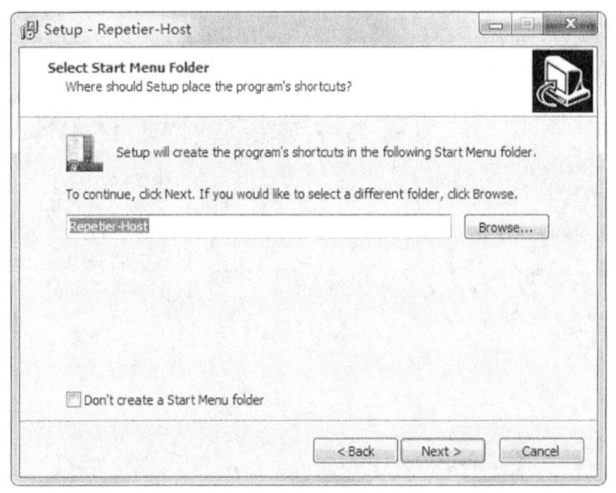

步骤07 在弹出的界面选择【Create a desktop icon】，然后单击【Next】按钮，如下图所示。

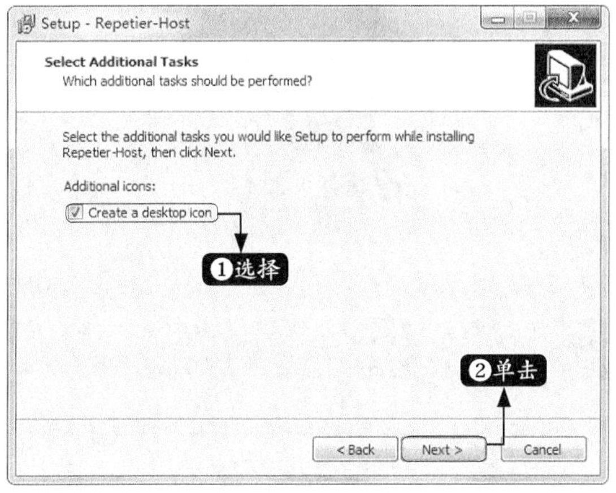

步骤08 在弹出的准备安装界面上单击【Install】按钮，如下图所示。

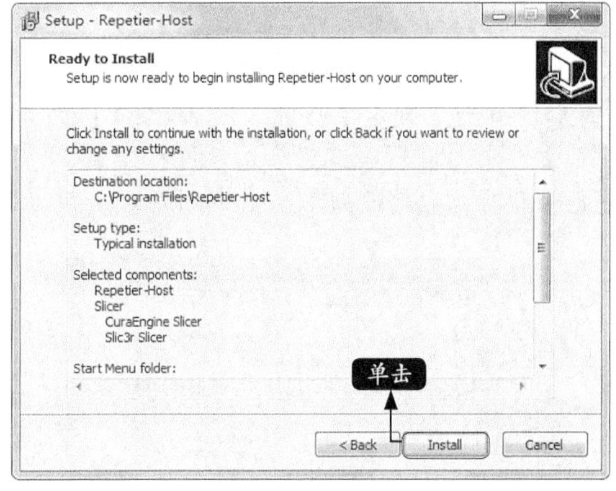

步骤09 程序按照指定的安装位置进行安装，如下图所示。

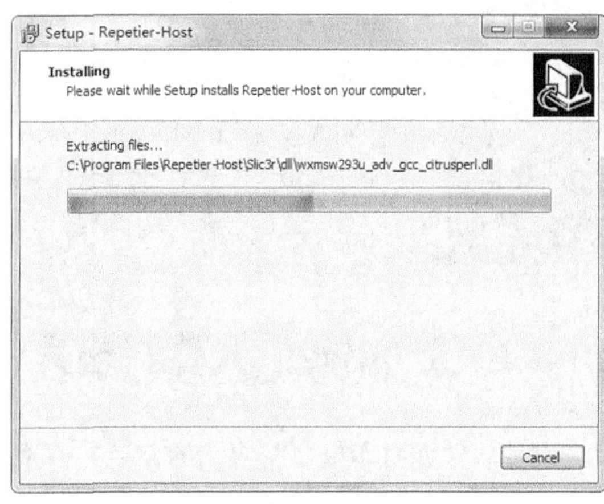

步骤10 安装完成后弹出安装完成界面，如下图所示。

步骤11 上步如果选择了【Launch Repetier-Host】复选框，单击【Finish】按钮会弹出程序界面，如下图所示。

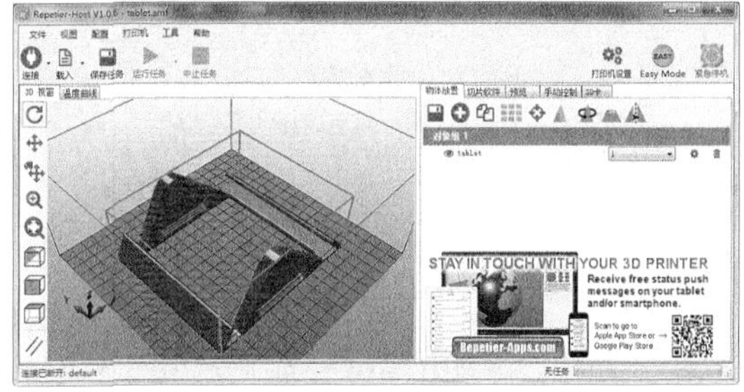

19.3 打印温莎椅模型

本节视频教程时间：15 分钟

本节主要介绍如何将“dwg”格式的3D图转换成为3D打印机可以识别的“stl”格式，然后在Repetier Host V1.06打印软件中进行打印设置。具体的打印机设置及最终的成型，会因打印机型号的不同而存在差异，打印成型时间也不一致，我们这里不做介绍。

19.3.1 将“dwg”文件转换为“stl”格式

设计软件和打印机之间协作的标准文件格式是“stl”，因此在打印前应将AutoCAD生成的“dwg”文件转换成“stl”格式。其具体操作步骤如下。

步骤 01 打开“CH19\温莎椅.dwg”文件，如下图所示。

步骤 02 选择【输出】选项卡➤【三维打印】面板➤【发送到三维打印服务】按钮，弹出【三维打印—准备打印模型】对话框，如下图所示。

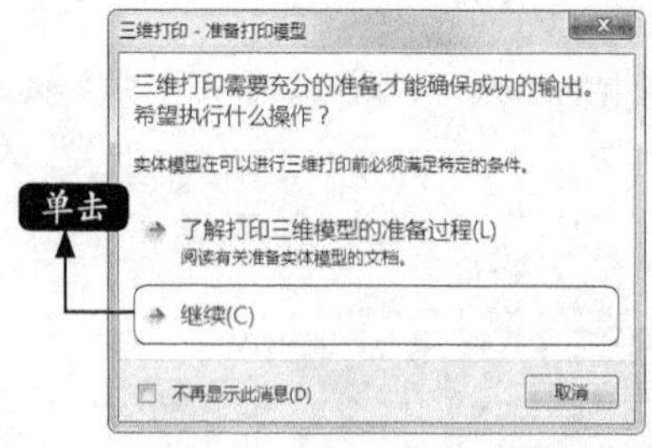

步骤 03 单击【继续】按钮，当十字光标变成选择状态时，选择整个温莎椅，如下图所示。

步骤 04 按空格键结束选择后，弹出【三维打印选项】对话框，如下图所示。

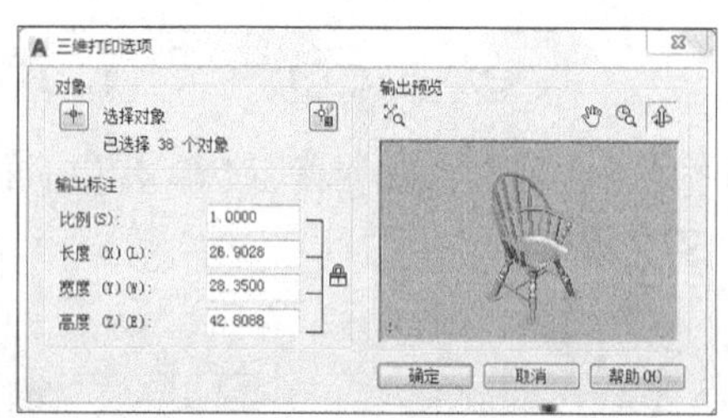

步骤 05 单击【确定】按钮，在弹出的【创建STL文件】对话框中选择合适的保存位置，将图形保存为“温莎椅.stl”，如下图所示。

小提示

在AutoCAD 2019中除了面板外，还可以通过以下方法调用输出命令。
- 选择【文件】➤【输出】菜单命令。
- 在命令行输入“EXPORT/EXP”命令并按空格键确定。
- 单击应用程序 ➤【输出】➤【其他格式】选项。
- 在弹出的【输出数据】对话框中选择文件类型为“平版印刷（*.stl）”即可。

19.3.2 Repetier Host打印设置

将“dwg”文件转换为“stl”文件后，接下来将转换后的3D模型载入Repetier Host，然后进行切片并生成代码，最后运行任务打印，即可完成温莎椅模型的3D打印。

1. 载入模型

步骤01 启动Repetier Host 1.06，如下图所示。

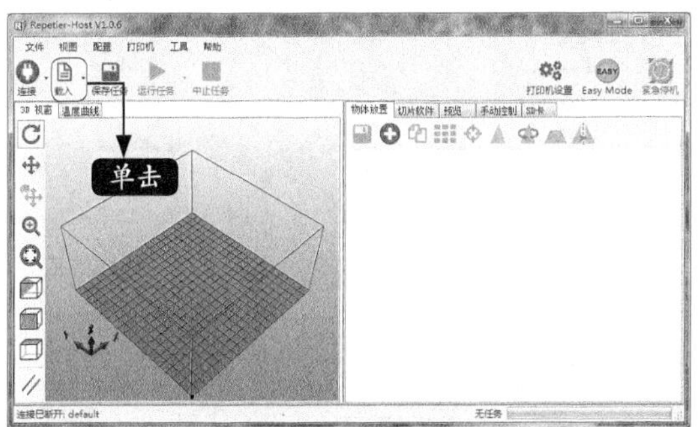

步骤02 单击【载入】按钮，在弹出的【导入Gcode文件】对话框中选择上节转换的“stl”文件，如下图所示。

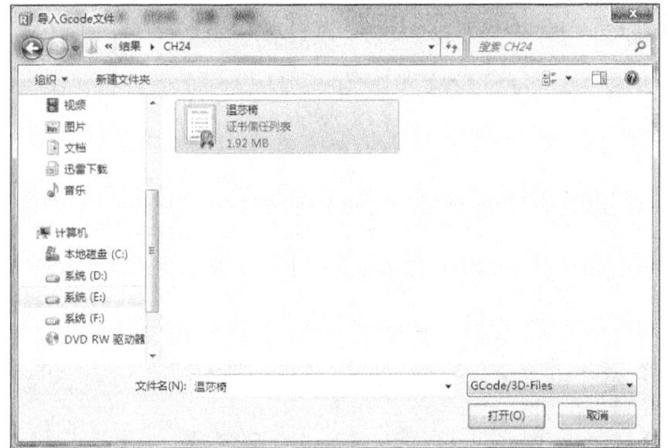

步骤03 将“温莎椅.stl”文件导入后如下图所示。

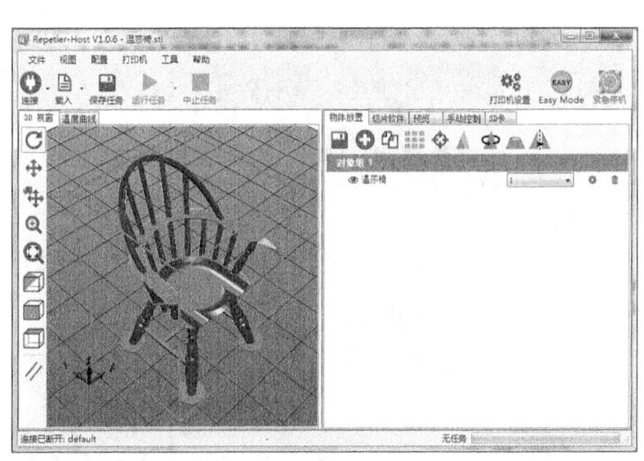

步骤04 按【F4】键将视图调整为“适合打印体积”视图，如下图所示。

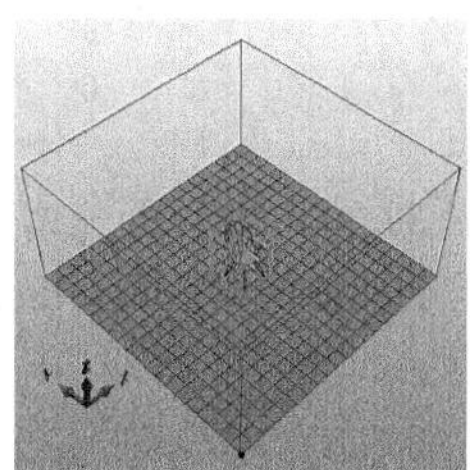

小提示

左侧窗口辅助平面上面有一个框，这个加上框的辅助平面，形成了一个立方体，代表的就是3D打印机所能打印的最大范围。如果3D打印机的设置是正确的，那么只要3D模型在这个框里面，就不用担心3D模型超出可打印范围，导致打印的过程中出问题了。

如果需要近距离观察模型，按【F5】键即可回到“适合对象”视图，如下图所示。

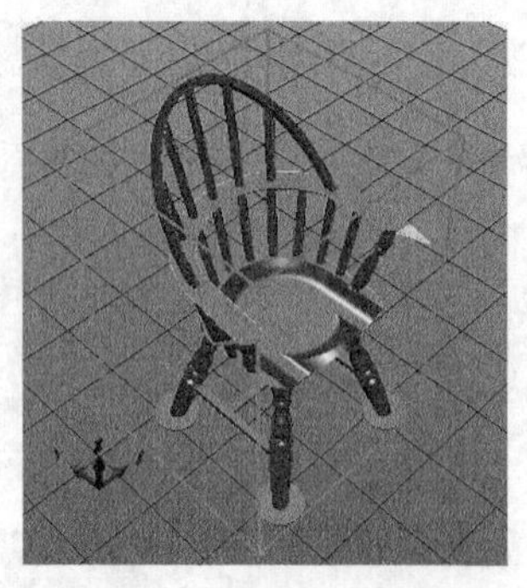

步骤05 单击左侧工具栏的旋转按钮，然后按住鼠标左键可以对模型进行旋转，多方位观察模型，如下图所示。

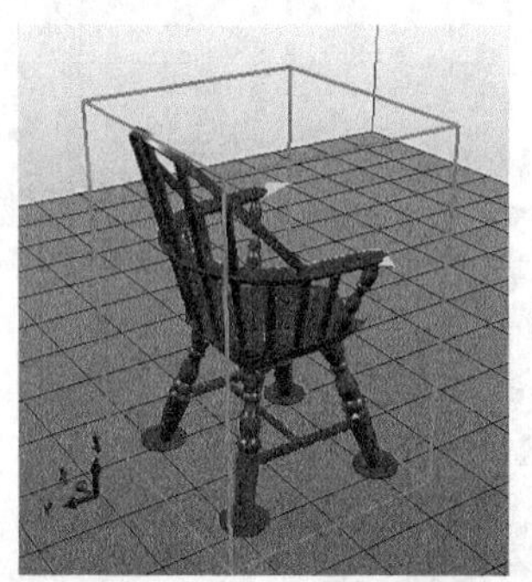

小提示

单击按钮可以不以盒子的中心为中心进行平移，而是以模型的中心为中心进行平移。

单击按钮，可以让模型在*xy*平面上移动，而不会在*z*轴上改变模型的位置。

步骤06 单击右侧窗口工具栏的缩放物体按钮，在弹出的控制面板上将*x*轴方向的比例改为1.5倍，如下图所示。

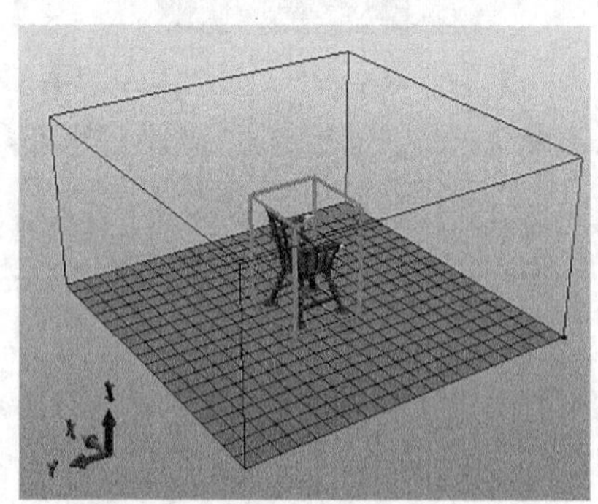

小提示

如果载入的模型尺寸不对，太大或者太小，这时候就需要使用缩放功能了。默认情况下，*x*、*y*、*z*三个轴是锁定的，也就是在*x*里面键入的数值，例如1.5倍，会同时在三个轴的方向上起作用。

2. 切片配置向导设置（首次进入切片才会出现）

步骤01 单击右侧窗口【切片软件】选项卡，如下图所示。

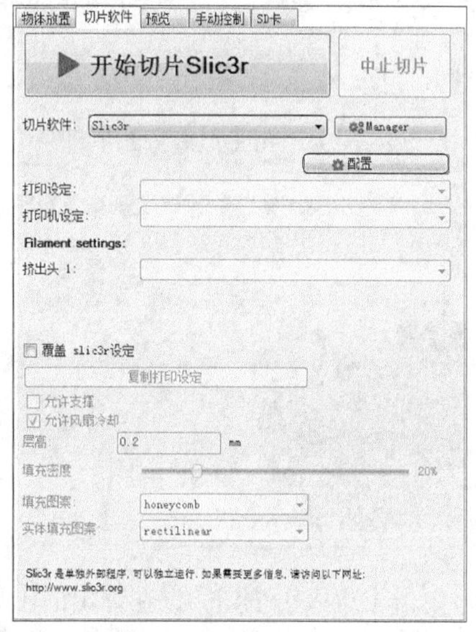

步骤02 Repetier Host 1.06有两个切片软件，即Slic3r和CuraEngine，这里选择默认的Slic3r，单击【配置】按钮，稍等几秒后会弹出配置向导窗口（首次进入Slic3r会弹出该窗口），如下图所示。

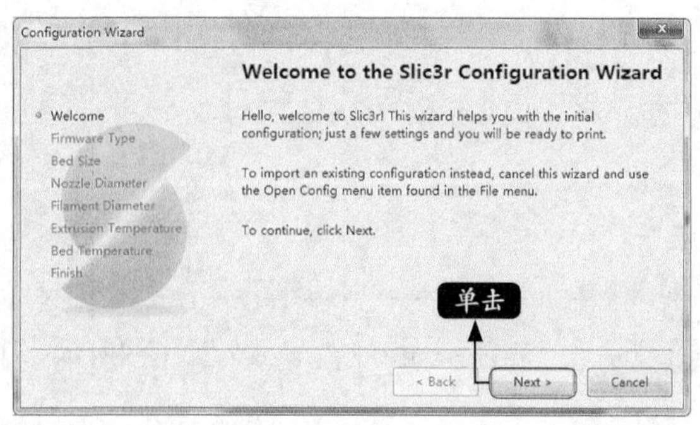

步骤03 第一页是欢迎窗口，直接单击【Next】按钮，进入到第二页面，选择和上位机固件相

同风格的G-code，如下图所示。

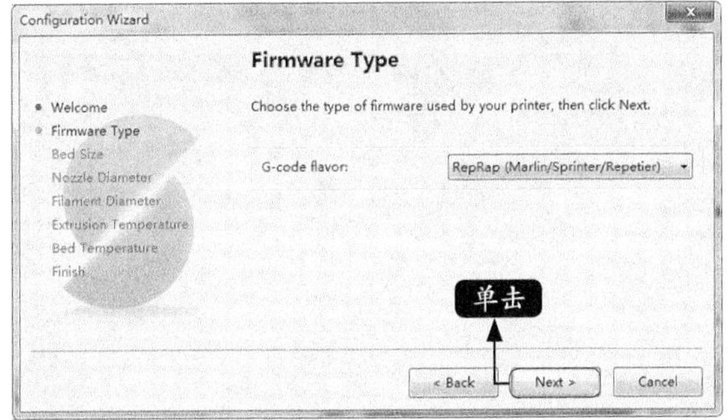

步骤04 单击【Next】按钮，进入第三页面，按照热床的实际尺寸进行填写，如下图所示。

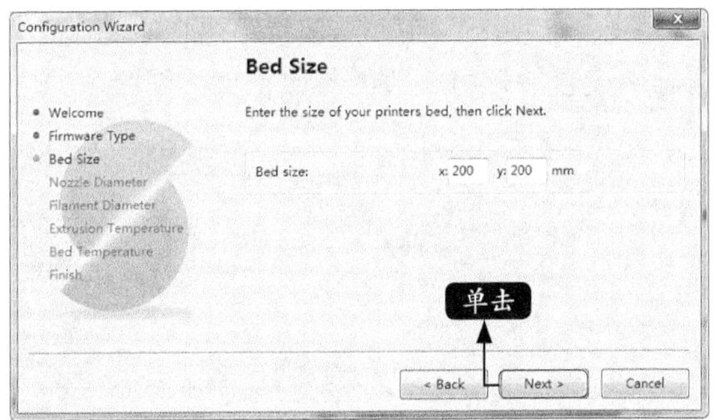

步骤05 单击【Next】按钮，进入第四页面，设置加热挤出头的喷头直径，将喷头直径设置为使用的3D打印机加热挤出头的直径，如下图所示。

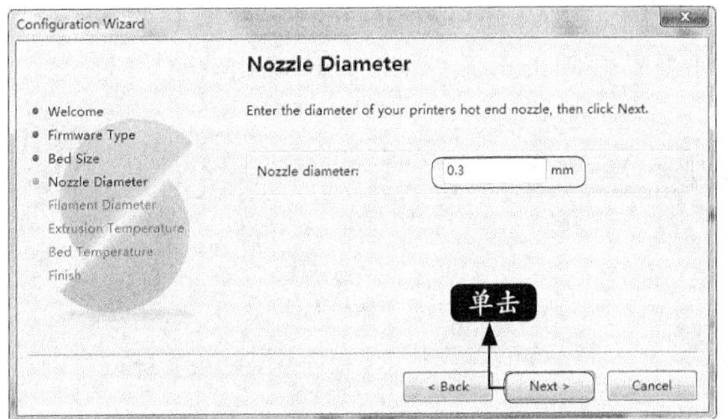

小提示

加热挤出头直径通常在0.2mm~0.5mm，根据自己使用的打印机的实际情况进行填写即可。

步骤06 单击【Next】按钮，进入第五页面，设置塑料丝的直径尺寸，如下图所示。

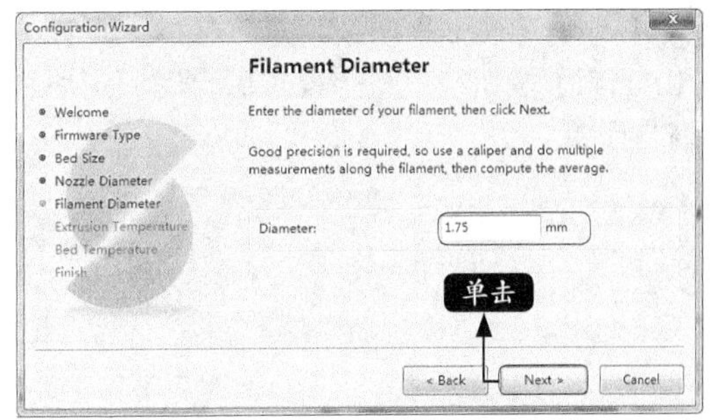

小提示

塑料丝目前有两种标准，即3mm和1.75mm。这里根据3D打印机使用的塑料丝，把数字填入即可。

步骤07 单击【Next】按钮，进入第六页面设置挤出头加热温度，如下图所示。

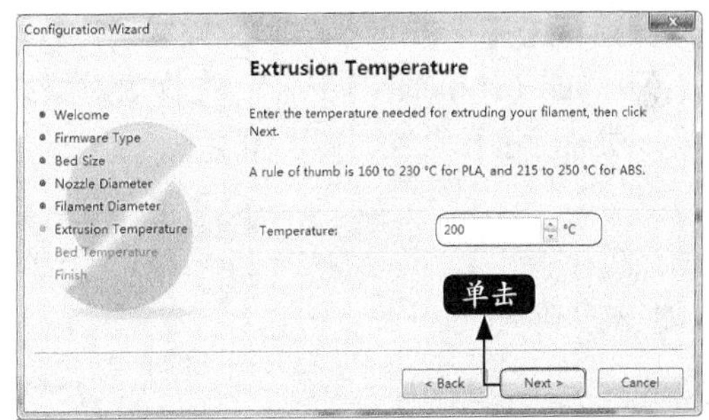

小提示

PLA大约要设置在160℃~230℃，ABS大约要设置在215℃~250℃。

这里设置的是200℃，如果发现无法顺利出丝，再适当调高温度。

步骤08 单击【Next】按钮，进入第七页面设置热床温度，根据使用的材料填入相应的温度，如果使用PLA材料，就填入数字60，如果使用的是ABS就填入110，如下图所示。

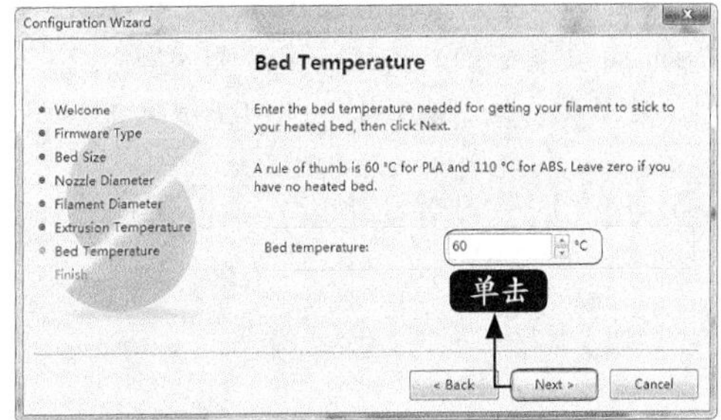

步骤09 单击【Next】按钮，进入最后一页，单击【Finish】按钮结束整个设置后自动回到切片主窗口设置。

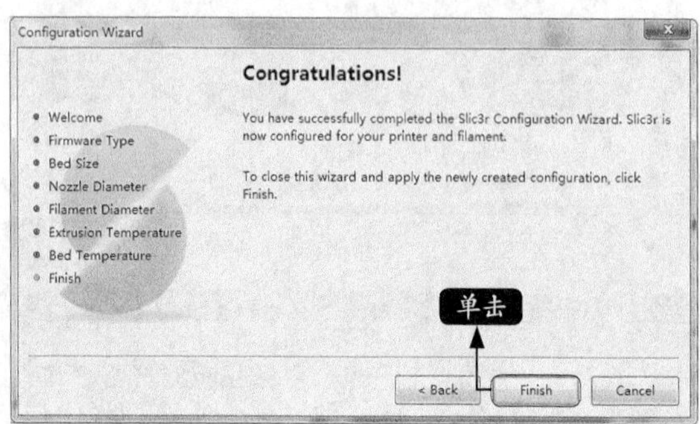

3. 切片主窗设置

步骤01 切片配置向导设置完毕后回到切片主窗口设置，选择【Print Settings】选项卡中的【Layers and perimeters】选项，在这里对层高和第一层高度进行设置，如下图所示。

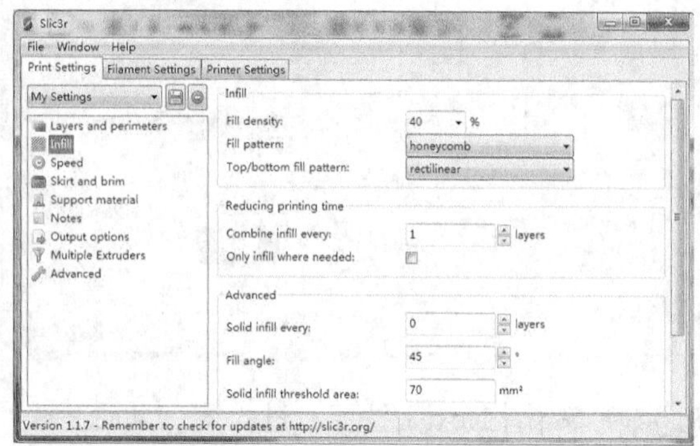

小提示

为了达到最好的效果，层高最大不应该超过挤出头喷嘴直径的80%。由于我们使用Slic3r向导设置了喷嘴的直径是0.3mm，这里最大可以设定0.24mm。

如果使用一个非常小的层高值（小于0.1mm），那么第一层的层高就应该单独设置。这是因为一个比较大的层高值，使得第一层更容易粘在加热板上，有助于提高3D打印的整体质量。

步骤02 层和周长设置完毕后，单击【Infill（填充）】选项，在该选项界面可以设置填充密度、填充图样等。

步骤03 填充设置完毕后，单击【Flament Settings】选项卡，在该选项卡下可以查看设置向导中设置的耗材相关的参数，如下图所示。

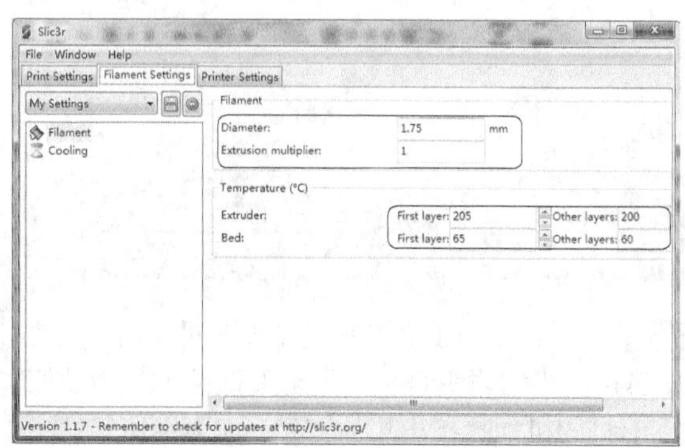

步骤04 单击【Printer Settings】选项卡查看关于打印机的硬件参数，如下图所示。

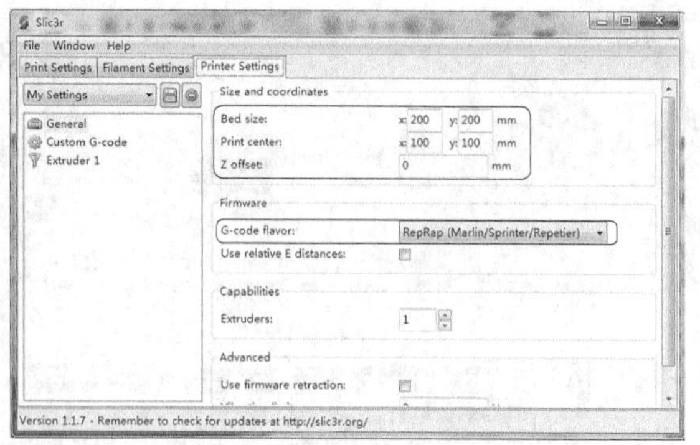

步骤05 单击左侧窗口列表的【Extruder 1】选项，可以查看挤出头的参数设定，如下图所示。

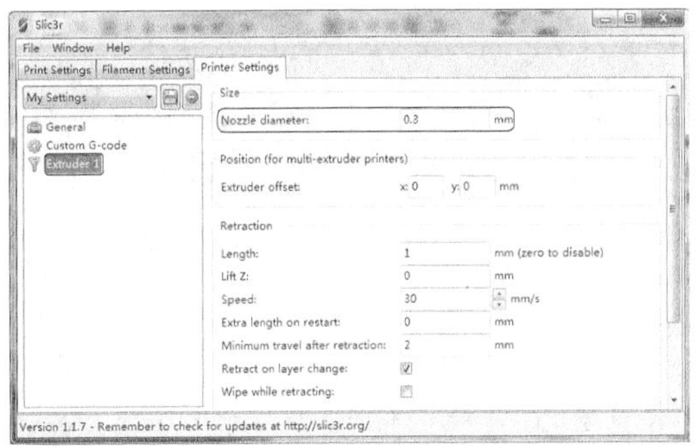

4. 生成切片

步骤01 所有关于Slic3r的基础设定都完成后关闭Slic3r的配置窗口，回到Repetier-Host主窗口，单击【开始切片Slic3r】按钮，之后可以看到生成切片的进度条，如下图所示。

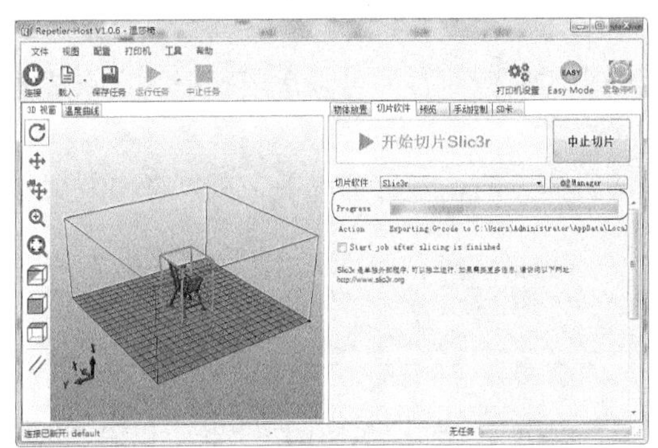

步骤02 代码生成过程完成之后，窗口会自动切换到预览标签页，可以看到，左侧是完成切片后的模型3D效果，右侧是一些统计信息。

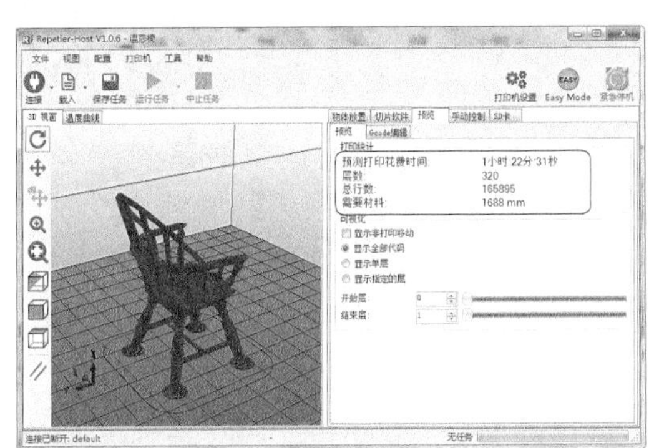

步骤03 在预览中可以查看每一层3D打印的情况，例如，我们将结束层设置为50，然后选择【显示指定的层】就可以查看第50层的打印情况，如下图所示。

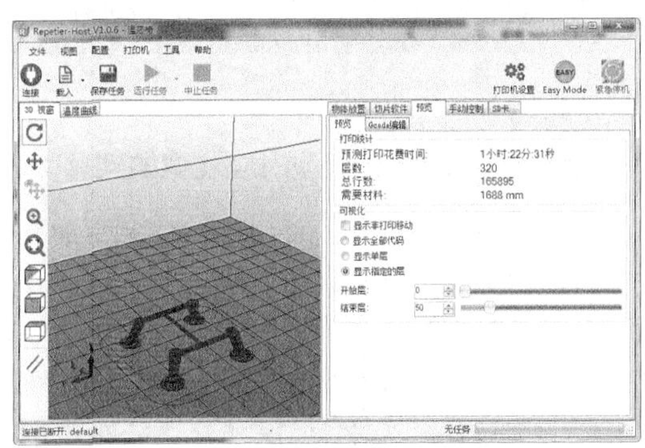

步骤04 单击【Gcode】编辑标签，可以直接观察、编辑G-code代码，如下图所示。

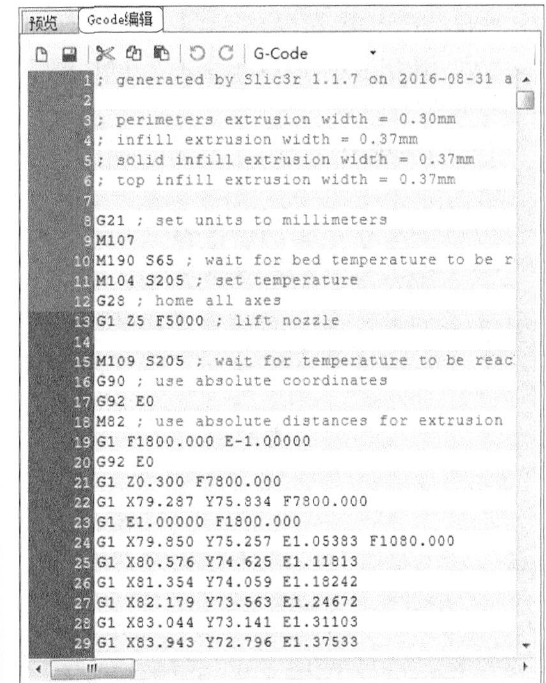

5. 运行任务

运行任务本身很简单，首先确定Repetier-Host已经和3D打印机连接好了，然后按下【运行任务】按钮，任务就开始运行了。打印最开始的阶段，实际上是在加热热床和挤出头，除了状态栏上有些基础信息之外，程序没什么动静，因此开始阶段没什么声音，挤出头可能也不会移动。

疑难解答

本节视频教程时间：3 分钟

使用3D打印机打印模型时应注意的问题

使用3D打印机打印模型时应该注意下面几个问题。

- 45° 法则：一般情况下超过45° 的突出物都需要额外的支撑材料来完成模型打印，由于支撑材料去除后容易在模型上留下印记，并且去除的过程有些繁琐，所以应该尽量在没有支撑材料的帮助下设计模型，以便于直接进行3D打印。
- 打印底座：尽量自己设计打印底座，不要使用软件内建的打印底座，以免降低打印速度。主要原因在于，内建的打印底座有可能会比较难去除，还有可能损坏模型的底部。
- 打印机极限：需要了解自己模型的细节，尤其是线宽，线宽是由打印机喷头的直径决定的。
- 适当的公差：可以为拥有多个连接处的模型设计适当的允许公差。
- 适当使用外壳：不要过多地使用外壳，尤其是在精度要求比较高的模型上面，过多的外壳会让细节处模糊。
- 善于利用线宽：对于一些可以弯曲或者厚度比较小的模型而言，可以适当利用线宽来帮助完成操作。
- 打印方向：以可行的最佳分辨率方向作为模型的打印方向，必要情况下，可以将模型切成几个区块来打印，然后再重新组装。

实战练习

绘制以下图形，并计算出阴影部分的面积。其中$AB=2BC$，图形F是由图形E缩放得到的。

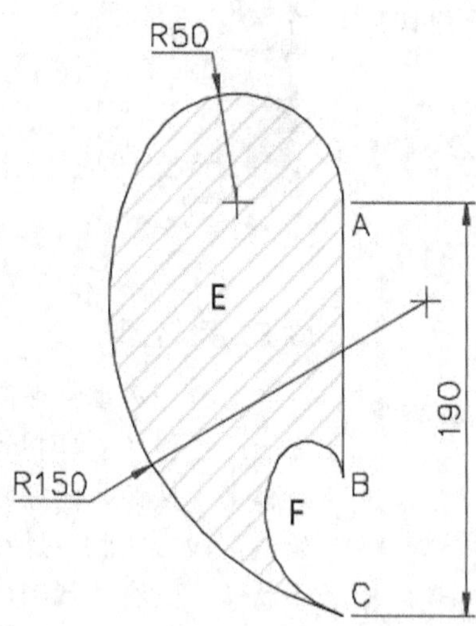

第5篇 综合案例

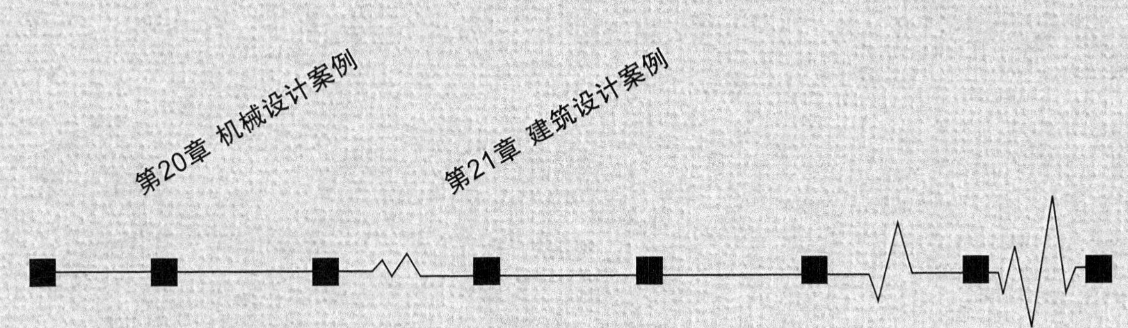

第20章

机械设计案例

学习目标

机械设计是机械工程的重要组成部分，是决定机械性能的重要因素。需要根据实际需求对机械的工作原理、运动方式、结构、润滑方法、力和能量的传递方式、各个零件的材料、形状、尺寸等进行分析和计算，以便于得到最佳方案，并将其作为生产制造的依据。

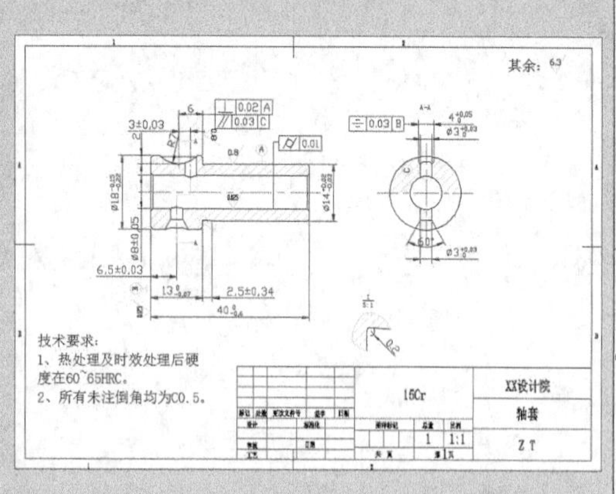

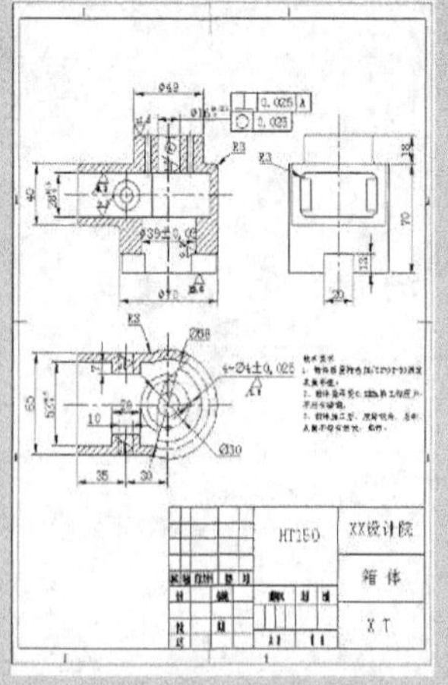

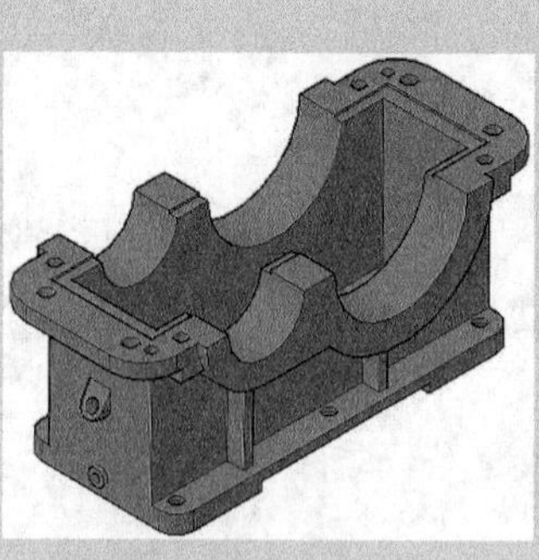

20.1 绘制轴套

本节视频教程时间：1 小时 34 分钟

在运动部件中，长期的磨擦会造成零件的磨损，当轴和孔的间隙磨损到一定程度的时候就必须更换零件。因此在设计的时候应选用硬度较低、耐磨性较好的材料制作轴套或衬套，以便减少轴和座的磨损，从而节约成本。

20.1.1 轴套设计的注意事项

轴套是套在转轴上面的筒状机械零件，在机器中可以起到支撑、定位、导向或保护轴的作用。在设计轴套时，通常需要注意以下几点。

- 保证零件各视图的准确性：轴套零件各视图必须完整、准确、清晰，并且尺寸及公差标注完善。
- 确定加工材质：根据需求准确确定加工材质，例如考虑到轴套的工作过程中有交变载荷和冲击性载荷，为增强轴套的强度和冲击韧度，以使金属纤维尽量不被切断，保证零件的可靠性，可以选用锻件。
- 正确选择定位基准：正确选择零件在加工中的定位基准，满足定位可靠、精度高、方便定位、方便加工、方便装夹并且可以使夹具结构尽量简单等要求，才可以确保零件的加工精度。
- 划分加工阶段：可以将加工阶段划分为粗加工阶段、半精加工阶段、精加工阶段。在热处理工序中，可以先预备热处理（例如退火、正火等），然后进行最终热处理（例如淬火等）。
- 正确选择设备及工艺装备：根据轴套的零件大小、结构尺寸、工艺需求、加工精度及经济性等要求，正确选择设备及工艺装备。

20.1.2 轴套的绘制思路

绘制轴套图形的思路是先绘制主视图、阶梯剖视图，然后对主视图进行完善，并绘制轴套的局部放大图，最后通过插入图块、标注和文字说明来完成整个图形的绘制。具体绘制思路如下表所示。

序号	绘图方法	结　　果	备 注
1	利用直线、偏移、修剪、移动、多重引线、多段线、文字和更换对象图层等命令绘制轴套主视图的主要结构	A A	绘制竖直直线时注意“fro”的应用；偏移和修剪时注意对象的选取
2	利用直线、圆、射线、偏移、修剪、填充、文字等命令绘制阶梯剖视图	A-A	注意视图之间的对应关系

续表

序号	绘图方法	结　果	备 注
3	利用直线、镜像、修剪、射线、圆弧、圆角、填充和多重引线等命令完善轴套主视图	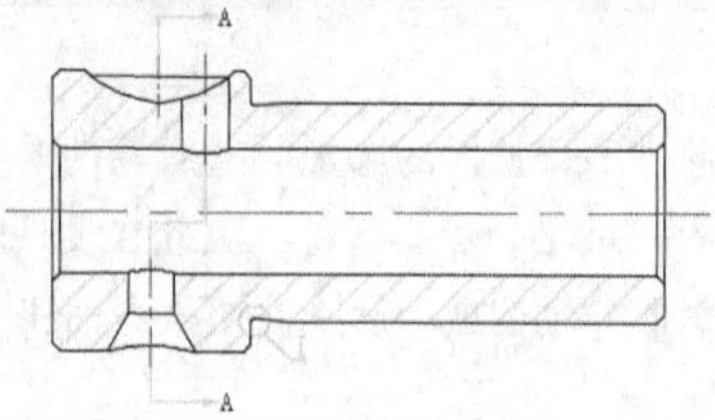	注意视图之间的对应关系
4	利用复制、修剪、样条曲线、缩放、填充等命令绘制轴套局部放大图	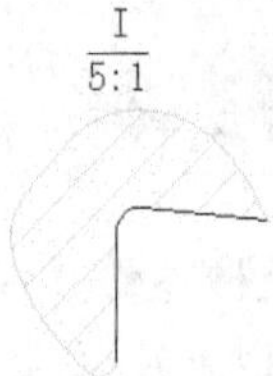	注意视图之间的对应关系
5	给图形添加标注、插入图块和书写技术要求	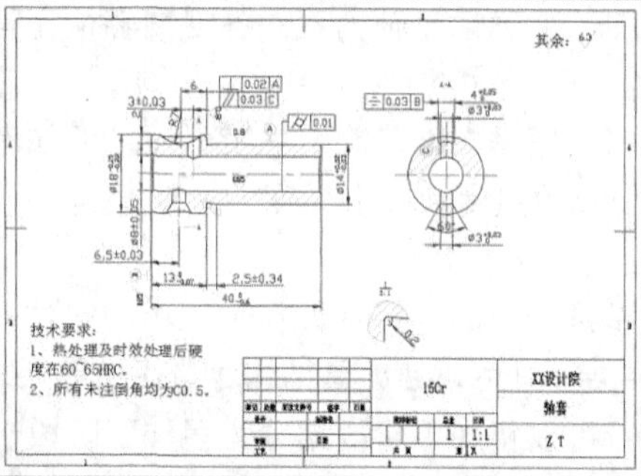	

20.1.3 绘制轴套外轮廓及轴孔

在整个绘图过程中，主视图的外轮廓和轴孔是整个图形的基础部分，先将这部分绘制完成，其他图形可以根据视图关系从主视图作辅助线绘制完成。

1. 绘制轴套的外轮廓和轴孔

步骤01 打开“素材\CH20\轴套.dwg”文件，如下图所示。

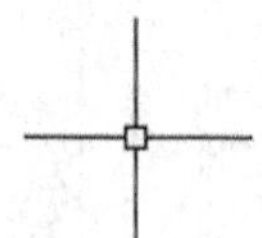

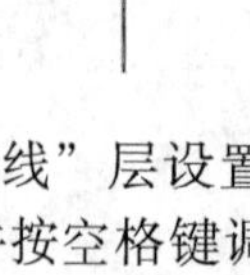

步骤02 将“粗实线”层设置为当前层，在命令行输入“L”并按空格键调用直线命令。在屏幕任意单击一点作为直线的起点，然后在命令行输入“@0,18”绘制一条长度为18的竖直线，结果如下图所示。

步骤03 重复直线命令，通过上步所绘制的直线的中点绘制一条长46的直线，如下图所示。

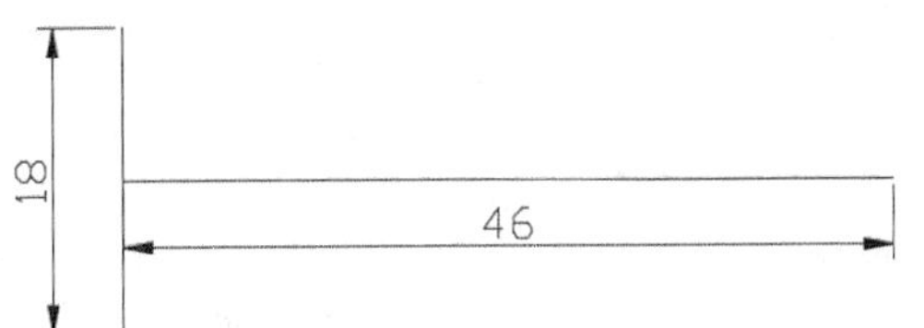

步骤04 在命令行输入“M”并按空格键调用移动命令,将竖直线向右侧移动3，结果如下图所示。

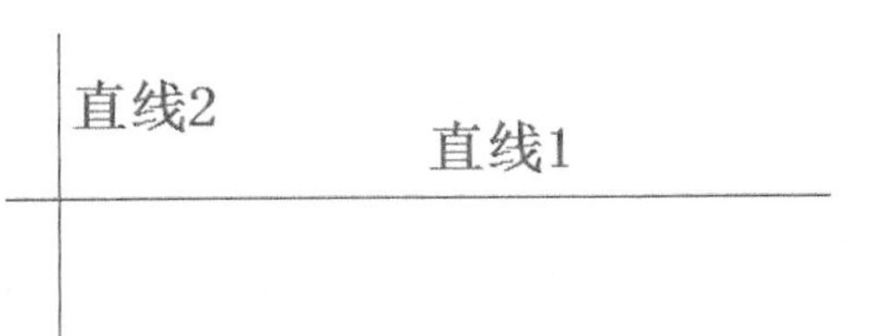

步骤05 在命令行输入“O”并按空格键调用偏移命令，将直线1向上偏移9，直线2向右偏移13，结果如下图所示。

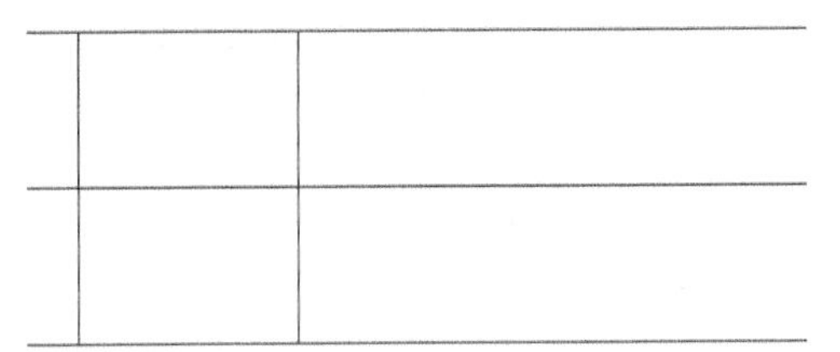

步骤06 在命令行输入“TR”并按空格键调用修剪命令，选择两条竖直线为剪切边，如下图所示。

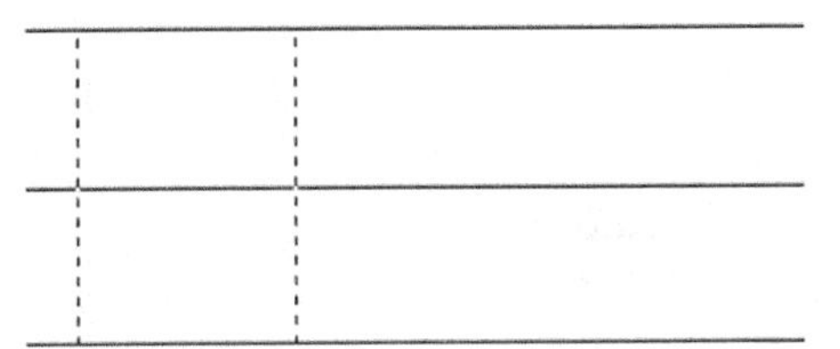

步骤07 对两条偏移后的水平直线进行修剪，结果如下图所示。

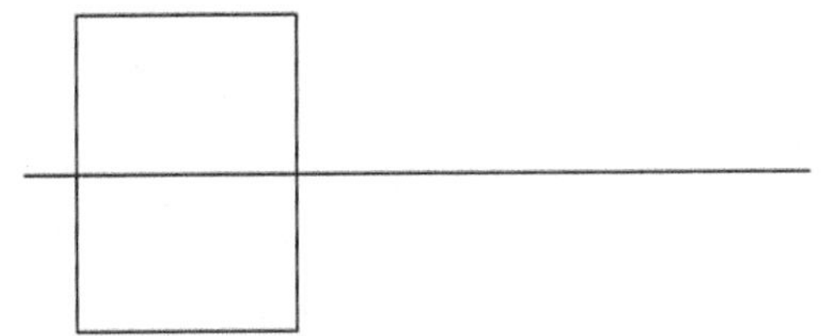

步骤08 继续调用偏移命令，将直线1向两侧分别偏移4、6.75和7，将直线2向右侧偏移40，结果如下图所示。

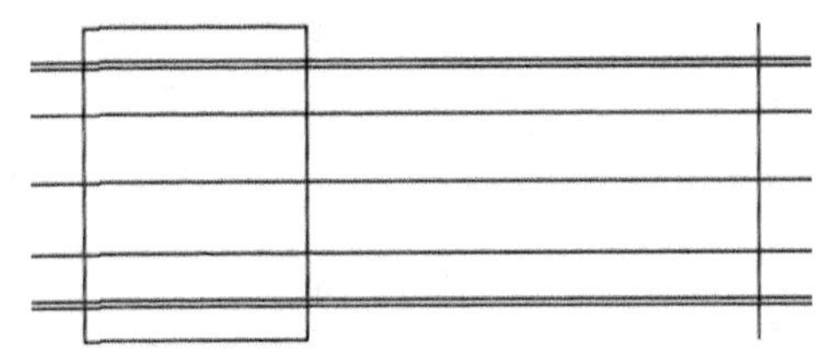

步骤09 继续调用修剪命令，对图形进行修剪，修剪后结果如下图所示。

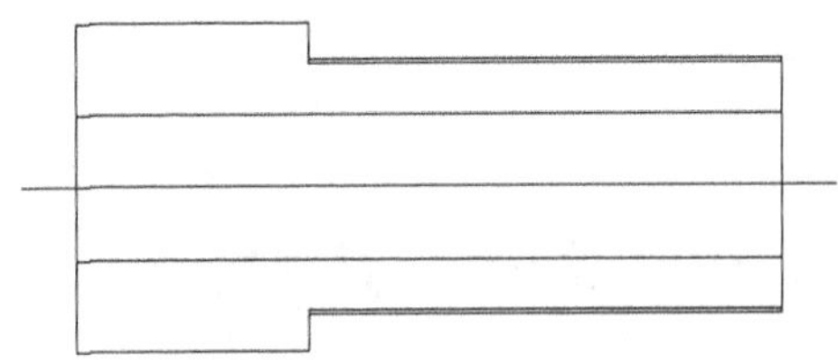

2. 绘制轴套的细节部分

步骤01 在命令行输入“O”并按空格键调用偏移命令，将直线2向右偏移15.5，结果如下图所示。

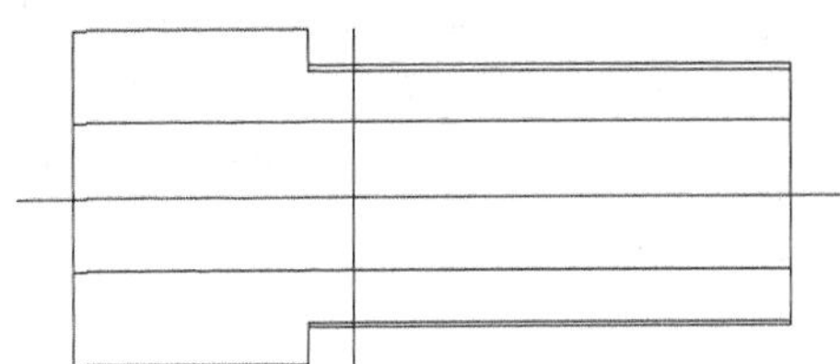

步骤02 在命令行输入“L”并按空格键调用直线命令，连接图中的端点，绘制两条直线，如下图所示。

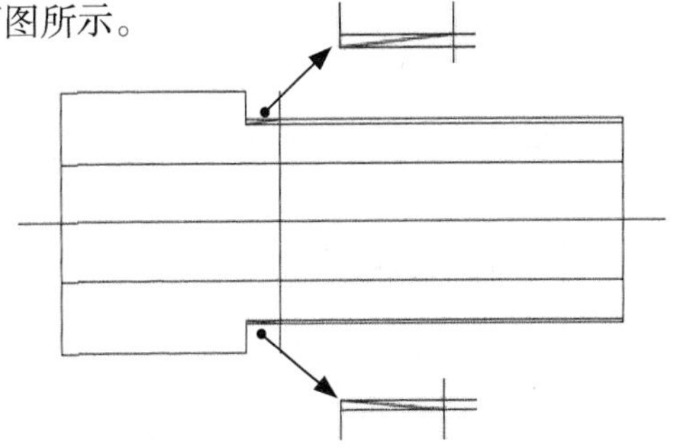

步骤03 在命令行输入“TR”并按空格键调用修剪命令，对图形进行修剪，结果如下图所示。

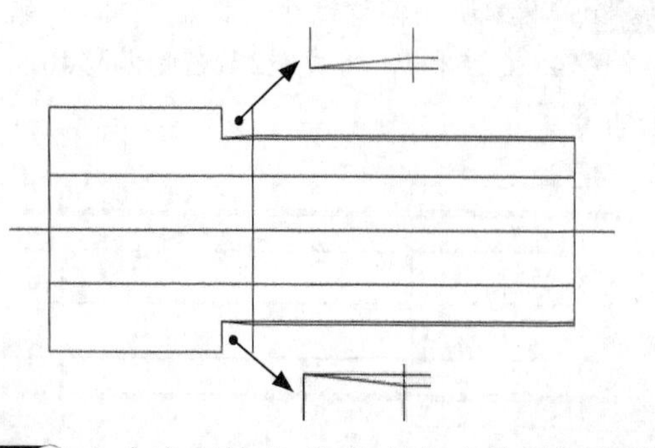

步骤04 在命令行输入“E”并按空格键调用删除命令，然后选择需要删除的直线，按空格键后将它们删除，结果如下图所示。

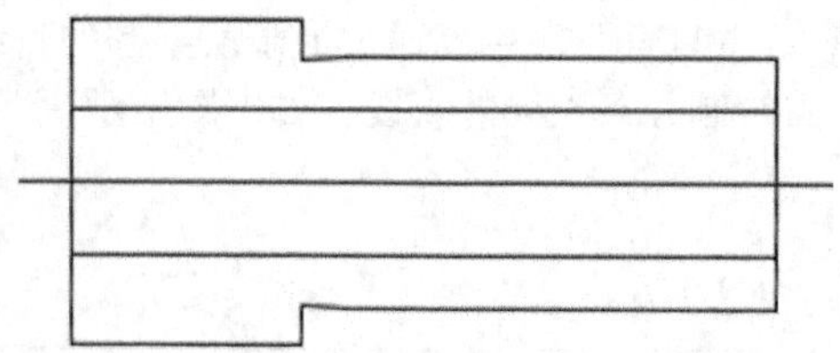

步骤05 将直线1切换到“中心线”图层，并将其线型比例改为0.25，结果如下图所示。

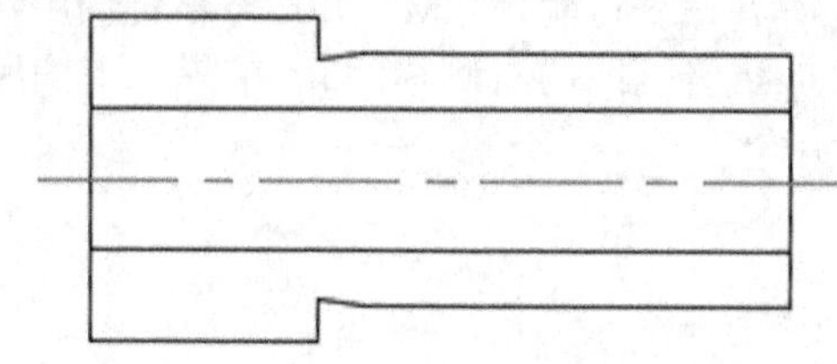

20.1.4 完善外轮廓及轴孔

外轮廓及轴孔的形状绘制完成后，还需要进行倒圆角、倒角等工业修饰。此外，还要对主视图剖开后的内部情况进行绘制。

1. 给外轮廓和轴孔添加倒角

步骤01 选择【默认】选项卡➤【修改】面板➤【倒角】按钮。在命令行输入“d”，然后将两个倒角距离都设置为0.5，然后在命令行输入“m”，根据命令行提示选择第一条直线，如下图所示。

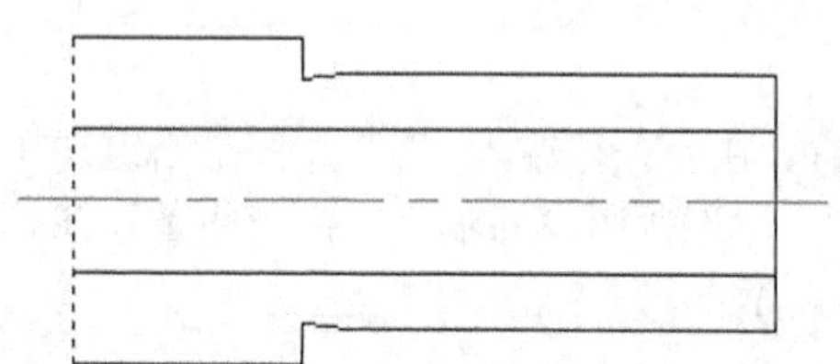

步骤02 选择第二条倒角的边，结果如下图所示。

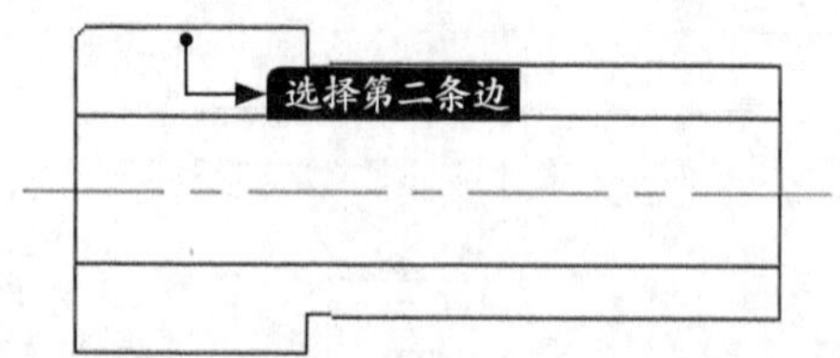

步骤03 重复步骤01~步骤02，对其他地方进行倒角，结果如下图所示。

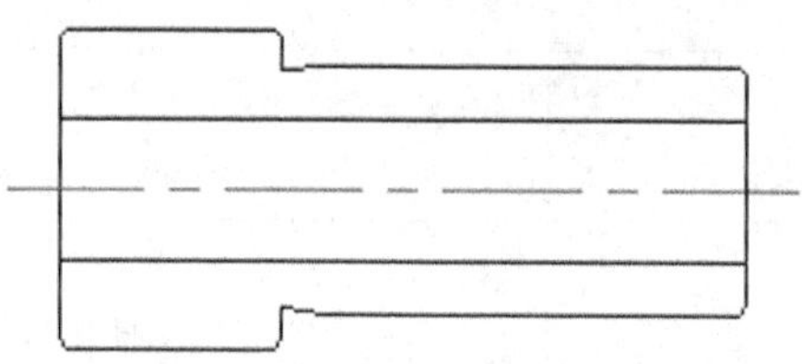

步骤04 在不退出倒角命令的情况下在命令行输入“t”，然后选择不修剪。选择“轴孔”和“轴套”的端面为倒角的两条边，结果如下图所示。

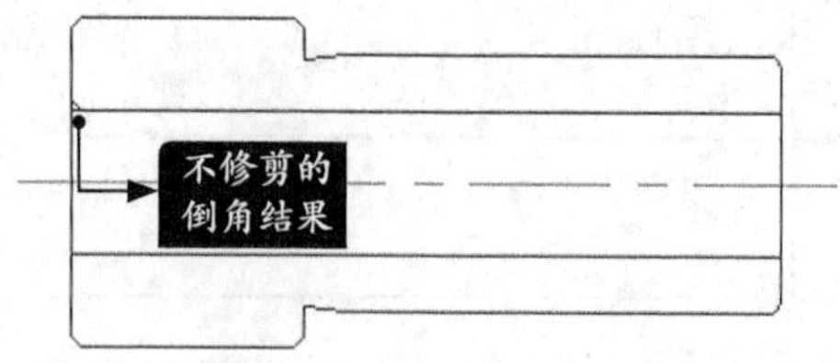

步骤05 重复步骤04，继续进行不修剪倒角。然后按空格键，结束倒角命令，结果如下图所示。

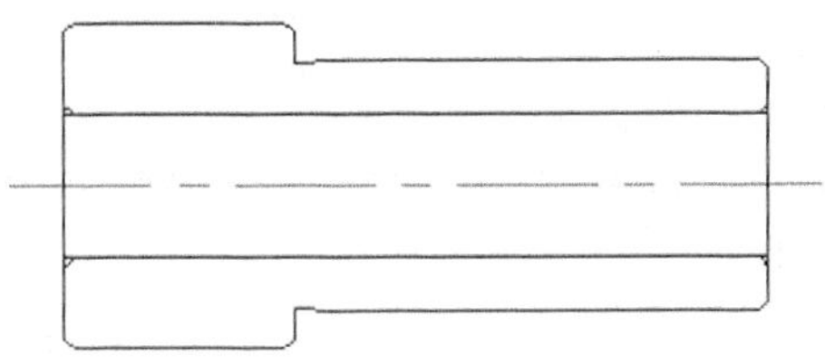

步骤06 在命令行输入“L”并按空格键调用直线命令，将不修剪倒角的端点连接起来，如下图所示。

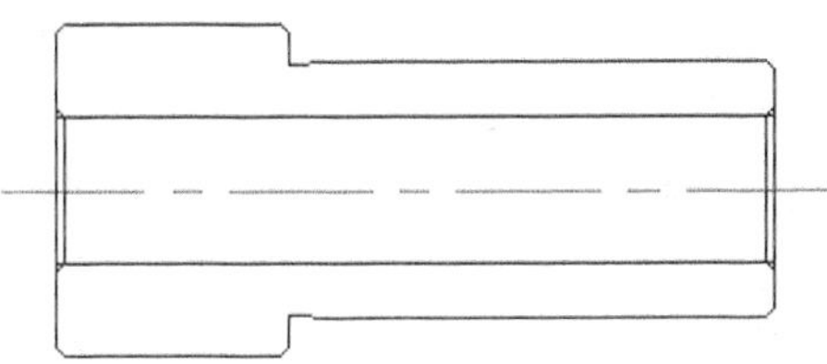

步骤07 在命令行输入“TR”并按空格键调用修剪命令，将倒角部分多余的直线修剪掉，结果如下图所示。

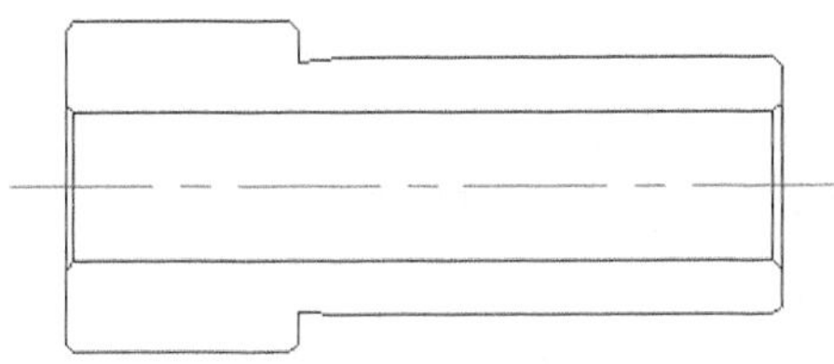

2. 绘制凹槽和注油孔

步骤01 在命令行输入“L”并按空格键调用直线命令，根据命令行提示进行如下操作。

```
命令：LINE
指定第一个点：fro 基点：  // 捕捉 A 点
<偏移>: @-5.5,1
指定下一点或 [ 放弃 (U)]: @0,-4
指定下一点或 [ 放弃 (U)]:  ↙
命令： LINE
指定第一个点：fro 基点：  // 捕捉 A 点
<偏移>: @-2.5,1
指定下一点或 [ 放弃 (U)]: @0,-7
指定下一点或 [ 放弃 (U)]:  ↙
命令： LINE
指定第一个点：fro 基点：  // 捕捉 B 点
<偏移>: @-6,-1
指定下一点或 [ 放弃 (U)]: @0,7
指定下一点或 [ 放弃 (U)]:  ↙
```

步骤02 直线绘制完毕后如下图所示。

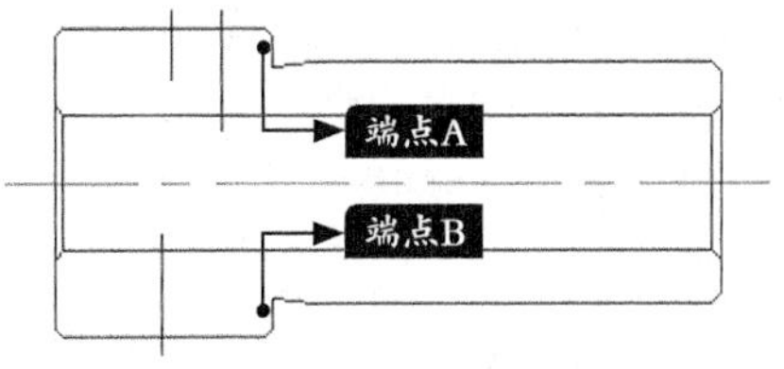

步骤03 在命令行输入“C”并按空格键调用圆命令。根据命令行提示进行如下操作。

```
命令：C CIRCLE
指定圆的圆心或 [ 三点 (3P)/ 两点 (2P)/ 切点、切点、半径 (T)]: fro 基点：  // 捕捉 C 点
<偏移>: @0,5
指定圆的半径或 [ 直径 (D)]: 7
```

步骤04 圆绘制完毕后如下图所示。

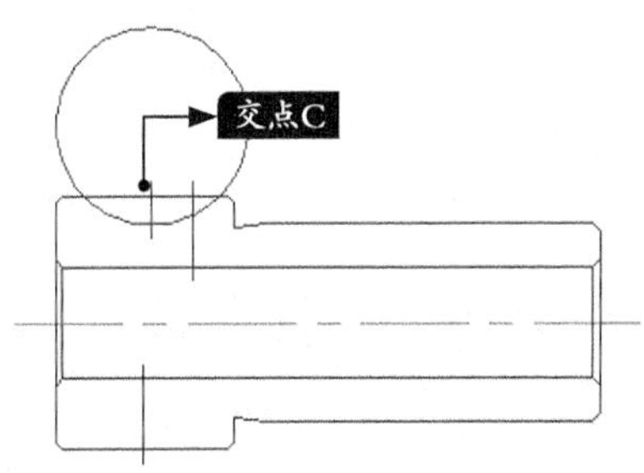

步骤05 在命令行输入“O”并按空格键调用偏移命令，将步骤01绘制两条长直线分别向两侧偏移1.5，如下图所示。

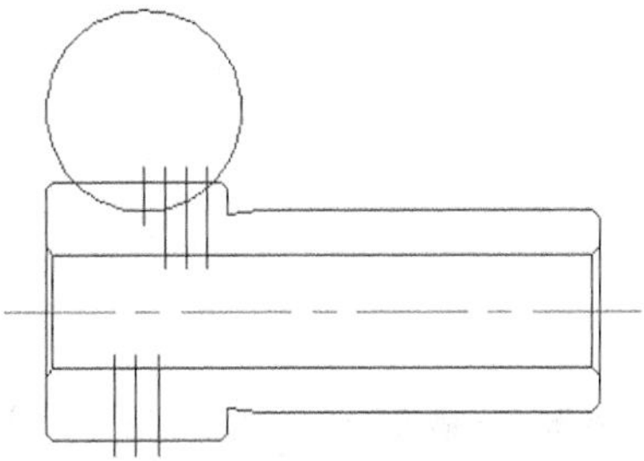

步骤06 在命令行输入“TR”并按空格键调用修剪命令，对不需要的图形进行修剪，修剪后结果如下图所示。

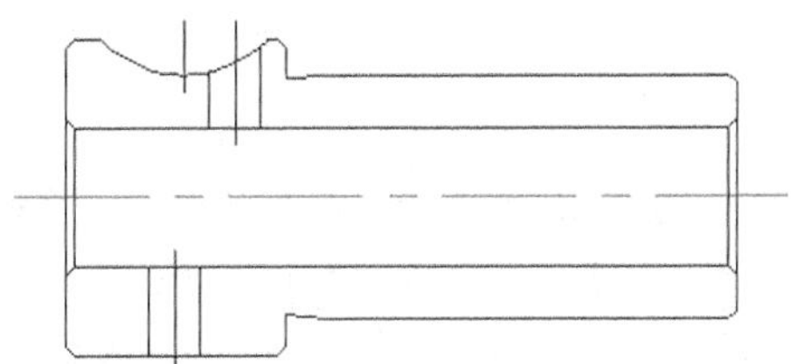

步骤07 在命令行输入"L"并按空格键调用直线命令，捕捉图中D点为直线的端点，绘制一条水平直线，如下图所示。

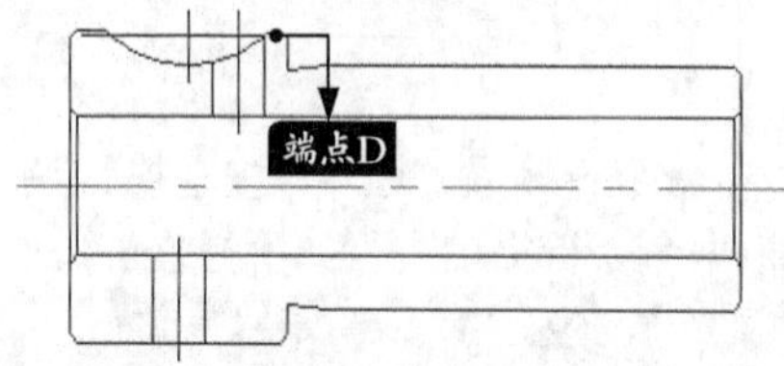

步骤08 在命令行输入"TR"并按空格键调用修剪命令，将上步绘制的直线超出圆弧的部分修剪掉，如下图所示。

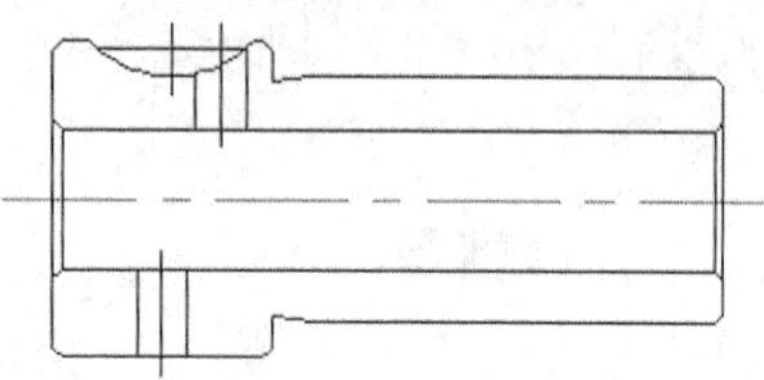

步骤09 选中步骤01绘制的3条直线，然后选择【默认】选项卡➤【图层】面板➤【图层】下拉列表，选择"中心线"，将3条直线切换到中心线层上，并在特性面板上将短中心线的线型比例改为0.05，两条长中心线的线型比例改为0.1，结果如下图所示。

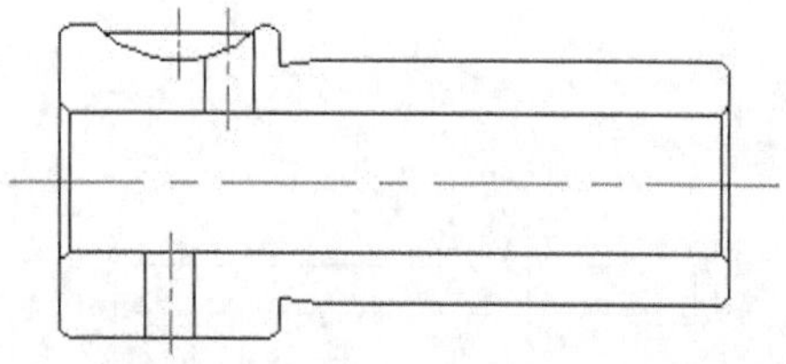

小提示

（1）步骤07绘制直线时，选中端点并按住【Shift】键，然后可以直接捕捉直线与圆弧的交点。

（2）步骤07在绘制直线的时候也可以通过【最近点】捕捉，直接捕捉到与圆弧的交点。

3. 绘制阶梯剖的位置线

步骤01 将图层切换到"细实线"层，选择【默认】选项卡➤【注释】面板➤【引线】按钮，然后在合适的位置处绘制一条多重引线，结果如下图所示。

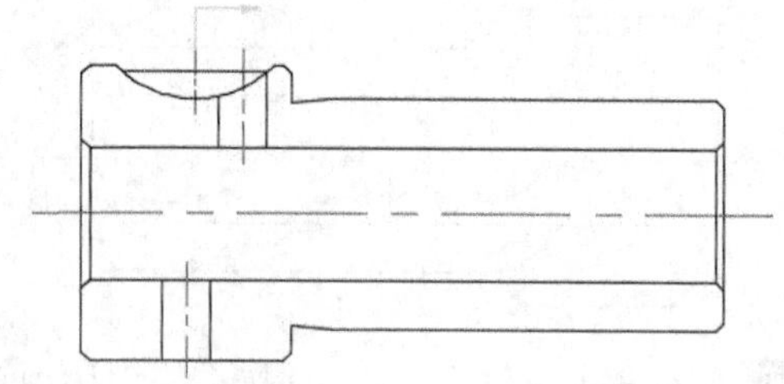

步骤02 重复步骤01，绘制另一条多重引线，结果如下图所示。

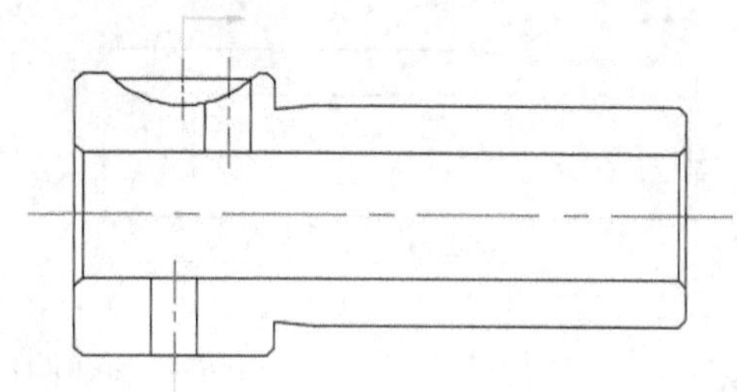

步骤03 在命令行输入"PL"并按空格键调用多段线命令，绘制一条下图所示的多段线。

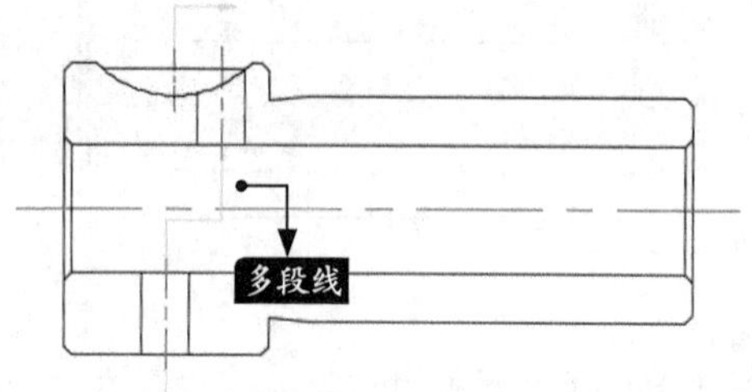

步骤04 在命令行输入"DT"并按空格键调用单行文字命令，当命令行提示输入文字高度时输入文字高度为"1.25"，然后输入旋转角度为"0"，文字输入完毕后结果如下图所示。

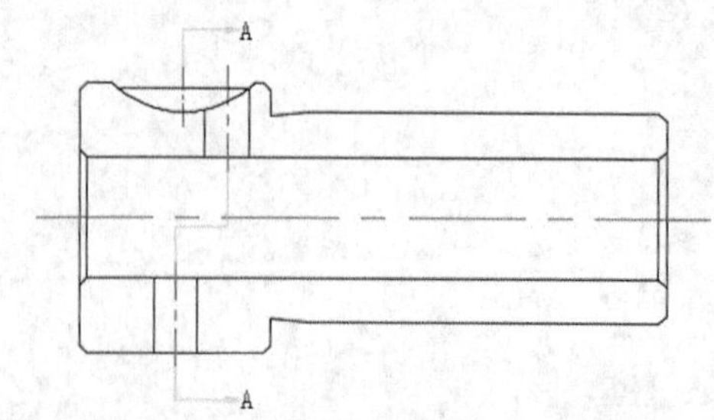

小提示

该处的多重引线样式为"样式1"。

20.1.5 绘制阶梯剖视图的外轮廓

下面将对阶梯剖视图的外轮廓进行绘制，具体操作步骤如下。

步骤 01 将“中心线”层切换为当前层，在命令行输入“L”并按空格键调用直线命令。绘制阶梯剖视图的水平中心线，如下图所示。

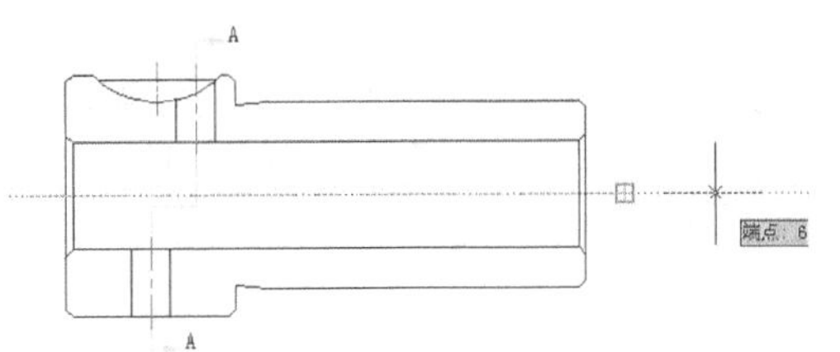

步骤 02 指定第一点位置后在命令行输入“@24,0”，结果如下图所示。

步骤 03 在命令行输入“RO”并按空格键调用旋转命令，选择中心线为旋转对象，然后捕捉中点为旋转基点，如下图所示。

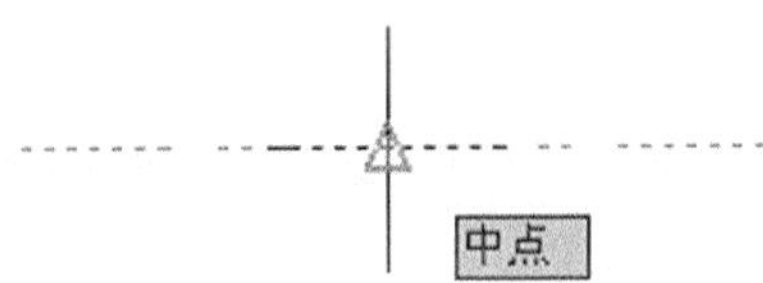

步骤 04 选定基点后，在命令行输入“c”，然后输入旋转角度为“90”，AutoCAD命令行提示如下。

指定旋转角度，或 [复制 (C)/ 参照 (R)] <0>: c 旋转一组选定对象。

指定旋转角度，或 [复制 (C)/ 参照 (R)] <0>: 90

步骤 05 旋转完成后结果如下图所示。

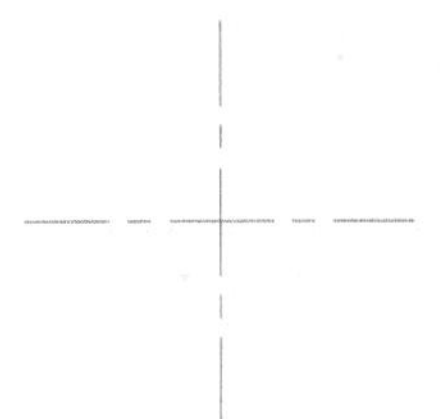

步骤 06 将“粗实线”层切换为当前层，在命令行输入“C”并按空格键调用圆命令。以中心线的交点为圆心，绘制两个半径分别为9和4的圆，如下图所示。

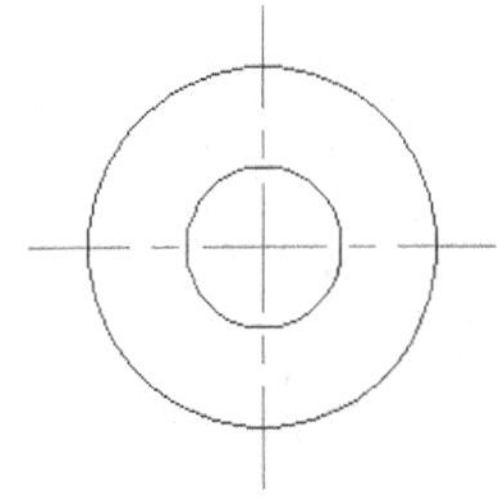

小提示

（1）为了方便绘制直线，在绘图时可以将正交模式打开。

（2）如果绘制的中心线显示出来为实线，则可以通过更改线型比例的值来将它改为中心线。

20.1.6 绘制阶梯剖视图的剖视部分

阶梯剖视部分分两步来绘制，即剖视部分的轮廓线和剖视部分的内部结构。

1. 绘制剖视部分的轮廓线

步骤 01 在命令行输入“O”并按空格键调用偏移命令。将阶梯剖视图的竖直中心线向两侧分别偏移1.5和2，结果如下图所示。

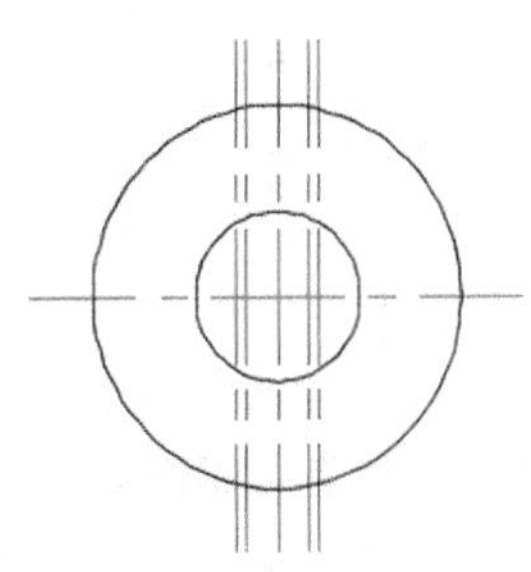

步骤02 选择【默认】选项卡➤【绘图】面板➤【射线】按钮 。根据命令行提示，捕捉图中的交点为射线的起点，如下图所示。

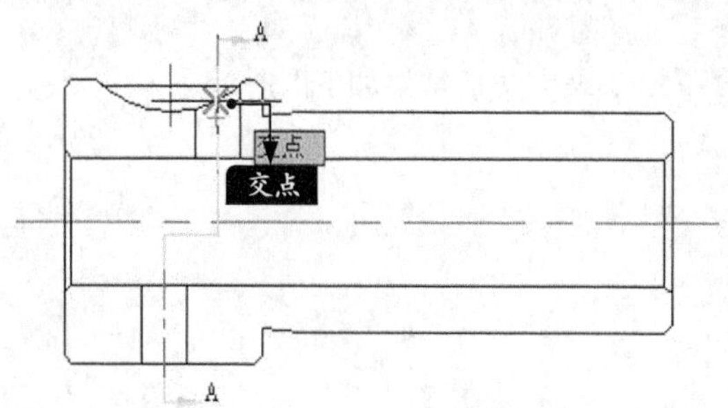

步骤03 拖曳鼠标，在右侧水平方向上任意一点单击鼠标，然后按空格键，结果如下图所示。

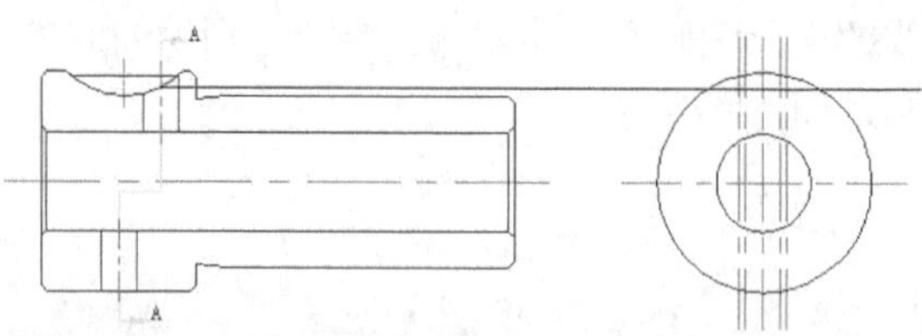

步骤04 重复步骤02~步骤03，绘制另一条水平射线，如下图所示。

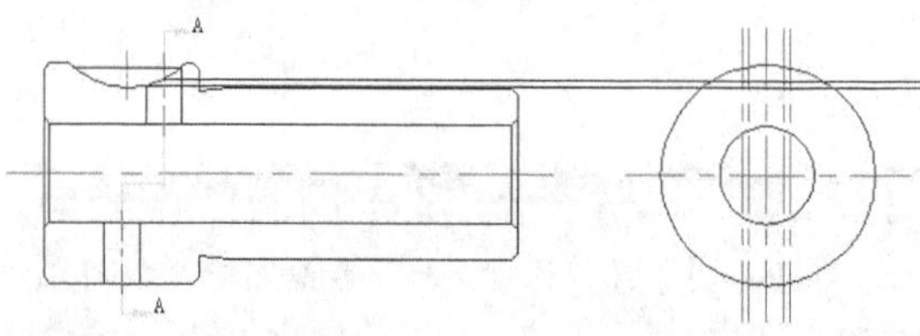

步骤05 在命令行输入“L”并按空格键调用直线命令。绘制两条直线，如下图所示。

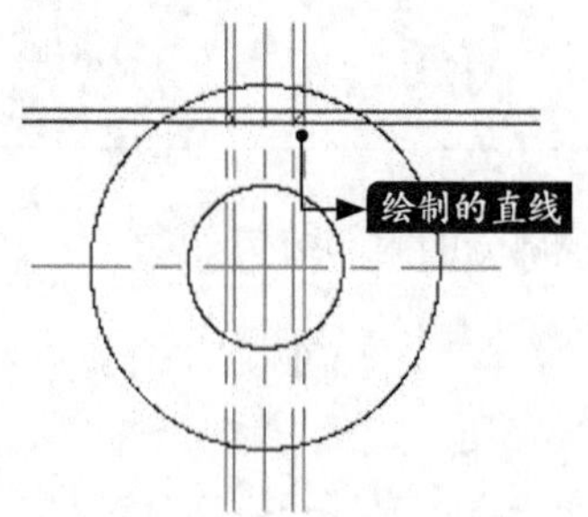

步骤06 在命令行输入“TR”并按空格键调用修剪命令，对不需要的图形进行修剪，修剪成下图所示的结果后不要退出修剪命令。

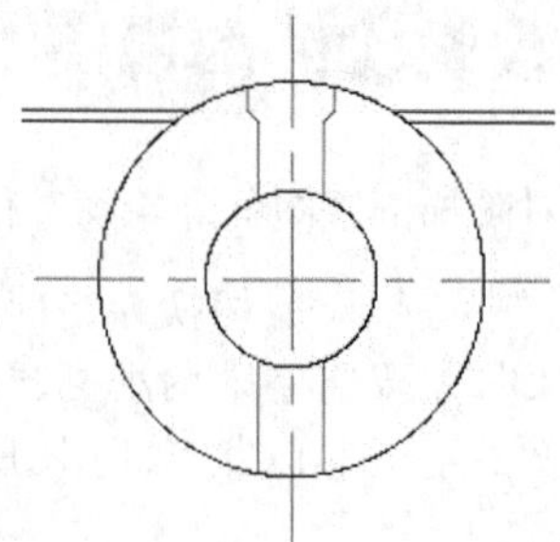

步骤07 在命令行输入“r”，然后选择射线修剪后的剩余选段，按空格键后将它们删除，结果如下图所示。

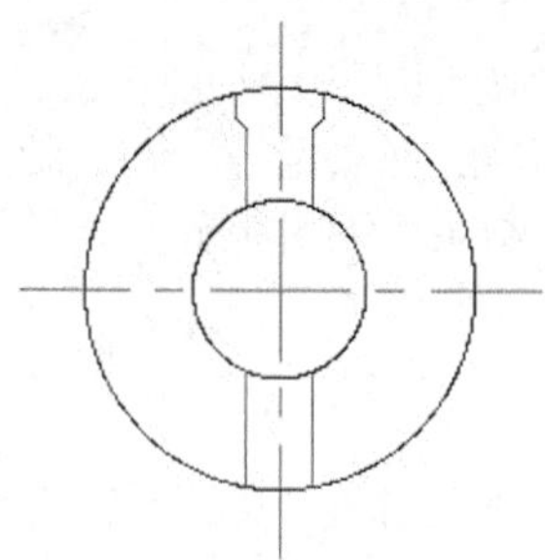

步骤08 选中绘制的所有轮廓线，将它们切换到“粗实线”层上，最终结果如下图所示。

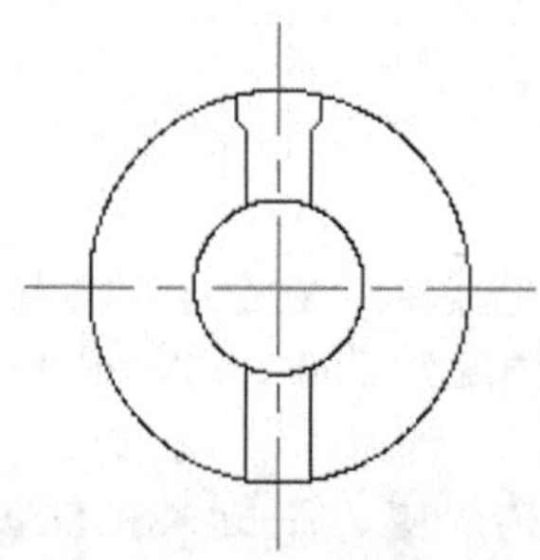

2. 绘制阶梯剖视图的内部结构

步骤01 选择【默认】选项卡➤【绘图】面板➤【射线】按钮 。根据命令行提示，绘制一条下图所示的射线。

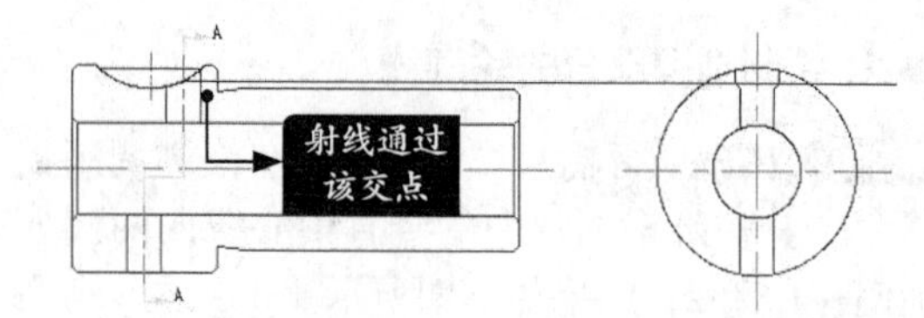

步骤02 选择【默认】选项卡➤【绘图】面板➤【圆弧】按钮 （三点）。捕捉图中的交点，

绘制相关线，如下图所示。

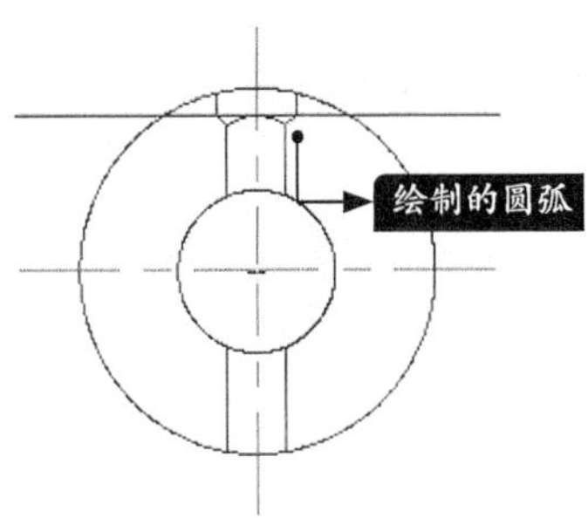

步骤03 选中步骤01中绘制的射线，然后单击【Del】键，将射线删除，结果如下图所示。

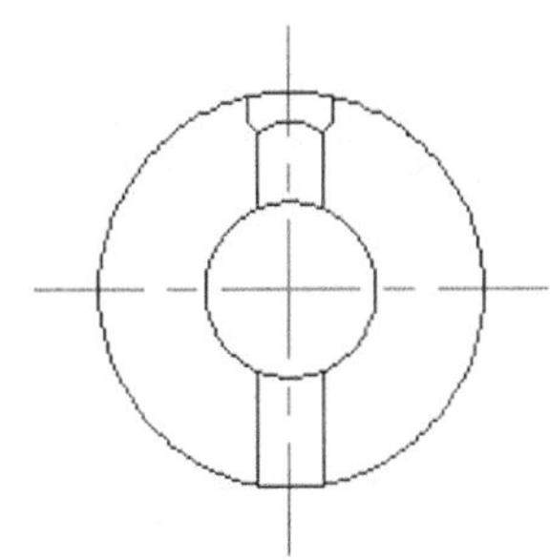

步骤04 在命令行输入“L”并按空格键调用直线命令，根据AutoCAD提示，进行如下操作。

命令：LINE
指定第一个点： // 捕捉小圆与中心线的交点
指定下一点或 [放弃 (U)]: <60
角度替代：60
指定下一点或 [放弃 (U)]:
// 在第三象限任意单击一点，只要长度超出大圆即可。
指定下一点或 [放弃 (U)]: ↙

步骤05 直线绘制完毕后结果如下图所示。

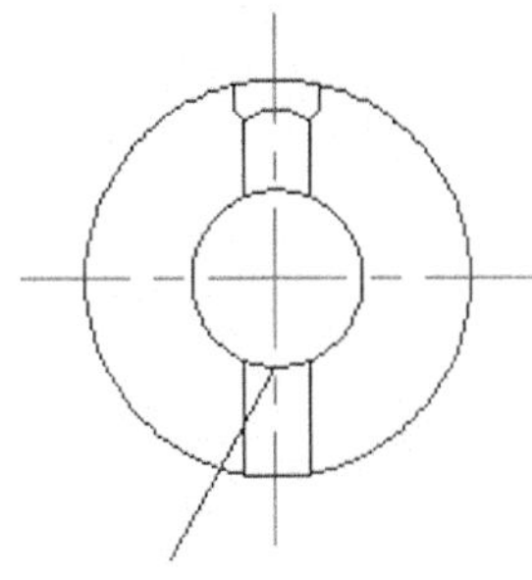

步骤06 在命令行输入“MI”并按空格键调用镜像命令，将上步中绘制的直线沿竖直中心线进行镜像，结果如下图所示。

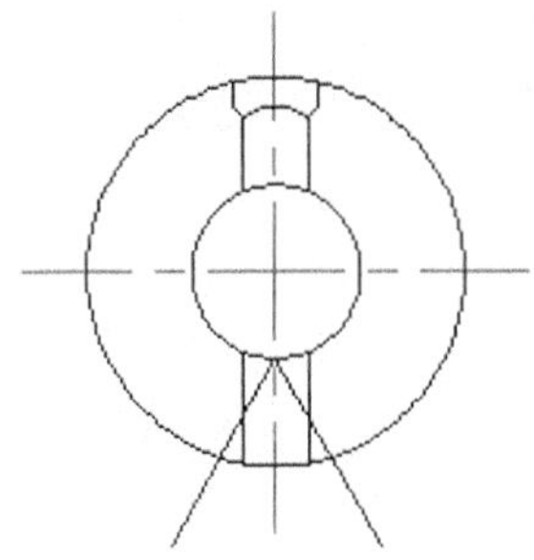

步骤07 在命令行输入“L”并按空格键调用直线命令，捕捉交点，绘制下图所示的直线。

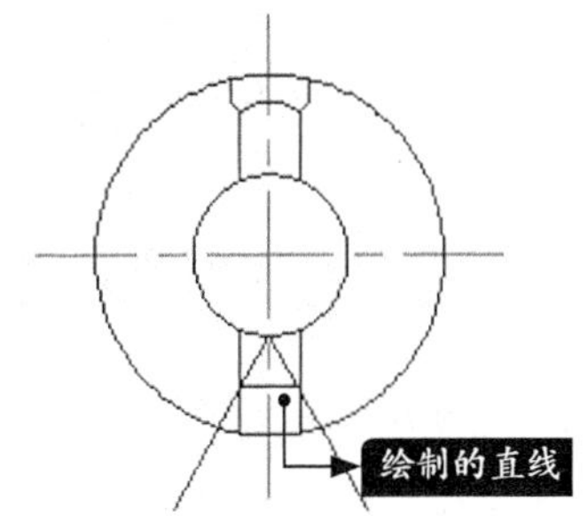

步骤08 在命令行输入“TR”并按空格键调用修剪命令，将多余的直线修剪掉，结果如下图所示。

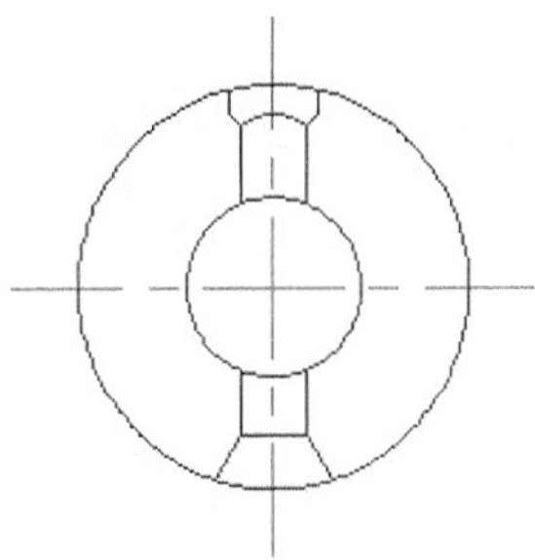

步骤09 将“剖面线”层设置为当前层，然后在命令行输入“H”并按空格键调用填充命令，在弹出的【图案填充创建】选项卡中，选择图案“ANSI31”为填充图案，并将填充比例设置为0.5，如下图所示。

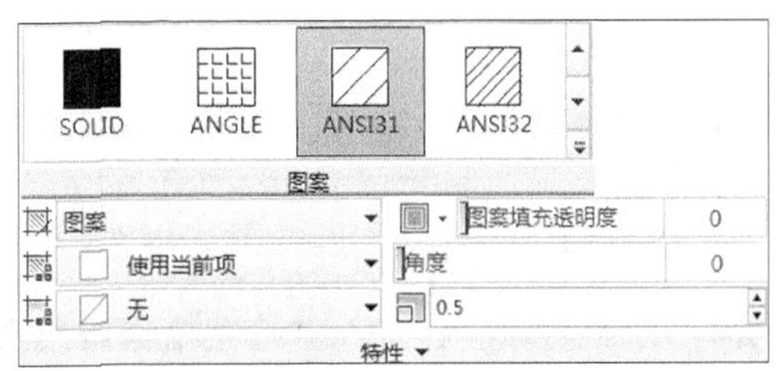

步骤10 设置完成后，在图形需要填充的区域单

击鼠标，选择完填充区域后，按空格键，退出图案填充命令，结果如下图所示。

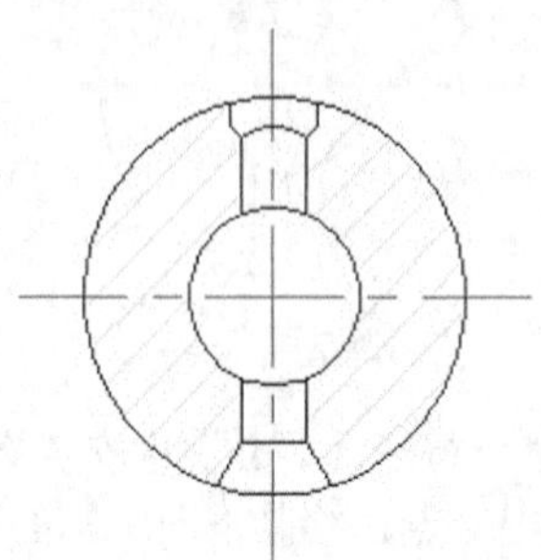

步骤 11 将“文字”层设置为当前层，在命令行输入“DT”并按空格键调用单行文字命令，当命令行提示输入文字高度时输入文字高度为“1.25”，然后输入旋转角度为“0”，在阶梯剖视图上方输入剖视图符号，如下图所示。

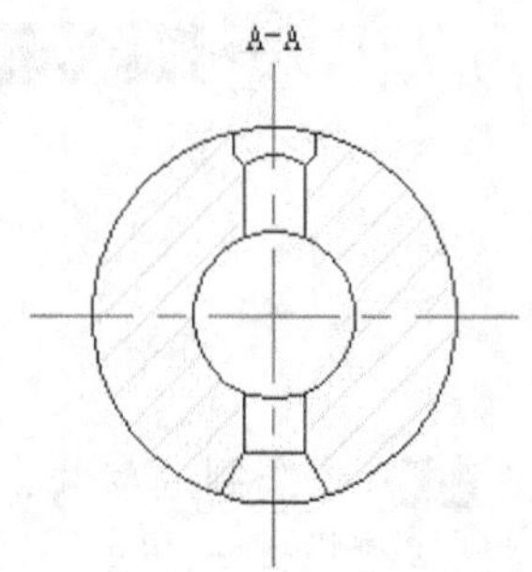

20.1.7 完善主视图的内部结构和外部细节

主视图的剖视图剖视部分和阶梯剖视图的剖视部分类似，画法也相同，具体操作步骤如下。

步骤 01 将“粗实线”设置为当前层，在命令行输入“L”并按空格键调用直线命令，绘制一条与水平中心线成60° 夹角的直线，如下图所示。

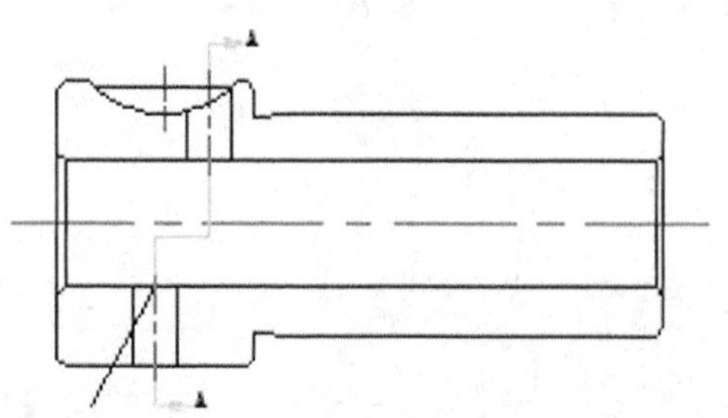

步骤 02 在命令行输入“MI”并按空格键调用镜像命令，将上步中绘制的直线沿竖直中心线进行镜像，结果如下图所示。

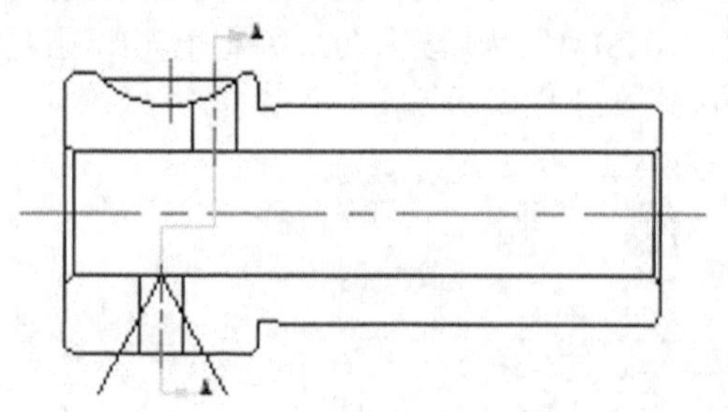

步骤 03 在命令行输入“L”并按空格键调用直线命令，捕捉交点，绘制下图所示的直线。

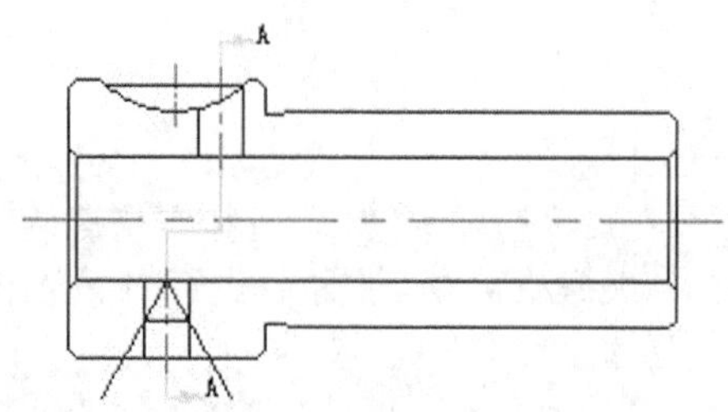

步骤 04 在命令行输入“TR”并按空格键调用修剪命令，将多余的直线修剪掉，结果如下图所示。

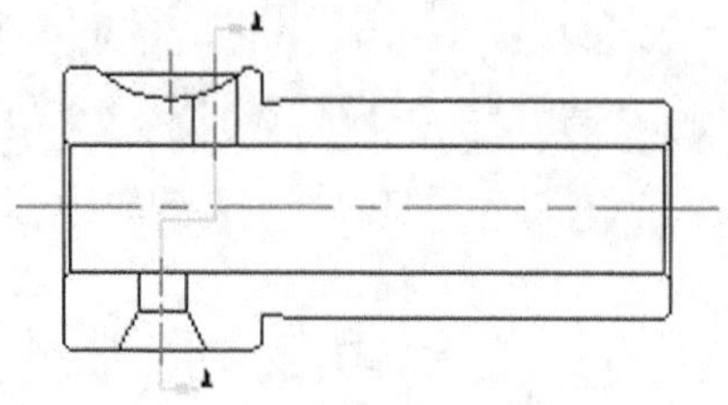

步骤 05 选择【默认】选项卡➤【绘图】面板➤【射线】按钮。绘制三条通过阶梯剖视图的三个交点的水平射线，如下图所示。

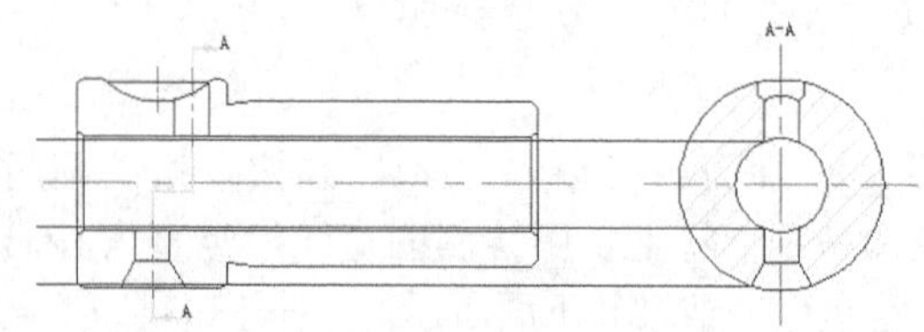

步骤06 选择【默认】选项卡➤【绘图】面板➤【圆弧】按钮（三点），捕捉图中的交点，绘制三条相贯线，然后将三条辅助射线删除，结果如下图所示。

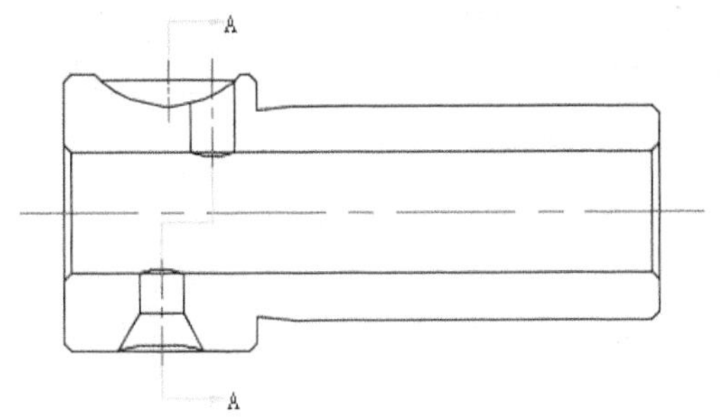

步骤07 在命令行输入“TR”并按空格键调用修剪命令，以三条圆弧为剪切边，将与圆弧相交的直线修剪掉，结果如下图所示。

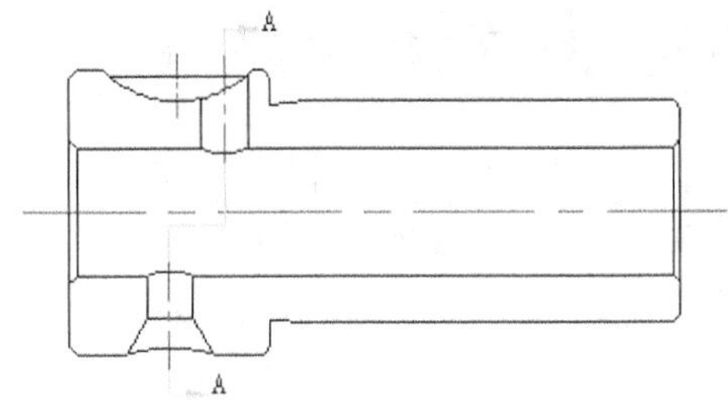

步骤08 在命令行输入“F”并按空格键调用圆角命令，圆角半径设置为“0.2”，修剪模式设置为“修剪”，然后对需要圆角的对象进行圆角操作，结果如下图所示。

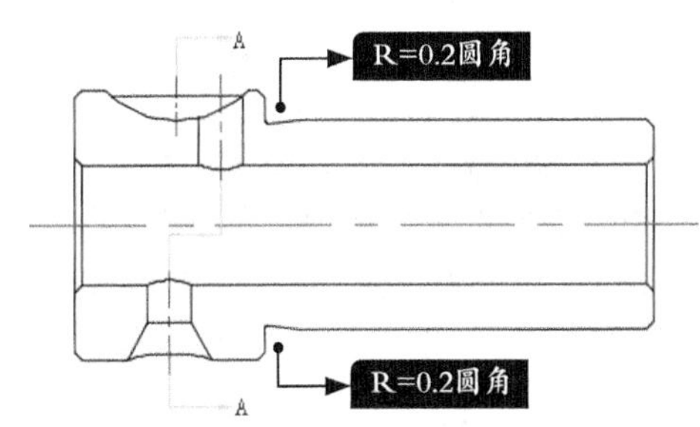

20.1.8 给主视图添加剖面线和放大符号

本小节为主视图添加剖面线，同时在圆角处添加放大符号。

步骤01 将“剖面线”层设置为当前层，然后在命令行输入“H”并按空格键调用填充命令，填充图案选择“ANSI31”，填充比例设置为“0.5”，然后选择填充区域并结束填充命令，结果如下图所示。

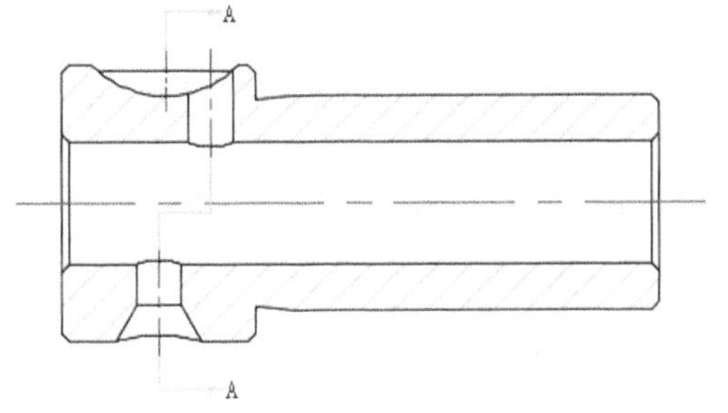

步骤02 因为圆角部分太小，所以要通过局部放大图来具体显示圆角。将“细实线”层设置为当前层，然后在命令行输入“C”并按空格键调用圆命令，以圆角圆弧的圆心为圆心绘制一个半径为1的圆，如下图所示。

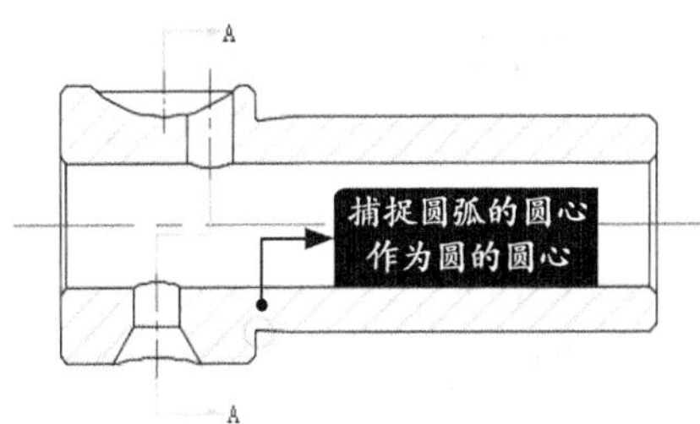

步骤03 选择【默认】选项卡➤【注释】面板的下拉列表➤【多重引线】样式下拉列表，选择【样式2】为当前样式，然后选择【默认】选项卡➤【注释】面板➤【引线】按钮，根据命令行提示绘制一条多重引线，并输入放大符号“I”，如下图所示。

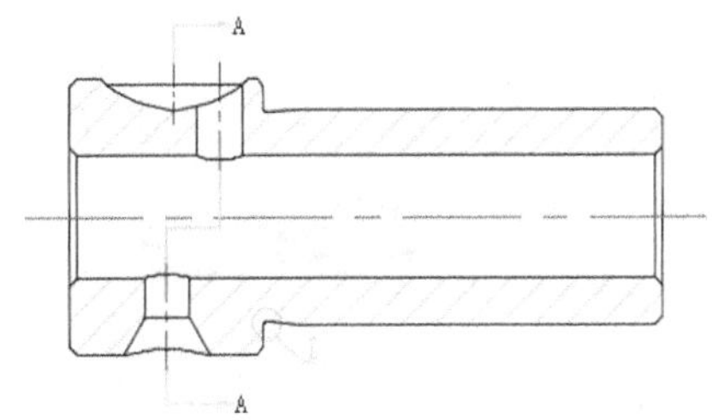

20.1.9 修改局部放大图

修改局部放大图，就是将上一步圆范围内的圆弧重新复制出来，通过修剪命令将不在圆内的部分删除，然后绘制剖断轮廓线，通过缩放比例将整体图形放大一定的倍数。

步骤01 在命令行输入“CO”并按空格键调复制命令，将局部放大图从主视图中复制出来放置到合适的位置，如下图所示。

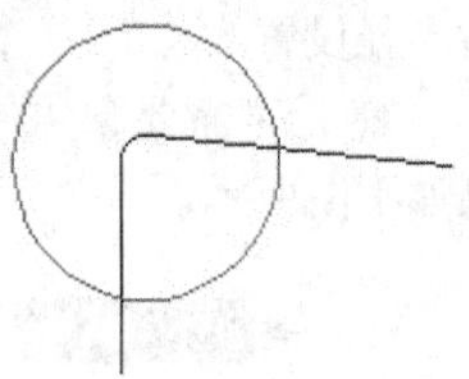

步骤02 在命令行输入“TR”并按空格键调修剪命令，将圆外的部分修剪掉。在不退出修剪命令下输入“r”，将圆删除，结果如下图所示。

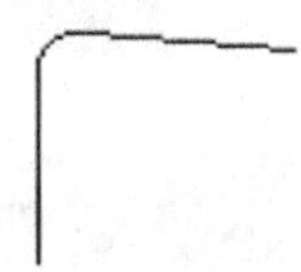

步骤03 选择【默认】选项卡➤【绘图】面板下拉按钮➤【样条曲线拟合】按钮，绘制一条样条曲线作为局部放大图的剖断轮廓线，如下图所示。

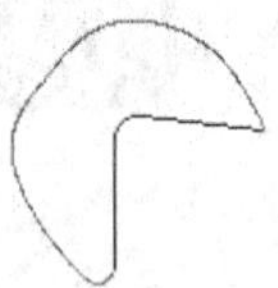

步骤04 在命令行输入“SC”并按空格键调缩放命令，选中整个放大图（包括剖段轮廓线）。在放大图的样条曲线内任意一点单击作为基点，当命令行提示指定比例因子时输入“5”，结果如下图所示。

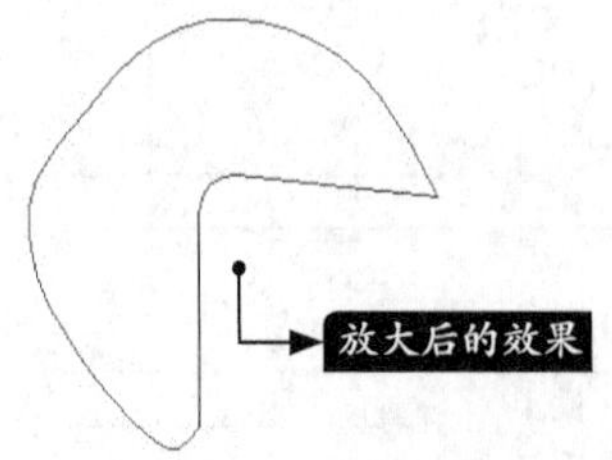

步骤05 将“剖面线”层设置为当前层，然后对放大图进行填充，选择“ANSI31”为填充图案，并将填充比例设置为“0.5”，结果如下图所示。

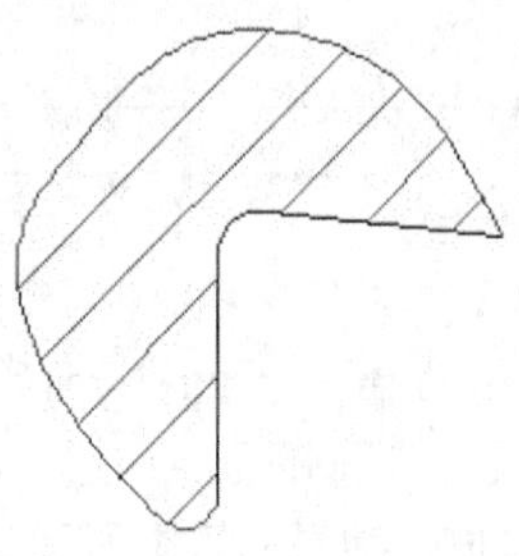

步骤06 将“文字”层设置为当前层，然后在命令行输入“T”并按空格键调多行文字命令，拖曳鼠标选择输入文字的矩形框。在【样式】面板上将文字高度设置为“1.25”，然后在矩形框内输入“Ⅰ”局部放大符号，如下图所示。

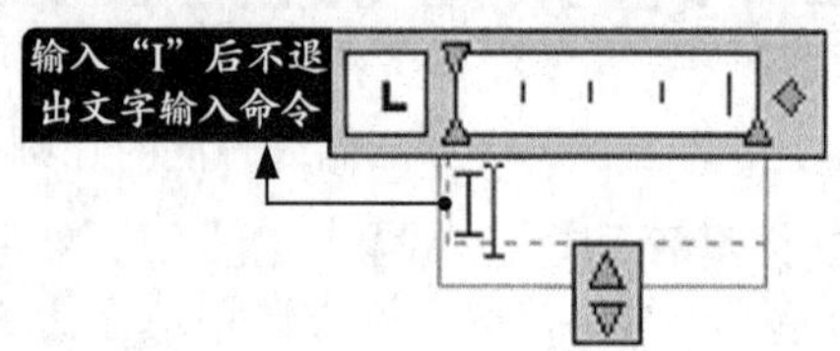

步骤07 输入“Ⅰ”后，按【Enter】键，然后单击【格式】面板上的上划线按钮，输入“5:1”，退出文字输入命令，最终结果如下图所示。

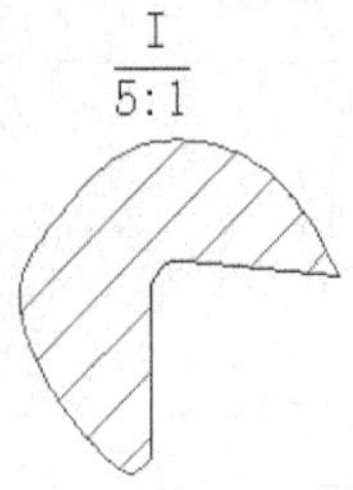

20.1.10 添加尺寸标注

在添加尺寸标注之前，首先应将标注样式“轴套标注”置为当前，然后再进行标注。尺寸标注的具体方法可以参见前面标注的相关章节，这里重点介绍通过【特性】选项板为标注后的尺寸添加公差的方法。

1. 添加尺寸标注

步骤 01 在命令行输入“DIM”命令，然后输入“L”，然后输入“标注”将“标注”层作为放置标注的图层，AutoCAD命令行提示如下。

命令：DIM

选择对象或指定第一个尺寸界线原点或 [角度 (A)/ 基线 (B)/ 连续 (C)/ 坐标 (O)/ 对齐 (G)/ 分发 (D)/ 图层 (L)/ 放弃 (U)]: L

输入图层名称或选择对象来指定图层以放置标注或输入 . 以使用当前设置 [?/ 退出 (X)]< “文字” >: 标注 ↙

输入图层名称或选择对象来指定图层以放置标注或输入 . 以使用当前设置 [?/ 退出 (X)]< “标注” >: ↙

步骤 02 然后对主视图进行标注，结果如下图所示。

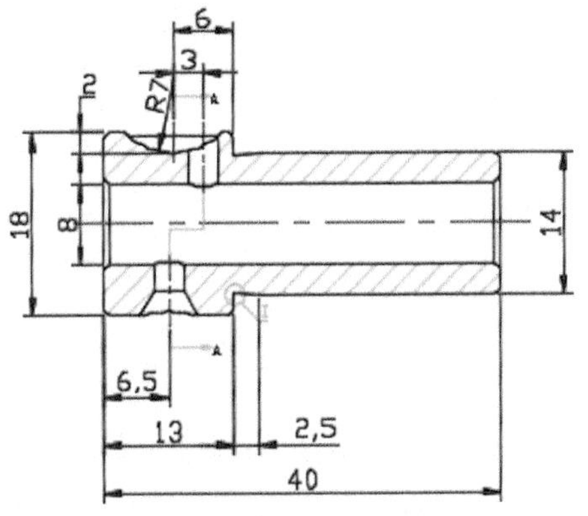

步骤 03 主视图标注结束后对左视图进行标注，结果如下图所示。

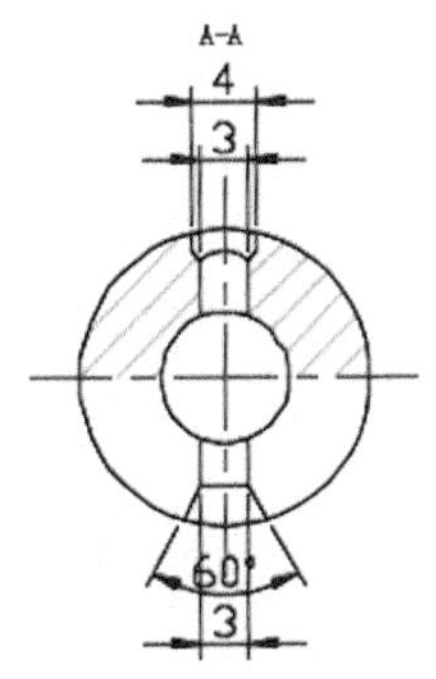

步骤 04 在给放大图添加半径标注时，当命令提示指定尺寸线位置时，输入“T”并按空格键，然后输入圆角在实际零件中的大小“0.2”。

命令：DIMRADIUS

选择圆弧或圆：

标注文字 = 1

指定尺寸线位置或 [多行文字 (M)/ 文字 (T)/ 角度 (A)]: t

输入标注文字 <1>: 0.2

步骤 05 放大图标注完成后如下图所示。

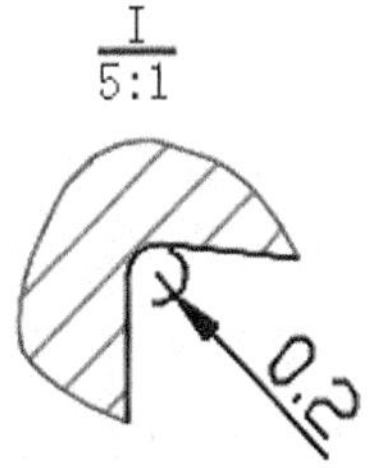

2. 修改尺寸和添加公差

步骤 01 按【Ctrl+1】组合键，弹出【特性】面板，选择标注为“18”的尺寸，然后在【特性】面板【主单位】选项组的【标注前缀】输入框中输入“%%C”，如下图所示。

主单位	-
小数分隔符	,
标注前缀	%%C
标注后缀	
标注辅单...	
标注舍入	0
标注线性...	1

步骤 02 在公差选项组中，选择【显示公差】为“极限偏差”，然后在【公差下偏差】输入框中输入“0.22”，在【公差上偏差】输入框中输入“-0.15”，【水平放置】公差选项选择“中”，将公差的文字高度改为“0.6”，如下图所示。

步骤03 退出【特性】选项面板后，图形中的尺寸发生了变化，如下图所示。

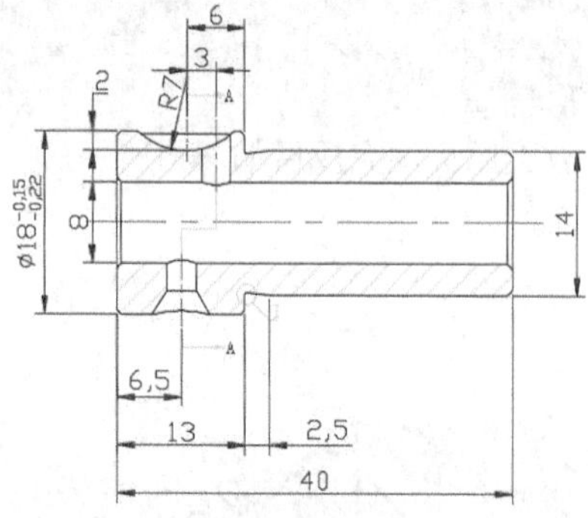

步骤04 重复步骤01~步骤03，给主视图的尺寸添加直径符号和公差，结果如下图所示。

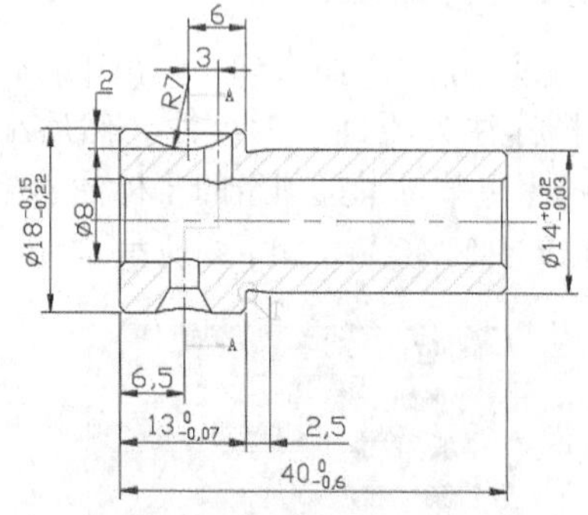

步骤05 重复步骤01~步骤03，给阶梯剖视图的尺寸添加直径符号和公差，结果如下图所示。

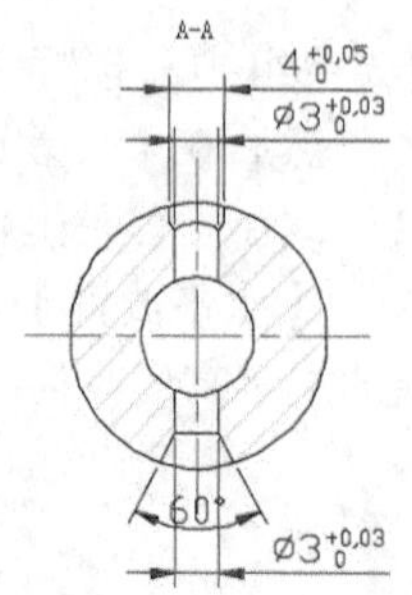

步骤06 选择标注为“Φ8”的尺寸，在【公差】选项组中，选择【显示公差】为“对称”，然后在【公差上偏差】输入框中输入“0.05”，【水平放置】公差选项选择“中”，将公差的文字高度设置为“1”，如下图所示。

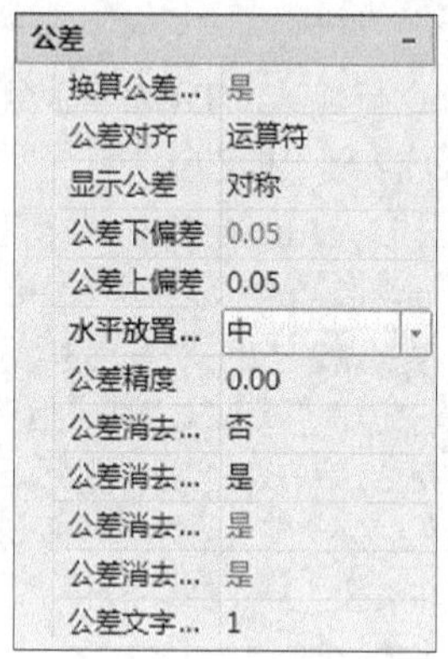

步骤07 退出【特性】选项面板后，图形中的尺寸发生了变化，如下图所示。

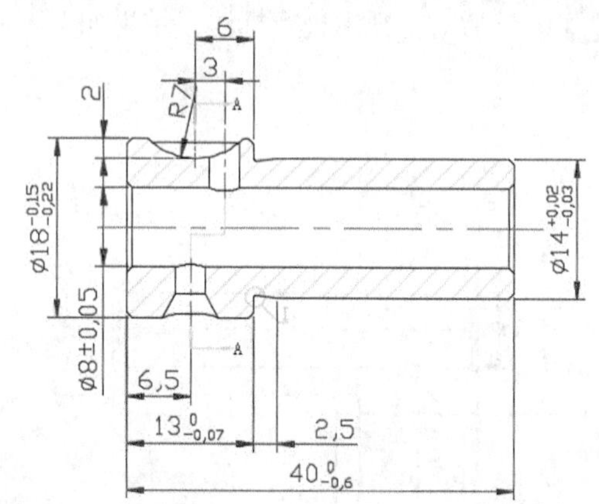

步骤08 重复步骤06，对其他对称公差尺寸进行公差标注，结果如下图所示。

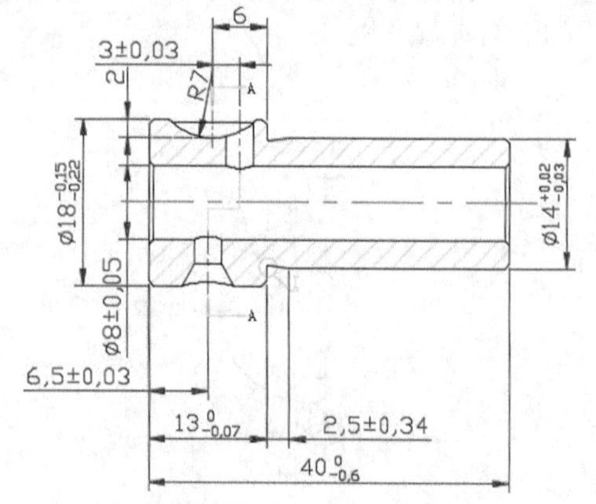

20.1.11 添加形位公差和粗糙度

在零件图中，除了尺寸标注和尺寸公差外，对于要求较高的图纸，往往需要添加形位公差来对图形的形状和位置做进一步的要求。下面具体讲解为图纸添加形位公差的操作步骤。

1. 添加形位公差

步骤01 在命令行输入“I”调用插入命令，在弹出的【插入】对话框中单击【浏览】按钮，打开“素材\CH20\基准符号.dwg”文件，如下图所示。

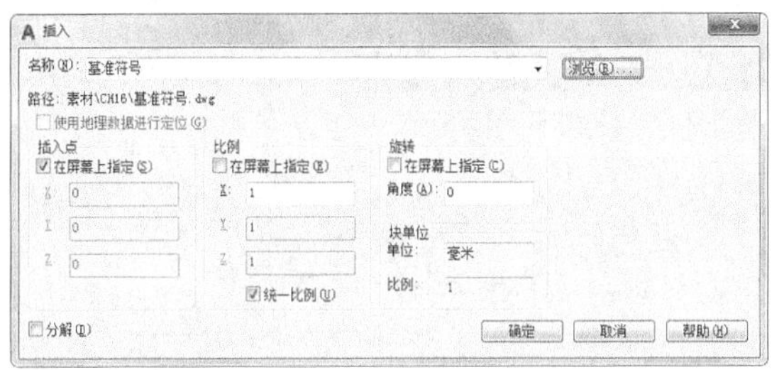

步骤02 单击【确定】按钮，在屏幕上单击指定插入点，然后在弹出的【编辑属性】对话框中输入基准符号“A”，并单击【确定】按钮，结果如下图所示。

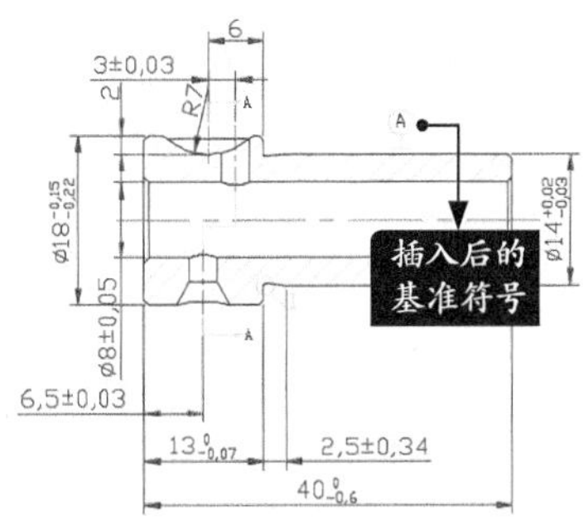

步骤03 重复步骤01~步骤02，插入基准符号B和C，插入时，将【插入】对话框的旋转角度设置为“90”，插入后如下图所示。

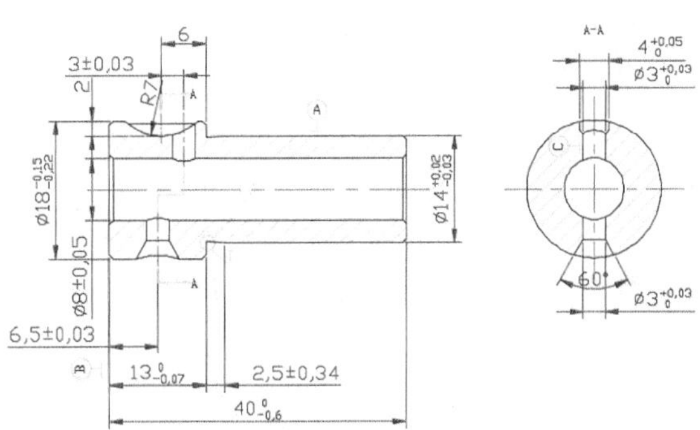

步骤04 选择【标注】➤【公差】菜单命令。弹出【形位公差】对话框，单击【符号】选项下的黑色方框，在弹出【特征符号】选择框中选择垂直度符号，然后在公差值输入框中输入“0.02”，在基准1中输入“A”，如下图所示。

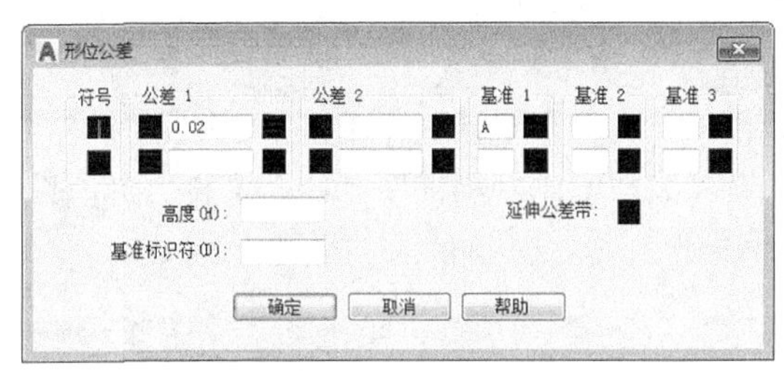

步骤05 重复步骤04，定义平行度形位公差，如下图所示。

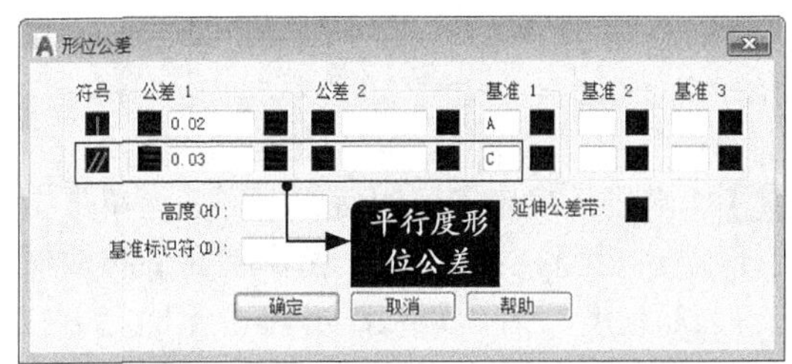

步骤06 单击【确定】按钮，将形位公差插入到图形中。在命令行输入“L”调用直线命令，绘制形位公差的指引线，如下图所示。

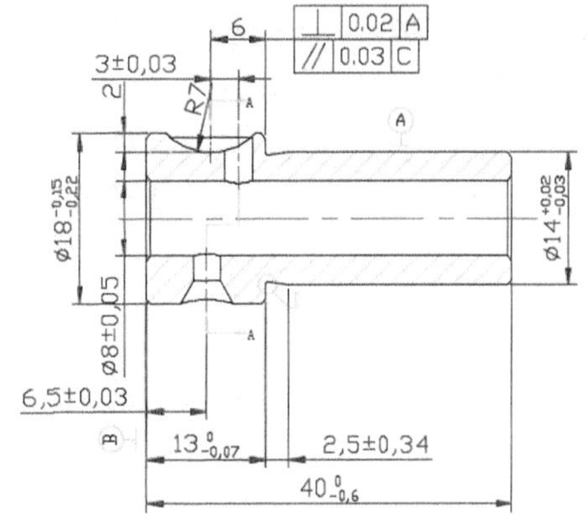

步骤07 重复步骤04~步骤06，添加圆柱度和对称度，结果如下图所示。

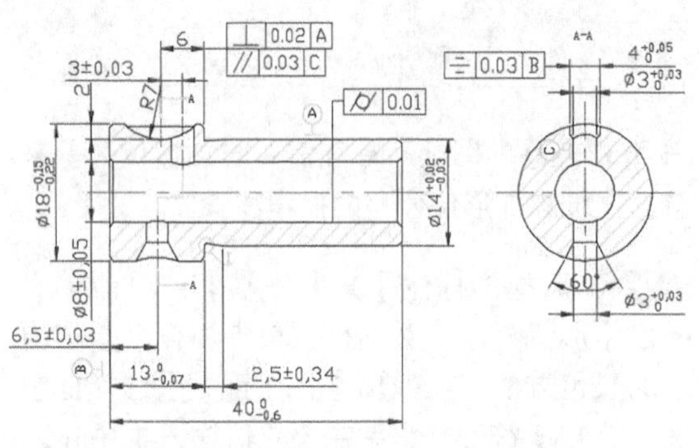

2. 添加粗糙度

步骤 01 在命令行输入“I”调用插入命令。在弹出的【插入】对话框中单击【浏览】按钮，打开“素材\CH20\粗糙度.dwg”文件，如下图所示。

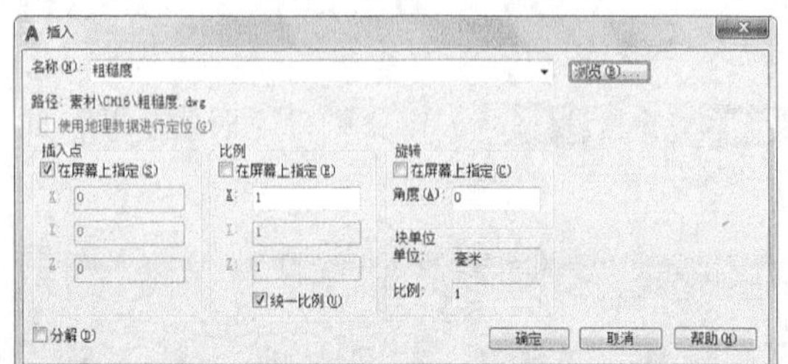

步骤 02 单击【确定】按钮后，在屏幕上单击指定插入点，然后在弹出的【编辑属性】对话框中输入粗糙度的值“0.8”，并单击【确定】按钮，结果如下图所示。

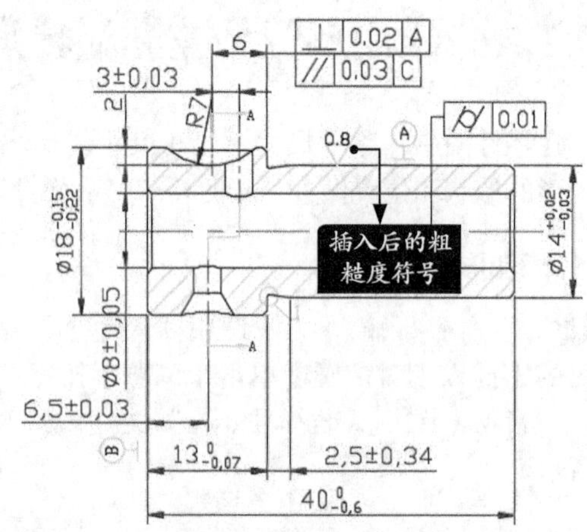

步骤 03 重复步骤 01~步骤 02，插入其他粗糙度符号，结果如下图所示。

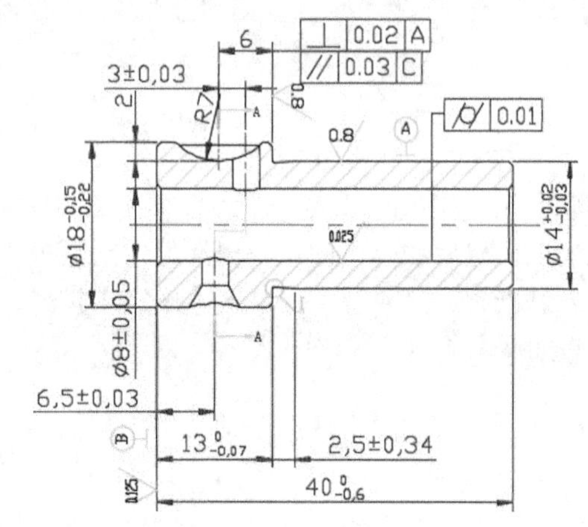

20.1.12 添加文字说明和图框

图形绘制完毕后，有些地方需要进一步用文字来加以说明，即要添加技术要求。而一个完整的图形除了有标注、文字说明外还要有图框。本小节具体讲解如何添加文字说明并插入图框。

步骤 01 在命令行输入“I”调用插入命令，弹出【插入】对话框，单击【浏览】按钮，打开“素材\CH20\图框.dwg”文件，如下图所示。

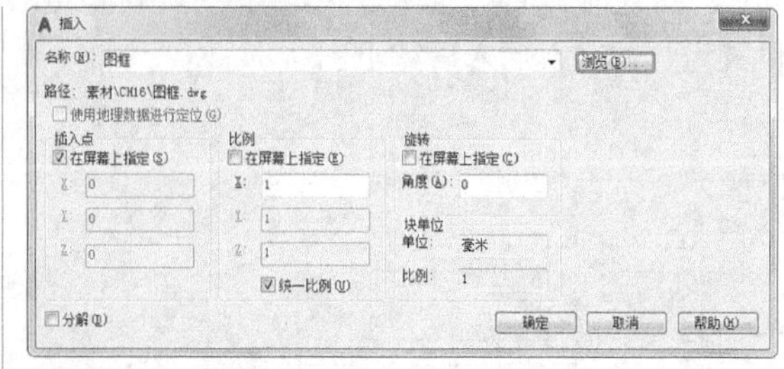

步骤 02 单击【确定】按钮后，在屏幕上合适的位置单击指定插入点，结果如下图所示。

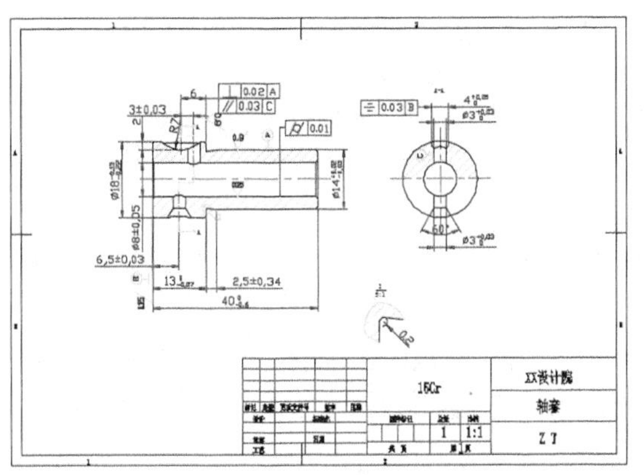

步骤03 将“文字”层设置为当前层，然后在命令行输入“T”调用多行文字命令，输入技术要求，如下图所示。

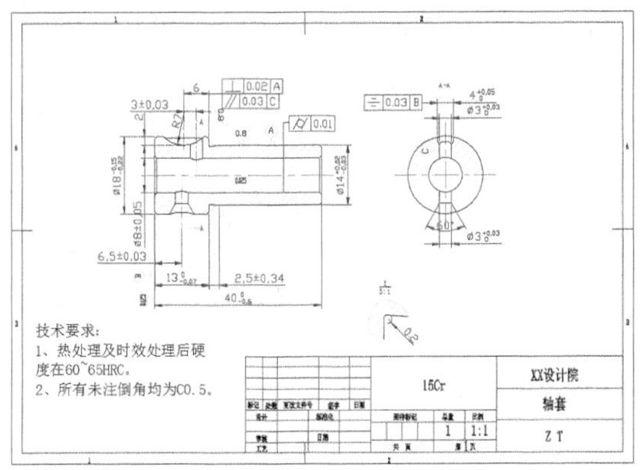

步骤04 在命令行输入“T”调用单行文字命令，然后在命令行输入文字的高度为“2.5”，旋转角度为“0”，在图框的右上角合适的位置输入文字，如下图所示。

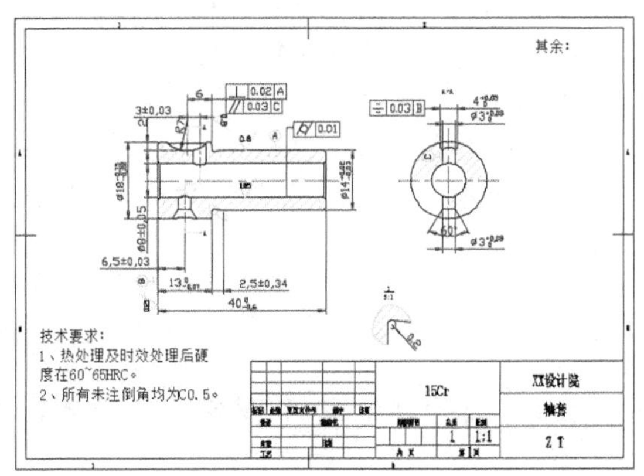

步骤05 在命令行输入“I”调用插入命令，将粗糙度插入到“其余：”单行文字后面，并将粗糙度的值改为“6.3”，如下图所示。

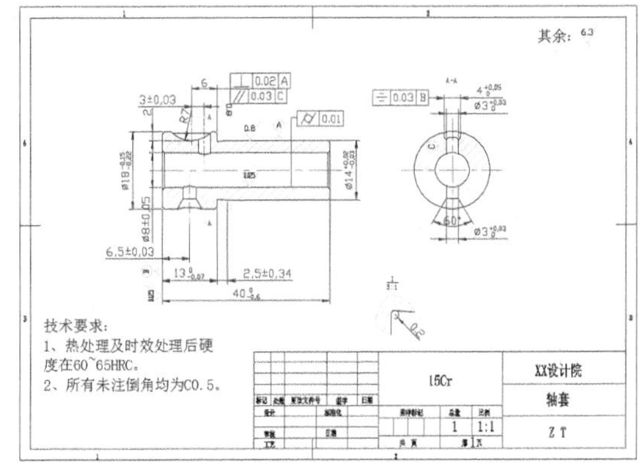

20.2 绘制箱体三视图

本节视频教程时间：1 小时 43 分钟

在机械制图中，箱体结构所采用视图的较多，除基本视图外，还常使用辅助视图、剖面图和局部视图等。在绘制箱体类零件图时，用户应考虑合理的绘图步骤，使整个绘制工作有序进行，从而提高绘图效率。

20.2.1 箱体设计的注意事项

箱体的主要功能是包容各种传动零件（例如轴承、齿轮等），使它们能够保持正常的运动关系及运动精度，在进行箱体类零件设计时通常需要注意以下几点。

- 设计图纸准确：设计图纸必须保证准确、清晰，尺寸及公差需要标注到位。
- 焊接之前的检查工作：焊接之前必须严格检查每一个零件的几何尺寸和外观质量是否符合

设计图纸的要求，不符合要求的零件不能进行装配组焊。

- 焊接件标准：焊接件必须按相关标准执行，例如JB/T5000.3-1998。
- 焊缝应探伤检查：轴承座与各钢板间的焊缝应探伤检查，使其符合相关规定，例如GB11345、GB3323、GB/T6064等。
- 焊后处理：焊后退火消除焊接应力，喷丸处理。
- 二次人工时效：箱体在组合精加工前应二次人工时效，以保证箱体在精加工后各尺寸的稳定。
- 按相关标准进行检验：所有轴承孔的圆度和圆柱度需要按相关制造标准进行检验，例如GB1184-84。所有轴承孔端面与其轴线的垂直度也需要按相关制造标准进行检验，例如GB1184-84。

20.2.2 箱体三视图的绘制思路

绘制箱体三视图的思路是先绘制主视图、俯视图，最后绘制左视图。在绘制俯视图、左视图时需要结合主视图来完成绘制，箱体三视图绘制完成后需要为主视图、俯视图添加剖面线，最后通过插入图块、标注和文字说明来完成整个图形的绘制。具体绘制思路如下表所示。

序号	绘图方法	结　果	备 注
1	通过直线、偏移、修剪、夹点编辑和更换对象图层等命令绘制箱体主视图的主要结构	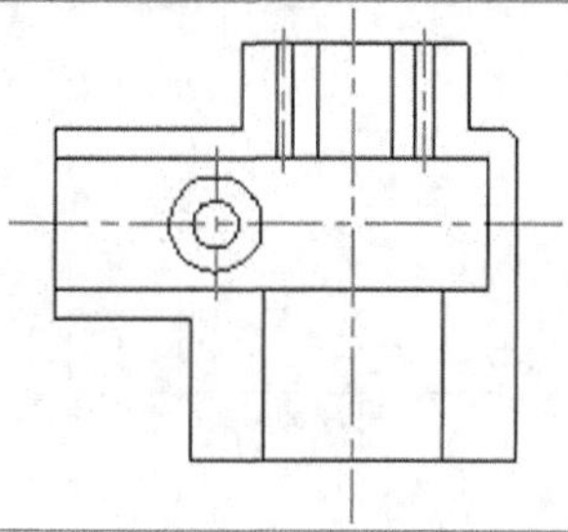	绘制水平直线时注意“fro”的应用；偏移和修剪时注意对象的选取
2	利用圆、射线、偏移、修剪等命令绘制俯视图的主要轮廓	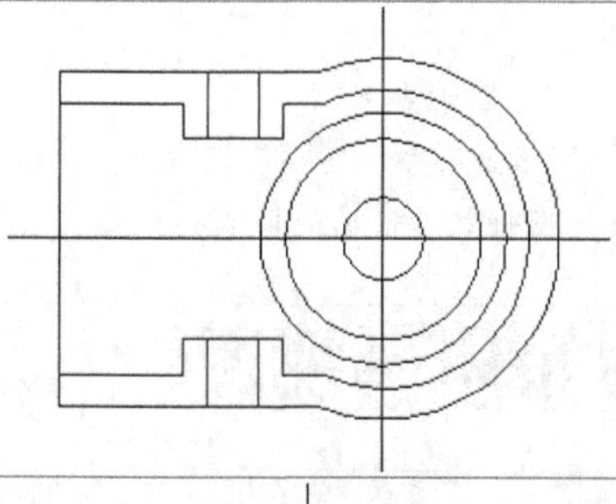	注意视图之间的对应关系
3	利用射线、偏移和修剪等命令绘制左视图的轮廓	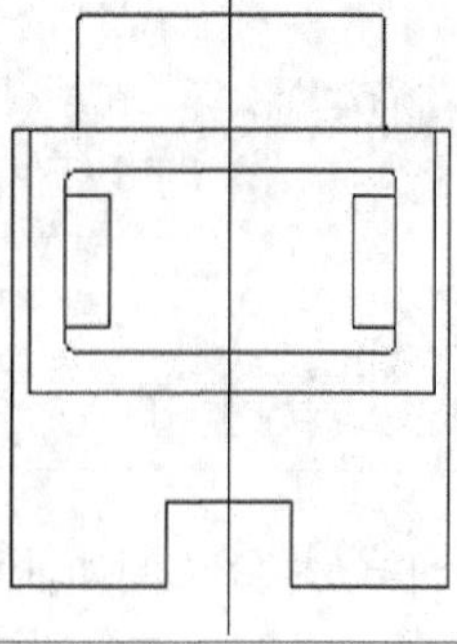	注意视图之间的对应关系

续表

序号	绘图方法	结　　果	备 注
4	利用射线、样条曲线、修剪、打断和填充等命令完善视图	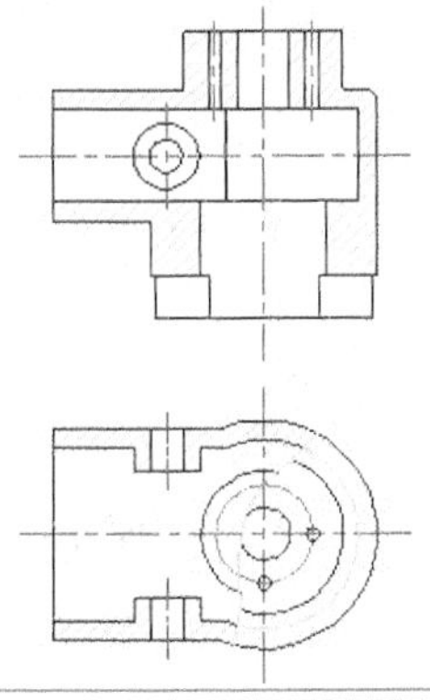	注意视图之间的对应关系
5	给图形添加标注、插入图块和书写技术要求	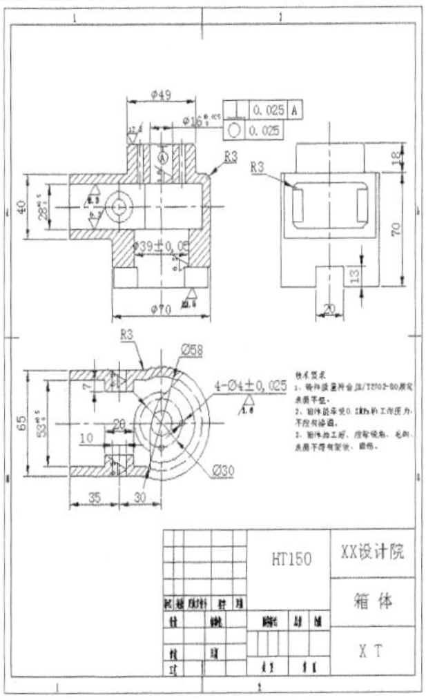	

20.2.3 绘制主视图

一般情况下，主视图是反映图形最多内容的视图，因此，我们先绘制主视图，然后根据视图之间的相互关系绘制其他视图。

1. 绘制主视图的外形和壁厚

步骤01 打开“素材\CH20\箱体三视图.dwg”文件，如下图所示。

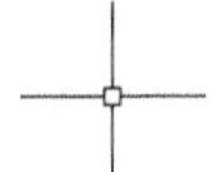

步骤02 将“粗实线”层置为当前，在命令行输入“l（直线）”并按空格键，绘制一条长度为108的竖直直线，如下图所示。

步骤03 重复步骤02，绘制一条长120的水平直线，命令行提示如下：

> 命令：LINE
> 指定第一个点：fro 基点：　　//捕捉竖直直线的上侧端点
> <偏移>: @45,-48

指定下一点或 [放弃 (U)]: @-120,0

指定下一点或 [放弃 (U)]: // 按空格键结束命令

小提示

"fro"命令可以任意假定一个基点为坐标的零点，使用这个命令时必须在输入的坐标前加上一个"@"。例如"@45，-48"，相当于该点与假设零点（基点即上侧直线的端点）的x轴方向距离为45，y轴方向距离为-48。

步骤 04 绘制完成后结果如下图所示。

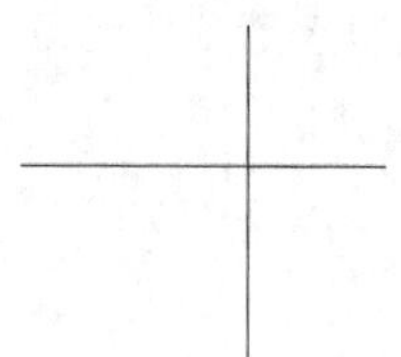

步骤 05 输入"o"调用偏移命令，将水平直线分别向上偏移20、38，向下偏移20、50，结果如下图所示。

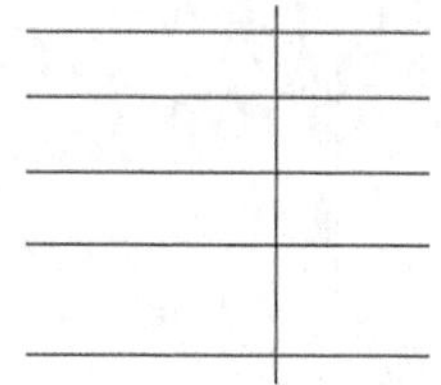

步骤 06 继续使用偏移命令，以竖直线为偏移对象，向右偏移24.5，35，向左偏移24.5,35,65，结果如下图所示。

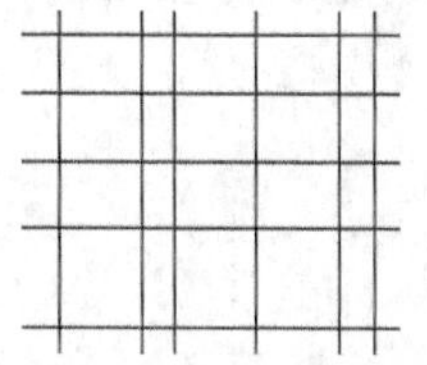

步骤 07 输入"tr"并按空格键调用修剪命令，命令调用后再次按空格键选择所有直线为剪切边，修剪完成后如下图所示。

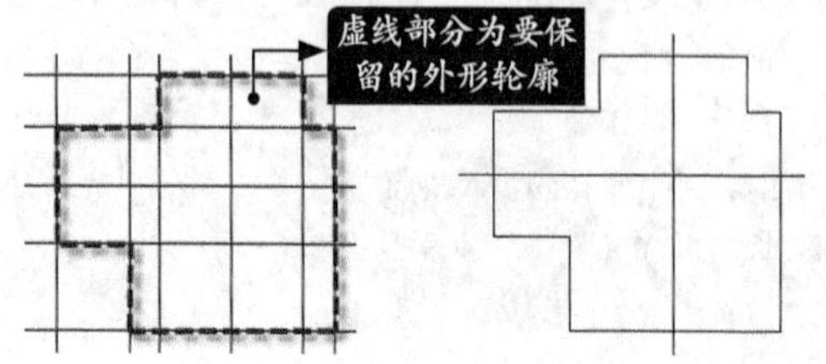

步骤 08 输入"o"调用偏移命令，将水平中心线向两侧各偏移14。

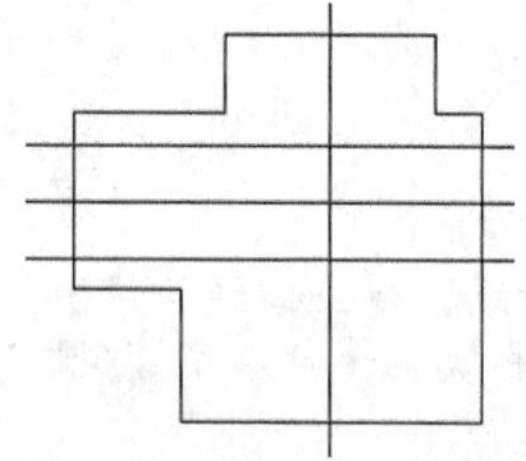

步骤 09 继续使用偏移命令，将竖直线向左偏移19.5，向右偏移19.5和29。

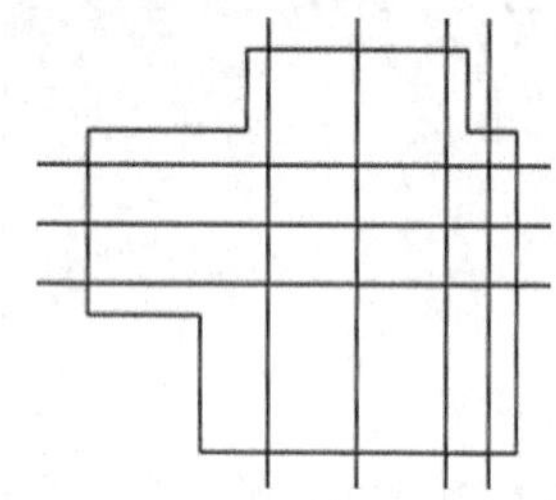

步骤 10 输入"tr"调用修剪命令，然后在绘图窗口中修剪掉不需要的线段，完成的修剪效果如下图所示。

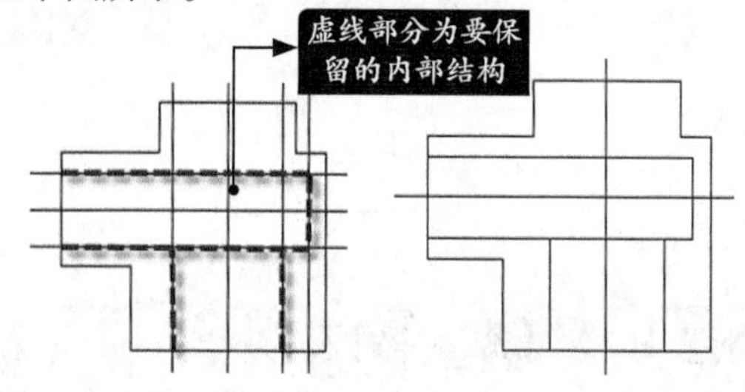

2. 绘制孔和凸台在主视图上的投影

步骤 01 输入"o"调用偏移命令，将竖直直线向两侧各偏移8和15。

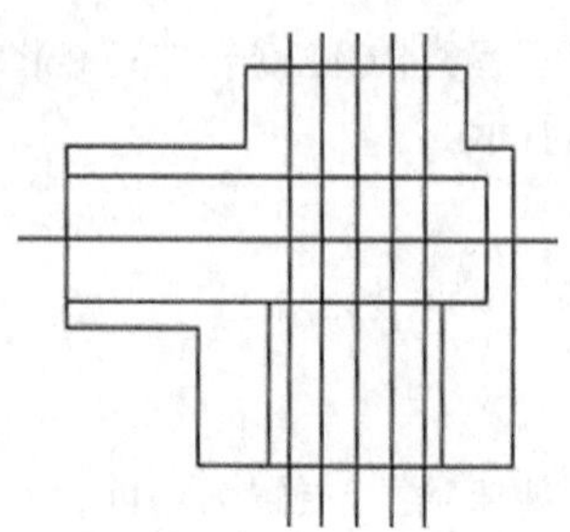

步骤 02 输入"tr"命令调用修剪命令，修剪完成后如下图所示。

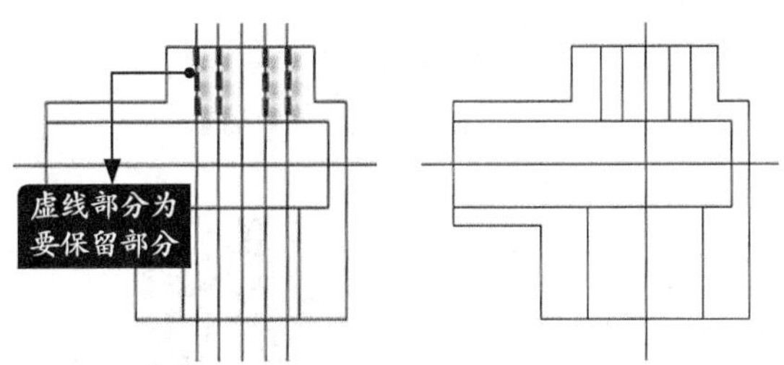

步骤03 选择第1步偏移15的直线（此时已修剪）作为偏移对象，每条边分别左右各偏移2，结果如下图所示。

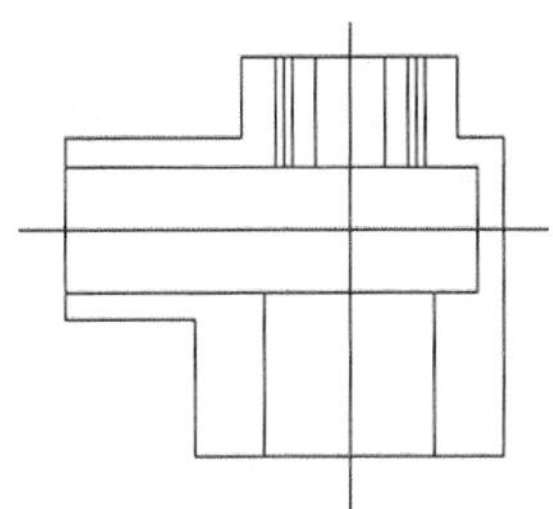

步骤04 利用夹点编辑对中间直线进行拉伸，将它们分别向两侧拉伸得到孔的中心线，结果如下图所示。

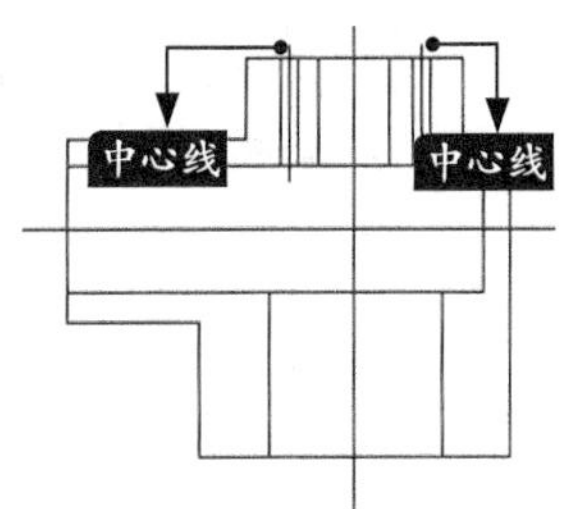

步骤05 输入“l”调用直线命令，当提示输入第一点时输入“fro”，然后捕捉中点作为基点，如下图所示。

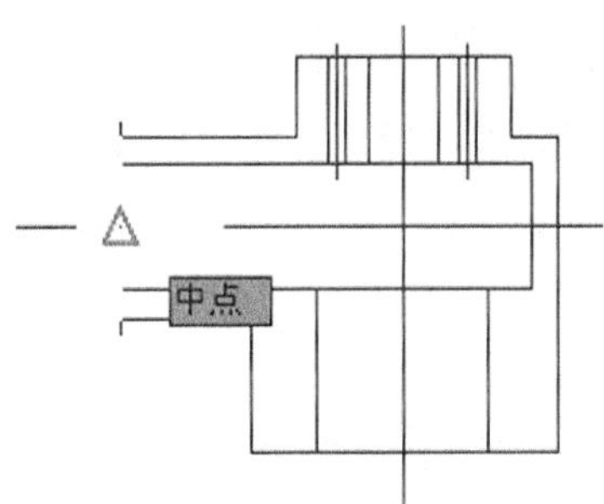

步骤06 接着输入偏移量“@35，16”，再输入“@0，-32”为第二点，绘制凸台的中心线，如下图所示。

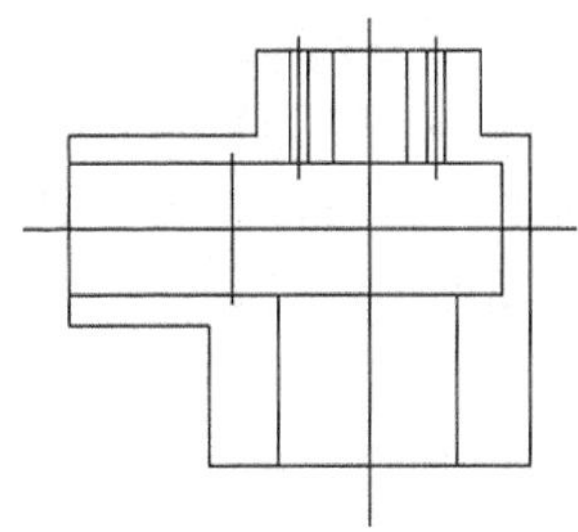

步骤07 输入“c”调用圆命令，在绘图窗口捕捉步骤6绘制的直线与水平直线的交点为圆心，绘制两个半径为5，10的同心圆，结果如下图所示。

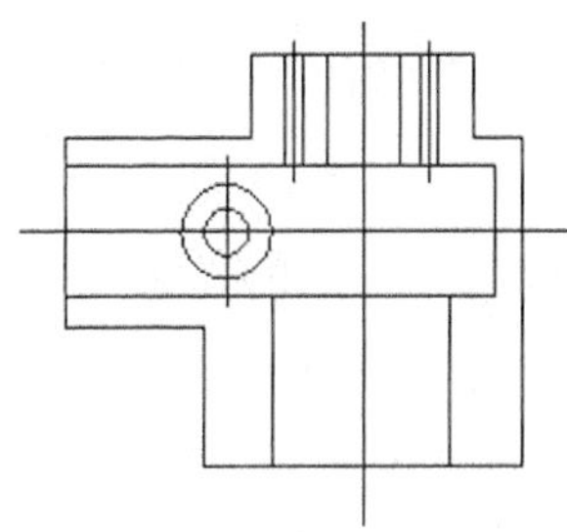

步骤08 在命令行输入“f”调用圆角命令，当提示选择第一对象时输入“r”选项，然后输入圆角半径“1”，按下【Enter】键确定，然后选择需要圆角的边进行圆角，多次圆角后结果如下图所示。

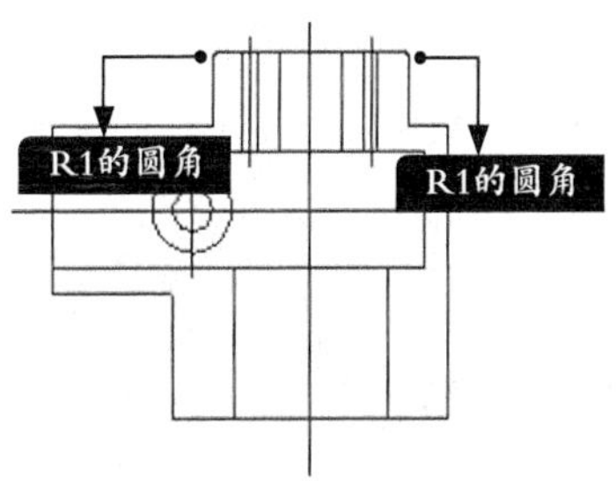

步骤09 继续圆角命令，将圆角半径设置为“3”，然后进行圆角，结果如下图所示。

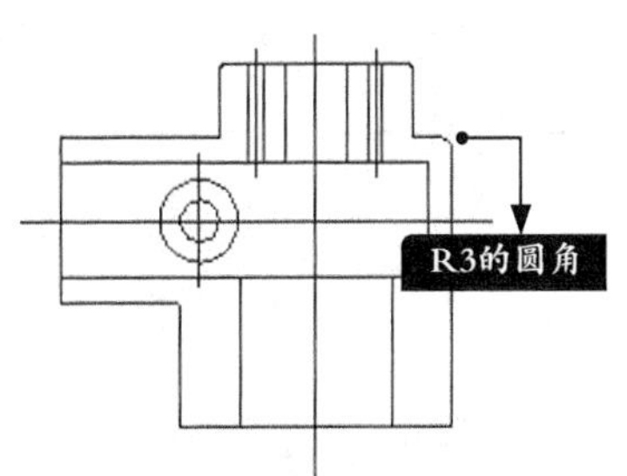

步骤10 选中竖直直线和拉伸的线段，然后单击【默认】选项卡➤【图层】面板，在下拉列表中选中“中心线”层，将所选的直线放置到中心线图层上，结果如下图所示。

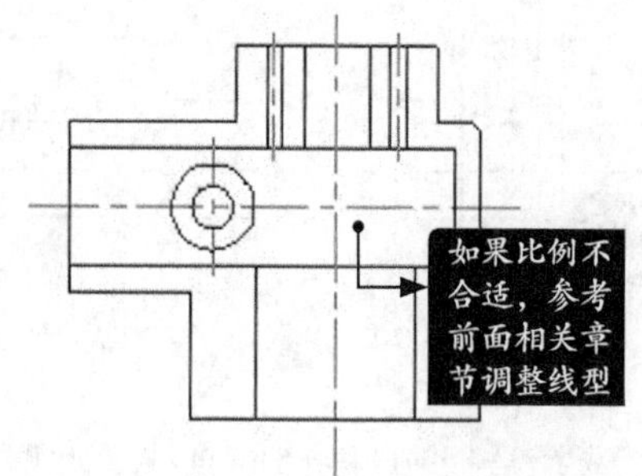

20.2.4 绘制俯视图

主视图绘制结束后，可以通过主视图和俯视图之间的关系来绘制俯视图。绘制俯视图时，主要会用到直线、圆、偏移、修剪等操作命令。

1. 绘制俯视图的外形和壁厚

步骤01 将“粗实线”图层置为当前，在绘图窗口中绘制两条垂直的直线（其中竖直线与主视图竖直中心线对齐，长度为90，水平线与主视图水平中心线等长），如下图所示。

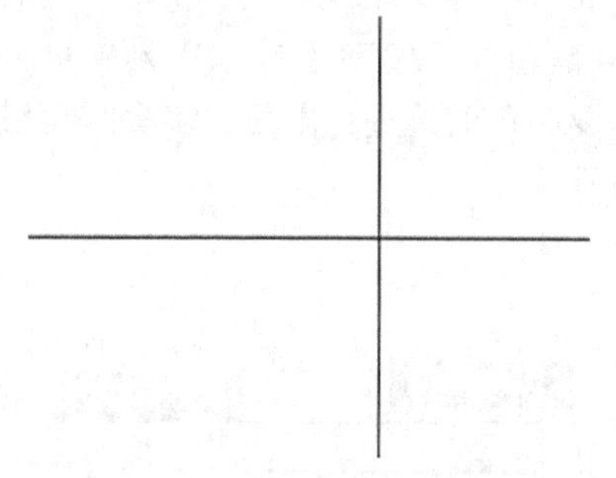

步骤02 输入“c”调用圆命令，以两条直线的交点为圆心，绘制一个半径为35的圆，如下图所示。

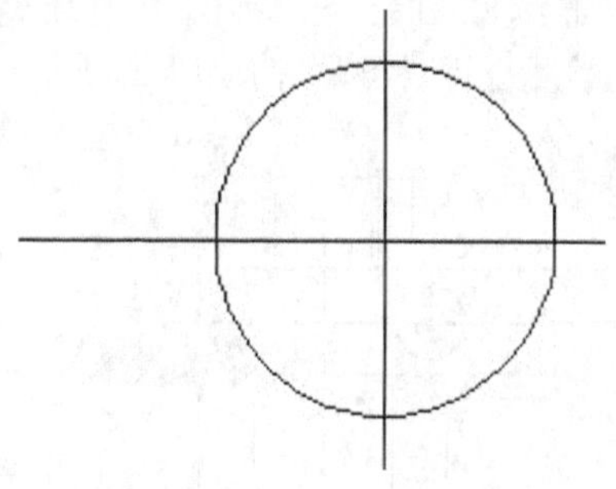

步骤03 继续绘制圆，分别绘制半径为29、24.5、19.5、8的同心圆，结果如下图所示。

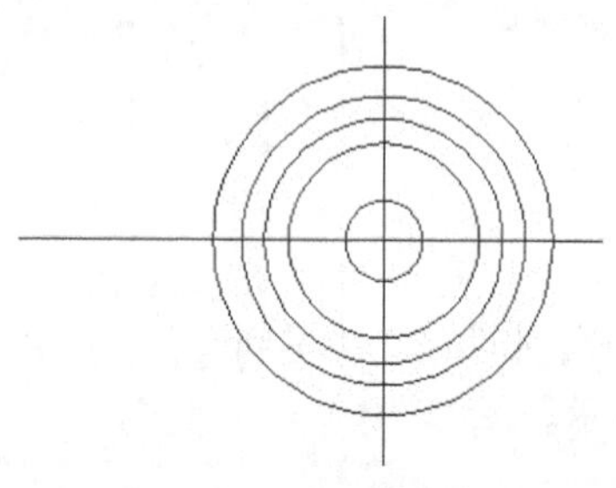

步骤04 输入“o”调用偏移命令，将水平直线向两侧各偏移26.5，结果如下图所示。

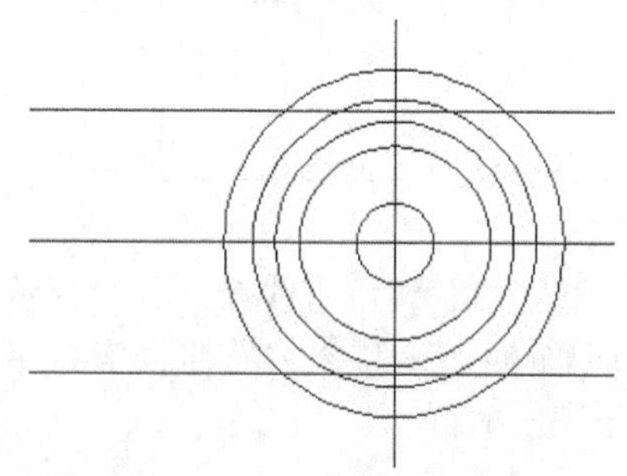

步骤05 继续使用偏移命令，将水平直线向两侧各偏移32.5，然后将竖直直线向左偏移65，结果如下图所示。

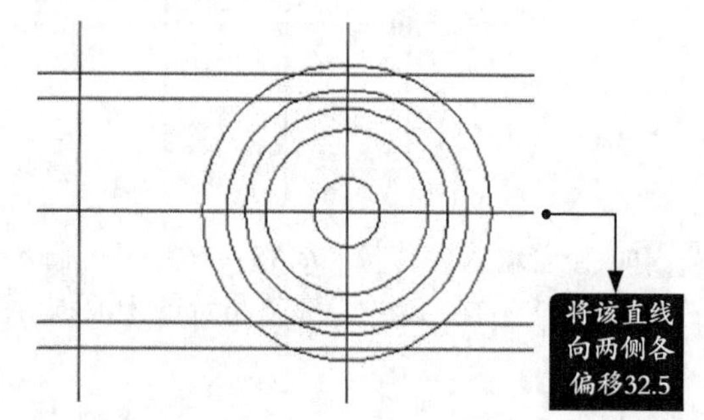

步骤06 输入“tr”调用修剪命令，将图中不需要的直线修剪掉，结果如下图所示。

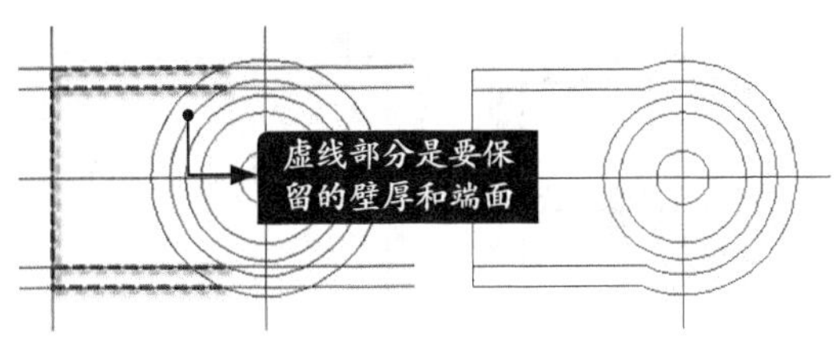

2. 绘制孔和凸台在俯视图上的投影

步骤01 在命令行输入“ray”调用射线命令，在绘图窗口中以主视图中的圆与水平中心线的交点为起点，绘制一条射线。

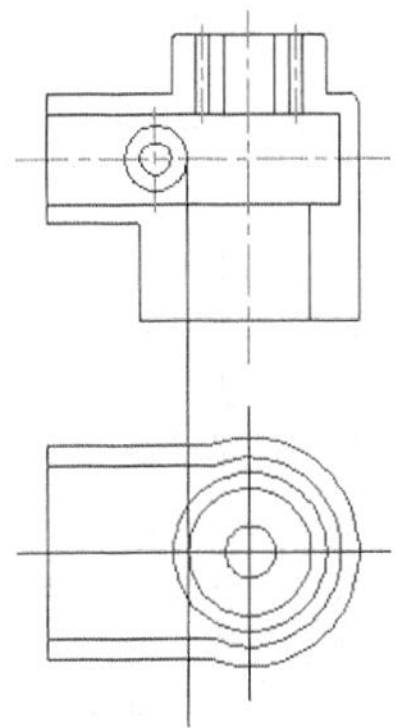

步骤02 继续使用射线命令，完成其他射线的绘制，完成的效果如下图所示。

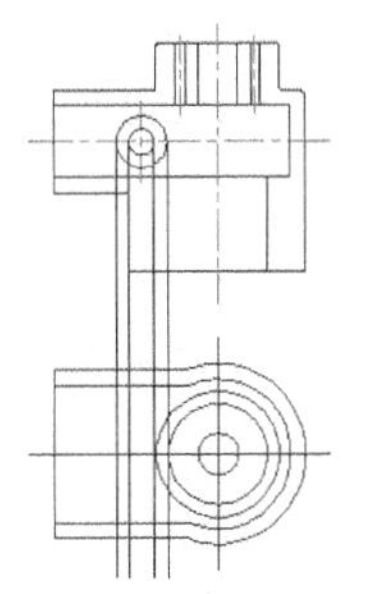

步骤03 输入“o”调用偏移命令，将水平直线向两侧各偏移19.5，结果如下图所示。

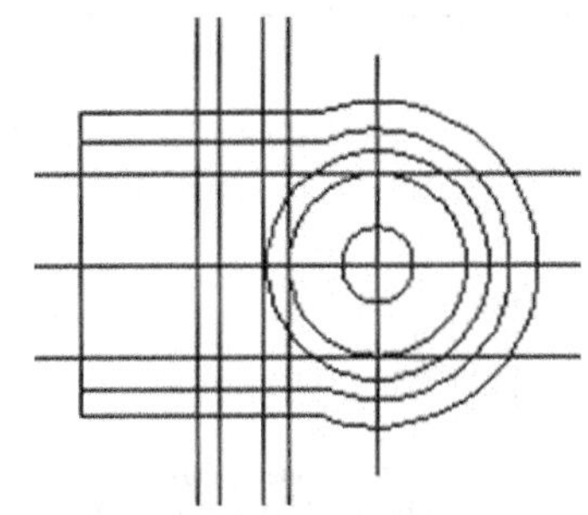

步骤04 输入“tr”调用修剪命令，把多余的线段修剪掉，完成后结果如下图所示。

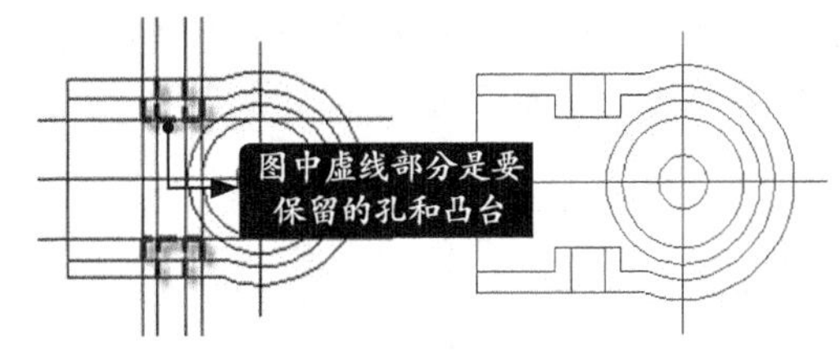

20.2.5 绘制左视图

主视图和俯视图绘制结束后，可以通过视图关系来绘制左视图。绘制左视图时主要会用到射线、直线、修剪、偏移等命令。

1. 绘制左视图的外形

步骤01 输入“ray”调用射线命令，分别以主视图的两个端点为起点绘制两条射线，结果如下图所示。

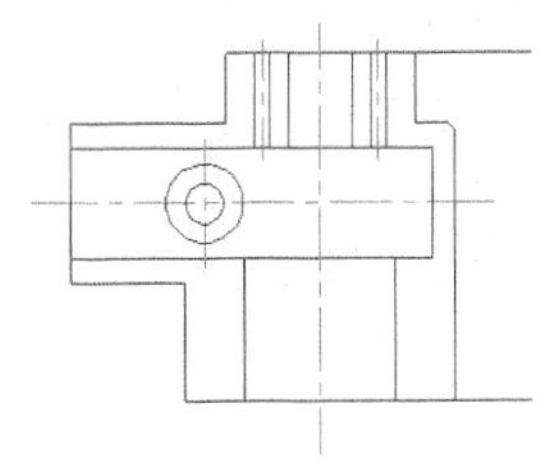

步骤02 输入“l”调用直线命令，绘制左视图的竖直中心线，结果如下图所示。

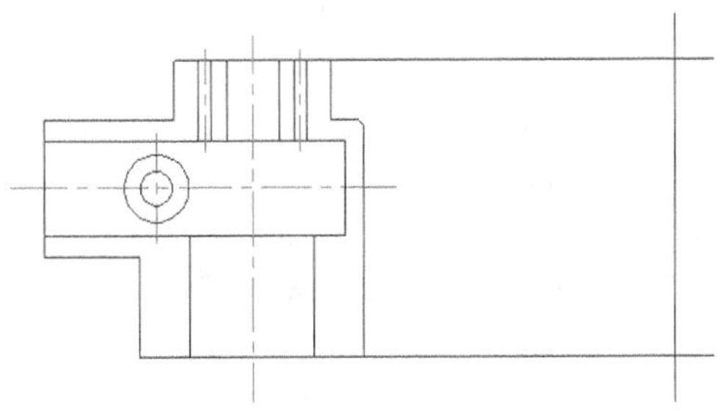

步骤03 输入“o”调用偏移命令，将上侧的射线向下偏移18，将竖直直线向两侧各偏移24.5和35，结果如下图所示。

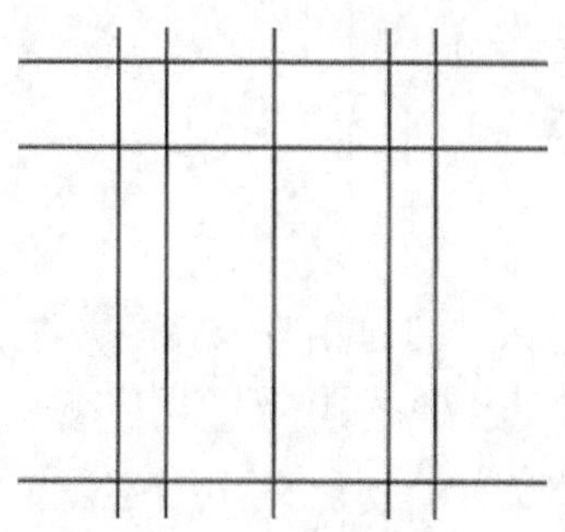

步骤04 输入“tr”调用修剪命令，对图形中多余的线进行修剪，结果如下图所示。

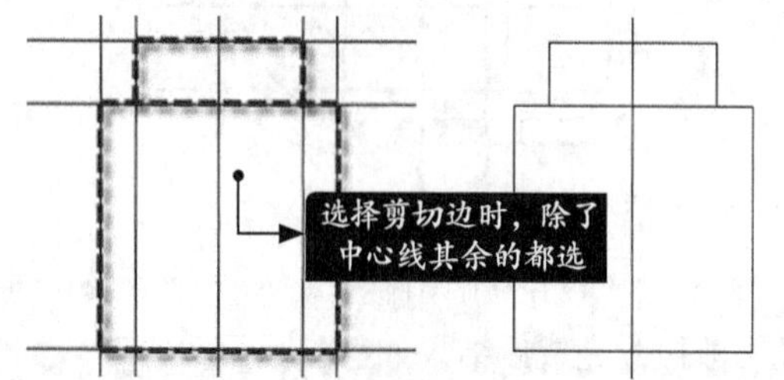

步骤05 输入“o”调用偏移命令，将竖直直线向两侧各偏移26.5和32.5，结果如下图所示。

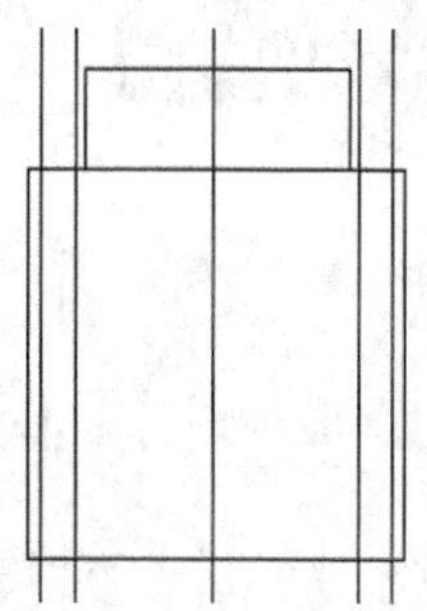

步骤06 继续使用偏移命令，将底边水平直线分别向上偏移30，36，64，结果如下图所示。

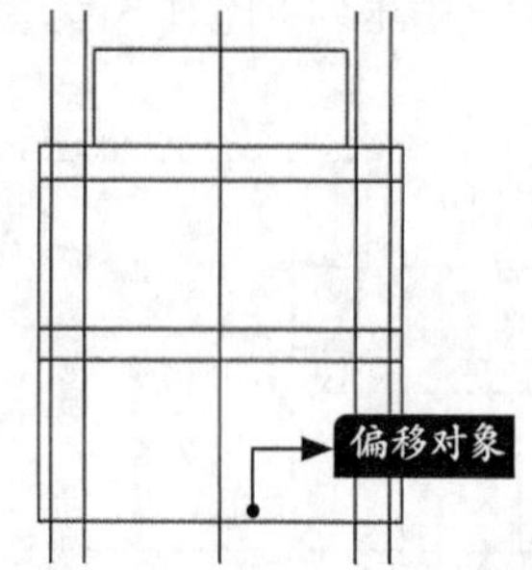

步骤07 输入“tr”调用修剪命令，把多余的线段修剪掉，结果如下图所示。

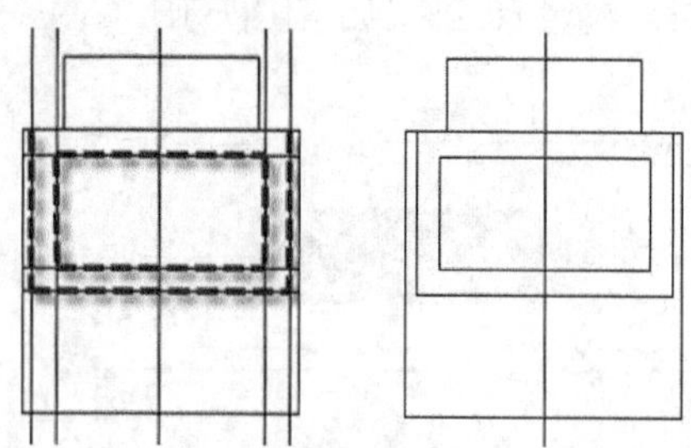

2. 绘制凹槽和凸台在左视图上的投影

步骤01 输入“o”调用偏移命令，将竖直直线向两侧各偏移10和19.5，将水平直线向上偏移13，结果如下图所示。

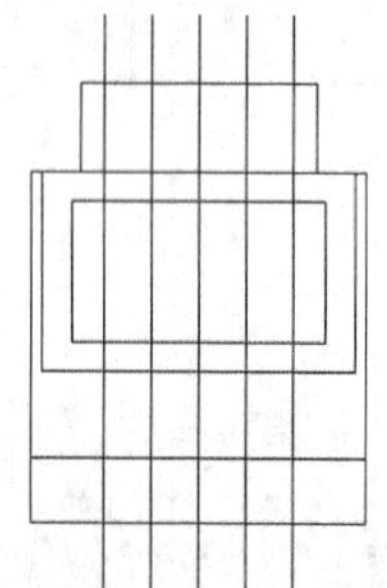

步骤02 调用射线命令，以主视图箱体内凸圆的边为起点，绘制两条射线，结果如下图所示。

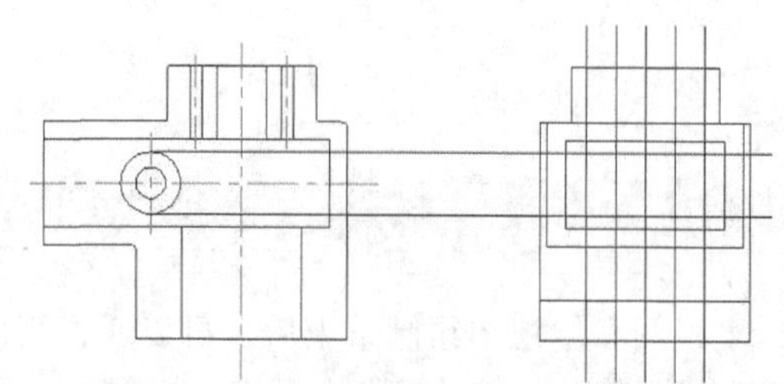

步骤03 输入“tr”调用修剪命令，把多余的线段修剪掉，结果如下图所示。

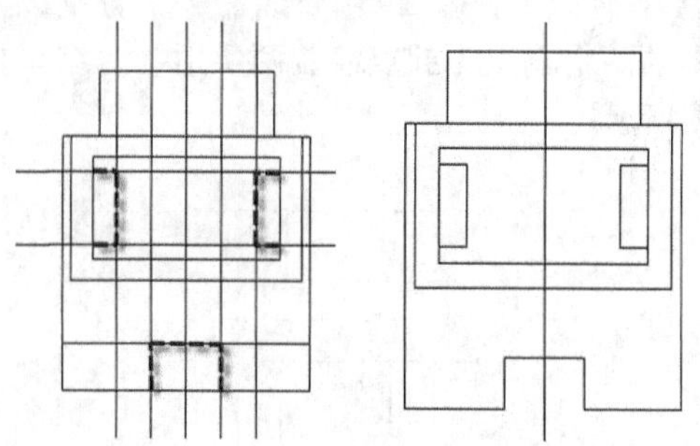

步骤04 在命令行输入“f”并按空格键调用圆角命令，在命令提示下将“修剪模式”设置为“不修剪”，圆角半径设置为“1”，然后对需要圆角的对象进行圆角操作，结果如下图所示。

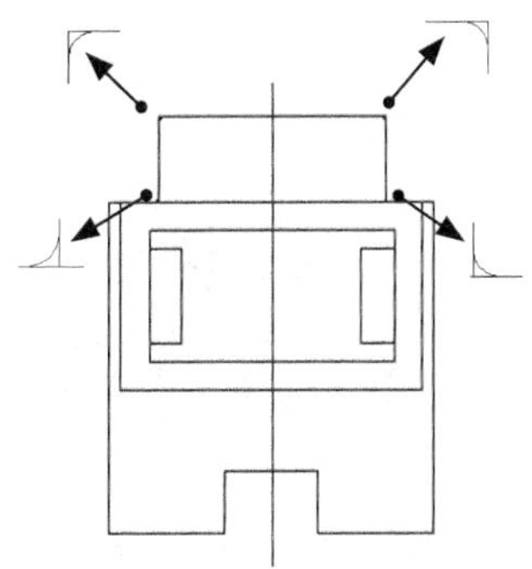

步骤05 输入“tr”调用修剪命令，把倒圆角处多余的线段修剪掉，完成后如下图所示。

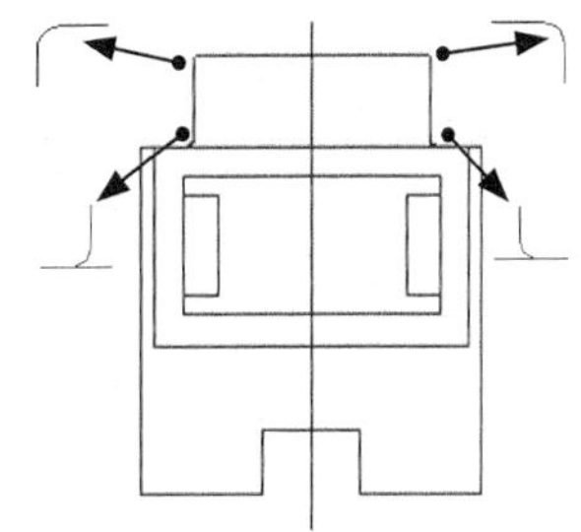

步骤06 调用圆角命令，当提示“选择第一个对象”时输入“t”，然后输入“t”（修剪选项），当再次提示“输入第一对象”时输入“r”，并输入圆角半径“3”，然后选择需要圆角的两条边，圆角后如下图所示。

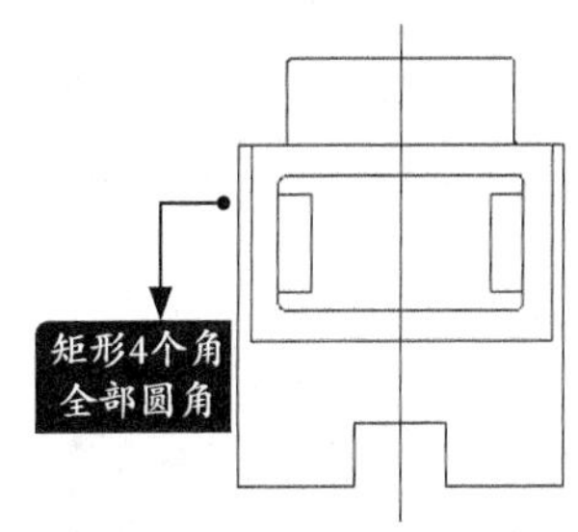

20.2.6 完善三视图

三视图的主要轮廓绘制结束后，可以通过三视图之间的相互结合来完成视图的细节部分。视图细节部分的具体操作步骤如下。

1. 完善主视图

步骤01 输入“o”调用偏移命令，将俯视图中的水平直线向两侧各偏移10，如下图所示。

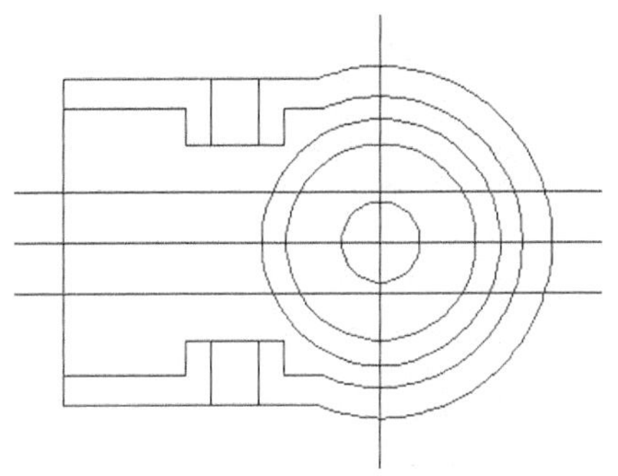

步骤02 继续使用偏移命令，将主视图中水平直线向上偏移13。

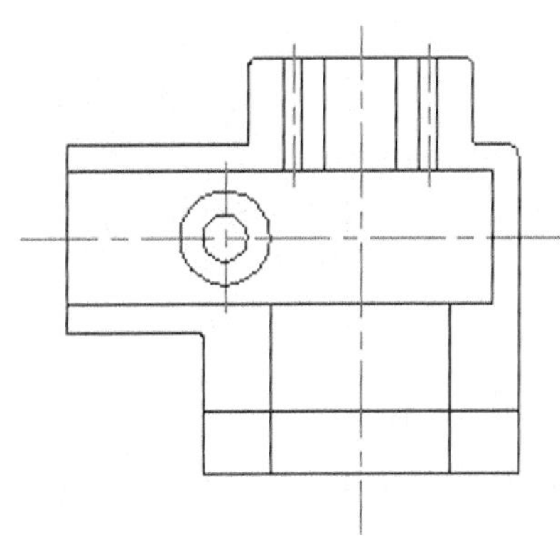

步骤03 在命令行输入“ray”调用射线命令，以俯视图中的直线与圆的交点为起点绘制射线，结果如下图所示。

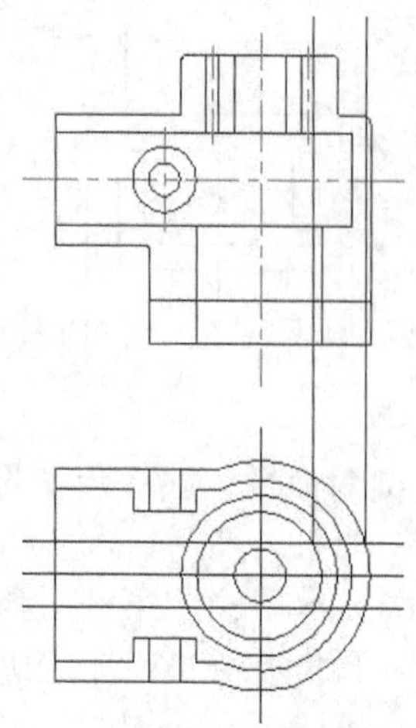

步骤04 输入“mi”调用镜像命令，在绘图窗口中选择两条射线为镜像的对象，然后捕捉中心线的任意两点作为镜像线上的两点，结果如下图所示。

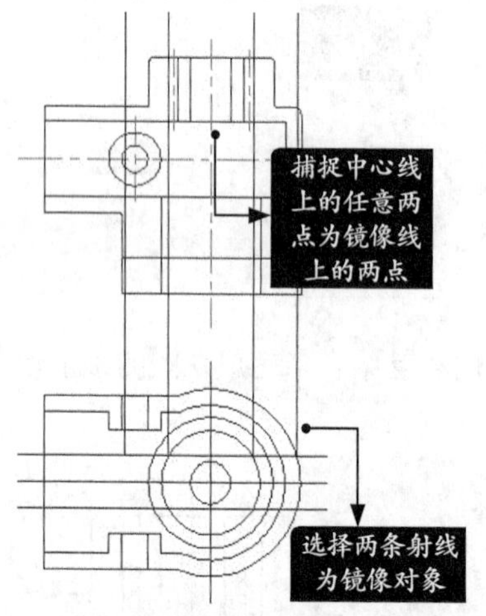

步骤05 输入“tr”调用修剪命令，把多余的线段修剪掉，结果如下图所示。

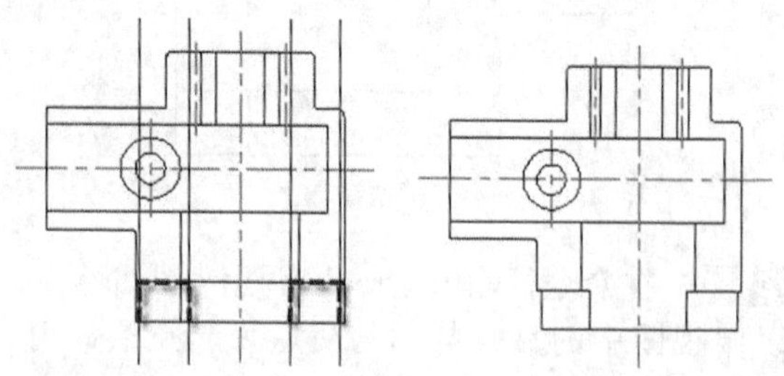

步骤06 输入“ray”调用射线命令，在俯视图中捕捉交点为射线的起点，绘制一条竖直射线，结果如下图所示。

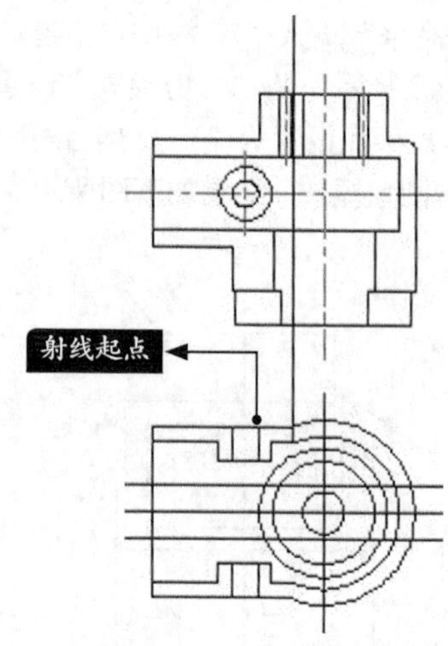

步骤07 输入“tr”调用修剪命令，把刚才绘制的射线的多余部分修剪掉。

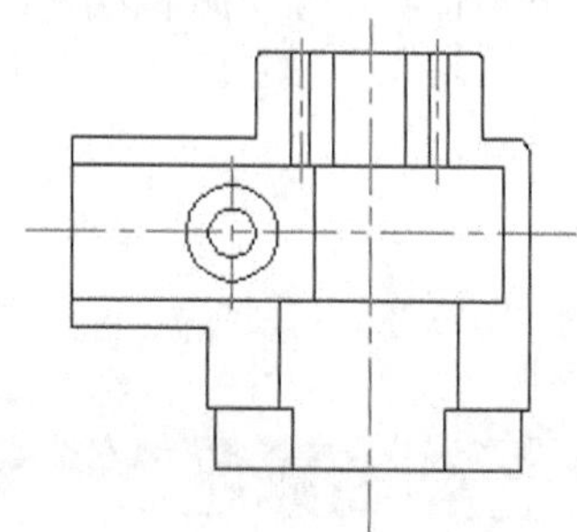

步骤08 将剖面线层切换为当前层，然后输入“h”调用图案填充命令，填充图案选择“ANSI31”，然后在绘图窗口中拾取内部点，结果如下图所示。

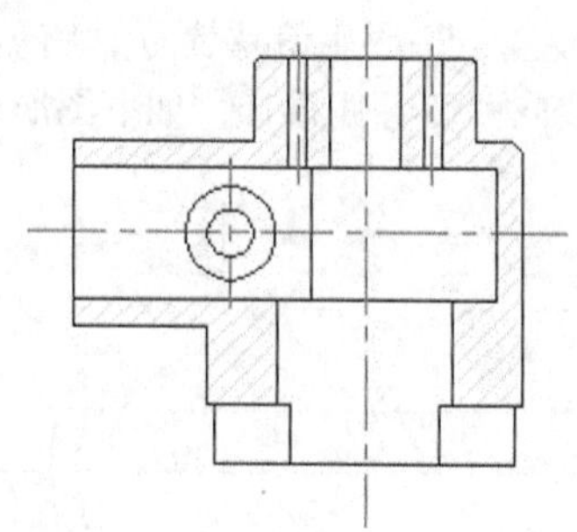

2. 完善俯视图

步骤01 将图层切换到“细点画线”图层，输入“c”调用圆命令，以俯视图的圆心为圆心，绘制一个半径为15的圆，并将第1步偏移的两条直线删除，结果如下图所示。

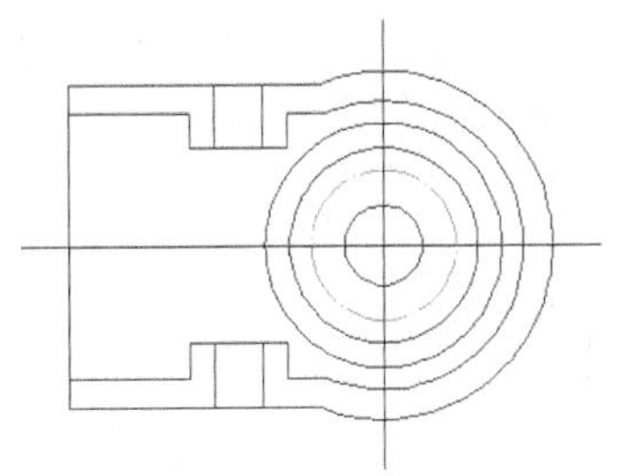

步骤02 将“粗实线”图层切换为当前层，在命令行输入“c”调用圆命令，绘制两个半径为2的圆，结果如下图所示。

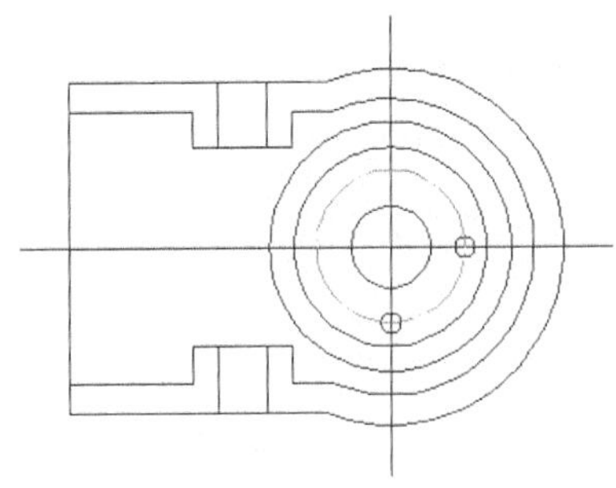

步骤03 将“细实线”切换到当前层，输入“spl”调用样条曲线命令，在图形的合适位置绘制一条样条曲线。

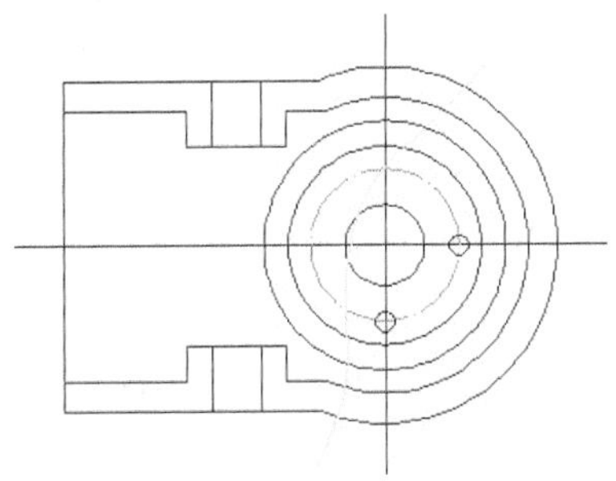

步骤04 输入“tr”调用修剪命令，在图形中修剪掉剖开时不可见的部分。

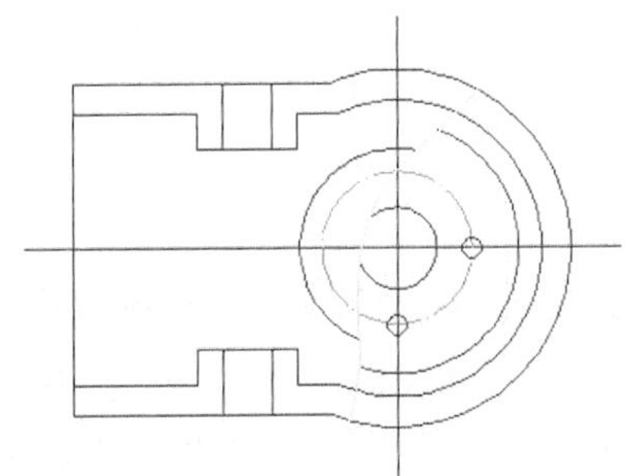

步骤05 选择【默认】选项卡➤【修改】面板➤【打断于点】命令，在绘图窗口中选择要打断的对象并捕捉交点为打断点。

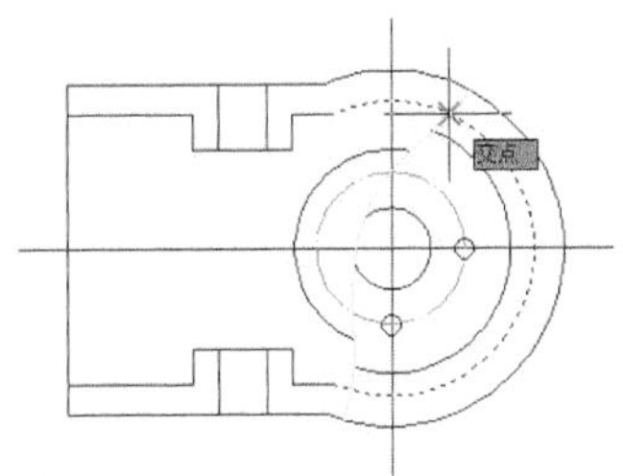

步骤06 重复打断于点操作，在另一处选择打断点，如下图所示。

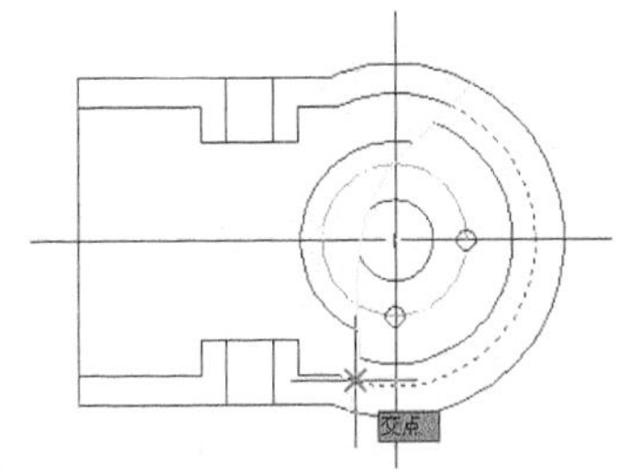

步骤07 选择不可见的部分，然后单击【默认】选项卡➤【图层】面板在下拉列表中选择“虚线”层，结果如下图所示。

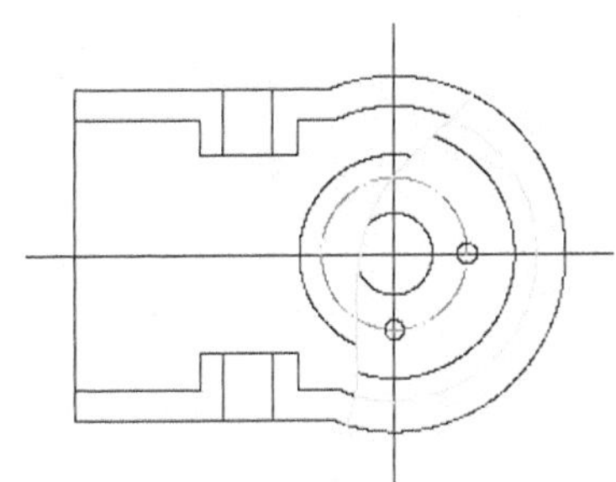

步骤08 输入“f”调用圆角命令，输入“r”，将圆角半径设置为3，然后输入“M”进行多处圆角，最后给俯视图进行圆角，结果如下图所示。

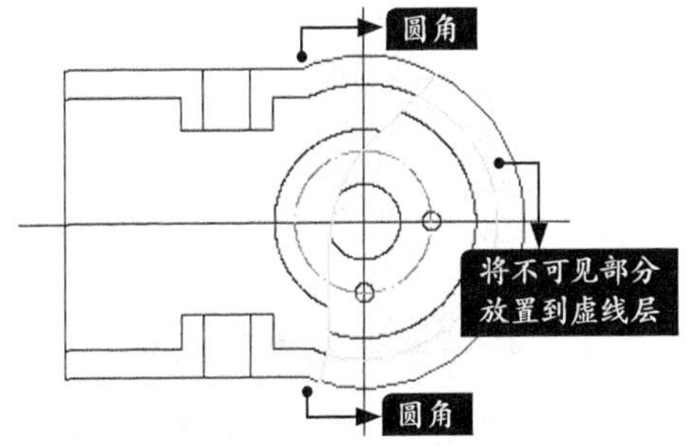

步骤09 将“中心线”图层切换到当前层，然后在图形上绘制中心线，并把俯视图和左视图的

中心线都放置到“中心线”图层上，结果如下图所示。

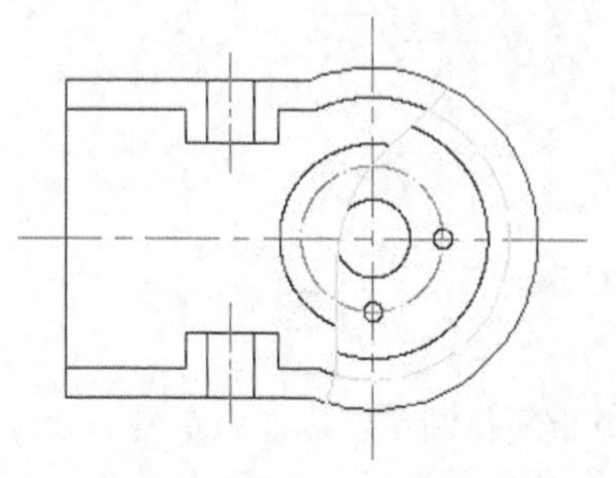

步骤 10 将“剖面线”图层切换到当前层，给俯视图进行填充，结果如下图所示。

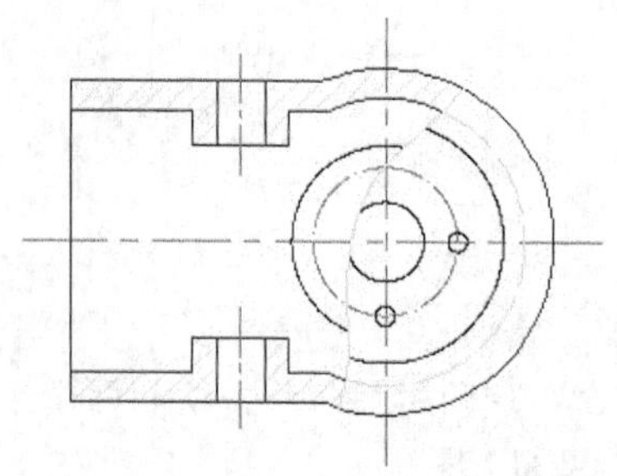

20.2.7 添加标注

在箱体三视图绘制完成后，接下来为所绘制的图形添加尺寸标注和形位公差。

1. 给主视图添加标注

步骤 01 将标注层切换为当前层，然后输入“dim”命令并按空格键调用智能标注命令，在主视图中进行线性标注，结果如下图所示。

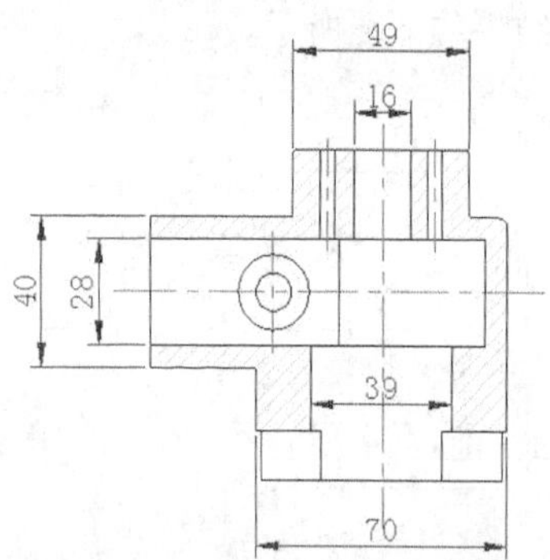

步骤 02 标注完成后按【Esc】键退出智能标注，然后在标注“70”上双击，在【文字编辑器】选项卡下选择【符号】➤【直径】选项，如下图所示。

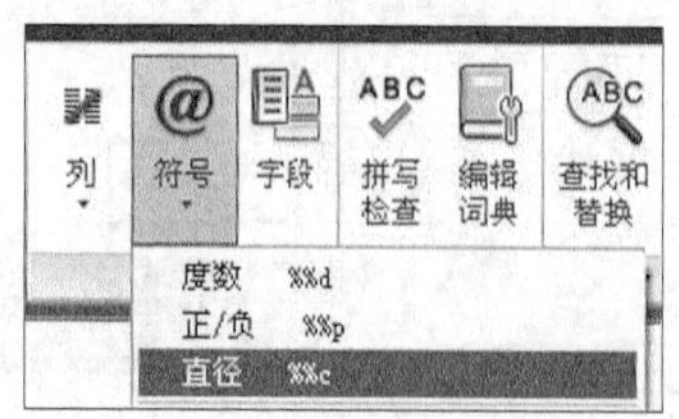

步骤 03 然后在绘图窗口的空白处单击鼠标，结果如下图所示。

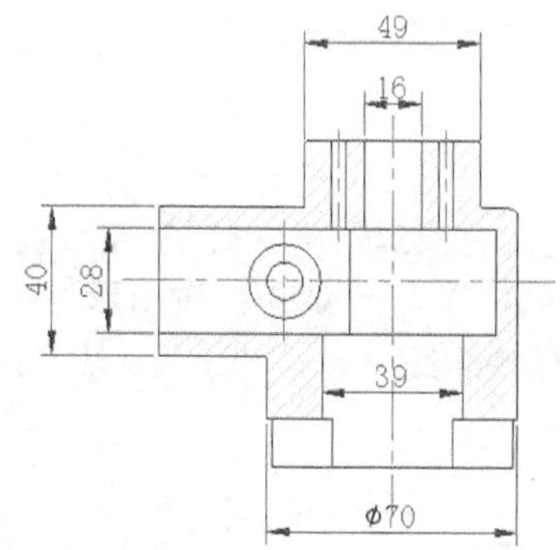

步骤 04 重复步骤 02~步骤 03，完成其他的标注，完成的效果如下图所示。

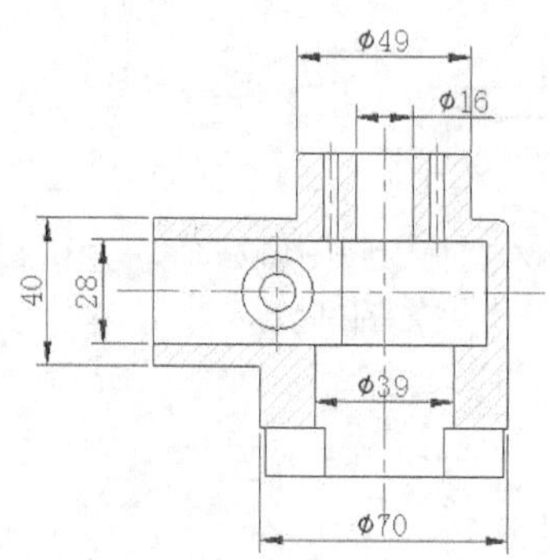

2. 给主视图添加尺寸公差和形位公差

步骤 01 选中Φ16的标注，然后在命令行输入“pr”命令并按空格键，在弹出的【特性】选项板中选择【公差】选项，然后单击【显示公差】后面的下拉箭头在下拉列表中选择【极限偏差】选项，并在【公差下偏差】、【公差上偏差】后面输入“0”和“0.025”，并将精度值设置为“0.000”，如下图所示。

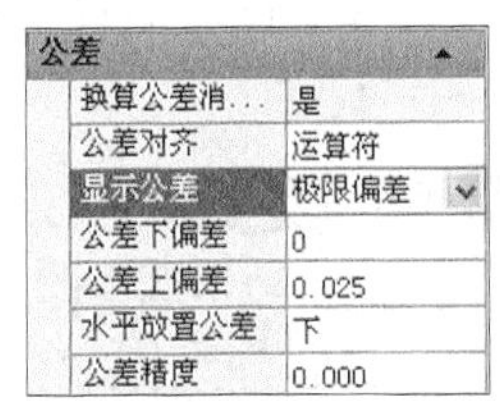

步骤02 在【公差】选项卡中单击【公差文字高度】选项，并输入文字高度“0.5”，按下【Esc】键退出，结果如下图所示。

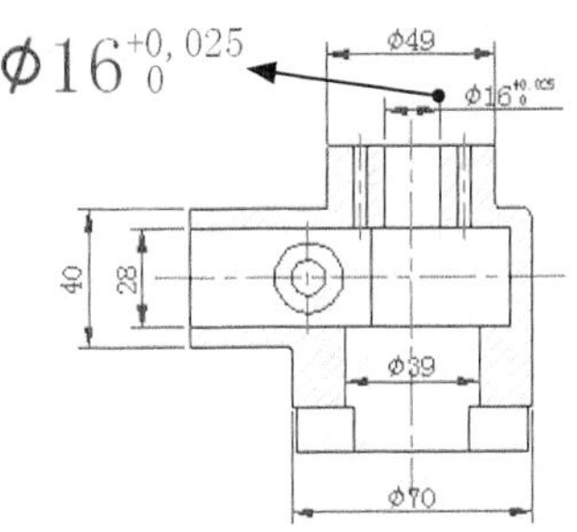

步骤03 重复上述步骤，选择其他尺寸添加公差，结果如下图所示。

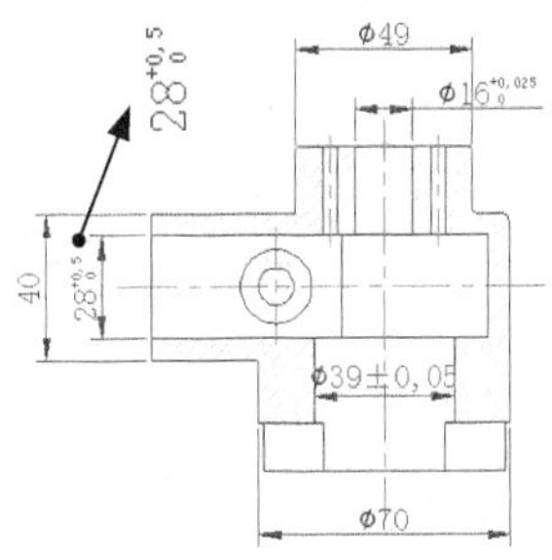

步骤04 输入“dra”调用半径标注，给图形中的圆角添加半径标注。

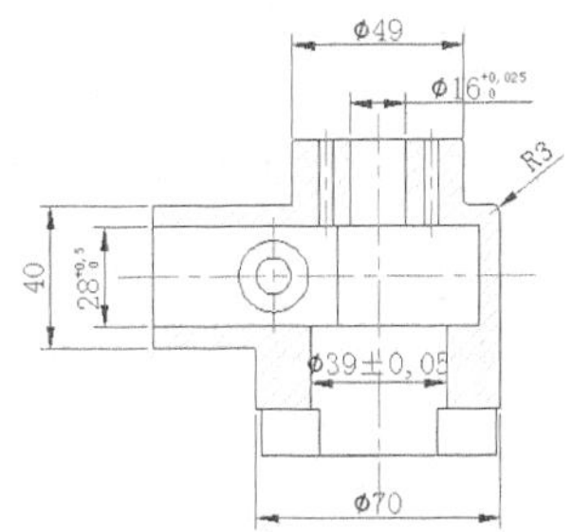

步骤05 输入“tol”并按空格键，弹出【形位公差】对话框，单击【符号】面的“■”按钮，在弹出来的【特征符号】对话框中选择“⊥”按钮，并输入相应的公差值和参考基准。然后重复选择“特征符号”“○”并输入公差值，如下图所示。

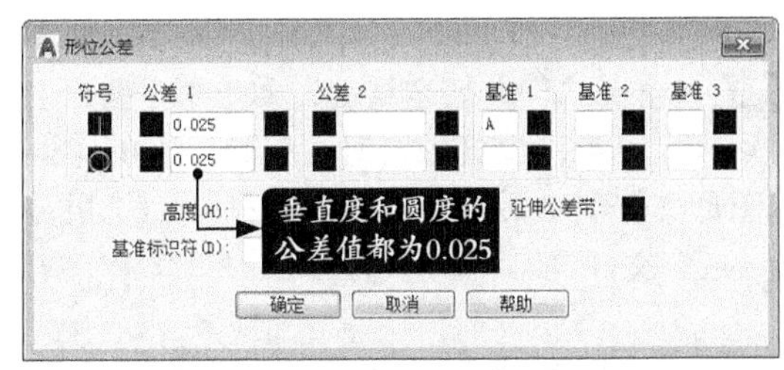

步骤06 单击【确定】按钮，在绘图窗口将形位公差放到合适的位置，结果如下图所示。

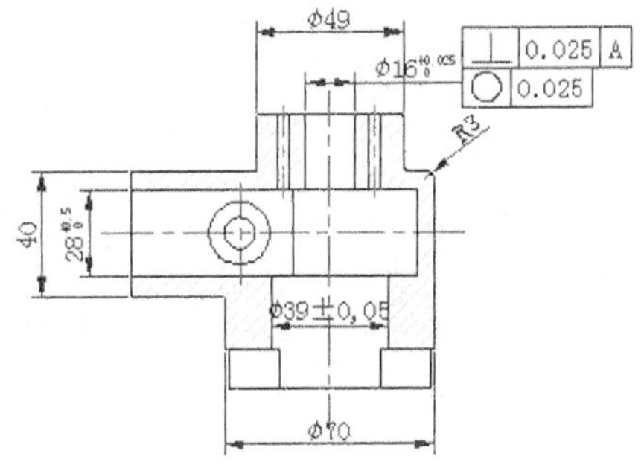

3. 给左视图和俯视图添加标注

步骤01 给左视图添加标注，结果如下图所示。

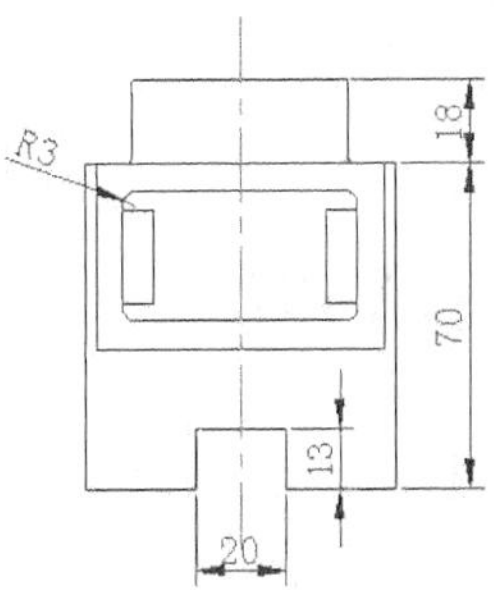

步骤02 给俯视图添加标注，结果如下图所示。

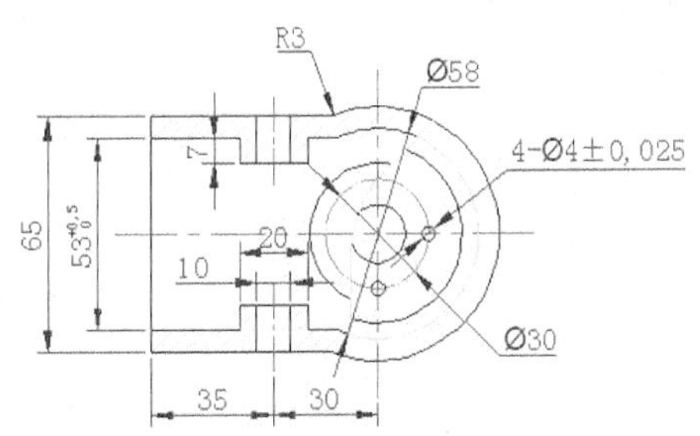

20.2.8 插入图块

在绘制机械图的过程中，有很多内容会重复出现。这些大量出现或经常用到的零件或结构可以做成图块，在用到的时候直接插入即可，例如粗糙度、图框等。插入图块的具体操作步骤如下。

步骤01 输入“i”并按空格键，弹出来【插入】对话框，单击【浏览】按钮，在弹出来的【选择图形文件】对话框中选择“素材\CH20\粗糙度.dwg”文件，如下图所示。

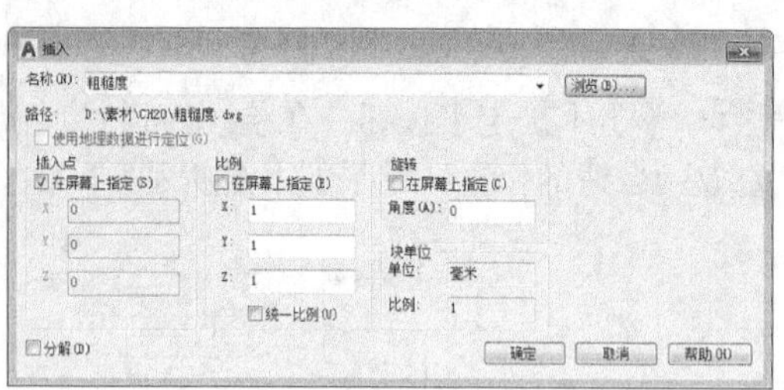

步骤02 设置插入比例为“0.5”，然后单击【确定】按钮，把图块插入到合适的位置，根据命令行提示输入粗糙度的值“6.3”，结果如下图所示。

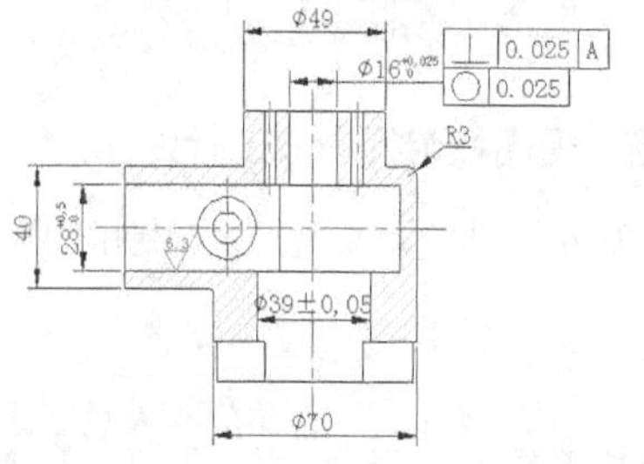

步骤03 重复步骤01~步骤02，插入其他的粗糙度、基准符号和图框，结果如下图所示。

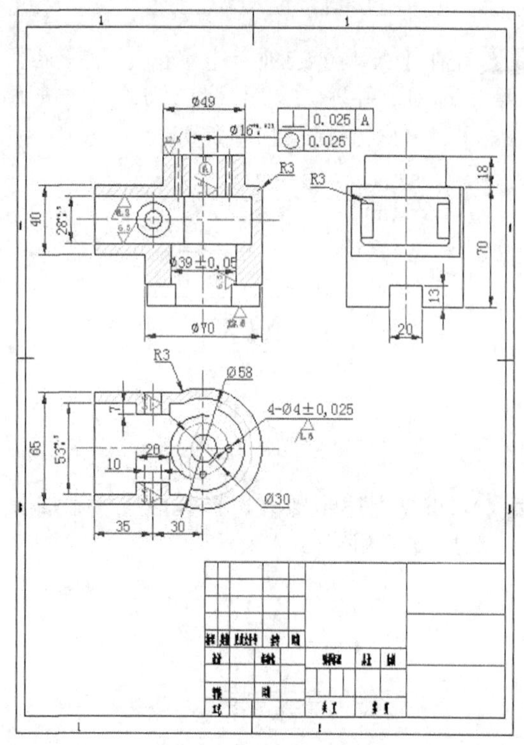

20.2.9 添加文字

图形和标注完成后，最后来添加技术要求并填写标题栏，具体的操作步骤如下。

步骤01 在命令行输入“t”调用多行文字命令，在绘图窗口的合适位置插入文字的输入框，并指定文字的高度为4，然后输入相应的内容，如下图所示。

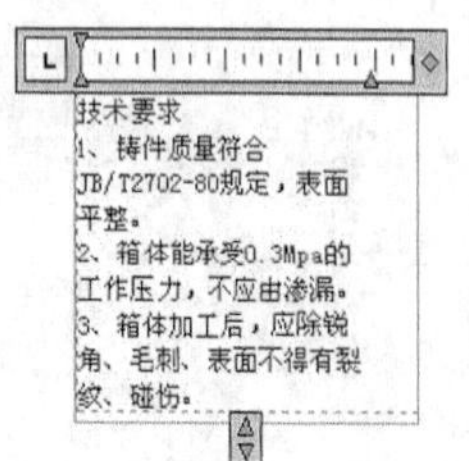

步骤02 在命令行输入“dt”并按空格键调用单行文字，根据命令行提示将文字高度设置为“8”，倾斜角度设置为“0”，填写标题栏，结果如下图所示。

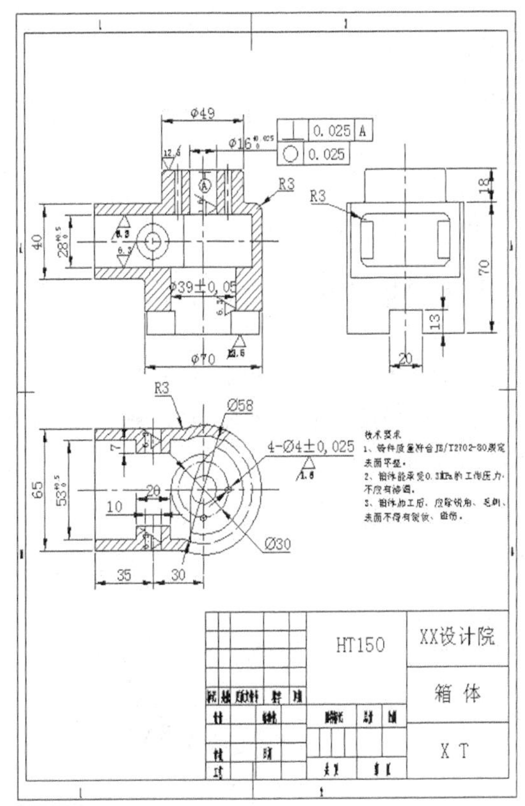

20.3 绘制减速器箱体

本节视频教程时间：55 分钟

减速器是原动机和工作机之间独立的闭式传动装置，在原动机和工作机或执行机构之间起匹配转速和传递转矩的作用。箱体是减速器传动零件的基座，在减速器的整体结构中起重要作用。

20.3.1 减速器箱体设计的注意事项

减速器箱体是支持和固定轴及轴上零件并保证传动精度的重要零件，在设计时通常需要注意以下几点。

- 设计图纸要准确：设计图纸必须保证准确、清晰，尺寸及公差需要标注到位。
- 箱体应具有足够的刚度：轴承座上下应设置加强筋，轴承座旁边可以设置凸台结构，以便于使轴承座旁边的联接螺栓靠近座孔，提高联接的刚性。
- 凸台结构：轴承座旁边两凸台螺栓距离应尽量靠近。凸台高度的确定应以保证足够的螺母扳手空间为准则。凸台沿轴向的宽度除了要保证足够的螺母扳手空间外，还应小于轴承座凸缘宽度3mm~5mm，以便于凸缘端面的加工。
- 箱座壁厚：箱座是受力的重要零件，应保证足够的箱座壁厚，并且箱座凸缘厚度可稍微大于箱盖凸缘厚度。

- 箱座内壁及地脚螺栓孔：箱座内壁应设计在底部凸缘之内。地脚螺栓孔应开在箱座底部凸缘与地基接触的部位，不能悬空。
- 箱体结构工艺：对于铸造工艺的要求，箱壁不能太薄，并且壁厚应均匀以防止金属积聚，不允许出现缩孔、裂纹等缺陷。
- 轴承座孔：轴承座孔应为通孔，两端孔径一样有利于加工。两端轴承外径不同时，可以在座孔中安装衬套，使支座孔径相同，利用衬套的不同厚度满足不同的轴承孔径需求。

20.3.2 减速器箱体的绘制思路

绘制减速器箱体三维模型的思路是先绘制主体结构，然后为其绘制各类孔，最后绘制衬垫槽，绘制过程中需要注意二维绘图和编辑命令同三维绘图和编辑命令的结合使用，并灵活运用坐标系。具体绘制思路如下表所示。

序号	绘图方法	结　果	备 注
1	通过直线、多段线、圆、修剪拉伸成型、长方体和布尔运算等命令绘制减速器箱体三维模型的主要结构		注意视图的灵活运用
2	利用矩形、圆角、阵列、圆柱体、布尔运算等命令绘制减速器箱体三维模型的各类孔		注意坐标系的灵活运用
3	利用长方体和布尔运算等命令绘制减速器箱体三维模型的衬垫槽		注意坐标系的灵活运用

20.3.3 绘制底板

底板的创建过程主要运用了多段线、圆角边及拉伸等命令。具体操作步骤如下。

步骤01 打开“素材\CH20\减速器下箱体.dwg”文件，如下图所示。

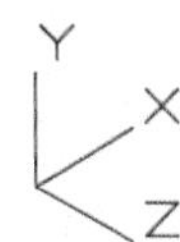

步骤02 单击绘图窗口左上角的视图控件，将视图切换为【前视】视图，坐标系发生变化，如下图所示。

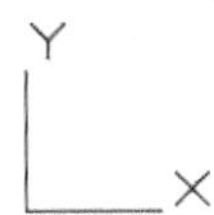

步骤03 在命令行中输入“PL”并按空格键调用多段线命令，根据AutoCAD命令行提示进行如下操作。

命令：PLINE
指定起点： // 任意单击一点作为多段线的起点
当前线宽为 0.0000
指定下一个点或 [圆弧 (A)/ 半宽 (H)/ 长度 (L)/ 放弃 (U)/ 宽度 (W)]: @100,0
指定下一点或 [圆弧 (A)/ 闭合 (C)/ 半宽 (H)/ 长度 (L)/ 放弃 (U)/ 宽度 (W)]: @0,10
指定下一点或 [圆弧 (A)/ 闭合 (C)/ 半宽 (H)/ 长度 (L)/ 放弃 (U)/ 宽度 (W)]: @200,0
指定下一点或 [圆弧 (A)/ 闭合 (C)/ 半宽 (H)/ 长度 (L)/ 放弃 (U)/ 宽度 (W)]: @0,-10
指定下一点或 [圆弧 (A)/ 闭合 (C)/ 半宽 (H)/ 长度 (L)/ 放弃 (U)/ 宽度 (W)]: @100,0
指定下一点或 [圆弧 (A)/ 闭合 (C)/ 半宽 (H)/ 长度 (L)/ 放弃 (U)/ 宽度 (W)]: @0,20
指定下一点或 [圆弧 (A)/ 闭合 (C)/ 半宽 (H)/ 长度 (L)/ 放弃 (U)/ 宽度 (W)]: @-400,0
指定下一点或 [圆弧 (A)/ 闭合 (C)/ 半宽 (H)/ 长度 (L)/ 放弃 (U)/ 宽度 (W)]: c

步骤04 结果如下图所示。

步骤05 单击绘图窗口左上角的视图控件，将视图切换为【西南等轴测】视图，结果如下图所示。

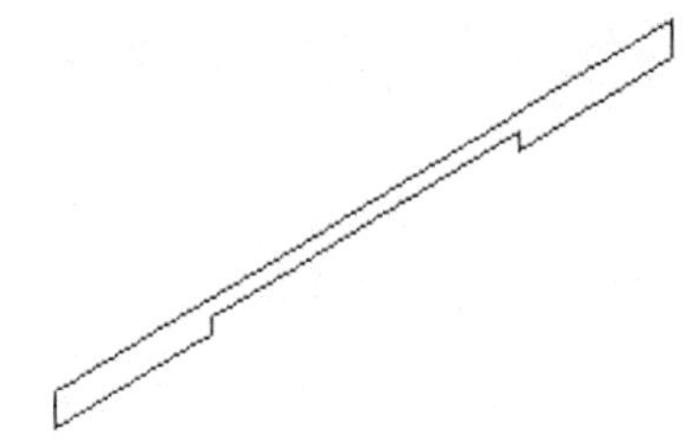

步骤06 选择【常用】选项卡➤【建模】面板➤【拉伸】按钮，在绘图区域中选择闭合多段线作为要拉伸的对象，然后输入拉伸高度“180”，结果如下图所示。

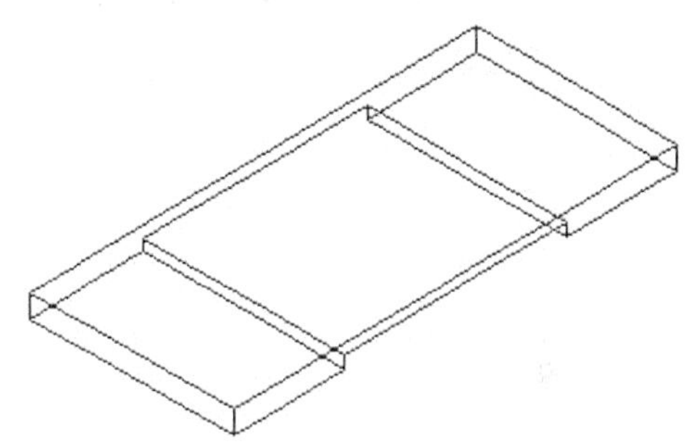

步骤07 选择【实体】选项卡➤【实体编辑】面板➤【圆角边】按钮，选择需要圆角的4条边，如下图所示。

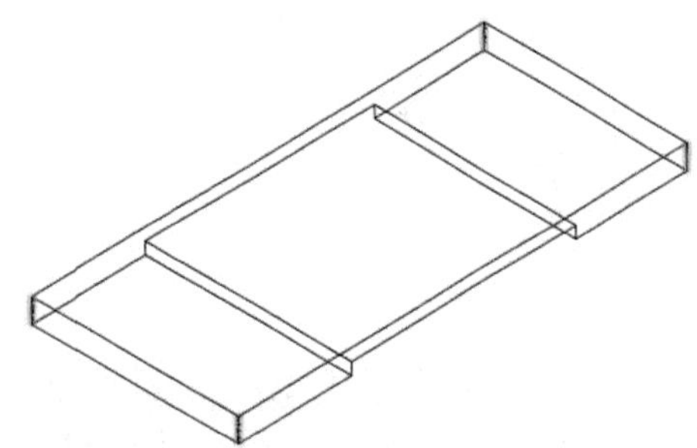

步骤08 按空格键结束圆角边的选择，然后在命令行输入“R”并按空格键，输入圆角半径“20”，圆角后结果如下图所示。

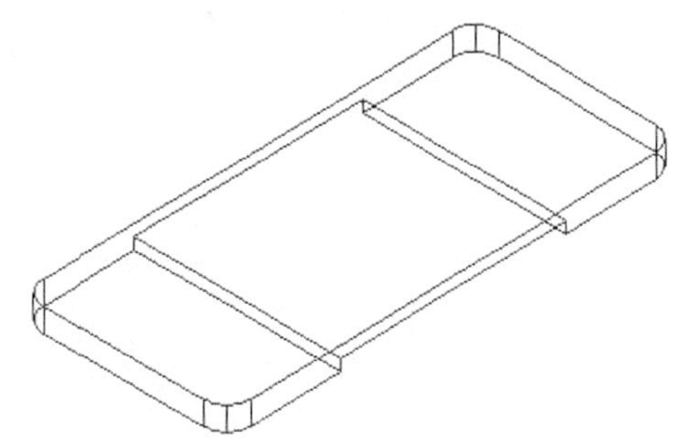

20.3.4 绘制内腔胚体及联接板

内腔胚体及联接板的创建过程主要运用了长方体和圆角边命令。为了方便绘图，可以将坐标系的原点移动到图形的特殊点上作为参照。下面将分别对其进行创建，具体操作步骤如下。

步骤 01 单击鼠标选中坐标系，如下图所示。

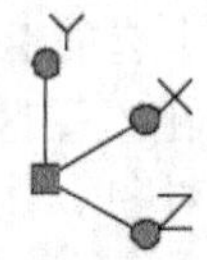

步骤 02 按住坐标原点，将它拖曳到图所示的中点处。

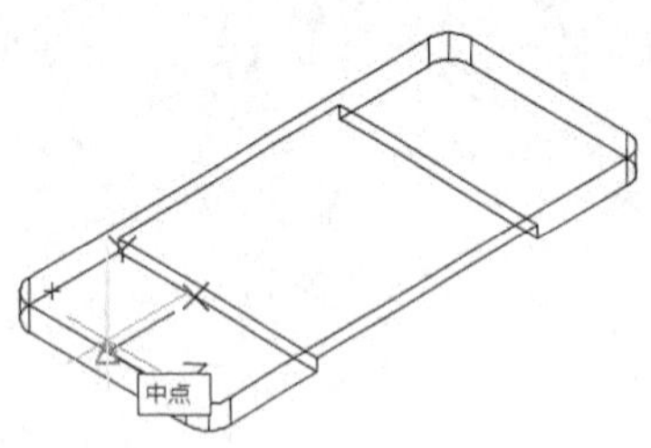

步骤 03 然后在空白区域单击鼠标确定移动，结果如下图所示。

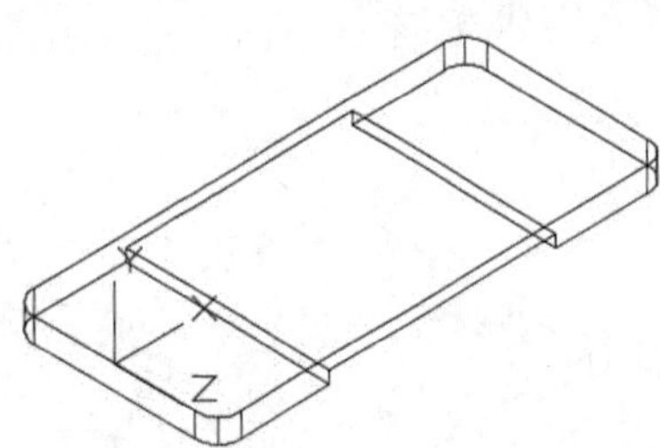

步骤 04 选择【常用】选项卡➤【建模】面板➤【长方体】按钮，在命令行指定长方体的两个角点。

```
命令：_box
指定第一个角点或 [ 中心 (C)]: 0,0,60
指定其他角点或 [ 立方体 (C)/ 长度 (L)]: 400,150,-60
```

步骤 05 结果如下图所示。

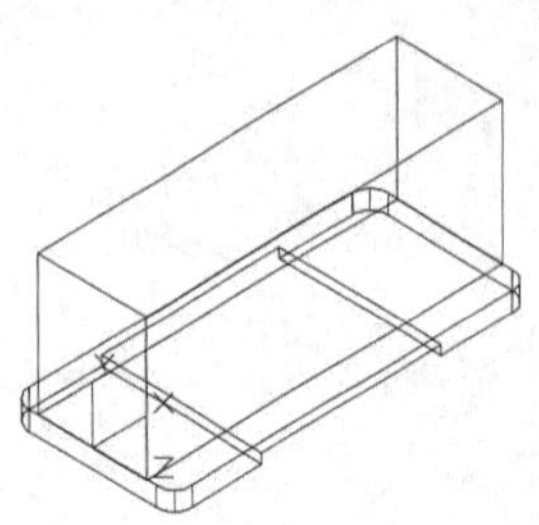

步骤 06 重复步骤 04，绘制连接板，在命令行指定长方体的两个角点。

```
命令：_box
指定第一个角点或 [ 中心 (C)]: -40,150,-90
指定其他角点或 [ 立方体 (C)/ 长度 (L)]: 440,166,90
```

步骤 07 绘制完成后结果如下图所示。

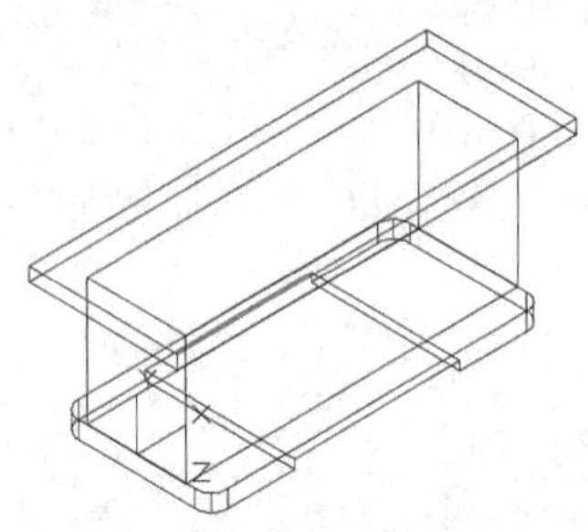

步骤 08 选择【实体】选项卡➤【实体编辑】面板➤【圆角边】按钮，选择需要圆角的4条边，如下图所示。

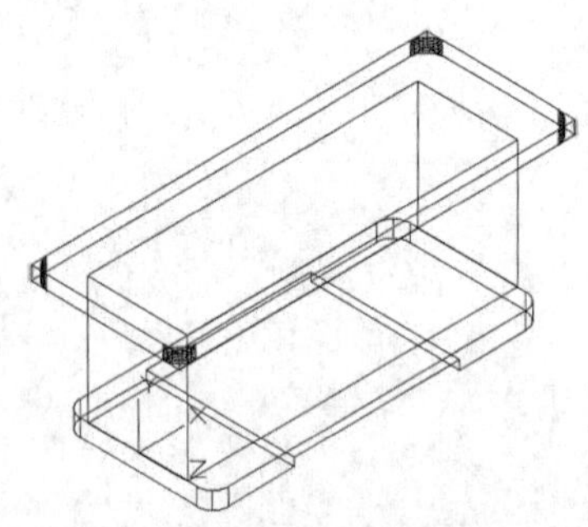

步骤 09 按空格键结束圆角边的选择，然后在命令行输入“R”并按空格键，输入圆角半径“40”，圆角后结果如下图所示。

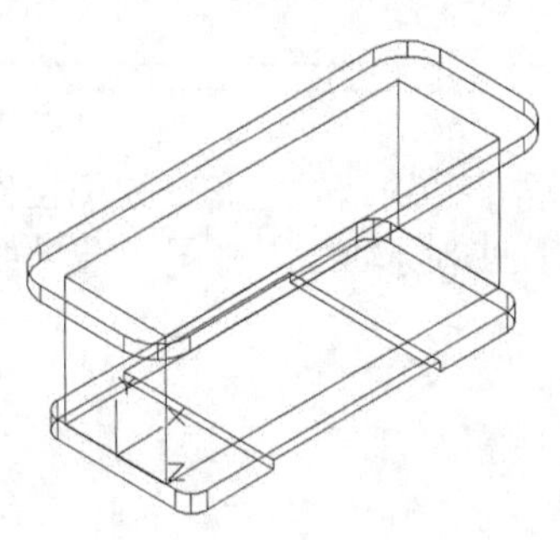

20.3.5 绘制轴承座及凸台

轴承座及凸台的创建过程主要运用了圆、直线、修剪、多段线编辑、拉伸和长方体等命令。下面将分别对其进行创建，具体操作步骤如下。

1. 创建轴承座二维轮廓线

步骤01 单击绘图窗口左上角的视图控件，将视图切换为【前视】视图，如下图所示。

步骤02 单击鼠标选中坐标系，按住坐标原点，将它拖曳到图所示的直线中点处。

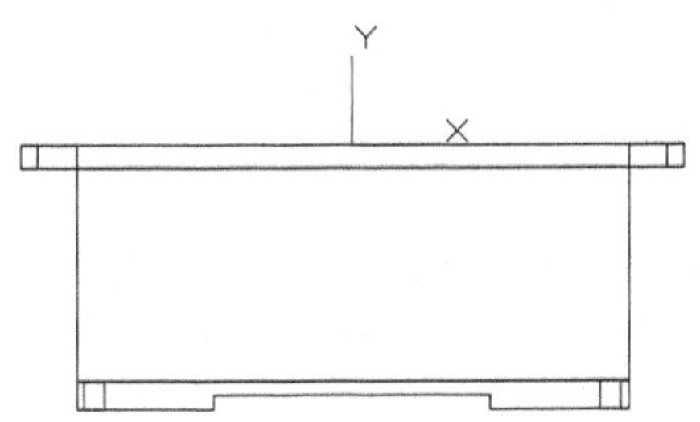

步骤03 在命令行中输入“C”并按空格键调用圆命令，以坐标（55,0）为圆心，绘制一个半径为110的圆，如下图所示。

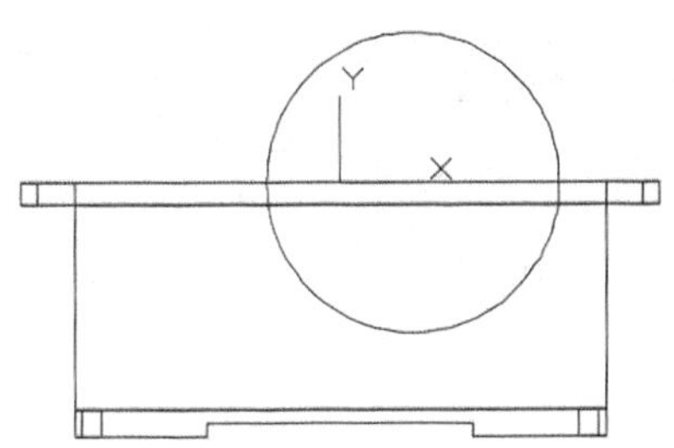

步骤04 重复步骤03，以坐标（-105,0）为圆心，绘制一个半径为70的圆，如下图所示。

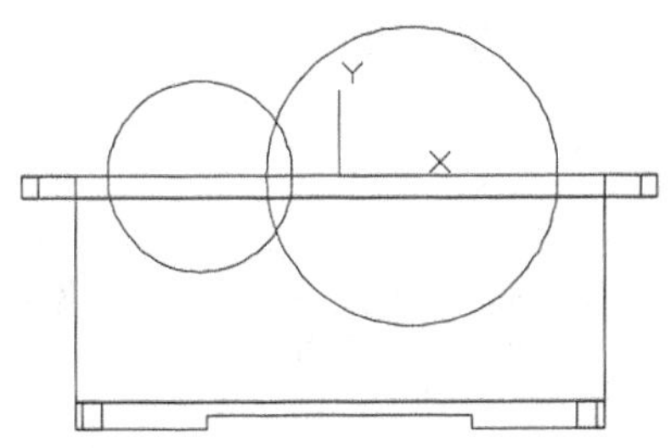

步骤05 在命令行中输入“L”并按空格键调用直线命令，在绘图区域中捕捉如下图所示象限点作为直线起点。

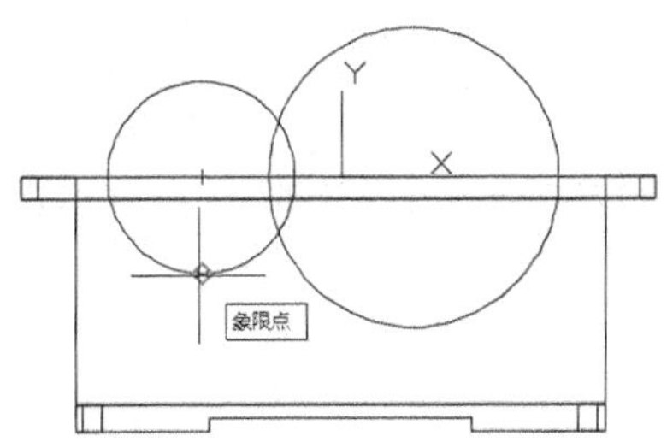

步骤06 绘制一条长130的水平直线，如下图所示。

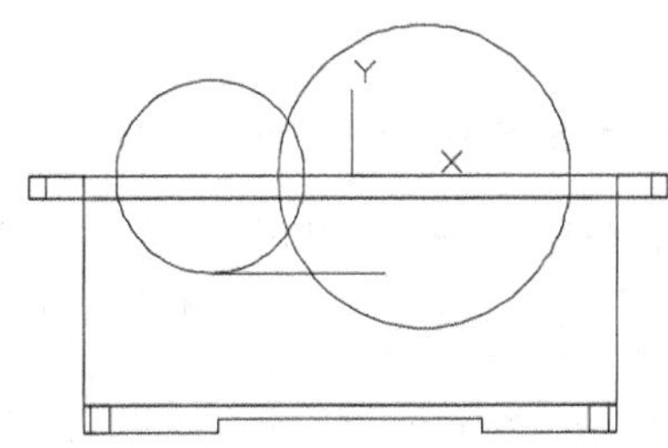

步骤07 重复直线命令，在绘图区域中捕捉如下图所示象限点作为直线起点。

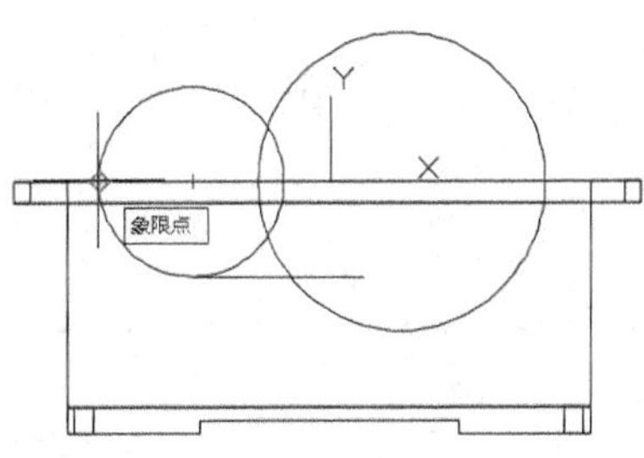

步骤08 在绘图区域中拖曳鼠标并捕捉如下图所示象限点作为直线端点。

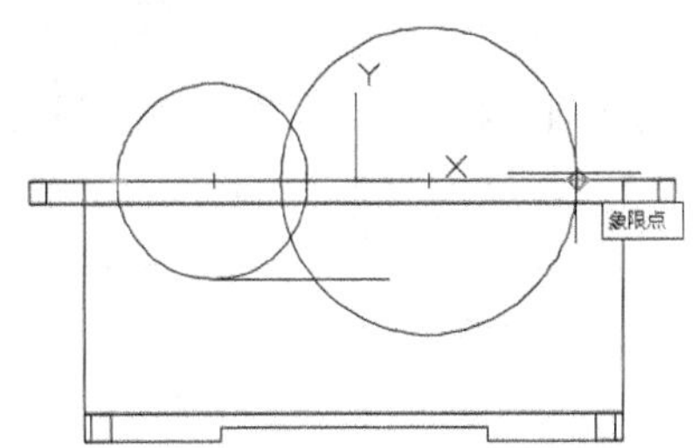

步骤09 在命令行中输入“TR”并按空格键调用修剪命令，选择绘制的两个圆和两条直线为修剪对象，如下图所示。

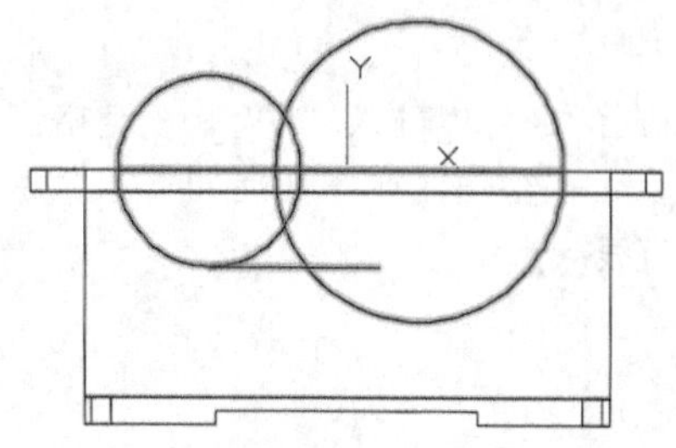

步骤10 然后对图形进行修剪，结果如下图所示。

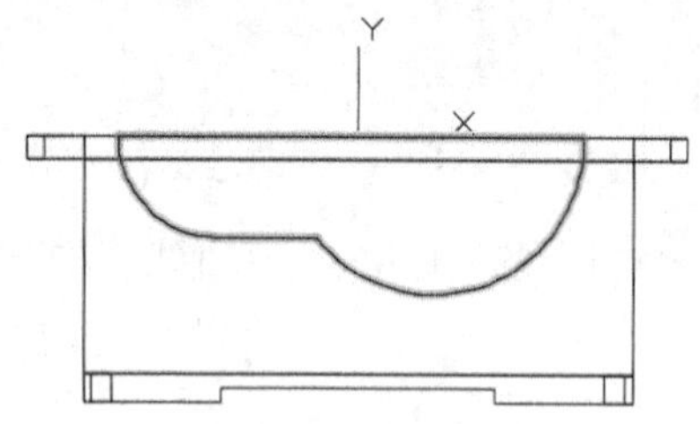

2. 通过二维轮廓生成三维轴承座和绘制凸台

步骤01 在命令行中输入“PE”并按空格键调用多段线编辑命令，AutoCAD命令行提示如下。

命令：PEDIT
选择多段线或 [多条 (M)]: m
选择对象：找到 1 个
……，总计 4 个　// 选择刚绘制的圆弧和直线
选择对象：　// 按空格键结束选择
是否将直线、圆弧和样条曲线转换为多段线？ [是 (Y)/ 否 (N)]? <Y>　// 按空格键接受默认选项
输入选项 [闭合 (C)/ 打开 (O)/ 合并 (J)/ 宽度 (W)/ 拟合 (F)/ 样条曲线 (S)/ 非曲线化 (D)/ 线型生成 (L)/ 反转 (R)/ 放弃 (U)]: j
合并类型 = 延伸
输入模糊距离或 [合并类型 (J)] <0.0000>:
// 按空格键接受默认选项
多段线已增加 3 条线段
// 按空格键结束命令

步骤02 两条圆弧和两条直线转换成多段线并合并后成为一个对象，如下图所示。

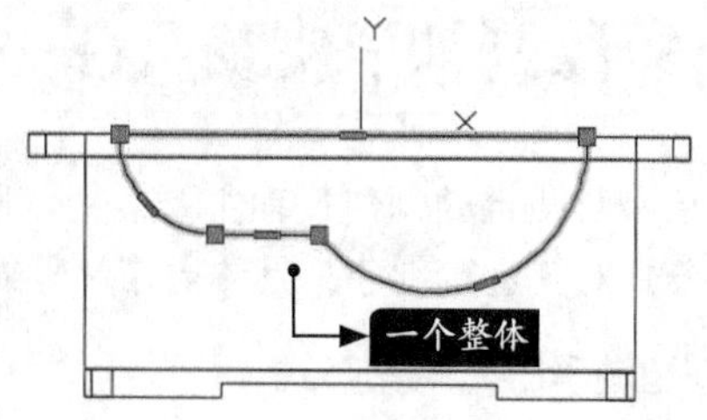

步骤03 选择【常用】选项卡➤【建模】面板➤【拉伸】按钮，在绘图区域中选择上步创建的多段线对象，然后输入拉伸高度“200”。将视图切换到【西南等轴测】后如下图所示。

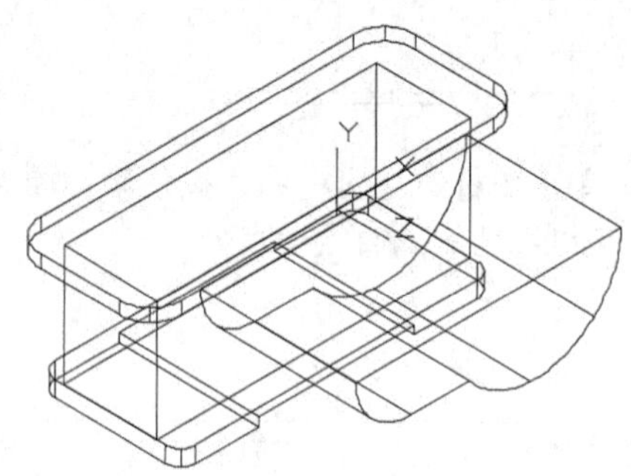

步骤04 在命令行中输入“M”并按空格键调用移动命令，根据AutoCAD命令行提示进行如下操作。

命令：MOVE
选择对象：找到 1 个　// 选择拉伸后的实体
选择对象：　// 按空格键结束选择
指定基点或 [位移 (D)] < 位移 >:
// 在任意位置单击
指定第二个点或 < 使用第一个点作为位移 >:
@0,0,-190

步骤05 移动后结果如下图所示。

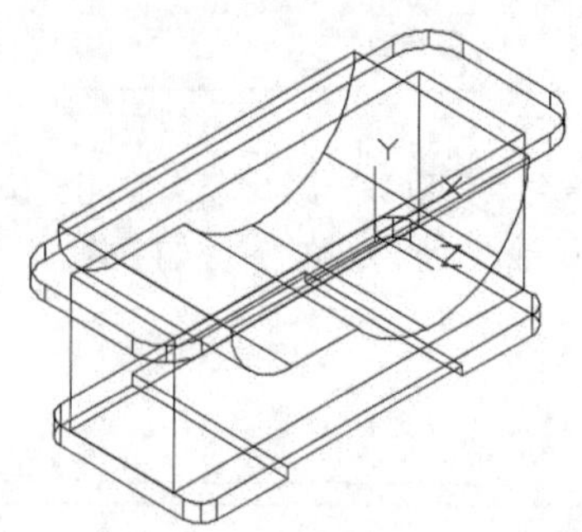

步骤06 在命令行中输入“HI”并按空格键调用消隐命令，消隐后如下图所示。

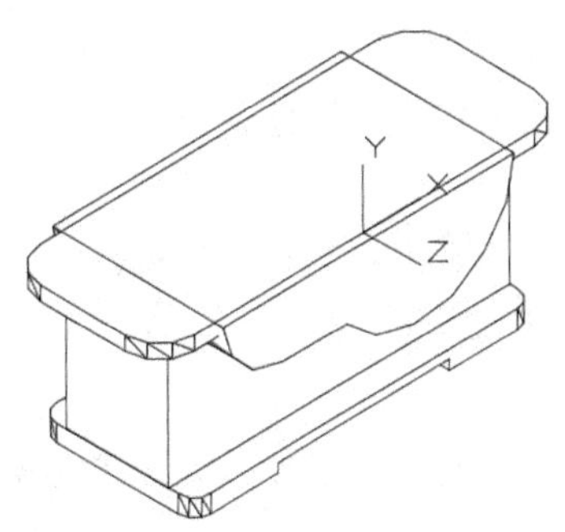

步骤07 选择【常用】选项卡➤【建模】面板➤【长方体】按钮，在命令行指定长方体的两个角点。

```
命令：_box
指定第一个角点或 [ 中心 (C)]: 195,0,0
指定其他角点或 [ 立方体 (C)/ 长度 (L)]: -195,-30,-180
```

步骤08 长方体绘制完成后如下图所示。

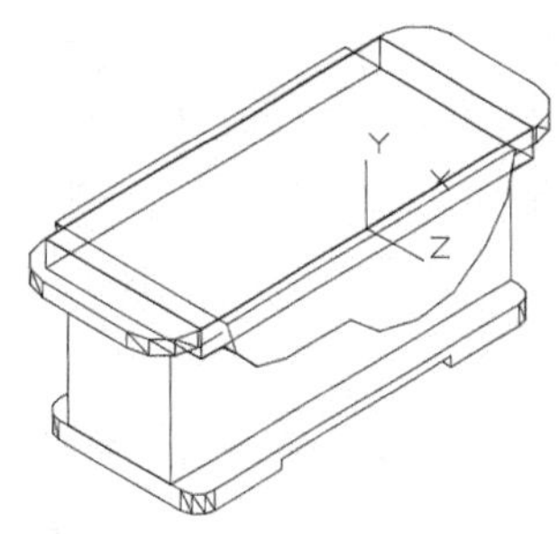

步骤09 单击绘图窗口左上角的视图控件，将视觉样式切换为【隐藏】，结果如下图所示。

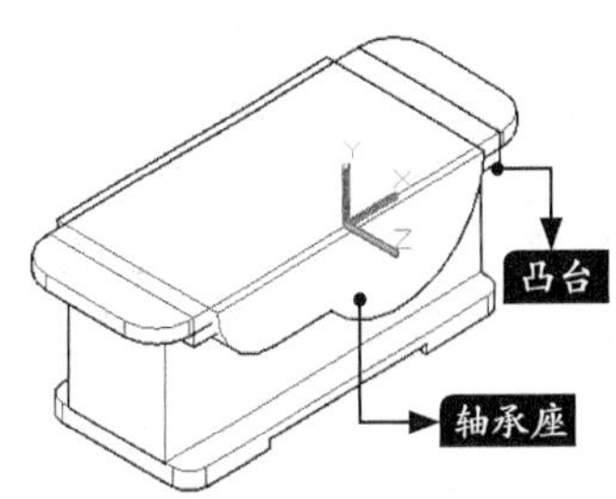

20.3.6 绘制内腔及轴承孔

内腔及轴承孔的创建过程主要运用了并集、长方体、圆柱体及差集等命令。下面将分别对其进行创建，具体操作步骤如下。

步骤01 选择【常用】选项卡➤【实体编辑】面板➤【并集】按钮，在绘图区域中选择全部对象，将它们合并成一个整体，结果如下图所示。

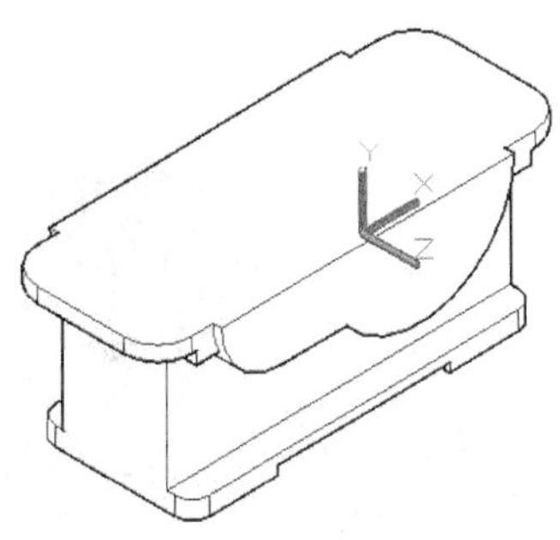

步骤02 选择【常用】选项卡➤【建模】面板➤【长方体】按钮，在命令行指定长方体的两个角点。

```
命令：_box
指定第一个角点或 [ 中心 (C)]: -185,-170,-40
指定其他角点或 [ 立方体 (C)/ 长度 (L)]: 185, 0,-140
```

步骤03 长方体绘制完成后如下图所示。

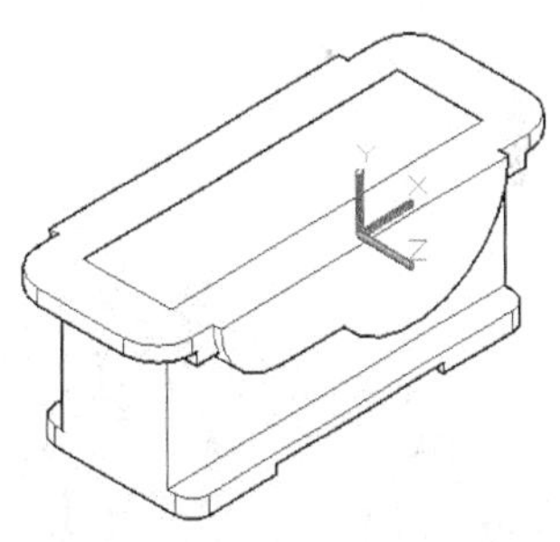

步骤04 单击绘图窗口左上角的视图控件，将视觉样式切换为【二维线框】，绘制的长方体如下图所示。

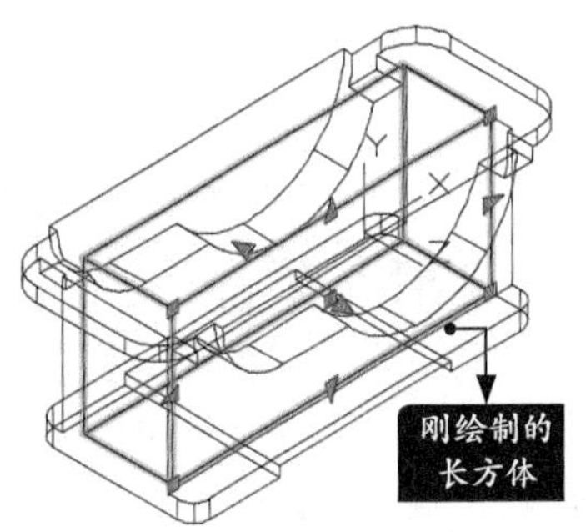

步骤05 选择【常用】选项卡➤【实体编辑】面板➤【差集】按钮，在绘图区域中选择“要从中减去的实体、曲面和面域”，如下图所示。

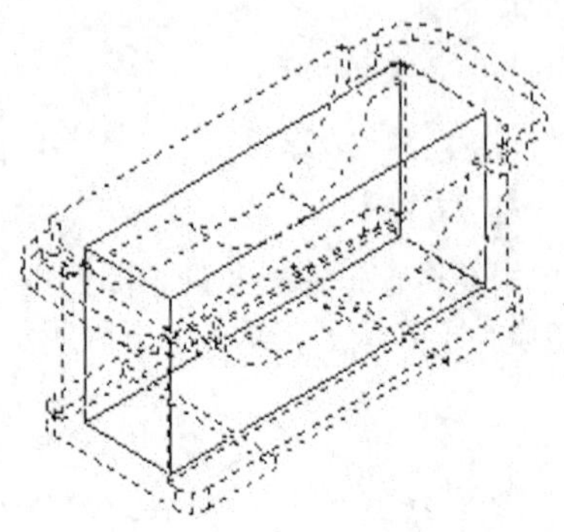

步骤06 按空格键确认，然后在绘图区域中选择“要减去的实体、曲面和面域”，如下图所示。

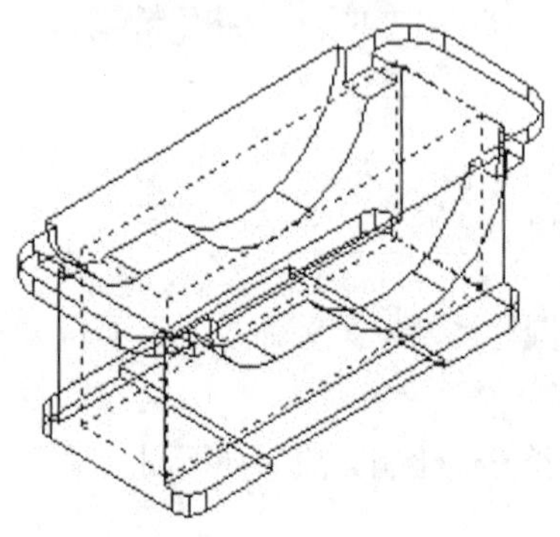

步骤07 按空格键确认，然后将视图切换到【概念】样式，结果如下图所示。

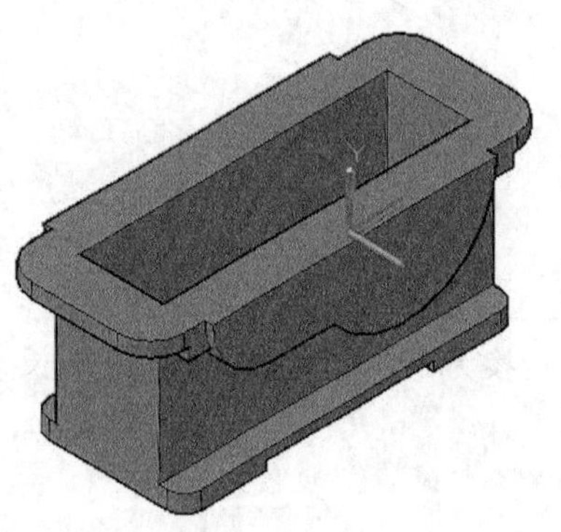

步骤08 选择【常用】选项卡➤【建模】面板➤【圆柱体】按钮，根据命令行提示进行如下操作。

命令：CYLINDER

指定底面的中心点或 [三点 (3P)/ 两点 (2P)/ 切点、切点、半径 (T)/ 椭圆 (E)]: -105,0,10

指定底面半径或 [直径 (D)]: 45

指定高度或 [两点 (2P)/ 轴端点 (A)] <-100.0000>: -200

命令：CYLINDER

指定底面的中心点或 [三点 (3P)/ 两点 (2P)/ 切点、切点、半径 (T)/ 椭圆 (E)]: 55,0,10

指定底面半径或 [直径 (D)] <45.0000>: 80

指定高度或 [两点 (2P)/ 轴端点 (A)] <-200.0000>:-200

步骤09 两个圆柱体绘制完成后如下图所示。

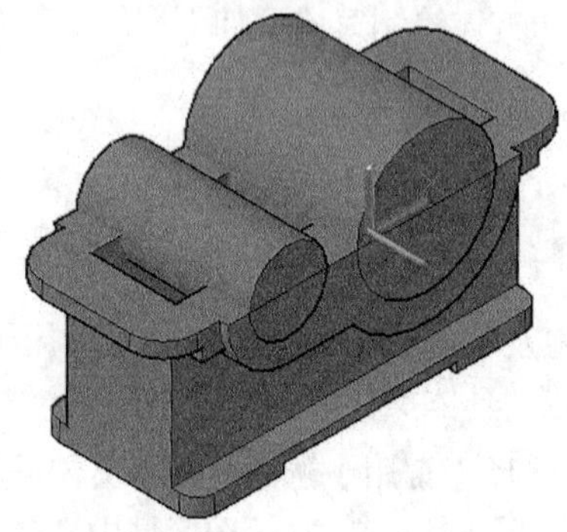

步骤10 选择【常用】选项卡➤【实体编辑】面板➤【差集】按钮，将刚绘制的两个圆柱体从箱体中减去，结果如下图所示。

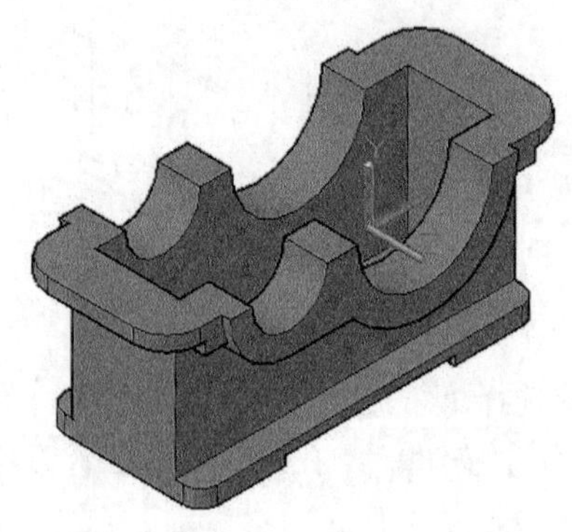

20.3.7 绘制加强筋

加强筋的创建过程主要运用了长方体、三为镜像及并集等命令。下面将对其进行创建，具体操作步骤如下。

1. 绘制一侧加强筋

步骤01 将视图切换到【隐藏】样式，如下图所示。

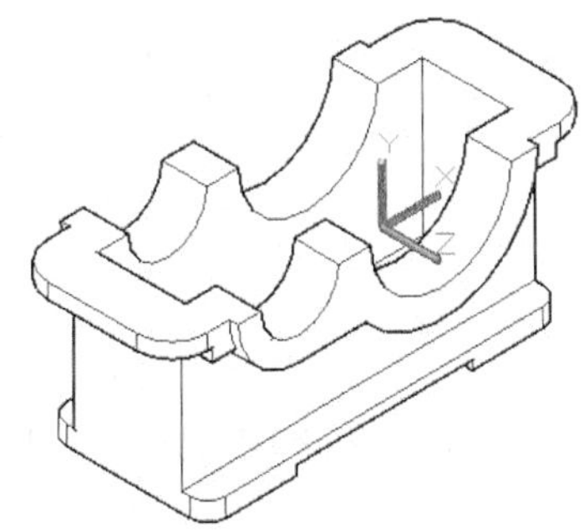

步骤02 单击鼠标选中坐标系，按住坐标原点，将它拖曳到图所示的直线中点处。

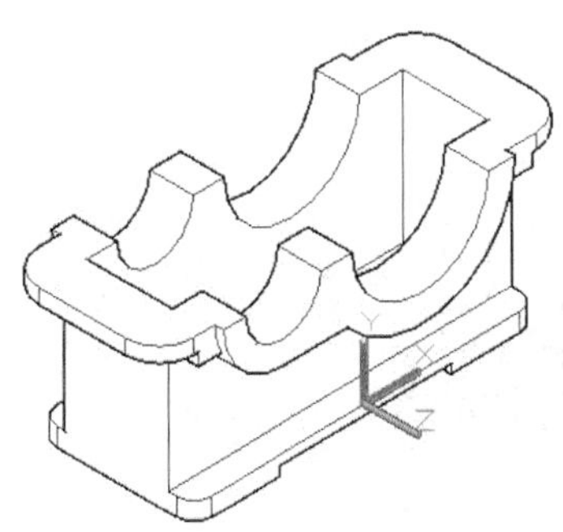

步骤03 选择【常用】选项卡➤【建模】面板➤【长方体】按钮，在命令行指定长方体的两个角点。

```
命令：_box
指定第一个角点或[中心(C)]: -100, 0,-10
指定其他角点或[立方体(C)/长度(L)]: -110,100,-30
```

步骤04 第一条筋绘制完毕后如下图所示。

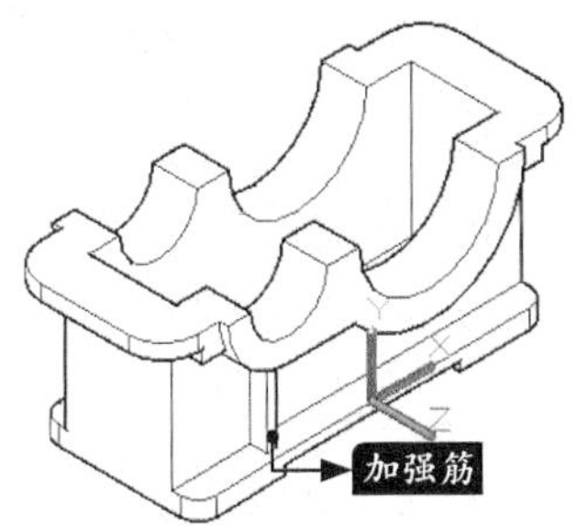

步骤05 重复调用矩形命令，绘制另一条加强筋，在命令行指定长方体的两个角点。

```
命令：_box
指定第一个角点或[中心(C)]:50, 0,-10
指定其他角点或[立方体(C)/长度(L)]: 60,60,-30
```

步骤06 结果如下图所示。

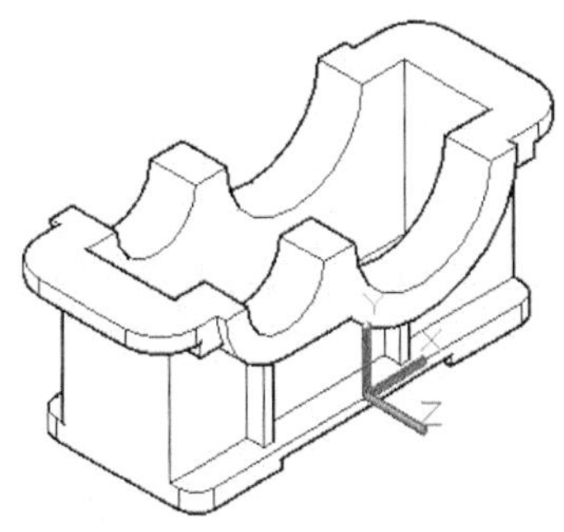

2. 绘制另一侧加强筋

步骤01 选择【常用】选项卡➤【修改】面板➤【三维镜像】按钮，选择刚绘制的两条加强筋为镜像对象，如下图所示。

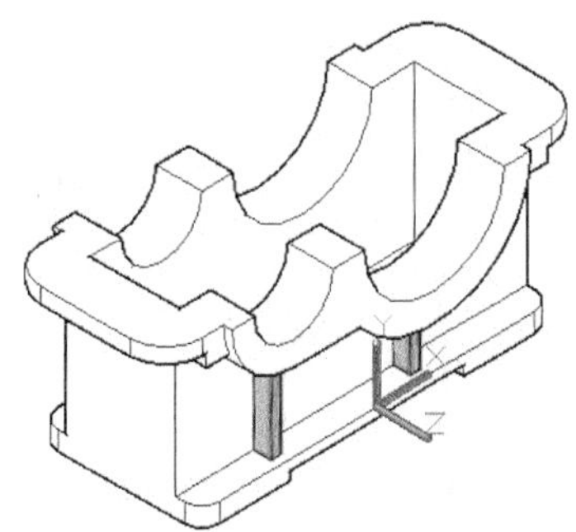

步骤02 按空格键结束镜像对象的选择，然后捕捉下图所示的中点作为镜像平面上的第一点。

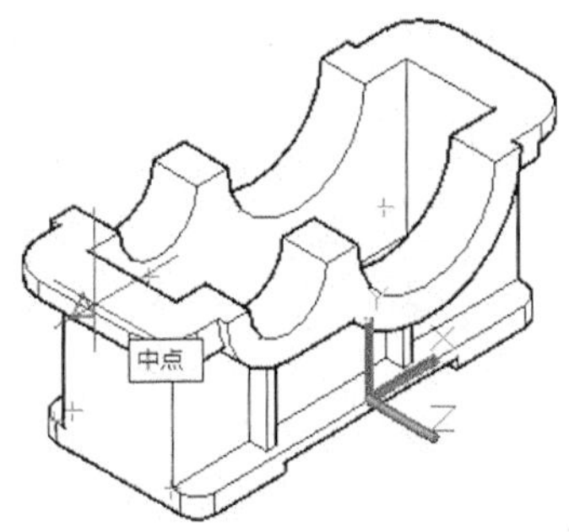

步骤03 继续捕捉下图所示的中点作为镜像平面上的第二点。

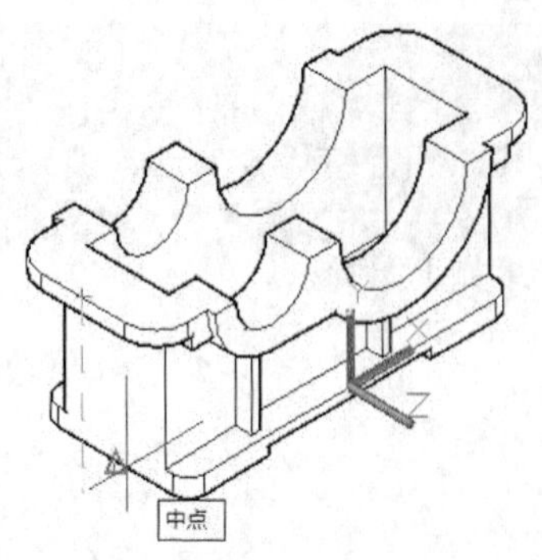

步骤 04 继续捕捉下图所示的中点作为镜像平面上的第三点。

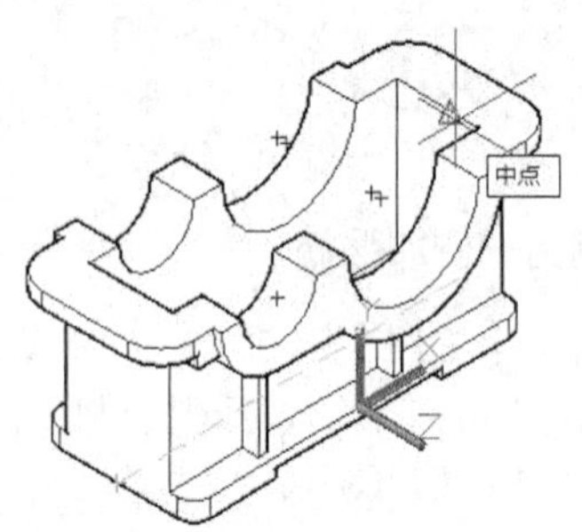

步骤 05 镜像平面选择完成后当命令行提示是否删除源对象时，选择“否”，镜像完成后将视图切换到【东北等轴测】视图来观察镜像后另一侧的两条加强筋，如下图所示。

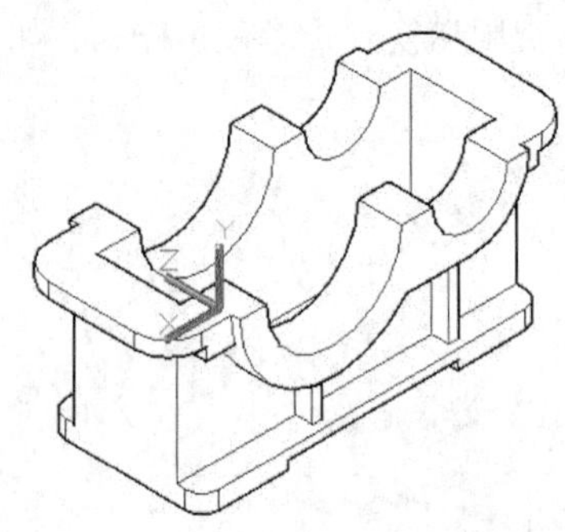

步骤 06 选择【常用】选项卡➤【实体编辑】面板➤【并集】按钮，在绘图区域中选择全部对象，将它们合并成一个整体，结果如下图所示。

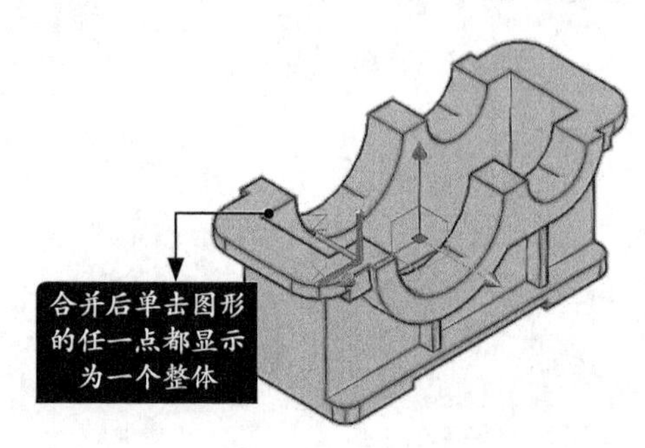

20.3.8 绘制放油孔

放油孔主要用于排放污油和清洗液，创建过程中主要运用了创建坐标系、圆柱体及差集命令。具体操作步骤如下。

步骤 01 将视图切换到【西南等轴测】，如下图所示。

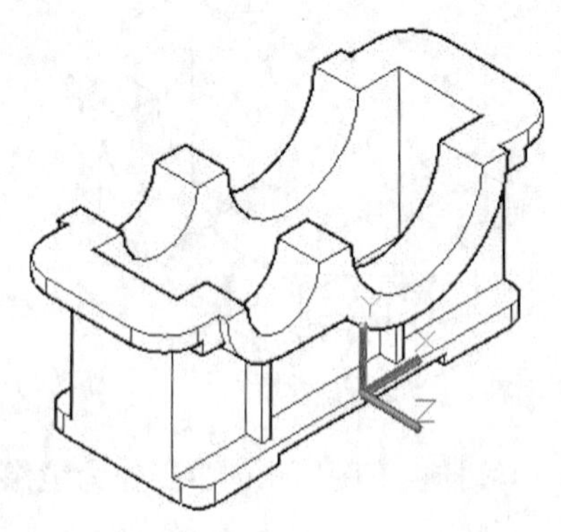

步骤 02 单击鼠标选中坐标系，按住坐标原点，将它拖曳到图所示的直线中点处。

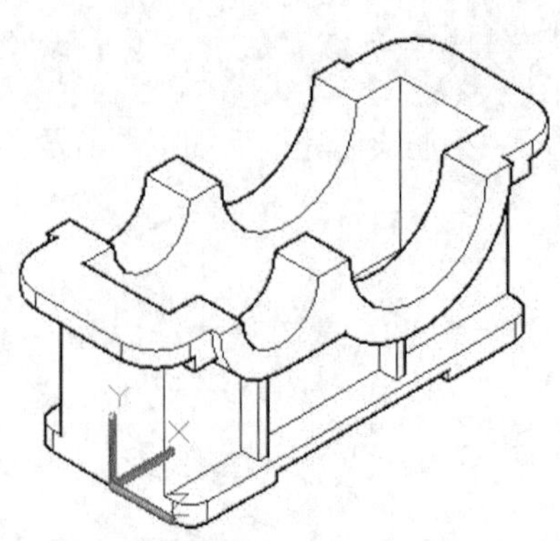

步骤 03 选择【常用】选项卡➤【坐标】面板➤【Y】按钮，将坐标系绕y轴旋转-90°，如下图所示。

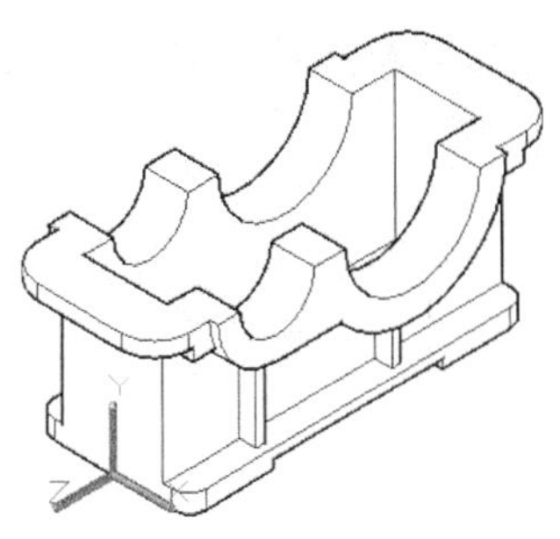

步骤04 选择【常用】选项卡➤【建模】面板➤【圆柱体】按钮，根据命令行提示进行如下操作。

命令：CYLINDER
指定底面的中心点或 [三点 (3P)/ 两点 (2P)/ 切点、切点、半径 (T)/ 椭圆 (E)]:0,20,0
指定底面半径或 [直径 (D)]: 9
指定高度或 [两点 (2P)/ 轴端点 (A)] <-100.0000>: 5

步骤05 圆柱体绘制完成后将坐标系移到绘图区空白处，结果如下图所示。

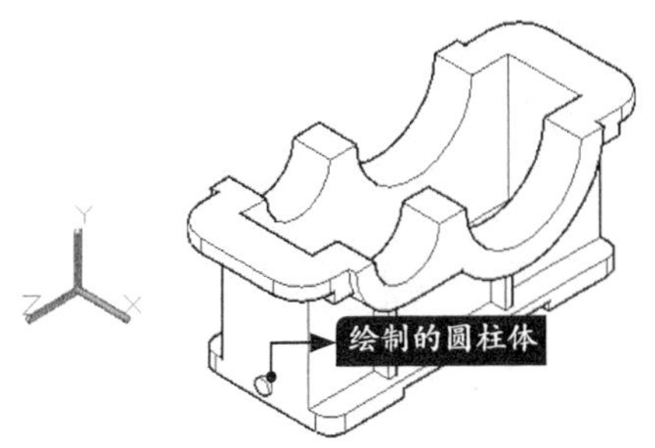

步骤06 重复调用圆柱体命令，根据命令行提示进行如下操作。

命令：CYLINDER
指定底面的中心点或 [三点 (3P)/ 两点 (2P)/ 切点、切点、半径 (T)/ 椭圆 (E)]:
// 捕捉上步绘制的圆柱体的底面圆心
指定底面半径或 [直径 (D)]: 5
指定高度或 [两点 (2P)/ 轴端点 (A)] <-100.0000>: -30

步骤07 结果如下图所示。

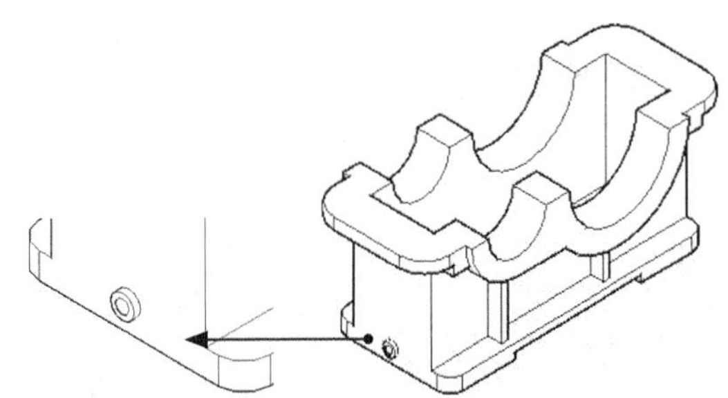

步骤08 选择【常用】选项卡➤【实体编辑】面板➤【差集】按钮，命令行提示如下。

命令：_subtract
选择要从中减去的实体、曲面和面域 ...
选择对象： // 选择除步骤 6 的圆柱体外的所有图形
选择对象： ↙
选择要减去的实体、曲面和面域 ...
选择对象： // 选择步骤 6 创建的圆柱体
选择对象： ↙

步骤09 差集后整个图形成为一个整体，如下图所示。

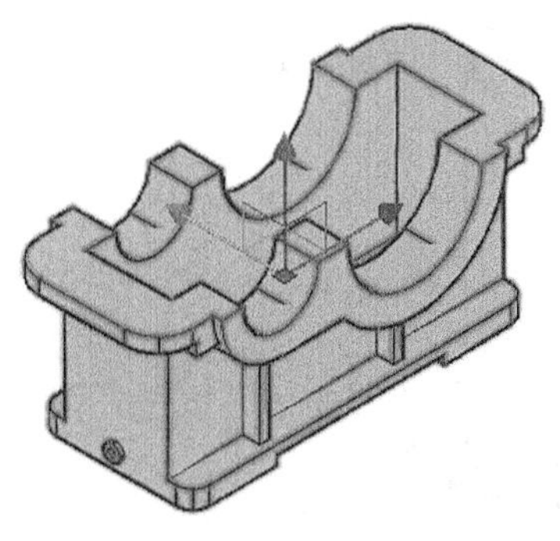

20.3.9 绘制油位测量孔

油位测量孔主要用于检查减速器内油池油面的高度，创建过程中主要运用了矩形、圆角、旋转、圆柱体及差集命令。具体操作步骤如下。

1. 绘制油位测量孔凸出部分

步骤01 选择【常用】选项卡➤【绘图】面板➤【矩形】按钮，命令行提示如下。

命令：_rectang
指定第一个角点或 [倒角 (C)/ 标高 (E)/ 圆角 (F)/ 厚度 (T)/ 宽度 (W)]: fro ↙

步骤02 捕捉如下图所示中点作为参考点。

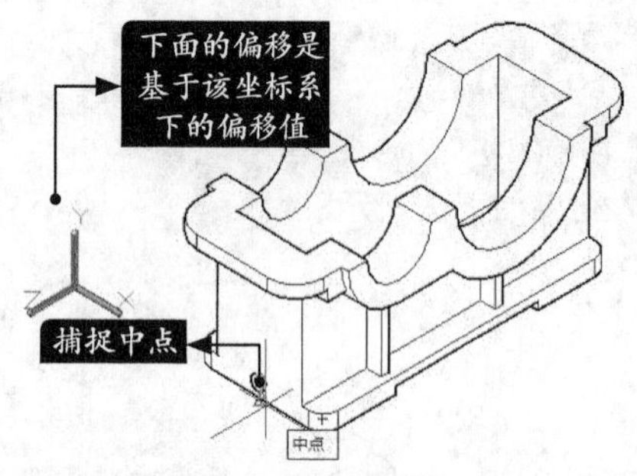

步骤03 命令行提示如下。

基点：< 偏移 >: @-12,80 ↙
指定另一个角点或 [面积 (A)/ 尺寸 (D)/ 旋转 (R)]: @24,32 ↙

步骤04 结果如下图所示。

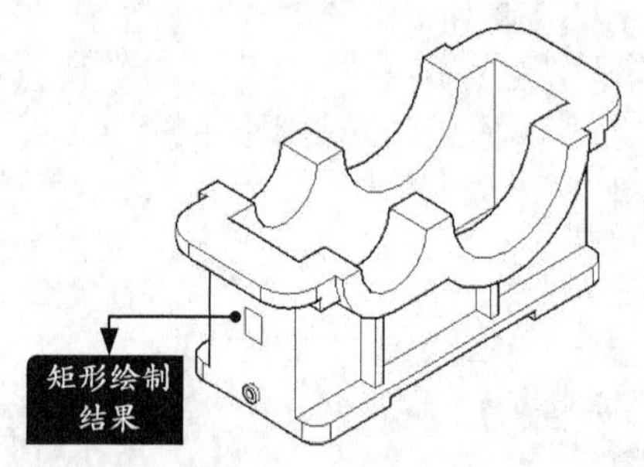

步骤05 在命令行中输入“F”并按空格键调用圆角命令，指定圆角半径为“12”，对步骤04创建的矩形进行圆角，结果如下图所示。

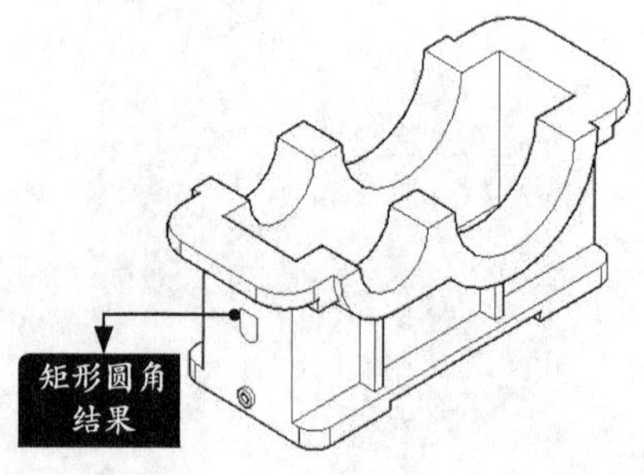

步骤06 选择【常用】选项卡➤【建模】面板➤【旋转】按钮，在绘图区域选择步骤05创建的圆角矩形作为旋转拉伸对象，如下图所示。

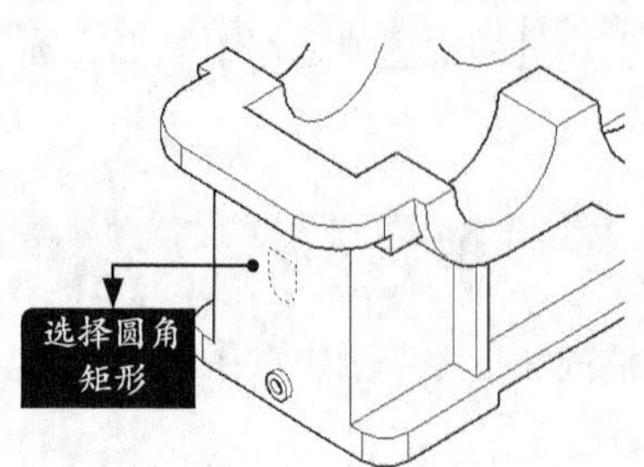

步骤07 按空格键确认旋转对象后捕捉如下图所示端点作为旋转轴第一点。

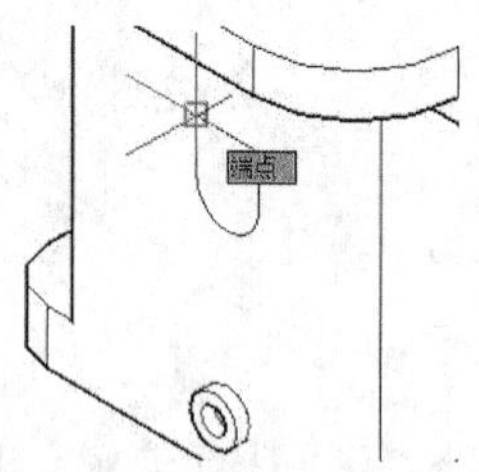

步骤08 捕捉如下图所示端点作为旋转轴另一点。

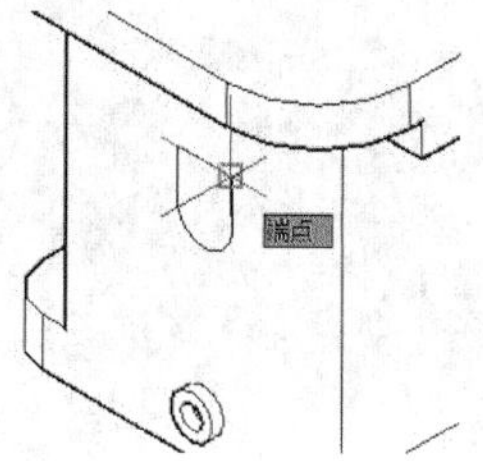

步骤09 指定旋转角度为“-30”，结果如下图所示。

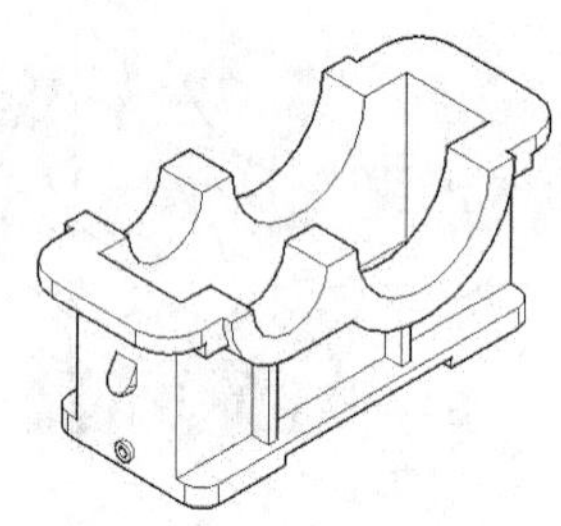

2. 绘制油位测量孔

步骤01 选择【常用】选项卡➤【坐标】面板➤【Y】按钮，将坐标系统绕x轴旋转-30°，结果如下图所示。

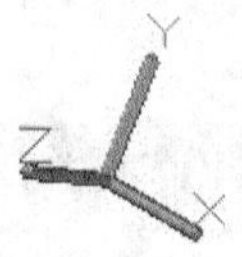

步骤02 选择【常用】选项卡➤【建模】面板➤【圆柱体】按钮，在绘图区域选择如下图所示圆心位置作为圆柱体的底面中心点。

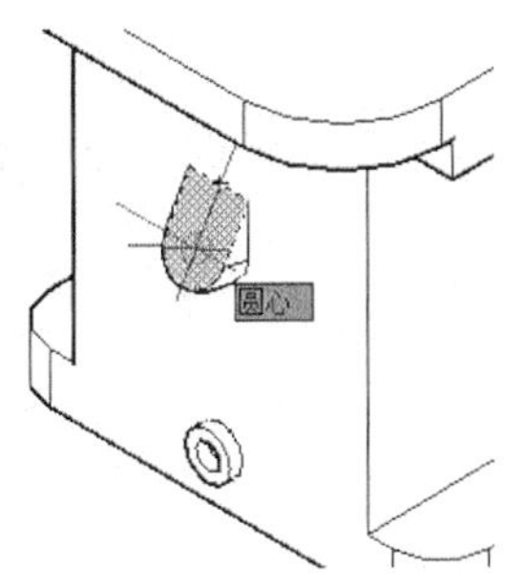

步骤03 指定为圆柱体的底面半径“7.5”，高度指定为“-40”，结果如下图所示。

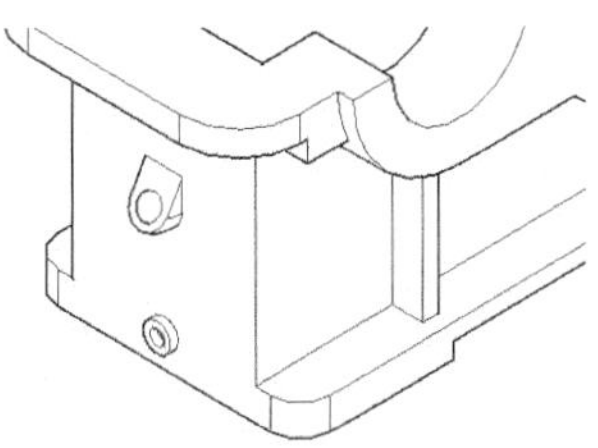

步骤04 选择【常用】选项卡➤【实体编辑】面板➤【差集】按钮，命令行提示如下。

命令：_subtract
选择要从中减去的实体、曲面和面域...
选择对象：// 选择除底面半径为“7.5”的圆柱体外的所有图形
选择对象：↙
选择要减去的实体、曲面和面域...
选择对象： // 选择底面半径为“7.5”的圆柱体
选择对象：↙

步骤05 差集后结果如下图所示。

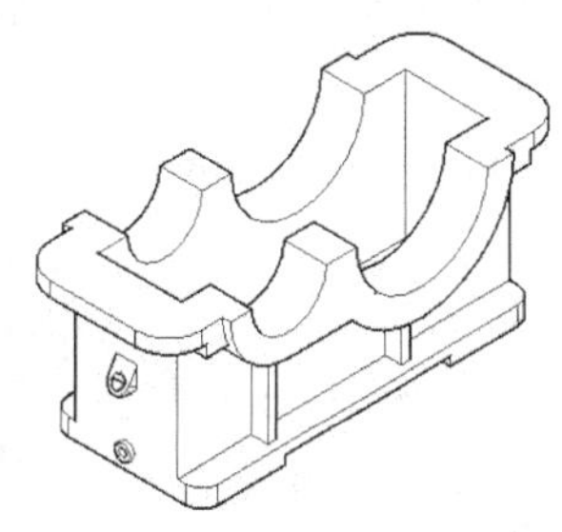

20.3.10 绘制底板螺栓孔

底板螺栓孔的创建主要运用了圆柱体、阵列及差集命令。具体操作步骤如下。

1. 绘制圆柱体

步骤01 选择【常用】选项卡➤【坐标】面板➤【世界坐标系】按钮，将坐标系重新设定为世界坐标系，如下图所示。

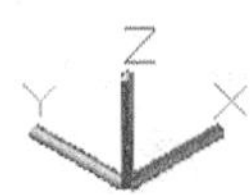

步骤02 选择【常用】选项卡➤【建模】面板➤【圆柱体】按钮，在绘图区域选择如下图所示圆心点作为圆柱体的底面中心。

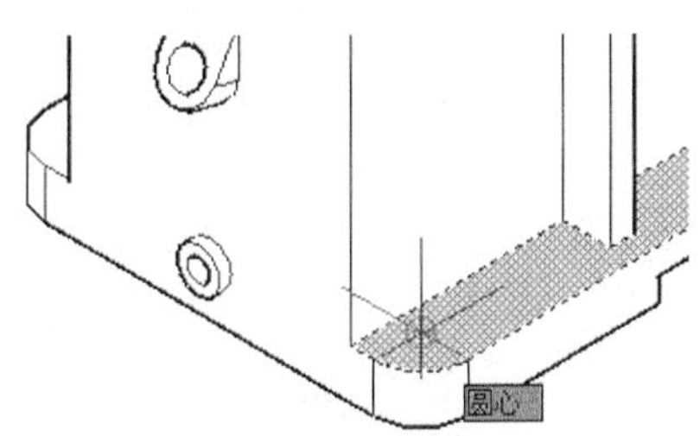

步骤03 指定圆柱体的底面半径为“7.25”，高度指定为“-5”，结果如下图所示。

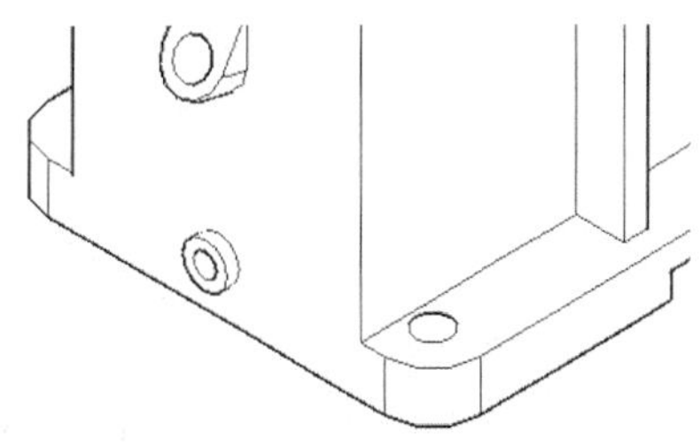

步骤04 选择【常用】选项卡➤【建模】面板➤【圆柱体】按钮，在绘图区域选择如下图所示圆心点作为圆柱体的底面中心。

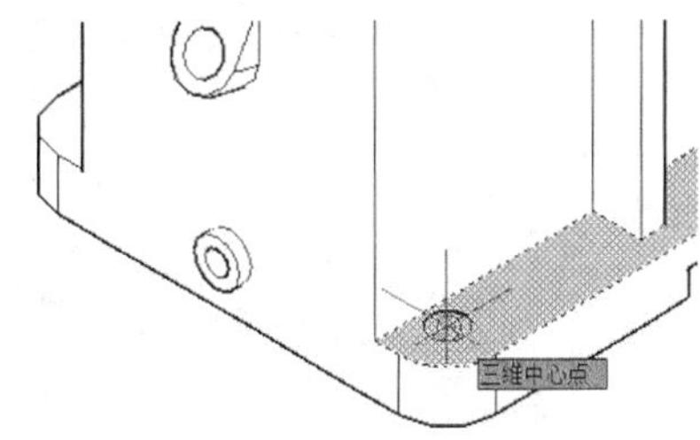

步骤05 指定圆柱体的底面半径为“3.4”，高度指定为“-35”，结果如下图所示。

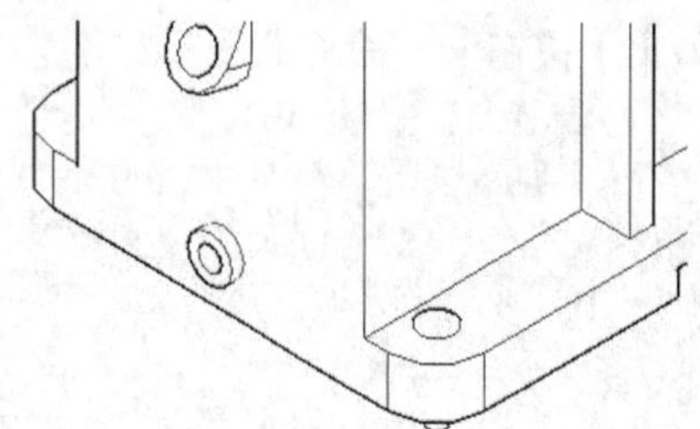

2. 绘制底板螺栓孔

步骤 01 选择【常用】选项卡➤【修改】面板➤【矩形阵列】按钮，选择上面绘制的两个圆柱体为阵列对象，在弹出的【阵列创建】选项卡上对行和列进行下图所示的设置。

列数:	3	行数:	2
介于:	180	介于:	140
总计:	360	总计:	140
列		行	

步骤 02 设置层数为“1”，然后单击【关闭阵列】按钮，结果如下图所示。

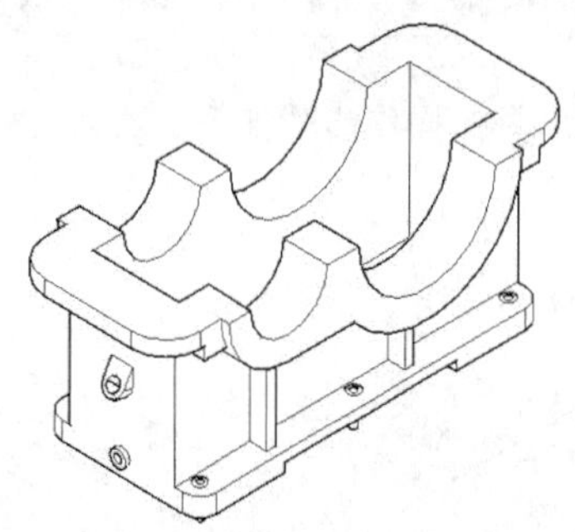

步骤 03 选择【常用】选项卡➤【实体编辑】面板➤【差集】按钮，命令行提示如下。

命令：_subtract

选择要从中减去的实体、曲面和面域...

选择对象：   // 选择除底面半径为“7.25”和底面半径为“3.4”的 12 个圆柱体以外的所有图形

选择对象：↙

选择要减去的实体、曲面和面域...

选择对象：   // 选择底面半径为“7.25”和底面半径为“3.4”的正面的 6 个圆柱体

选择对象：↙

步骤 04 差集完成后结果如下图所示。

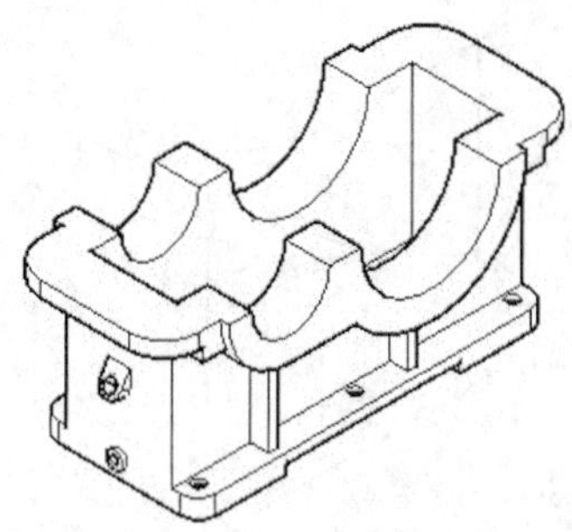

步骤 05 将视图切换到【东北等轴测】视图，如下图所示。

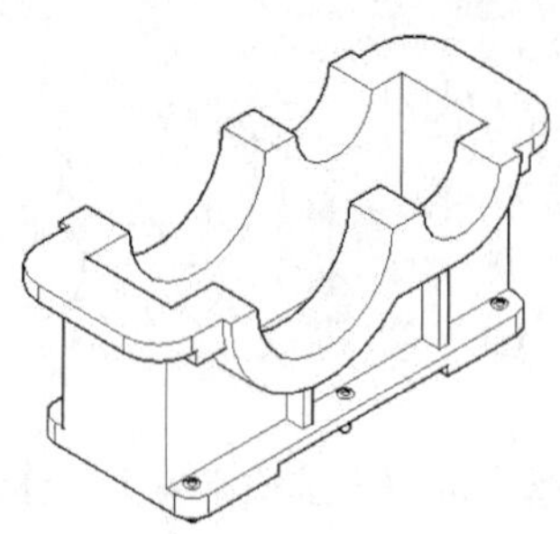

步骤 06 选择【常用】选项卡➤【实体编辑】面板➤【差集】按钮，命令行提示如下。

命令：_subtract

选择要从中减去的实体、曲面和面域...

选择对象：   // 选择除底面半径为“7.25”和底面半径为“3.4”的 6 个圆柱体以外的所有图形

选择对象：↙

选择要减去的实体、曲面和面域...

选择对象：   // 选择底面半径为“7.25”和底面半径为“3.4”的正面的 6 个圆柱体

选择对象：↙

步骤 07 差集完成后结果如下图所示。

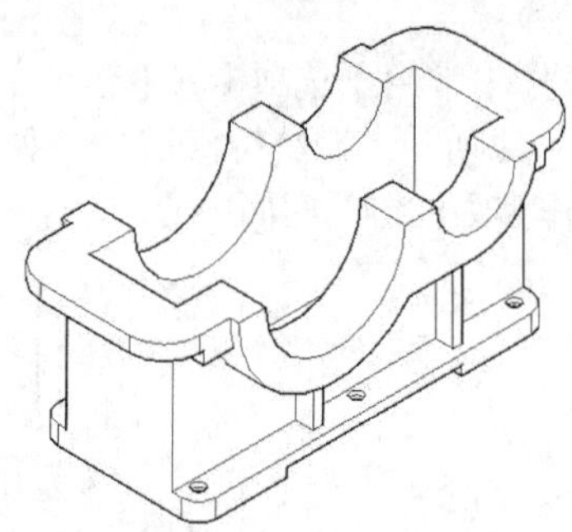

20.3.11 绘制凸台螺栓孔

凸台螺栓孔的创建主要运用了圆柱体、阵列及差集命令。具体操作步骤如下。

步骤 01 将视图切换到【西南等轴测】视图，然后单击鼠标选中坐标系，按住坐标原点，将它拖曳到下图所示的端点处。

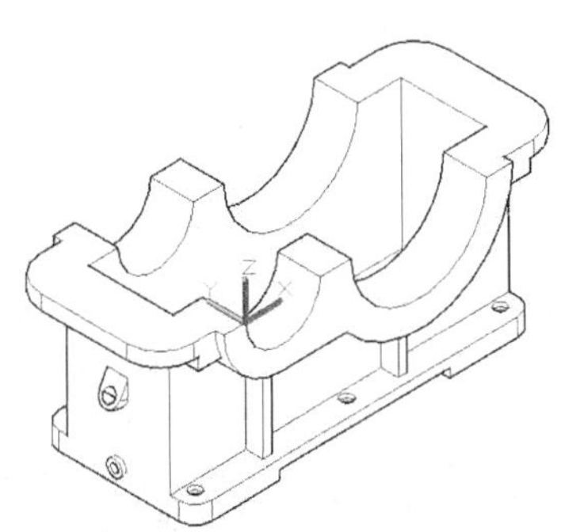

步骤 02 选择【常用】选项卡➤【建模】面板➤【圆柱体】按钮，根据命令行提示进行如下操作。

命令：CYLINDER

指定底面的中心点或 [三点 (3P)/ 两点 (2P)/ 切点、切点、半径 (T)/ 椭圆 (E)]: -30,25

指定底面半径或 [直径 (D)]: 6.5

指定高度或 [两点 (2P)/ 轴端点 (A)] <-30.0000>: -40

步骤 03 结果如下图所示。

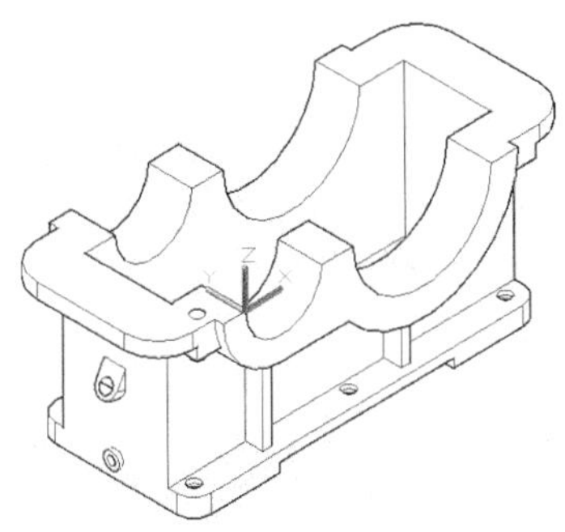

步骤 04 选择【常用】选项卡➤【修改】面板➤【矩形阵列】按钮，选择上面绘制的圆柱体为阵列对象，在弹出的【阵列创建】选项卡上对行和列进行下图所示的设置。

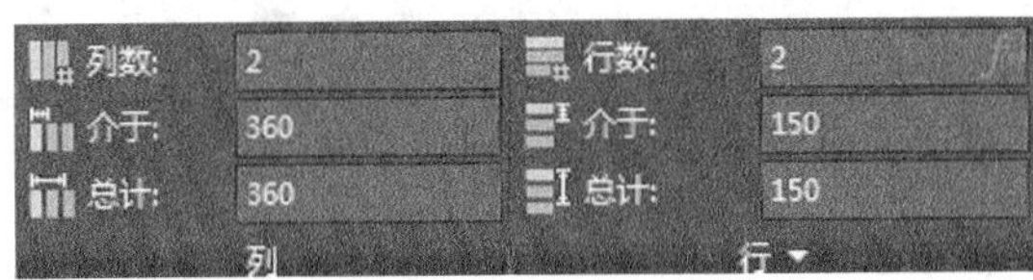

列数:	2	行数:	2
介于:	360	介于:	150
总计:	360	总计:	150
列		行 ▾	

步骤 05 设置层数为“1”，然后单击【关闭阵列】按钮，结果如下图所示。

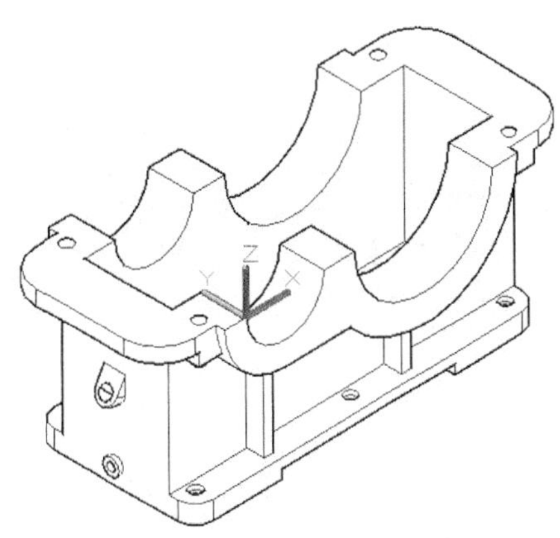

步骤 06 选择【常用】选项卡➤【实体编辑】面板➤【差集】按钮，命令行提示如下。

命令：_subtract

选择要从中减去的实体、曲面和面域...

选择对象： // 选择除底面半径为“6.5”的 4 个圆柱体以外的所有图形

选择对象： ↙

选择要减去的实体、曲面和面域...

选择对象： // 选择底面半径为“6.5”的 4 个圆柱体

选择对象： ↙

步骤 07 差集完成后结果如下图所示。

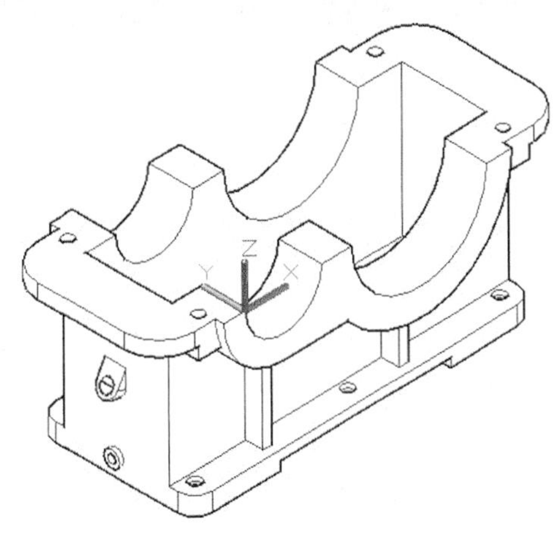

20.3.12 绘制联接板螺栓孔

联接板螺栓孔的创建主要运用了圆柱体、阵列及差集命令。具体操作步骤如下。

步骤 01 选择【常用】选项卡➤【建模】面板➤【圆柱体】按钮，根据命令行提示进行如下操作。

```
命令： CYLINDER
指定底面的中心点或 [ 三点 (3P)/ 两点 (2P)/ 切点、切点、半径 (T)/ 椭圆 (E)]:-65,50
指定底面半径或 [ 直径 (D)]: 8
指定高度或 [ 两点 (2P)/ 轴端点 (A)] <-40.0000>:-30
```

步骤 02 结果如下图所示。

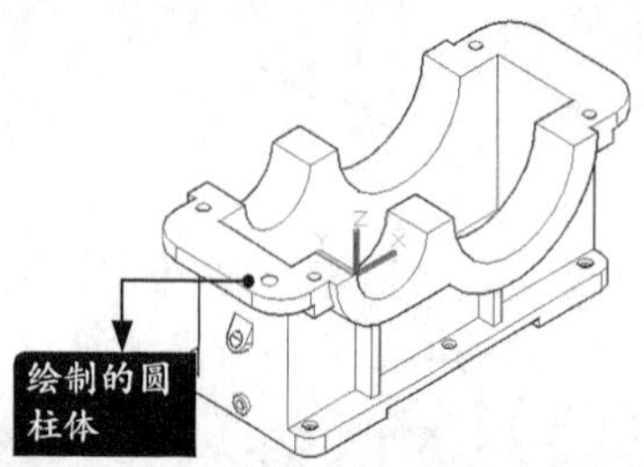

步骤 03 选择【常用】选项卡➤【修改】面板➤【矩形阵列】按钮，选择上面绘制的圆柱体为阵列对象，在弹出的【阵列创建】选项卡上对行和列进行下图所示的设置。

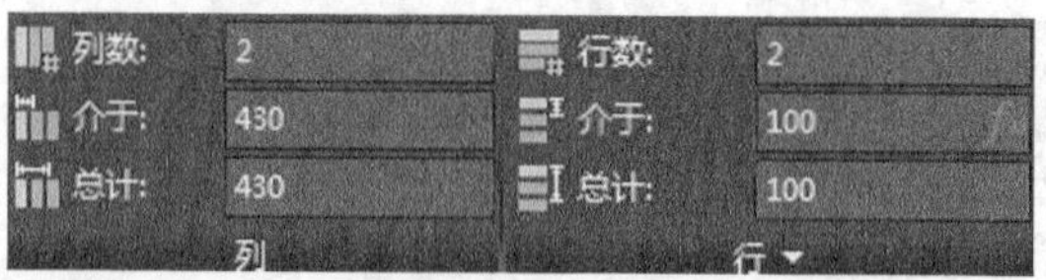

步骤 04 设置层数为“1”，然后单击【关闭阵列】按钮，结果如下图所示。

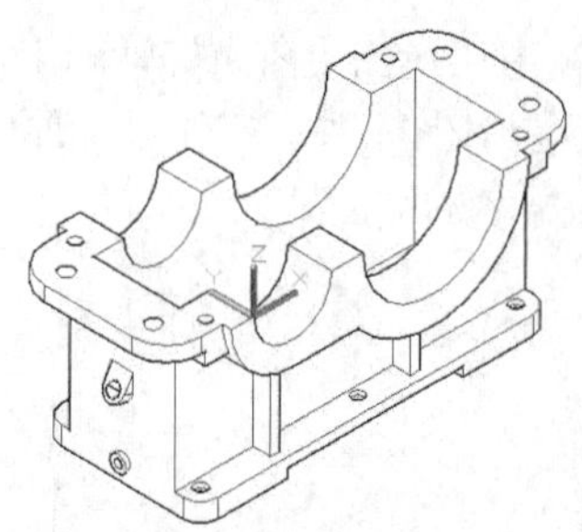

步骤 05 选择【常用】选项卡➤【实体编辑】面板➤【差集】按钮，命令行提示如下。

```
命令：_subtract
选择要从中减去的实体、曲面和面域 ...
选择对象：    // 选择除底面半径为“8”的 4 个圆柱体以外的所有图形
选择对象： ↙
选择要减去的实体、曲面和面域 ...
选择对象：// 选择底面半径为“8”的 4 个圆柱体
选择对象： ↙
```

步骤 06 差集后结果如下图所示。

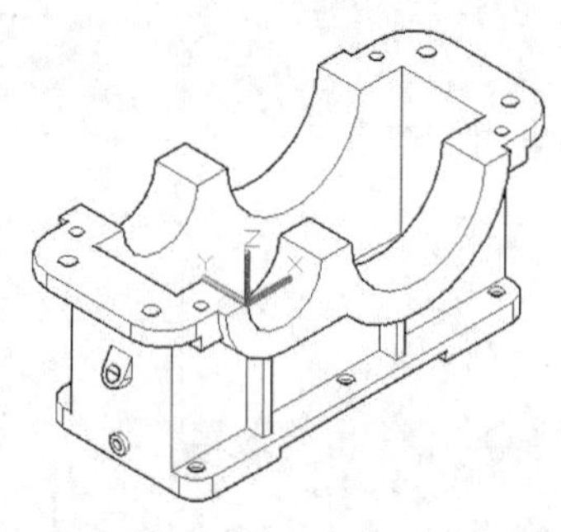

20.3.13 绘制销钉孔

销钉孔的创建主要运用了圆柱体、复制及差集命令。具体操作步骤如下。

步骤 01 选择【常用】选项卡➤【建模】面板➤【圆柱体】按钮，根据命令行提示进行如下操作。

```
命令： CYLINDER
指定底面的中心点或 [ 三点 (3P)/ 两点 (2P)/ 切点、切点、半径 (T)/ 椭圆 (E)]:-60,30
指定底面半径或 [ 直径 (D)]:6
指定高度或 [ 两点 (2P)/ 轴端点 (A)] <-30.0000>:-30
```

步骤 02 结果如下图所示。

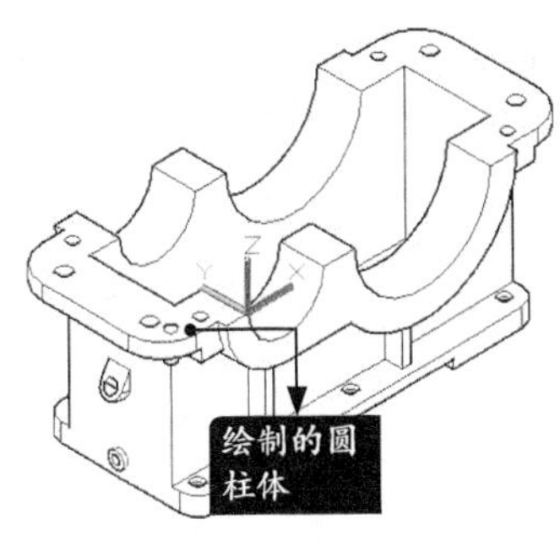

步骤 03 在命令行输入“CO”并按空格键调用复制命令，命令行提示如下。

命令：_copy
选择对象： // 选择底面半径为“6”的圆柱体
选择对象： ↙
当前设置： 复制模式 = 多个
指定基点或 [位移 (D)/ 模式 (O)] < 位移 >: // 任意单击一点
指定第二个点或 [阵列 (A)] < 使用第一个点作为位移 >: @420,140 ↙

步骤 04 复制完成后如下图所示。

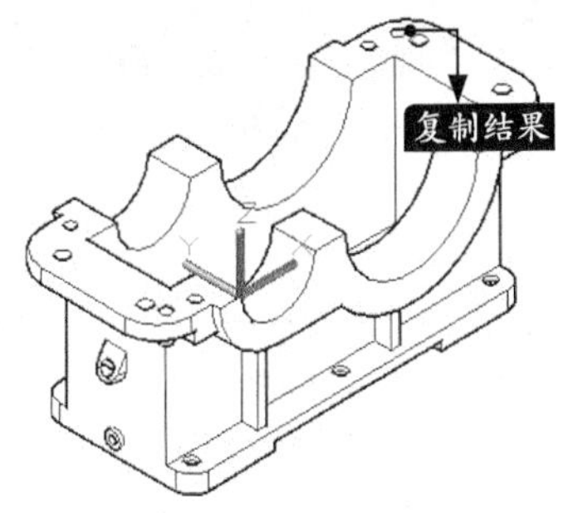

步骤 05 选择【常用】选项卡➤【实体编辑】面板➤【差集】按钮，命令行提示如下。

命令：_subtract
选择要从中减去的实体、曲面和面域 ...
选择对象： // 选择除底面半径为“6”的 2 个圆柱体以外的所有图形
选择对象： ↙
选择要减去的实体、曲面和面域 ...
选择对象：// 选择底面半径为“6”的 2 个圆柱体
选择对象： ↙

步骤 06 差集后结果如下图所示。

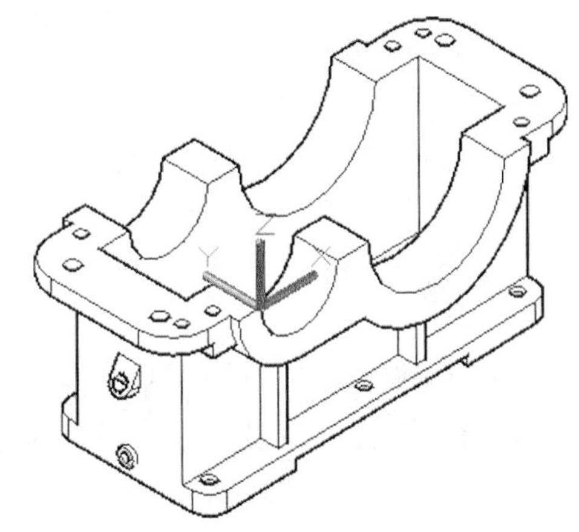

20.3.14 绘制衬垫槽

衬垫槽的创建主要运用了长方体和差集命令。具体操作步骤如下。

步骤 01 选择【常用】选项卡➤【建模】面板➤【长方体】按钮，在命令行指定长方体的两个角点。

命令：_box
指定第一个角点或 [中心 (C)]: -50,40,0
指定其他角点或 [立方体 (C)/ 长度 (L)]: -350,160,-3

步骤 02 长方体绘制完成后如下图所示。

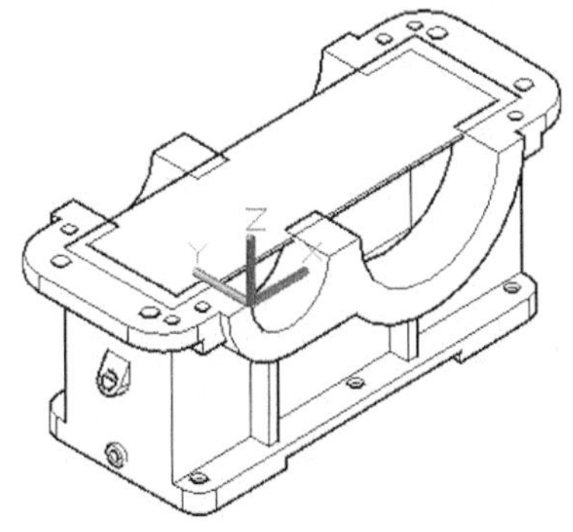

步骤 03 选择【常用】选项卡➤【实体编辑】面

板➤【差集】按钮，命令行提示如下。

命令：_subtract
选择要从中减去的实体、曲面和面域...
选择对象：
// 选择除刚绘制的长方体以外的所有图形
选择对象：↙
选择要减去的实体、曲面和面域...
选择对象： // 选择刚绘制的长方体
选择对象：↙

步骤 04 差集后结果如下图所示。

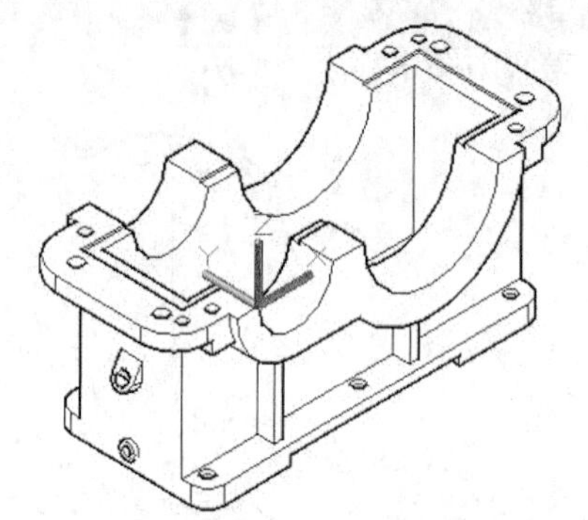

步骤 05 选择【常用】选项卡➤【坐标】面板➤【世界坐标系】按钮，将坐标系重新设定为世界坐标系，如下图所示。

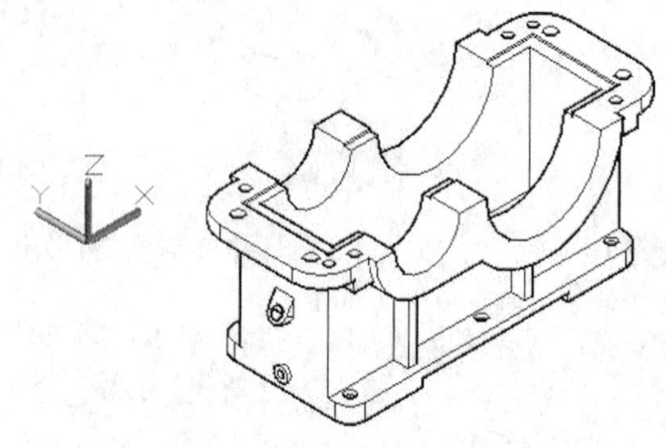

疑难解答

本节视频教程时间：2 分钟

优化机械设计的方法

机械设计优化主要是指采取措施不断地改进当前的状态，在这个过程当中可以采用专业的知识确定设计的限制条件和追求目标，从而确立设计变量之间的相互关系，然后根据力学、机械设计基础知识和各类专业设备的具体知识来推导方程组，进而编制计算机程序，用计算机求出最佳设计参数。优化的根本目的是为了在满足要求的基础上以最低成本实现最佳性能。

实战练习

绘制以下图形，并计算出阴影部分的面积。

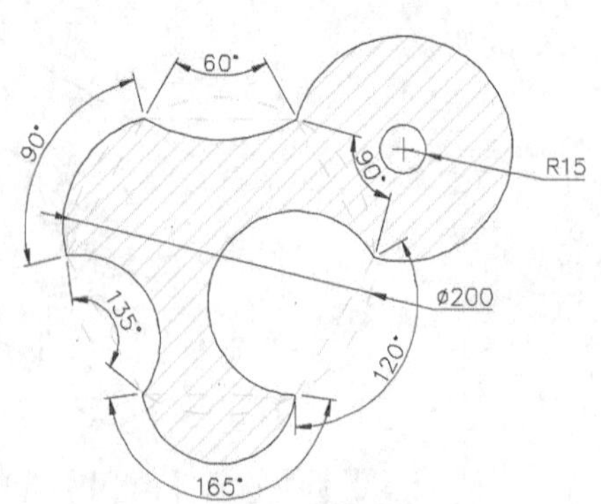

第21章

建筑设计案例

学习目标

设计者可以通过图纸把设计意图和设计结果表达出来，作为施工者施工的依据。图纸不仅要解决各个细部的构造方式和具体施工方法，还要从艺术上处理细部与整体的相互关系，包括思路、逻辑的统一性，以及造型、风格、比例、尺度的协调等。

学习效果

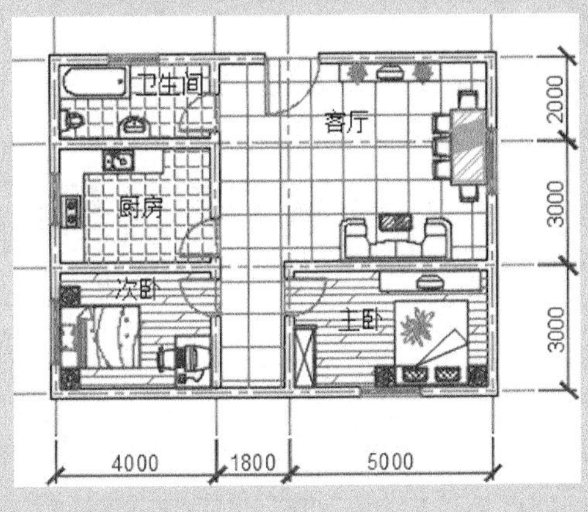

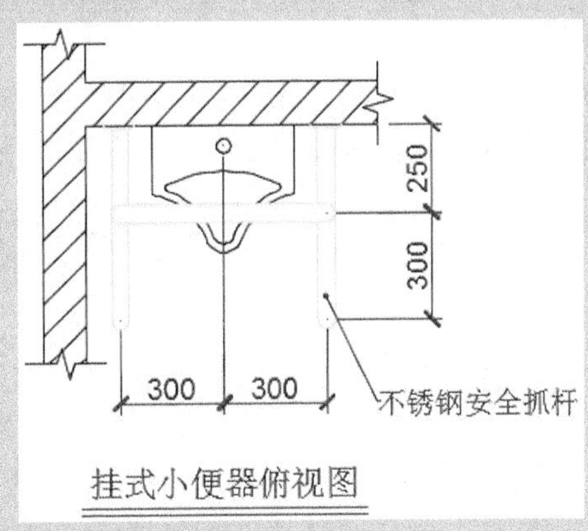

21.1 绘制住宅平面图

本节视频教程时间：1 小时 19 分钟

建筑平面图是建筑施工图的重要组成部分。完整的建筑施工图一般是从平面图开始的。建筑平面图是建筑施工图的一种，是整个建筑平面的真实写照，用于表现建筑物的平面形状、布局、墙体、柱子、楼梯以及门窗的位置等。

21.1.1 住宅平面图设计的注意事项

在设计住宅平面图时，通常需要注意以下几点。

- 设计图纸要准确：设计图纸必须保证准确、清晰，尺寸、文字注释需要标注到位。
- 套型：住宅应按套型设计，每套必须是独门独户，并设有卧室、厨房以及卫生间等。
- 卧室：卧室之间不应相互串通，双人卧室不应小于9m^2，单人卧室不应小于5m^2，兼起居的卧室不应小于12m^2。卧室应有直接采光、自然通风。如果通过走廊等间接采光，应满足通风、安全、私密性的要求。
- 厨房：采用管道煤气、液化石油气为燃料的厨房面积不应小于3.5m^2，以加工煤为燃料的厨房面积不应小于4m^2，以原煤为燃料的厨房面积不应小于4.5m^2，以薪柴为燃料的厨房面积不应小于5.5m^2。厨房应设有炉灶、洗涤池、案台等设备或预留其位置。单面布置设备的厨房净宽不应小于1.4m，双面布置设备的厨房净宽不应小于1.7m。另外，厨房应有外窗或开向走廊的窗户。
- 卫生间：每套住宅都应该设有卫生间，外开门的卫生间面积不应小于1.8m^2，内开门的卫生间面积不应小于2m^2。卫生间内需要布置洗衣机时，应适当增加相应的面积，并配置给水、排水设施以及单相三孔插座。无通风窗口的卫生间，必须设置通风道，确保正常通风、排风。
- 阳台：对于严寒地区，阳台应设置为封闭式。另外，阳台还应设置防儿童攀爬的护栏。
- 门窗：外窗窗台面距楼面的高度低于0.8m时，应配置防护措施。面临走廊的窗应避免视线干扰，且向走廊开启的窗不应妨碍交通。

21.1.2 住宅平面图的绘制思路

绘制住宅平面图的思路是先绘制墙体轮廓平面图，然后绘制房间内部图形并进行填充，最后通过标注和文字说明来完成整个图形的绘制。具体绘制思路如下表所示。

序号	绘图方法	结　果	备 注
1	利用直线、偏移、多线、修剪和矩形等命令绘制墙体轮廓平面图		注意门、窗的绘制

续表

序号	绘图方法	结　　果	备 注
2	利用直线、镜像以及插入图块等命令布置房间		注意图块的插入设置
3	利用直线和填充等命令给房间进行填充		注意图案填充的参数设置
4	利用文字、标注等命令添加文字和尺寸标注		注意智能标注的应用

21.1.3 绘制墙线

绘制墙线时，应使用多线来绘制，墙线之间的距离应为240，具体操作步骤如下。

步骤01 打开“素材\CH21\住宅平面图.dwg”文件，如下图所示。

步骤02 将“轴线”层设置为当前层，然后在命令行输入“L”并按空格键调用直线命令，绘制两条相互垂直的直线，水平直线长12800，竖直直线长10000，结果如下图所示。

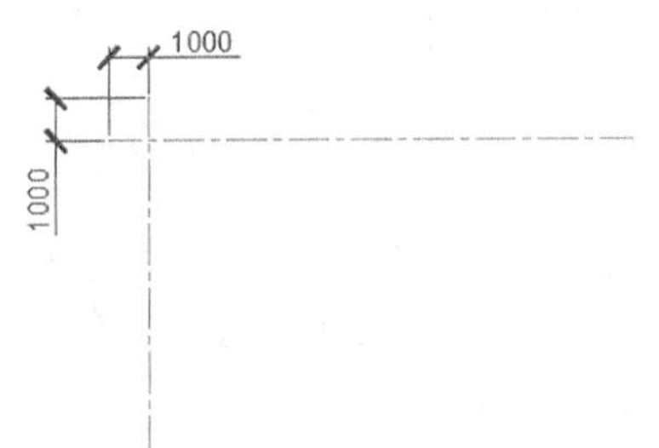

步骤03 在命令行输入“O”并按空格键调用偏移命令，将水平轴线依次向下偏移2000、5000、8000，结果如下图所示。

步骤04 继续使用偏移命令，将竖直轴线依次向右偏移4000、5800和10800，结果如下图所示。

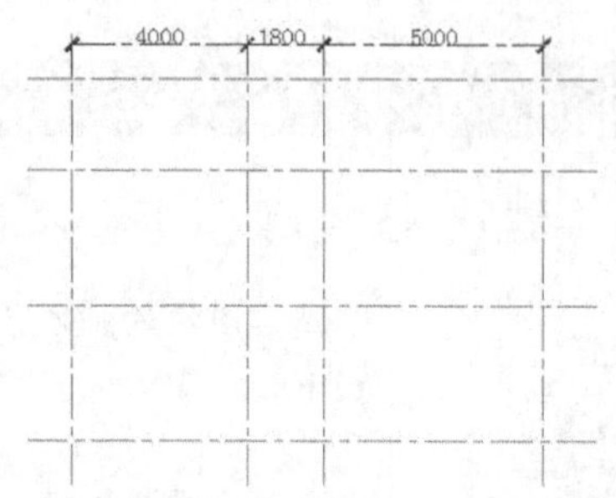

步骤 05 将“墙线”图层设置为当前层，在命令行输入“ML”并按空格键调用多线命令，将多线比例设置为“240”，对正类型设置为“无”，然后捕捉轴线的交点绘制多线，结果如下图所示。

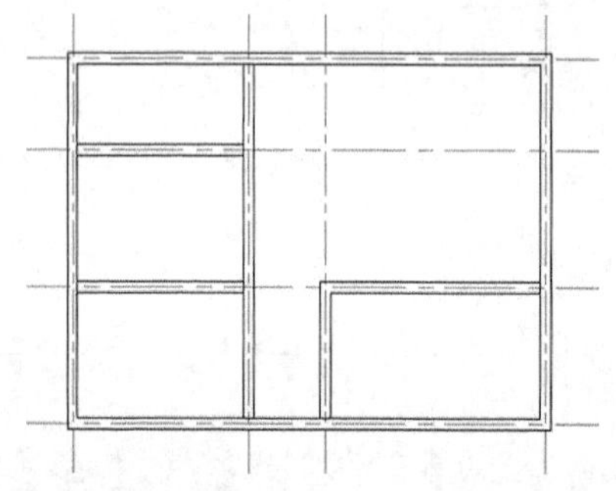

步骤 06 将“轴线”图层关闭，结果如下图所示。

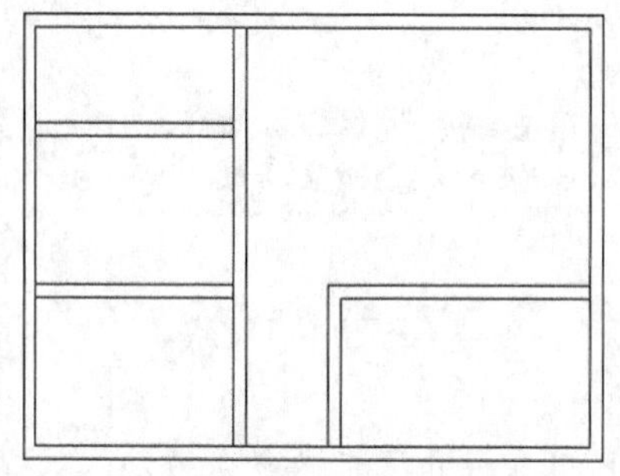

小提示

（1）参见前面章节的设置，将线型比例设置为30。

（2）在绘制墙体外框时，最后输入“C”进行闭合，不要选择捕捉点进行闭合。

21.1.4 编辑墙线

使用多线绘制墙线后，使用多线编辑命令可以快速修改多线。下面将介绍编辑墙线的方法，具体操作步骤如下。

步骤 01 选择【修改】➤【对象】➤【多线】菜单命令，在【多线编辑工具】对话框中，单击【T形打开】按钮，然后在绘图窗口中执行T形打开操作，结果如下图所示。

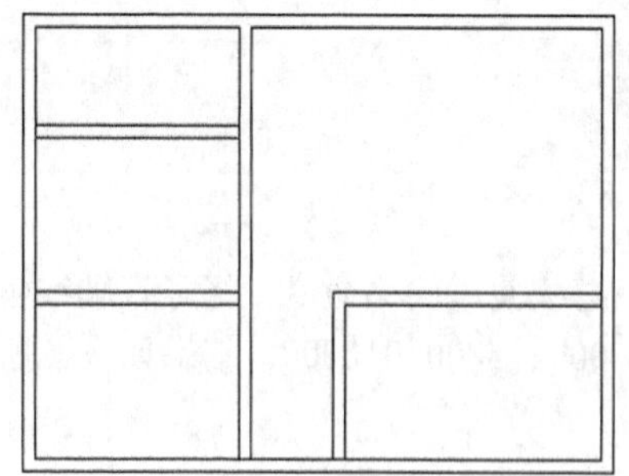

步骤 02 继续执行T形打开操作，并结束该命令，结果如下图所示。

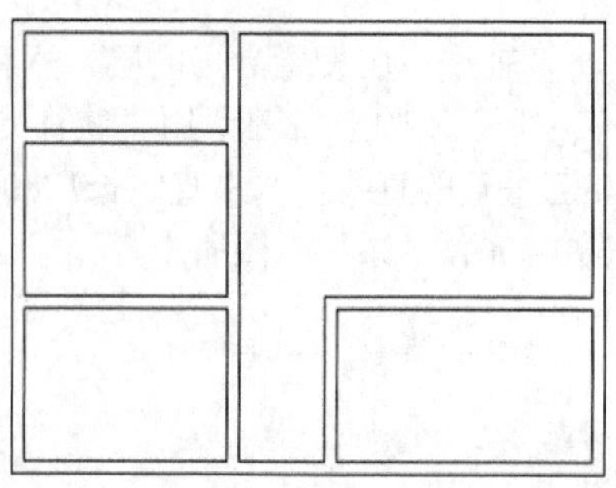

步骤 03 在命令行输入“X”并按空格键调用分解命令，将所有多线分解，分解后多线变成单独的直线，如下图所示。

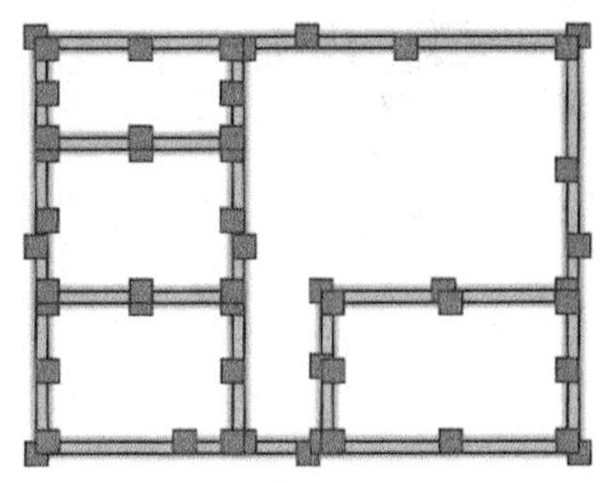

小提示

在用"T型打开"编辑多线时，打开结果与选择多线的顺序有关，先选择的将被打开。选择顺序不同，打开结果也不相同。

21.1.5 创建门洞和窗洞

门洞和窗洞的创建方法较简单，先绘制两条竖直直线，然后使用竖直直线来修剪墙线，即可创建门洞和窗洞。具体操作步骤如下。

步骤01 在命令行输入"L"并按空格键调用直线命令，在多线中间绘制一条水平直线，如下图所示。

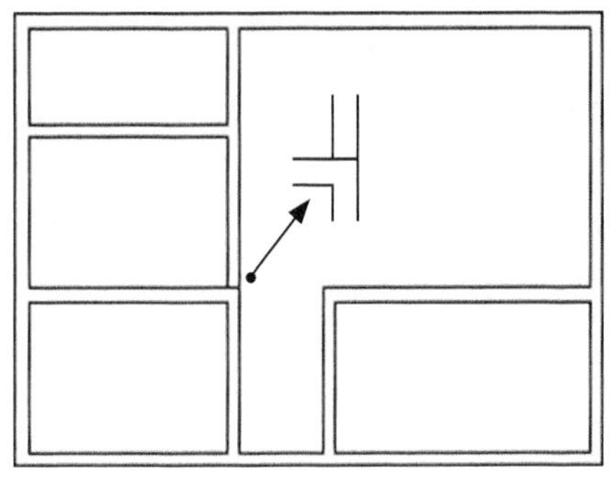

步骤02 在命令行输入"O"并按空格键调用偏移命令，将绘制的水平直线向上偏移140，然后将偏移后的直线再向上偏移900，如下图所示。

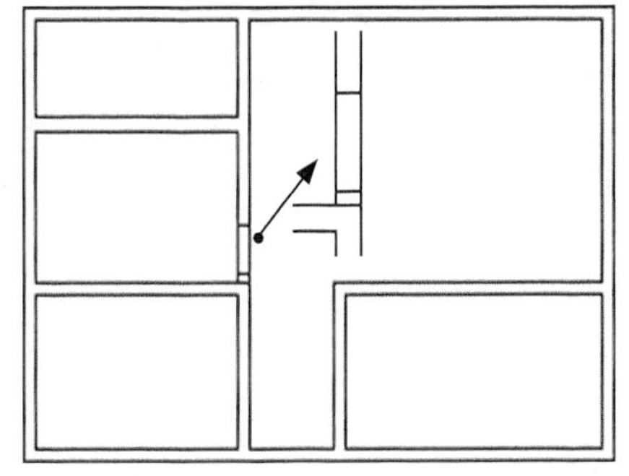

步骤03 在命令行输入"TR"并按空格键调用修剪命令，以偏移后的直线为修剪边，然后将多余的直线修剪掉，结果如下图所示。

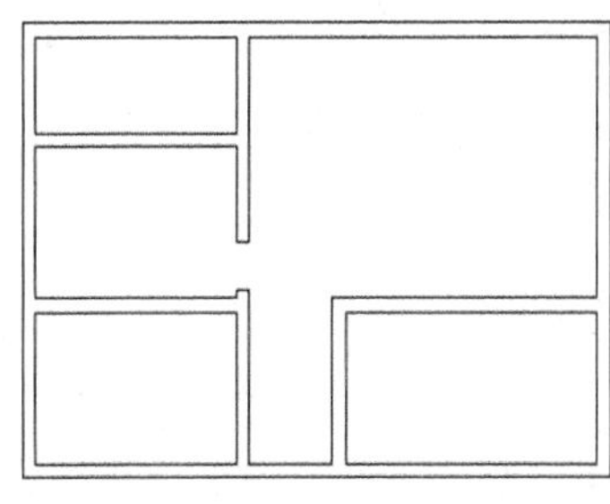

步骤04 以同样的方法，在图形中，创建宽分别为900、900、900、1350的门洞，结果如下图所示。

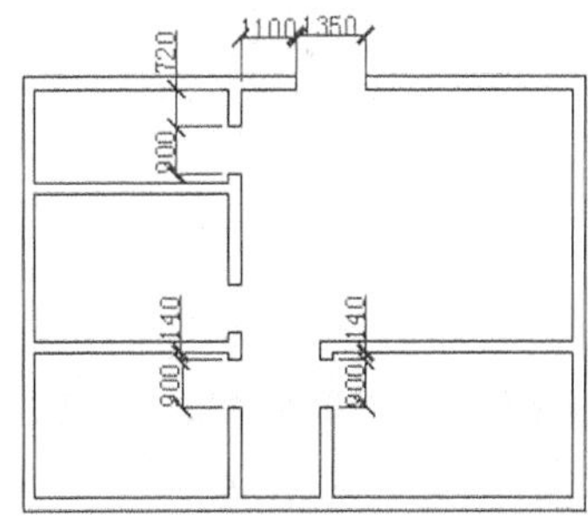

步骤05 创建窗洞与创建门洞的方法基本相同，首先绘制一条竖直直线，然后将直线向右偏移1280，再将偏移后的直线向右偏移1200，如下图所示。

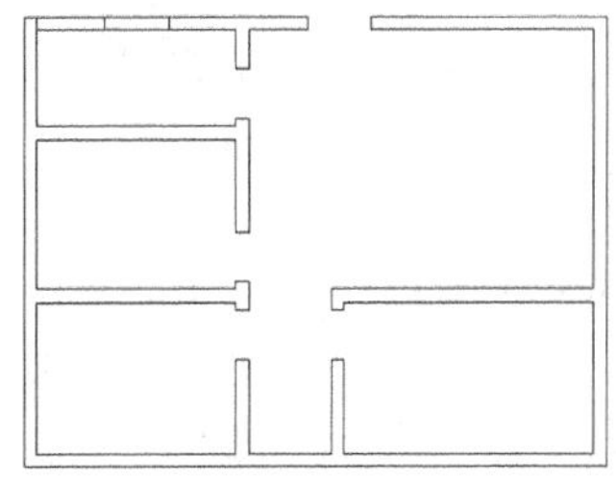

步骤06 在命令行输入“TR”并按空格键调用修剪命令，修剪出窗洞，然后将竖直直线删除，如下图所示。

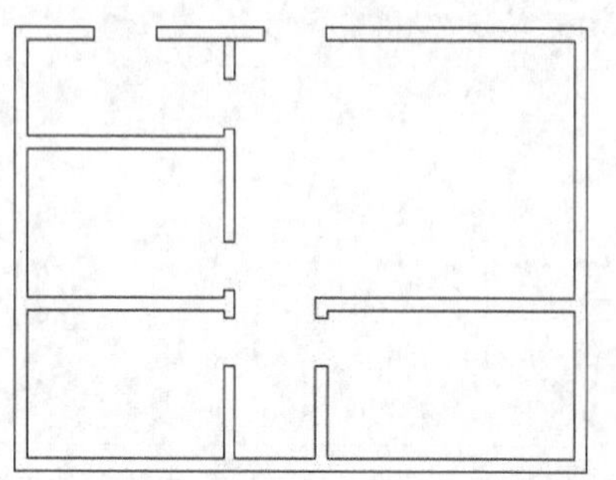

步骤07 重复步骤05~步骤06，再创建2个1200和3个1500的窗洞，结果如下图所示。

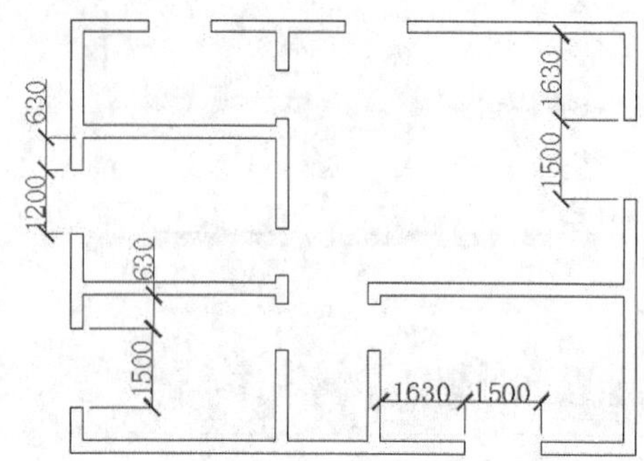

21.1.6 绘制门

图形中有多个门，可以先绘制一个门图形，然后将图形定义成块，最后将门图块插入其他门洞位置。具体操作步骤如下。

1. 创建门图块

步骤01 将“门窗”图层设置为当前层，然后选择【默认】选项卡➤【绘图】面板➤【矩形】按钮，在绘图窗口中绘制一个50×900的矩形，如下图所示。

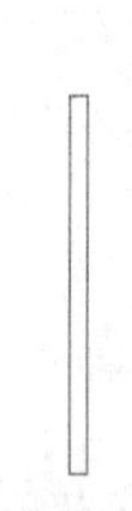

步骤02 选择【默认】选项卡➤【绘图】面板➤【圆弧】下拉列表➤【起点、圆心、角度】选项，然后在绘图区域中分别单击指定圆弧的起点和圆心，并指定包含角为“90”，结果如下图所示。

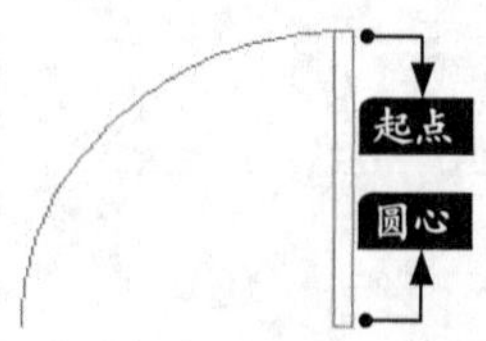

步骤03 在命令行输入“B”并按空格键调用块定义命令，在弹出来的【块定义】对话框中，输入块的名称为“门”，并单击【拾取点】按钮，然后在绘图窗口中捕捉矩形左下角的端点为拾取点，如下图所示。

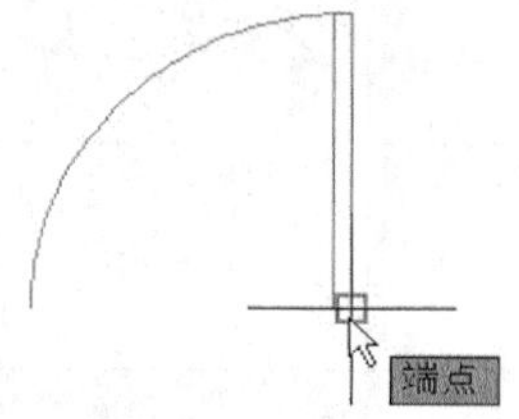

步骤04 返回到【块定义】对话框中先选择【删除】单选按钮，再单击【选择对象】按钮，然后在绘图窗口中选择门对象，如下图所示。按【Enter】键返回到【块定义】对话框中单击【确定】按钮。

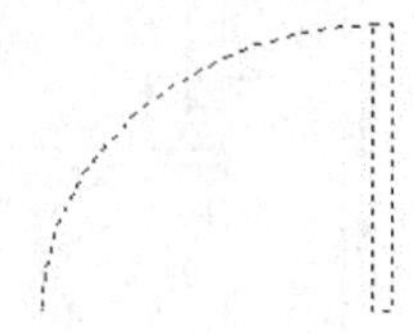

2. 插入门图块

步骤01 在命令行输入“I”并按空格键调用插入命令，插入“门”图块，旋转角度设置为“90”，并指定下方门洞上边的中点为插入点，结果如下图所示。

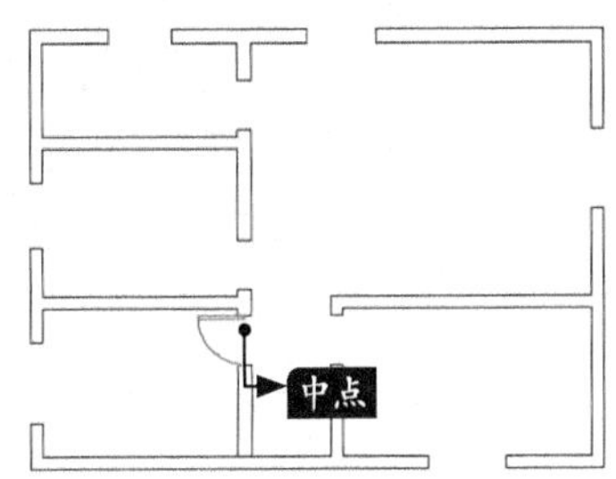

步骤02 重复插入“门”图块，将x的比例设置为“-1”，y和z的比例设置为“1”，旋转设置角度为“90”，然后指定中间门洞下边的中点为插入点，结果如下图所示。

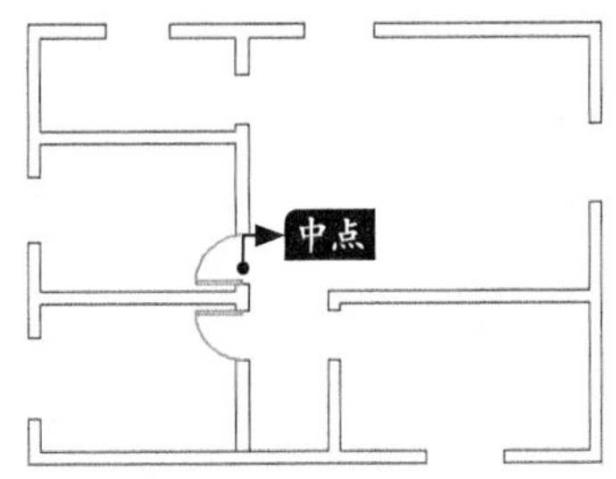

步骤03 重复步骤02，插入最上方的门，结果如下图所示。

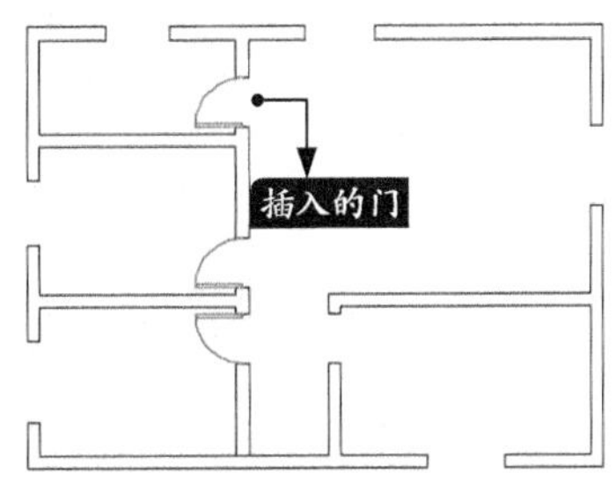

步骤04 重复插入“门”图块，将y的比例设置为“-1”，x和z的比例设置为“1”，旋转设置角度为“90”，然后指定右侧门洞上边的中点为插入点，结果如下图所示。

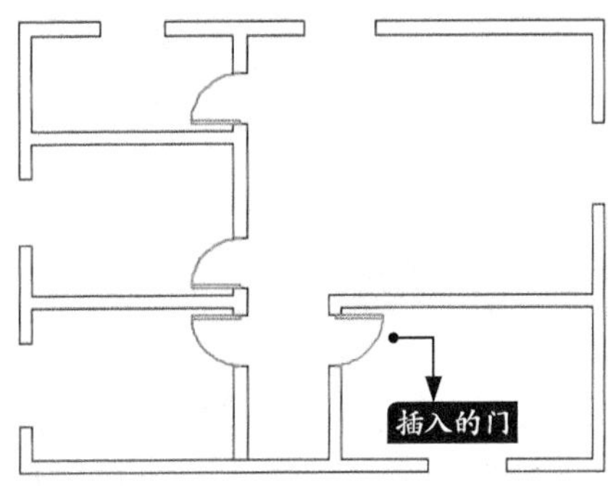

步骤05 重复插入“门”图块，设置比例为“1.5”，旋转角度为“-180”，然后指定上方门洞左边的中点为插入点，结果如下图所示。

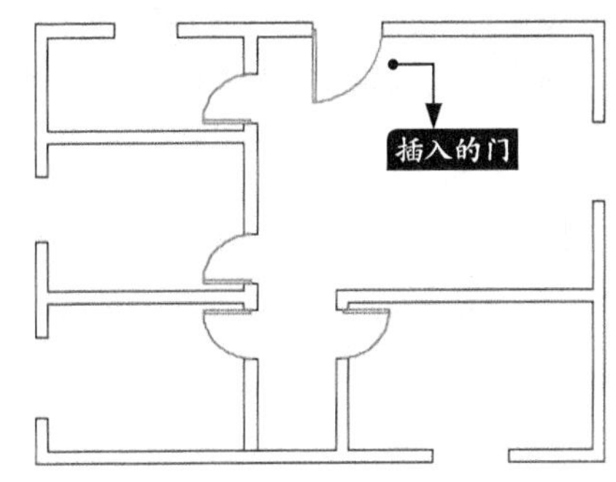

21.1.7 绘制窗

窗户的绘制很简单，调用多线命令，直接连接窗洞的两个端点即可。在绘制窗户之前，首先应将窗户多线的样式置为当前。

步骤01 单击【格式】➤【多线样式】菜单命令，将“窗户”多线样式置为当前，在命令行输入“ML”并按空格键调用多线命令，在窗洞处以中点为起点绘制窗户，结果如下图所示。

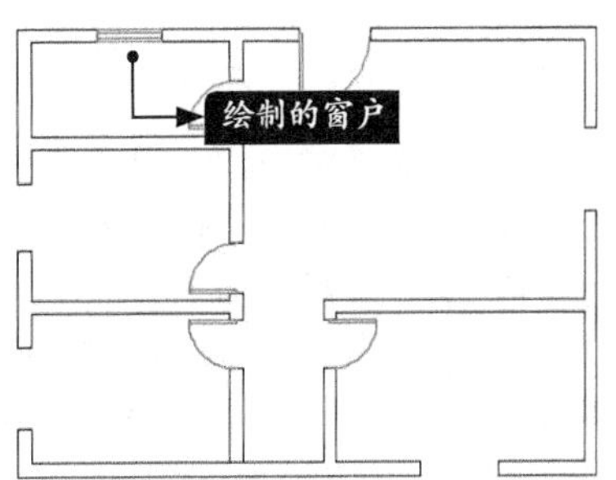

步骤02 继续调用多线命令绘制其他的窗户，结果如下图所示。

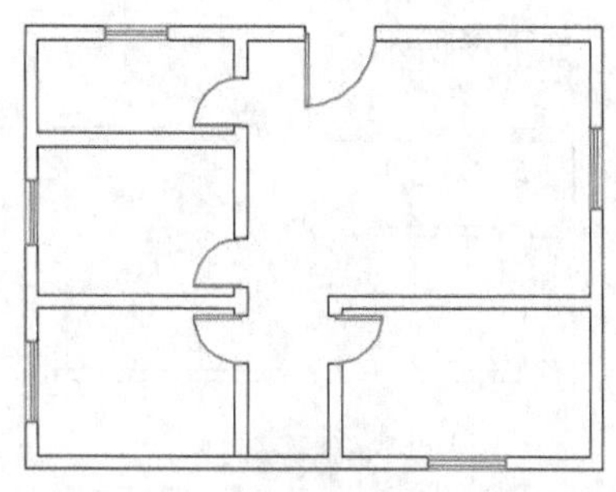

21.1.8 布置客厅

下面将通过插入图块的方式对客厅进行布置，具体操作步骤如下。

步骤01 将“家具”图层设置为当前层，在命令行输入“I”并按空格键调用插入命令，在【插入】对话框中单击【浏览】按钮，选择“素材\CH21\沙发.dwg”文件，将其插入到绘图区域中，在命令行提示指定插入点时输入“fro”并按【Enter】键确认，然后捕捉如下图所示端点作为基点。

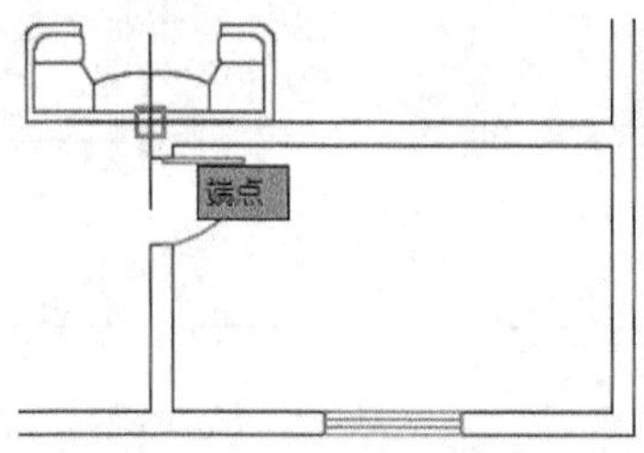

步骤02 在命令行提示下输入“@2750,0”并按【Enter】键确认，结果如下图所示。

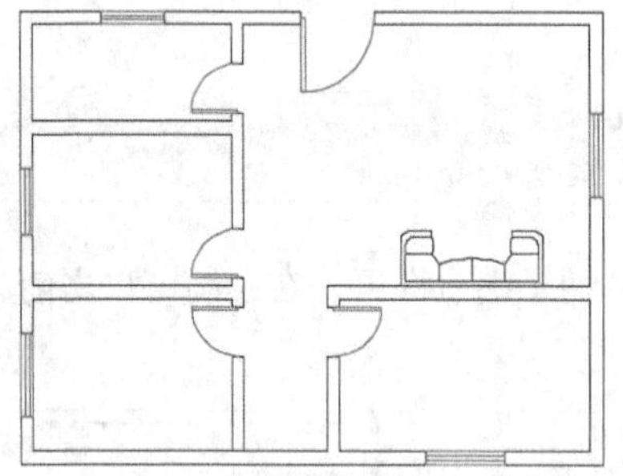

步骤03 继续调用插入命令，在【插入】对话框中单击【浏览】按钮，选择“素材\CH21\茶几.dwg”文件，将其插入到绘图区域中，在命令行提示指定插入点时输入“fro”并按【Enter】键确认，然后捕捉如下图所示端点作为基点。

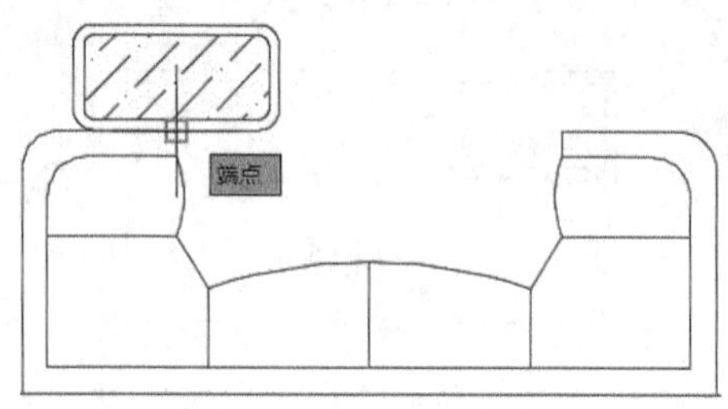

步骤04 在命令行提示下输入“@750,-250”并按【Enter】键确认，结果如下图所示。

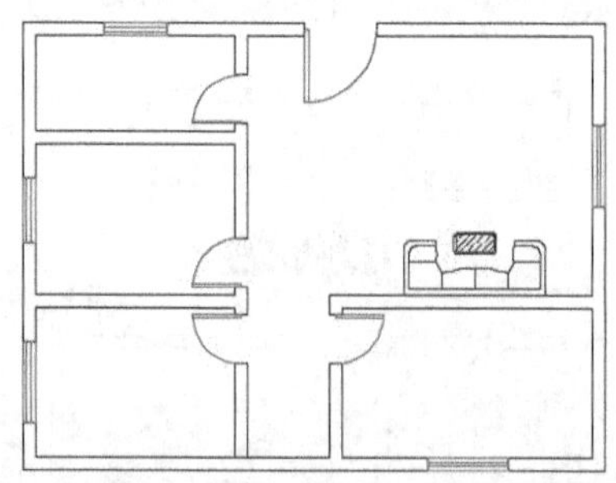

步骤05 继续调用插入命令，在【插入】对话框中单击【浏览】按钮，选择“素材\CH21\电视桌和电视机.dwg”文件，将其插入到绘图区域中，在命令行提示指定插入点时输入“fro”并按【Enter】键确认，然后捕捉如下图所示端点作为基点。

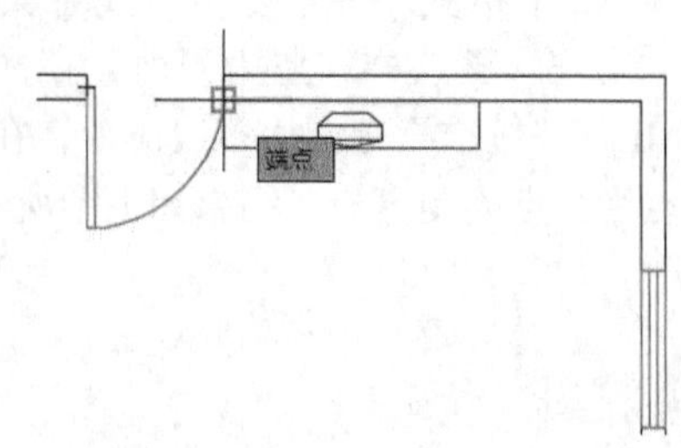

步骤 06 在命令行提示下输入“@500,0”并按【Enter】键确认，结果如下图所示。

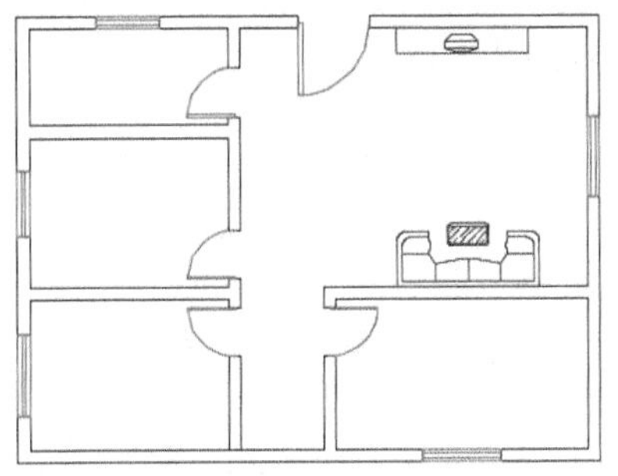

步骤 07 继续调用插入命令，在【插入】对话框中单击【浏览】按钮，选择“素材\CH21\盆景.dwg”文件，将其插入到电视机两旁，比例设置为“0.8”，结果如下图所示。

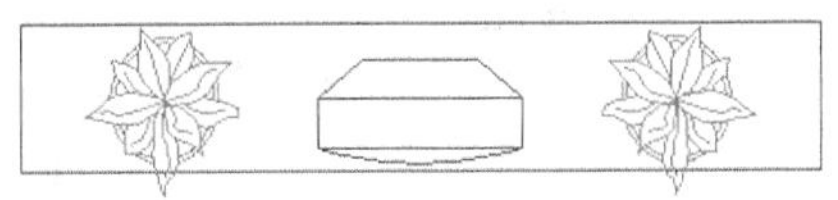

步骤 08 继续调用插入命令，在【插入】对话框中单击【浏览】按钮，选择“素材\CH21\花.dwg”文件，将其插入到茶几上面，结果如下图所示。

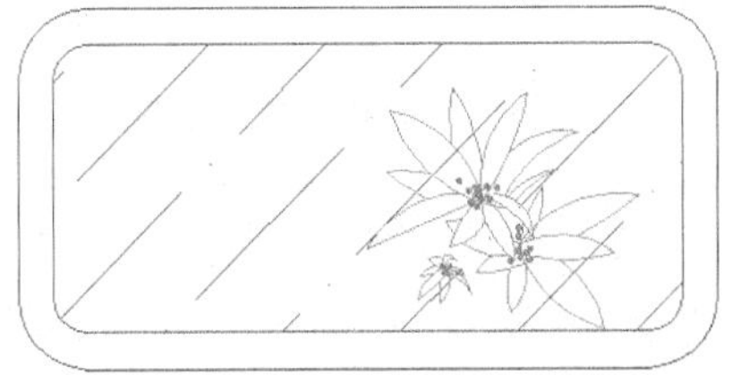

步骤 09 继续调用插入命令，在【插入】对话框中单击【浏览】按钮，选择“素材\CH21\餐桌.dwg”文件，将其插入到客厅窗户附近，结果如下图所示。

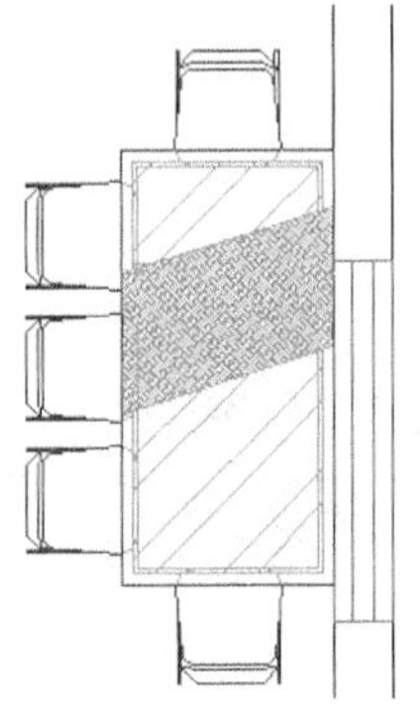

步骤 10 至此，客厅家具布置完成，如下图所示。

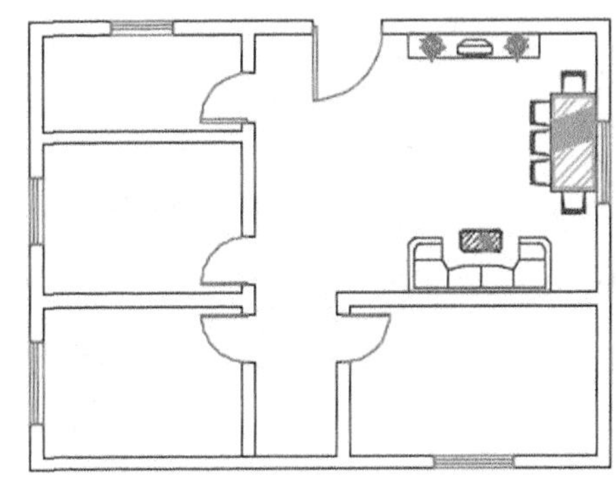

21.1.9 布置卧室

下面将通过插入图块的方式对卧室进行布置，具体操作步骤如下。

步骤 01 在命令行输入“I”并按空格键调用插入命令，在【插入】对话框中单击【浏览】按钮，选择“素材\CH21\双人床.dwg”文件，将其插入到绘图区域中，在命令行提示指定插入点时输入“fro”并按【Enter】键确认，然后捕捉如下图所示端点作为基点。

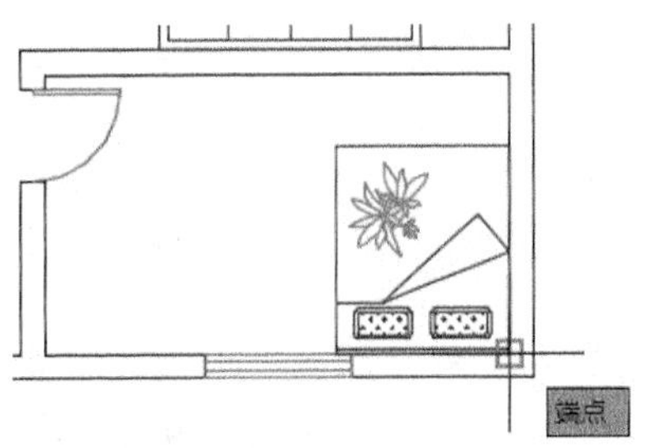

步骤 02 在命令行提示下输入“@-480,0”并按

【Enter】键确认，结果如下图所示。

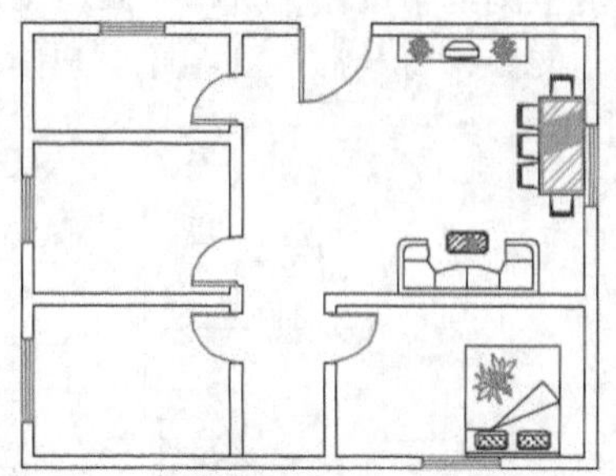

步骤03 继续调用插入命令，在【插入】对话框中单击【浏览】按钮，选择“素材\CH21\床头柜.dwg”文件，将其插入到绘图区域中，在命令行提示指定插入点时捕捉下图所示的端点。

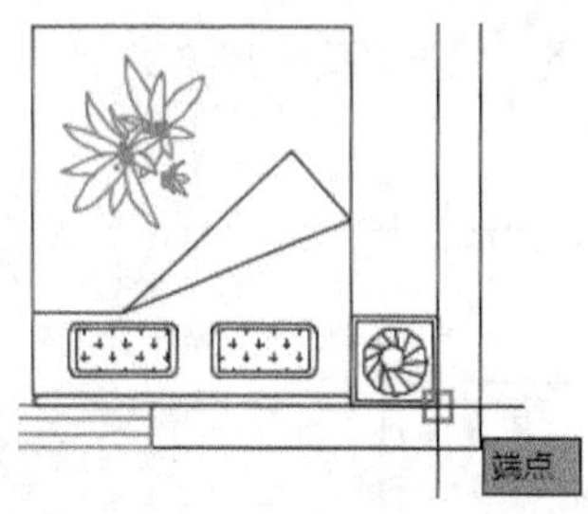

步骤04 结果如下图所示。

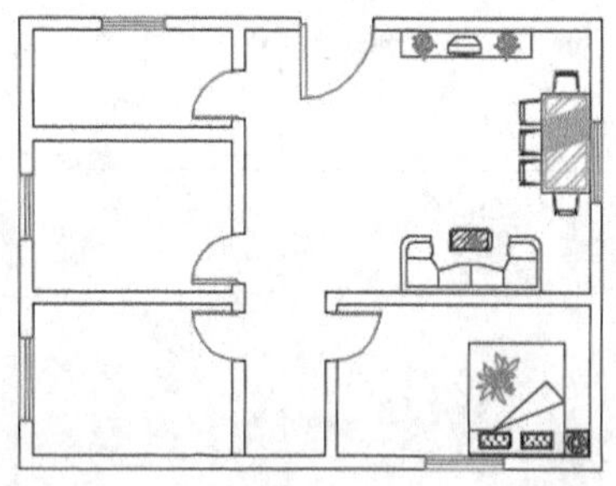

步骤05 在命令行输入“MI”并按空格键调用镜像命令，将床头柜沿双人床的竖直中心线进行镜像，并且保留源对象，结果如下图所示。

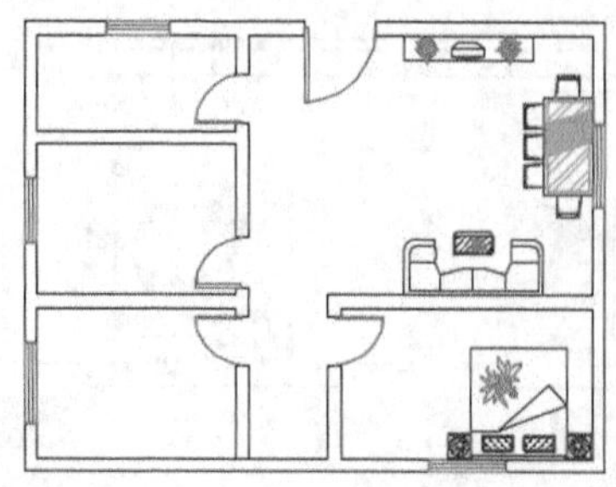

步骤06 在命令行输入“I”并按空格键调用插入命令，在【插入】对话框中单击【浏览】按钮，选择“素材\CH21\衣柜.dwg”文件，将其插入到绘图区域中，在命令行提示指定插入点时捕捉下图所示的端点。

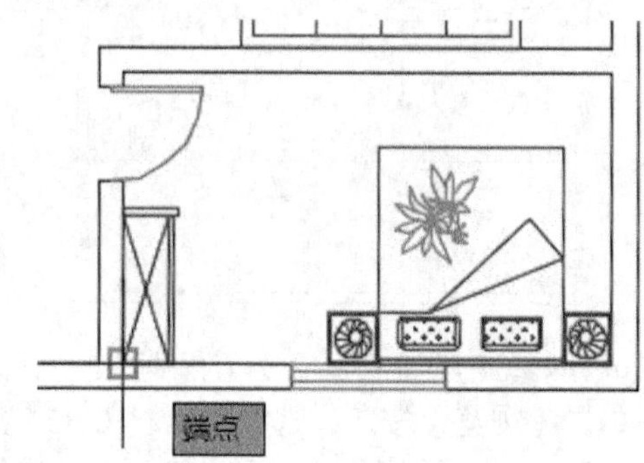

步骤07 结果如下图所示。

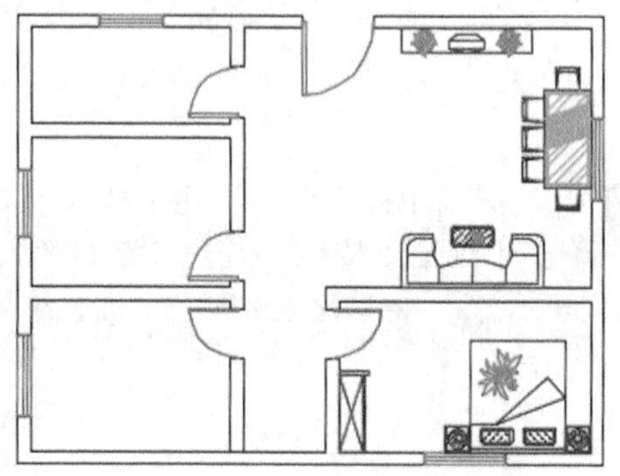

步骤08 继续调用插入命令，在【插入】对话框中单击【浏览】按钮，选择“素材\CH21\电视桌和电视机.dwg”文件，将其插入到绘图区域中的相应位置，结果如下图所示。

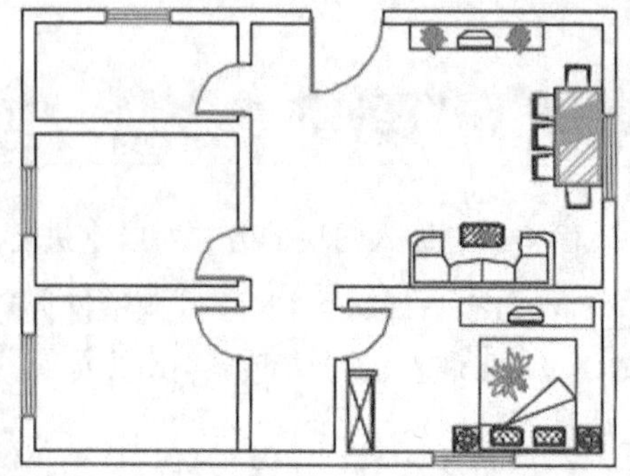

步骤09 在命令行输入“CO”并按空格键调用复制命令，将卧室的床头柜复制到次卧相应的位置，结果如下图所示。

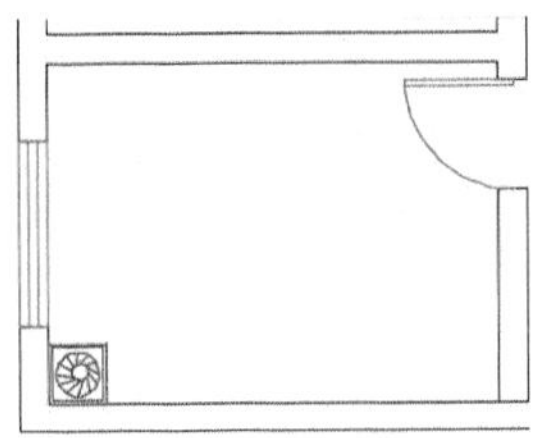

步骤 10 在命令行输入“I”并按空格键调用插入命令，在【插入】对话框中单击【浏览】按钮，选择“素材\CH21\单人床.dwg”文件，将其插入到床头柜的上面，旋转角度设置为“90”，结果如下图所示。

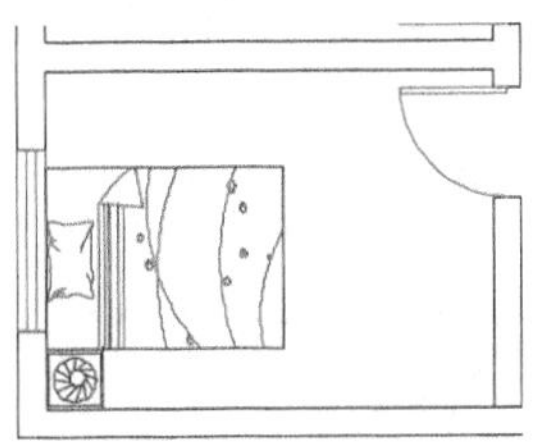

步骤 11 在命令行输入“MI”并按空格键调用镜像命令，将床头柜沿单人床的水平中心线进行镜像，并且保留源对象，结果如下图所示。

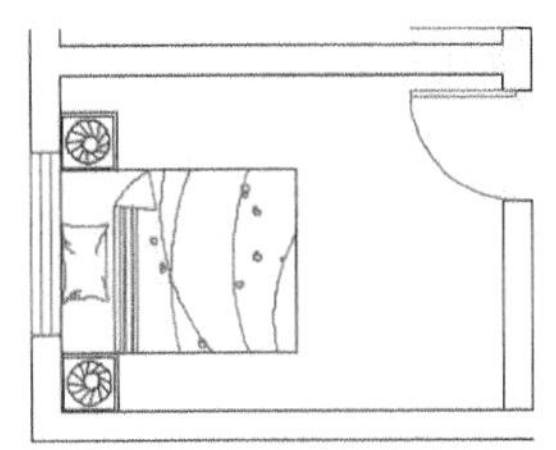

步骤 12 在命令行输入“I”并按空格键调用插入命令，在【插入】对话框中单击【浏览】按钮，选择“素材\CH21\电脑.dwg”文件，将其插入到绘图区域中，并将比例设置为“1.5”，旋转角度设置为“-90”，结果如下图所示。

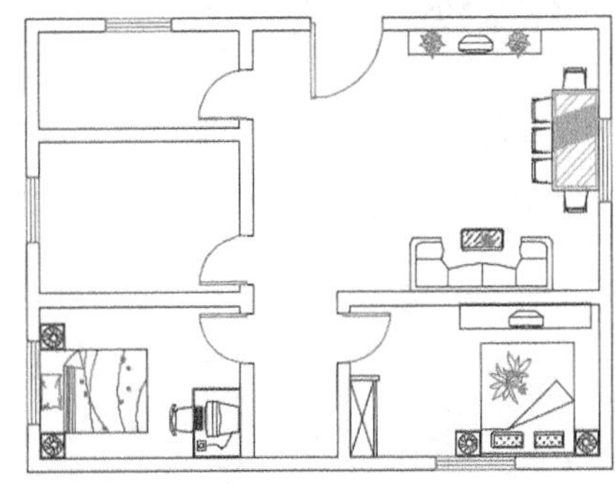

21.1.10 布置厨房

下面将利用直线命令和插入图块的方式对厨房进行布置，具体操作步骤如下。

步骤 01 在命令行输入“L”并按空格键调用直线命令，命令行提示如下。

```
命令：LINE
指定第一点：fro
基点：  // 内墙的左下角点
<偏移>: @600,0
指定下一点或 [放弃(U)]: @0,2160
指定下一点或 [放弃(U)]: @2000,0
指定下一点或 [闭合(C)/放弃(U)]: @0,600
指定下一点或 [闭合(C)/放弃(U)]:
// 按回车结束命令
```

步骤 02 结果如下图所示。

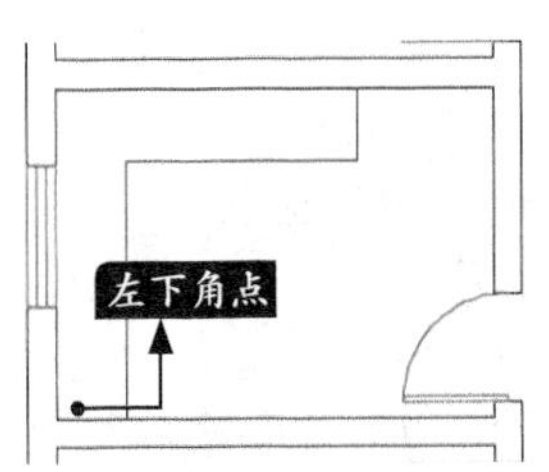

步骤 03 在命令行输入“I”并按空格键调用插入命令，在【插入】对话框中单击【浏览】按钮，选择“素材\CH21\燃气灶.dwg”文件，将其插入到绘图区域中，结果如下图所示。

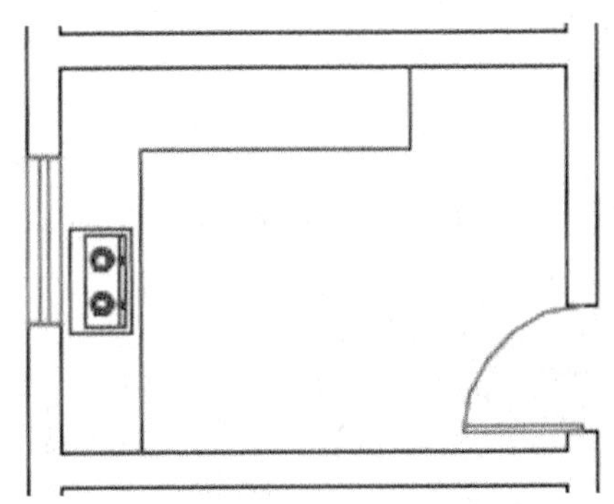

步骤04 继续调用插入命令，在【插入】对话框中单击【浏览】按钮，选择“素材\CH21\洗涤盆.dwg”文件，将其插入到绘图区域中，结果如下图所示。

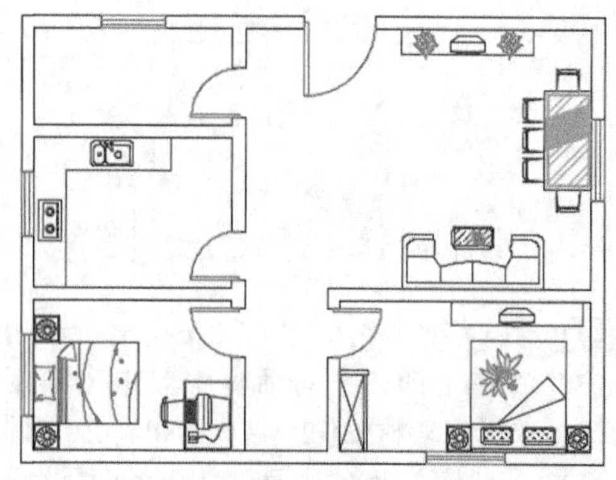

21.1.11 布置卫生间

卫生间的布置主要包括浴盆、台式洗脸盆以及马桶等设施，具体操作步骤如下。

1. 绘制浴盆

步骤01 在命令行输入“L”并按空格键调用直线命令，绘制浴缸的外形轮廓，命令提示如下。

```
命令：LINE
指定第一点：fro
基点： // 内墙的左上角点为基点
< 偏移 >: @0,-800
指定下一点或 [ 放弃 (U)]: @1800,0
指定下一点或 [ 放弃 (U)]: @0,800
指定下一点或 [ 闭合 (C)/ 放弃 (U)]:
// 按回车结束命令
```

步骤02 结果如下图所示。

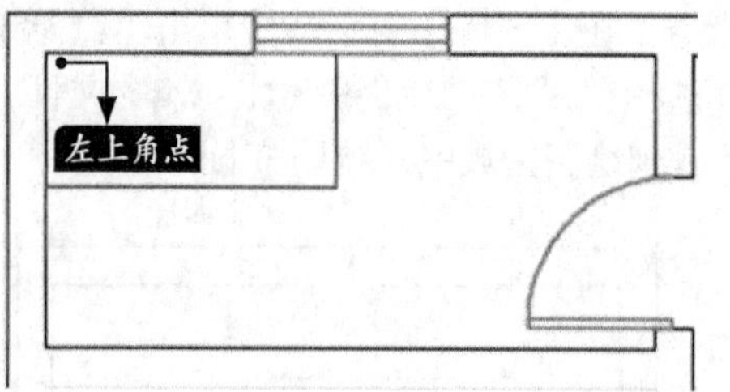

步骤03 选择【默认】选项卡➤【绘图】面板➤【矩形】按钮，命令提示如下。

```
命令：_rectang
当前矩形模式： 圆角 =60.0000
指定第一个角点或 [ 倒角 (C)/ 标高 (E)/ 圆角 (F)/ 厚度 (T)/ 宽度 (W)]: f
指定矩形的圆角半径 <60.0000>: 50
指定第一个角点或 [ 倒角 (C)/ 标高 (E)/ 圆角 (F)/ 厚度 (T)/ 宽度 (W)]: fro
基点： // 内墙的左上角点为基点
< 偏移 >: @130,-80
指定另一个角点或 [ 面积 (A)/ 尺寸 (D)/ 旋转 (R)]: @1520,-640    // 按回车结束命令
```

步骤04 结果如下图所示。

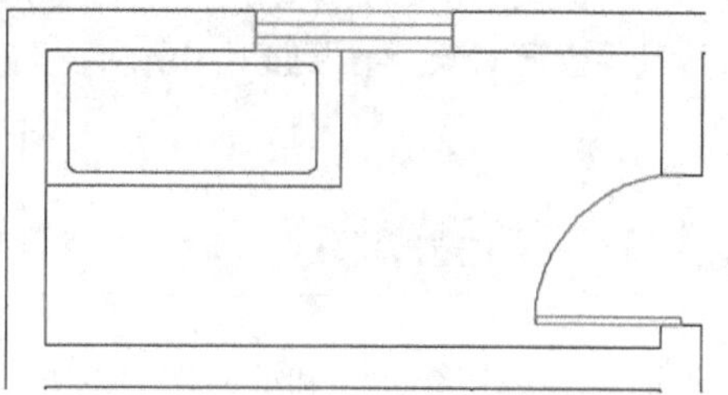

步骤05 在命令行输入“F”并按空格键调用圆角命令，设置圆角半径为“320”，对上步绘制的矩形的左侧两个角点进行圆角，结果如下图所示。

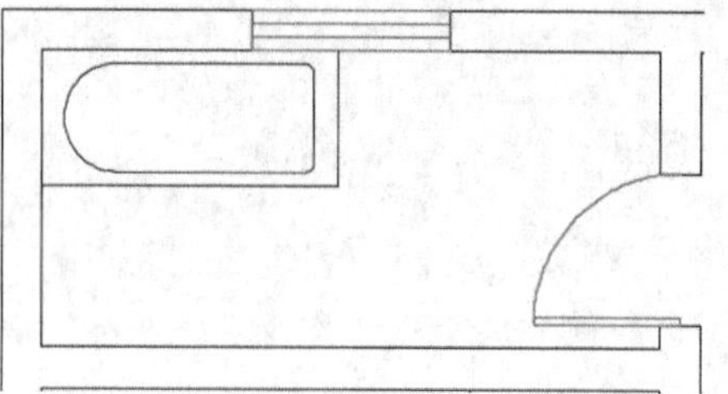

步骤06 在命令行输入“C”并按空格键调用圆命令，命令提示如下。

```
命令：CIRCLE
指定圆的圆心或 [ 三点 (3P)/ 两点 (2P)/ 切点、切点、半径 (T)]: fro
基点：// 以浴缸右侧竖直线的中点为基点
```

< 偏移 >: @-120,0
指定圆的半径或 [直径 (D)] <60.0000>: 40
// 按回车结束命令

步骤07 结果如下图所示。

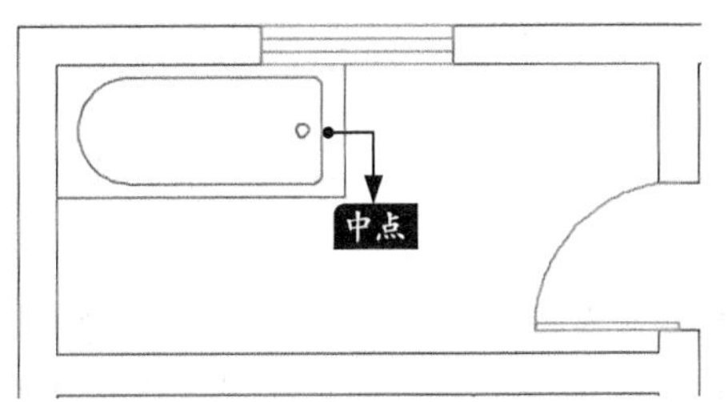

2. 绘制洗脸盆

步骤01 在命令行输入“O”并按空格键调用偏移命令，将左侧的内墙壁向右偏移1880，下边的内墙壁向上偏移250，结果如下图所示。

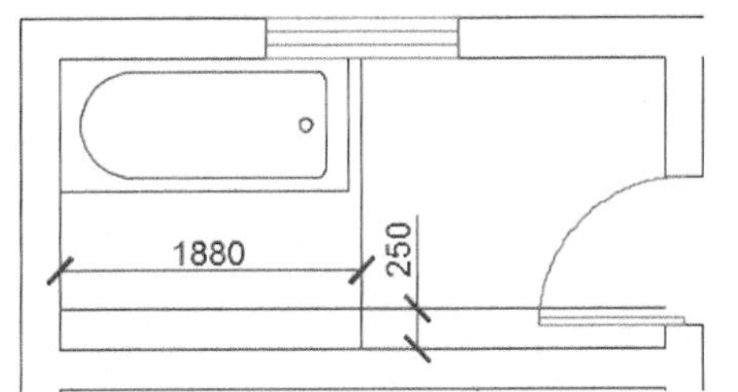

步骤02 选择【默认】选项卡➤【绘图】面板➤【椭圆、圆心】按钮，命令行提示如下。

命令：_ellipse
指定椭圆的轴端点或 [圆弧 (A)/ 中心点 (C)]: _c
指定椭圆的中心点：// 两条偏移直线的交点
指定轴的端点：@265,0
指定另一条半轴长度或 [旋转 (R)]: 200

步骤03 结果如下图所示。

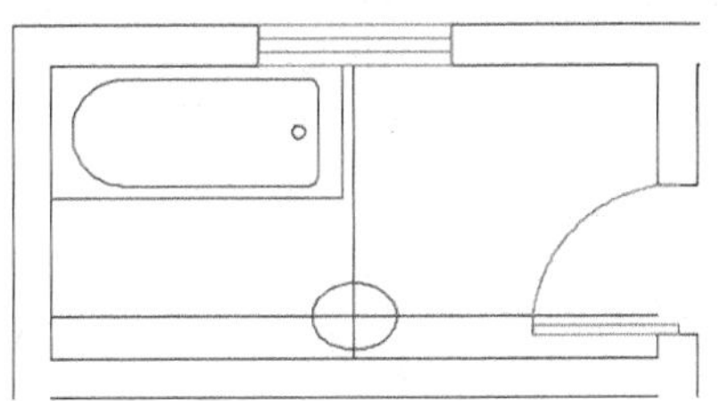

步骤04 在命令行输入“O”并按空格键调用偏移命令，将上步所绘制的椭圆向内偏移30，然后再将水平直线分别向上、下各偏移90、110，结果如下图所示。

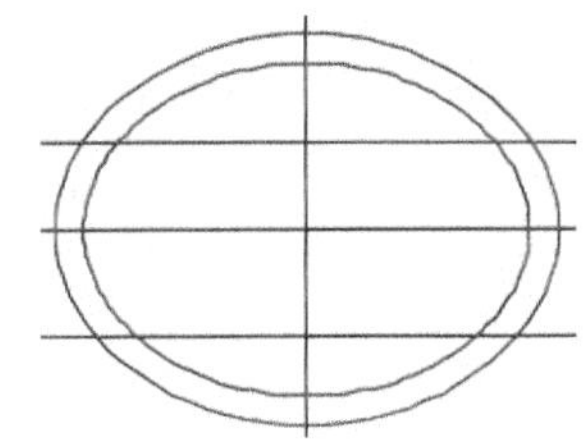

步骤05 在命令行输入“F”并按空格键调用圆角命令，设置圆角半径为“25”，然后选择中间的水平直线，并在小椭圆上侧单击，对洗脸盆的两侧进行圆角，结果如下图所示。

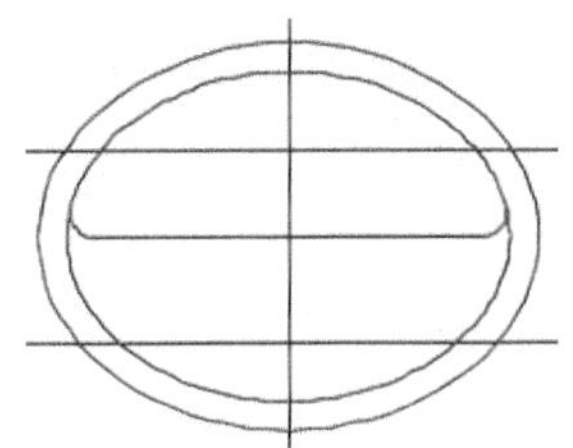

步骤06 在命令行输入“DO”并按空格键调用圆环命令，分别以最下面的直线与小椭圆的交点为圆环的中心点，绘制两个内径为0，外径为20的圆环，结果如下图所示。

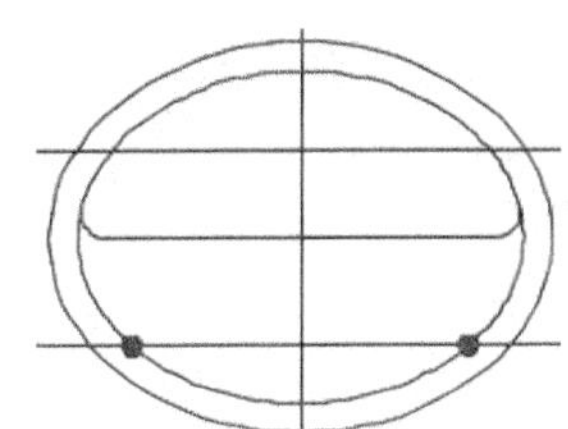

步骤07 在命令行输入“C”并按空格键调用圆命令，以最上面的水平直线与竖直直线的交点为圆心，绘制一个半径为15圆，结果如下图所示。

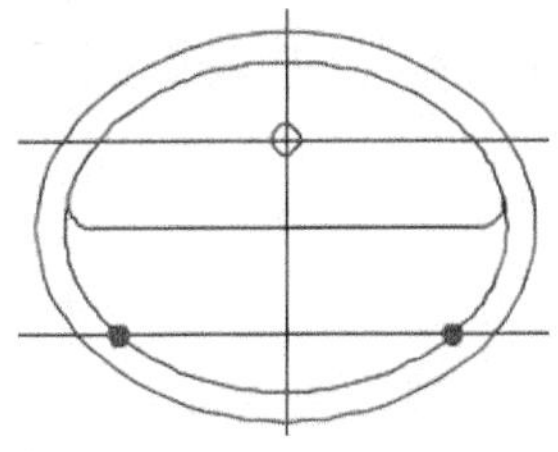

步骤08 在命令行输入“TR”并按空格键调用修剪命令，修剪掉多余的线段，并将整个洗脸盆都放置到“家具”图层上，结果如下图所示。

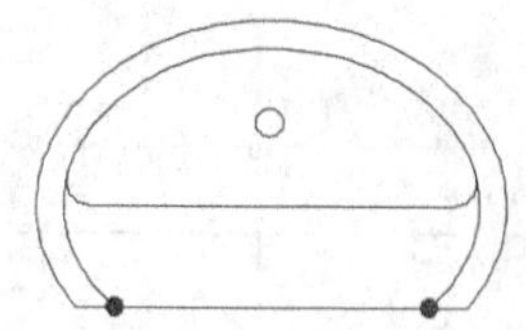

3. 绘制洗脸盆外围并插入马桶图块

步骤01 在命令行输入“O”并按空格键调用偏移命令，将左侧的内墙壁向右偏移1515和2245，下边的内墙壁向上偏移350，结果如下图所示。

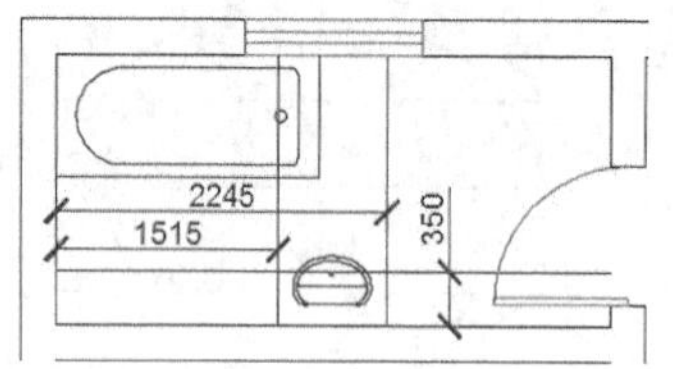

步骤02 选择【默认】选项卡➤【绘图】面板➤【起点、端点、半径】绘制圆弧按钮，以直线的两个交点为起点和端点，绘制一个半径为520的圆弧，结果如下图所示。

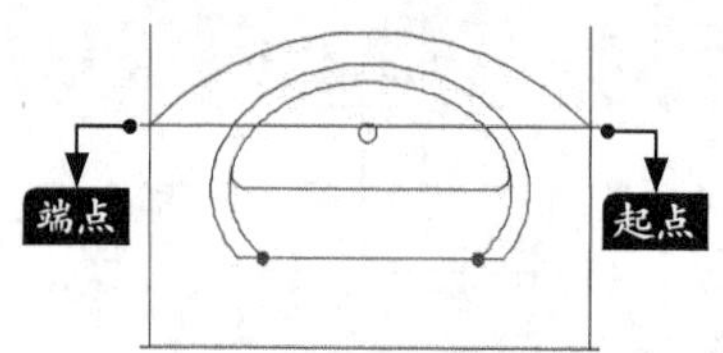

步骤03 在命令行输入“TR”并按空格键调用修剪命令，修剪掉多余的线段，并将整个洗脸盆都放置到“家具”图层上，结果如下图所示。

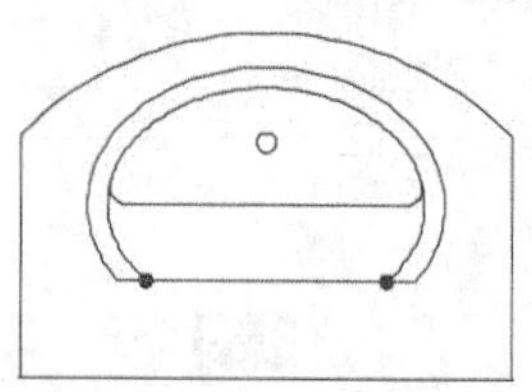

步骤04 在命令行输入“I”并按空格键调用插入命令，在【插入】对话框中单击【浏览】按钮，选择“素材\CH21\坐便器.dwg”文件，将其插入到绘图区域中，旋转角度设置为“-90”，结果如下图所示。

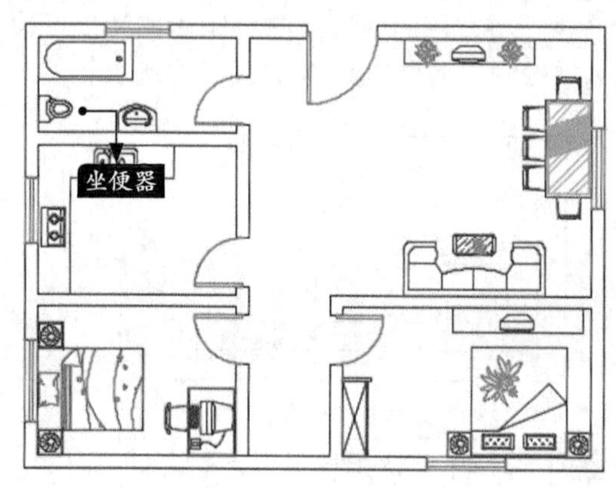

21.1.12 为房间进行图案填充

本小节主要介绍图案填充的方法，在平面图的每个房间中填充图案，以表示其不同的材质。

步骤01 将“填充”图层设置为当前图层，然后在命令行输入“L”并按空格键调用直线命令，将图中的门洞用直线连接起来，如下图所示。

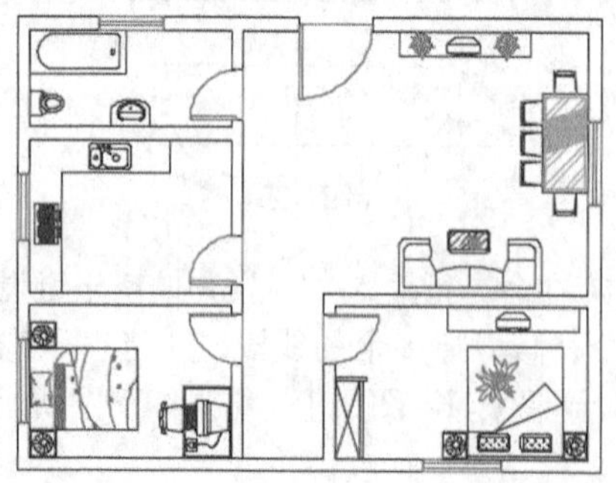

步骤02 在命令行输入“H”并按空格键调用填充命令，弹出【图案填充创建】选项卡，填充图案选择“NET”，填充比例设置为“250”，然后在客厅中单击以拾取内部点，对客厅进行填充，结果如下图所示。

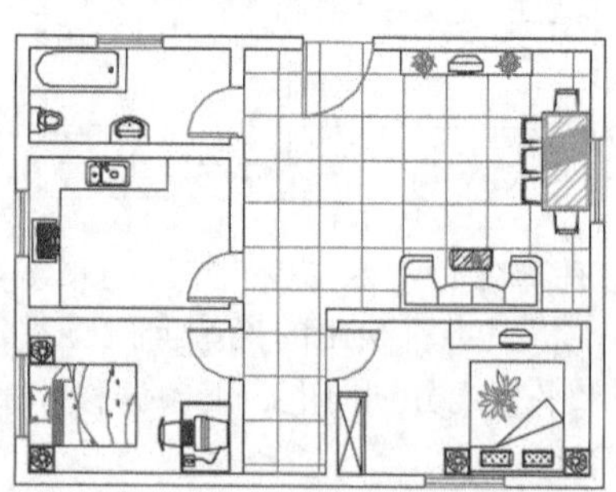

步骤03 继续调用图案填充命令，填充图案选择"DOLMIT"，填充比例设置为"30"，然后对卧室进行填充，结果如下图所示。

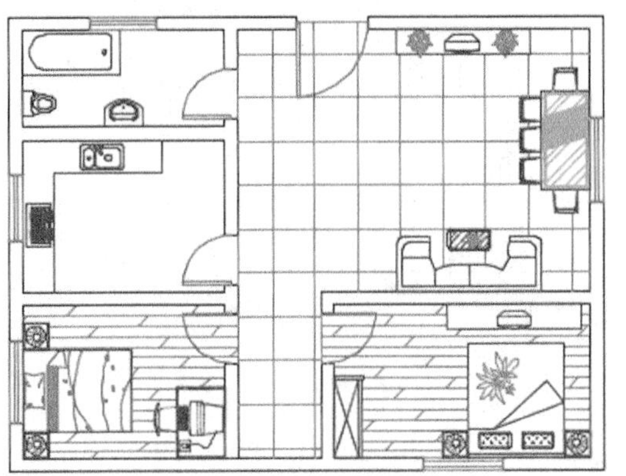

步骤04 继续调用图案填充命令，填充图案选择"ANGLE"，填充比例设置为"50"，然后对厨房和卫生间进行填充，结果如下图所示。

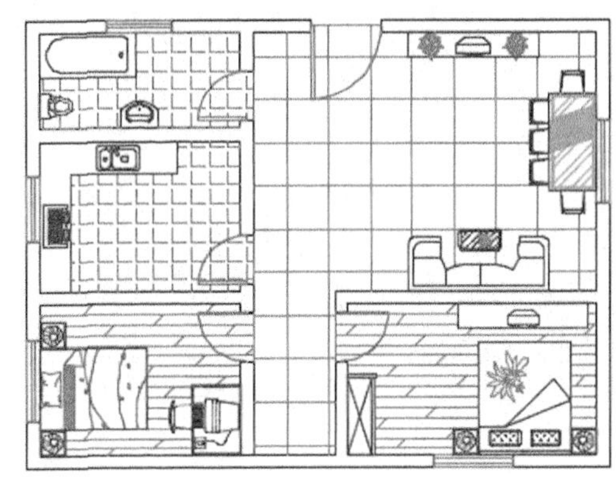

21.1.13 添加文字和尺寸标注

房间布置完成后，需要对每个房间标注尺寸并添加文字。本小节主要介绍标注类型，例如线性标注、连续标注等类型。文字主要会用到单行文字。

步骤01 为了便于标注定位，在标注前首先将"轴线"层打开，如下图所示。

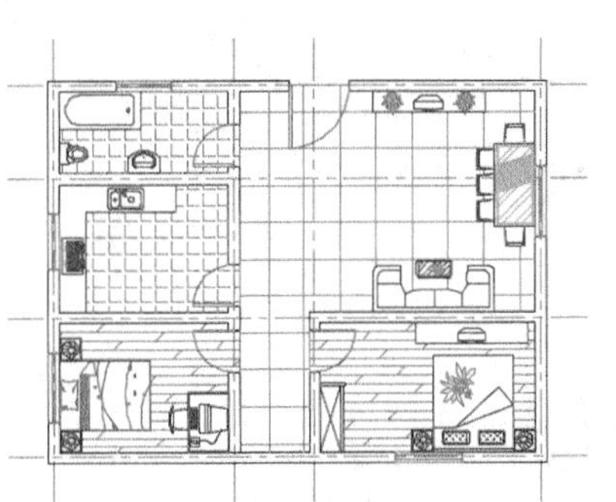

步骤02 将"标注"图层设置为当前层，选择【默认】选项卡➤【注释】面板➤【标注】按钮，捕捉最上边两条水平轴线的端点，创建一个线性尺寸，如下图所示。

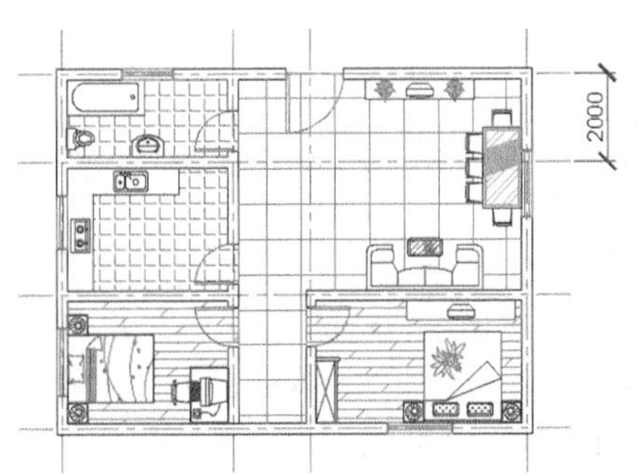

步骤03 不退出智能标注的情况下，在命令行输入"C"，然后捕捉刚创建的线性标注的下侧尺寸界限为连续标注的基线，如下图所示。

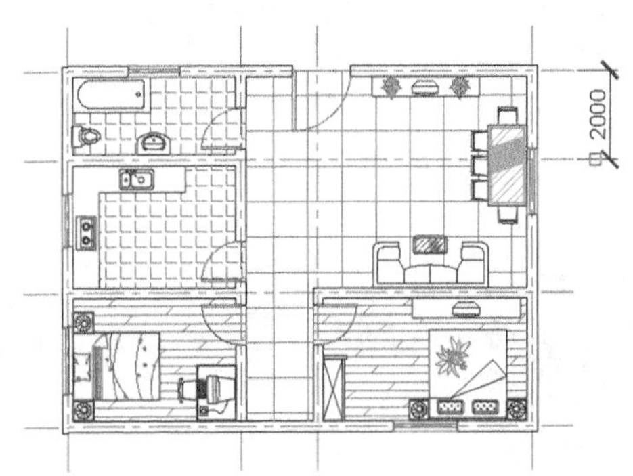

步骤04 然后捕捉相应的水平轴线的端点创建连续标注，如下图所示。

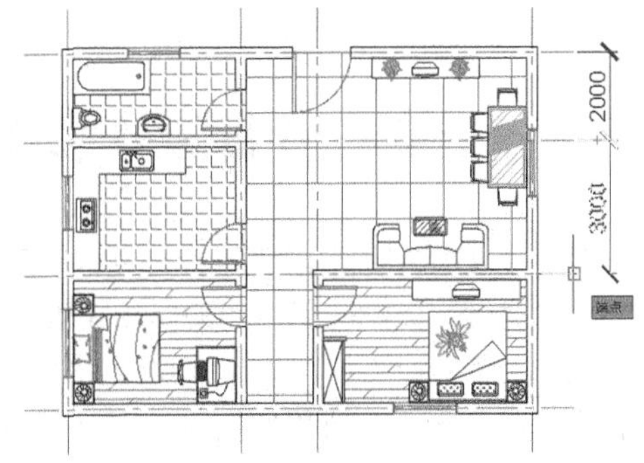

步骤05 垂直方向的尺寸标注完成后如下图所示。

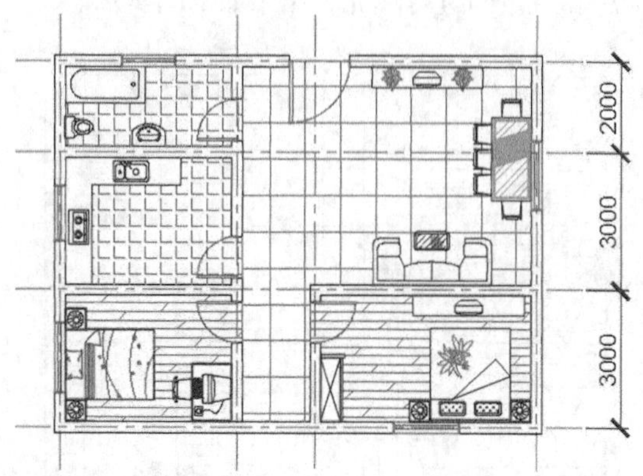

步骤06 连续按空格键两次，退出智能标注的连续标注（但不退出智能标注）后，重新创建一个水平线性标注，如下图所示。

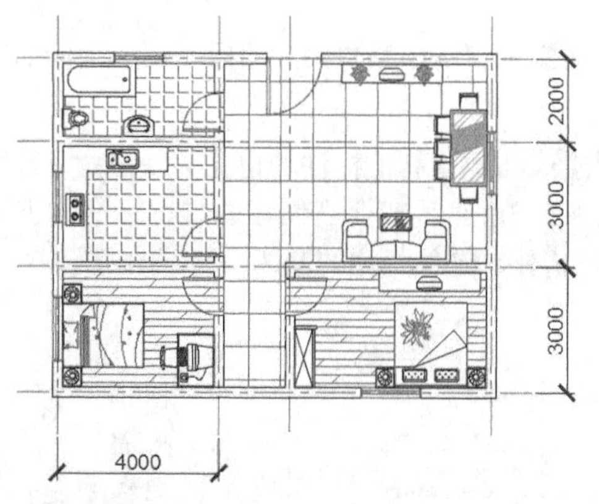

步骤07 重复步骤03继续创建水平连续标注，结果如下图所示。

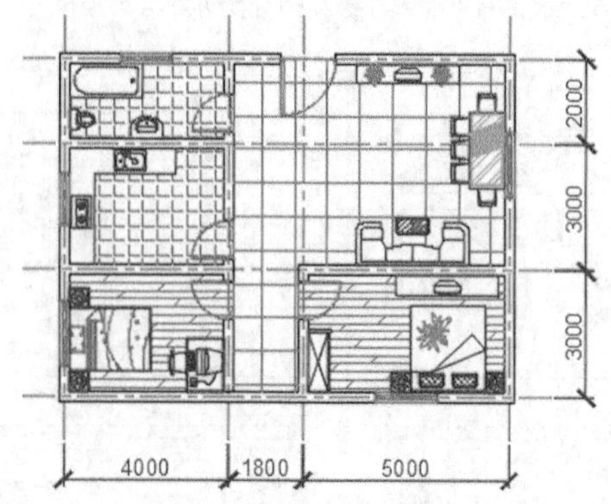

步骤08 尺寸标注完成后，将“文字”图层设置为当前层，在命令行输入“DT”调用单行命令，在图形中指定起点，设置旋转角度为“0”，文字高度为“400”，输入相应文字，结果如下图所示。

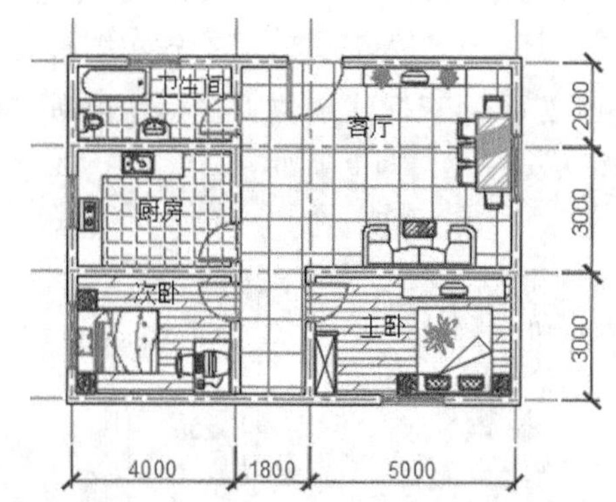

21.2 绘制无障碍卫生间详图

本节视频教程时间：1 小时 8 分钟

无障碍卫生间在机场、车站等公共场所比较常见，通常会配备专门的无障碍设施，为残障者、老人或病人提供便利。下面以无障碍卫生间中的挂式小便器俯视图及挂式小便器右视图为例，详细介绍无障碍卫生间详图的绘制方法。

21.2.1 无障碍卫生间设计的注意事项

无障碍卫生间主要面向残障者、老人或病人，设计时通常需要注意以下几点。

- 门的宽度：无障碍卫生间的门的宽度不应低于800mm，以便于轮椅的出入。
- 门的种类：应当使用移动推拉门，并在门上安装横向拉手，便于乘坐轮椅的人开门或关门。在条件允许的情况下，可以使用电动门，通过按钮控制门的打开或关闭。

● 内部空间：无障碍卫生间的内部空间不应低于1.5m × 1.5m。

● 安全扶手：必须配备安全扶手，座便器扶手离地不应低于700mm，小便器扶手离地不应低于1180mm，台盆扶手离地不应低于850mm。

● 紧急呼叫系统：必须配备紧急呼叫系统。紧急呼叫系统可以选择安装于墙面，也可以选择安装于安全扶手上面。

21.2.2 无障碍卫生间详图的绘制思路

绘制无障碍卫生间详图的思路是先绘制挂式小便器俯视图，并为其添加标注及文字说明，然后绘制挂式小便器右视图，同样为其添加标注及文字说明。具体绘制思路如下表所示。

序号	绘图方法	结　果	备 注
1	利用直线、偏移、复制、修剪和填充等命令绘制挂式小便器俯视图墙体	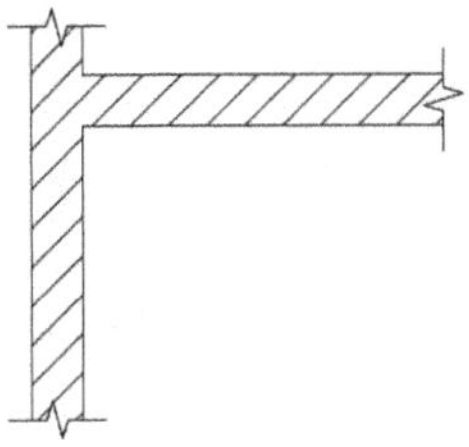	注意“fro”的应用
2	利用直线、圆、圆弧、偏移、镜像、圆角和参数化约束操作等命令绘制挂式小便器俯视图	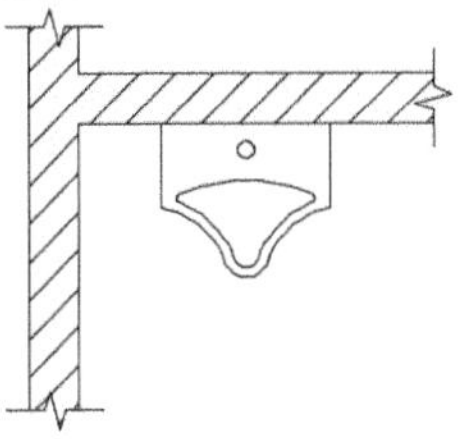	注意参数化约束操作
3	利用直线、圆、偏移、复制和修剪等命令绘制挂式小便器俯视图安全抓杆	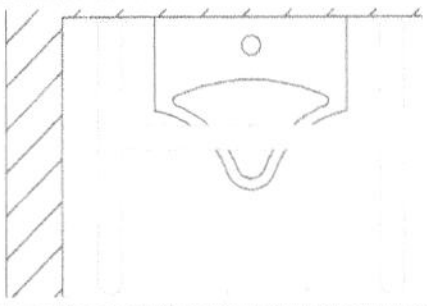	注意“fro”的应用
4	利用直线、线性标注、多重引线标注和单行文字等命令为挂式小便器俯视图添加注释	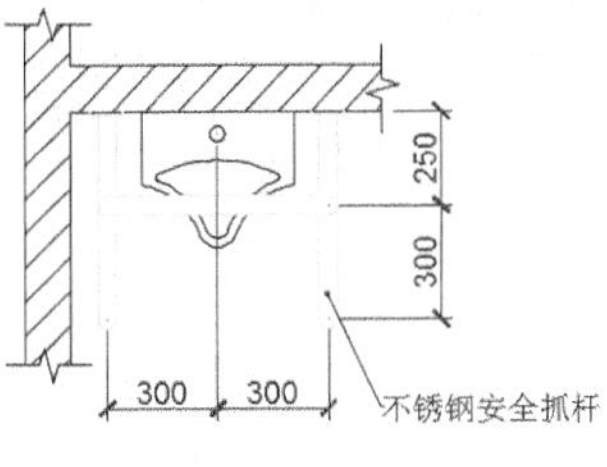 250 300 300 300 不锈钢安全抓杆 挂式小便器俯视图	
5	利用直线、矩形、偏移、填充和删除等命令绘制挂式小便器右视图墙体及地面	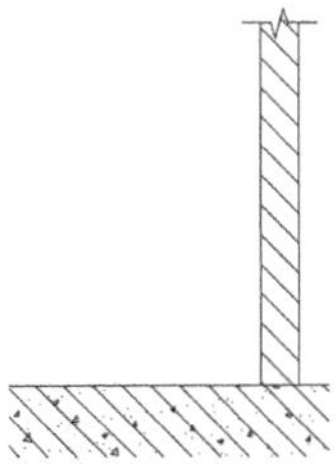	注意“fro”的应用

续表

序号	绘图方法	结　果	备 注
6	利用直线、圆、矩形、修剪和圆角等命令绘制挂式小便器右视图		注意“fro”的应用
7	利用直线、多段线、圆、偏移和修剪等命令绘制挂式小便器右视图安全抓杆		注意“fro”的应用
8	利用直线、线性标注、多重引线标注和单行文字等命令为挂式小便器右视图添加注释	不锈钢安全抓杆 300 250 280 200 700 挂式小便器右视图	

21.2.3 绘制挂式小便器俯视图

绘制挂式小便器俯视图时，主要会应用到直线、圆、修剪、填充及参数化约束操作，具体操作步骤如下。

1. 绘制墙体

步骤01 打开“素材\CH21\无障碍卫生间详图.dwg”文件，如下图所示。

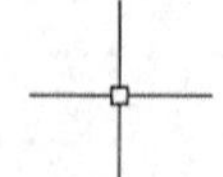

步骤02 将“墙体及地面”图层置为当前，在命令行输入“L”并按空格键调用直线命令，在绘图区域中绘制一条长度为900的竖直直线段，结果如下图所示。

步骤03 在命令行输入“O”并按空格键调用偏移命令，将刚才绘制的直线段向右侧偏移120，结果如下图所示。

步骤 04 在命令行输入“L”并按空格键调用直线命令，在命令行提示下输入“fro”并按【Enter】键确认，然后捕捉如下图所示端点作为基点。

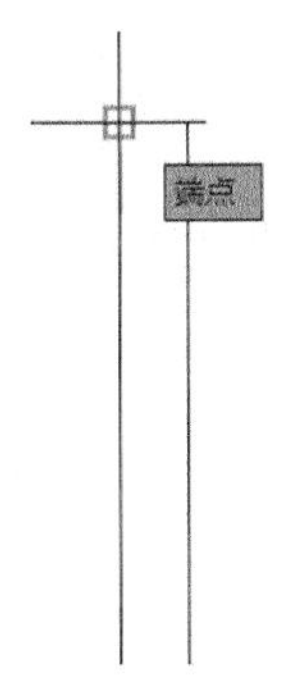

步骤 05 命令行提示如下。

基点：< 偏移 >：@-56,0
指定下一点或 [放弃 (U)]：@90,0
指定下一点或 [放弃 (U)]：@14,44
指定下一点或 [闭合 (C)/ 放弃 (U)]：@24,-88
指定下一点或 [闭合 (C)/ 放弃 (U)]：@14,44
指定下一点或 [闭合 (C)/ 放弃 (U)]：@90,0
指定下一点或 [闭合 (C)/ 放弃 (U)]： // 按【Enter】键结束该命令

步骤 06 结果如下图所示。

步骤 07 在命令行输入“CO”并按空格键调用复制命令，将步骤 04~步骤 06绘制的直线段图形向下复制，并捕捉下图所示端点作为复制的基点。

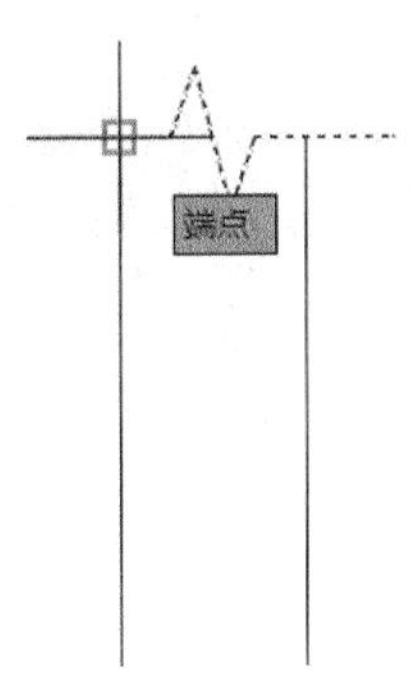

步骤 08 在绘图区域中拖曳鼠标并捕捉下图所示端点作为位移的第二个点。

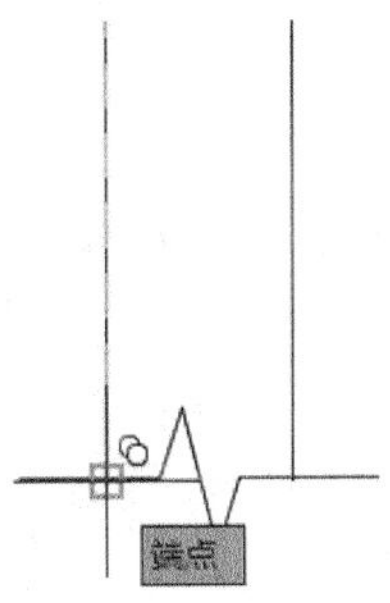

步骤 09 按【Enter】键确认后，结果如下图所示。

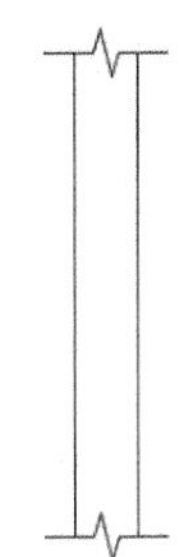

步骤 10 在命令行输入“L”并按空格键调用直线命令，在命令行提示下输入“fro”并按【Enter】键确认，然后捕捉下图所示端点作为基点。

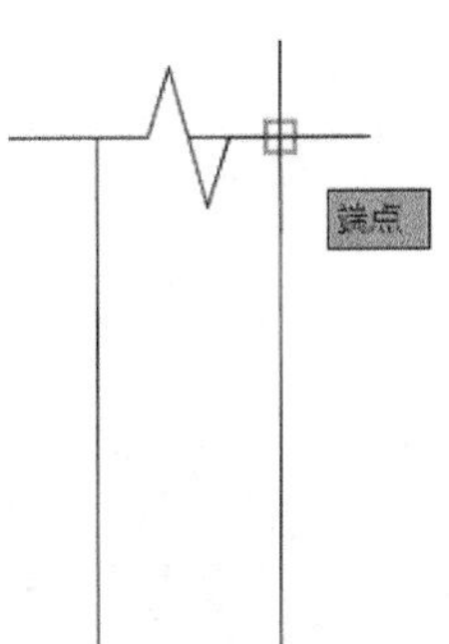

步骤 11 命令行提示如下。

基点：< 偏移 >: @0,-110
指定下一点或 [放弃 (U)]: @850,0
指定下一点或 [放弃 (U)]: //按【Enter】键结束该命令

步骤 12 结果如下图所示。

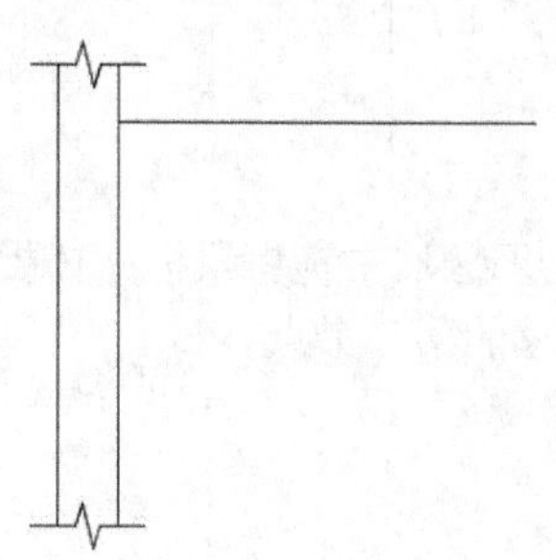

步骤 13 在命令行输入“O”并按空格键调用偏移命令，将刚才绘制的直线段向下方偏移“120”，结果如下图所示。

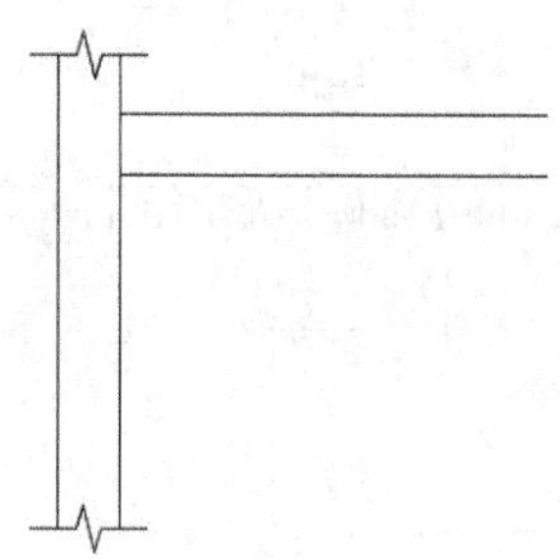

步骤 14 在命令行输入“L”并按空格键调用直线命令，在命令行提示下输入“fro”并按【Enter】键确认，然后捕捉如下图所示端点作为基点。

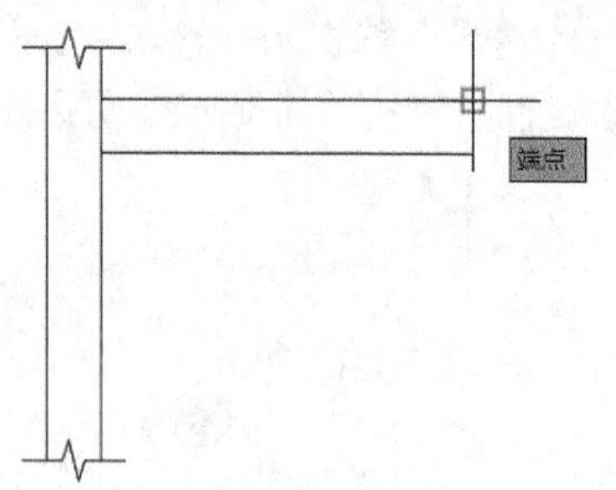

步骤 15 命令行提示如下。

基点：< 偏移 >: @0,56
指定下一点或 [放弃 (U)]: @0,-90
指定下一点或 [放弃 (U)]: @44,-14
指定下一点或 [闭合 (C)/ 放弃 (U)]: @-88,-24
指定下一点或 [闭合 (C)/ 放弃 (U)]: @44,-14
指定下一点或 [闭合 (C)/ 放弃 (U)]: @0,-90
指定下一点或 [闭合 (C)/ 放弃 (U)]: //按【Enter】键结束该命令

步骤 16 结果如下图所示。

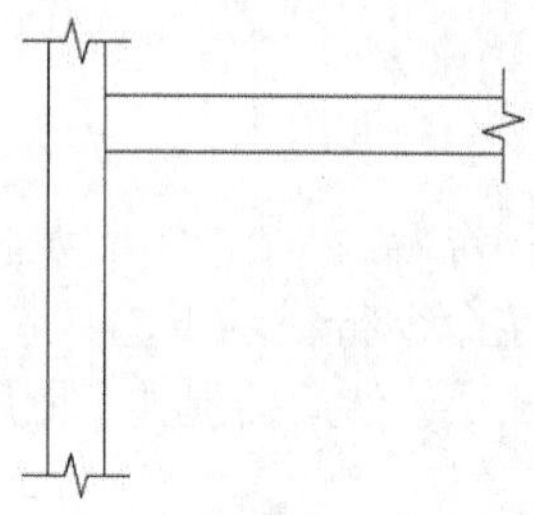

步骤 17 在命令行输入“TR”并按空格键调用修剪命令，选择下图所示的两条水平直线段作为修剪边界。

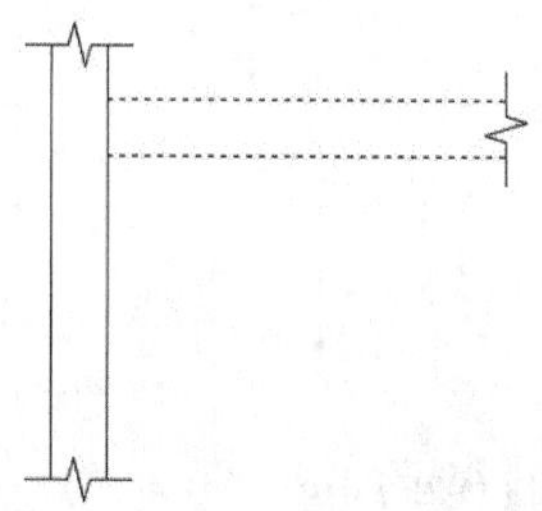

步骤 18 在绘图区域中对多余线段进行相应修剪操作，然后按【Enter】键结束修剪命令，结果如下图所示。

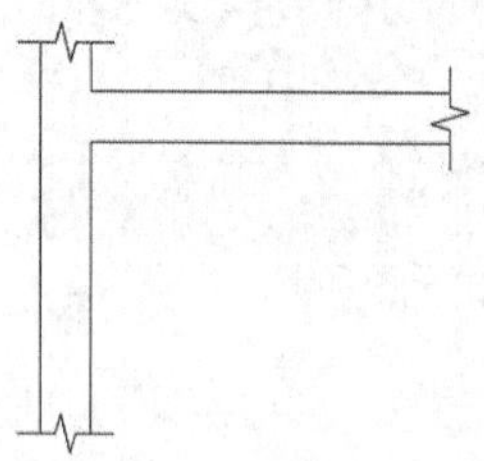

步骤 19 在命令行输入“H”并按空格键调用填充命令，填充图案选择“ANSI31”，填充比例设置为“20”，然后在绘图区域中拾取内部点进行填充，结果如下图所示。

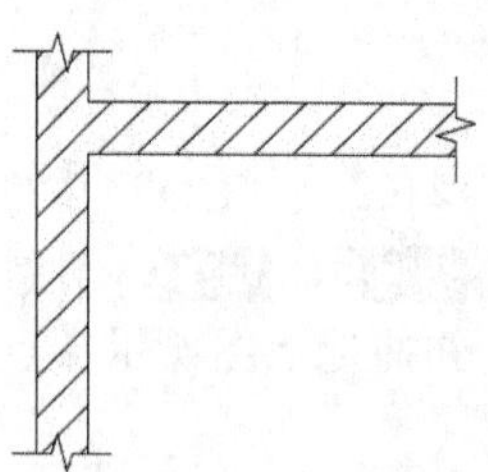

2. 绘制挂式小便器（绘制直线及圆形部分）

步骤01 将“挂式小便器”图层置为当前，在命令行输入“L”并按空格键调用直线命令，在命令行提示下输入“fro”并按【Enter】键确认，然后捕捉如下图所示端点作为基点。

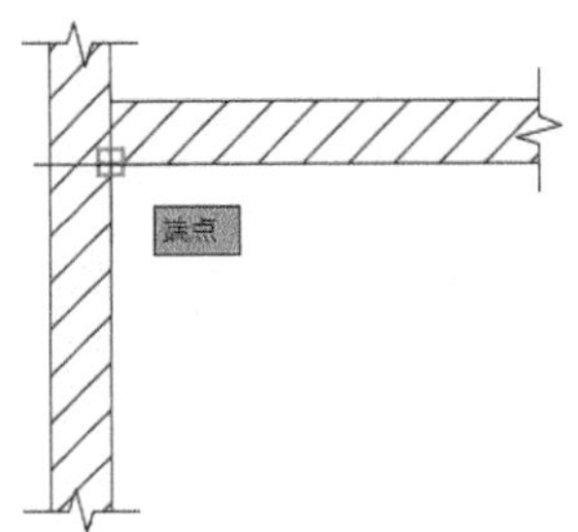

步骤02 命令行提示如下。

基点：< 偏移 >: @195,0
指定下一点或 [放弃 (U)]: @0,-195
指定下一点或 [放弃 (U)]: // 按【Enter】键结束该命令

步骤03 结果如下图所示。

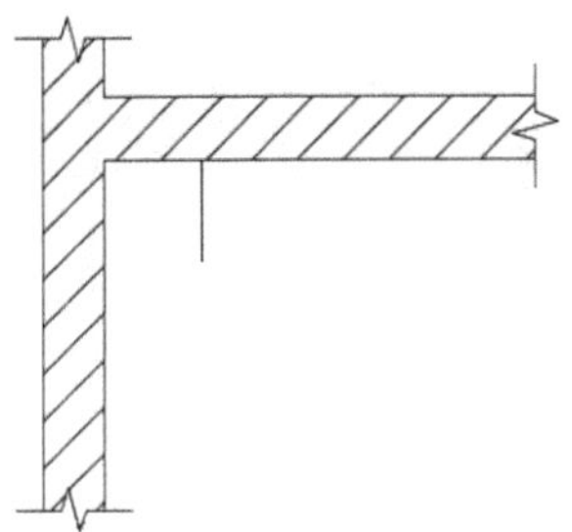

步骤04 在命令行输入“O”并按空格键调用偏移命令，将刚才绘制的直线段向右侧偏移410，结果如下图所示。

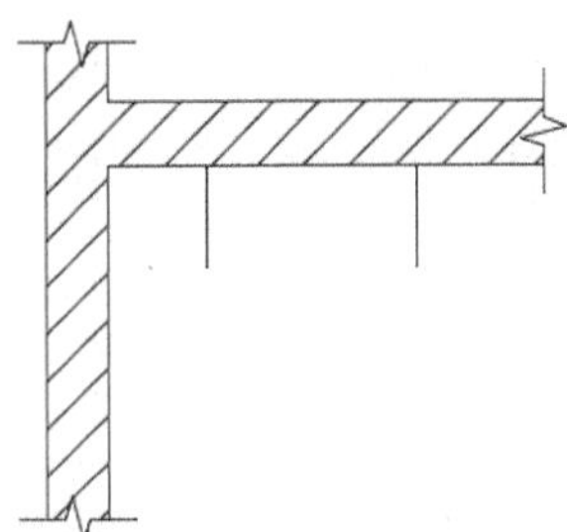

步骤05 在命令行输入“C”并按空格键调用圆命令，在命令行提示下输入“fro”并按【Enter】键确认，然后捕捉如下图所示端点作为基点。

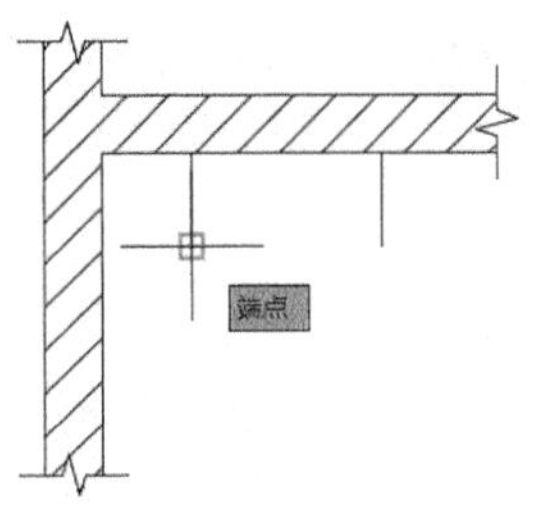

步骤06 命令行提示如下。

基点：< 偏移 >: @205,-110
指定圆的半径或 [直径 (D)]: 54

步骤07 结果如下图所示。

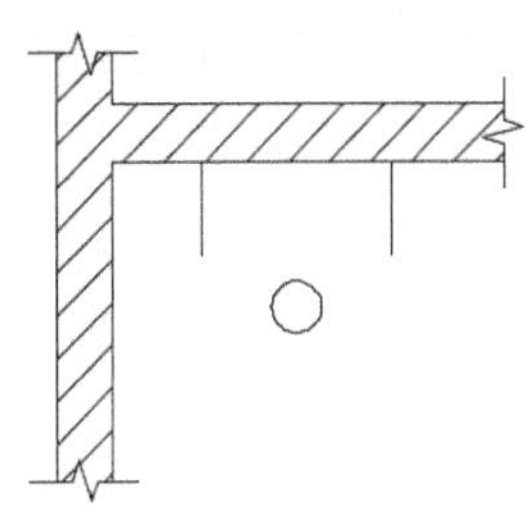

3. 绘制挂式小便器（绘制圆弧并对其进行约束）

步骤01 单击【常用】选项卡➤【绘图】面板➤【圆弧】按钮，选择【起点、端点、半径】选项，然后在给图区域中任意绘制一段圆弧，该圆弧半径为“203”，结果如下图所示。

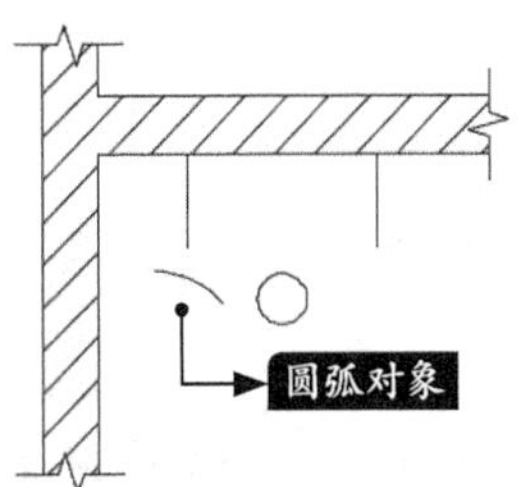

步骤02 单击【参数化】选项卡➤【标注】面板➤【半径】按钮，对刚才绘制的圆弧图形进行半径标注，并且采用默认尺寸设置，结果如下图所示。

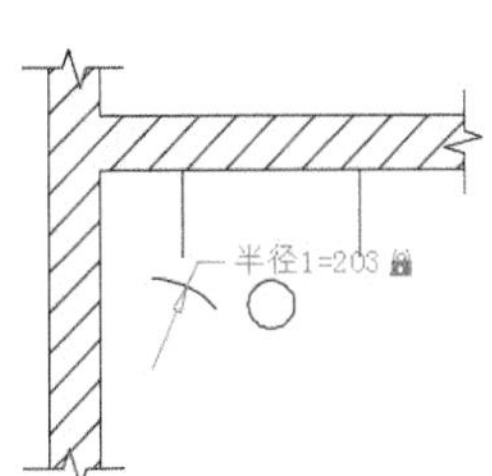

步骤03 单击【参数化】选项卡➤【几何】面板➤【重合】按钮，在绘图区域中单击选择第一个点，如下图所示。

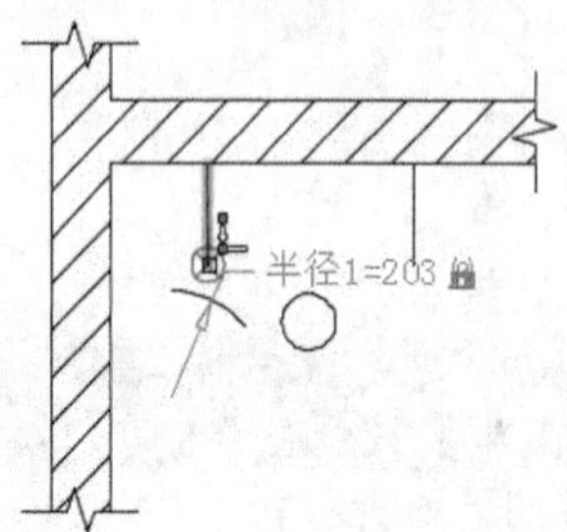

步骤04 继续在绘图区域中单击选择第二个点，如下图所示。

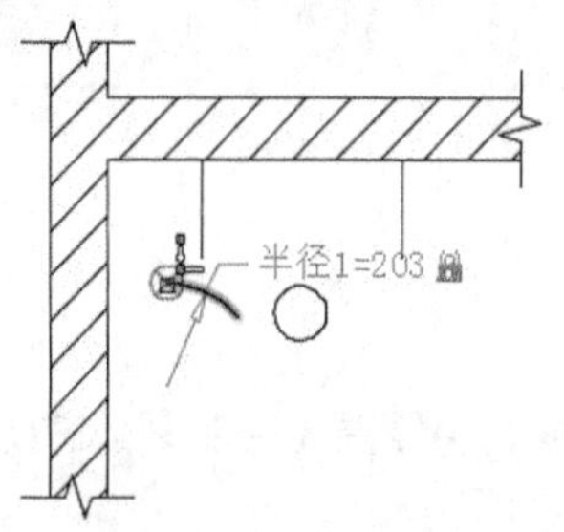

步骤05 结果如下图所示。

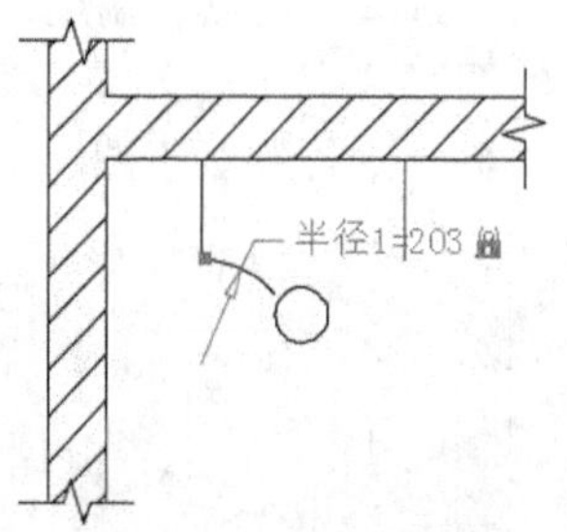

步骤06 单击【参数化】选项卡➤【标注】面板➤【竖直】按钮，在绘图区域中对步骤01~步骤03绘制的竖直直线段进行标注约束，并且采用系统默认尺寸设置，结果如下图所示。

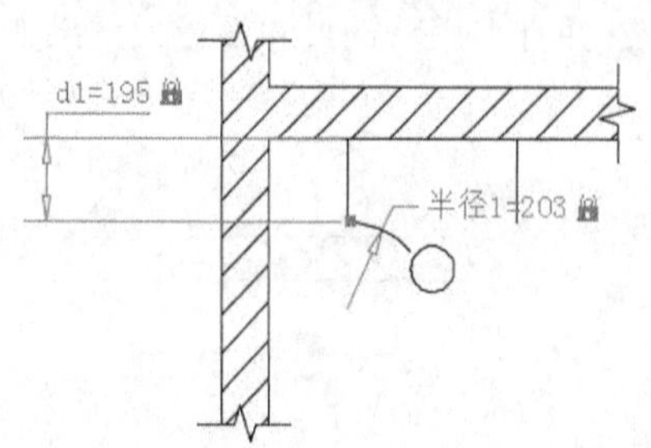

步骤07 单击【参数化】选项卡➤【几何】面板➤【固定】按钮，在绘图区域中选择点，如下图所示。

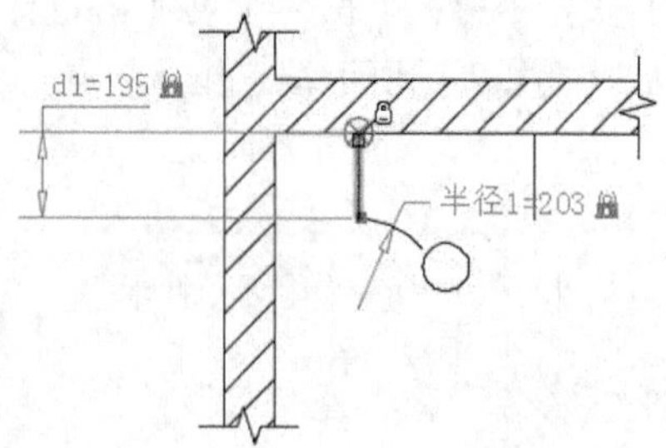

步骤08 结果如下图所示。

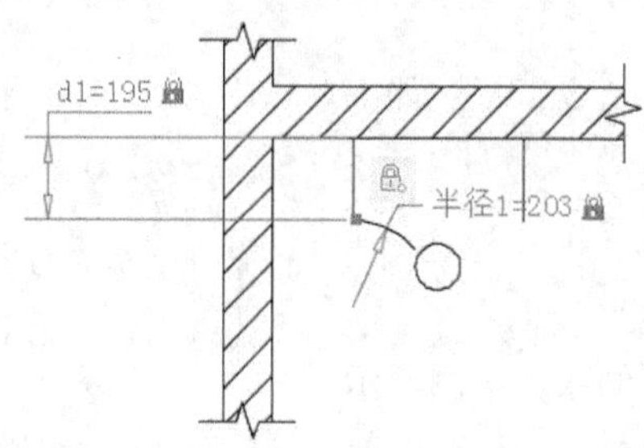

步骤09 单击【参数化】选项卡➤【几何】面板➤【相切】按钮，在绘图区域中选择第一个对象，如下图所示。

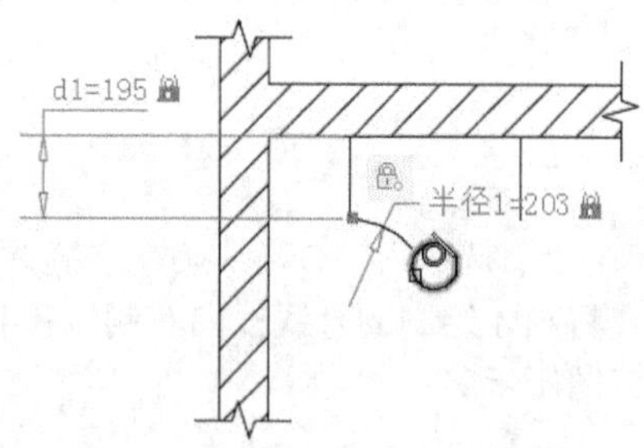

步骤10 继续在绘图区域中单击选择第二个对象，如下图所示。

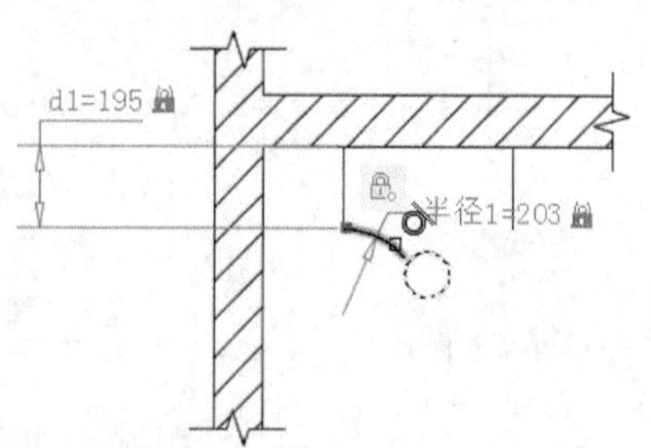

步骤11 结果如下图所示。

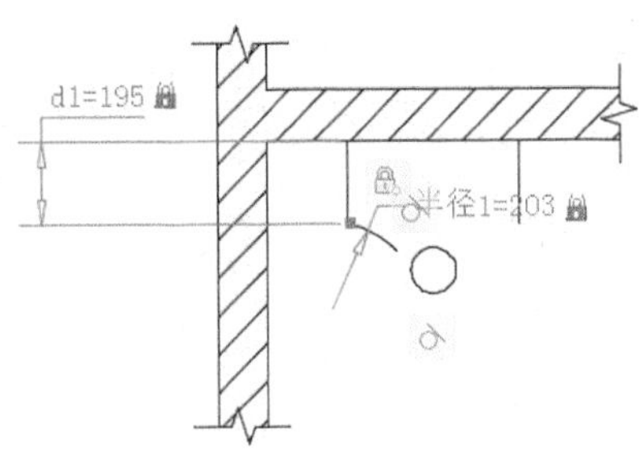

步骤 12 在命令行输入“EX”并按空格键调用延伸命令，在绘图区域中选择圆形对象，并按【Enter】键确认，如下图所示。

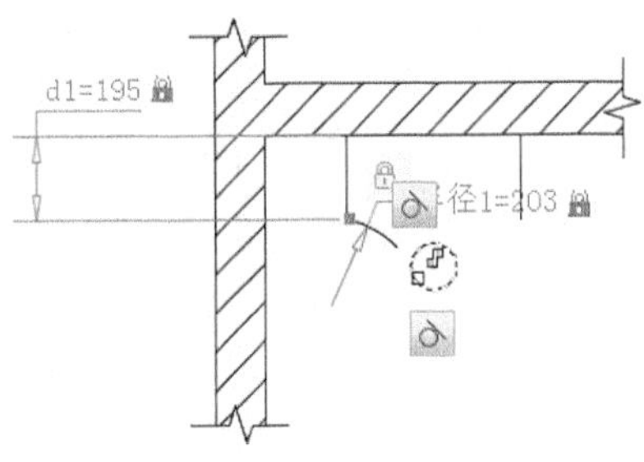

步骤 13 继续在绘图区域中选择圆弧对象，并按【Enter】键确认，如下图所示。

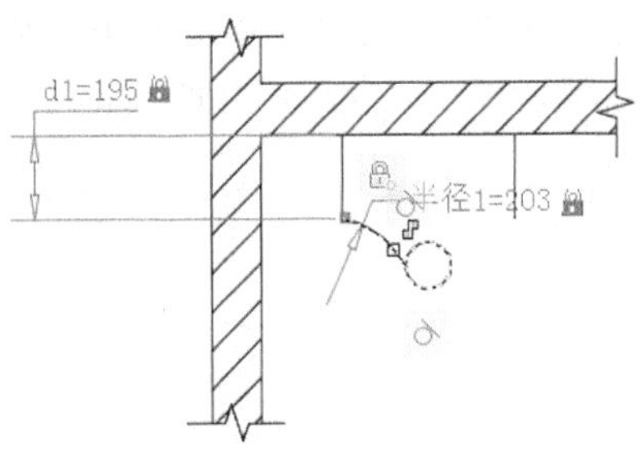

步骤 14 结果如下图所示。

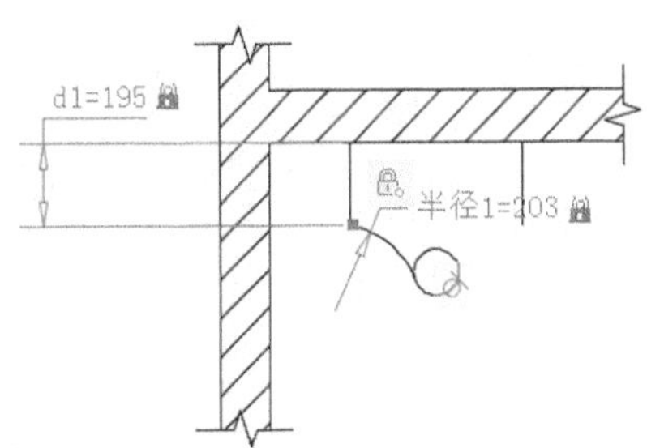

步骤 15 单击【参数化】选项卡➤【管理】面板➤【删除约束】按钮，在命令行提示下输入“all”并按两次【Enter】键，结果如下图所示。

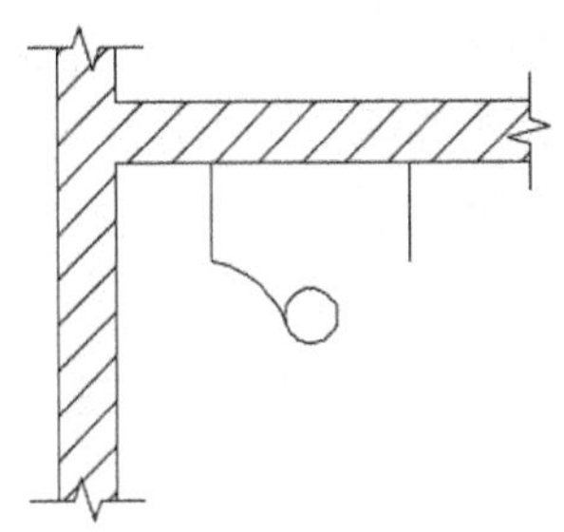

4. 绘制挂式小便器（完善操作）

步骤 01 在命令行输入“MI”并按空格键调用镜像命令，在绘图区域中选择圆弧作为需要镜像的对象，以圆形的竖直中心线作为镜像线，并保留源对象，结果如下图所示。

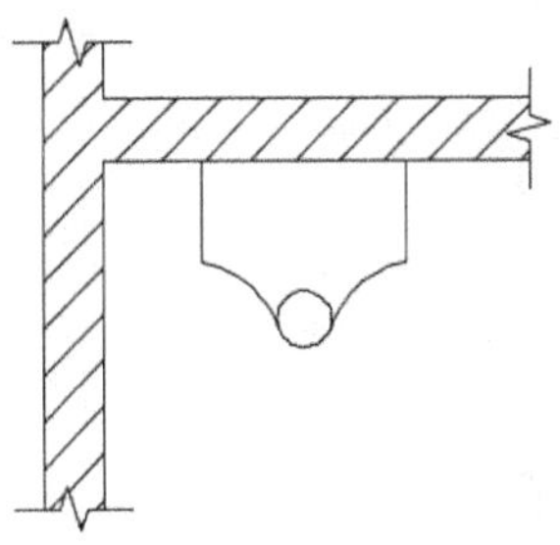

步骤 02 在命令行输入“TR”并按空格键调用修剪命令，在绘图区域中选择两条圆弧对象，按【Enter】键确认，如下图所示。

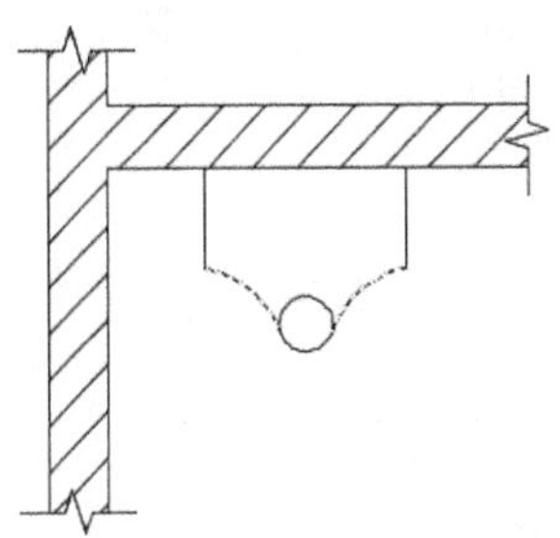

步骤 03 在绘图区域中对圆形进行修剪，并按【Enter】键结束该命令，结果如下图所示。

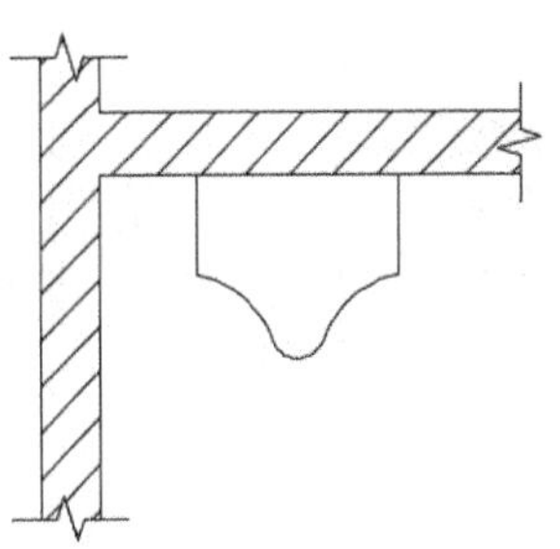

步骤04 在命令行输入“O”并按空格键调用偏移命令，将绘图区域中的三条圆弧对象向上方偏移23，结果如下图所示。

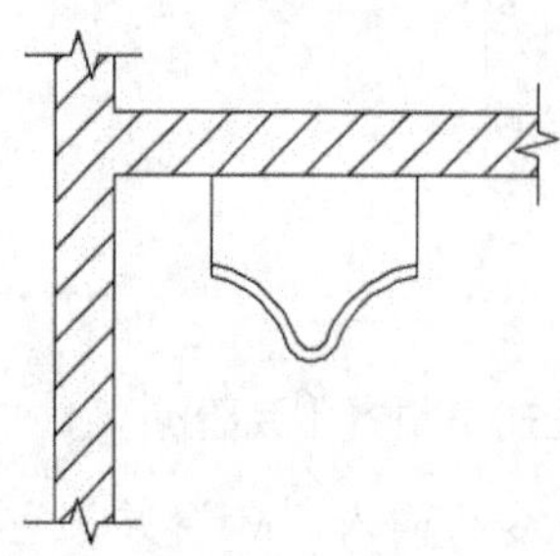

步骤05 在命令行输入“C”并按空格键调用圆命令，在命令行提示下输入“fro”并按【Enter】键确认，然后在绘图区域中捕捉下图所示端点作为基点。

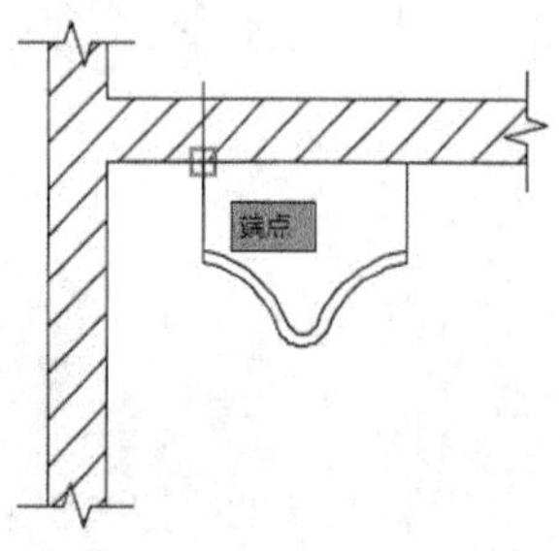

步骤06 命令行提示如下。

```
基点：<偏移>: @205,-526
指定圆的半径或 [直径(D)]: 395
```

步骤07 结果如下图所示。

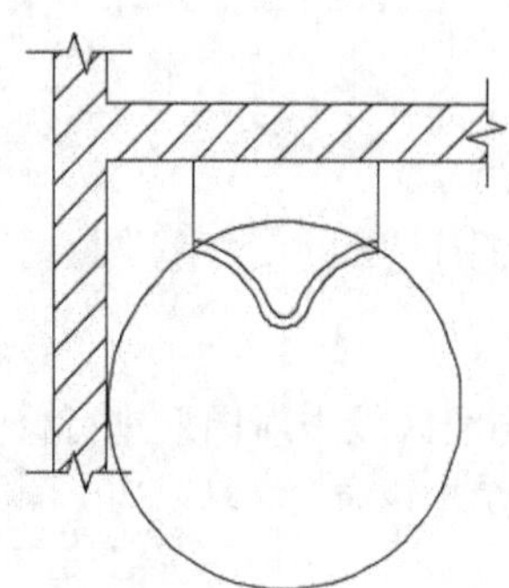

步骤08 在命令行输入“TR”并按空格键调用修剪命令，在绘图区域中选择步骤04中偏移生成的两条圆弧对象，按【Enter】键确认，如下图所示。

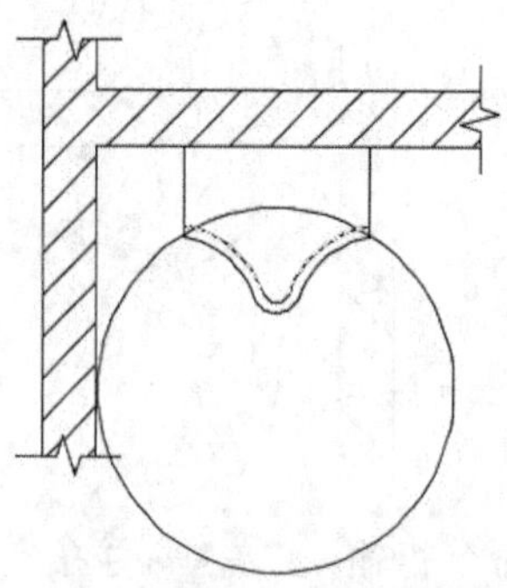

步骤09 在绘图区域中对圆形进行修剪，并按【Enter】键结束该命令，结果如下图所示。

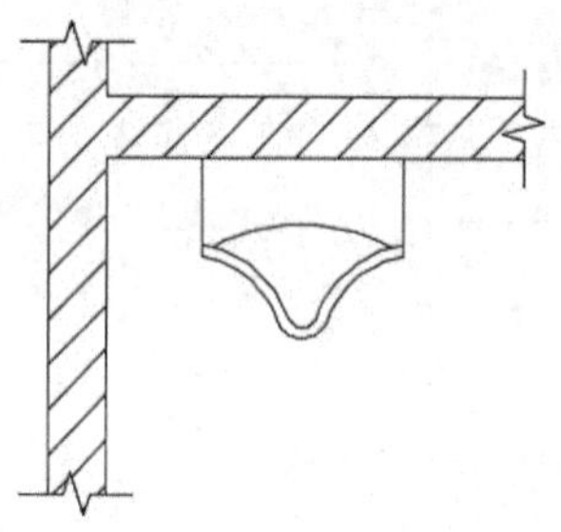

步骤10 在命令行输入“F”并按空格键调用圆角命令，圆角半径设置为“10”，在绘图区域中选择相应对象进行圆角操作，然后按【Enter】键结束该命令，结果如下图所示。

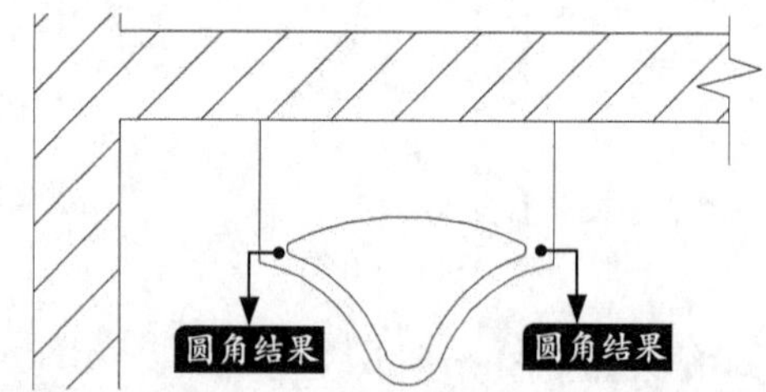

步骤11 在命令行输入“C”并按空格键调用圆命令，在命令行提示下输入“fro”并按【Enter】键确认，然后在绘图区域中捕捉下图所示端点作为基点。

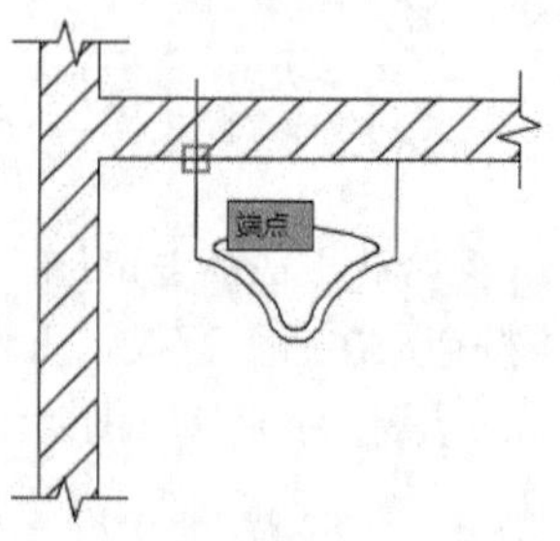

步骤12 命令行提示如下。

基点：< 偏移 >: @205,-60
指定圆的半径或 [直径 (D)] <395.0000>: 20

步骤 13 结果如下图所示。

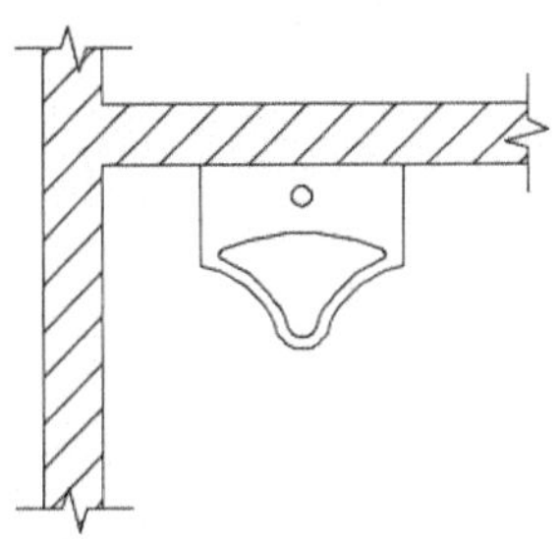

5. 绘制安全抓杆

步骤 01 将“安全抓杆”层置为当前，在命令行输入“L”并按空格键调用直线命令，在命令行提示下输入“fro”并按【Enter】键确认，然后在绘图区域中捕捉下图所示端点作为基点。

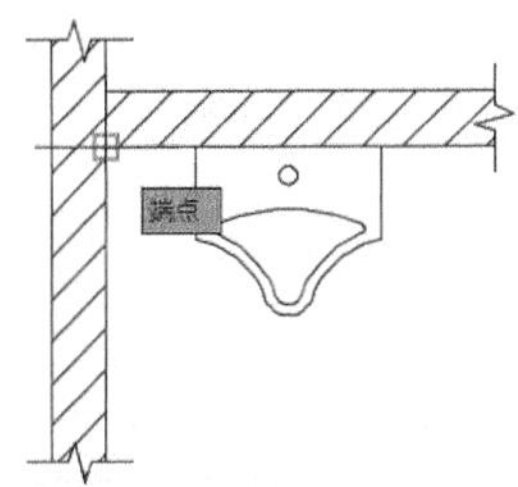

步骤 02 命令行提示如下。

基点：< 偏移 >: @55,0
指定下一点或 [放弃 (U)]: @10,-10
指定下一点或 [放弃 (U)]: @70,0
指定下一点或 [闭合 (C)/ 放弃 (U)]: @10,10
指定下一点或 [闭合 (C)/ 放弃 (U)]: //按【Enter】键结束该命令

步骤 03 结果如下图所示。

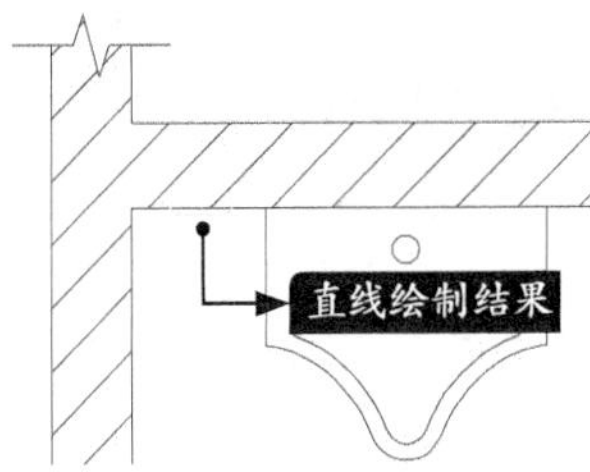

步骤 04 在命令行输入“L”并按空格键调用直线命令，在命令行提示下输入“fro”并按【Enter】键确认，然后在绘图区域中捕捉下图所示端点作为基点。

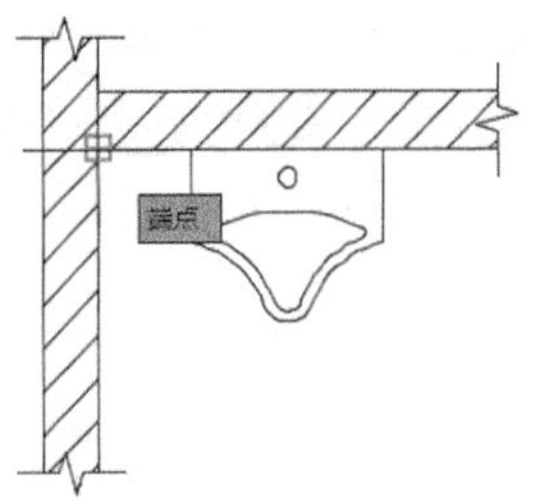

步骤 05 命令行提示如下。

基点：< 偏移 >: @75,-10
指定下一点或 [放弃 (U)]: @0,-540
指定下一点或 [放弃 (U)]: //按【Enter】键结束该命令

步骤 06 结果如下图所示。

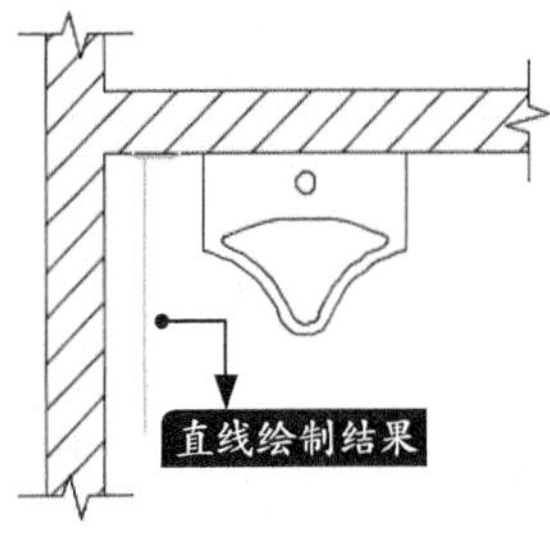

步骤 07 在命令行输入“O”并按空格键调用偏移命令，将刚才绘制的竖直直线段向右侧偏移50，结果如下图所示。

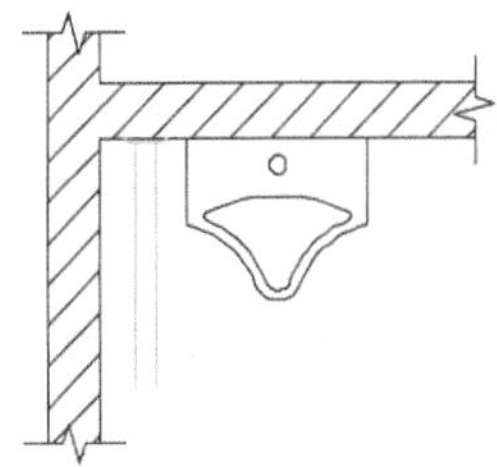

步骤 08 单击【默认】选项卡➤【绘图】面板➤【圆】按钮，选择【两点】选项，在绘图区域中分别捕捉步骤 04~步骤 07中所绘制的两条竖直直线段的下方端点绘制一个圆形，结果如下图所示。

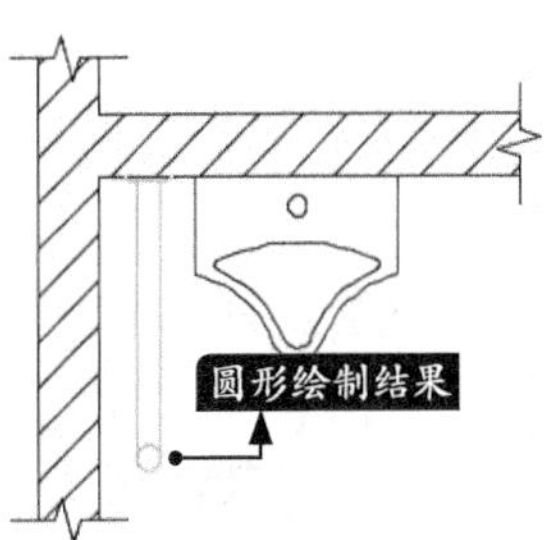

步骤 09 在命令行输入“CO”并按空格键调用复制命令，选择步骤 01~步骤 08所绘制的图形作为需要复制的对象，并按【Enter】键确认，如下图所示。

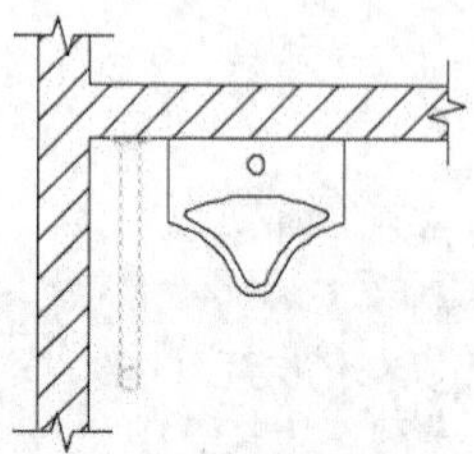

步骤 10 当命令行提示指定第二个点时，输入“@600,0”按两次【Enter】键结束该命令，结果如下图所示。

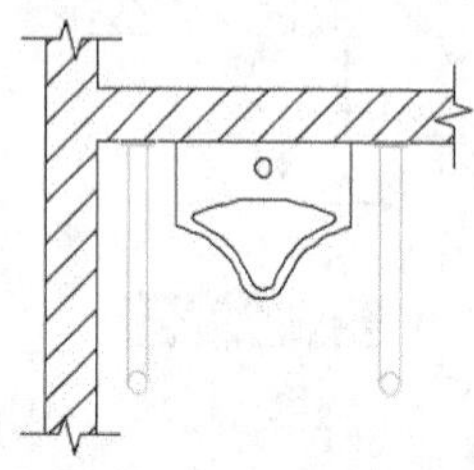

步骤 11 在命令行输入“C”并按空格键调用圆命令，在命令行提示下输入“fro”并按【Enter】键确认，然后在绘图区域中捕捉下图所示端点作为基点。

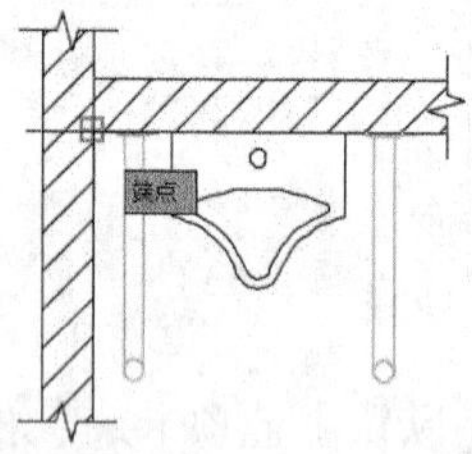

步骤 12 命令行提示如下。

```
基点：< 偏移 >: @100,-250
指定圆的半径或 [ 直径 (D)] <25.0000>: 25
```

步骤 13 结果如下图所示。

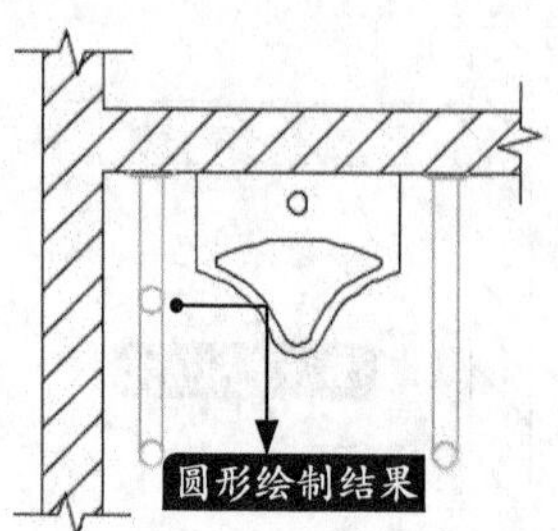

步骤 14 在命令行输入“CO”并按空格键调用复制命令，选择步骤 11~步骤 13所绘制的圆形作为需要复制的对象，并按【Enter】键确认，如下图所示。

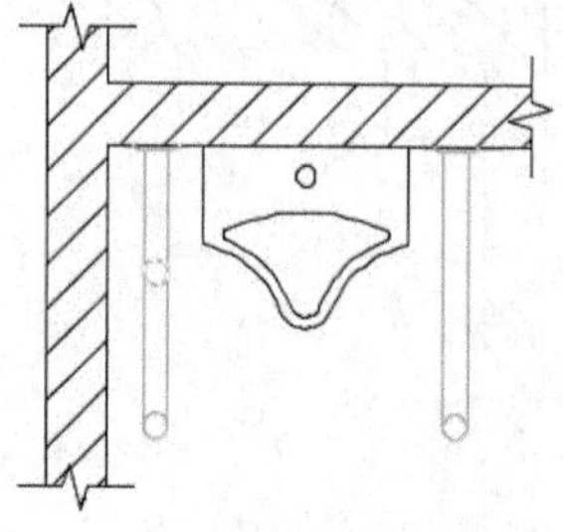

步骤 15 当命令行提示指定第二个点时，输入“@600,0”按两次【Enter】键结束该命令，结果如下图所示。

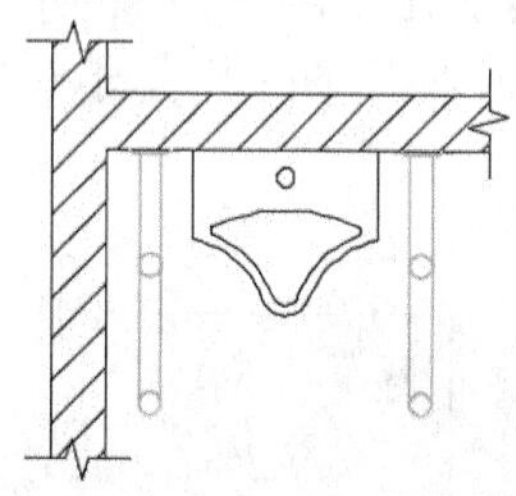

步骤 16 在命令行输入“L”并按空格键调用直线命令，绘制两条水平直线段将步骤 11~步骤 15中得到的两个圆形连接起来，结果如下图所示。

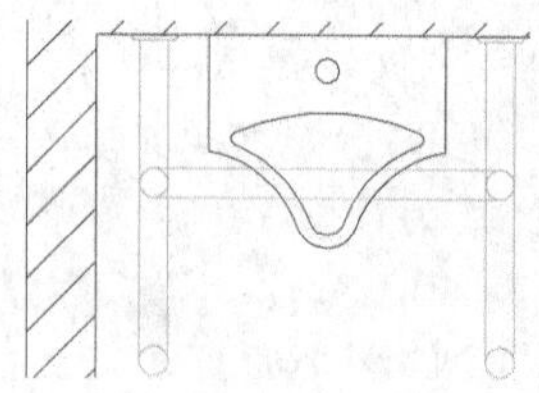

步骤 17 在命令行输入“TR”并按空格键调用修剪命令，选择步骤 16绘制的两条水平直线段作为修剪边界，如下图所示。

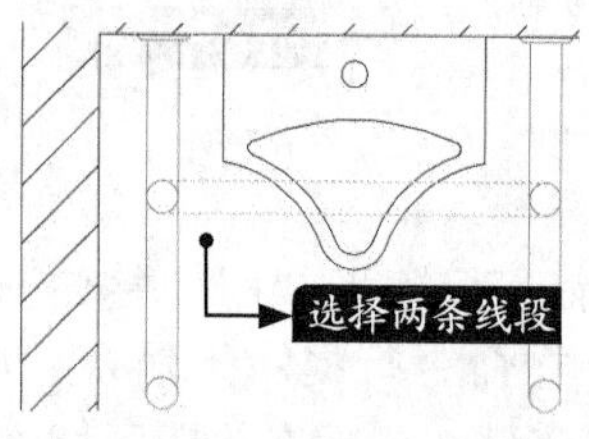

步骤 18 在绘图区域中对多余对象进行修剪，并

结束修剪命令，结果如下图所示。

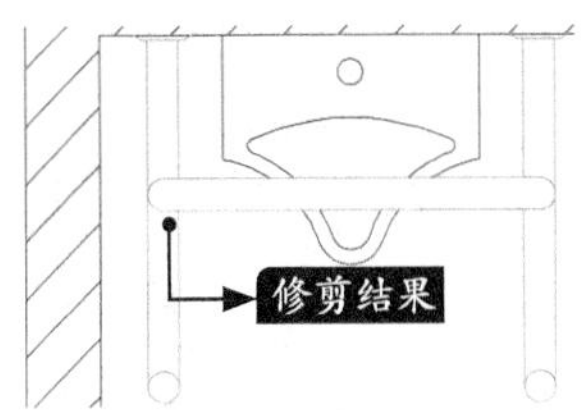

步骤19 重复调用【修剪】命令，在绘图区域中对另外两处多余对象进行修剪，结果如下图所示。

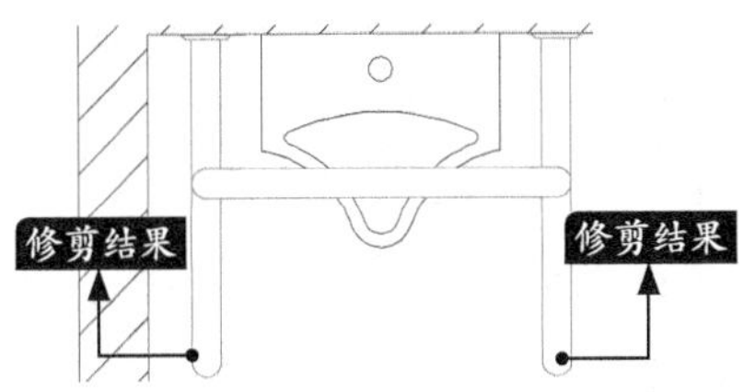

6. 添加尺寸标注及文字说明

步骤01 将“标注”层置为当前，在命令行输入“DIMLIN”并按空格键调用线性标注命令，标注结果如下图所示。

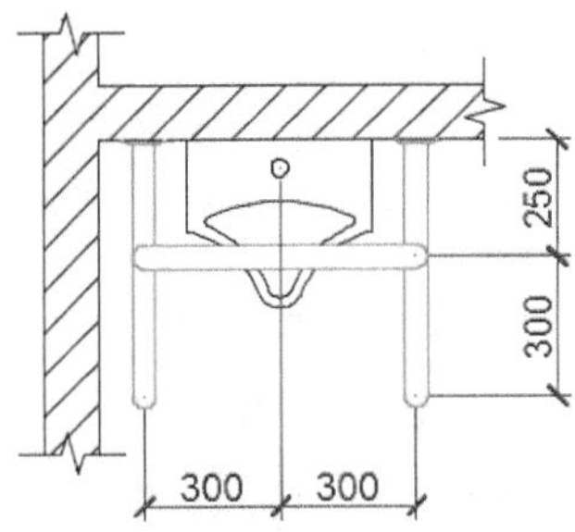

步骤02 在命令行输入“MLEADER”并按空格键调用多重引线标注命令，标注结果如下图所示。

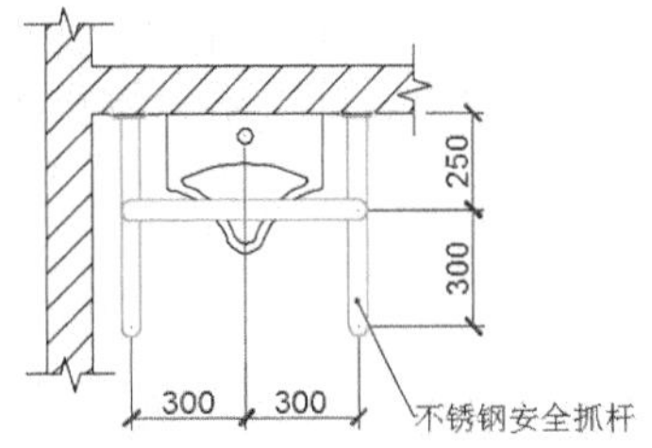

步骤03 在命令行输入“TEXT”并按空格键调用单行文字命令，文字高度指定为“70”，旋转角度指定为“0”，并输入文字内容“挂式小便器俯视图”，结束单行文字命令后结果如下图所示。

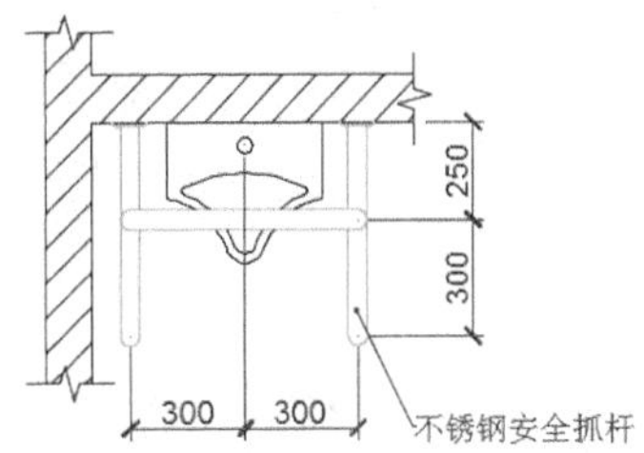

步骤04 在命令行输入“L”并按空格键调用直线命令，在绘图区域中绘制两条任意长度的水平直线段，结果如下图所示。

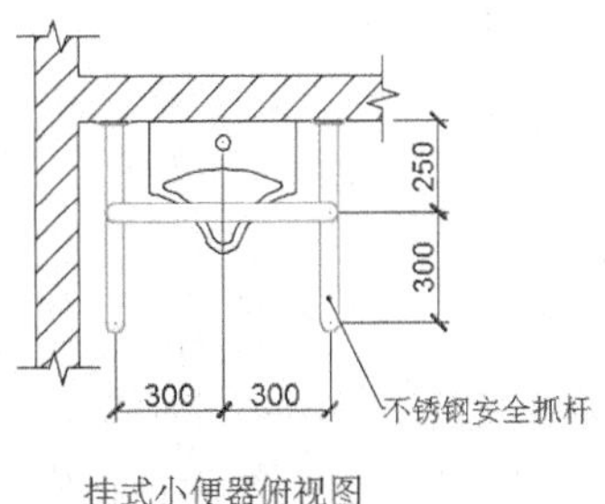

21.2.4 绘制挂式小便器右视图

挂式小便器右视图的绘制方法与其俯视图类似，下面将对其绘制过程进行详细介绍。

1. 绘制墙体及地面

步骤01 将“墙体及地面”图层置为当前，在命令行输入“L”并按空格键调用直线命令，在绘图区域中绘制一条长度为1100的竖直直线段，结果如下图所示。

步骤02 在命令行输入“O”并按空格键调用偏移命令，将刚才绘制的直线段向右侧偏移120，结果如下图所示。

步骤03 在命令行输入“L”并按空格键调用直线命令，在命令行提示下输入“fro”并按【Enter】键确认，然后捕捉如下图所示端点作为基点。

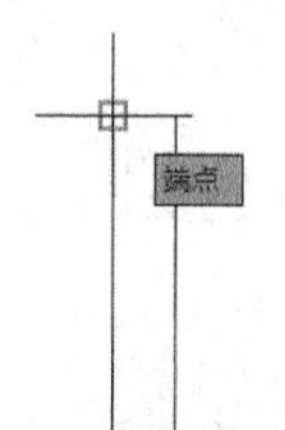

步骤04 命令行提示如下。

> 基点：< 偏移 >: @-56,0
> 指定下一点或 [放弃 (U)]: @90,0
> 指定下一点或 [放弃 (U)]: @14,-44
> 指定下一点或 [闭合 (C)/ 放弃 (U)]: @24,88
> 指定下一点或 [闭合 (C)/ 放弃 (U)]: @14,-44
> 指定下一点或 [闭合 (C)/ 放弃 (U)]: @90,0
> 指定下一点或 [闭合 (C)/ 放弃 (U)]: // 按【Enter】键结束该命令

步骤05 结果如下图所示。

步骤06 在命令行输入“L”并按空格键调用直线命令，在命令行提示下输入“fro”并按【Enter】键确认，然后捕捉如下图所示端点作为基点。

步骤07 命令行提示如下。

> 基点：< 偏移 >: @90,0
> 指定下一点或 [放弃 (U)]: @-1000,0
> 指定下一点或 [放弃 (U)]: // 按【Enter】键结束该命令

步骤08 结果如下图所示。

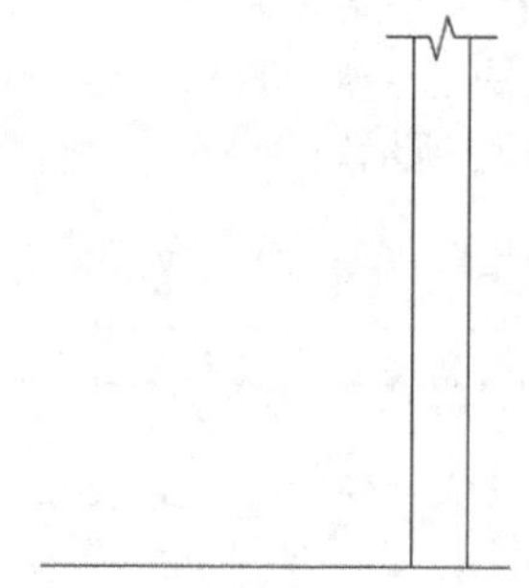

步骤09 在命令行输入“REC”并按空格键调用矩形命令，然后在绘图区域中捕捉如下图所示端点作为矩形的第一个角点。

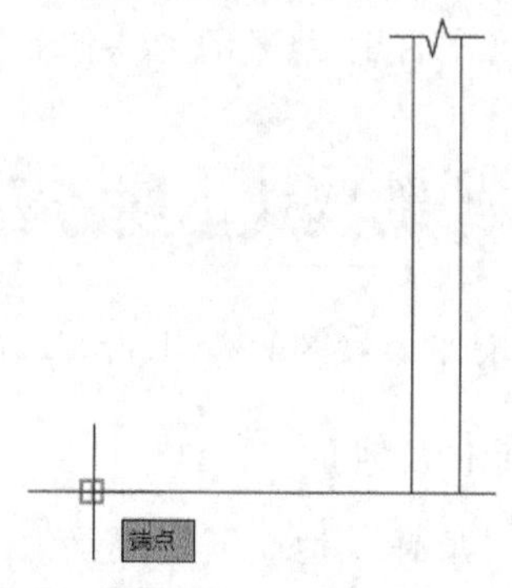

步骤10 在命令行提示下输入“@1000,-220”并按【Enter】键确认，以指定矩形的另一个角点，结果如下图所示。

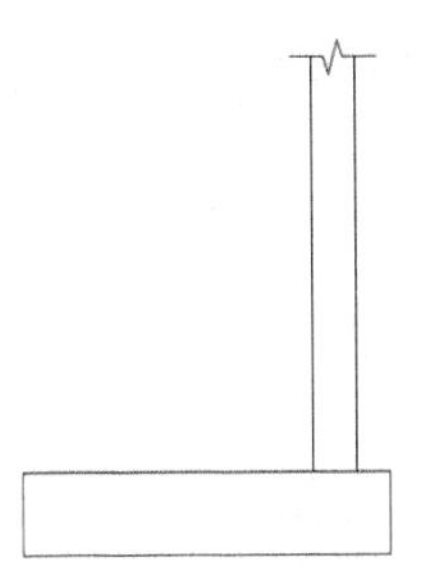

步骤11 在命令行输入“H”并按空格键调用填充命令，填充图案选择“ANSI31”，填充比例设置为“20”，角度设置为“90”，然后在绘图区域中拾取内部点进行填充，结果如下图所示。

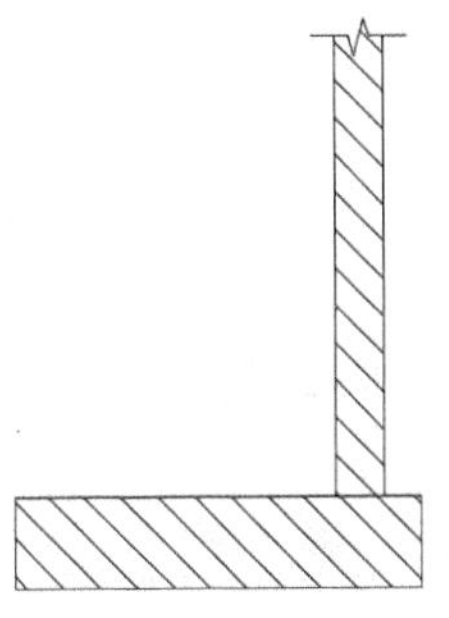

步骤12 在命令行输入“H”并按空格键调用填充命令，填充图案选择“AR-CONC”，填充比例设置为“1”，角度设置为“0”，然后在绘图区域中拾取内部点进行填充，结果如下图所示。

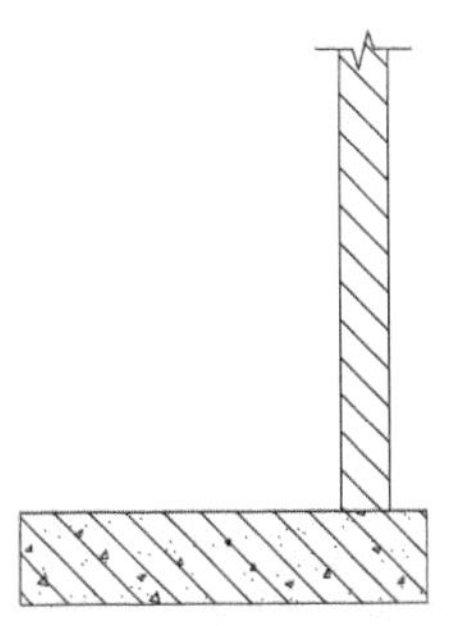

步骤13 选择步骤09~步骤10绘制的矩形，按【Del】键将其删除，结果如下图所示。

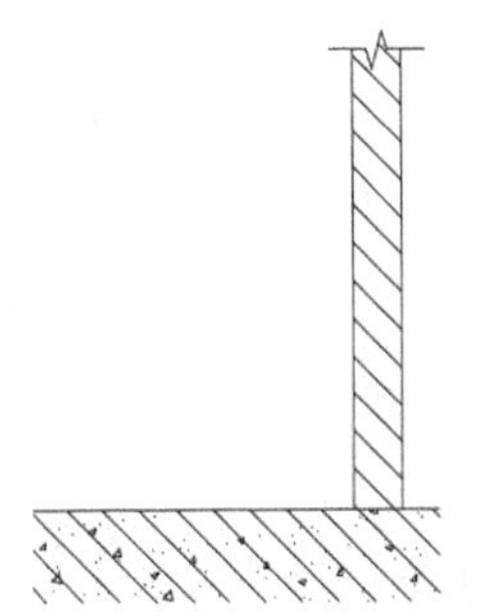

2. 绘制挂式小便器（绘制直线段）

步骤01 将“挂式小便器”图层置为当前，在命令行输入“L”并按空格键调用直线命令，在命令行提示下输入“fro”并按【Enter】键确认，然后捕捉如下图所示端点作为基点。

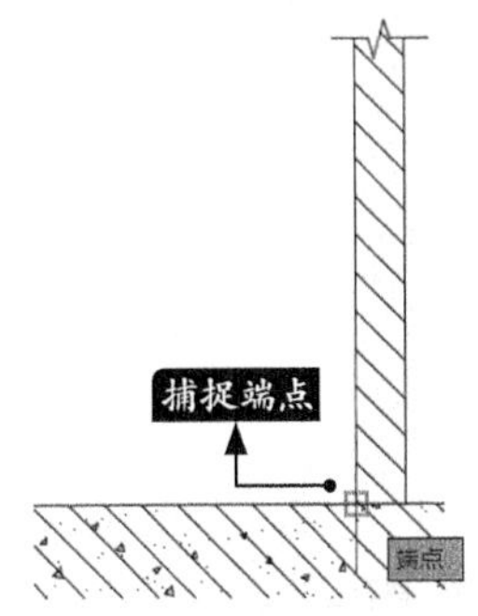

步骤02 命令行提示如下。

```
基点：<偏移>: @0,368
指定下一点或[放弃(U)]: @-220,0
指定下一点或[放弃(U)]: //按【Enter】键结束该命令
```

步骤03 结果如下图所示。

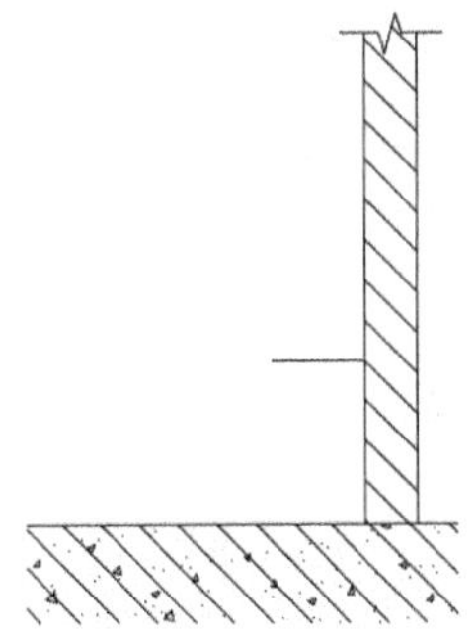

步骤04 在命令行输入“L”并按空格键调用直线命令，在命令行提示下输入“fro”并按【Enter】键确认，然后捕捉如下图所示端点作为基点。

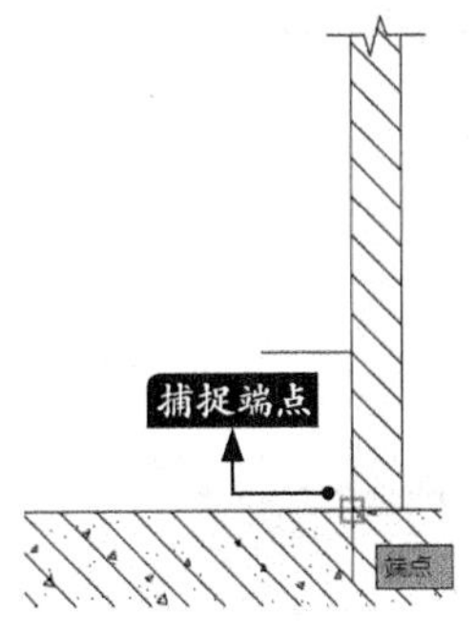

步骤05 命令行提示如下。

基点：< 偏移 >: @0,759
指定下一点或 [放弃 (U)]: @-61,0
指定下一点或 [放弃 (U)]: @0,-150
指定下一点或 [闭合 (C)/ 放弃 (U)]: // 按【Enter】键结束该命令

步骤06 结果如下图所示。

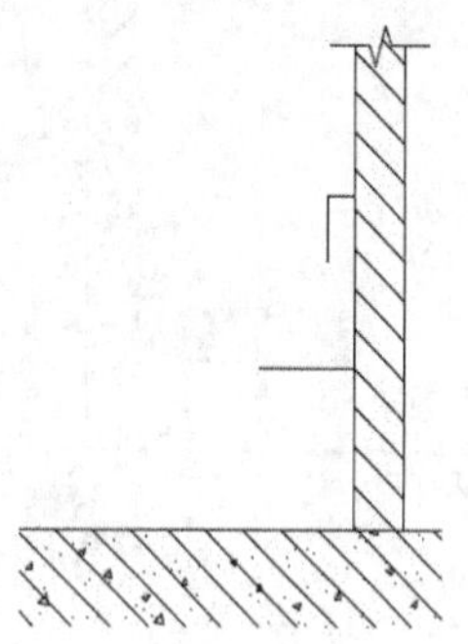

3. 绘制挂式小便器（绘制弧形部分）

步骤01 在命令行输入“C”并按空格键调用圆命令，在命令行提示下输入“fro”并按【Enter】键确认，然后捕捉如下图所示端点作为基点。

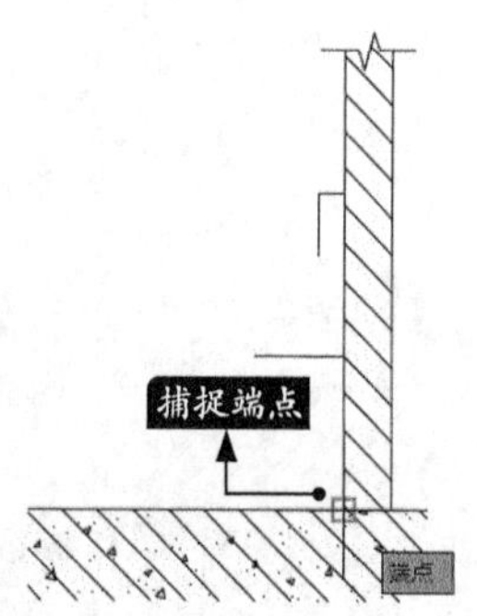

步骤02 命令行提示如下。

基点：< 偏移 >: @-230,421
指定圆的半径或 [直径 (D)]: 50

步骤03 结果如下图所示。

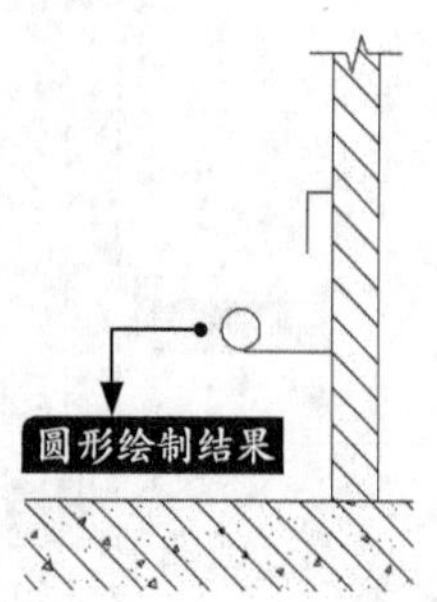

步骤04 单击【常用】选项卡➤【绘图】面板➤【圆】按钮，选择【相切、相切、半径】选项，然后在给图区域中单击指定第一个切点，如下图所示。

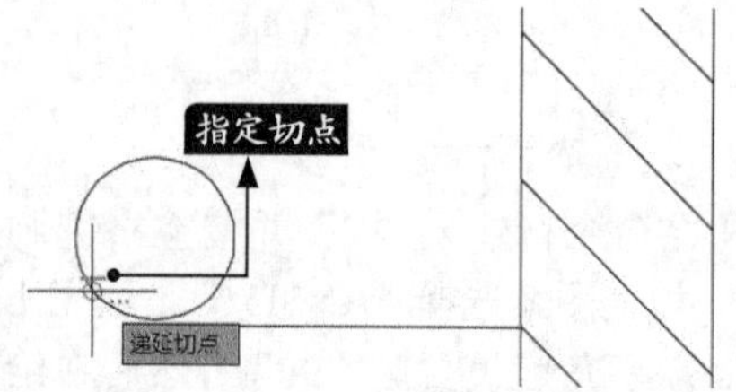

步骤05 在给图区域中拖曳鼠标单击指定第二个切点，如下图所示。

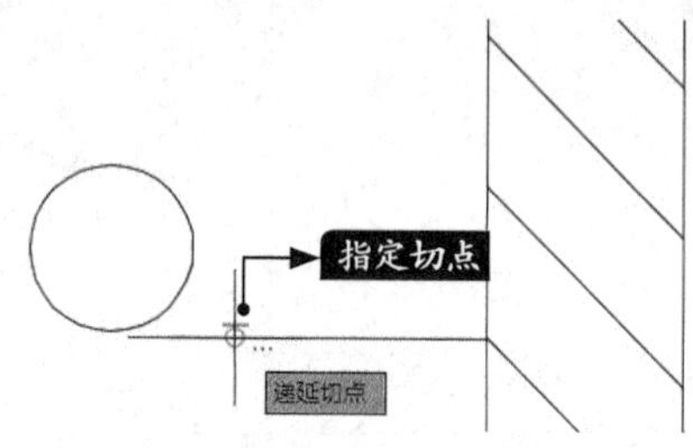

步骤06 在命令行提示下输入“161”并按【Enter】键确认，以指定圆的半径，结果如下图所示。

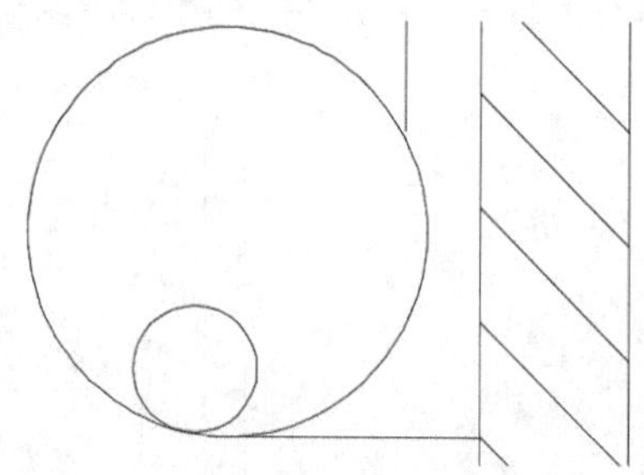

步骤07 在命令行输入“TR”并按空格键调用修剪命令，在绘图区域中选择两个圆形及一条水平直线段作为修剪边界，如下图所示。

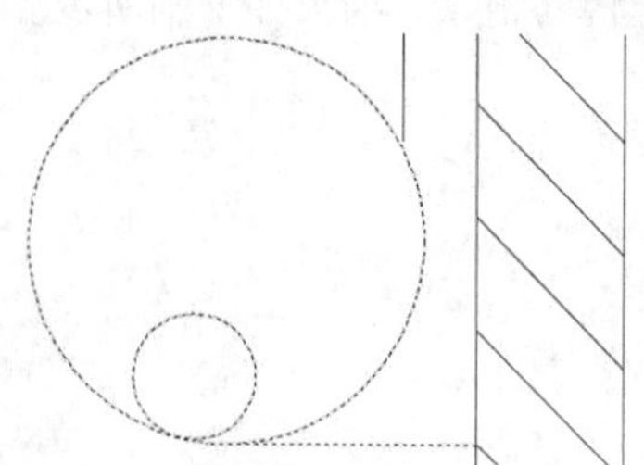

步骤08 在绘图区域中将多余对象修剪掉，并结束该命令，结果如下图所示。

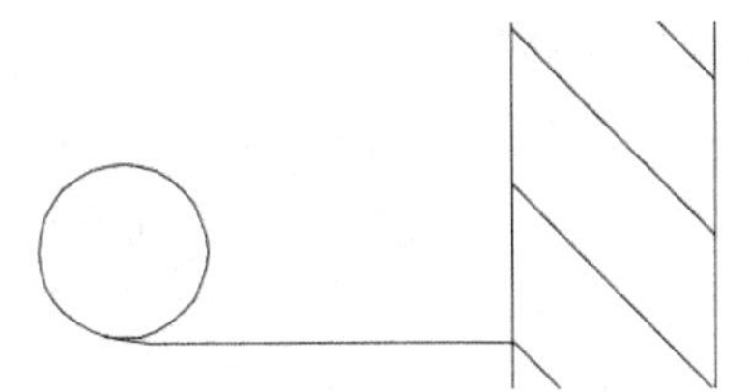

步骤09 单击【常用】选项卡➤【绘图】面板➤【圆】按钮，选择【相切、相切、半径】选项，然后在绘图区域中单击指定第一个切点，如下图所示。

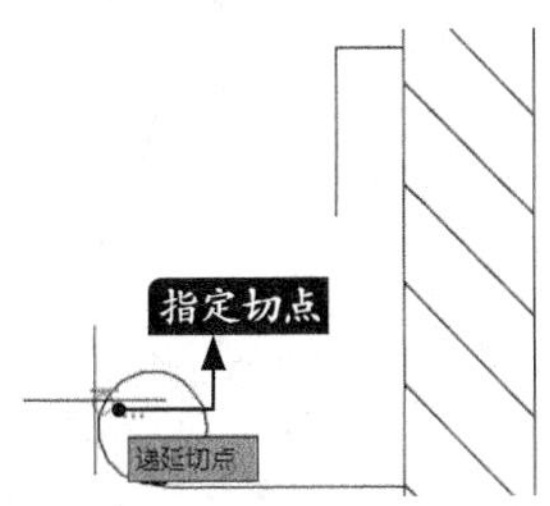

步骤10 在绘图区域中拖曳鼠标单击指定第二个切点，如下图所示。

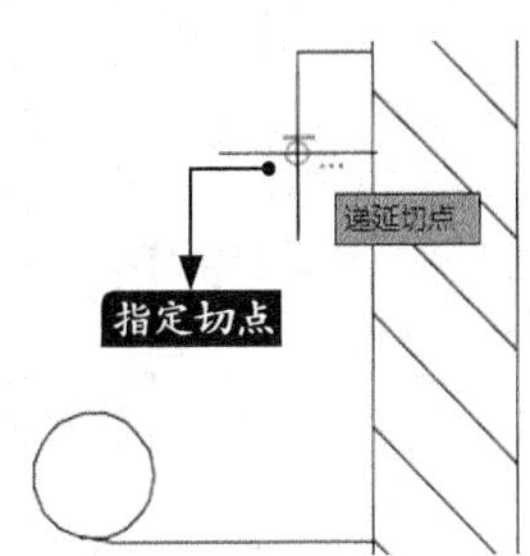

步骤11 在命令行提示下输入“260”并按【Enter】键确认，以指定圆的半径，结果如下图所示。

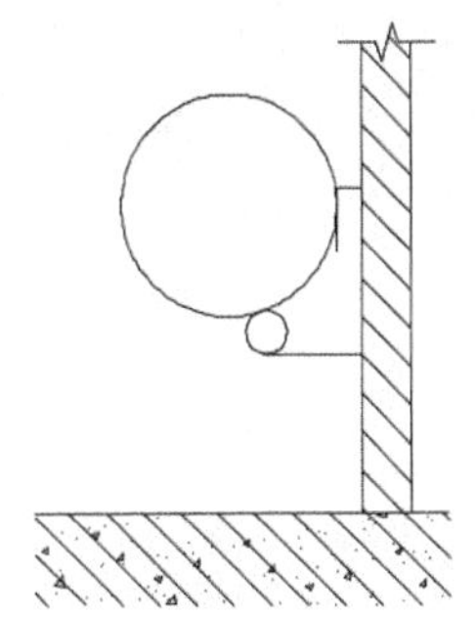

步骤12 在命令行输入“TR”并按空格键调用修剪命令，在绘图区域中选择两个圆形、一条竖直直线段及一段圆弧作为修剪边界，如下图所示。

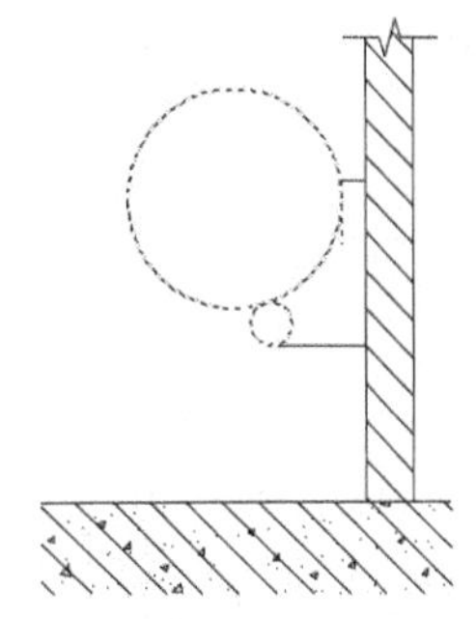

步骤13 在绘图区域中将多余对象修剪掉，并结束该命令，结果如下图所示。

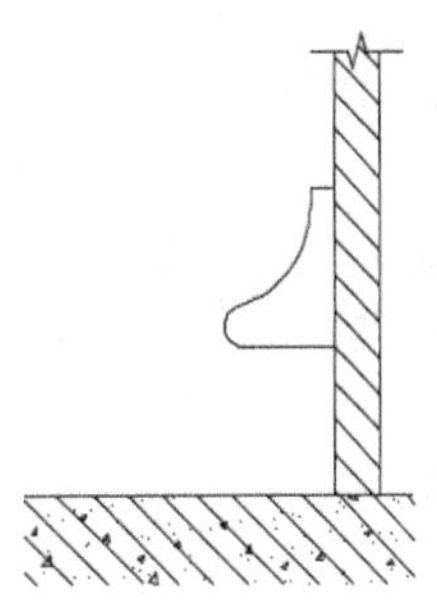

步骤14 在命令行输入“F”并按空格键调用圆角命令，圆角半径设置为“10”，然后在绘图区域中选择如下图所示的两个图形对象作为需要圆角的对象。

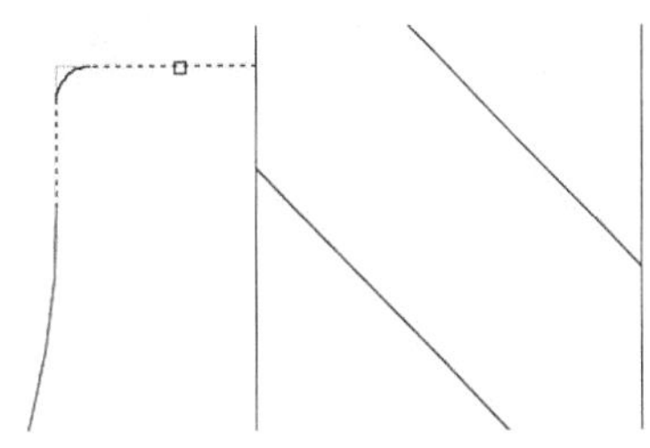

步骤15 结果如下图所示。

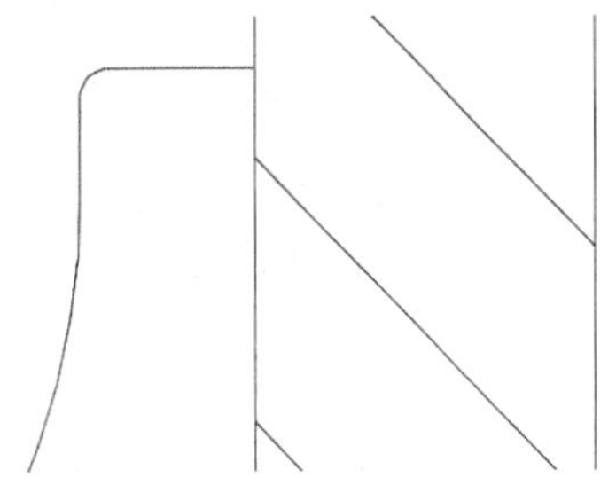

4. 绘制挂式小便器（绘制直线段及矩形）

步骤01 在命令行输入“L”并按空格键调用直线命令，在命令行提示下输入“fro”并按

【Enter】键确认，然后捕捉如下图所示端点作为基点。

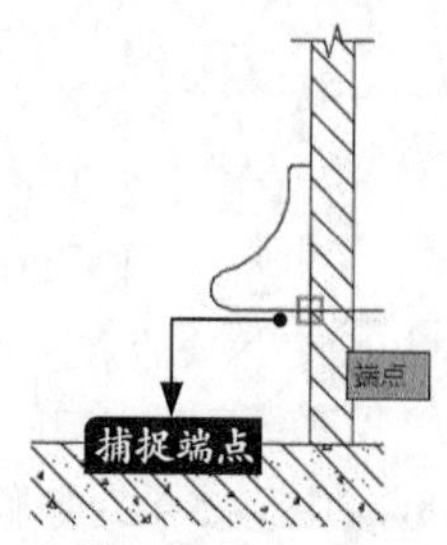

步骤02 命令行提示如下。

基点：< 偏移 >: @-56,0
指定下一点或 [放弃 (U)]: @-14,-21
指定下一点或 [放弃 (U)]: @-32,0
指定下一点或 [闭合 (C)/ 放弃 (U)]: @-14,21
指定下一点或 [闭合 (C)/ 放弃 (U)]: // 按【Enter】键结束该命令

步骤03 结果如下图所示。

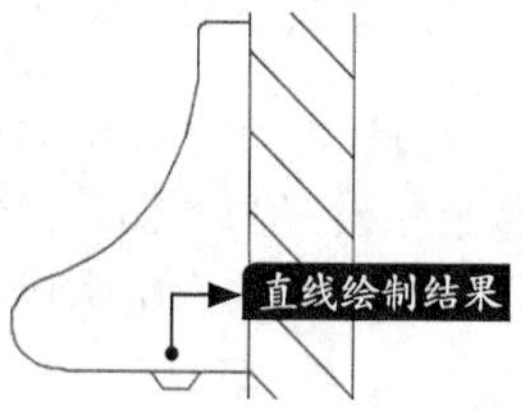

步骤04 在命令行输入“REC”并按空格键调用矩形命令，然后在绘图区域中捕捉如下图所示端点作为矩形的第一个角点。

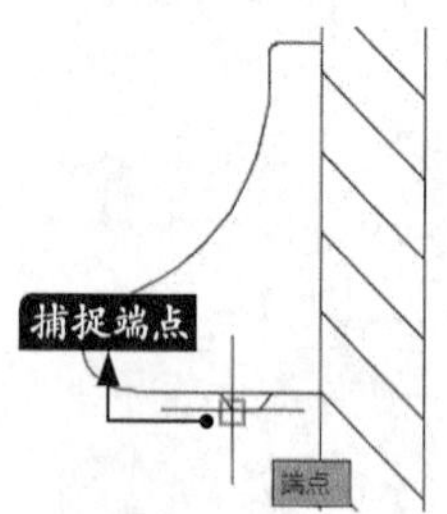

步骤05 在命令行提示下输入“@32,-35”并按【Enter】键确认，以指定矩形的另一个角点，结果如下图所示。

5. 绘制安全抓杆

步骤01 将“安全抓杆”层置为当前，在命令行输入“PL”并按空格键调用多段线命令，在命令行提示下输入“fro”并按【Enter】键确认，然后在绘图区域中捕捉下图所示端点作为基点。

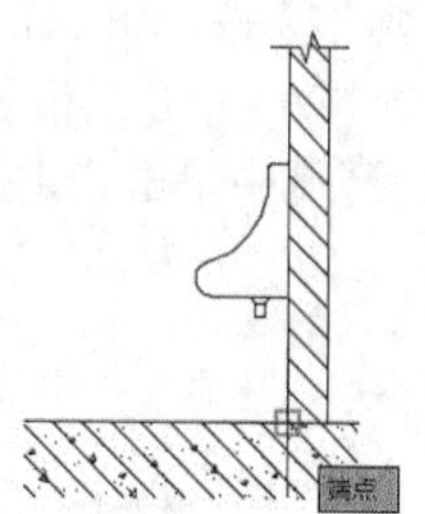

步骤02 命令行提示如下。

基点：< 偏移 >: @0,675
当前线宽为 0.0000
指定下一个点或 [圆弧 (A)/ 半宽 (H)/ 长度 (L)/ 放弃 (U)/ 宽度 (W)]: @-450,0
指定下一点或 [圆弧 (A)/ 闭合 (C)/ 半宽 (H)/ 长度 (L)/ 放弃 (U)/ 宽度 (W)]: a
指定圆弧的端点 (按住【Ctrl】键以切换方向) 或
[角度 (A)/ 圆心 (CE)/ 闭合 (CL)/ 方向 (D)/ 半宽 (H)/ 直线 (L)/ 半径 (R)/ 第二个点 (S)/ 放弃 (U)/ 宽度 (W)]: @0,250
指定圆弧的端点 (按住【Ctrl】键以切换方向) 或
[角度 (A)/ 圆心 (CE)/ 闭合 (CL)/ 方向 (D)/ 半宽 (H)/ 直线 (L)/ 半径 (R)/ 第二个点 (S)/ 放弃 (U)/ 宽度 (W)]: l
指定下一点或 [圆弧 (A)/ 闭合 (C)/ 半宽 (H)/ 长度 (L)/ 放弃 (U)/ 宽度 (W)]: @450,0
指定下一点或 [圆弧 (A)/ 闭合 (C)/ 半宽 (H)/ 长度 (L)/ 放弃 (U)/ 宽度 (W)]: // 按【Enter】键结束该命令

步骤03 结果如下图所示。

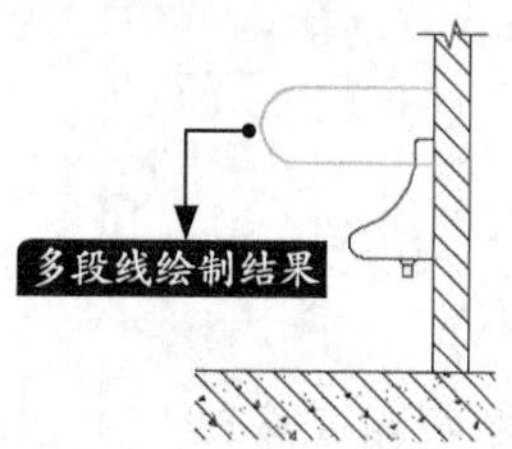

步骤04 在命令行输入“O”并按空格键调用偏移命令，偏移距离指定为“50”，将上步绘制的多段线向内侧偏移，结果如下图所示。

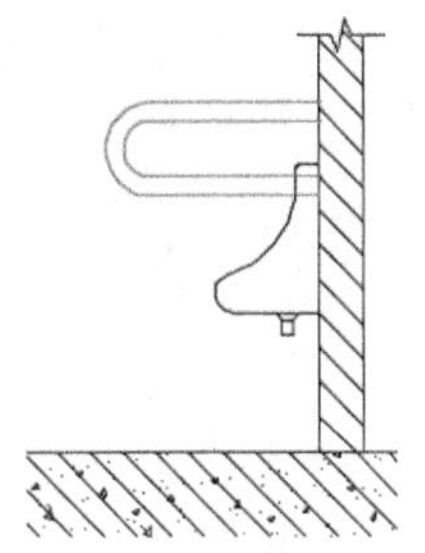

步骤05 在命令行输入“L”并按空格键调用直线命令，在命令行提示下输入“fro”并按【Enter】键确认，然后在绘图区域中捕捉下图所示端点作为基点。

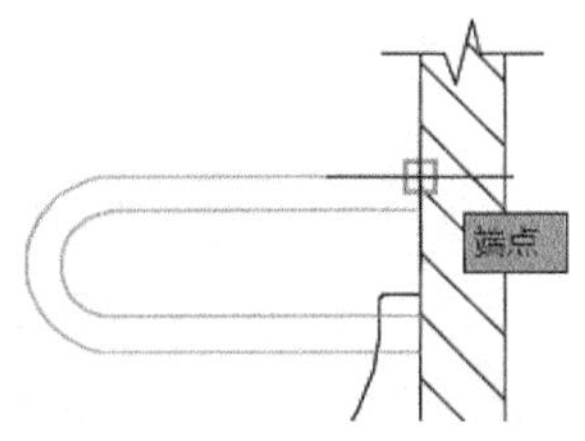

步骤06 命令行提示如下。

```
基点：<偏移>：@-275,255
指定下一点或[放弃(U)]：@0,-255
指定下一点或[放弃(U)]：@25,-25
指定下一点或[闭合(C)/放弃(U)]：@25,25
指定下一点或[闭合(C)/放弃(U)]：@0,255
指定下一点或[闭合(C)/放弃(U)]：   //
按【Enter】键结束该命令
```

步骤07 结果如下图所示。

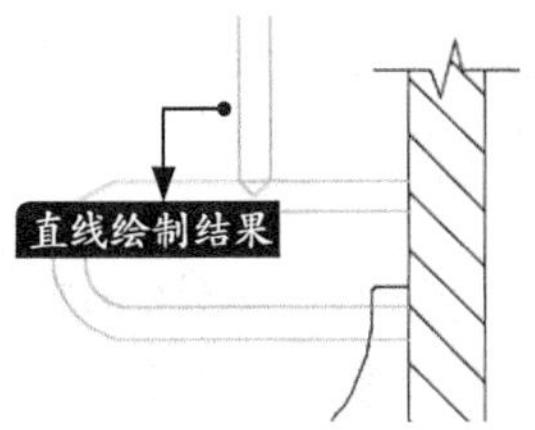

步骤08 单击【常用】选项卡➤【绘图】面板➤【圆】按钮，选择【两点】选项，然后在给图区域中分别捕捉上步绘制的两条竖直直线段的上端点作为圆直径的两个端点，结果如下图所示。

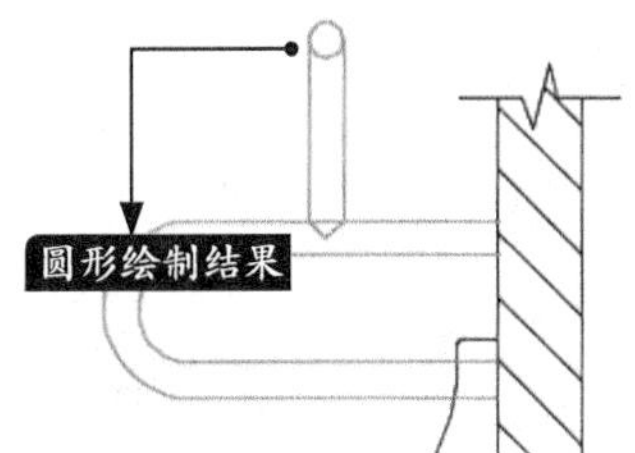

步骤09 在命令行输入“TR”并按空格键调用修剪命令，选择**步骤01**~**步骤08**绘制的图形作为修剪边界，对多余对象进行修剪操作，然后结束该命令，结果如下图所示。

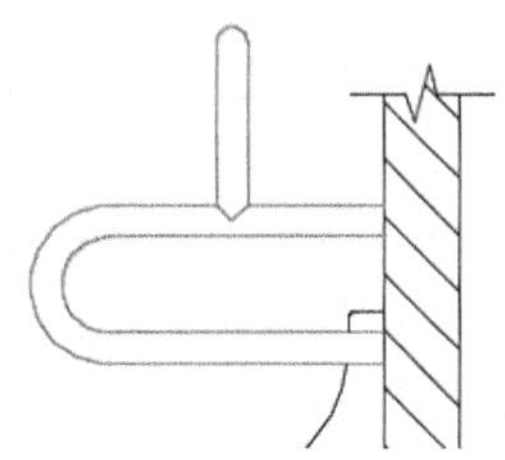

6. 添加尺寸标注及文字说明

步骤01 将“标注”层置为当前，在命令行输入“DIMLIN”并按空格键调用线性标注命令，标注结果如下图所示。

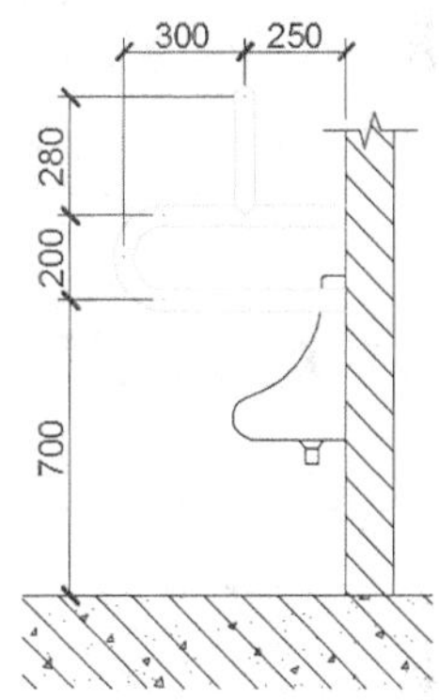

步骤02 在命令行输入“MLEADER”并按空格键调用多重引线标注命令，标注结果如下图所示。

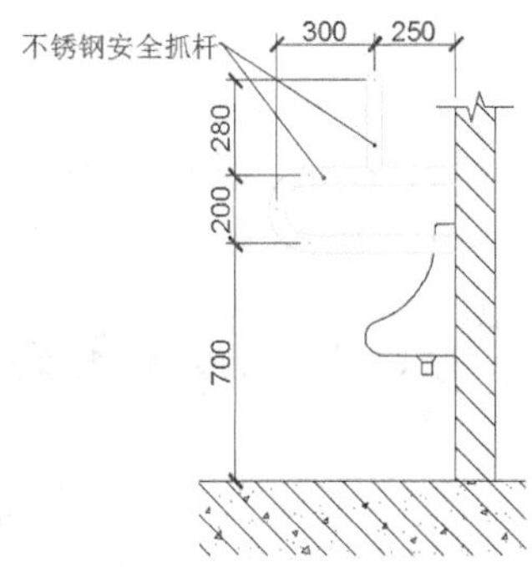

步骤03 在命令行输入“TEXT”并按空格键调用单行文字命令，文字高度指定为“70”，旋转角度指定为“0”，并输入文字内容“挂式小便器右视图”，结束单行文字命令后结果如下图所示。

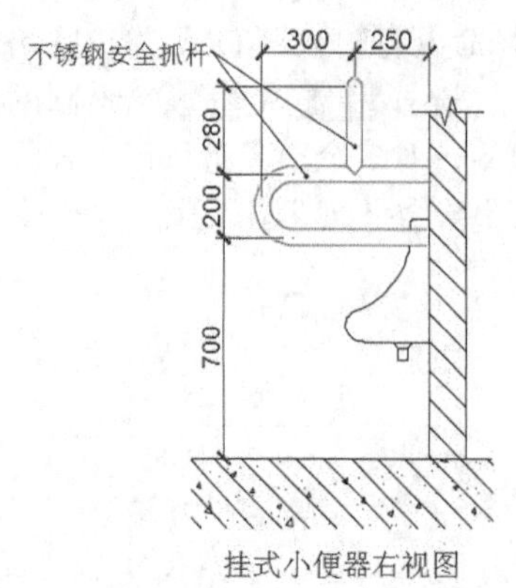

挂式小便器右视图

步骤04 在命令行输入“L”并按空格键调用直线命令，在绘图区域中绘制两条任意长度的水平直线段，结果如下图所示。

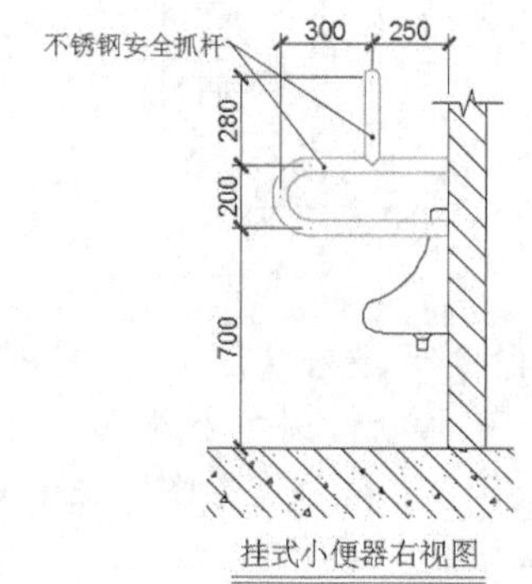

挂式小便器右视图

21.3 绘制给排水平面图

本节视频教程时间：60 分钟

给排水包括给水和排水两个部分，其目的是为了实现水资源的循环使用。不论是大型工程还是家庭设计，给排水都占据着重要地位。下面以宿舍给排水平面图为例，详细介绍给排水平面图的绘制方法。

21.3.1 给排水设计的注意事项

给排水设计通常需要注意以下几点。

- 给水用水量：以小区为例，给水设计用水量应当根据居民生活用水量、公共建筑用水量、绿化用水量、娱乐设施用水量、道路及广场用水量、公用设施用水量、未预见用水量及管网漏失水量等进行确定。
- 水质和防水质污染：城镇给水管道严禁与自备水源的供水管道直接连接，中水、回用雨水等非生活饮用水管道严禁与生活饮用水管道连接，生活饮用水不得因管道内产生虹吸、背压回流而受污染。
- 排水处理：职工食堂、营业餐厅含有大量油脂的洗涤废水，机械自动洗车台冲洗水，含有大量致病菌、放射性元素超过排放标准的医院污水，水温超过40℃的锅炉、水加热器等加热设备排水等，应单独排水至水处理或回收构筑物。

21.3.2 给排水平面图的绘制思路

绘制给排水平面图的思路是先绘制给水平面图，并为其添加注释；然后再绘制排水平面图，同样为其添加注释。具体绘制思路如下表所示。

序号	绘图方法	结　　果	备 注
1	利用直线、矩形、多段线、修剪和图块等命令绘制给水平面图左侧附件及管道部分		注意“fro”的应用
2	利用标注及图块等命令为给水平面图左侧部分添加注释	J 1 -0.300 -0.020 JL-1	注意添加注释的位置
3	利用镜像、图块和标注等命令绘制给水平面图右侧部分	J 1 J 2 -0.300 -0.020 JL-1 JL-2	注意添加注释的位置
4	利用直线、圆和填充等命令绘制排水平面图左侧附件及管道部分		
5	利用直线、圆、移动、复制和单行文字等命令为排水平面图左侧部分添加注释	PL-1 PL-2 P 1 P 2	注意添加注释的位置
6	利用镜像等命令绘制排水平面图右侧部分	PL-1 PL-2 PL-3 PL-4 P 1 P 2 P 3 P 4	注意镜像生成的部分注释对象需要修改

21.3.3 绘制给水平面图

绘制给水平面图时，主要会应用到直线、圆、填充、创建块及插入块等命令，具体操作步骤如下。

1. 绘制地漏

步骤 01 打开“素材\CH21\宿舍图.dwg”文件，如下图所示。

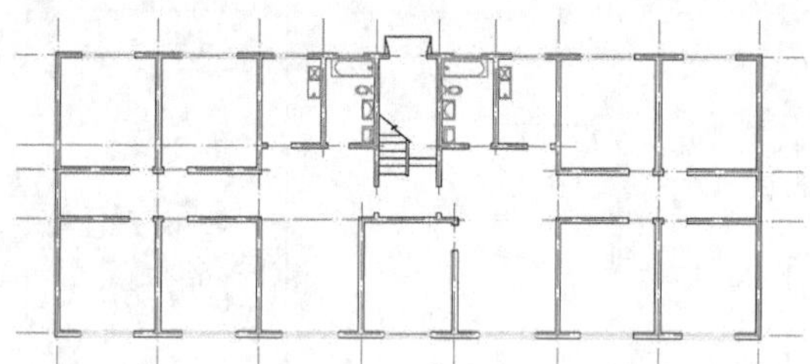

步骤 02 将“附件”层置为当前，在命令行输入“C”并按空格键调用圆命令，在绘图区域中的任意位置处绘制一个半径为“50”的圆形，结果如下图所示。

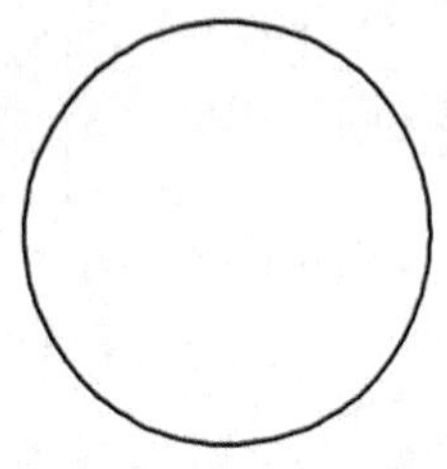

步骤 03 在命令行输入“H”并按空格键调用填充命令，填充图案选择“ANSI31”，填充比例设置为“17”，对半径为“50”的圆形进行填充，结果如下图所示。

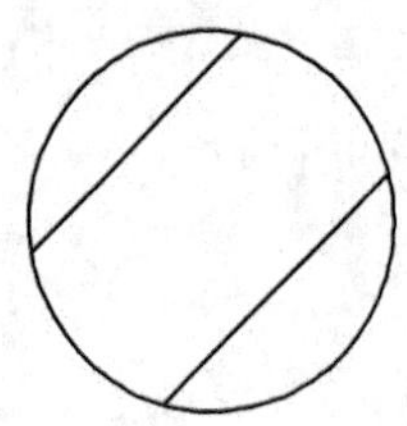

步骤 04 在命令行输入“B”并按空格键调用创建块命令，选择半径为“50”的圆形和内部填充图案作为需要创建块的对象，单击圆心作为拾取点，并在【块定义】对话框中进行下图所示的设置，最后单击【确定】按钮完成图块的创建。

步骤 05 在命令行输入“I”并按空格键调用插入块命令，将刚才创建的“地漏”图块插入到绘图区域中，位置大致即可，不做具体要求，结果如下图所示。

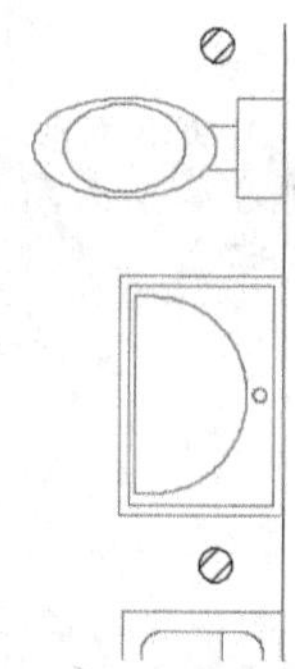

2. 绘制进水立管及进水管道

步骤 01 将“进水管道”图层置为当前，在命令行输入“C”并按空格键调用圆命令，圆半径指定为“25”，位置大致即可，不做具体要求，结果如下图所示。

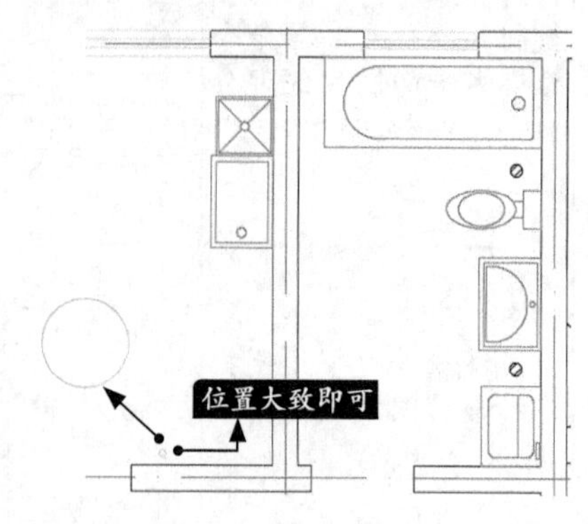

步骤02 在命令行输入“L”并按空格键调用直线命令，位置及长度大致即可，不做具体要求，结果如下图所示。

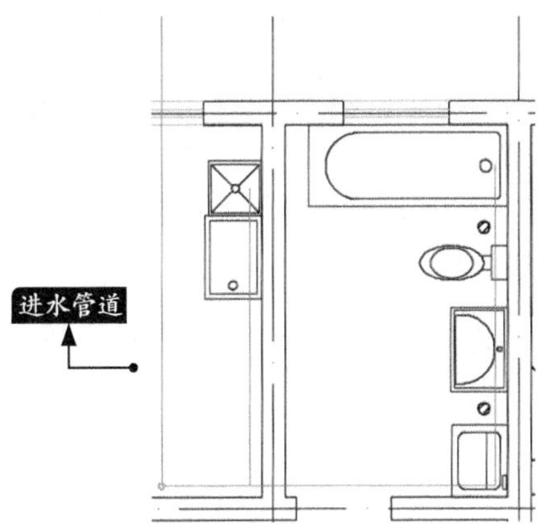

3. 绘制水龙头

步骤01 将“附件”图层置为当前，在命令行输入“L”并按空格键调用直线命令，在绘图区域中的任意位置处绘制一条长度为“250”的水平直线段，结果如下图所示。

步骤02 继续调用直线命令，在命令行提示下输入“fro”并按【Enter】键确认，然后在绘图区域中捕捉下图所示端点作为基点。

端点

步骤03 命令行提示如下。

基点：<偏移>: @-62.5,62.5
指定下一点或[放弃(U)]: @0,-125
指定下一点或[放弃(U)]: //按【Enter】键结束该命令

步骤04 结果如下图所示。

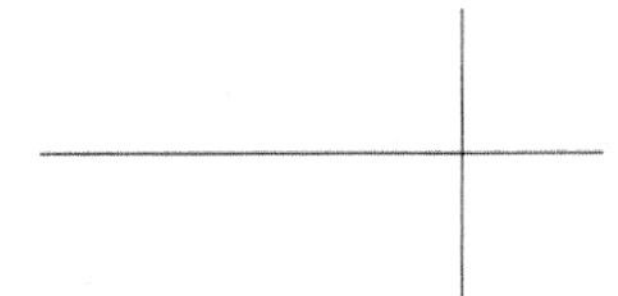

步骤05 在命令行输入“B”并按空格键调用创建块命令，选择水龙头符号作为需要创建块的对象，在【块定义】对话框中进行下图所示的设置。

步骤06 在【块定义】对话框中单击【拾取点】按钮，然后在绘图区域中捕捉下图所示的端点。

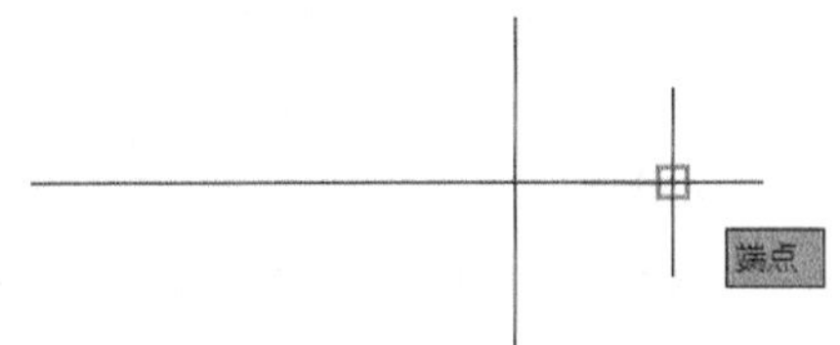

步骤07 在【块定义】对话框中单击【确定】按钮，图块创建完成。然后在命令行输入“I”并按空格键调用插入块命令，将刚才创建的“水龙头”图块插入到绘图区域中，结果如下图所示。

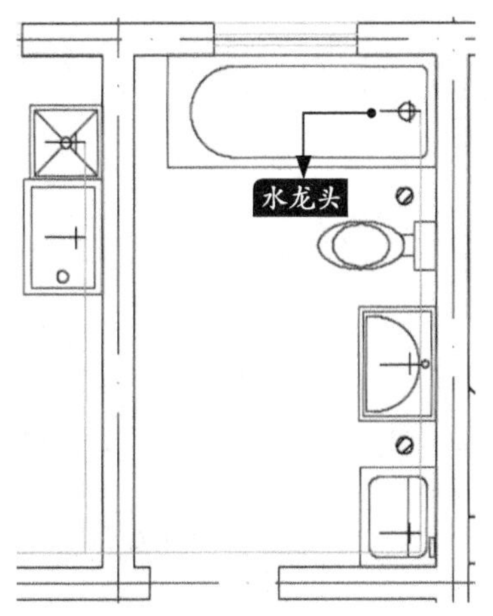

4. 绘制角阀

步骤01 在命令行输入“L”并按空格键调用直线命令，在绘图区域中的任意位置处绘制一条长度为250的水平直线段，结果如下图所示。

步骤02 继续调用直线命令，在命令行提示下输入“fro”并按【Enter】键确认，然后在绘图区域中捕捉下图所示端点作为基点。

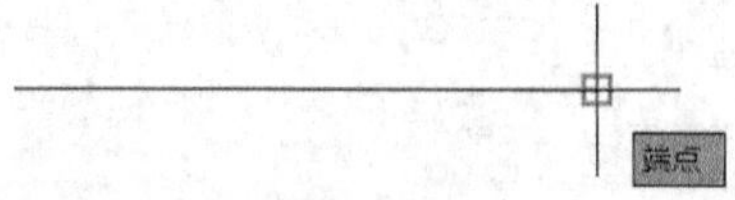

步骤03 命令行提示如下。

基点：< 偏移 >: @0,-37.5
指定下一点或 [放弃 (U)]: @0,75
指定下一点或 [放弃 (U)]: // 按【Enter】键结束该命令

步骤04 结果如下图所示。

步骤05 继续调用直线命令，在绘图区域中捕捉下图所示中点作为直线的起点。

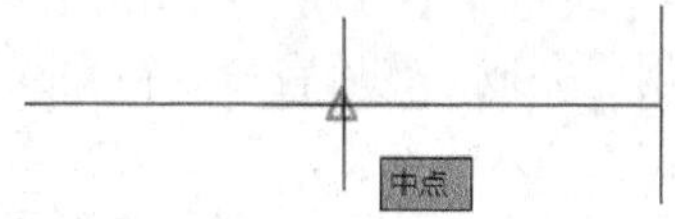

步骤06 在命令行提示下输入“@0,-75”按两次【Enter】键，以指定直线的第二个点并结束该命令，结果如下图所示。

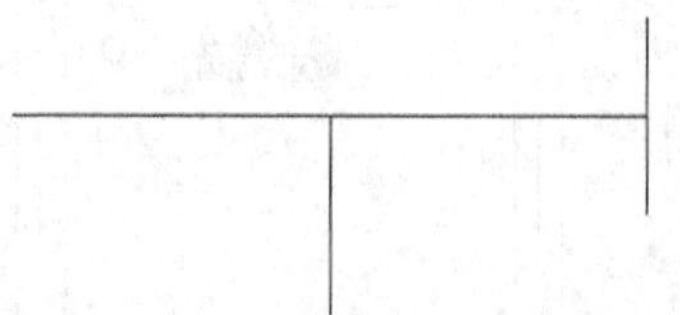

步骤07 在命令行输入“DO”并按空格键调用圆环命令，圆环内径指定为“0”，外径指定为“50”，然后在绘图区域中捕捉下图所示端点作为圆环的中心点。

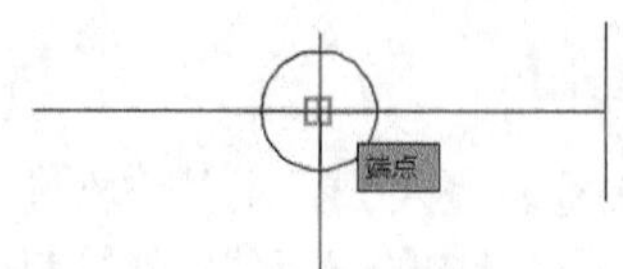

步骤08 按【Enter】键结束圆环命令，结果如下图所示。

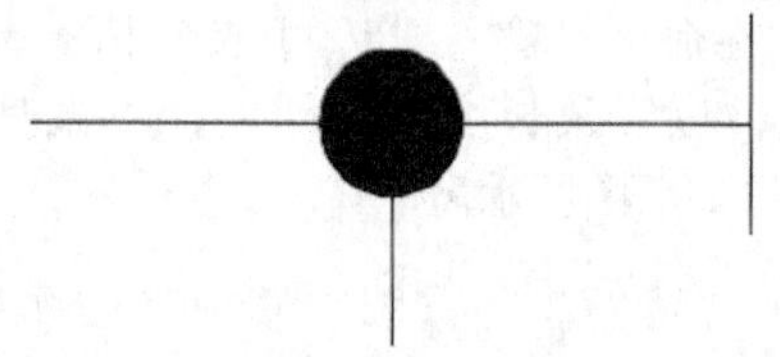

步骤09 在命令行输入“B”并按空格键调用创建块命令，选择角阀符号作为需要创建块的对象，在【块定义】对话框中进行下图所示的设置。

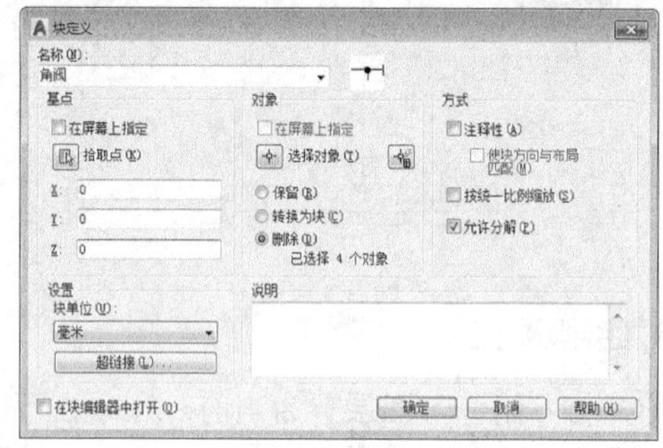

步骤10 在【块定义】对话框中单击【拾取点】按钮，然后在绘图区域中捕捉下图所示的端点。

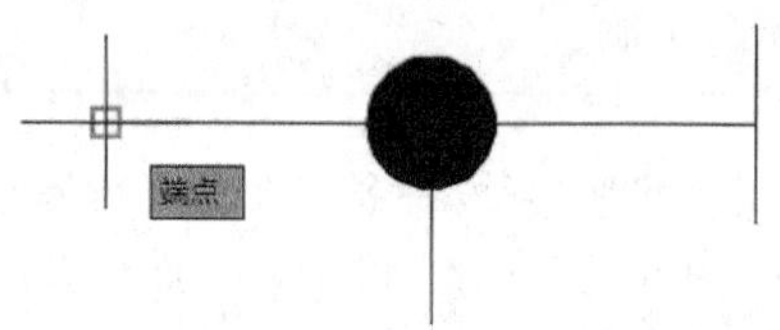

步骤11 在【块定义】对话框中单击【确定】按钮，图块创建完成。然后在命令行输入“I”并按空格键调用插入块命令，将刚才创建的“角阀”图块插入到绘图区域中，x轴比例设置为“-1”，位置大致即可，不做具体要求，结果如下图所示。

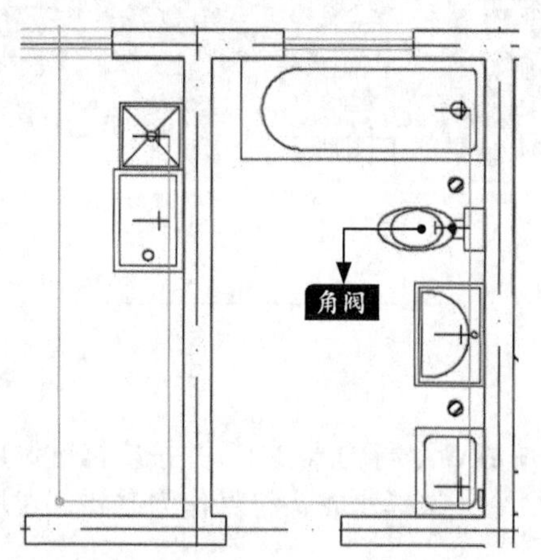

5. 绘制截止阀和水表

步骤 01 在命令行输入“L”并按空格键调用直线命令，在绘图区域中的任意位置处绘制一条长度为“80”的竖直直线段，结果如下图所示。

步骤 02 继续调用直线命令，在绘图区域中捕捉下图所示端点作为直线的起点。

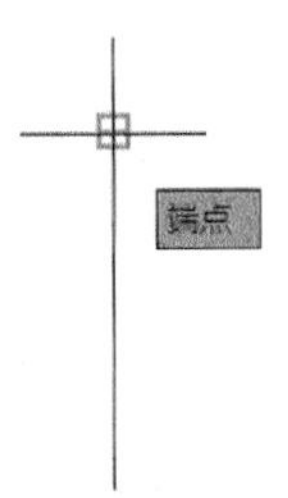

步骤 03 在命令行提示下输入“@200,-80”按两次【Enter】键，以指定直线的第二个点并结束该命令，结果如下图所示。

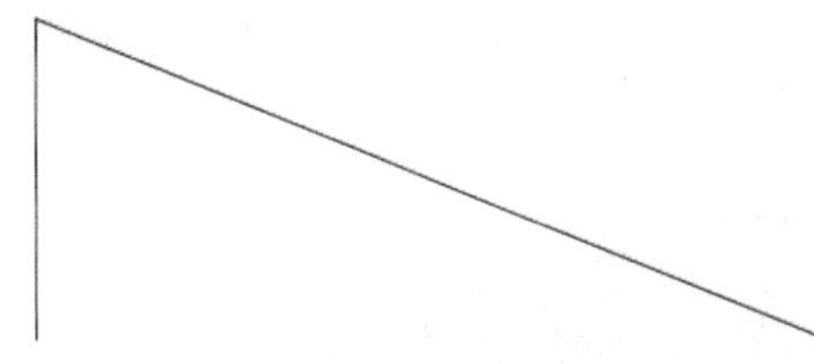

步骤 04 继续调用直线命令，在绘图区域中捕捉下图所示端点作为直线的起点。

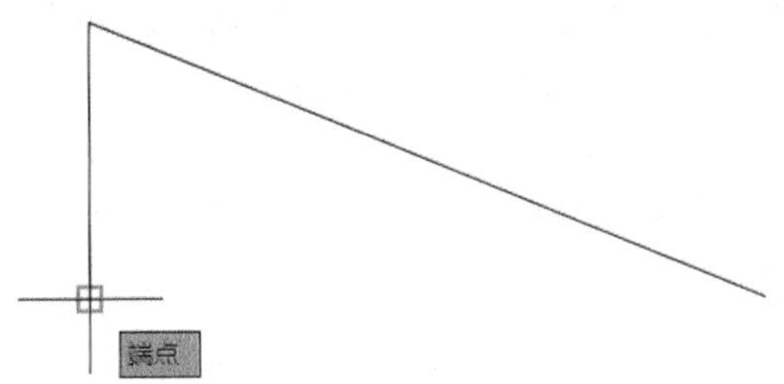

步骤 05 在命令行提示下输入“@200,80”按两次【Enter】键，以指定直线的第二个点并结束该命令，结果如下图所示。

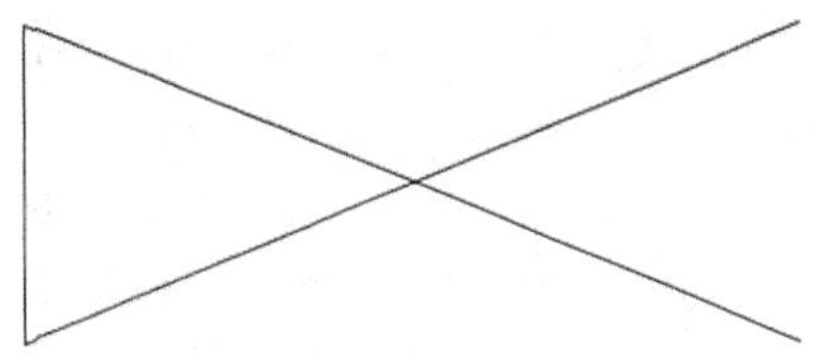

步骤 06 继续调用直线命令，在绘图区域中捕捉下图所示端点作为直线的起点。

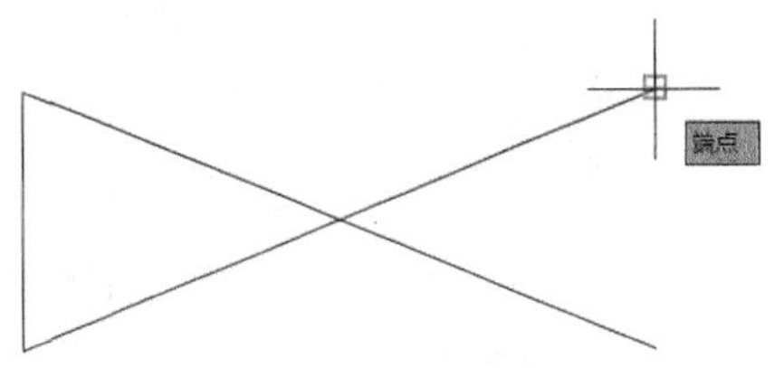

步骤 07 在命令行提示下输入“@0,-80”按两次【Enter】键，以指定直线的第二个点并结束该命令，结果如下图所示。

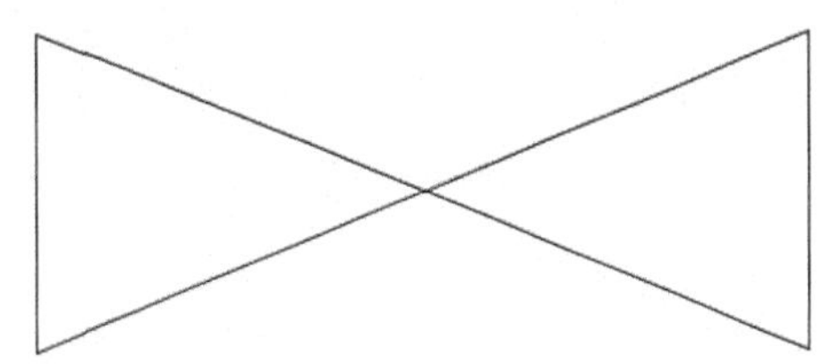

步骤 08 在命令行输入“B”并按空格键调用创建块命令，选择截止阀符号作为需要创建块的对象，在【块定义】对话框中进行下图所示的设置。

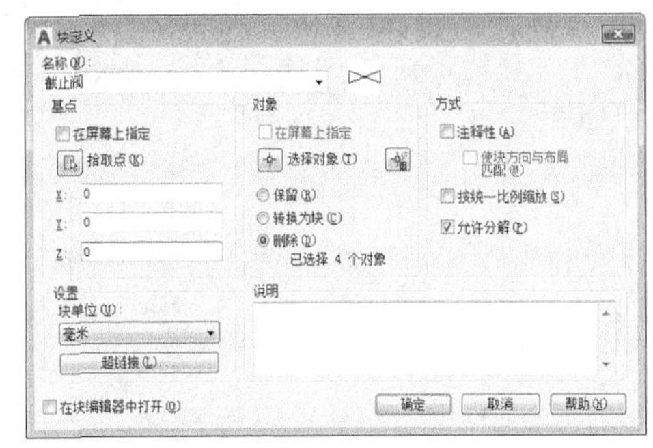

步骤 09 在【块定义】对话框中单击【拾取点】按钮，然后在绘图区域中捕捉下图所示的中点。

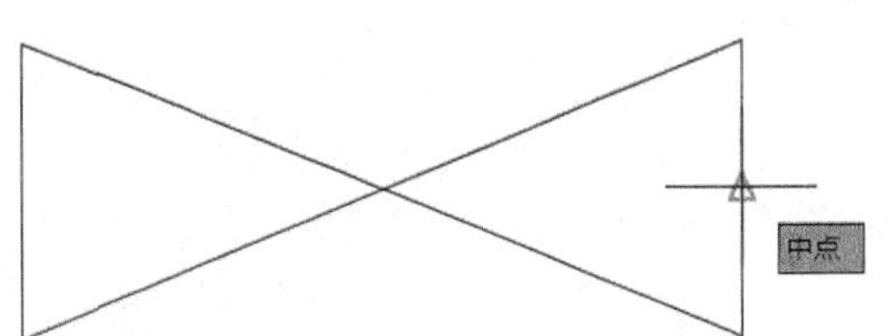

步骤10 在【块定义】对话框中单击【确定】按钮，图块创建完成。然后在命令行输入“I”并按空格键调用插入块命令，将刚才创建的“截止阀”图块插入到绘图区域中，位置大致即可，不做具体要求，结果如下图所示。

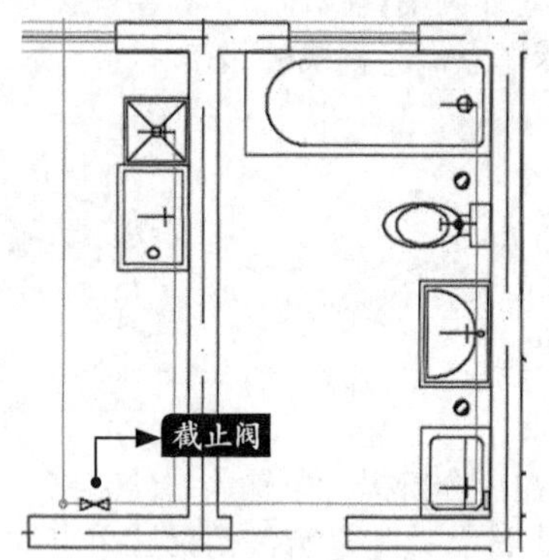

步骤11 在命令行输入“REC”并按空格键调用矩形命令，在绘图区域中的任意位置处单击指定矩形的第一个角点，然后在命令行提示下输入“@200,100”按【Enter】键确认，以指定矩形的另一个角点，结果如下图所示。

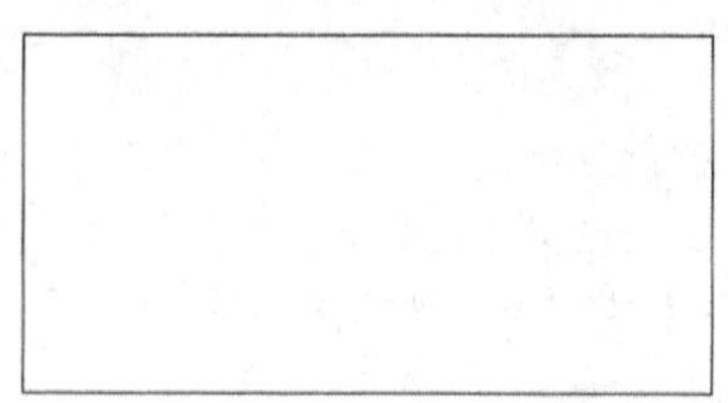

步骤12 在命令行输入“PL”并按空格键调用多段线命令，在绘图区域中捕捉下图所示中点作为多段线的起点。

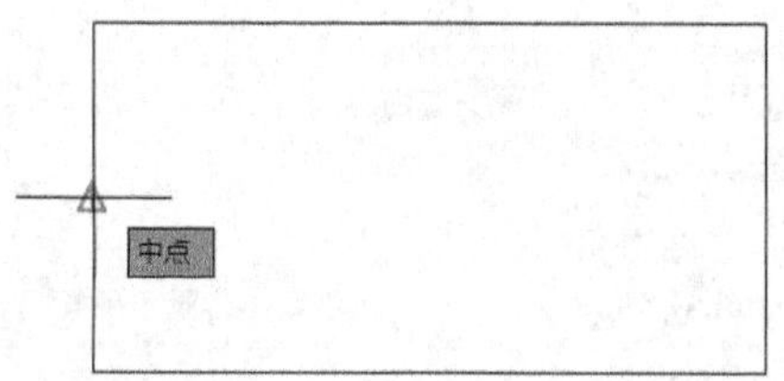

步骤13 命令行提示如下。

指定下一个点或 [圆弧 (A)/ 半宽 (H)/ 长度 (L)/ 放弃 (U)/ 宽度 (W)]: h

指定起点半宽 <0.0000>: 50

指定端点半宽 <50.0000>: 0

指定下一个点或 [圆弧 (A)/ 半宽 (H)/ 长度 (L)/ 放弃 (U)/ 宽度 (W)]: @200,0

指定下一点或 [圆弧 (A)/ 闭合 (C)/ 半宽 (H)/ 长度 (L)/ 放弃 (U)/ 宽度 (W)]: // 按【Enter】键结束该命令

步骤14 结果如下图所示。

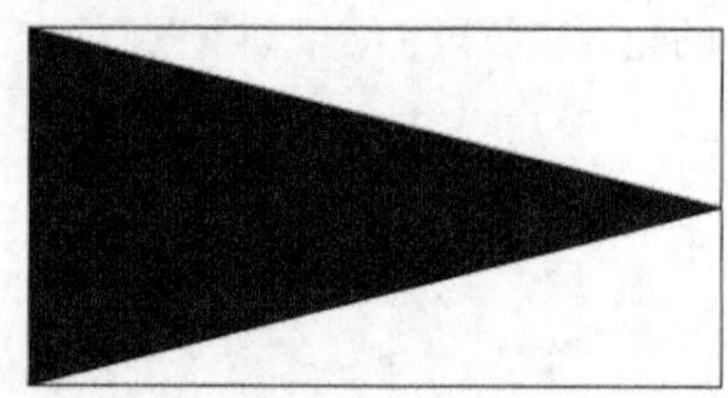

步骤15 在命令行输入“B”并按空格键调用创建块命令，选择水表符号作为需要创建块的对象，在【块定义】对话框中进行下图所示的设置。

步骤16 在【块定义】对话框中单击【拾取点】按钮，然后在绘图区域中捕捉下图所示的端点。

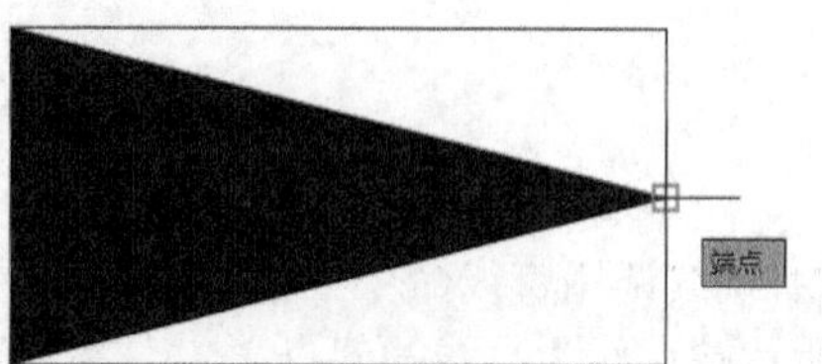

步骤17 在【块定义】对话框中单击【确定】按钮，图块创建完成。然后在命令行输入“I”并按空格键调用插入块命令，将刚才创建的“水表”图块插入到绘图区域中，位置大致即可，不做具体要求，结果如下图所示。

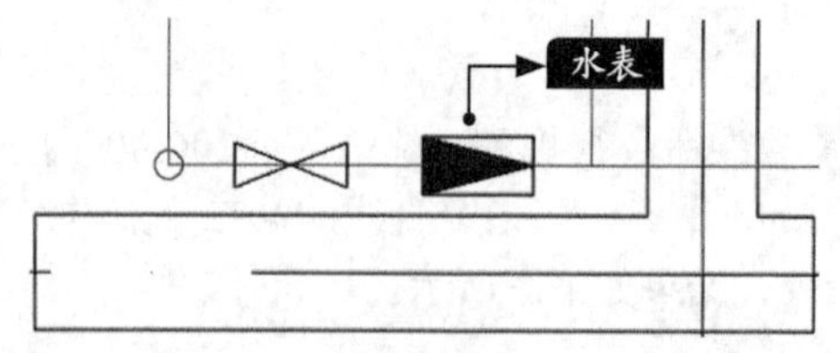

步骤18 在命令行输入“BR”并按空格键调用

打断命令，和截止阀、水表重合的直线部分需要进行打断处理，结果如下图所示。

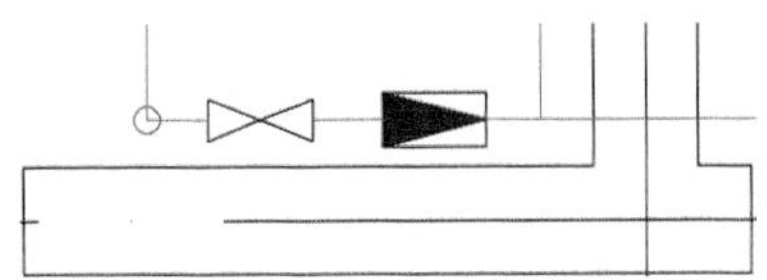

6. 绘制闸阀

步骤01 在命令行输入“L”并按空格键调用直线命令，命令行提示如下。

```
命令：LINE
指定第一个点： // 在绘图区域的空白位置处任意单击一点
指定下一点或 [ 放弃 (U)]: @100,0
指定下一点或 [ 放弃 (U)]: @-100,-250
指定下一点或 [ 闭合 (C)/ 放弃 (U)]: @100,0
指定下一点或 [ 闭合 (C)/ 放弃 (U)]: c
命令：LINE
指定第一个点：fro
基点： // 捕捉刚才绘制的两条直线段的交点
< 偏移 >: @-25,0
指定下一点或 [ 放弃 (U)]: @50,0
指定下一点或 [ 放弃 (U)]:  // 按【Enter】键结束该命令
```

步骤02 结果如下图所示。

步骤03 在命令行输入“M”并按空格键调用移动命令，将上步绘制的闸阀符号移动到适当的位置处，结果如下图所示。

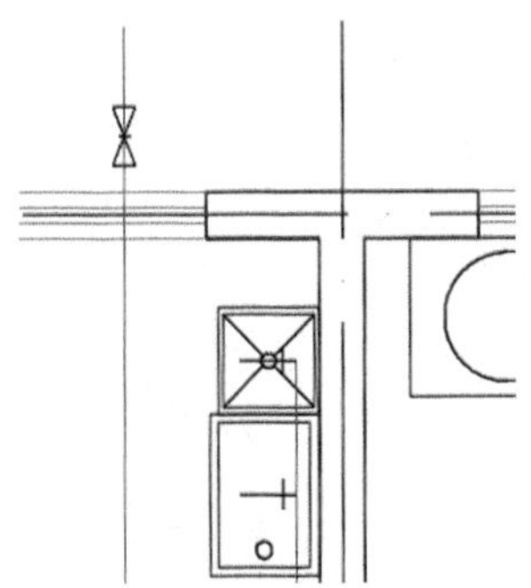

步骤04 在命令行输入“BR”并按空格键调用打断命令，和闸阀重合的直线部分需要进行打断处理，结果如下图所示。

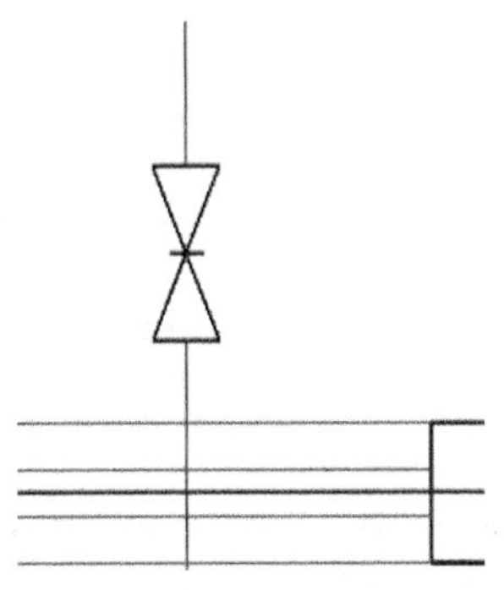

7. 完善操作

步骤01 将“尺寸标注”层置为当前，在命令行输入“MLEADER”并按空格键调用多重引线命令，在绘图区域中进行相应的引线标注，结果如下图所示。

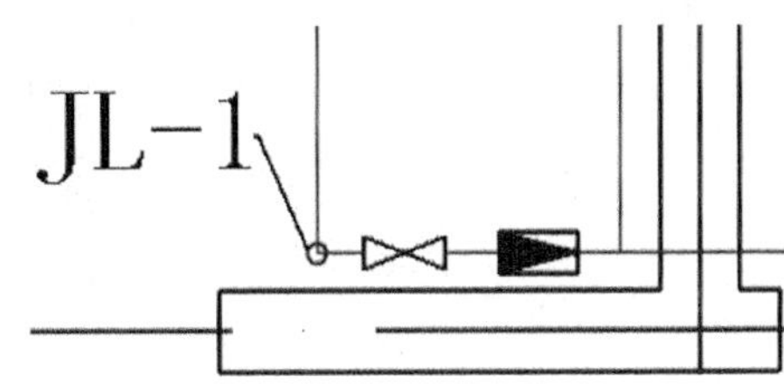

步骤02 在命令行输入“I”并按空格键调用插入块命令，在绘图区域中插入“相对标高-右”图块，结果如下图所示。

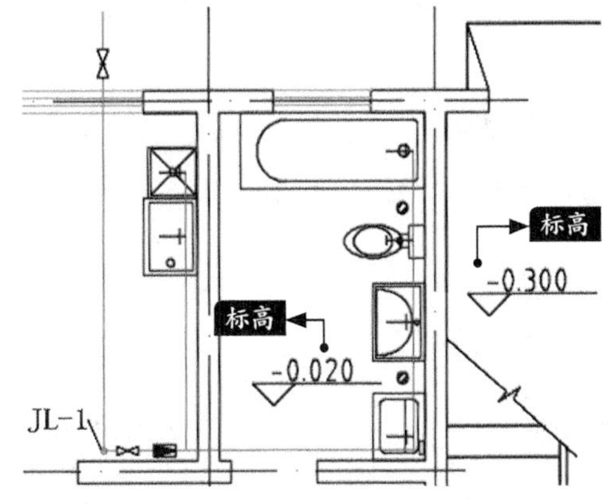

步骤03 继续调用插入块命令，在绘图区域中插入“进水管标记”图块，结果如下图所示。

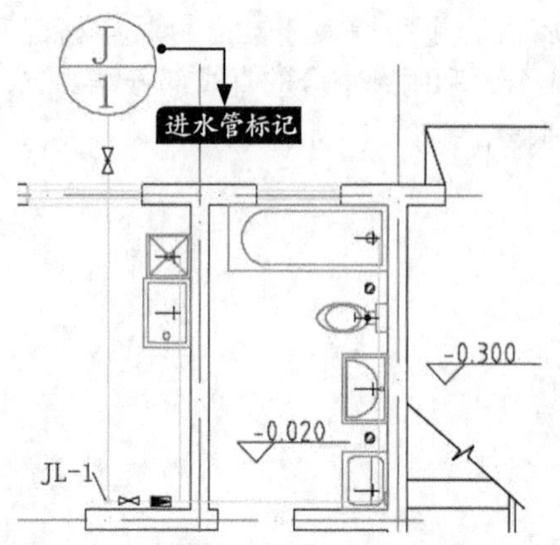

步骤04 在命令行输入“MI”并按空格键调用镜像命令，将进水管道1所绘制的管道、附件作为需要镜像的对象，以楼道口的中点作为镜像线的第一点，然后垂直拖曳鼠标单击指定镜像线第二点，并且保留源对象，结果如下图所示。

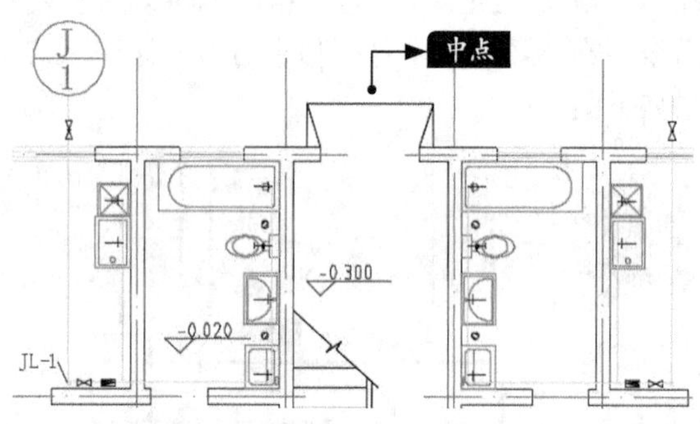

步骤05 在命令行输入“I”并按空格键调用插入块命令，在绘图区域中插入“进水管标记”图块，结果如下图所示。

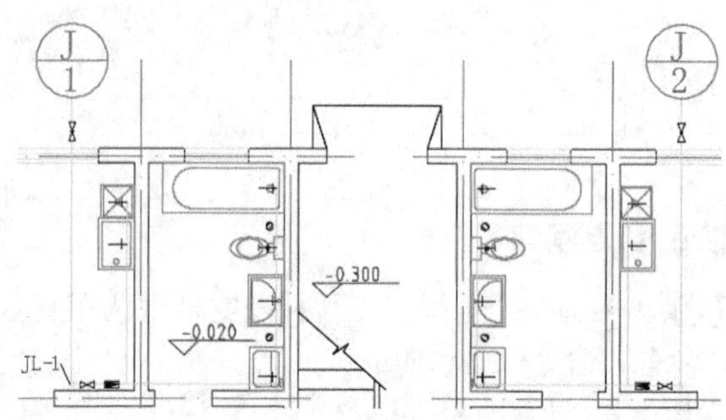

步骤06 在命令行输入“MLEADER”并按空格键调用多重引线命令，在绘图区域中进行相应的引线标注，结果如下图所示。

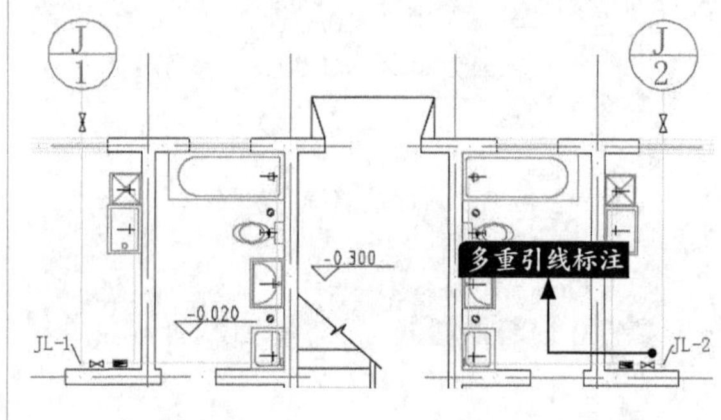

21.3.4 绘制排水平面图

绘制排水平面图时，主要会应用到直线、圆、填充、镜像及多重引线标注等命令，具体操作步骤如下。

1. 绘制地漏

步骤01 打开“素材\CH21\宿舍图.dwg”文件，如下图所示。

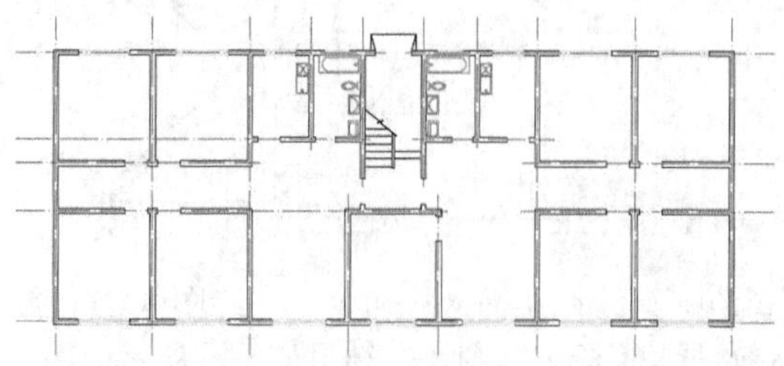

步骤02 将“附件”层置为当前，在命令行输入“C”并按空格键调用圆命令，在绘图区域中的任意位置处绘制一个半径为“50”的圆形，结果如下图所示。

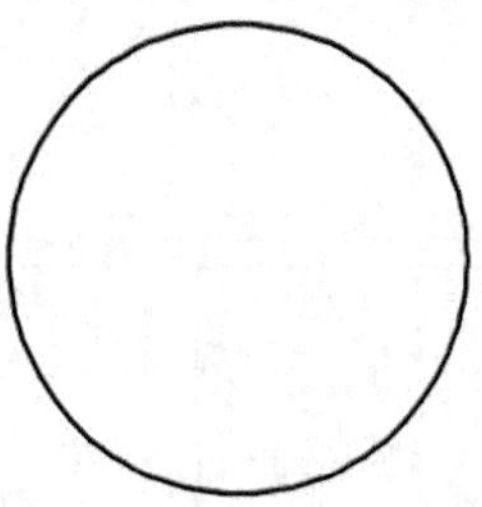

步骤03 在命令行输入“H”并按空格键调用填

充命令，填充图案选择“ANSI31”，填充比例设置为“17”，对半径为“50”的圆形进行填充，结果如下图所示。

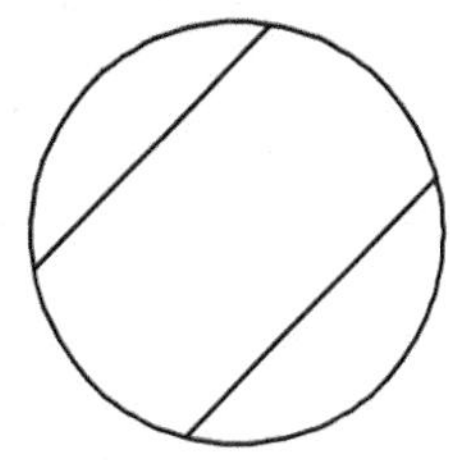

步骤 04 在命令行输入“B”并按空格键调用创建块命令，选择半径为“50”的圆形和内部填充图案作为需要创建块的对象，单击圆心作为拾取点，并在【块定义】对话框中进行下图所示的设置，最后单击【确定】按钮完成图块的创建。

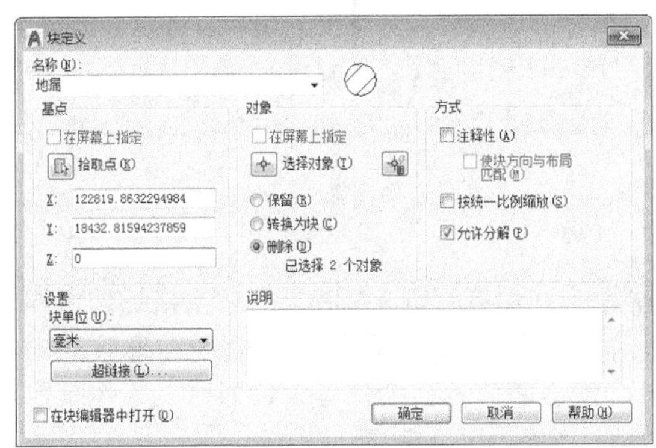

步骤 05 在命令行输入“I”并按空格键调用插入块命令，将刚才创建的“地漏”图块插入到绘图区域中，位置大致即可，不做具体要求，结果如下图所示。

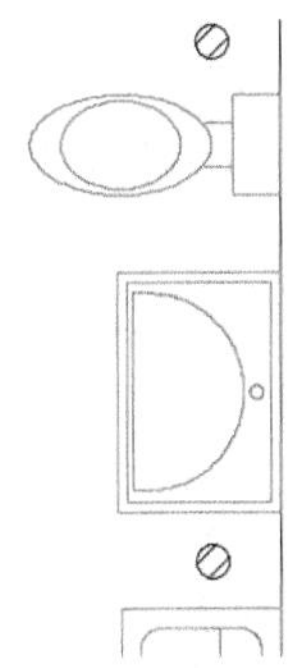

2. 绘制排水立管及排水管道

步骤 01 将“排水管道”图层置为当前，在命令行输入“C”并按空格键调用圆命令，绘制两个圆半径为“50”的圆形，位置大致即可，不做具体要求，结果如下图所示。

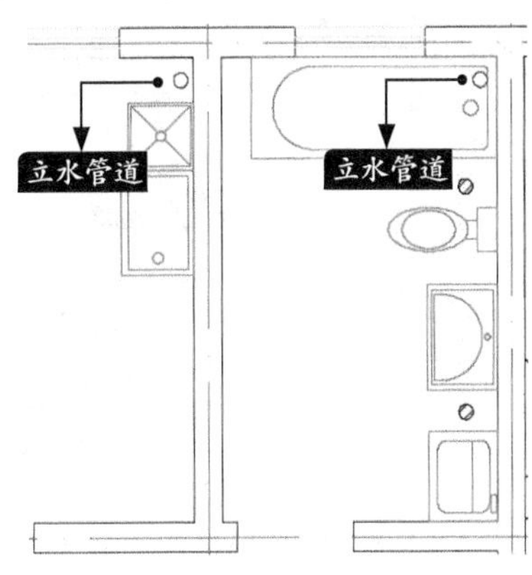

步骤 02 在命令行输入“L”并按空格键调用直线命令，位置及长度大致即可，不做具体要求，结果如下图所示。

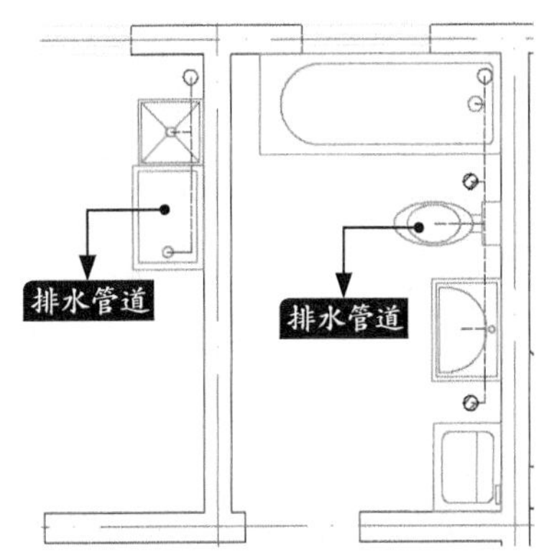

3. 添加标注

步骤 01 将“尺寸标注”图层置为当前，在命令行输入“MLEADER”并按空格键调用多重引线标注命令，对左侧立水管道进行标注，结果如下图所示。

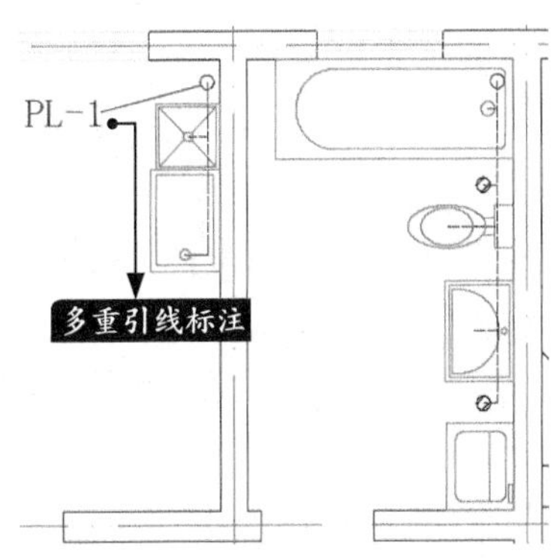

步骤02 继续调用多重引线标注命令，对右侧立水管道进行标注，结果如下图所示。

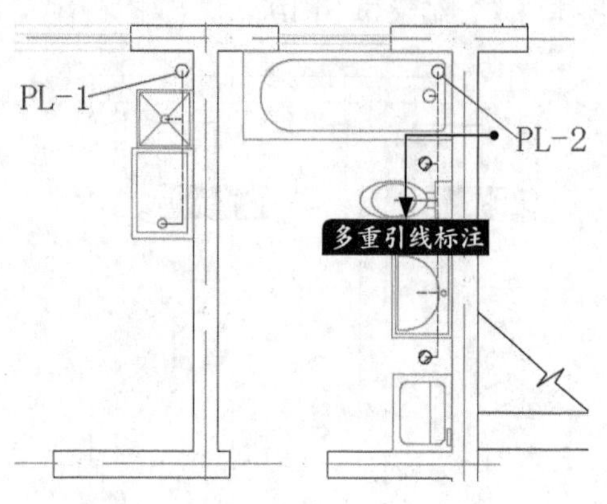

4. 绘制管道编号

步骤01 在命令行输入“C”并按空格键调用圆命令，在绘图区域的空白位置处绘制一个半径为“500”的圆形，结果如下图所示。

步骤02 在命令行输入“L”并按空格键调用直线命令，然后在上步绘制的圆形的中心位置处绘制一条水平直线段，线段长度即为圆的直径，结果如下图所示。

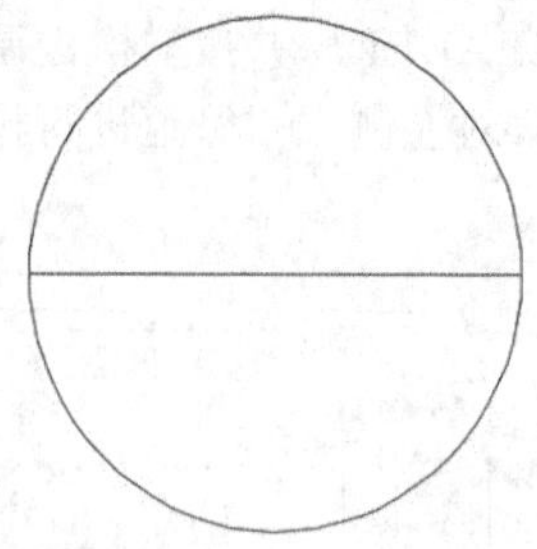

步骤03 在命令行输入“TEXT”并按空格键调用单行文字命令，文字高度指定为“350”，旋转角度指定为“0”，然后在绘图区域中输入文字内容“P”，按两次【Enter】键结束该命令，结果如下图所示。

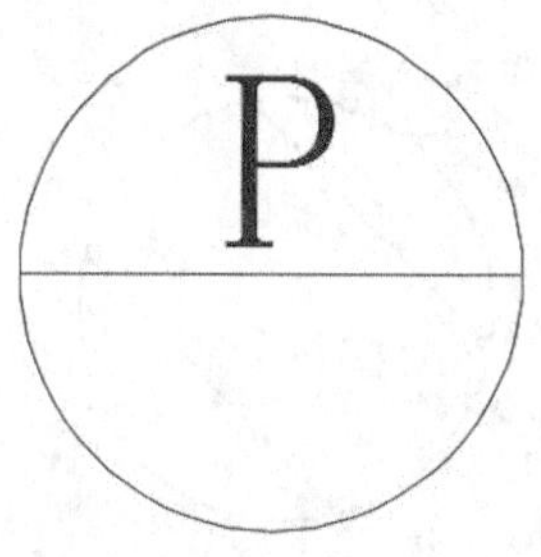

步骤04 继续调用单行文字命令，文字高度指定为“350”，旋转角度指定为“0”，然后在绘图区域中输入文字内容“1”，按两次【Enter】键结束该命令，结果如下图所示。

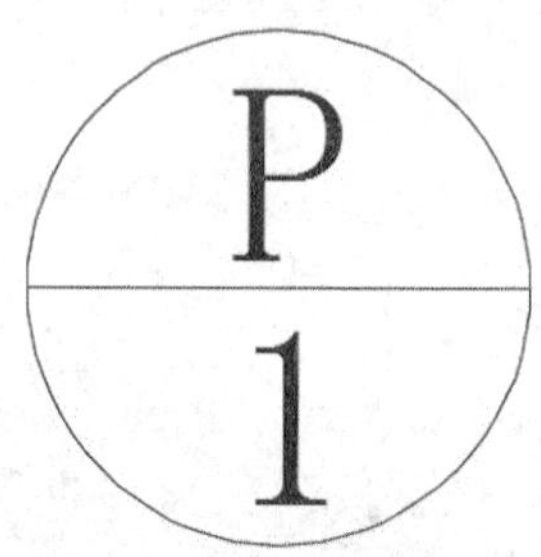

步骤05 在命令行输入“M”并按空格键调用移动命令，将步骤01~步骤04绘制的图形移动到一个适当的位置，新位置大致即可，不作具体要求，结果如下图所示。

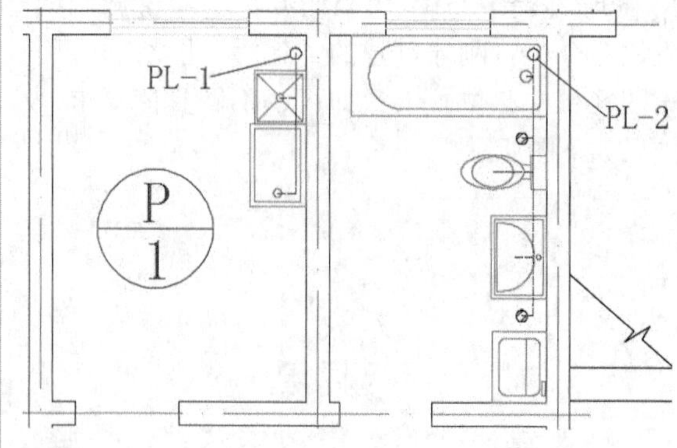

步骤06 在命令行输入“CO”并按空格键调用移动命令，将步骤05移动到新位置的图形进行复制操作，位置大致即可，不作具体要求，结果如下图所示。

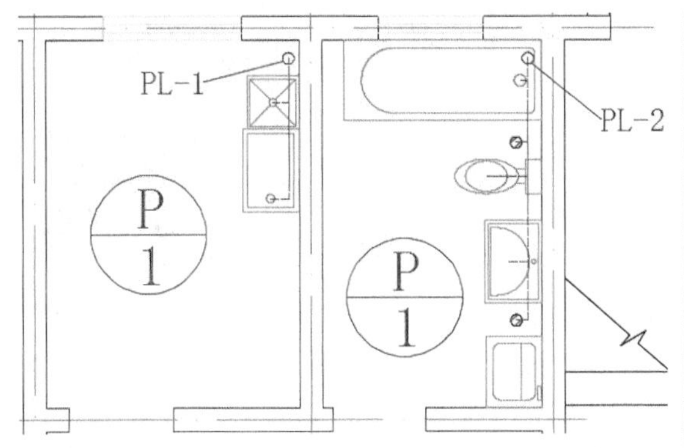

步骤07 双击复制得到的图形对象中的数字“1”，将其修改为“2”，结果如下图所示。

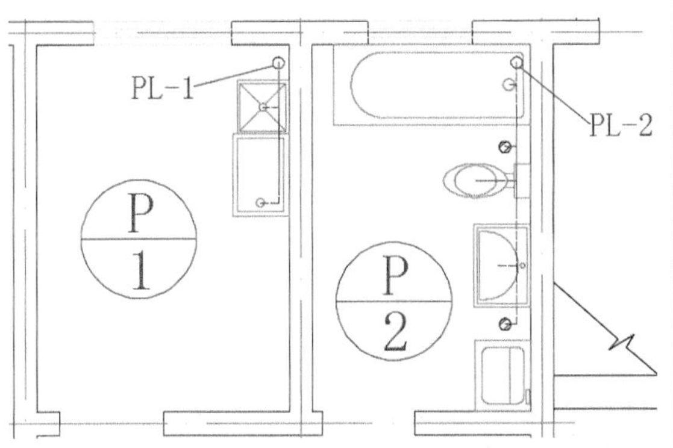

5. 完善操作

步骤01 在命令行输入“MI”并按空格键调用镜像命令，将排水管道1和2的布置进行镜像，以楼道口的中点作为镜像线的第一点，然后垂直拖曳鼠标单击指定镜像线第二点，并且保留源对象，结果如下图所示。

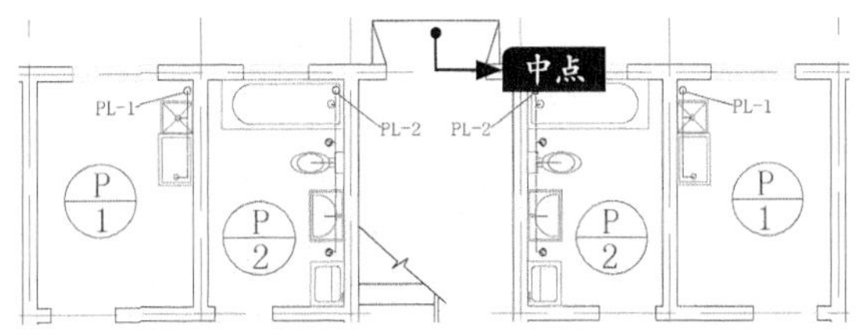

步骤02 对镜像得到的对象进行相应修改，结果如下图所示。

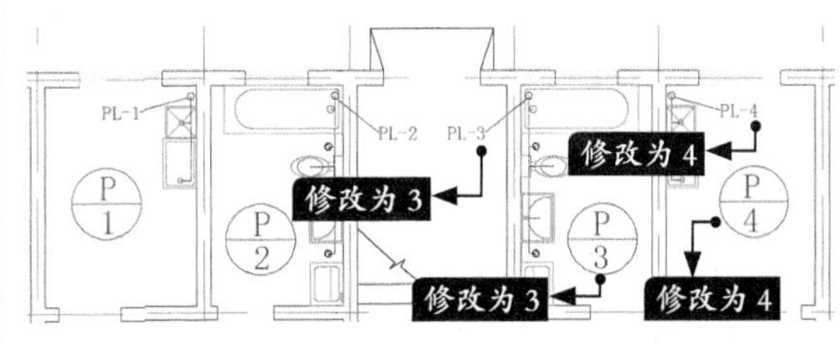

疑难解答

本节视频教程时间：3 分钟

家庭装修设计中的注意事项

在家庭装修设计中需要注意一些细节问题，这样可以使装修之后的视觉效果更加美观，也可以在很大程度上提高实用性。

- 可以将衣帽间设计在门口，即门一侧的位置，以便在实际生活中为出门换衣服、取放背包等提供方便。
- 假如空间比较小，可以将鞋柜设计为悬挂式鞋柜，这样柜体可以设计得薄一些，仅为一双鞋的高度。
- 可以用百叶窗调节光线，百叶窗的优势在于可以通过调节窗叶的角度调节室内的光线，以满足不同用户对光线的不同需求。
- 可以为小家电设计专用的展示架，展示架的外侧可以设计滑动的玻璃门，当不需要使用该小家电时可以将滑动的玻璃门关闭，从而达到更加美观的视觉效果。
- 可以使用入墙式马桶，将马桶的储水部分安装到墙壁里面，从而使卫生间的整体视觉效果更加整洁、美观。

实战练习

绘制以下图形，并计算出阴影部分的面积。

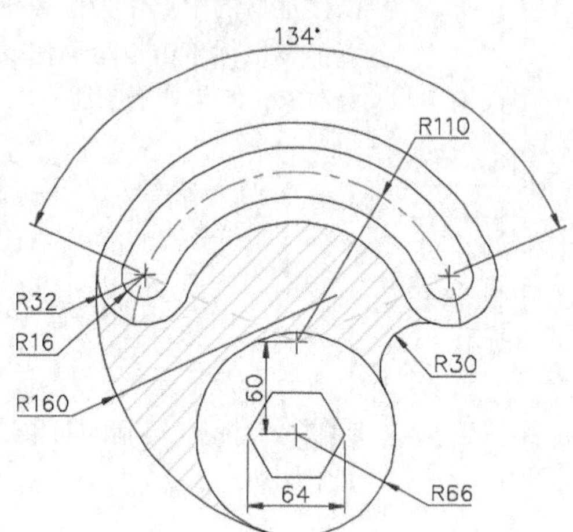